中国稀土科学与技术丛书　　主　　编　干　勇
执行主编　李　波

稀土离子光谱学与能量传递

刘行仁　著

北　京
冶　金　工　业　出　版　社
2024

内容提要

本书简叙了光的吸收、激发和发射的光谱学，Judd-Ofelt 理论，稀土离子的 4*f* 电子能级结构及相关跃迁基本原理；详细叙述稀土离子之间，以及与非稀土离子之间的辐射和无辐射能量传递机理，包括共振能量和 I-H 能量传递理论、声子辅助能量传递、激发能迁移、交叉弛豫能量传递及交换耦合传递等微观和宏观过程机理；讲述了几种稀土上转换发光和激光不同的机制；对发现的新现象和规律进行总结并提出观点。本书对 13 种三价稀土离子、Eu^{2+}、其他 Ln^{2+} 的发光和激光等性能，以及与过渡族金属离子间的能量传递逐个进行了详细论述，以便人们对稀土离子的光谱学和能量传递等有全面系统的认识。本书还讲述了这些稀土离子及其功能材料在发光和激光及衍生领域中的应用和可持续发展。

本书可供从事稀土科学研究和生产的技术人员阅读参考，也可作为高等院校相关专业本科生和研究生的教学参考书。

图书在版编目(CIP)数据

稀土离子光谱学与能量传递/刘行仁著. —北京：冶金工业出版社，2024.6

(中国稀土科学与技术丛书)

ISBN 978-7-5024-9779-8

Ⅰ.①稀…　Ⅱ.①刘…　Ⅲ.①稀土族—离子—发光材料—光谱分析
Ⅳ.①TB39

中国国家版本馆 CIP 数据核字（2024）第 049645 号

稀土离子光谱学与能量传递

出版发行	冶金工业出版社	**电　　话**	(010)64027926
地　　址	北京市东城区嵩祝院北巷 39 号	**邮　　编**	100009
网　　址	www. mip1953. com	**电子信箱**	service@ mip1953. com

责任编辑　王悦青　张熙莹　美术编辑　彭子赫　版式设计　郑小利
责任校对　郑　娟　责任印制　禹　蕊

北京建宏印刷有限公司印刷

2024 年 6 月第 1 版，2024 年 6 月第 1 次印刷

787mm×1092mm　1/16；33.75 印张；820 千字；514 页

定价 199.00 元

投稿电话　(010)64027932　投稿信箱　tougao@cnmip. com. cn

营销中心电话　(010)64044283

冶金工业出版社天猫旗舰店　yjgycbs. tmall. com

(本书如有印装质量问题，本社营销中心负责退换)

序

稀土元素由于其结构的特殊性而具有诸多其他元素所不具备的光、电、磁、热等特性，是国内外科学家最为关注的一组元素。稀土元素可用来制备许多用于高新技术的新材料，被世界各国科学家称为“21世纪新材料的宝库”。稀土元素被广泛应用于国民经济和国防工业的各个领域。稀土对改造和提升石化、冶金、玻璃陶瓷、纺织等传统产业，以及培育发展新能源、新材料、新能源汽车、节能环保、高端装备、新一代信息技术、生物等战略新兴产业起着至关重要的作用。美国、日本等发达国家都将稀土列为发展高新技术产业的关键元素和战略物资，并进行大量储备。

经过多年发展，我国在稀土开采、冶炼分离和应用技术等方面取得了较大进步，产业规模不断扩大。我国稀土产业已取得了四个“世界第一”：一是资源量世界第一，二是生产规模世界第一，三是消费量世界第一，四是出口量世界第一。综合来看，目前我国已是稀土大国，但还不是稀土强国，在核心专利拥有量、高端装备、高附加值产品、高新技术领域应用等方面尚有差距。

国务院于2015年5月发布的《中国制造2025》规划纲要提出力争通过三个十年的努力，到新中国成立一百年时，把我国建设成为引领世界制造业发展的制造强国。规划明确了十个重点领域的突破发展，即新一代信息技术产业、高档数控机床和机器人、航空航天装备、海洋工程装备及高技术船舶、先进轨道交通装备、节能与新能源汽车、电力装备、农机装备、新材料、生物医药及高性能医疗器械。稀土在这十个重点领域中都有十分重要而不可替代的应用。稀土产业链从矿石到原材料，再到新材料，最后到零部件、器件和整机，具有几倍，甚至百倍的倍增效应，给下游产业链带来明显的经济效益，并带来巨大的节能减排方面的社会效益。稀土应用对高新技术产业和先进制造业具有重要的支撑作用，稀土原材料应用与《中国制造2025》具有很高的关联度。

长期以来，发达国家对稀土的基础研究及前沿技术开发高度重视，并投入很多，以期保持在相关领域的领先地位。我国从新中国成立初开始，就高度重视稀土资源的开发、研究和应用。国家的各个五年计划的科技攻关项目、国家自然科学基金、国家“863计划”及“973计划”项目，以及相关的其他国家及地方的科技项目，都对稀土研发给予了长期持续的支持。我国稀土研发水平，从跟踪到并跑，再到领跑，有的学科方向已经处于领先水平。我国在稀土基础研究、前沿技术、工程化开发方面取得了举世瞩目的成就。

系统地总结、整理国内外重大稀土科技进展，出版有关稀土基础科学与工程技术的系列丛书，有助于促进我国稀土关键应用技术研发和产业化。目前国内外尚无在内容上涵盖稀土开采、冶炼分离以及应用技术领域，尤其是稀土在高新技术应用的系统性、综合性丛书。为配合实施国家稀土产业发展策略，加快产业调整升级，并为其提供决策参考和智力支持，中国稀土学会决定组织全国各领域著名专家、学者，整理、总结在稀土基础科学和工程技术上取得的重大进展、科技成果及国内外的研发动态，系统撰写稀土科学与技术方面的丛书。

在国家对稀土科学技术研究的大力支持和稀土科技工作者的不断努力下，我国在稀土研发和工程化技术方面获得了突出进展，并取得了不少具有自主知识产权的科技成果，为这套丛书的编写提供了充分的依据和丰富的素材。我相信这套丛书的出版对推动我国稀土科技理论体系的不断完善，总结稀土工程技术方面的进展，培养稀土科技人才，加快稀土科学技术学科建设与发展有重大而深远的意义。

中国稀土学会理事长
中国工程院院士 干勇

2016年1月

编者的话

稀土元素被誉为工业维生素和新材料的宝库，在传统产业转型升级和发展战略新兴产业中都大显身手。发达国家把稀土作为重要的战略元素，长期以来投入大量财力和科研资源用于稀土基础研究和工程化技术开发。多种稀土功能材料的问世和推广应用，对以航空航天、新能源、新材料、信息技术、先进制造业等为代表的高新技术产业发展起到了巨大的推动作用。

我国稀土科研及产品开发始于20世纪50年代。60年代开始了系统的稀土采、选、冶技术的研发，同时启动了稀土在钢铁中的推广应用，以及其他领域的应用研究。70~80年代紧跟国外稀土功能材料的研究步伐，我国在稀土钐钴、稀土钕铁硼等研发方面卓有成效地开展工作，同时陆续在催化、发光、储氢、晶体等方面加大了稀土功能材料研发及应用的力度。

经过半个多世纪几代稀土科技工作者的不懈努力，我国在稀土基础研究和产品开发上取得了举世瞩目的重大进展，在稀土开采、选冶领域，形成和确立了具有我国特色的稀土学科优势，如徐光宪院士创建了稀土串级萃取理论并成功应用，体现了中国稀土提取分离技术的特色和先进性。稀土采、选、冶方面的重大技术进步，使我国成为全球最大的稀土生产国，能够生产高质量和优良性价比的全谱系产品，满足国内外日益增长的需求。同时，我国在稀土功能材料的基础研究和工程化技术开发方面已跻身国际先进水平，成为全球最大的稀土功能材料生产国。

科技部于2016年2月17日公布了重点支持的高新技术领域，其中与稀土有关的研究包括：半导体照明用长寿命高效率的荧光粉材料、半导体器件、敏感元器件与传感器、稀有稀土金属精深产品制备技术，超导材料、镁合金、结构陶瓷、功能陶瓷制备技术，功能玻璃制备技术，新型催化剂制备及应用技术，燃料电池技术，煤燃烧污染防治技术，机动车排放控制技术，工业炉窑污染防治技术，工业有害废气控制技术，节能与新能源汽车技术。这些技术涉及电子信息、新材料、新能源与节能、资源与环境等较多的领域。由此可见稀土应用的重要性和应用范围之广。

稀土学科是涉及矿山、冶金、化学、材料、环境、能源、电子等的多专业的交叉学科。国内各出版社在不同时期出版了大量稀土方面的专著，涉及稀土地质、稀土采选冶、稀土功能材料及应用的各个方向和领域。有代表性的是1995年由徐光宪院士主编、冶金工业出版社出版的《稀土（上、中、下）》。国外有代表性的是由爱思唯尔（Elsevier）出版集团出版的“Handbook on the Physics and Chemistry of Rare Earths”（《稀土物理化学手册》）等，该书从1978年至今持续出版。总的来说，目前在内容上涵盖稀土开采、冶炼分离以及材料应用技术领域，尤其是高新技术应用的系统性、综合性丛书较少。

为此，中国稀土学会决定组织全国稀土各领域内著名专家、学者，编写《中国稀土科学与技术丛书》。中国稀土学会成立于1979年11月，是国家民政部登记注册的社团组织，是中国科协所属全国一级学会，2011年被民政部评为4A级社会组织。组织编写出版稀土科技书刊是学会的重要工作内容之一。出版这套丛书的目的，是为了较系统地总结、整理国内外稀土基础研究和工程化技术开发的重大进展，以利于相关理论和知识的传播，为稀土学界和产业界以及相关产业的有关人员提供参考和借鉴。

参与本丛书编写的作者，都是在稀土行业内有多年经验的资深专家学者，他们在百忙中参与了丛书的编写，为稀土学科的繁荣与发展付出了辛勤的劳动，对此中国稀土学会表示诚挚的感谢。

中国稀土学会

2016年3月

前　言

稀土元素无论是用作基质成分，还是用作激活剂、敏化剂、掺杂剂的发光和激光材料，统称为稀土发光（荧光）材料和稀土激光材料。稀土离子的发光和激光性能都是由稀土离子的4*f*电子在不同4*f*—4*f*能级、4*f*—5*d*能级及电荷转移态（CTB）等之间跃迁而产生的。除La、Lu、Y和Sc离子外，其他13个稀土离子具有丰富的能级，它们之间有4*f*电子跃迁特性，其中钷（Pm）因具有放射性，很少被研究。而La、Lu、Y和Sc被广泛用作基质，使发光和激光材料的性能产生了重大影响。稀土元素是巨大的发光和激光宝库，加之稀土离子和过渡族金属离子，特别是Bi^{3+}、Cr^{3+}、Mn^{2+}、Pb^{2+}、Tl^{+}、Mn^{4+}等离子的发光性质及可以发生耦合作用，使其光学光谱和能量传递内涵更加丰富。这些特性使稀土发光和激光材料在信息显示、光通信、照明光源、雷达、制导、农业、医学和生物学诊断、粒子探测、环境和气候变化等工业及军事学领域中获得了十分广泛的应用。

1852年，Stokes提出材料的发射波长永远长于激发波长的规律，1906年Becquerel发现某些稀土具有锐的吸收谱线，1907年首次观测到Gd_2O_3:Eu荧光体的红色阴极射线发光。20世纪40—50年代，学术界主要对Eu、Sm激活的碱土金属硫化物的发光性质予以仔细研究。20世纪60年代是稀土发光和激光的划时代转折点。20世纪60—70年代，Judd-Ofelt理论、晶场理论及能量传递理论的提出和发展使稀土发光和激光的发展进入鼎盛时代，为稀土发光和激光发展奠定理论基础。而这一时期也是高效稀土发光和激光材料诞生及辉煌发展的时代。这是得益于稀土分离技术的突破，高纯单一稀土氧化物的获取及稀土离子光谱学、4*f*电子组态能级和能量传递等基础研究，使一些新的发光和激光材料如雨后春笋般出现。如高效YVO_4:Eu、Y_2O_3:Eu及Y_2O_3S:Eu红色荧光粉，

$BaMgAl_{10}O_{17}$:Eu^{2+}蓝色和（Ce,Tb）$MgAl_{11}O_{19}$绿色荧光粉纷纷诞生，并很快用于彩色电视机和荧光灯中，从而诞生稀土荧光粉产业及产业链。与此同时，Sm^{2+}和Nd^{3+}分别掺杂的晶体和玻璃激光诞生，开创了稀土激光时代。特别是1964年发现的室温下可输出连续激光的Nd^{3+}:$Y_3Al_5O_{12}$(YAG）石榴石固体激光材料，一直到今天依然有影响。在此基础上又发展了三价Pr、Ho、Er、Tm、Yb离子掺杂的稀土石榴石体系家族的重要激光材料。在20世纪70年代观测到反Stokes定则的稀土上转换发光，催生了当今稀土上转换发光和激光、纳米上转换荧光体及其在医疗和生物学中的成功应用。进入20世纪90年代中期后，稀土激光重点从Nd^{3+}激光转移到重稀土离子的NIR-MIR激光及大功率、超快固体激光方向。

进入21世纪后，一些稀土离子的发光和激光新性能陆续被揭示，其研发的领域已和20世纪不同，发生战略性转移。例如20世纪为适应电真空照明光源需要，集中于Tb^{3+}、Eu^{3+}等离子的高能级光谱及能量传递特性研究。而现今转向为在强晶场环境下，对二价和三价稀土离子的发光行为的研究，以适用于蓝光或近紫外GaN LED芯片有机结合的新一代节能白光LED固态照明光源及其他新领域发展。在20世纪90年代以前，对Yb^{3+}、Sm^{3+}、Dy^{3+}的发光和激光等性能的研究比较缺乏。现今有待丰富Sm^{3+}、Dy^{3+}、Yb^{3+}等离子的光学性能，揭示Yb^{3+}的CTB等新光谱性能并赋予Yb^{3+}发展大功率激光的期望。人们已从Nd^{3+}激光转向重稀土离子方向，并和Dy^{3+}、Eu^{3+}、Tb^{3+}等离子的基态联系，不断提升高能量大功率激光，发展具有重要意义的中红外激光等。

我国具有世界上最丰富的稀土资源，包头具有丰厚的轻稀土资源，而江西有着独特的丰度很高的重稀土资源。经过多年发展，我国稀土元素分离技术和工业化已是世界首屈一指。99.9999%高纯轻重稀土氧化物可实现完全生产和出口，这为我国发展稀土发光和激光基础研究及多功能材料提供了可靠的物质保证，有利于我国从稀土大国走向稀土强国。

经过以往几十年的发展，人们对稀土离子掺杂的发光和激光材料的光谱性能及能量传递有了较深的了解。但是，长期以来，对每个三价和二价稀土离子的光学光谱和能量传递等性能研究报告均不够完整，体现出不完整性和不系统性，使人们缺少对每个稀土离子性能及相互耦合作用的关联性等微观和宏观性能的全面科学辩证认识，影响对新的多功能发光和激光材料的设计和潜在运用。特别是进入21世纪的20年来，科技发展迅猛，人们需要对现有的内容和新材料有一个系统性的认识和总结。为此，作者特地撰写本书，以期给人们在发展固体中稀土离子发光和激光新材料及新理论方面提供有益帮助，有利于我国在这一领域跨上新台阶。本书对某些新现象和规律进行总结，并提出观点。

本书简明叙述了光的吸收、激发和发射的光谱学，Judd-Ofelt理论，稀土离子的4*f*电子能级结构及相关跃迁基本原理；详细叙述稀土离子之间，以及与非稀土离子之间的辐射和无辐射能量传递机理，包括共振能量和I–H能量传递理论、声子辅助能量传递、激发能迁移、交叉弛豫能量传递及交换耦合传递等微观和宏观过程机理；讲述了几种稀土上转换发光和激光不同的机制；对发现的新现象和规律进行总结并提出观点。本书减少有关经典公式的推算，尽量结合作者团队的工作，增强图、表、文并茂的解释和分析，有利于对稀土离子性质更直观地认识及新材料和器件的设计与应用。

本书共分24章，第1~6章主要介绍稀土离子的一些基本理论；第7~23章对13种三价稀土离子、Eu^{2+}、其他Ln^{2+}的发光和激光等性能，以及与过渡族金属离子间的能量传递逐个进行了详细论述，以便人们对稀土离子的光学光谱学和能量传递等有全面系统的认识，同时也指出它们在一些领域中的重要用途；第24章内容为回顾和展望，提出一些新概念、新思想和挑战，有待攻克。

本书涉及的作者的基础研究工作，长期以来得到了国家自然科学基金委员会、国家“863”计划项目、吉林省科技厅及中科院等机构的关心和大力资助。撰写本书时，刘学莹博士收集了大量文献，并对发光在生物医学诊断和治疗等方面的应用提出宝贵意见。林海教授、石士考教授及他们的研究生帮忙处理了大量文稿。在撰写过程中还得到秦伟平、黄立辉等教授的大力支持和帮助。特别感谢刘璐璐、刘琳琳鼎力协助，付出了艰辛劳动，收集和处理了大量文献资料和初稿。本书出版得到了中国稀土学会的大力支持和资助。特别感谢张安文教授的关心及宝贵意见。若没有中国稀土学会领导的鼎力支持，此书难以面世。在此，一并表示衷心感谢。

本书遵循全面、系统、新颖、理论与实验结合的原则，并且尊重知识产权，尽量做到纲目条理清楚和完整，便于读者阅读和应用。

本书也涉及交叉学科和在不同领域的广泛应用。因此，本书可作为稀土科研和企业的科技人员的参考用书，也可作为大专院校多学科专业老师和学生的教学参考书。

由于作者水平所限，书中内容时间跨度大且丰富，可能存在不足之处，恳请读者不吝指教。

刘行仁于深圳寓所

2022 年春

目　　录

23 其他二价稀土离子的发光光谱 …… 485

24 回顾和展望 …… 501

1　稀土离子的电子组态、光谱项与跃迁的基本原理

镧系元素（Ln）是指元素周期表中从原子序数57的镧（La）到71的镥（Lu）的15个元素。镧系元素加上同族（ⅢB）的钪（Sc）和钇（Y）共17个元素称为稀土元素（rare earths，RE）。一般常将La到Eu 7个元素称为轻稀土元素，其中原子序数61的钷（Pm）为放射性元素，工作中一般不涉及它。而钆（Gd）到镥（Lu），加上钇（Y）共9个元素统称为重稀土元素。

习惯上称为稀土离子的发光和激光（其中钪、钇、镧及镥只用作基质）实际是镧系离子的发光和激光。它们的发光和激光性能都是由于稀土离子的4*f*电子在不同能级之间的跃迁而产生的。在4*f*电子组态不同能级间的跃迁称为4*f*—4*f*（*f*—*f*）跃迁；而在4*f*和5*d*组态之间的跃迁称为4*f*—5*d*（*f*—*d*）跃迁；还有较晚发现的、近年来才受到重视的Yb^{3+}的电荷转移态（CTS）—4*f*跃迁的发光。通常所说的发光稀土离子是指除Sc、Y、La、Lu和Pm以外的其他稀土离子。

很多稀土离子具有非常丰富的能级和它们的4*f*能级电子跃迁特性，使稀土元素成为巨大的发光和激光宝库，在信息显示、光通信、照明光源、雷达、制导、农业、医学和生物学诊断、高能粒子探测、环境和气候变化及军事等重大领域中获得广泛应用，成为战略物资，一直受到关注。

本章简述了稀土离子的电子组态、*f*—*f*跃迁和电荷转移态（CTS），总结了CTS的特性和规律，介绍了超灵敏跃迁。其中Yb^{3+}的CTS—4*f*跃迁将在第20章介绍。

1.1　稀土离子的电子组态

1.1.1　电子组态和光谱项

三价发光的稀土离子（除Ce^{3+}以外），无论在什么晶体或无定型凝聚态材料中，它们的发光和激光光谱都是锐线谱。能级结构基本上和自由离子相同，具有各自的特征谱线。三价稀土离子的这种特殊光学光谱性质来源于它们的4*f*电子组态结构，4*f*壳层上的电子受外电子壳层$5s^2 5p^6$屏蔽，仅受晶场强度和环境弱作用。

众所周知，钇原子的电子组态为：$1s^2 2s^2 2p^6 3s^2 3p^6 3d^{10} 4s^2 4p^6 4d^1 5s^2$。镧系原子的电子组态为：$1s^2 2s^2 2p^6 3s^2 3p^6 3d^{10} 4s^2 4p^6 4d^{10} 4f^n 5s^2 5p^6 5d^m 6s^2$。电子填充情况取决于各支壳能量高低。能量低的先填充，然后填充高的。5*s*、5*p*和6*s*壳层能量比4*f*低，而5*d*和4*f*能量差不多。故电子先填5*s*、5*p*、6*s*，再填4*f*轨道。电子填充在内层的4*f*轨道中，*f*轨道的轨道角动量$l=3$，轨道数目为$2l+1=7$。根据洪特（Hund）定则，最低的能态首先应该是有尽可能多的电子自旋是平行的。4*f*轨道上最多可容纳14个电子，即$n=2\times(2l+1)=14$。

每个轨道上 $4f$ 电子数目为 0、7（半充满）或 14（全充满）时最稳定。按 Pauli 不相容原理，每个子轨道可容纳两个自旋方向相反的电子。

为了描述原子中电子的运动状态和能级，除了电子组态外，还必须用光谱项。光谱项是采用若干量子数对电子某种能量状态的一种表征方式。对三价稀土的光谱项采用 ^{2s+1}L 符号表示，而光谱支项表示为 $^{2s+1}L_J$ 符号。每一个光谱支项相当于一个能量状态或能级。符号中的 $2s+1$ 为自旋多重性（其中，s 为总自旋量子数，L 为总轨道量子数）。当 $4f$ 电子依次填入不同磁量子数值的子轨道时，组成镧系离子基态的总轨道量子数为 L、总自旋量子数为 S、总角动量量子数为 J，并用 $^{2s+1}L_J$ 表示光谱支项。L=0、1、2、3、4、5、6、7、8 等分别以 S、P、D、F、G、H、I、J、K、L 等依次表示[1]。按洪特定则确定能量状态或能级高低。对同一电子层结构得到的光谱项，S 最大，则能级最低；S 相同，L 最大时，能级最低。J 的数目为（$2s+1$）个。当 $4f$ 电子数小于 7 时，$J=L-S$；当 $4f$ 电子数大于 7 时，$J=L+S$。

下面分别用重要的激光离子 $Nd^{3+}(4f^3)$ 和发光离子 $Eu^{3+}(4f^6)$ 的光谱支项予以说明。

$Nd^{3+}(4f^3)$ 有 3 个 $4f$ 电子平行自旋排列，$S=1/2\times3 = 3/2$，$4f$ 电子磁量子数 m 有 7 个值，m=−3、−2、−1、0、1、2、3。这 3 个电子各占有 m=1、2、3（优先占最大的值），则最大的磁量子数 $M=\Sigma m=6$，故 $L=6$。则 Nd^{3+} 的基态的光谱项应为 I，它的多重性 $2S+1=2\times3/2+1=4$。Nd^{3+} 光谱支项有 4 个值，即 $J=(L-S)$、$(L-S+1)$、$(L-S+2)$、$(L-S+3)$ = 9/2、11/2、13/2、15/2。所以 Nd^{3+} 离子的基态光谱（支）项写成 $^4I_{9/2}$、$^4I_{11/2}$、$^4I_{13/2}$、$^4I_{15/2}$。

$Eu^{3+}(4f^6)$ 有 6 个 $4f$ 电子平行自旋排列，$S=1/2\times6=3$，$L=|\Sigma mi|=|(-3)+(-2)+(-1)+0+1+2|=3$。则 Eu^{3+} 的基态光谱项应为 F，它的光谱支项有 $2S+1=7$ 个，即 $J=(L-S)$、$(L-S+1)$、$(L-S+2)$、$(L-S+3)$、$(L+S-2)$、$(L+S-1)$、$(L+S-0)$ = 0、1、2、3、4、5、6。故 Eu^{3+} 离子的基态光谱（支）项写成 $^7F_0$、$^7F_1$、$^7F_2$、$^7F_3$、$^7F_4$、$^7F_5$、$^7F_6$。

其他三价稀土离子的基态光谱项如此类推。镧系原子和离子的电子组态和基态光谱项见表 1-1。

表 1-1 镧系原子和离子的电子组态

镧系	RE	RE^+	RE^{2+}	RE^{3+}
La	$4f^05d6s^2(^2D_{1/2})$	$4f^06s^2(^1S_0)$	$4f^06s(^2S_{1/2})$	$4f^0(^1S_0)$
Ce	$4f5d6s^2(^1G_4)$	$4f5d6s(^2G_{7/2})$	$4f^2(^3H_4)$	$4f(^2F_{5/2})$
Pr	$4f^36s^2(^4I_{9/2})$	$4f^36s(^5I_4)$	$4f^3(^4I_{9/2})$	$4f^2(^3H_4)$
Nd	$4f^46s^2(^5I_4)$	$4f^46s(^6I_{7/2})$	$4f^4(^5I_4)$	$4f^3(^4I_{9/2})$
Pm	$4f^56s^2(^6H_{5/2})$	$4f^56s(^7H_2)$	$4f^5(^6H_{5/2})$	$4f^4(^5I_4)$
Sm	$4f^66s^2(^7F_0)$	$4f^66s(^8F_{1/2})$	$4f^6(^7F_0)$	$4f^5(^6H_{5/2})$
Eu	$4f^76s^2(^8S_{7/2})$	$4f^76s(^9S_4)$	$4f^7(^8S_{7/2})$	$4f^6(^7F_0)$
Gd	$4f^75d6s^2(^9D_2)$	$4f^75d6s(^{10}D_{5/2})$	$4f^75d(^9D_2)$	$4f^7(^8S_{7/2})$
Tb	$4f^96s^2(^6H_{15/2})$	$4f^96s(^7H_8)$	$4f^9(^6H_{15/2})$	$4f^8(^7F_0)$

续表 1-1

镧系	RE	RE^+	RE^{2+}	RE^{3+}
Dy	$4f^{10}6s^2(^5I_8)$	$4f^{10}6s(^6I_{17/2})$	$4f^{10}(^5I_8)$	$4f^9(^6H_{15/2})$
Ho	$4f^{11}6s^2(^4I_{15/2})$	$4f^{11}6s(^5I_8)$	$4f^{11}(^4I_{15/2})$	$4f^{10}(^5I_8)$
Er	$4f^{12}6s^2(^3H_6)$	$4f^{12}6s(^4H_{13/2})$	$4f^{12}(^3H_6)$	$4f^{11}(^4I_{15/2})$
Tm	$4f^{13}6s^2(^2F_{7/2})$	$4f^{13}6s(^3F_4)$	$4f^{13}(^2F_{7/2})$	$4f^{12}(^3H_6)$
Yb	$4f^{14}6s^2(^1S_0)$	$4f^{14}6s(^2S_{1/2})$	$4f^{14}(^1S_0)$	$4f^{13}(^2F_{7/2})$
Lu	$4f^{14}5d6s^2(^2D_{1/2})$	$4f^{14}6s(^1S_0)$	$4f^{14}6s(^2S_{1/2})$	$4f^{14}(^1S_0)$

钇和镧系离子的特征价态为+3，当形成正三价离子时，其电子组态为：Y^{3+}：$1s^22s^22p^63s^23p^63d^{10}4s^24p^6$；$Ln^{3+}$：$1s^22s^22p^63s^23p^63d^{10}4s^24p^64d^{10}4f^n5s^25p^6$。

三价镧系离子基态光谱项的量子数 S、L、J 见表 1-2。表中 Δ 值为平均值，在不同材料中稍有差别。

表 1-2 三价镧系离子基态光谱项的量子数 S、L、J 及旋轨耦合系数 ζ_{4f} 和基态与最靠近的另一 J 多重态之间的能量差 $\Delta^{(1)}$

RE^{3+}	f 电子数	L	S	J	Δ/cm^{-1}	ζ_{4f}/cm^{-1}
La	0	0	0	0		
Ce	1	3	1/2	5/2	2200	640
Pr	2	5	1	4	2150	750
Nd	3	6	3/2	9/2	1900	900
Pm	4	6	2	4	1600	1070
Sm	5	5	5/2	5/2	1000	1200
Eu	6	3	3	0	350	1320
Gd	7	0	7/2	7/2		1620
Tb	8	3	3	6	2000	1700
Dy	9	5	5/2	5/2	3300	1900
Ho	10	6	2	8	5200	2160
Er	11	6	3/2	15/2	6500	2440
Tm	12	5	1	6	8300	2640
Yb	13	3	1/2	7/2	10300	2880
Lu	14	0	0	0		

由此可见，镧系原子和离子的电子组态具有如下的特征：

（1）在中性原子中，没有 $4f$ 电子的 $La(4f^0)$、$4f$ 电子半充满的 $Gd(4f^7)$ 和 $4f$ 电子全充满的 $Lu(4f^{14})$ 都有一个 $5d$ 电子，即 $m=1$；此外，铈原子也有一个 $5d$ 电子，其他镧

系原子的 m 都为 0。

（2）镧系的 $4f$ 电子在空间上受外层的充满电子的 $5s^2 5p^6$ 壳层所屏蔽，故受外界的电场、磁场和配位场等影响较小，它们的性质显著不同于过渡族元素的离子，后者的 d 电子是裸露在外，故它们的光谱性质受外界的影响较大。

（3）没有 $4f$ 电子的 Sc^{3+} 和 Y^{3+}，La($4f^0$) 及 Lu($4f^{14}$)，它们具有光学惰性，很适于用作发光和激光的基质。

（4）三价镧系离子的总的自旋量子数 S 随原子序数变化，在 Gd^{3+} 呈转折点。而总轨道量子数 L 和总角动量子数 J 随原子序数的变化具有双峰周期变化。

1.1.2 三价镧系离子的能级和能级图

20 世纪 60 年代，在大量实验和理论计算工作上，Dieke 总结人们熟悉的三价镧系离子在 $LaCl_3$ 晶体中 $4f$ 电子能级[2]，绘制了三价稀土离子能级示意图，如图 1-1 所示。电子能级变化能量值仅数百波数。这个能级图对任何晶场环境下的镧系离子是适用的，故被广泛传播使用。后来人们对能级有了更全面和精确的确定，将在后面相关章节中介绍。自 20 世纪 90 年代以来，人们深入研究后发现，原三价稀土离子能级图中，将 Tm^{3+} 的 $^3H_4$ 和 $^3F_4$ 能级的能量位置标注反了。笔者特在此纠正（见图 1-1）。

到 20 世纪 90 年代末，由于 VUV 发光和平板显示器（PDP）技术推动，荷兰 Meijerink 和 Wegh 依据某些氟化物中三价稀土离子的 VUV 光谱计算 $40\times10^3 \sim 70\times10^3 cm^{-1}$ 更高能级能量位置[3]。这样，使三价稀土离子能级图扩展到真空紫外区，从而使人们对稀土离子能级有一个总体认识，有益于帮助分析指认和确定光谱能级归属，但依然有不够精准的地方。

由图 1-1 的稀土离子能级图可见，Gd 以前的轻镧系元素的光谱项的 J 值是从小到大向上排列的；而 Gd 以后的重镧系元素的 J 值则是从大到小向上反序排列的。钆以前的 $f^n(n=0\sim6)$ 元素和钆以后的 f^{14-n} 元素是一对共轭元素，它们具有类似的光谱项，只是由于重镧系的自旋-轨道耦合系数 ξ_{4f} 大于轻镧系（见表 1-2），致使钆以后的 $4f^{14-n}$ 元素的多重态能级之间的间隔大于钆以前的 f^n 元素。

镧系自由离子受电子互斥、自旋-轨道耦合、晶场和磁场等的作用，对其能级位置和劈裂均有所影响。这些微扰引起 $4f^n$ 组态劈裂的大小顺序为：电子互斥作用>旋轨耦合作用>晶场作用>磁场作用。

由于 $4f^n$ 受 $5s^2 5p^6$ 电子组态所屏蔽，故晶场对 $4f^n$ 电子作用小，引起的劈裂一般只有几百个波数。

能级的简并度与 $4f^n$ 中的电子数 n 的关系属奇偶数变化。当 n 为偶数时（即原子序为奇数，J 为整数时），每个态是 $2J+1$ 度简并，在晶场的作用下，取决于晶场的对称性，可劈裂为 $2J+1$ 个能级。当 n 为奇数时（即原子序为偶数，J 为半整数时），每个态是 $(2J+1)/2$ 度简并（Kremers 简并），在晶场作用下，取决于晶场的对称性，只能劈裂为 $(2J+1)/2$ 个。

图 1-1 中所示的每个能级的密度表示在此能级内劈裂的幅度，而主要的光发射能级用相应能级下半圆表示。大多数发射能级与下面邻近较低能级至少隔开 $2000cm^{-1}$ 或更大。激发态经由两种竞争的途径。一种途径是光发射，另一种是声子发射。而声子发射的比率

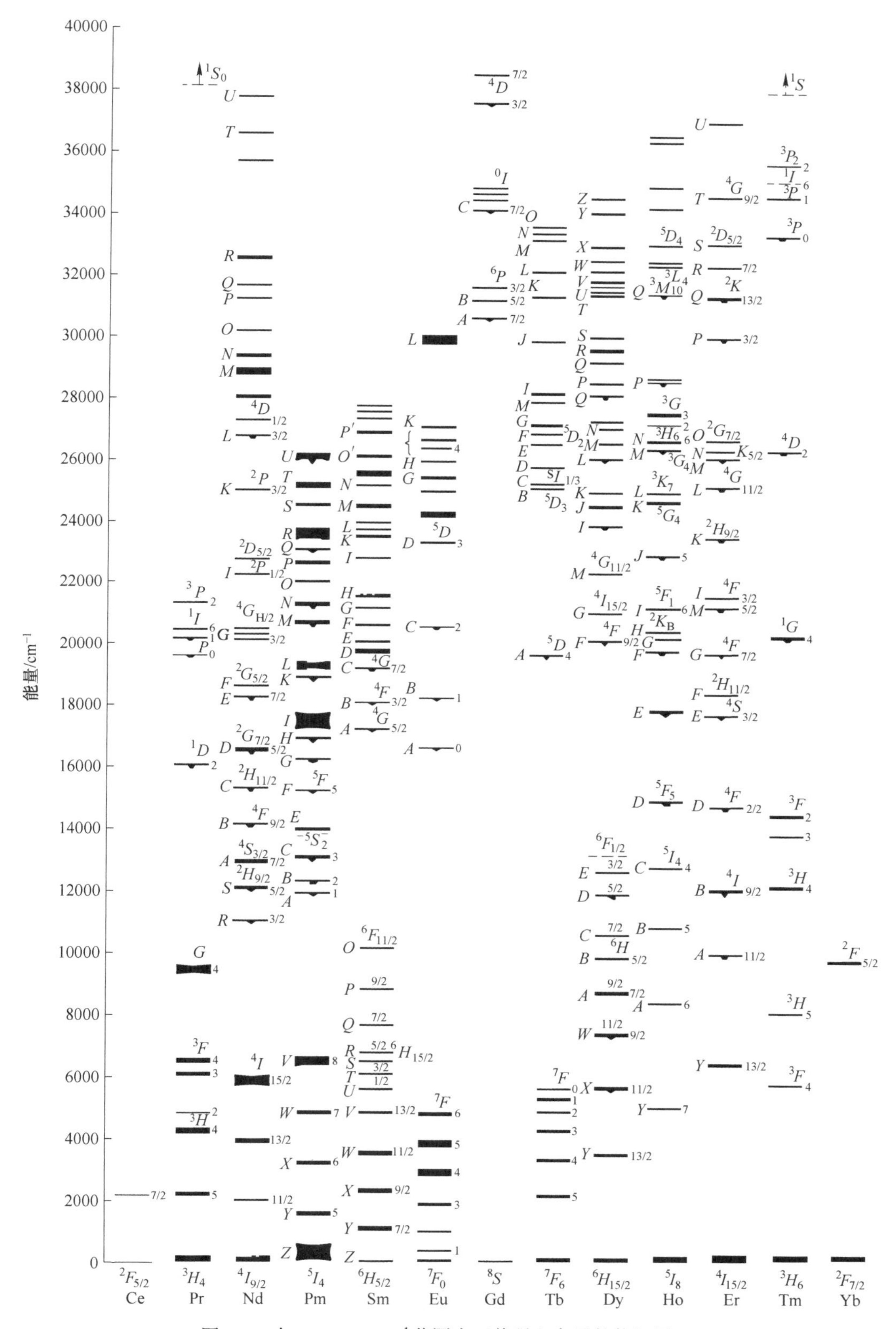

图 1-1 在 0~40000cm^{-1}范围内三价稀土离子的能级图

ω 是与构建的能隙有关联的同时发射声子数目有关。ω 可表示为[4]：

$$\omega \cong \exp[-K\Delta E/(h\nu_{max})] \tag{1-1}$$

式中，ΔE 为与下面最近邻能级的能隙；$h\nu_{max}$ 为与发射态耦合的声子最大能量；K 为晶格耦合参数。

由式（1-1）可以看出，随着 ΔE 增大，声子发射比率迅速减小。这样，光的发射或辐射过程成为主导。

1.2 稀土离子的 *f*—*f* 能级跃迁

稀土离子从基态或下能级吸收能量跃迁至上能级时发生光的吸收（激发）。从激发态上能级跃迁至下能级或基态时发生光的发射或辐射过程。

能级间的电子跃迁要符合某些选择定则。一般地，电偶极跃迁容易发生，其次是磁偶极跃迁，难以发生的是电四极跃迁。决定电偶极跃迁的选择定则主要有：（1）拉鲍特（Laporte）选择定则。$d \rightarrow d$ 和 $f \rightarrow f$ 之间跃迁是禁戒的。（2）自旋选择定则。大部分三价镧系离子的吸收光谱与荧光光谱主要发生在内层的 4*f*—4*f* 能级之间的跃迁。根据选择定则，这种 $\Delta L=0$ 的电偶极跃迁原属禁戒。但在晶体、玻璃介质中，由于 4*f* 轨道与其他轨道产生部分耦合，或对称性偏离反演中心，使原属禁戒的 *f*—*f* 跃迁变为允许跃迁。

依据 Judd-Ofelt 理论，三价稀土离子电偶极跃迁的选择定则为：$\Delta f=\pm1$，$\Delta S=0$，$|\Delta L|\leqslant6$，$|\Delta J|\leqslant6$，当 J 或 $J'=0$ 时，$|\Delta J|=2$、4、6。由于电偶极矩是奇宇称的，终态的宇称不能与初态相同。

磁偶极跃迁在相同组态中的能级间是允许的。磁偶极跃迁的选择定则是：$\Delta J=0$，±1，$\Delta L=0$，$\Delta S=0$。由于磁偶极矩是偶宇称的，终态的宇称必须与初态的宇称相同。

这些 4*f* 能级间的跃迁，其跃迁概率、振子强度等参数可以通过 Judd-Ofelt 理论计算得到。其计算结果与实验数据能很好地吻合，可有力说明镧系离子的光谱特性。这种强制性的 *f*—*f* 跃迁，使镧系离子的光谱具有谱线强度较弱（振子强度的 10^{-6}）、呈锐窄线状和荧光寿命较长（数百微秒至毫秒量级）等特点。在第 2 章中将介绍 4*f*—4*f* 跃迁的光学光谱强度理论——J-O 理论及参数。

1.3 $4f^n$—$4f^{n-1}5d$(*f*—*d*) 态与电荷转移态

$4f^{n-1}5d^1$ 态与电荷转移态（CTS）是性质完全不同的两种电子状态。$4f^{n-1}5d^1$ 耦合态是一个 4*f* 电子转移到 5*d* 轨道产生的电子态。电荷转移态则是电子由邻近的阴离子转移到 4*f* 轨道产生的电子态。两种过程都是自旋允许的，光学吸收都很强，大都处于紫外区域，能量数量级相同。

1.3.1 *f*—*d* 态

$4f^n \rightarrow 4f^{n-1}5d^1$(*f*—*d*) 跃迁是宽带吸收和宽带发射。由于 5*d* 轨道裸露在外层，受外界环境影响严重。主要体现在 5*d* 态的重心能量位置由化学键性质（共价键和离子键）决定，同时 5d 态的劈裂程度取决于晶场强度。故 $f \rightleftharpoons d$ 跃迁的光谱带随晶体结构、晶场环境而发生大的变化。例如，在 $LaMg_2Al_{11}O_{19}$ 磁铅矿中，Ce^{3+} 的 $f \rightleftharpoons d$ 吸收（激发）光谱位于短波和长波紫外区。而在晶场强度很强的 $Y_3Al_5O_{12}$ 石榴石中，Ce^{3+} 的最低 $f \rightarrow d$ 跃迁吸收（激发）光谱位于蓝波段光谱区；而 $d \rightarrow f$ 跃迁发射则位于黄-绿光谱区。这种特性是 Ce^{3+} 激活这两种荧光体在高效稀土荧光灯和白光 LED 光源中应用的依据。通常可以观测 f—d 跃迁的镧系离子主要有 Ce^{3+}、Pr^{3+}、Tb^{3+}、Sm^{3+}、Dy^{3+} 及 Eu^{2+}、Sm^{2+}、Yb^{2+}、Tm^{2+} 等离子，其中 Ce^{3+} 和 Eu^{2+} 特别重要，研究和应用最多，在后面章节中将详细论述。而其他 RE^{3+} 的 CTS 的能量位置太高，不易观测到。

经过多年在不同化合物中对三价镧系离子的 f—d 态和电荷转移态（CTS）的研究，总结得到如图 1-2 所示的镧系离子的 f—d 和 CTS 的能量位置。此规律和趋势在不同化合物中是一致的，故为人们公认和使用。

1.3.2 镧系离子的电荷转移态

早在 1962 年，Jϕrgensen 发现[6]，非水溶液中 $Nd^{3+}(4f^{3+})$、$Sm^{3+}(4f^5)$、$Eu^{3+}(4f^6)$、$Tm^{3+}(4f^{12})$ 和 $Yb^{3+}(4f^{13})$ 在紫外区域中呈现强而宽的吸收带。他认为这种吸收是由阴离子配位体的最高占有轨道中的一个电子转移至镧系离子的 4f 轨道产生的，即形成电荷转移态（CTS）的跃迁吸收。这种吸收带又称电荷转移带（CTB）。Jϕrgensen 提出了精细电子自旋配对能理论（refined spin-pairing energy theory，RESPET），推导配体中的一个电子转移到三价镧系离子的 4f 组态时，这个电荷转移过程的能量变化公式[6-7]如下：

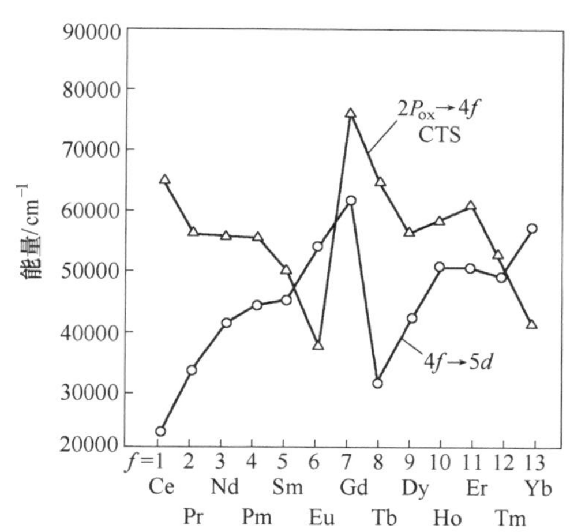

图 1-2 三价镧系离子 4f—5d 和 CTS 跃迁能量[4-5]

$$E(\mathrm{CTB}) = W - q(E - A) + \frac{1}{13}N(S)D + M(L)E^3 + P(S, L, J)\xi \qquad (1\text{-}2)$$

式中，W 为 4f 族中一个常数；($E-A$) 为在部分填满壳层中更强的核引力 E 和电子向增强的排斥力 A 之间的差；$N(S)D$ 为 f^n 和 f^{n-1} 组态的自旋成对能量差；D 为自旋成对参数，等于 $9/8E^1$，Racah 参数 E^1 对+2 和+3 价氧化态而言是相同的；$M(L)E^3$ 为具有 S_{max} 的终态之间的能量差，它们仅与 Racah 参数 E^3 有关联；$P(S, L, J)\xi$ 为自旋-轨道耦合作用。

基质晶格对 E^1、E^3 及 ξ 仅有较小的影响。($E-A$) 值随水溶液离子（共价性）的 2900cm^{-1} 到碘络合物仅增加到 3300cm^{-1}。一些参数可在相关文献[8-9]中查到。利用式（1-2）计算了 Nd^{3+}、Sm^{3+}、Dy^{3+}、Ho^{3+}、Er^{3+} 和 Tm^{3+} 稀土离子在硫代镓酸钙 $CaGa_2S_4$ 中的电荷转移激发带（CTB）能量[7]。这些离子的实验观测值与理论推算值一致，偏差小，得到 W=52800cm^{-1}，$E-A$=3400cm^{-1}。这些离子的 CTB 的能量见表 1-3。后来，Nakazawa 提议对 Jϕrgensen 方程修正。在 $LaPO_4$ 中所观测到的和理论计算的 Ln^{3+} 最低的 f—d 跃迁能量和 CTB 能量列在表 1-3 中。

表 1-3　$LaPO_4$[5,10] 和 $CaGa_2S_4$[7] 中 Ln^{3+} 的计算和观测到的 *f*—*d* 和 CTB 能量

n	$\Delta U(n)$ /cm^{-1}	Ln^{3+}	*f*—*d*/cm^{-1}		CT/cm^{-1}		CT/cm^{-1}	
			计算	观测	计算	观测	计算	观测
0		La^{3+}			78000	—		
1	1200	Ce^{3+}	36200	36600	66100	—		
2	13400	Pr^{3+}	49900	48800	57500	约 57000		
3	22200	Nd^{3+}	59000	约 59000	57800	58400	32200	32150
4	22200	Pm^{3+}	59900	—	58200	—		
5	22100	Sm^{3+}	60600	60300	50000	49800	22500	24500
6	30500	Eu^{3+}	70000	—	39200	39000		
7	41600	Gd^{3+}	81900	—	78500	—		
8	2500	Tb^{3+}	43700	44200	66700	—		
9	14600	Dy^{3+}	56700	<59000	58700	58200	31700	31050
10	22900	Ho^{3+}	65900	—	59600	60000	32300	31100
11	22200	Er^{3+}	6100	—	60800	>57800	33800	32500
12	21300	Tm^{3+}	66100	—	53400	53400	25700	26500
13	28900	Yb^{3+}	74600	—	42800	43000		
14	39800	Lu^{3+}	80400	—				

Ln^{3+}在基质中阳离子相同而阴离子不同的情况下，如在 Y_2O_2S、YOBr、YOCl、YPO_4、Y_2O_3 和 YBO_3 中，Ln^{3+}的 CTB 能量顺序与这些配体的电子亲和力有如下顺序关系：S <Br <Cl<AlO_4<O<BO_3<PO_4。

此外，配位的电子亲和力对 CT 跃迁的能量的影响比带隙能量影响小，具有不同带隙能量的基质可以反映此情况。

因为硫的极化度比氧高得多，产生的电子云扩大效应大，因而硫化物中的 Ln^{3+} 的电荷转移带 CTB 的能量位置比氧化物中低。高效的 $Y_2O_2S:Eu^{3+}$ 红色荧光体的激发光谱是由 Eu-O 和 Eu-S 组成的 CTB，如图 1-3 所示。笔者[11] 和 Ropp[12] 测试 Y_2O_2S 中 Eu^{3+} 发射的激发光谱一致，其 Eu-S 的 CTB 均位于约 31000cm^{-1}，而 Eu-O 的 CTB 约 38000cm^{-1}。而在高效的 Y_2O_3 中 Eu^{3+} 的 CTB 大约为 40. 0000cm^{-1}（250nm），能被 253. 7nm 汞灯高效激发，一直用作荧光灯的红色荧光体。在 Y_2O_2S 中 Tm^{3+} 和 Yb^{3+} 的 CTB 分别位于 46200cm^{-1} 和 35500cm^{-1}附近。这与表 1-3 中 $LaPO_4$ 中 Tm^{3+} 与 Yb^{3+} 的 CTB 能量差距基本一致。Sm^{3+} 的 CTB 比 Eu^{2+} 高，在 Y_2O_2S 中也得到证实[11]。

又如 $Ca_{0.96}Ln_{0.02}Na_{0.02}Ga_2S_4$ 或者表示为 $CaGa_2S_4:Ln^{3+}$，Na^{3+}（Na^{3+} 离子为电荷补偿剂）荧光体中，室温时 Dy^{3+} 的 $^4F_{9/2} \to {}^6H_{13/2}$，$Er^{3+}$ 的 $^4S_{3/2} \to {}^4I_{15/2}$ 及 Tm^{3+} 的 $^3F_4 \to {}^3H_6$ 跃迁

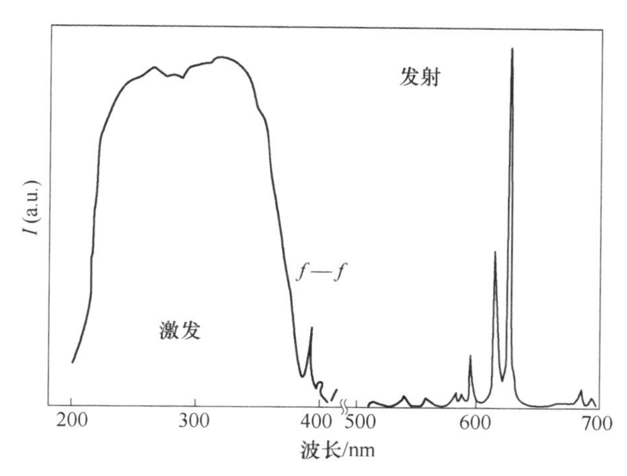

图 1-3 在 Y_2O_2S 中 Eu^{3+} 的 626nm 发射的激发光谱和在 320nm 激发下的发射光谱[11]

发射的激发光谱。它们的 CTB 能量位置和变化规律（趋势）见表 1-3。在 322nm 对 $CaGa_2S_4$ 中 Ln^{3+} 的 CTB 激发时，室温下，Ln^{3+} 的 CTB 激发的发射光谱均呈现 Ln^{3+} 的特征线状光谱。这里选用硫代镓酸盐是因其具有低声子能量，$4f$ 能级间的多声子弛豫速率小。当发射能级与最近邻低能级之间的能隙达到约 $1800cm^{-1}$ 时，室温时无辐射去激励的概率变得很低。这样，大部分 Ln^{3+} 呈现多个发射能级。这些 Ln^{3+} 的 CTB 的光谱性质可为设计新的高效发光和激光材料提供帮助。

由于 Eu^{3+} 是很重要的红色荧光体的激活剂，故 1995 年以前对 Eu^{3+} 的包括 CTB 在内的许多发光性质予以很大的关切。依据选择定则 Eu^{3+} 的磁偶极跃迁发射 $^5D_0 \rightarrow ^7F_1$（对晶体环境不敏感）和受迫的电偶极跃迁发射 $^5D_0 \rightarrow ^7F_J$，$J=0$，2，4，6（如果 Eu^{3+} 所在格位上是反演对称）是允许的。

一般规则随氧化态增加，Ln^{3+} 的 CTB 移向低能处，相反，Rydberq 跃迁（如 $4f \rightarrow 5d$ 跃迁）移向高能。因此，人们可预期 Ln^{4+} 的最低吸收带是因 CT 跃迁，Ln^{2+} 的最低吸收带则是 $4f \rightarrow 5d$ 跃迁。

总之，$5d$ 态主要受晶场作用劈裂。一般八面体或四面体对称时劈裂成 $3t_{2g}$ 和 $2e_g$ 分支。晶场强度越高，它们的能量位置越低。最明显的例子是 Ce^{3+}。例如在 $LaMgAl_{11}O_{19}$ 中，Ce^{3+} 的 $5d$ 态劈裂后的最低子能级在约 270nm（$37037cm^{-1}$）处；而在 $Y_3Al_5O_{12}$ 石榴石中则位于约 458nm（$21830cm^{-1}$）处。对 Ce^{3+} 和 Eu^{2+} 的 $5d$ 能态的劈裂，张思远等人还指出 $10D_q$ 劈裂和环境因子（F_c）之间有如下关系[13]：

$$F_c = \frac{E_h Q f_i}{N} \tag{1-3}$$

式中，E_h 为平均能隙的同极部分，依据介电理论，E_h 的物理解释是键的共价性起源及来自偶极矩和其他多极矩之间的耦合，可以表达为 $E_h = 39.74R^{-2.48}$，R 为键长；N 为中心离子的配位数；f_i 为键的离子性（程度），即中心离子与最近的近邻成键的离子性；Q 为近邻阴离子电荷。

利用 $10D_q$ 和 F_c 之间的关系，由吻合方程式[13]：

$$10D_q(Eu^{2+}) = 4.99 + 18.77F_c \tag{1-4}$$

$$10D_q(Ce^{3+}) = 3.27 + 14.34F_c \tag{1-5}$$

获得在许多卤化物晶体中 Eu^{2+}、Ce^{3+} 相关的晶体环境因子和 $10D_q$ 劈裂值。其 $10D_q$ 劈裂的计算值和实验一致。f—d 跃迁中，最重要的是 Ce^{3+}、Eu^{2+} 的 $4f$—$5d$ 跃迁吸收（激发）及发射光谱均为强而宽的谱带。Ce^{3+} 的荧光寿命很短，纳秒级；而 Eu^{2+} 是微秒级。

相反，镧系离子的 CTB 与晶场强度无关。它们的能量位置主要与下述因素有关：围绕镧系中心的近邻原子的对称和配位数，近邻原子极化率的程度，结构键合中共价性/离子性比，涉及电子云扩大效应等因素，即 CTB 位置能量随化学键的共价程度的增加和电云扩大效应增大，配体的电负性减小等因素而下降。但 Ln^{3+}（除 Ce^{3+} 外）的 CTB 引起的相应的 Ln^{3+} 的发光又分两种情况：

（1）Ln^{3+}（除 Ce^{3+}、Yb^{3+} 以外）的 CTB 的激发（吸收）能量先传递给与这能量匹配得较高的 Ln^{3+} 的 $4f$ 能级，然后由此向低能 $4f$ 能级辐射跃迁。其特征：激发光谱为宽谱带，而发射光谱为锐谱线，荧光寿命毫秒量级。

（2）Yb^{3+} 的 CTB 可将激发（吸收）能量直接传递给 Yb^{3+} 的 ^2F_J（$J=5/2$，$7/2$）能级，产生 YbCTB $\rightarrow {}^2F_J$ 能级辐射跃迁。其特征激发光谱为宽谱带，发射光谱为两个宽谱带。它们的能量差等于 Yb^{3+} 的 $^2F_{5/2} \rightarrow {}^2F_{7/2}$ 能级量差，荧光寿命为纳秒量级。

1.4　Ln^{3+} 的 f—f 超灵敏跃迁

Ln^{3+} 的 f—f 跃迁光谱在不同基质中各个谱线的强度之间的比例几乎不变。但是在不同晶体环境中，Ln^{3+} 的某些 f—f 吸收跃迁强度相差很大。这种现象称为超灵敏跃迁（HST）。早期许多实验结果一致表明这种 HTS 是电四偶极跃迁[14]。故这种跃迁的选择定则是 $\Delta S=0$，$\Delta L\leqslant 2$，$\Delta J\leqslant 2$。这种规则和电四极的选择定则相同。早期也曾称为超灵敏赝四级跃迁。这种 HTS 包括奇偶宇称没有变化，且 f^n 组态内跃迁是允许的。

Ln^{3+} 的 HST 除满足选择定则的能级之外，还需满足局部格位对称性（一次）晶体场。在 32 个点群中，仅有 10 个符合 HST：C_s，C_1，C_2，C_{2v}，C_3，C_{3v}，C_4，C_{4v}，C_6 和 C_{6v}。例如人们熟悉的 Y_2O_3 中 Eu^{3+} 占有 C_2 和 S_6 两种格位，均符合 $^5D_0 \rightarrow {}^7F_2$HST 选择定则。但仅有占据具有线性（一次）晶体场项的 C_2 格位 Eu^{3+} 具有 HST 现象，发射很强的 611nm；而占据不具有线性（一次）晶体项的 S_6 格位 Eu^{3+} 的 584.5nm 发射强度很弱，不呈现 HST。在 254nm 激发下，611nm(C_2)与 585nm（S_6）的强度比约为 14 : 1[15]。比较在 Y-Al 含氧化合物中，Nd^{3+} 的超灵敏跃迁强度按以下顺序变化：$Y_2O_3>YAlO_3>Y_3Al_5O_{12}$。在这些基质晶格中 Nd^{3+} 的格位对称性分别为 C_2 和 C_{3i1}，D_2 和 C_{1n}。此外还需考虑键长。在 Y_2O_3 中 Y^{3+} 是六配位，在 C_2 格位上 Y—O 键距平均 0.2263nm；在 C_{3i} 格位上 0.2261nm。而在 YAG 中，Y^{3+} 为八配位，Y—O 键距 0.2303nm 和 0.2432nm。显然在 Y_2O_3 中 Y—O 键距比在 YAG 中短。故 Nd^{3+} 超灵敏跃迁发生 Y_2O_3>YAG。

依据 Dieke 的 Ln^{3+} 能级[2] 和其他学者给出的更详细能级，可预计一些 Ln^{3+} 可能发生的超灵敏跃迁见表 1-4。多数在实验中得到证实。

表 1-4 Ln^{3+}可能发生的超灵敏跃迁（HST）

Ln^{3+}	基态	HST	能量/cm^{-1}
Pr	$^3H_4$	$^3H_4—^3H_5$	1200
		$—^3F_2$	4800
		$—^1D_2$	17000
		$—^3P_2$	22500
Nd	$^4I_{9/2}$	$^4I_{9/2}—^4G_{5/2},^2G_{7/2}$	17300
		$—^4G_{7/2},^3K_{13/2}$	19300
Pm	$^5I_4$	$^5I_4—^5G_2$	
Sm	$^6H_{5/2}$	$^6H_{5/2}—^6F_{1/2}$	6300
		$—^6F_{3/2}$	6600
		$—^4H_{7/2}$	28000
		$—^6P_{7/2},^4D_{1/2}$	26600
		$—^4F_{9/2}$	27200
Eu	$^7F_0$	$^7F_0—^5D_0$	21500
Dy	$^6H_{15/2}$	$^6H_{15/2}—^6H_{13/2}$	3400
		$—^6H_{11/2}$	5800
		$—^6F_{11/2}$	7700
		$—^4G_{11/2},\ ^4I_{15/2}$	23400
		$^6H_{13/2}—^4F_{9/2}$	17600
Ho	$^5I_8$	$^5I_8—^5G_6$	22200
		$—^3H_6$	28000
Er	$^4I_{15/2}$	$^4I_{15/2}—^2H_{11/2}$	19200
		$—^4G_{11/2}$	26500
Tm	$^3H_6$	$^3H_6—^3F_4$	6000
		$—^3H_5$	8500
		$—^3H_4$	12600

尽管人们对这种超灵敏跃迁已有清晰的了解，但目前还不能做到定量计算，著名的 Judd 曾试图定量计算也没成功。这种 Ln^{3+}的超灵敏跃迁已被用作晶体结构的探针。

参 考 文 献

[1] 徐光宪. 稀土（下册）[M]. 2 版. 北京：冶金工业出版社，1995.

[2] DIEKE G H. Spectra and energy levels of rare earth ions in crystals [M]. New York · London · Sydney · Toronto：Interscience Publishers，1968.

[3] MEIJERINK A，WEGH R T. VUV spectroscopy of lanthanides：Extending the horizon [J]. Mater. Scien. Forum.，1999，283（5402）：663-666.

[4] SHIONOYA S，YEN W M. Phosphor Handbook [M]. Boca Raton Boston London New York Washington，DC：CRC Press，1998.

[5] NAKAZAWA E，SHIGA F. Lowest 4*f*-to-5*d* and charge-transfer transitions of rare-earth ions in $LaPO_4$ and related host-lattices [J]，Jpn. J. Appl. Phys.，2003，42：1642-1647.

[6] JΦRGENSEN C K. Electron transfer spectra of lanthanide complexes [J]. Molecular Physics，1962，5：271-278.

[7] GARCIA A，IBANEZ R，FOUASSIER C. Charge transfer excitation of the Nd^{3+}，Sm^{3+}，Dy^{3+}，Ho^{3+}，$Er^{3+}$and Tm^{3+} emission in Sulfide [C]//Proc. of the Inter. Symposium on Rare Earths Spectroscopy. Wroclaw，1984：10-15.

[8] GSCHNEIDNER JR K A，EYRING L. Handbook on the Physics and Chemistry of Rare Earths [M]. North-Holland Publishing Co.，1979.

[9] NUGENT L J，BAYBARZ R D，BURNETT J L，et al. Electron-transfer and *f*—*d* absorption band of some lanthanide and actinide complexes and the standard（Ⅲ-Ⅳ）oxidation potentials for each member of the lanthanide and actinides series [J]. J. Inorg. Nucl. Chem，1971，33：2503-2530.

[10] NAKAZAWA E. The lowest 4*f*-to-5*d* and charge transfer transitions of rare earth ions in YPO_4 hosts [J]. J.

Lumin., 2002, 100: 89-96.

[11] 申五福，刘行仁. Y_2O_2S 中 Sm^{3+} 和 Eu^{3+} 发射的电荷转移激发带［C］// 1987年吉林省光学学会学术交流会，1987.

[12] ROPP R C, CARROLL B. Charge transfer and 5*d* state of trivalent rare earths［J］. J. Phys. Chen., 1977, 81 (17): 1699-1700.

[13] SHI J S, WU Z J, ZHANG S Y, et al. Dependence of crystal field splitting of 5d levels on hosts in the halide crystals［J］. Chem. Phys. Lett., 2003, 380: 245-250.

[14] JΦRGENSEN C K, JUDD B R. Hypersensitive pseudoquadrupole transitions in lanthanides［J］. Mol. Phys., 1964, 8: 281-290.

[15] 裴铁慧，刘行仁. 超细 Y_2O_3:Eu 荧光粉的阴极射线发光和光致发光［J］. 发光学报，1996, 17 (1): 52-57.

2　光的吸收、发射和 Judd-Ofelt 理论

当一束光照射到固体时，可能产生反射、折射、吸收或透射等基本光学物理现象。入射光子被激活离子吸收能量之后，可以产生发光或激光。对体系中能量为 E_2 的上能级和能量为 E_1 的下能级的双能级系统来说，可考虑用简单量子系统处理。该系统在热平衡稳定状态下满足如下条件：

$$\frac{N_2}{N_1}=\frac{q_2}{q_1}\exp\left(-\frac{E_2-E_1}{KT}\right) \tag{2-1}$$

式中，N_1、N_2 分别为能量 E_1 和 E_2 激活离子布居数；q_1、q_2 分别为初态和终态的简并度；K 为 Boltzmann 常数，1.38×10^{-23}J/K。

2.1　发光和激光

2.1.1　发光

徐叙瑢等人[1]对发光给出了明确的定义。当某种物质受到诸如光的照射、核粒子辐射，外加电场或电子束轰击等激发后，只要该物质不会因此而发生化学变化，它总要回复到原来的平衡状态。在这个过程中，一部分多余的能量会通过光或热的形式释放出来。如果这部分能量是以紫外光、可见光或红外光的电磁波形式发射出的，就称这种现象为发光。当外界激发源对物体作用停止后，发光现象可能还会持续一定时间，称为余辉。

除了发光遵守 Stokes 定则外，后来还发现反 Stokes 现象的上转换发光，随着科技发展，发光的物理内容和过程已扩展。只要物体吸收的能量是以真空紫外光（VUV）、紫外光（UV）、可见光（visible）、红外光（IR）形式发射的，均应称为发光，人们一直围绕能量的吸收、传递和转换等物理过程进行研究。

发光现象按其激发方式分类为：光致发光（PL）、阴极射线发光（CL）、电致发光（EL）、X 射线和高能粒子发光、热释发光（TL）、摩擦发光（ML），还有化学发光和生物发光。

固体发光和激光有着“血缘”关系。本书中固体发光和激光内容主要涉及光致发光、阴极射线发光、X 射线和高能粒子发光及热释发光。稀土离子激活的电致发光仅在Ⅱ-Ⅵ族、硫代镓酸盐等材料中曾取得一些结果，但受液晶显示冲击而退出。多年来，人们试图在Ⅲ-Ⅴ族半导体上获取稀土离子的电致激光，以及试图获取稀土离子阴极射线激光，可惜均没有成功。

对稀土离子和过渡族离子激活的凝聚态材料而言，光致发光极为重要。这种发光是用不同能量的光子激发稀土和过渡族离子掺杂的凝聚态材料引起的发光现象。它大致经过对光子（也包括高能粒子）吸收、能量传递、能量转换及光子发射等过程。光的吸收和发

射主要发生在掺杂剂（激活剂、敏化剂）的能级之间的跃迁，都经过激发态。而能量传递（包括迁移）则是激发态的运动过程。

在光子的作用下，初态 $|i>$ 终态 $|f>$ 之间可发生以下三种过程：

（1）吸收 $|i>+\hbar\omega \rightarrow |f>$。吸收引起终态 $|f>$ 粒子布居 N_f，其变化的速率为 $N_iB_{if}\rho(\omega_{fi})$（其中，$B_{if}$ 为 Einstein 吸收系统；$\rho(\omega_{if})$ 为单位体积；ω_{if} 为附近单位频率间隔中辐射场的能量，$\omega_{fi}=(E_f-E_i)/\hbar$；$E_f$，$E_i$ 分别为上能级和下能级能量），热平衡下系统满足方程式（2-1）。

（2）自发辐射 $|i>\rightarrow|f>+\hbar\omega_{fi}$。此过程引起的 N_f 变化的速率为 $A_{fi}N_f$（其中，A_{fi} 为 Einstein 自发辐射系数）。

（3）受激辐射 $|f>+\hbar\omega_{fi}\rightarrow>|i>+2\hbar\omega_{fi}$。受激辐射引起 N_f 变化速率 $N_fB_{fi}\rho(\omega_{fi})$（其中，$B_{fi}$ 为 Einstein 受激辐射系数）。

2.1.2　激光三能级系统和四能级系统

无论在强光学脉冲还是连续波 CW 泵浦下，激活离子的上下能级之间形成了足够大的粒子数反转换，产生激光波长的光增益足以补偿其损耗时，介质将变为该波长的增益介质。若增益介质放于光学谐振腔中，受激发射光束多次在增益介质中，在空间和时间上形成高度密集的光辐射，即激光。

假定介质和共振腔的模相互作用，且在此模中光子的寿命为 τ。模中强度的衰减过程如下：

$$\frac{\mathrm{d}I\nu}{\mathrm{d}t}=\frac{I\nu}{\tau} \tag{2-2}$$

强度的增益过程如下：

$$\frac{\mathrm{d}I\nu}{\mathrm{d}t}=C\frac{\mathrm{d}I\nu}{\mathrm{d}x}=\left(N_2-\frac{q_2}{q_1}N_1\right)\frac{AC^3g(\nu-\nu_0)}{8\pi\nu^2}I\nu \tag{2-3}$$

当式（2-3）的增益正好与式（2-2）的损耗平衡时，则

$$N_2-\frac{q_2}{q_1}N_1=\frac{8\pi\nu^2}{AC^3\tau g(o)} \tag{2-4}$$

启动振荡条件发生，这里假定 $\nu=\nu_0$。$N_2-(q_2/q_1)N_1$ 被称为临界反转密度或阈值反转浓度 ΔN_c。

在固体激光中，采用光学脉冲或连续波泵浦实现粒子布居反转换，吸收态在激光能级或在激光能级之上。这样有两类激光，即三能级系统和四能级系统。

（1）激光三能级系统。三能级激光的能级图如图 2-1 所示，激光的下能级 1 就是基态，激活剂吸收了泵浦光源能量之后跃迁到吸收态 3，然后通过无辐射弛豫 ω_{32} 到激光发射的上能级 2。

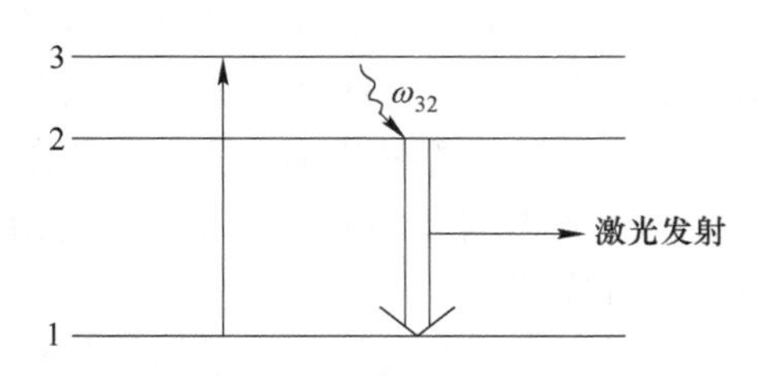

图 2-1　三能级激光的能级图

当泵浦光的强度足够大时，激光的上能级 2 和下能级 1 之间形成足够大的粒子数反转，产生激光跃迁发射。为简化，假定 $q_2=q_1$，则阈值反

转浓度 $\Delta N_c \ll N$（其中，N 是总的离子浓度）。对振荡条件而言，具有如下条件：

$$N_c = N_1 \approx N/2 \tag{2-5}$$

将临界荧光功率 $(P_{cf})_3$ 能级定义为上激光能级发射的总荧光功率，即

$$(P_{cf})_{3能级} = \frac{Nh\nu}{2\tau_2} \tag{2-6}$$

式中，τ_2 为能级 2 的总寿命，对绝大多数激光材料来说，$\tau_2 \approx 1/A$，则式（2-6）可表示为

$$(P_{cf})_{3能级} = \frac{ANh\nu}{2} \tag{2-7}$$

Cr^{3+}、Yb^{3+}、Sm^{2+}、Tm^{2+}、U^{3+}及 Ce^{3+}等离子的激光均属三能级激光运行系统。近年来发展的 Yb^{3+}激光性能已显现出优于 Nd^{3+}激光。

（2）激光四能级系统。四能级激光的能级图如图 2-2 所示，简单地说，在四能级系统中，激光上能级 2 跃迁到激光下能级 1 发射激光后，此激光下能级 1 的粒子通过无辐射跃迁又回到基态 0。

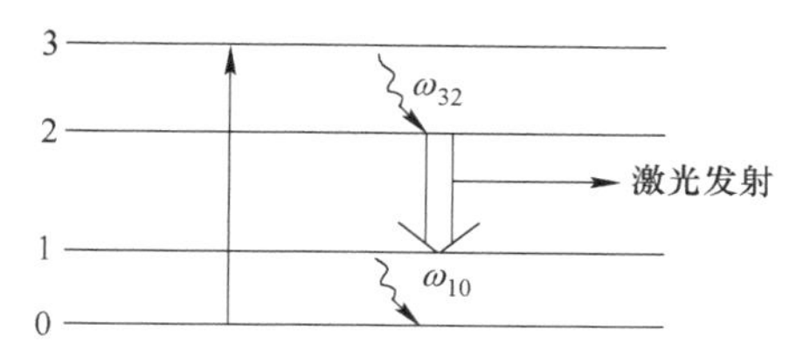

图 2-2 四能级激光的能级图

由四能级激光系统能级图关联可知，较低的激光能级位于基态之上，且 $E_2 - E_1 \gg KT$。则 $N_1 = N_0 e^{-(E_1-E_0)/(KT)} \ll \Delta N_c$。阈值条件变为

$$N_2 = \Delta N_c \tag{2-8}$$

且临界荧光功率为

$$(P_{cf})_{4能级} = \frac{\Delta N_c h\nu}{\tau_2} \tag{2-9}$$

$\tau_2 = 1/A$，可利用式（2-9）和式（2-4）写为

$$(P_{cf})_{4能级} = \frac{8\pi h\nu^3}{C^3 \tau g(0)} \tag{2-10}$$

此外，四能级系统的激光阈值远低于三能级系统的相应值，且四能级系统可以脉冲和连续运转。Pr^{3+}、Nd^{3+}、Sm^{3+}、Gd^{3+}、Tb^{3+}、Dy^{3+}、Ho^{3+}、Er^{3+}、Tm^{3+}、Sm^{2+}、Dy^{2+}、Tm^{2+}、Cr^{3+}、Co^{2+}、Ni^{2+}、V^{2+}等稀土离子和过渡族离子的激光属四能级激光运作。而四能级激光系统典型例子是应用最多的 Nd^{3+}:YAG 石榴石。

2.1.3 光谱线宽

发光和激光中激活离子的光学光谱线具有一定宽度。引起谱线宽化的原因是多方面的。按其机理区分谱线宽度有均匀线宽和非均匀线宽。

（1）均匀线宽。简单而言，激活离子除参与晶格振动外还受晶格离子振动的作用。晶格振动对激活离子的辐射跃迁，特别是光强，发射波长和谱线宽度产生重大影响。若体系中每个原子受到与时间有关的微扰，使谐振子的振幅或相位产生随机变化导致谱线加宽。每个原子都对整个谱形状有贡献。这样的线宽称为均匀线宽。这种时间上微扰主要受离子的发射能级和（或）终态能级寿命影响。寿命引起的线宽可能达到最窄化程度，称为自然线宽。这种宽度为 Lorentz 线形，由归一化强度谱得到[2]

$$q(\nu - \nu_0) = \frac{\Delta\nu}{2\pi[(\nu - \nu_0)^2 + (\Delta\nu/2)^2]} \tag{2-11}$$

式中，ν 为光波；ν_0 为平均值；$\Delta\nu$ 是半高全宽（FWHM），常称半高宽，常被用作光谱的一个特征。

（2）非均匀线宽。凝聚态材料的结构并非完美，特别是无定型玻璃（陶瓷）。在离子的格位存在变形，甚至缺位，以及晶场环境影响，致使每个能级彼此产生小的位移。特别在玻璃中，没有格位是完全相等的，且光谱形成是来自离子整体随机分布格位的交叠贡献。受环境等物理因素影响，其跃迁频率随机变化，必然引起谱线宽化，其线宽称为非均匀线宽，在这种非均匀宽化情况下，其谱线具有如下的高斯（Gauss）函数线型[2]：

$$q(\nu - \nu_0) = \frac{2(\ln 2)^{1/2}}{\pi^{1/2}\Delta\nu} e^{-4(\ln 2)(\nu-\nu_0)^2/(\Delta\nu)^2} \tag{2-12}$$

光谱的均匀和非均匀线宽及半高宽（FWHM）在稀土离子的发光和激光光谱特性中是一个重要的光谱参数。

2.2 J-O 理论简介

稀土离子在 VUV 至 IR 很宽光学光谱范围内的光吸收跃迁的初末态都发生在 $4f^n$ 电子组态内，因此只有很弱的磁偶极和电四极跃迁是允许的，而概率高好几个数量级的电偶极跃迁却完全禁戒，没有吸收和辐射。但事实上，实验中早就观察到稀土盐类呈现锐而强的光吸收和发射，类似自由原子光谱，成为当时疑难问题。1937 年，Van Vleck（诺贝尔奖获得者）[3]首次正确地用奇宇称静态晶场（非中心对称配位时，不为零）和奇宇称晶格振动解释，即使宇称禁戒部分地解除。在这样的基础上，1962 年，Judd[4]和 Ofelt[5]分别同时由静态晶场引起相反宇称的组态混杂出发，给出了相应的定量描述和公式。始称 Judd-Ofelt（J-O）理论和公式，被成功地用于稀土离子的光学光谱参数计算。

跃迁概率决定光谱的强度、跃迁截面、辐射寿命、荧光强度、荧光分支比、量子效率等。这些标志强度的参数都是十分重要的发光参数，但它们的实验测定有时不大容易。如果能够计算出跃迁概率，这些参数也就可以得到，J-O 理论给出了由跃迁概率计算这些参数的方法。合成一种新的发光体后，一般可以进行三项计算：晶场计算、强度计算（J-O 计算）和无辐射概率计算。无辐射概率计算也与 J-O 计算有关。因此，了解和掌握 J-O 理论计算对稀土发光和激光材料的研究具有重要意义。

Judd 和 Ofelt 考虑晶场展开式中奇晶场项相反宇称的组态混进了 $4f^N$ 组态，从而引起电偶极跃迁，这就要求晶场展开式满足如下条件：

$$V = V_{偶} + V_{奇} = \sum_{t,\ p} AtpD_p^{(t)} \tag{2-13}$$

式中，t 为奇数的系数，不全为零（非中心配位场）。其中

$$D_p^{(t)} = \sum_j^N r_p^t \left(\frac{4\pi}{2t+1}\right)^{1/2} Ytp(\theta_j,\ \Phi_j) \qquad (j\ 为电子标号)$$

把自由离子的哈密顿连同 $V_{偶}$同时对角化得到的波函数作为零级近似的波函数，而将加进 $V_{奇}$微扰后的一级近似波函数作为晶场本征函数，这样电偶极算子 $D_q^{(t)}$ 在晶场本征函数之

间的矩阵元就会出现不为零的值。零级近似波函数 $<A|$ 认为是已知的，若不考虑 J 混杂则 $<A|$ 有如下形式：

$$<A| = \sum_{M} \langle f^N\Psi,\ JM|\alpha_M \tag{2-14}$$

其中 $\langle f^N\psi,\ JM|$ 代表居间耦合态,所以它能进一步表达成(SL)耦合的本征态 $\langle f^N\alpha SLJM|$ 按 α、S、L 的耦合。

根据微扰理论，一级近似波函数即晶场波函数为

$$\langle B| = \sum_{M} \langle f^N\Psi,\ JM|\alpha M + \sum_{\tau} \frac{\alpha M\langle f^N\Psi,\ JM|V_{奇}|f^{N-1}(n'l')\Psi'',\ J''M''\rangle}{E(\Psi J) - E(n'l',\ \Psi''J'')} \langle f^{N-1}(n'l')\Psi'',\ J''M''| \tag{2-15}$$

式中，$\sum\limits_{\tau}$ 表示对所有的 ψ''、J''、M''、l'、n'求和。

Judd-Ofelt 推导了在这样两个状态（初态 i 和终态 f）之间电偶极算子矩阵元，得到

$$\langle i|D_q^p|f\rangle = \langle B|_q^p|B'\rangle = \sum_{q,\ p\lambda}(2\lambda+1)(-1)^{p+q}Atp\Xi(t,\ \lambda)\times\begin{pmatrix}1 & \lambda & t\\ q & -(p+q) & p\end{pmatrix}\langle A|U_{p+q}^{(\lambda)}|A'\rangle \tag{2-16}$$

其中 $\Xi(t,\ \lambda) = 2\sum\limits_{n'l'}(2l+1)(2l'+1)(-1)^{l+l'}\begin{Bmatrix}1 & \lambda & t\\ l & l & l\end{Bmatrix}\times\begin{pmatrix}l & 1 & l'\\ 0 & 0 & 0\end{pmatrix}\times\begin{pmatrix}l' & t & l\\ 0 & 0 & 0\end{pmatrix}\dfrac{\langle nl|r|n'l'\rangle\langle nl|r'|n'l'\rangle}{\Delta(nl)}$

式中，t 为奇数；l 为偶数；( ) 和 { } 分别是 Wigner3j 和 6j 符号。

式（2-16）称为 J-O 公式，它把对晶体斯塔克能级间求电偶极矩阵元的问题化成了对相应的零级近似态间求张量算子 $U^{(\lambda)}$ 矩阵元的问题。$\langle A|$ 和 $|A'\rangle$ 能从“晶场计算”得到，上面已经说过，它们是$4f^N$组态$\langle 4f^N\alpha SLJM|$的线性组合。因此，$\langle A|U_{p+q}^{(\lambda)}|A'\rangle$ 可以按标准的张量算子法加以约化和计算。有关三价稀土离子的光谱线强度的计算都以式（2-16）为基础。

2.3 三参量 J-O 公式

在晶体里的三价稀土离子，其吸收线（精细结构）往往分辨不开，分辨不开的吸收线（或发射线）是各个成分的锐线吸收之和。尤其是在研究两个 J 簇能级之间的总跃迁时，需要求和 $\sum|\langle i|D_t^{(\lambda)}|f\rangle|^2$。求和跑遍 q 和 J 簇的所有分量 i 及 J'簇的所有分量 f，完全等同于光谱学中的“谱线强度 $S_{JJ'}$”。

Judd 假设粒子数在初能级上平均地分布，而进行了这个求和，结果为

$$S_{JJ'} = \sum_{\lambda=2,\ 4,\ 6}\Omega_\lambda|\langle f^N\Psi,\ J\|U^\lambda\|f^N\Psi',\ J'\rangle|^2 \tag{2-17}$$

$$\Omega_\lambda = (2\lambda+1)\sum_{tp}[|A_{tp}|^2/(2t+p)]^2\times\Xi^2(t,\ \lambda)$$

式中，Ω_λ 为振子强度参数，cm^2。Ω_λ 与 J 有关，只含晶场参数，可作为调节参量，限定

Ω_2、Ω_4 和 Ω_6 三个参量。Ω_λ 可以通过吸收光谱，经过一些变换和数学处理得到。这就是三参量 J-O 理论公式。

2.4　三参量 J-O 公式的应用

J-O 理论指出，在三参数近似下，电偶极跃迁振子强度可以写作：

$$f_{\mathrm{ed}} = \frac{8\pi^2 mc\nu}{3h(2J+1)} \frac{(n^2+2)^2}{9n} \sum_{\lambda=2,4,6} \Omega_\lambda \left| \langle 4f^N(\alpha SL)J \| U^{(\lambda)} \| 4f^N(\alpha' S' L')J' \rangle \right|^2 \tag{2-18}$$

式中，ν 为波数，cm^{-1}；n 为折射率；h 为普朗克常数；J 为发生跃迁能级的角动量量子数；Ω_λ 为 J-O 参数；$|\langle 4f^N(\alpha SL)J \| U^{(\lambda)} \| 4f^N(\alpha' S' L')J' \rangle|$ 为单位张量的约化矩阵元，对基质不敏感，可采用 Carnall 等人在文献［6］和［7］中给出的实验和计算结果。

从 Pr、Nd、Pm、…、Er、Tm 11 个三价稀土离子的多重态能级及相应的约化矩阵元 $U(\lambda)$ 可以在 Carnall 等人的报告[6-7]中查列。溶液中的 $RE^{3+}(aq)$ 的实验和计算结果一致，绝大多数能级的误差在正负几十波数以下。其能级 $U(\lambda) = \langle 4f^n(\alpha SL), J \| U(\lambda) \| 4f^n(\alpha' S' L'), J\rangle|^2$ 表示矩约化矩阵元平方。

电偶极跃迁的概率为

$$A_{\mathrm{ed}} = \frac{64\pi^4 e^2 \nu^3 n\,(n^2+2)^2}{3h(2J+1)q} \Sigma \Omega_\lambda \left| 4f^n(\alpha SL)J \| U^\lambda \| 4f^n(\alpha' S' L')J' > \right|^2 \tag{2-19}$$

实验振子强度可以由式（2-20）计算：

$$f_{\exp} = \frac{mc}{\pi e^2 N} \int \sigma(\nu)\,\mathrm{d}v \tag{2-20}$$

其中

$$\sigma(\nu) = \frac{\ln[I_0(\nu)/I(\nu)]}{l} \tag{2-21}$$

式中，m、e 分别为电子的质量和电量；c 为真空中的光速；N 为每单位体积内稀土离子的数目；l 为样品的厚度；$\sigma(\nu)$ 为用波数表示的微分吸收系数。

对于有磁偶极跃迁的谱线，其振子强度的实验值 $f_{\exp}$ 应为电偶极跃迁的振子强度 f_{ed} 与磁偶极跃迁的振子强度 f_{md} 之和：

$$f_{\exp} = f_{\mathrm{ed}} + f_{\mathrm{md}} \tag{2-22}$$

磁偶极跃迁的振子强度由式（2-23）确定：

$$f_{\mathrm{md}} = \frac{8\pi^2 mc\nu}{3he^2} \frac{n}{2J+1} S(\Psi_J, \Psi'_{J'}) \tag{2-23}$$

$$S(\Psi_J, \Psi_{J'}) = \left(-\frac{e}{2mc}\right)^2 \left| \langle \Psi_J \| L + 2S \| \Psi'_{J'} \rangle \right|^2$$

式中，$S(\Psi_J, \Psi'_{J'})$ 为谱线强度，由谱线强度可知磁偶极跃迁选择定则为 $\Delta L=0$，$\Delta S=0$，$\Delta l=0$，± 1。

$$A_{\mathrm{md}} = \frac{64\pi^4 \nu^3 n^3}{3h(2J+1)} \left| \sum_{\alpha SL,\ \alpha' S' L'} C(\alpha SL) C(\alpha' S' L') \langle 4f^n(\alpha SL)J \| M \| 4f^N(\alpha' S' L')J' \rangle \right|^2 \tag{2-24}$$

此处磁偶算符 $M=(-e\hbar/2mc)(L+2S)$。

当 $J'=J-1$ 时,

$$\langle S,L,J\|L+2S\|S,L,J-1\rangle=\hbar\left\{\frac{[(S+L+1)^2-J^2]\times[J^2-(L-S)^2]}{4J}\right\}^{1/2}$$

当 $J'=J+1$ 时,

$$\langle S,L,J\|L+2S\|S,L,J+1\rangle=\hbar\left\{\frac{[(S+L+1)^2-(J+1)^2]\times[(J+1)^2-(L-S)^2]}{4(J+1)}\right\}^{1/2}$$

当 $J'=J$ 时,

$$\langle S,L,J\|L+2S\|S,L,J\rangle=\hbar[(2J+1)/4J(J+1)]^{1/2}\times[S(S+1)-L(L+1)+3J(J+1)] \tag{2-25}$$

将 f_{exp}、σ 和 $|\langle 4f^n(\alpha SL)J\|U^{(\lambda)}\|4f^n(\alpha'S'L')J'\rangle|$ 的数据代入上述计算 f_{ed} 的公式,当 f_{md} 的数值不可忽略时,在计算 f_{ed} 时所采用的 f_{exp} 应扣除 f_{md},采用最小二乘法即可算出三个强度参数 Ω_2、Ω_4 和 Ω_6。

根据求得的 Ω_λ 和约化矩阵元 $|\langle 4f^n(\alpha SL)J\|U^{(\lambda)}\|4f^n(\alpha'S'L')J'\rangle|$,依据式(2-19)可求出 A_{ed}。

自发辐射系数 A 由式(2-26)计算:

$$A[(\alpha SL)J,(\alpha'S'L')J']=A_{ed}[(\alpha SL)J,(\alpha'S'L')J']+A_{md}[(\alpha SL)J,(\alpha'S'L')J'] \tag{2-26}$$

辐射寿命 τ_r 由式(2-27)得出:

$$\tau_r=\frac{1}{\sum\limits_{\alpha'S'L'J'}A[(\alpha SL)J,(\alpha S'L')J']} \tag{2-27}$$

荧光分支比 β 由式(2-28)算出

$$\beta[(\alpha SL)J,(\alpha'S'L')J']=\frac{A[(\alpha SL)J,(\alpha'S'L')J']}{\sum\limits_{\alpha'S'L'J'}A[(\alpha SL)J,(\alpha'S'L')J']}=A_{ij}/\sum_j A_{ij} \tag{2-28}$$

积分发射截面计算公式如下:

$$\sum[(\alpha SL)J,(\alpha'S'L')J']=\frac{1}{8\pi n^2cv^2}A[(\alpha SL)J,(\alpha'S'L')J] \tag{2-29}$$

如果实验已测定了相应跃迁的荧光寿命 τ_f,则可按式(2-30)求出量子效率:

$$\eta_c=\tau_f/\tau_r \tag{2-30}$$

以上就是人们所需要的稀土离子荧光(激光)的主要参数。现在三参量 J-O 公式应用很广泛和方便。在单晶和玻璃中容易得到吸收光谱,均可用这些公式处理。实验和理论计算结果基本一致,其误差是可接受的。

对能量泵浦转换效率而言,光学材料的吸收截面 σ_{ab} 和发射截面 σ_{em} 是重要的光谱参数。吸收截面 σ_{ab} 可由式(2-31)计算:

$$\sigma_{ab}=\frac{\lg I_0(\lambda)/I(\lambda)}{N_0d}=\frac{2.303}{N_0d}E(\lambda) \tag{2-31}$$

式中,N_0 为单位体积内激活离子数;d 为样品厚度;$\lg I_0/I$ 为吸收系统(强度)对数,I_0

和 I 分别为入射光 λ 的吸收光谱强度和透射光光谱强度，很容易从样品的吸收光谱中获得。

而发射截面 σ_{em} 除式（2-29）表达外，还有不同的表达方程式计算，如 Fuchtbauer-Landenburg(F-L) 关系式：

$$\sigma_{em} = \frac{\lambda^5 I(\lambda) A_{ij}(J, J')}{8\pi N^2 c\tau_r \int \lambda(I) d\lambda} \tag{2-32}$$

或

$$\sigma_{em} = \frac{\lambda^4 A_{ij}(J, J')}{8\pi n^2 c\Delta\lambda_{eff}} \tag{2-33}$$

或

$$\sigma_{em} = \frac{\beta\lambda^5 I(\lambda)}{8\pi n^2 c\tau_r \int I(\lambda) d\lambda} \tag{2-34}$$

式中，λ 为发射峰波长；$\Delta\lambda_{eff}$ 发射峰半高宽；β 荧光分支比和 τ_r 可从 J-O 分析报告中获得；n 是折射率；$A(J, J')$ 为自发发射概率。

稀土离子的 σ_{ab} 和 σ_{em} 是评估可否发生激光作用的重要参数。人们也常用 McCumber 提出的有关连接发射和吸收光谱的 Einsten 方程式[8]：

$$\sigma_{em} = \sigma_{ab}(\nu)\exp[(\varepsilon - h\nu)/(KT)] \tag{2-35}$$

式中，h 为 Planck 常数；ν 为光子频率；K 为 Boltzmann 常数；ε 为在 T 时，激发一个稀土离子从基态到上能级所需要的自由能，ε 可由简化的式（2-36）得到：

$$N_1/N_2 = \exp[\varepsilon/(RT)] \tag{2-36}$$

及近似计算：

$$\exp[\varepsilon/(KT)] = 1.12\exp[E_0/(KT)] \tag{2-37}$$

式中，N_2，N_1 分别为室温没有外界光抽运条件下，分别处于上能级和下能级上粒子数；E_0 为上能级对应的能量。

这里仅举 Nd^{3+}、Ho^{3+}、Er^{3+} 和 Tm^{3+} 的结果予以说明。在表 2-1 和表 2-2 中分别列出在不同玻璃和晶体中，这些稀土离子的部分振子强度 f_{ed}，辐射跃迁概率 A_{ed}，分支比 β 和寿命 τ。它们详细的光学光谱参数和性质在后面的章节中将详细介绍。

表 2-1 中列出一些玻璃的实验测量和计算 Nd^{3+} 和 Er^{3+} 的部分振子强度 f_{ed}，这是两个重要的激光离子，而表 2-2 列出 Nd^{3+}、Er^{3+} 和 Tm^{3+} 重要的光谱参数，包括著名的 Ho^{3+}：ZBLAN 玻璃。在 ZBLAN 玻璃中[9]，Nd^{3+} 1050nm（$^4F_{3/2}\rightarrow{}^4I_{11/2}$）的 $\sigma_{em} = 2.64\times10^{-20}$ cm^2，$\tau_m = 0.46$ms，$\beta\times\eta = 50\%$；Ho^{3+} 的 σ_{em} 都很高，$\beta\times\eta$($^5I_7\rightarrow{}^5I_8$) 高达 95%；Er^{3+} 1540nm($^4I_{13/2}\rightarrow{}^4I_{15/2}$) 的 $\sigma_{em} = 0.42\times10^{-20}$ cm^2，$\beta\times\eta = 91\%$；Tm^{3+} 1660nm（$^3F_4\rightarrow{}^3H_6$）的 $\sigma_{em} = 0.57\times10^{-20}$ cm^2，$\beta\times\eta = 86\%$。这些基本的重要参数表明这些离子是红外激光的依据。

表 2-1　实验测量和计算 Nd^{3+} 和 Er^{3+} 的部分振子强度 f_{ed}

Nd^{3+}（氟磷酸盐 FP 玻璃）[10]				Er^{3+}（CdAS 玻璃）[11]			
跃迁	λ/nm	$f_{实}$	$f_{计}$	跃迁	λ/nm	$f_{实}$	$f_{计}$
$^4I_{9/2}\rightarrow{}^4F_{3/2}$	866	0.719×10^{-6}	1.493×10^{-6}	$^4I_{15/2}\rightarrow{}^4I_{13/2}$	1534	1.332×10^{-6}	1.234×10^{-6}
$\rightarrow{}^4F_{5/2}, {}^2H_{9/2}$	800	8.541×10^{-6}	7.457×10^{-6}	$\rightarrow{}^4I_{11/2}$	977	0.561×10^{-6}	0.472×10^{-6}

续表 2-1

Nd^{3+}（氟磷酸盐 FP 玻璃）[10]				Er^{3+}（CdAS 玻璃）[11]			
跃迁	λ/nm	$f_{实}$	$f_{计}$	跃迁	λ/nm	$f_{实}$	$f_{计}$
$\rightarrow {}^4F_{7/2}, {}^4S_{3/2}$	745	8.294×10^{-6}	9.204×10^{-6}	$\rightarrow {}^4F_{9/2}$	651	1.734×10^{-6}	1.827×10^{-6}
$\rightarrow {}^4F_{9/2}$	681	0.587×10^{-6}	0.675×10^{-6}	$\rightarrow {}^4S_{3/2}$	543	0.375×10^{-6}	0.288×10^{-6}
$\rightarrow {}^4G_{5/2}, {}^4G_{7/2}$	580	16.513×10^{-6}	16.535×10^{-6}	$\rightarrow {}^2H_{11/2}$	520	10.235×10^{-6}	10.439×10^{-6}

表 2-2 玻璃中 Nd^{3+}、Er^{3+} 和 Tm^{3+} 的部分辐射跃迁概率 A_{ed}、分支比 β 和寿命 τ_r

Nd^{3+}：FP 玻璃[10]					Er^{3+}：CdAS 玻璃[11]					Tm^{3+}：CdAS 玻璃[12]				
跃迁	λ /nm	A_{ed} /s^{-1}	β /%	τ_r /ms	跃迁	λ /nm	A_{ed} /s^{-1}	β /%	τ_r /ms	跃迁	λ /nm	A_{ed} /s^{-1}	β /%	τ_r /ms
${}^4F_{3/2}\rightarrow {}^4I_{9/2}$	885	11128.71	44.88	0.4	${}^4I_{13/2}\rightarrow {}^4I_{15/2}$	1534	77.19	100	8.062	${}^3F_4\rightarrow {}^3H_6$	1670	299.5	100	3.3
$\rightarrow {}^4I_{11/2}$	1055	802.65	31.92		${}^4I_{11/2}\rightarrow$	975	121.06	81.8	6.760	${}^3H_5\rightarrow$	1206	276.4	98	3.5
$\rightarrow {}^4I_{13/2}$	1346	390.30	15.52		${}^4I_{9/2}\rightarrow$	790	151.30	80.9		${}^3F_3\rightarrow$	681	2121.0	81.3	0.4
$\rightarrow {}^4I_{15/2}$	1858	193.02	7.68		${}^4F_{9/2}\rightarrow$	650	1266.90	89.3						
					${}^4S_{3/2}\rightarrow$	544	765.4	66.3						
					${}^2H_{11/2}\rightarrow$	520	9436.35	99.1						

Walsh 等人[13]利用 J-O 理论及上述一些方程式测量和计算在重要激光晶体 $YLiF_4$ 中 Ho^{3+}和 Tm^{3+}的偶极线性强度 S_{ed}，给出几组跃迁概率 A_{md}和 A_{ed}，分支比 β 及辐射寿命 τ_r。理论计算的与实验测量的 β 值的百分差别在 30%以下，Tm^{3+}部分给出的计算的辐射寿命 τ_r 和测量的寿命 τ 均在 1%~26%误差范围内。这些结果均令人满意。

这些重要参数的实验测量值和利用 J-O 理论计算值是一致的，其差别是可以接受的。因为包括仪器和实验误差，特别是离子高能级到低能级跃迁发光不可能全部测量。仅有 90%~95%来自上能级发光可被观测到。

大量实验结果和 J-O 理论比较，在预期的一些重要结果中表现出与 J-O 理论的一致性和精确性。因此这种三参量 J-O 理论和公式被广泛用于凝聚态材料，特别是激光材料中，获得这些重要参数具有应用价值。在发光和激光晶体、玻璃的研究中都可采用如下程序：首先仔细测量样品的吸收光谱，然后用三参量 J-O 公式拟合出三个 $\Omega_\lambda(\lambda=2, 4, 6)$，计算辐射能级向所有下能级的辐射跃迁概率 A_{ed}和 A_{md}，其倒数为辐射寿命，并和实验获得的寿命进行比较，还有荧光分支比等参数。

有关详细 Judd-Ofelt 理论，更详细的${}^{2S+1}L_j$光谱项，常用三价稀土离子的约化矩阵元，Ω_λ 等参数的演算及与此相关的群论除参阅 Carnall[6-7]及 Walsh[13]等人工作外，还可参阅我国罗遵度、黄艺东、张思远和夏上达等教授的论著及林海教授的一些论文。他们在这方面均取得可喜成果。

参 考 文 献

[1] 徐叙瑢，苏勉曾. 发光学与发光材料 [M]. 北京：化学工业出版社，2004.

[2] DIBARTOLO B. Radiationless Processes [M]. New York and London: Plenum, Press, 1980.

[3] VAN VLECK J H. The puzzle of rare-earth spectra in solids [J]. J. Phys. Chem., 1937, 41 (1): 67-80.

[4] JUDD B R. Optical absorption intensities of rare-earth ions [J]. Phys. Rev., 1962, 127 (3): 750-761.

[5] OFELT G S. Intensities of crystal spectra of rare-earth ions [J]. J. Phys. Chen., 1962, 37 (3): 511-520.

[6] CARNALL W T, FIELDS P R, RAJNAK K. Spectral intersities of the trivalent lanthanides and actinides in solution. Ⅱ. Pm^{3+}, Sm^{3+}, Eu^{3+}, Gd^{3+}, Tb^{3+} and Ho^{3+} [J]. J. Chem. Phys., 1968, 49 (10): 4412-4423.

[7] CARNALL W T, FIELDS P R, RAJNAK K. Electronic levels in trivalent lanthanide aquo ions Ⅰ. Pr^{3+}, Nd^{3+}, Pm^{3+}, Sm^{3+}, Dy^{3+}, Ho^{3+}, Er^{3+} and Tm^{3+} [J]. J. Chem. Phys., 1968, 49 (10): 4424- 4443.

[8] MCCUMBER D E. Einstein relations connecting broadband emission and absorption spectra [J]. Phys. Rev., 1964, 136 (4A): A954-A957.

[9] WETENKAMP L, WEST G E, TÖBBEN H. Optical properties of rare earch-doped ZBLAN glasses [J]. J. Non-Cryst. Solids, 1992, 140: 35-40.

[10] TIAN Y, XU R R, HU L L, et al. Fluorescence properies and energy transfer study of Er^{3+}/ Nd^{3+} doped fluorophosphate glass pumped at 800 and 980nm for mid-infrared laser applications [J]. J. Appl. Phys., 2012, 111: 2218-2437.

[11] 黄立辉，刘行仁，徐迈，$Cd_3Al_2Si_3O_{12}$玻璃中 Er^{3+}的光学跃迁 [J]. 发光学报，2001，22 (4): 363-366.

[12] 林海，袁剑辉，刘行仁，等. Tm^{3+}掺杂 $3CdO·Al_2O_3·3SiO_2$ 玻璃的合成及光谱特性 [J]. 吉林大学自然科学学报，1997 (4): 71-74.

[13] WALSH B M, BARNES N P, DI BARTOLO B. Branching ratios, cross sections, and radiative lifetimes of rare earth ions in solids: Appication to Tm^{3+} and Ho^{3+} ions in $LiYF_4$ [J]. J, Appl, Phys., 1998, 83 (5): 2772-2787.

3 固体中的辐射能量传递

在包括单晶、多晶、玻璃和陶瓷的凝聚态材料中，某一种离子（包括离子基团）吸收能量被激发后，一部分吸收的能量可以传递给另一个发光中心，使其发光或增强其发光。这种物理现象称为能量传递。发光和激光中的能量传递过程和机理研究，无疑具有重要意义。

一般来说，固体中能量传递的方式有四种：(1) 光的辐射能量传递；(2) 无辐射共振能量传递；(3) 载流子迁移传递；(4) 激子传递。所谓载流子迁移传输能量即通过载流子的扩散和迁移传输能量。这种传递能量的方式多发生在Ⅱ-Ⅵ族、Ⅲ-Ⅴ族等半导体化合物中。能量传输伴随有电流和光电导，并强烈地依赖于温度。激子可以看作是一个激发中心，与其他中心之间通过再吸收共振传递将激发能传递给其他中心。激子运动迁移传输激发能。载流子和激子传输能量多发生在半导体化合物中，已形成另外的大研究领域。当然，有时人们也将激子作用用于解释一些含氧盐等发光材料中。本书中主要介绍在稀土离子及稀土离子与过渡族金属离子共掺杂的无机发光和激光材料中发生的辐射和无辐射能量传递。

具有将吸收的能量传递给另一个离子，使其光发射得到增强（敏化）的这种离子或离子基团通常称为敏化剂（S）。因为这个离子或基团是“施舍”能量的，故又称为（能量）施主（D）。吸收能量后，以光辐射形式释放激发能的那个离子称为激活剂（A）。由于这个离子（中心）可以接受另一个离子（中心）“施舍”的能量，故又称为（能量）受主（A）。事实上，很多情况下敏化剂也是激活剂。本章主要介绍固体中的辐射能量传递。

3.1 辐射能量传递的现象及特征

3.1.1 辐射能量传递的现象

凝聚态中吸收能量后的施主（D）发射的光子在自身材料体系行进中又被本体系中的某受主（A）吸收，即发生再吸收，产生二次光子发射。这种现象称为辐射传递。

图3-1表示发生辐射能量传递前后光谱变化的示意图。光谱1为施主的发射光谱，光谱2是受主的吸收光谱，可以是锐吸收谱线，也可以是宽吸收带。当两光谱发生重叠时，施主的发射光谱在相应的光谱b区内发生明显变化，如图3-1光谱3。吸收光谱b区呈现凹陷、残缺。其凹坑形状正是对应受主的吸收光谱。而光谱a区和c区部分未受影响，辐射能量传递再吸收发生。辐射能量传递概率 P_{DA} 可由下式计算[1]：

$$P_{DA} = \frac{\sigma_A}{4\pi R^2}\frac{1}{\tau_0}\int f_D(E)f_A(E)\,dE \tag{3-1}$$

式中，σ_A 为受主（A）的积分吸收截面；R 为施主（D）和受主（A）离子之间的距离；τ_0 为受主的寿命；$f_D(E)$、$f_A(E)$ 分别为施主（D）的归一化荧光光谱和受主（A）的归一化吸收光谱。

故产生辐射能量传递的最基本条件是施主的发射光谱与受主的吸收光谱重叠。

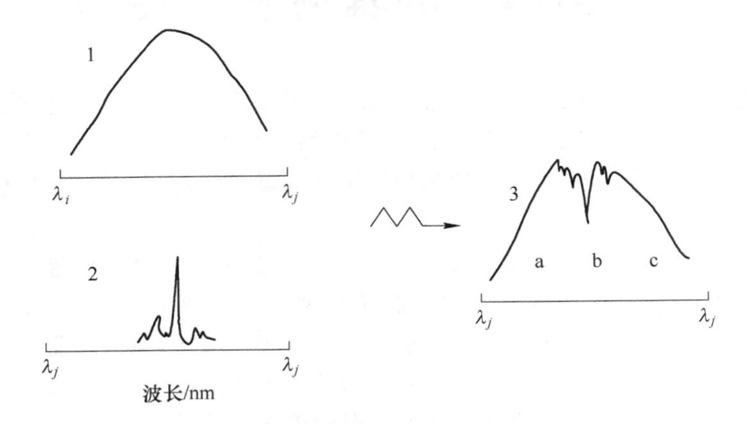

图 3-1　发生辐射能量传递前后光谱变化示意图

1—施主的发射光谱；2—受主的吸收光谱；3—发生辐能量传递后施主的发射光谱

3.1.2　辐射能量传递的特征

这种辐射能量传递的特征主要体现在：

（1）辐射传递中，施主和受主表现无关联体系，不直接相互作用；

（2）每个离子的荧光寿命、衰减曲线方式和另一个离子的存在与否无关系；

（3）传递概率随受主浓度的增加而增强，吸收面积增大；施主发射光谱中出现的凹坑深度随受主浓度增加而加深；

（4）传递速度快，因为能量传递是依靠光速完成的；

（5）传递距离可近可远，传递概率与施主和受主之间的距离成反比；

（6）传递过程较少受温度影响；

（7）辐射有效地传递与样品的大小和形状有关联；

（8）这种辐射能量传递效率不高，仅有很少能量被吸收利用，而施主的发射光谱中大部分能量没被利用。如图 3-1 所示，光谱区 a 和 c 均没有变化，没有被利用；仅有 b 区少部分能量被吸收利用。

3.2　辐射能量传递实例

辐射能量传递在一些发光和激光材料中均可观测到。例如 Nd^{3+} 很重要的吸收带在 580nm 附近（$^4G_{5/2}$,$^4G_{7/2}$→$^4I_{9/2}$），它是激光辐射激发的主要谱带。而 Ce^{3+}、Sm^{3+}、Eu^{3+} 和 Dy^{3+} 等离子的发射谱线位于 580nm 附近，结果因辐射能量传递发生，Nd^{3+} 吸收这些离子的辐射使其自身发射增强。下面以几个实例予以说明：

（1）$Ce^{3+}(5d)$→Nd^{3+} 的辐射能量传递。组分为 $60SiO_2 \cdot 2.5Al_2O_3 \cdot 27Li_2O \cdot 16CaO$ 的

ED-2 硅酸盐玻璃中，分别掺入 1.4%（摩尔分数）的 Nd_2O_3，单掺 Ce^{3+}，以及 Nd^{3+} 和 Ce^{3+} 共掺杂。单掺 Ce^{3+} 的玻璃在 UV 光激发下，其 Ce^{3+} 的 $5d \rightarrow 4f$ 跃迁的发射光谱位于 312~435nm 光谱范围内，其发射峰在 357nm 附近。它正好与 Nd^{3+} 的 $(^2P,^2D)_{3/2}$、$^4D_{3/2}$、$^5D_{5/2}$、$^2I_{11/2}$ 等吸收跃迁相对应，发生 $Ce^{3+} \rightarrow Nd^{3+}$ 的辐射能量传递[2]，使 Ce^{3+} 的发射光谱中出现对应 Nd^{3+} 吸收带的凹坑，致使 Nd^{3+} 的近红外发射增强。

在这种 Nd^{3+}/Ce^{3+} 共掺的 ED-2 激光玻璃中，同时存在传递效率更高的 $Ce^{3+} \rightarrow Nd^{3+}$ 的无辐射能量传递。Nd^{3+}/Ce^{3+} 共掺的 ED-2 玻璃的激光由于辐射和无辐射能量传递发生，改善激光的泵浦效率。

（2）YAG:Nd，Ce 激光单晶中 $Ce^{3+}(5d) \rightarrow Nd^{3+}$ 的辐射能量传递。在 77K、445nm 条件下对 YAG:Nd，Ce 的激发时，其 Ce^{3+} 的发射光谱从 480~700nm 呈现一个很宽的发射带。在这个发射带上出现几组锐吸收坑[3]。它们正对应于 Nd^{3+} 吸收位置，主要对应于 Nd^{3+} 的 $^4G_{9/2}$、$^4G_{7/2}$、$^2K_{11/2}$、$^2G_{7/2}$、$^4G_{5/2}$、$^2H_{11/2}$、$^4F_{9/2}$ 等能级跃迁强吸收。由于发生辐射能量传递（再吸收），致使 Nd^{3+} 近红外发射 $^4F_{3/2} \rightarrow {^4I_{9/2}}$ 跃迁 888nm 发射增强。可见，YAG：Nd，Ce 体系中的辐射能量传递非常典型和明显。

（3）$Eu^{2+}(5d) \rightarrow Er^{3+}(4f)$ 的辐射能量传递[4]。在脉冲激光激发下，$BaYF_5$:Eu^{2+}，Er^{3+} 的室温荧光光谱是由两种特性不同的光谱组成。第一个光谱是 Eu^{2+} 的 360~420nm 宽发射带，其发射峰为 385nm。第二个发射光谱是 Er^{3+} 的 f—f 跃迁发射，主要由强的绿色 $^4S_{3/2} \rightarrow {^4I_{15/2}}$ 及弱的绿色 $^2H_{11/2} \rightarrow {^4I_{15/2}}$ 跃迁发射组成。由 Er^{3+} 的 544nm 发射的激发光谱可知，在 220~395nm 范围内均可有效激发 Er^{3+}。可见，在 $BaYF_5$：Eu^{2+}，Er^{3+} 体系中，不仅可以发生高效的 $Eu^{2+} \rightarrow Er^{3+}$ 的无辐射能量传递，而且也可以发生 $Eu^{2+} \rightarrow Er^{3+}$ 的辐射能量传递。其辐射能量传递的证据如图 3-2 所示。在 $BaYF_5$ 中，当 Eu^{2+} 固定在摩系分数为 0.5% 时，随受主 Er^{3+} 浓度增加，Eu^{2+} 在 375~385nm 发射光谱范围内的凹坑逐步加深。这种辐射能量传递效率比该体系中发生的 $Eu^{2+} \rightarrow Er^{3+}$ 的无辐射能量传递率低很多。

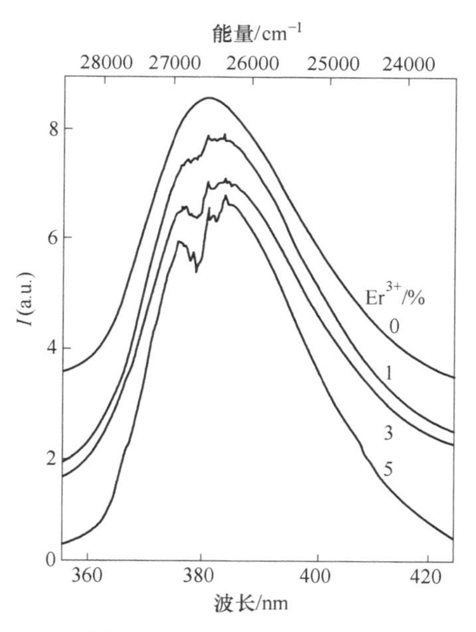

图 3-2 $BaYF_5$:0.5%Eu^{2+}，xEr^{3+} 的室温荧光光谱[4]

（4）过渡金属 $Bi^{3+} \rightarrow Eu^{3+}$ 的辐射能量传递。观察在玻璃中发生的辐射能量传递，0.8% Bi^{3+} 和 5% Eu^{3+} 共掺杂的锗酸盐玻璃在 4K 时，N_2 脉冲激光激发下，Bi^{3+} 的 $^3P_0 \rightarrow {^1S_0}$ 跃迁的宽发射带及 Eu^{3+} 典型的 $^5D_0 \rightarrow {^2F_J}$（$J$=0，1，2）跃迁窄谱线带发射，发现在 Bi^{3+} 的宽发射带 465nm 附近出现一个凹坑，它的形状和位置正好对应 Eu^{3+} 的 $^7F_0 \rightarrow {^5D_2}$ 跃迁吸收位置。这有力证明了在此种玻璃中也可发生 $Bi^{3+} \rightarrow Eu^{3+}$ 的辐射能量传递[5]。用凹陷面积与 Eu^{3+} $^5D_2$ 吸收光谱范围中的发射面积之比计算辐射传递效率 η。在 0.5%Eu^{3+} 浓度时，η=0.05；5%Eu^{3+} 浓度时，η=0.3，与式（3-1）计算结果一致。

以上几个实例均可说明无论在单晶、多晶或玻璃中，均可发生 Ce^{3+}，Eu^{3+}→RE^{3+} 及过渡金属 Bi^{3+}→Eu^{3+}之间的辐射能量传递。

3.3　锐 4f 谱线中辐射能量传递的判断和处理原则

上述辐射能量传递均发生在宽发射带中，再吸收呈现明显的凹坑。若辐射传递发生在稀土离子锐谱线上，将如何观测和判定。这里我们用 YAG:Ce，Tb 体系中发生的 Tb^{3+}→Ce^{3+}的能量传递予以说明，并提出判断和处理原则[6]。

辐射能量传递若发生锐谱线上很难观察到这种现象，作者首次提出采用荧光分支相对强度比值的变化规律[6-7]可以满意地处理这个问题。

YAG:Ce，Tb 体系中，施主 Tb^{3+}的发射光谱和受主 Ce^{3+}激发（吸收）光谱存在良好的重叠，辐射和无辐射能量传递均可同时发生[6-7]。比较 YAG:Tb 和 YAG:Tb,Ce 荧光体在 Tb^{3+}浓度相同情况下的发射光谱，Tb^{3+} 的$^5D_4 \rightarrow {}^2F_J$ 能级的荧光分支相对强度比，发生很大变化。$I(^5D_4-{}^7F_6)/I(^5D_4-{}^7F_4)$ 及 $I(^5D_4—{}^7F_{5,4,\dots,0})/I(^5D_4\rightarrow{}^7F_4)$ 荧光分支强度比随受主 Ce^{3+}浓度增加的变化关系如图 3-3 所示。Tb^{3+}的$^5D_4 \rightarrow {}^7F_J$（$J$=4，3，…，0）跃迁发射谱线并不和 Ce^{3+}的吸收带交叠，不再被 Ce^{3+}再吸收，相对强度比值不会发生变化；而$^5D_4 \rightarrow {}^7F_5$ 跃迁发射仅有微小的变化。它们与 Ce^{3+}浓度关系的变化曲线表示在图 3-3 中的上部，基本不变化或极小。然而图中代表$^5D_4 \rightarrow {}^7F_6$ 能级跃迁的 487nm、490nm 和 495nm 三条荧光分支的相对发射强度却随 Ce^{3+}浓度增加而逐步下降。这正是由于 Tb^{3+}→Ce^{3+}的再吸收辐射传递造成的。三条曲线下降程度有规律性呈现较小差异，也正是由于 Ce^{3+}再吸收逐步增大引起的。

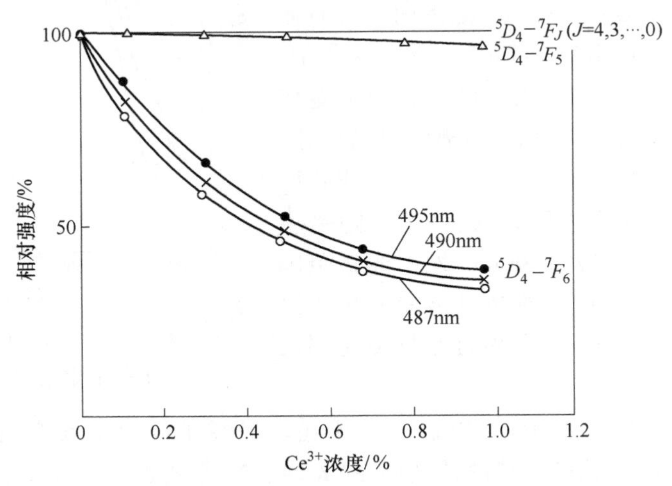

图 3-3　YAG:0.01 Tb，xCe 中 $I(^5D_4—{}^7F_6)/I(^5D_4—{}^7F_4)$ 及 $I(^5D_4—{}^7F_{5,4,\dots})/I(^5D_4—{}^7F_4)$ 荧光分支相对于 Ce^{3+}浓度的关系[6]

这个方法证明，利用施主的荧光分支相对强度比与受主浓度关系可以判断发生在锐谱线中的辐射能量传递。

和无辐射能量传递相比，辐射能量传递效率太低，且机制清楚。故对其研究热度低。

参 考 文 献

[1] BOULON G. “Spectroscopic studies of energy transfer in solids” in Energy transfer processes in condensed matter. [J]. NATO ASI Series, Series B: Physics, 1984, 114: 603-611.

[2] JACOBS R R, LAYNE C B, WEBER M J. Ce^{3+}→Nd^{3+} energy transfer in silicate glass [J]. J. Appl. Phys., 1976, 47 (5): 2020-2024.

[3] MARES J. Energy transfer in YAG:Nd codoped with Ce [J]. Czech J. Phys. B, 1985, 35: 883-891.

[4] LIU X R, XU G, POWSELL R C. Fluorescence and energy-transfer characteristics of rare earth ions in $BaYF_5$ crystals [J]. J. Sol. State. Chem., 1986, 62: 83-91.

[5] MOINE B, BOURCET J C, BOULON G, et al. Interaction mechanisms in Bi^{3+}-Eu^{3+} energy transfer in germanate glass at room temperature [J]. J. Phys., 1981, 42: 499-503.

[6] LIU X R, WANG X J, WANG Z K. Selectively excited emission and Tb^{3+}→Ce^{3+} energy transfer in yttrium aluminum garnet [J]. Phys. Rev. B, 1989, 39 (15): 10633-10639.

[7] 刘行仁，王晓君，申五福，等. $Y_3Al_5O_{12}$中 Tb^{3+}到 Ce^{3+}的辐射和无辐射能量传递 [J]. 中国稀土学报，1987，5 (4): 15-19.

4　无辐射能量传递理论

第3章中介绍了离子间的辐射能量传递，本章主要介绍固体中施主（D）和受主（A）离子间的无辐射能量传递理论及不同能量传递机制实例。

4.1　概　　述

固体中离子间的能量传递，特别是无辐射能量传递是一个很普遍且极为重要的物理现象，无辐射能量传递与微观的动力学过程有关。

一个受激的离子可以通过辐射和无辐射弛豫到基态。无辐射能量从施主（D）传递到受主（A），消耗施主激发态的能量（粒子数），且使施主的激发态跃迁到较低能级而发射的强度和寿命减小，受主的发射得到增强，即被敏化。

稀土离子具有丰富的能级，加之晶场劈裂，能级数量大大增加，且更密集。人们很容易发现，不同稀土离子的某两个能级之间的能量间距与另一个稀土离子的能量间距相等或非常接近。这在重稀土离子、Nd^{3+}、Pr^{3+}、Sm^{3+}等离子中容易找到。因此，在电多极相互作用的无辐射共振和声子协助的能量传递过程中容易发生离子间的无辐射能量传递。这对实现激光特别重要。另外，Ce^{3+}、Eu^{2+}、类汞离子（Bi^{3+}、Cr^{3+}等）中强的宇称允许跃迁产生宽吸收和发射对实现高效荧光体极为重要；这些离子吸收的能量可传递给激活剂（受主A），增强激活剂的发光和激光。这种能量传递能够使稀土离子的粒子数增加比直接吸收到稀土离子大几个数量级。

施主（D）的无辐射能量传递使受主（A）的发光得到敏化（增强）的物理和实际应用工作，自20世纪50年代以来一直进行研究，并在发光和激光应用中获得许多重大成果。

Forster[1-2]首先提出了有机敏化发光理论。随后Dexter[3]将它推广到无机材料中，奠定了固体中敏化发光的能量传递基本理论基础，并指出电偶极－偶极相互作用的临界距离R_c比电偶极－四极交换作用远，更为有效。日本Inokuti和Hirayama[4]依据交换机理及能量在受主（A）离子之中不存在扩散的结论，发展了无辐射能量传递理论及定量方程式，简称I-H理论。I-H理论可以定量确定耦合机制，它的正确性成功地被证实，并应用至今。Fong和Diestler[5]及Grant[6]对能量传递进行宏观上讨论，认为浓度与量子效率关系与其说是相互作用粒子数，不如说是相互作用的机理。以色列Reisfeld教授对玻璃中稀土离子的能量传递进行大量研究[7]，Weber[8-10]、Miyakawa和Dexter[11]对固体中（稀土）离子间声子辅助（协助）能量传递的重要作用予以系统研究，给出声子辅助的能量传递公式，多声子弛豫速率的带隙与温度的依赖关系。多声子过程在重稀土离子（Ho^{3+}、Er^{3+}、Tm^{3+}、Yb^{3+}）掺杂的激光材料中对光谱性能和效率起重要作用[10,12-13]。Powell等人[14-15]在扩散传递理论基础上，利用四波混频，首次获得Tm，Ho：YAG激光晶体中

Tm^{3+}能量迁移的直接测量实验数据。Blasse 较早地将无辐射能量传递运用于荧光体中[16]。后来与能量传递密切相关的量子裁剪[17]及 Auzel[18-19]发展的由能量传递引起的上转换发光等工作，更加丰富和完善无辐射能量理论并使其成功地应用。黄世华和楼立人提出[20]，在能量传递中施主的发光强度与施主和受主浓度的关系曲线的双对数坐标中，斜率也可确定施主与受主之间相互作用的类型。作者团队用无辐射能量传递原理，特别是 I-H 理论对不同荧光材料中 Tb^{3+}—Ce^{3+}、Eu^{2+}—Er^{3+}、Eu^{2+}—Ho^{3+}、Dy^{3+}—Tb^{3+}、Ce^{3+}—Mn^{2+}等离子间能量传递成功地进行定量处理[21-24]。

4.2 施主(D)-受主(A)共振耦合传递机理和 I-H 理论

4.2.1 共振能量传递

电子共振能量传递，借用力学上的共振现象来描述。当 D 球摆动频率等于 A 球摆动固有频率时，D 球摆动的能量会传递给 A 球，使 A 球逐渐摆动起来。而 D 球的振幅逐渐减小。这里所指的“共振能量传递”是指两个相距较近的离子中心，在近场力作用下，处于吸收能量的一个激发态中心（D），有可能将能量传递给另一个中心（A），D 中心从激发态回到基态，而 A 中心处于激发态。这两个中心能量的变化值应当相等。这就是所述的“共振传递现象”。在这种能量传递过程中，有可能 D 中心与周围晶格交换能量；有可能部分电子激发能变为晶格振动能（发射声子）；也可能从晶格振动能中吸收能量（吸收声子）。这样，声子辅助完成能量传递。

一般将 D 和 A 中心视为由原子核与核外电子构成系统的电偶极。两者的相互作用能就是其静电库仑作用能。它们与电子对核的向量坐标、D 原子核对 A 原子核的向量坐标及晶体的介电常数有关。Dexter 认为在无辐射能量传递中，应考虑电偶极、磁偶极和电四极之间的相互作用。在这些相互作用中电偶极相互作用 d-d 最为重要。Dexter[3]给出两离子间发生能量传递概率的计算公式如下：

$$P(R)=\left(\frac{2\pi}{\hbar}\right)|\langle\varphi_D^*\varphi_A|H_{DA}|\varphi_D\varphi_A^*\rangle|^2\int g_D(E)g_A(E)\mathrm{d}E \tag{4-1}$$

式中，φ_D^*、φ_D、φ_A^*、φ_A 分别为施主（D）和受主（A）的激发态和基态的波函数；H_{DA} 为相互作用的 Hamilton 量。$D\rightarrow D^*$，$A\rightarrow A^*$ 跃迁用谱线形状函数 $g_D(E)$ 和 $g_A(E)$ 各自归一化为 $\int g(E)\mathrm{d}E=1$。经适量的量子力学处理，得到电偶极-偶极（d-d）的传递概率（P_{dd}）与 D-A 间距（R）的关系可表示为

$$P_{dd}=\frac{\alpha^{(6)}}{R^{(6)}}+\frac{\alpha^{(8)}}{R^{(8)}}+\frac{\alpha^{(10)}}{R^{(10)}}+\cdots \tag{4-2}$$

式中，$\alpha^{(6)}$、$\alpha^{(8)}$、$\alpha^{(10)}$ 分别是电偶极-偶极（d-d），偶极-四极（d-q）和四极-四极（q-q）跃迁的参数。

Dexter 还提出从光谱数据来估算 d-d 共振传递概率 P_{dd}[3]：

$$P_{dd}=\frac{3\hbar^4C^4\sigma_A}{64\pi^5R^6n^4\tau_D}\int\frac{f_D(E)F_A(E)}{E^4}\mathrm{d}E=\left(\frac{R_0}{R}\right)^6\frac{1}{\tau_D} \tag{4-3}$$

其中
$$R_0^6 = \frac{3\hbar^4 C^4 \sigma_A}{64\pi^5 R^6 n^4 \tau_D}\int \frac{f_D(E)F_A(E)}{E^4}dE \tag{4-4}$$

式中，σ_A 为 A 离子的吸收截面；R 为 D 和 A 离子间的距离；R_0 为临界距离；n 为基质晶格的折射率；τ_D 为 D 离子的辐射寿命；$f_D(E)$、F_A 分别为 D 发射带归一化及 A 离子的吸收带，归一化后 $\int f_D(E)dE = \int F_A(E)dE = 1$，$\hbar = h/2\pi$，$h$ 是 Planck 常数；C 为光速；E 为 D 离子发射能量。

可以这样认为：

(1) 对电偶极-偶极（d-d）相互作用而言，共振传递概率 P_{dd} 与两个中心间距离 R 的六次方成反比，即 $P_{dd} \propto \frac{1}{R^6}$，距离越近则传递概率越大。

(2) P_{dd} 与 D 离子的辐射寿命成反比。

(3) P_{dd} 与 D 离子的发射效率及 A 离子的总吸截面 δ_A 成正比。即 D 中心发射效率越高，A 中心吸收截面越大，D →A 中心能量传递概率越大。

(4) D 中心的发射谱和 A 中心的吸收谱有重叠，重叠越大能量传递概率越大，无重叠 P_{dd} 为零。

(5) R_0 可理解为发射能量传递的临界距离。如果 $R=R_0$，则 $P_{dd} = 1/\tau_D$ 表明 D 中心处于激发态停留时间中，正好发生能量传递。或者说施主 D 离子的激发态寿命越长，激发能越不容易向受主 A 离子传递。若 $R>R_0$ 时，共振传递时间比 D 离子激发态寿命还长，不可能发生能量传递。反之若 $R<R_0$ 时，很容易发生能量传递。

现在想了解什么距离能量可以被库仑相互作用所传递。假定对 σ_A 取一个允许的电偶极跃迁值，这种跃迁引起的传递概率最大。对光谱交叠面积取对应的一个非常高的交叠值，则近似

$$P_{ad} = \left(\frac{27}{R}\right)^6 \tau_D^{-1}$$

式中，R 以 Å（1Å=0.1nm）为单位，当 A 中心也存在时，若 R=27Å（2.7nm）时，从 D 离子传递到 A 离子概率等于 D 离子的发射概率。即在这距离下，$P_{dd}\tau_D = 1$。这个距离就称为能量传递的临界距离 R_0。R_0 是一个很重要的参数，可以从式（4-3）求得。计算 R_0 时所需的实验数据是受主 A 离子光学跃迁的吸收强度，施主 D 离子的发射曲线及 A 离子的吸收曲线，这样计算比较麻烦。为此，Dexter 提出可采用以下公式：

$$c_0 = \frac{3}{4\pi R_0^3}$$

或
$$R_0 = \left(\frac{3}{4\pi c_0}\right)^{\frac{1}{3}} \tag{4-5}$$

来计算 R_0，c_0 是 A 离子的临界浓度。

离子中由某一能级跃迁到其他所有能级的总的跃迁概率 $P(s^{-1})$ 等于该能级的寿命的倒数 $1/\tau$。某能级总的无辐射跃迁概率 P_{nr} 和总的辐射跃迁概率 P_r，能级寿命 τ，跃迁发射效率 η 与跃迁概率 P 有如下关系：

$$\tau = \frac{1}{P} = \frac{1}{P_r + P_{nr}} \quad \tau_r = \frac{1}{P_r} \tag{4-6}$$

$$\eta = \frac{P_r}{P_r + P_{nr}} = \frac{\tau}{\tau_r} \tag{4-7}$$

式中，τ_r 为能级的辐射寿命；τ 为能级寿命。

4.2.2 交换耦合及传递概率

当施主（D）和受主（A）中心相距很近，波函数发生重叠而使电子可交换时所产生的相互作用称为交换耦合（作用）。这种交换作用显然与库仑积分、交换积分，特别是D和A中心的波函数重叠区域及两中心间距离密切相关。随中心间距离呈指数式下降。

如果体系中离子D和A各自仅有一个单独的活化电子，初始态 $|D^*A\rangle$ 和终态 $|DA^*\rangle$ 在两个电子坐标上一定是反演对称，且交换矩阵元的表示如下：

$$\left\langle D^*(1)A(2) \left| -\left(\frac{e^2}{r_{12}}\right) P_{12} \right| D(1)A^*(2) \right\rangle = \left\langle D^*(1)A(2) \left| -\left(\frac{e^2}{r_{12}}\right) \right| D(2)A^*(1) \right\rangle \tag{4-8}$$

式中，P_{12} 为电子1和电子2发生相互交换者。

Dexter[3] 得出交换机理的能量传递概率的表达式如下：

$$P_{ex} = \frac{2\pi}{\hbar} Z^2 \int f_D(E) F_A(E) \mathrm{d}E \tag{4-9}$$

分量 Z 不可能直接从光学实验中得到，但它正比于交换积分：

$$\int \{\varphi_A^e(r_1)\varphi_D^0(r_2)\}^* \frac{e^2}{r_1 - r_2} \{\varphi_A^0(r_2)\varphi_D^e(r_1)\} \mathrm{d}r_1 \mathrm{d}r_2 \tag{4-10}$$

这个表达式包括2个电子的位形坐标 r_1 和 r_2，以及这两种中心的量子力学波函数。式（4-10）中的第一组大括弧之间的乘积得到终态：D是基态（φ_D^0），A是激发态（φ_A^e）。而第二组大括弧的乘积给出初始态：D处于激发态（φ_D^e）而A处于基态（φ_A^0）。交换积分合成特点是这样一种后果，即电子1处在D的初态，而在A的终止态。电子2正相反（交换）。因为电子云的密度随电子到核之间的距离呈指数减小。与距离有关的 Z 也将是指数式：$Z = k^2\exp(-2R/L)$（其中，k 是一个具有能量量纲的常数；L 是有效率的玻尔半径）。故交换能量传递概率 P_{ex} 与距离 R 也是指数式关系，即 P_{ex}~$\exp(-2R/L)$。对交换传递来说，能量传递前和传递后，体系总的自旋守恒选择被满足。在一个晶体格位上，两个阳离子的电子云有效重叠只能在最近邻的阳离子之间（一般0.3~0.4nm）被发现。因此交换耦合作用限制在晶格中最邻近的阳离子之间。其交换传递临界距离 R_0 很短，一般不大于0.4nm。

4.2.3 I-H 理论

日本学者 Inokuti 和 Hirayame 用交换机理发展能量传递的定量理论[4]，简称I-H理论。他们指出D离子被距离 R 的一组A离子所包围体系，在传递过程期间，受激的D离子的环境随时间变化，导致交换耦合的非指数衰减为如下形式：

$$\Phi(t)=\Phi_0\exp\left(-\frac{t}{\tau_D}-r^{-3}\frac{c}{c_0}g\frac{e^r t}{\tau_D}\right) \tag{4-11}$$

式中，c 为受主浓度，$c=3N/(4\pi RV^3)$，V 为晶胞体积，N 是晶胞中离子数；τ_D 为施主的本征衰减时间；c_0 为临界传递浓度；R_0 为临界传递距离，可由式（4-5）计算获得。

人们关心宏观真实体系中的能量传递，最好能定量表述，Inokuti 和 Hirayama 依据施主激发后的荧光衰减和施主-受主离子的间距，发展这方面的理论。

当施主离子随机分布被激发，每个离子具有相同的辐射衰减概率，离子的整体结果是一个简单的指数荧光衰减。当有受主离子同时存在并随机分布于基质中时，一些受激的施主（D）离子将充分地接近受主（A）离子，以便发生能量传递。因为传递概率与离子间距离有关，个别 D 离子的衰减速率随与受主 A 离子的距离按随机方式变化，只有相同环境的离子才具有相同的衰减速率。那些靠近受主离子的施主离子则迅速地衰减，以至于激发以后在短时间内将很快衰减。而在靠近距离内无受主的一些施主离子仍将被激发，且它们的衰减将达到辐射速率。因此，在施主离子中，不存在能量扩散时，能量传递将具有非指数式荧光衰减特征。

假定施主 D 离子被相距为 R_K 的受主 A 离子所包围，不存在能量在 D-D 中扩散和 A-D 离子的反馈传递，若无受主 A，$t=0$ 时施主被激发，t 时刻施主在激发态的概率 $P(t)$ 是随时间指数式衰减：

$$P(t)=\exp(-t/\tau_D) \tag{4-12}$$

式中，τ_D 为施主由光辐射而去激发的衰减时间。

当有受主 A 时，由于发生 D-A 的无辐射能量传递而增加了 D 中心去激发的途径，使其衰减加快：

$$P(t)=\exp\left(-\frac{t}{\tau_D}\right)\prod_{k=1}^{N}\exp[-tP_{DA}(R_k)] \tag{4-13}$$

式中，N 为施主周围一个有限体积 V 内的受主总数；$P_{DA}(R_k)$ 为从 D 离子到第 k 个 A 离子距离（R_k）时能量传递概率；τ_D 为一个孤立的施主 D 离子的初始本征寿命。

Inokuti 和 Hirayama 进而考虑当球体的体积和受主离子数量不受限制，而施主的浓度固定时，受主的数目随机分布在施主周围，能量在施主中不存在扩散情况下，得到由许多受主包围的施主的发射强度 $I(t)$ 衰减公式表达如下：

$$I(t)=I(0)\exp\left[-\frac{t}{\tau_0}-(c_A/c_0)\Gamma\left(1-\frac{3}{S}\right)(t/\tau_0)^{3/S}\right] \tag{4-14}$$

式中，τ_0 为无受主时，施主的本征寿命；c_A 为受主浓度；Γ 为伽马函数；c_0 为受主的临界浓度；S 为多极相互作用参数，$S=6$、8、10 则分别对应于电偶极-偶极（d-d）、电偶极-四极（d-q）和电四极-四极（q-q）相互作用。

将临界浓度 c_0 与临界距离 R_0 的关系式（4-5）代入式（4-14）中可以得到 I-H 理论的另一种表达式：

$$I(t)=I(0)\exp\left[-\frac{t}{\tau_0}-\left(\frac{4}{3}\pi\right)\Gamma\left(1-\frac{3}{S}\right)N_A R_0^3\left(\frac{t}{\tau_D}\right)^{3/S}\right] \tag{4-15}$$

式中，N_A 为受主离子的浓度。

人们可以通过施主的荧光衰减曲线与受主浓度关系，按式（4-14）或式（4-15）进行实验和I-H理论曲线拟合，从而可以得到光辐射能量传递作用的机理，发生能量传递的临界距离 R_0 等重要参数。这种I-H能量传递理论一直在实际中被应用，一些实例在后面予以说明。

此外，也可通过施主的发射强度随受主浓度变化关系来确定传递的作用机制。Van Uitert[25]提出一个半经验的公式：

$$I/I_0 = (1 + AX^{\theta/3})^{-1} \tag{4-16}$$

式中，I_0、I 分别为受主浓度 $X=0$ 和 X 时施主D的发光强度；A 为一常数，只与晶体的结构和基质的组成有关；θ 与式（4-14）中的 S 的意义相同，但当 $\theta=3$ 时应为交换相互作用。

依据式（4-16），用双对数作用，将得到一条直线，直线的斜率为 $\theta/3$，进而确定能量传递的作用类型。Dexter等人指出，在弱激发条件下，发光材料的发光强度 I 和受主浓度 X 之间有下述近似关系[26]：

$$I/X = A(1 + \beta X^{\theta/3})^{-1} \tag{4-17}$$

此处式（4-17）和式（4-16）相似。β 是与基质有关的常数。θ 值取决于浓度猝灭机制。当 $\theta=6$、8、10时，也是分别为d-d，d-q和q-q相互作用造成的浓度猝灭。利用上述经验公式对 $CaSiO_3:Ce^{3+}$，Tb^{3+} 体系中发生的高效 $Ce^{3+}\rightarrow Tb^{3+}$ 无辐射能量传递进行分析[27]。当 Tb^{3+} 大于0.01mol时，lg（I/I_0）-lg$x$ 之间呈近似直线关系，斜率 $\theta/3=1.9$，即 $\theta=5.7\approx6$，故认为在 $CaSiO_3$ 中 $Ce^{3+}\rightarrow Tb^{3+}$ 的无辐射能量传递主要是d-d相互作用的结果。同时用无受主时，Ce^{3+} 的本征寿命为48ns，而随0.02mol Tb^{3+} 受主浓度掺入，Ce^{3+} 的寿命缩短到12ns，也予以证实发生无辐射能量传递。利用熟悉的无辐射能量传递效率 η 的公式计算：

$$\eta = \omega/\tau^{-1} = 1 - (\tau/\tau_0) \tag{4-18}$$

能量传递效率 η 为75%。在 $CaSiO_3$:Ce，Tb体系中，由于 Ce^{3+} 掺入使 Tb^{3+} 的发光强度提高了数十倍。辐射传递和短距离（<0.5nm）的交换相互作均可忽略。同时还发现，Tb^{3+} 的 $^5D_3$ 能级的发光在很低的浓度下即出现猝灭。这是交叉弛豫发生导致的结果。Tb^{3+} 的 $^7F_0$—$^7F_6$ 能级间的能量差 $\Delta E(1)$ 为5070~5620cm^{-1}；而 Tb^{3+} 的 $^5D_3$—$^5D_4$ 能级间的能量差 $\Delta E(2)\approx5400\sim6100$cm^{-1}。两者能量 $\Delta E(1)$ 和 $\Delta E(2)$ 极其匹配，很容易发生 $^5D_3$+$^7F_0$—$^5D_4$+$^7F_6$ 交叉弛豫，致使 $^5D_3$ 能级的发光猝灭，而使 $^5D_4$ 能级的发光增强。

虽然多极耦合和交换耦合都是由于电相互作用的结果引起的共振传递，但它们又有区别，主要体现如下：

（1）传递概率与D-A间距离R的关系不同。多极耦合时的传递概率 $P_{DA}(m)\propto 1/R^n$。对d-d、d-q、q-q耦合来说，n 分别等于6、8、10。临界传递距离 R_c 可达18nm（d-d），比交换传递距离为 R_c（一般≤0.4nm）远很多。交换传递概率 $P_{DA}(ex)\propto\exp(-2R/L)$。因为电子云有效的重叠，只能在最邻近的阳离子之间发生，故 R_C 很短。

（2）传递概率 P_{DA} 与受主的吸收截面 σ_A 关系不同。若 P_{DA} 与 σ_A 有关，则是电多极相互作用占优势，而交换传递与有的跃迁振子强度、跃迁概率或 σ_A 无关。

多极耦合：
$$P_{DA}(m) \propto \sigma_A E_{DA}\frac{1}{\tau_D R^n}$$

交换耦合：
$$P_{DA}(ex) \propto f(w_{DA})E_{DA}$$

式中，E_{DA} 为 D 离子的发射带与 A 离子吸收带的能量重叠；w_{DA} 为 D 离子和 A 离子电子波函数的重叠。

对 D-A 体系来说，到底是什么耦合占优势，还需看具体情况。除 R_c 外，早期 Blasse 和 Bril[28]还认为，若受主 A 是稀土离子的 *f—f* 是宇称禁戒的吸收带与施主 D 中心的发射带重叠时，则交换作用可能是主要的；若 A 中心是允许的吸收带与 D 中心的发射带重叠时，则多极相互作用是主要的。这只能作为参考，还需结合 R_c 等情况分析。

4.2.4　声子辅助的能量传递

激发能在传递过程中，引起了系统中离子之间的光谱变化，发生弛豫过程和不同的传递过程。这些变化和过程往往需要晶格振动辅助，以便补偿位置间的能量失配。辅助的声子可以是单声子、双声子或多声子。辅助传递的形式可以是辐射或无辐射，多数是无辐射。可见，声子在这些过程起着重要作用。

Miyakawa 和 Dexter[11]对固体中声子边带，激发态的多声子弛豫和声子辅助的离子间的能量传递进行理论上分析，从吸收和发射光谱中的多声子结构可以推断出声子态密度。当晶格模与所讨论的电子（或空穴）之间的耦合足够强时，多声子结构被消除，只得到单一的宽带。而弱耦合或中等耦合时，多声子结构是存在的。它们对包括振动跃迁、多声子弛豫和声子辅助的能量传递的各种多声子过程实现完整的理论上处理。表明这些过程的概率可用不同简单式子表达。声子辅助能量传递的速率 ω_{pat} 表示为[11]

$$\omega_{pat}(\Delta E) = \omega_{pat}(0)e^{-\beta\Delta E} \tag{4-19}$$

式中，ΔE 为施主和受主离子能级间的能隙，或者能量失配；β 为一个参数，由电子一晶格的耦合强度和所含声子的性质决定；ω_{pat}（0）为温度 $T=0K$、$\Delta E=0$ 时外推的多声子跃迁概率。

式（4-19）表示的概率与能量失配的关系和多声子弛豫速率与能隙 ΔE 的关系具有相同的形式，后来也由 Miyakawa-Dexter 理论[11]给出如下关系：

$$\omega_{mpr}(\Delta E) = \omega_{mpr}(0)e^{-\alpha\Delta E} \tag{4-20}$$

其中

$$\alpha = \frac{1}{\hbar\omega}\{\ln[N/g(n+1)] - 1\} \tag{4-21}$$

$$\beta = \alpha - r$$

$$r = \frac{1}{\hbar\omega}\ln(1 + g_D/g_A)$$

式中，g 为电子-晶格的耦合常数，g_D 和 g_A 分别为施主和受主的耦合常数；n 为在系统具有的温度下的被激发的声子数；$\hbar\omega$ 为参与多声子过程的声子能量，N 为该过程中发射的声子数，即

$$N = \Delta E/(\hbar\omega) \tag{4-22}$$

失配的临界值 ΔE_C 的理论估算是不可能的。因该临界值在相应能级之间无法观测到。然而，他们提出将弛豫速率的经验值外推到零能隙 $\omega_{NA}(O)$，即发射概率 ω_{em} 的典型值由如下述方程式计算：

$$\omega_{NA}(\Delta E) = \omega_{NA}(O)\exp(-\alpha\Delta E) \tag{4-23}$$

式（4-21）中指数 α 系数，则可计算

$$\Delta E_C = \alpha^{-1}\ln[W_{NA}(O)/W_{em}] \tag{4-24}$$

式（4-24）对 ΔE_C 做一个粗略估算。例如在 $LaF_3:Er^{3+}$ 中，$\alpha = 5\times10^{-3}$cm，外推到零隙值 $W_{NA}(O) = 1\times10^8 s^{-1}$。如果假设一个典型的辐射衰减速率 $W_{em} \approx 10^3 s^{-1}$，则可得到 ΔE_C 为 $2300cm^{-1}$ 量级。这个值与 Weber 报告的 $1600cm^{-1}$ 吻合。此外，为传递中能量匹配所需要的声子数目 N 与温度有如下关系[29]：

$$N = \{\exp[\hbar\omega/(kT)] - 1\}^{-1} \tag{4-25}$$

根据多声子弛豫理论，黄昆先生给出在声子参与的情况下，能量传递概率与温度关系表达式如下：

$$P(T) = P(0)[1 - e^{-\hbar\omega/(kT)}]^{-n} \tag{4-26}$$

式中，$\hbar\omega$ 为声子能量；n 为参与能量传递的声子数目。

Auzel 多年进行上转换发光反 Stokes 研究[19]，使人们认识到多子辅助的能量传递在上转换发光和激光过程中的重要性。此外，Struck 和 Fonger 曾指出[30]，Y_2O_2S 和 La_2O_2S 中 Eu^{3+} 的电荷转移态 CTS→^5D_J 能级跃迁时，发射的声子似乎与 La^{3+} 和 Y^{3+} 半径有关。但这无人研究。

4.3 激发能的迁移

在许多真实体系中，施主 D-施主 D 之间的能量传递不可能被忽视，因为当两个离子的浓度接近且特别是在稀土离子中 Stokes 位移很小时，D→D 传递共振条件甚至比 D→A 传递更佳，传递更快。因此，激发能传递到受主（激活剂）之前能够沿施主离子迁移，于是，减少 D→A 传递作用距离。

能量的迁移可以作为一个扩散过程或一个跳跃过程处理，特别是 Yokota 和 Tanimoto[31] 及 Weber[32] 对此予以详细论述。能量迅速扩散可以导致在施主体系中激发空间平衡。因为激发的部分总是相同的，在这种情况下，施主体系弛豫的简单速率方程模型可采用数学上一种简单指数衰减表示。当扩散不是非常快，以至于保留激发的原来分布时，粒子数布居的时间关系可以表示如下[31]：

$$\frac{dN}{dt} = -\frac{N_s}{\tau} + D\Delta^2 N_D - \sum_i W[R_i(t)]N_D$$

式中，D 为各向同性的扩散系数；$W[R_i(t)]$ 为能量从受激的施主（敏化剂）传递到 R_i 位置上第 n 个受主（激活剂）的概率。

假定施主分布均匀，且施主离子间扩散常数小，可采用 Yokota 和 Tanimoto 提出的方程式来处理。受激的施主衰减方程式如下[31]：

$$N_D(t) = N_D(O)\exp^{-t/\tau_0}\exp\left[-\frac{4}{3}\pi^{3/2}N_A(dt)^{1/2}\left(\frac{1 + 10.87x + 15.5x^2}{1 + 8.743x}\right)^{3/4}\right] \tag{4-27}$$

其中，$x = D\alpha^{-1/3}t^{2/3}$；$\alpha = R_0 6/\tau_0$

早期 Forster[1] 还提出理论上可由以下方程式计算扩散系数 D：

$$D = W_{nn}(R_{nn})^2$$

式中，W_{nn} 为离子-离子相互作用平均速率；R_{nn} 为离子间的平均距离。假定离子是随机统计分布之中，电偶极-偶极相互作用，则可以由下式[1,3]计算：

$$W_{nn} = 1/r\,(R_0/R_{nn})^6 \tag{4-28}$$

式中，R_0 为临界距离，也可从公式 $1/\tau_D = 11.4N_D \propto \alpha^{1/4}D^{3/4}$ 来计算 D 值，τ_D 为施主扩散的衰减时间。

Powell 等人[14]利用式（4-27）和式（4-28）及 D 与 R_{nn}的关系，采用四波混频技术，首次获得室温时Tm∶Ho∶YAG晶体中，Tm^{3+}之中发生能量迁移的扩散系数 $D=4\times10^{-7}cm^2/s$。采用 Tm^{3+}之间的 W_{nn}为 $2.3\times10^7s^{-1}$。他们还假定，通过激子跳跃运动发生能量迁移，从离子到离子的平均跳跃时间发现为 43.5ns。

当短时间 t 内能量迁移不重要，衰减函数是指数式的。在这限度内，对 d-d 相互作用而言，它接近 I-H 衰减函数。若 t 时间长时，由迁移所确定传递概率时，衰减函数依然为指数式。如果迁移变得更快，衰减表现为一纯指数式的。这种长时间性质被称为有限扩散弛豫。在 t 趋向无穷大的范围里，荧光衰减函数变化如下[32]：

$$\phi(t) = \exp\left(-\frac{t}{\tau} - \frac{t}{\tau_D}\right) \tag{4-29}$$

其中

$$\frac{1}{\tau_D} = 0.51(4\pi N_A \alpha^{1/4} D^{3/4}) \tag{4-30}$$

Powell 等人指出[33-34]，在高温下，激子扩散的能量传递速率 W_{DA}可以表述为

$$W_{DA} = 4\pi DRC_A \tag{4-31}$$

式中，D 为扩散系数；R 为陷阱的半径，C_A 为受主（激活剂）陷阱的浓度。

具体采用当 Bi^{3+}-Bi^{3+}最近近邻的距离 R 为 0.388nm 时，扩散系数 D 大约 1.7×10^{-8} cm^2/s。对热-活化的跳跃移动而言，扩散系数 D 还可表示为[34]

$$D = D_0 e^{-\Delta E/(KT)} \tag{4-32}$$

在随机步行下，激子扩散长度（l）、跳跃时间（t_h）及跃迁次数（n_h）可以由下式粗略估算[34]：

$$l = \sqrt{6D\tau_D^o} \tag{4-33}$$

$$t_h = d^2/(6D) \tag{4-34}$$

$$n_h = \tau_D^o/t_h \tag{4-35}$$

式中，d 为跳跃距离。

这种扩散传递也被用于有机芘分子薄膜中激子跳跃迁移[35]。当扩散系数 D 稍大时，其传递概率和式（4-29）相同；当扩散系数 D 较小时，传递概率和式（4-28）基本相同，只是其中系数 0.51 改为 0.676。

4.4　交叉弛豫(CR)能量传递和浓度猝灭

4.4.1　交叉弛豫(CR)能量传递

三价稀土离子具有很丰富的 4f 能级。人们可以发现一些 RE^{3+}的 4f 能级间距与本体系

或与另一些 RE^{3+} 能级能量间距匹配，或很接近，非常容易发生交叉弛豫过程的能量传递，导致稀土离子的某能级间跃迁被猝灭，而同时使本体系或与另一稀土离子的某能级间跃迁速率增强；或发生浓度猝灭。图 4-1 表示由于某能级间的能量间距较匹配，稀土离子 1 和离子 2 之间可能发生交叉弛豫（CR）能量传递途径及稀土离子 3 之间自猝灭过程示意图。可见，这种交叉弛豫过程很容易发生，且在稀土离子发光、上转换发光及激光中扮演重要作用。在表 4-1 中，列出了一些三价稀土离子可能发生的交叉弛豫能量传递途径。

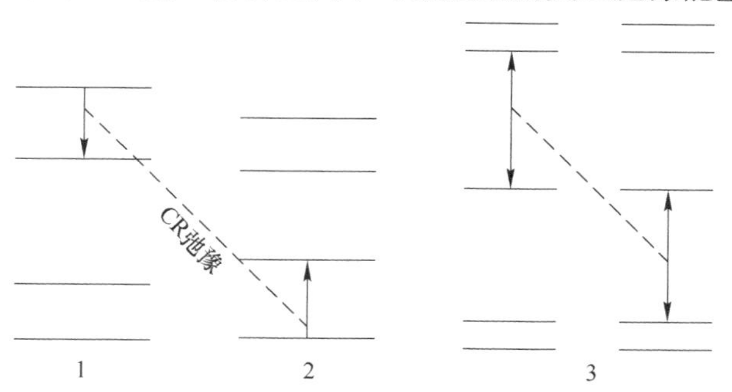

图 4-1　稀土离子 1 和 2 之间的交叉弛豫及稀土离子 3 之间自猝灭过程示意图

表 4-1　某些三价稀土离子可能发生的交叉弛豫能量传递途径

离子对	能级	$\Delta E(1)/\mathrm{cm}^{-1}$	能级	$\Delta E(2)/\mathrm{cm}^{-1}$	$\Delta E(1)-\Delta E(2)/\mathrm{cm}^{-1}$
Ce^{3+}-Er^{3+}	Ce^{3+}:$^2F_{7/2}$—$^2F_{5/2}$	2200	Er^{3+}:$^4I_{13/2}$—$^4I_{11/2}$	1600	600
Ce^{3+}- Nd^{3+}	Ce^{3+}:$^2F_{7/2}$—$^2F_{5/2}$	2200	Nd^{3+}:$^4I_{11/2}$—$^4I_{9/2}$	1880	320
Pr^{3+}-Yb^{3+}	Pr^{3+}:$^3P_0$—$^1G_4$	10670	Yb^{3+}:$^2F_{5/2}$—$^2F_{7/2}$	10300	370
Pr^{3+}-Yb^{3+}	Pr^{3+}:$^1G_4$—$^3H_4$	9700	Yb^{3+}:$^2F_{5/2}$—$^2F_{7/2}$	10300	600
Pr^{3+}-Er^{3+}	Pr^{3+}:$^1D_2$—$^1G_4$	6900	Er^{3+}:$^4I_{15/2}$—$^6H_{11/2}$	6500	400
Nd^{3+}-Yb^{3+}	Nd^{3+}:$^4F_{3/2}$—$^4I_{11/2}$	11200	Yb^{3+}:$^2F_{7/2}$—$^2F_{5/2}$	10500	700
Nd^{3+}-Sm^{3+}	Nd^{3+}:$^4F_{3/2}$—$^4I_{11/2}$	11200	Sm^{3+}:$^4G_{5/2}$—$^6H_{15/2}$	11200	0
Sm^{3+}-Yb^{3+}	Sm^{3+}:$^4G_{5/2}$—$^6H_{15/2}$	11200	Yb^{3+}:$^2F_{7/2}$—$^2F_{5/2}$	10300	900
Sm^{3+}-Eu^{3+}	Sm^{3+}:$^4G_{5/2}$—$^6H_{5/2}$	17700	Eu^{3+}:$^7F_0$—$^5D_0$	173000	400
Eu^{3+}-Sm^{3+}	Eu^{3+}:$^5L_6$—$^7F_0$	25400	Sm^{3+}:$^4K_{11/2}$—$^6H_{5-2}$	25500	100
Tb^{3+}-Dy^{3+}	Tb^{3+}:$^5D_3$—$^5D_4$	5800	Dy^{3+}:$^6H_{15/2}$—$^6H_{11-2}$	5800	0
Dy^{3+}-Sm^{3+}	Dy^{3+}:$^4F_{7/2}$—$^6H_{15/2}$	25800	Sm^{3+}:$^5H_{5/2}$—$^4K_{11/2}$	26000	200
Dy^{3+}-Er^{3+}	Dy^{3+}:$^4H_{5/2}$—$^6H_{15/2}$	10130	Er^{3+}:$^4I_{11/2}$—$^4I_{15/2}$	10120	10
Dy^{3+}-Eu^{3+}	Dy^{3+}:$^4F_{9/2}$—$^6H_{15/2}$	20990	Eu^{3+}:$^7F_1$—$^5D_2$	21120	130
Dy^{3+}-Eu^{3+}	Dy^{3+}:$^4F_{9/2}$—$^6H_{13/2}$	17520	Eu^{2+}:$^7F_0$—$^5D_0$	17270	250
Ho^{3+}-Sm^{3+}	Ho^{3+}:$^5S_2$—$^5I_4$	5170	Sm^{3+}:$^6H_{5/2}$—$^6H_{13/2}$	4940	230
Ho^{3+}-Tm^{3+}	Ho^{3+}:$^5I_6$—$^5I_8$	8400	Tm^{3+}:$^3H_6$—$^3H_5$	8200	200
Ho^{3+}-Tm^{3+}	Ho^{3+}:$^5S_2$—$^5I_7$	13260	Tm^{3+}:$^3H_6$—$^3H_4$	12440	820
Ho^{3+}-Er^{3+}	Ho^{3+}:$^5F_5$—$^5I_8$	15370	Er^{3+}:$^4F_{9/2}$—$^4I_{15/2}$	15240	130
Ho^{3+}-Dy^{3+}	$Ho^{3+5}I_6$—$^5I_7$	3400	Dy^{3+}:$^6H_{15/2}$—$^4H_{13/2}$	3460	60

续表 4-1

离子对	能级	$\Delta E(1)/\ cm^{-1}$	能级	$\Delta E(2)/\ cm^{-1}$	$\Delta E(1)-\Delta E(2)/\ cm^{-1}$
Ho^{3+}-Tm^{3+}	Ho^{3+}:$^5I_8$—$^5I_7$	5050	Tm^{3+}:$^3H_6$—$^3H_4$	5580	530
Er^{3+}-Yb^{3+}	Er^{3+}:$^4I_{11/2}$—$^4I_{15/2}$	10120	Yb^{3+}:$^2F_{7/2}$—$^2F_{5/2}$	10500	380
Er^{3+}-Nd^{3+}	Er^{3+}:$^4I_{11/2}$—$^4I_{15/2}$	10120	Nd^{3+}:$^4F_{3/2}$—$^4I_{11/2}$	9395	720
Er^{3+}-Nd^{3+}	Er^{3+}:$^4I_{13/2}$—$^4I_{15-2}$	6490	Nd^{3+}:($^4F_{5/2}$,$^2H_{9/2}$)—$^4I_{15/2}$	6640	150
Yb^{3+}-Dy^{3+}	Yb^{3+}:$^2F_{7/2}$—$^2F_{5/2}$	10500	Dy^{3+}:$^6H_{5/2}$—$^4H_{15/2}$	10130	370

注：表中 ΔE 为近似值，还有 CR 没有列出。

由表 4-1 数据可知，有的不需要声子辅助，有的只需要 2~3 个声子能量辅助即可实现 CR 过程。还有 Pr^{3+}—Nd^{3+}，Yb^{3+}—Ho^{3+}等某些能级也可能发生 CR 过程。

4.4.2　浓度猝灭

除了材料中存在缺陷和材料制造过程中非有意掺杂的杂质可能引起激发能猝灭作用外，激活剂浓度增加使激发能在它们之间迁移速率加大，更容易到达猝灭中心引起浓度猝灭。由图 4-1 可知，当激活剂离子自身存在某些能级成对能量比较匹配时，随着浓度增加，就有可能发生如图 4-1 所示的交叉弛豫过程，导致发生浓度猝灭。表 4-2 列出一些三价稀土离子可能发生浓度猝灭的途径。可能还有一些自身因交叉弛豫造成浓度猝灭的途径，此处不一一列举。

表 4-2　三价稀土离子可能自身交叉弛豫途径

稀土激活剂	CR 能量传递能级途径	$\lvert\Delta E\rvert/\ cm^{-1}$
Pr^{3+}	$^3P_0$—$^1D_2$ ⟷ $^3H_4$—$^3H_6$	3761−4246=485
Pr^{3+}	$^1D_2$—$^1G_4$ ⟷ $^3H_4$—$^3F_4$	6940−6667=273
Nd^{3+}	$^3F_{3/2}$—$^4I_{15/2}$ ⟷ $^4I_{9/2}$—$^4I_{15/2}$	5430−5860=430
Sm^{3+}	$^4G_{5/2}$—$^6F_{9/2}$ ⟷ $^6H_{5/2}$—$^6F_{9/2}$	8785−9075=290
Sm^{3+}	$^4F_{3/2}$—$^6F_{11/2}$ ⟷ $^6H_{5/2}$—$^6F_{7/2}$	8388−7910=478
Sm^{3+}	$^4G_{5/2}$—$^6F_{11/2}$ ⟷ $^6H_{5/2}$—$^6F_{5/2}$	7390−7050=340
Eu^{3+}	$^5D_2$—$^5D_0$ ⟷ $^7F_0$—$^7F_6$	4240−4559=319
Eu^{3+}	$^5D_1$—$^5D_0$ ⟷ $^7F_0$—$^7F_3$	1766−1882=116
Tb^{3+}	$^5D_3$—$^5D_4$ ⟷ F_6—$^7F_0$	5792−5615=177
Dy^{3+}	$^4F_{9/2}$—$^6F_{5/2}$ ⟷ $^6H_{15/2}$—$^6H_{7/2}$	8719−8888=169
Dy^{3+}	$^4F_{9/2}$—$^6F_{5/2}$ ⟷ $^6H_{15/2}$—$^6F_{9/2}$	8727−9001=274
Dy^{3+}	$^4F_{9/2}$—$^6F_{3/2}$ ⟷ $^6F_{11/2}$—$^6H_{15/2}$	7927−7612=315
Dy^{3+}	$^4F_{9/2}$—$^6F_{3/2}$ ⟷ $^6H_{15/2}$—$^6H_{9/2}$	7927−7594=333
Dy^{3+}	$^4F_{9/2}$—$^6F_{9/2}$ ⟷ $^6F_{5/2}$—$^4H_{15/2}$	12040−12316=276
Ho^{3+}	$^5I_4$—$^5I_7$ ⟷ $^5I_8$—$^5I_6$	8707−8404=303
Er^{3+}	$^4S_{3/2}$—$^4F_{9/2}$ ⟷ $^4I_{13/2}$—$^4I_{11/2}$	5954−6486=532
Er^{3+}	$^4S_{3/2}$—$^4F_{9/2}$ ⟷ $^4I_{13/2}$—$^4I_{11/2}$	3117−3638=521
Er^{3+}	$^1G_4$—$^3F_2$ ⟷ $^3H_6$—$^3F_4$	5860−5630=230

注：ΔE 为近似值。

这种自身浓度猝灭对人们实现高效特殊用途的荧光体和激光材料很重要。

（1）利用Tb^{3+}浓度控制$^5D_3 \rightarrow {}^5D_4$的无辐射弛豫，设计不同功能材料。在$Tb^{3+}$低浓度时，没有发生$^5D_3+{}^7F_6—{}^5D_4+{}^7F_0$交叉弛豫过程。$Tb^{3+}$主要发射为$^5D_3 \rightarrow {}^7F_5$（蓝）和$^5D_4 \rightarrow {}^7F_J$（$J$=6，5，…，0）（黄绿）发射，构成白光。而在高浓度时，发生交叉弛豫，导致$^5D_3 \rightarrow {}^7F_5$发射强度减弱，被猝灭。而$^5D_4$能级粒子布局大大增加，$^5D_4 \rightarrow {}^7F_J$跃迁黄绿色发射大大增加，得到很强黄绿光。而$Y_2O_2S$:Tb则被用于不同用途的高清晰度CRT显示管。

（2）控制Eu^{3+}的$^5D_2$，$^5D_1 \rightarrow {}^5D_0$的弛豫。在$Eu^{3+}$低浓度时，除$^5D_0 \rightarrow {}^7F_J$跃迁红发射外，还有$^5D_2$，$^5D_1 \rightarrow {}^7F_J$跃迁小于600nm发射。这严重影响$Eu^{3+}$红色发射色纯度。增加$Eu^{3+}$浓度，使$^5D_2$，$^5D_1 \rightarrow {}^7F_J$发射猝灭，提高红色色纯度。在$Y_2O_2S$:Eu红色荧光体中就是如此。它们被大量生产，用于彩电、显示器及照明中。

（3）Nd^{3+}、Pr^{3+}、Ho^{3+}、Er^{3+}和Tm^{3+}低浓度掺杂。因为这些离子中4f能级密度大，且相互间能量间距小，容易发生无辐射弛豫。在它们掺杂的激光材料中为避免浓度猝灭，掺杂的浓度相当低，一般不大于1mol。这是不利和应该注意的。

（4）Sm^{3+}浓度猝灭。激发能从处于高激发态Sm^{3+}传递到邻近Sm^{3+}时，由于能量较匹配发生交叉弛豫过程，促使Sm^{3+}从基态跃迁到某个亚稳态。由表4-2可知，Sm^{3+}的$^4G_{5/2}$发射能级上布居粒子可通过$^4G_{5/2}+{}^6H_{5/2}—{}^6F_{4/2}+{}^6F_{9/2}$，$^4G_{5/2}+{}^6H_{5/2}—{}^6F_{11/2}+{}^6F_{5/2}$交叉弛豫去激发跃迁到基态。同样，$^4F_{3/2}$高能发射能级上布居的粒子也可通过$^4F_{3/2}+{}^6H_{5/2}—{}^6F_{11/2}+{}^6F_{7/2}$交叉弛豫过程去激发后跃迁到基态。于是，随着$Sm^{3+}$浓度增加，高能激发态$^4F_{3/2}$和$^4G_{5/2}$能级的发射被猝灭。一般$Sm^{3+}$掺杂的浓度也不高。

（5）Dy^{3+}浓度猝灭。类似Sm^{3+}的交叉弛豫过程，Dy^{3+}至少有三个交叉弛豫通道：$^4F_{9/2}+{}^6H_{15/2}—{}^6F_{5/2}+{}^6H_{7/2}$，$^4F_{9/2}+{}^6H_{15/2}—{}^6F_{5/2}+{}^6F_{9/2}$及$^4F_{9/2}+{}^6H_{15/2}—{}^6F_{3/2}+{}^6H_{9/2}$使$^4F_{9/2}$发射能级去激发，导致$Dy^{3+}$激发态匀弛豫到它们的基态，$^4F_{9/2}$发射能级的发射随$Dy^{3+}$浓度增加被猝灭。$Dy^{3+}$的掺杂浓度也不可能高。

三价稀土离子能级极为丰富，还可能存在一些其他通道。此外，有的激活剂掺杂的浓度可以很高，甚至高达50%～100%（摩尔分数）。如在白钨矿结构的一些钨/钼酸盐中，需另行解释。

4.5 无辐射能量传递理论的实验例证

在发光和激光科技中，离子间的能量传递工作一直受到人们的重视。它是提高受主（激活剂）的效率及改善光学光谱性能的主要途径。本节中结合作者的一些工作对敏化发光或不同类型的施主-受主对的无辐射能量传递的实验和理论结合的例证，进行归纳和分类说明。

4.5.1 I-H理论实验例证

I-H无辐射能量传递理论是能量传递中最重要的理论之一，实际上表达一步共振能量传递，故能量传递效率最高。

4.5.1.1　$Eu^{2+}\rightarrow Er^{3+}$及$Eu^{2+}\rightarrow Ho^{3+}$的能量传递

在$BaYF_5:Eu^{2+}$，Er^{3+}及$BaYF_5:Eu^{2+}$，Ho^{3+}氟化物晶体中，室温下观测到Eu^{2+}的宽激发光谱（220~380nm）分别出现在Er^{3+}的540nm及Ho^{3+}的541nm发射的激发光谱中，分别如图4-2和图4-3所示。这些结果直接证明了在$BaYF_5$晶体中，Eu^{2+}可以高效地吸收紫外辐射，特别是长波紫外辐射，然后将吸收的能量无辐射传递给Er^{3+}或Ho^{3+}，使Er^{3+}、Ho^{3+}发射被大大地增强。随着Er^{3+}、Ho^{3+}浓度增加，Er^{3+}、Ho^{3+}的发射强度逐步增加，它们的最佳浓度为3%（摩尔分数）；而Eu^{2+}的发射强度将逐步下降。Eu^{2+}（施主）的荧光寿命也随受主（Er^{3+}，Ho^{3+}）浓度增加而缩短，这也充分证明发生无辐射能量传递。

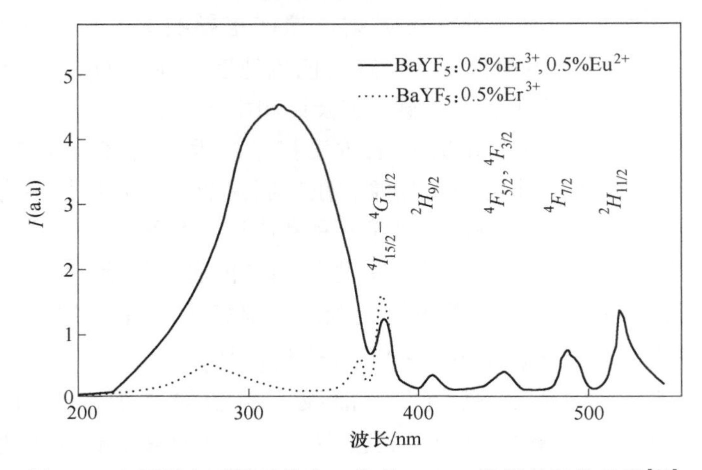

图4-2　室温下在不同晶体中Er^{3+}的540nm发射的激发光谱[22]

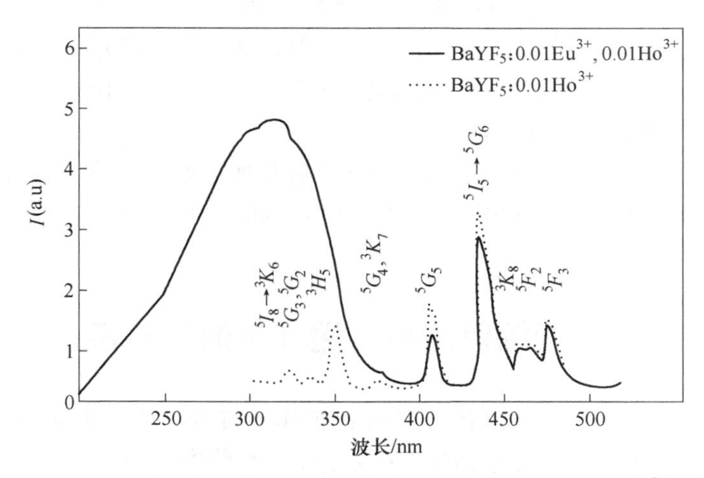

图4-3　室温下，在不同材料中Ho^{3+}的541nm发射的激发光谱[22-23]

下面定量分析所发生的能量传递机制。在$BaYF_5$晶体中无受主离子（Er^{3+}，Ho^{3+}）时，施主离子（Eu^{2+}）的发射强度衰减是单指数式。利用I-H理论方程式（4-14）进行理论和实验数据的吻合处理。其中$\Gamma(1\text{-}3/S)$是伽马函数。当$S=6$时，$\Gamma=1.7724$；$S=8$时，$\Gamma=1.4222$；$S=10$时，$\Gamma=1.2992$。当$S=6$时，$BaYF_5:Eu^{2+}$，xEr^{3+}及$BaYF_5:Eu^{2+}$，xHo^{3+}

样品的实验数据与采用式（4-14）计算的理论结果分别如图 4-4 和图 4-5 所示，两幅图完全一致，而 $S=8$ 不一致。这充分证实在 $BaYF_5$ 中发生的 $Eu^{2+}\rightarrow Er^{3+}$ 及 $Eu^{2+}\rightarrow Ho^{3+}$ 离子之间的无辐射能量传递机理是电偶极-偶极（d-d）相互作用[22]。

利用式（4-5），式（4-7）和下述公式：

$$\omega = \tau^{-1} - \tau_0^{-1} \tag{4-36}$$

分别计算临界传递距离 R_0，无辐射能量传递效率 η 和能量传递速率 ω。其结果分别列在表 4-3 中。临界距离 R_0 为 0.53~0.98nm，远大于交换传递距离 0.4nm，交换传递被排除。能量传递效率高达 60%以上。

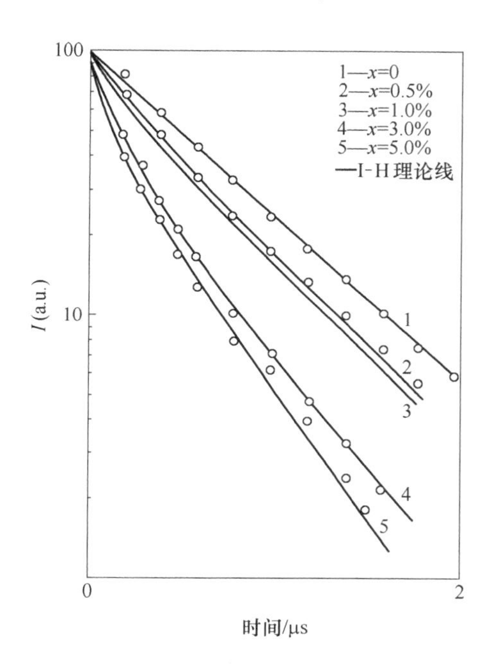

图 4-4 室温状态在 N_2 脉冲激光激发下，Eu^{2+} 的荧光衰减随 Er^{3+} 浓度 x 增加的关系[22]

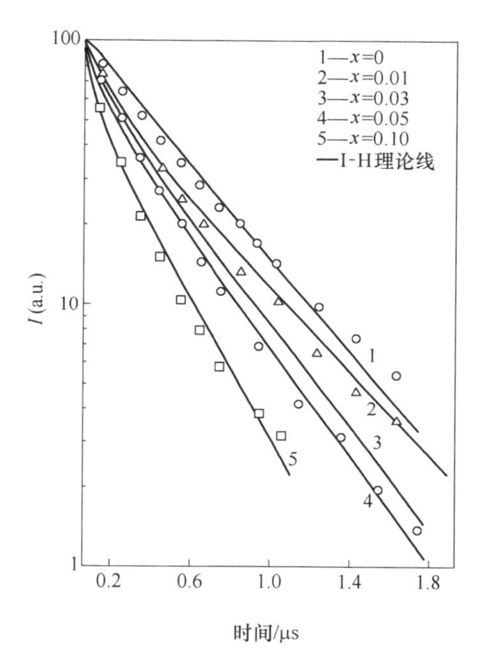

图 4-5 室温状态在脉冲 N_2 激光激发下，Eu^{2+} 的荧光衰减随 Ho^{3+} 浓度 x 增加的关系[23]

表 4-3 与 I-H 理论能量传递一致的实验例证结果

材料	掺杂浓度（摩尔分数）/%		施主寿命 /μs	传递机制	η	ω/s^{-1}	R_0/nm	文献
	Eu^{2+}	Er^{3+}						
$BaYF_5$	0.5	0	0.71					22
	0.5	0.5	0.55	d-d	0.225	0.41×10^6	0.90	
	0.5	1.0	0.50	d-d	0.296	0.59	0.76	
	0.5	3.0	0.34	d-d	0.521	1.53	0.77	
	0.5	5.0	0.24	d-d	0.662	2.56	0.68	

续表 4-3

材料	掺杂浓度（摩尔分数）/%		施主寿命 /μs	传递机制	η	ω/s^{-1}	R_0/nm	文献
$BaYF_5$	Eu^{2+}	Ho^{3+}						22，23
	1.0	0	0.50					
	1.0	1.0	0.34	d-d	0.32	0.94×10^6	0.98	
	1.0	3.0	0.30	d-d	0.40	1.33	0.57	
	1.0	5.0	0.26	d-d	0.48	1.85	0.53	
	1.0	10.0	0.20	d-d	0.60	3.00	0.53	
YAG	Tb^{3+}	Ce^{3+}	$^5D_3$ 寿命					21
	1.0	0	650					
	1.0	0.3	228	d-d	0.65	2.85×10^3	1.64	
	1.0	0.5	128	d-d	0.83	6.28	1.47	
	1.0	0.7	78	d-d	0.88	11.28	1.49	
	1.0	1.0	44	d-d	0.93	21.19	1.44	
YAG	Tb^{3+}	Ce^{3+}	$^5D_4$ 寿命					21
	1.0	0	4400					
	1.0	0.3	1420	d-d	0.68	4.77×10^4	1.41	
	1.0	0.5	790	d-d	0.82	10.39	1.69	
	1.0	0.7	490	d-d	0.90	18.14	14.6	
	1.0	1.0	270	d-d	0.94	37.76	1.58	
YGG	Tb^{3+}	Ce^{3+}	$^5D_3$ 寿命					38
	1.0	0	340					
	1.0	0.3	98	d-d	0.71	0.73×10^2	1.62	
	1.0	0	50	d-d	0.85	1.71	1.65	
	1.0	0.7	30	d-d	0.91	3.04	1.66	
	1.0	1.0	17	d-d	0.95	5.59	1.60	
YGG	Tb^{3+}	Ce^{3+}	$^5D_4$ 寿命					38
	1.0	0	3200					
	1.0	0.3	2010	d-d（主）	0.37	1.85×10^2	1.15	
	1.0	0.5	1500	+d-q（次）	0.47	3.54	1.08	
	1.0	0.7	1130	+d-q	0.65	5.73	1.18	
	1.0	1.0	770	+d-q	0.76	9.86	1.07	

4.5.1.2 YMG(M=Al，Ga)石榴石中 $Tb^{3+}\to Ce^{3+}$ 选择激发无辐射共振能量传递

一般情况下，容易发生 $Ce^{3+}\to Tb^{3+}$ 的无辐射能量传递，$5d(Ce^{3+})\to{}^5D_3,{}^5D_4(Tb^{3+})$。

但在Ce^{3+}和Tb^{3+}共掺杂的YMG(M=Al，Ga）石榴石中，发现Ce^{3+}的520nm绿色发射的激发光谱中，在250~290nm紫外光谱范围中出现一个约275nm（YAG）、266nm（YGG）的新的激发峰[36-37]，它们正是Tb^{3+}的4*f*—5*d*的激发带。这表明用270nm左右紫外光选择激发时，可以发生$Tb^{3+}\rightarrow Ce^{3+}$的无辐射能量传递。起始的能量施主是$Tb^{3+}$的5d态，它的寿命为纳秒量级。

Tb^{3+}被270nm激发到$4f^7 5d$激发态后，由于Tb^{3+}的5*d*态的无辐射衰减速率比4*f*能级间跃迁速率快得多，所以5*d*激发态的能量迅速地无辐射传递到Tb^{3+}的$^5D_3$和$^5D_4$发射能级，分别产生$^5D_3$,$^5D_4\rightarrow{}^7F_J$基态跃迁发射。本来270nm附近紫外光是不能激发Ce^{3+}发光的，但由于上述激发能可以从Tb^{3+}传递给Ce^{3+}，产生Ce^{3+}的宽绿色发射带，叠加在Tb^{3+}的发射谱线上。

实验还表明在Ce^{3+}和Tb^{3+}共掺杂的YAG和YGG体系中，Tb^{3+}的$^5D_3\rightarrow{}^7F_5$(418nm)和$^5D_4\rightarrow{}^7F_5$(544nm）跃迁发射的荧光寿命随受主Ce^{3+}浓度增加而缩短。这也有力地证明了在YAG和YGG体系中确实发生了无辐射共振能量传递。

同样，采用最小平方曲线拟合法，对YMG:Ce^{3+},Tb^{3+}（M=Al，Ga）体系中所获得的实验数据和I-H理论方程式（4-13）或式（4-14）进行拟合，可以得知发生的无辐射能量传递的机理。

图4-6和图4-7分别是当耦合因子$S=6$时，YAG:0.01Tb,*x*Ce和YGG:0.01Tb,*x*Ce两种石榴石中，施主Tb^{3+}的$^5D_3\rightarrow{}^7F_5$(418nm）发射的荧光衰减与受主Ce^{3+}的浓度关系，施主Tb^{3+}的浓度是固定的，而受主Ce^{3+}的浓度是逐步增加的。施主Tb^{3+}的418nm荧光衰减逐步加快。实验值和理论结果完全一致[21,38]。

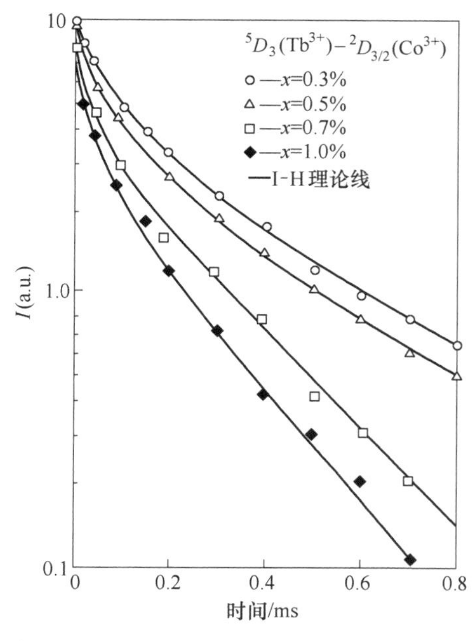

图4-6 YAG:0.01Tb,*x*Ce中在室温下Tb^{3+}的$^5D_3$（418nm）荧光衰减与Ce^{3+}浓度关系[21]

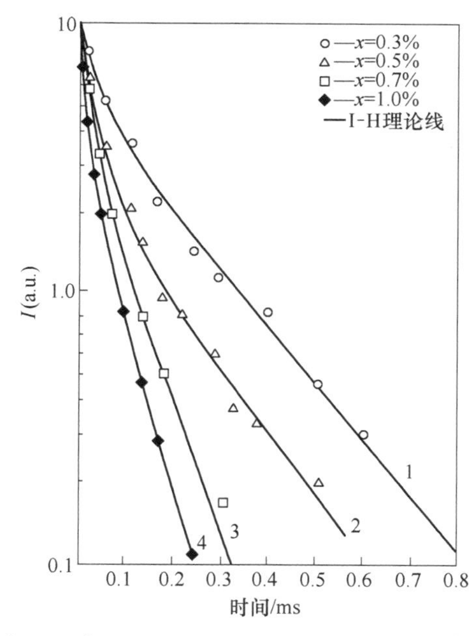

图4-7 在Y_3GaO_{13}:0.01Tb,Ce中室温下Tb^{3+}的$^5D_3$（418nm）荧光衰减与Ce^{3+}的浓度的关系[38]

这证实在YMG（M=Al，Ga）体系的无辐射能量传递是电偶极-偶极相互作用机理。

采用相同方法，进一步对这两种 YAG 和 YGG 石榴石中施主 Tb^{3+} 的 $^5D_4$(544nm) 荧光衰减与受主 Ce^{3+} 的浓度关系处理。当 $S=6$ 时，也得到相同结果，为电偶极-偶极（d-d）相互作用机理。同样处理得到的主要结果如下。

在 YAG 和 YGG 中，$^5D_3(Tb^{3+})\rightarrow 5d(Ce^{3+})$ 及在 YAG 中 $^5D_4(Tb^{3+})\rightarrow 5d(Ce^{3+})$ 能量传递机理为 d-d 相互作用，排除 d-q、q-q 相互作用及交换传递机制。详情可参阅文献［21］和［38］。

在 YGG 中除 $^5D_4(Tb^{3+})\rightarrow 5d(Ce^{3+})$ 的能量传递机理主要为 d-d 相互作用外，d-q 相互作用也不可忽视。也排除 q-q 和交换作用。

利用上述公式，分别计算 YMG∶Ce,Tb（M=Al，Ga）石榴石中 R_0、η、和 ω。其结果也列在表 4-3 中。

4.5.1.3　Tb^{3+}—Dy^{3+} 的交叉弛豫能量传递机制

四方晶系的 LaOBr∶Tb 和 LaOBr∶Tm 曾是一类高效的阴极射线发光和 X 射线增感屏用荧光体。在 Tb^{3+} 和 Dy^{3+} 共掺杂的 LaOBr 中，利用 Tb^{3+} 和 Dy^{3+} 间存在的交叉弛豫完好的通道：$^5D_3+^5H_{15/2}$—$^5D_4+^5H_{11/2}$（见表 4-1）。我们发现在 LaOBr 中，随 Dy^{3+} 浓度增加，Tb^{3+} 的 $^5D_3\rightarrow{}^7F_J$ 跃迁发射减弱，而使 Tb^{3+} 的 $^5D_4\rightarrow{}^7F_J$ 跃迁发射增强，提高 Tb^{3+} 的阴极射线发光和光效发光效率[24]。

利用 I-H 能量传递理论对该体系中所发生的交叉弛豫能量传递进行理论和实验结果拟合处理。发现当耦合因子 $S=6$ 时，实验和 I-H 理论结果完全一致，证明为 d-d 相互作用。而 $S=8$ 或 10 时严重偏离，排除 d-q 和 q-q 相互作用机制。

其外，在 YF_3:0.3%Yb^{3+},6%Ho^{3+} 晶体中，Yb^{3+} 的 $^2F_{5/2}$ 能级的荧光衰减与电偶极-偶极 d-d 相互作用的理论曲线吻合[39]。而在磷酸盐玻璃中发现 Sm^{3+} 的衰减曲线与 I-H 理论曲线相吻合，得到猝灭相互作用是由 d-q 机理发生的[40]。

硅酸盐玻璃中，Nd^{3+} 的荧光猝灭与浓度关系可归因于表 4-2 中的交叉弛豫过程[41]，即 Nd^{3+} 的 $^4F_{3/2}+^4I_{15/2}$—$^4I_{9/2}+^4I_{15/2}$ 过程，由实验衰减曲线与依据 I-H 理论方程式（$S=6$，8，10）曲线比较，认为 d-q 和 q-q 相互作用在 Nd^{3+} 浓度猝灭中是主要作用。

4.5.2　激发能迁移传递实例

Tm,Ho∶YAG 晶体室温下激光发展使人们重新重视这种激光材料的光学性质。这里用在 Tm,Ho∶YAG 激光晶体中发生的能量迁移予以说明。

泵浦光子能量从 Tm^{3+} 传递到 Ho^{3+}，激发能量是如何从 Tm^{3+} 传递到 Ho^{3+} 的。对此，Powell 等人[14-15]采用常态四波混频技术写入，探测在 $^3F_4$ 能级上 Tm^{3+} 瞬态布居光栅进行激光引起光栅 LIG 光谱测量技术，仔细研究在 Tm，Ho∶YAG 晶体中的能量迁移过程。

4.5.2.1　Tm^{3+} 的 H_4 能级中 Tm^{3+}—Tm^{3+} 间的能量迁移

离子-离子间相互作用导致 Tm^{3+} 的 $^3H_4$ 能级的荧光猝灭有两种可能方式：交叉弛豫和迁移增强的交叉弛豫过程。一般所观察到的 Tm^{3+} 浓度猝灭归因于 $^3F_4$ 亚稳态两个离开的邻近的 Tm^{3+} 的交叉弛豫过程。但对浓度猝灭来说有可能存在竞争过程是在 Tm^{3+} 的 $^3H_4$ 能级内发生的能量迁移。需要考虑这两种猝灭过程。

从 $^3H_4$ 能级发射的荧光量子效率可由下式测定：

$$\eta = A_r/A_m \tag{4-37}$$

式中，A_r 为预计的辐射弛豫速率；A_m 为测量的荧光衰减速率。

预计的辐射寿命为 790μs。因此辐射跃迁速率为 $1270s^{-1}$。$^3H_4$ 能级发射荧光强度的时间展开可以表示为：

$$I(t) = I(O)\exp[-(A_r t + \nu t^{1/2} + wt)] \tag{4-38}$$

式中，$I(O)$ 为初始光强；A_r 为没有迁移的离子-离子交叉弛豫相互作用参数；w 为迁移增强交叉弛豫速率。

由 d-d 机制及相互作用离子的随机分布总的荧光衰减考虑，Forster 提出用下式表示 y 参数：

$$y = \frac{4}{3}\pi^{3/2} n_{Tm} R_{cr}^3 Ar^{1/2} \tag{4-39}$$

式中，R_{cr}为交叉弛豫机制的两个 Tm^{3+}之间的临界距离；n_{Tm}为 Tm 离子浓度。

由 Burshtein 确定的迁移增强交叉弛豫速率如下[15]：

$$w = \pi(2\pi/3)^{5/2} R_C^3 R_{mig}^3 n_{Tm}^2 Ar \tag{4-40}$$

式中，R_{mig}为因能量迁移 Tm^{3+}间的临界距离。

这里假定 d-d 相互作用是造成迁移和终极猝灭的主因。式（4-37）和式（4-38）反映的最感兴趣的事实是施主和受主都是 Tm 离子。也可以用下式表达荧光量子效率：

$$\eta = [A_r/(A_r + w)]\{1 - \pi^{1/2} x \exp(x^2)[1 - \mathrm{erf}(x)]\} \tag{4-41}$$

其中

$$x = y/[2(A_r + w)^{1/2}] \tag{4-42}$$

在室温时，采用不同数据，用 Tm^{3+}的$^3H_4$ 能级的荧光量子效率对 Tm 浓度作图。发现采用式（4-41）计算 $w=0$ 时，曲线吻合最佳。这表明在 Tm^{3+}的$^3H_4$ 能级中，一些能量迁移发生了，而且在 Tm 离子高浓度下，增强来自$^3H_4$ 能级发光的交叉弛豫猝灭。

4.5.2.2 $^3F_4$ 能级中 Tm—Tm 离子间能量迁移

由$^3H_4$+$^3H_6$—$^3F_4$+$^3F_4$ 交叉弛豫到$^3F_4$ 能级后，大范围能量迁移发生了。

假定 Tm^{3+}随机分布，Tm^{3+}间的平均最邻近的邻居距离为 d，由 Chandrasekhar 给出的简式得到：

$$d = 0.55 n_{Tm}^{-1/3}$$

采用 Forster 衰减函数可以得到离子-离子相互作用速率的理论上估算

$$\varphi(t) = \exp(-yt^{1/2}) \tag{4-43}$$

式中，y 由式（4-39）得到，该方程式中 R_{cr}用在$^3F_4$ 能级中迁移的临界相互作用距离取代即可。若考虑最近邻居跳跃过程的激励迁移，离子到离子之间的平均跳跃时间可作如下定义[15]：

$$\varphi(\tau_{hop}) = e^{-1} \tag{4-44}$$

采用式（4-43）和式（4-44）可以计算离子-离子相互作用平均速率：

$$(\tau_{hop})^{-1} = r^2 \tag{4-45}$$

因此，离子-离子间相互作用速率是激励扫描速率（α）可以用来计算表述激励迁移性质的参数。这些参数计算过程如下。

扩散系数 D 计算如下：

$$D = 2v^2d^2/\alpha \tag{4-46}$$

式中，v 为激励迁移的最邻近的邻居相互作用速率。

平均自由程计算如下：

$$L_m = (2)^{1/2}vd/\alpha \tag{4-47}$$

扩散速度计算如下：

$$L_D = (2D\tau)^{1/2} \tag{4-48}$$

扫描间距之间巡视的格位数目 Ns 计算如下：

$$N_s = L_m/d \tag{4-49}$$

在室温时所获得的几个样品激励迁移参数如下：$v = 27\times10^3 \sim 170\times10^3\text{s}^{-1}$，$D = 0.9\times10^{-8} \sim 3.0\times10^{-8}\text{cm}^2/\text{s}$，$L_m = 365\times10^{-8} \sim 240\times10^{-8}\text{cm}$，$L_D = 1.34\times10^{-5} \sim 2.19\times10^{-5}\text{cm}$，等。

室温时在 Tm^{3+} 的 $^3F_4$ 能级中能量迁移的扩散系数与 Tm^{3+} 浓度关系的实验和理论相符合。实际上描述随机移动型激励迁移的这种典型的关系之前，已由多位专家在理论上预言。

4.5.2.3　Tm^{3+}—Ho^{3+} 能量传递

在 Tm,Ho:YAG 体系中，全部能量从 Tm^{3+} 的 $^3F_4$ 能级传递到 Ho^{3+} 是终止站。泵浦后，测量到来自 Ho^{3+} 的 $^5I_7$ 能级的荧光发射的上升时间。信号从零升到最大值 330μs。对 Tm^{3+} 的 $^3F_4$ 能级到 Ho^{3+} 的 $^5I_7$ 能级的无辐射交叉弛豫能量传递来说，Ho 离子的荧光发射时间上升到最大值可由下式得到[15]：

$$t_{\max} = \frac{1}{\tau_{\text{Ho}}^{-1} - \tau_{\text{Tm}}^{-1} - \omega_{\text{CR}}} \ln\left(\frac{1}{\tau_{\text{Tm}}^{-1} + \omega_{\text{CT}}}\right) \tag{4-50}$$

式中，τ_{Tm}^{-1} 为 Tm^{3+} 能级的本征衰减速率；τ_{Ho}^{-1} 是 Ho^{3+} 的 $^5I_7$ 能级的本征衰减速率；ω_{CR} 为由两离子体系之间的交叉弛豫速率；ω_{CT} 为能量传递速率。

实验测得值 $t_{\max}$ 为 330μs，而在 YAG 中 Ho^{3+} 的 $^5I_7$ 能级的本征寿命为 6.5ms，而 YAG 中 Tm^{3+} 的 $^3F_4$ 能级荧光寿命为 11ms。这样，$\omega_{\text{CT}} = 1.3\times10^4\text{s}^{-1}$。

总之，在 Tm,Ho:YAG 体系中，发生 Tm^{3+} 的 $^3F_4$ 能级内有效大范围能量迁移，最后由 $^3F_4(Tm^{3+}) + {}^5I_8(Ho^{3+})$—$^3H_6(Tm^{3+}) + {}^5I_7(Ho^{3+})$ 低能声子辅助的能量传递增强传递到 Ho^{3+}，导致 Ho^{3+} 发生 $^5I_7$—$^5I_8$ 近红外激光跃迁发射。

4.5.3　声子辅助的能量传递实例

在 4.2.4 节中已介绍声子辅助的能量传递速率 ω 与离子间的能隙 ΔE 可用式（4-18）和式（4-19）计算，这里仅举 Y_2O_3:RE_1，RE_2 中声子辅助的能量传递实例予以加深理解。

作为施主-受主对的 Sm^{3+}-Eu^{3+}、Eu^{3+}(Tb^{3+})-Yb^{3+}、Ho^{3+}-Sm^{3+}、Ho^{3+}- Tm^{3+}、Ho^{3+}-Yb^{3+}、Er^{3+}-Yb^{3+}、Tm^{3+}-Yb^{3+} 的一些能级匹配，其能隙失配在 190(Sm^{3+}-Eu^{3+}) ~ 4200cm^{-1}（Tb^{3+}-Yb^{3+}）之间。77K 时，在 Y_2O_3 中它们之间可以通过声子辅助实现能量传递[42]。已观测的声子伴随的能量传递速率在 $10^2 \sim 10^4\text{s}^{-1}$ 之间，得到与 Miyakawa-Dexter 理论所预计的能量失配的指数关系。

依据 Y_2O_3 中 RE(1)-RE(2) 离子对声子辅助的能量传递结果，绘制稀土离子能隙与稀土离子的声子辅助能量传递速率的关系。能量传递速率是以施主和受主之间距离为 1nm

估算，发现大多数实验结果均落在以斜率 $\beta=2.5\times10^{-3}$cm 计算的 Miyakawa-Dexter(M-D)理论的一条直线两侧附近，吻合结果最好。但是，对 $Eu^{3+}(^5D_1)$-Yb^{3+} 及 $Eu^{3+}(^5D_0)$-Yb^{3+} 来说，偏离太大。它们之间的 ΔE 大，且能量传递速率太低（2.3~40s^{-1}）。显然不能用声子辅助来解释。

4.6 多声子无辐射弛豫

本节中主要介绍固体中与声子辅助能量传递密切相关的多声子弛豫速率与稀土离子的能隙和温度的关系。这对于深刻认识和在设计上转换发光和激光材料具有参考作用。

一个离子被激发，发生从激发态跃迁到下能级，无辐射损失能量。在一些晶体，如 LaX_3(X=F，Cl，Br)、Y_2O_3 及 $YAlO_3$ 中，一些稀土离子某个能级的多声子弛豫发射速率与能隙的关系分别呈线性关系[10]。晶体的最大声子能量：$LaBr_3$ 最低为 175，$LaCl_3$ 为 260cm^{-1}，LaF_3 为 350cm^{-1}，Y_2O_3 为 430cm^{-1}，$YAlO_3$ 为 550cm^{-1}。Weber 也曾指出 77K 时在 $YAlO_3$ 中，三价 Nd、Eu、Ho、Er 和 Tm 离子的一些能级的多声子无辐射发射速率与它们的能隙间关系，均在一直线上。因此，多声子无辐射跃迁概率 $P_{nr}(\Delta E)$ 与两个依次能级间的能隙 ΔE 可用指数关系表示[44]：

$$P_{nr}(\Delta E)=P_{nr}(o)\exp-\alpha_{nr}^{\Delta E} \tag{4-51}$$

式中，ΔE 比材料中的最大声子能量更大，这是考虑多声子过程的条件，式（4-51）和式（4-19）相似。实际上 P_{nr} 常用以下方法获得：

（1）若 P_{nr} 比辐射跃迁概率 P_r 大，则可用所考虑的能级的寿命测量直接得到 P_{nr}，$P_{nr}\approx1/\tau$。

（2）当 P_{nr} 比 P_r 小时，首先从吸收测量估算 P_r，然后由下式得到 P_{nr}：$P_{nr}=\dfrac{1}{\tau}-P_r$。

（3）假定速率方程有效，测量强度比来解 P_{nr} 方程的计算体系。

此外，随温度上升，由于促进发射进入热布居声子模，声子发射将增加。这里用 $LaBr_3$ 中 Dy^{3+}的$^6F_{3/2}\rightarrow{}^6F_{5/2}$多声子跃迁速率与温度的关系即可说明[43]。随温度增加，多声子跃迁速率急速增加。这样，声子的跃迁速率 ω 计算如下：

$$\omega=\omega_0(\overline{n}_i+1)N_i \tag{4-52}$$

式中，N_i 为转换能量所需要的等能 $\hbar\omega_i$ 的声子数，$N_i\hbar\omega_i=\Delta E$；$\overline{n}_i$ 为第 i 个声子模的平均占有数。

对 $\overline{n}_i$ 产额取 Bose-Einstein 平均[42]：

$$\omega=\omega_0\left[\frac{e^{\hbar\omega i}/(kT)}{e^{\hbar\omega i}/(kT)-1}\right]N_i \tag{4-53}$$

这样，在 $LaBr_3$:Dy^{3+}中，$^6F_{3/2}\rightarrow{}^6F_{5/2}$能级多声子跃迁速率 ω 与温度 T 的关系作图。采用式（4-52），用 $N_i=5$ 得到的结果与理论上吻合。$^6F_{3/2}$—$^6F_{5/2}$的能隙 $\Delta E\approx775\,cm^{-1}$ 。而

LaBr 中最大声子能量为 175cm^{-1}，这意味着只需要 5 个低能声子即可从$^6F_{3/2}$无辐射弛豫到$^6F_{5/2}$下能级。这些研究的关键数据常应用于预计多声子跃迁速率。一般预估这些速率的实验值在 50%以内。

此外，硅酸盐玻璃中的多声子发射速率比 $YAlO_3$ 晶体中更快。玻璃中稀土离子这种研究证明，多声子弛豫占优势是因为玻璃网络体参与最高频率振动模作用。在稀土晶体和无定型的两种材料中，一般具有低振动频率材料更有可能产生激光。

Collins 和 Bartolo 提出[44]，考虑传递速率与温度和能隙的关系，在 YAG 中 Er^{3+} 和 Ho^{3+}间的能量传递是以一个单声子为键桥的。在这种情况下，随温度增加，直至 800K，传递速率下降。此例表明在温度变化时，Stark 能级中的离子重新分布的能量传递过程是重要的。当能隙大且需要多个声子时，传递速率是熟悉的指数规律。但当需要少数几个声子时，传递速率与温度关系完全不同，甚至在低温时更加有效。随声子数增加，稀土离子在 Stark 能级中的重新分布变得不重要，且出现指数规律。

一个声子能量传递的概率 P_{DA}可由 Orbach 给出的公式求得：

$$P_{DA} = k\omega_P(n_p + 1) \tag{4-54}$$

式中，k 为常数，与能量传递和电子-声子相互作用两者有关的基质材料相关的常数，与所涉及的 Stark 能级和声子频率无关；ω_P 为能量传递过程中产生的声子频率；n_p 为频率 ω_P 的声子数。

用下式可计算总的传递概率。以 YAG 中的 Er^{3+}-Ho^{3+}传递为例

$$P_{Er\text{-}Ho} = \sum_{i,\ j} g_i g_j k\omega_{pi,j}(n_{pi,\ j} + 1) \tag{4-55}$$

式中，$i(j)$、$i'(j')$ 分别为 Er(Ho) 的基态和激发能级的 Stark 能级；g_i、g_j 为 Boltzmann 分布测定的权重因子。$\hbar\omega$ 意味着声子保留能量。

声子的无辐射弛豫作用可使激光光谱谱线宽化，而在上转换发光及 Nd^{3+}、Ho^{3+}、Tb^{3+}等离子的激光中也扮演重要的作用。此外，对绝大多数二价和三价稀土离子来说，$4f^{n-1}5d$组态和 $4f^n$ 能级存在交叠。离子激发到 $5d$ 态后，快速地无辐射衰减到 $4f$ 能级，导致高效 $4f$—$4f$ 能级跃迁发射。

4.7　不同类别离子间的能量传递

迄今，固体中观测到许多离子间的能量传递现象，主要是无辐射能量传递，并用能量传递理论、$4f$—$4f$ 和 $4f$—$5d$ 跃迁的特性及实验获得许多高效实用的发光材料、上转换荧光材料及激光材料。这里，就一些能量传递中敏化发光和不同类型的施主-受主对例证分类归纳简要介绍，更详细的稀土离子的能量传递过程，分别在相关稀土离子章节中予以介绍。

4.7.1　$Ce^{3+}(5d)$→$RE^{3+}(4f)$ 的能量传递

$Ce^{3+}(4f')$ 是一个特殊的三价稀土离子，它的 $4f$—$5d$ 跃迁属电偶极允许跃迁。其振子强度大，吸收光谱强而宽，且从短波紫外区至可见光谱区内的吸收和发射光谱均为宽谱

带。因此，很容易和其他 RE^{3+}（三价 Pr，Nd，…，Yb）发生无辐射和辐射能量传递。在许多单晶、多晶和玻璃及不同无机盐类中，$Ce^{3+} \rightarrow RE^{3+}$ 的无辐射和辐射能量传递均被观测到，并获得多种实用材料。这里仅简单举几例。

4.7.1.1 $(Ce,Tb)MgAl_{11}O_{19}$ 铝酸盐灯用荧光体

商用量子效率高达92%以上的 $(Ce_{0.67},Tb_{0.33})MgAl_{11}O_{19}$ 绿色荧光体（简称 CAT）就是依据 $Ce^{3+} \rightarrow Tb^{3+}$ 之间的无辐射能量传递对 $LaMgAl_{11}O_{19}$ 改造、设计实现的。直到今天，一直被用于紧凑型荧光灯中。Sommerdi 等人（1976）针对此体系指出，$Ce^{3+} \rightarrow Tb^{3+}$ 的能量传递可能是由于发生电偶极-四极（d-q）相互作用结果。

4.7.1.2 Ce^{3+},Tb^{3+} 共激活的磷酸盐

$NaSr(La_{0.6}Ce_{0.2}Tb_{0.2})(PO_4)_2$、$KCa(La_{0.6}Ce_{0.2}Tb_{0.2})(PO_4)_2$、$Na_3(Ce_{0.65}Tb_{0.35})(PO_4)_2$ 及 $LaPO_4$:Ce，Tb 四种磷酸盐荧光体中，Ce^{3+} 的长波紫外发射光谱与 Tb^{3+} 的吸收光谱存在满意交叠，产生高效无辐射 Ce^{3+}—Tb^{3+} 之间的能量传递。对 $LaPO_4$:Ce,Tb 中能量传递仔细分析[45]，其主要能量传递属 $Ce^{3+} \rightarrow Tb^{3+}$ 的无辐射有限扩散传递机制。经人们不断改进，克服温度猝灭严重问题后，量子效率高达92%以上的 $LaPO_4$:Ce,Tb（简称 LAP）绿色荧光体也用于紧凑型荧光灯中，被大量生产。

此外，$Ce^{3+} \rightarrow Nd^{3+}$，$Pr^{3+}$，$Gd^{3+}$，$Tm^{3+}$，$Yb^{3+}$ 等离子间的能量传递早期已被观察到，在 YAG 晶体中，可以发生 $Ce^{3+} \rightarrow Nd^{3+}$ 辐射和无辐射能量传递，增强 Nd^{3+} 的 1.06μm 激光发射。特别是 Ce^{3+} 的 $^2F_{7/2}$ 能级在特定光源泵浦下，无辐射传递给 Nd^{3+} 的 $^4I_{11/2}$ 能级和 Pr^{3+} 的 $^3H_5$ 能级，甚至 Tb^{3+} 的 $^7F_5$ 能级，可以有益于新激光光源发展。

4.7.2 $Eu^{2+}(5d) \rightarrow RE^{3+}(4f)$ 的能量传递

Eu^{2+} 也是 $4f$—$5d$ 允许跃迁，和 Ce^{3+} 类似。$5d$ 组态能量位置受晶场强度影响很大。对紫外-可见光吸收很强，且吸收和发射光谱从紫外到可见光均为强而宽谱带，所以容易发生 $Eu^{2+} \rightarrow RE^{3+}$ 间的辐射和无辐射能量传递。如在 $BaYF_5$ 中 $Eu^{2+} \rightarrow Er^{3+}$、$Eu^{2+} \rightarrow Ho^{3+}$ 发生辐射和无辐射能量传递，$Sr_5(PO_4)_3Cl$ 中 $Eu^{2+} \rightarrow Pr^{3+}$ 能量传递产生 Pr^{3+} 的 600nm 发射。近年来开始关注 $Eu^{2+} \rightarrow Yb^{3+}$ 间的能量传递，试图用合作能量传递解释。这不可信，值得商榷。

4.7.3 $5d(Ce^{3+}, Eu^{2+}) \rightarrow 3d(Mn^{2+})$ 的能量传递

这种类型的能量传递效果很佳，研究很广，也很重要，获得了实用成果。$Mn^{2+}(3d)$ 在紫外区仅具有很弱的禁戒吸收带。因此，利用 Ce^{3+} 或 Eu^{2+} 对不可能有效吸收紫外辐射 Mn^{2+} 的发光起到有效敏化剂作用。一般，Ce^{3+}、Eu^{2+} 的发射光谱可满意地与 Mn^{2+} 的激发谱带重叠，无辐射传递给 Mn^{2+}。在许多硅酸盐、磷酸盐、硼酸盐、铝酸盐、氟化物、碱土卤化物、碱土金属硫酸盐等体系中，均可观测到 $Ce^{3+} \rightarrow Mn^{2+}$ 或 $Eu^{2+} \rightarrow Mn^{2+}$ 的能量传递。特别是 Philips 等公司的专家，利用能量传递原理发展商用 $BaMgAl_{10}O_{17}$:Eu^{2+},Mn^{2+}（BAM：Eu^{2+},Mn^{2+}）新双峰蓝色荧光粉及（Ce，Tb）（Mg，Mn）$Al_{11}O_{19}$（CAT：Tb^{3+},Mn^{2+}）绿色荧

光粉，在不影响光效情况下，提高其显色性，实现产业化。

4.7.4 三价稀土离子 $RE^{3+}(1)$-$RE^{3+}(2)$的能量传递

除 Ce^{3+}的能量传递在前面介绍以外，其他 RE^{3+}在紫外光、可见光和红外光范围内均有丰富吸收和发射能级。绝大多数 RE^{3+}可以和另外 RE^{3+}发生相互作用。发生能量传递应具体分析。

对 $LaCl_3$:Pr,Nd 体系研究，发现当 Pr^{3+}浓度大于 2%以后，发生 Pr^{3+}-Pr^{3+}之间的为 d-d 相互作用的 Pr^{3+} 的能量迁移[46]，得到扩散系数 $D\approx5\times10^{-9}\,cm^2/s$。而在 YAG：Tm，Ho 中[15] Tm^{3+}-Tm^{3+}的扩散系数 D 为 $0.9\times10^{-8}\sim3.0\times10^{-8}\,cm^2/s$，早期磷酸盐玻璃中，Yb-Er、Eu-Dy 及 Sm-Eu 之间的能量传递不能用共振传递解释。但发现试图用能量扩散机理来解释它们的实验结果也不充分，需要考虑其他机理。

人们还注意重稀土离子间的能量传递工作，如 Yb^{3+}-Tb^{3+}离子对的上转换发光[47]，$BaYF_5$:Ln^{3+}（Ln=Yb，Er，Tm）纳米荧光体上转换发光[48]，Yb^{3+}及 Yb^{3+}/Er^{3+}共掺杂的 $KLn(WO_4)_2$(Ln=Gd，Y）晶体的 CW 激光性质[49]，硼酸盐中 Sm^{3+}—Eu^{3+}的能量传递[50]及 Yb^{3+}—Er^{3+}共掺杂稀土氟化物近年已被成功地用于医疗诊断等领域中，这里不一一列出。这些 $RE^{3+}(1)\rightarrow RE^{3+}(2)$ 离子对之间的能量传递可以改变稀土离子的光谱等性质，是发展上转换发光和红外激光材料的依据。

4.7.5 具有 $d^{10}S^2$ 电子组态的类汞离子的能量传递

具有 $d^{10}S^2$ 电子组态的离子包括 Tl^+、Pb^{2+}、Bi^{3+}、In^+、Sn^{2+}、Sb^{3+}、Ag^+、In^{3+}、Sn^{4+}、Cu^+、Ga^+、As^{3+}等。这些离子在紫外光区具有很强的吸收带，而在近紫外光和可见光区中具有发射带。因而这些离子可用作敏化剂，可以将吸收的能量传递给稀土离子和 Mn^{2+}等离子。早期人们在这方面开展了许多工作。

20 世纪 60 年代已观察到 Sb^{3+}、Bi^{3+}、Ce^{3+}到 Sm^{3+}、Eu^{3+}、Dy^{3+}的能量传递现象[28]，而 Cu^+、Tl^+、Sn^{2+}、Pb^{2+}、Sb^{3+}敏化 Mn^{2+}或 Tb^{3+}发光也被研究。在 Y_2O_3:Eu 中加入少量 Bi^{3+}，在 365nm 激发下，增强 Eu^{3+}的 610nm 发射。在 20 世纪 70 年代也观察到 $Sb^{3+}\rightarrow Dy^{3+}$能量传递，以及 Sb^{3+}、Tl^+、Pb^{2+}、Bi^{3+}、Ce^{3+}对 Gd^{3+}的敏化现象。Tl^+-Gd^{3+}的能量传递效率也相对很高。

4.7.6 过渡族金属离子（具有未填满 *d* 壳层）$Cr^{3+}\rightarrow Nd^{3+}$，$Ho^{3+}$，$Er^{3+}$，$Yb^{3+}$等离子的能量传递

在 YAG、$YAlO_3$ 及 Nd 玻璃中均观测到 $Cr^{3+}\rightarrow Nd^{3+}$的能量传递，$Cr^{3+}$的荧光寿命缩短，而 Nd^{3+}的 1.06μm 发射增强。在 $Y_{1-x}ER_X$（$Al_{1-y}Cr_y$）O_3（RE=Ho，Er，Tm，Yb）体系中，也观测到 $Cr^{3+}\rightarrow RE^{3+}$发生的能量传递。$Cr^{3+}$的吸收补充了这些稀土离子吸收不足。对多数三价稀土离子来说，Cr^{3+}的$^2E\rightarrow{}^4A_2$ 跃迁和最近邻的稀土离子之间的能量不太匹配。这可由前面所述的声子辅助（产生或湮灭）来匹配。甚至能量匹配约 $3000cm^{-1}$的 Yb^{3+}时，在 77K 依然观察到 $Cr^{3+}\rightarrow Yb^{3+}$的能量传递现象，但比其他稀土离子的传递速率慢。

这种性质与前面介绍的 Miyakawa 和 Dexter[11] 理论预计多声子发射与能量失配（ΔE）或近似指数关系是一致的。

根据以上不完全统计，在能量传递过程中，作为施主和受主的离子列在表 4-4 中，仅供参考，可能还有遗漏。

表 4-4 能量传递中施主和受主离子及类别

序号	类别	施主离子	受主离子
1	5*d*	Ce^{3+}	Pr^{3+}，Nd^{3+}，Sm^{3+}，(Eu^{3+})，Gd^{3+}，Tb^{3+}，Dy^{3+}，Ho^{3++}，Er^{3+}，Tm^{3+}，Yb^{3+}，Eu^{2+}，Mn^{2+}，Cr^{3+}
2	5*d*	Eu^{2+}	Pr^{3+}，Nd^{3+}，Ho^{3+}，Er^{3+}，Yb^{3+}，Cr^{3+}，Mn^{2+}，Sm^{2+}
		Sm^{2+}	Nd^{3+}
		Yb^{2+}	Eu^{3+}，Sm^{2+}
3	三价稀土离子	Pr^{3+}	Ce^{3+}，Nd^{3+}，Eu^{3+}，Gd^{3+}，Yb^{3+}，Dy^{3+}，Nd^{3+}，Mn^{2+}，Cr^{3+}
		Nd^{3+}	Er^{3+}，Yb^{3+}，Ce^{3+}，Dy^{3+}，Cu^{2+}
		Sm^{3+}	Nd^{3+}，Eu^{3+}，Yb^{3+}
		Eu^{3+}	Nd^{3+}，Pr^{3+}，Sm^{3+}，Tb^{3+}，Dy^{3+}，Ho^{3+}，Er^{3+}，Yb^{3+}，Tm^{3+}
			Yb^{3+}，Cr^{3+}
		Gd^{3+}	Ce^{3+}，Sm^{3+}，Eu^{3+}，Tb^{3+}，Dy^{3+}，Tm^{3+}，Mn^{2+}，Eu^{2+}，Mn^{4+}
		Tb^{3+}	Ce^{3+}，Pr^{3+}，Nd^{3+}，Sm^{3+}，Eu^{3+}，Dy^{3+}，Ho^{3+}，Er^{3+}，Tm^{3+}，Yb^{3+}
		Dy^{3+}	Pr^{3+}，Sm^{3+}，Tb^{3+}，Eu^{3+}，Tm^{3+}，Yb^{3+}，Mn^{4+}，Mn^{2+}
		Ho^{3+}	Sm^{3+}，Tm^{3+}，Er^{3+}，Yb^{3+}，Cr^{3+}
		Er^{3+}	Dy^{3+}，Ho^{3+}，Tm^{3+}，Yb^{3+}，Gd^{3+}，Pr^{3+}，Eu^{3+}，Tb^{3+}
		Tm^{3+}	Ho^{3+}，Er^{3+}，Yb^{3+}，Eu^{3+}，Nd^{3+}，Dy^{3+}
		Yb^{3+}	Er^{3+}，Ho^{3+}，Tm^{3+}，Eu^{3+}，Dy^{3+}，Cr^{3+}
4	类汞离子	Tl^{+}	Mn^{2+}，Gd^{3+}，Tb^{3+}，Dy^{3+}
		Ag^{+}	Er^{3+}，Sm^{3+}，Dy^{3+}
		Cu^{+}	Tb^{3+}，Er^{3+}，Mn^{2+}
		Pb^{2+}	Mn^{2+}，Eu^{2+}，Gd^{3+}，Eu^{3+}，Sm^{2+}，Tm^{3+}
		Sn^{2+}	Mn^{2+}，Tb^{3+}
		Sb^{3+}	Mn^{2+}，Gd^{3+}，Dy^{3+}，Ho^{3+}
		Bi^{3+}	Nd^{3+}，Eu^{3+}，Gd^{3+}，Dy^{3+}，Ho^{3+}，Yb^{3+}，Pr^{3+}，Sm^{3+}
5	过渡金属离子	Fe^{3+}	Ho^{3+}
		Ni^{2+}	Ho^{3+}
		Mn^{2+}	Nd^{3+}，Eu^{3+}，Sm^{3+}，Ho^{3+}，Er^{3+}，Tm^{3+}
		Cr^{3+}	Nd^{3+}，Tb^{3+}，Ho^{3+}，Er^{3+}，Tm^{3+}，Yb^{3+}
6	铀氧离子	UO_2^{2+}	Nd^{3+}，Ho^{3+}，Er^{3+}，Tm^{3+}，Yb^{3+}，Eu^{3+}
		UO_6^{6-}	Eu^{3+}

续表 4-4

序号	类别	施主离子	受主离子
7	阳离子基因	VO_4^{3-}	Eu^{3+}，Nd^{3+}，Er^{3+}，Tm^{3+}
		PO_4^{3-}	Eu^{3+}
		GeO_4^{4-}	Tb^{3+}，Pr^{3+}
		WO_4^{2-}	Eu^{3+}，Sm^{3+}
		MoO_4^{2-}	Eu^{3+}

在 20 世纪 60—80 年代，主要对类汞离子、Ce^{3+}和 Eu^{2+}等离子在短波紫外光激发下与某些稀土离子及 Mn^{2+}等离子间的能量传递进行研究。在发光和激光中，能量传递理论和实践得到迅速发展，显示它的重要性。一些研究主要适应当时 CRT 显示器、传统荧光灯照明及 Nd^{3+}激光器发展。在当时重稀土离子红外激光器刚起步，而红外和可见光固体 LD 是在 80 年代后期以来兴起的。同时，留下能量传递中一些原有理论上的未解谜团。大范围的空间能量迁移有待深入研究。

进入 21 世纪后，一些固体 LD 实现商品化，新一代白光 LED 照明光源诞生和发展，使传统荧光灯正逐步失去市场，而传统庞大的光泵被淘汰。我国稀土分离技术发展，99.9999%以上高纯包括重稀土氧化物原料容易购得。这些成就和有利条件改变时代发展和需要，也应改变观念，与时俱进，不断创新和耕耘。借此，作者建议如下：

（1）打破传统，发展新的能量传递理论。

（2）将敏化剂宽的或者窄的高效吸收带与激活剂的高效发射跃迁结合起来，组成一个具有高效发光和激光能力的体系。利用两种或两种以上的施主或施主能级同时向受主传递能量，可使吸收能量范围有效扩展，同时向下或向下/向上或向上同时使受激发射能级得到粒子布居，提高发光和激光效率。

（3）加强对多维特殊结构的无机、有机体材料和纳米材料中的能量传递研究。

（4）针对以往薄弱和时代发展，加强对稀土-非稀土离子间的红外可见光子的能量传递研究。

（5）利用新思想，发展红外和可见光区新的超强发光、超强荧光及超强激光新领域和新材料，以适应新时代要求。

参考文献

[1] FORSTER T H. Intermolecular energy transference and fluorescence [J] Ann. Physik，1948，2（1/2）：55-75.

[2] FORSTER T H. Trasfer mechanisms of electron energy [J]. Radiat. Res.，1960，2（suppllement）：326-339.

[3] DEXTER D L. A theory of sensitized luminescence in solid [J]. J. Chem. Phys.，1953，21（5）：836.

[4] INOKUTI M，HIRAYAMA F. Influence of energy transfer by the exchange mechanism on donor luminescence [J]. J. Chem. Phys.，1965，43（6）：1978-1989.

[5] FONG F K，DIESTLER D J. Many-body processes in nonradiative energy transfer between ions incrystcals [J]. J. Chem. Phys.，1972，56：2875-2880.

[6] GRANT W J C. Role of rate equations in the theory of luminescent energy transfer [J]. Phys. Rev. B.，

1971, 4 (2): 648-663.
[7] REISFELD R. Structure and Bonding [M]. Springer-verlag, 1976.
[8] WEBER M J. Probabilities for rdiative and noradiative decay of Er^{3+} in LaF_3 [J]. Phys. Rev., 1967, 157 (2): 157-262.
[9] WEBER M J. Radiative andmultiphonon relaxation of rare-earth ions in Y_2O_3 [J]. Phys. Rev., 1968, 17 (2): 283-291.
[10] WEBER M J. Handbook on the Physics and Chemistry of Rare Earths [M]. 1979, 4: 275-316.
[11] MIYAKAWA T, DEXTER D L. Phonon sidebands, multiphonon relaxation of excited statas, and phonon-assisted energy transfer between ions in solids [J]. Phys. Rev. B, 1970, 1 (7): 2961-2969.
[12] HEWES R A. Multiphoton excitation and efficiency in the Yb^{3+}-RE^{3+}, (Ho^{3+}, Er^{3+}, Tm^{3+}) system [J]. J. Lumin, 1970, 1/2: 778-796.
[13] TANABE S. Spectroscopiec studies on multiphonon processes in erbium doped fluoride and oxide glasses [J]. J. Non-Cryst. Solids, 1999, 256-257: 282-287.
[14] FRENCH V A, POWELL R C. Laser-induced grating measurements of enegy migration in Tm, Ho:YAG [J]. Opt. Lett., 1991, 16 (9): 666-668.
[15] FRENCH V A, PETRIN R R, POWELL R C. Energy-transfer processes in $Y_3Al_5O_{12}$:Tm [J]. Phys. Rev. B, 1992., 46 (13): 8018-8026.
[16] BLASSE G. Energy transfer in oxidic phosphor [J]. Phylips Res. Rep., 1969, 24: 131-144.
[17] WEGH R T, DONKER H, OSKAM K D, et al. Quantum cutting through downcoversion in rare-earth compounds [J]. J. Lumin., 2000, 87-89: 1017-1019.
[18] AUZEL F. Materials and devices using double-pumped-phasphors with energy transfer [J]. Proc IEEE, 1973, 61: 7581.
[19] AUZEL F. Upconversion and anti-stokes process with *f* and *d* ions in solids [J]. Chem. Rev., 2004, 104 (1): 139-174.
[20] 黄世华, 楼立人. 能量传递中敏化剂发光强度与浓度的关系 [J]. 发光学报, 1990, 11 (1): 1-6.
[21] LIU X R, WANG X J, WANG Z K. Selectively excited emission and $Tb^{3+} \rightarrow Ce^{3+}$ energy transfer in yttrium aluminum garnet [J]. Phys. Rev. B, 1989, 39 (5): 10633-10639.
[22] LIU X R, XU G, POWELL R C. Fluorescence and energy-transfer characteristies of rare earth ions in $BaYF_5$ crystals [J]. J. Solid State Chem., 1986, 62: 83-91.
[23] 刘行仁, XU G, POWELL R C. 在 $BaYF_5$ 中 Eu^{2+} 和 Ho^{3+} 的荧光和能量传递 [J]. 物理学报. 1987. 36 (1): 108-113.
[24] LI Y J, LIU X R, XU X R. Enhencement of cathodoluminescence in LaOBr:Tb^{3+} by codoping with Dy^{3+} [C] //174 th Fall Meeting of the Electrochem, Soc, Chicago, US, 1988, 565: 190-198.
[25] VAN UITERT L G, DEARBORN E F, RUBIN J J. Mechanisms of energy transfer involving trivalent Dy and Tb [J]. J. Chem. Phys., 1967, 46 (9): 3551-3555.
[26] DEXTER D L, SCHULMAN J H. Theory of concentration quenching in inorganic phosphors [J]. J. Chem. Phys., 1971, 22 (6): 1063-1070.
[27] 张晓, 刘行仁. $CaSiO_3$ 中发光及 $Ce^{3+} \rightarrow Tb^{3+}$ 的能量传递 [J]. 中国稀土学报, 1991, 9 (4): 324-328.
[28] BLASS E G, BRIL A. Study of energy transfer from Sb^{3+}, Bi^{3+}, Ce^{3+} to Sm^{3+}, Eu^{3+} Tb^{3+}, Dy^{3+} [J]. J. Chem. Phys., 1967, 47 (6): 1920-1926.
[29] SZYMANSKI M. Spectroscopic properties and quenching of fluorescence of Pr^{3+} ions in pentaphosphate lattice: part Ⅱ: quantum yield, fluorescence quenching and energy transfer [J]. J. Lumin., 1984, 29

(5/6): 467-489.

[30] STRUCK C W, FONGER W H. Quantum mechanical treatment of Eu^{3+} $4f \rightarrow 4f$ and $4f$ charge-transfer-state transitions in Y_2O_2S and La_2O_2S [J]. J. Chem. Phys., 1976, 64 (4): 1784-1790.

[31] YOKOTA M, TANIMOTO O. Effects of diffusion on energy transfer by resonance [J]. J. Phys. Soc. Japan, 1976, 22 (3): 779-784.

[32] WEBER M J. Luminessence decay by energy migration and transfer: Observation diffusion-limited relaxation [J]. Phys, Rew. B., 1971, 4 (9): 2932-2339.

[33] POWELL R C, SOOS Z. Singlet excition energy transfer in organic solid [J]. J. lumin., 1975, 16: 1-45.

[34] NEIKIRK D P, POWELL R C. Laser time resolved spectroscopy studies of host-sensitized energy transfer in $Bi_4Ge_3O_{12}$:Er^{3+} Crystals [J]. J. Lumin., 1979, 20: 261-270.

[35] TAKAHASHI Y, KITAMURA T, UCHIDE K. Excimer emission from evaporated pyrene films [J]. J. Lumin., 1980, 21 (4): 425-433.

[36] 刘行仁, 马龙. YAG:Ce, Tb 磷光体中的能量传递现象 [J]. 发光学报（原发光与显示）, 1984, 5 (2): 1-4.

[37] LIU X R, WANG X J, MA L, et al. $Tb^{3+} \rightarrow Ce^{3+}$ energy transfer in $Y_3Ga_5O_{12}$ garnet [J]. J. Lumin., 1988, 40/41: 653-654.

[38] 刘行仁, 王宗凯, 王晓君. 钇镓石榴石中 Tb^{3+} 到 Ce^{3+} 的无辐射能量传递特征 [J]. 物理学报, 1989, 38 (3): 480-438.

[39] WATTS R K, RICHTER H J. Diffusion and transfer of optical excitalion in YF_3:Yb, Ho [J]. Phys, Rev. B., 1972, b (2): 1584-1589.

[40] REISFELD R, BOENM D. Absorption and emission spectra of thulium and erbium in borate and phosphate glasses [J] J. Sol. State Chem., 1972, 4: 417.

[41] CHRYSOCHOOS J. Nature of the interaction forces associated with the concentration fluorescence quenching of Nd^{3+} in silicate glasses [J]. J. Chem. Phys., 1974, 61: 4596.

[42] YANADA N, SHIONOYA S, KUSHIDA T. Phonon-assisted energy transfer between trivalent rare earth ions [J]. J. Phys. Soc, Japan, 1972, 32 (6): 1577-1586.

[43] RISEBERG L A. The relevance of nonradiative transitions to solid states lasers [M]. New York and London: Plenun Press, 1980.

[44] COLLINS J M, DI BARTOLO B. Temperature and energy gap dependence of energy transfer between rare-earth ions in solids [J]. J. Lumin., 1996, 69: 335-341.

[45] BOURCET J, FONG F K. Quantium efficiency of diffusion limited energy transfer in $La_{1-x-y}Ce_xTb_gPO_4$ [J]. J. Chem. Phys, 1974, 60 (1): 34-39.

[46] KRASUTSKY N, MOOS H W. Energy trarsfer between the low-lying energylevels of Pr^{3+} and Nd^{3+} in $LaCl_3$ [J]. Phys. Rev. B., 1973, 8 (3): 1010-1020.

[47] ADAM J L, DEHAMEL HENRY N, ALLAIN J Y. Blue and green up-conversion in (Yb^{3+}, Tb^{3+}) co-doped fluorophosphate glasses [J]. J. Non-Crystal. Solids, 1997, 213-214: 245-250.

[48] ZHANG C M, NA P A, LI C X, et al. Controllable and white upconversion luminescence in $BaYF_5$:Ln^{3+} (Ln=Yb, Er, Tm), nanocrystals [J]. J. Mater. Chem., 2011, 21: 717-723.

[49] KILESHOV N V, LAGATSKY A A, SHCHERBITSKG V G, et al. Cwlaser performance of Yb and Er, Yb doped tungstates [J]. Appl. phys. B., 1997, 64: 409-412.

[50] BELHOUCIF R, VELAZQUEZ M, PLANTEVIN O, et al. Optical spetroscopy and magnetic behaviour of Sm^{3+} and Eu^{3+} cations in $Li_6Eu_{1-x}Sm_x(BO_3)_3$ solid solution [J]. Opt. Mator., 2017, 73: 658-665.

5 量子剪裁和多步能量传递

以往被研究和使用的绝大多数发光材料吸收一个光子发射一个光子，更多情况下，发射少于一个光子。因此，其量子效率都小于 1（100%）。人们期望吸收一个光子能够发射两个或以上的光子，即量子效率大于 100%。另外，由于稀土离子的 4*f* 组态能级丰富，且发射光谱复杂，人们希望将不需要的光子剪裁掉，使能量集中增强所需要的光子发射。这种情况下，尽管量子效率可能小于 1，但所需要的发射光的强度却显著提高。具有这种功能的材料，在研究激发态动力学和应用中具有重要意义。

经过多年研究，人们利用高能光子下转换多光子串级发射效应、无辐射效应、无辐射能量传递及交叉弛豫过程等可以实现期望的量子效率提高。利用高能光子下转换的串级多光子发射，将真空紫外（VUV）或短波紫外激发光子剪裁为两个或两个以上的可见光子；将不需要的光子剪裁掉，而增强所需要的光子发射；以及近年来发展的将蓝紫光向下转换发射可见光子和近红外光子物理效应称为量子剪裁或光子剪裁。

早在 20 世纪 70 年代，就发现稀土离子的量子剪裁现象[1-3]。鉴于当时应用受到限制，直到 20 世纪 90 年代，由于 PDP 显示器和无汞荧光灯的需要，人们开始重视 UVV 光激发的量子剪裁[4-5]。近年来，试图将长波紫光-蓝光实现量子剪裁为可见光和近红外光，以期获得在光伏电池上的应用[6]。

5.1 实现量子剪裁可能途径

这里，在前人[5]提出产生下转换量子剪裁途径的基础上，进一步完善和丰富几种可能的途径，用图 5-1 予以表示和说明。图 5-1 中，A 和 B 表示两种不同类的稀土离子。符号 1，2，3 代表稀土离子不同能级。途径（1）示意由稀土离子 A（如 Pr^{3+}）能级上的一个高能光子向下转换，串级发射两个，甚至多个低能光子，实现量子剪裁。途径（2）示意由两步能量传递实现量子剪裁，第一步由过程①所示的交叉弛豫能量传递，使部分激发能从 A 离子传递给 B 离子，B 离子跃迁到基态发射一个可见光子或近红外光子；A 离子的另一部分激发能通过共振传递给第 2 个 B 离子，如②所示；这样也能发射另一个可见或近红外光子，得到量子效率 200%。途径（3）表示 A 离子与 B 离子某一对能级匹配，发生交叉弛豫，使 B 离子先发射一个光子；A 离子弛豫到亚稳态 2 后，接着向基态跃迁，发射另一个光子。途径（4）表示 A 离子从能级 3 辐射跃迁到能级 2，发射一个光子；此时处于亚稳态 2 能级上能量与 B 离子有关能级 1 和 2 能量匹配，发生一步能量从 A 离子传递到 B 离子。此过程将高能光子剪裁成两个低能光子。途径（5）示意，由 A 离子与 B 离子发生交叉弛豫③过程，使 A 离子能级 3 布居转移到 A 离子的能级 2 和 B 离子能级上。这样，将不需要的 A 离子能级 3 →能级 1 跃迁发射的光被剪裁，而大大增强所需要的 A 离子的光子发射强度。途径（6）表示，A 离子的某能级 3-2 间能量与 B 离子能级 1-2 能量匹配。当 A 离子被激发后，可能与 B 离子发生交叉弛豫④过程，使 B 离子产生一个光子发射；A 离子从能级 3 弛豫到能级 2 后，接着迅速能量共振⑤传递到与之匹配的 B 离子上，使 B 离子又产生一个光子发射。若 B 离子吸收 A 离子交叉弛豫过程③能量后，也发射光子，也实现量子效率大于 100%。

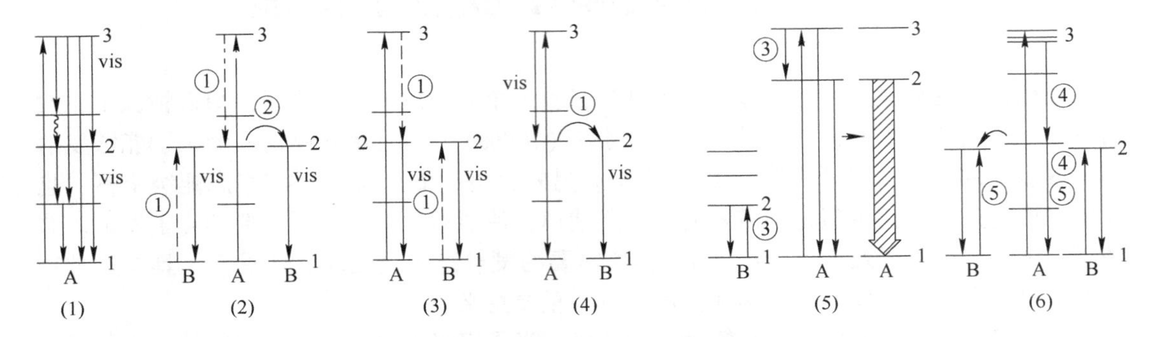

图 5-1 两种 A 和 B 离子的能级可能发生的几种量子剪裁途径
途径（1）—串级发射；途径（2）—两步能量传递；途径（3）—交叉弛豫；途径（4）—一步能量传递；途径（5）—交叉弛豫过程剪裁；途径（6）—交叉弛豫和能量直接传递

5.2 多光子串级发射

5.2.1 Pr^{3+}激活的稀土氟化物

20 世纪 70 年代已观测到多光子串级发射，Parter 和 Moos 在 $LaCl_3:Ho^{3+}$中观测到量子效率为 210%，但主要发射在 2μm 红外区。接着在 YF_3 和 α-$NaYF_4$ 氟化物中观测到 Pr^{3+} 的光子倍增串级发射现象[1-3]。在真空紫外（VUV）光激发 Pr^{3+}激活的氟化物，室温下得到在可见光谱区全部量子效率约 150%。它是由 Pr^{3+}的$^1S_0 \to {}^1I_6$(405nm)，接着$^1I_6$ 能级上粒子快速无辐射弛豫到$^3P_1$、$^3P_0$ 能级，最终产生$^3P_0 \to {}^3H_4$(484nm)、$^3P_0 \to {}^3H_6$、$^3F_1$(610nm) 等能级多光子串级发射引起的。Pr^{3+}的这种多光子串级发射属于图 5-1 中途径（1）的情况。

YF_3:0.1%Pr^{3+}室温时 VUV 光激发下，紫外光区发射所占相对量子效率很低；发射主要分布在可见光区。在 405～705nm 范围内，总的相对量子效率之和达到 144.7%，其中 405.3nm 占 78.9%。

可采用 Judd-Ofelt 理论来解释 Pr^{3+} $4f^{2+}$组态起源于$^1S_0$ 和$^3P_0$ 能级跃迁所观测到的强度[3]。跃迁概率是与振子强度参数 Ω_2、Ω_4 和 Ω_6 有关，它们反映允许跃迁中晶场强度的奇-偶宇称性成分的作用。可见光高量子产额要求以$^1S_0$ 能级衰减为主要方式。为此条件，$\Omega_6 \gg \Omega_2$，Ω_4。在 $\Omega_2/\Omega_6 = \Omega_4/\Omega_6 = 0$ 及 $\Omega_6 \neq 0$ 的最佳条件下，可见光理论上产额量子效率 $\eta_q = 1.99$。对 Pr^{3+}而言，YF_3 基质按这个最佳条件，$\Omega_2/\Omega_6 = 0.013$，$\Omega_4/\Omega_6 = 0.07$。采用 Weber 列出的 Pr^{3+}的约化矩阵元数值，由 Ω 值可以计算在 YF_3 中 Pr^{3+}的可见光的 η_q = 1.57。这个值与实验值（1.447）的差别可能主要是在$^3P_0$ 能级中竞争的无辐射过程，185nm 光子的损失，或被荧光体吸收激发能而不产生 Pr^{3+}发光及实验误差等因素造成。

此外，在 α-$NaYF_4$ 和 LaF_3 中也存在 Pr^{3+}在不大于≤215nm 激发下呈现双光子串级发射，而在 CaF_2 和 BaF_2 中不存在。在 YF_3、LaF_3、$NaLaF_3$、$NaYF_4$、$RbLaF_4$ 及 $RbYF_4$ 众多氟化物中，仅有 YF_3:Pr 在室温下，$\eta_q>1$。

后来，在 Pr^{3+}激活的 $SrAlF_5$、$CaAlF_5$ 和 $NaMgF_4$ 氟化物中室温下，也观测到 Pr^{3+}激活的双光子串级发射[7]。激发到 Pr^{3+}的最低 $4f5d$ 能态后，迅速弛豫到$^1S_0$ 能级，由此产生类似 YF_3，硼酸盐中 Pr^{3+} 典型的双光子串级发射。其发射主要源于 Pr^{3+} 的$^1S_0\rightarrow{}^1I_6$（404nm）、$^1S_0\rightarrow{}^1D_2$（338nm）、$^1S_0\rightarrow{}^1G_4$（273nm）及$^1S_0\rightarrow{}^1F_4$ 能级跃迁发射；当$^1I_6$ 快速弛豫到$^3P_0$ 能级后，接着产生$^3P_0\rightarrow{}^3H_J$（$J=4$，5，6）能级跃迁发射。室温时，$SrAlF_5$、$CaAlF_5$ 和 $NaMgF_4$ 中 Pr^{3+}的 400nm 发射监测的激发光谱类似，主要分布在 150~200nm VUV 光谱区。它们是 Pr^{3+}的允许 $4f^2$（$^3H_4$）→$4f5d$ 态吸收跃迁。

5.2.2 硼酸盐中 Pr^{3+}的光子串级发射

$LaMgB_5O_{12}$硼酸盐是 Ce^{3+}、Gd^{3+}、Tb^{3+}和 Mn^{2+}激活的优良基质。Srivastava[4]观测到 $LaMgB_5O_{12}$:Pr^{3+}中 Pr^{3+}的 410nm（$^1S_0\rightarrow{}^1I_6$）发射的激发光谱和光子串级发射。其激发光谱位于 170~215nm VUV 光谱区，属于 Pr^{3+}的 $4f\rightarrow5d$ 态吸收跃迁。在 $LaMgB_5O_{12}$格位配位数高达 10。La^{3+}晶体学格位不包括任何对称元素，以致 Pr^{3+}的基态跃迁到 $5d$ 激发态劈裂成 5 个子能态。在激发光谱中分别呈现 4 个峰值在 173nm、183nm、195nm 及 204nm 激发带处。基质晶格吸收约为 150nm。

从激发光谱大约 215nm 处开始，$4f5d$ 组态的晶场劈裂的子能级和$^1S_0$ 能级（约 46500cm^{-1}）之间无明确交叠。$4f5d$ 能态的高能量位置与 La^{3+}配位数有关。由于晶场劈裂弱，以致 $4f5d$ 组态的最低能量子能态位于较高能量处，在$^1S_0$ 能级之上。

在 185nm 激发下，由 $4f5d$ 态快速弛豫到$^1S_0$ 能级，由$^1S_0\rightarrow{}^1I_6$ 跃迁发射第一个可见光 410nm，以及$^1S_0\rightarrow{}^1D_2$ 跃迁发射 342nm 紫外光子，而$^1I_6$ 与$^3P_0$ 能级间距很小，$^1I_6$ 快速弛豫到$^3P_0$ 能级。本想应该观测到起源于$^3P_0$ 的能级跃迁，但是没有观测到$^3P_0$ 能级发光。为此，Srivastava 等人[4]采用 Dijk 等人[8]对式（4-19）改进后的能隙公式，可以计算声子弛豫速率 W_{nr}：

$$W_{nr}=\beta\exp[-\alpha(\Delta E-2\hbar\omega_{max})] \tag{5-1}$$

式中，β、α 为给定基质晶格常数；ΔE 为能隙；$\hbar\omega_{max}$为最大的声子频率。

对硼酸盐 $\beta=16.8\times10^7s^{-1}$，$\alpha=443\times10^{-3}\ s^{-1}$[8]。在此五硼酸盐中，$\hbar\omega_{max}\approx$ 1400cm^{-1}，$^3P_0$ 与$^1D_2$ 能级间的能隙应至少 3300cm^{-1}。这些值代入式（5-1）后，得到 $W_{nr}\approx10^7s^{-1}$。$^3P_0$ 能级的辐射寿命 3μs，辐射衰减速率 $W_r\approx3\times10^5s^{-1}$。在 $LaMgB_5O_{10}$ 中 Pr^{3+}的$^3P_0\rightarrow{}^1D_2$ 能级的多声子弛豫速率比$^3P_0$ 能级的辐射衰减速率快两个数级。这样，由于多声子$^3P_0\rightarrow{}^1D_2$ 弛豫，致使$^3P_0$ 发光被猝灭，但可产生$^1D_2\rightarrow{}^3H_4$ 跃迁发射一个约 600nm 的光子。

LaB_3O_6:Pr 硼酸盐在 VUV 光子激发下，类似在 $LaMgB_5O_{10}$:Pr 中情况，来自 Pr^{3+}的$^1S_0\rightarrow{}^1I_6$ 和$^1D_2\rightarrow{}^3H_4$ 跃迁的双光子串级发射也被观察到[9]。在这种 LaB_5O_6 中没有观测

到$^3P_0$发光，也是因高效$^3P_0 \rightarrow ^1D_2$能级间多声子无辐射快速弛豫结果。这类硼酸盐：Pr^{3+}的实际发光效率并不是很高。

5.2.3　铝酸盐中 Pr^{3+}双光子串级发射

$Sr_{0.99}Pr_{0.01}Al_{11.99}Mg_{0.01}O_{19}$铝酸盐中，$Pr^{3+}$的405nm发射的激发光谱在VUV范围内，呈现从170~208nm宽激发谱[10]。最强的激发峰约195nm。此激发带也是属于Pr^{3+}的允许$4f^2(^3H_4)\rightarrow 4f5d$态跃迁吸收。从约210nm（约47600cm^{-1}）起始能级是与$4f5d$能态隔开的$^1S_0$。能级（约46500cm^{-1}）。185nm对$4f$—$4f5d$态激发后，观测到从$^1S_0$能级下转换串级发射。发射光谱分布和$YF_3:Pr^{3+}$相同，只是峰相对强度有所差异。使用204nm（490196cm^{-1}）激发结果也相同，但用444nm主要针对$^1I_6$附近$4f$能级激发，和VUV光激发和发射光谱当然完全不同[11]。

和$YF_3:Pr^{3+}$相似，$4f5d$激发后迅速弛豫到下面紧邻的$^1S_0$能级后，不但产生$^1S_0 \rightarrow ^1I_6$（约405nm）一个近紫外可见光子发射；同时通过$^1I_6 \rightarrow ^3P_0$无辐射衰减，反馈给$^3P_0$能级，由$^3P_0 \rightarrow ^3H_4$（约485nm）跃迁发射另一个可见光子串级发射。

在Pr^{3+}的串级发射中，$^1S_0 \rightarrow ^1I_6$跃迁起最重要作用。由此跃迁发射第一个405nm可见光子，同时也使$^3P_0$能级得到粒子聚集，$^3P_0$跃迁下转换发射第二个可见光子。因此，产生可见光的量子效率大于1的条件，要求$^1S_0 \rightarrow ^1I_6$能级跃迁概率最大化。对此，Srivastava和Beers[10]也进行分析，在Judd-Ofelt理论中，$^1S_0 \rightarrow ^1I_6$跃迁的强度受强度参数Ω_6的控制，前面已述，大于1的量子效率条件是$\Omega_6 \gg \Omega_2$，Ω_4。因此，比较两种材料中的光子串级发射的量子产额是最好的写照。如Pr^{3+}掺杂的LaF_3中$\eta_q = 0.833$，YF_3中$\eta_q = 1.45$。强度参数$\Omega_2 = 1.13\times10^{-20}cm^2(YF_3)$，$0.12\times10^{-20}cm^2(LaF_3)$；$\Omega_6 = 0.70\times10^{-20}cm^2$（$YF_3$），$1.77\times10^{-20}cm^2$（$LaF_3$）；$\Omega_6 = 10.0\times10^{-20}cm^2$（$YF_3$），$4.78\times10^{-20}cm^2$（$LaF_3$）。$YF_3:Pr$中$\Omega_{2,4}/\Omega_6$比值远比$LaF_3:Pr$中小。因此，可认定在$LaF_3$中受$\Omega_4$控制的强度$^1S_0 \rightarrow ^1G_4$能级跃迁将有利于$^1S_0 \rightarrow ^1I_6$跃迁。$LaF_3:Pr$中$^1S_0$能级的发射主要为$^1S_0 \rightarrow ^1G_4$和$^1S_0 \rightarrow ^3F_4$跃迁与$\Omega_\lambda$值是一致的。在$SrAl_{12}O_{19}:Pr^{3+}$中，$\Omega_4/\Omega_6$之比，不利于量子效率大于1。一些跃迁发射位于紫外光区，它的全部可见光量子效率比$YF_3:Pr$低。

$SrAl_{12}O_{19}:Pr$中，$^1G_4 \rightarrow ^3F_4$多声子无辐射弛豫速率W_{nr}可用式（5-1）计算，ΔE约为3000cm^{-1}，β取$4\times10^7s^{-1}$，$\alpha = 5\times10^{-3}cm$，$\hbar W_{max} \approx 700cm^{-1}$。计算$W_{nr}$约为$5\times10^3s^{-1}$。在$SrAl_{12}O_{19}$中多声子弛豫可以和辐射弛豫速率（$W_r$约为$10^{-3}s^{-1}$）为相同量级，致使$SrAl_{12}O_{19}$中$Pr^{3+}$的量子效率比$YF_3:Pr$中低。

用类似方法可以解释$^3P_0$的辐射衰减。通过多声子弛豫，从$^3P_0$能级无辐射弛豫到$^1D_2$能级。$^3P_0$与$^1D_2$能级间隙约为3300cm^{-1}。由式（5-1）得到W_{nr}约为$3\times10^3s^{-1}$。而$^3P_0$能级的辐射寿命3μs，$^3P_0$能级的辐射衰减速率$W_r = 3\times10^5s^{-1}$。故$^3P_0 \rightarrow ^1D_2$多声子弛豫速率不可能与$^3P_0$的辐射速率相竞争。

采用来自$^3P_0$总的发射和$^3P_0 \rightarrow ^1I_6$发射强度比计算$^3P_0$的量子效率[11]。随Pr^{3+}浓度增加效率下降表明浓度猝灭作用，甚至在低浓度下由于$^3P_0$和$^1I_6$能级热激活重要作用，量子效率实际依然比100%低。起源于$^1S_0$能级的积分强度的浓度猝灭表明发光猝灭的临

界浓度大约发生在 Pr^{3+}浓度（摩尔分数）为 10%时。一般认为是在$^1S_0$ 能级中能量迁移到晶格中的猝灭中心所致。

当 Pr^{3+} 的 $4f5d$ 态的能量位置在$^1S_0$ 能级之下，其发光性质又是另一种有趣的情况[12-14]。

5.2.4 CaGdAlO$_4$:Pr^{3+},Yb^{3+}体系

$CaGdAlO_4$(CGA) 晶体属四方钙钛矿结构，Al^{3+}及 Ca^{2+}/Gd^{3+}分别由 6 个及 9 个氧原子配位。在 CGA :Pr 中，Pr^{3+}的 $4f5d$ 态位于$^1S_0$ 能级之下，对 Pr^{3+} 的 $4f5d$ 态激发（200~290nm），观测到 498nm（$^3P_0 \rightarrow ^3H_4$）、540nm（$^3P_0 \rightarrow ^3H_5$）、627nm（$^3P_0 \rightarrow ^3H_6$）及 660nm（$^3P_0 \rightarrow ^3F_2$）的发射。

Pr^{3+}的$^3P_0 \rightarrow ^1G_4$ 能级的能量大约为 10670cm^{-1}，$^1G_4$—$^3H_4$ 间距大约为 9700cm^{-1}；而 Yb^{3+}的$^2F_{5/2}$—$^2F_{7/2}$ 的能级间距约 10300cm^{-1}。据此，它们之间的能量失配小，仅有 600cm^{-1}左右。这样，考虑在 CGA :Pr 中再掺入 Yb^{3+} 后，可以发生$^3P_0$（Pr^{3+}）+ $^2F_{7/2}$(Yb^{3+})—$^1G_4$（Pr^{3+}）+$^2F_{5/2}$(Yb^{3+}) 交叉弛豫，以及$^1G_4$ 能级能量也可直接传递给 Yb^{3+}的$^2F_{5/2}$能级[15-16]。通过 Pr^{3+}—Pr^{3+}—Yb^{3+}间的能量传递，对 Pr^{3+}的发射实现量子剪裁，使其量子效率达到约 166%。此情况符合图 5-1 中途径（3）。

有趣的是在这种 $CaGdAlO_4$:Pr 中，没有观测到 $5d$—$4f$ 能级跃迁的任何光辐射，包括大能量间距的 $5d \rightarrow ^3P_J$(J = 2，1，0) 及$^1I_6$ 能级跃迁发射[15]。这和我们在 $MSiO_3$ 和 M_2SiO_4 硅酸盐中 Pr^{3+} 的 $4f5d \rightarrow ^3H_4$ 跃迁发射强的紫外光[12-14]现象完全不同。可能是 Gd^{3+}起能量吸收和转移作用。

人们希望上述 CGA :Pr,Yb 的结果能用于硅太阳电池中。但事实是这种 CGA :Pr,Yb 荧光体难以用作太阳电池的光电转换发光材料。因为太阳光辐射到达地球上的短波紫外辐射几乎全被吸收。

鉴于上述情况，希望量子剪裁材料可用于太阳光伏电池中，作者总结有几种方案：

（1）在 Pr^{3+}/Yb^{3+}共掺杂体系中，直接用蓝光对 Pr^{3+} 的^3P_J 和$^1I_6$ 能级激发。用蓝光（440nm）对 Pr^{3+}的 ^3P_J(J = 2，1，0) 及$^1I_6$ 能级激发后，均迅速弛豫到$^3P_0$ 能级布居。由于 Pr^{3+}($^3P_0$—$^1G_4$) 和 Yb^{2+}($^2F_{7/2}$—$^2F_{5/2}$) 能量匹配发生交叉弛豫传递给 Yb^{3+}，发射一个 NIR 光子。同时$^1G_4$ 能级中介作用和$^1G_4$—$^3H_4$ 能级间能量与 Yb^{3+}的$^2F_{7/2}$—$^2F_{5/2}$能级匹配，直接共振传递给 Yb^{3+}和$^2F_{5/2}$能级，产生另一个 NIR 光子发射。Yb^{3+}发射的 NIR 光子能量约 1.1eV 正好与 C-Si 电池的能隙 E_g（约 1.1eV）匹配，被吸收转换光电流。在 SrF_2:Pr^{3+}，Yb^{3+}体系中一个可见蓝色光子剪裁为两个 NIR 光子，下转换效率接近 200%。但受浓度等因素影响，实际转换效率为 140%。在 Pr^{3+}—Yb^{3+}体系中，通过一步 Pr^{3+}($^1D_2$—$^3F_{3,4}$)—Yb^{3+}（$^2F_{7/2}$—$^2F_{5/2}$）交叉弛豫能量传递给 Yb^{3+}也是可能的。吸收到$^1D_2$ 能级后能量将产生只有一个 980nm 光子发射。

该方案的缺点如下：1）^3P_J 和$^1I_6$ 能级属 Pr^{3+}的 $4f^2$ 组态，振子强度低，吸收截面很小，严重影响对激发的吸收效率。2）用蓝光激发，牺牲太阳光中部分蓝光对 C-Si 电池直接吸收的光电转换能量。3）可能存在$^1D_2$ 能级吸收来自$^3P_0$ 能级弛豫能量，因为 Pr^{3+}

($^1D_2$—$^3F_{3,4}$)—Yb^{3+}（$^2F_{7/2}$—$^2F_{5/2}$）交叉弛豫能量传递，只能产生一个 Yb^{3+}的 NIR 光子发射。

（2）利用 Ce^{3+}或 Eu^{2+}的 $4f5d$ 允许跃迁，敏化 Pr^{3+}，实现 Pr^{3+}—Yb^{3+}的量子剪裁。针对 Pr^{3+}的 $4f$ 能级吸收截面小的缺点，采用吸收截面大的 $4f5d$ 跃迁的 Ce^{3+}或 Eu^{2+}来敏化 Pr^{3+}，实现 Pr^{3+}的量子剪裁。在 $CaYAlO_4$(CYA）中，用 350nm 对 Ce^{3+}激发时，产生一个峰值在 440nm 的 390~500nm 宽发射带。它是 Ce^{3+}的 $5d \to {}^2F_J(J=5/2，7/2)$ 允许跃迁发射。这个发射光谱包含 Pr^{3+}的^3P_J 能级的激发光谱在内[16]。因此，在 CYA 中可以发生 $5d(Ce^{3+}) \to {}^3P_J(Pr^{3+})$ 能级间的辐射和无辐射能量传递，其传递效率为 35%。由于 Pr^{3+}和 Ce^{3+}间交叉弛豫，使$^1D_2$ 能级布居，从能级 Pr^{3+}($^1D_2$—$^3F_{3,4}$)—Yb^{3+}($^2F_{7/2}$—$^2F_{5/2}$）发生交叉弛豫传递给 Yb^{3+}是可能的，但没有导致光子倍增。

（3）取代 Pr^{3+}，用其他稀土离子与 Yb^{3+}耦合。鉴于上述两种方案中的缺点，不应局限于 Pr^{3+}—Yb^{3+}体系，可采用其他离子取代 Pr^{3+}方法实现量子剪裁。几乎所有三价镧系离子，Eu^{2+}、Bi^{3+}等均可敏化 Yb^{3+}离子，见表 4-4。选择合适基质实现 RE^{3+}—Yb^{3+}或 RE(1)$^{3+}$—RE(2)$^{3+}$，Eu^{2+}—Yb^{3+}及 Bi^{3+}—Yb^{3+}有可能实现量子剪裁，如 Tm^{3+}—Yb^{3+}、Tb^{3+}—Yb^{3+}等已观测到量子剪裁[17]。

当 Pr^{3+}的 $4f5d$ 态的能量位于$^1S_0$ 能级之下时，其荧光性质又是另一种有趣的情况，一般观测不到 Pr^{3+}的多光子串级发射。例如在 $MSiO_3$ 和 M_2SiO_4(M=Ca，Sr，Ba）等硅酸盐中，晶场强度相对较强，使 Pr^{3+}的 $4f5d$ 组态发生较大的晶场劈裂，$4f5d$ 能量下降，位于$^1S_0$能级之下。因此，在 VUV 光和短波 UV 光激发下，发射强的 250~350nm 及相对弱的 350~450nm 蓝紫光[12-14]。它们属于 Pr^{3+}的 $4f5d \to 4f$ 基态$^3H_4$、$^3H_6$、$^1G_4$ 等能级跃迁发射。在这类材料中再加入 Gd^{3+}，还可实现高效 $Pr^{3+} \to Gd^{3+}({}^6I, {}^6P_J)$ 无辐射能量传递，产生很强的 Gd^{3+}约 310nm 的特征发射[13]。利用这些物理过程，共掺 Pr^{3+}、Gd^{3+}、Tb^{3+}、Yb^{3+}甚至 Mn^{2+}等离子，还可设计新功能材料。

5.3　多步能量传递的量子剪裁

5.3.1　$LiGdF_4$:Eu^{3+}体系

在 $LiGdF_4$:Eu^{3+}体系中，真空紫外光（VUV）激发下，通过 Gd^{3+}中介作用、$Gd^{3+} \to Eu^{3+}$的高效两步能量传递，实现量子剪裁，使 Eu^{3+}发射两个可见光子，其量子效率达到 190%以上[18-19]。

$LiGdF_4$:Eu^{3+}在 VUV 激发下，发生 $Gd^{3+} \to Eu^{3+}$的两步能量传递。Gd^{3+}被激发到高能级^6G_J，通过$^6G_J(Gd^{3+}) + {}^7F_0(Eu^{3+}) \to {}^6P_J(Gd^{3+}) + {}^5D_0(Eu^{3+})$交叉弛豫过程，$Gd^{3+}$将一部分能量传递给 Eu^{3+}，产生一个 Eu^{3+}的红光光子发射。第二个能量传递过程是弛豫到 Gd^{3+}的^6G_J 态中的激发能，在 Gd^{3+}中迁移。通过 Gd^{3+}的中介作用，再和第二个 Eu^{3+}发生作用，直接传递给 Eu^{3+}的高能级，接着快速地无辐射弛豫到$^5D_J(J=3，2，1，0)$ 下能级，最终导致$^5D_J \to {}^7F_J$ 跃迁，发射第二个可见了光子[19]。这样，可以实现荧光体的量子效率高效 190%。此情况符合图 5-1 中途径（2）的情况。因此，在 202nm 对 Gd^{3+}的^6G_J 高能级激发，Eu^{3+}可见光的发射强度提高一倍。

5.3.2 $LiGdF_4$:Er^{3+},Tb^{3+}体系

可见光的量子剪裁效应也在$LiGdF_4$:Er^{3+},Tb^{3+}体系中发生[20-21]。VUV光激发Er^{3+}到$4f^{10}5d$态后，无辐射弛豫到Er^{3+}的最低$4f^{10}5d$能态后，通过Er^{3+}→Gd^{3+}交叉弛豫，使受激的Gd^{3+}达到^6P_J、^6I_J或^6D_J高能级。同时，由于发生Er^{3+}的$^4S_{3/2}$→$^4I_{15/2}$能级跃迁，有效地发射一个Er^{3+}绿色光子。此外，能量在Gd^{3+}中迁移，无辐射传递给Tb^{3+}，产生Tb^{3+}的$^5D_3$,$^5D_4$→^7F_J跃迁发射另一个可见光子。

类似工作在GdF_3:Pr,Eu体系中也被记录到[22]。该过程适合图5-1中途径（6）的情况。

上述VUV光激发下发生的量子剪裁，使其量子效率大于100%的工作是与当时PDP等离子平板显示器及无汞荧光灯的需要分不开。随着时代发展，PDP显示器及无汞荧光灯衰落，VUV辐射光源难以获得，受到限制。因此VUV光激发引起的量子剪裁方案的研究热度下降。

5.4 Tb^{3+}-Dy^{3+}间交叉弛豫量子剪裁

实现量子剪裁的另一种方案是由作者提出的利用交叉弛豫能量传递原理，将不需要的光子剪裁，而将能量增强到所需的光子的发射，从而提高发光量子效率。此方案不必在真空紫外光激发下实现。

5.4.1 Ln_2O_2S:Tb^{3+},Dy^{3+}(Ln=Y，Gd)体系可见光量子剪裁

Y_2O_2S:Tb（3×10^{-3}）荧光体在电子束和紫外光子激发下，发射强的Tb^{3+}的$^5D_3$→^7F_J跃迁发射的蓝紫光，而所需要的$^5D_3$→^7F_J跃迁发射的绿光相对强度低。从图5-2所示的阴极射发光光谱可知，其光致发光光谱相同。人们不需要$^5D_3$→^7F_J跃迁发射的光子，需要强的Tb^{3+}的$^5D_3$→^7F_J跃迁发射的绿色光子。

我们利用无辐射能量传递中的交叉弛豫能量传递原理，$^5D_3$（Tb^{3+}）+$^6H_{15/2}$（Dy^{3+}）—$^5D_4$（Tb^{3+}）+$^6H_{11/2}$（Dy^{3+}）效果，使Tb^{3+}的$^5D_3$能级上的粒子布居减少，而使$^5D_4$能级上的布居增殖。这样，Tb^{3+}的$^5D_3$→^7F_J能级跃迁发射的蓝紫色光被剪裁，Tb^{3+}的$^5D_4$能级上布居大大增强，致使Tb^{3+}的$^5D_4$→^7F_J能级跃迁黄绿光子的发射大大增加，发光效率和流明效率显著提高[23]。其结果如图5-3所示。这种情况符合图5-1中途径（5）的情况。

只掺Tb^{3+}的CL光谱（见图5-2）和共掺Tb^{3+}和Dy^{3+}后的光谱（见图5-3）对比，非常清楚。254nm激发的光致发光结果和阴极射线发光完全一致。和只掺Tb^{3+}相比，共掺Tb^{3+}和Dy^{3+}的Y_2O_2S样品中，Tb^{3+}的$^5D_4$→^7F_J跃迁发射强度在254nm和电子束激发下的发射强度分别提高1.87倍和2.06倍[23]。

Y_2O_2S中Tb^{3+}和Dy^{3+}共掺杂的效果也可用于Gd_2O_2S:Tb,Dy荧光体中，得到新的、高效、色纯度和对比度极高的黄绿色荧光体，成功地获得具有自己知识产权的实际应用，

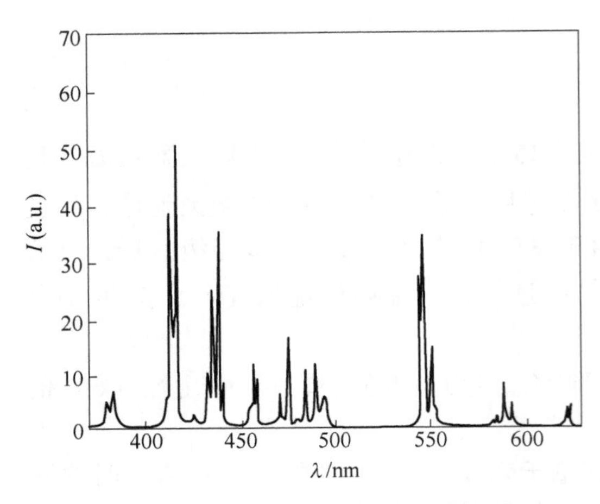

图 5-2 Y_2O_2S:Tb（3×10^{-3}）磷光体的阴极射线发光光谱[23]

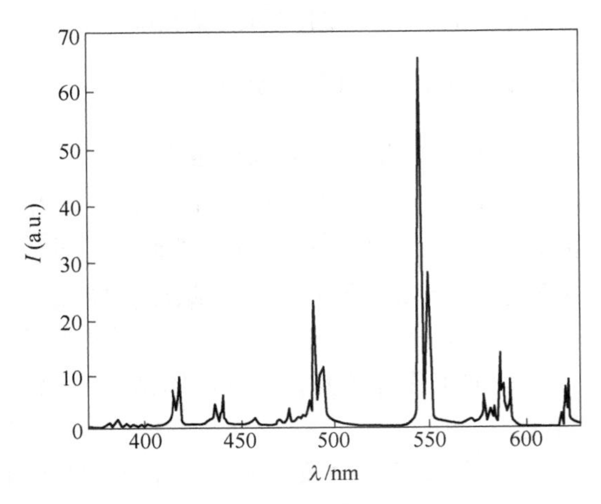

图 5-3 Y_2O_2S:Tb（3×10^{-3}），Dy 磷光体的阴极射线发光光谱[23]

产生经济和社会效益。

5.4.2 LaOBr:Tb^{3+},Dy^{3+}体系量子剪裁

LaOBr:Tb 是一种高效阴极射线发光和 X 射线增感屏用的优良绿色荧光体，为进一步提高其发光效率，作者利用 Tb^{3+}-Dy^{3+}交叉弛豫能量传递原理，在 LaOBr:Tb,Dy 中也得到类以 Y_2O_2S:Tb,Dy 中$^5D_3$ 能级发射光子被剪裁、而$^5D_4$ 能级发射光子被增强的结果[24]。LaOBr:Tb,Dy 的发光强度是 LaOBr:Tb 的 1.4 倍。虽然 Tb^{3+}的蓝紫区($^5D_3 \to {}^7F_J$) 发射被大大减弱，但绿区（$^5D_4 \to {}^7F_J$）发射却增强 1.3 倍，加上还有 Dy^{3+}的黄绿发射，总的流明效率提高了，超过商用牌号 P1(Zn_2SiO_4:Mn) 荧光粉。

$La_{1-x-0.0075}$OBr:0.0075Tb,xDy 荧光体在 265nm 激光束激发下，随 Dy^{3+}浓度增加，Tb^{3+}的$^5D_3$ 能级的荧光寿命从 230μs 缩短到 71μs(x=0.01)，而 Tb^{3+}的$^5D_4$ 能级的荧光寿命变化不大，仅从 1280μs 缩短到 1200μs。

LaOBr:Tb 的发光性质显著变化，正是由于再掺入 Dy^{3+}后，像在 Y_2O_2S:Tb,Dy 体系中那样,主要是发生 Dy^{3+}-Tb^{3+}交叉弛豫能量传递的结果:$^5D_3(Tb^{3+})+{}^6H_{15/2}(Dy^{3+})—{}^5D_4(Tb^{3+})+{}^6H_{11/2}(Dy^{3+})$。在 LaOBr 中，$Tb^{3+}$ 的$^5D_3$—$^5D_4$ 能级的能量间距为 5781cm^{-1}，而 Dy^{3+}的$^6H_{15/2}$—$^6H_{11/2}$能级间距为 5773cm^{-1}。两者非常匹配，容易发生交叉弛豫过程。采用 I-H 无辐射能量传递理论和实验结果证实，在 LaOBr:Tb,Dy 体系中，发生电偶极-偶极相互作用的能量传递，利用式（4-5）计算临界传递距离为 1nm。

离子间某些能级存在匹配关系，容易发生交叉弛豫能量传递，实现可见光量子剪裁。这原理也可用于其他凝聚态材料中。迄今有不少可见光或近红外光激发实现量子剪裁的现象，但少见于报道中。

5.5 两步能量传递

通常发生能量传递是施主 D 和受主 A 中心直接相互作用，D 中心吸收能量后，以辐射或无辐射方式将能量传递给 A 中心，即简称单步能量传递。此外，还发现在同一种基质中，若有三个不同的中心，如 D_1、D_2 和 A 中心，D_2 中心在能量传递过程中起了中间媒介作用，即 D_1 中心通过 D_2 中心将吸收的能量无辐射传递给 A 中心，最终产生 A 中心的光辐射。这种 $D_1 \rightarrow D_2 \rightarrow A$ 中心传递，称为两步能量传递。这种传递与 $D \rightarrow D \rightarrow A$ 中心传递不相同。$D \rightarrow D$ 是相同中心传递，D 中心激发能沿着 D 中心迁移（扩散），最后传递给受主 A 中心。

5.5.1 GdB_3O_6 硼酸盐中 $Bi^{3+} \rightarrow Gd^{3+} \rightarrow Tb^{3+}$ 两步能量传递

$Bi^{3+} \rightarrow Gd^{3+} \rightarrow Tb^{3+}$ 两步能量传递在 GdB_3O_6:Bi,Tb 硼酸盐中被观测到。$Gd_{0.98}B_3O_6$:$0.01Bi^{3+}$,$0.01Tb^{3+}$荧光体在短波紫外激发下，仅呈现 Gd^{3+} 和 Tb^{3+} 的特征发射，没有观察到 Bi^{3+} 发射。在 Tb^{3+} 的激发光谱中，属于 Gd^{3+} 的 $^8S_{7/2} \rightarrow {}^6I_J$ 能级跃迁的 273nm 谱线的出现，说明能量从 Gd^{3+} 传递到 Tb^{3+} 时，240nm 谱带是 Bi^{3+} 引起 Gd^{3+} 的 ^6I_J 激发。无论是 Bi^{3+} 被激发（240nm），还是 Gd^{3+} 被激发（273nm），Gd^{3+} 和 Tb^{3+} 的发射强度比值都是相同的。这说明，敏化 Tb^{3+} 的能量都是来自 Gd^{3+}。因此，激发能从 $Bi^{3+} \rightarrow Gd^{3+} \rightarrow Tb^{3+}$ 传递时，Gd^{3+} 是必经之道。所以，在 GdB_3O_6:Bi^{3+},Tb^{3+}荧光体中，当用 240nm 激发 Bi^{3+} 时，发生 $Bi^{3+} \rightarrow Gd^{3+} \rightarrow Tb^{3+}$ 两步能量传递；若用 273nm 时对 Gd^{3+} 激发，则发生 $Gd^{3+} \rightarrow Tb^{3+}$ 单步能量传递。

众所周知，大多数高效 Tb^{3+} 激活的荧光体中，都需要高浓度昂贵的铽。但在 Gd^{3+} 的中间媒介作用下，在 GdB_3O_6:Bi,Tb 荧光体中，只需浓度（摩尔分数）为 1% 的 Tb^{3+} 就可以获得 80% 的 Tb^{3+} 的量子效率。

5.5.2 $YAl_3B_4O_{12}$:Bi^{3+},Gd^{3+},Dy^{3+} 体系

Blasse 也在 $Y_{0.99-x}Al_3B_4O_{12}$:$0.005Bi^{3+}$,xGd^{3+},$0.005Dy^{3+}$ 体系中，观测到 $Bi^{3+} \rightarrow Gd^{3+} \rightarrow Dy^{3+}$ 两步能量传递。随 Gd^{3+} 浓度增加，Bi^{3+} 的效率逐渐下降，而 Gd^{3+} 和 Dy^{3+} 发射效率逐步增强，在达到 Gd^{3+} 的最佳浓度 0.11mol 以前，总的量子效率基本不变。在这种硼酸盐中，能量从 Bi^{3+} 传递到 Gd^{4+} 的机理不是交换传递，而是电偶极-四极（d-q）相互作用。

5.5.3 YF_3:Ce,Gd,Tb 体系

GdF_3:Ce,Tb 在短波紫外激发下是高效的绿色荧光体。Ce^{3+}—Tb^{3+} 的能量传递也是通过 Gd^{3+} 的中介作用而发生的[25]。没有 Gd^{3+} 时，总的传递效率相当低，但掺入 Gd^{3+} 后，情况改变。

在 $(Y_{0.96-x}Gd_xCe_{0.02}Tb_{0.02})F_3$ 体系中，Ce^{3+}、Tb^{3+} 及 Gd^{3+} 发射的量子效率与 Gd^{3+} 浓度（x）的关系密切[25]。随 Gd^{3+} 浓度增加，Ce^{3+} 的发射急速下降，Tb^{3+} 的发射迅速增加，Gd^{3+} 的发射也先增强，而后开始下降。Ce^{3+}、Gd^{3+} 和 Tb^{3+} 的量子效率之和与 Gd^{3+} 浓度无关系。在 $Gd_{0.96}Ce_{0.02}Tb_{0.02}F_3$ 体系中，Tb^{3+} 发射的激发光谱中出现 Ce^{3+} 和 Gd^{3+} 在紫外区的激光光谱中。这种 $Ce^{3+} \rightarrow (Gd^{3+}) \rightarrow Tb^{3+}$ 能量传递过程非常类似 $Bi^{3+} \rightarrow Gd^{3+} \rightarrow Dy^{3+}$ 能量传递过程。其能量传递效率也是很高的。

5.5.4 GdB_3O_6 和 $GdMgB_5O_{10}$ 中 $Ce^{3+} \rightarrow Gd^{3+} \rightarrow Tb^{3+}(Mn^{2+})$ 的能量传递

Ce^{3+}/Tb^{3+} 或 Ce^{3+}/Mn^{2+} 或 $Ce^{3+}/Tb^{3+}/Mn^{2+}$ 分别激活的 $GdMgB_5O_{10}$ 硼酸盐曾被用于高

显色性荧光灯中。在能量传递过程中，Gd^{3+}的中介作用（$Bi^{3+}\rightarrow Gd^{3+}\rightarrow Tb^{3+}$，$Ce^{3+}\rightarrow (Gd^{3+})\rightarrow Tb^{3+}$）在 GdB_3O_6 和 $GdMgB_5O_{10}$ 硼酸盐及 YF_3 氟化物等材料中被观测到[26-27]。Gd^{3+}的中介传递敏化作用非常有效。在 $LaMgB_5O_{10}$ 五硼酸盐中，随 Gd^{3+}浓度增加，敏化剂 Ce^{3+}的相对量子效率逐步下降，而激活剂 Tb^{3+}（绿光）和 Mn^{2+}（红光）的效率则逐渐大幅提高。因此，人们获得用于高效显色荧光灯的多功能荧光体。

在这种能量传递过程中，通过 Gd^{3+}迁移，激发能从敏化剂有效地传递给激活剂 Tb^{3+}，产生高效绿色发光。室温时，这些材料中 Tb^{3+}发射的激发光谱中出现强的 Ce^{3+}、Bi^{3+}及 Gd^{3+}的激发光谱。

Blasse 针对 $GdMgB_5O_{10}$:Ce^{3+}，Tb^{3+}体系，这些能量传递过程的速率得到如图 5-4 所示的示意结果[28]。

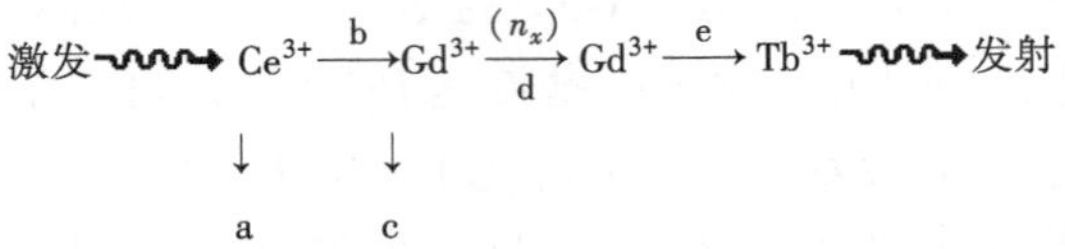

$$\text{激发}\rightsquigarrow Ce^{3+}\xrightarrow{b}Gd^{3+}\underset{d}{\xrightarrow{(n_x)}}Gd^{3+}\xrightarrow{e}Tb^{3+}\rightsquigarrow\text{发射}$$

$$\begin{array}{cc}\downarrow & \downarrow\\ a & c\end{array}$$

图 5-4　能量传递过程的速率示意图

a—$W_{rad}(Ce^{3+})\approx 10^7 s^{-1}$；b—$W(Ce^{3+}\rightarrow Gd^{3+})\approx 10^9 s^{-1}$；c—$W_{rad}(Gd^{3+})\approx 5\times 10^2 s^{-1}$；d—$W(Gd^{3+}\rightarrow Gd^{3+})\approx 10^7 s^{-1}$；e—$W(Gd^{3+}\rightarrow Tb^{3+})\approx 4\times 10^6 s^{-1}$，$n_x$—在 Gd^{3+}之中的迁移。

由上述结果可知，因为 $b\geqslant a$，Ce^{3+}快速传递给 Gd^{3+}，且实际上是不发射或很弱。由于 $d\geqslant c$，涉及整体，Gd^{3+}能量迁移很快，Gd^{3+}的发射不强。$d\approx e$，这种迁移不是有限扩散。

若不适应 $b\geqslant a$ 的关系，永远不能导致敏化。在 $GdMgB_5O_{10}$中若用 Bi^{3+}取代 Ce^{3+}作敏化剂时，仅在 4.2K 可以实现传递。在室温时，尽管 b 还是比 a 大，但 $Gd^{3+}\rightarrow Bi^{3+}$的能量反传递的速率和速率 b 具有相同的数量级。这样，激发能不能在 Gd^{3+}晶格中保留，但呈现跳跃式反馈给敏化剂的趋势。因此，如果敏化剂的弛豫激发态和 Gd^{3+}激发态能级相结合，所有这些结果可以用敏化剂→Gd^{3+}的传递速率 b 来解释。若不是这种情况，或受温度影响，这种敏化作用不大有效。

前面所述的 $LiGdF_4$ 中实现的量子剪裁，实际上 Gd^{3+}也是起中介作用。此外，一些稀土离子掺杂的上转换发光和激光中，实际上发生基态吸收（GSA）、激发态吸收（ESA）、上转换能量传递、交叉弛豫（CR）等过程是多步能量传递的结果。

作者确信，这种多步能量传递是设计高效发光材料的一种重要途径。依据这种原理，可以利用两种、三种，甚至更多的不同中心的能量传递，设计新的发光和激光材料。例如在某些碱土金属硅酸盐等材料中，可同时选择两种或多种三价稀土离子，如 Mn^{3+}、Pb^{3+}、Bi^{3+}等离子掺杂，进行选择性泵浦，预期可以发生有效的多步能量传递，获得多功能材料。

近年来对 RE^{3+}—Yb^{3+}(RE=Pr，Tb，Eu 等）之间的能量传递进行诸多研究，确实在一些体系中观测到量子剪裁。如前文所述的 $CaGdAlO_4$、SrF_2 体系中 Pr^{3+}—Yb^{3+}的能量传递和量子剪裁；在 Tb^{3+}和 Yb^{3+}共掺杂的硼酸锂玻璃及 $NaLaF_4$:Pr，Yb[30] 等体系中也呈现量子剪裁效应。若将两个 Yb^{3+} NIR 光量子用于太阳光伏电池中，还需权衡光电能量转换效率。一个 445nm 蓝光子能量为 2.787eV。而一个 1050nmYb^{3+} NIR 光子能量为 1.18eV，

2个就是2.36eV。还需要考虑Si晶电池的光谱响应系数，才能决定用于太阳光伏电池是否可提高光电转换效率。

最后，借此提出，近年来在国外有人报道[29] M-Yb^{3+}(M=Ce^{3+}，Eu^{2+}，Bi^{3+})的离子间相互作用，将这些离子的发射转换为Yb^{3+}的近红外光发射，称为量子剪裁。因为M-Yb^{3+}中的离子能级的能量间距太大，还需要具体分析，有的只是很普通的下转换发光，不是量子剪裁的物理概念。

参 考 文 献

[1] SOMMERDIJK J L, BRIL A, DE JAGER A W. Luminescence of Pr^{3+}-activatad fluorides [J]. J. Lumin., 1974, 9: 288-296.

[2] SOMMERDIJK J L, BRIL A, DE JAGER A W. Two photon luminescence with ultraviolet excittation of trivalent praseodymium [J]. J. Lumin., 1974, 8: 341-343.

[3] PIPER W W, DELUCA J A, HAM F S. Cascade fluorescent decay in Pr^{3+}-doped fluorides: Achievement of a quantum yield than unity for emission of visible lighy [J]. J. Lumin., 1974, 8: 344-348.

[4] SRIVASTAVA A M, DAUGHY D A, BEERS W W. Photon cascade luminescence of Pr^{3+} in $LaMgB_5O_{10}$ [J]. J. Electrochem. Soc., 1996, 143 (12): 4113-4115.

[5] WEGH R T, DONKER H, OSKAM K D, et al. Visible quantum cutting in $LiGdF_4$: Eu^{3+} through downconversion [J]. Science, 1999, 283: 663-666.

[6] VAN DE ENDE B M, AARTS L, MEIJERINK A. Near-infrared quantum cutting for photovoltaics [J]. Adv. Mater., 2009, 21: 3073-3077.

[7] VAN DER KOLK E, DORENBOS P, VAN EIJK C W E. Luminescence excitation study of the higher energy states of Pr^{3+} and Mn^{2+} in $SrAlF_5$, $CaAlF_5$, and $NeMgF_3$ [J]. J. Appl. Phys., 2004, 95 (12): 7867-7872.

[8] VAN DIJK M F, SCHUURMANS F H. On the nonradiative and radiative rates and a modified exponential energy gap law for 4*f*—4*f* transitions in rare earths [J]. J. Chem. Phys., 1983, 78: 5317-5323.

[9] Doughty DA. On the Vacuum-Ultraviolet excited luminescence of Pr^{3+} in LaB_3O_6 [J]. J. Electrochem. Soc., 1997, 144 (7): 190-192.

[10] SRIVASTAVA A M, BEERS W W. Luminescence of Pr^{3+} in $SrAl_{12}O_{19}$: Observation of two photon luminescence in oxide lattice [J]. J. Lumin., 1997, 71: 285-290.

[11] HUANG S H, WANG X J, CHEN B J, et al. Photon cascade emission and quantum efficiency of $^3P_0$ level in Pr^{3+}-doped $SrAl_{12}O_{19}$ system [J]. J. Lumin., 2003, 102-103: 344-348.

[12] 初本莉，刘行仁，黄立辉，等．硅酸钡中Pr^{3+}离子的4*f*5*d*带的UV发射光谱 [J]. 中国稀土学报，1999，17卷（专辑）：623-625.

[13] 初本莉，刘行仁，王晓君，等．硅酸锶Pr^{3+}的4*f*5*d*态的光谱特性及Pr^{3+}→Gd^{3+}的能量传递 [J]. 发光学报，2001，22（2）：187-191.

[14] 初本莉，刘行仁，王晓君，等．偏硅酸钙中Pr^{3+}的4*f*5*d*态的光谱性质 [J]. 功能材料，2001，32（6）：660-661.

[15] ZHANG X Y, LIU Y X, ZHANG M, et al. Efficient deep ultraviolet to near infrared quantum cutting in Pr^{3+}/Yb^{3+} codoped $CaGdAlO_4$ phoshpor [J]. J. Alloys Compounds., 2018, 740: 595-602.

[16] GUILLE A, PEREIRA A, BRETON G, et al. Energy transfer in $CaYAlO_4$:Ce^{3+},Pr^{3+} for sensitization of quantum-cutting with the Pr^{3+}-Yb^{3+} couple [J]. J. Apple. Phys., 2012, 111(4): 043104-1-043104-5.

[17] BAHADUR A, YADAV R S, YADAV R V, et al. Multionodal emissions from Tb^{3+}/Yb^{3+} co-doped

lithium borate glass: Upconversion, downshifting and quantium cutting [J]. J. Solid. State. Chem., 2017, 246: 81-86.

[18] WEGH R T, DONKER H, OSKAM K D, et al. Visible quantum cutting in $LiGdF_4:Eu^{3+}$ through downcoversion [J]. Science, 1999, 283: 663-665.

[19] WEGH R T, DONKER H, VAN LOEF E V D, et al. Quantum cutting through downconversion in rare-earrh compounds [J]. J. Lumin., 2000, 87-88: 1017-1019.

[20] OSKAM K D, WEGH R T, DONKER H, et al. Downconversion: A new route to visible quantum cutting [J]. J. Alloys Compounds., 2000, 300-301: 421-425.

[21] WEGH R T, VAN LOEF E V D, MEI JERINK A. Visible quantum cutting via downcoversion in $LiGdF_4$: Er^{3+}, Tb^{3+} upon Er^{3+} $4f \rightarrow 4f5d$ excitation [J]. J. Lumin., 2000, 90: 111-122.

[22] FEOFILOV S P, ZHOU Y, JENG J Y, et al. Sensitization of Gd^{3+} and the dynamics of quantum splitting in GdF_3:Pr, Eu [J]. J. Lumin., 2007, 122-123: 503-505.

[23] 刘行仁，申五福，马龙．硫氧化钇磷光体中 Tb^{3+} 和 Dy^{3+} 离子间的能量传递 [J]. 发光学报，1981，3 (1): 31-38.

[24] LI Y J, LIU X R, XU X R. Enhancement of cathodoluminescence in $LaOBr:Tb^{3+}$ by codoping with Dy^{3+} [C] // 174th Meeting of the Electrochem. Soc. Chicago, Illinois, US, 1988: 191-198.

[25] BLASSE G. Energy transfer phenomena in system (Y, Ce, Gd, Tb) F_3 [J]. Phys. State. Sol. (a), 1982, 73: 205-208.

[26] DE HAIR T W, VAN KEMENADE J T C. New Tb^{3+} and Mn^{2+}-activated phosphors and their application in "Deluxe" lanps [C] // Paper No. 54 presented at the Third International symposium on the science and Technology of Light Sources. Toulouse, France, 1983.

[27] LESKELA M, SAAKES M, BLASSE G. Energy transfer phonomena in $GdMgB_5O_{10}$ [J]. Mater. Res. Bull., 1984, 19: 151-159.

[28] BLASSE G. Basic and applied reseach on phosphors based on gadolium compounds [J]. Phys. Stat. Sol. (a)., 1992, 130: 85-89.

[29] GULLE A, PEREIRA A, MOINE B. $NaLaF_4:Pr^{3+}, Yb^{3+}$, an efficient blue to near-infra-red quantum cutter [J]. APL Mater., 2013, 1: 062106.

[30] YAGOUB M Y A, SWART H C, DHLAMINI M S, et al. Nearinfrared quantum cutting of Na^+ and Eu^{2+}—Yb^{3+} couple activated SrF_2 crystal [J]. Opt. Mater., 2016, 60: 521-525.

6 稀土离子的上转换发光和激光

在 1966 年之前，观测到的发光光谱总是位于激发光谱的长波边，即发光光子的能量必然小于激发光的光子能量，即 Stokes 定律。在 20 世纪 60 年代后期，人们发现许多荧光体用近红外光激发，可得到红光、绿光甚至蓝光。实现由低能红外光可转换为高能可见光子。这是违反 Stokes 定律的。具有这种功能的发光材料称为上转换发光材料。由于这种上转换发光材料具有诸多的重要学术意义和应用价值，很快受到关注和发展。上转换发光和激光实际是能量传递的一类特殊过程和物理现象。本章主要介绍稀土离子的上转换发光的几种主要机制及上转换激光。而稀土离子展现的各种上转换发光将在后面章节中介绍。

6.1 概　　况

1966 年法国 Auzel 教授观测到上转换发光，并在 20 世纪 60 年代至 70 年代初详细研究了稀土离子掺杂材料的激发态吸收、能量传递，以及合作敏化引起的上转换发光[1]，这样开启了对上转换发光和激光及其应用新的局面。从 20 世纪 60 年代中至今，上转换发光和激光及其材料科学和应用经历了三个发展热潮。

第 1 个热潮，发生在 20 世纪 60 年代中期至 80 年代中期。这期间主要是上转换发光和激光基础和材料研发及初期应用阶段[1-3]。1971 年美国 Johnson[2] 用 BaY_2F_8:Yb,Ho 及 BaY_2F_8:Yb,Er 晶体在 77K 下，由闪光灯泵浦首次实现绿色上转换激光。1979 年 Chivian 等人报道了上转换发光中的光子雪崩现象等工作。1986 年 Silversmith 用 $YAlO_3$:Er 首次实现了连续波上转换激光。人们很快将红外上转换发光材料用于对红外 LED 的探测中。在这阶段研发出一些上转换发光材料。但由于泵浦光源限制，导致上转换发光效率太低，以及对应用认识的局限性致使研发受影响。

第 2 个热潮，发生在 20 世纪 80 年代后期至 2005 年。由于 20 世纪 80 年代后期半导体激光器泵浦光源及功率的发展，如 980nm LD 优质商品化，以及对短波长全固体激光器的需求，使人们重视包括稀土掺杂光纤玻璃上转换激光材料的研发，出现一个新热潮，并实现商品化。在此期间，随着红外 LD 泵浦源方便使用，上转换材料的研发进展和激光机理研究越发深入，稀土上转换激光已能覆盖整个可见光波段。起初的上转换激光只是在低温脉冲下工作。

在此期间，无论是稀土掺杂的晶体（如氟化物），还是玻璃光纤（如 ZBLAN 等）等材料的上转换激光取得显著成就，有力促进上转换激光和光通信等领域发展。人们也发表大量有关上转换发光和激光的文章[4-11]。Auzel 教授加深固体中稀土离子激发态和上转换过程的研究[12]。

第 3 个热潮，发生在 20 世纪 90 年代后期至今。在这期间稀土上转换荧光体在医学和生物学领域获得丰硕成果。不仅优化稀土上转换纳米荧光体的合成工艺，还发展先进的核壳纳米结构。将固体发光-纳米上转换荧光体-先进纳米合成技术-临床医学-生物学有机结合，成功地应用于医学和生物学领域，发展出这样的交叉学科。上转换稀土纳米荧光体在这些方面的应用是多方面的，包括红外线诊断早期癌病肿瘤及心脑血管病变、肿瘤标志、荧光免疫分析、生物成像，如小鼠活体成像等各方面展现巨大的潜力和成果。

仅仅从 2005 年以来，科学家们在这领域进行大量工作[13-16]，实现医学上即时检测成功应用。此期间发展核-壳纳米荧光剂新技术及稀土纳米荧光体在生物学和生物技术中应用的专文。《发光学报》在 2018 年 39 卷 1 期上发表“上转换发光材料及应用”专刊。包括稀土离子上转换发光中的局域电磁场调控[17]、医学磁共振影像的上转换发光纳米荧光体[18]，上转换纳米荧光探针的肿瘤标志物体外检测[19]等。

近来，陈学元团队利用 NIR 双激发比率型上转换发光实现细胞内生物分子的精准检测[20]。利用一种聚合物包覆的水溶性染料敏化稀土上转换荧光探针。即将 NIR 染料 IR808 结合在 $NaGdF_4$:Er, Yb 纳米荧光体上的高效能量传递和低背景荧光信号，实现 808nm 激发下对次氯酸根（ClO^-）的超灵敏检测。同时以 980nm 激发的上转换发光作为参比信号的技术，实现了对活细胞 MCF-7 中内源性 ClO^-的精确定量分析，为活细胞生理过程检测和疾病诊断提供重要工具。

6.2　稀土离子上转换发光机制

6.2.1　上转换发光几种机制和可能途径

图 6-1 给出稀土上转换发光几种可能的机制和途径。这是人们经常用来说明体系中发生上转换发光的几种过程和机制。

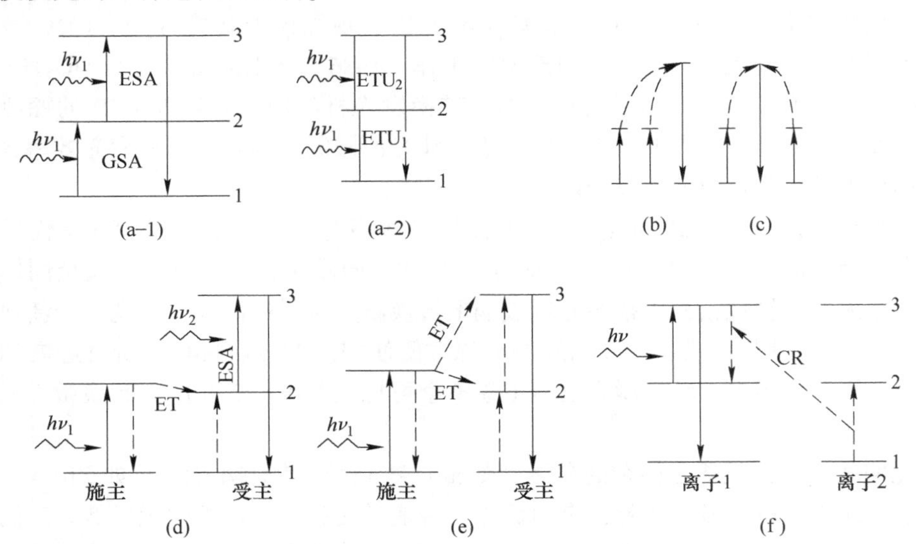

图 6-1　上转换发光几种可能的机制和途径

(a-1)(a-2) 双光子吸收；(b) 合作敏化；(c) 合作发光；(d) 能量传递（ET）和随之激发态吸收（ESA）；(e) 依次能量传递（ET）；(f) 光子雪崩（PA）

如图 6-1 所示，途径（a-1）和（a-2）属多光子上转换发光机制。大多数情况是双光子吸收，也有 3 光子吸收。首先是激活剂离子的基态 1 对入射光子 $h\nu_1$ 的吸收，即基态吸收（GSA），跃迁到激发态 2；接着产生所谓的激发态吸收（ESA）。在激发态 2 和 3 之间的能量与入射光子 $h\nu_1$ 匹配情况下，激发态 2 吸收 $h\nu_1$ 光子能量跃迁到激发态 3，然后产生激发态 3 到基态 1 跃迁的上转换发光，发射的光子能量大于入射（吸收）$h\nu_1$ 光子能量，即（a-1）途径。若激发态 2 与 3 之间能量与 $h\nu_1$ 不十分匹配可借助声子完成激发态吸收（ESA），跃迁到更高的激发态 3。最后产生（a-2）过程的上转换发光。

这种 GSA 和 ESA 是一个单一的离子过程，且与稀土激活离子浓度无关。通常用速率方程描述此过程。在连续波激发下，激发态 2 无饱和。故上转换发光强度（I）几乎正比于入射光子功率乘积，即 $h\nu_1 \times h\nu_2$。在 $h\nu_1$ 能量与 $h\nu_2$ 相同情况下，上转换发光强度（I）正比于入射光子功率平方关系。这样，对多光子吸收过程，上转换发光强度（I）与入射光子功率（P）存在下面关系：

$$I = AP^n \tag{6-1}$$

因此，取双对数作图可得到指数 n。n 的物理含义是指上转换过程所需吸收的光子数。若 $n=2$，即为双光子吸收，$n=3$ 为 3 光子吸收。

途径（b）表示合作敏化上转换发光。当体系中有更多中心参与敏化或发光的基本过程时，有一个中心起敏化作用。在这种情况下，由两个受激离子的合作积累能量实现更高激发态，其跃迁到基态时，产生上转换发射短波长光子。

途径（c）是合作发光过程，即两个激发态相互作用的稀土离子不需要通过第二个不同离子参与而合作成一个高能光子，产生上转换发光。这种过程发生的上转换效率很低，也少见。

途径（d）和（e）过程均涉及能量传递上转换（ETU）过程。这是上转换发光和激光中的最主要途径和机制。途径（d）是指施主的激发态和受主的基态 1 与激发态 2 之间的能量匹配，发生通常的能量传递，传递给受主的激发态 2，随后发生激发态 2 对另一个 $h\nu_2$ 光子吸收，使之达到更高激发态 3，最终发生激发态 3 到基态 1 的跃迁，产生上转换发光。即所谓的能量传递和随之激发态吸收过程：ET+ESA 过程。而途径（e）是指依次连续发生能量传递过程导致的上转换发光。即仅有施主可吸收入射光子 $h\nu_1$，之后受主因与施主之间发生第 1 个 ET 后，施主激发到激发态 2，然后由第 2 个 ET 使之激发到激发态 3，最终由激发态 3 辐射跃迁到基态 1，产生上转换发光。这里包括 Auzel 所称的 APTE 能量传递。

途径（f）为光子雪崩（PA）过程。光子雪崩过程是一些能量传递和上转换过程一种特殊情况的结合。简单地说是激发光子 $h\nu$ 直接共振到激发态吸收（ESA）迁跃，而不是被任何基态吸收（GSA）的过程。在离子内或与另一离子发生交叉弛豫（CR），导致不同能量光子雪崩或发射。

在上转换发光过程中还有交叉弛豫（CR）、多声子弛豫等过程。下面一节中主要对多光子吸收上转换、光子雪崩上转换及 Tm^{3+} 发光作说明。其他离子的上转换发光在后面章节中介绍。

6.2.2 多光子吸收上转换

多光子吸收上转换是常见的一类上转换发光，特别是双光子吸收。它们多发生在稀土单掺杂的材料中，可以产生高效的绿光和红光上转换发光。

单掺 Er^{3+} 的 $Ca_3Al_2Ge_3O_{12}$ 锗酸盐荧光体（CaAGG :Er^{3+}），在红色染料激光 15677cm^{-1} (637.9nm)激发下，在 100～300K 时产生强的绿色($^4S_{3/2}$→$^4I_{15/2}$)及弱的蓝色($^3P_{3/2}$→$^4I_{11/2}$)上转换发光[21-23]。几乎所有的激发谱线均起源于 GSA（$^4I_{15/2}$→$^4F_{9/2}$）。基于 CaAGG 中 Er^{3+} 在红色染料激光激发的上转换发光和光转换激发光谱，产生 3 光子吸收过程的能级图如图 6-2 所示。Er^{3+} 的 $^4I_{15/2}$ 基态吸收（GSA）15677cm^{-1} 光子从 $^4I_{15/2}$→$^4F_{9/2}$ 跃迁后，无辐射弛豫到 $^4I_{13/2}$ 能级，接着再吸收一个入射光子，发生 $^4I_{13/2}$→$^4F_{5/2}$ 能级跃迁，然迅速弛豫到下能级 $^4S_{3/2}$。大部分粒子从 $^4S_{3/2}$→$^4I_{15/2}$ 能级跃迁，发射强绿光；同时，吸收第 3 个光子，从 $^4S_{3/2}$→$^4G_{7/2}$ 能级跃迁，产生 $^2P_{3/2}$→$^4I_{11/2}$ 能级跃迁蓝光发射。这些过程主要涉及 GSA 和 ESA 吸收。在这过程中还伴随有低能红光下转换发射。

利用 Er^{3+} 的绿色和蓝色上转换发光强度 I 与激光泵浦功率 P 的 $I=AP^n$ 关系，取双对数作图，如图 6-3 所示，得到绿光强度的斜率 $n=2.0$。而在 15677cm^{-1} 激发下，21114cm^{-1}（473.6nm）蓝光强度斜率 $n=2.9=3.0$。这表明绿色上转换机制是双光子吸收过程，而蓝色是 3 双光吸收过程。若改用 15423cm^{-1}（648.4nm）更长红光激发，尽管也能观测到 21114cm^{-1} 上转换蓝光发射，但难以说明属 3 光子吸收，因为斜率 $n=2.4$ 偏离太大，原因复杂，涉及泵浦激发功率大小和波长，中间激发态作用及上转换发光竞争等。在多数情况下呈现双光子吸收 TEU 过程，极少数情况下，也观测到 4 光子吸收过程，如 $Cs_3Lu_2Cl_9$:Er^{3+} 在 1.54μm 激发及 Ba_2YCl_7:Er^{3+} 在 800nm 激发下[24]产生 GSA 及 3 步 ESA，$n=4$。

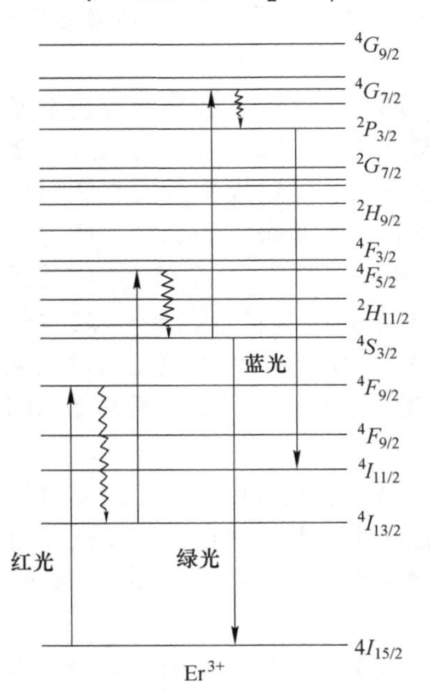

图 6-2　CaAGG 中 Er^{3+} 的连续 3 光子吸收过程的能级图[22]

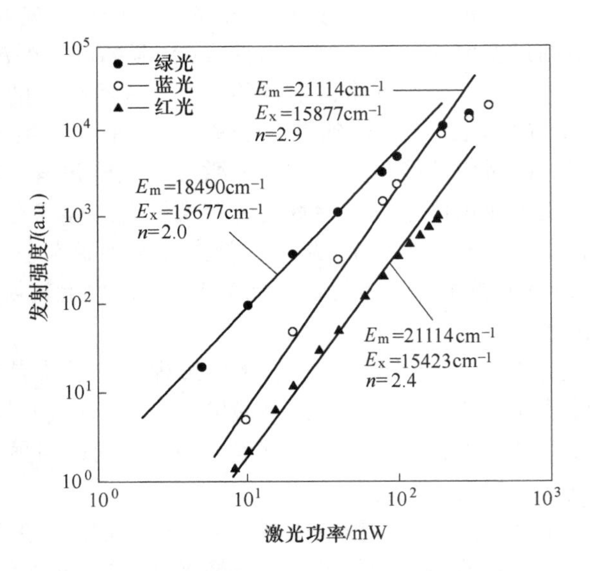

图 6-3　100K 条件下 CaAGG 中 Er^{3+} 的发射强度与激光泵浦功率关系[22]

在 LaF_3:Ho 晶体中，选用激发波长分别为 15717cm^{-1} 和 15681cm^{-1} 时，监测到 18204cm^{-1} 绿色发光的上升曲线明显不同。当激发波长对应于基态吸收 GSA 时

（$15717cm^{-1}$），发光上升曲线为双指数，其时间常数分别为 0.3ms 和 4.6ms；而激发波长对应 ESA 时（$15681cm^{-1}$），上升曲线为单指数，时间常数为 11ms[25-26]。在红色染料激光激发下，上转换发光均为双光子吸收过程。

6.2.3 光子雪崩上转换发光

图 6-1（f）表示光子雪崩（PA）过程最简单能级图。在无任何共振 GSA 时可产生来自能级 3 到基态 1 的跃迁，发射强的上转换发光和激光。光子雪崩过程具有以下特点：

（1）泵浦光波长仅与亚稳定 2 和上面高能级 3 之间共振，产生激发态 ESA 共振吸收，没有任何基态吸收参与，如图 6-1（f）所示。

（2）存在一个临界泵浦功率阈值。这个阈值清楚地将上转换发光强度和泵浦功率的关系分开成两个不同的范围。可用来观察上转换过程。

（3）泵浦功率起始与荧光最大化之间存在一个延迟，随泵浦功率增加，延迟缩小。

这些特征在 Pr,Yb :YLF[27]、LaF_3:Tm 晶体[28]、Pr,Yb :ZB LAN 光纤[29]等诸多材料中得到满足。以往观察到可发生光子雪崩的离子主要涉及 Pr^{3+}、Nd^{3+}、Sm^{3+}、Er^{3+} 及 Tm^{3+}等离子。大多数情况是在 4~300K 温度下，用红、绿或蓝激光激发，产生蓝紫、蓝、绿及红光 PA 上转换发光。PA 过程如图 6-4 所示。当泵浦功率 P 较低时，PA 发射强度相对低，但呈线性增加。当泵浦功率增加到某一阈值后，因无基质吸收，阈值以上荧光强度呈数量级增加，但很快趋于饱和。在 PA 过程中，存在一个泵浦功率阈值和延迟。

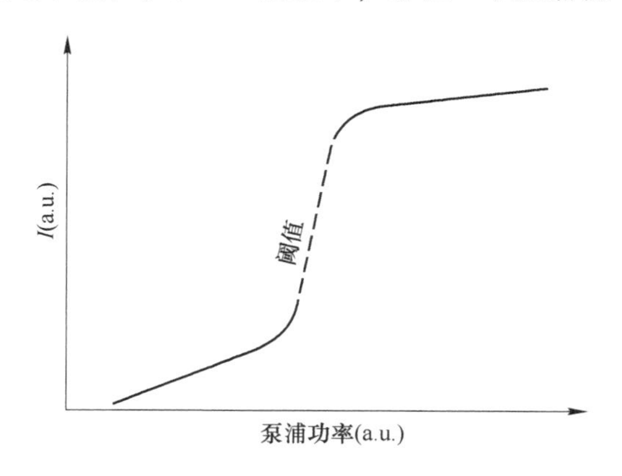

图 6-4 PA 上转换发光强度与泵浦功率关系示意图

在 PA 过程中，实际涉及多种能量传递过程。例如在 Pr,Yb :YLF 晶体中，存在下面几种重要的能量传递过程：

（1）激发态吸收（ESA）：$^1G_4(Pr^{3+}) \to {}^3P_J(J=0,\ 1.2)$，$^1I_6$；

（2a）在 Pr^{3-}内交叉弛豫（CR）：$^3P_J + {}^3H_4 \to {}^1G_4 + {}^1G_4$；

（2b）从 $Pr^{3+} \to Yb^{3+}$ 能量传递（ET）：$^3P_J, {}^1I_6(Pr^{3+}) + {}^2F_{7/2}(Yb^{3+}) \to {}^1G_4(Pr^{3+}) + {}^2F_{5/2}(Yb^{3+})$；

（3）从 $Yb^{3+} \to Pr^{3+}$能量传递：$^2F_{5/2}(Yb^{3+}) + {}^3H_4(Pr^{3+}) \to {}^2F_{7/2}(Yb^{3+}) + {}^1G_4(Pr^{3+})$。

Pr,Yb :YLF 晶体室温时，在 830nm 激发下实现 720nm、639nm、605nm、520nm 及 490nm 的光子雪崩（PA）发射；而在 Pr,Yb :ZBLAN 中实现 635nm、615nm、520nm 及

491nm PA 发射[30]；若泵浦功率在阈值之上的 635.2nm 激光激发 $LaF_3:Tm^{3+}$ 晶体，77K 时产生 Tm^{3+} 的 480nm 蓝绿光和 448nm 附近的蓝紫光。

6.2.4　Tm^{3+} 上转换发光

Tm^{3+} 具有特别的 4*f* 电子组态结构。虽然 4*f* 能级数目不多，但其中发光能级多，$^3F_4$、$^3H_4$、$^1G_4$、$^1D_2$ 及 $^1I_6$ 等都具有较强的振子强度和发光效率，且寿命较长。很多能级间又具有相近的间距，适当选择激发路径可获得较高的上转换效率，且寿命较长。Tm^{3+} 单掺或 Tm^{3+}/Yb^{3+} 等其他稀土离子共掺的高效上转换发光和激光均已获得。人们对 Tm^{3+} 的上转换蓝色发光和激光一直予以重视。

Tm^{3+} 单掺杂和 Tm^{3+}/Yb^{3+} 共掺杂的材料中，可以实现不同机制的上转换发光和激光，如多光子吸收、光子雪崩及能量传递等引起的上转换发光和激光。以 Tm^{3+} 的上转换发光为例，对其几种机制予以说明[31-32]。

通过能量传递获得上转换发光有两种机制：（1）处于激发态的同种离子间的能量传递；（2）不同离子间的依次能量传递。

在 Tm 和 Yb 双掺杂的体系中，用 960nm 红外光激发 Yb^{3+}，出现 Tm^{3+} 的 $^1G_4$ 发射。上转换激发过程包含三步能量传递：（Yb $^2F_{5/2}$，Tm $^3H_6$）→（Yb $^2F_{7/2}$，Tm $^3H_5$），（Yb $^2F_{5/2}$，Tm $^3F_4$）→（Yb $^2F_{7/2}$，Tm $^3F_2$），（Yb $^2F_{5/2}$，Tm $^3H_4$）→（Yb $^2F_{7/2}$，Tm $^3G_4$）。在高 Tm 浓度（约 1%）的样品中，通过两个激发的 Tm^{3+} 间的交叉弛豫（$^3F_3$，$^3F_3$）→（$^3H_6$，$^1D_2$），可以出现 $^1D_2$ 的上转换发光，而且 $^1D_2$ 上的粒子也能再接受 Yb 传递的能量，跃迁到更高的能级上。在 Yb →Tm 能量传递中，第二步的速率 X_2 远大于第一步的速率 X_1（大约为 10^3 倍）。设 N_0 为稳态下 Tm 基态的粒子数，N_1 和 N_2 为 $^3F_4$ 及 $^3H_4$ 能级的粒子数，γ_1 和 γ_2 为它们的固有跃迁速率，γ_{21} 为 $^3H_4 \to {}^3F_4$ 的跃迁速率，并设激发较弱时，N_0 近似为常数。只考虑前两步传递，稳态下的速率方程[33]如下：

$$X_1N_0 - (\gamma_1 + X_2)N_1 + \gamma_{21}N_2 = 0$$

$$X_2N_1 - \gamma_2N_2 = 0 \tag{6-2}$$

可以得到：

$$N_1/N_0 = X_1/[\gamma_2 + X_2(1 - \gamma_{21}/\gamma_2)] \tag{6-3}$$

式中，X_1 和 X_2 与 Yb 激发态上的粒子数成正比，而 $1-\gamma_{21}/\gamma_2=0.83$。故即使激发光足够强，$^3F_4$ 上粒子数也只是基态数的 10^{-3} 倍。尽管 $^3F_4$ 具有很长的寿命，在稳状态下粒子数也不会出现显著的积累。

多光子吸收上转换过程可用 Tm^{3+} 单掺 ZBLAN 玻璃在 650nm 激发下，产生 $^1G_4 \to {}^3H_6$ 和 $^1D_2 \to {}^3H_4$ 跃迁蓝色上转换发光说明[32]。图 6-5 是 Tm^{3+} 的简单能级图，为了叙述方便也将有关能级编号列在左边。为了描述这个上转换发光过程，建立下列动力学方程组：

$$dN_2/dt = W_{32}N_3 + W_{62}N_6 - \beta_2N_2 - N_2/\tau_2 \tag{6-4}$$

$$dN_3/dt = W_{43}N_4 - W_{32}N_2 - \beta_3N_3 \tag{6-5}$$

$$dN_4/dt = \beta_1N_1 - W_{43}N_4 \tag{6-6}$$

$$dN_5/dt = \beta_2N_2 - N_5/\tau_5 \tag{6-7}$$

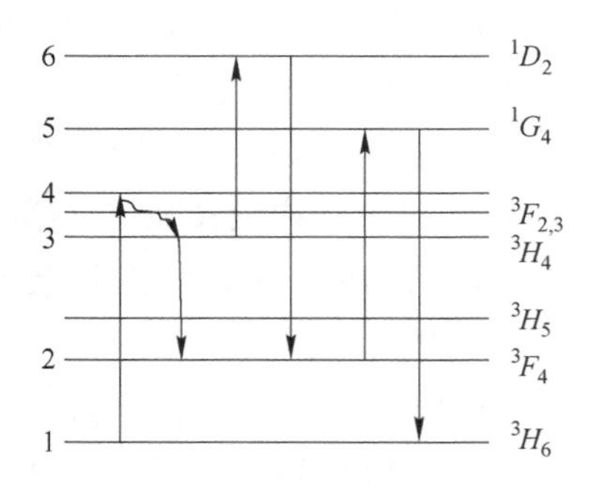

图 6-5　Tm^{3+} 的简单能级图

$$dN_6/dt = \beta_3 N_3 - W_{62} N_6 \tag{6-8}$$

式中，W_{ij}为由能级 i 向能级 j 跃迁的概率；N_i 为能级 i 的布居；β_i 为能级 i 吸收 650nm 光的再激发概率，τ_i 为能级 i 的寿命。

在稳态情况下解上面的 5 个方程组得到：

$$N_6 = \frac{\beta_1\beta_3}{W_{62}(W_{32}+\beta_3)}N_g = \frac{\beta_1 N_g}{W_{62}}\frac{1}{W_{32}/\beta_3+1} \tag{6-9}$$

$$N_5 = \frac{\tau_5\beta_1\beta_2}{\beta_2+1/\tau_2}N_g = \beta_1\tau_5 N_g\frac{1}{1+1/(\beta_2\tau_2)} \tag{6-10}$$

由式（6-9）可以得出$^1D_2$ 和$^1G_4$ 的发光强度为

$$I_6 \propto \beta_1 N_g\frac{1}{W_{32}/\beta_3+1} \tag{6-11}$$

$$I_5 \propto \beta_1 N_g\frac{1}{1+1/(\beta_2\tau_2)} \tag{6-12}$$

稳态下$^1D_2$的蓝色发光主要取决于$^3F_4 \to {}^3H_4$ 的跃迁概率及$^3F_4$ 的再激发概率大小；而式（6-12）表明$^1G_4$ 的发光主要取决于能级$^3H_4$ 的寿命及$^3H_4$ 向$^1G_4$ 的再激发概率的大小。

此外在 Tm^{3+} 掺杂的 $LaAlO_3$ 晶体中，由于$^3H_6 \to {}^3F_2$ 能级的 GSA 和激发态$^3F_4 \to {}^1G_4$，$^3H_4 \to {}^1D_2$ 及$^1G_4 \to {}^1I_6$ 激发态之间跃迁同步，因此，在红光 662.3nm（约 15100cm^{-1}）激发下，经 GSA（$^3H_6 \to {}^3F_2$），接着经 ESA1（$^3F_4 \to {}^1G_4$），ESA2（$^3H_4 \to {}^1D_2$）及 ESA3（$^1G_4 \to {}^1I_6$）三次激发态吸收过程，分别产生约 455nm（$^1D_2 \to {}^3F_4$）、360nm（$^1D_2 \to {}^3H_6$）及 350nm（$^1I_0$，$^3P_0$）$\to {}^3F_4$ 跃迁蓝→紫外光上转换发射。$LaAlO_3$:Tm^{3+}的振子强度参数 Ω_2 为 $0.218\times10^{-20}cm^2$、Ω_4 为 $1.347\times10^{-20}cm^2$，Ω_6 为 $0.934\times10^{-20}cm^2$[34]。代入 *J-O* 跃迁强度公式，得到跃迁强度参数分别为 $0.24\times10^{-20}cm^2$（GSA）、$0.09\times10^{-20}cm^2$（ESA1）、$0.26\times10^{-20}cm^2$（ESA2）及 $2.32\times10^{-20}cm^2$（ESA3）。ESA1（$^3F_4 \to {}^1G_4$）是弱的自旋禁戒跃迁，而 ESA3（$^1G_4 \to {}^1I_6$）跃迁强度参数比 ESA1 高 25 倍，也比 ESA2（$^3H_4 \to {}^1D_2$）高数倍。尽管如此，ESA1 似乎比其他弱。但由于其$^3F_4$ 能级具有 5.7ms 长寿命，在连续波激发下，$^3F_4$ 能级依然可以布居；而$^3H_4$ 能级寿命为 780μs，$^1G_4$ 能级是 320μs 足够长，有利于实现激发态吸收。

显然，依据上述 Tm^{3+} 的能量传递上转换发光特征，Tm^{3+} 与 Yb^{3+} 共掺杂的材料，如 $NaYF_4$:Tm，Yb 及 $NaYF_4$:Er，Yb 纳米荧光体可以实现高效多色上转换发光[35]，用于医疗图像彩色显示等技术中。

6.3 上转换激光

首次稀土上转换激光是在 1971 年用 Ho^{3+}/Yb^{3+}或 Er^{3+}/Yb^{3+}双掺杂的 $Ba_2Y_2F_8$ 晶体在 77K 用 IR 闪光灯泵浦下实现的[2]。它们由依次能量传递转换（ETU）机制分别产生绿色（Ho^{3+}）和红色（Er^{3+}）的上转换激光。第一个连续波上转换 550nm 激光是用双 IR

（792nm+840nm）染料激光对 $YAlO_3$:Er 泵浦在 77K 下获得[36]。第一个由半导体 IRLD 泵浦的可见光上转换激光是在 90K $LiYF_4$:1%Er 中进行的[37]。后经过了 20 世纪 80—90 年代的兴旺发展时期。其间稀土掺杂的晶体材料、氟化物光纤上转换激光材料及其主要的性能分别列在表 6-1 和表 6-2 中。从表中可知，大多数材料的上转换效率不高，加之后来 NUV 和蓝光 LD 商品化，故后来对上转换激光研究减少。表 6-1 和表 6-2 中的结果可为研发上转换强的可见光提供帮助，同时也是一种提示。有关稀土离子的上转换发光和激光将在 Ho^{3+}、Er^{3+}及 Tm^{3+}章节中仔细表述。

表 6-1　稀土掺杂的上转换激光晶体及性能

年份	晶体		激光波长/nm	泵浦波长/nm	泵浦机制	温度/K	输出：功率，工作模式	光学转换效率/%	文献
1971	掺Yb	$BaY_{1.4}Yb_{0.59}Ho_{0.01}F_8$	551.5	IR 闪光灯	ETU	77			2
1971		$BaY_{1.19}Yb_{0.75}Ho_{0.06}F_8$	670	IR 闪光灯	ETU	77			2
1994		$BaY_1Yb_{0.998}Tm_{0.01}F_8$	799，649，510，455	960	ETU	室温			38
1996		$LiY_{0.89}Yb_{0.1}Pr_{0.01}F_4$	720	830	PA	室温		1	54，41
			639.5	830	PA	室温			35，41
1987	掺Er	$YAlO_3$:1% Er	550	792+840	ESA	≤77	0.8mW，CW	1.2	36
1995		$YAlO_3$:1.5% Er	550	807	ETU	7~63	166mW，CW	13	39
1993		$Y_3Al_5O_{12}$:1% Er	561	647+810	ESA	室温			40
1988		$LiYF_4$:1% Er	551	802	ETU	≤90	5mW，SP	2	41
1989		$LiYF_4$:1% Er	551	791 二极管	ET/ESA	≤90	0.1mW，SP	0.03	37
1990		$LiYF_4$:1% Er	470	653	ETU	<35	6mW，CW	4.8	42
1992		$LiYF_4$:5% Er	551	1500	ETU	80	10mW，SP	2.9	43
			561	1500	ETU	80	12mW，CW	3.4	43
			468	1500	ETU	80	0.7mW	0.2	43
1991		$LiYF_4$:5% Er	561,551,544	797	ETU	49	467mW，CW	11	53
1992		$LiYF_4$:5% Er	551，544	1550	合作 ETU	9~95	34mW，CW	8.5	44
1993		$LiYF_4$:1% Er	551	647+810	ESA	室温	0.95mJ，脉冲		49
1993		$LiYF_4$:5% Er	551	797 二极管	合作 ETU	48	100mW，SP	5.5	45
1994		$LiYF_4$:1% Er	551	810	ESA	室温	40mW，CW	1.4	46
1993		KYF_4:1% Er	562	647+810	ESA	室温	0.95mJ，脉冲	0.5	40
1994		BaY_2F_8:5% Er	552	790，970	ESA	10	CW		47
1988	掺Nd	LaF_3:Nd 1%	380	790+590	ESA	≤90	12mW，CW	3	41
1988		LaF_3:1% Nd	380	578	ESA	≤50	4mW，CW	0.7	41，50
1990		LiYF4:1% Nd	416	604	PA	≤40	10μW，CW	0.01	49

续表 6-1

年份	晶体		激光波长/nm	泵浦波长/nm	泵浦机制	温度/K	输出：功率，工作模式	光学转换效率/%	文献
1990	掺Pr	$LaCl_3$:7% Pr	644	677	PA	80～210	240mW，CW	25	49
1989	掺Tm	$LiYF_4$:1% Tm	453，450	781+649	ESA	77 室温	0.2mJ，脉冲	1.3	48
1992		$LiYF_4$:1.8% Tm	483	629 或 647	PA	≤160	30mW，SP	8	51
			450	784+648	ESA	≤70	9mW，SP	2	51
1993		$Y_3Al_5O_{12}$:3% Tm	486	785+638	ESA	≤30	0.07mW，SP	0.01	52

注：SP—自脉冲。

表 6-2 上转换氟化物光纤激光

年份	RE 浓度		激光波长/nm	泵浦波长/nm	泵浦机制	温度/K	输出：功率，工作模式	光学转换效率/%	文献
1990	掺Tm	0.125% Tm	480	676+647	ESA	77	0.4mW，CW	0.08	53
1992		0.1% Tm	480	1120	ESA	室温	57mW，CW		54
1992		0.1% Tm	480	Nd YAG 1120	ESA	室温	57mW	31.7	54
1995		0.1% Tm	482	半导体 1130	ESA	室温	106mW	12	56
1997		0.1% Tm	481	Nd YAG 1123	ESA	室温	230mW	14.4	57
1989	掺Yb Tm	0.4% Yb+0.1% Tm	650	1120	ESA	室温			48
1990	掺Ho	0.12% Ho	540～553	647	ESA	室温	10mW，CW	3.5	55
1990		0.12% Ho	550	氟离子 647	ESA	室温	10mW	3.5	55
1997		0.1% Ho	549	半导体 644	ESA	室温	1.2mW	11.4	58
1991	掺Er	0.05% Er	546	801	ESA	室温	23mW，SP		59
1994		0.1% Er	544	971 二极管	ESA	室温	12mW，CW	7	60
1991		0.05% Er	546	钛宝石 801	ESA	室温	15mW	5	59
1992		0.05% Er	543	钛宝石 971	ESA	室温	50mW	11.4	64
1994	掺Nd	0.1% Nd	412	590	ESA	室温	0.5mW，CW		67
1994			381	590	ESA	室温	0.08mW，CW	0.03	67
1991	掺Pr	0.056% Pr	635	1010+835	ESA	室温	180mW，CW	10	61
1995		0.05%Pr	492	1017+835 钛宝	ESA		22mW	7.5	65
1996		0.048% Pr	635	1020+840	ESA	室温	54mW，CW	14	62
1996			0520	1020+840	ESA	室温	20mW，CW	5	62
1996			491	1020+840	ESA	室温	7mW，CW	1.5	62
1993			635	1016 二极管	ETU	室温	6.2mW，CW	3.2	63
1993			521	833 二极管	ETU	室温	0.7mW，CW	0.3	63

续表 6-2

年份	RE 浓度		激光波长/nm	泵浦波长/nm	泵浦机制	温度/K	输出：功率，工作模式	光学转换效率/%	文献
1995	掺Pr	0.048% Pr	635~637	780~880	PA	室温	300mW，CW	20.8	30
1995			605~622	780~880	PA	室温	44mW，CW	4.6	30
1995			517~540	780~880	PA	室温	20mW，CW	5	30
			491~493	780~880	PA	室温	4mW，CW	1.2	30
1995	掺Pr Yb	0.3%Pr+2%Yb	520	钛宝石 860	PA	室温	20mW	10	30
1999		0.3%Pr+2%Yb	491	钛宝石 840	ET	室温	165mW	10.3	66

上转换材料的基质对三价稀土离子的上转换性质影响很大。这说明振动模声子能量、晶场环境、结构和对称性等因素的重要作用。特别重要的是材料应具有低中等声子能量 $500 \sim 1000\text{cm}^{-1}$。低声子能量可减少无辐射跃迁概率，使掺杂的三价稀土离子的中间能级具有更长寿命，更有利产生上转换。在后面的章节中还将对各个稀土离子的上转换发光和激光予以详细介绍。

进入 21 世纪以后，由于上转换激光光转换效率很低，NUV 和蓝光激光二极管商业化，不同波长固体激光泵浦光源发展，上转换激光开始低落。重点发展在医学和生物学领域中获得成功应用的多功能上转换稀土纳米荧光体，如核壳制备工艺、彩色图像诊断显示用上转换纳米荧光体等领域，对有毒的 Pb^{2+}、Hg^{2+}、三聚氰胺等检测，取得可喜成果，并促进和发展上转换纳米材料科学-化学-生物医学诊断检测交叉学科。

稀土上转换纳米荧光体在生物医学领域应用中取得成绩，得益于 1960 年研究相图获得高效六方 $NaYF_4$:Er 及低效立方相上转换发光基础工作。在此基础上，围绕六方 $NaYF_4$:Er,Yb 等体系开展纳米荧光体合成工艺、核壳纳米结构、光电性能及生物医疗诊断中应用等工作，且卓有成效。所谓核壳（洋葱皮）纳米结构是通过层/层组装的核壳包覆工艺形成，以提高上转换发光性能。即将有相似结构的壳层生长在上转换发光纳米荧光体的表面上，能够有效地将激活离子限制在纳米晶中心，而壳层结构能抑制表面的缺陷，以及与生物体的亲和力等可提高上转换发光效率。这样，发展衍生出许多核壳结构的上转换纳米荧光体，它们能够保护纳米晶不受水分子和生物体作用的影响。

参 考 文 献

[1] AUZEL F E. Materals and devices using double-pumped phosphors with energy transfer [J]. Proc. IEEE, 1973, 61 (6): 758-786.

[2] JOHNSON L F, GUGGENHEIM H J. Infrared-pumped visible laser [J]. Appl. Phys. Lett., 1971, 19 (2): 44-47.

[3] HUANG S H, LAI S T, LOU L R, et al. Upconversion in LaF_3:Tm^{3+} [J]. Phys. Rev. B., 1981, 24 (1): 59-63.

[4] XU W, DENIS J P, OZEN G, et al. Red to blue upconversion emission of Tm^{3+} ions in Yb^{3+}- doped glass ceramic [J]. J. Appl. Phys., 1994, 75(8): 4180-4188.

[5] SANDROCK T, SCHIEFE H, HOUMANN E, et al. Hiigh- power continuous-ware upconversion fiber laser

at room temperature [J]. Opt. Lett., 1997, 22 (11): 808-810.

[6] GOSNELL T R. Avalanche assisted upconversion in Pr^{3+}/Yb^{3+}- doped ZBLAN glass [J]. Electron. Lett., 1997, 33: 411-413.

[7] ZHAN X, LIU X R, JOUART J P, et al. Upconversion fluorescence of Ho^{3+} ions in a BaF_2 crystal [J]. Chen. Phy. Lett., 1998, 287: 659-662.

[8] 张晓，刘行仁，许武，等. SrF_2晶体中 Ho^{3+}-Ho^{3+}离子对的上转换发光研究 [J]. 中国稀土学报，1999, 17 (2): 111-115.

[9] LIN H, PUN E Y B, LIU X R. Er^{3+}-doped $Na_2O \cdot Cd_3Al_2Si_3O_{12}$ glass for infrared and upconversion applications [J]. J. Non-Cryst. Solids., 2001, 283: 27-33.

[10] HUANG L H, LIU X R, XU W, 等. Infrared and visible luminescence properties of Er^{3+} and Yb^{3+} ions codoped $Ca_3Al_2Ge_3O_{12}$ glass under 978nm diode laser excitation [J]. J. Appl . Phys., 2001, 90(11): 5550-5553.

[11] LIN H, PUN E Y B, LIU X R. Optical transitions and freguency upconversion of Er^{3+} ions in $Na_2O \cdot Ca_3Al_2Ge_3O_{12}$ glasses [J]. J. Opt. Soc. Am. B, 2001, 18157: 602-609 .

[12] AUZEL F. Upconversion and anti- stokes processes with *f* and *d* ions in solids [J]. Chem. Rev., 2004, 104 (1): 139-174.

[13] ZHOU B, TAO L, CHAI Y, et al. Constructing interfacial energy transfer for photon up-and down-conversion from lanthanides in a core-shell nanostructure [J]. Angow. chem. Int. Ed. Engl., 2016, 55 (40): 12356-12360.

[14] 尚云飞，鲍国臣，周佳佳，等. 稀土上转换荧光材料在即时检测中应用 [J]. 中国稀土学报，2018, 36 (2): 129-146.

[15] 李洋洋，李大光，张丹，等. 小尺寸 $NaLuF_4$:Yb^{3+}/Tm^{3+}纳米晶的生长及上转换发光 [J]. 发光学报，2018, 39 (6): 764-770.

[16] 周进，张美玲，张俐，等. 基于近红外上转换纳米针的固相免疫检测研究 [J]. 发光学报，2018, 39 (8): 1059-1065.

[17] 徐文，陈旭，宋宏伟. 稀土离子上转换发光中的局域电磁场调控 [J]. 发光学报，2018, 39 (1): 1-26.

[18] 孟宪福，刘艳颜，步文博. 用于医学磁共振影像的稀土上转换发光纳米材料 [J]. 发光学报，2018, 39 (1): 69-91.

[19] 于莉华，刘永升，陈学元. 基于稀土上转换纳米荧光探针的肿瘤标志物体外检测 [J]. 发光学报，2018, 39 (1): 27-49.

[20] KE J X, LU S, SHANG X Y, et al. A strategy of NIR dual-excitation upconversion for ratiometric intracellular detection [J]. Adv. Sic. 2019, 6: 1901874.

[21] ZHANG X, YUAN J H, LIU X R, et al. Red laser induced upconversion luminescence in Er^{3+}-doped calcium aluminum germanate [J]. J. Appl. Phys., 1997. 82 (8): 3987-3991.

[22] ZHANG X, YUAN J H, LIU X R, et al. There photon upconversion in Er^{3+} doped $Ca_3Al_2Ge_3O_{12}$ [J]. Chem. Phys. Lett., 1997, 273: 416-420.

[23] ZHANG X, JOUART J P, MARY G, et al. Red excited- state absorption and up- conversion [J]. J. Lumin., 1997, 72-74: 983-984.

[24] POLLNAU M, GAMELIN D R, LUTHI S R, et al. Power dependence of upconversion luminescence in lanthanide and transition- metal- ion systems [J]. Phys. Rev. B., 2000, 6(5): 3337-3346.

[25] 张晓，刘行仁，JOUART J P，等. LaF_3 晶体中 Ho^{3+}离子的上转换发光机理研究 [J]. 发光学报，1997, 18 (4): 295-297.

[26] ZHANG X, LIU X R, JOUART J P, et al. Red laser-induced up-conversion mechanisms in Ho^{3+} doped LaF_3 crystal [J]. J. Lumin, 1998, 78: 289-293.

[27] KUCK S, DIENING A, HEUMANN E, et al. Avalanche. up-conversion processes in Pr, Yb-doped materials [J]. J. Alloys Compaunds , 2000, 300-301: 65-70.

[28] COLLINGS B C, SILVERSMITH A J. Avalanche upconversion in LaF_3:Tm^{3+} [J]. J Lumin. , 1994, 62: 271-279.

[29] JOUBERT M F. Photon avalanche upconversion in rare earth laser materials [J]. Opt. Mater. , 1999, 11: 181-203.

[30] XIE P, GOSNELL T R. Room temperacare upconversion fiber laser laser tunable in the red, orange, green, and blue spectral regions [J]. Opt. Lett. , 1995, 20: 1014.

[31] 黄世华 ，许武，刘行仁. Tm^{3+}的上转换发光 [J]. 发光学报，1996，17（增刊）：47-49.

[32] 陈宝玫，孔祥贵，秦伟平，等．Tm^{3+}掺杂ZBLAN玻璃和GWP陶瓷蓝色上转换发光 [J]. 中国稀土学报，1998，16（专辑）：965-967.

[33] 黄艺东，黄妙良，陈雨金，等．红外激光泵浦掺稀土固体材料直接输出蓝绿激光 [J]. 中国稀土报，2002，20（6）：502-509.

[34] DEREN P J, GOLDNER P H . Guillot-Noel O, Anti-stokes emisson in $LaAlO_3$ crystal doped with Tm^{3+} ions [J]. J . Alloys Compuonds, 2008, 461: 58-60.

[35] HEER S , KOMPE K , GUDEL H U, et al. Highly efficient multicolour upconversion of lanthanide- doped $NaYF_4$ nanocrystals [J]. Advanced Materials , 2004, 16 (23/24): 2102-2105.

[36] SIVERSMITH A J , LENTH W, MACFARLANE R M. Green infrared- pumped erbium upconversion laser [J]. Appl. Phys. Lett. , 1987, 51: 1977-1979.

[37] TONG F, RISK W P , MACFARLANE R M , et al. 551nm diode-pumped upconversion laser [J]. Electron Lett. , 1989, 25: 1389-1390.

[38] THRASH R J , JOHNSON L F. Upconversion laser emission from Yb^{3+}- sensitized Tm^{3+} in BaY_2F_8 [J]. J. Opt. Soc. Am. B, 1994, 11 (5): 881-885.

[39] SCHEPS R. Er^{3+} : $YAlO_3$ upconversion laser [J]. LEEE J . Quantum Elctronics , 1994, 30 (12): 2914-2924.

[40] BREDE R, HEUMANN E, KOETKE J, et al. Green up-conversion laser emission in Er- doped crystals at room temperature [J]. Appl. Phys. Lett. , 1993, 63 (15): 2030-2031.

[41] MACFARLANE R M, et al. Proceedings of the Topiccal Meeting on Laser Materials and Laser spectroscopy [C]. Shanghai China, 1988.

[42] HEBER T, WANNEMACHER R, LENTH W, et al. Blue and green CW upconversion lasing in Er : $YLiF_4$ [J]. Appl. Phys . Lett. , 1990, 57: 1727-1729.

[43] MACFARLANE R M , WHITTAKER E A, LENTH W. Blue, green and yellow upconversion lasing in Er: $YLiF_4$ using 1. 5 μm pumping [J]. Electron. Lett . , 1992, 28 (23): 2136.

[44] XIE P, RAND S C. Visible cooperaitive upconversion laser in Er : $LiYF_4$ [J]. Opt. Lett., 1992, 17: 1116-1118, 1198-1200.

[45] STEPHENS R R, MACFARLANE R A. Diode-pumped upconversion laser with 100-m W output power [J]. Opt. Lett., 1993, 18 (1): 34-36.

[46] HEINE F, HEUMANN E, DANGER T, et al. Green upconversion . continuous Wave Er^{3+}:$LiYF_4$ laser at room temperature [J]. Appl. Phys. Lett., 1994, 65 (4): 383-384.

[47] MCFARLANE R A. Upconversion laser in BaY_2F_8 : Er5% pumped by ground-state and excited-state absorption [J]. J. Opt. Soc. Am. B, 1994, 11 (5): 871-880.

[48] NGUYER D C, FAULKNER G E, DULICK M. Blue green (450-nm) upconversion Tm^{3+}:YLF laser [J]. Appl. Opt. , 1989, 28 (17): 3553-3555.

[49] LENTH W, MACFARLANE R M. Excitation mechanis for upconversion Lasers [J]. J, Lumin, 1990, 45 (1/2/3/4/5/6): 346-350.

[50] KOCH M E, KUENG A W, CASE W E. Photon avalanche upconversion laser at 644 nm [J]. Appl. Phys. Lett. , 1990, 56 (12): 1083-1085.

[51] HEBERT T, WANNEMACHE R, MACFARLANE R M, et al. Blue continuously pumped upconversion lasing in Tm:$YliF_4$ [J]. Appl. Phys. Lett. , 1992, 60 (21): 2592-2594.

[52] SCOTT B P, ZHAO F, CHANG R S F, et al. Upconversion-pumped blue laser in Tm: YAG [J]. Opt. Lett . , 1993, 18 (2): 113-115.

[53] ALLAIN J Y, MONERIE M, POIGNANT H. Bule upconversion fluorzirconate fibre laser [J]. Electron. Lett. , 1990, 26 (3): 166-168.

[54] GRUBB S G, BENNETT K W, CANNON R S, et al. CW room-temperature blue upconversion fiber lasers [J]. ELectron. Lett . , 1992, 28: 1243.

[55] ALLAIN J Y , MONERIE M, POIGNANT H. Room temperature CW tunable green upconversion holmium fibre laser [J]. Electron. Lett. , 1990, 26 (4): 261-263.

[56] SANDERS S, WAARTS R G, MEHUYS D G, et al. Laser diode pumped 106mW blue upconversion fiber laser [J]. Appl. Phys. Lett., 1995, 67: 1815.

[57] PASCHOTTA R, MOORE N, CLARKSON W A, et al. 230mW of blue light from a thulium-doped upconversion fiber laser [J]. IEEE J. Selected Topics in Quantum Electron, 1997, 3: 1100.

[58] FUNK DS EDEN J G, OSINSKI J S , et al. Green holmium-doped upconversion fiber laser pumped by red semiconductor laser [J]. Electron Lett. , 1997, 33: 1958.

[59] WHITLEY T J, MILLAR C A, WYATT R, et al. Upconversion pumped green lasing in erbium doped fluorozirconate fibre [J]. Electron. Lett. , 1991, 27 (20): 1785-1786.

[60] PIEHLER D, CRAVER D. 11. 7mW green InGaAs-laser-pumped erbium fibre laser [J]. Electron. Lett. , 1994, 30 (21): 1759-1761.

[61] SMART R G, et al. CW room temperature upconversion lasing at blue green, and red wavelengths in infrared- pumped Pr^{3+}-doped fluoride fiber [J]. Electron. Lett., 1991, 27: 1307-1309.

[62] PASK H, TROPPER A, HANNA D. A Pr^{3+}-doped ZBLAN fibre upconversion laser pumped by an Yb^{3+}-doped silica fibre laser [J]. Opt. Commun. , 1997, 134 (1/2/3/4/5/6): 139-144.

[63] PIEHLER D, CRAVE D, KWONG N, et al. Laser-diode-pumped red and green upconversion fibre lasers [J]. Electron Letter , 1993, 29 (21): 1857.

[64] ALLAIN J Y, MONERIE M, POIGNAMT H. Tunable green upconversion erbium fiber laser [J]. Electron Lett. , 1992, 28: 111.

[65] ZHAO Y, FLEMING S, POOLE S. 22mW blue output power from a Pr^{3+} fluoride fiber upconversion laser [J]. Opt. Commam. , 1995, 114: 285.

[66] ZELLMER H, RIEDEL P, TUNNERMANN A. Viable upconversion laser in praseodymium- ytterbium-doped fibers [J]. Appl. Phys. B. , 1999, 69: 417.

[67] FUNK D S, EDEN J G, CARLSON J W. Ultraviolet (381nm), room temperature laser in neodymium-doped fluorozirconate fibre [J]. Electron. Lett. , 1994, 30 (22): 1859-1860.

7 Ce^{3+}不同晶场环境下的发光、能量传递及应用

Ce^{3+}是非常重要的稀土离子。本章主要介绍Ce^{3+}的发光、光学光谱变化规律，判断Ce^{3+}占据晶体中格位的方法，指出Ce^{3+}光学特性及其变化规律、晶体中环境和电子云膨胀对Ce^{3+} 5d态跃迁影响及某些鲜为人知的工作，如Ce^{3+} UV激光等。列出Ce^{3+}激活的许多化合物，特别是21世纪初发展的Ce^{3+}激活的氮化物和氮氧化物等新材料的晶体结构和发光特性参数。介绍Ce^{3+}和其他离子间的能量传递。最后叙述Ce^{3+}发光材料在多个领域中的应用。

7.1 Ce^{3+}的5d态和发光特性

7.1.1 Ce^{3+}的5d态

Ce^{3+}具有$4f^1$电子组态，其基态的光谱项为$^4F_{5/2}$能级。由于自旋-轨道耦合作用使^2F能级劈裂为两个光谱支项$^2F_{7/2}$和$^2F_{5/2}$。Ce^{3+}的$^2F_{7/2}$—$^2F_{5/2}$能级能量差约为2000cm^{-1}。Ce^{3+}的4f电子可以激发到能量较低的5d态，也可以激发到电荷转移态（CTS）或能量更高的6s态。电子从4f能级激发到5d态，其光谱项^2D_J由于自旋-轨道耦合作用使其劈裂为两个光谱支项$^2D_{5/2}$和$^2D_{3/2}$。由于5d态电子裸露在外，没有其他电子壳层的屏蔽作用，当电子从4f能级激发到5d态后，受周围晶场环境影响，使5d态不再是分立能级，而成为宽能带。由于Ce^{3+}的5d态受周围晶场环境影响，因而在不同基质中，5d能态的能量位置不同，其吸收、发射和激发光谱也不同。Ce^{3+}的5d态的能量位置较高，但比Ce^{3+}的电荷转移态（CTS）能量位置低很多。一般Ce^{3+}的$5d \rightarrow {}^2F_J$基态跃迁产生的激发和发射光谱常位于UV-NUV区；当晶场强度很强时，其5d态能量位置下降很大，因而Ce^{3+}的激发光谱可能下降至蓝区-黄区，而发射带下降到红区，甚至更远。

7.1.2 晶场和电子云扩大效应等因素对5d态的作用

Dorenbos等人[1]指出，镧系离子的$4f^{n-1}5d$态中心位移与阴离子配位基的极化率、共价性及电负性有关。这些因素导致5d轨道能量降低。在氧化物中极化率像共价性那样重要，而在氟化物中，不像共价性那样重要。张思远等人[2]对卤化物中Eu^{2+}和Ce^{3+}的晶场劈裂研究表明，$10D_q$劈裂与平均能隙的共价（无极化）部分，中心离子（掺杂剂）的配位数，近邻阴离子的电荷及中心离子到最近邻阴离子之间的键的离子性有关。对Ce^{3+}来说，5d态能量位置随Ce^{3+}与中配位原子A的电负性的减少，按A为F、O、S的顺序而下降。在含氧盐体系中，5d态的重心又随配位体的h因子的增大而直线下降。这些均表明

了随着配位体的电负性的减小，化学键的共价程度的增大及电子云扩大效应的增大，使Ce^{3+}的重心下降而引起Ce^{3+}光谱红移。

众所周知，外层轨道的5*d*能级的电子跃迁主要受晶场作用及电子云扩大效应影响，而晶场作用实际上是很复杂的，其理论模型也被提出了很多种。简而言之，晶场作用对5*d*态的光谱带的劈裂和位移等影响大。例如在$Y_3Al_5O_{12}$(YAG)石榴石基质中Ce^{3+}的5*d*态的晶场劈裂为5个子能级，最低的5*d*态能级位于光谱蓝区约450nm处，发射黄绿光。基于点电荷模型，金属中心离子（如Ce^{3+}、Eu^{2+}）的5*d*轨道劈裂可由以下方程式计算得出[3-4]：

$$D_q = \frac{Ze^2r^4}{6R^5} \tag{7-1}$$

式中，D_q为八面体对称性的晶场；R为中心离子（如Ce^{3+}）与它的配位体之间的距离；Z为阴离子的电荷或价态；r为边界d波函数半径。由于D_q与R^5成倒数关系，只要R(Ce-O)有一小点变化，将明显改变所观测的发射能量。当金属-配位体之间距离减少，而其他因素不变时，排斥的静电相互作用增加，这造成晶场劈裂。由于网格作用，位于最低的Ce^{3+}的5*d*能级向低能级移动，造成发射波长红移。在共价键增强的环境中，Ce^{3+}(Eu^{2+})的4*f*和5*d*能级分隔能量缩小，5*d*→4*f*能级跃迁发射发生在较长波长范围中。

随着晶场环境对称性降低，能级的简并随之减除，而使带谱的劈裂数目增大。当中心阳离子与阴离子配位体结合时形成共价键，导致晶体中金属离子的能级相对自由离子状态发生位移。电子云扩大效应与配位的阴离子的极化率和电负性有关，配位的阴离子的极化率按递减顺序为：硒化物（Se^{2-}）>硫化物（S^{2-}）>氮化物（N^{3-}）>氧化物（O^{2-}）>氟化物（F^-）。

电子云扩大比值β表达如下：

$$1-\beta = h(\text{配位体})\cdot K(\text{中心离子}) \tag{7-2}$$

式中，h为一个特殊的配位体促使中心离子轨道膨胀扩大的能力；K为配位基对中心离子的轨道膨胀一定程度的度量。人们通常把h归于特殊配位体和电子云扩大有关的因子，而K值归于与特殊的中心离子有关的因子。

当阳离子的半径减小或电荷增加，即阳离子具有较高的电荷密度，则越易吸引周围的阴离子，使阴离子周围的电子云发生极化，阴阳离子越易形成共价键。当阴离子半径越大或负电荷越高，则越容易受阳离子极化，共价性增加。从而使d电子能级的能量下降。对Ce^{3+}而言，它的4*f*—5*d*能级间的能量差ΔE随Ce^{3+}-A中配位原子A的电负性的减少，按$F^-(3.93)>O^{2-}(3.44)>Cl^-(3.16)>N^{3-}(3.04)>S^{2-}(2.58)$的顺序下降。$\Delta E$又随配位体的$h$因子增加而下降。这些表明了随着配位的电负性的减小，化学键的共价程度增大和电子云扩大效应的增大，使ΔE值下降而引起Ce^{3+}的光谱红移。

这种变化规律在Ce^{3+}激活的$CaSiN_2$, YAG, $CaSiO_3$及氟化物等材料中表现得非常清楚。其中$CaSiN_2$:Ce^{3+}氮化物能被蓝-绿光有效激发[5]。其发射带大大下降，降到550~700nm光谱红区，发射峰位于625nm处，下降到可见光的黄红区。这是迄今所知的稀少的一个深红色Ce^{3+}激活的荧光体。

针对Ce^{3+}激发的诸多发光材料，Dorenbos[6-7]提出，某种基质中出于晶场作用引起5*d*能态降低的能量为$D(A)$，荧光发射产生的Stokes位移为$S(A)$。则Ce^{3+}或RE^{2+}离子的吸

收能量 E_{abs} 可表示为

$$E_{abs} = \Delta E_{free} - D(A) \tag{7-3}$$

而发射能量 E_{em} 为

$$E_{em} = \Delta E_{free} - D(A) - S(A) \tag{7-4}$$

其中，ΔE_{free} 为 Ce^{3+} 自由离子的自旋允许跃迁能量与基态的能量差，为 201nm，则 $D(A)$ 能量可以确定。若最低发射能量已知，则进一步可确定 $S(A)$。

7.1.3　Ce^{3+}的发光特性

Ce^{3+}是一个非常重要和优良的激活剂（受主），也是在能量传递过程中的敏化剂（施主），对它的发光特性较早地进行了详细的研究。Ce^{3+}可有效地掺杂于各种硅酸盐、硼酸盐、铝酸盐、磷酸盐、卤化物、氮（氧）化物等基质中。由于晶场环境等因素影响，Ce^{3+}的 $5d \rightarrow 4f$ 能级跃迁的发射可位于从紫外光到可见光很宽的光谱范围。下面从作者的几项工作出发，对 Ce^{3+}的 $5d$ 态的发光特性进一步说明。

Ce^{3+}掺杂的 $BaMgF_4$ 氟化物中，主激发峰为 305nm。其发射光谱是由主发射峰大约 349nm 和叠加的一个次发射峰的 327nm 处。它们之间的能量差非常接近 Ce^{3+} 的 $^2F_{7/2}$—$^2F_{5/2}$ 两能级能量差。说明其发射是由最低能量 $5d$ 态到 ^2F_J(J=7/2，5/2）基态跃迁发射结果[8]。

在 325nm 激发下，$CaSiO_3$:Ce^{3+}偏硅酸钙在 77K 和室温下的发射光谱，表现为一个从 350nm 延伸到 500nm，峰值在 396nm 附近的光谱带；而在 77K 低温时，明显是由发射峰分别为 386nm 和 430nm 的两个叠加的谱带组成[9]。它们分别是由 Ce^{3+} 的 $5d \rightarrow {}^7F_{5/2}$ 和 $^7F_{7/2}$ 两个基态跃迁的结果。这两个能带的能量间距 ΔE 约为 2000cm^{-1}，这与理论值一致。采用 290nm、325nm 和 360nm 分别激发 $CaSiO_2$:Ce^{3+}样品，测得的发射光谱形状完全相同。这个事实说明激发到较高的 $5d$ 子能级上的电子，首先无辐射弛豫到最低 $5d$ 子能级，然后辐射能量跃迁到基态，在 $CaSiO_2$ 中，室温下 Ce^{3+}的荧光寿命为 30ns，这也体现 Ce^{3+}的 $5d$ 辐射跃迁的特点。加入合适的电荷补偿剂，如 Li^+等，可提高 Ce^{3+}的发光效率。Ce^{3+}的这些发光性质指明，Ce^{3+}不仅是一个有效的激活剂，也可被用作敏化剂。

在 Ce^{3+}激活的 $M_3MgSi_2O_8$(M=Ca，Sr，Ba）体系中也获得类似结果[10-11]。它们的发光都是来自 Ce^{3+}的最低 $5d$ 子能级到 ^2F_J（J=5/2，7/2）跃迁发射强蓝紫光。$Ca_3MgSi_2O_8$:Ce^{3+}的发射峰为 397nm，$SrMgSi_2O_8$:Ce^{3+} 的发射峰为 410nm，而 $Ba_3MgSi_2O_8$:Ce^{3+} 的为 408nm。碱土金属离子有两个不同结晶学格位，使 Ce^{3+}光谱稍有差异[12]。$Ca_3MgSi_2O_8$:Ce^{3+}的两个中心的荧光寿命分别为 38ns 和 53ns。这类体系荧光体可用作荧光灯的颜色修正或作为植物生长灯。

有关钇镓石榴石（$Y_3Ga_5O_{12}$，YGG）中 Ce^{3+}的发光性质[13-14]研究如下。

一些三价稀土离子掺杂的稀土石榴石家族 YAG、GGG、YSGG 等是非常重要的发光和激发材料，今天 YAG:Ce^{3+}荧光体被广泛用作白光 LED 的黄光成分。但是，在 1986 年以前是无人报道 YGG:Ce^{3+}荧光体的发光和光谱特性的。著名的 Blasse 和 Bril 曾指出无论在长波或短波紫外光，或阴极射线激发下，$Y_3Ga_5O_{12}$:Ce^{3+}（YGG:Ce^{3+}）没有荧光。之后 Holloway 和 Kestigian[15]在研究了 Ce^{3+}激活的 YAG，$Y_3Ga_5O_{12}$及 $Lu_2Al_5O_{12}$几种石榴石的光学特性后也指出，掺 Ce^{3+}的 YGG 石榴石不出现荧光，因而不能也没有办法研究它的发光和光谱性质。

作者小组采用特殊的助熔剂和合成方法，于 1986 年成功地获得 YGG : Ce^{3+}荧光体，其体色和荧光均为绿色。发射强度和色坐标与 Ce^{3+}的浓度有关，随 Ce^{3+}浓度增加，发射光谱向长波侧移动。第一次获得 YGG : Ce^{3+}的漫反射（吸收）光谱、激发光谱、光致发光（PL）和阴极射线发光（CL）光谱及在 337.1nm 脉冲激光激发下，Ce^{3+}的荧光寿命为 48ns±5ns 等重要数据[13-14]。此工作填补 YGG : Ce^{3+}研究得空白。YGG : Ce^{3+}的漫反（吸收）光谱和 Ce^{3+}的 520nm 发射的激发光谱对应得很吻合，在 240~500nm 范围内呈现两个强而宽谱带和一个弱的谱带。最强的激发带从大约 380nm 延伸到约 500nm 处，激发峰为 430nm；第二个次强的激发带是从约 310nm 扩展到 380nm 处，峰中心约为 350nm。两激发（吸收）带中心间距大约为 5300cm^{-1}。在 430nm 蓝光激发下，室温时 YGG : 0.5%Ce^{3+}的不同温度下的发射光谱，从 460nm 延展到约 680nm 处，呈现一个不对称的宽带，峰值为 510nm，半高宽大约为 105nm。而在 77K 低温时，明显是由两个发射带叠加而成。两个宽带中心分别在大约 488nm 和 537nm 附近，它们之间的能量差 $\Delta E = 1900\text{cm}^{-1}$。这个结果符合前述 Ce^{3+}的$^2F_{5/2}$与$^2F_{7/2}$基态能量差。在 350nm UV 光激发下，也得到和 430nm 蓝光激发下相同的发射光谱。这些结果均证明在 YGG 中，Ce^{3+}的发光和光谱是来自 Ce^{3+}的最低能量子能级 $5d \rightarrow {}^2F_J$ 能级跃迁的结果，YAG 中原理和上述硅酸盐相同。

所揭示的 YGG : Ce 的光谱和发光性质与人们熟悉的 YAG : Ce 石榴石黄色荧光体相似，只是前者光谱向短波移动。人们知道，Ce^{3+}的离子半径比 Al^{3+}大，Ga 的电负性（1.60）比 Al（1.50）也大。在 YAG 相比，共价程度减少，电子云扩大效应减弱，故谱带向短波移动，所以在 YGG 中，Ce^{3+}的 5d 能级的能量重心向高能移动，最低激发态与基态^2F_J 的能量差变大，致使蓝区的激发（吸收）带向短波移动。

在同样的激发条件下，YGG : Ce^{3+}的发射强度比 YAG : Ce^{3+}的低，这可能是因为 Ga^{3+}半径比 Al^{3+}大，造成 YGG 基质晶格对激发能吸收增强。在 YAG 中存在几种缺陷，它们对 Ce^{3+}的发光强度和衰减时间均有很大影响。这种因素也可能促使 YGG 中的 Ce^{3+}发射效率更加降低。因为 Ga 比 Al 活泼，更容易在高温下发生氧化还原，甚至挥发，产生比 YAG 中更多的缺陷和猝灭中心。此项工作填补 YGG : Ce 荧光体空白。

因此，上述结果可诱导出 $Y_3(Al_{1-x}Ga_x)_5O_{12}Ce^{3+}$（$x$=0，…，1）系列材料，使发光和光谱性质有规律地变化，以适应白光 LED 照明要求，以及设计和研究 YGG 中 Ce^{3+}—Ln^{3+}（Pr^{3+}，Tb^{3+}，Er^{3+}，Yb^{3+}等）能量传递。

上述研究成果已被收录于世界著名的盖墨林（Gmelin）手册中[16]。

这里特地将 $BaMgF_4$、$CaSiO_3$ 及 YAG 不同基质中，室温时 Ce^{3+}的发射光谱归一化后表示在图 7-1 中。这很清楚地证明，随晶场强度增加，配位阴离子电荷增加等因素，致使 Ce^{3+}的发射光谱

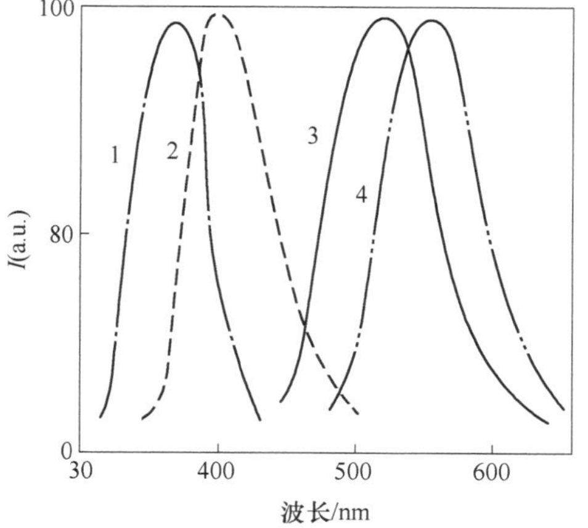

图 7-1 不同基质中 Ce^{3+}离子的发射光谱
1—$BaMgF_4$；2—$CaSiO_3$；3—YGG；4—YAG

和发射波长λ_{em}向长波低能移动规律如下：氟化物（349nm）<硅酸盐（395~410nm）<YGG（518nm）<YAG（550nm）<$CaSiN_2$氮化物（625nm）。

7.1.4　Ce^{3+}激活的可能的$Ln_2O_{3-1.5x}N_x$氮氧化物新发光体系

众所周知，三价镧系离子激活的稀土倍半氧化物Ln_2O_3:RE^{3+}中，除Ce^{3+}和Pm^{3+}以外，它们的发光和光谱特性早已被研究过，就是没有Ln_2O_3:Ce^{3+}材料的任何发光性质的报道。为寻求合适基质，研制Ce^{3+}激活的新荧光体，作者小组研究了Ln_2O_3：NH_4Cl摩尔比为1：0.6的体系中掺杂少量Ce^{3+}，经1100℃碳还原气氛下合成[17]。样品经XRD仔细检测其结构，并和国际公布的立方、单斜Ln_2O_3、高温六角晶系Ln_2O_3及四方LaOCl标准晶相卡仔细对比分析，均被一一排除。将La_2O_3换成Y_2O_3或Gd_2O_3均获得类似结果。该样品放在稀硝酸中浸泡3h，然后再用热去离子水浸泡20h左右，样品稳定而不分解，且发光性能不发生改变。该未知样品，也不可能是$LaCl_3$，因为$LaCl_3$熔点为860℃，沸点为1000℃。

图7-2给出这种未知结构的激发和发射光谱。这种未知结构中Ce^{3+}的380nm发射的激发光谱在240~360nm紫外光区有两个强的激发光谱，这是Ce^{3+}的5d能级在晶场下劈裂的结果。样品在265nm激发下，发射强的蓝紫光，室温时呈现一个从335nm延伸到440nm附近的宽发射带。它是由两个强度相差不大的发射带叠加在一起组成。一个发射峰在354nm附近，另一个位于380nm附近，其能量差$\Delta E = 1930cm^{-1}$。这与上述其他发光材料中的结果是一致的，是典型的Ce^{3+}的最低5d态→^2F_J（J=5/2，7/2）能级跃迁的结果。

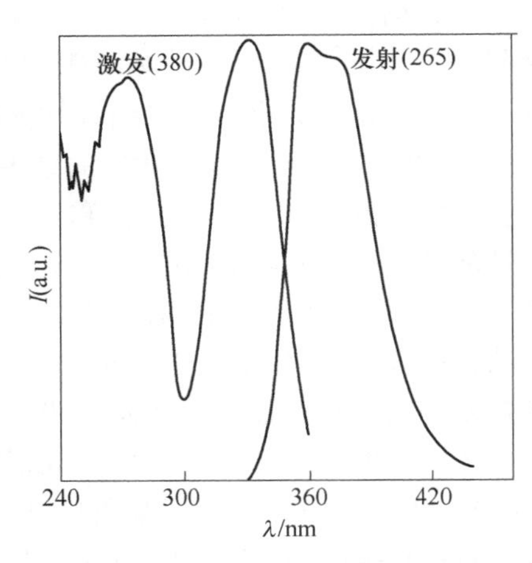

图7-2　样品的激发和发射光谱[17]

现在仔细分析很可能是一类新氮氧化物体系。我们可以通过化学反应式$Ln_2O_3 + xNH_4Cl \rightarrow Ln_2O_{3-1.5x}N_x + xHCl + 1.5xH_2O$获得一系列稀土氮氧化合物$Ln_2O_{3-1.5x}N_x$。样品在稀硝酸和热水中浸泡数小时后，其物理化学及发光性能均很稳定。该佐证符合上述化学反应式，推测的产物可能是正确的。但还需要严谨充分深入实验，才能确定。

在含有La、Ba、Li的Ce^{3+}掺杂的硼酸盐玻璃（BLBL:Ce）中[18]，也是符合Ce^{3+}的最低能量的5d态→^2F_J跃迁规律，Ce^{3+}的荧光衰减曲线呈现很好的单指数衰减，符合$I = I_0\exp(-t/\tau)$，得到两个Ce^{3+}的荧光寿命τ_1(360nm）为31ns，τ_2(435nm）为46ns。这种纳秒量级的荧光寿命正反映Ce^{3+}典型的5d—4f允许电偶级跃迁的超短寿命特征。5d能态的辐射寿命τ的一般表达式[19]如下：

$$\frac{1}{\tau} = \frac{64\pi^4 e^2 \nu^3}{3\hbar c^3} \frac{n(n^2+2)^2}{9} s \tag{7-5}$$

式中，ν为发射频率；$\hbar$为普朗克常数；c为光速；n为晶体的折射率；s为5d—4f跃迁振子强度或谱线强度。

7.2 判断 Ce^{3+} 占据晶体中格位的方法

在晶体中可能存在 1 种以上的不同结晶学中格位，如何判断 Ce^{3+}、Eu^{3+} 占据晶体中的不同格位，这是一个有意义的工作。这里以作者小组发明的 $Ca_8Mg(SiO_4)_4Cl_2:Ce^{3+}$（CMSC :Ce）氯硅酸镁钙为例进行分析和说明[20]。CMSC 碱土氯硅酸盐属立方晶系，有 3 种阳离子格位，分别为六配位和八配位的钙及四配位的镁格位，对晶场环境十分敏感的 Ce^{3+}（或 Eu^{2+}）将占据基质中哪种格位，它们对光谱又是如何影响的？利用 Van Uitert 提出的 Ce^{3+} 和 Eu^{3+} 的 $5d$ 激发态带边位置 E，或 $5d \rightarrow 4f$ 跃迁发射高能峰位置与配位数 n 的经验公式[21]来处理。

$$E = Q[1 - (V/4)^{1/V}]\ 10^{-(n \cdot ea \cdot r)}\ (\mathrm{cm}^{-1}) \tag{7-6}$$

取对数后

$$n = \frac{-80\lg\left[\dfrac{1 - E/Q}{(V/4)^{1/V}}\right]}{ea \cdot r} \tag{7-7}$$

式中，Q 为自由离子的 d 带的最低能级位置，Ce^{3+} 为 50000cm^{-1}；V 为激活剂的电价数，$V=3$；n 为阴离子对激活剂（Ce^{3+}，Eu^{3+}）的配位数；ea 为形成阴离子的配位原子（团）的电子亲和能，为 2.19eV；r 为稀土离子所取代的阳离子的半径，在 CMCS 基质中存在六配位和八配位两种钙原子，它们的半径不同，还有四配位的半径更小的镁原子。

假设 Ce^{3+} 的配位数 $n=8$、6、4，利用上式分别计算出 Ce^{3+} 的 $5d \rightarrow {}^2F_{5/2}$ 跃迁发射峰能量位置的理想预期值分别为 24175cm^{-1}、18878cm^{-1} 和 11439cm^{-1}。CMSC :Ce^{3+} 分别在 296nm 和 365nm 激发下，Ce^{3+} 的发射峰分别为 24272cm^{-1} 和 23585cm^{-1}。它们和 $n=8$ 的理论值非常吻合，而与 $n=6$ 或 4 时的理论值相差太大，不吻合。这说明在 CMSC 中 Ce^{3+} 中心处于八配位格位上，而不可能位于六配位或四配位格位上。

进一步分析，在 CMSC 中镁离子与氧离子以等性 sp^3 杂化轨道成键，形成规则的 Mg-O 四面体配位结构，键长仅为 0.1860nm，而 Ce^{3+} 半径（0.114nm）又比 Mg^{2+} 半径（0.065nm）大许多，不适合取代 Mg^{2+} 格位。在 CMSC 中，六配位的 Ca(Ⅰ) 与 O 成键形成八面体配位结构，键长为 0.2365nm；而八配位的 Ca(Ⅱ) 与两个 Cl 和六个 O 成键形成多面体结构，平均键长 0.2627nm。对 Ce^{3+} 而言，优先占据 Ca(Ⅱ) 格位的可能性大。这是因为 Ca(Ⅱ)—O 键键长较长，位能相对较低，而且 Ce^{3+} 的离子半径与基质中八配位 Ca^{2+} 的半径（0.112nm）十分接近。

由结构化学指出，为保证正负离子接触的条件下，正离子尽可能多地与负离子配位，正离子将根据半径比来选择配位多面体形式[22]。当 r^+/r^- 在接近或大于 0.414，但不超过 0.732 时，正离子一般选择配位数为六的八面体配位；当 r^+/r^- 接近大于 0.732 时，正离子一般选择配位数位为八的多面体配位。从 $r(Ce^{3+})/r(O^{2-}) = 0.843$，大于 0.732 的结果来看，$Ce^{3+}$ 也应优先占据多面体八配位格位。这与前面讨论的结果是吻合的。

当然，也可以利用式（7-6）将实验上获得的 Ce^{3+} 或 Eu^{2+} 的 $5d$ 激发态带边位置 E 代入，计算出 n 数值确定配位数。利用该方程式，对 $Ca_3MgSi_2O_8$ 焦硅酸盐中 Ce^{3+} 的发光性质和占据的晶体系格位进行分析[11]，证明 Ce^{3+} 分别占据两个不等当的 Ce^{3+} 的八面体格位。

7.3　Ce^{3+}激活的氮化物和氮氧化物的结构、发光性能和晶场作用

从 2000 年以来，新一代固态照明 LED 兴起和快速发展，强烈地催生各国研发 Ce^{3+} 和 Eu^{2+}激活的氮化物和氮氧化物新荧光体。特别是针对能被蓝光 GaN 半导体芯片有效激发实现可见光转换的新材料，从而实现高光效、高显色性和高稳定性的白光 LED 节能照明，故从 2000 年以来研发出许多这种类型荧光体。为便于深入分析晶体环境等影响规律，这里作者总结许多 Ce^{3+}激活的氮化物和氮氧化物的晶体结构、发光性质和晶场作用，分别列在表 7-1 和表 7-2 中，填补这方面的空白。人们可将表 7-1、表 7-2 和 Dorenbos 列出的其他化合物[23]结合起来认识 Ce^{3+}的性质就更加全面了。

表 7-1　Ce^{3+}激活的氮化物的晶体结构、发光性质和晶场作用

化合物	结构（晶相卡）	5*d* 激发带/nm	发射峰/nm	Stokes 位移/cm^{-1}	晶场劈裂（CFS）/cm^{-1}	文献
$Ca_2Si_5N_8$：Ce，Li（Na）	正交，$Pmn2_1$（82-2489）	261，288，329，365，397	470	约 3910	13100	30
$Sr_2Si_5N_8$：Ce，Li（Na）	正交，$Pnm2_1$（85-0101），6 配位，两个不相等 Sr 格位	260，276，330，387，431（Sr1） 259，272，327，395（Sr2）	495（Sr1）	3000	15200	30
$Ba_2Si_5N_8$：Ce，Li（Na）	正交，$Pnm2_1$（晶相卡号：85-0102）两个不相等 Ba 格位	260，284，384，415（Ba1）	553（Sr2）	7200	13300	30
			451（Ba1）	2000	14400	30
		257，285，380，405（Ba2）	561（Ba2）	6400	14700	
$CaSiN_2$	面心立方 $Fm3m$（晶相卡号：040-1151）	394，447，486，530，535	625	2700	17900	28
$SrSiN_2$	单斜，$P2_{1/C}$（晶相卡号：073-3296）	298，330，399，443	535	3880		28
$BaSiN_2$	正交，Cmc_{21}（晶相卡号：036-1257，037-3294）	205，403	485	4200		28
$CaAlSiN_3$	正交，$Cmca$（晶相卡号：039-0747），5 配位	259，313，370，421，483	580	3460	17900	29
$BaYSi_4N_7$	六方，$P6_3mc$，12N 配位 Ba，6N 配位 Y	285，297，318，338	417	5600	5500	
$SrYSi_4N_7$	六方，$P6_3mc$，6N 配位 Y，12N 配位 Sr	306，320，340	450	7200	5500	26

续表 7-1

化合物	结构（晶相卡）	5*d* 激发带/nm	发射峰/nm	Stokes 位移/cm^{-1}	晶场劈裂（CFS）/cm^{-1}	文献
$Y_2Si_4N_6C$	单斜，*P*21/*c*，5 配位 Y1 两个格位，6 配位 Y2	388，428，497 393，432，502	560 585	2260 2800	5560 5520	25
$Y_3Si_6N_{11}$ $La_3Si_6N_{11}$	晶相卡号：51-0184	267，380，425 460	575 577~581	6100 约 4410	13900	24 24
$SrAlSi_4N_7$	Sr1-N 间距 0.2499~0.3132nm，6 配位	256，299，349	677（弱）	13880	10410	31
$Sr_{1-x}Al_{1+x}Si_{4-x}N_7$	Sr2-N 间距 0.2642~0.3042nm，8 配位	256，299，349，417，462	551（$^2F_{5/2}$） 616（$^2F_{7/2}$）	3500 5410	2390 2390	31
$Sr_{1-2x}AlLe_xLi_xSi_4N_7$	*Pna*21，Sr1-N 间距 0.271nm，6 配位， Ce 低浓度（x=0.01）	287，338，366，410	483	3015	11750	26
$Sr_{1-2x}AlLe_xLi_xSi_4N_7$	Sr2-N 间距 0.287nm， 8 配位，Ce 高浓度 （0.02~0.10）	340，410，440	540	4210	6690	26
YSi_3N_5	晶相卡号：052-0812	270，374，420	552	5690	13230	27
$LaSi_3N_5$，Ce=0.01 Ce=0.50		260，350 260，350	424.2 444	5000 6050	9890 9890	32

表 7-2　Ce^{3+}激活的氮氧化物的晶体结构、发光性质和晶场作用

化合物	结　　构	5*d* 激发带/nm	发射峰/nm	Stokes 位移/cm^{-1}	晶场劈裂（CFS）/cm^{-1}	文献
$Y_2SiO_3N_4$	四方，$P\bar{4}Z_1m$ （晶相卡号：88-0123）	260,310,328,390,396	493	4970	13210	33,34
$Y_2(Si_{3-x}Al_x)O_{3+x}N_{4-x}$	四方，8(N,O)配位	310,390	507	5920	6620	35
$Y_5(SiO_4)_3N$	六方，$P6_3/m$ 7 配位	240,290,325,355	475	7130	13500	34
	9 配位	225,280,310,325	425	7240	13680	
$La_5(SiO_4)_3N$	六方，$P6_3/m$	241,254,296,312,361	478	6780	13790	35,36
$Y_5(SiO_4)_3N$	六方 Y2	262,282,312,329	413	7140	7870	34
	Y1	262,300,359	478	6940	103101	
$Y_4Si_2O_7N_2$	单斜，$P12_1/c1$	240,290,355,390	504	5800	6030	36
$La_4SiO_7N_2$	单斜，$P12_1/c1$，7(O,N)配位	241,254,296,317,345	488	8490	12500	343,37
$YSiO_2N$	六方 $P\bar{6}c2$(72-115)	265,340,370	405,442	2340	10710	

续表 7-1

化合物	结　　构	5*d* 激发带/nm	发射峰 /nm	Stokes 位移 $/cm^{-1}$	晶场劈裂 (CFS) $/cm^{-1}$	文献
$LaSiO_2N$	六方 $P\bar{6}c2$(72-115)	264,316,338,354	416	4210	9630	37
$LaSiO_2N$	六方 $P\bar{6}c_2$(72-115)	266,285,322,338,356	416	4050	9500	34
$La_3Si_8O_4N_{11}$	正交,$C2/c$	242,257,290,339,365	422,458	3700	13930	
$LaAl(Si_{6-z})O_zN_{10-z}$ (JEM)	正交 $Pbcn$,La:7 个 (O,N)配位平均键距 0.27nm	220,268,288,328,368	475	6120	18280	37
$CaSi_9Al_3ON_{15}$ (Ca-α-Sialon :Ce) $MSi_{2-\delta}N_{2+2/3\delta}$	六方,$P31c$,7 个(O,N)配位	218,226,287,332,387 336	495 392	5640 3750	20030	40 38,39
$CaSi_2O_2N_2(\delta\approx0)$	单斜	366 308	473 396	6180 7220		37,39
$SrSi_2ON_{8/3}(\delta\approx1)$	单斜,$P2_1/Cca$ 由 6 个 O 和 15 个 N 配位	375,460	630			
$BaSi_2O_2N_2(\delta=0)$	单斜,$P2_1/m$ 单斜 P_2/m 实际应是 $SrSi_6N_7^{3-}N^{5-}$ 分子式	375,460 308,369 308,369	630 453 470			36,38

上述 Ce^{3+}掺杂的含氧盐、氮化物和氮氧化物等的发射光谱峰和激发光谱一般随 Ce^{3+}浓度增加发生位移。当 Ce^{3+}掺杂浓度达到最佳浓度后，浓度更高时发生由于 Ce^{3+}—Ce^{3+}之间的能量传递产生浓度猝灭。故多数情况中，Ce^{3+}掺杂的浓度不高，由于 Ce^{3+}掺杂越多，阳离子与配位基之间的距离减小，晶场劈裂加大，Ce^{3+}的第一最低 5*d* 子能级能量下降，产生红移现象。特别是 N^{3-}电荷比 O^{2-}高，电负性比氧小，造成电子云膨胀效应加大，晶场劈裂加大，位移显著。

这里，对表 7-1 和表 7-2 中 Ce^{3+}掺杂的氮化物和氮氧化物的信息进行厘清：

（1）在氮化物中，发射峰红移大，分布在蓝-绿-黄-红光谱区；晶场劈裂导致第一最低 5*d* 子能级能量下降大，一般在 NUV-绿光谱区。

（2）在氮化物中，N^{3-}对 Ce^{3+}的配位（CN）数越大，对光谱影响越大。晶场劈裂大，红移大。当晶格中存在两种不等阳离子格位时，N^{3-}对 Ce^{3+}配位数大的光谱红移大。

（3）不仅应考虑不同的配位数，也应当考虑中心离子(Ce^{3+}）与 N^{3-}之间的间距。晶场劈裂与距离 R^5 成反比，对 Ce^{3+}的 5*d* 激发带和发射带能量下降影响大。

（4）在氮氧化物中，一般 N/O 比值增加，Ce^{3+}的发射分布在 NUV-蓝-蓝绿光谱区；第一最低 5*d* 子能级能量下降程度比在氮化物中小，一般在长波 UV 区。

（5）通常，较大的 N/O 比值和更刚性晶体结构导致较大的晶场劈裂，较长波长发射和较小的 Stokes 位移，见表 7-3。

表 7-3 Ce^{3+}掺杂化合物的 N/O 比和性能

化合物	N/O 比	CFS/cm^{-1}	Stokes 位移/cm^{-1}	λ/nm
$Y_5(SiO_4)N$:Ce	0.083 : 1	$13\times10^3\sim14\times10^3$	$7.1\times10^3\pm1\times10^3$	425
$Y4Si_2O_7N_2$:Ce	0.285 : 1	16.1×10^3	$5.8\times10^3\pm1\times10^3$	504
$YSiO_2N$:Ce	0.500 : 1	24×10^3	$3.3\times10^3\pm1\times10^3$	442
$Y_2SiO_3N_4$:Ce	1.333 : 1	25.7×10^3	$3.2\times10^3\pm1\times10^3$	493

（6）不能简单地看 N/O 比，还需考虑 N 和 O 实际配位情况。在晶体中，可能有的 N 并没有与金属阳离子中心（Ce^{3+}、Eu^{2+}）配位成键，而是与 Si 配位成键，或成 Si 四面体的桥梁作用。这就是上述四种化合物中，Ce^{3+}重心变动似乎无规律的原因之一。在 $YSiO_2N$ 和 $Y_2SiO_3N_4$ 中，N 离子在两个 Si 四面体中起桥接作用；而在 $Y_5(SiO_4)_3N$ 中仅有终端 N 离子配位于 Ce^{3+}。当 N 桥接两个 Si 四面体时，与 Ce^{3+}的成键少，这样使电子云膨胀效应降低。

由上所述，Ce^{3+}激活的各类多晶荧光体、单晶和无定型玻璃中表现如下共同特性：

（1）对 Ce^{3+}自由离子（$E_{free}=51230cm^{-1}$）来说，由于自旋-轨道耦合，受激的 $4f5d$ 组态的 $5d$ 电子形成的^2D 项劈裂成$^2D_{3/2}$和$^2D_{5/2}$态。因为受激的 $5d$ 电子辐射波函数在空间上扩展超越相邻的 $5S^2P^2$ 壳层，这些能级强烈地受基质晶场环境等因素干扰。因此严重影响 Ce^{3+}的 $5d$ 态的本性，发生不同程度的劈裂。可参见表 7-1～表 7-3。

（2）在高能粒子和各种能量光子及电子激发时，呈现允许电偶极 $4f$—$5d$ 能级跃迁。其激发光谱受晶场环境、Ce^{3+}的配位阴离子种类（氧、氮）和配位数 CN，共价性、电负性及电子云膨胀效应等因素影响很大。

（3）Ce^{3+}的荧光寿命很短，一般几十纳秒，是所有三价稀土离子中寿命最短的离子。它是用作无机闪烁体的依据。

（4）Ce^{3+}的激发光谱分布于 UV-可见光区宽谱带；其发射光谱分布于长波 UV-NUV-深红色光谱区宽带，起源于 Ce^{3+}的 $5d\rightarrow{}^2F_J(J=5/2，7/2)$ 基态跃迁。而$^2F_{5/2}$和$^2F_{7/2}$能级的能量间距约 $2000cm^{-1}$。

（5）由于 Ce^{3+}是允许电偶极 $4f$—$5d$ 跃迁，激发和发射光谱均为宽谱带，Ce^{3+}非常容易和其他稀土离子及非稀土离子发生耦合作用的能量传递。在能量传递过程中，Ce^{3+}一般扮演能量施主（敏化剂）作用；有时也可起受主作用。

7.4 Ce^{3+}→Tb^{3+}的能量传递

如上所述，Ce^{3+}在许多材料中，在 UV-蓝光谱呈现很强的宽的吸收和发射，其光谱为宽带，且荧光寿命很短，为纳秒级。Ce^{3+}除了用作激活剂外，特别适合用作能量传递中的施主（敏化剂），容易和其他受主（激活剂）发生耦合作用。Ce^{3+}将吸收能量以无辐射传递机理高效地传递给激活剂，使激活剂的发光效率（量子效率）显著提高。Tb^{3+}发射是以$^5D_4\rightarrow{}^7F_5$ 跃迁为主的（544±1）nm 绿光，但振子强度和吸收截面很低，发光效率低。人们自然考虑采用 Ce^{3+}→Tb^{3+}之间的无辐射能量传递，提高 Tb^{3+}的发光效率。长时间以来，人们对铝酸盐、磷酸盐、硅酸盐、硼酸盐等体系中的 $Ce^{3+}\to Tb^{3+}$间的能量传递进行许多广泛而深入研究工作，在此理论基础上，在 2020 年以前曾催生年产高达 3～4kt Ce^{3+}和 Tb^{3+}共激活的铝酸盐和磷酸盐产业及产业链。高效灯用绿色荧光粉，创造社会和经济效益，为节能作出贡献。

7.4.1　磁铅矿 $LaMgAl_{11}O_{19}$铝酸盐中 $Ce^{3+}\to Tb^{3+}$的能量传递

具有六方结构的磁铅矿 $LaMgAl_{11}O_{19}$铝酸盐荧光体和磁铁矿化合物 $PbFe_{12}O_{19}$的结构相同[41]。磁铁矿化合物可用通式 $M^{2+}Al_{12}O_{19}$、$PbFe_{12}O_{19}$表示。Ca^{2+}、Sr^{2+}或 Pb^{2+}可全部被 La^{3+}、Ce^{3+}、Eu^{3+}、Tb^{3+}这类稀土离子取代；Fe^{3+}可被 Al^{3+}和 Mg^{2+}取代，而 Mg^{2+}起电荷补偿作用。这样，$Pb^{2+}+Fe^{3+}\to Ln^{3+}+Mg^{2+}$取代而得到 $LnMgAlO_{19}$化合物。这种化合物是由每个尖晶石方块被含有 3 个氧离子、1 个稀土离子和 1 个铅离子的中间层分隔开的一些尖晶石方块所组成。

商用高效的$(Ce_{0.67}Tb_{0.33})MgAl_{11}O_{19}$(简称 CAT）绿色荧光体的发明，是经过对具有磁铅矿结构的 $LaMgAl_{11}O_{19}$体系中的 Ce^{3+}和 Tb^{3+}的发光性能和能量传递深入研究后，才得以实现。$La_{1-x}Ce_xMgAl_{11}O_{19}$在 254nm 激发下，呈现 Ce^{3+}的 300～400nm 高效宽带长波 UV 发射。当 $x=0.01$、1.0 时，发射峰分别为 340nm 和 360nm。它们的发射光谱很宽，从 300nm 延伸到蓝紫光区。Ce^{3+}的量子效率高达 65%，几乎与 Ce^{3+}浓度无关。即在 Ce^{3+}-Ce^{3+}间的能量传递是无效的。

而在 $LaMgAl_{11}O_{19}:Tb^{3+}$中，$Tb^{3+}$也能被 254nm 短波 UV 光激发，发射源于 Tb^{3+}的$^5D_4$—$^7F_5$能级跃迁，产生绿光，主发射峰为 544nm。但由于吸收效率低，发射效率低下，长波 UV 光激发几乎无效。

由于在 330nm 附近 Ce^{3+}发射带与 Tb^{3+}的$^7F_6\to{}^5G_2$、$^5D_1/^5D_2$等高能级吸收谱线之间的光谱良好地重叠，导致在(Ce，Tb)$MgAl_{11}O_{19}$体系中，发生从 $Ce^{3+}\to Tb^{3+}$的无辐射高效能量传递，产生量子效率高的 Tb^{3+}的特征绿光发射。这就是当今大量生产使用 CAT 铝酸盐绿色荧光体最佳组成（配方）$Ce_{0.67}Tb_{0.33}MgAl_{11}O_{19}$的来由和依据。此时，$Ce^{3+}$的发射峰所剩无几，几乎完全被猝灭。经过不断改进，如今 CAT 绿色荧光体的量子效率提高到 95%左右。

在 $LaMgAl_{11}O_{19}$:Ce 中，$Ce^{3+}\to Ce^{3+}$之间的能量传递效率低的原因如下：（1）发射的 Stokes 位移大（$8000cm^{-1}$），且激发和发射带交叠小；（2）Ce^{3+}的发射和吸收是允许的电偶极跃迁。因此，能量传递预计正比于 R^{-5}（其中 R 是 $Ce^{3+}\to Ce^{3+}$距离），在 $CeMgAl_{10}O_{19}$中最短的 Ce^{3+}—Ce^{3+}距离相当大（0.56nm）。

对 $LaMgAl_{11}O_{19}$中 Ce^{3+}—Tb^{3+}的能量传递机理进行分析，在 $CeMgAl_{11}O_{19}$:Tb 体系中，交换传递被排除[42]，其原因如下：（1）Tb^{3+}的 4f 轨道和 O^{2-}的 2p 轨道混合很弱，（2）交换互相作用通常限制距离不大于 0.4nm，而在 CAT 中 Ce^{3+}-Tb^{3+}的最短距离是 0.56nm。

再考虑多级相互作用，偶-偶极互作用（d-d）的敏化剂与激活剂之间的能量传递概率 P_{dd}采用 Blasse 提出的近似表达式估算：

$$P_{dd}=3.0\times10^{12}[f_AP_rI/(R^6E^4)] \tag{7-8}$$

式中，f_A 为激活剂振子强度，即 Tb^{3+}跃迁的振子强度；R 为传递距离，Å（1Å＝0.1nm）；

P_r 为施主（敏化剂）的辐射跃迁概率，S^{-1}；E 为 D 离子发射能量，eV；I 为敏化剂 Ce^{3+} 的发射和激活剂 Tb^{3+} 吸收的光谱能量交叠，eV^{-1}。用 $R=0.56nm$ 计算的 P_{dd} 值和实验值之比太低。此外，P_{dd}（0.56nm）和 P_{dd}（0.97nm）的比值仅为 27；相反，实验比值不比 80 小。尽管上述计算值粗略，但依然可认为 Ce^{3+}-Tb^{3+} 电偶极相互作用在 Ce^{3+}→Tb^{3+} 能量传递中不起重要作用。

现在用 P_{dq} 传递概率来考虑电偶极-电四级相互作用，计算非常困难，因为无 Tb^{3+} 的电四极跃迁的振子强度 f_q，也无 Ce^{3+} 的发射和 Tb^{3+} 的电四极吸收光谱交叠的实验可测量。此处，Tb^{3+} 的跃迁受宇称选择定则限制或多或少禁戒，振子强度低（约 10^{-6}），由 Dexter 公式可估算 P_{dq}/P_{dd} 传递概率之比：

$$P_{dq}/P_{dd} = 3\left(\frac{\lambda}{R}\right)\frac{2f_q}{f_d} \tag{7-9}$$

式中，λ 为涉及两跃迁的波长；R 为传递距离；f_q、f_d 分别为电四极和偶极跃迁振子强度。

Dexter 已经论述过四极跃迁的强度是允许电偶极跃迁的（a/λ）^{2} 倍。采用上述公式粗略估算当 Ce^{3+}—Tb^{3+} 距离 0.56nm 时，$P_{dq}/P_{dd} \approx 10^3 \sim 10^4$，因此，在 $CeMgAl_{16}O_{19}$:Tb^{3+} 中发生高效的 Ce^{3+}→Tb^{3+} 能量传递可能主要是电偶极-四极相互作用（d-q）机制的结果。

为什么没有采用 Inokuti 和 Hirayema 所提出的多极相互作用及处理的公式（见 4.2.3 节）来判定是何种多极相互作用的结果，因为在 CAT:Ce,Tb 中，Ce^{3+} 的荧光寿命 τ 与 Ce^{3+} 浓度几乎无关。含 1%Ce^{3+} 的样品 $\tau=20ns$，而含 100%Ce^{3+} 仅为 21ns。当且仅当受主 Tb^{3+} 的浓度很高，不低于 20%时，施主 Ce^{3+} 的荧光寿命稍微变快 17ns。这样无法用 I-H 理论公式来处理和判断。

关于 CAT 高效绿色荧光体，我们发现所使用的稀土氧化物和 Al_2O_3 等原料的纯度对 CAT 的发光性质影响很大[43]，微量 Eu^{3+}(Eu^{2+})、Nd^{3+}、Pr^{3+} 等杂质产生严重猝灭作用，Sm^{3+} 影响相对小，而少量的 La^{3+} 和 Gd^{3+} 可作基质成分不受影响。经不断改进，CAT 绿色荧光体的量子效率已提高到约 95%。当然，还有非稀土杂质，Fe、Co、Ni 等需严格控制。我国是 CAT 绿色荧光粉产量最多的国家，曾经每年生产约 1000 多吨，产生重大经济效益和节能效益。

7.4.2 磷酸盐中 Ce^{3+}→Tb^{3+} 的能量传递

稀土正磷酸盐 $LnPO_4$ 存在同质异构体。一种是稀土离子半径较小的四方晶系磷钇矿结构，另一种是稀土离子半径较大的单斜晶系的独居石结构。对 $LaPO_4$ 而言，La 原子与 9 个 PO_4 四面体上的 O 原子相连。单斜结构可得到高效的 Tb^{3+} 激活的绿色荧光体。

$LaPO_4$:Tb 的激发光谱是由 Tb^{3+} 位于短波 UV 区的 $4f$—$5d$ 跃迁的激发带（$\lambda_{ex}=217nm$）和 $4f$—$4f$ 之间跃迁产生的位于 270~400nm 范围的一些弱的谱线组成。在大于 260nm 的短波 UV 光激发下发射 Tb^{3+} 特征的 $^5D_4$—$^7F_3$ 跃迁绿色发光，主峰 543nm（$^5D_4$—$^7F_5$）。在 $LaPO_4$:Ce 中，Ce^{3+} 的激发光谱呈现一个 200~300nm 强而宽的谱带，它是 Ce^{3+} 的 $4f$→$5d$ 能级跃迁产生。在短波 UV 光激发时，Ce^{3+} 的强发射带谱从 300nm 延伸到 400nm 附近，发射峰位于 320nm。Ce^{3+} 的短波发射侧与 Tb^{3+} 的激发光谱的长波侧呈现交叠。在 $LaPO_4$ 中，Ce^{3+} 能充分地吸收包括 254nm 的短波 UV 光，而高效地发射长波 UV 光；这样，Ce^{3+} 的发射光谱与Tb^{3+}的激发光谱满意地交叠。故$LaPO_4$:Ce,Tb 荧光体在短波 UV 光激发下，由于Ce^{3+}与 Tb^{3+} 发生耦合作用，能量从 Ce^{3+} 高效地无辐射共振传递给 Tb^{3+}，使 Tb^{3+} 的$^5D_4$—$_7F_J$跃迁产生的 543nm 绿色发射显著提高。$LaPO_4$:Ce,Tb 荧光体在荧光灯中的量子效率和 CAT 铝酸盐相当但所用的贵重 Tb 浓度比 CAT 中少很多。

通过施主Ce^{3+}的荧光衰减与浓度、温度的关系说明在 Ce →Tb 能量传递过程中，施主Ce^{3+}激发的有限扩散能量扮演着重要作用[44]。传递量子效率 η_Q 可定义如下：

$$\eta_Q = 1 - \tau_d/\tau_{do}$$

式中，τ_d 为受主存在时施主的寿命；τ_{do}为施主激发的本证衰减时间。

当施主离子在某激发波范围内的吸收远大于受主离子吸收时，人们常常采纳下式：

$$I_t = 1 - \eta_d/\eta_o = 1 - I_d/I_o \tag{7-10}$$

式中，η_d、η_o 分别为在相同浓度时，有无受主存在时的发光量子效率；I_d、I_o 为对应的荧光强度。

传递概率的温度关系常常考虑施主发光和受主吸收带之间交叠增加。$La_{0.95}Ce_{0.05}PO_4$ 和 $La_{0.95}Tb_{0.05}PO_4$ 两样品在 150~300nm 范围内的激发光谱可分三个光谱区：（1）波长 $\lambda <$ 160nm 时，激发原则上被 $LaPO_4$ 基质吸收；（2）波长 λ 在 160~220nm 范围，激发能主要被 Tb^{3+}吸收；（3）波长 λ 在 205~300nm 范围内，激发能主要被 Ce^{3+}吸收。在 200~220nm 范围，Ce^{3+}和 Tb^{3+}的吸收存在交叠。在此处测定 I_t 极为准确。而用 255nm 激发时，此处 Tb^{3+}的吸收并不重要。因此，在此波长范围内测 η_t 采用式（7-10）至少定性上是正确的。

在众多实验中，施主（D）—施主（D）之间的能量传递是不可忽视的，当施主（D）和受主（A）两离子的浓度可比较时，特别是在 Stokes 位移非常小的稀土离子中，因为共振条件，施主（D）—施主（D）之间的能量传递比施主（D）—受主（A）间能量传递速率快很多。激发能到达激活剂（受主）之前有能力沿施主之间迁移。事实上可以认为在能量传递过程中，施主的激发能扩散概率起作用。对偶极-偶极相互作用而言，施主的荧光强度 $I(t)$ 与受激施主的衰减函数关系可用前述的方程式（4-27）来处理。

Bourcet 和 Fong[45] 在 $La_{1-x-y}Ce_xTb_yPO_4$ 体系中，观测到随温度降低，受主 Tb^{3+}的发光逐渐下降；相反，施主 Ce^{3+}的发光强度增强。但温度升到约 180K 以后，Ce^{3+}的发光强度逐渐下降，而 Tb^{3+}的发光强度逐渐增强。Ce^{3+}和 Tb^{3+}间的能量传递似乎增加，且随 Ce^{3+}浓度和温度增加，Ce^{3+}寿命减少。他们利用有限扩散传递方程式（4-27）处理，证明在 $LaPO_4$:Ce,Tb 体系中，正是通过有限扩散多极能量传递实现Ce^{3+}→Tb^{3+}间能量传递，使 Tb^{3+}的效率显著提高。

综上所述，在 $LaPO_4$:Ce,Tb 中，Ce^{3+}在能量传递给 Tb^{3+}之前，存在 Ce^{3+}—Ce^{3+}之中有限扩散传递，即能量迁移过程；然后由多极相互作用，从 Ce^{3+}传递给 Tb^{3+}的过程，导致 Ce^{3+}的 5d 多重态能量快速地无辐射传递到 Tb^{3+}的$^5D_3$ 和$^5D_4$ 辐射能级，增强 Tb^{3+}发光。

但是这种 LAP :Ce,Tb 绿色荧光体中，存在严重的温度猝灭问题[46]，直到发现加入少量硼酸和少量锂盐后，LAP :Ce,Tb 荧光体不仅相对发光强度有所提高，更重要的是温度猝灭特性大大改善，使之达到实用化。当制备不当时，在 LAP :Ce,Tb 样品中存在不少 Ce^{4+}和 Tb^{4+}残留物，使反射光谱短波区的反射率减少，而由硼酸根置换的（La,Ce,Tb）

$(PO_4)_{1-x}(BO_3)_x$ 荧光体在 550nm 以下的短波区的反射提高，意味着 Ce^{4+}减少。Ce^{4+}是一个强猝灭中心，它将引起 Ce^{3+}—Ce^{4+}扩散传递。当温度升高时，Ce^{3+}—Ce^{4+}能量传递概率变大，使 Ce^{3+}→Tb^{3+}的能量传递概率减小，发光强度下降，产生温度猝灭。而硼酸根结合于晶体中抑制 Ce^{4+}生成，大大改善严重的温度猝灭。由于 Li^+半径（0.074nm）比 La^{3+}半径（0.106nm）小，Li^+结合于晶格中后，使晶胞参数稍有缩小，晶体的刚性增强；同时对 UV 光吸收也有所提高。这样也改善荧光体的性能。

为获得高效的 LAP :Ce，Tb 绿色荧光体，弄清杂质的影响是很有必要的。在相同条件下合成样品时发现不同厂家生产的 La_2O_3 纯度都标为 99.99%，但合成的 $LaPO_4$:Ce，Tb 荧光体的亮度差别高达 10%以上，且热稳定性也呈现差别，这是其他稀土和非稀土杂质含量差异起作用。Blasse 等人曾指出，对 $La_{0.75}Ce_{0.25}PO_4$ 体系而言，Nd、Tb、Dy、Ho 及 Er 离子对 Ce^{3+}的发光起猝灭作用，而 Pr 影响可忽略；当 Eu^{3+}浓度大于 0.01%后，产生严重猝灭。其他 1%金属杂质没有影响。对 $La_{0.85}Tb_{0.15}PO_4$ 来说，Pr^{3+}影响大，而中重稀土杂质达到 0.5%后，影响非常明显。日本专家经不断克服，很好地解决了 $LaPO_4$:Ce，Tb 绿色荧光粉的重大问题，特别是合成工艺中的一些诀窍，并使之产业化。

在碱金属和碱土金属磷酸盐中，Ce^{3+}→Tb^{3+}的能量传递很有效[47-48]。这是因为 Ce^{3+}的发射光谱与 Tb^{3+}的激发（吸收）光谱交叠很好。

在 Ce^{3+}和 Tb^{3+}共激活的 α-Zr$(HPO_4)_2$ 纳米片中也可发生高效的 Ce^{3+}→Tb^{3+}无辐射能量传递，Tb^{3+}的绿光发射被显著增强[49]。在 230~330nm 激发下，Ce^{3+}发射峰在 355nm 处，Stokes 位移小，与其激发光谱长波侧交叠，容易产生浓度猝灭。而 Tb^{3+}的激发光谱与 Ce^{3+}的发射光谱几乎完全重叠。这符合 Ce^{3+}→Tb^{3+}无辐射能量传递要求。随 Ce^{3+}浓度增加，Tb^{3+}发射被明显增强，能量传递机制可能是 d-q 相互作用。

7.4.3 硅酸盐中 Ce^{3+}→Tb^{3+}的能量传递

7.4.3.1 Y_2SiO_5:Ce，Tb 中 Ce^{3+}—Tb^{3+}的能量传递

Y_2SiO_5 写成 $Y_2(SiO_4)O$ 更为确切，它的学名称为稀土氧正硅酸盐。它的晶体结构是一个孤立的（SiO_4）四面体，一个不与硅成键的氧及两个在结晶学上不等当的 Y 原子所组成。具有低温型和高温型单斜晶体结构，两相的转变温度大约为 1190℃。一般荧光材料属高温型。

Ce^{3+}激活的 Y_2SiO_5 在 300nm 和 350nm 处有两个激发带，而宽的发射谱带位于 400nm 蓝紫光区。Y_2SiO_5:Tb 的激发光谱是由一个位于 245nm 附近较强的 Tb^{3+}的 $4f$—$5d$ 吸收带和 290~390nm 之间的一些 $4f$—$4f$ 跃迁弱的吸收峰所组成[50]。激发光谱是由 Tb^{3+}和位于长波 VU 区的 Ce^{3+}宽激发光谱组成。显然，可发生 Ce^{3+}→Tb^{3+}的无辐射能量传递，Ce^{3+}敏化 Tb^{3+}的发光。Ce^{3+}的激发光谱和发射光谱存在一定交叠。该荧光体的猝灭温度随 Ce^{3+}浓度增加而下降。Y_2SiO_5:Ce,Tb 绿色荧光体发光效率不亚于铝酸盐，但光衰快，且在制备中易生成杂相。Y_2SiO_5:Ce 曾被用作扫描蓝色荧光体，国际牌号 P47。近年来，发展 Gd_2SiO_5:Ce 和 Lu_2SiO_5:Ce 闪烁体。

7.4.3.2 $CaSiO_3$ 中 Ce^{3+}→Tb^{3+}的能量传递

Ce^{3+}激活的 $CaSiO_3$ 在紫外光激发下发射较强的蓝紫光，发射峰约为 396nm，半高宽

76nm。而在 Ce^{3+} 和 Tb^{3+} 共掺杂的 $CaSiO_3$ 中，Ce^{3+} 的发光变得非常弱；与 Tb^{3+} 单掺的样品相比，Tb^{3+} 的发光强度得到极大的提高[51]。图 7-3 给出了 $CaSiO_3$:0.01Tb（虚线）和 $CaSiO_3$:0.01Tb,0.01Ce（实线）样品中 Tb^{3+} 的 543nm 的激发光谱。对于单掺 Tb^{3+} 样品而言，位于短波紫外区的激发带是来自 Tb^{3+} $4f$—$4f5d$ 能级跃迁的吸收。其峰值位于 240nm 左右，而 280nm 以后的 UV 区弱的激发谱对应于 Tb^{3+} 的 $4f$—$4f$ 禁戒跃迁。图中单掺 Tb^{3+} 的激发光谱放大 10 倍。而对于 Ce^{3+} 和 Tb^{3+} 共掺 $CaSiO_3$ 样品而言，Tb^{3+} 的 543nm 激发光谱（图中实线）中，既有 Tb^{3+} 的本征 $4f^8$—$4f^75d$ 激发带，它由于与 Ce^{3+} 短波紫外区激发带叠加而强，又有在长波 UV 区出现 Ce^{3+} 的 $4f$—$5d$ 宽激发带，故它的效率更高。这与漫反射光谱的结果完全一致。结果说明 Ce^{3+} 吸收能量后可以高效传递给 Tb^{3+}，大大增强 Tb^{3+} 的绿色发光。它们的发光随 Ce^{3+} 浓度增加，Tb^{3+} 发光增强。而随 Tb^{3+} 浓度增加，Tb^{3+} 的发光增强幅度远大于单掺 Tb^{3+} 的强度，且 Ce^{3+} 的发光逐渐减弱。这也是发生 $Ce^{3+}\to Tb^{3+}$ 无辐射能量传递的一个证据。

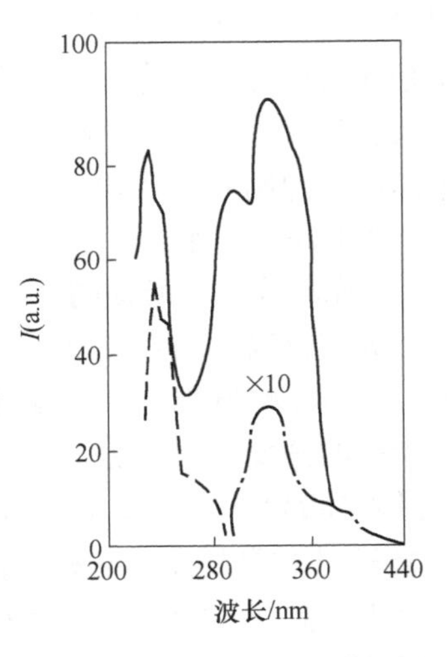

图 7-3 $CaSiO_3$:0.01Tb^{3+} 和 $CaSiO_3$:0.01Tb^{3+},0.01Ce^{3+} 中 Tb^{3+} 的 54nm 的激发光谱[51]

另一个重要证据是 Ce^{3+} 荧光寿命 τ 与不掺 Tb^{3+} 时样品的本征寿命 τ_o 相比，大大缩短了。在 $CaSiO_3$:0.02Ce 样品中，τ_o = 48ns，而在 $CaSiO_3$:0.02Ce,0.02Tb 样品中 τ_o = 12ns。依据公式 $\eta = 1 - \tau/\tau_o$ 计算，得到能量传递效率 η 高达 75%[51]。

在发光和激光中，激活剂的浓度猝灭具有普遍现象。判断浓度猝灭现象，一方面直接测量离子发光强弱变化，另一方面测量激活离子的荧光寿命变化。在 $CaSiO_3$ 中，当 Tb^{3+} 浓度小于 0.06mol 时，Tb^{3+} 的 543nm 的荧光寿命基本不变，约为 4.5ms。这与发射光谱强度的变化基本一致。这表明在该浓度范围内尚无浓度猝灭。当进一步增大 Tb^{3+} 浓度时，荧光衰减加快，出现了浓度猝灭。

在弱激发条件下发光材料的发光强度 I 和激活剂浓度 x 之间有如下近似关系：

$$I/x = A(1 + \beta x^{\theta/3})^{-1} \tag{7-11}$$

式中，β 为与基质有关的常数；θ 为取决于浓度猝灭机制的常数，当 θ=6，8 或 10 时，分别表示浓度猝灭是由电偶极-偶极、偶极-四极及四极-四极相互作用造成的；当 θ=3 时，表示猝灭是由最近邻离子间的能量迁移引起的；若无浓度猝灭的 θ 值应为 0。

对式（7-11）取对数对浓度作图。当浓度较低时曲线的斜率 $\theta/3\approx0$，随浓度增大，斜率逐渐变大为 $\theta/3\approx1$，即 $\theta\approx3$，这意味着在较高浓度时出现的浓度猝灭，是通过近邻激活剂间的交换作用进行的。

$^5D_3$ 能级的发光在很低的浓度下即出现猝灭。根据 Tb^{3+} 基态 $^7F_1$—$^7F_0$ 的能量差（约 220cm^{-1}），可以计算出 Tb^{3+} $^7F_0$—$^7F_6$ 能级间的能量差 $\Delta E_1\approx5070\sim5620$cm^{-1}；$Tb^{3+}$ $^5D_3$ 和 $^5D_4$ 能级间的能量差 $\Delta E_2\approx5400\sim6100$cm^{-1}。二者的能量是匹配的，甚至无需借助声子就可以产生能量交叉弛豫。交叉弛豫的结果将猝灭 $^5D_3$ 能级的发光，而使 $^5D_4$ 能级的发光得到加强。

在 $CaSiO_3$ 中，Ce^{3+}的发射光谱从 360nm 延伸到 480nm，与 Tb^{3+} ^7F_j—$^5D_3$ 能级吸收跃迁重叠得非常好。计算得到，Ce^{3+} 5d 态最低子带的中心能级约为 26200cm^{-1}，这与 Tb^{3+} $^5D_3$ 能级（约 26050cm^{-1}）极为接近。由于能量匹配，Ce^{3+}→Tb^{3+}的能量传递不需借助声子，这种能量传递的效率将是比较高的。若加入 Li 等碱金属电荷补偿剂，Tb^{3+}的发光强度可能更高。

由于 Ce^{3+}的加入使 Tb^{3+}的发光强度提高了数十倍，辐射能量传递作用可以忽略。因此，这一过程主要为无辐射能量传递，寿命测试结果也证实了这一点。另外，交换相互作用也不可能是能量传递的主要途径，因为这种作用要求能量施主和受主间要有波函数的有效交叠，两者的距离不能大于 0.5nm。在激活剂和敏化剂的浓度都较低的条件下，上述条件是不能满足的。

敏化剂的发射强度与激活剂浓度之间的关系如下：

$$I/I_0 = (1 + Ax^{\theta/3})^{-1} \tag{7-12}$$

式中，I_0 为无激活剂时敏化剂的发光强度；A 为与基质晶场有关的常数；θ=6，8，10，分别表示电偶极-偶极、偶极-四极及四极相互作用。

当 x 值不是很小时，一般 $Ax^{\theta/3}$远大于 1。因此，$Ig(I/I_0) - Igx$ 之间近似为直线关系，其斜率 $\theta/3$ 可确定能量传递作用机制。曲线拟合结果显示，当 Tb^{3+}浓度大于 0.01mol 时基本上为直线关系，θ=5.7~6。所以在 $CaSiO_3$ 体系中，Ce^{3+}→Tb^{3+}的能量传递主要是通过电偶极-偶极（d-d）相互作用机制进行的。

上述内容对体系中受主（Tb^{3+}）的浓度猝灭原因及 Ce^{3+}→Tb^{3+}之间的无辐射能量传递机构的分析提供简便、可靠、可行的方法。

7.4.4 玻璃和其他材料中 Ce^{3+}→Tb^{3+}的能量传递

掺 Ce^{3+}的 BLBL 玻璃存在两个不同格位上 Ce^{3+}(Ⅰ) 和 Ce^{3+}(Ⅱ) 中心。它们能被紫外至蓝紫光激发，分别由允许的 5d 态→^2F_J 基态跃迁，发射长波紫外光（峰 360nm）和蓝光（峰 440nm）。两个 Ce^{3+}中心均能被 240~360nm 紫外光有效激发。加入 Ce^{3+}后，Tb^{3+}的$^5D_4$→^7F_J 能级跃迁的发射强度成数倍至十多倍提高[52]。明显说明在 BLBL 玻璃中，发生 Ce^{3+}→Tb^{3+}无辐射能量传递。在 Tb^{3+}的激发光谱区存在 6 个子激发带：约 490nm、374nm、353nm、318nm、300nm 和 270nm，它们分别属于 Tb^{3+} 基态$^7F_6$到$^5D_4$、$^5D_3$、$^5L_{10}$、$^5D_2$ 及其他更高能级跃迁吸收。Ce^{3+}的强发射带与 Tb^{3+}的激发光谱，特别是与上述 Tb^{3+}的 6 个弱的吸收能级存在重大交叠。它们成为 Ce^{3+}→Tb^{3+}无辐射能量传递的多个通道，最终导致 Tb^{3+}的$^5D_4$→^7F_J 跃迁绿色发射成倍增强。

在其他一些硅酸盐、硼酸盐等玻璃中也可发生 Ce^{3+}→Tb^{3+}间类似能量传递[53]。

在单斜(Ce,La,Tb)MgB_5O_{10}体系中，存在高效 Ce^{3+}→Tb^{3+}能量传递和能量传递过程中 Gd^{3+}的重要作用[54]。

人们熟悉，Gd^{3+}的发射位于 UV 区，它是由 Gd^{3+}的$^6P_{7/2}$→$^8S_{7/2}$能级跃迁发射（约 311nm）和弱的$^6P_{5/2}$→$^8S_{7/2}$能级跃迁发射（约 306nm）谱线组成。在许多情况中 Gd^{3+}起敏化剂作用。在 $LaMgB_5O_{10}$材料中，有不同的两个价态，分别占据结晶学格位不同的阳离子：Ln^{3+}和 Mg^{2+}。除了 Ce、Tb、Gd、Eu 和 Bi 等的三价离子可占据 Ln^{3+}格位外，Mn^{2+}和

Zn^{2+}等两价阳离子可取代Mg^{2+}，因而可得到Mn^{2+}及$Ce^{3+}\rightarrow Mn^{2+}$能量传递产生红光，它是属$Mn^{2+}$ $^4T_1\rightarrow{}^6A_1$能级跃迁发射。

在$Ln_{0.95-x}Ce_{0.05}Tb_xMgB_5O_{10}$(Ln=La，Ce，Gd）材料中，实验表明在$Tb^{3+}$低温度小于1%下，Gd基质中，$Ce^{3+}\rightarrow Tb^{3+}$能量传递的量子效率最佳，和La或Ce基质相比，传递更为有效。这表明在能量传递过程中，Gd^{3+}起中介作用：$Ce^{3+}\rightarrow(Gd^{3+}\cdots Gd^{3+})\rightarrow Tb^{3+}$。在不含$Gd^{3+}$的五硼酸盐中，$Mn^{2+}$的发光不能直接被$Ce^{3+}$敏化；但在含$Gd^{3+}$的（$La_{0.95-x}Ce_{0.05}Gd_x$）($Mg_{0.997}Mn_{0.003}$)$B_5O_{10}$体系中$Gd^{3+}\rightarrow Mn^{2+}$的能量传递可以发生。这也说明$Gd^{3+}$在能量传递过程$Ce^{3+}\rightarrow(Gd^{3+}\cdots Gd^{3+})\rightarrow Mn^{2+}$中也起着重要的中介作用。这样，人们利用能量传递设计获得3种新的高效多功能荧光体：(Ce,Gd,Tb）MgB_5O_{12}高效绿色荧光体CBT，(Ce,Gd)(Mg,Mn）B_5O_{12}高显色性红色荧光体CBM和(Ce,Gd,Tb)(Mg,Mn）B_5O_{10}低色温高显色性荧光体CBTM。它们被用于性能不同、用途不同的节能紧凑型荧光灯中。

在（Y,Ce,Gd,Tb)F_3氟化物体系中也存在这类能量传递现象[55]。GdF_3:Ce,Tb荧光体在短波紫外光激发下，也是高效的绿色荧光体。在这种体系中，$Ce^{3+}\rightarrow Tb^{3+}$的能量传递也是通过$Gd^{3+}$的中介作用而发生的。无$Gd^{3+}$时，总的传递效率相当的低。$Gd_{0.96}Ce_{0.02}Tb_{0.02}F_3$在室温时，$Tb^{3+}$的激发光谱中，清楚地看到$Ce^{3+}$的5$d$宽激发带（峰约256nm)，以及$Gd^{3+}$的一些特征谱线，$Gd^{3+}$的基态$^8S_{7/2}\rightarrow{}^6P_{7/2}$、$^6P_{5/2}$、$^6P_{3/2}$、$^6I_{3/2}$能级激发谱线均出现在$Tb^{3+}$的激发光谱中。这种能量传递过程使$Tb^{3+}$的发射效率大大提高。($Y_{0.96-x}Gd_xCe_{0.02}Tb_{0.02}$)$F_3$体系中，随$Gd^{3+}$浓度（$x$）增加，$Tb^{3+}$的量子效率逐渐增加，而$Ce^{3+}$的量子效率逐渐下降，$Gd^{3+}$也扮演着中介作用。

7.4.5 $Ce^{3+}\rightarrow Tb^{3+}$的能量传递和特征

为便于认识和分析$Ce^{3+}\rightarrow Tb^{3+}$的能量传递属性，发生无辐射能量传递的施主（$Ce^{3+}$）和受主（$Tb^{3+}$）光谱交叠的主要范围，能量传递使受主$Tb^{3+}$的544nm发射增强效果及施主$Ce^{3+}$的寿命变化数据汇总列在表7-4中。

表7-4 不同荧光体中$Ce^{3+}\rightarrow Tb^{3+}$间能量传递特征

荧光体	能量传递过程	Ce^{3+}和Tb^{3+}光谱主要交叠区/nm	Tb^{3+} 544nm强度提高	η/%	τ_0/ns	τ/ns	文献
(Ce，Tb)$MgAl_{11}O_{19}$ (CAT)	无Ce^{3+}—Ce^{3+}浓度猝灭 $Ce^{3+}\rightarrow Tb^{3+}$ d-q能量传递	300~400	显著提高	>60	21	17	42
$LaPO_4$:Ce,Tb(LAP)	Ce^{3+}—Ce^{3+}有限扩散传递 $Ce^{3+}\rightarrow Tb^{3+}$ d-d能量传递	270~390	数倍	73	17.6	5.0	45
Y_2SiO_5:Ce,Tb	Ce^{3+}—Ce^{3+}浓度猝灭 $Ce^{3+}\rightarrow Tb^{3+}$共振传递	290~390	显著提高				50
$CaSiO_3$:Ce,Tb	Ce^{3+}—Ce^{3+}浓度猝灭扩散传递 $Ce^{3+}\rightarrow Tb^{3+}$ d-d能量传递	270~380	数十倍	75	48	12	51

续表 7-4

荧光体	能量传递过程	Ce^{3+}和Tb^{3+}光谱主要交叠区/nm	Tb^{3+} 544nm强度提高	η/%	τ_o/ns	τ/ns	文献
$(Ce,Gd,Tb)MgB_5O_{10}$(CBT)	低温无Ce^{3+}—Ce^{3+}传递 Ce^{3+}→Tb^{3+}传递 Ce^{3+}→(Gd^{3+}，…，Gd^{3+})Tb^{3+}传递	280~400	提高成倍提高				54
镧钡硼酸盐玻璃(BLBL)	Ce^{3+}—Ce^{3+}浓度猝灭，扩散传递 Ce^{3+}→Tb^{3+}共振传递	240~360	几倍至十多倍		31（360nm） 46（435nm）		18，52
硼酸盐玻璃	Ce^{3+}—Ce^{3+}浓度猝灭 Ce^{3+}→Tb^{3+}共振传递	275~360	数倍	32			53
钆钡硅酸盐玻璃	Ce^{3+}—Ce^{3+}浓度猝灭 Ce^{3+}→Tb^{3+}共振传递	270~380	数倍	45.7	27.5	14.9	56
$(Y,Gd,Ce,Tb)F_3$	Ce^{3+}→Tb^{3+}共振传递 Ce^{3+}→(Gd^{3+}，…，Gd^{3+})Tb^{3+}传递	270~400	成倍提高				55

依据上述不同种类荧光材料中Ce^{3+}、Tb^{3+}的荧光性能和发生的能量传递，发现它们具有共同的规律。Ce^{3+}（施主）的紫外光发射，特别是270~400nm光谱范围内的发射，可以充分地被Tb^{3+}（受主）的4f高能级，如$^5D_3$（26340cm^{-1}）、$^5L_{10}$（27150cm^{-1}）、$^5L_8$（29200cm^{-1}）、$^5D_1$（30660cm^{-1}）、$^5H_5$（33880cm^{-1}）等能级跃迁吸收，存在多种传递通道，导致发生无辐射共振传递给Tb^{3+}，最终致使Tb^{3+}的$^5D_4\rightarrow{}^7F_J$(J=0，1，…，6）能级跃迁发射成倍增强。这样，可以勾画出具有普遍代表性的3种情况下的Ce^{3+}→Tb^{3+}之间的能量传递过程和途径。

（1）在体系中不存在Ce^{3+}—Ce^{3+}浓度猝灭，直接发生Ce^{3+}→Tb^{3+}能量传递。直接发生Ce^{3+}→Tb^{3+}间的无辐射能量传递情况，如在$(La,Ce,Tb)MgAl_{11}O_{19}$等体系中，能量传递效率高，如图7-4所示。

（2）体系中存在Ce^{3+}—Ce^{3+}间扩散传递，接着发生Ce^{3+}→Tb^{3+}的多极相互作用的无辐射能量传递，最终导致Tb^{3+}的$^5D_4\rightarrow{}^7F_J$能级跃迁发射增强，如图7-5所示。在$LaPO_4$:Ce,Tb、$CaSiO_3$:Ce,Tb等体系中属这种情况。最终多数通过电偶极-偶极（d-d）相互作用实现高效的Ce^{3+}→Tb^{3+}的无辐射能量传递。

（3）借助能起中介作用的离子，如Gd^{3+}，实现Ce^{3+}→(Gd^{3+}，…，Gd^{3+})$_n$→Tb^{3+}间的能量传递。也就是说，Ce^{3+}将吸收的激发能量传递给中介离子（Gd^{3+}），能量在Gd^{3+}间迁移扩散。受激的Gd^{3+}的能级位于约280nm附近（$^6I_{7/2}$—$^8S_{7/2}$）至311nm附近（$^6P_{7/2}$—$^8S_{7/2}$）紫外区，与Tb^{3+}的高能级匹配。接着无辐射共振传递给Tb^{3+}，即发生Ce^{3+}→（Gd^{3+}，…，Gd^{3+})$_n$→Tb^{3+}传递过程，导致大大增强Tb^{3+}绿色发射强度，其能量传递过程如图7-6所示。

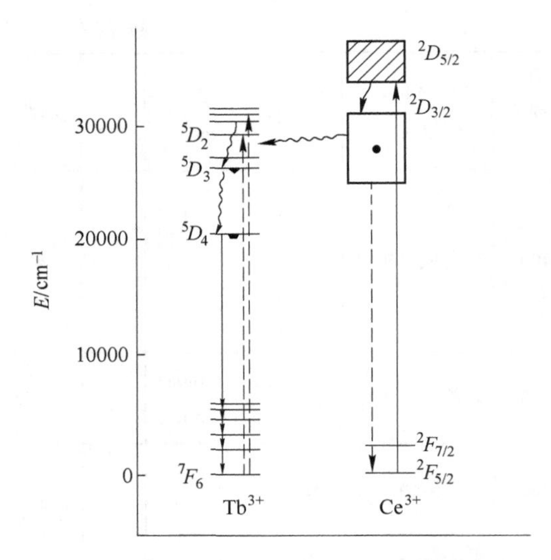

图 7-4　Ce^{3+}→Tb^{3+}直接无辐射能量传递和途径

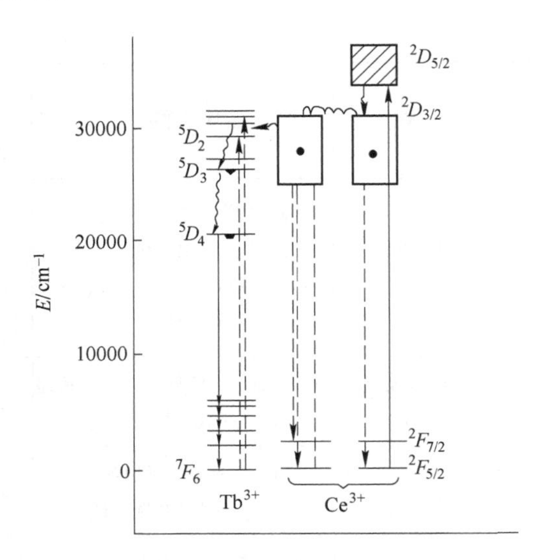

图 7-5　Ce^{3+}—Ce^{3+}间有限扩散传递然后发生 Ce^{3+}—Tb^{3+}无辐射能量传递及途径

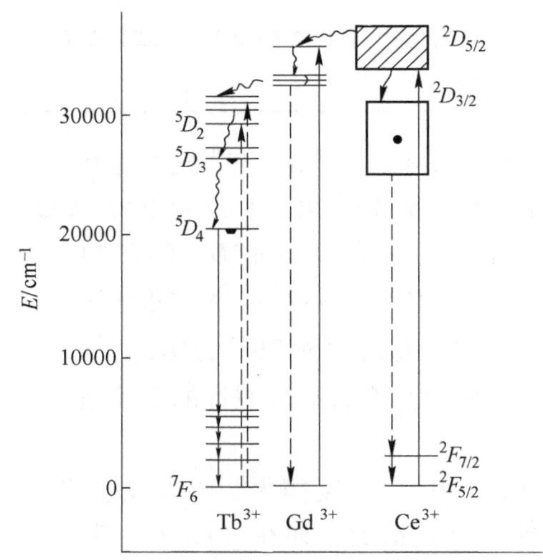

图 7-6　Ce^{3+}→$(Gd^{3+}, \cdots, Gd^{3+})_n$→$Tb^{3+}$能量传递过程中 Gd^{3+}的中介作用

在（Ce,Gd,Tb)MgB_5O_{10}及（Y,Gd,Ce,Tb)F_3 等体系中就是发生了这种能量传递过程。而在（Ce,Gd)(Mg,Mn)B_5O_{10}体系中，发生的是 Ce^{3+}→（Gd^{3+}，…，Gd^{3+})$_n$ →Mn^{2+}能量传递过程。在能量传递过程中，起中介作用的除 Gd^{3+}外，还有其他离子。显然，上述能量传递过程中，(1）和（2)，或（1)，(2）和（3）过程有可能同时存在。

此外，利用选择激发，对 Tb^{3+}的 4*f*5*d* 态激发，在 $Y_3M_5O_{12}$:Ce,Tb(M=Al，Ga）体系中可以发生 Tb^{3+}→Ce^{3+}的能量传递，详细过程将在 Tb^{3+}章节中叙述。

7.5　Ce^{3+}→Eu^{2+}的能量传递

Eu^{2+}也是一个很重要的激活剂和敏化剂。Ce^{3+}和 Eu^{2+}的吸收和发射均起源于 4*f*—5*d*

能态电偶极允许跃迁。在一个合适的基质中，共掺杂 Ce^{3+} 和 Eu^{2+} 有可能使两者发生强的耦合作用，发生 Ce^{3+}→Eu^{2+} 的能量传递。这里仅举两个实例加以说明。

氯硅酸镁钙 $Ca_8Mg(SiO_4)_4Cl_2$（简称 CMSC）和氯硅酸锌钙 $Ca_8Zn(SiO_4)_4Cl_2$（CZSC）是优良的发光基质材料。Eu^{2+} 激活的 CMSC 和 CZSC 是高效绿色荧光体[57]。Eu^{2+} 的发射峰在 507nm 处，为可被 UV~470nm 有效激发的宽带。而 Ce^{3+} 掺杂的类似氯硅酸盐的发射带位于 360~500nm 蓝紫区，可被紫外光有效激发。实验证明，Ce^{3+} 和 Eu^{2+} 共掺杂的 CMSC 和 CZSC 均可发生 Ce^{3+}→Eu^{2+} 离子间的能量传递[58-59]。

CZSC:0.01Ce^{3+} 的激发光谱和发射光谱是典型的 Ce^{3+} 的 $5d$ 能级激发（吸收）和跃迁发射。Ce^{3+} 的发射峰在 425nm 附近，Stokes 位移小，约 $3870cm^{-1}$。激发和发射光谱存在一定的交叠。单掺 Eu^{2+} 及 Ce^{3+} 和 Eu^{2+} 共掺杂的 CZSC 样品的 Eu^{2+} 507nm 发射的激发光谱很好地覆盖在一起。在 240~400nm 紫外光激发下，CZSC:Eu^{2+},Ce^{3+} 中 Eu^{2+} 的 507nm 发射强度和 CZSC:Eu^{2+} 样品相比，被大大增强。这指明，Ce^{3+} 的掺入显著地敏化 Eu^{2+} 的发光。类似现象在 CMSC 体系中也存在相同的结果。

由 UV 激发光（270~380nm）激发的 CMSC:Eu^{2+},Ce^{3+}/CMSC:Eu^{2+} 的 507nm（Eu^{2+}）发射强度比值变化规律证明，Ce^{3+} 敏化 Eu^{2+} 的效果明显，传递效率达 42.9%，传递概率为 $2.49\times10^7 s^{-1}$。在此体系中，Eu^{2+} 发射强度提高有两种原因：（1）主要是 Ce^{3+}→Eu^{2+} 发生无辐射能量传递，传递效率 η 比较高。在体系中也存在 Ce^{3+}—Ce^{3+} 间能量迁移的扩散传递引起浓度猝灭。由 Ce^{3+} 受 $5d$ 高能级弛豫到 Ce^{3+} 第一个能量最低的 $5d$ 子能级，然后无辐射共振传递给 Eu^{2+}。（2）由反射光谱得知，Ce^{3+} 的掺杂还使 Eu^{2+} 激活的荧光体在 UV 区的吸收有所提高，改善 Eu^{2+} 的发射。

$SrSi_2O_2N_2$:Ce^{3+},Eu^{2+} 氮氧化物中 Ce^{3+} 能被 UV（240~400nm）有效激发，发射蓝光。而 $SrSi_2O_2N_2$:Eu^{2+} 能被 270~450nm 高效激发，发射绿光。Ce^{3+} 的发射和 Eu^{2+} 的激发光谱在 380~480nm 之间光谱区呈现大的光谱交叠。故 Ce^{3+} 的发射能量可以被 Eu^{2+} 吸收，发生 Ce^{3+}→Eu^{2+} 间的能量传递，使 Eu^{2+} 的发射提高 1.44 倍[60]。在该体系中，能量传递的临界距离 R_c 为 1.568nm。

7.6 难以发生 Ce^{3+}→Eu^{3+}高效能量传递的原因

Eu^{3+} 是一个非常重要的激活剂，有着广泛的用途。人们希望 Eu^{3+} 的发光效率不断提高，但多年来极少有关 Ce^{3+}→Eu^{3+} 离子间的能量传递发生的工作报道。现在分析主要是电荷转移态 CTS 的作用。

在 $LaMgB_5O_{10}$ 中，Ce^{3+} 和 Eu^{3+} 两个激发带同时存在，且光谱交叠较大；此外，Ce^{3+} 的 UV 发射谱带与 Eu^{3+} 的激发谱线也存在一些交叠。这意味着存在一定的 Ce^{3+}→Eu^{3+} 之间能量传递发生。但是 Ce^{3+} 和 Eu^{3+} 共掺杂的样品的总发光强度比单掺 Eu^{3+} 或 Ce^{3+} 样品都低，Eu^{3+} 发光猝灭比 Ce^{3+} 严重。这主要原因是不发光的 Ce^{4+}—Eu^{2+} CTS 生成。

在 $M_5(PO_4)_3Cl$:Ce^{3+},Eu^{3+}（M=Ca，Sr，Ba）卤磷灰石中也被证实，并不能改善发光效率[61]。他们试图通过 TL、VUV/UV 光谱测量及 J-O 原理计算，来表明 Ce^{3+}/Eu^{3+} 共掺荧光体发光是如何被猝灭。很大程度是与这些离子的感生缺陷能级有关。

7.7　Ce^{3+}→其他三价稀土离子间的能量传递

7.7.1　Ce^{3+}→Nd^{3+}的能量传递

掺 Ce^{3+}的 Nd^{3+}:YAG 激光晶体是人们很感兴趣的体系，在这个体系中可以发生 Ce^{3+}→Nd^{3+}的辐射和无辐射能量传递[15,62]。在 Ce,Nd :YAG 晶体中发生 Ce^{3+}→Nd^{3+}的辐射和无辐射能量传递，致使 Ce^{3+}的发射光谱发生巨大变化。Ce^{3+}发射的光子被 Nd^{3+}高效再吸收，产生 Ce^{3+}→Nd^{3+}的辐射能量传递。光谱中呈现出几处严重的深坑部分正是 Nd^{3+} $^4I_{9/2}$→$^4F_{9/2}$,$^3H_{11/2}$,$^4G_{5/2}$和$^4G_{7/2}$等能级的特征吸收跃迁，在 550～680nm 范围内；而在 490～550nm 范围内，是$^4I_{9/2}$→$^2K_{13/2}$,$^4G_{7/2}$,$^4G_{9/2}$等能级的吸收跃迁。

在液氮温度时，Ce，Nd :YAG 晶体中 Nd^{3+}的发射谱线（860～900nm）不仅可被425～460nm ^2P_J 等高能级 Nd^{3+}激发，同时也可被 Ce^{3+}宽蓝带激发。对比 YAG :Ce 和 YAG :Ce, Nd 两样品，在室温或更高温度时，没有观测到 Ce^{3+}的荧光寿命 τ 有任何缩短。室温时，τ=47.9ns。这些属性指明，在高于室温时，归因于 Ce^{3+}→Nd^{3+}无辐射能量传递可忽略。Ce^{3+}→Nd^{3+}能量传递中占支配的主要机理是辐射能量传递。由于 Nd^{3+}对 Ce^{3+}荧光再吸收辐射传递改善了 YAG :Ce，Nd 激光棒中的绿色和黄色激发线的泵浦作用。

然而在更低的 4K 温度下，在 Ce,Nd :YAG 晶体中用选择性脉冲染料激光激发到 Ce^{3+}能量最低第一个吸收带，Ce^{3+}→Nd^{3+}分子间的辐射和无辐射能量传递都被观测到。4.4K 下 Ce^{3+}施主的荧光强度变化，发现有受主 Nd^{3+}，其强度衰减曲线与 *I-H* 理论的偶极-偶极（d-d）相互作用曲线吻合，也与偶极-四极（d-q）相互结果一致。这证明在 Ce,Nd :YAG 体系中，4.4K 低温下，Ce^{3+}→Nd^{3+}无辐射能量传递归因于 Ce^{3+}-Nd^{3+}之间 d-d 和 d-q 相互作用的结果。低温下，由于受主 Nd^{3+}存在，施主 Ce^{3+}的本征寿命 61.1ns 减小到 39.0ns。

7.7.2　Ce^{3+}→Sm^{3+}的能量传递

虽然人们对 Ce^{3+}→Sm^{3+}的能量传递研究很少报道，但作者团队观测到了氟硅酸钙 $Ca_5(SiO_4)_2F_2$ 中的 Ce^{3+}→Sm^{3+}的能量传递。

$Ca_5(SiO_4)_2F_2$ 属单斜晶系。Ce^{3+}激活的这种荧光体在 UV 和 CR（阴极射线）激发下，呈现很强的蓝紫光。在 UV 激发下，$Ca_5(SiO_4)_2F_2$:Ce 荧光体是商用 P47 牌号（Y_2SiO_5 : Ce）强度的 110%；而在 CR 激发下是后者的 70%[63]。该荧光体中 Ce^{3+}的本证荧光寿命为 62ns。这种荧光体中单掺 Sm^{3+}的激发光谱（虚线），Ce^{3+}和 Sm^{3+}共掺杂 Sm^{3+}激发光谱（实线）分别表示在图 7-7 中。

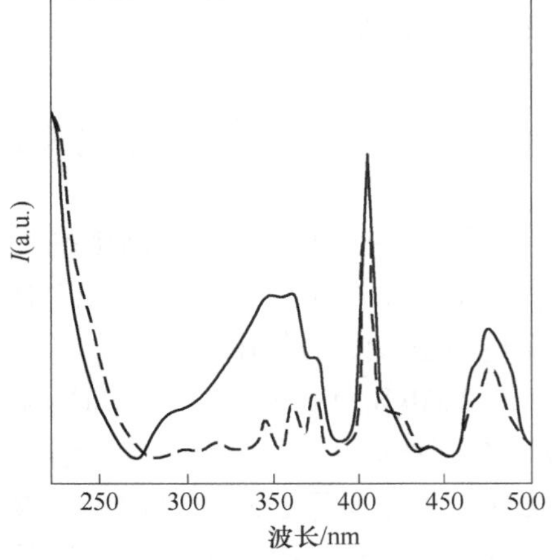

图 7-7　$Ca_5(SiO_4)_2F_2$:0.04Sm（虚线）和 0.02Ce，0.04Sm 共掺（实线）中 Sm^{3+} 603nm 发射的激发光谱[63]

由图 7-7 可见，在此荧光体中单掺 Sm^{3+}的激发光谱在 300～500nm 范围内呈现几条锐谱线，它们属于Sm^{3+}基态$^6H_{5/2}$至^6P、^4F、^4I等多重态的4*f*—4*f*能级跃迁吸收。而在Ce^{3+}和Sm^{3+}共掺杂的样品中，Sm^{3+}的603nm发射的激发光谱中，出现了Ce^{3+}的强吸收激发带（实线），其Sm^{3+}的激发光谱被增强。这证实激发能可以从Ce^{3+}无辐射传递给Sm^{3+}，使Sm^{3+}的603nm（$^4G_{5/2}\rightarrow{}^6H_{15/2}$）发射显著增强。因此，用长波紫外光激发$Ce^{3+}$能显著增强$Sm^{3+}$的橙红光发射。

在此基础上，可设计$Ca_5(SiO_4)_2F_2$:Ce,Tb,Sm荧光体，可发生$Ce^{3+}\rightarrow Tb^{3+}$及$Ce^{3+}\rightarrow Sm^{3+}$能量传递，产生蓝（$Ce^{3+}$）、绿（$Tb^{3+}$）和红（$Sm^{3+}$）三基色，构成显色性优良白光。

7.7.3 $Ce^{3+}\rightarrow Tm^{3+}$、$Yb^{3+}$的能量传递

单掺Tm^{3+}及Tm^{3+}和Ce^{3+}共掺杂的一些玻璃中均存在$Ce^{3+}\rightarrow Tm^{3+}$间的无辐射能量传递[64]。在$Tm^{3+}$的UV激发光谱中均发现$Ce^{3+}$的激发带。这表明，通过$Ce^{3+}$的5*d*态对UV光强吸收，高效地无辐射能量传递给Tm^{3+}，使其特征发射增强。

上述$Ce^{3+}\rightarrow Tm^{3+}$间发生能量传递情况类似在$Ca_5(SiO_4)_2F_2$中$Ce^{3+}\rightarrow Sm^{3+}$能量传递的情况，均是$Ce^{3+}$对UV光有效地吸收，而$Ce^{3+}$的4*f*—5*d*允许吸收振子强度是$Sm^{3+}$、$Tm^{3+}$等离子的约1000倍，然后高效无辐射传递给三价稀土离子。

近年来，在YAG:Ce,Yb等一些材料中，均观察到可以发生$Ce^{3+}\rightarrow Yb^{3+}$的能量传递。例如在$GdBO_3$:Ce,Yb荧光体中[65]，随$Yb^{3+}$浓度增加，$Ce^{3+}$发射强度被减弱，$Ce^{3+}$的荧光寿命$\tau$逐渐缩短。这符合能量传递条件之一。但$Ce^{3+}$的发射峰为412nm（24390$cm^{-1}$），而$Yb^{3+}$的激发（吸收）峰为971nm（10299$cm^{-1}$）。它们的能量间距$\Delta E$高达14090$cm^{-1}$。试图用多声子辅助或用一个$Ce^{3+}$能量由合作作用传递给两个$Yb^{3+}$来解释是行不通的。这是一个迄今为止没有解决的物理问题，有待今后人们破解。更多的离子与Yb^{3+}之间的相互作用和能量传递将在后面Yb^{3+}章节中予以介绍。

在YOCl、YBO_3、$YAl_3B_4O_{12}$及YPO_4等荧光体中，早期还观察到$Ce^{3+}\rightarrow Dy^{3+}$之间的能量传递现象。在这些材料中，都存在$Ce^{3+}$的激发和发射光谱交叠。而$Ce^{3+}$（施主）和$Dy^{3+}$（受主）的光谱也存在一定的交叠。

7.8 Ce^{3+}和Mn^{2+}、Pb^{2+}及Cr^{3+}的能量传递

7.8.1 $Ce^{3+}\rightarrow Mn^{2+}$的能量传递

Mn^{2+}是一个重要的过渡族金属元素，常被用作激活剂，且占据不同配位数CN的结晶学格位中发射不同的绿光或红光。但Mn^{2+}属3*d*电子偶极禁戒跃迁，常常需要敏化剂发生能量传递增强其发光。Ce^{3+}对Mn^{2+}而言，是一个很好的敏化剂。这里用两项$Ce^{3+}\rightarrow Mn^{2+}$间的能量传递予以说明。

（1）偏硅酸钙中$Ce^{3+}\rightarrow Mn^{2+}$间的高效能量传递[66]。图7-8表示$CaSiO_3$:0.1$Ce^{3+}$，0.1$Mn^{2+}$荧光体的漫反射光谱（曲线a）和此样品中$Mn^{2+}$的610nm发射的激发光谱（曲线b），以及$CaSiO_3$:0.1Ce中$Ce^{3+}$的400nm发射的激发光谱（曲线c）。漫反射光谱（曲线

a）和 $CaSiO_3$:0.1Ce 中 Ce^{3+} 的激发光谱完全一一对应，呈现 250nm、285nm、320nm 及 350nm 等几个激发带，它们是 Ce^{3+} 的 $5d$ 劈裂的子能带。而单掺 Mn^{2+} 的 $CaSiO_3$ 在此光谱范围内观察不到明显的吸收。这充分说明，Mn^{2+} 的 610nm 发射是来自 Ce^{3+} 对激发能的吸收，然后发生 $Ce^{3+}\rightarrow Mn^{2+}$ 的能量传递。Ce^{3+} 的发射光谱如图 7-1 所示。

固定 Ce^{3+} 为 0.02（摩尔分数），改变 Mn^{2+} 的掺入量，得到 $CaSiO_3$:0.02Ce,xMn 系列样品的发射光谱如图 7-9 所示。显然，在 330nm 激发下，随着 Mn^{2+} 浓度的增大，Ce^{3+} 的发射强度逐渐减弱，而 Mn^{2+} 的发射红光逐渐得到增强。这意味 $Ce^{3+}\rightarrow Mn^{2+}$ 的能量传递概率随 Mn^{2+} 浓度增加而提高。

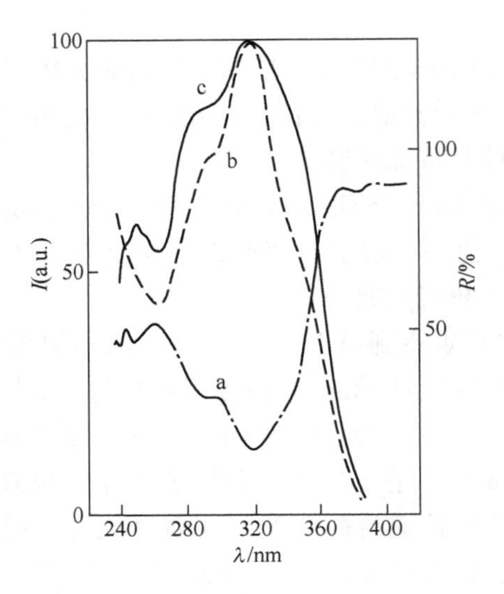

图 7-8　室温下 $CaSiO_3$:0.1Ce，0.1Mn 样品的漫反射光谱、激发光谱（$\lambda_{em}=610nm$）及 $CaSiO_3$:0.1Ce 的激发光谱（$\lambda_{em}=400nm$）[66]

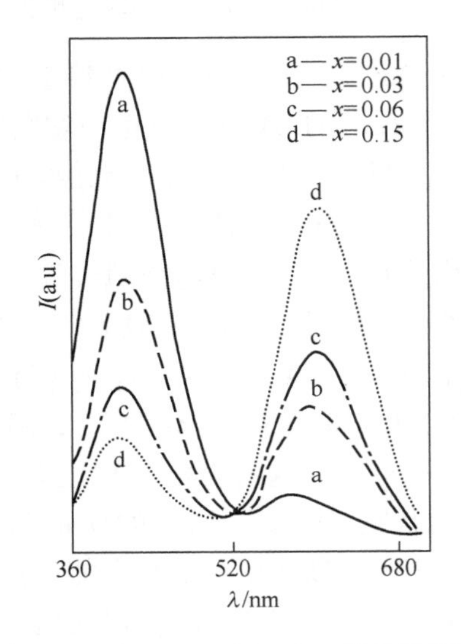

图 7-9　$CaSiO_3$:0.02Ce xMn 样吕的发射光谱[66]（$\lambda_{em}=330nm$）

采用时间相关单光子计数技术，测试一系列 Mn^{2+} 浓度下 Ce^{3+} 的荧光衰减曲线变化情况，表明当单掺杂 Ce^{3+} 时，其衰减呈现很好的单指数形式，衰减过程符合下式：

$$I(t)=I(o)\exp(-t/\tau) \tag{7-13}$$

式中，τ 为 Ce^{3+} 的荧光寿命。当 Ce^{3+} 的浓度为 0.02 时，由曲线拟合，得到 $\tau=47.6ns$。

当样品中 Mn^{2+} 和 Ce^{3+} 共掺时，Ce^{3+} 的荧光衰减不再呈现单指数形式，而表现为单独 Ce^{3+} 的发光衰减和 $Ce^{3+}\rightarrow Mn^{2+}$ 能量传递过程中 Ce^{3+} 荧光衰减的叠加。随着 Mn^{2+} 浓度由低到高增加，Ce^{3+} 的荧光寿命逐渐缩短。利用不同受主浓度时施主荧光寿命的变化，计算 $Ce^{3+}\rightarrow Mn^{2+}$ 间无辐射能量传递效率 η 和传递概率 P 列于表 7-5 中。从表中可以清楚地看到，随 Mn^{2+} 浓度增加，η 和 P 值都极大地提高，说明在 $CaSiO_3$ 体系中 $Ce^{3+}\rightarrow Mn^{2+}$ 的能量传递极为有效。在阴极射线激发下，该体系性质和光致发光性质一致，也可发生 $Ce^{3+}\rightarrow Mn^{2+}$ 的高效无辐射能量传递。

表 7-5 不同 Mn^{2+}浓度时 $Ce^{3+}\rightarrow Mn^{2+}$能量传递概率 P 和效率 η[66]

样品号	浓度（摩尔分数）/%		τ/ns	η/%	$P/\times 10^6 S^{-1}$
	Ce^{3+}	Mn^{2+}			
1	固	0	48.6		
2	定	1.0	34.9	28.2	8.07
3	为	3.0	20.2	58.4	28.9
4	2.0	5.0	12.5	74.3	59.4
5		6.0	10.2	79.0	77.5
6		15.0	4.9	89.9	183.5

进一步详细分析 $CaSiO_3$ 中 $Ce^{3+}\rightarrow Mn^{2+}$间的能量传递机构[66]。在该体系中，由于 Ce^{3+}具有很强的自旋-轨道相互作用，而且 Ce^{3+}的宽发射带覆盖了 Mn^{2+}的$^4T_2(^4G)$能级，因此，Ce^{3+}和 Mn^{2+}之间电多极相互作用能量传递可能性是很大的。

先分析 d-d 相互作用情况。依据电多极相互作用能量传递理论，d-d 跃迁能量传递的概率 P_{dd}可表示如下：

$$P_{dd}=\frac{3Q_aC^4h^4}{4\pi\tau_s n^4R^6}\int(g_s(E)\cdot g_a(E)/E^4)\mathrm{d}E \tag{7-14}$$

式中，Q_a 为激活剂 A 的吸收系数。由于 Mn^{2+}在 $CaSiO_3$ 中的吸收非常弱，难以实现测定 Q_a 值。Fowler 和 Dester 根据爱因斯坦关系式导出以下公式：

$$Q_a=\frac{1}{\tau}\cdot\frac{1}{n^2}\cdot\frac{h}{4}(g^*/g)(\lambda_{em}^6/\lambda_{ex}) \tag{7-15}$$

式中，g^*、g 分别为激活剂离子在激发态和基态的状态数，假定激发态的全部状态，则 $g^*=3^6$，而基态为^6S 的全部状态，故 $g=6$；n 为基质的折射率，对 $CaSiO_3$ 而言，$n=1.62$。

依据实验结果，$\lambda_{em}=610nm$，$\lambda_{ex}=408nm$，$\tau(Mn^{2+})=15ms$。将以上数值代入(7-15)式得到：$Q_a=5.48\times10^{-22}eV\cdot cm^2$。

由 $CaSiO_3$:Ce^{3+}的发射光谱和 $CaSiO_3$:Mn^{2+}中 Mn^{2+}的激发光谱交叠区域的归一化曲线，可粗略估算，得到式（7-14）中的部分值如下：

$$\int\frac{g_s(E)g_a(E)}{E^4}\mathrm{d}E\approx 0.008eV^{-5} \tag{7-16}$$

将 Q_a 值和 $0.008eV^{-5}$结果代入式（7-14）中，可以得到：

$$P_{dd}=\frac{1}{\tau_s}\left(\frac{5.3}{R}\right)^{-6} \tag{7-17}$$

由式（7-17）可知，当 $R=0.53nm$ 时，$P_{dd}=\frac{1}{\tau_s}$，即能量传递概率 P_{dd}与敏化剂的荧光衰减概率相等，0.53nm 即为电偶极-偶极作用的临界距离 R_c。

再考虑电偶极-四极相互作用情况（d-q）。电偶极-偶极和电偶极-四级能量传递概率比 P_{dd}/P_{dq}可以用式（7-9）表示，也可表示如下[66]：

$$P_{dd}/P_{dq} = \frac{8}{27a}\frac{R^2\ |\langle r_a \rangle|^2}{|\langle N_a \rangle|^2} \tag{7-18}$$

式中，$|\langle N_a \rangle|^2$ 为四级矩；a 为常数，$a=1.266$；$|\langle r_a \rangle|^2$ 为偶极矩，利用振子强度可求出。经过处理和计算，式（7-18）可表示如下：

$$P_{dd}/P_{dq} = 9.14 \times 10^{-2}R^2 \tag{7-19}$$

由式（7-18）可知，当 $R^2<9.14\times10^{-2}$，即 $R<0.33$nm 时，P_{dq}作用的概率极将大于 P_{dd}作用概率。否则，$R>0.33$nm 时，$P_{dd}>P_{dq}$。而当 $R=0.53$nm（电偶极-电偶极相互作用的 R_c）时，$P_{dd}/P_{dq}=2.5$. 这表明，此时 d-q 作用占有一定的权重。

由链状的 $CaSiO_3$ 晶体结构可知，Ca^{2+}有 3 种晶体学格位，均为 6 个氧配位的畸变八面体格位。Ca—O 链长为 0.335～0.382nm，而 Ca^{2+}周围第一近邻 0.37～0.5nm 有 4 个不同的 Ca^{2+}。第二近邻 0.5～0.7nm 有 8 个 Ca^{2+}格位。由以上结果可知，对电多极作用的有效距离可以达到第二近邻。而交换作用只对第一近邻是有效的。故在 $CaSiO_3$:Ce,Mn 中，Ce^{3+}→Mn^{2+}能量传递主要是通过电多极相互作用。进一步利用 Inokuti-Hirayama 提出的施主荧光衰减与受主浓度关系实验数据曲线拟合。结果表明，除 Mn^{2+}0.1（摩尔分数）样品外，拟合值与实验值的方均根误差都以 $S=6$ 时最小，且不同 Mn^{2+}浓度下，平均临界距离 $R_c=0.56$nm。这些结果与 Forster-Dexter 理论计算的结果非常吻合。依据式（7-19），在这样的距离下，得到 $P_{dd}/P_{dq}\approx2.9$。这说明在 $CaSiO_3$:Ce,Mn 体系中，Ce^{3+}→Mn^{2+}的能量传递起主要作用的是电偶极-偶极相互作用，同时电偶极-四极的相互作用也存在。

因此，张晓和作者对 $CaSiO_3$ 中 Ce^{3+}→Mn^{2+}的能量传递的理论分析方法是有普遍参考意义的。

（2）单斜 $Ca_3Y_2(Si_3O_9)_2$ 硅酸盐及 $SrAl_{12}O_{19}$铝酸盐中也存在 Ce^{3+}→Mn^{2+}的能量传递。其共同点也是施主 Ce^{3+}的发射光谱与受主 Mn^{2+}的吸收（激发）光谱存在交叠。随 Mn^{2+}浓度增加，Ce^{3+}的发射强度逐步减弱，而 Mn^{2+}发射增强[67-68]。

由上述两种硅酸盐体系中发生 Ce^{3+}→Mn^{2+}的无辐射能量传递的结果，实际上构成暖白光。在这种体系中，可以进一步创新设计 $Ce^{3+}/Tb^{3+}/Mn^{2+}$三掺杂，或 $Ce^{3+}/Tb^{3+}/Dy^{3+}/Mn^{2+}$等四掺杂的单相白光 LED 用的颜色和色温可调的全光谱新白光荧光体，且不必使用昂贵的铕原料。

7.8.2　Pb^{2+}、Cr^{3+}与 Ce^{3+}的能量传递

在高能光子激发及 4.2～350K 温度下，对液相外延生长的 Ce^{3+}:$Lu_3Al_5O_{12}$单晶薄膜中稳态、时间分辨发射和激发光谱及发光衰减动力学研究，观测到能量从基质传递到 Pb^{2+}和 Ce^{3+}及能量从 Pb^{2+}→Ce^{3+}的过程[69]，发现因 Pb^{2+}中心的 3.61eV（343.5nm）发射谱和 Ce^{3+}中心的 3.6eV（344.4nm）吸收谱带交叠，故高效的 Pb^{2+}→Ce^{3+}无辐射能量传递发生。这导致 Ce^{3+}中心的发光衰减较慢成分出现，这对 LuAG:Ce 闪烁体是不利的。Pb^{2+}是用 PbO 作助熔剂带来的。这提醒人们需注意合适的助熔剂。

在 YAG 中，Cr^{3+}和 Pr^{3+}可被蓝光激发，分别发射约 685nm 鲜红光和约 611nm 橙红光。针对 YAG:Ce 中缺少红成分，为增加光谱中红成分，提高显色指数，于 YAG 中分别共掺杂 Ce^{3+}/Cr^{3+}及 $Ce^{3+}/Pr^{3+}/Cr^{3+}$[70]。在蓝光激发下，出现 Cr^{3+}和 Pr^{3+}红光谱，且观测到发

生 Ce^{3+}→Cr^{3+}及 Ce^{3+}→Pr^{3+}→Cr^{3+}能量传递。使 Cr^{3+}发射的红成分增加，提 LED 光源的显色指数，但光效有所降低。出于这种目的，在 $Y_2BaAl_4SiO_{12}$:Ce^{3+}，Cr^{3+}荧光体中，也可发生 Ce^{3+}→Cr^{3+}离子间的能量传递，大大增强 LED 中深红光的发射[71]。

7.9 Ce^{3+}产生激光和在 NIR 激光中的作用及 MIR 吸收光谱

7.9.1 Ce^{3+} UV 激光

Ce^{3+}能产生激光吗？一般人们不熟悉，答案是能。其主要依据是 Ce^{3+}的基本物理特性对激光运行是有前景的。众所周知，Ce^{3+}的 $5d$ →$4f$ 跃迁是允许强电偶极跃迁，呈现充分宽可调谐的强吸收和发射带，吸收和发射截面大，振子强度高，且具有纳秒泵浦脉冲的高增益等优点。基于 UV $5d$ →$4f$ 跃迁具有激光运作第一次被探索到后[72]，曾引起人们对 Ce^{3+}掺杂的固体激光的关注。

但是 Ce^{3+}激光技术执行受到严重挑战：晶体长时过度受 UV 辐射轰击或由于 Ce^{3+}电子释放产生色心使材料着色，导致此项工作进度缓慢，甚至停顿。人们曾对 Ce^{3+}掺杂的 CaF_2、LiYF、$LiLu_4$、$LiMAlF_6$(M=Sr，Ca）及 YAG 等晶体吸收光谱考察，证实色心吸收光谱。色心对振子强度吸收比 $5d$ →$4f$ 跃迁大 1 个数量级（$f=0\sim1.0$ 变为 $f=0.01\sim0.1$）[73]，非常严重。其中 Ce:$LiMAlF_6$(M=Sr,Ca）和 Ce:$LiYF_4$ 具有相对稳定的激光性质和增益。

美国加州大学 Lawrence Livermore 国家实验的专家们在美国能源部及空军部门弹道导弹防卫部门支持下，进一步对 266nm 泵浦 Ce^{3+}:$LiSrAlF_6$ 晶体 290nm 激光性质引起的劣化性质改进探索。

Ce^{3+}:$LiSrAlF_6$ 的 π-和 τ-偏振的 σ_{ab} 分别为 $7.3\times10^{-18}cm^2$ 和 $6.6\times10^{-18}cm^2$；而 σ_{em}(290nm）分别为 $9.5\times10^{-18}cm^2$ 和 $6.1\times10^{-18}cm^2$[74]。依据离子半径 Ce^{3+}取代 Sr^{2+}，需再掺杂进行电荷补偿，在相关的氟化物中共掺杂 Na^+、Mg^{2+}或 Zn^{2+}；同时，他们提出用 532nm 作为抗灼伤光束和 266nm 一起使用来改善 Ce^{3+}的激光性能[73]。研究在保持 266nm 能量不变的情况下，266nm 泵浦 Ce^{3+}:$LiSrAlF_6$ 的激光输出能量与 532nm 抗极化光束密度的关系。可见激光输出能量随 532nm 光束密度（J/cm^2）增加，从 0.18mJ 增加到 0.24mJ。该结果可以和下公式吻合：

$$E_{out}=\eta_o(E_p-E_{th})\frac{\ln(1-T_{oc})}{\ln(1-T_{oc})+\ln[1-L_{nonbl}-L_{bl}\exp(-F^{532}/F_o^{532})]} \qquad (7\text{-}20)$$

式中，E_{out}为 290nm 激光输出能量；η_o 为本征效率；E_p 为吸收的 266nm 泵浦能量；E_{th}为 266nm 泵浦阈值能量；T_{oc}为输出耦合值；$L_{nonbl}=19\%$；$L_{bl}=27\%$；$F_o{}^{532}=4.6J/cm^2$。

共掺杂 Na^+后，2% Na^+,2% Ce^{3+}:LiSrAlF 在一束 266nm 激光泵浦和一束恒定的 532nm 抗 UV 轰击光束共同泵浦下，激光输出能量（mJ）与输入吸收能量（mJ）为线性关系，斜效率达到 47%。使用和不使用抗曝晒的 532nm 光束，以及共掺 Na^+、Mg^{2+}、Zn^{2+}等后；在 266nm 泵浦下激光晶体的斜率明显变化。这些结果清楚表明：（1）加入 532nm 抗 UV 轰出光束（实际是一种漂白光束），斜效率从 33.1%提高到 46.9%，增幅高 1.4 倍；（2）共掺 Na^+后，斜效率得到大幅提高；（3）共掺 Na^+的结果大大优于掺 Mg^{2+}和 Zn^{2+}的作用，使过度 UV 辐射曝晒作用大大降低。

Ce^{3+} UV 激光工作由于难度很大，产生 Ce^{3+} 的 $5d$ 跃迁激光原理并不很清楚，可能属准三能级激光运作系统，加上它的应用背景敏感性，公开报道不多。对国人来说，较为生疏和新颖。长时受短波 UV 辐射轰击致使激光材料损伤，色心和缺陷等产生，导致激光性能、转换效率及使用寿命劣化等不良因素产生。在 $Ce^{3+}:LiSrAlF_6$ 激光晶体中，引入 Na^+ 和使用起漂白作用的 532nm 是有一定基础的。这方面可将许多 Ce^{3+} 激活的荧光材料与激光原理有机地结合起来，对发光中的 Eu^{2+} 等离子的光激励和存储工作，色心和缺陷形成及清除（漂白）等工作基础具有参考指导作用。

7.9.2　Ce^{3+} $^2F_{5/2}$—$^2F_{7/2}$ 能级的 MIR 吸收光谱

这里简要介绍 Ce^{3+} 的 $4f$—$4f$ 能级跃迁吸收光谱。Ce^{3+} 的 $4f$ 电子组态能级非常简单，基态 $^2F_{5/2}$ 和一个吸收能级 $^2F_{7/2}$。它们之间的能隙很小，大约为 $2000cm^{-1}$。以往限于探测困难及杂质等因素影响，很难得到 Ce^{3+} 的 $4f$—$4f$ 跃迁的光学光谱信息，有关这方面的信息极少。

为发展 MIR 激光，人们在 ZBLANPb 玻璃上依然观测到 Ce^{3+} 的吸收光谱[75]，分布在 3～6μm 范围，吸收峰约 4.6μm。它是典型的 Ce^{3+} 的 $^2F_{5/2}$—$^2F_{7/2}$ 能级跃迁吸收。这结果确实证实存在 $^2F_{5/2}\rightarrow{}^2F_{7/2}$ 能级跃迁 MIR 光子吸收。

综上所述，Ce^{3+} 的光谱特性及与其他离子间的能量传递特点表明，Ce^{3+} 是一个非常好的激活剂和敏化剂。在能量传递过程中 Ce^{3+} 一般起着有效的能量施主作用，显著提高受主的发光效率。表 7-6 总结列出在能量传递过程中，Ce^{3+} 和其他许多离子间的相互作用和效果。可能有些遗漏，今后随着发展，可以使这方面内容更充实。

表 7-6　在能量传递过程中 Ce^{3+} 和其他许多离子间的相互作用和效果

施主	受主	相互作用和效果
Ce^{3+}	Pr^{3+}	无辐射多极相互作用，增强 Pr^{3+} 可见光发射，用于 LED 中，提高显色性
	Nd^{3+}	辐射和无辐射能量传递，使 Nd^{3+} NIR 受激发射效果提高
	Sm^{3+}	无辐射多极相互作用，显著提高 Sm^{3+} 红色发射，有望改善照明显色性
	Eu^{3+}	传递效率很低或无效，易形成 $Ce^{4+}-O^{2-}$ 和 $Eu^{2+}-O^{2-}$ CTB
	Gd^{3+}	UVU 激发，无辐射多极相互作用，增强 Gd^{3+} 311nm 发射
	Tb^{3+}	无辐射能量传递效率很高，多为 d-d，其次是 d-q 相互作用，大大增强 Tb^{3+} 绿色发射，导致产生许多 $\eta_Q\geqslant95\%$ 高效绿色荧光粉，并实现产业化
	Dy^{3+}	无辐射多极相互作用，使 Dy^{3+} 可见光发射增强，可望用于 LED
	Ho^{3+}	有可能交叉弛豫，改善 Ho^{3+} NIR 发射
	Er^{3+}	有可能交叉弛豫，改善 Er^{3+} NIR 发射
	Tm^{3+}	无辐射多极相互作用，增强 Tm^{3+} 蓝色发光
	Yb^{3+}	显著提高 Yb^{3+} 约 1.0μmNIR 发射，但能量传递机理不清楚
	Mn^{2+}	传递效率高，多为 d-d 作用，增强 Mn^{2+} 的红色或绿色发射，为照明光源成为低色温，高显色性光源

续表 7-6

施主	受主	相互作用和效果
Ce^{3+}	Cr^{3+}	无辐射传递，增加 Cr^{3+} 的深红色发射
	Eu^{2+}	无辐射传递，增强 Eu^{2+} 可见光发射
Pr^{3+}	Ce^{3+}	UVU 或短波 UV 激发，Pr^{3+} $5d$ 态激发，无辐射传递，增强 Ce^{3+} 发射
Gd^{3+}	Ce^{3+}	UVU 或短波 UV 激发，Gd^{3+} 无辐射 UV 传递给 Ce^{3+}
Tb^{3+}	Ce^{3+}	Tb^{3+} 的 $^5D_3$，$^5D_4$ 能级发射辐射能量传递给 Ce^{3+} 的位于可见光区 $5d$ 态，Tb^{3+} 的 $^5D_3$，$^5D_4$ 能级无辐射传递，d-d 相互作用为主，d-q 次之，传递给位于可见光区 Ce^{3+} $5d$ 态
Tl^{+}	Ce^{3+}	无辐射多极相互作用，大大增强 Ce^{3+} 发射
Pb^{2+}	Ce^{3+}	短波 UV 激发，无辐射传递给 Ce^{3+}

7.10 Ce^{3+}激活的荧光材料的应用

由于 Ce^{3+}具有上述一些特性，其 Ce^{3+}激活的荧光材料具有许多特殊的光学光谱学和发光学功能，被广泛用于各种领域中。这里仅简要介绍几个领域的应用。

早在 19 世纪末，人们将硝酸铈和硝酸钍浸入纱罩中，在可燃气体灼烧时生成 $Ce_{0.01}Th_{0.99}O_2$，发出耀眼亮光，制成汽灯用作路灯、集会或渔船捕鱼等照明工具。在 20 世纪 60—70 年代，Y_2SiO_5:Ce 被用作飞点扫描蓝色荧光体，而发明的 YAG:Ce 被用作飞点黄色荧光体，牌号 P46。而今，白光 LED 所用的 YAG:Ce 体系黄色荧光体就是在此基础上发展制造的。

7.10.1 紧凑型荧光灯用含 Ce^{3+}高效荧光体

20 世纪 70 年代能源危机，导致 70—80 年代节能的紧凑型荧光灯及其高效稀土荧光体问世和广泛应用。

在节能紧凑型荧光灯中，高效绿色荧光体对灯的光通和光效（lm/W）的贡献最大。人们利用 $Ce^{3+}\rightarrow Tb^{3+}$的无辐射能量传递，成功地研发出高效(Ce，Tb)$MgAl_{11}O_{19}$及 $LaPO_4$:Ce,Tb 绿色荧光体，其性能见前文所述。经不断改进，它们的量子效率已达到 95%左右，因而被大量生产使用。故最佳配方为($Ce_{0.77}Tb_{0.33}$)$MgAl_{11}O_{19}$。而 $LnMgB_5O_{10}$:Ce,Tb 稀土五磷酸盐也是一种高效的绿色荧光体。(Ce,Gd)(Mg,Mn)B_5O_{10}则是一种发射鲜艳红光优良荧光体，可提高荧光灯的显色性和显色指数 R_a，被用作低色温高显色性高级荧光灯中。

灯用稀土荧光体形成一个大产业链，促进我国高纯稀土氧化物产业发展。当前受白光 LED 发展挤压、产业受到影响。

7.10.2 白光 LED 照明工程

1996 年，GaN 蓝光发光二极管（LED）首先被日本中村修二突破，实现量产化。2015 中村修二等 3 位日本科学家荣获诺贝尔物理学奖。

由颜色学和色度学原理可知，由蓝光和黄光按一定比例混合即可得到白光，或用蓝、绿、红三色光混合也可得到白光。用蓝色 GaN 芯片和可被蓝光激发的 YAG :Ce 石榴石黄色荧光体按一定比例混合制成发白光 LED，即新兴的固体照明光源诞生。白光 LED 具有固体小型化、寿命长、光效高等优点，目前光效已大于 200lm/W，成为世界照明引领的新一代光源。

人们对 YAG :Ce 荧光体熟悉，荧光体的发射光谱随 Gd^{3+} 取代 Y^{3+} 浓度的增加，向长波侧移动，而 Ga^{3+} 取代的 Al^{3+} 则向短波侧移动。

它们在蓝光 LED 激发下分别发射绿光、黄绿光、黄光，而 $Tb_3Al_5O_{12}:Ce^{3+}$（简称 TAG :Ce^{3+}）发射带橙黄光。YAG :Ce 体系与蓝光 GaN 半导体芯片的发射光谱很匹配，因此，该体系荧光体与蓝光 LED 芯片科学组合，吸收 LED 芯片发出的 445~465nm 蓝光，高效地转换成所需要的黄光、绿光，从而实现白光 LED 新照明光源。故它们被广泛地用于制造不同色温和显色指数的白光 LED 中。图 7-10 为用蓝光 GaN LED 芯片和（Y, Gd）$_3Al_5O_{12}$:Ce^{3+} 黄色荧光体组合制成典型的白光 LED 在直流电源驱动下的发射光谱。它是由蓝 LED 芯片和 YAG :Ce 黄色荧光体的发射光谱组成。而图 7-11 表示蓝光 InGaN LED 芯片与含有不同量的（Y,Gd）$_3Al_5O_{12}$:Ce 荧光粉组合后的发射光谱归一化后的动态变化。很明显，随黄色荧光粉量增加，蓝色芯片的发射强度逐步减少，而荧光粉的发射强度逐步增强。两光谱都是由 GaN LED 芯片的电致发光（EL）光谱和黄色荧光粉的光致发光（PL）光谱组成。根据需要，可再加入可被蓝光 LED 有效激发的发射绿光、红光等荧光体，可以组成色温和色坐标（x, y）可调的三基色、多基色全光谱高品质的白光 LED 光源。

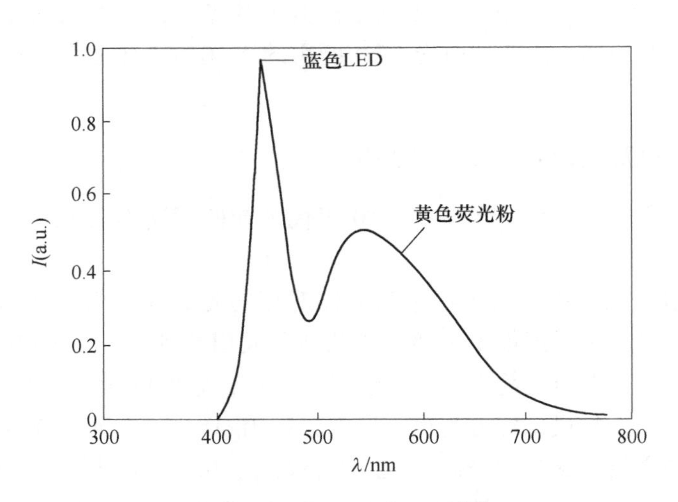

图 7-10　白光的发射光谱[76]
（I_f = 20mA）

为对应白光 LED 及其他应用，人们一直在研发能被蓝光和 NUV 光有效激发的光转换发光材料。除了氮化物和某些硅酸盐等材料外，Ce^{3+} 和 Eu^{2+} 激活的一些硫化物和碱土金属硫代化合物等也符合这方面的条件。

Ce^{3+} 激活硫化物 MS、RE_2S_3 及碱土金属硫代化合物 MA_2S_4（A = Ga, Al, RE）发光具

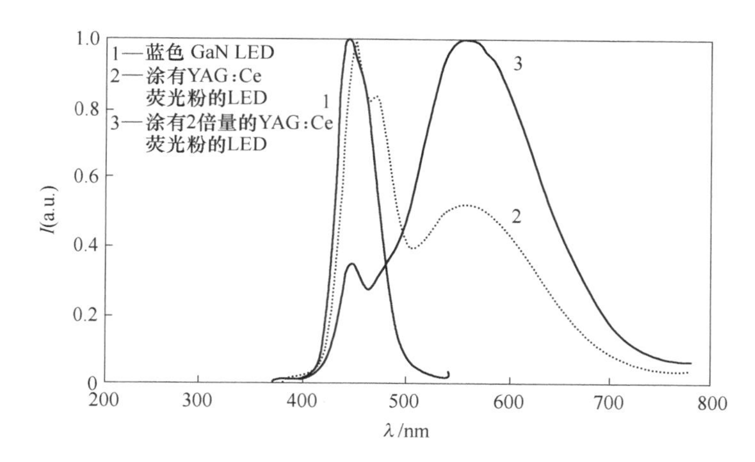

图 7-11 蓝光 LED 及涂有不同量 YAG:Ce 荧光粉 LED 的发射光谱[77]

有以下特点：

（1）绝大多数材料均可被长波 UV-NUV-Vis 激发，呈现 Ce^{3+}的 $5d$ 组态跃迁宽激发带。

（2）发光主要呈现在可见光谱区，为蓝-绿-红光区。

（3）这些化合物的化学键表现为更多的共价性，Ce^{3+}发射波长红移，配位环境对称性降低，使 Ce^{3+}的 $5d$ 态权重降低。

（4）Ce^{3+}激活的碱土金属硫代镓铝酸盐效率高，室温下 η_Q 高达 73%，发射在蓝-绿光谱区。

（5）Ce^{3+}激活的稀土硫化物和硫氧化物可被蓝光激发，发射鲜艳红光，但发光效率和流明效率均很低。不如 MS:Eu^{2+}及 Y_2O_3S:Eu^{3+}荧光体。而碱土金属硫化物 MS:Ce^{3+}的化学稳定性不良。

这些 Eu^{2+}或 Ce^{3+}激活的硫化合物和碱土金属硫化物除可用于白光 LED 外，也可用作农膜，提高蔬菜等作物产量及早熟，但它们的耐候性很差。此外，也是太阳电池光转换材料的候选者。

用新荧光材料 Ce^{3+}、Eu^{2+}分别掺杂或 Ce^{3+}/Eu^{2+}共掺杂的碱土金属硫代硅酸盐体系结合组成的荧光体在 380nm NUV 光激发下具有类似黑体辐射的暖白光，其色温 3000K，具有显色指数极高等优良色品性质。

7.10.3 闪烁体

在探测和记录各种射线粒子的行为时，闪烁探测器是最重要的工具。闪烁探测器是将射线的信息转变为光信息，然后再转换为电信息的一种射线探测和记录仪器，其核心是发光的闪烁体。

高能物理、宇宙射线、空间探测、核医学、安全检查、地质矿产探矿等领域发展如超导超级对撞机高能粒子，核医学成像 PET、CT、SPET 等高技术发展对闪烁体提出更高的要求。NaI:Tl 和 BG0 已不适应要求，而含铈的闪烁体正好符合要求，成为近年人们争相发展的热点。其特点如下：

（1）Ce^{3+}激活剂的 $5d$—$4f$ 能级允许跃迁可获得纳秒级很短的荧光寿命；

（2）Ce^{3+}的发射光谱在UV-可见光区，取决于周围晶场环境，Ce^{3+}的光发射容易被探测和记录；

（3）Ce^{3+}激活的闪烁体可被X射线、γ射线、中子等高能粒子有效激发，产生高效光子产额；

（4）Ce^{3+}容易和其他金属阳离子，特别是同族的稀土离子结合，其化合物具有高密度和高辐照硬度等性能。

现已发展第三代和第四代闪烁体。第三代闪烁体主要包括：Gd_2SiO_5:Ce(GSO:Ce)，Lu_2SiO_5:Ce(LSO:Ce)，YAG:Ce，$YAlO_3$:Ce(YAP:Ce)，$GdAlO_3$:Ce(GAP:Ce)，$LuAlO_3$:Ce(LAP:Ce)等[78-80]。第四代包括Ce^{3+}掺杂的卤化物，如$LaBr_3$:Ce(30ns)，$LaCl_3$:Ce(17ns)，$CeBr_3$(17ns)，LuI_3:Ce(33ns)，A_2LnX_5:Ce(2AX:REX_3=2:1)二元卤化物中的K_2LaI_5:Ce(24ns)，A_2BLnX_6(2AX:BX:LnX_3=2:1:1)中的$Cs_2LiLaBrx$:Ce(55ns)，$LiGdCl_4$:Ce(50ns)等卤化物。这类Ce^{3+}激活的卤化物集高光子产额，荧光寿命超短，几十纳秒，高能量分辨率等于一体，成为当前研发的热点。我国已将固体闪烁体$LaCl_3$:Ce和$LaBr_3$:Ce用于γ谱仪中，并安放在“嫦娥2号”月球卫星上。长期以来，无水高纯原材料$LaBr_3$、$CeBr_3$等合成技术及闪烁体制备技术制约着我国在这方面的发展。近年来，已引起我国重视，针对稀土卤化物闪烁体用关键材料无水高纯卤化物等合成技术被着力发展[80]，并取得可喜成果。

此外，作者记录到Ce^{3+}激活的GdF_3在^{238}Pu核辐射和紫外光子（254nm）激发下，发射强的峰值为525nm处的宽绿色谱带，两者强的绿色光谱一致[81]。图7-12表示在254nm和^{238}Pu核辐射激发下，Ce^{3+}的520nm发射强度与Ce^{3+}浓度关系，在浓度（摩尔分数）为0.5%~1%时最佳。这两种不同激发条件下的结果是一致的。在发射光谱中，也存在Gd^{3+}的特征约310nm，它的寿命是毫秒量级，发射可以用滤光片除去。由于在GdF_3中Ce^{3+}的发射在可见光的绿色区，光子产额很高，也很容易与探测器匹配且性能稳定。若经过改善是一种有发展前景的闪烁体，或其他用途。若将GdF_3换成LuF_3可能更佳。这里有一疑问，发射525nm绿光有可能不是Ce^{3+}，而是Ce^{3+}传递给其他杂质（如Mn^{2+}）发光。可惜当时没有测量525nm的荧光寿命。但有一点可以肯定，该荧光体是可被^{238}Pu放射性同位素激发。

稀土闪烁玻璃也被关注。稀土闪烁玻璃制备工艺简单，熔制温度低，且易制成大尺寸、任何形状及闪烁光纤，可进行多组分掺杂。一般碱金属是玻璃的重要组成部分，可以含有大量的Li^+，特别适用于中子探测器[82-83]。利用闪烁体内靶核核素锂-6与热中子核反应所产生的核动能激发闪烁体内激活剂Ce^{3+}发光，将对中子的探测转化为对NUV-可见光的探测，从而解决了无法对热中子探测的难题。还可利用锂-6玻璃闪烁体中$Gd^{3+}\rightarrow Ce^{3+}$能量传递增强$Ce^{3+}$的发光强度。当然，也需要将$Gd^{3+}$的发光过滤。但是玻璃网络复杂，且存在较多的缺陷等问题。

Tb^{3+}或Eu^{3+}激活的闪烁玻璃分别发射绿光和红光，与探测器光电响应很匹配，它们的荧光寿命在毫秒量级，只能用于对衰减寿命要求不高的普通闪烁探测器中，且光子产额低。可以用上述Ce^{3+}—Tb^{3+}间的能量传递机理提高Tb^{3+}等离子的发光强度。在单掺Tb^{3+}和Tb^{3+}/Ce^{3+}的玻璃中均获得证实[84]。作者团队发明的单掺Ce^{3+}及Ce^{3+}和Tb^{3+}共掺杂的

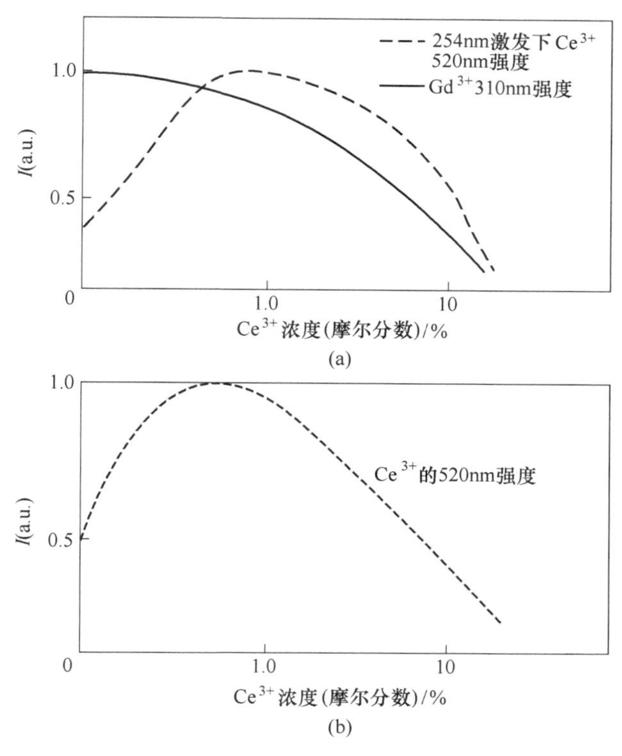

图 7-12 GdF_3:Ce^{3+}的发光强度与Ce^{3+}浓度关系[81]

(a) 紫外光子激发；(b) ^{238}Pu 核辐射激发

组成 $70B_2O_3$-$(15-x-y)La_2O_3$-$7BaO$-$8Li_2O$-xCe_2O_3-yTb_2O_3 稀土硼酸盐玻璃（BLBL）中含有大量锂元素。而此玻璃中 Ce^{3+}、Tb^{3+}的发光性质及 $Ce^{3+}\rightarrow Tb^{3+}$的能量传递已被充分研究。在 UV 光子激发下，$Ce^{3+}$发射强蓝紫光两个 Ce^{3+}中心的荧光寿命分别为 31ns 和 46ns[85]。而玻璃中发生 $Ce^{3+}\rightarrow Tb^{3+}$无辐射能量传递更加增强 Tb^{3+}的绿色发光。因此，单掺 Ce^{3+}或 Ce^{3+}和 Tb^{3+}共掺的玻璃有可能用作新的中子玻璃闪烁体，发射纳秒蓝紫光或效率很高的绿光闪烁体。

这里，作者特别提出，依据无辐射能量传递原理，可设计 Ce^{3+}和 Yb^{3+}或 Tb^{3+}、Mn^{2+}等离子共掺杂的任何内烁体，特别是 $LnSiO_5$:Ce, Yb, Ln_2SiO_5:Ce, Tb, $Ln_3Al_5O_{12}$:Ce, Yb, $LnAlO_3$:Ce, Yb, LaX_3:Ce, Yb, $CeBr_3$:Yb, A_2LnX_5:Ce, Yb 等。在闪烁体中，Ce^{3+}（施主）将部分吸收的能量无辐射传递给 Yb^{3+}、Tb^{3+}（受主）；在能量传递过程中，Ce^{3+}超短荧光寿命（τ）和发射强度（I）分别随受主离子浓度增加而缩短和减弱。这种方案可达到获取 Ce^{3+}更短的荧光寿命目的。Ce^{3+}离子的发射光谱一般在紫外光-黄光之间，与发光增强后的 Yb^{3+}的发射（$^2F_{5/2}$—$_2F_{7/2}$）的 1μm 近红外光谱或其他受主发射波段相距很远。只需加上近红外光或其他滤光片后，很容易将 Yb^{3+}、Tb^{3+}等离子的发射光过滤掉，留下的只是发生能量传递后的 Ce^{3+}寿命更加缩短的超短荧光寿命。新的闪烁体可更加适应记录衰减更快的高能粒子、核物理、宇宙射线等核反应和核裂变过程及核医学需要。

7.10.4　无毒环保红色颜料

以往大量使用硫化镉（CdS）红色颜料，这是一种有毒的污染环境的被欧美等国严禁使用的红色颜料。几种稀土倍半硫化物不仅高效吸收可见光，而且发射鲜艳红光，体色为红色，是一种优良的红色颜料。20 世纪 90 年代又发展 γ-Ce_2S_3 红色颜料。γ-Ce_2S_3 为立方缺陷 Th_3P_4 型结构，空间群 $I\bar{4}3d$。

人们生产的无毒的硫化铈红色颜料的性能优于 Fe_2O_3 铁红和有毒的 $CdS_{1-x}Se_x$ 镉红颜料，必将淘汰镉红色颜抖。

7.10.5　Ce^{3+}可调谐固体紫外激光

紫外激光器在工业微加工、微电子学、光谱学、医疗、空间光通信及军事等领域中有着广泛应用前景，受到重视。Ce^{3+} UV 激光运作已在 7.9 节中介绍。

Ce^{3+}:$LiSrAlF_6$ 晶体的光谱表明，宽吸收（激发）带峰在 266nm 附近，正好可用 Nd：YAG 激光四倍频 266nm 激光激发，其激光输出在 285～297nm 连续可调，其激光峰 290nm，荧光寿命 28ns[86-87]。其激光性能不断提高，1997 年其输出激光能量提高到 0.24mJ，斜效率达 47%。在实验室中制成 289～293nm 连续可调激光，其线宽小于 0.1nm（受 1m 光谱仪分辨率限制）的分布式 Ce^{3+}:$LiSrAlF_6$ 激光器。这种激光器可用于紫外吸收，激光雷达系统等用途。

针对 Ce^{3+}:$LiYF_4$ 晶体的可调谐固体紫外激光进展缓慢，日本 OKata 等人利用 193nm 或 248nm，对 Ce^{3+}:$LiYF_4$ 晶体激发，得到 Ce^{3+}的 5*d* 跃迁的 325.2nm 激光，增盖系数超过 $180cm^{-1}$，超辐射束 2.5mrad，可调谐波长范围超过 10nm[88]。这样宽调谐范围可支持几个飞秒的光脉冲。用大尺寸 Ce^{3+}:$LiLuF_4$ 晶体[89]，使用 309nm 激光激发，在约 340mJ 脉冲能量泵浦下，激光输出能量为 27mJ，斜效率约 17%。

正如前文所述，Ce^{3+}紫外固体激光难度大，应用敏感性公开报道不多。这既是挑战，也是机遇。作者相信，紫外激光 Ce^{3+}掺杂的晶体不可能仅限于 Ce^{3+}:$LiMAlF_6$（M = Sr，Ca）及 $LiYF_4$ 等氟化物。如何发展 Ce^{3+}紫外固体激光，选择合适基质是关键。应该选择晶场强度弱的材料，这样 Ce^{3+}的 5*d* 态晶场劈裂位于紫外区，5*d* 重心位移较小。显然优选氟化物和某些含氧盐。

参 考 文 献

[1] DORENBOS P，ANDRIESSEN J，VANEIJK C W E. $4f^{n-1}$ controid shift in lanthanides and relation with anion polarizabilily，covalency，and electroneg ativily [J]. J. Solid State Chem.，2003，171：133-136.

[2] SHI J S，WU Z J，ZHOU S H，et al. Dependence of crystal field splitting of 5*d* levels on hosts in the halide crystals [J]. Chem. Phys. Lett.，2003，380：245-250.

[3] GERLOCH M SLADE R C. Ligand-Field Parameters [M]. London：Cambridge Umiversity Press，1973：31，36.

[4] RACK P D，HOLLOWAY P H. The structure ，device physics，and material properties of thin film electroluminescent displays [J]. Mater. Sci Eng. R，1998，21：171-219.

[5] TOQUIN R L，CHEETHAM A K. Red-emitting cerium based phosphor materials for Solid-state lighting

applications [J]. Chem. Phys. Lett., 2006, 423: 352-356.

[6] DORENBOS P. 5D-level energies of Ce^{3+} and the crystalline environment. Ⅳ. Aluminales and sample acides [J]. J. Lumin., 2002, 99: 283-299.

[7] DORENBOS P. The $4f^{n}$—$4f^{n-1}5d$ transtions of the trivalent lanthanides in halogenides [J]. J. Lumin., 2000, 91: 91-106.

[8] BANKS E, LIU X R, SRIVASTAVA A M. Halper A. Luminecence of ceriam in the system $Ba_{1-x}Ce_xMgF_{4+x}$ [J]. J. Lumin., 1984, 31-32: 216-217.

[9] 刘行仁，张晓，鲁淑华，等. 偏硅酸钙中Ce^{3+}的发光性质 [J]. 发光学报，1989，10：177-184.

[10] 黄立辉，刘行仁，王晓君，等. $M_3MgSi_2O_8$($M=Sr$, Ba) 中的Ce^{3+}发光性质 [J]. 无机材料学报，1999，14：317-320.

[11] 黄立辉，林海，王晓君，等. $Ca_3MgSi_2O_8$ 中Ce^{3+}的光谱及其晶体学格位 [J]. 光谱学与光谱分析，2000，20：265-267.

[12] HUANG L H, ZHANG X, LIU X R. Studies on luminescence properties and crystallographic sites of Ce^{3+} in $Ca_3MgSi_2O_8$ [J]. J. Alloys. Compounds, 2000, 305 (1/2): 14-16.

[13] 刘行仁，王晓君，马龙. Ce^{3+}在 YGG 中的光谱性质 [J]. 光学学报，1987，7：1118-1121.

[14] LIU X R, WANG X J, SHUN W R. Luminescence properties of the Ce^{3+} ion in Yttrium gallium garnet [J]. Phys. Stat. Sol. (a), 1987, 101: K161-165.

[15] HOLLOWAY J W W, KESTIGIAN M. Optical propertiles of cerium-activated garnet crystals [J]. J. Opt. Soc. Amer., 1969, 59 (1): 60-63.

[16] Gmelin Handbook of Inorganic and Organmetallic Chemistry [M]. Rare Earth Elments, 1993: 81-83.

[17] 起绪义，刘行仁，刘填薪. 在La_2O_3 和 NH_4Cl 合成的体系中Ce^{3+}的发光 [J]. 发光学报，1996，17 (专辑)：85-87.

[18] 王晓君，林海，黄立辉，等. 稀土硼酸盐玻璃中Ce^{3+}的光谱性质和荧光衰减 [J]. 光谱学与光谱分析，1999，19：645-647.

[19] WEBER M J. Heavy Scintillator for Sci. &Indus. Appl. In Proc. of Crystal [C]// 2000 Intern. Workshop, 1992: 99-124.

[20] 林海，刘行仁. 三价铈离子在氯硅酸钙镁中的晶体学格位研究 [J]. 无机材料学报，1997，12：595-597.

[21] VAN UITERT L G. An empirical relation fitting the position in energy of the lowerd-band edge for Eu^{2+} or Ce^{3+} in various compounds [J]. J. Lumin., 1984, 29: 1-9.

[22] 李宗和. 结构化学 [M]. 北京：北京师范大学出版社，1987：299.

[23] DORENBOS P. The $5d$ level positions of the trivalent lanthanides in inorganics compounds [J]. J. Lumin., 2000, 91: 155-176.

[24] LIU L H, XIE R J, LI W Y, et al. Yellow-emitting $Y_3Si_6N_{11}$:Ce^{3+} phosphor for white light-emittingdiods (LEds)[J]. J. Amer. Ceram. Soc., 2013, 96: 1687-1690.

[25] HSU C H, LU C H. Color-tunable $Y_2Si_9N_6C$:Ce^{3+} Carbonitride Phosphors for ultraviolet light-emitting diode [J]. J. Am. Ceram. Soc., 2013, 96: 1691-1694.

[26] ZHANG Z J, TEN KATE O M, DELSING A C A, et al. Preparation, electronic structure and photoluminescence properties of RE (RE=Ce, Yb)-activated $SrAlSi_4N_7$ phosphors [J]. Mater. Chem C, 2013, 1: 7859-7865.

[27] YANG H C, LIU Y, YE S, et al. Purple-to yellow tunable luminescence of Ce^{3+} doped yttrium-siticon-oxide-nittride phosphor [J]. Chem . Phys Lett., 2008, 451: 217-221.

[28] DUAN C, WANG X J, OTTEN W M, et al. Preparazation, electronic structure, and photoluminescence

properties of Eu^{2+} and Ce^{3+}/Li^{+}-activated alkaline earth silicon nitride $MSiN_2$ (M = Sr, Ba) [J]. Chem. Mater. , 2008, 20: 1597-1605.

[29] LI Y Q, HIROSAKI N, XIE R J, et al. Yellow-orange-emitting $CaAlSiN_3:Ce^{3+}$ phosphor: Structure, photoluminescence, and application in white LEDs [J]. Chem. Mater. , 2007, 26: 6704-6714.

[30] TEN KATE O M, ZHANG Z, DORENBOS P, et al. 4*f* and 5*d* energy levels of the divalent and trivalent lanthanide ions in $M_2Si_5N_8$(M=Ca, Sr, Ba)[J]. J. Solid State. Chem. , 2013, 197: 209-217.

[31] RUAN J, XIE X J, FUNAHASHI S, et al. A nevel yellow-emitting $SrAlSi_4N_7:Ce^{3+}$ phosphor for solid state lighting: Synthesis, electronic structure and photoluminescence properties [J]. J. Solid State Chem. , 2013, 208: 50-57.

[32] SUEHIRO T, HIROSAKI N, XIE R J, et al. Blue-emitting $LaSi_3N_5:Ce^{3+}$ fine powder phosphor for UV-converting white light-emitting diodes [J]. Appl. Phys. Lett. , 2009, 95: 051903-1-3.

[33] LU F C, CHEN X Y, WANG M W, et al. Crystal structure and photoluminescence of $(Y_{1-x}Ce_x)_2Si_3O_3N_4$ [J]. J. Lumin. , 2011, 131, 336-341.

[34] VAN KREVEL J W H, HINTZEN H T, METSELAAR R, et al. Long wavelength Ce^{3+} emission in Y-Si-O-N materials [J]. J. Alloys Compounds, 1998, 268: 272-277.

[35] VAN KREVEL J W H, HINTZEN H T, METSELAAR R. On the Ce^{3+} luminescense in the Meliite-type oxide nitride compound $Y_2Si_{3-x}Al_xO_{3+x}N_{4-x}$ [J]. Mater. Res. Bull. , 2000, 35: 747-754.

[36] DIERRE B, XIE R J, HIRASAKI N, et al. Blue emission of Ce^{3+} in lanthanide silicon oxynitride phosphors [J]. Mater. Press. , 2007, 22: 1933-1941.

[37] XIE R J, HINTZEN H T. Optical properties of (oxy) nitride naterials : A review [J]. J. Am. Ceram. Soc. , 2013, 96 (3): 665-687.

[38] LI Y Q, HINTZEN H T. Luminescence of a new class of UV-blue-emitting phosphors $MSi_2O_{2-\delta}N_{2+2/3\delta}$: Ce^{3+}(M=Ca, Sr, Ba) [J]. J. Mater. Chem. , 2005, 15: 4492-4496.

[39] XIE R J, HIROSAKI N. Silion-based oxynitride and nitride phosphors for white LEDs-A review [J]. Sci. Tech of Advan. Mater. , 2008, 8 (7/8): 588-600.

[40] XIE R J, HIROSAKI N, MITOMO M, et al. Photoluminescence of Cerium-doped α-SiAlON materials [J]. J. Am. Ceram. Soc., 2004, 87 (7): 1368-1370.

[41] STEVELS A L N, SCHRAMA-DE PAUW A D M. Eu^{2+} luminescence in hexagonal aluminates containing large divalent or trivalent cations [J]. J. Electrochem. Soc. , 1976, 123 (5): 691.

[42] SOMMERDIJK J L, VAN DER DOES DE BYE J A W, VERBERNE P H J M. Decay of the Ce^{3+} luminescence of $LaMgAl_{11}O_{19}:Ce^{3+}$ and $CeMgAl_{11}O_{19}$ activated with Tb^{3+} or Eu^{3+} [J]. J. Lumin. , 1976, 14: 91-99.

[43] 许武亮，刘行仁，申五福，等. 轻中稀土杂质对绿色荧光粉 (Ce, Tb) $MgAl_{11}O_{19}$ 发光性能的影响 [C] //第二届中国稀土学会年会会议，1990.

[44] BOCHU P, PARENT C, DAOUDI A. The Ce^{3+}—Tb^{3+} transfer in phosphore host lattices [J]. Mat. Res. Bull. , 1981, 16: 883-886.

[45] BOURCET J C, FONG F K. Quantum efficiency of diffusion limited energy transfer in $La_{1-x-y}Ce_xTb_yPO_4$ [J] J. Chem. Phys. , 1974, 60: 34-39.

[46] 刘行仁，王晓君. 稀土正磷酸盐绿色荧光粉发展 [J] . 中国照明电器，1994，5：1-8.

[47] BOCHU P, PARENT C, DAOUDI A, et al. The Ce^{3+}-Tb^{3+} transfer in phosphate host lattices [J]. Mat. Res. Bull. , 1981, 16: 883-886.

[48] PARENT C, FAVA J, LE FLEM G, et al. Proprietes optiques de phase $Na_3La_{1-x-y}Ce_xTb_y(PO_4)_2$ [J] . Sol. State. Comm. , 1980, 35 (6): 451-455.

[49] SHI S K, LI J, LZHANG X J, et al. Enhanced green luminescence and energy transfer studies in Ce^{3+}/Tb^{3+}-codoped α-zirconium posphate nanosheet [J]. J. Lumin., 2016, 180: 214-218.

[50] LESKELA M, SAIKKANEN J. Ce^{3+} and Tb^{3+}-activated rare earth oxyorthosilicates [J]. J. Less-Common, Metals, 1985, 112: 71-74.

[51] 张晓，刘行仁. $CaSiO_3$ 中 Tb^{3+}的发光性质及 Ce^{3+}—Tb^{3+}的能量传递. [J] 中国稀土学报，1991，9 (4)：324-328.

[52] 王晓君，林海，刘行仁. Ce^{3+}和 Tb^{3+}掺杂的稀土硼酸盐玻璃的发光性质 [J]. 中国稀土学报，1999，17 (4) 316-312.

[53] REISFELD R, HORMADALY J. Quantum yield of Ce^{3+} and energy transfer between Ce^{3+} and Tb^{3+} in boraxglasses [J]. J. Solid State Chem., 1975, 13: 283-287.

[54] DE HAIR J T W, VAN KEMENADE J T C. New Tb^{3+} and Mn^{2+} activated phosphors and their application in "Deluxe" lamp [C] // In: 3rd Inter. Conf. Sience and Technology of Light Source, Toulouse, 1983: 54.

[55] BLASSE G. Energy transfer phenomena in system (Y, Ce, Gd, Tb)F_3[J]. Phys. States. Sol. (a)., 1982, 73: 205-208.

[56] 张勇，吕景文，韩冰，等. Ce^{3+}和 Tb^{3+}掺杂—硅酸盐玻璃的发光性能 [J]. 发光学报，2017，38 (1)：37-43.

[57] ZHANG X, LIU X R. Luminescence and energy transfer of Eu^{2+} doped $Ca_8Mg(SiO_4)_4Cl_2$phosphor [J]. J. Electrochem. Soc., 1992, 139: 622-625.

[58] LIN H, LIU X R, ZHANG X. Spectral properties and sensitization of Ce^{3+} and Eu^{2+} doped calium zinc chlorosilicate [J]. J. Rare Earths, 1998, 16 (1): 68-71.

[59] 林海，林久令，刘行仁. $Ca_8Mg(SiO_4)_4Cl_2$ 中 Ce^{3+}和 Eu^{2+}的光谱性质和能量传递 [J]. 光谱学与光谱分析，1998，18 (6)：645-648.

[60] LIU R S, LIU Y H, BAGKAR N C, et al. Enhanced luminescence of $SrSi_2O_2N_2$:Eu^{2+} phasphors by codoping with Ce^{3+}, Mn^{2+}, and Dy^{3+} ions [J]. Appl. Phys. Lett., 2007, 91: 06119.

[61] WANG L, LIU K, QU B Y. Defects levers and VUV/UV luminescence of Ce^{3+} and Eu^{3+} doped chloroapatite phosphors $M_5(PO_4)_3Cl$(M=Ca, Sr, Ba)[J]. Opt. Mater., 2020, 107: 110014.

[62] MARES J. Energy transfer in YAG:Nd codoped with Ce [J]. Czech. J. Phys. B, 1985, 35: 883-891.

[63] ZHANG X, LIU X R, ZHANG Y L, et al. Fluorescence of Ce^{3+} and Sm^{3+} in a fluorosilicate host $Ca_5(SiO_4)_2F_2$ [C]// Proc. Second Inter. Symposium on Rare Earths Specroscopy, 1989.

[64] REISFELD R, ECKSTEIN Y. Energy transfer from Ce^{2+} to Tm^{3+} in borate and phosphate glasses [J]. Appl. Phys. Lett., 1975, 26: 253-254.

[65] ZHANG H, CHEN J D, GAO H. Efficient near-infrared quantun cutting by Ce^{3+}-Yb^{3+} couple in $GdBO_3$ phosphors [J]. J. Rare Earths, 2011, 29 (9): 822-825.

[66] 张晓，刘行仁. $CaSiO_3$:Ce，Mn 体系中 Ce^{2+}→ Mn^{3+}的能量传递研究 [J]. 发光学报，1992，13 (1)：1-9.

[67] MÜLLER M, JÜSTEL T. On the luminescence and energy transfer of white emitting $Ca_3Y_2(Si_3O_9)_2$:Ce^{3+}, Mn^{2+} phosphor [J]. J. Lumin., 2014, 155: 398-404.

[68] STEVELS A L N, VERSTEGEN J M J. Eu^{2+}→Mn^{2+} energy transfer in hexagonal aluminates [J]. J. Lumin., 1976, 14: 207-218.

[69] BABIN V, GORBENKO V, MAKHOV A, et al. Luminescence characteristics of Pb^{2+} centres indoped and Ce^{3+}-doped $Lu_3Al_5O_{12}$ single-crystalline films and Pb^{2+} → Ce^{3+} energy transfer processes [J]. J. Lumin., 2007, 127: 384-390.

[70] WANG L, ZHANG X, HAO Z D, et al. Enriching red emission of $Y_3Al_5O_{12}$:Ce^{3+} by codoping Pr^{3+} and

Cr^{3+} for inproving color rendering of white LEDs [J]. Ept. Express, 2010, 18 (24): 25177-25182.

[71] YAN M W, SETO T, WANG MY H. Strong energy transfer induced deep-red emission for LED plant growth phosphor $(Y,Ba)_3(Al,Si)_5O_{12}$:Ce^{3+},Cr^{3+} [J]. J. Luomin., 2021, 239: 118352.

[72] EHRLICH D J, MOULTON P F, OSGOOD R M. Ultraviolet Solid-state Ce:YLF laser at 325nm [J]. Opt. Lett., 1979, 4 (6): 184-186.

[73] BAYRAMIAN A J, MARSHALL C D, WU J H, et al. Ce:$LiSrAlF_6$ laser performance with antisolarant pump beam [J]. J. Lumin., 1996, 69: 85-94.

[74] MARSHALL C D, SPETH J A, PAYNE S A, et al. Ulteraviolet laser emission properties of Ce^{3+}-doped $LiSrAlF_6$ and $LiCaAlF_6$ [J]. J. Opt. Sov. Am. B, 1994, 11 (10): 2054-2065.

[75] DIGONNET M J F. Rare Earth Doped Fiber Lasers and Applifiers [M]. Marcal Dekker Inc. 1993.

[76] 刘行仁, 薛胜薛, 黄德森, 等. 白光 LED 现状和问题 [J]. 光源与照明, 2003, 3: 4-8.

[77] 刘行仁. 白光 LED 工作总结报告 [R]. 福建苍乐电子企业有限公司, 2004.

[78] LIU X L, WU F, CHEN S W, et al. The mechanism of enhanced luminescence in ion-codoped Lu_2SiO_5:Ce^{3+} phosphors [J]. J. Lumin., 2015, 161: 422-425.

[79] LOEF E V D V, DORENBOS P, EI JK C W E V, et al. High-energy-resolution scintillator: Ce^{3+} activated $LaBr_3$ [J]. Appl. Phys. Lett., 2001, 79 (10): 1573-1575.

[80] 马显东, 郝先库, 赵永志, 等. 无水 $LaBr_3$ 和 $CeBr_3$ 合成方法研究进展 [J]. 稀土, 2017, 38 (3): 128-135.

[81] 刘行仁, 吴渊. 在核辐射和紫外光子激发下 Ce^{3+}激活氟化钆的荧光特性 [C] // 中国稀土学会第二届年会会议, 北京, 1990.

[82] 杨帆, 任国浩. 中子探测用闪烁体的研究进展 [J]. 核电子学与探测技术, 2009, 29 (4): 895.

[83] 朱永昌, 刘群, 高祀建, 等. 锂-6 玻璃闪烁体中 $Gd^{3+}\rightarrow Ce^{3+}$ 能量转移对发光性能的影响 [J]. 中国稀土学报, 2012, 30 (3): 325-328.

[84] 张勇, 吕景文, 韩冰, 等. Ce^{3+} 和 Tb^{3+} 掺杂钆-钡-硅酸盐闪烁玻璃的发光性能 [J]. 发光学报, 2017, 38 (1): 37-44.

[85] HUANG L H, WANG X J, LIN H, et al. Luminescence properties of Ce^{3+} and Tb^{3+} doped rare earth borate glasses [J]. J. Alloys Compounds, 2001, 316 (1/2): 256-259.

[86] PINTO J F, ROSENBLATT G H, ESTEROWITZ L. Tunable solid-state laser action in Ce^{3+}:$LiSrAlF_6$ [J]. Electron. Lett., 1994, 30 (3): 240-241.

[87] PINTO J F, ESTEROWITZ L. Distributed-feetback, tunable Ce^{3+}-doped colquiriite laser [J]. Appl. Phys. Lett., 1997, 71 (2): 205-207.

[88] OKATA F, TOGAWA S, OHTA K. Solid-state ultraviolet tunablelaser: A Ce^{3+}-doped $LiYF_4$ Crystal. J. Appl. Phys., 1994, 75 (1): 49-53.

[89] LIU Z L, SHIMAMURA K, NAKANO K, et al. Direct gerneration of 27mJ, 309nm pulses from a Ce^{3+}:$LiLuF_4$ Oscillator using a large-size Ce^{3+}:$LiLuF_4$ crystal [J]. Jpn. J. Appl. Phys., 2000, 39: L88-89.

8　Pr^{3+}的光学光谱、发光和激光特性及能量传递

Pr^{3+}（$4f^2$）具有非常丰富的4f能级及特殊的4f5d电子组态，是发光和激光材料中非常重要的激活剂和敏化剂，其激活的材料具有广泛用途。在阴极射线（CR）激发下，发绿光的Pr^{3+}激活的硫氧化钆荧光体由于色纯度很高，绝大部分发射能量集中在500～520nm很窄的绿色光谱中，曾被用作高对比度的CRT显示器中，而Gd_2O_2S:Pr,Ce,F用于医疗CT检测仪中的核心陶瓷闪烁体。近年来，Pr^{3+}共掺于YAG:Ce黄绿色荧光体被用于白光LED中,可改善其显色性。Pr^{3+}掺杂的某些氟化物，含氧盐晶体和玻璃是重要的激光材料或有应用前景的激光材料。进入21世纪后，人们特别关注Pr^{3+}的近红外-中红外（NIR-MIR）的光学光谱性能和激光研发。这些特性与Pr^{3+}($4f^2$）的能级结构和4f5d态密切相关。

本章介绍Pr^{3+}的光学光谱、能级寿命等特性，4f5d态能量位于$^1S_0$能态之上或之下的规律和重要性，IVCT带，Pr^{3+}的激光特性及离子间能量传递等。

8.1　Pr^{3+}的$4f^2$的Stark能级和4f5d态

8.1.1　Pr^{3+}的Stark能级

Pr^{3+}不仅具有丰富的4f不同能量的Stark能级，而且也存在受晶场环境影响很大的4f5d高能态。故在短波UV-长波UV-可见光-NIR-MIR宽光谱区域内都可出现光子发射。这给人们对Pr^{3+}的光谱特性及应用带来很大的研究空间。表8-1列出不同时期YAG[1]、YGG[1]、$YAlO_3$[2]及LaF_3[3]等重要晶体中Pr^{3+}的$4f^2$的Stark能级的理论计算和实验结果。后来的结果，比早期及1968年Dieke给出的$LaCl_3$等材料中的数据更精细和完整。

Pr^{3+}的最高4f的$^1S_0$能级，由于晶场强度和环境的影响，一般位于205～215nm（48800～46500cm^{-1}）附近。如$SrAl_{12}O_{19}$中Pr^{3+}的$^1S_0$能级位于215nm附近[4]，与$^1I_6$能级间距高达约24700cm^{-1}。LaF_3中$^1S_0$位于47000cm^{-1}（212.7nm）。

8.1.2　Pr^{3+}的4f5d能态

三价镧系离子Ln^{3+}的4f5d最低能量位置由低到高顺序为：Ce^{3+}，Pr^{3+}，Tb^{3+}，Dy^{3+}，…，Gd^{3+}。这表明易氧化成四价的离子具有较低的4f5d态能量。Pr^{3+}的4f5d态的能量比Ce^{3+}高，和Tb^{3+}相差不大，而比其他三价稀土离子的4f5d态的能量低。一般位于$^1S_0$能级之上或之下，或与$^1S_0$能级交叠，依晶场强度或环境而定。

在晶场强度弱的$GdMgB_5O_{10}$、GdB_3O_6、YF_3等硼酸盐和氟化物中，Pr^{3+}的4f5d能量位于$^1S_0$能级之上，大约50000cm^{-1}；而在晶场强度较强的$CaSiO_3$和Sr_2SiO_4硅酸盐中，

表 8-1 晶体体中 Pr^{3+}的 $4f^2$ 能级的能量位置 (cm^{-1})

能级	自由离子能量	能级	YAG[1]	YGG[1]		YAP[2]		LaF_3[3]		能级	自由离子能量	能级	YAG	YGG	YAP	YAP	LaF_3	
			(吸)	(吸)	(荧)	(计)	(实)	(实)	(计)				(吸)	(吸)	(计)	(实)	(实)	(计)
$^3H_4$	399	1~9	0	0	0	7	0	0	0.1	$^3F_4$	7009	46~54	6993	6993	6832		6927	6934.1
			19	23	22	67	52	57	58.6				7080	7082	6870		6946	6950.4
			50	39	40	137	144	76	85.7				7114	7104	6881		6980	6967.1
					538	165	152	136	101.5				7161	8232	6907		6998	6983.0
						253	229	195	215.7				7297	7289	7030		7029	7019.5
						371							7418	7390	7074		7035	7022.8
						455	468							7440	7114		7093	7055.8
						618	640							7645	7165		7165	7165.3
						633				$^1G_4$	10020	55~63	9718	9741	9584	9590	9716	9722.8
$^3H_5$	2437	10~20	2250	2180	2285	2104		2179	2191.9				9781	9806	9640	9668	9751	9752.2
			2260	2280	2316	2123	2143	2235	2200.4				9829	9884	9775	9774	9876	9853.7
			2910	2310	2356	2225	2236	2274	2272.7				10121	10134	9816		9912	9931.7
				2540	2576	2252	2243	2305	2277.4				10275	10240	9997	10006	10005	9999.2
				2610	2647	2282	2269	2325	2289.2						10040		10042	10062.2
				2640	2727	2290	2281	2352	2358.4						10121	10130	10048	10081.0
				2720	2800	2357		2412	2363.3						10331		10163	10163.2
				2810		2507		2428	2401.9								10499	10467.2
				2870		2541		2457	2442.5	$^1D_2$	16784	64~68	16418	16405	16374	16380	16873	16921.6
						2638		2469	2476.8				16889	16533	16627	16651	16893	16947.5
						2654		2561	2543.8				17042	16995	16703	16717	17083	17072.8
$^3H_6$	4563	21~33	4304	4285	4281	4188		4223	4217.0				17221	17078	16784	16787	17183	17095.4
			4318	4346	4347	4198		4268	4255.7					17209	17052	17031	17204	17151.9
			4341	4381	4394	4300		4305	4320.5	$^3P_0$	20440	69	20533	20594	20383	20417	20927	20902.7

续表 8-1

能级	自由离子能量	能级	YAG[1]	YGG[1]		YAP[2]		LaF_3[3]		能级	自由离子能量	能级	YAG	YGG	YAP	YAP	LaF_3	
			（吸）	（吸）	（荧）	（计）	（实）	（实）	（计）				（吸）	（吸）	（计）	（实）	（实）	（计）
			4358	4448		4302		4388	4420.4	$^3P_1$	21043	72~74	20729	20925	20893	20896	—	—
			4393	4530		4339		4440	4464.2				20749	20986	20956	20963		
			4408	4534		4409		4504	4501.1	$^1I_6$	21299	75~85	20805	20992	21153	21143	21458	21330
			4567	4945		4444		4529	4514.4						21314	21306	—	2134.4
						4515		4558	4559.4						21317	21313	21475	21352.1
						4534		4581	4577.3						21397		21479	21440.7
						4745		4591	4632.2						21449	21422	21484	21452.8
						4766		4673	4712.2						21546		21487	21468.5
						4869		4785	4731.2						21566		21498	21492.8
						4874		—	4833.8						21918	21935	21516	21519.3
$^3F_2$	5167	34~38	5046	5073		5064		5137	5140.5						21920	21920	21522	21531.7
			5143	5106		5068		5182	5171.2								21529	21555.4
			5366	5353		5126		5201	5186.9								21554	21585.1
			5434	5404		5178		5275	5265.5								21580	21701.4
			5536	5425		5220		5280	5269.2	$^3P_2$	22219	86~90	22303	22262	22081		22691	22677.1
				5459									22579	22507	22185		22714	22709.9
$^3F_3$	6529	39~45	6467	6492		6362		6453	6457.9						22270	22291	22734	22745.7
			6482	6507		6440		6495	6491.2						22352	22318	22772	2276.8
			6560	6538		6459		6499	6516.7						22428	22412	22819	22808.1
			6800	6766		6468		6587	6576.4	$^1S_0$			4700				47000	46900
			6831	6805		6503		6602	6598.7									
						6554		6622	6620.3									
						6571		6722	6712.2									

分别位于40600和40000cm^{-1}处，均在$^1S_0$能级之下不远处。但在晶场强度很强的YAG石榴石中，也位于$^1S_0$能级之下，约34000cm^{-1}处，离$^1S_0$能级更远。Pr^{3+}的4f5d能态的能量位置存在上述三种典型情况，则导致Pr^{3+}的吸收和发射光谱呈现显著不同。

8.2　Pr^{3+}的光谱特征

8.2.1　Pr^{3+}光谱范围规划

依据众多的Pr^{3+}的吸收和发射光谱，可以将Pr^{3+}的光谱规划为5个区域：

（1）Pr^{3+}的4f5d在$^1S_0$能级之上。可以产生紫外光，可见光-NIR光多光子串级发射。

（2）Pr^{3+}的4f5d态在$^1S_0$能级之下。可以产生4f5d →^3H_J的紫外-可见光区发射，可衍生高效Pr^{3+}→Gd^{3+}(Ce^{3+})→RE^{3+}的能量传递，发射不同能量的光子。

（3）在420~500nm蓝光谱范围内，包括Pr^{3+}的$^3P_0$—$^3H_4$(484nm)，（$^3P_1$,$^1I_6$)—$^3H_4$(约470nm),$^3P_2$—$^3H_4$（445nm),$^3P_0$—$^3H_5$(约520nm)，主要为4f—4f跃迁的蓝-蓝绿可见光。

（4）在550~640nm光谱范围内，主要涉及$^1D_2$—$^3H_4$,$^3P_0$—$^3F_2$等跃迁发射。

（5）在1200 ~ 2500nm的NIR-MIR光谱范围，主要包括$^3F_4$,$^3F_3$—$^3H_4$（约1500nm),$^3F_2$—$^3H_4$(约2000nm),$^3H_6$—$^3H_4$（约2250nm）等发射。近年来，这一区域的光谱性能成为Pr^{3+}激光研究重点。

不同范围的Pr^{3+}的光谱特性有着不同功能和应用。

8.2.2　Pr^{3+}的发射光谱、谱线强度与基质和晶场强度关系

如果发射起源于4f5d跃迁发射，多为紫外辐射和多光子串级发射。若起源于4f的$^1S_0$最高能级，发射400~410nm及其他f—f跃迁发射。

在不同的基质中，若发射来源于$^3P_0$能级，其发射的光谱和强度是不同的。例如在$LiYF_4$中发射是$^3P_0$→$^3H_6$,$^3F_2$跃迁红色发射，而在Gd_2O_2S中是$^3P_0$→$^3H_4$能级跃迁绿色发光。在Y_2O_2S中Pr^{3+}的发射强度是以红色（$^3P_0$→$^3F_2$）和绿色（$^3P_0$→$^3H_4$）为主。

在相同晶体结构下，组成和环境对Pr^{3+}的4f发射谱线移动有影响，但很弱，而对它们的跃迁概率影响较大。例如，在Pr^{3+}掺杂的$Cd_3Al_2Ge_3O_{12}$(CdAGG）和$Cd_3Ga_2Ge_3O_{12}$(CdGGG）锗酸盐石榴石的阴极射线发射光谱如图8-1和图8-2所示。

在这两种石榴石中，Pr^{3+}发射光谱本质上相同，但谱线的相对强度比不同。在CdAGG中488nm蓝线（$^3P_0$—$^3H_4$）强度比605nm红线（$^1D_2$—$^3H_4$）强，比值为113：100；而在CdGGG中相反，蓝线/红线比为45.4：100。在这两种荧光体中，其他的f—f能级跃迁发射均很弱。随Pr^{3+}浓度增加，488nm和608nm的强度迅速增加，最佳浓度(摩尔分数）为0.5%。在254nm激发下，Pr^{3+}的发射光谱和阴极射线发光光谱相同。在Pr^{3+}浓度很低时（0.06%)，在254nm激发下，基质的蓝光发射带强，随Pr^{3+}浓度增加，其强度大大减弱，直至消失。而Pr^{3+}发射强度增强，这是基质到Pr^{3+}能量传递的结果。

在UV和CR激发下，仔细观测这两种荧光体的光谱中发射峰位置和相对强度变化，

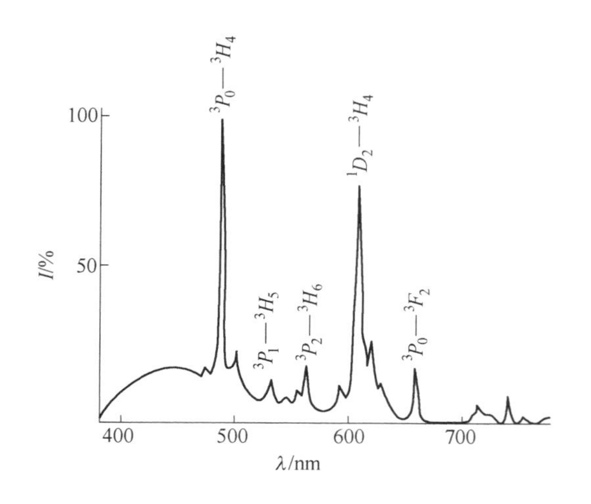

图 8-1 CdAGG :Pr^{3+}石榴石的阴极射线发光光谱[5]
(10kV, 0.5μA/cm^2)

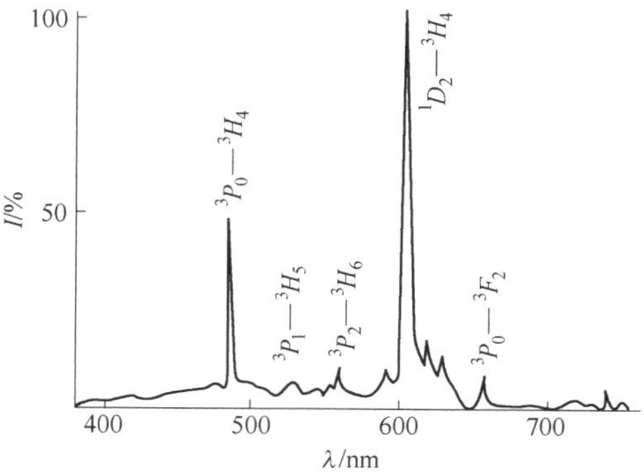

图 8-2 CdGGG :Pr^{3+}石榴石的阴极射线发光光谱[5]
(10kV, 0.5μA/cm^2)

其结果列在表 8-2 中。发现在可见光区除所有 Pr^{3+}的 4*f*—4*f* 能级相对强度变化以外，还发现这些 4*f* 能级的发射峰能量位置存在很小的差异，其变化有一定的规律。即和 $Cd_3Al_2Ge_3O_{12}$相比，在 $Cd_3Ga_2Ge_3O_{12}$中，Pr^{3+}在可见光光谱区中，所有的发射峰的位置向短波方向移动（蓝移）。这两种荧光体中谱线最大能量差 $\Delta E = 47cm^{-1}$，最小能量差为 $25cm^{-1}$。

表 8-2 $Cd_3M_2Ge_3O_{12}$(M=Al, Ga) 中 Pr^{3+}的不同能级跃迁发射及其相对强度[5]

Pr^{3+}	$Cd_3Al_2Ge_3O_{12}$			$Cd_3Ga_2Ge_3O_{12}$			E_2-E_1 /cm^{-1}
	λ/nm	E_1/cm^{-1}	I/%	λ/nm	E_2/cm^{-1}	I/%	
$^3P_0$—$^3H_4$	487.7	20504	100	486.6	20551	45.6	47
$^3P_1$—$^3H_5$	532.2	18790	11.5	531.1	18829	4.6	39
$^3P_2$—$^3H_6$	563.2	17756	16.7	562.1	17790	8.0	34
$^1D_2$—$^3H_4$	609.2	16415	88.5	608.1	16445	100	30
$^3P_0$—$^3H_6$	622.0	16077	29.5	620.8	16108	15.5	31
$^3P_0$—$^3F_2$	659.6	15161	19.0	658.5	15186	8.0	25

这两种石榴石具有相同的晶体结构，Pr^{3+}取代了占据十二面体上八配位的 Cd^{2+}格位，而 Al^{3+}和 Ga^{3+}占据八面体上格位。在 CdGGG 中，Pr^{3+}的发射峰和 CdAGG 中相比，向短波稍移动，可以解释为 Ga 和 Al 的电负性、离子半径及这两种石榴石中共价键程度的差异所造成。Ga 的电负性为 1.6，比 Al 的 1.5 高。元素的电负性越高，共价性和电子云扩大效应越低，致使 Pr^{3+}的能级能量重心向高能移动，导致其吸收发射光谱向短波移动。这种移动规律与在 YAG 和 YGG 石榴石中 Ce^{3+}发射峰移动规律一致。在稀土石榴石的 Pr^{3+}的发光中也存在类似 Pr^{3+}在锗酸盐石榴石中光谱移动的现象[6]。

在这两种锗酸盐中，Pr^{3+}的蓝（$^3P_0 \rightarrow {}^3H_4$）和红（$^1D_2 \rightarrow {}^3H_4$）相对发光强度不同，

可能原因如下：（1）组成中 Al^{3+} 和 Ga^{3+} 不同，使晶场环境和强度有一定变化，致使 Pr^{3+} 离子的 f—f 跃迁概率受到影响；（2）对 CdGGG 来说，Pr^{3+} 的 $^3P_0 \rightarrow {}^1D_2$ 的无辐射弛豫速率可能比 CdAGG 中快。

当然，Pr^{3+} 的发射光谱特性也与 Pr^{3+} 的浓度与温度有关。如 $Y_2Mo_4O_{15}$ 中 0.5%Pr^{3+} 钼酸盐中 Pr^{3+} 的发射光谱对 Pr^{3+} 的浓度和温度非常敏感[7]。在蓝光激发下，低浓度下以用 $^1D_2 \rightarrow {}^3H_4$ 跃迁红光发射为主；而在 10%Pr^{3+} 高浓度下以 $^3P_J \rightarrow {}^3F_2$ 跃迁深红光发射为主。这是因为在高浓度下发生交叉弛豫。而在 Ba_2CaWO_6:Pr 钨酸盐中[8]，最佳的 Pr^{3+} 的浓度很低，仅为 0.06%（质量分数）。这种浓度猝灭主要归因于电偶极-偶极（d-d）相互作用。用 314nm 对 Ba_2CaWO_6:Pr 的 WO_4 根集团激发，吸收的能量传递给 Pr^{3+} 的 ^3P_J 能级；或用 467nm 蓝光直对 ^3P_J 激发产生 489nm（$^3P_0 \rightarrow {}^3H_4$）、532nm（$^3P_1 \rightarrow {}^3H_5$）、647nm（$^3P_0 \rightarrow {}^3F_2$）、685nm（$^3P_0 \rightarrow {}^3F_3$）及 737nm（$^3P_0 \rightarrow {}^3F_4$）发射，这些蓝绿、红光发射构成白光。

8.2.3　Pr^{3+} 的光学光谱参数

Pr^{3+} 的光学光谱参数用 Pr^{3+} 掺杂的 $La_2CaB_{10}O_{19}$(LCB)、$Ca_4GdO(BO_3)_3$(GdCOB) 晶体和 BiB_3O_6(BiBO) 玻璃的性能予以说明[9]。依据修饰后 J-O 理论，计算吸收谱线强度 S_{JJ} 等参数。

$$S_{JJ} = \sum_{\lambda=2,4,6} \Omega_\lambda [1 + 2\alpha(E_j + E_{j'},\ - 2E_f^0)] \times |\langle \Phi J \| U^{(\lambda)} \| \Phi' J' K \rangle|^2 \qquad (8\text{-}1)$$

式中，Ω_λ 为 J-O 振子强度参数；α 为一个附加参数，对 Pr^{3+} 大约 10^{-5} cm^{-1}；$|\langle \Phi J \| U^{(\lambda)} \| \Phi' J' \rangle|^2$ 为约化矩阵元，与基质环境几乎无关，矩阵元值可以从 Carnall 等人[10]的报告中取得。

用最小平方拟合，得到 $\Omega_2 = 6.23 \times 10^{-20}cm^2$，$\Omega_4 = 1.87 \times 10^{-19}cm^2$，$\Omega_6 = 1.36 \times 10^{-19}cm^2$。其中 $^3H_4 \rightarrow {}^3P_2, {}^3P_1$ 跃迁的谱线（436nm）强度为 8×10^{-20} cm^2，σ_{ab} 为 $1.4\times10^{-20}cm^2$；而 $^3H_4 \rightarrow {}^3F_3, {}^3F_4$，的谱线（1.48μm）强度和 σ_{ab} 均很高，分别达 25.7×10^{-20} cm^2 和 $2.5\times10^{-20}cm^2$。

单斜的 $Ca_4GdO(BO_3)_3$(GdCOB) 晶体是一类非线性激光材料，二次倍频可产生短波激光。而 Pr^{3+} 掺杂的 BiB_3O_6(BiBO) 玻璃呈现一种有趣的现象，Pr^{3+} 的最低 $4f5d$ 态靠近 $^3P_2$ 能级[11]，Pr^{3+} 的 $4f$ 能级与 $5d$ 组态发生强的杂混。

依据振子强度（f）分析，预计其性能优势排序为 LCB :Pr 晶体>BiBO :Pr 玻璃≥GdCOB :Pr 晶体。BiBO :Pr 玻璃中 $^3H_4 \rightarrow {}^3F_3 + {}^3F_4$ 的振子强度很高，为 14.256×10^{-6}。LCB :Pr 晶体中，($^3P_2, {}^3P_1$) 能级的吸收截面比 $^3P_0$ 能级大 1.4 倍。这些结果为实验工作方式提供依据。此外，在 BiBO 玻璃中，Pr^{3+} 的 $4f5d$ 最低能态靠近 $^3P_2$ 能级，并与 $^3P_2$ 能级可能杂混。针对此特性，对 Pr^{3+} 的 $5d$ 态激发，Pr^{3+} 的发射光谱可能是另一种情况，这可指导设计新功能材料。

8.2.4　YAG 石榴石中 Pr^{3+} 的荧光光谱和跃迁概率

三价稀土离子激活的 YAG 和 YGG 石榴石家族，是非常重要的发光和激光材料。YAG

中 Pr^{3+}的 Stark 能级列在表 8-1 中。室温时 YAG:Pr 在可见光区的荧光光谱如图 8-3 所示，与 LuAG:Pr 的光谱类似。给出的 Pr^{3+}光谱以便了解 Pr^{3+}的一般跃迁发射的属性。其中最强的$^3P_0 \rightarrow {}^3H_4$ 和$^1D_2 \rightarrow {}^3H_4$ 能级跃迁发射缩小 0.4 倍。它们均属于允许跃迁，其振子强度和吸收谱线强度均很高，跃迁发射概率高。

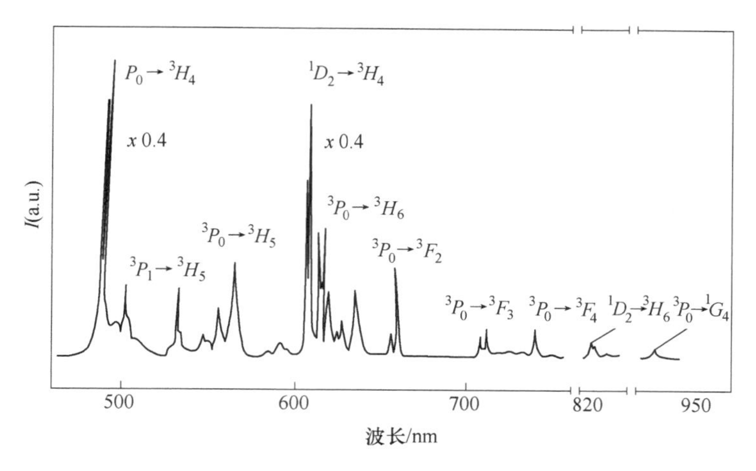

图 8-3 YAG 中 Pr^{3+}室温荧光光谱

结合光学吸收和荧光光谱及在室温时测定 LaF_3 中 Pr^{3+}的 $4f$—$4f$ 能级间跃迁的绝对强度，采用 J-O 理论及强度参数，计算 Pr^{3+}的一些 $4f$ 电子能级的电偶极（ED）和磁偶极（MD）的自发发射概率。其中$^3P_0$、$^3P_2$、$^1I_6$、$^3P_1$、$^1D_2$ 等能级都是发射概率很高的 $4f$ 能级。而$^3P_0 \rightarrow {}^3H_4$、$^3P_0 \rightarrow {}^3F_2$ 跃迁属允许纯电偶极跃迁。光谱中$^3P_0$ 的发射强度最强，因为$^3P_0$ 能级电偶极跃迁发射概率最大。其次$^1D_2 \rightarrow {}^3H_4$ 能级跃迁发射，它也是允许跃迁，磁偶极跃迁的发射概率最大。而$^3H_4 \rightarrow {}^3P_0$ 能级跃迁对蓝光（约 445nm）吸收非常有效，也属于允许电偶极跃迁。本应$^3P_2$ 能级的发射也应很强，但因$^3P_2$ 能级与下面紧邻的$^1I_6$,$^3P_1$ 和$^3P_0$ 能级间距很小，ΔE（$^3P_2$—$^1I_6$）= 920cm^{-1}，ΔE（$^1I_6$—$^3P_1$）= 256cm^{-1}，ΔE($^3P_1$—$^3P_0$)= 603cm^{-1}。$^3P_2$ 能级上布居粒子很容易快速无辐射弛豫到$^1I_6$ 能级，接着弛豫到$^3P_0$ 能级上，导致$^3P_2$ 能级向下能级跃迁发射强度大大减弱，甚至观测不到。而$^3H_4 \rightarrow {}^1I_6$ 能级跃迁也对蓝光（450~480nm）吸收强，它也属于允许跃迁。

8.3 Pr^{3+}的 $4f5d$ 态位于$^1S_0$ 能级之上的规律

当 Pr^{3+}的 $4f5d$ 态的最低能量的 $4f5d$ 子能态位于 $4f$ 能级最高能量的$^1S_0$ 能级之上时，即可发生多光子串级发射，其量子效率大于 100%，属于量子剪裁。这方面内容已在第 5 章节中介绍。

现在已知，可发生 Pr^{3+}的双光子串级发射材料有 YF_3、α-Na_2YF_5、$KMgF_3$、$LiCaAlF_6$、$LiSrAlF_6$、$SrAlF_5$ 等氟化物，以及 $LaMgB_5O_{10}$、$SrAl_{12}O_9$、LaB_3O_6、$BaSO_4$ 等含氧盐。

随 $4f^2 \rightarrow 4f5d$ 态激发后，受激的 $4f5d$ 态无辐射弛豫使$^1S_0$ 能级布居增值，$^1S_0$ 能级和下面能量低的最近^3P_J、$^1I_6$ 能级之间是一个大能隙，产生$^1S_0$ 能级→^3P_J,$^1I_6$ 能级之间的辐射跃迁，发射第一个光子。接着通过$^1I_6 \to {}^3P_0$能级无辐射弛豫，使$^3P_0$能级布居，随之产生$^3P_0$能级向下4f能级的辐射跃迁，产生第二个光子，量子效率大于100%。在上述一些材料中，Pr^{3+}均产生串级发射，但发射情况是有差异的。由于存在多声子作用，$^3P_0 \to {}^1D_2$跃迁在晶格中弛豫，故没有观测到$^3P_0$能级的发射。用图8-4示意在不同材料中，Pr^{3+}的4f5d位于$^1S_0$能级之上（图中左侧）发生的双光子串级发射。

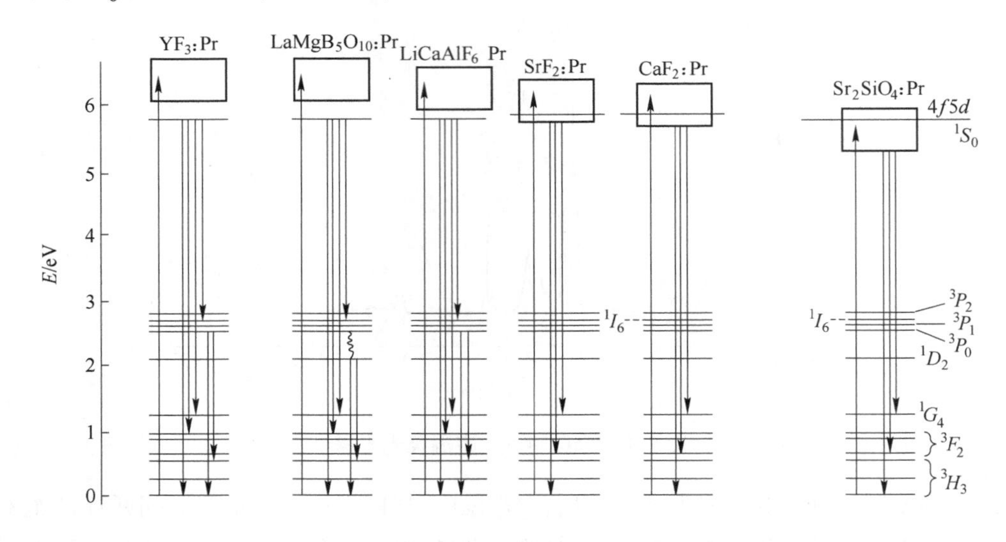

图8-4　不同晶体中Pr^{3+}的能级和跃迁发射图

YF_3:Pr^{3+}在VUV辐射和X射线激发下的发光性质进行比较，两者没有差别。用能量从局域电子-空穴、自俘获激子（STE）传递给Pr^{3+}来解释在X射线激发下的量子剪裁。$BaSO_4$:Pr和$SrAlF_5$:Pr在X射线激发时，也出现量子剪裁[12]，其光子串级和$^1S_0$是否发射与温度有关。$SrAlF_5$:Pr材料在X射线激发时，100K时没有来自$^1S_0$能级的发射；相反，在350K时却出现。在X射线激发时光子串级发射过程中，在不同温度时有两个关联过程决定其性质。第一个过程是自俘获激子（STE）的生成，可以使它的能量传递给Pr^{3+}的较低的4f^2能级（$^3P_0$，$^1D_2$）；另外，通过在Pr^{3+}离子上的电子和空穴直接复合，使4f5d态上粒子布居累积。

如何选用合适基质使Pr^{3+}的4f5d态在晶场作用下，劈裂后的分支位于$^1S_0$能级之上，与$^1S_0$能级分隔开，是一个重要的决策。现一般选用氟化物，如某些硼酸盐、碱土金属铝酸等。因为F^-的电负性比O^{2-}高，其化合物多为离子键，比共价键强，而晶场强度弱。而$LaMgB_5O_{10}$和$SrAl_{12}O_{19}$中都含有棱边共享的（La—O）和（Al—O）多面体，有望配位数高而产生低晶场强度。这样，位于高能级Pr^{3+}的4f5d态在弱晶场强度作用下，劈裂后的分支能量依然很高，可以位于4f的$^1S_0$能级之上，与此隔开。

8.4　Pr^{3+}的4f5d态位于$^1S_0$能级之下的规律

在不同的基质中，由于晶场强度和环境不同，Pr^{3+}的4f5d态可以位于Pr^{3+}的4f^2的最高的$^1S_0$ 能级之上，也可以位于之下，这两种情况将会产生完全不同的现象和结果。本节介绍 $4f5d$ 位于$^1S_0$ 能级之下的情况。$^1S_0$ 能级一般位于 205～215nm（48780～46510cm^{-1}）附近，晶场强度影响很小。$^1S_0$ 能级的位置：LaF_3:46900～47000cm^{-1}，$LaCl_3$:48800cm^{-1}，YAG:47000cm^{-1}，$SrAl_{12}O_{19}$:46510cm^{-1}，$LiCaAlF_6$ 和 $LiSrAlF_6$:47170cm^{-1}。一些 Pr^{3+}激活的发光材料中，$4f5d$ 态位于$^1S_0$ 能级之上发生的量子剪裁如图 8-4 左侧所示，位于$^1S_0$ 能级之下发生的光子发射如图 8-4 右侧所示，显然两者完全不同。

8.4.1 $CaSiO_3$ 中 Pr^{3+}的发光特性

首选 $CaSiO_3$:Pr^{3+}偏硅酸钙来研究 Pr^{3+}的 $4f5d$ 的行为和发光性质是基于下述原因。偏硅酸钙中的 β-$CaSiO_3$ 晶体属三斜晶系，具有良好的化学和热稳定性，价格便宜。在 $CaSiO_3$ 中 Ce^{3+}的发光性质，Ce^{3+}→Tb^{3+} 及 Ce^{3+}→Mn^{2+}间的高效无辐射能量传递已被研究[13-14]。$CaSiO_3$ 中 Ce^{3+}的 $4f5d$ 态的激发光谱主要位于 240～390nm 紫外区，特别是在长波 UV 区 Ce^{3+}具有很强的激发效果；而 Ce^{3+}的高效发射位于光谱蓝紫区。这些特性预示着在 $CaSiO_3$ 中 Ce^{3+}处于较高的晶场环境中，共价性较强，三价稀土离子可掺杂。因此适合被选择用来研究 Pr^{3+}的 $4f5d$ 态可能位于 Pr^{3+}最高能量的 $4f$ 的$^1S_0$ 能级之下的光谱性质研究。在 $CaSiO_3$:Pr^{3+}荧光体中所获得的结果和预计是一致的[15-16]。

室温下，由 240nm 短波紫外激发 $CaSiO_3$:Pr^{3+}荧光体，发射强的紫外光，其发射光谱如图 8-5 所示。在 250～440nm 宽光谱区记录到 3 个相连的宽发射带，发射峰分别位于大约 280nm、318nm 及 390nm 处，以 280nm 发射带最强。改变 Pr^{3+}浓度，并不影响 Pr^{3+}的 $4f5d$ 态的这种 UV 光谱结构，只是影响其 UV 光发射强度。

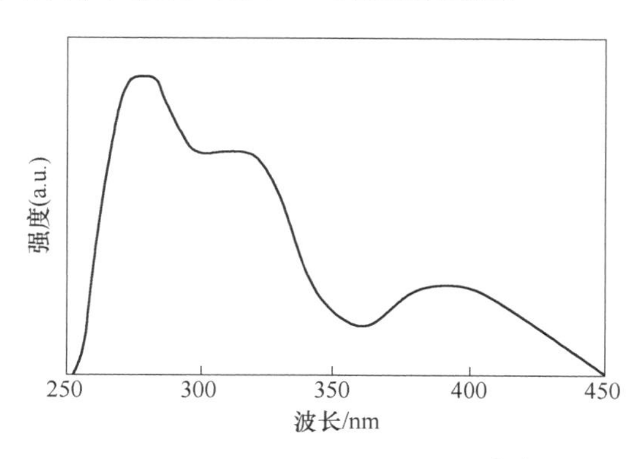

图 8-5 $CaSiO_3$:Pr 的发射光谱[15]

为判定在 $CaSiO_3$ 中 Pr^{3+}的 $4f5d$ 态向下 $4f$ 能级跃迁的终止态，从表 8-1 中随意取出 LaF_3 和 YAG 中 Pr^{3+}的$^3H_4$、$^3H_6$ 和$^1G_4$ 能级能量平均位置列在表 8-3 中 进行对比。表 8-3 中数据充分说明，在 $CaSiO_3$ 中，Pr^{3+}的 280nm(λ_1) 与 318nm(λ_2) 及与 390nm(λ_3) 的能量差与 LaF_3 和 YAG 晶体对应能级的重心能量差相等。因此，可以认定在 $CaSiO_3$(390nm)能级跃迁发射。如果在低温下观测可能获得更精确的结构。上述结果和低温下 $ScBO_3$ 中观察到 Pr^{3+}的 $5d(1)$→$^3H_4$、$^3H_6$ 和$^1G_4$ 能级跃迁发射的 UV 辐射结果一致。

在 β-$CaSiO_3$:Pr^{3+}中并没有观察到涉及 $5d$ 态下能级$^3P_0$、$^1D_2$ 能级跃迁发射，或者引起的串级多光子发射。因此，在 $CaSiO_3$ 中 $4f5d$（1）态的 UV 发射效率很高。同时指明，当 Pr^{3+}的最低 $4f5d$（1）与下面最近 $4f$ 能级，如$^3P_2$、$^3P_1$ 能量间距达到 10000cm^{-1}或更大时，故能够实现 $5d$—$4f$ 能级间的辐射跃迁。

表 8-3 $CaSiO_3$、LaF_3 和 YAG 中 Pr^{3+}相关能级能量位置

$CaSiO_3$		LaF_3		YAG
发射峰/nm	能量/nm	能级	位置/cm^{-1}	位置/cm^{-1}
280（λ_1）	35714	$^3H_4$	0	0
318（λ_2）	31446	$^3H_6$	4487（平均）	4384（平均）
390（λ_3）	25641	$^1G_4$	10001（平均）	9945（平均）
$\Delta E(\lambda_1-\lambda_2)$	4263	$\Delta E(^3H_6-^3H_4)$	4487	4384
$\Delta E(\lambda_1-\lambda_3)$	10073	$\Delta E(^1G_4-^3H_4)$	10001	9945

由 $CaSiO_3$ 中 Pr^{3+}的 280nm 发射室温下的激发光谱（见图 8-6）可知，它是一个从 200nm 延伸至 260nm 处短波紫外光区的激发带，对应于 Pr^{3+}的 $4f^2$ 基态$^3H_4$ →$4f5d$ 态的激发跃迁，其主激发峰位于 246nm 附近（约 40660cm^{-1}）。在 217nm 附近（46083cm^{-1}）还存在一个弱的激发带，它应是 $5d$ 态在晶场作用下劈裂的第 2 个能量最低的 $4f5d$（2）态。这和 YAG :Pr 中情况非常相似。第二个最低的 $4f5d$（2）子能态与 Pr^{3+}的最高的$4f^2$ 的$^1S_0$ 能量位置重叠在一起，$^1S_0$ 能级一般位于 47000cm^{-1}附近。这样，可以得到 β-$CaSiO_3$ 中 Pr^{3+}的能级图和 Pr^{3+}的激发和发射，如图 8-4 右侧所示。当短波紫外光激发 Pr^{3+}时，经基态$^3H_4$ →$4f5d$（2）态跃迁吸收后，迅速弛豫到第一个最低能量的 $4f5d$（1）态；或直接激发到 $4f5d$（1）态后，均发生从 $4f5d$（1）态辐射跃迁到$^3H_4$、$^3H_6$ 及$^1G_4$ 能级，发射强的 UV 辐射。在这种情况中，不会发生$^1S_0$、$^3P_0$ 和$^1D_2$ 等能级跃迁发射的量子剪裁的多光子串级发射，但可发生高效 Pr^{3+}→Gd^{3+}间的无辐射能量传递[16-17]。

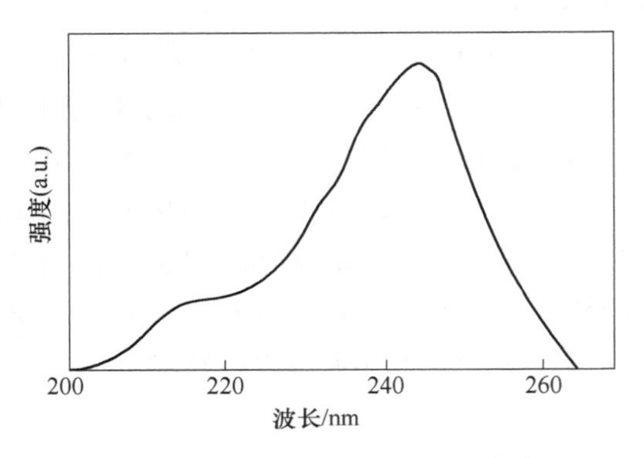

图 8-6 $CaSiO_3$:Pr 的激发光谱[15]

8.4.2 Sr_2SiO_4 中 Pr^{3+}的发光特性

基于 Pr^{3+}的 $4f5d$ 态位于$^1S_0$ 能级之下的研究信息并不多，特别是在国内。依据上述 $CaSiO_3$:Pr^{3+}的工作，进一步扩展到对 Sr_2SiO_4 中 Pr^{3+}的 $4f5d$ 态的光谱特性认识，以期丰富 Pr^{3+}的 $4f5d$ 态的发光性质，为新材料的设计提供依据。

为什么选择碱土金属硅酸盐 M_2SiO_4 对 Pr^{3+}的 $4f5d$ 态性质进行研究呢？在 Sr_2SiO_4 中 Si—O 键的共价性和晶场强度较强，而 Pr^{3+}的 $4f5d$ 态的能量位置受晶场强度和环境影响大。众所周知，M_2SiO_4 中 Eu^{2+}的 $4f5d$ 态受晶场强度影响，$4f5d$ 态能量重心下降到可见蓝光区，蓝光激发发射大约 560nm 强黄光，它们被用于白光 LED 中。因此，有理由预期在 Sr_2SiO_4 中 Pr^{3+}的 $4f5d$ 态可位于$^1S_0$ 能级之下，其预期和实验结果完全一致[17]。

Sr_2SiO_4:0.01Pr^{3+}荧光体的发射和激光光谱分别表示在图 8-7 中。室温时在 240nm 激发下，从 260~446nm 宽光谱区记录到 3 个 Pr^{3+}离子的发射带。由高斯拟合，其 3 个发射峰分别位于大约 276nm、318nm 和 396nm 处。类似 $CaSiO_3$:Pr^{3+}中情况，它们分别对应于 Pr^{3+}的最低 $4f5d$（1）态向 $4f^2$ 组态的$^3H_4$、$^3H_6$ 和$^1G_4$ 能级跃迁发射，也没有记录到 Pr^{3+}的$^3P_0$、$^1D_2$ 等能级的可见光发射。改变 Pr^{3+}发射的监测波长，也得到和 280nm 监测的相同结果。

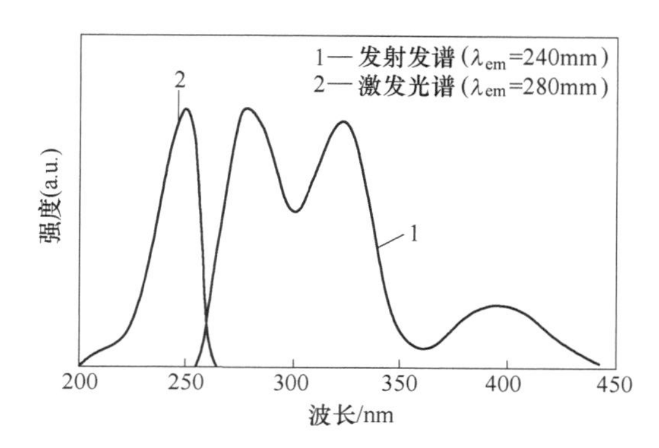

图 8-7 Sr_2SiO_4 :0.01Pr^{3+}的发射光谱和激发光谱[17]

Sr_2SiO_4 中 Pr^{3+}的发射强度与浓度关系指明，Pr^{3+}浓度在不大于 0.01（摩尔分数）时，发射强度快速增加，之后变化不大。这可能使激发能在 Pr^{3+}间迁移，发生交叉弛豫致使浓度猝灭。

在 Sr_2SiO_4 中，Pr^{3+}的 $4f5d$ 态劈裂为第一个最低能量中心位于 250nm（40000cm^{-1}）处的 $4f5d$（1）态和第二个能量中心位于约 218nm（45870cm^{-1}）处的 $4f5d$（2）态。后者正位于 Pr^{3+} 的$^1S_0$ 能级（47000cm^{-1}）附近。在 Sr_2SiO_4 中得到的 Pr^{3+} 的光谱性质和 $CaSiO_3$ 中相同。在短波紫外光激发下，发射强紫外光，也观测不到 Pr^{3+}的串级多光子发射及$^2P_0$ 和$^1D_2$ 等 $4f$ 能级跃迁可见光发射。

$CaSiO_3$:Pr^{3+}和 Sr_2SiO_4:Pr^{3+}发射强紫外辐射可用作紫外医疗保健灯及多种离子掺杂的功能材料。说不定可灭杀新冠病毒。

8.4.3 在其他基质中 Pr^{3+}发光

在单斜的 $BaY_4Si_5O_{17}$等材料中，Pr^{3+}的 $4f5d$ 也位于$^1S_0$ 能级之下。在短波紫外光激发下呈现高效 $5d \to 4f$ 能级跃迁的紫外光及 $f—f$ 能级跃迁弱的红色发射现象。

在 CaF_2、SrF_2 单斜 $BaY_4Si_5O_{17}$等材料中，Pr^{3+}的串级多光子发射不发生。因为 Pr^{3+}的 $4f5d$ 态位于$^1S_0$ 能级之下，故只能观测到 $4f5d$ 态到 Pr^{3+}的下面 $4f^2$ 组态跃迁发射。YAG 中 Pr^{3+}的最低 $4f5d$（1）的能量重心在$^1S_0$ 能级之下。因此，早前曾试图在此晶体中用双光子吸收获得 UV 激光，但没成功。

由上面一些材料中 Pr^{3+} $4f5d$ 态和 $4f^2$ 组态之间的发光特性结果可知：

（1）Pr^{3+}在晶场作用下，$4f5d$ 能态主要劈裂为 $4f5d(1)$ 和 $4f5d(2)$ 能态。$4f5d(1)$ 态可以位于 $4f^2$ 最高能量的 $^1S_0$ 能级之上或之下；而 $4f5d(2)$ 能态可以位于 $^1S_0$ 能级之上。这两个 $4f5d$ 态也可能与 $^1S_0$ 能级能量位置重叠。

（2）当 Pr^{3+} 的 $4f5d(1)$ 在 $^1S_0$ 能级之上时，可以发生 Pr^{3+} 的多光子串级发射的量子剪裁效应。

（3）当 Pr^{3+} 的 $4f5d(1)$ 能态位于 $^1S_0$ 能级之下时，主要发生 $4f5d(1)\rightarrow 4f^2$ 的 $^3H_4$、$^3H_5$、$^3H_6$、$^1G_4$ 等能级跃迁，发射强的紫外光。

（4）$4f5d(2)$ 态激发（吸收）能量后很容易快速（约 500ps）无辐射弛豫到下面的 $4f5d(1)$ 能态。因为它们间的能量间距一般小，约 $2000cm^{-1}$。

（5）改变基质组成可以使 $5d$ 态的能量位移，以及发射光谱和强度变化。

（6）依据 $CaSiO_3$ 和 Sr_2SiO_4 中，Pr^{3+}、Ce^{3+}、Gd^{3+}、Tb^{3+}、及 Mn^{3+} 等离子的性质和能量传递原理，可以设计一系列多功能的材料。

在三价稀土离子中，Ce^{3+}、Pr^{3+}、Tb^{3+} 的 $4f5d$ 态处于相对最低的能量位置。一般在 UV 区可观测到。

8.5　Pr^{3+}的荧光衰减和余辉

在 $La_2CaB_{10}O_{19}$ 晶体中，依 J-O 理论计算几组 f—f 跃迁的辐射寿命，均为微秒量级。由 $4f5d(2)$ 到最低的 $4f5d(1)$ 能态的无辐射衰减极快，约 500ps。$Lu_3Al_5O_{12}$:Pr^{3+} 中，高效 $4f5d\rightarrow 4f^2$ 跃迁发射位于 310nm 紫外区，其衰减时间小于 25ns，光子产额是 BGO 闪烁体的 3.3 倍[18]，使 $Lu_3Al_5O_{12}$:Pr^{3+} 成为用于 PET 医疗的闪烁体。$SrAl_{12}O_{19}$:Pr^{3+} 中 $^1S_0$ 的寿命为 650ns[4]，在 YAG:Pr 中，$4f5d\rightarrow 4f$ 跃迁 UV 发射寿命为 18.4ns。

8.5.1　Pr^{3+}的荧光衰减

LaF_3 中 Pr^{3+} 的 $^3P_0$ 的荧光衰减是一个很复杂的过程，不仅与 Pr^{3+} 浓度有关，也与温度关系密切，还受交叉弛豫作用而被猝灭。$^3P_0$ 能级有关寿命实验值为 $47\mu s\pm 2\mu s$，计算值为 $73\mu s\pm 27\mu s$。$^1D_2$ 的寿命为 $520\mu s\pm 30\mu s$。

在最低的 2K 温度时，$^3P_0$ 的衰减是非数式；温度升到 2K 以上后，衰减变得更快。在温度高于 30K 时，衰减是一个单指数性质。当温度高于 40K 时，衰减速率再次加快。可见在 LaF_3 单晶中，Pr^{3+} 的 $^3P_0$ 能级荧光衰减很复杂。曾建议，在低温时用 I-H 能量传递理论，而在高温时用跳跃模型及涉及电偶极-偶极相互作用的交叉弛豫过程等来解释。当 Pr^{3+} 浓度大于 1%后，$^3P_0$ 的寿命急速下降。

Pr^{3+} 的 $^3P_0$ 能级寿命 τ 和量子效率 η 还受杂质影响。杂质一般使 Pr^{3+} 的 τ 和 η 减小，且正比于杂质含量。

YAG 中 Pr^{3+} 的 $^1D_2$ 能级荧光衰减在室温时 $\tau=180\mu s$，400K 时 $\tau=171\mu s$。但在 77K 时衰减又减慢为 $260\mu s$，偏离指数式，且在长时衰减下，衰减速率接近 $260\mu s$[19]。在 YAG:Pr 体系中，存在由 $^1D_2$ 激发态吸收导致来自 $^1S_0\rightarrow {}^1I_6$，$^3P_0$ 跃迁的 400nm 及 $^3P_0\rightarrow {}^3H_4$ 跃迁的 487nm 上转换蓝光发射。在 $^1D_2$ 衰减中观察到的非指数部分是交叉弛豫或上转换等能

量传递结果。此外，在 YAG 中还存在非等量的晶场 Pr^{3+}格位，致使 YAG 中 Pr^{3+}的荧光衰减是一个很复杂的过程。

一些材料中 Pr^{3+}的$^1S_0$ 能级的荧光寿命最短，在 0.6~1.8μs 范围。而$^3P_0$ 能级寿命在几微秒至 60μs 之间；$^5D_2$ 的寿命多为数百微秒。由于 $4f^n$ 高能激发态距离 $4f^{n-1}\rightarrow5d^1$ 组态近，其中混杂的宇称相反 $4f^{n-1}\rightarrow5d^1$ 波函数的分量较多，使它的辐射速率明显地高于低能激发态。在 Pr^{3+}中，这个因素使$^1S_0$ 能级的寿命远短于由低能级光谱得到的 Judd-Ofelt 强度参数计算获得的数值[20]。而$^3P_0\rightarrow{}^3H_J$、^3F_J 跃迁发射的寿命在几十个微秒量级，它比通常其他稀土离子跃迁的寿命要短很多，后者多为毫秒量级。Pr^{3+}如此短的荧光寿命归因于 Pr^{3+}具有自旋允许跃迁特征。

8.5.2 Pr^{3+}激活的锗酸盐的余辉特性

前面已介绍 $Cd_3Al_2Ge_3O_{12}$:Pr^{3+}（CdAGG:Pr）的发光性质，Pr^{3+}或 Tb^{3+}激活的 CdAGG 在 UV 或 CR 激发后，呈现长的余辉过程[5,21]。在停止激发 5s 后记录样品的余辉（磷光）衰减过程。余辉的衰减强度（B）和衰减时间（t）用双对数作图，如图 8-8 所示。CdAGG 基质（曲线 a）和 CdAGG:Tb（曲线 c）均为直线，而 CdAGG:Pr^{3+}样品的尾部偏离直线（曲线 b），其斜率近似一条直线。

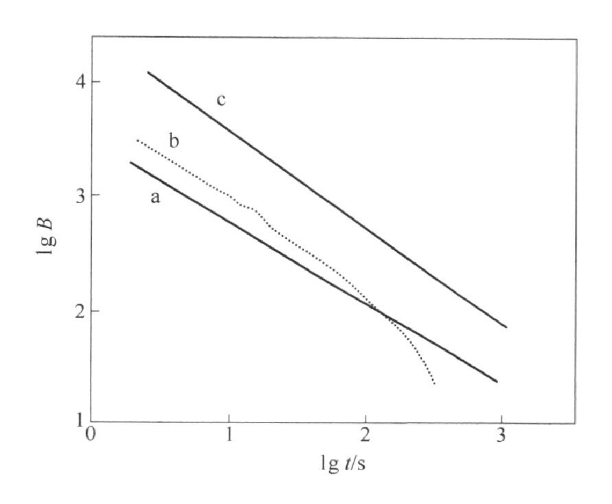

图 8-8 $Cd_3Al_2Ge_3O_{12}$石榴石中基质（a）、Pr^{3+}（b）608nm 及 Tb^{3+}（c）545nm 的余辉衰减[21]（300K）

CdAGG 基质、Tb^{3+} 和 Pr^{3+} 分别激活的 CdAGG 的余辉衰减都符合如下关系[21]：

$$B = At^{-\alpha} \tag{8-2}$$

式中，α 为样品余辉衰减速率，得到 CdAGG 基质的 $\alpha = 0.86$，CdAGG:Tb 的 $\alpha = 1.00$，而 CdAGG:0.006Pr 的 $\alpha = 0.86$，α 值小意味着衰减慢。

式（8-2）余辉衰减关系式和下式[22]

$$B = B_0/(1 + At)^{\alpha} = B_0(1 + At)^{-\alpha} \tag{8-3}$$

本质上是一致的。Pr^{3+}、Tb^{3+}掺杂的锗酸盐和钛酸钙的性质列在表 8-4 中。可见，$CaTiO_3$:Pr^{3+}的结果本质上与 CdAGG:Pr^{3+}或 Tb^{3+}的结果是一致的。

表 8-4 CdGG 和 $CaTiO_3$ 中 Pr^{3+}、Tb^{3+}的发光和余辉特性

荧光体	发光颜色	发射峰/nm	跃迁	余辉颜色	衰减常数	文献
CdAGG	蓝色	420	(GeO_4)	蓝色	$\alpha=0.86$	21
CdAGG:Pr	粉红	608	$^1D_2\rightarrow{}^3H_4$	粉红色	$\alpha=0.86$	21
CdAGG:Tb	黄绿	545	$^5D_0\rightarrow{}^7F_5$	黄绿	$\alpha=1.00$	21
其他 CdAGG:RE	弱特征发射			无		

续表 8-4

荧光体	发光颜色	发射峰/nm	跃迁	余辉颜色	衰减常数	文献
$CaTiO_3$:Pr	粉红	615	$^1D_2 \to ^3H_4$	粉红色	$\alpha=1.22$	22
					$\alpha=0.77$	22

这里主要对锗酸盐体系长余辉分析。这种较长余辉可能是由于 CdAGG 导带底中存在寿命较长的起能量施主作用的陷阱中心造成的。激发时，陷阱中俘获电子或空穴贮存能量。停止激发后，能量不断地从这些施主陷阱中心传递给（GeO_4）基团、Pr^{3+}或 Tb^{3+}，产生长余辉（磷光）。此外，随 Pr^{3+}或 Tb^{3+}加入，CdAGG 基质的蓝余辉消失，Pr^{3+}或 Tb^{3+}的余辉出现，且它们的余辉衰减规律一致。这也预示 Pr^{3+}、Tb^{3+}的余辉与（GeO_4）基团有关。（GeO_4）基团的蓝色发光和蓝色余辉是可以被 Pr^{3+}和 Tb^{3+}有效吸收的，即能量可以从基质传递给 Pr^{3+}和 Tb^{3+}。Ge^{4+}很容易被还原，产生空位缺陷；而 Pr^{3+}和 Tb^{3+}容易被氧化成四价，Pr^{4+}和 Tb^{4+}易俘获电子。因此这些关系可以起到陷阱中心作用。

人们对红色长余辉的发展比较重视，多集中在碱土金属钛酸盐中。主要涉及其合成方法、阳离子取代和其他稀土添加剂，以期提高性能。但对取代或添加剂加入后所引起的 Pr^{3+}的红色长余辉微观衰减变化规律研究不多。在 $SrTiO_3$:Pr^{3+}薄膜中，氧空位时 $SrTiO_3$ 基质到 Pr^{3+}的能量传递中起敏化剂作用，使在 $SrTiO_3$ 中 Pr^{3+}的红色发光与氧空位密切相关。将纳米和体材料的 $CaTiO_3$:Pr 的发光和余辉性质对比，纳米荧光体的初始磷光强度比体材料高一个数量级，发光也强。这可能是因为在高温制备体材料时，更多的 Ca 和 Ti 空位存在及相对纳米表面陷阱密度比体材料更高[22]。

8.6 Pr^{3+}的 IVCT 带

在 Pr^{3+}掺杂的许多高价过渡金属含氧盐，如 Zr、Hf、V、Nb、Ta 等含氧盐中，Pr^{3+}的$^3P_0$ 能级跃迁蓝绿光发射常被猝灭，仅能观察到 Pr^{3+}的$^1D_2 \to ^3H_4$ 能级跃迁的红色发射。原因较多，其中包括受关注的所谓虚拟再负荷（virtual recharge）。它涉及具有相当低的 4 价离化势能的 Pr^{3+}。一个电子从 Pr^{3+}转移到可还原的基质晶格阳离子上，从（Pr^{4+} + $M^{(n+1)+}$）电荷转移态弛豫，导致受激的$^1D_2$ 能级上粒子布居，而$^3P_0$ 的总的或部分发射被猝灭。这意味一个中间价电荷转移态（intervalence charge transfer state，IVCTS）形成。它实际上对来自$^3P_0$ 能级的蓝-绿光发射具有猝灭作用。

IVCTS 首先在 1967 年由 Blasse 和 Bril 提出，2000 年以前的研究较少，人们对 IVCTS 不太熟悉。近年来，由于对 Pr^{3+}可见光发射重视，加深对 Pr^{3+}的 IVCTS 关注[23]。一般在过渡金属含氧盐中所形成的 IVCTS 位于相对低能处。激发到 IVCTS 中导致一个电子发生转移：$Pr^{3+}+Ti^{4+} \to Pr^{4+}+Ti^{3+}$。这过程致使$^3P_0$ 发射被猝灭，而 Pr^{3+}的$^1D_2$ 发射不受影响，如在 $CaTiO_3$:Pr^{3+}中的情况。

Pr^{3+}的光谱变化可用 IVCT 不同能量位置的位形坐标情况来解释，以及 IVCTS 的不同位置对$^3P_0$ 和$^1D_2$ 发射态粒子布居的作用。第一种情况，IVCTS 位于$^3P_0$ 能级之下，这是实现$^1D_2$ 能级红色发射最好的情况。第二种情况，若 IVCTS 位于$^3P_0$ 能级位置之上，紫外光激发后弛豫到$^3P_0$ 能级产生蓝-绿发射。第三种情况，若 IVCTS 能量位于太接近或低于$^1D_2$能级时，激发能将弛豫到更低能级，使$^1D_2$能级的红色发射部分或全部被猝灭。

对电子再负荷最大的影响是激活离子和晶格中过渡金属阳离子之间的最短距离 d_{min}（Pr^{3+}-M^{n+}），以及阳离子的光学电负性$\chi_{opt}(M^{n+})$。将它们代入如下公式[23-24]：

$$IVCT(cm^{-1}) = 31450[2.89 - \chi_{opt}(M^{n+})] \tag{8-4}$$

$$IVCT(Pr^{3+}, cm^{-1}) = 58800 - 49800 \times \frac{\chi_{opt}(M^{n+})}{d_{min}(Pr^{3+} - M^{n+})} \tag{8-5}$$

可以计算 IVCT 跃迁预期的能量位置。由掺 Pr^{3+}的一些闭壳层过渡金属含氧盐的（Pr-M）平均距离 $d_{平}$、最大声子能量 ω_{max}、IVCT 能量位置、红/（红+蓝）强度比、$\chi(M^{n+})$与（Pr-M）平均距离比等数据[23]，可以得到如下结果：随 IVCT 能量位置增高，$\chi(M^{n+})/d_{平}$（Pr-M）比值减小，Pr^{3+}的红色/（红+蓝）比逐渐减小。在 $NaYTiO_4$、$CaTiO_3$ 和 YVO_4 中 Pr^{3+} 的$^3P_0$能级的蓝绿发射全被猝灭，仅剩$^1D_2$能级的红色发射。这些结果对研发新的红色荧光材料提供了可靠依据。

IVCT 常与 d^0 过渡金属 M^{n+}的光学电负性$\chi_{opt}(M^{n+})$及$\chi_{opt}(M^{n+})$和（Pr^{3+}-M^{n+}）最短距离之比呈线性关系。在 $KLa(MoO_4)_2$:Pr^{3+}（KLM :Pr）中，预计 IVCTS 能量位置高达 33000cm^{-1}（303nm），存在$^3P_0$蓝发射通道与 IVCTS 交叠，$^3P_0$蓝发射部分被猝灭。KLM :Pr 中归因于$^3P_0$和/或$^1D_2$能级的无辐射去粒子布居的可能过程涉及电子转移：

$$Pr^{3+} + Mo^{6+} \longrightarrow Pr^{4+} + Mo^{5+}$$

提出说明 IVCTS 存在的实验论据可在激发光谱中发现，一般位于基质的 CT 带的较低能量处。如在 YVO_4:0.01%Pr 中，IVCTS :380nm（26310cm^{-1}）[23]，在 $NaYTiO_4$（NYTP）和 $NaGdTiO_4$（NGTP）中 Pr^{3+}的 IVCTS 分别位于 360nm（27780cm^{-1}）和 340nm（29400cm^{-1}）。因此，IVCT 可以成为使一个或两个发射态有效地去激发的通道。在 KLM :Pr 情况中[24]，基质的吸收处于比 IVCT 预期吸收能量更低时，即激活离子（Pr^{3+}）的基态$^3H_4$位于基质的价带顶之下，IVCT 过程不可能被观察到，10K 低温 450nm 激发下观测到 KLM :Pr 中 Pr^{3+} 的相当强的$^3P_0 \rightarrow ^3F_2$超灵敏跃迁 645nm 发射，以及伴有一些很弱的$^3P_0 \rightarrow ^3H_5$、$^1D_2 \rightarrow ^3H_5$等跃迁发射。而在 NYTP 和 NGTP 体系中，IVCTS 吸收能量比基质低，IVCTS 能量位置符合第一种情况，故在 452nm 蓝光激发下，主要发生$^1D_2 \rightarrow ^3H_4$跃迁 611nm 红光发射。过渡金属和钨钼酸盐中 Pr^{3+}的发光对温度灵敏，一般猝灭温度 T_g 低。Pr^{3+}的猝灭温度 T_g 与具有适当的 Pr^{3+}-M^{n+}之间距离和 M^{n+}的电负性晶体结构的 IVCTS 有关。

8.7 Pr^{3+}的激光特性

8.7.1 Pr^{3+}的吸收光谱和可见-中红外光跃迁性质

在表 8-1 中列出了 Pr^{3+}的 Stark 能级中 Pr^{3+}的$^3P_0$、$^1D_2$、$^3P_1$跃迁荧光参数及其可见光性质。本节主要介绍 Pr^{3+}的激光性质。Pr^{3+}的吸收光谱主要集中在 0.4~0.6μm、1.0~2.4μm 及 3.0~6.0μm 范围中。这些吸收主要源于 Pr^{3+}的基态$^3H_4$到各上能级跃迁吸收，涉及 0.44~4.68μm 可见到红外光。

可用图 8-9 表示 Pr^{3+}实现可见光-中红外光发射可能的能级通道。图 8-9（b）特地将 IR-MIR 区通道放大。可见，Pr^{3+}在可见-NIR-MIR 呈现丰富的可能的激光发射途径。

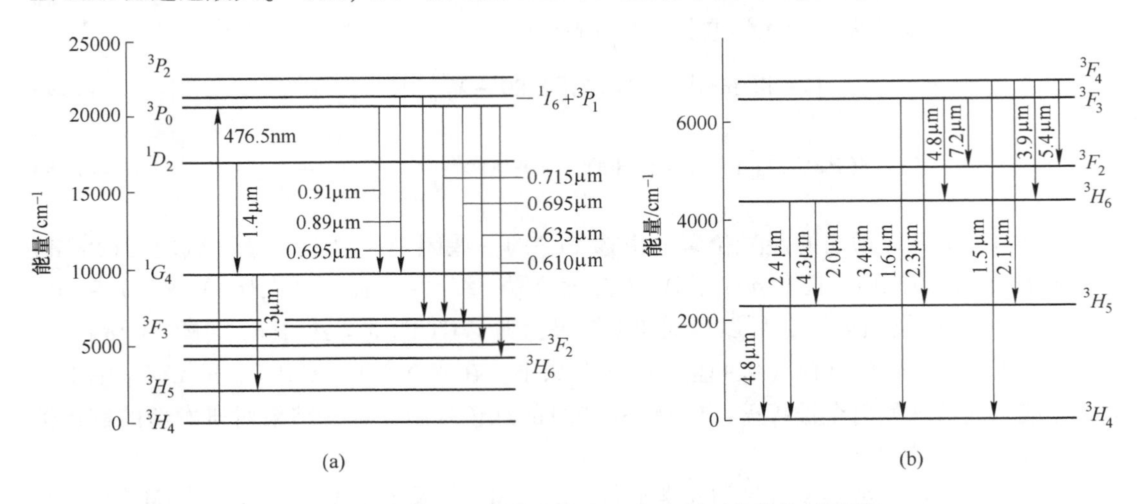

图 8-9 Pr^{3+}能级图及可见光-MIR 光发射可能的能级通道

（a）可见光-NIR 发射通道；（b）NIR-MIR 发射通道

8.7.2 Pr^{3+}的可见光激光性质

实现 Pr^{3+}的可见光激光有两种方案：直接泵浦和红外光泵浦的可见光上转换。

8.7.2.1 直接泵浦

近年来，由于约 445nm 蓝光激光二极管（LD）性能提高和商品化，可以用蓝光 LD 直接泵浦 Pr^{3+}的 $^3P_J(J=2,1,0)$ 及$^1I_6$ 能级产生可见光激光。仅用几个毫瓦功率激光二极管 LD 对 Pr^{3+}:$LiYF_4$ 单晶和 Pr^{3+}:ZBLAN 玻璃光纤泵浦即可获得激光运转。这为打开通向不同类型激光泵浦连续波工作及不同应用的皮秒特殊激光波长的道路提供了依据。

由 Pr^{3+}分别掺杂的 $LiYF_4$、BaY_2F_8、KY_3F_{10}、KYF_4 及 CaF_2 氟化物在蓝光 LD 泵浦下[25]得到$^3H_4\to{}^3P_2$ 的约 445nm 的吸收截面（$0.7\times10^{-20}\sim8\times10^{-20}cm^2$），J-O 强度参数（$\Omega_\lambda$）、$^3P_0\to{}^3H_6$ 红色发射分支比（0.15~0.28）、$^3P_0$ 荧光寿命 τ_f（34~60μs）、本征辐射寿命 τ_{int}（24~54μs）、$^3P_0\to{}^3H_6$ 最大发射截面（$2.3\times10^{-20}\sim28\times10^{-20}cm^{-2}$）及 5 个样品的发射波长（604~610nm）等数据，尽管它们存在大的差异，可以认为在 445nm 蓝光 LD 泵浦下，605nm 左右的激光运转对大部分氟化物而言是适用的。就激光阈值、激光效率来说按如下顺序递减：$LiYF_4$，KY_3F_{10}，BaY_2F_8，KYF_4，CaF。而 KY_3F_{10}和 KYF_4 体系因其具有宽的、合适的强发射跃迁，对可调谐和/或皮秒激光运转来说应使人很感兴趣。

8.7.2.2 红外光泵浦的可见光上转换激光

早先，掺 Pr^{3+}的 ZBLAN 玻璃，先用 Ti-宝石 1.01μm 激光泵浦，再用 Ti-宝石激光调谐到 0.835μm 激发，由此产生$^3P_0\to{}^3H_6$ 跃迁 491nm、$^3P_1\to{}^3H_5$ 跃迁 520nm、$^3P_0\to{}^3H_6$ 跃迁 605nm 及$^3P_0\to{}^3F_2$ 跃迁 635nm 的蓝、绿、红激光，但水平很低。

后来改由 Ti-宝石激光调谐到 850nm 对 Pr、Yb 共掺杂的 ZrF_4-BaF_2-LaF_3-AlF_3-NaF_3（ZBLAN）玻璃光纤泵浦，也实现$^3P_0\to{}^3F_2$ 跃迁的 635nm 红色激光发射[26]，其性能成倍

提高。在入射泵浦功率 P_{in} = 3.37W 时，得到输出功率 P_{out} = 675mW；当 P_{in}增加到 5.51W 后，P_{out} = 1020mW。

Pr^{3+},Yb^{3+}:ZBLAN 光纤中，主要由敏化雪崩上转换过程使$^3P_0$ 能级被激发，这与在 Pr^{3+},Yb^{3+}:$LiYF_4$ 中情况相同：

（1）Ti-宝石 805nm 激发，使自旋-允许$^1G_4 \to {}^1I_6$ 跃迁激发态吸收（ESA），致使受激的 Pr^{3+}吸收一个泵浦光子。

（2）由交叉弛豫过程：$^1I_6(Pr^{3+}) + {}^2F_{7/2}(Yb^{3+}) \to {}^1G_4(Pr^{3+}) + {}^2F_{5/2}(Yb^{3+})$，能量从$^1I_6$ 能级传递到 Yb^{3+}。

（3）第二个交叉弛豫发生，另一个受激的 Pr^{3+}从基态跃迁到中间态$^1G_4$ 能级。

所以在 Pr^{3+}/Yb^{3+}共掺杂的 ZBLAN 光纤中，Yb^{3+}敏化的光子雪崩使 Pr^{3+}的上激光能级布居扮演重要作用。用 980nm LD 对 BaY_2ZnO_5:0.001Pr_{3+},0.1Yb_{3+}激发[27]，通过 Pr^{3+}的 GSA 及 ESA 等能量传递过程也可产生强的 Pr^{3+}的$^3P_0 \to {}^3H_5$ 跃迁绿色上转换发光。而其他的$^1I_6 \to {}^3H_4$、$^3P_1 \to {}^3H_4$ 蓝绿上转换及$^3P_0 \to {}^3F_2$、$^3F_3$ 红色上转换发光相对很弱。

8.7.3 Pr^{3+}的 MIR 光纤光谱特性

正在发展的中红外（MIR）光子器件，如光纤传感器、激光、放大器、生物环境、大气监测、波导等非常重要。由图 8-9（b）可知，Pr^{3+}在 MIR 光范围内具有很多的跃迁发射通道，以及高量子效率等性能，非常适合发展 MIR 光纤等器件。近年来，选择合适的基质聚焦在锗/砷/硒化物-硫化物玻璃上。它们在 MIR 区透射窗口延伸到约 10μm，具有低光学损失，转化温度高，低的晶化趋势及很重要的低声子能量（300~350cm^{-1}）等优点。故从 21 世纪初至今，Pr^{3+}掺杂的硒化物-硫化物玻璃光纤的研发和光学光谱性质的研究成为热点[28-32]。大功率 1.48μm 和 2.0μm 的 LD 和光纤激光发展，可以直接对 Pr^{3+}激发，以提升 Pr^{3+}的 MIR 潜能。

0.2%（摩尔分数）掺杂的 $Ge_{30}Ga_2Sb_8Se_{60}$硒化物玻璃的 MIR 光可能发射的能级跃迁类似图 8-9（b）。在 2.05μm 泵浦下，Pr^{3+}掺杂的此硒化物玻璃在 3.5~5.5μm 范围中的发射光谱与 Pr^{3+}的浓度有关[28]。随 Pr^{3+}浓度从 0.01%增加到 0.2%，谱峰位置没有变化，但从 4.8 到 5.5μm 区间的光谱逐步提升。对$^3H_5$ 能级泵浦，通过激发态吸收（ESA），发生$^3H_5 \to {}^3F_4$ 跃迁上转换，还有$^3H_6 + {}^3H_4 — {}^3H_5 + {}^3H_5$ 交叉弛豫 CR1 及$^3H_5 + {}^3H_6 — {}^3F_2 + {}^3F_4$ 交叉弛豫 CR2 等过程，导致 Pr^{3+}的 MIR 发射光谱复杂化。

掺 0.05%Pr^{3+}的硒化物玻璃中掺 0.2%Tm^{3+}及共掺 0.2%Ho^{3+}后的发射光谱发生变化。对共掺 Tm^{3+}后，Pr^{3+}的 MIR 发射强度显著提高，提高 Pr^{3+}的量子效率。而共掺 Ho^{3+}后被减弱。这是因为 Ho^{3+}的$^5I_7$ 能级与 Pr^{3+}的$^3F_2$、$^3H_6$ 能级能量位置相似，导致能量从 Pr^{3+}的$^3F_2$、$^3H_6$ 传递到 Ho^{3+}的$^5I_7$ 能级，产生猝灭作用。

在此硒化物玻璃中，监测 4.7μm（$^3H_5 \to {}^3H_4$ 跃迁）发射峰的荧光寿命也发生变化。Pr^{3+}浓度不高于 0.02%时，寿命 τ 增加到 6.44ms。浓度再增加，τ 减小，0.10%时为 4.0ms。这是因为$^3F_2$,$^3H_6 \to {}^3H_5$ 能级跃迁辐射能量通过交叉弛豫过程 CR 使$^3H_5$ 能级布居，致使初期寿命增加。而后，随 Pr^{3+}浓度增加发生 Pr^{3+}间能量传递，导致 Pr^{3+}的寿命缩短。

许多 MIR 工作是以掺 Pr^{3+}的硒-硫化物玻璃为核芯，包覆相应的玻璃制成光纤[29,33]。硫系玻璃的制备可采用 99.99999%As、99.999%Se、99.999%Ga、99.999%Ge 及 99.9%Pr 金属薄片混合均匀，放入石英安瓿中。安瓿抽空、密封，加热，淬火成硒化物玻璃。制成的 GeAsGaSe 玻璃或光纤进行光学光谱等性能测试。该玻璃光纤的 MIR 发射及跃迁能级类如图 8-9（b）所示。

这种硒-硫化物玻璃使作者回忆起 50 年前从事硫系玻璃半导体特殊材料的研制[34-35]。现在这类硫硒化合物玻璃与作者当时制备的硫系半导体玻璃工艺完全相同，其配方有些相似。当时均使用高纯 Ge、Ga、S、Si 等元素，密封在抽空的安瓿中。只需将组成适当改变即可制成 RE^{3+}掺杂的硫硒化合物玻璃和光纤。1972 年在北京京西宾馆召开玻璃半导体技术交流会时，作者等人还曾荣幸受到钱学森院长亲切接见和教诲，记忆犹新。今天，纯度高于 99.9%的金属 Pr、Dy 等在中国容易获得。文献［29］中所用 99%纯度金属 Pr 是不够的。

另一种主要由 $Ge(Se_{0.5})_4$、As_4Se_3 和 $(Se_{3/2})Ge\text{-}Ge(Se_{3/2})$ 结构单元组成的 $Ga_3Ge_{31}As_{18}Se_{48}$ 硒化物玻璃因具有残留杂质含量少、高玻璃转变温度（356℃）、低的晶化趋势、宽透射范围（0.9~1.6μm）、低声子能量（200~214cm^{-1}）等优点，近来被用来发展 MIR 光纤玻璃[36]。在功率为 0.3W 的 1.56μm CW 激光泵浦下，此种玻璃在 2.1~3.2μm 和3.5~6μm 光谱范围内呈现强的发光，能量主要集中在 3.8~5.5μm MIR 发射($^3H_6 \to {}^3H_5$，$^3H_5 \to {}^3H_4$)。测量 4.5~5μm 发射的寿命为 12.5ms。而$^3H_5 \to {}^3H_4$ 跃迁发射 4.74μm，随泵浦功率增加呈线性快速增加。这些性能表明此类硫系玻璃是有利于 MIR 光学光纤的制作。

依据 Pr^{3+}和 Dy^{3+}在 MIR 区存在多种跃迁可能途径，将 Pr^{3+}和 Dy^{3+}共掺于硫-硒化物玻璃中可以实现超宽带 MIR 发射。

在组成为 $Ge_{14.9}As_{20.9}Ga_{1.5}Se_{62.7}$的玻璃光纤中，$Pr^{3+}$主要发射在 3.6~6.0μm。它们属于（$^3F_2$，$^3H_6$）$\to$$^3H_5$，$^3H_5 \to {}^3H_4$，（$^3F_4$，$^3F_3$）$\to$（$^3F_2$，$^3H_6$）跃迁发射及 2~3.5μm 发射，它们对应于（$^3F_4$，$^3F_3$）$\to$$^3H_5$ 及($^3F_2$，$^3H_6$)$\to$$^3H_4$ 跃迁。而在此光纤中，Dy^{3+}的 3.5~5μm 发射对应于$^6H_{11/2} \to {}^6H_{13/2}$ 跃迁，以及对应于（$^6F_{11/2}$，$^6H_{9/2}$）$\to$$^6H_{13/2}$（2.1~2.6μm）和$^6H_{13/2} \to {}^6H_{15/2}$（2.7~3.4μm）的 2~3.5μm 发射。在 GeAsGaSe 玻璃中测量的 Pr^{3+}和 Dy^{3+}的相关发射寿命均为毫秒量级。

Pr^{3+}和 Dy^{3+}共掺杂的光纤中，测量 2.4μm、2.95μm、4.4μm 及 4.7μm 的荧光衰减均变得复杂，寿命都长。表明 MIR 辐射跃迁不受无辐射跃迁的制约。对此分析[37]，在 1.32μm 泵浦下，Dy^{3+}优先被激发，Dy^{3+}和 Pr^{3+}之间的能量传递在其发射光谱中可观察到。2.95μm 的荧光衰减为单指数，寿命为 3.7ms。依此寿命应归于 Dy^{3+}的$^6H_{11/2} \to {}^6H_{15/2}$跃迁。而测量 4.4μm 和 4.7μm 的寿命则是两种或更多种指数式衰减之和。其寿命远比 Dy^{3+}（1.74ms）长。这表明 Pr^{3+}也被激发。而 2.4μm 的荧光衰减也为多指数特点，涉及 Dy^{3+}和 Pr^{3+}跃迁。在 1.511μm 泵浦下，主要是 Pr^{3+}被激发，而 2.95μm 的衰减是单指数的 3.9μs，类似于 Dy^{3+}的$^6H_{13/2}$的寿命。这证实用 1.511μm 泵浦，在 Pr^{3+}和 Dy^{3+}间可发生能量传递。这些衰减特点表明在此光纤中无辐射跃迁小。

Pr^{3+}和 Dy^{3+}共掺杂的硫系玻璃光纤分别在 1.32μm、1.511μm 及 1.7μm 激光泵浦下发射 2~6μm 宽的 MIR 光谱。和单掺 Pr^{3+}及 Dy^{3+}光纤光谱相比，2.0~6.0μm MIR 光谱明显

宽化[37]，达到目的。随激发功率增加，发光强度增加。这些结果表明 Pr^{3+} 和 Dy^{3+} 共掺的硫系光纤是实现宽带 MIR 发射的优良候选材料。

稀土离子掺杂的发射 MIR 硫硒系玻璃和光纤关键要清除残留的 H_2O 和氧分子。制备工艺和原材料纯度非常重要。此外，应加强对硫系玻璃的组成和网络结构等因素的影响规律的认识。

8.7.4 Pr^{3+}的 7μm 激光特性

为使固体激光向更长 MIR 区延伸，早期，人们已注意到具有声子能量低的 $LaCl_3$ 中 Pr^{3+}的受激发射等特性[38]。在此材料中已证明有效脉冲工作的稀土激光最长可达 7.2μm。Bowman 等人在 1996 年首次报告在室温以上的 50℃ 实现四能级系统的 7.2μm 激光运作[39]，这是极为难得的。20℃激光的斜效率为 3.9%。从 2.0μm 到 7.14μm 峰转换效率为 2.3%。激光阈值泵浦能量随温度从 0℃ 的 4mJ 线性增加到 50℃ 时的 6.5mJ。在 2μmYAG 对 Pr^{3+}:$LaCl_3$ 泵浦下，7.2μm 激光的瞬时动态特性，对低能泵浦来说，泵浦脉冲终止后，7μm 激光立即开始，可认为是一种非常快速的泵浦机制。

导致 7μm 激光产生的过程，类似在 $LaCl_3$ 中 Pr^{3+}的 1.6μm 和 5.2μm 激光跃迁。用 2.0μm 直接对 Pr^{3+}的$^3F_2$ 能级激发，所发生的过程如图 8-9（b）所示。$^3F_2$ 能级通过多声子弛豫快速使$^3H_6$ 能级布居，通过二次上转换过程：$^3H_6+^3H_6 \rightarrow ^3F_3+^3H_5$ 交叉弛豫，激发$^3F_3$ 高能级，导致$^3F_3 \rightarrow ^3F_2$ 多重态跃迁，产生 7μm 激光发射。

7.244μm 激光谱线来自$^3F_3$ 能级（6304cm^{-1}）到$^3F_2$ 能级（4923cm^{-1}）跃迁发射。而 7.141μm 和 7.152μm 谱线与$^3F_3$（6352cm^{-1}）到$^3F_2$ Stark 分支的 4950cm^{-1}和 4958cm^{-1}几乎完美匹配。虽然此光谱带的荧光光谱依然不能测量，但依据公布的能级，可以认为从$^3F_3$ 能级到$^3F_2$ 能级跃迁光谱范围应从 6.92μm 扩展到 7.50μm。

迄今为止，有关 7μm 激光的报道仍然稀少。产生不低于 7μm 稀土激光的难度大。其激光的发射光谱也难以测试，影响 7μm 激光荧光衰减的因素复杂。获取高纯无水 $LaCl_3$ 单晶是关键，难度大。这种无水的 $LaCl_3$ 和 $LaBr_3$ 也是闪烁体急需的原料。

8.8 Pr^{3+}和其他离子的能量传递

Pr^{3+}可以和一些离子发生无辐射能量传递。$Pr^{3+}\rightarrow(Gd^{3+})\rightarrow Eu^{3+}$离子多光子串级发射的能量传递已在前文介绍，这里仅介绍几种体系中发生的能量传递。

8.8.1 $Pr^{3+}\rightarrow Nd^{3+}$及 $Pr^{3+}\rightarrow Gd^{3+}$的能量传递

20 世纪 60—70 年代，已关注到 $Pr^{3+}\rightarrow Nd^{3+}$间的能量传递，试图提高 Nd^{3+}的激光性能。这是因为 Pr^{3+}的低能级$^3F_3$ 到$^3H_4$ 的基态与 Nd^{3+}的低能级$^4I_{15/2}$到$^4I_{9/2}$基态的能量匹配。在 $LaCl_3$ 中，Pr^{3+}低浓度（<2%）时，激发直接有效地传递给 Nd^{3+}，而在 Pr^{3+}间基本无能量迁移。实验结果是偶极-偶极相互作用机制。对 Pr^{3+} 的$^3F_3$ 能级施主体系而言，施主(Pr^{3+})-受主（Nd^{3+}）之间的能量传递常数为 $6\times10^{-38}cm^6/s$。当 Pr^{3+}浓度不低于 2%，Pr^{3+}间的施主-施主传递存在。

前文已述，在 Sr_2SiO_4 和 $CaSiO_3$ 中，Pr^{3+}的 $4f5d$ 态位于 $^1S_0$ 能级之下，在短波紫外光激发下，发射强的紫外光。当 240nm 激发单掺 Gd^{3+}的 Sr_2SiO_4 和 $CaSiO_3$ 荧光体时，没有观测到 Gd^{3+}的特征发射。但是，对 Pr^{3+}和 Gd^{3+}双掺杂这两种硅酸盐时，发射光谱中除了呈现 Pr^{3+}的 $4f5d\rightarrow 4f$ 跃迁发射的紫外光谱外，同时还出现了 Gd^{3+}的锐特征发射谱线[16-17]。这充分证实在这两种硅酸盐中，发生 $Pr^{3+}\rightarrow Gd^{3+}$间的能量传递，接下来用 $Sr_2SiO_4:Pr^{3+},Gd^{3+}$体系说明。

图 8-10 展示了 $Sr_2SiO_4:0.01Pr^{3+},0.04Gd^{3+}$荧光体室温时的发射光谱和激发光谱。在 240nm 激发下，其发射光谱主要包括 Gd^{3+}的弱的 276nm（$^6I_{7/2}\rightarrow{}^8S_{7/2}$）和很强的 318nm（$^6P_{7/2}\rightarrow{}^8S_{7/2}$）特征发射谱线。它们叠加在 Pr^{3+}发射的两个 UV 谱带上。Gd^{3+}的激光光谱与 Pr^{3+}的 UV 发光光谱存在交叠，产生高效的 $Pr^{3+}\rightarrow Gd^{3+}$的能量传递。

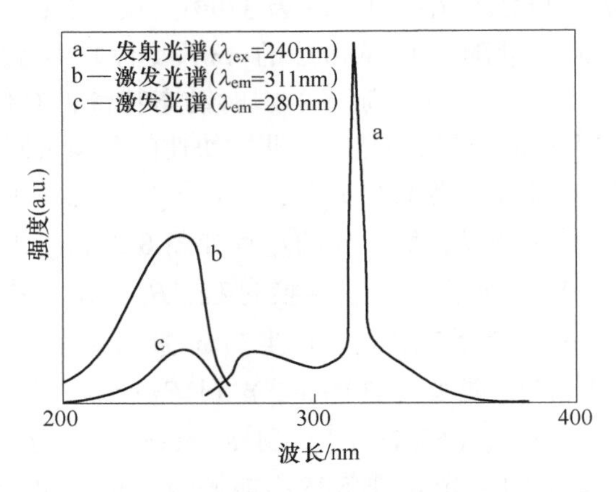

图 8-10　$Sr_2SiO_4:0.01Pr^{3+}$，$0.04Gd^{3+}$的发射光谱及激发光谱[17]

在 Sr_2SiO_4 中，Pr^{3+}的浓度固定在 0.02%时，改变 Gd^{3+}的浓度（x）时，Pr^{3+}和 Gd^{3+}的发射强度随 Gd^{3+}浓度变化如图 8-11 所示。随 Gd^{3+}浓度增加，Pr^{3+}的发射强度逐渐减弱，Gd^{3+}发射增强。这再次说明存在 Pr^{3+}的 $4f5d\rightarrow Gd^{3+}$间的无辐射传递。在 Sr_2SiO_4 和 $CaSiO_3$ 中 $Pr^{3+}\rightarrow Gd^{3+}$的能量传递属 d-d 相互作用。

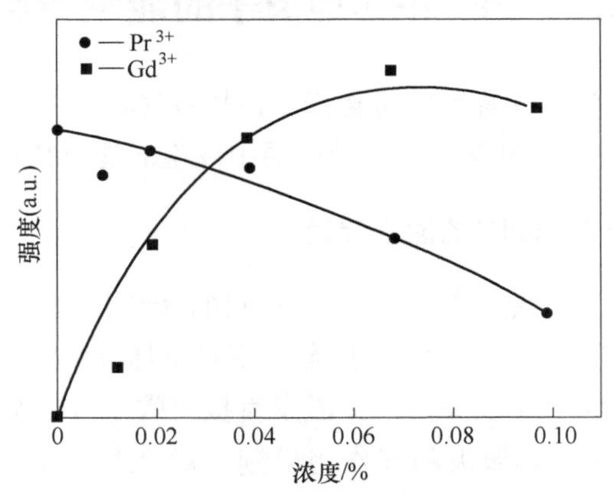

图 8-11　$Sr_2SiO_4:0.02Pr^{3+}$，xGd^{3+}的发射强度随 Gd^{3+}浓度（x）的变化[17]

人们可以利用Pr^{3+}在$^1S_0$能级之下的$4f5d$态被激发发射强紫外光，还可另行设计其他一些离子间的功能材料。

8.8.2 Pr^{3+}—Ce^{3+}的能量传递

在Pr^{3+}—Ce^{3+}间的无辐射能量传递中，有两种不同情况发生：（1）$4f5d(Pr^{3+})\to4f5d(Ce^{3+})$的能量传递；（2）$4f5d(Ce^{3+})\to4f^2(Pr^{3+})$的能量传递。它们与选择激发有关。

8.8.2.1 $4f5d(Pr^{3+})\to4f5d(Ce^{3+})$的能量传递

众所周知，在强晶场的YAG中，Ce^{3+}被劈裂为5个子能级。1987年作者对Pr^{3+}和Ce^{3+}共掺杂的YAG:0.005Ce,0.0005Pr石榴石的光谱性质研究时[40]，监测到611nm发生的激发光谱如图8-12（a）所示。发现在260～312nm范围内有一个峰值292nm（$34247cm^{-1}$）的宽激发谱带，它属于Pr^{3+}的第一个最低能量的$4f5d(1)$态，其他3个激发带是熟悉的Ce^{3+}的$5d$带。用452nm（$22124cm^{-1}$）激发时的发射光谱如图8-12（b）所示，主要为Ce^{3+}的发射宽谱带（$5d\to{}^2F_J$）。在此宽的谱带上叠加有较强的611nm（Pr^{3+}:$^1D_2\to{}^3H_4$）及很弱的638nm（Pr^{3+}:$^3P_0\to{}^3H_6$）红光发射。它们的激发和发射光谱蕴含存在Pr^{3+}-Ce^{3+}间的能量传递。

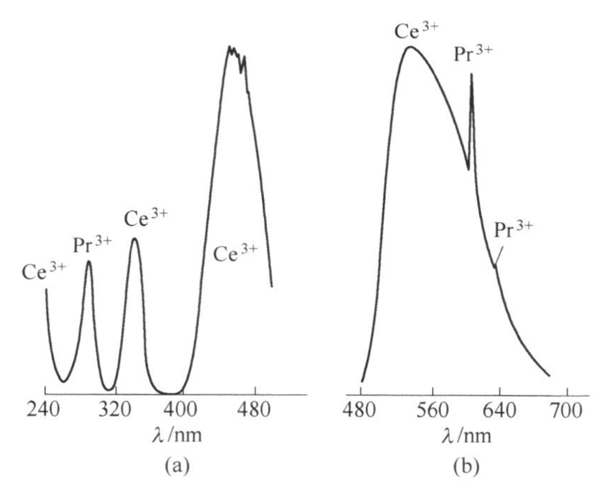

图8-12 YAG:0.5%Ce^{3+},0.05%Pr^{3+}的激发光谱和发射光谱[40]
（a）激发光谱（λ_{em}=611nm）；（b）发射光谱（λ_{ex}=452nm）

后来，用287nm对YAG:Ce,Pr中Pr^{3+}的$4f5d(1)$进行选择激发时[41]，可以发生$4f5d(Pr^{3+})\to4f5d(Ce^{3+})$的无辐射能量传递。

8.8.2.2 $4f5d(Ce^{3+})\to4f^2(Pr^{3+})$之间的能量传递

由于YAG中，Ce^{3+}的第一个$4f5d(1)$态的能量位置（25000～$19230cm^{-1}$）与Pr^{3+}的$^3P_J(J=2,1,0)$、$^1I_6$能级接近，可以发生两种$Ce^{3+}\to Pr^{3+}$间能量传递的可能途径：（1）选择对Ce^{3+}的第二个$4f5d(2)$态（320～360nm）或第一个$4f5d(1)$态（400～440nm）激发。由于Ce^{3+}的$5d(2)$快速无辐射弛豫到第一个$5d(1)$态，由此可发生Ce^{3+}的$5d(1)\to Pr^{3+}\,{}^3P_J,{}^1I_6(4f^2)$能级无辐射能量传递，导致$Pr^{3+}$的强$^1D_2\to{}^3H_4$及弱的$^3P_0\to{}^3H_6$能级跃迁红色发射；同时还有$Ce^{3+}$的$5d\to{}^2F_J$跃迁发射。（2）也可能发生$Ce^{3+}$的

$4f5d$（1）—$^2F_{7/2}$能级与Pr^{3+}的$^3H_4$—$^1D_2$能级间交叉弛豫过程，有效地将能量传递给$Pr^{3+1}D_2$能级，产生$^1D_2 \rightarrow {}^3H_4$能级跃迁发射。这在$Sr_2SiO_4$:Ce,Pr体系中也得到证实[42]。

Sr_2SiO_4中Ce^{3+}的430nm发射的激发光谱为一个260~400nm的宽带，主激发峰为350nm。而单掺Pr^{3+}时，Pr^{3+}的614nm处监测激发光谱呈现3组：锐谱分别在430~460nm、460~480nm及480~500nm处，它们归属于Pr^{3+}的$^3H_6 \rightarrow {}^3P_2$，（$^3P_1$,$^1I_6$）及$^3P_0$能级的跃迁吸收。在449nm激发下，发射谱由485nm（$^3P_0 \rightarrow {}^3H_4$）、529nm（$^3P_1 \rightarrow {}^3H_5$）、545~565nm（$^3P_0 \rightarrow {}^3H_5$）、605nm（$^1D_2 \rightarrow {}^3H_4$）、614nm（$^3P_0 \rightarrow {}^3H_6$）及647nm（$^3P_0 \rightarrow {}^3F_2$）发射组成。避开$Pr^{3+}$的$4f5d$（1）态，选择对$Ce^{3+}$的$5d$（1）态激发，可以发生$4f5d$（1）（$Ce^{3+}$）→$^3P_J$,$^1I_6$（$Pr^{3+}$）能级间的能量传递。

此外，作者确信在$CaSiO_4$体系中，一定存在$4f5d$（Pr^{3+}）→$5d$（Ce^{3+}）之间的无辐射能量传递。因为Pr^{3+}的紫外区发射光谱（260~350nm）和Ce^{3+}的激发光谱（260~400nm）完全重叠，满足共振传递条件。

YAG:Pr黄色荧光体可被蓝光LED有效激发，被用于白光LED中。Pr^{3+}的共掺杂使白光光谱中红成分增加，增加CIE色品坐标的x值，提高显色指数，可获得优质白光LED照明光源。

目前白光LED中使用的Eu^{2+}激活的氮化物荧光体，发光效率很高，但制造极为复杂困难，价格昂贵，它们具有Eu^{2+}非常宽的发射光谱。若用于红成分的LED背光源的液晶彩电中将产生诸多的问题。宽红色谱带导致电视色纯度差、色域窄、图像的清晰度和分辨率低，不如传统的CRT电视和CFL荧光灯背投光源的TV图像质量。研发窄红色发射谱、优质的LED电视用的红色荧光体成为一个难题。

作者曾研究$La_2(WO_4)_3$:0.6%Pr^{3+}钨酸盐的发光性质。监测$La_2(WO_4)_3$中Pr^{3+}646nm发射室温下的激发光谱，如图8-13所示。在430~500nm蓝色激发光谱区呈现几组强的激发谱线，它们分别为445nm（$^3P_2 \rightarrow {}^3H_4$），474nm（$^3P_1$,$^1I_6 \rightarrow {}^3H_4$）及487nm（$^3P_0 \rightarrow {}^3H_4$）。这意味着可被蓝光有效激发。在449nm激发下，$La_2(WO_4)_3$:Pr^{3+}荧光体呈现不可多得的鲜红色发光，其发射光谱表示在图8-14中。发射能量主要集中在锐645nm谱峰上，它属

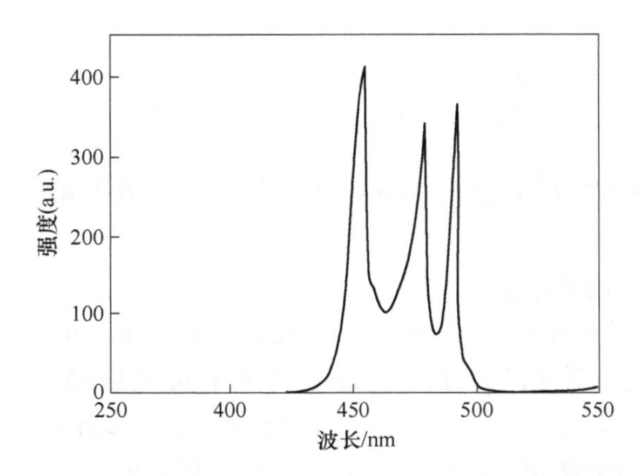

图8-13　室温$La_2(WO_4)_3$:0.6%Pr^{3+}的激发光谱[43]
（λ_{em}=646nm）

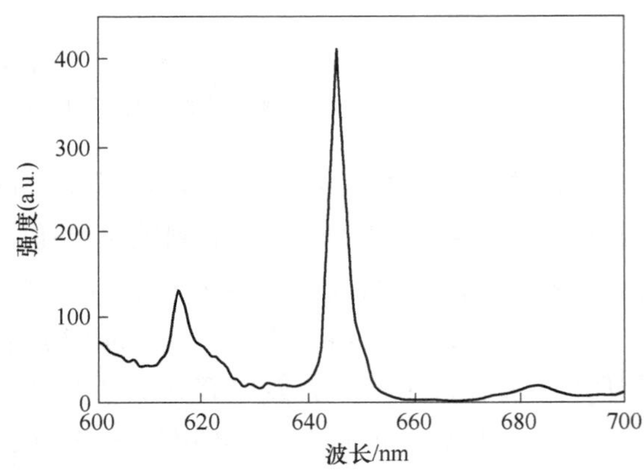

图8-14　室温$La_2(WO_4)_3$:0.6%Pr^{3+}的发射光谱[43]
（λ_{ex}=449nm）

于 Pr^{3+}的$^3P_0 \rightarrow ^3F_2$ 能级超灵敏跃迁。而光谱中弱的 618nm 属于 Pr^{3+}的$^1D_2 \rightarrow ^3H_4$ 能级跃迁发射。这种红色荧光体可用作液晶电视，投影激光电视的红色光源，使其色域宽，分辨率高，红色更鲜艳，但它的光效比 Eu^{2+}激活的氮化物低。

顺便指出，Pr^{3+}激活的 $La_2(WO_4)_3$、Sr_2SiO_4、BaY_2O_8、$LiYF_4$、KY_3F_{10}、YPO_4 等材料均可被 GaN 蓝色 LED 芯片有效激发，发射锐谱线红光。其原理一致，均来自 Pr^{3+}的 $^3P_J(J=2, 1, 0)$ 和$^1I_6$ 对蓝光有效吸收，产生锐谱线红光。Pr^{3+}的吸收截面高达 $10^{-20}cm^2$ 量级，又如在 YPO_4:Pr 被蓝光激发，产生较强的橙红光（$^1D_2 \rightarrow ^3H_4$），而来自$^3P_0$ 发射的谱线强度基本不随 Pr^{3+} 浓度变化，但$^3P_1$ 和$^1D_2$ 的谱线则变化显著。当 Pr^{3+} 浓度为 1% 时，$^3P_1 \rightarrow ^3H_6$ 的发射谱线出乎意料地强，这是因为发生了交叉弛豫过程：$^1D_2 + ^3H_6 — ^3P_1 + ^3H_4$，导致$^3P_1$ 上转换发光。因为$^3P_1 — ^3H_6$ 的能隙 $\Delta E = 21061 - 4363 = 16698cm^{-1}$，而$^1D_2 — ^3H_4$ 的 $\Delta E = 16740 - 100 = 16640cm^{-1}$，相差很小[44]。从表 8-1 也可得到类似结果。在 $YPO_4:Pr^{3+}$中[44]，当温度从液氮升到室温时，源于不同能级的谱线强度也呈现不同的变化规律。

8.8.3 $Tb^{3+} \rightarrow Pr^{3+}$及 $Pr^{3+} \rightarrow Dy^{3+}$的能量传递

早期在 $Na_{0.5}(Y,Tb,Pr)_{0.5}WO_4$ 白钨矿中已简单观测 $Tb^{3+}(^5D_3, ^5D_4) \rightarrow Pr^{3+}(4f^2)$ 之间的能量传递，但需要更多的实验予以说明。

依据 Pr^{3+}和 Dy^{3+}间的 4f 能级结构，可预期 Pr^{3+}-Dy^{3+}间是可以发生能量传递的。近年来，在组成为 $27.5LiO_2$-$(72.5-x)$ B_2O_3-$0.5Dy_2O_3$-xPr_6O_{11}的硼酸盐（LB：Pr，Dy）玻璃中，观测到 $Pr^{3+} \rightarrow Dy^{3+}$的无辐射能量传递[45]。随 Pr^{3+}浓度增加，LB 玻璃的长波 UV 至 2μm 宽光谱吸收增加。

监测到 LB :Pr,Dy 玻璃中 Dy^{3+}的 663nm 发射的激发光谱中，除 Dy^{3+}的激发峰外，还出现很强的 Pr^{3+}的 443nm（$^3H_4 \rightarrow ^3P_2$）及弱的 Pr^{3+}488nm（$^3H_4 \rightarrow ^3P_0$）激发（吸收）谱峰。这说明在此玻璃中有效地发生 Pr^{3+}（^3P_J）$\rightarrow Dy^{3+}(^4F_{9/2})$ 无辐射能量传递。此外，实验上也测得 Dy^{3+}的 663nm 的 462~510nm 区的激发谱与 443nm 激发下 Pr^{3+}在此光谱区中的发射光谱，两者呈现很满意的光谱交叠，再次说明 $Pr^{3+} \rightarrow Dy^{3+}$间的能量传递可以发生。443nm 主要对 Pr^{3+}从基态$^3H_4 \rightarrow ^3P_2$ 态激发，接着快速无辐射弛豫到$^3P_0$ 能级，无辐射能量传递从 $Pr^{3+}(^3P_0) \rightarrow Dy^{3+}(^4F_{9/2})$ 发生。结果产生 Dy^{3+}的强的 663nm（$^4F_{9/2} \rightarrow ^6H_{11/2}$）、弱的 572nm（$^6H_{13/2}$）及 487nm（$^6H_{15/2}$）跃迁可见光发射；加上 Pr^{3+}弱的 492nm（$^3P_0 \rightarrow ^3H_4$）及 525nm（$^3P_0 \rightarrow ^3H_5$）等发射。这样，构成一个近似白光，其 CIE 色坐标 $x=0.33$，$y=0.40$。

前文已介绍在 Pr^{3+}的 MIR 发射硒化物玻璃中 Pr^{3+}和 Dy^{3+}之间发生的能量传递。

8.8.4 Pr^{3+}—Yb^{3+}的能量传递

Pr^{3+}和 Yb^{3+}共掺杂的荧光体是很有意义的体系，在不同选择激发条件下，既可发生 $Pr^{3+} \rightarrow Yb^{3+}$的能量传递及量子剪裁，也可发生 $Yb^{3+} \rightarrow Pr^{3+}$的能量传递。对 $Pr^{3+} \rightarrow Yb^{3+}$的能量传递又分几种情况：（1）紫外或蓝光对 ^3P_J 激发发生$^3P_0(Pr^{3+})$ 与 Yb^{3+}的交叉弛豫和量子剪裁；（2）NUV 激发 $Ce^{3+} \rightarrow Pr^{3+} \rightarrow Yb^{3+}$能量传递；（3）蓝光对$^3P_J$ 激发，$Pr^{3+} \rightarrow Yb^{3+}$的

能量传递过程中，$^1D_2$ 和$^1G_4$ 能级的重要作用。

8.8.4.1　紫外光或蓝光激发发生的 Pr^{3+}→Yb^{3+}下转换和量子剪裁

在 SrF_2:Pr^{3+},Yb^{3+}体系中[46]，用 441nm 蓝光激发 Pr^{3+}从$^3H_4$ 基态跃迁到$^3P_2$ 激发态，接着快速弛豫到$^3P_0$ 能级。除一部分能量以$^3P_0$ →^3H_J 跃迁发射外，由于$^3P_0$—$^1G_4$ 能级的能量间距与 Yb^{3+}的$^2F_{7/2}$—$^2F_{5/2}$非常接近，容易产生$^3P_0$(Pr^{3+})+$^2F_{7/2}$(Yb^{3+})—$^1G_4$(Pr^{3+})+$^2F_{5/2}$(Yb^{3+}) 交叉弛豫，能量传递给 Yb^{3+}，产生一个 Yb^{3+}的$^2F_{5/2}$→$^2F_{7/2}$跃迁 NIR 光子发射。同时，从$^3P_0$ 能级弛豫到$^1G_4$ 下能级，使之得到能量布居。而$^1G_4$ 能级能量(见表 8-1)又与 Yb^{3+}的$^2F_{5/2}$能级一致，可以发生无辐射共振传递给另一个 Yb^{3+}。结果产生两个 Yb^{3+}的 NIR 光子发射，对蓝光产生量子剪裁。

用 261nm UV 光对 $CaGdAlO_4$:Pr^{3+},Yb^{3+}体系中 Pr^{3+}的 $4f5d$(1) 激发，无辐射弛豫到 Pr^{3+}的$^3P_0$ 能级后，也得到和上述 SrF_2 中 Pr^{3+}→Yb^{3+}能量传递和量子剪裁类似的结果[47]。在这种铝酸盐中，498nm($^3P_0$ →$^3H_4$) 本征寿命为 95μs，随 Yb^{3+}浓度增加，其寿命逐步缩短。当 Yb^{3+}的浓度增加到 6%时，$^3P_0$ 的寿命缩短到 32.4μs。Pr^{3+}→Yb^{3+}的能量传递效率达到 66%，光谱积分转换效率为 168%。

在其他 LaF_3、KY_3F_{10}、$NaYF_4$、YF_3 等体系中也可得到类似结果。

8.8.4.2　NUV 激发 Ce^{3+}→Pr^{3+}→Yb^{3+}能量传递

基于硅电池对太阳光谱中 UV-蓝紫光响应不良，为提高硅电池的光电转换效率，在晶场合适的 Pr^{3+}和 Yb^{3+}共激活的荧光体中，再引入 Ce^{3+}或 Eu^{2+}，利用它们对 UV-蓝紫光吸收截面很大的 $4f5d$ (1) 态的允许跃迁，吸收相应光子能量传递给 Pr^{3+}的^3P_J 能级，发生 Ce^{3+}(Eu^{2+})→Pr^{3+}→Yb^{3+}下转换能量传递，实现量子剪裁，增强可被硅基电池吸收的 Yb^{3+}发射的 NIR 光子 (约 1.0μm)。这在 $CaYAlO_4$:Ce^{3+},Pr^{3+},Yb^{3+}体系中[48]，实现前面在 SrF_2:Pr^{3+},Yb^{3+}中所述的 Pr^{3+}→Yb^{3+}下转换能量传递和量子剪裁。

为提高太阳电池的光电转换效率，人们花费很大力量。依据 Pr^{3+}的 $4f^2$ 电子组态，J-O 分析辐射参数，^3P_J(J=2，1，0) 及$^1I_6$ 能级在蓝区存在高效吸收和发射，以及包括上述一些工作表明 Pr^{3+}-Yb^{3+}体系中，吸收一个蓝色光子可以下转换给 Yb^{3+}产生两个 NIR 光子。而 Yb^{3+}发射的约 1.0eV 光子正好与硅电池的带隙 (1.05eV) 匹配，被硅电池吸收，转换为光电流。而 Yb^{3+}单一的激发态 ($^2F_{5/2}$)，没有能量损失。因此，Pr^{3+}-Yb^{3+}体系的下转换工作受到重视。

组成为 $57ZrF_4$-$34BaF_2$-$5LaF_3$-$4AlF_3$-$0.5PrF_3$-$1YbF_3$ 的氟化物玻璃 (ZBLA :Pr, Yb) 具有优良的热稳定性，大的透射窗口 (0.2~7μm) 及低声子能量 (约 580cm^{-1})[49]。这种玻璃的吸收光谱和 AM1.5 太阳光谱 400~500nm 蓝区匹配，Pr^{3+}的$^3H_4$ →^3P_J,$^1I_6$ 能级跃迁对太阳光谱的蓝区有强吸收。而 Yb^{3+}吸收在 0.9~1.0μm 范围内。在该玻璃中 Yb^{3+}的$^2F_{7/2}$→$^2F_{5/2}$跃迁的吸收系数 α 随 Yb^{3+}浓度线性增加，吸收截面 σ_{ab}=(1.06±0.02)×$10^{-20}cm^{-1}$。

ZBLA :Pr^{3+},Yb^{3+}玻璃在 440nm 激发下，呈现有 Pr^{3+}的$^3P_2$ →$^3H_4$(478nm)、$^3P_0$ →$^3H_5$(540nm)、$^3P_0$ →$^3H_6$(606nm) 及$^3P_0$ →$^3F_2$(632nm) 跃迁发射，同时，在 900~1100nm NIR 光谱中还呈现以 Yb^{3+}:$^2F_{5/2}$→$^2F_{7/2}$跃迁 978nm 为主要发射，还有 Pr^{3+}:$^1G_4$ →$^3H_4$

(1.014nm) 及$^3P_0 \to ^1G_4$(910nm) 跃迁发射。在 440nm 激发下，ZBLA :Pr^{3+}, Yb^{3+}玻璃可以吸收一个蓝色光子，通过两个连续的$Pr^{3+} \to Yb^{3+}$的共振能量传递步骤:$^3P_1(Pr^{3+}) + ^2F_{7/2}(Yb^{3+})$—$^1G_4(Pr^{3+}) + ^2F_{5/2}(Yb^{3+})$交叉弛豫能量传递及$Pr^{3+}(^1G^4 \to ^3H_4)$—$Yb^{3+}(^2F_{7/2} \to ^2F_{5/2})$共振能量传递，产生两个$Yb^{3+}$的 NIR 光子。前文所述的$SrF_2$:Pr, Yb 等体系中的量子剪裁都是这种过程。

对Pr^{3+}/Yb^{3+}体系而言，基质的选择很重要。它对下转换过程的效率，影响稀土离子的分布，掺杂浓度及晶格的最大声子能量等因素。低声子能量可减少激发态的多声子弛豫，但又影响能量传递过程。

上述 ZBLA 玻璃中，$Pr^{3+} \to Yb^{3+}$的能量传递效率η依据熟悉的$\eta = 1 - (\tau/\tau_0)$计算(其中，τ_0是Pr^{3+}的本征寿命，$\tau_0 = 44.6\mu s$；τ是共掺Yb^{3+}后Pr^{3+}的寿命，在 10% Yb^{3+}浓度时，$\tau = 6.24\mu s$，能量传递效率达到 86%)。ZBLA 中Pr^{3+}的能量传递效率随Yb^{3+}浓度增加而增大，到一定浓度后趋于饱和。其他CaF_2、YF_3、KY_3F_{10}等氟化物材料中，$Pr^{3+} \to Yb^{3+}$间的能量传递效率与Yb^{3+}浓度也有相似关系。

这一方案是否可用于太阳能电池，迄今无具体报道，除重视与太阳能电池的光谱响应效应外，还有诸多问题没解决。

8.8.4.3 蓝光对^3P_J激发，$^1D_2$和$^1G_4$能级的双光子串级发射及$Pr^{3+} \to Yb^{3+}$的能量传递

一般$^3P_2$被激发后，迅速弛豫到$^3P_0$能级，由此产生下转换$Pr^{3+} \to Yb^{3+}$能量传递。若基质晶格具有大声子能量，由声子辅助无辐射跃迁，$^3P_0$能级发射可能被猝灭（减弱）。在YPO_4中最大声子能量为$1080cm^{-1}$[50]，$^1D_2$能级可因$^3P_0 + ^1D_2$—$^1D_2 + ^3H_6$交叉弛豫或$^3P_0$在3~4个声子辅助多声子无辐射弛豫下而得到能量布居，致使$^3P_0$能级发射被猝灭（减弱）。这表明在 447nm 激发下，YPO_4:Pr, Yb 体系的发射光谱中，在可见光区除了观察到$^3P_0 \to ^3H_J$和$^3P_0 \to ^3F_J$跃迁发射外，还有$^1D_2 \to ^3H_4$跃迁的 595nm 发射；而在 NIR 光谱区还有Pr^{3+}的$^1G_4 \to ^3H_4$, $^3H_5$跃迁 1.05μm，1.35μm，$^1D_2 \to ^1G_4$跃迁 1.468μm 发射，以及Yb^{3+}的 0.976μm 发射。这说明在YPO_4:Pr, Yb 中发生$^1D_2 \to ^1G_4$(1.468μm) + $^1G_4 \to ^3H_{4,5}$(1.05μm，1.35μm) NIR 双光子串级发射和$Pr^{3+} \to Yb^{3+}$能量传递 0.976μm 发射。

一些Pr^{3+}和Yb^{3+}共激活的荧光体中在大约 980nm LD 泵浦下，可以发生$Yb^{3+} \to Pr^{3+}$可见光上转换发光。主要是依据用 980nm LD 光对Yb^{3+}泵浦，使$^2F_{7/2}$基态跃迁到$^2F_{5/2}$激发态，然后依次与Pr^{3+}发生能量传递作用，由 GSA、无辐射弛豫、ESA 等 ET 过程，产生Pr^{3+}的蓝、绿和黄上转换发光。

在上转换章节中曾介绍过$Yb^{3+} \to Pr^{3+}$间的能量传递。$YAlO_3$:Pr, Yb 中，由Yb^{3+}泵浦使Pr^{3+}的$^1G_4$能级布居，然后由$^1G_4$能级的激发态吸收（ESA）跃迁到$^3P_0$高能级，产生光子雪崩上转换。

8.8.5 $Pr^{3+} \to (Gd^{3+}) \to Dy^{3+}$的能量传递

$NaYF_4$中Pr^{3+}的 4f5d(1) 态位于$^1S_0$能级之上的 140~200nm VUV 区。激发峰为 179nm。在 179nm 激发下，产生Pr^{3+}的$^1S_0 \to ^1I_6$跃迁 408nm 等发射。而Dy^{3+}的 4f5d(1) 位于更高的峰值——148nm 的 120~160nmVUV 区，在 148nm 激发下，发射Dy^{3+}的

$^4F_{9/2}\to{}^6H_{15/2}$（蓝）和$^4F_{9/2}\to{}^6H_{13/2}$（黄）跃迁特征峰。室温下 179nm 激发 $NaYF_4$:Pr^{3+}，Dy^{3+}荧光体，没有记录到 Dy^{3+}的可见光发射，即没有观测到 $Pr^{3+}\to Dy^{3+}$的能量传递。但是，$NaGdF_4$:Pr^{3+}，Dy^{3+}在 179nm 激发下，除有 311nm Gd^{3+}发射外，还呈现 Dy^{3+}强的$^4F_{9/2}\to{}^6H_J(J=15/2,13/2)$蓝和黄的特征发射；而 Pr^{3+}的$^1S_0$能级的跃迁发射被猝灭[51]。这表明在 VUV 激发下，$NaGdF_4$:Pr^{3+}，Yb^{3+}体系中，通过 Gd^{3+}中介作用，发生 $Pr^{3+}\to$（Gd^{3+}）$\to Dy^{3+}$的能量传递。

这种方式的能量传递是因 Pr^{3+} 的$^1S_0$—$^1G_4$，$^3F_4$ 之间的能量间距与 Gd^{3+}的$^8S_{7/2}$—^6I_J，^6D_J 间距一致。由于交叉弛豫，能量从 Pr^{3+}传递给邻近的 Gd^{3+}。而 Gd^{3+}的这些能级又与 Dy^{3+}的高能级$^4F_{3/2}$等匹配，由此能量从 Gd^{3+}传递给 Dy^{3+}。Gd^{3+}的中介作用在其他一些体系中都存在，如 $Pr^{3+}\to(Gd^{3+})\to Eu^{3+}$，$Pr^{3+}\to(Gd^{3+})\to Ln^{3+}$（$Ln^{3+}=Dy^{3+}$，$Sm^{3+}$，$Tb^{3+}$）的能量传递过程。

8.8.6 $Pr^{3+}\to Mn^{2+}$的能量传递

众所周知，在一些材料中，存在 Mn^{2+}红色长余辉特性。$LaMgB_5O_{10}$:Pr^{3+}，Mn^{2+}在 VUV 光激发下呈现 Pr^{3+}—Mn^{2+}的能量传递，在 $K_2YZr(PO_4)_3$:Pr,Mn 等荧光体中也存在 $Pr^{3+}\to Mn^{2+}$间的能量传递[52]。

此外还发展出一种 β-$Zn_3(PO_4)_2$:Mn^{2+}，Pr^{3+}红色长余辉荧光体[53]，改善余辉性能，达到 2h 以上。掺入 Pr^{3+}在 $Pr^{3+}\to Mn^{2+}$的能量传递中起敏化剂作用。在加热速率为 0.2K/s 下，β:$Zn_3(PO_4)_2$:Mn^{2+}的热释发光（TL）曲线在 300~500K 处极弱。而 Pr^{3+}和 Mn^{2+}共掺后，在 300~350K 处呈现一个很强的 320K TL 峰，表明 Mn^{2+}的 TL 被 Pr^{3+}大大增强。分析可能存在两种作用，Pr^{3+}的$^3H_4$—$^1I_6$(5.2eV）与 Mn^{2+}的$^4T_{1g}$—$^6A_{1g}$(约 5.2eV）匹配，可以发生 $Pr^{3+}\to Mn^{2+}$的能量传递。在 UV 光作用下，电子-空穴对产生，和单掺 Mn^{2+}相比，Pr^{3+}的共掺杂增加陷阱密度和深度，更多的电子被 Pr^{3+}和 Mn^{2+}的不同陷阱所俘获。停止 UV 光激发后，电子逐渐从合适的陷阱中心释放，到达 Mn^{2+}的激发态，然后返回到 Mn^{2+}的$^6A_{1g}$基态，产生 Mn^{2+}的红色余辉。

8.8.7 $Bi^{3+}\to Pr^{3+}$及 $Pr^{3+}\to Cr^{3+}$的能量传递

$CaTiO_3$ 中 Pr^{3+}的 $4f5d$ 位于 UV 长波边，而 Bi^{3+}的$^1S_0\to{}^3P_1$ 吸收跃迁十分强且 UV 光谱范围类似 Pr^{3+}的 $5d$ 带。$CaTiO_3$:Pr^{3+}中共掺杂 5%Bi^{3+}和 5%Al^{3+}后，最大 UV 激发峰移到 370nm。在 380nm 和 390nm 处的吸收分别增加 90%和 75%[54]。这种增强是因发生$Bi^{3+}\to Pr^{3+}$的能量传递，Bi^{3+}起敏化剂作用。

在 VUV 激发下，可由 $Pr^{3+}\to Cr^{3+}$两步能量传递，使 Cr^{3+}的可见光量子效率达到 141%，实现可见光量子剪裁。但在今天意义不大。

闪烁体是 Pr^{3+}应用的重要领域之一，除 Gd_2O_2S:Pr,Ce,F 陶瓷外，$Lu_3Al_5O_{12}$:Pr（LuAG:Pr）闪烁体具有相当高的密度（6.78/cm^3），大约 20ns 衰减快闪烁时间及理论上光产额高（60000ph/MeV）等优点，受到广泛重视。但在闪烁衰减中存在慢成分，影响时间分辨和图片质量。对此，采用增加 Pr^{3+}浓度的方法，对 LuAG:Pr^{3+}陶瓷中慢闪烁成分抑制[55]，改进其性能。与晶体中反格位缺陷有关的290nm以下的慢发射成分，在所有Pr^{3+}掺杂透明陶瓷中都存在。采用Pr^{3+}高浓度可遏制慢成分。0.3%Pr^{3+}掺杂的LuAG陶瓷在γ射线^{137}Cs激发下，1μs窄时间的光子产额最高达6900ph/MeV。掌握本章第8.5节所述的Pr^{3+}的荧光衰减和余辉特性，对发展新的闪烁体和长余辉荧光体大有帮助。

参 考 文 献

[1] HOOGE F N. Spectra of praseodymium in yttrium aluminum garnet [J]. J. Chem. Phys., 1966, 45: 4504-4509.

[2] 赖昌，王广川. $YAlO_3$晶体中Pr^{3+}的$4f^2$能级 [J]. 发光学报，2011，32 (9)：885-888.

[3] 宋增福，华道宏，周赫田，等. LaF_3:Pr^{3+}的光谱研究 [J]. 中国稀土学报，1989，7 (4)：32-35.

[4] 崔尚科，黄世华，由芳田，等. $SrAl_{12}O_{19}$:Pr^{3+}中$^1S_0$能级的电子-振动跃迁 [J]. 中国稀土学报，2007，25 (2)：138-142.

[5] 田军，刘行仁，高山，等. Pr^{3+}掺杂的$Cd_3M_2Ge_3O_{12}$(M=Al，Ga) 石榴石的阴极射线发光特性 [J]. 硅酸盐学报，1994，22 (4)：353-357.

[6] GREEN B J, BULPETT S E, CAMP G H. Fall Meeding of the Electrochem. . Soc., Abstract [C]. Chicago. 1985, 13-18 (40): 600.

[7] MAKEVICIUTE I, LINKEVICIUTE A, KATELNIKOVAS A. Synthesis and optical properties of $Y_2Mo_4O_{15}$ doped by Pr^{3+} [J]. J. Lumin., 2017, 190: 525-530.

[8] SREEJA E, VIDYADHARAM V, JOSE S K, et al. A Single-phase white light emitting Pr^{3+} doped Ba_2CaWO_6 phosphor: synthesis, photoluminescence and optical properties [J]. Opt. Mater., 2018, 78: 52-62.

[9] ZU Y L, ZHANG J X, FU P Z, et al. Growth and optical properties of Pr^{3+}:$La_2CaB_{10}O_{19}$ crystal [J]. J. Rare Earths., 2009, 27 (6): 911-914.

[10] CARNALL W T, FIELDS P R, RAJNAK K. Electronic energy level in the trivalent lathanide aguo ions. I. Pr^{3+}, Nd^{3+}, Pm^{3+}, Sm^{3+}, Dy^{3+}, Ho^{3+}, Er^{3+}, and Tm^{3+} [J]. J. Chem. Phys., 1968, 49: 4424-4443.

[11] NAJCHROWSKI A, BRIK M G, OZGA K, et al. Spectrosopic study of the Pr-doped BiBO glass and $Ca_4GdO(BO_3)_3$ single crystals [J]. J. Rare Earths, 2009, 27 (4): 612-615.

[12] VINK A P, DORENBOS P, VAN EI JK C W E. Observation of the photon cascade emission process under $4f^15d^1$ and host excitation in several -doped materials [J]. J. Solid State Chem., 2003, 171: 308-312.

[13] 张晓，刘行仁. $CaSiO_3$中Tb^{3+}的发光性质及Ce^{3+}→Tb^{3+}的能量传递 [J]. 中国稀土学报，1991，9 (4)：324-328.

[14] 张晓，刘行仁. Ce^{3+}和Mn^{3+}共激活的偏硅酸钙的发光性和能量传递 [J]. 硅酸盐学报，1989，17 (2)：140-146.

[15] 初本莉，刘行仁，王晓君，等. 偏硅酸钙中Pr^{3+}的$4f5d$态的光谱性质 [J]. 功能材料，2001，32 (6)：660-661.

[16] 初本莉，刘行仁，王晓君，等. 偏硅酸钙中Pr^{3+}的$4f5d$态的光谱特性及Pr^{3+}→Gd^{3+}的能量传递 [J]. 光谱学与光谱分析，2002，22 (4)：542-544.

[17] 初本莉，刘行仁，王晓君，等. 硅酸锶中Pr^{3+}的$4f5d$态的光谱特性及Pr^{3+}→Gd^{3+}的能量传递 [J]. 发光学报，2001，22 (2)：187-191.

[18] SRIVASTAVA A M. Inter-and intraconfigrational optical trasitions of the Pr^{3+} ions for application in lingting and scintillator technologies [J]. J. Lumin., 2009, 129: 1419-1421.

[19] MALINOWSKI M, WOLINSKI W, WOLSKI R, et al. Excited State Kinetics and energy transfer in Pr^{3+} doped YAG [J]. J. Lumin., 1991, 48&49: 235-238.

[20] QUIMBY R S, MINISCALEO W J. Modified Judd-Ofelt techingue and application to opcical tronstians in Pr^{3+}-doped glass [J]. J. Appl. Phys., 1994, 75: 613.

[21] 刘行仁，马龙，姜军，等，石榴石型 $Cd_3Al_2Ge_3O_{12}$:Tb 化合物的发光 [J]. 发光学报，1982，3（4）：44-48.

[22] ZHANG X M, ZHANG J H, NIE Z G, et al. Enhanced red phosphorescencein namosized $CaTiO_3$: Pr^{3+} Phosphors [J]. Appl. Phys. Lett., 2007. 90: 151911-1-3.

[23] BOUTINAUD P, MAHIOU R, CAVALLI E, et al. Red luminescence induced by intervalence charge transfer in Pr^{3+}, doped compounds [J]. J. Lumin., 2007, 122-123: 430-433.

[24] CAVALLI E, BOUTINAUD P, BETTINELLI M, et al. The excited state dynamics of $KLa(MoO_4)_2$: Pr^{3+}: From a case study to the determination of the energy levels of rare earth impurities relative to the bandgep in oxidising host lattices [J]. J. Solid State Chem., 2008, 181: 1025-1031.

[25] KHIARI S, VELAZQUEZ M, MONCORGE R, et al. Red-luminescence analysis of Pr^{3+} doped fluoride crystals [J]. J. Alloys Componds, 2008, 451: 128-131.

[26] SANDROCK T, SCHEIFE H, HEUMANN E, et al. High-power continous-ware upconversion fiber laser at room temperature [J]. Opt. Lett., 1997, 22 (11): 808-810.

[27] LI L, GUO C F, JIAO H, et al. Green up-conversion luminescence in Yb^{3+}-Pr^{3+} co-doped $BaRE_2ZnO_5$, (RE=Y, Gd) [J]. J. Rare Earths, 2013, 31: 1137-1140.

[28] PARK B J, SEO H S, AHN J T, et al. Mid-infrared (3.5-5μm) sepctroscopic-properties of Pr^{3+}-doped Ge-Ga-Sb-Se glasses and optical fibers [J]. J. Lumin., 2008, 128: 1617-1622.

[29] SUJECKI S, SOJKA L, BERES-PAWLIK E, et al. Experimental and numerical investigation to rationalize both near-infrared and mid-ifrared spontaneous emission in Pr^{3+} doped selenide-chalcogenide fiber [J]. J. Lumin., 2019, 209: 14-20.

[30] TONG Z Q, FURNISS D, FAY M, et al. Mid-infrared photoluminescnce in small-core fiber of praseodymium-ion doped selenide-based chaleogenide glass [J]. Opt. Mater. Express, 2015, 5: 870-886.

[31] BODIOU L, STARECKI F, LEMAITRE J, et al. Mid-infrared guided photoluminescence from integrated Pr^{3+}-doped selenide ridge waveguides [J]. Opt Mater, 2018, 75: 109-115.

[32] LI M, XU Y, JIA X, et al. Mid-infrared emission properties of Pr^{3+}-doped Ge-Sb-Se-Ga-I chalcogenide glasses [J] Opt. Mater. Express, 2018, 8: 992-1000.

[33] SHIRYAEV V S, KARAKSINA E V, KOTEREVA T V, et al. Preparation and investigation of Pr^{3+}-dopet Ge-Sb-Se-In-I glasses as promising materal for active mid-infrared optics [J]. J. Lumin., 2017, 183: 129-134.

[34] 刘行仁，徐世复，李菊生，等. 硫系玻璃半导体中硅的作用及其对某些性能的影响 [J]. 固体发光及其应用，1971（2）：7.

[35] 刘行仁，徐世复，李菊生，等. 镓对硫系玻璃半导体的影响 [C]//1972 年全国玻璃半体技术交流会. 北京，1972.

[36] SHIRYAEV V S, KARAKSINA E V, KOTEREVA T V, et al. Special pure $Pr^{(3+)}$ doped $Ga_3Ge_{31}As_{18}Se_{48}$ glass for active mid-IR optics [J]. J. Lumin., 2019, 209: 225-231.

[37] SOJKA L, TANG Z Q, JAYASURIIYA D, et al. Ultra-broadband mid-infrared emission from a Pr^{3+}/Dy^{3+} co-doped selenide-chalcogenide glass fiber spectrally shaped by varying arriangement [J] Opt. Mater. Expres, 2019, 9 (5): 2291-2306.

[38] RANA R S, KASETA F W. Laser excited fluorescence and infrared absorption spectra of $Pr^{3+}LaCl_3$ [J]. J. Chem. Phys., 1983, 70: 5280-5285.

[39] BOWMAN S R, SHAW L B, FELDMAN B J, et al. A 7μm praseodymiun-based solid-state laser [J]. IEEE J. Quantum Electron, 1996, 32 (4): 646-649.

[40] 徐叙瑢，苏勉. 发光学与发光材料 [M]. 北京：化学工业出版社，2004.

[41] YANG H S, KIM Y S. Energy transfer-based spectral properties of Tb^-, Pr^-, or Sm^- codoped YAG:Ce nanocrystalline phosphors [J]. J. Lumin., 2008, 128: 1570-1576.

[42] LI Y, YU Q L, HUANG H, et al. Near ultraviolet visible-to-near-infrared spectral mechanism of Sr_2SiO_5: Ce^{3+}, Pr^{3+} phosphor [J]. Opt. Mater. Express, 2014, 4 (2): 227-233.

[43] 刘行仁. $La_2(WO_4)_3$: Pr^{3+}的发光性质 [R]. 2014.

[44] 廉锐，尹民，张慰萍，等. YPO_4:Pr^{3+}的光谱特性研究 [J]. 中国稀土学报，1998，16（专辑）：1039-1041.

[45] PAWAR P P, MUNISHWAR S R, GEDAM R S. Physical and optical Properties of Dy^{3+}/Pr^{3+} co-doped lithium borate glasses for W-LED [J]. J. Alloys Compounds, 2016, 660: 347-355.

[46] VAN DER ENDE B M, AARTS L, MEIJERINK A. Near-infrared quandum cutting for photovoltaics [J]. Adv. Mater., 2009, 21: 3073-3077.

[47] ZHANG X Y, LIU Y X, ZHANG M, et al. Efficient deep ultraviolet to near infrared guantum cutting in Pr^{3+}/Yb^{3+} codoped $CaGdAlO_4$ plosphors [J]. J. Alloys Compounds, 2018, 740: 595-602.

[48] GUILLE A, PEREIRA A, BRETON G, et al. Energy transfer in $CaYAlO_4$:Ce^{3+}, Pr^{3+} for Sensitization of quantum-cutting with the Pr^{3+}-Yb^{3+} couple [J]. J. Appl. Phys., 2012, 111: 043104-5.

[49] MAALEJ O, BOULARD B, DIEUDONNE B. Downcoversion in Pr^{3+}-Yb^{3+} co-doped ZBLA fluoride glasses [J]. J. Lumin., 2015, 161: 198-201.

[50] ZHOU X J, DENG Y, JIANG S, et al. Investigalion of enegy transfer in Pr^{3+}, Yb^{3+} co-doped phosphor: The role of $^3P_0$ and $^1D_2$ [J]. J. Lumin., 2019, 209: 45-51.

[51] YOU F T, ZHANG X G, PENG H S, et al. Enery transfer and Luninescent properties of Pr^{3+} and/or Dy^{3+} doped $NaYF_4$ and $NaGdF_4$ [J]. J. Rare Earths, 2013, 31 (12): 1125-1129.

[52] LIANG W, WANG YH. Energy transfer between Pr^{3+} and Mn^{2+} in $K_2YZr(PO_4)_3$: Pr^{3+}, Mn^{2+} phosphor [J]. Mater. Chem. Phys., 2011, 1276 (1/2): 170.

[53] XIE T, GUO H X, ZHANG J Y, et al. Phosphorescence properties and energy transfer of red long lasting phosphoresent (LLP) matrial β-$Zn_3(PO_4)_2$: Mn^{2+}, Pr^{3+} [J]. J. Rare Earths, 2015, 33 (10): 1056-1063.

[54] JIA W Y, PEREZ-ANDUJAR P, R I. Energy transfer between Bi^{3+} and Pr^{3+} in doped $CaTiO_3$ [J]. J. Electrochem Soc., 2003, 150 (7): H161-H164.

[55] HU Z W, CHEN X P, CHEN H H, et al. Suppression of the slow scintillation component of Pr: $Lu_3Al_5O_{12}$ transparent ceramics by increasing Pr concentration [J]. J. Lumin., 2019, 210: 14-20.

9 Nd^{3+}的光学光谱、激光性质及能量传递

电子组态 $4f^3$ 的 Nd^{3+}是人们熟知的重要激光离子。1961 年首先使用掺钕的硅酸盐玻璃获得脉冲激光，从此开辟了具有广泛用途的稀土玻璃和晶体激光器的研究。1962 年首先使用 Nd^{3+}:$CaWO_4$ 晶体输出连续激光。1964 年又获得在室温下可输出连续激光的掺钕的钇铝石榴石晶体（$Y_3Al_5O_{12}$:Nd^{3+}，YAG:Nd），如今它已成为获得广泛应用的固体激光材料。钕离子的 NIR 激光在 20 世纪 60—80 年代被广泛研究和应用。进入 21 世纪后，Nd^{3+}的激光方向已发生变化，但这些变化依旧离不开 Nd^{3+}的能级结构、光学光谱学和发光的基本特性。了解这些原理、特性和动态以适应时代发展趋势和要求。

本章主要介绍 Nd^{3+}的 $4f$ 能级的精细结构和 $5d$ 能态；Nd^{3+}的 NIR 激光，特别是高能量激光特性及其材料科学。总结 Nd^{3+}的$^4F_{3/2}$能级寿命变化规律及重要性。通过了解发生的能量传递，有利于改善 Nd^{3+}的性能。

9.1 Nd^{3+}的 Stark 能级和 $4f^25d$ 态位置

9.1.1 Nd^{3+}的 $4f^3$ 组态 Stark 能级

20 世纪 60 年代 Carnall[1] 和 Dieke[2] 等人对 $LaCl_3$ 及水溶液中的 Stark 能级进行实验和理论计算。后来，人们用 $LaBGeO_5$ 及 $NaBi(WO_4)_2$ 单晶对 Nd^{3+}能级进一步分析，使之更为完善，相应结果列于表 9-1 中。这些结果大多数是一致的，特别是低能级部分。但是在高能级，如$^4D_{3/2}$以上能级差别较大，一些能级需进一步厘清、查细和完善。

表 9-1 一些晶体中 Nd^{3+}的 Stark 能级

$^{2s+1}L_J$	$LaCl_3$[2] E/cm^{-1}	$LaBGeO_5$[3]		$NaBi(WO_4)_2$[4]	
		E_{exp}/cm^{-1}	E_{cal}/cm^{-1}	E_{exp}/cm^{-1}	C_2 格位(10K) E_{cal}/cm^{-1}
$^4I_{9/2}$	0. 00	0	0	0	0
	115. 39	168	41	104	104
	123. 21	303	105	156	156
	244. 4	450	197	228	234
	249. 4	553	320	435	438
$^4I_{11/2}$	1973. 85	1934	1899	1961	1960
	2012. 58	2134	1929	1997	1992

续表 9-1

$^{2s+1}L_J$	$LaCl_3$[2] E/cm^{-1}	$LaBGeO_5$[3]		$NaBi(WO_4)_2$[4]	
		E_{exp}/cm^{-1}	E_{cal}/cm^{-1}	E_{exp}/cm^{-1}	C_2 格位(10K) E_{cal}/cm^{-1}
$^4I_{11/2}$	2026.90	2195	1972	2014	2014
	2044.19	2255	2029	2042	2052
	2051.60	2285	2110	2161	2172
	2058.90	2320	2212	2178	2194
$^4I_{13/2}$	3921.8	3867	3887	3924	3918
	3974.88	4087	3922	3948	3937
	3998.89	4150	3957	3970	3970
	4012.92	4233	3898	4008	3993
	4031.86	4268	4060	4142	4142
	4042.08	4290	4138		4171
	4083	4330	4233	4182	4181
$^4I_{15/2}$	5869.3	5776	5922	5853	5859
	5942.4	6002	5979	5903	5899
	5992.2	6128	6006	5945	5956
	6079.5	6273	6043		5988
	6154.2	6331	6093	6234	6227
		6412	6160	6271	6259
		6476	6237		6305
		6533	6333	6340	6341
$^4F_{3/2}$	11423.90	11480	11268	11415	11402
	11453.91	11692	11551	11477	11454
$^4F_{5/2}$	12458.37	$^4F_{5/2}+2H_{9/2}$ 12514	11977	$^4F_{5/2}+^2H_{9/2}$ 12426	12412
	12480.65	12604	12079	12454	12449
	12487.67	12638	12153	12509	12509
		12684	12208	12529	12546
$^2H_{9/2}$	12536.14	12736	12233	12555	12554
	12557.73	12773	12358	12620	12627
		12896	12553	12684	12660
				12716	12714

续表 9-1

$^{2s+1}L_J$	$LaCl_3$[2] E/cm^{-1}	$LaBGeO_5$[3]		$NaBi(WO_4)_2$[4]	
		E_{exp}/cm^{-1}	E_{cal}/cm^{-1}	E_{exp}/cm^{-1}	C_2 格位(10K) E_{cal}/cm^{-1}
$^4F_{7/2}$	13396.05	13442	13227	13378	13385
	13400.02	13579	13327	13408	13420
	13474.53	$^4F_{7/2}+{}^4S_{3/2}$ 13631	13352	13526	13521
	13488.08	13692	13435	13531	13524
		13715	13560	13496	13494
					13501
$^2S_{3/2}$	13527.22			13496	13494
	13531.23				13501
$^4F_{9/2}$	14705.73	14751	14431	14635	14650
	14710.70	14819	14571	14664	14667
	14715.30	14892	14689	14749	14748
	14721.87	14941	14771	14773	14781
	14759.24	15085	14792	14821	14832
$^2H_{11/2}$	15907.08	16031	15343	15835	15898
	15923.91	16059	15407	15872	15906
	15948.12	16077	15416	15896	15918
	15953.0	16108	15424	15951	15933
	15960.77	16139	15430		15949
		16213		16021	15975
4$G_{5/2}$	17095.12	17174	16807	16987	16981
	17098.94	17274	16896	17053	17036
	17099.92	$^4G_{5/2}+{}^2G_{7/2}$ 17387	16941	17105	17104
	17165.17	17454	16960		
		17498	17172		
$^2G_{7/2}$	17228.75	17527	17268	$^4G_{7/2}+{}^2G_{7/2}$ 17233	17233
	17297.44			17253	17240
$^4G_{7/2}$	18993.59	19073		17294	17294
	19012.88	19102		17411	17421
	19042.34	19164		18912	18926
	19078.02	19212		18984	19011

续表 9-1

$^{2s+1}L_J$	$LaCl_3$[2] E/cm^{-1}	$LaBGeO_5$[3]		$NaBi(WO_4)_2$[4]		
		E_{exp}/cm^{-1}	E_{cal}/cm^{-1}	E_{exp}/cm^{-1}		C_2 格位(10K) E_{cal}/cm^{-1}
$^4G_{9/2}$	19430.93	19346		$^4G_{7/2}+$ $^2G_{7/2}$	19030	19044
	19434.75	19516				
	19454.60	19532		$^4G_{9/2}$	19379	19384
	19458.72	19608			19417	19418
	19546.65	10642				
	19556.10	19666		$^2K_{13/2}$	19479	19476
	19653.67	19708			19512	19494
		19751			19521	19522
		19873				
		19948		$^4G_{9/2}$	19540	19530
				$^2K_{13/2}$	19777	19564
						19600
						19623
						19776
						19852
$^2G_{9/2}$				$^2G_{9/2}$	20923	20936
					20958	20963
						20980
$^4G_{9/2}$	21029.08	21039			21085	21076
	21042.33	21053				
$^2D_{3/2}$	21161.71	21106			21095	21096
	21187.72	21128			21146	21118
		21213				
$^4G_{11/2}$ ($+^2K_{15/2}$)	21369.56	21267			21239	21242
	21393.35	$^4G_{9/2}+^4G_{11/2}+$ $^2K_{15/2}+^2D_{3/2}$ 21336			21257	21259
	21407.90	21496			21350	21347
	21465.95	21561			21503	21495
	21527.55	21763				21550
	21554.38	21801			21543	21595
	21572.64	21925				21651
	21651.16	21973				21679

续表 9-1

${}^{2s+1}L_J$	$LaCl_3$[2] E/cm^{-1}	$LaBGeO_5$[3] E_{exp}/cm^{-1}	E_{cal}/cm^{-1}	$NaBi(WO_4)_2$[4] E_{exp}/cm^{-1}	C_2 格位(10K) E_{cal}/cm^{-1}
${}^4G_{11/2}$		${}^4G_{9/2}+{}^4G_{11/2}+$ 22036		21687	21766
$(+{}^2K_{15/2})$		${}^2K_{15/2}+{}^2D_{3/2}$ 22108		21772	21833
${}^2P_{1/2}$	23214. 93	23375		23179	23186
${}^2D_{5/2}$	23759. 73	23787		23683	23690
	23778. 42	23955		23739	23749
				23821	23814
${}^2P_{3/2}$	26134. 85	26192			26117
					26131
	27972. 88	${}^4D_{3/2}+{}^4D_{5/2}+$ 27796		27794	27678
${}^4D_{3/2}$	27975. 68	${}^2H_{11/2}+{}^4D_{1/2}$ 27964			27792
${}^4D_{5/2}$	28105. 10	28090		27883	27919
				28037	28053
				28166	28148
				28462	28430
				28850	28894
				28960	28960
${}^2I_{11/2}$	28210. 06	28209		29043	29037
		28498		29124	29143
					29251
					29392
					29431
	2851452	28719			
		28893			
		28935			
${}^4D_{1/2}$		29498			
		29788			
	29218. 34	30157			29260
${}^2L_{15/2}$	29314. 52	${}^2L_{15/2}+{}^4D_{7/2}+$ 30358			
	29320. 19	${}^2I_{13/2}+{}^2L_{13/2}$ 30544			
	29327. 76	30637			
		30694			
		30895			

续表 9-1

$^{2S+1}L_J$	$LaCl_3$[2] E/cm^{-1}	$LaBGeO_5$[3]		$NaBi(WO_4)_2$[4]	
		E_{exp}/cm^{-1}	E_{cal}/cm^{-1}	E_{exp}/cm^{-1}	C_2 格位(10K) E_{cal}/cm^{-1}
$^4D_{7/2}$	30042.85			30500	30554 29966
$^2I_{13/2}$	30110.82 30289.90				
$^2L_{17/2}$					30747
$^2H_{9/2}$		32912 33226			32567
$^2D_{3/2}$		33534		33400	33481
$^3H_{11/2}$		$^2H_{11/2}+^2D_{5/2}$ 34002 34095 34165			
$^2D_{5/2}$		34282 34435		34450	34474
$^2F_{5/2}$			38500	38504	
$^2F_{7/2}$			39950	39926	
$^2G_{9/2}$			47700	47696	
$^2G_{7/2}$			48600	48586	

9.1.2 Nd^{3+}的能级图和 $4f^25d$ 态能量位置

为探明 Nd^{3+} 的 $4f^25d$ 态和 $4f^2$ 能级性质，用吸收大约 $28000cm^{-1}$ 的两个光子产生光栅[5]。由表 9-1 可知，$^4I_{9/2}\rightarrow{}^4D_{3/2}$ 跃迁吸收大约 $28000cm^{-1}$。所提出的激光过程涉及 $^4I_{9/2}\rightarrow{}^4D_{3/2}\rightarrow 4f^25d$ 态，接着 $4f^25d$ 态弛豫到 $^2G_{9/2}$ 能级。光栅信号来源于 $^2G_{9/2}$ 和 $^4I_{9/2}$ 能级的光学响应差别。因为探测频率是和 $^2G_{9/2}\rightarrow 4f^25d$ 态跃迁一致的，所以预期的散射是共振增强。这样测量的 Nd^{3+} 的 $^4F_{3/2}$、$^4D_{3/2}$、$^2G_{9/2}$ 和 $4f^25d$ 的寿命分别为 397μs、0.80μs、1.48μs 及 23ns[5]。$^4F_{3/2}$ 能级寿命长成为 Nd^{3+} NIR 激光主吸收能级。此外，这方法可能用于分段探测 Nd^{3+} $4f^2$ 能级结构。

上述所获得的一些 Nd^{3+} 参数是珍贵的。Nd^{3+} 的 $4f^25d$ 态的寿命 23ns 很短，且 $4f^25d$ 态能量位置在 Ce^{3+}、Pr^{3+}、Tb^{3+} 等离子之上，约 $55000cm^{-1}$ 附近。这也给人们对它的研究带来困难。如此短的寿命原则上也是可用作超快闪烁体。

此外，从群链方案理论出发[6]，对 Nd^{3+}:$LiYF_4$ 晶体中占据 S_4 点群对称位置的 Nd^{3+} 的晶体场能级进行拟合，拟合的均方根偏差为 $12.8cm^{-1}$。计算的基态顺磁分裂 g 因子与实验值十分接近。由计算值和实验值所获得的 $LiYF_4$ 晶体中 Nd^{3+} 的 $^4I_{9/2}$ 能级 5 条谱线、$^4I_{11/2}$能级6条谱线、$^4I_{13/2}$能级7条谱线、$^4I_{15/2}$能级8条谱线及$^4F_{2/3}$能级2条谱线的能量位置与表9-1中结果十分一致。此外，$^4I_{9/2}$多重态5条，说明这一理论方法对研究激光晶体的局域中心离子的光谱性能很有效。可惜没有给出中Nd^{3+}更高能级的计算和实验结果，可能十分麻烦。

以往，人们主要对Nd^{3+}的近红外（NIR）光重视。图9-1表示Nd^{3+} 20000cm^{-1}以下的能级图。Nd^{3+}从$^4I_{9/2}$基态被激发到较高4*f*能级后，由于这些能级能量间距小，经过多声子弛豫后，使$^4F_{2/3}$亚稳态得到粒子布局，由此向下低能级辐射跃迁。

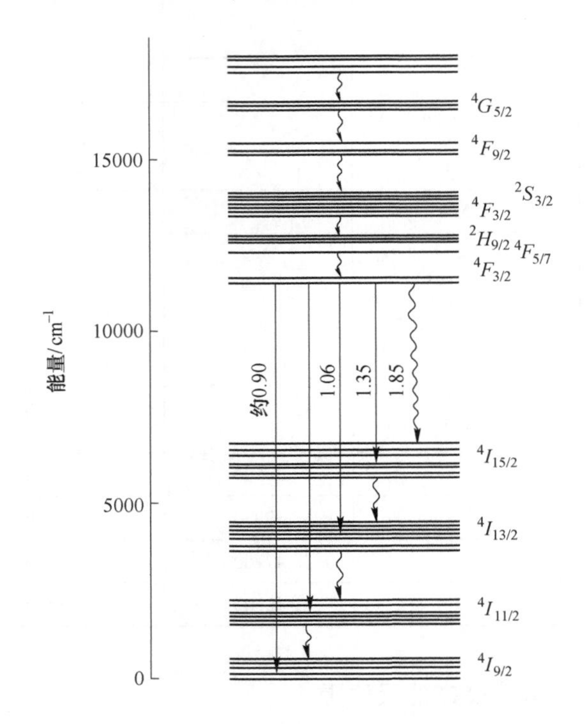

图9-1　Nd^{3+} 20000cm^{-1}以下的能级图及其弛豫和发射

〰▸多声子弛豫；—▸发射

9.2　Nd^{3+}的光学光谱和光谱参数

9.2.1　Nd^{3+}的吸收光谱和吸收截面

β-Nd^{3+}:$LaSc_3(BO_3)_4$(β-NLSB）晶体是一种LD泵浦高效自倍频激光晶体。在77K时，它的吸收光谱如图9-2所示。Nd^{3+}强吸收峰分别在530nm、590nm、750nm、810nm和885nm处，它们均来自图9-2中标记的4*f*—4*f*能级跃迁吸收。当局部对称性低于点群*T*时，$^4I_{9/2}\to{}^4F_{3/2}$能级跃迁只能有2个晶格场分量，但在图中高分辨率吸收光谱中显现4个分量。应该是Nd^{3+}在这种晶格中位于两个格位上。而在高温相α-Nd^{3+}:$LaSc_3(BO_3)_4$晶体中（α-NLSB）也得到和β相相同的吸收光谱[7]。

这些晶体和玻璃中 Nd^{3+}吸收峰的相对强度是不同的。一方面是 Nd^{3+}浓度不同，另一方面是环境不同。有了吸收光谱后，线宽的吸收截面 σ_{ab} 计算公式如下：

$$\sigma_{ab} = \alpha / N_c$$

式中，α 为吸收系数；N_c 为晶体中 Nd^{3+}的单位浓度。

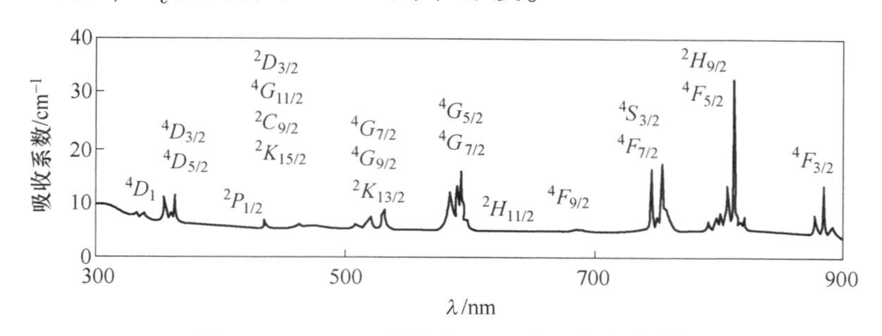

图 9-2 β-NLSB 晶体在 77K 的吸收光谱[6]

例如 β-NLSB 晶体室温下，810.7nm 均匀加宽的吸收峰 FWHM 为 3.3nm，吸收系数为 $20cm^{-1}$，$N_c = 4.5\times10^{20}cm^{-3}$（10% Nd^{3+}），得到 $\sigma_{ab} = 4.4\times10^{-20}cm^2$。几种晶体和玻璃中 Nd^{3+}的光谱数据列在表 9-2 中，这些数据可进行比较。Nd:YAG 的寿命长，σ_a 和 σ_{em} 适中，$\sigma_{em}\times\tau$ 结果满意。商品 ED-2 玻璃的荧光寿命更长，价格便宜，它们都是合适的激光材料。而 Nd:NYAB 晶体显然不太合适。

表 9-2 几种 Nd^{3+}掺杂的激光晶体和玻璃的光谱数据

基质	Nd^{3+}浓度 /cm^{-3}	808nm 处 FWHM/cm^{-3}	σ_{ab} /cm^2	σ_{em} /cm^2	τ /μs	文献
10%Nd:YAG	1.5×10^{20}	0.8	7.0×10^{-20}	28×10^{-20}	240	8
约 4%Nd:NYAB	2.2×10^{20}			33×10^{-20}	46	9
10%β-NLSB	4.5×10^{20}	3.3	4.4×10^{-20}	46×10^{-20}	112	6
10%α-NLSB	3.1×10^{20}	3.3	6.5×10^{-20}	51×10^{-20}	112	7
ED-2 磷酸盐玻璃	1.83×10^{20}	1.27①	2.9×10^{-20}		300	10

① 为 806nm 处的光谱数据。

9.2.2 Nd^{3+}的发射光谱、反射截面和 J-O 参数

β-Nd^{3+}:LSB 晶体在 10K 时，荧光光谱中最强的发射波长为 1063nm，半峰宽（FWHM）4nm，属于 $^4F_{3/2}\rightarrow{}^4I_{11/2}$ 能级跃迁发射。在 892nm（$^4F_{3/2}\rightarrow{}^4I_{9/2}$）和 1340nm（$^4F_{3/2}\rightarrow{}^4I_{13/2}$）处呈现两个弱的发射[7]。室温时，由于声子诱导均匀加宽，使谱线的半峰宽从 $30cm^{-1}$增宽到 $40cm^{-1}$。在 α-Nd^{3+}:LSB 中也得到类似结果。

晶体中 Nd^{3+}跃迁发射截面 σ_{em} 计算公式如下：

$$\sigma_{em} = \beta\frac{\lambda^2}{4\tau\Delta\lambda n^2\pi^2} \tag{9-1}$$

式中，β 为荧光分支比；λ 为发射波长；τ 为荧光寿命；n 为晶体的折射率；$\Delta\lambda$ 为线宽，而荧光分支比 β 可通过式（9-2）计算：

$$\beta = \int_a^b I(\lambda) / \int_0^\infty I(\lambda)\,\mathrm{d}(\lambda) \tag{9-2}$$

式中，$I(\lambda)$ 为发射光强度；分母为对同一上能级发射出的所有谱线积分；分子为对到特定的下能级的跃迁谱线积分。

对 α-NLSB 晶体，$n=1.84$，得到 α-NLSB 晶体中 Nd^{3+} $^4F_{3/2}$跃迁发射截面 σ_{em} 为 $51\times10^{-20}cm^2$。一些材料的 σ_{em}，τ 也列在表 9-2 中，可以比较分析。

$Cd_3Al_2Si_3O_{12}$:Nd（CdAS:Nd）玻璃在 488nm Ar 离子激光泵浦下，室温下的荧光光谱主要由 893nm（$^4F_{3/2}\rightarrow{}^4I_{9/2}$），最强的 1062nm（$^4F_{3/2}\rightarrow{}^4I_{11/2}$）、1336nm（$^4F_{3/2}\rightarrow{}^4I_{13/2}$）及最弱的 1760nm（$^4F_{3/2}\rightarrow{}^4I_{15/2}$）跃过发射组成[11]。而在 ZBLAN:Nd 氟化物玻璃中的荧光光谱[12]和 CdAS:Nd 硅酸盐玻璃相同。

用溶胶-凝胶法制备的 Nd^{3+}:SiO_2 玻璃的发射光谱主要由 905nm（$^4F_{3/2}\rightarrow{}^4I_{9/2}$）和 1062nm（$^4F_{3/2}\rightarrow{}^4I_{11/2}$）两组发射谱组成，前者相对强度比后者稍高。但在光纤中，前者强度远高于后者。905nm 光纤的发射强度与 400～1000mW 的泵浦功率呈线性增加。其$^4F_{3/2}\rightarrow{}^4I_{11/2}$的分支比 β 计算公式如下：

$$\beta(^4F_{3/2}\rightarrow{}^4I_{11/2}) = I(^4F_{3/2}\rightarrow{}^2I_{11/2}) / I(^4F_{3/2}\rightarrow{}^4I_{9/2}+{}^4I_{11/2})$$

计算得到 Nd^{3+}:SiO_2 体材料 β(1064nm) = 0.39，τ = 543μs；光纤 β(1088nm) = 0.27，τ=488μs。

用钛宝石激光对 Nd^{3+}掺杂 GdF_3 晶体激发，空温时可测得$^4F_{3/2}\rightarrow{}^4I_{11/2}$能级跃迁的偏振（EIIC）荧光光谱劈裂的 6 条光谱发光谱线。其中 1.064μm 最强，从其荧光光谱中[13]估算其相对强度分别是 100（1.064μm）、64.7（1.058μm）、37.6（1.047μm）、32.9（1.042μm）、23.5（1.035μm）及 16.5（1.031μm），这与表 9-1 中$^4I_{11/2}$能级的 6 个分量一致。光谱中$^4F_{3/2}\rightarrow{}^4I_{9/2}$基态跃迁发射的 4 个分量荧光强度很低，如在 $Cd_3Al_2Si_3O_{12}$:Nd^{3+}玻璃中[11]，1.062μm 的发射强度相对是$^4F_{3/2}\rightarrow4I_{8/2}$跃迁最强的 0.892μm 发射强度的 3.2 倍。

Nd^{3+}的$^3F_{3/2}$亚稳态是主要的激光发射能级，其性质极为重要。$^3F_{3/2}$能级的荧光寿命 τ 受到关注。表 9-3 列出一些晶体和玻璃中 Nd^{3+}的$^4F_{3/2}$能级的荧光寿命。

表 9-3　一些晶体和玻璃中 Nd^{3+}的$^4F_{3/2}$能级和荧光寿命

基质	Nd^{3+}浓度 /%	寿命 /μs	文献	基质	Nd^{3+}浓度 /%	寿命 /μs	文献
$LiYF_4$		397	4	ZBLAN 玻璃	1 2 5	482±5 387±5 181±5	12
$Ga_2(MoO_4)_3$	3 7.7 20	135.7 67.9 20.0	16	SiO_2 体材料	0.25	531	14
YAG	1	240	8	SiO_2 光纤	0.03	488	14
β-$LaSc_3(BO_3)_4$	10 50 100	112 68 19	6	(56～60) P_2O_5-(8～12) Al_2O_3-(13～17)-K_2O-(10～15)-BaO-3Nd_2O_3-xCuO 玻璃	3% 3Nd，0.00155Cu 3Nd，0.00516Cu 3Nd，0.01793Cu 3Nd，0.04544Cu	330 305 280 232 148	17
α-$LaSc_3(BO_3)_4$	6	112	7				
YAB	4	50	9	50GeO_2-43PbO-5PbF_2-2NdF_2 玻璃	2	274	18
$K_5NdLi_2F_{10}$	100	59.9	15				

从表 9-3 中可知，这些基质中的$^3F_{3/2}$的寿命差别极大。弄明白影响$^3F_{3/2}$能级的寿命变化规律对改善 Nd^{3+}的 NIR 激光发射性能意义很大。从表中总结出规律如下：

（1）一般玻璃中 Nd^{3+}的$^3F_{3/2}$的寿命比晶体中长。

（2）随 Nd^{3+}浓度增加，$^4F_{3/2}$的寿命逐渐缩短。这是因为在高浓度下，Nd^{3+}迁移致使浓度猝灭，且易发生$^4F_{3/2}+^4I_{9/2}$—$^4I_{15/2}+^4I_{15/2}$交叉弛豫。

（3）Cu 和 Fe 杂质明确证实使$^4F_{3/2}$的寿命缩短，光学和能量损失。衰减速率随杂质 Cu^{2+}含量增加呈线性增加。能量传递给杂质，增加光辐射弛豫过程，导致荧光寿命缩短，光谱性能下降。

（4）稀土杂质影响，不言而喻，稀土杂质对 Nd^{3+}的激光性能影响很大[19]，增加无辐射过程和能量争夺等过程，致使 Nd^{3+}的性能受到影响。实验证实 Pr^{3+}、Sm^{3+}、Dy^{3+}等杂质对 Nd^{3+}:YAG 光谱性能影响很大。显然，还应包括 Ho^{3+}、Er^{3+}、Tm^{3+}、Yb^{3+}等离子。

（5）OH 基影响磷酸盐和碱金属对水有强的亲和力，尽管是在高温下合成激光材料，OH 基依然残留。OH 基在钕磷酸盐玻璃中参与无辐射能量传递。损耗 Nd^{3+}的亚稳态能量，使荧光寿命缩短，效率下降[20]。OH 基的猝灭作用无论对低掺杂还是对高掺杂的玻璃都很显著，随 OH 基浓度增加，磷酸盐玻璃中 Nd^{3+}的荧光寿命基本上呈线性降低。为此，人们也提出一些方法除 OH 基或水分[20-21]。如加入 ZnF_2 或引入 F_2 可减少 OH 基含量，还可降低玻璃的声子能量，优化光谱性能。

（6）组成和结构（网络）的影响从表 9-3 中可知，$^4F_{3/2}$荧光寿命与基质的组成和结构（网络）密切相关。这方面的规律性并不十分清楚。

这里再次强调控制 Nd^{3+}掺杂浓度的重要性。使玻璃中 Nd^{3+} $^4F_{3/2}$能级的荧光寿命减少 2 倍的猝灭浓度大多为 $3\times10^{20}\sim6\times10^{20}cm^{-3}$，其中磷酸盐最高，可达 $8.6\times10^{20}cm^{-3}$，这是其被用作强激光材料的原因之一。假定掺杂的稀土离子是均匀分布于整体玻璃中且不团聚，所观测的寿命 τ_{ab} 与掺杂玻璃 N 的经验关系式如下[21]：

$$\tau_{ab}=\frac{\tau_0}{1+(N+Q)^n} \tag{9-3}$$

式中，τ_0 为零浓度极点的寿命；Q 为猝灭浓度；$n\approx2$。

控制 Nd^{3+}的浓度猝灭主要是两离子交叉弛豫机制。

迄今为止，对 Nd^{3+}比较完善的 J-O 理论参数分析工作并不多。由表 9-1 可知，一些 4f 能级紧密靠近，给分析带来困难，主要针对$^4F_{3/2}$能级附近的 Stark 能级有些工作要做。在 Nd^{3+}不同浓度掺杂的高 SiO_2 玻璃（SiO_2>96%）中，获得一些重要参数[22]。Nd^{3+}的最佳浓度为 0.27%，辐射量子效率为 51%，受激发射截面 $\sigma_{em}=2.38\times10^{-20}cm^2$。而商品 ED-2 硅酸盐玻璃的 $\sigma_{em}=2.71\times10^{-20}cm^2$。

9.3 Nd^{3+}激光概述和特性

激光从出现起就受到世人高度关切。自 20 世纪 60 年代以来，发展许多固体激光材料[23-24]。由于 Nd^{3+} 4f 电子组态具备了易产生激光的条件，故从 20 世纪 60—80 年代期间，在稀土激光材料中 Nd^{3+}激光材料是研究最多、发展最快的。同时也对 Nd^{3+}的光谱和激光特性进行了充分研究。

9.3.1 Nd^{3+}激光特性

Nd^{3+}的荧光光谱和性质已在前面有所介绍。Nd^{3+}在可见光区和红外区有一系列吸收系数大且较宽的吸收带，有利于提高光泵浦效率。通过可见光区，能量快速串级无辐射弛豫到 Nd^{3+}主吸收峰$^4F_{3/2}$能级，这个$^4F_{3/2}$亚稳态提供优良光学泵浦效率，又具有较长的寿命。由$^4F_{3/2}$亚稳态辐射跃迁到^4I_J 能级可获得数组 NIR 荧光或激光，如图 9-1 所示。为方便清楚和分析，依据表 9-1 中所列 $LaBGeO_5$ 单晶中 Nd^{3+}的$^4F_{3/2}$和 ^4I_J($J=9/2$，…，15/2) 各自 Stark 能级的晶格劈裂的支项绘制在图 9-3 中。其中$^4I_{9/2}$子能级 5 条，$^4I_{11/2}$、$^4I_{13/2}$、$^4I_{15/2}$子能级分别为 6 条、7 条、8 条；而$^4F_{3/2}$子能级为 2 条。其中$^4F_{3/2}\rightarrow{}^4I_{11/2}$跃迁和$^4F_{3/2}\rightarrow{}^4I_{13/2}$跃迁分别发射 1.06μm 和 1.30μm 强激光。它们是声子终端四能级系统。而约 0.9μm $^4F_{3/2}\rightarrow{}^4I_{9/2}$跃迁发射的激光效率低，因受 1.06μm 强自发辐射影响，限制其输出功率。现由于 0.9μm 激光有重要应用，人们正采取一些技术希望在掺 Nd^{3+} 的光纤激光器中实现 0.9μm 大功率激光。

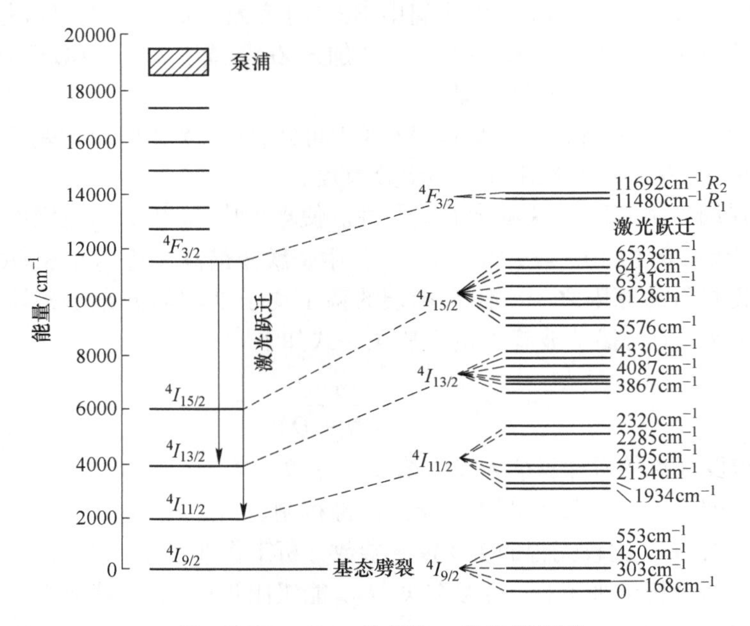

图 9-3 $LaBGeO_5$ 单晶中 Nd^{3+}的能级图

Nd^{3+}的激光末端$^4I_{11/2}$能级能量比$^4I_{9/2}$基态高约 $2000cm^{-1}$，见表 9-1 和图 9-3。远大于室温时的基态劈裂平均能量值（约 $270cm^{-1}$）。故在$^4I_{11/2}$能级上由于热反馈而产生的粒子数极少，室温下终态基本上是空的。而且在大部分材料中，从$^4I_{11/2}$至$^4I_{9/2}$基态的无辐弛豫的速率很快，有利于受激后在$^4F_{3/2}$能级上实现粒子数反转，易于实现室温激光。在$^4F_{3/2}\rightarrow{}^4I_J$ 的各种辐射跃迁中，以$^4F_{3/2}\rightarrow{}^4I_{11/2}$能级的辐射跃迁概率和荧光分支比 β 大，β 约为 50%，受激发射截面也较大。

在文献［24］中详细介绍在四能级系统中，为降低阈值，激光材料必须满足十多项条件。

人们可以利用前述的J-O理论分析所获得的线强度 $S(J, J')$、振子强度 f、自发发射概率 $A(J, J')$、强度参数 Ω_λ、荧光分支比 β、吸收截面 σ_{ab} 和发射截面 σ_{em} 等重要参数。有效线宽 $\Delta\lambda_{eff}$ 的计算公式如下：

$$\Delta\lambda_{eff} = \int I(\lambda) / I_{max} \tag{9-4}$$

式中，$\Delta\lambda_{eff}$ 也可以用简单发射光谱的谱带半高宽；$I(\lambda)$ 为波长 λ 的强度；I_{max}为发射峰处的发射强度，都可从荧光光谱中得到。

这样，Nd^{3+}的$^4F_{3/2}\rightarrow{}^4I_{11/2}$跃迁的受激发射截面 σ_{em} 计算公式如下[25]：

$$\sigma_{em} = \frac{\lambda_{em}^4 A(J, J')}{8\pi C\Delta\lambda_{eff} n^2} \tag{9-5}$$

式中，λ_{em} 为峰波长；$A(J, J')$ 为自发发射概率；n 为折射率。

式（9-5）和式（9-1）及式（2-35）是一致的。在不同 Nd^{3+} 浓度的高 SiO_2 玻璃中，$^4F_{3/2}\rightarrow{}^4I_{11/2}$能级跃迁的发射截面 σ_{em} 光谱中，当 λ_{em} = 1.059nm，不同 Nd^{3+}浓度下，$\Delta\lambda_{eff}$ = (38.76−41.82) nm，σ_{em} = (2.14～2.48)×$10^{-20}cm^2$，随 Nd^{3+}浓度增加而增加，到一定浓度后，发生猝灭，发射强度下降。商用玻璃ED-2和3699A的σ_{em} 分别为2.71×$10^{-20}cm^2$ 和1.05×$10^{-20}cm^2$。

9.3.2 Nd^{3+}激光材料

由于Nd^{3+}是最早相继在玻璃和晶体中实现激光的离子。故20世纪60—80年代间在稀土激光材料中，Nd^{3+}激光材料研究最多，可产生激光的基质及其应用也最多。在Kaminskii 1981年出版的《激光晶体》专著中[26]汇集了200多种激光材料，并给出 Nd^{3+} 的一些基本特性，这还不包括 Nd^{3+}激光玻璃。当然，真正符合实用和满足激光各方面要求的却不多。Nd^{3+}激光材料中又分有 Nd^{3+}激光晶体和 Nd^{3+}激光玻璃。

9.3.2.1 Nd激光晶体材料

Nd激光晶体材料种类繁多，但是重要熟悉的材料主要有下列几类，在文献［23］对它们的性能也有说明：Nd^{3+}:$Ln_3M_3O_{12}$(Ln=Y，Gd，Lu；M=Al，Ga，Sc）石榴石，其中Nd^{3+}:YAG大直径单晶已被广泛生产和应用；Nd^{3+}:$YAlO_3$(Nd^{3+}:YAP）铝酸钇单晶；Nd^{3+}:$LiYF_4$(Nd^{3+}:YLF）氟钇锂单晶；Nd^{3+}:$GdVO_4$，Nd^{3+} YVO_4 钒酸盐单晶；Nd倍频晶体；上转换晶体等。

A *石榴石型激光材料*

人们对石榴石型的激光晶体曾进行过广泛的研究，其中掺钕的钇铝石榴石 YAG:Nd^{3+}最好。用熔盐法或提拉法都可生长出光学质量良好的大晶体，晶体毛坯可达直径10cm，长度为20cm。国外多用高频炉生长，但需使用贵重的铱坩埚。国内还有使用电阻炉生长的，可使用较便宜的钼坩埚，其炉内为还原性气氛。

YAG:Nd^{3+}晶体还具有良好的机械强度和导热性能，在晶体中 Nd^{3+}只能取代 $\{Y\}_3$ 一种格位，故吸收和发射谱线都是均匀增宽的，荧光谱线很窄，因而阈值低，适用于重复频率高的脉冲激光器，重复频率可高达每秒几百次，每次输出功率可达百兆瓦以上，同时，它也是少数能在常温下可连续工作，并有较大功率输出的激光晶体，连续输出功率已超过1000W，国内外现已广泛将 YAG:Nd^{3+}激光晶体用于激光制导、目标指示、激光测距、激光打孔与焊接、激光医疗机、激光光谱仪和激光微区分析仪等方面。

掺钕和铬的钆钪镓石榴石 GSGG:Nd^{3+}, Cr^{3+}是另一种受重视的激光晶体，其中的GSGG代表$Gd_3Sc_2Ga_2O_{12}$。它的效率比 YAG:Nd^{3+}高一倍，故可缩小激光系统的尺寸，减轻重量，但它的热透镜效应和双折射都比 YAG 大，目前还不能取代 YAG。

B 掺钕铝酸钇（YAP:Nd^{3+}）激光材料

可用提拉法以高频炉或电阻炉生长掺钕铝酸钇激光晶体。经研究发现它具有如下的特点：在生长单晶时，Nd^{3+}在 YAP 中的分凝系数比在 YAG 中高，在 YAP 中约为 0.8，在YAG 中为 0.21。故 Nd^{3+}在 YAP 晶体中的掺入浓度比在 YAG 中高，有利于吸收光能。又因 YAP 属钙钛矿型的正交晶系，是各向异性的，故可利用晶体的不同取向而得到不同的激光特性，b 轴取向时具有高增益的特性，宜用于连续激光的操作；c 轴取向时具有高储能的特性，宜用于调 Q 的操作。输出的是偏振光。YAP 晶体的生长速度比 YAG 较快。与YAG:Nd^{3+}相比，输出功率不易饱和。由于它具有这些特性，因此国内外对这类晶体的研究也较多。其缺点是在高温下存在相的不稳定性，热膨胀系数是各向异性的，致使晶体在生长过程中易出现开裂、色心和散射颗粒等缺陷。

C 氟化锂钇 $YLiF_4$（YLF）激光材料

氟化锂钇是在氟化物基质中已得到应用的一种激光晶体。它的优点是受光辐照后不因产生色心而变色。基质吸收的截止波长移向短波，故可用波长较短、能量较高的紫外光的脉冲光泵激励而不被损坏。Nd^{3+}的 YLF 与 Nd^{3+}的 YAG 相比，前者作为超短脉冲激光器的增益介质具有如下的优点：(1) 荧光线宽比 Nd^{3+}的 YAG 宽 1 倍，有利于产生超短脉冲；(2) 上能级寿命比 Nd^{3+}的 YAG 长一倍有利于贮能，用于调 Q 操作时输出高；(3) 折射率随温度的变化小，折射率的温度系数是负的，可进行热透镜的补偿，因而在光泵的作用下热聚焦少，故光束的特性改变较小；(4) 抗紫外的能力强，不产生色心可省去滤光元件。目前存在的问题是在晶体中仍有散射颗粒，成品率还较低。

9.3.2.2 Nd^{3+}激光玻璃材料

Nd^{3+}激光玻璃和光纤材料主要有下列几类：

(1) 掺 Nd^{3+}硅酸盐玻璃。美国牌号 ED-2，中国 N11、N12，日本 LSG91H 等属此类。

(2) 掺 Nd^{3+}磷酸盐玻璃。美国 Q-88LG 体系、APG-1 等，中国 21、N24、N31、NAP-2、ANP-3，日本 LHG7 等。

(3) 掺 Nd^{3+}氟磷酸盐玻璃。美国 E111、E122，德国 FK-51、LG-802。

(4) 掺 Nd^{3+}氟铍酸盐玻璃。美国 B-101、B-402。铍（Be）是有毒元素。

(5) 掺氟锆酸盐玻璃。

(6) Nd^{3+}掺杂，或 Nd^{3+}和少量 Al_2O_3、GeO_2 共掺杂的石英玻璃光纤。

这类钕激光玻璃品牌有：中国 CASTECH、SILIOS、HUAGUANG 等，美国 SCHOTT、CORNING、Crystalaser、IPG Photonics 等，日本 HOYA、Sumita Optical Glass、OHARA 等。

超高功率激光器寄希望于钕磷酸盐等玻璃中，上海光机所在这方面取得一些可喜成就。我国高质量磷酸盐钕玻璃已生产。玻璃中的氧化铁杂质含量已降到不大于 0.001%，直径 7cm 的玻璃棒的光学均匀性达到 2×10^{-6}。还有一些钕激光玻璃将在第 9.7.3 节中介绍。

9.4 Nd^{3+}的$^4F_{3/2}\to{}^4I_{11/2}$跃迁的1.06μm激光

9.4.1 1.06μm Nd^{3+}激光性能

Nd^{3+}的1.06μm激光是以往研究和应用最多、最重要的激光，相当成熟。在前面已经介绍影响主发射$^4F_{3/2}$能级跃迁发射的荧光寿命、强度和光谱等特性的诸多因素。特别注意Nd^{3+}浓度，组成，有害杂质Cu、Fe及其他稀土杂质，残留OH^-基清除等。做Nd^{3+}:YAG单晶及ED-2几种玻璃（光纤）是Nd^{3+}1.06μm激光的重要材料。

稀土掺杂的晶体室温时不同的J多重态Stark支项之间的吸收和发射跃迁通常是可观察到的。相反，对玻璃而言个别的Stark跃迁难以被分辨，除非在很低温度时。对比Nd^{3+}:YAG晶体和Nd^{3+}:ED-2硅酸盐玻璃的发射光谱[27]，前者室温时在1.06μm处很清楚。均匀和非均匀工艺是造成晶体中锐谱线到玻璃中看到的宽化主要原因。这种均匀线宽$\Delta\lambda_H$和非均匀线宽$\Delta\lambda_{IH}$主要由于材料组成、工艺等因素造成谱线宽化。在室温时，Nd^{3+}掺杂硅酸盐和硼酸盐$\Delta\lambda_{IH}$达最高$100cm^{-1}$以上。它们在激光光纤通信中关键技术波分复用器技术中极为重要，为光纤通信中多频道共用一只光纤放大器提供方便条件。

几种Nd^{3+}:YAG等晶体及ED-2等玻璃的1.06μm激光性质列在表9-4中。这些性质可相对比较，表中ZBLA玻璃的组成（摩尔分数,%）：57.0ZrF_4-34.0BaF_2-3.0LaF_3-4.0AlF_3-2.0NdF_3；PBLA：36PbF_2-24ZnF_2-35GaF_3-2AlF_3-3YF_3-2LaF_3-2NdF_3；ED-2：60SiO_2-27.5Li_2O-10CaO-2.5Al_2O_3-0.16CeO_2+2.012Nd_2O_3（质量分数,%）；ZnTe：35ZnO-65TeO_2+2Nd_2O_3（质量分数,%）的碲化物；GLS：3Ga_2S_3-0.85La_2S_3-0.15Nd_2S_3硫化物。不同来源文献中，YAG，ED-2等数据有差异。吸收系数均为806nm，而Nd^{3+}:$YPO_4$803nm泵浦的$\sigma_{ab}=8.1\times10^{-20}cm^2$。

表9-4 几种晶体和玻璃中Nd^{3+}的光谱和$^4F_{3/2}\to{}^4I_{11/2}$跃迁1.06μm激光性质

基质	激光峰/nm	浓度	吸收系数/cm^{-1}	$\Delta\lambda$/nm	σ_{em}/cm^2	P_{th}($L_0=1\%$, $L_1=0.2\%$)/$W\cdot cm^{-2}$	τ/μs	破坏阈值/$GW\cdot cm^{-2}$	文献
YAG晶体	1064	1%		6.5	88×10^{-20}		200~240	10.1	23
YAP	1079.6	1%~3%		11	62×10^{-20}（π）		180		23
YLP	1047（π）	1.5%		12.5	18×10^{-20}（σ）		480	18.9	23
YPO_4	1068	1.2%			16×10^{-20}		156		28
ZBLA玻璃	1049	$2.72\times10^{-20}cm^{-3}$	3.14	26.7	2.9×10^{-20}	57	400		
PBLA玻璃	1039	$4.02\times10^{-20}cm^{-3}$	3.57	330	2.75×10^{-20}	112	190		
ED-2	1060	$1.83\times10^{20}cm^{-3}$	1.27	27.8	2.9×10^{-20}	173	300		21
ZnTe	1060	$3.46\times10^{20}cm^{-3}$	4.73	29.0	3.6×10^{-20}	93	130		
GLS	1077	$2.63\times10^{20}cm^{-3}$	14.50		7.95×10^{-20}	11.3	100		29

表 9-4 中 P_{th}为横向泵浦激光玻璃阈值功率密度，计算公式如下[29]：

$$P_{th} = \frac{hc(L_0 + L_r)}{2\lambda_p \tau l F \sigma_{em} \alpha_p} \times 10^{-7} \tag{9-6}$$

式中，L_0 为非共振损失，主要是由介质吸收及在反射镜上损失；λ_p 为泵浦波长；τ 为激光能级寿命；F 为激光能级上 Boltzmann 粒子布居系数，如在 GLS 和 ED-2 中 F 达到 0.64，YAG 为 0.40；α_p 为泵浦能级的吸收系数；σ_{em} 为激光的发射截面；l 为由具有厚度样品的光学密度数据获取；h 为 planck 常数；c 为光速；L_r 为在激光波长处自吸收引起的共振功率损失，计算公式如下[29]：

$$L_r = 2\varrho \sigma_{em} N \beta_t / Z \tag{9-7}$$

式中，N 为激光离子的密度；β_t 为激光终态能级的 Boltzmann 因子；Z 为分配函数，ϱ为激光腔的长度。

由表 9-4 可知，ZBLA 和 PBL 氟化物玻璃中，Nd^{3+}的激光特性完全相似，甚至比 ED-2 玻璃更好。而 ZnTe 和 GLS 硫系玻璃中，阈值功动率很低。

一般硅酸盐、锗酸盐、磷酸盐和磷酸盐体系玻璃中，Nd^{3+}的光谱参数列在表 9-5 中。其中，非线性折射率用来描述该物质在强光照射下的光学响应。10^{-13}esu 是电子受激辐射度量单位，它等于 1 个电子在 1cm 距离内发射一个电子伏的能量。f_{esu}值大，表明这种材料在高光强下发生明显的非线性光效应，如自聚焦，自相位调制等。这些材料在激光通信技术等应用中有重要意义。这段时期，新的 Nd^{3+}掺杂激光晶体出现不多，相对玻璃活跃，这是可以理解的。

表 9-5 各种钕玻璃的$^4F_{3/2}$→$^4I_{11/2}$跃迁的光谱性质[23]

玻璃类别	非线性折射率 /f_{esu}	发射截面 /cm^2	有效线宽 /nm	寿命 /μs	峰值波长 /nm
硅酸盐	>1.2×10^{-13}	(1.0~3.6)×10^{-20}	34~43	170~950	1057~1088
锗酸盐	>1.0×10^{-13}	(1.6~3.5)×10^{-20}	22~36	200~500	1057~1065
磷酸盐	>1.0×10^{-13}	(1.8~4.7)×10^{-20}	23~34	320~560	1060~1063
硼酸盐	>0.9×10^{-13}	(1.8~4.8)×10^{-20}	23~43	100~500	1052~1057
碲酸盐	>10×10^{-13}	(3.0~5.1)×10^{-20}	26~31	140~240	1054~1063
氟磷酸盐	>0.5×10^{-13}	(2.2~4.3)×10^{-20}	27~34	350~600	1050~1056
氟锆酸盐	>1.2×10^{-13}	(2.0~3.4)×10^{-20}	31~43	300~500	1049
氟铍酸盐	>0.3×10^{-13}	(1.7~4.0)×10^{-20}	19~28	550~1000	1046~1050

这里简要介绍 Nd^{3+}、Er^{3+}可部分取代 Ca^{2+}特性，成为 $Ca_{2-x}Ln_xAl_{2+x}Si_{1-x}O_7$($Ln=Nd^{3+}$，$Er^{3+}$，$Tm^{3+}$等）黄长石激光材料。该材料属四方晶系，空间群 $P\bar{4}2$，$m - D_{2d}^1$ 。大的 Ca^{2+}位于畸变的立方格位。该材料都在 805nm 处呈现一个宽而强的吸收带[30]。共同的光谱特点如下：（1）吸收。在 4K 下，仅有一条对应 Nd^{3+} $^4I_{9/2}$—$^4I_{11/2}$跃迁吸收谱被观测到，这意味 Nd^{3+}位于八配位。（2）发光。$^4F_{3/2}$—$^4I_{11/2}$跃迁在 1.061μm 和 1.080μm 处显示两条强

而宽的谱线。比较 Nd^{3+}:YAG、Nd^{3+} $LaMgAl_{11}O_{19}$(LNA) 和 Nd^{3+}:$Ca_2Al_2SiO_7$在1.03 ~ 1.09μm范围内的发光光谱，Nd^{3+}:YAG为锐谱线，Nd^{3+}:LNA较宽，而Nd^{3+}:$Ca_2Al_2SiO_7$最宽。后者在1.08μm处线宽达16nm；而在1.06μm处也比前两者宽。Nd^{3+}:$Ca_2Al_2SiO_7$有望成为LD泵浦有很好前景的激光材料。

为改善Nd^{3+}激光性能及发展新激光材料，可参阅文献［25］提出的对Nd^{3+}掺杂石榴石可调谐激光波长的设计意见，以及干福熹先生有关玻璃性质计算和成分设计的著作[31]。当然，也可从固体发光材料中得到设计的灵感。

9.4.2 近年国内1.06μm Nd^{3+}激光研发

9.4.2.1 Nd^{3+}:BGO单晶光纤

采用单晶光纤因其具有良好的泵浦控制，重量轻，尺寸小，有利于LD泵浦的全固体激光发展。

人们熟悉的$Bi_4Ge_3O_{12}$(BGO)是闪烁体，掺Nd^{3+}:BGO晶体曾获得CW激光工作，输出功率为40mW，斜效率仅13%。近来采用具有抗热系统微拉缩法成功地生长0.3% Nd^{3+}:BGO单晶光纤，并实现激光运作[32]。在808nm LD泵浦下，观测到1064nm发射峰。用15.25W吸收功率泵浦，Nd^{3+}:BGO单晶光纤得到输出功率3.27W，斜效率31.2%，这是高的水平。输出功率随输出耦合器（OC）的透过率而增加。

9.4.2.2 掺Nd^{3+}大功率玻璃

上海光机所新近发展两种大功率Nd^{3+}掺杂的磷酸盐激光玻璃，其玻璃代码NAP-2和NAP-3的性能比他们大批量生产的N31激光玻璃性能更佳[33]。还有谱线半高宽达34nm和50nm的硅酸盐和铝酸盐玻璃，以及两类具有低非线性折射率（n=0.6~0.86）和长寿命（430~510μs）的Nd^{3+}掺杂的氟磷酸盐玻璃。将在9.5节介绍。

9.4.2.3 精密仪器定标激光

同时发生的双波长激光有着不同的应用，如万亿赫兹辐射发生器、医用仪器、全息干涉仪、激光雷达。特别是具有同时发射垂直偏转双波长激光，因其固有的性质，在激光干扰和精密计量学中应用深受人们的关注。过去，这种双波长激光主要使用各向异性的激光晶体，包括Nd^{3+}掺杂的YLF、LLF、YAP、$GdVP_4$、$LuVO_4$、LMB、LYSO、$CaYAlO_3$等。

一种主动Q-开关垂直偏振双波长1047nm和1053nm Nd^{3+}:YLF激光功率定标近来被发展[34]。通过无涂层的石英校准器来实现增益-损失平衡。在入射功率41.7W泵浦下，得到最大输出功率14.2W，对应的光-光转换效率34.1%，斜效率达到38.3%。在腔内放置一个声-光调制器实行主动Q-开关。当入射泵浦功率达40W，在重复脉冲频率30kHz下，最大平均输出功率10W；而1kHz的重复频率时，最大脉冲能量为3.4mJ。依据这种Nd:YLF激光晶体，其CW和主动Q-开关垂直偏振双波长激光都是最近最高水平。

用885nm LD泵浦，使Nd:YAG增益介质Nd^{3+}从基态直接跃迁到$^4F_{3/2}$亚稳态的一种单纯单频非平面环形振荡（NPRO）激光实现[35]，得到1064nm处的CW输出功率4.54W。在入射功率约2W时，其斜效率达76.9%。和用808nm对相同的NPRO泵浦所获的斜效率50.7%相比，这种885nm直接泵浦有显示改善能量效率的优点。直接泵浦得到的斜效率增加，实际和理论分析是一致的。直接对$^4I_{9/2}\to{}^4F_{3/2}$跃迁泵浦来说，如图9-3所示，$^4F_{5/2}$劈裂两条支项 Rl 和 R2，$^4I_{9/2}$有 5 条，最强的谱线是 Z1 到 R2 跃迁 868.9nm 泵浦。不幸的是该条谱线很窄，小于 1nm（FHWM），对 2～3nm 的 LD 发射响应不良。在 885nm 处有两热提升的泵浦线 Z2 到 R1（885.7nm）及 Z3 到 R2（884.3nm）。这两跃迁在室温时，有效激光过程中部分热布居依然大，系数达到 0.246 和 0.178。室温时，这两吸收峰的吸收系数几乎相等，大约 1.8cm^{-1}（1.1% Nd）。和 868.9m 谱线相比，这两峰的 FWHM 相对宽，大约 2.7nm（1.1% Nd）。这表明 885nm 是合适的 LD 泵浦，提高斜效率。

9.4.2.4 无序激光晶体 Nd：$CaYAlO_4$

针对吸收和发射光谱，非均匀宽化，无序晶体对超短脉冲激光的产生和可调谐激光运作是有意义的，受到关注。

$CaYAlO_4$ 晶体是一种典型的无序晶体，属于四方 K_2NiF_4 结构。Ca^{2+}和 Y^{3+}随机占据八面体之间的 9 配位格位。Nd^{3+}掺杂取代 Ca^{2+}和 Y^{3+}格位。以前 Nd：$CaYAlO_4$ 的激光工作主要集中在 σ-偏振的$^4F_{3/2}$—$^4I_{11/2}$跃迁。近来选用这种晶体的 σ-偏振 1080nm，π-偏振 1069nm（$^4F_{3/2}$—$^4I_{11/2}$）及 σ-偏振的$^4F_{3/2}$—$^4I_{13/2}$跃迁 1363nm 激光进行研究[36]。

采用偏振束劈裂立方体，选择 1080nm 和 1069nm 激光振荡。在晶体旋转下，当输入功率为 9.8W 时，分别得到 2.45W 和 1.52W 输出功率；为 1.3μm 激光运作，所采用设计的犬齿镜也实现 1363nm（$^4F_{3/2}$—$^4I_{11/2}$）输出功率 0.67W 的良好结果。

9.4.2.5 光纤耦合 1kW Nd：YAG 激光

光纤耦合的 1kW 声-光 Q-开关，CW 泵浦 Nd：YAG 激光得到平均功率 1022W，最近也被获得[37]。在 20kHz 下脉冲宽度 102ns，电-光转换效率 11.6%。光纤耦合效率 93%，峰功率 500W。在 1h 中最大输出功率的稳定度优良。

9.4.2.6 饱和吸收剂

超短脉冲激光在工业、军事等领域有着巨大的需求，可用于微激光微加工、太赫兹产生、光成像等用途。获取超短脉冲激光的方法有两种：一种在谐振腔中放入饱和吸收剂，另一种是利用光纤中的非线性效应。

早期普遍使用的是半导体饱和吸收镜（SESAM），并在光纤激光器、固体激光器和薄片激光器等领域中应用。但这种 SESAM 需通过特定的设计，才能实现特定的锁膜，且无法实现宽波长锁膜；制造成本高，流程复杂，损伤阈值低等缺点。而采用非线性偏振旋转效应实现的激光器易受光纤玻璃的影响，无法实现自适应脉冲产生。因此需要发展新的饱和吸收剂来实现超快脉冲激光。

短短几年来，一些饱和吸收剂由于在 1～2μm 光谱范围内具有显著光电特性，被成功地用于 Nd^{3+}、Er^{3+}、Tm^{3+}、Yb^{3+}等激光装置中。这些新的饱和吸收剂主要包括二维（2D）材料，如石墨、石墨烯、黑磷、类黑磷材料、Mo 或 W 的二硫化合物（MS_2，MSe_2）、MXene 和钙钛矿等二维材料。

2019 年中国也成功使用这类 2D 饱和吸收材料用于钕激光装置中并取得好的水平。

采用 2D WS_2 纳米片作饱和剂，用 LD 对 Nd^{3+}：$Gd_{0.9}La_{0.1}NbO_4$ 激光晶体泵浦获得被动调 Q-开关激光[38]。当激光参数到最佳后，得到 CW 激光输出功率 4.37W，斜效率达 42% 高水平。同时利用 2D WS_2 饱和吸收特性，在 7.8W 吸收功率泵浦下，实现最短脉冲宽度 895ns，最高重复频率 162Hz。同样，在类似的 Nd^{3+}：(Gd，Y) NbO_4 稀土铌酸盐激光晶体中采用 2D 的 WS_2 和 M_0S_2 也得到类似结果[38]。

用石墨烯-MoS_2 和氧化石墨烯为饱和吸收剂，也被用于 Nd^{3+}掺杂的激光晶体中[39-40]。用反射的氧化石墨烯，为饱和吸收剂实现高功率被动 Q-开关 Nd∶$GdVO_4$ 激光[40]。使用传统低廉的 Langmuir-Blodgett（LB）技术，生成氧化石墨烯薄膜作为饱和吸收剂用在这种 Q-开关 Nd∶$GdVO_4$ 激光装置中。10.90W 泵浦功率下，得到中心波长 1063.20nm，宽度 $\Delta\lambda$ =0.14nm；当泵浦功率从 7.40W 升到 10.90W 时，在 1.71~2.50MHz 重复频率下，输出功率范围为 1.23~1.71W。Q-开关激光的最短脉冲宽度达到 115ns 的好水平。

这些成就得益于采用先进的饱和吸收剂。

9.5 Nd^{3+} $^4F_{3/2}$→$^4I_{13/2}$跃迁的 1.35μm 激光

图 9-1 和图 9-3 也表示了 Nd^{3+} 1.35μm 发射的$^4F_{3/2}$—$^4I_{13/2}$能级跃迁。许多玻璃和晶体，特别是玻璃中，Nd^{3+}的发射峰位于 1.3μm 附近光通信窗口中，也希望 Nd^{3+}掺杂的光纤放大器能被用作向 1.55μm 掺 Er^{3+}光纤放大器。故优先研发 1.35μm 掺 Nd^{3+}玻璃性质。在不同重要玻璃中，Nd^{3+} $^4F_{9/2}$—$^4I_{13/2}$跃迁 1300nm 发射相关性能比较，硅酸盐玻璃发射带最宽[41-42]，而磷酸盐玻璃和氟磷酸基玻璃相对最窄。

Nd^{3+}的光纤放大性质主要在 20 世纪 90 年代初期以前时期进行研究。后来因 Er^{3+}掺杂的光纤放大性能更佳，而后研究被滞后。

掺 Nd^{3+} SiO_2 光纤在 1320nm 处的泵浦产生损失发现比在 1340nm 处更大[43]，这归因于 Nd^{3+} $^4F_{3/2}$—$^4G_{7/2}$能级的激发态吸收（ESA）。受激发射两种跃迁起源于相同的$^4F_{3/2}$能级。在特定波长下，是增益或损失，只能靠哪个能级更弱来测定。而 ESA 与基质有关。氟锆酸盐玻璃明显比 SiO_2 好。至少发展 Nd^{3+}掺杂光纤放大器（1.300μm）的绝大部分努力集中在氟锆酸玻璃上。

被动 Q-开关技术被广泛用于紧凑型具有 LD 泵浦的高峰值发射纳秒和亚纳秒短脉冲激光。1.3μm 激光光源可和 SiO_2 光纤的低色散及低损耗光谱相结合，1.3μm 光谱范围可形成可靠的 Q-开关。于是，发射 1.3μm 激光的 Nd^{3+}掺杂的晶体及采用不同饱和吸收剂结合的激光装置被发展。这样，它们在许多领域具有广泛应用。Nd^{3+}掺杂的材料的激发和发射光谱在第一和第二生物窗口中（Ⅰ-BW 650~950nm，Ⅱ-BW 1000~1350nm）[44]。因此相关材料可以制成用作多重膜生物医学成像对比试剂。由于水对 1.3μm 激光比对 1.06μm 激光具有更强的吸收，眼科手术更安全。还有通信、光传感等方面用途。

产生约 1.34μm 激光晶体主要有 Nd^{3+}分别掺杂的 YVO_4、$GdVO_4$、$LuVO_4$、$Gd_{1-x}Y_xVO_4$、GGG 及 $KGd(WO_4)_2$(KGW) 等激光晶体。而饱和吸收剂主要包括半导体 GaAs、InGaAsP 量子阱和 InAs/GaAs 量子点等，V^{3+}:YAG，及 Co^{2+}:$LaMgAl_{11}O_{19}$(LMA) 几种不同的 Nd^{3+}激光晶体和不同饱和吸收剂结合的二极管泵浦被动 Q-开关 1.34μm 激光性能列在表 9-6 中。

高效 1.34μm Nd^{3+}激光晶体主要包括稀土钒酸盐、稀土石榴石等体系。它们各有优点，其中 YAG 单晶生长技术最为成熟。半导体饱和吸收剂制造设备复杂，需用昂贵的 MOCVD 或电子束蒸复杂设备。而 V^{3+}:YAG、Co^{2+}:LMA 饱和吸收剂可用扩散键合技术与激光晶体结合在一起，成为一个整体，加上冷却系统，可获得高功率短脉冲 1.34μm 激光。

表 9-6　几种不同的 Nd^{3+}激光晶体和饱和吸收剂结合的 1.34μm 激光性能

激光晶体/饱和吸收剂	输入功率/W	平均输出功率/W	斜效率/%	光转换/%	脉冲宽度/ns	重复频率/kHz	脉冲能量/μJ	峰值功率/W	文献
$Nd:Gd_{0.5}Y_{0.5}VO_4$/V:YAG	7.28（CW） 5	0.96 0.5	17.6	13.2	47.8	76	8.7	18.2	45
Nd:YAG/V:YAG	16	1.56（1.34μm） 1.42（1.44μm）			20	60	25 24	488	46
Nd:YAG/V:YAG	13	0.41			6.2	13	37.5	6300	47
Nd:GGG/Co:LMA（T_o=90%）	4.5	0.183			26.1		18.7	700	48
Nd:GGG/Co:LMA（T_o=81%）	4.5 7.5（CW）	0.131 1.5	21.5	19.4	16.4	6.1	21.4	1300	48

9.6　掺 Nd^{3+}激光晶体的倍频效应

当一束强激光入射到非线性光学材料介质后，射出的光束中有频率不同于入射束频率，即非线性光学效应。这些效应包括倍频、和差与差额、受激拉曼散射等效应。人们对这种非线性倍频效应产生的蓝色和绿色激光一直重视。这种倍频效应还包括自倍频（SFD、SHG）效应。即如果基质晶体的二阶非线性光学系数足够大，其中激活离子（如 Nd^{3+}、Yb^{3+}）产生的激光振荡可由晶体本身的倍频效应直接产生倍频激光。有关这两种激光倍频效应可参阅罗遵度和黄艺东的专著[49]及报告[50]。

Nd^{3+}:YVO_4 激光晶体与倍频的磷酸盐 KTP 晶体胶合为一个整体，在 808nm LD 泵浦下产生 532nm 绿色激光，在中科院物构所的支持下，已实现商品化。非线性倍频晶体主要包括 KTP，而自倍频晶体主要是 Nd^{3+}掺杂的 $LnAl_3(BO_3)_4$，$LnCa_4O(BO_3)_3$(Ln=Y，Gd) 硼酸盐及 $LiNbO_3$ 和 $LiNbO_3$ · MgO 铌酸盐体系。经分析可得：（1）无论非线性倍频或自倍频，大多数产生的激光输出功率低，效率低；（2）仅有少数倍频后的 532nm 绿色激光的效率达到 20%~31%，绿色纯度高；（3）两种倍频后获得的蓝色激光效率更低，比绿色激光低很多，但蓝色纯度高。

是否还有其他倍频方案可获得绿色和蓝色激光，人们正在努力。采用两种不同的硼酸锂（LBO）晶体发展一种高效高功率双波长方解石-绿色 Nd:YVO_4 自拉曼激光[51]。第一个和第二个 LBO 晶体被用于分别产生 559nm 和 532nm 绿色激光。为使第二个 LBO 激光输出功率最大，调制第二个 LBO 温度后在泵浦功率为 31.6W 的条件下，532nm 和 559nm 激光输出功率分别为 7.1W 和 2.9W。而为平衡输出功率调制温度后，同样在 31.6W 泵浦下，532nm 和 559nm 激光输出功率分别为 4.3W 和 4.2W，对应的转换效率为 26.9%。这种双波长方解石-绿色激光有可能用于光学相干性层析 X 射线摄像机、原子干涉测量等。

基于 Nd^{3+} $^4F_{3/2}$—$^4I_{9/2}$跃迁大约 920nm 激光，见表 9-1 和图 9-1，设法通过它的倍频来实现纯蓝色激光。Wang 等人[52]从光纤结构上做出重大改进，用 Nd^{3+}:YAG 晶体作为前驱体，基于管中熔融法，成功地制备一种新颖的 Nd 掺杂高 Al_2O_3 和 Y_2O_3 玻璃@ SiO_2 玻璃混合体光纤。在控制过程中晶体核转换为无定型玻璃态。这种混合光纤的 915nm 处的增益系数达到 0.4dB/cm。采用 3.5cm 短增益光纤。实现信噪比超过 50dB 的 915nm 激光振荡，以利获得纯蓝光纤激光。

鉴于 UV 激光的重要性，实现固体实用化也遇到困难，作者认为倍频实现是一个重要方案。

9.7 高能 Nd^{3+}激光玻璃和晶体

9.7.1 概况

高功率、高能量固体激光一直是人们追求的目的。同时具有高能量（10^3 ~ 10^6J）及高峰值功率（10^{12} ~ 10^{13}W）激光可用于激光核聚变驱动装置，以期实现可控核聚变反应堆[53]，极好地解决能源问题，同时也适应国防军事需要。各国政府、大公司及军方等投入巨资，支持其发展。特别是在固体高功率激光器具有先进水平的美国，为加快高能固体激光器技术发展，在 2002 年启动“联合高功率固体激光器”（JHPSSL）计划。2002 年美国制定了一个输出功率 100kW 固体激光的目标。2009 年，美国诺格和信达公司均实现了里程碑式的 100kW 功率指标[54]。但光束质量差，电光转换效率低于 20%，体积较庞大。后来，美国国防部及三军联合提出稳键电驱动激光器倡议（RELI）计划，项目的基本目标是开发一款全电驱动、高效稳定、可定标放大的军用激光模块，实现单模块功率 25kW，电光转换效率大于 30%，模块能量定标放大至 100kW[55]，2010 年开始，计划 2017 年完成。

实现高能固体激光器在技术上分为两大类[55]。一种是单口径输出方式，包括热容、薄片等激光器；另一种是板条和光纤激光器。这些技术的核心是在高功率运行时，保持光束质量，清除和减少介质中热积累（热沉）带来的问题。

作者认为，实现高能固体激光器除上述核心技术外，其关键是玻璃或晶体激光介质及其热管理。要求这类稀土激光材料不仅具有高功率、高能量的优良激光性能，而且也应具有耐高温、抗热冲击和耐损伤的优良光学-热学和光学-机械学等性能。

经过多年研发，人们将重点聚集在 Nd^{3+}掺杂的磷酸盐玻璃上。这是因为 Nd^{3+}掺杂的磷酸玻璃具有优良的光学光谱性质，吸收和发射截面及荧光寿命合适，对稀土离子溶解度高，具有优良的热学-机械学性能，高的损伤阈值及可熔制大尺寸材料和拉制光纤等，且已有被用于惯性约束核聚变（ICF）等高新技术中的基础。2000 年之前使用 Nd 掺杂磷酸盐就获得具有输出能量约 2MJ 和峰值功率超过 500TW 的两种激光体系。美国 Lawrence

Livemore 国家实验室 Campbell 和 Suratwala 在 2000 年曾对具有高能/高峰值功率激光 Nd 掺杂的磷酸盐玻璃予以总结[56]。上海光机所在这方面也取得优异成果[57]。

9.7.2　影响高功率 Nd 玻璃质量的因素

在前面已对影响 Nd^{3+}激光性质，特别是对$^4F_{3/2}$激光能级影响的因素予以介绍。主要因素有 Nd^{3+}掺杂浓度，Cu、Fe 等金属杂质；其他稀土杂质；OH 基（水分）；组成和结构等。这些因素对高能 Nd 掺杂激光玻璃同样适用。除此之外，还应特别重视高能激光材料的热学-机械学及激光引起的损伤及铂坩埚带来的 Pt 有害杂质。

前面所述公式（9-3）已表示 Nd^{3+}的寿命与猝灭浓度 Q 的关系。其 τ_{ab}的倒数 P_{Nd}就是衰减速率，有如下关系式：

$$P_{Nd} = 1 + (N/Q)^n/\tau_0 = P_0 + P_0(N/Q)^n \approx P_0 + P_0(N/Q)^2 \quad (9\text{-}8)$$

式中，P_0 为 Nd 零浓度时极限衰减速率。Nd 掺杂偏磷酸盐代码 LG-770 激光玻璃的衰减速率与 Nd 浓度 N 成平方关系，呈现很好的线性关系[56]。代码为 LHG-8 的 Nd 掺杂的偏磷酸盐也具有和 LG-770 玻璃相同的线性关系。由 Nd 浓度猝灭因子 Q 与不同组分偏磷酸盐激光玻璃的发射带宽 $\Delta\lambda$ 作图，也呈线性关系。这里所用 Nd 浓度猝灭因子 Q 是指使寿命减一半或衰减速率增为两倍时的 Nd 浓度。它与通常指使发光强度降低一半时的物理含义是一致的。可见控制 Nd 浓度对获取高能激光是很重要的。

9.7.3　磷酸盐激光玻璃组成和性能

高峰值功率 Nd 掺杂磷酸盐玻璃的组成是极其重要的。这方面可参阅 Campbell[56] 和 He 等人的报告[57]。由 P_2O_2-(Al_2O_3，RE_2O_3)-(MO，M_2O) 体系的相图表示[56]，绝大多数商用 Nd 激光玻璃位于相图中代表偏磷酸盐玻璃直线的附近，且具有大致 60P_2O_2-10Al_2O_3-30M_2O/MO（摩尔分数,%）组成。激光棒中 Nd 掺杂浓度大约是 0.2%(约 5×10^{19} cm^{-3})，而圆片和平板材料达 2%（约 $5\times10^{20}cm^{-3}$）。现在广泛应用的商品如下：

（1）LG-250 组成：（55～60）P_2O_5-(8～12)Al_2O_3-(13～17)K_2O-(10～15)BaO-(0～2)Nd_2O_3；

（2）LHG-8 组成：(56～60)P_2O_5-(8～12)Al_2O_3-(13～17)K_2O-(10～15)BaO-(0～2)Nd_2O_3；

（3）LG-770 组成：(58～62)P_2O_5-(6～10)Al_2O_3-(20～25)K_2O-(5～10)BaO-(0～2)Nd_2O_3。

它们都在相图直线范围中。P_2O_5-Al_2O_3-MO-M_2O 体系是目前最合适用在高峰值功率激光的偏磷酸盐体系。

除 Nd^{3+}掺杂的磷酸盐玻璃外，对其他激光玻璃也很重视。鉴于以往 Nd 激光玻璃的发射线线宽窄不大于 30nm，使之在超高功率和高效光纤激光中的应用受到限制。为此希望达到 Nd^{3+}具有宽 NIR 发射和极好辐射性能的效果。

在其他磷酸盐和硼酸盐玻璃中，共掺杂 PbO 或 CdO 使 Nd^{3+}受激发射截面和辐射跃迁概率性能有所改善。但 Pb^{2+}和 Cd^{2+}是被禁的有毒的污染环境重金属离子，难以采用。

在组成（64.5−y）P_2O_5-30ZnO-5Al_2O_3-0.5Nd_2O_3-$y$$Bi_2O_3$ 铝磷酸锌（简写 ZAP）玻璃体系中，共掺杂不同量 Bi_2O_3 后使玻璃中 Nd^{3+}的 1.05μm 发射带宽 $\Delta\lambda$ 增加到 50nm，$^4F_{3/2}$能级的寿命延长 2 倍[58]。随 Bi_2O_3 增加，玻璃的振子强度参数 $\Omega_\lambda(\lambda=2, 4, 6)$，相对强度和辐射跃迁概率也逐步增加。

Nd^{3+}掺杂的硅酸盐（NSG-2）和铝酸盐（ACS-1）玻璃的有效发射线宽 $\Delta\lambda$ 分别达到 34nm 和 50nm，可有望用在 EW 级高功率激光装置中。当然，需要综合考察性能。在 ZAP 玻璃中因为 Bi_2O_3 的声子能量 500cm^{-1} 比 P_2O_5（1200cm^{-1}）低很多。用 Bi_2O_3 部分取代 P_2O_5，使玻璃的声子能量减小，这有利稀土离子发射强度和荧光寿命增加。随 Bi_2O_3 含量增加，Ω_2 增大，意味着 Nd—O 键共价性增强。当 Bi_2O_3 含量超过 8%后，由拉痕和 ^{31}PNMP谱分析，玻璃结构因在 Nd^{3+}间团集（簇）而迅速失去聚合。

9.7.4 高功率 Nd^{3+}激光晶体

对高功率（1kW）激光晶体的关注，人们并没有放松。从 2009 年以来，高功率棒状的 Nd^{3+}:YAG 激光逐年提高。近来采用主振荡功率放大器（MOPA）等装置实现光纤耦合的 1kW 重复的声-光 Q-开关 CW 泵浦 Nd:YAG 棒状激光[59]。在重复频率 20kHz、脉宽 102ns 下得到平均功率 1022W，光电效率 11.6%，相应的峰值功率约 500kW，1h 内最大输出功率的稳定度优于 0.93%。

综上所述，1.06μm Nd:YAG 激光是$^4F_{3/2}\rightarrow{}^4I_{11/2}$声子终端跃迁发射运作。上能级$^4F_{3/2}$具有 0.24ms（YAG），或 0.475ms（LHG-10 磷酸盐玻璃）长荧光寿命。这使人们可获得粒子反转增殖，容易实现在很高峰功率下的 Q-开关工作。不管晶体还是玻璃中，Nd^{3+}的强吸收带位于绿-橙色光谱区及 0.8nm 附近的 NIR 区。$^4F_{5/2}$，$^2H_{9/2}$上述吸收带可用作泵浦光吸收带。今天，约 0.80μm 激光二极管（LD）早已实现紧凑高功率固体激光，常被用来泵浦 Nd^{3+}等激光材料。

经多年研发，磷酸盐形成玻璃的组成范围宽，稀土离子在其中的溶解度大。由于 Nd^{3+}在室温产生激光、温度猝灭效应小、光泵吸收效率和发光量子效率高等特点，Nd^{3+}掺杂的磷酸盐激光玻璃具有受激发射截面大、激光增益系数高、非线性折射率小、相对热-机械性能优良等特点，是高功率激光装置的核心材料，在国防军工、航空航天、核能等战略性领域具有重要作用。

9.8 Nd^{3+}与其他离子的能量传递

第 7 章中已介绍在 YAG 单晶中可以发生高效的 $Ce^{3+}\rightarrow Nd^{3+}$的辐射和无辐射能量传递。第 8 章中也介绍位于低能级 $Pr^{3+}\rightarrow Nd^{3+}$的能量传递。20 世纪 60 年代在冕冠玻璃及硅酸盐玻璃中分别观察到 ${UO_2}^{2+}\rightarrow Nd^{3+}$及 $Ce^{3+}\rightarrow Nd^{3+}$的能量传递，这里不再说明。$Nd^{3+}$与其他离子间的能量传递对 Nd^{3+}激光和发光性质具有重要影响，哪些离子是有益的，哪些离子是有害的，它们的原因何在，通过下述一些能量传递可以明了。

9.8.1 $Ce^{3+}\rightarrow Nd^{3+}$的能量传递

在 YAG 中 $Ce^{3+}\rightarrow Nd^{3+}$的能量传递在第 7 章中已介绍。这里再用其他体系予以更详细

地描述。在商用 ED-2 硅酸盐玻璃中存在 Ce^{3+} 和 Nd^{3+} 的无辐射能量传递。这对改善 Nd : ED-2 激光玻璃的光学泵浦效率是具实际意义。

在 ED-2 玻璃中，Ce^{3+} 的 $5d$ 态位于大约 34000cm^{-1}处，Ce^{3+} 的 $4f$—$5d$ 跃迁是电偶极允许跃迁，产生强的吸收和发射。Nd^{3+} 的吸收光谱正好与 Ce^{3+} 的发射光谱正中交叠，非常匹配。这种光谱交叠正是可以发生辐射和无辐射能量传递的必需条件。在 Ce^{3+} 和 Nd^{3+} 共掺杂样品中，Ce^{3+} 的发射光谱中对应 Nd^{3+} 吸收带的波长处出现凹坑，实为 Ce^{3+}→Nd^{3+} 的辐射传递证据。在这种体系中是否存在通过 Nd^{3+}:$^4F_{3/2}$→$^4F_{15/2}$ 到 Ce^{3+}:$^2F_{5/2}$→$^2F_{7/2}$ 声子辅助跃迁使 Ce^{3+} 被猝灭，从而使 Nd^{3+} 的荧光效率下降。室温下测量的 Nd^{3+} 荧光衰减表明，这种考虑可以忽略。

测量 Ce^{3+} 的荧光衰减可以得到 Ce^{3+}→Nd^{3+} 的无辐射能量传递效率。受激 Ce^{3+} 的衰减速率随 Nd^{3+} 浓度增加而加速。偶极-偶极传递速率可以用在第 4 章中所述的 Dexter 方程式计算：

$$P_{dd} = \frac{3\pi^4 C^4 \sigma_A}{64\pi^5 R^6 n^4 \tau_D} \int \frac{f_{D(E)}\ F_{A(E)}}{E^4} dE \tag{9-9}$$

由光谱数据得到最邻近的 Ce^{3+}-Nd^{3+} 离子对（约 0.3nm）时的传递速率为 $7 \times 10^9 s^{-1}$；若 Ce^{3+}-Nd^{3+} 的平均距离约 1.1nm，传递速率 P_{dd} 为 $3 \times 10^6\ s^{-1}$。实验测量的 P_{dd} 为 2×10^7 s^{-1}。这与估算值是一致的，在误差范围之内。Ce^{3+} 的吸收截面比 Nd^{3+} 高两个以上量级，故 Ce^{3+}→Nd^{3+} 的传递效率高。

另一个 Ce^{3+}→Nd^{3+} 的能量传递例子是 $Nd_{1-x}Ce_xP_5O_{14}$ 五磷酸盐中。施主（Ce^{3+}）的发射光谱与受主（Nd^{3+}）的激发光谱交叠所发生的能量传递更为明显[60]。

CeP_5O_{14} 中 Ce^{3+} 的激发光谱为一个 170～320nm 的宽带，激发峰在 305nm 附近。它的发射光谱从 300nm 延展至 370nm 附近会有两个发射峰的宽带，Ce^{3+} 的 $5d$→$^2F_{7/2}$,$^2F_{5/2}$跃迁发射，如图 9-4 中虚线 1 所示。为方便比较，将此光谱 1 与 NdP_5O_{14}（曲线 2）和 $Ce_{0.05}Nd_{0.95}P_5O_{14}$（曲线 3）的激发光谱画在一起，如图 9-4 所示。由图中 3 个光谱比较分析，清楚地证明发生 Ce^{3+}→Nd^{3+} 的高效无辐射能量传递。Nd^{3+} 的 869nm 发射的激发光谱（曲线 3）中的 286～310nm 处的宽而强的激发带实际上是 Ce^{3+} 的激发带；而 Nd^{3+} 的 316nm，332nm 和 356nm 三个吸收（激发）带与 Ce^{3+} 的发射光谱很完美地重叠。此外，Nd^{3+} 的发光发生在 NIR 区，不会发生 Ce^{3+} 反馈传递。图中 Nd^{3+} 光谱线宽化，可能是 NdP_5O_{14} 的熔点低，存在微观无定型玻璃相，导致非均匀宽化及早期仪器的分辨率不高或测量时狭缝过大。

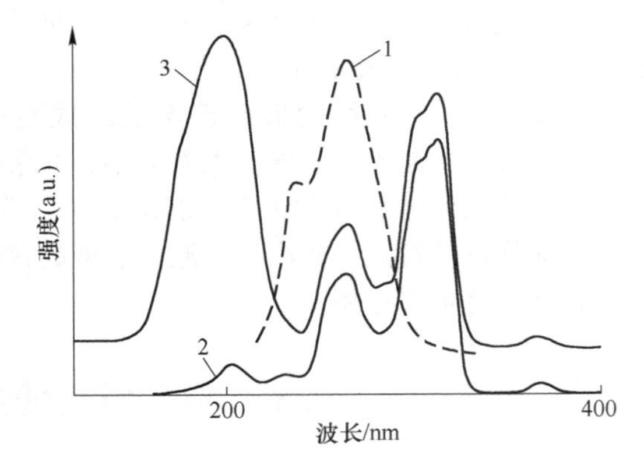

图 9-4 CeP_5O_{14}的发射光谱（曲线 1）及在 869mm 发射监测下的 $Ce_{0.05}Nd_{0.95}P_5O_{14}$（曲线 3）和 NdP_5O_{14}（曲线 2）的激发光谱[60]

在纯 CeP_5O_{10} 中 Ce^{3+} 呈现单指数衰减，本征寿命 τ_0 = 22ns ±2ns；而在$Nd_{0.95}Ce_{0.05}P_5O_{10}$中

Ce^{3+}的寿命缩短为3.8ns±0.4ns。其无辐能量传递效率$\eta=84\%$，传递效率很高。Ce^{3+}（施主）的荧光寿命比受主离子（Nd^{3+}）短，这是无辐射能量传递特征之一。另外，在此体系中，Nd^{3+}对Ce^{3+}的光辐射再吸收小，$Ce^{3+}\rightarrow Nd^{3+}$离子的辐射传递不重要。

此外，早期已记录到在Ce^{3+}，Nd^{3+}:YAG晶体中发生显著的$Ce^{3+}\rightarrow Nd^{3+}$辐射（再吸收）和无辐射能量传递，已在第3章中介绍。

9.8.2 $Eu^{2+}\rightarrow Nd^{3+}$及$Sm^{2+}\rightarrow Nd^{3+}$的能量传递

对Eu^{2+}和Nd^{3+}共激活的Ca_2PO_4Cl用400nm激发，产生Eu^{2+} $4f$—$5d$允许跃迁，发射峰为450nm的蓝色宽谱带，而在800～1400nm范围内呈现强的NIR发射是Nd^{3+}的$^4I_{9/2}$—$^4I_{11/2}$,$^4I_{13/2}$跃迁。Ca_2PO_4Cl:0.01Eu^{2+},1%～10%Nd^{3+}荧光体在Nd^{3+}1076nm发射监测下的激发光谱中发现Eu^{2+}的宽紫外激发光谱及部分蓝色发射光谱出现在Nd^{3+} NIR发射的激发光谱中。这表明$Eu^{2+}\rightarrow Nd^{3+}$主要发生无辐射能量传递，而辐射传递是次要的[61]。随Nd^{3+}浓度增加，Eu^{2+}的发射强度逐步下降，而Nd^{3+}的发射逐步增强。这些结果充分证明在Ca_2PO_4Cl:Eu^{2+},Nd^{3+}体系中发生$Eu^{2+}\rightarrow Nd^{3+}$的无辐射能量传递。再测量$Eu^{2+}$和$Nd^{3+}$共掺杂的体系中，$Eu^{2+}$的本征寿命$\tau_0=0.68\mu s$，若发生$Eu^{2+}\rightarrow Nd^{3+}$的无辐射能量传递，$\tau_0$必定变短。实验证实确实如此，随$Nd^{3+}$浓度增加而缩短。在7%$Nd^{3+}$共掺时，$Eu^{2+}$的寿命$\tau$减小到0.40μs。用人们熟悉的能量传效率$\eta=1-\tau/\tau_0$公式，得到能量传递效率达41%。

下面对Ca_2PO_4Cl:Eu^{2+},Nd^{3+}体系的能量传递机制做分析。利用式（4-5）计算临界距离R_0，或用Blasse提出的公式计算：

$$R_0=2\left(\frac{3V}{4\pi c_0 N}\right)^{1/3} \tag{9-10}$$

式中，c_0为临界浓度，0.07mol；N为单位晶胞中阳离子格位数，$N=8$；V为晶胞体积，46.714nm；得到$R_0=1.168$nm。

排除能量传递中的交换机制（$R_0\leqslant0.5$nm）。进一步利用电多极相互作用的I-H理论方程式（4-14）进行实验和理论计算吻合处理，当$S=6$时与理论结果一致。证明在这类体系中发生Nd^{3+}的无辐射能量传递主要是电偶极-偶极（d-d）相互作用机制。

$Eu^{2+}\rightarrow Nd^{3+}$能量传递可能的途径是$Eu^{2+}$ $5d$（450nm）能量可能先共振传递给能量接近的Nd^{3+}较高的$^2P_{1/2}$、$^2D_{5/2}$、$^4G_{11/2}$等能级，见表9-1。然后经过一系列无辐射弛豫快速传递到$^4F_{5/2}$、$^4F_{3/2}$亚稳态发射能级，由此辐射跃迁到^4I_J（$J=9/2$，11/2，13/2）能级，发射906nm、1076nm及1345nm NIR辐射。可惜沿途无辐射弛豫途径太多，能量损失大，故能量传递效率仅为41%。

Sm^{2+}为允许的$4f$—$5d$跃迁。低温时在CaF_2中Sm^{2+}吸收光谱在200～320nm、400～480nm附近；Sm^{2+}的发射光谱位于700～900nm附近。而Nd^{3+}的740nm和790nm锐吸收常在Sm^{2+}的发射光谱范围之中。Nd^{3+} 790nm峰的吸收截面$\sigma_{em}=2.3\times10^{-20}cm^2$[62]。存在$Sm^{2+}\rightarrow Nd^{3+}$的能量传递。利用式（4-3）可以计算电偶极-电极能量传递几率P_{dd}及临界距离R。在CaF_2:Sm^{2+},Nd^{3+}体系的$Sm^{2+}\rightarrow Nd^{3+}$的能量传递中，经计算得到$R_0=1.3$nm，而

临界浓度 $c_0 = 0.43\%$ （Nd^{3+}）。利用 Inokuti 和 Hirayama 提出下述公式计算传递速率 η：

$$\eta = \sqrt{\pi} \times \alpha \times \exp(\alpha^2) \times [1 - \mathrm{erf}(\alpha)] \tag{9-11}$$

其中

$$\alpha = 1/2\sqrt{\pi}c/c_0$$

式中，erf 为误差因子；用 Dexter 理论线性斜率测定 c/c_0 比。

当 $c = c_0 = 0.43\%$Nd 浓度时，得到能量传递效率为 72%。

在CaF_2 中 Sm^{2+}→Nd^{3+}能量传递可能途径，当对 Sm^{2+}最低 625nm 5d 吸收带激发后，从 Sm^{2+}的 5d 态能量传递给靠近的 Nd^{3+} $^2H_{11/2}$、$^4F_{9/2}$等较高能级，然后无辐射弛豫到$^4F_{3/2}$能级，最后产生$^4F_{3/2}$→^4I_J（J=9/2，11/2，12/3）跃迁发射。

因为 Sm^{2+}的化学和热稳定性远不如 Eu^{2+}，故 CaF_2:Sm^{2+},Nd^{3+}体系只能在室温以下低温实现。利用 Sm^{2+}(5d)→Nd^{3+}(4f) 能量传递实现增强 Nd^{3+} $^4F_{3/2}$→^4I_J NIR 发射不符合当今要求固体化、室温化，实际不可行。

9.8.3　Nd^{3+}→其他 RE^{3+}(Yb^{3+}，Er^{3+}，Dy^{3+}) 的能量传递

Nd^{3+}可用作 Yb^{3+}的敏化剂。一般 Nd^{3+}的$^4F_{3/2}$—$^4I_{9/2}$基态能量间距大约 11000cm^{-1}（见表 9-1），而 Yb^{3+}的$^2F_{5/2}$—$^2F_{7/2}$的能量间距大约 10300cm^{-1}[2]。它们仅相差不足 1000cm^{-1}，很匹配，容易借助大约两个声子辅助，通过$^4F_{3/2}$能级无辐射传递给 Yb^{3+} $^2F_{5/2}$能级。当然，也可能存在某些 Nd^{3+}和 Yb^{3+}间的交叉弛豫通道，能量传递给 Yb^{3+}。Yb^{3+}的$^2F_{5/2}$能级的辐射寿命较长，毫秒量级，Yb^{3+}提供良好的能量储存。由于这些原理，加上近年来为提高太阳能电池的光电转换效率，刺激人们对 Nd^{3+}→Yb^{3+}的能量传递研发的热度，在许多材料中均可观测到 Nd^{3+}→Yb^{3+}间的能量传递。

Nd^{3+}和 Yb^{3+}共掺杂的 80TeO_2-20WO_3 钨碲酸盐玻（TW）在 514nm 激发时，Nd^{3+}发射位于 898nm、1066nm 及 1399nm 处，分别对应$^4F_{3/2}$→$^4F_{9/2}$、$^4F_{11/2}$及$^4F_{13/2}$跃迁发射；而 Yb^{3+}的特征发射位于 978nm（$^2F_{5/2}$—$^2F_{3/2}$），它和 Nd^{3+}的 1066nm 发射交叠[63]。随 Yb^{3+}浓度增加，Nd^{3+}的$^4F_{3/2}$→$^4I_{9/2}$跃迁发射强度逐步减弱，而 Yb^{3+}的发射逐步增强。进一步测量 Nd^{3+}和 Yb^{3+}共掺杂 TW 玻璃中 Nd^{3+} $^4F_{3/2}$→$^4F_{9/2}$跃迁的荧光衰减及能量传递效率 η 与 Yb^{3+}浓度密切相关。随 Nd^{3+}浓度增加，Nd^{3+}的荧光寿命逐步下降，能量传递效率逐步增加。0.01mol Nd^{3+}本征寿命 τ_0 = 115μs，当 Yb^{3+}浓度增加到 0.04mol 后，η 高达 96%。

由 Nd^{3+}4f 电子组态可知，Nd^{3+}($^2G_{9/2}$,$^4G_{11/2}$,$^2D_{11/2}$)—$^4F_{3/2}$的能量间距（见表 9-1）与 Yb^{3+}的$^2F_{5/2}$—$^2F_{7/2}$间距匹配，若在蓝光激发时有可能发生（$^2G_{9/2}$,$^4G_{11/2}$,$^2D_{11/2}$）（Nd^{3+}）+$^2F_{7/2}$（Yb^{3+}）—$^4F_{3/2}$(Nd^{3+}）+$^2F_{5/2}$(Yb^{3+}）交叉弛豫过程。而在 TW 玻璃中 Nd^{3+}的$^4F_{3/2}$→$^4I_{9/2}$能量间距为 11136cm^{-1}（898nm），而 Yb^{3+}的$^2F_{5/2}$—$^2F_{7/2}$间距低 Yb^{3+}浓度时为 10225cm^{-1}，高浓度时 9921cm^{-1}。Nd^{3+} $^4F_{3/2}$能级与 Yb^{3+} $^2F_{5/2}$能级能量差 ΔE = 911～1215cm^{-1}。而在这种钨碲酸盐 TW 玻璃中，声子能量约为 942cm^{-1}。故通过 1～2 个声子能量辅助，很容易实现 Nd^{3+}吸收能量从$^4F_{3/2}$到$^2F_{5/2}$能级（Yb^{3+}）共振传递，敏化 Yb^{3+}的发光。

在长波紫外光激发下，类似 TW:Nd^{3+},Yb^{3+}玻璃中的两步能量传递，在 Nd^{3+}，Yb^{3+}共掺杂的透明纳米结构 YAG 玻璃陶瓷中也观测到[64]。长波 UV 光子裁剪为两个 Yb^{3+} NIR 光子，量子效率高达 185%。

利用 J-O 理论方程式计算组成为$20Al(PO_3)_3$-$60MF_2$-20NaF-$2NdF_3$-$1ErF_3$(M=Mg，Ca，Sr，Ba)（简称 FP）玻璃中 Nd^{3+} 自发辐射$^4F_{3/2}\rightarrow{}^4I_{9/2}$（885nm）跃迁速率为 1128.5$s^{-1}$，分支比$\beta$为 44.88%，$\tau$ 为 0.40ms；Er^{3+} 的辐射跃迁速率为 112.24s^{-1}。β 为 82.32%，τ 为 7.33ms[65]。

800nm LD 对 FP :Er^{3+},Nd^{3+}玻璃泵浦下，在 2500~2800nm 光谱内有一个 2.62μm 峰宽带，比 2.7μm 强，还有其他 Nd^{3+} 的$^4F_{3/2}\rightarrow{}^4I_J$能级跃迁发射。即 800nm 不能有效观测到 2.7μm。但是，在 980nmLD 泵浦下，在 2650~2800nm 区内呈现的峰为 2706nm 发射。980nm 可直接泵浦到 Er^{3+} $^4I_{11/2}$能级，使其布居。能量将以 2.7μm 发射或无辐射弛豫使$^4I_{13/2}$下能级布居，之后产生 Er^{3+} $^4I_{13/2}\rightarrow{}^4I_{15/2}$跃迁 1.55μm 发射和部分能量从 Er^{3+} $^4I_{13/2}\rightarrow$ Nd^{3+} $^4I_{15/2}$能级无辐射传递（ETI），使 Nd^{3+}的 $^4I_{15/2}$能级得到粒子布居。由于 Er^{3+} $^4I_{13/2}\rightarrow{}^4I_{15/2}$的能量间距与 Nd^{3+}（$^4F_{5/2}$,$^2H_{9/2}$）—$^4I_{15/2}$能级匹配，可以发生交叉弛豫（CR），导致 Nd^{3+}（$^4F_{5/2}$,$^2H_{9/2}$）能级能量得到布居。因为（$^4F_{5/2}$,$^2H_{9/2}$）能级与$^4F_{3/2}$下能级能量间距很小，约 1000cm^{-1}（见表 9-1），随即快速无辐射弛豫到$^4F_{3/2}$能级。而 Nd^{3+} $^4F_{3/2}$能级靠近 Er^{3+} $^4F_{11/2}$，通过声子辅助将能量传递给 Er^{3+} $^4I_{11/2}$能级（ET2），使$^4I_{11/2}$能级得到布居粒子数，增强 Er^{3+} $^4I_{11/2}\rightarrow{}^4I_{13/2}$跃迁 2.7μm 发射。

这种 FP 玻璃中，单掺 Er^{3+} $^4I_{13/2}$能级的本征寿命 τ_0 = 8.7ms，Er^{3+}和Yb^{3+}共掺后缩短为 1.4ms，得到能量传递效率为 83.91%。这指明 Nd^{3+}的$^4I_{15/2}$能级对 Er^{3+}的$^4I_{13/2}$能级有着显著猝灭效果，有利 Er^{3+}的 2.7μm MIR 发射。显然，在 Nd^{3+}/Er^{3+}共掺体系中，能量传递与选择激发波长密切有关。在 800nm 泵浦下，也可能发生 Er^{3+}（$^4I_{9/2}$）—Nd^{3+}（$^4F_{5/2}$,$^2H_{9/2}$）能级间的能量传递。

从三价稀土离子能级图及 Nd^{3+}和 Dy^{3+}的 4*f* Stark 能级可发现 Nd^{3+}的（$^4F_{9/2}$,$^2H_{9/2}$）能级与 Dy^{3+}的$^6F_{5/2}$能级的能量位置匹配，有可能发生 Nd^{3+}—Dy^{3+}的能量传递。近年来，Nd^{3+}/Dy^{3+}共掺杂的氧氟化物玻璃陶瓷和氟化物玻璃中[66]，分别观察到 Nd^{3+}—Dy^{3+}的能量传递。

一种 OH 低含量的 Nd^{3+}和 Dy^{3+}共掺杂的氟化物玻璃在 808nm LD 泵浦下，由于 Nd^{3+}（$^4F_{5/2}$,$^2H_{9/2}$）$\rightarrow$$Dy^{3+}$ $^6F_{5/2}$能级间发生能量传递，导致使 Dy^{3+} 2.9μm 发射具有更强及 270μs 更长寿命。依据 J-O 理论计算相关参数。Nd^{3+}和 Dy^{3+}共掺此氟化物玻璃具有高的自发辐射跃迁概率 39.3s^{-1}，以及大的发射截面 $5.22\times10^{-21}cm^2$，FWHM 带带宽，适用作可调谐激光介质。

9.8.4 Nd^{3+}—M（M=Mn^{2+}，Bi^{3+}）的能量传递

Mn^{2+}能量储存现象在 Mn^{2+}和 Nd^{3+}共掺的氟化物玻璃中也存在[67]。在此玻璃中，无 Nd^{3+}（受主）时，Mn^{2+}发光呈近似指数式衰减，其寿命约 14ms。有 Nd^{3+}时，Mn^{2+}的寿命缩短。当 404nm 激发 Mn^{2+}后，无辐射弛豫到最低的激发态，接着传递给相近的 Nd^{3+} $^2H_{9/2}$、$^4F_{5/2}$能级，很快无辐射弛豫到$^4F_{3/2}$受激发射能级。最终产生$^4F_{3/2}\rightarrow{}^4I_{11/2}$跃迁 1040nm 发射。早期也在氟锆酸盐及磷酸盐玻璃中观测到 $Mn^{2+}\rightarrow RE^{3+}$（RE=Nd，Er，$H_o$）能量传递。这种离子间的能量传递意义不大。

Bi^{3+}也可与Nd^{3+}间发生能量传递。其简单原理就如在锗酸盐、硼酸盐玻璃中，Bi^{3+}吸收紫外光子无辐射传递给Eu^{3+}、Sm^{3+}等离子。在Gd_2O_3:Bi^{3+}，Nd^{3+}荧光体也呈现Bi^{3+}→Nd^{3+}有效能量传递[68]。

9.8.5　Cr^{3+}，Cr^{4+}—Nd^{3+}的能量传递

众所周知，固体中Cr^{3+}在可见光区内的吸收光谱存在两个宽吸收带，分别归属于$^4A_2 \rightarrow ^4T_1$跃迁的蓝带和$^4A_2 \rightarrow ^4T_2$跃迁黄橙带。不同的基质中Cr^{3+}的吸收和发射光谱差异较大。$YAlO_3$中Cr^{3+}在蓝区$^4A_2 \rightarrow ^4T_1$和黄橙区$^4A_2 \rightarrow ^4T_2$的强而宽带吸收峰分别在410nm和555nm处[69]，$Gd_3Ga_5O_{12}$（GGG）中在450nm和625nm[70]。$Gd_2(Ca, Mg, Zr)_{1.0}Ga_5O_{12}$(GCMZGG)中分别蓝到458.5nm和643.0nm处[70]，在$Ca_3Al_2Ge_3O_{12}$石榴石中蓝带峰也是在454nm处[71]，T_2带也在红区。

室温下，Nd^{3+}的高分辨许多谱线叠加在Cr^{3+}的两个宽吸收带上。在720～900nm光谱范围内呈现Nd^{3+}的4f特征吸收谱线。Cr^{3+}的发射峰为（GGG）：727.5nm，GCMZGG：762nm，$Ca_3Al_2Ge_3O_{12}$（CaAGG）：720nm[71]，$Cd_3Al_2Ge_3O_{12}$（CdAGG）：719.4nm[72]。随温度增加，R线消失或很弱，而宽发射带大大增强。30K低温下，CaAGG:Cr^{3+}石榴石的高分辨发射光谱中，从R线的声子边带测出平均声子频率为200cm^{-1}[72]，这与Cr^{3+}掺杂的YGG和GGG石榴石4K下测得的平均声子频率为195cm^{-1}非常一致。它们均为立方石榴石结构，Cr^{3+}同位于Al^{3+}的八面体格位上。Cr,Nd:GGG和GSGG吸收光谱完全相同。

运用Tanabe-Sugano理论并结合Cr^{3+}的光学光谱，可推导晶场强度参数D_g，Racah参数B。对CaAGG:Cr^{3+}石榴石来说，$10D_q = 15773cm^{-1}$[71]。依据Cr^{3+}的吸收和发射光谱的Stocks位移和与黄昆-里斯因子关系，得到黄昆-里斯因子$S = 5.21$。这表明在CaAGG锗酸盐石榴石中Cr^{3+}属弱的中场强度。Cr^{3+}在这种晶场中可为可调谐固体激光材料提供依据。

由于Cr^{3+}的发射光谱与Nd^{3+}的$^4F_{9/2}$，($^4F_{7/2}$、$^2S_{3/2}$)、($^4F_{5/2}$，$^2H_{9/2}$)和$^4F_{3/2}$等能级的吸收跃迁（见表9-1）匹配，因此能有效地发生Cr^{3+}→Nd^{3+}离子的无辐射和辐射再吸收能量传递。顺便指出，在$YAlO_3$:Nd的0.8～0.9μm范围内呈现4条锐谱线，但Ostrounor[73]未作说明。经作者仔细分辨其中865nm(11561cm^{-1})和875nm（11429cm^{-1}）两条谱线是Nd^{3+}的$^4F_{3/2}$能级的跃迁吸收。通常$^4F_{3/2}$能级的Stark能级理论和实践上为两支项。而旁边另两条谱线的888nm（11261cm^{-1}）和895nm（11186cm^{-1}）是另一Nd^{3+}中心的$^2F_{3/2}$能级的跃迁吸收。它们的能量位置与表9-1中一些材料中的$^4F_{3/2}$能级能量完全一致。因此作者推测在$YAlO_3$晶体中存在两Nd^{3+}(Ⅰ)和Nd^{3+}(Ⅱ)格位。

正是因Cr^{3+}的发射光谱与Nd^{3+}的一些能级匹配，还可发生Cr^{3+}→Nd^{3+}的辐射能量传递。由于受主Nd^{3+}参与，使Cr^{3+}的发射光谱形貌和强度发生重大的变化，例如Cr^{3+}单掺和Cr^{3+}/Nd^{3+}共掺的B_2O_3-Al_2O_3-SiO_2透明玻璃陶瓷的发射光谱中，很明显变化[74]。Cr^{3+}的发射光谱中出现几组对应Nd^{3+}的（$^4F_{7/2}$，$^2S_{3/2}$）、（$^4F_{5/2}$，$^2H_{11/2}$）及$^4F_{3/2}$能级跃迁吸收，导致Cr^{3+}的发射光谱中出现几组深凹坑，类似Ce^{3+}→Nd^{3+}的辐射传递。且Cr^{3+}的发射强度被大大地减弱。这显然是发生了辐射能量传递及可能的无辐射共振传递。后者由

Cr^{3+}的荧光寿命随 Nd^{3+}增加而缩短得到证实。在这种玻璃中 Cr^{3+}的本征寿命（700nm）$\tau_0(1)=952\mu s$，$\tau_0(2)=2100\mu s$；共掺 1%Nd^{3+}后分别缩短为 310μs 和 920μs。它们的能量传递效率 $\eta(1)=67.4\%$，$\eta(2)=56.2\%$，这意味着位于格位 $Cr^{3+}(1)$ 的能量传递效率比 $Cr^{3+}(2)$ 格位更高。在低中强度晶场中 $Cr^{3+}\rightarrow Nd^{3+}$的能量传递比高强度晶场（R 线强）更为有效。

图 9-5 为 Cr^{3+} 和 Nd^{3+} 低能能级图及 $Cr^{3+}\rightarrow Nd^{3+}$的共振传递可能途径。当用蓝光对 Cr^{3+}激发到$^4T_1$能级（过程 1），能量从 Cr^{3+} 传递到 Nd^{3+} 并不是直接从 Cr^{3+} 的$^4T_2$ 吸收带发生。受激的$^4T_1$能级快速通过$^4T_2$,$^2T_1$能级无辐弛豫到 $2E$ 能态（过程 2），从这里，一部分能量从 $2E\rightarrow{}^4T_2$ 基态跃迁发射（过程 3）；同时，大部分能量共振传递给邻近的 Nd^{3+} $^4F_{9/2}$、$^2H_{9/2}$、$^4F_{5/2}$等能级（过程 4）。由这些较高的能级快速无辐射弛豫到$^4F_{3/2}$发射能级（过程 5），最终由$^4F_{3/2}\rightarrow{}^4I_{11/2}$等能级跃迁发射 1.06μm NIR 辐射，$Cr^{3+}$增强 Nd^{3+}的 NIR 发射，改善 $YAlO_3$:Nd^{3+}激光器的性质。在当时，采用 Cr^{3+}敏化 Nd^{3+}激光，$YAlO_3$ 中的 $Cr^{3+}\rightarrow Nd^{3+}$的传递效率比 YAG 中高，这是因为光谱重叠好。

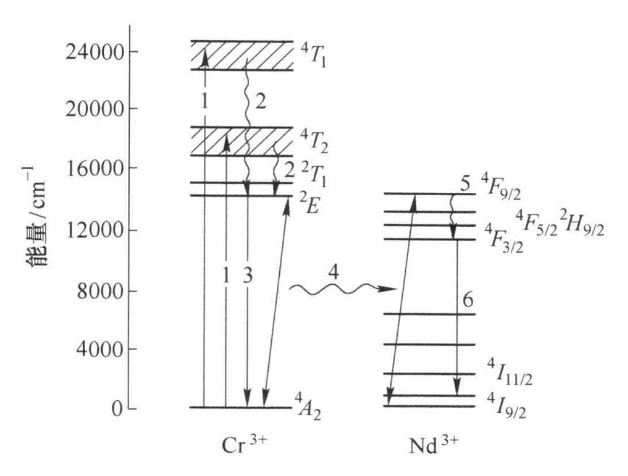

图 9-5　Cr^{3+}和 Nd^{3+}能级图及 $Cr^{3+}\rightarrow Nd^{3+}$能量传递途径

大功率、廉价的 450nm GaN 蓝光 LED 和 LD 在 1997 年以前没有，今天随时可购得。作者认为，改用这种 450nm 蓝光 LD 或 LED 作为新光源对 Nd^{3+}、Cr^{3+}共掺杂的 GGG、YGG、$Ca_3Al_2Ge_3O_{12}$等材料泵浦可能获得比 $YAlO_3$ 更好的效果。因为光谱能更佳匹配，传递效率会更高且小型固体化。

$Cr^{3+}\rightarrow Nd^{3+}$的能量传递属电偶极-偶极（d-d）相互作用。$Cr^{3+}$吸收能量可有效地传递给 Nd^{3+}，致使 Cr,Nd :GGG 晶体比单掺 Nd :GGG 晶体具有更高的效率[75]。同时，Nd^{3+}掺入使 GGG 的晶格常数变大，而 Cr^{3+}可使晶格常数变小。起到减小畸变的作用，具有更强的抗辐照能力。同时晶体可以在平面下生长，无核心、生长尺寸较大等特点，致使 Cr,Nd :GGG 晶体比 Cr,Nd :YAG 具有更广泛的应用。

LD 泵浦的被动调 Q 激光器是产生纳秒和亚纳秒具有高峰值功率高重复频率的脉冲激光器，它具有许多优点和用途。这种被动调 Q 固体激光器常用饱和吸收剂，在 9.5 节已有介绍。Cr^{4+}对 Nd^{3+}的 1.06μm 激光器具有饱和特性，已被证明[76]，Cr^{4+},Nd^{3+}:YAG 是一种性能良好的自调 Q 激光材料。为此扩展 Cr^{4+},Nd^{3+}:GGG 晶体光谱性能的了解。利用 J-O 理论计算这种晶体中 Nd^{3+}的$^4F_{3/2}\rightarrow{}^4I_J$能级的发射、跃迁概率 A、荧光分支比 β，如$^4F_{3/2}\rightarrow{}^4I_{11/2}$发射波长 1.06μm，则 A 为 $2150s^{-1}$，β 为 0.54。

在 Cr^{4+},Nd^{3+}:GGG 晶体中，Nd^{3+}在 808nm 泵浦下自发发射光谱显示，随饱和吸收剂 Cr^{4+}浓度增加，Cr^{4+}在 1.06μm 附近的吸收减弱了 Nd^{3+}的发射截面，使 Nd^{3+}的荧光强度下降[73]。但是，在 Cr^{4+},Nd^{3+}:GGG 晶体中，随 Cr^{3+}浓度增加，Nd^{3+}在 808nm 处的吸收截面

显著增加，表明 Cr^{3+}有效将能量传递给 Nd^{3+}，增大能量转换效率。此工作问题是如何定量控制晶体中 Cr^{4+}/Cr^{3+}的比。

9.8.6　Nd^{3+}上转换的能量传递

Nd^{3+} $4f^3$ 电子组态光谱项也丰富，加上晶场劈裂，为 Nd^{3+}自身或 Nd^{3+}与其他稀土离子上转换发光提供了多种可能的通道。对这种上转换研究可了解 Nd^{3+}浓度、激发条件作用及可否发展小型蓝绿激光[77]。在 Nd^{3+}的上转换发光中又分几种情况：(1) Nd^{3+}自身上转换发光；(2) Nd^{3+}与其他稀土离子间的上转换发光。

9.8.6.1　Nd^{3+}自身上转换发光

由 Nd^{3+}的 Stark 能级光谱可知，一些 4*f*—4*f* 能级间距匹配见表 9-1。选用合适波长激发时就可能发生上转换过程。

$Nd_2(WO_4)_2$ 单晶在 808nm LD 泵浦下[78]，Nd^{3+}基态吸收 GSA，从$^4I_{9/2}$跃迁到$^4F_{5/2}$能级（12379cm^{-1}）。由于$^4F_{5/2}$能级经激发态吸收 ESA 向上跃迁到能量匹配的$^2D_{5/2}$能级（23730cm^{-1}），然后由$^2D_{5/2}$能级分别跃迁到$^2I_{9/2}$（346cm^{-1}）、$^4I_{11/2}$（1848cm^{-1}）、$^4I_{13/2}$（3322cm^{-1}）及$^4I_{15/2}$（5751cm^{-1}）能级。分别产生 424nm、457nm、490nm 及 556nm 上转换可见光，其中以 457nm 最强。类似，在氟砷酸盐玻璃中[79]不同 Nd^{3+}浓度下，用 802nm 和 874nm 激发，在室温和 77K 下，也观测到绿、橙和红色上转换发光。主要经过 GSA、ESA 和 CR 过程，均起源于$^4G_{7/2}\to{}^4I_{9/2}$（535nm）、$^4G_{7/2}\to{}^4I_{11/2}$（596nm）及$^4G_{7/2}\to{}^4I_{13/2}$（663nm）。

Nd^{3+}自身上转换发光的强度（效率）不高，能量被分散，想获得应用是困难的。但可指示$^4F_{3/2}$激光能级 1.06μm 激光发射应注意的因素。

9.8.6.2　Nd^{3+}与其他稀土离子间的上转换发光

由于 Yb^{3+} $^2F_{7/2}$—$^2F_{5/2}$能级与 Nd^{3+}某些能级能量匹配，在合适的 LD（如 785nm）泵浦下，经$^4F_{3/2}(Nd^{3+})\to{}^2F_{5/2}(Yb^{3+})$能量传递后，由于可发生 Yb^{3+}与 Nd^{3+}交叉弛豫 CR 过程，使 Nd^{3+}的$^4G_{11/2}$能级布局，然后弛豫到$^4G_{7/2}$能级。由此可产生$^4G_{7/2}\to{}^4I_J$（$J=9/2$，11/2，13/2）和$^4G_{5/2}\to{}^4I_J$（$J=9/2$，11/2）跃迁，发射绿色、橙色和红色上转换光。

类似地，Nd^{3+}吸收激发能后，传递给 Yb^{3+}，使$^2F_{5/2}$能级布局，接着共振传递到 Pr^{3+}的$^1G_4$能级，再吸收第 2 个 Yb^{3+}光子，从$^1G_4$能级激发到 Pr^{3+}的$^3P_0$能级。最终可产生$^3P_0\to{}^3H_J$（$J=4$，5，6），$^3F_{2,3}$能级，发射蓝光、绿光、红光。

此外，依据 Nd^{3+}和 Tm^{3+}的能级结构，Nd^{3+}、Tm^{3+}共掺材料在 800nm 泵浦下，Nd^{3+}吸收能量传递给 Tm^{3+}，产生$^1G_4\to{}^3H_6$能级跃迁 478nm 上转换发光。

9.8.7　Nd^{3+}-Nd^{3+}的能量传递和浓度猝灭

纵观 Nd^{3+}的 Stark 能级（见图 9-1），可发现重要的可发生交叉弛豫合适的几条能量传递通道。特选两条列在表 9-7 中。两组的能量差 ΔE 越小越匹配，易发生交叉弛豫，导致 N_d^{3+} 更易产生浓度猝灭。

在 $NdPO_4$ 中$^4F_{3/2}$—$^4I_{15/2}$与$^4I_{9/2}$—$^4I_{15/2}$的能量差为 270cm^{-1}，而在 YAG 中仅为 85cm^{-1}。对 $Nd_2(WO_4)_2$ 晶体而言，因 Nd^{3+}浓度 100%，猝灭最严重。由于 Nd^{3+}-Nd^{3+}间能

量迁移，导致交叉弛豫发生，致使 Nd^{3+} 浓度猝灭更为严重。而（$^4G_{7/2}$，$^2K_{13/2}$）—$^4I_{11/2}$ 与$^4G_{5/2}$—$^4I_{9/2}$能级间的能量差仅为小于 $100cm^{-1}$，极其严重。关键是第一种交叉弛豫涉及$^4F_{3/2}$激光能级的猝灭。随 Nd^{3+}浓度增加，传递速率增加，荧光寿命缩短。这些都是不利因素，为获取高峰值功率 Nd^{3+}激光，必控制好 Nd^{3+}浓度。

表 9-7　不同基质中 Nd^{3+}主要交叉弛豫能级对

基质	$^4F_{3/2}$—$^4I_{15/2}$ /cm^{-1}		$\Delta E(1)$ /cm^{-1}	$^4F_{9/2}$—$^4I_{15/2}$ /cm^{-1}		$\Delta E(2)$ /cm^{-1}	ΔE /cm^{-1}	$^4G_{7/2}$—$^4I_{11/2}$ /cm^{-1}		$\Delta E(3)$ /cm^{-1}	$^4G_{5/2}$—$^4I_{9/2}$ /cm^{-1}		$\Delta E(4)$ /cm^{-1}	ΔE /cm^{-1}	文献
$LaCl_3$	11439	6007	5432	146	6007	5861	429	19031	2028	17003	17114	146	16968	35	2
$LaBGeO_5$	11586	6241	5345	295	6241	5946	601	19088	2187	16901	17007	295	16712	189	3
$Nd(WO_4)_3$	11418	5751	5667	123	5751	5628	39	19084	2042	17042	17106	123	16983	59	78
$NaBi(WO_4)_2$	22426	6091	5335	185	6091	5906	571	18979	2064	16915	17048	185	16863	52	4

Nd^{3+}的浓度猝灭在 $Ca_{2-x}Nd_xAl_{2-x}Si_{1-x}O_7$ 钙铝黄长石晶体中也存在[80]。由 J-O 分析计算，在这种黄长石中 Nd^{3+} $^4F_{3/2}\rightarrow{}^4I_{9/2}$ 及$^4F_{3/2}\rightarrow{}^4I_{11/2}$荧光分支比分别为 0.41 和 0.47，1.06μm（$^4F_{3/2}\rightarrow{}^4I_{11/2}$）发射截面为 $5\times10^{-20}cm^2$，能量迁移概率 $C_{DD}=20\times10^{-40}cm^6s$。在此晶体中，与 Nd^{3+}最大荧光强度相对应的最佳浓度大约是 $2.7\times10^{20}cm^{-3}$。故在此黄长石中 Nd^{3+}-Nd^{3+}的相互作用不是很强，其光学浓度比 Nd:YAG 激光晶体高2倍。

而在 $Ca_3Ga_2Ge_3O_{12}$（CaGGG）中 Nd^{3+} 浓度对激光性质产生影响[81]。在低浓度（0.1%）时，两主峰的受激发射截面 σ_{em}（1060nm）≈ $9.8\times10^{-20}cm^2$，σ_{em}（1065nm）≈ $8.4\times10^{-20}cm^2$。0.5%Nd^{3+}浓度时，发光开始猝灭，两主峰 $I(1060.5nm)/I(1064.8nm)$ 比逐步下降。在高浓度（8%），类似 Nd^{3+}—Nd^{3+}之间能量快速迁移，晶格能量损失及饱和强度因子等产生影响。在 8%～16%高浓度下，可产生蓝（450～467nm）、绿（530～557nm）、黄（587～617nm）及红（660～697nm）上转换发光。

9.9　小结和建议

经过几十年对 Nd^{3+}的光学光谱、激光和荧光性质的研究，Nd^{3+}的 NIR 激光，特别是 1.06μm 激光长期而广泛用于工业、军事、科技、医疗、环境等诸多领域中。当前重点是努力提高 Nd^{3+}的高峰值功率/高能激光性质，以期用于一些重大战略性领域之中。

大家关心如何提高和发展 Nd^{3+}的激光性质和新材料。本章在前面已对一些影响因素予以说明。这是因为 Nd^{3+}与其他稀土和非稀土杂质间容易发生能量传递。这里特别强调和提出一点建议：

（1）对所用稀土氧化物 RE_2O_3（RE=Y，Gd，Lu，Sc，La，Nd 等）原料的纯度重视和严格控制。依作者经历来讲，这点非常重要。

Y_2O_3 原料主要来自南方稀土离子矿，与 Y 伴生有大量的重稀土（Yb，Tm，Er，Ho，Dy）。由能量传递工作证明，它们都是 Nd^{3+}激光的有害杂质。Nd^{3+}掺杂的 YAG、LuGG 等石榴石激光晶体是最重要、最常用的晶体，需用大量的 Y_2O_3、Lu_2O_3。使用 99.999%～99.9999%纯度的 Y_2O_3、Lu_2O_3 会带来这些杂质。一定要注意其中重稀土和非稀土杂质含量。

对Nd^{3+}掺杂的$Gd_5Ga_3O_{12}$(GGG) 等含 Gd 的晶体而言，Gd_2O_3 原料主要来自北方稀土矿，伴生有可观的 Sm、Eu、Tb 等杂质，特别是 Eu 和 Sm 杂质很难除去，作者在研究 Gd_2O_2S:Tb 荧光体时发现,Gd_2O_3 中含有 0.0006%以上 Eu^{3+}杂质时，对 Tb^{3+}发光性质产生不可接受的影响。

使用 Nd_2O_3 原料主要来自包头等北方稀土矿，伴生有 La、Ce、Pr、Sm 等杂质。由能量传递充分指明 Pr^{3+}、Sm^{3+}(Sm^{2+}) 对 Nd^{3+}激光是有害的，尽力清除减少。Ce^{3+}起施主作用，但也不能含量过多。而 La 虽可用作基质，但对石榴石不佳。

这些稀土原料中，一般还会有 Ca、Zn、Si、Cl、Cr^{3+}等杂质，均应尽可能减少或清除。对其他三价稀土激光离子来说，也是如此。

(2) Nd^{3+}掺杂的磷酸盐激光玻璃，特别应注意磷酸盐等原料中的过渡金属、重金属及水等有害杂质。微量的 Fe、Co、Ni 等都是有害杂质，形成猝灭中心。

(3) 另辟蹊径。依据稀土和某些非稀土离子（d 电子组态）的光学光谱特性和能量传递原理，利用 d 电子组态宽吸收带和能量传递原理相结合，设计多途径泵浦，使激发能量汇渠到 Nd^{3+} $^4F_{3/2}$亚稳态激光发射能级上，加大粒子布居密度等。为此，需要像磷酸盐玻璃一样的扎实基础工作。

(4) 设法减少（弱）Nd^{3+}间的交叉弛豫过程发生，特别是$^4F_{3/2}+^4I_{9/2}—^4I_{15/2}+^4I_{15/2}$交叉弛豫过程，调控 Nd^{3+}浓度等方法。

(5) 发展创新有自己特色的激光材料。此工作艰巨，但极重要。

我国已有非常好的基础和条件，解放思想，大胆、艰苦创新，科学地设计，一定能发展有自己创新的激光材料。

参考文献

[1] CARNALL W T, FIELDS P R, RAJNAK K. Electronic levels in trivalent lanthanide aguo ions Ⅰ. Pr^{3+}, Nd^{3+}, Pm^{3+}, Sm^{3+}, Dy^{3+}, Ho^{3+}, Er^{3+} and Tm^{3+} [J]. J. Chem. Phys., 1968, 49 (10): 4424-4443.

[2] DIEKE G H. Spectra and Energy Levels of Rare Earth Ions in Crystals [M]. Interscience Publisher, 1968.

[3] KAMINSKII A A, BUFASHIN A V, MASLYANIZIN I A, et al. Pure and Nd^{3+}-, Pr^{3+}-ion doped trigonal acentric $LaBGeO_5$ single crystals [J]. Phys. Stat. Sol. (a), 1991, 125: 671-692.

[4] MENDEZ-BLAS A, VOLKOV V, CASCALES C, et al. Growth and 10K spectroscopy of Nd^{3+} in $NaBi(WO_4)_2$ single crystal [J]. J. Alloys Compounds, 2001, 323-324: 315-320.

[5] PAYNE S A, WILKE G D. Transient gratings by $4f$—$5d$ excitation of rare earth impurities in solids [J]. J. Lumin., 1991, 50: 159-168.

[6] 王国富，罗遵度．掺钕硼酸镧钪 β-Nd^{3+}:$LaSc_3(BO_3)_4$ 晶体的光谱特性 [J]. 中国稀土学报，1998, 16 (专辑):953-955.

[7] 王国富，林卅斌，胡组树．高温相硼酸镧钪 α-Nd^{3+}:$LaSc_3(BO_3)_4$ 晶体的光谱特性 [J]. 中国稀土学报，1999, 17 (专辑):606-608.

[8] KOECHNER W. Solid-State Laser Engineering [M]. Third Optical Science, New York: Springer-Verlag, 1992.

[9] LUO Z D, LIN J T, JIANG A D, et al. Crystal characterization and applications of laser host and nonlinear crystal [J]. SPIE, 1989, 1104: 132.

[10] STOKOWSKI S E, WEBER M J. Laser Glass Handbook [M]. Lawrence Livermore, National Laboratory.

[11] 林海，张晓，刘行仁，等．镉铝硅酸盐玻璃中 Nd^{3+} 的光学和荧光光谱 [J]．中国稀土学报，1999，17（专辑）:713-715.

[12] KWASNY M, MIERCZYK Z, STEPIEN R, et al. Nd^{3+}-, Er^{3+}- and Pr^{3+}-doped fluoride glasses for laser applications [J]. J. Alloys Compounds, 2000, 300-301: 341-347.

[13] BRETEAU J M, GESLAND J Y. Spectroscopic and lasing properties of a diode pumpable Nd: GdF_3 crystal [J]. Optical Materials, 1996, 5: 267-271.

[14] STREK W, PAWLIK E, DEREN P, et al. Optical propertics of Nd^{3+}-doped silica fibers obtained by solgel method [J]. J. Alloys Compounds, 2000, 300-301:459-463.

[15] DOMINIAK-DZIK G, SOKOLSKA I, GOLAB S, et al. Preliminary report on growth, structure and optical properties of $K_5LaLi_2F_{10}$:Ln^{3+} (Ln^{3+}-Pr^{3+}, Nd^{3+}, Er^{3+}) crystals [J] . J. Alloys Compounds, 2000, 300-301: 254-260.

[16] 邹宇琦，唐鼎元，陈学元，等．正交无心掺钕钼酸钇晶体的光谱性能 [J]．中国稀土学报，1999，17（专辑）:609-611.

[17] XU Y C, LI S G, HU L L, et al. Effect of Copper impurity on the optical loss and Nd^{3+} nonradiative energy loss of Nd-doped phosphate laser glass [J] J. Rare Earths, 2011, 29 (6): 614-617.

[18] KLIMESZ B, DOMINIAK-DZIK G, RYBA-ROMANOWSKI W. Thermal and radiative characteristics of oxyfluoride glass single doped with lanthanide ions [J]. J. Rare Earths, 2010, 28 (10): 895-898.

[19] 周晢红，张静筠，张思远．微量稀土离子对 Nd:YAG 光谱性质的影响 [J]．中国稀土学报，1998，16（专辑）:950-952.

[20] ZHUO D S, XU W J, JIANG Y S. Water in phosphate laser and its removal [J]. 中国激光，1984，12 (3): 173-177.

[21] STOKOWSKI S E, SAROYAN R A, WEBER M J. Nd-Doped Lased Glass Spectroscopic and Physical Properties [M]. Lawrence Livermore National Laboratory, 1981.

[22] QIAO Y B, NING D, PEN M Y, et al. Spectroscopic Properties of Nd^{3+}-doped high silica glass prepared by sintering porous glass [J]. J. Rare Earths, 2006, 24: 765-770.

[23] 徐光宪．稀土 [M]. 2 版. 北京:冶金工业出版社，1995.

[24] 千福熹，邓佩珍．激光材料 [M]. 上海:上海科学出版社，1996.

[25] WALSH B M, BARNES N. Nonstoichiometric laser materials: Designer waverlengths in neodymium-doped garnets [J]. J. Lumin. 2009, 139:1401-1406.

[26] KAMINSKII A A. Laser Crystals [M]. Springer-verlag, 1981.

[27] MINISCALCO W J. Rare Earth Doped Fiber Lasers and Amplifiers [M]. Marcel Dekker Inc, 1993.

[28] ZHANG X Z, HE J, TANG T H, et al. Efficient laser operations of unprocessed thin plate of Nd:YPO_4 crystal [J]. Opt. Express, 2018, 26 (20): 26179.

[29] BORNSTEIN A, REISFELD R. Laser emission cross-section and threshold power for laser cperation at 1077nm and 1370nm; Chalcogenide mini-laser doped by Nd^{3+} [J]. J. Non-Cryst. Solids, 1982, 50: 23-27.

[30] LEJUS A M, PELLETIER-ALLARD N, PELLETIER R, et al. Site selective spectroscopy of Nd ions in gehlenite ($Ca_2Al_2SiO_7$), a new laser material [J]. Opt. Mater, 1996, 6:129-137.

[31] 千福熹，等. 无机玻璃物理性质计算和成分设计 [M]. 上海:上海出版社，1981.

[32] LIN Y K, WU Q H, WANG S Z, et al. Growth and laser properties of Nd^{3+}-doped $Bi_4Ge_3O_{12}$ single-crystal fiber [J]. Opt. Mater. 2018, 43 (6): 1219-1221.

[33] HE D B, KANG S, ZHANG L Y, et al. Research and development of new neodymium laser glasses [J].

High Power Laser Sci. Engin.，2017，5：1-6.

[34] ZUO Z Y，DAI S B，ZHU S Q，et al. Power scaling of an actively Q-switched orthogonally polarized dual-wavelength Nd：YLF laser at 1047nm and 1053nm [J]. Opt. Lett.，2018，43（19）：4578-4581.

[35] DENG W P，YANG T，CAO J P，et al. High-efficiency 1064nm nonplanar ring oscillator Nd：YAG laser with diode pumping at 885nm [J]. Opt. Lett.，2018，43（7）：1562-1564.

[36] Zhu H Y，Zhang Y C，Duan Y M，et al. Disordered Nd：$CaYAlO_4$ crystal at 1069nm，1080nm and 1363nm [J]. J. Lumin.，2018，195：225-227.

[37] WANG Y B，ZHANG Z Y，LIANG H，et al，. Fiber coupled 1kW repetitively acousto-optic Q-switched CW-pumped Nd：YAG roll laser [J]. Opt. Laser Techn. 2019，116：139-143.

[38] MA Y F，PENG Z F，DING S J，et al. Two-dimensional WS_2 nanosheet based passively Q-switched Nd：$GdLaNbO_4$ laser [J]. Opt. Laser Techn.，2019，115：104-109.

[39] DAI R，CHANG J H，LI Y Y，et al. Performance enhancement of passively Q-switched Nd：YVO_4 laser using grapheme-molybdenum disulphide heterojunction as a saturable absorber [J]. Opt. Laser Techn.，2019，117：265-271.

[40] WANG T J，WANG J，WANG Y G，et al. High-power passively Q-switched Nd：$GdVO_4$ laser with a reflective grapheme oxide saturable absorber [J]. Chin. Opt. Lett.，2019，17（2）：020009-1-5.

[41] JIANG Z，YANG J，DAI S. Optical spectroscopy and gain properties of Nd^{3+}-doped oxide glasses [J]. J. Opt. Soc. Am.，2004，21（4）：739-743.

[42] HAKIMI F，PO H，TUMMINELLI R，et al. Glass fiber laser at 1.36μm from SiO_2：Nd [J]. Opt. Lett.，1989，14：1060-1061.

[43] ALEOCK I P，FERGUSON A I，HANNA D C，et al. Tunable，continuos-wave neodymium-doped monomode-fiber laser operating at 0.900-0.945μm and 1.070-1.135μm [J]. Opt. Lett.，1986，11：709-711.

[44] TESCH A，RODER R，ZAPT M，et al. Paramagnetic，NIR-luminescent Nd^{3+}-and Gd^{3+}-doped fluorapatite as contrast agent for multimodal biomedical imaging [J]. J. Am. Ceram. Soc.，2018，101：4441-4446.

[45] HUANG H T，ZHANG B T，HE J L，et al. Diode-pumped passively Q-switched Nd：$Gd_{0.5}Y_{0.5}VO_4$ laser at 1.34μm with V^{3+}：YAG as the saturable absorber [J]. Opt. Express，2009，17（9）：6946-6951.

[46] PODLIPENSKY A V，YUMASHEV K V，KULESHER N V，et al. Passive Q-switching of 1.44μm and 1.34μm diode-pumped Nd：YAG laser with a V：YAG saturable absorber [J]. Appl. Phys. B.，2003. 76（3）：245-247.

[47] SULC J，JELINKOVA H，NEJEZCHLEB K，et al. Nb：YAG/V：YAG monolithic microchip laser operating at 1.3μm [J]. Opt. Mater.，2007，30：50-53.

[48] ZUO C H，ZHANG B T，HE J L，et al. CW and passive Q-switching characteristics of a diode-end-pumped Nd：GGG laser at 1331nm [J]. Opt. Mater.，2009，31（6）：976-979.

[49] 罗遵度，黄艺东．固体激光材料光谱物理学 [M]. 福建：福建科学技术出版社，2003.

[50] HUANG Y D，HUANG M L，CHEN Y J，et al. Infrared laser pumped green and blue laser emissing from a single solid state materials doped with rare earth ions [J]. J. Rare Earths，2003，21（3）：307-314.

[51] CHEN Y F，LIU Y C，PAN Y Y，et al. Efficient high-power dual-warelength lime-green Nd：YVO_4 lasers [J]. Opt. Lett.，2019，44（6）：1323-1326.

[52] WANG Y F，ZHANG Y M，CAO J K，et al. 915nm all-fiber laser based on novel Nd-doped high alumina and yttria glass @ silica glass hybrid feiber for the pure fiber laser [J]. Opt. Lett.，2019，44（9）：2153-2156.

[53] CAMPBELL J H. 25 years of laser glass development leading to a 1.8MJ，500TW laser for fusion ignition

[R]. Lawrence Livermore National Laboratory. 1998.

[54] MCNAUGHI S J, ASMAN D P, INJEYAN H, et al. 100kW coherently combined Nd∶YAG MOPA laser array [J]//Frontiers in Optics, 2009.

[55] 陈金宝，郭少峰．高能固态激光器技术路线分析 [J]. 中国激光，2013，40（6）:1-7.

[56] CAMPBELL J H, SURATWALA T I. Nd-doped phosphate glasses for high-energy/high-peak-powker laser [J]. J. Non-Cryst. Solids, 2000, 263&264: 318-341.

[57] HU L, HE D, CHEN H, et al. Research and development of neadymium phosphate laser glass for high power laser application [J]. Opt. Mater., 2016, 62:34-41.

[58] WANG Y F, CAO J K, LI X M, et al. Mechanism for broadening and enhancing Nd^{3+} emission in zinc aluminophosphate laser glass by addition of Bi_2O_3 [J]. J. Am. Ceram. Soc., 2019, 102: 1694-1702.

[59] WANG Y B, ZHANG Z Y, LIANG H, et al. Fiber Couple 1kW repetitively acousto-optic Q-switched cw-pumped Nd∶YAG rod laser [J]. Opt. Laser Techn., 2019, 116: 139-143.

[60] BREWER E G, NICOL M. Energy transfer from Ce^{3+} to Nd^{3+} in Pentaphosphate crystals [J]. J. Lumin., 1980, 21: 367-372.

[61] TALEWAR R A, JOSHI C P, MOHARIL S V. Sensitization of Nd^{3+} near infrared emission in Ca_2PO_4Cl host [J]. J. Lumin., 2018, 197: 1-6.

[62] PAYNE S A, CHASE L L. Sm^{2+}→Nd^{3+} energy transfer in CaF_2 [J]. J. Opt. Soc. Am. B., 1986, 3 (9): 1181-1188.

[63] COSTA F B, YUKIMITU K, DE OLIVEIRA NUNES L A, et al. High Nd^{3+}→Yb^{3+} energy transfer efficiency in tungsten-tellurite glass: A promising converter for Solar Cells [J]. J. Am. Ceram. Soc., 2017, 100: 1956-1962.

[64] TAI Y P, LI X Z, PAN B L. Efficient near-infrared down conversion in Nd^{3+}→Yb^{3+} co-doped transparent nanostructured glass ceramics for photovoltaic application [J]. J. Lumin., 2018, 195: 102-108.

[65] TIAN Y, XU R R, HU L L, et al. Fluorescence properties and energy transfer study of Er^{3+}/Nd^{3+} doped fluorephosphate glass pumped at 800 and 980nm for mid-infrared laser applications [J]. J. Appl. Phys., 2012, 111: 073503-1-6.

[66] QI F W, HUANG F F, ZHOU L F, et al. Low-hydraxy Dy^{3+}/Nd^{3+} co-doped fluoride glass for broadband 2.9μm luminescence properties [J]. J. Lumin., 2017, 190: 392-396.

[67] JΦRGENSEN C K, REISFELD R, EYAL M. Fluoride glasses as optimized materials for lanthanide luminescence and energy torage in manganese (Ⅱ) [J]. J. Less-Common. 1986, 126: 181-186.

[68] LIU G X, ZHANG R, XIAO Q L, et al. Efficient Bi^{3+}→Nd^{3+} energy transfer in Gd_2O_3:Bi^{3+}, Nd^{3+} [J]. Opt. Mater., 2011, 34 (1): 313.

[69] BASS M, WEBER M J. Nd, Cr∶$YAlO_3$ laser tailored for high-energy Q-switched operation [J]. Appl. Phys. Lett., 1970, 17: 395-398.

[70] 汤晓，邱元武，朱小维，等．Cr^{3+}:GGG（Ca，Mg，Zr）和 Nd^{3+}，Cr^{3+}:GGG（Ca，Mg，Zr）激光晶体的光谱特性 [J]. 发光学报，1990，11（2）：117-121.

[71] 袁剑辉，刘行仁，赵福谭．$Ca_3Al_2Ge_3O_{12}$锗酸盐石榴石中 Cr^{3+}离子的光学光谱 [J]. 光电子．激光，1995，6（增刊）:230-234.

[72] 刘行仁，袁剑辉，田军．$Cd_3Al_2Ge_3O_{12}$锗酸盐石榴石中 Cr^{3+}的宽发射带和 R 线 [J]. 发光学报，1996. 17（3）：220-224.

[73] OSTROUMOV V G, PRIVIS Y S, SMIRNOV V A, et al. Sensitizing of Nd^{3+} luminescence by Cr^{3+} in gallium garnets [J]. Opt. Soc. Am. B., 1986, 3 (1): 81-93.

[74] 端木庆铎，苏春辉．掺杂 Cr^{3+}和 Nd^{3+}玻璃陶瓷的光谱特性 [J]. 功能材料，1995，26（1）：48-51.

[75] 姜本学，赵志伟，徐军，等．Cr^{4+}，Nd^{3+}共掺的钆镓石榴石（Cr，Nd∶GGG）的光谱性能与光谱参数［J］. 中国稀土学报，2005，23（1）：27-30.

[76] KUCK S，PETERMANN K，POHLMANN U，at el. Electronic and vibronic transitions of the Cr^{4+}-doped garnets $Lu_3Al_5O_{12}$，$Y_3Al_5O_{12}$，$Y_3Ga_5O_{12}$ and $Gd_3Ga_5O_{12}$［J］. J. Lumin.，1996，68：1.

[77] ZHANG X，SERRANO C，DARAN E，et al. Infrared laser induced upconversion from Nd^{3+}：LaF_3 heteroepitaxial layers on CaF_3（111）substrate by molecular beam epitaxy［J］. Phys. Rev. B.，2000，62（7）：4446.

[78] 臧竞存，刘艳行，方方．钨酸钕单晶光谱及其上转换发光［J］. 中国稀土学报，2001，19（1）：5-8.

[79] CHEN D G，WANG Y S，YU Y L，et al. Infrared to ultraviolet upconversion luminescence in Nd^{3+}-doped fluoroarsenate glasses［J］. J. Rare Earths，2008，26（3）：428-432.

[80] VIANA B，LEJUS A M，SABER D，et al. Optical properties and energy transfer among Nd^{3+} in Nd：$Ca_2Al_2SiO_7$ crystals for diode pumped lasers［J］. Opt. Mater.，1994，3（4）：307-316.

[81] JAQUE D，CALDINO U，ROMERO J J，et al. Influence of neodymium concentration on the CW laser properties of Nd doped $Ca_3Ca_2Ge_3O_{12}$ laser garnet crystal［J］. J. Appl. Phys.，1999，86（12）：6627-6633.

10　Sm^{3+}的光学光谱、J-O 分析参数和能量传递

Sm^{3+}（$4f^5$）的 $4f$ 能级很丰富，其吸收和发射光谱分布于 UV-VIS-IR 宽光谱范围，而其电荷转移带（CTB）的能量位置比 Eu^{3+}、Yb^{3+}高，但在短波 UV 光谱区也可以观察到。长期以来 Sm^{3+}和 Dy^{3+}是光谱符号相反的对称兄弟。它们的光学光谱和荧光性质缺少，甚至在 1998 年出版的国际影响颇深的《稀土的物理化学手册》[1] 也指出，除了 Sm^{3+}和 Dy^{3+}以外，其他稀土离子在晶体和玻璃中的光谱都进行详细研究。这一是事实，二是提个醒。但是早期的激光是从 Sm^{3+}和 Nd^{3+}的激光运作开始的。1960 年首先在 Sm^{3+}:CaF_2 中实现可输出脉冲激光。后来 TbF_3 晶体在 116K 低温下，观测到 Sm^{3+}受激发射波长 593nm，起源于 Sm^{3+}的$^4G_{5/2}$→$^4H_{9/2}$能级跃迁，以及 Sm^{3+}掺杂 SiO_2 玻璃光纤激光。

2000 年以来，人们加强对 Sm^{3+}掺杂的晶体和玻璃中的光学光谱、发光特性和能量传递研究，确定并完善 Sm^{3+}的 S、L、J 多重态能级等。本章主要介绍这些结果及利用 J-O 理论分析获取的 Sm^{3+}的辐射跃迁概率 A、振子强度参数 Ω_λ 等参数，详细列出 Sm^{3+} 36000cm^{-1}（$^4P_{1/2}$）以下 60 条能级能量，阐明 Sm^{3+}的橙/红光发射强度变化及其规律，新红外上转换发光和多种能量传递等结果，弥补 Sm^{3+}光学光谱等性能的缺失，为全面认识 Sm^{3+}的光学光谱特性及今后对丰富的 Sm 资源的利用提供帮助。

10.1　Sm^{3+}的光学光谱特性

10.1.1　Sm^{3+}的吸收光谱

$Cd_3Al_2Si_3O_{12}$:Sm（简称 CdAS :Sm）玻璃是一类新的具有多功能和应用前景的光学和荧光玻璃。从 CdAS :Sm 玻璃的吸收光谱可知[2]，在小于 400nm 的紫外光区，透过率急剧下降，这是硅酸盐玻璃基质的特点。在 400nm 附近及 900~1600nm 宽近红外（NIR）光谱区呈现几个较强而丰富的吸收峰。CdAS :Sm 玻璃在 800~2200nm NIR 光谱范围内，Sm^{3+}的 $4f$ 电子组态的$^4H_{5/2}$基态分别向对应的 $4f$ 高能级跃迁。

Sm^{3+}的吸收光谱分成两组，一组分布在 700~2200nm 的 NIR 区。例如在重金属硅酸盐玻璃中[3]，Sm^{3+}的主要吸收峰位于 1072nm、1221nm、1340nm 及 1467nm 附近，分别对应$^6H_{5/2}$基态到$^6F_{9/2}$、$^6F_{7/2}$、$^6F_{5/2}$和$^6F_{3/2}$能级的跃迁吸收。所对应的此 NIR 光谱中，Sm^{3+}吸收带的吸收截面分别为 $4.85\times10^{-21}cm^2$（$^6F_{9/2}$）、$8.27\times10^{-21}cm^2$（$^6F_{7/2}$）、$6.34\times10^{-21}cm^2$（$^6F_{5/2}$）及 $6.03\times10^{-21}cm^2$（$^6F_{3/2}$）。Sm^{3+}大的吸收截面有利于对泵浦能量吸收，达到有效的跃迁发射。另一组 Sm^{3+}的吸收光谱分布在 350~650nm 的主要是可见光谱区。如 Sm :$GdVO_4$ 晶体的吸收光谱，其中 407nm（$^6P_{3/2}$,$^4F_{7/2}$）吸收最强，其吸收截面高达 $3.87\times10^{-20}cm^2$[4]。

组成为 $15K_2O$-$15B_2O_3$-$70Sb_2O_3$（摩尔分数,%）锑酸盐玻璃（KBS）具有低声子能量约 600cm^{-1}的特点[5]。Sm^{3+}掺杂的这种 KBS 玻璃呈现黄颜色，这是因为玻璃吸收。这种基质吸收是由于 HOMO（$Sb_5S+O^2P\pi$）和 LuMO（Sb 5p）之间的跃迁及 Sm^{3+}-O^2-CTB 在 240nm 附近延伸至尾部导致。在 KBS 玻璃中 Sm^{3+}的吸收光谱均来自 Sm^{3+}的$^6H_{15/2}$基态的吸收跃迁。这与 CdAS∶Sm 硅酸盐玻璃中是一致的。

其他许多晶体和玻璃中 Sm^{3+}的 NUV-ViS-NIR 的吸收光谱和前述的 CdAS∶Sm^{3+}玻璃和 Sm^{3+}∶$GdVO_4$ 晶体及 α-$Na_3Y_{0.95}Sm_{0.05}(VO_4)_2$ 晶体等相同，只是相对强度稍有差异。

由上述结果可以实行调节组成和比例变化，改变 Sm^{3+}浓度等因素来调节 Sm^{3+}的 NIR 吸收光谱和吸收峰移动。这样，Sm^{3+}掺杂的玻璃有望发展为抗红外干扰功能材料。

10.1.2　Sm^{3+}的激发光谱

这里以 Sm^{3+}掺杂的几种多晶、玻璃和单晶说明 Sm^{3+}的激发光谱特性，以加深对 Sm^{3+}发光性质的深刻认识。

图 10-1 为 $Mg_3BO_3F_3$∶Sm^{3+}氟硼酸镁多晶荧光体中 Sm^{3+} 651nm 发射的激发光谱[6]。它主要是由 Sm^{3+}的一个强电荷转移带 CTB（约 230nm）及位于 350~415nm 光谱区的一些很弱的 Sm^{3+}的 4f—4f 高能级跃迁光谱所组成，图中对此光谱区乘以 20 倍。这个 Sm^{3+}的 CTB 能量位置为 43500cm^{-1}，它比 Eu^{3+}在此晶体中的 CTB 能量位置高，相差 9300cm^{-1}。这与在其他化合物中的结果[7]非常一致。Sm^{3+}和 Eu^{2+}在 $Mg_3BO_3F_3$ 中的激发光谱类似在 Y_2O_2S 荧光体、硼酸盐及硅酸盐等材料中的情况。

CdAS∶Sm 硅酸盐玻璃中，Sm^{3+}的 600nm 发射的激发光谱如图 10-2 所示。它是由激发峰分别位于 347nm、364nm、407nm、420nm、442nm 和 476nm 等处的激发谱线所组成。它们分别对应基态$^6H_{15/2}$到$^4D_{7/2}+^4H_{9/2}$、$^4D_{3/2}$、$^6P_{3/2}$、$^6P_{5/2}$、$^4G_{9/2}$、$^4I_{1/2}$等能级的跃迁。这与 Sm^{3+}在 $GdVO_4$ 晶体和 KBS 锑玻璃中的性质一致。在 $GdVO_4$ 晶体中 604nm 的激发光谱中还可观测到 502（$^4G_{7/2}$），534（$^4F_{3/2}$）和 563（$^4G_{5/2}$）的激发谱线。CdAS∶Sm 玻璃的主激发峰 407nm，而 KBS∶Sm 中为 404nm。和 CdAS∶Sm 玻璃相比，两玻璃的大多数激发

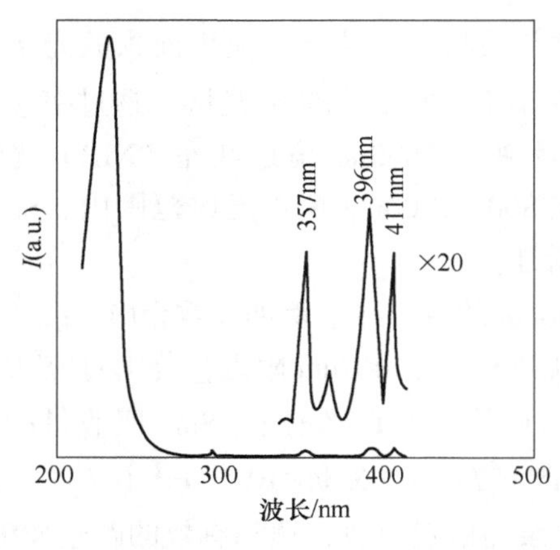

图 10-1　室温 $Mg_3BO_3F_3$∶Sm^{3+}的 651nm 发射的激发光谱

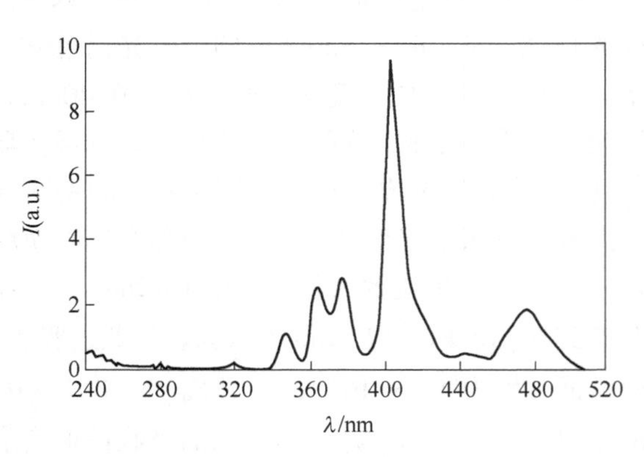

图 10-2　CdAS∶Sm^{3+}玻璃的激发光谱[2]
（λ_{em}=600nm，室温）

谱线蓝移约 2nm。这反映在两种玻璃中，电负性、极化率和共价程度稍有差异，导致两玻璃中晶场强度稍有差异所致。一般玻璃和晶体中 Sm^{3+}的 CTB 处于高能位置，不便观测。但在 CdAS :Sm 硅酸盐中，还观测到 Sm^{3+}的 43500cm^{-1}电荷转移带 CTB。这和 $Mg_3BO_3F_3$ 中的 CTB 位置相同。

Sm^{3+}分别掺杂的 $Li_2B_4O_7$、$LiKB_4O_7$、CaB_4O_7和 $LiCaBO_3$ 硼酸盐玻璃是一类具有高质量的光学玻璃。由电子顺磁共振（EPR）、光学光谱及 X 射线能量分散谱（EDS）等可确定 Sm^{3+}的光学性质及 Sm^{3+}结合在硼酸盐玻璃的网络中。在室温下，监测 Sm^{3+}的 598nm（$^4G_{5/2}\rightarrow{}^6H_{7/2}$）发射的 $Li_2B_4O_7$:0.01Sm^{3+} 玻璃的激发光谱和前述的 CdAS :Sm 玻璃、$GdVO_4$:Sm 晶体等材料的结果本质上相同，均以约 400nm 的$^6P_{3/2}$激发谱线最强。

α-$Na_3Y(VO_4)_2$ 单晶中，Sm^{3+}的 602nm 发射的激发光谱，在 7K 和 300K 下记录到 50~330nm（VUV）及 330~500nm 两部分激发光谱。强的 225~360nm 的激发带归属于配体（O^{2-}的 2*p* 轨道）到金属（V^{5+}的空位轨道）之间的电荷转移跃迁，呈现很强的 260nm 和 316nm 激发中心；而 Y^{3+}-O^{2-}之间的强的 CTB 中心在 205nm 处[8]，比 $Mg_3BO_3F_3$ 中能量高。

10.1.3 Sm^{3+}的发射光谱和橙/红发射比及其规律

10.1.3.1 可见光区发射及其变化规律

$Mg_3BO_3F_3$:Sm^{3+}荧光体在紫外光激发下，NUV-可见光区的发射光谱如图 10-3 所示，其 388nm 中心一个宽带为基质发射，其他在可见光区的一些锐的发射谱为 Sm^{3+}的特征发射。图中标注 Sm^{3+}的 4*f*—4*f* 能级跃迁发射谱线的归属。主发射峰 651nm 属于$^4G_{5/2}\rightarrow{}^4H_{9/2}$能级跃迁发射。这是一种鲜红色荧光体。

室温下，在长波紫外和近紫外光激发下，CdAS :Sm 硅玻璃和 KBS :Sm^{3+}锑玻璃的可见光区的发射光谱分别绘制，如图 10-4 中的虚线和实线所示。两玻璃为各自的相对发射强度。KBS :Sm^{3+}玻璃在 403nm 激发下的下转换可见光区的发射光谱由图可知，主要由主发射峰 652nm（$^4G_{5/2}\rightarrow{}^6H_{9/2}$）、602nm（$^4G_{5/2}\rightarrow{}^6H_{7/2}$）和 566nm（$^4G_{5/2}\rightarrow{}^6H_{9/2}$）3 组光谱组成。和 CdAS :Sm 玻璃的发射光谱完全相同。但各自峰值相对强度比是不同的，主要受基质组成晶场环境等因素影响。

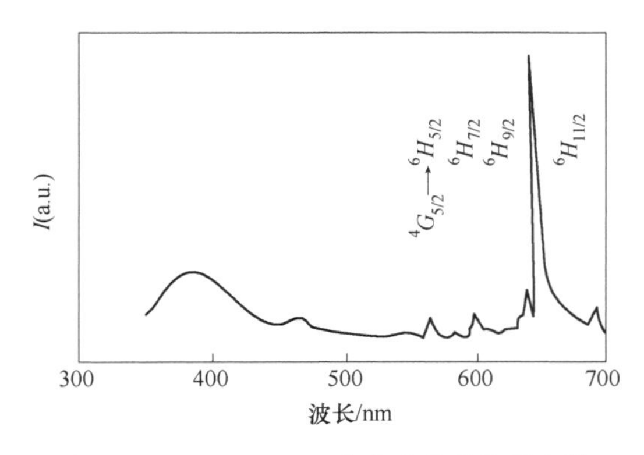

图 10-3 $Mg_3BO_3F_3$:Sm^{3+}荧光体的发射光谱

（λ_{em}=288nm，室温）

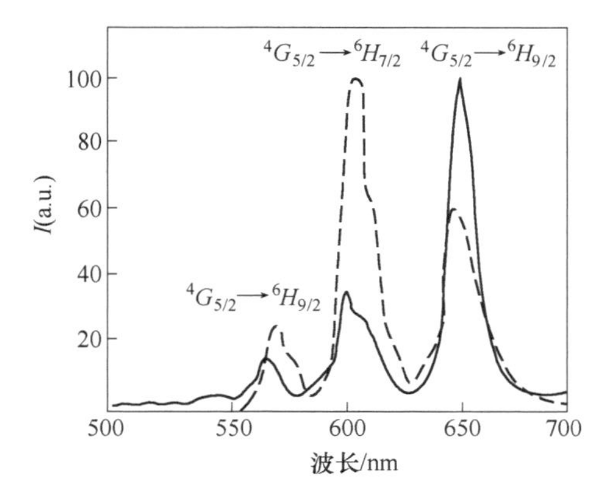

图 10-4 在 500~700nm 光谱范围内

CdAS :Sm 玻璃和 KBS :Sm 玻璃的发射光谱

如图 10-4 所示，仔细发现其发射峰位稍有不同。和 CdAS :Sm 玻璃相比，KBS :Sm 玻璃的发射峰蓝移 2~5nm。这种蓝移和激发光谱中的蓝移结果是一致的。KBS :Sm 锑玻璃的分子极化率和折射率比 CdAS 硅玻璃大，具有大的非线性光学锑玻璃产生额外电场造成允许电偶极$^4G_{5/2}\to{}^6H_{9/2}$跃迁，增强红色荧光发射。

在 UV、401~408nm 及 450~480nm 激发下，Sm^{3+}在可见光区呈现 4 组发射光谱，均起源于$^4G_{5/2}\to{}^6H_J$（$J=5/2$，7/2，9/2 和 11/2）跃迁。其中$^4G_{5/2}\to{}^6H_{11/2}$跃迁发射位于 702~708nm 深红色区，且强度低，故图 10-4 中略去。此处给出几组发射特性：

(1)$^4G_{5/2}\to{}^6H_{5/2}$（黄色），$\Delta J=0$，0-0 禁戒跃迁，但常混杂有少量的磁偶极（md）和电偶极（ed）跃迁；

(2)$^4G_{5/2}\to{}^6H_{7/2}$（橙红），$\Delta J=1$，磁偶极跃迁，常混杂电偶极跃迁；

(3)$^4G_{5/2}\to{}^6H_{9/2}$（鲜红），$\Delta J=2$，受迫允许电偶极跃迁，通常为纯电偶极（ed）跃迁；

(4)$^4G_{5/2}\to{}^6H_{11/2}$（深红），$\Delta J=3$，禁戒跃迁，强度很弱。

一些 Sm^{3+}掺杂的玻璃、多晶和单晶各种化合物中 3 组$^4G_{5/2}\to{}^6H_J$（$J=5/2$，7/2，9/2）跃迁发射可见光的特性列在表 10-1 中。表中也列出这些材料中$^6H_{7/2}/{}^6H_{9/2}$的相对强度比和辐射寿命。所有这些材料中$^4G_{5/2}\to{}^6H_J$（$J=5/2$，7/2，9/2）跃迁发射强度和辐射寿命均与 Sm^{3+}浓度有关。一般随 Sm^{3+}浓度增加，发射强度增加，达最佳浓度后下降。

表 10-1　几类 Sm^{3+}掺杂的玻璃、多晶和单晶中$^4G_{5/2}\to{}^6H_J$（$J=5/2$，7/2，9/2）、跃迁发射特性和 τ_r

序号	材料	$^6H_{5/2}$	$^6H_{7/2}$	$^6H_{9/2}$	$I_{md}(^6H_{7/2})/I_{ed}(^6H_{9/2})$	τ_r/ms	文献
1	BLBL 硼玻璃	563	599	646	1.66 : 1.0		7
2	$LiCaBO_3$ 玻璃	563	599	646	3.0 : 1.0	2.31	9
3	$Li_2B_4O_7$玻璃	562	598	645	2.6 : 1.0	2.63	9
4	CaB_4O_7玻璃	562	598	645	2.6 : 1.0	2.52	9
5	CaYSiB 硼玻璃 X 射线激发 σ_{em}/cm^2	563 561 0.12×10^{-21}	601 599 1.15×10^{-21}	645 644 0.79×10^{-21}	2.39 : 1.0	2.7	10
6	$Ca_3La_2(BO_3)_4$ 多晶	564	599	645	5.29 : 1.0		13
7	$Sr_3La_2(BO_3)_4$ 多晶	564	599	645	2.88 : 1.0		13
8	$Ba_3La_2(BO_3)_4$ 多晶	564	599	645	2.88 : 1.0		13
9	$Na_3La_2(BO_3)_4$ 多晶	564	599	645	1.74 : 1.0		14
10	Ca-BiB 硼玻璃 S_{md}/cm^2 S_{ed}/cm^2	563 0.57×10^{-22} 0.17×10^{-22}	600 0.58×10^{-22} 7.81×10^{-22}	646 0 3.16×10^{-22}	1.33 : 1.0	1.02	15
11	$Cd_3Al_2Si_3O_{12}$(CdAS) 玻璃	568	607	652	1.73 : 1.0		2

续表 10-1

序号	材料	$^6H_{5/2}$	$^6H_{7/2}$	$^6H_{9/2}$	$I_{md}(^6H_{7/2})/I_{ed}(^6H_{9/2})$	τ_r/ms	文献
12	CdAS（含重金属） A_{ed}概率/s^{-1} A_{md}概率/s^{-1} σ_{em} /cm^2	562 8.83 19.21 1.12×10^{-22}	598 116.24 16.12 4.91×10^{-22}	642 117.46 0 5.57×10^{-22}	1.73：1.0 2.18：10	2.83	3，11
13	$Sr_2ZnSi_2O_7$多晶	561	598	644	6.18：1.0		16
14	$Ca_{14}Mg_2(SiO_4)_8$多晶	565	602	649	4.86：1.0		17
15	$60CaO$-$20B_2O_3$-$20SiO_2$ 玻璃	58	605	650	4.17：1.0		18
16	$Sr_3B_2SiO_8$多晶 A_r/s^{-1}	565 25.183	600 48.246	649 13.495	4.04：1.0	2.586	19
17	$LiBaPO_4$ 多晶	52	599	45	5.27：1.0	$\tau_{exp}\approx2.8$	31
18	$Sr_3Bi(PO_4)_3$	563	599	646	2.47：1.0	$\tau_{exp}=2.12$	32
19	$GdVO_4$ 单晶 S_{ed}/cm^2 S_{md}/cm^2 σ_{em} /cm^2	567 1.019×10^{-22} 0.5730×10^{-22} 5.92×10^{-21}	604 7.476×10^{-22} 0.5810×10^{-22} 7.62×10^{-21}	646 34.000×10^{-22} 0 5.88×10^{-21}	3.89：1.0	0.54	4
20	7 种 Li，Na，K，Ca 磷酸盐玻璃 S_{ed}/cm^2	约 560 3.33×10^{-22}	约 597 6.63×10^{-22}	约 642 4.95×10^{-22}	(1.33~2.25)：1.0	2.735	20
21	PKAZFS 磷玻璃	565	602	648	3.14：1.0	3.16	21
22	ZANP 磷玻璃	564	600	647	3.33：1.0	2.21	22
23	$K_3Gd(PO_4)_2$ 多晶	565	600	645	约 4.8：1.0		23
24	YAG 单晶 A 跃迁概率/s^{-1}	567 6.2	619 150.7	658 29.1	4.56：1.0	1.96	12
25	$LaSr_2AlO_5$ 多晶	568	604	652	5.0：1.0		24
26	$YAlO_3$ 单晶	568	605	648	3.25：1.0	2.14	25
27	LKBPBG 镓酸盐玻璃 A_{ed}/s^{-1} A_{md}/s^{-1} σ_{em} /cm^2	562 37.88 48.22 1.35×10^{-22}	597 459.33 39.93 9.18×10^{-22}	643 426.29 0 9.55×10^{-22}	1.0：1.0	0.78	26
28	Li_2O-B_2O_3-WO_3 硼钨玻璃	约 570	约 611	约 660	2.0：1.0	2.6~2.8	27
29	$Mg_3BO_3F_3$ 多晶	563	607	652	1.0：7.78		6
30	$LiY(MoO_4)_2$ 多晶	568	610	649	1.0：1.5	0.665	28
31	$NaGd(WO_4)_2$ 多晶	568	610	650	1.0：1.5	0.38	35
32	K_2YF_5 单晶 σ_{em} /cm^2	563 0.03×10^{-22}	600 0.64×10^{-22}	646 0.41×10^{-22}	3.71：1.0	5.18	29

续表 10-1

序号	材料	$^6H_{5/2}$	$^6H_{7/2}$	$^6H_{9/2}$	$I_{md}(^6H_{7/2})/I_{ed}(^6H_{9/2})$	τ_r/ms	文献
33	CeO_2：Sm 纳米	575	622	661	6.5：1.0	0.734	30
34	α-$Na_3Y(VO_4)_2$ 单晶 A_{ed}/s^{-1} A_{md}/s^{-1} σ_{em} /cm^2	565 7.2 25.1	608 66.8 20.08 3.37×10^{-22}	651 106.8 0 3.45×10^{-22}	约 1.0：1.0	3.048	8
35	KBS 锑酸盐玻璃	566	602	652	1.0：1.74		5
36	Gd_2O_3 纳米荧光体	562	597	645	1.0：1.0		33
37	Sm_2O_2S 荧光体	572	604	654	3.2：1.0		34
38	Y_2O_2S 荧光体	570	606	656	3.2：1.0		48

由表 10-1 可总结出如下的主要现象和规律：

（1）绝大多数材料中，无论是玻璃、多晶或单晶，最强的发射是$^4G_{5/2}\rightarrow{}^6H_{7/2}$磁偶极（md）跃迁橙红光发射。其主要原因是在此磁偶跃迁中，混杂有相当多的电偶极（ed）跃迁。混杂的辐射概率中 A_{ed}、线谱强度 S_{ed} 及受激发射截面 σ_{em} 都较高。Sm^{3+} 可见光激光就是起源于$^4G_{5/2}\rightarrow{}^6H_{7/2}$能级跃迁。而$^4G_{5/2}\rightarrow{}^6H_{9/2}$跃迁是受迫允许电偶极跃迁，是纯电偶极跃迁。

（2）少数材料中，$^4G_{5/2}\rightarrow{}^6H_{9/2}$电偶极跃迁发射鲜红色发光强度不小于$^4G_{5/2}\rightarrow{}^6H_{7/2}$磁偶极跃迁。目前发现的仅有 $Mg_3BO_3F_3$（见图 10-3）、$LiYMoO_4$、NaGd（WO_4）$_2$ 荧光体。α-$Na_3Y(VO_4)_2$ 单晶、LKBPBG 镓酸盐玻璃和 KBS 锑玻璃（见图 10-4）。其原因并不是很清楚。有可能是某种因素，如大非线性光学等产生额外电场使$^4G_{5/2}\rightarrow{}^6H_{9/2}$电偶极跃迁增强。KBS 锑酸盐玻璃基质电子性达 53%，存在 Sb-O 和 Sm-O 电荷转移态，声子能量低达 602cm^{-1}。虽然 $LiY(MoO_4)_2$:Sm 晶体中电偶极跃迁强度大于磁偶极跃迁，但 $MMoO_4$（M=Ca，Sr，Ba）钼酸盐是以 600nm 发射的磁偶极为主[36]。在 $Na_3Y(VO_4)_2$ 单晶和 LKBPB 镓酸盐玻璃中，Sm^{3+}的 A_{ed}分别高达 $106.8\times10^{-22}cm^2$ 和 $426.29\times10^{-22}cm^2$。

（3）在所有实验的玻璃、多晶和单晶的硼酸盐中，Sm^{3+}的$^4G_{5/2}\rightarrow{}^6H_J$（$J$=5/2，7/2，9/2）跃迁发射的 3 个光谱及发射峰位置完全相同，见表 10-1 中的 1～10，且以$^4G_{5/2}\rightarrow{}^6H_{7/2}$跃迁橙红光发射为主导，只是相对度稍有差异。而在其他化合物中无此现象。这种物理现象表明在硼酸盐中 Sm^{3+}的光学特性受外界晶场和环境（组成）影响极小。这可能是因为存在［BO_3］$^{3-}$硼氧三角体及［BO_4］$^{5-}$硼氧四面体等网络结构单元及 Sm^{3+}填充在网络空隙之中，形成庞大的介稳体系，使 Sm^{3+}的 4f 电子能级更不受或很少受外界环境影响。即所谓“囚笼”效应。磷酸盐体系似乎也存在类似现象。而硅酸盐、铝酸盐等不是这种情况，比较复杂。

受白光固态照明 LED 需要，加强对 Sm^{3+}掺杂的发光材料及其发光性质和能量传递的研究[37]，以其利用 Sm^{3+}在 400～410nm NUV 高效激发及 Tb^{3+}、Eu^{3+}与 Sm^{3+}间的能量传递实现 NUV 白光 LED 照明，他们将重点放在色度学上，而忽视更重要的光度学，这是我们应该注意的。

10.1.3.2 Sm^{3+}的近红外光发射和光谱

有关Sm^{3+}的近红外光发射和光谱信息稀缺。作者研究小组通过对 CdAS :Sm^{3+}硅玻璃和 BLBL :Sm^{3+}硼玻璃在 488nm 激光泵浦下的研究[2,7]，首次发现室温下除Sm^{3+}的$^4G_{5/2}\rightarrow{}^6H_J$（$J=5/2$，7/2，9/2，11/2）可见光发射外，还观测到较强的约 912nm、934nm、957nm 及很弱的 1047nm，最强的约 1200nm（$^4G_{5/2}\rightarrow{}^6F_{9/2}$）等 NIR 光发射，其发射光谱如图 10-5 所示。它们均起源于$^4G_{5/2}$能级向下能级跃迁发射。在 1250～1350nm 光谱区还记录有一组强峰值约为 1291nm 的 NIR 光谱。后来林海等人[3,11]进一步采用更先进 Jobin Yvon Fluorolog-3 光谱仪仔细测试和分析Sm^{3+}的 NIR 光发射性质。排除干扰，在 1250～1500nm 范围内未观测到任何有价值信号。CdAS :Sm^{3+}硅玻璃在 488nm 激光激发下，3 条新的 NIR 发射谱线 958.5nm、1036.5nm 和 1186.5nm 被记录到，他们分别归属于Sm^{3+}的$^4G_{5/2}\rightarrow{}^6F_{5/2}$，$^6F_{7/2}$和$^6F_{9/2}$能级跃迁发射。它们和$Sm^{3+}$的吸收光谱相对应。

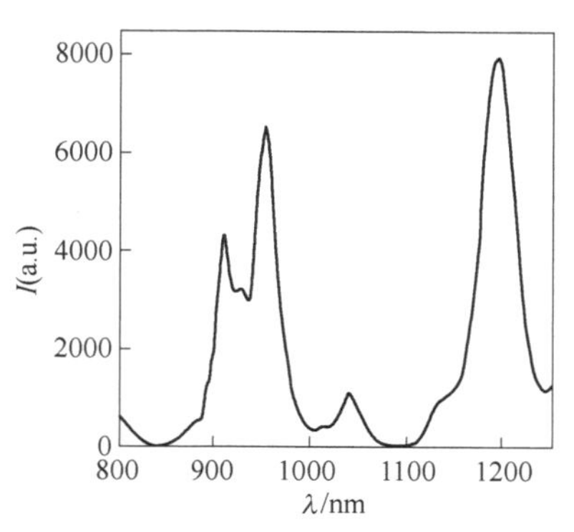

图 10-5 CAS :Sm^{3+}玻璃的近红外发射光谱（$\lambda_{ex}=488$nm，Ar^+激光）[2]

这 3 条 NIR 光谱的半高宽（FWHM）分别为 35nm、52nm 和 49nm。由实验光谱可知，主要源于Sm^{3+}的$^4G_{5/2}$能级的跃迁辐射的发射截面σ_{em}采用 Fuchtbauer-Ladenburg（FL）方程式计算如下：

$$\sigma_{em}=\frac{A_{ij}\lambda^5 I(\lambda)}{8\pi cn^2\int\lambda(I)\mathrm{d}\lambda} \tag{10-1}$$

式中，n 为折射率；A_{ij}为自发发射概率；$I(\lambda)$ 为荧光强度；c 为真空中光速。

可获得σ_{em}图形。依据实验光谱结果，在 488nm 泵浦下，室温时Sm^{3+}在可见光和 NIR 光区的发射跃迁能级都起源于$^4G_{5/2}$能级的跃迁，能量被耗散。

405nm LD 泵浦的 α-$Na_3Y(VO_4)_2$ 单晶的 4.2K 和 300K 下的荧光光谱表明[8]，405nm 激发从基态跃迁到$^6P_{3/2}$能级，然后通过无辐射弛豫过程使下面$^4G_{5/2}$能级得到布居。之后从$^4G_{5/2}$能级雪崩式或瀑布式跃迁到^6H_J($J=5/2$，7/2，9/2）能级及 NIR 区的$^6F_{1/2}$，$^6H_{15/2}$和$^6F_{3/2}$等能级，分别发射可见光和 NIR 光。其中$^4G_{5/2}\rightarrow{}^6H_{7/2}$跃迁橙红光最强。在 CdAS、BLBL 和 LiO_2-K_2O-BaO-Bi_2O_3-Gd_2O_3 玻璃及 α-$Na_3Y(VO_4)_2$ 单晶中，Sm^{3+}的 NIR 发射属性一致。

$^4G_{5/2}$发射能级具有较大的辐射跃迁概率（A）和受激发射截面σ_{em}及较长的寿命，故能实现$^4G_{5/2}\rightarrow{}^6H_{7/2}$跃迁激光。这种$^4G_{5/2}$能级发射可视为光子雪崩发射，可惜从$^4G_{5/2}$能级向下跃迁发射的能量被分散了。由于 NIR 辐射仪器和探测器的差异，使获得的 NIR 光数据产生差别。

10.2 Sm^{3+}的诸多光谱参数

10.2.1 发射截面、量子效率和荧光寿命

许多不同类别玻璃中，Sm^{3+}能级的最大受激发射截面σ_{em}和量子效率η_q列在表 10-2

中。结合表 10-2 中$^4G_{5/2}$能级的$\sigma_{e\text{-}max}$和η，考虑序号 1、4、7、8 和 10 等玻璃可以用来发展 Sm^{3+}可见光激光。正如在 TbF_3 中观测到 Sm^{3+}的起源于$^4G_{5/2}\to{}^6H_{7/2}$跃迁的 593. 2nm 激光。

表 10-2 Sm^{3+}掺杂的不同玻璃中$^4G_{5/2}$能级的最大受激发射截面$\sigma_{e\text{-}max}$和量子效率η

序号	玻　璃	$\sigma_{e\text{-}max}/cm^2$				$\eta_q/\%$	文献
		$^4G_{5/2}\to{}^6H_{5/2}$	$^4G_{5/2}\to{}^6H_{7/2}$	$^4G_{5/2}\to{}^6H_{9/2}$	$^4G_{5/2}\to{}^6H_{11/2}$		
1	$PbO\text{-}GeO_2\text{-}TeO_2$	1.57×10^{-22}	9.21×10^{-22}	6.73×10^{-22}	4.41×10^{-22}	51	3
2	$B_2O_3\text{-}TeO_2\text{-}MgO\text{-}K_2O$	1.66×10^{-22}	9.61×10^{-22}	6.89×10^{-22}	6.56×10^{-22}	48	
3	$TeO_2\text{-}Li_2O$	5.50×10^{-22}	6.76×10^{-22}	2.57×10^{-22}	4.23×10^{-22}	—	
4	$LiO_2\text{-}K_2O\text{-}BaO\text{-}PbO\text{-}Bi_2O_3\text{-}Ga_2O_3$	1.35×10^{-22}	9.18×10^{-22}	9.55×10^{-22}	3.89×10^{-22}	59	
5	$P_2O_5\text{-}Na_2HPO_4\text{-}Li_2O$	2.93×10^{-22}	4.59×10^{-22}	2.99×10^{-22}	3.73×10^{-22}	—	
6	$PbO\text{-}PbF_2\text{-}B_2O_3$	0.5×10^{-22}	6.04×10^{-22}	4.53×10^{-22}	1.64×10^{-22}	—	
7	$PbO\text{-}CaO\text{-}ZnO\text{-}NaF\text{-}B_2O_3$	1.20×10^{-22}	12.60×10^{-22}	8.30×10^{-22}	4.70×10^{-22}	75	
8	$Na_2O\text{-}B_2O_3$	0.81×10^{-22}	8.74×10^{-22}	9.74×10^{-22}	7.63×10^{-22}	76	
9	$ZnO\text{-}Sb_2O_3\text{-}B_2O_3$	1.11×10^{-22}	7.12×10^{-22}	6.33×10^{-22}	3.77×10^{-22}	—	
10	$CdO\text{-}Al_2O_3\text{-}SiO_2$	1.10×10^{-22}	4.91×10^{-22}	5.57×10^{-22}	1.54×10^{-22}	60	
11	$49.5H_3BO_3\text{-}49.5LiF\text{-}1Sm_2O_3$	0.70×10^{-22}	5.74×10^{-22}	3.81×10^{-22}	1.40×10^{-22}		38
12	$Li_2B_4O_7$	0.49×10^{-22}	6.19×10^{-22}	6.56×10^{-22}	1.75×10^{-22}		9
13	CaB_4O_7	0.53×10^{-22}	8.39×10^{-22}	6.00×10^{-22}	2.16×10^{-22}		9
14	$LiCaBO_3$	0.51×10^{-22}	7.97×10^{-22}	7.18×10^{-22}	2.18×10^{-22}		9
15	$78.6TeO_2\text{-}20Na_2O\text{-}1Sm_2O_3\text{-}0.4AuCl_3$ (TNSA3)	7.52×10^{-22}	12.51×10^{-22}	9.86×10^{-22}	8.28×10^{-22}		39
16	单晶 $GdVO_4$	59.2×10^{-22}	76.2×10^{-22}	58.8×10^{-22}			4

由于 Sm^{3+}的$^4G_{5/2}$能级的重要性，一些不同的基质中，它的寿命和量子效率是不同的。$GdVO_4$、$LiNbO_3$、Gd_2SiO_5 和 $\alpha\text{-}Na_3Y(VO_4)_2$ 单晶的量子效率都很高，达 87%以上，但寿命比玻璃短。大多数单晶中$^4G_{5/2}$能级寿命在 0. 5～1. 9ms 范围。但其中 $NaY(WO_4)$ 单晶的寿命长达 3. 4～4. 2ms。BMNS、BCNS、BLNS 及 $LiCaBO_3$ 等玻璃的量子效率都在 87%左右，且寿命在 2. 5ms 附近，比单晶长很多。长的荧光寿命有利$^4G_{5/2}$能级粒子数增殖，和激光作用发生。一般随 Sm^{3+}浓度增加，荧光寿命逐步缩短。

10. 2. 2 主要发射波长、辐射跃迁概率和荧光分支比

依据基质中 Sm^{3+}的吸收和发射光谱及荧光寿命，利用第 2 章介绍的 Judd-Ofelt 理论，推算 Sm^{3+}的辐射跃迁概率 A、荧光分支比 β。几种材料中，Sm^{3+}性质分别列在表 10-3 中。YAG 单晶中 Sm^{3+}的性质和它们相同。由表 10-3 可知，绝大多数材料中是以 Sm^{3+}的$^4G_{5/2}\to{}^6H_{7/2}$能级跃迁发射为主导。它的辐射跃迁概率 A 和分支比 β 大，其次是$^4G_{5/2}\to{}^6H_{9/2}$跃迁发射。在 NIR 区，$^4G_{5/2}\to{}^4F_{5/2}$（925～953nm）的辐射跃迁概率 A 和分支比 β 相对最大，特别是在 $GdVO_4$:Sm 单晶中，应当受到关注。

表 10-3 Sm^{3+}的$^4G_{5/2}$能级跃迁的发射波长 λ、辐射跃迁概率 A_r 和分支比 β

$^4G_{5/2}$	CdAS 玻璃[2]			LKBPBG 玻璃[26]			$Na_3Y(VO_4)_2$ 单晶[8]		
	λ /nm	A /s^{-1}	β /%	λ /nm	A /s^{-1}	β /%	λ /nm	A /s^{-1}	β /%
$^6H_{5/2}$	561	28.04	7.94	562	86.10	6.72	565	7.2	11.03
$^6H_{7/2}$	598	132.36	37.49	597	499.20	28.94	608	66.5	29.78
$^6H_{9/2}$	642	117.46	33.27	643	426.29	33.24	651	106.8	36.38
$^6H_{11/2}$	702	33.11	9.38	702	137.12	10.69	714	19.8	6.78
$^6H_{13/2}$	787	4.32	1.22	779	12.80	1.00	790	2.5	0.86
$^6F_{1/2}$	866	2.28	0.64	866	6.69	0.52	880	2.7	0.93
$^6F_{15/2}$	887	0.25	0.08	883	0.71	0.06	891	0.2	0.05
$^6F_{3/2}$	908	2.41	2.5	885	24.21	1.89	918	2.8	3.95
$^6F_{5/2}$	954	15.68	5.66	925	66.09	5.15	945	18.1	8.20
$^6F_{7/2}$	1038	2.79	1.17	1006	16.15	1.26	1032	1.9	1.26
$^6F_{9/2}$	1178	2.05	0.58	1177	6.19	0.48	1172	2.4	0.80
$^6F_{11/2}$	1388	0.24	0.07	1388	0.69	0.05	1397	0.1	0.05

注：τ = 2166μm($^4G_{5/2}$—$^6F_{11/2}$)。

起源于$^4G_{5/2}$能级向下能级跃迁发射，涉及 12 个能级。这种向下跃迁发射像雪崩或瀑布式。在其他三价稀土离子的跃迁发射过程中是最稀有的。说明亚稳态$^4G_{5/2}$能级上粒子布局密度高，寿命长达毫秒的量级，有利于实现受激发射或强光发射。但是发射的能量被分散，12 个能级将能量耗散，大多数被浪费，找不到满意合理应用。例如，在 CdAS:Sm 硅酸盐玻璃中，$^4G_{5/2}\to{}^6H_{7/2}$跃迁最强发射的β比值仅占 37.4%，尽管量子效率达 60%。在 $GdVO_4$:Sm 单晶中，量子效率高达近 100%，最强的$^4G_{5/2}\to{}^6H_{9/2}$跃迁发射 β 比值仅占 45.4%，其他能量全部被分散而浪费，且寿命最短，仅为 0.55ms。作者认为，这是导致 Sm^{3+}至今没有得到重大合理应用的主要原因。如果这个屏障克服了，将会给 Sm^{3+}应用带来新局面。

由观测到的吸收光谱线，依据 W. T. Carnall 等人提出的方程式[40]，可以计算实验振子强度f_{exp}如下：

$$f_{exp} = \frac{mc}{\pi e^2 N}\int\sigma(V)\,dV = 4.318\times10^{-9}\int\sigma(V)\,dV \tag{10-2}$$

其中

$$\sigma(V) = \frac{\ln[I_o(V)/I(V)]}{L} \tag{10-3}$$

式中，m，e 分别为电子的质量和电量；c 为真空中光速；N 为单位体积内稀土离子的数目；L 为样品厚度；$\sigma(V)$ 为摩尔吸收常数，用波数表示的微分吸收系数。

而依据 Judd-Ofelt 理论，计算振子强度f_{cal}如下：

$$f_{cal}(ed) = \frac{8\pi^2 mc\nu\,(n^2+2)^2}{3h(2J+1)9n}\sum_{\lambda=2,4,6}\Omega_\lambda\,|\langle 4f^N(\alpha SL)J\|U^{(\lambda)}\|4f^N(\alpha'S'L')J'\rangle|^2 \tag{10-4}$$

式中，J，S，L 为角动量量子数；ν 为波数，cm^{-1}；n 为折射率；h 为普朗克常数；$U^{(\lambda)}$ 为电偶极算符；Ω_λ 为振子强度参数，cm^2，$\lambda=2, 4, 6$；$|\langle 4f^N(\alpha SL)\ J \| U^{(\lambda)} \| 4f^N(\alpha' S' L')\ J' \rangle|$ 为单位张量的约化矩阵元。

用最小二乘法可算出 3 个强度参数 Ω_λ。

10.2.3　振子强度参数 Ω_λ

关于 Sm^{3+} 的振子强度参数，一般而言，Ω_λ 越大（特别是 Ω_2）玻璃的共价性越强，对称性越低。多数认为 Ω_λ 与组成、RE^{3+} 和周围邻近原子之间化学键性质、邻近原子的性质和材料的结构有关联。Ω_2 主要反映材料的共价性和结构变化相关联。Ω_4 可以认为与化学计量比有关，键特性介于离子键和共价键之间。Ω_6 与基质材料的硬度和黏度有关。

依据许多玻璃和晶体中，Sm^{3+} 的 Ω_λ 数据得到下述几点结果：(1) 碲酸盐，钨酸盐玻璃及 $GdVO_4$ 晶体中 $\Omega_2>\Omega_6$，反映它们的共价性很强。(2) 一些氟化物及碱金属化合物中 $\Omega_6>\Omega_2$，反映离子键强。(3) 相当多材料中 $\Omega_4>\Omega_2$，Ω_4 表明化学键介于共价和离子键之间。(4) 随组成中阳离子浓度增加，Ω_4，Ω_2 和 Ω_6 增加，它们相对比变化幅度不大。

完全探明强度参数 Ω_λ 变化规律有一定的难度。在 Li_2O-B_2O_3-WO_3 体系中，随 WO_3 增加，材料趋向变得更加不导电，不均匀，Ω_2 也增加。这里注意到 $GdVO_4:Sm^{3+}$ 单晶的 Ω_2 特别大，反映其共价性特别强，而且量子效率也很高，是一个很受关注、发展前景很好的 Sm^{3+} 掺杂的发光和激光材料。

10.2.4　Sm^{3+} 能级劈裂

2000 年 Areva 等人公布在 GdOCl 中对 Sm^{3+} 的 $^{2S+1}L_J$ 光谱项 $4f$ 能级劈裂计算结果[41]。这里，依据其结果及人们熟悉常用的 1968 年 Dieke 给出的 $LaCl_3$ 中 Sm^{3+} 的结果，选取劈裂数目及能级劈裂的平均能量值 E(平均)，分别列在表 10-4 中。由表可知，$^4G_{7/2}$ 以下的能级 GdOCl 中的数据和 $LaCl_3$ 相比，更为仔细和精确，劈裂数目与理论一致。但没有给出更高能级的结果。故人们可将这种结果结合起来运用。

表 10-4　Sm^{3+} 的 $4f$ 能级、劈裂数目、平均能量 E（平均）

能级	GdOCl[41]（2000 年）		$LaCl_3$（Dieke，1968 年）	
	劈裂数目/理论数	E(平均)/cm^{-1}	劈裂数目	E(平均)/cm^{-1}
$^6H_{5/2}$	3/3	172	3	53.4
$^6H_{7/2}$	4/4	1223	4	1080
$^6H_{9/2}$	5/5	2428	5	2290
$^6H_{11/2}$	6/6	3907	6	3608
$^6H_{13/2}$	7/7	5165	6	4995
$^6H_{15/2}$	1	6219		
$^6F_{1/2}$	1/1	6588		
$^6H_{15/2}$	5	6632		

续表 10-4

能级	$GdOCl$[41]（2000年）		$LaCl_3$（Dieke，1968年）	
	劈裂数目/理论数	E(平均)/cm^{-1}	劈裂数目	E(平均)/cm^{-1}
$^6F_{3/2}$	2/1	6709		
$^6H_{15/2}$	2	6848		
由上8条$^6H_{15/2}$的E（平均）:		6634		
$^6F_{5/2}$	3/3	7226	2	7050
$^6F_{7/2}$	4/4	8061	4	7910
$^6F_{9/2}$	5/5	9214	4	9075
$^6F_{11/2}$	6/6	10585	4	10469
$^4G_{5/2}$	3/3	17971	2	17860
$^4F_{3/2}$	2	18891	1	18857
$^4G_{7/2}$			2	20009
$^4I_{9/2}$			4	20562
$^4M_{15/2}$			1	20752

10.3 Sm^{3+}的4f能级振子强度f

晶体和玻璃中Sm^{3+}磁偶极振子强度非常弱，如CdAS：Sm^{3+}硅酸盐玻璃中$^6H_{5/2}\to{}^6F_{5/2}$，$^6H_{5/2}\to{}^6F_{3/2}$，跃迁的f_{cal}（md）分别为0.0013×10^{-6}及0.003×10^{-6}。但$^6F_{7/2}$和$^6F_{9/2}$能级的f高。在CdAS玻璃、YAG和K_2YF_5单晶中$^6F_{7/2}$能级的振子强度f达到$(2\sim2.8)\times10^{-6}$，而$^6F_{9/2}$的f也达到$(1.7\sim2.0)\times10^{-6}$。然而$^4G_{5/2}$能级的振子强度$f$很弱，仅为$0.02\times10^{-6}$量级。因此，不能对它直接泵浦。$^4G_{5/2}$亚稳态的粒子布居主要依靠上能级的无辐射弛豫而得到布居。$^4G_{5/2}$的上能级$^4G_{7/2}$、$^4F_{3/2}$，$^4M_{15/2}$，$^4I_{11/2}$的能级f值高达$(0.5\sim0.7)\times10^{-6}$。此外，一些$^6P_{5/2}$、$^4F_{7/2}$、$^6P_{5/2}$等能级在NUV区的吸收和振子强度相对很高，故可被用于白光LED，甚至是太阳电池的光转换依据。

在许多玻璃中，Sm^{3+}具有相当大的A_{ed}、σ_{em}、β、P_{ed}和长的荧光寿命（>2ms），具有激光作用前景。如组成为$59.5Li_2CO_3$-$39.5H_3BO_3$-$1Sm_2O_3$L4BS的硼酸盐玻璃[38]具有相当大的A_{ed}和A_{md}值（表示在下方的括号中），可能呈现的激光作用的跃迁如下：

（1）A_{ed}：$^4G_{5/2}\to{}^6H_{9/2}(158s^{-1})$，$^4G_{5/2}\to{}^6H_{7/2}(204s^{-1})$，$^4F_{11/2}\to{}^6H_{11/2}(429s^{-1})$，$^4F_{9/2}\to{}^6H_{7/2}(465s^{-1})$，$^6F_{1/2}\to{}^6H_{7/2}(195s^{-1})$，$^6H_{13/2}\to{}^6H_{7/2}(19s^{-1})$，$^6H_{11/2}\to{}^6H_{5/2}(16s^{-1})$，$^6H_{9/2}\to{}^6H_{5/2}(9s^{-1})$；

（2）A_{md}：$^4G_{7/2}\to{}^6H_{9/2}$（$163s^{-1}$），$^4G_{5/2}\to{}^6H_{5/2}$（$14.2s^{-1}$），$^6H_{11/2}\to{}^6H_{9/2}$（$0.95s^{-1}$），$^6H_{9/2}\to{}^6H_{7/2}$（$0.76s^{-1}$）等。

这些跃迁今后值得关注。关键是找到抑制亚稳态$^4G_{5/2}$能级向下发射能量被分散方法

及减少 $Sm^{3+}\rightarrow Sm^{3+}$间的交叉弛豫。

10.4　Sm^{3+}浓度猝灭和交叉弛豫

在Sm^{3+}掺杂的材料中，均会发生随Sm^{3+}掺杂浓度增加，Sm^{3+}的荧光寿命逐步缩短。主要原因是Sm^{3+}—Sm^{3+}发生交叉弛豫能量传递（CRET）和多声子弛豫速率。

一般激发态的实验寿命τ_{exp}可以用 Miyakawa 和 Dexter 提出的公式推算[42]。

$$\frac{1}{\tau_{exp}} = \frac{1}{\tau_r} + W_{MPR} + W_{CR} \tag{10-5}$$

式中，W_{MPR}、W_{CR}分别为多声子弛豫速率和交叉弛豫速率；τ_r为从 J-O 理论上获取的辐射寿命。

对Sm^{3+}情况而言，多声子弛豫速率 W_{MPR}可忽略。因为Sm^{3+}的$^4G_{5/2}$能级与下低能级$^6F_{11/2}$的能量间距高达约7000cm^{-1}。故随Sm^{3+}浓度增加引起的寿命缩小主要是通过交叉弛豫 CR 的能量传递过程造成：

$$W_{CR} = \frac{1}{\tau_{exp}} - \frac{1}{\tau_r} \tag{10-6}$$

在表10-1中可查到一些材料中Sm^{3+}的辐射寿命τ_r，只要测得实验寿命τ_{exp}就可得到交叉弛豫速率。估算W_{CR}在500~1000s^{-1}量级，因为Sm^{3+}寿命为毫秒量级。

由Sm^{3+}的4f能级图可知，从$^4G_{5/2}$能级向下不同的低能级^4F_J有6组不同通道可发生交叉弛豫过程，如图10-6所示。

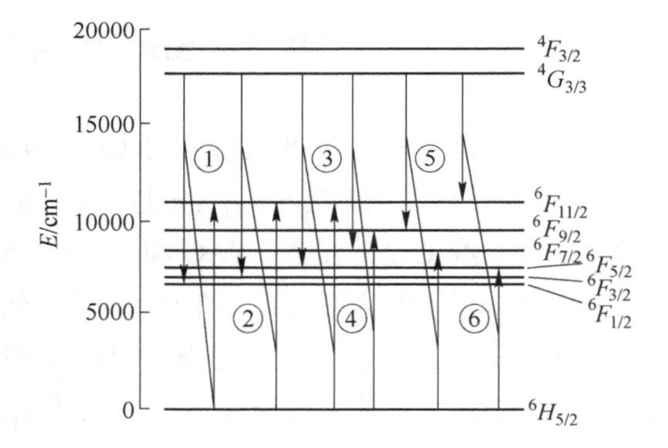

图10-6　Sm^{3+}可能的交叉弛豫通道能级图

具体可能发生的交叉弛豫通道如下：

(1) $^4G_{5/2}\rightarrow{}^4F_{1/2}={}^6H_{5/2}\rightarrow{}^4F_{11/2}$失配能量 $\Delta E = 418\text{cm}^{-1}$；

(2) $^4G_{5/2}\rightarrow{}^4F_{3/2}={}^6H_{5/2}\rightarrow{}^4F_{11/2}$失配能量 $\Delta E = 172\text{cm}^{-1}$；

(3) $^4G_{5/2}\rightarrow{}^4F_{5/2}={}^6H_{5/2}\rightarrow{}^4F_{11/2}$失配能量 $\Delta E = 335\text{cm}^{-1}$；

(4) $^4G_{5/2}\rightarrow{}^4F_{7/2}={}^6H_{5/2}\rightarrow{}^4F_{9/2}$失配能量 $\Delta E = 213\text{cm}^{-1}$；

(5) $^4G_{5/2}\rightarrow{}^4F_{9/2}={}^6H_{5/2}\rightarrow{}^4F_{7/2}$失配能量 $\Delta E = 213\text{cm}^{-1}$

(6) $^4G_{5/2}\rightarrow{}^4F_{11/2}={}^6H_{5/2}\rightarrow{}^4F_{5/2}$失配能量 $\Delta E = 335\text{cm}^{-1}$。

失配能量很小，不需要声子辅助或只需一个声子辅助即可发生交叉弛豫过程，导致$^4G_{5/2}$能级发射被猝灭。有关Sm^{3+}的浓度猝灭，在10.5节上转换发光中会涉及。

10.5　Sm^{3+}上转换发光和$Sm^{3+}\rightarrow Sm^{3+}$作用

15K_2O-15B_2O_3-70Sb_2O_3（摩尔分数,%）锑酸盐玻璃（简称 KBS 玻璃）声子能量低

（约 600cm^{-1}）。Sm_2O_3 掺杂的 KBS 锑玻璃在 949nm 激发下，最强的上转换发射峰为红色 636nm（$^4G_{5/2}$→$^6H_{9/2}$），以及两个很弱的橙红色 602nm（$^4G_{5/2}$→$^6H_{7/2}$）和黄绿色 566nm（$^4G_{5/2}$→$^6H_{5/2}$）[5]。这 3 个上转换发射峰强度随 Sm^{3+}浓度增加而增强。在这种上转换发光情况中，636nm $^4G_{5/2}$→$^6H_{9/2}$电偶极跃迁强度是$^4G_{5/2}$→$^6H_{7/2}$磁偶极跃迁的 23 倍。$^4G_{5/2}$→$^6H_{9/2}$跃迁属超灵敏跃迁性质，指明 Sm^{3+}处于高度可极化的具有低对称几何组态的化学环境之中。Sm^{3+}的上转换光谱具有很窄的半高宽，表明 Sm^{3+}的晶场环境中的分布变化小，导致光谱非均匀宽化效应减弱。KBS 锑玻璃的分子极化率和折射率分别为 9.598 和 1.947，比普通的二氧化硅玻璃的分子极化率 2.965 和折射率 1.46 大很多。大的极化率预示着具有大的非线性光学（NLO）性质。故很强的红色上转换荧光的另一原因是 KBS 锑玻璃具有大的 NLO 性质。由 NLO 玻璃基质产生额外电场也可以造成允许电偶极$^4G_{5/2}$→$^6H_{9/2}$跃迁，由此增强红色荧光。

在 KBS :Sm 锑玻璃的上转换光谱中，另一个特性是和相同跃迁的下转换光谱中的 652nm 相比较，蓝移 18nm 左右。其原因可能是 Sm^{3+}跃迁是超灵敏跃迁，Sm^{3+}对周围微观环境非常敏感，晶场强度稍有减弱，或共价性稍减弱使光谱蓝移。Sm_2O_3 浓度增加，谱带窄化及光谱蓝移特性，可以认为在 KBS :Sm 玻璃中上转换 Sm^{3+}处于不同的、非寻常的或畸变晶场环境之中。此外，这种锑玻璃的声子能量低，大大有利上转换发光。

在 KBS 锑玻璃中 Sm^{3+}的上转换过程有 3 种机构：激发态吸收（ESA），能量传递（ET）及交叉弛豫（CR）过程。在 ESA 过程中，949nm（10537cm^{-1}）泵浦光子首先被基态 Sm^{3+}吸收（GSA），激发粒子布局在 Sm^{3+}的$^6F_{11/2}$能级上；吸收另一个泵浦光子激发到$^4I_{11/2}$能级上（ESA）。即$^4I_{11/2}$具有相对应的两个 949nm 光子能量（约 21074cm^{-1}），然后由亚稳态$^4I_{11/2}$能级无辐射（NR）多声子弛豫到$^4G_{5/2}$能级上。$^4G_{5/2}$能级具有比$^4G_{7/2}$或$^4F_{3/2}$能级更长的寿命（粒子的稳定性更佳）。由于$^4G_{5/2}$能级与下能级$^6F_{11/2}$之间的能隙差 ΔE 大，大约为 7660cm^{-1}。故$^4G_{5/2}$能级的衰减主要是辐射衰减，由此分别产生$^4G_{5/2}$→$^6H_{9/2}$，$^4G_{5/2}$→$^6H_{7/2}$，$^4G_{5/2}$→$^6H_{5/2}$的辐射跃迁的 636nm，602nm 及 566nm 发射。随 Sm^{3+}浓度增加，上转换和下转换发光强度达到最佳浓度。这意味着 Sm^{3+}—Sm^{3+}之间存在着能量传递（ET），导致众所周知的浓度猝灭。$^6F_{11/2}$能级的受激的 Sm^{3+}能量传递给另一个邻近相匹配能级上的 Sm^{3+}，分别依据四个准共振通道实现：（1）（$^6F_{11/2}$，$^6F_{11/2}$）→（$^6I_{11/2}$，$^6H_{5/2}$）；（2）（$^6F_{11/2}$，$^6F_{11/2}$）→（$^4I_{9/2}$，$^6H_{7/2}$）；（3）（$^6F_{11/2}$，$^6F_{11/2}$）→（$^4F_{3/2}$，$^6H_{9/2}$）；（4）（$^6F_{11/2}$，$^6F_{11/2}$）→（$^4G_{5/2}$，$^6H_{11/2}$）。使红色 636nm 发射增强的另一可能机理是两个邻近 Sm^{3+}之间的合作能量传递（CET）过程。在$^4I_{9/2}$和$^6F_{7/2}$能级上，两个受激的 Sm^{3+}彼此之间发生共振交叉弛豫$^4I_{9/2}$→$^4G_{5/2}$和$^6F_{7/2}$→$^6F_{11/2}$，因此，使亚稳态辐射能级$^4G_{5/2}$粒子数增殖。$^4I_{9/2}$→$^4G_{5/2}$和$^6F_{7/2}$→$^6F_{11/2}$的能隙匹配，具有大约 110cm^{-1}的红移，在 CR 过程中，能量损失表现于晶格振动。

在室温下，用 Nd :YAG，1064nm 激光对 GdOCl :0.01Sm^{3+}多晶激发，测量样品的拉曼光谱，也证实存在 Sm^{3+}的上转换发光[41]。稀土氯氧化物 LnOCl 为四方结构，空间群 *P4/nmm*。在 Nd :YAG 1064nm（9406cm^{-1}）CW 激光激发下，Sm^{3+}被激发到$^6F_{9/2}$能级。此能级由于晶格声子吸收和室温下谱线宽化，劈裂成 4 条分支。通过无辐射弛豫过程，激发能级从$^6F_{9/2}$到$^6F_{7/2}$、$^6F_{5/2}$和$^6F_{15/2}$能级（6219~6827cm^{-1}）分别产生：(1)$^6F_{5/2}$，$^6H_{15/2}$跃迁的下转换发光（DCL）：1455nm、1400nm 及 1381nm；(2)$^6F_{7/2}$→$^6H_{7/2}$跃迁产生 1507nm 发光；(3)$^6H_{15/2}$，$^6H_{5/2}$跃迁产生 1689~1471nm 等 NIR 发光。同时第二个 9400cm^{-1}光子由 Sm^{3+} $^4F_{9/2}$吸收激发到更高的$^4F_{3/2}$能级上（18889cm^{-1}和 18909cm^{-1}），然后由$^4F_{3/2}$→$^6H_{15/2,13/2}$跃迁的反 Stocks 上转换发光产生。其上转换发光 UCL 分别位于 812.3nm（12310cm^{-1}）和 735.2nm（13596cm^{-1}）处。同时，由$^4F_{3/2}$能级通过无辐射弛豫到$^4G_{5/2}$能级，接着由$^4G_{5/2}$→$^6F_{11/2}$能级跃迁，产生 708.2nm（14126cm^{-1}）上转换发光。

室温下，用纳秒脉冲 925~975nm NIR 光对 Sm^{3+}:$YAlO_3$ 晶体激发，产生可见黄-橙上转换发光[25]。它们也是$^4G_{5/2}$→^6H_J（J=5/2，7/2，9/2）跃迁发射。其激发光谱与在 900~1000nm 范围内的$^6H_{5/2}$→$^6F_{11/2}$跃迁吸收有良好对应。由 940nm 对 0.3%Sm^{3+}:$YAlO_3$ 晶体激发产生的 605nm 发光的衰减图形，和一个光子对 Sm^{3+}:$YAlO_3$ 直接激发后的衰减图形对比，可观测到 IR 激发的衰减是一条寿命为 1.75ms 的指数式曲线，像一个可见光子激发那样的曲线，且无明显的上升时间。在 $YAlO_3$ 中 Sm^{3+}的上转换发光与激发功率的平方关系证实该上转换发光是双光子过程。

在 IR 光激发下，无论是激发态吸收（ESA），还是能量传递（ET），都可以使 Sm^{3+}能级粒子布局。而在 Sm^{3+}:YAG 情况下[43]，ESA 跃迁似乎没有发生。因为中间态$^6F_{11/2}$能级具有 10ns 量级的非常短的寿命，且 EAS 截面小。

Sm^{3+}具有丰富的 4f 能级，几乎在所有 Sm^{3+}掺杂的发光材料中，导致 Sm^{3+}—Sm^{3+}间容易发生交叉弛豫（CR）能量传递，产生 Sm^{3+}浓度猝灭。其特点如下：（1）在 Sm^{3+}浓度较大时（>1%）Sm^{3+}的衰减曲线变成非指数式。（2）大多情况下，浓度猝灭是由 d-d 相互作用产生的，也有 d-q 相互作用。例如：$K_4BaSi_3O_9$:Sm^{3+}单晶在室温下，407nm 激发产生 641nm 红色发光，由于 Sm^{3+}—Sm^{3+}之间交叉弛豫能量传递发生导致浓度猝灭。在 Sm^{3+}浓度小于 1%时为偶极-偶极（d-d）相互作用，其临界距离 R 为 0.88nm；而浓度大于 1%后为偶极-四极（d-q）相互作用，R_c 为 0.9nm。（3）这种交叉弛豫能量传递机理可用 I-H 无辐射能量传递公式处理。

Powell 等人[44]采用高分辨率染料激光光谱的技术对 $CaWO_4$ 中 Sm^{3+}间的能量传递进行研究，发现无论是用宽带还是中等分辨率激光激发光源所获取的结果是不同的。在低温时，由交叉弛豫和共振能量传递过程所引起的浓度猝灭是由交换作用造成的。而在高温时，位于 $CaWO_4$ 晶场格位中的 Sm^{3+}之间的能量传递是由双声子扩散过程造成的，其扩散系数为 $4.9\times10^{-10}cm^2/s$。可见其微观过程非常复杂。

10.6 RE^{3+}→Sm^{3+}的能量传递

10.6.1 Ce^{3+}→Sm^{3+}的能量传递

组成为 $Ca_5(SiO_4)_2F_2$ 的氟硅酸钙属单斜晶系（简称 CSOF），在 UV 或电子束激发下，CSOF:Ce^{3+}荧光体呈现强的蓝紫光的 380~520nm 宽带，发射峰在 428nm 处，Ce^{3+}的本征寿命 τ_o=62ns[45]。CSOF:Ce^{3+}荧光体在 UV 光激发下的相对亮度是商用 P47-Y_2SiO_3:Ce 的

110%。Ce^{3+}掺杂的 CSOF 荧光体的激发光谱是由 Ce^{3+} 的 $4f$—$5d$ 跃迁吸收产生的小于220nm、250nm、292nm 和最强的 358nm 激发带组成。监测 Sm^{3+} 的 603nm 发射的激发光谱，在 300~500nm 范围内由几组锐谱线组成，最强激发峰为 407nm。这些都是 Sm^{3+} 的 $4f$—$4f$ 能级从$^6H_{5/2}$基态跃迁到 $4f$ 高能级所致。在第 7 章中图 7-7 给出 $Ca_5(SiO_4)_2F_2$:0.04Sm^{3+}的激发光谱（虚线）和 $Ca_5(SiO_4)_2F_2$:0.02Ce^{3+}，0.04Sm^{3+}的激发光谱（实线）。它们都是监测 Sm^{3+}的 603nm 发射获得的。很明显，Ce^{3+}的 $4f$—$5d$ 的 270~380nm 的强的激发光谱出现在 Sm^{3+}的 603nm 的激发光谱中。这充分证明发生激发能从 Ce^{3+}高效地传递给 Sm^{3+}，使 Sm^{3+}在这长波 UV 区的激发效率显著提高。这种无辐射能量传递是有效的，如在 360nm 激发下，Sm^{3+}的 603nm 的发射强度提高 1 倍以上。在大于 250nm 短波 UV 后还有一个强的激发带，可能是 Sm^{3+}的 CTB 或基质吸收。

Y_2SiO_5:Sm^{3+}单晶的发光效率很低，共掺杂 Ce^{3+}后并没有明显改善 Sm^{3+}性能，但是 300nm 激发 Sm^{3+}后，清晰表明一部分 Ce^{3+}能量以辐射传递方式给 Sm^{3+}[46]。Sm^{3+}的吸收谱线清晰地出现在 Ce^{3+}的发射光谱中，即发生 $Ce^{3+}\to Sm^{3+}$间的再吸收辐射传递。当然，这种 $4f$ 跃迁谱线吸收面很小、很窄，能量传递效率低。

类似的 $Ce^{3+}\to Sm^{3+}$之间的能量传递，增强 Sm^{3+}的 603nm 发射，最近在 $Gd_{0.1}Y_{0.9}AlO_3$ 晶体中[47]也得到证实。

10.6.2 微量 $Tb^{3+}\to Sm^{3+}$的能量传递

Y_2O_2S:Sm 和掺有微量 Tb^{3+}的 Y_2O_2S:Sm^{3+},Tb^{3+}红色荧光体，在阴极射线（CR）或 254nm UV 光激发下，微量 Tb^{3+}对 Sm^{3+}的发光呈现非常显著增强作用。微量（$1\times10^{-5}\sim5\times10^{-4}$）的 Tb^{3+}就能使 Sm^{3+}发射的 CR 效率增强数倍，UV 效率增强 0.8 倍[48]。

图 10-7 表示 Y_2O_2S:$3\times10^{-3}Sm^{3+}$和 Y_2O_2S:3×10^{-3}Sm，5×10^{-4}Tb 硫氧化钇红色荧光体的阴极射线发光（CL）光谱。其中虚线光谱为单掺 Sm^{3+}，实线为 Sm^{3+}和 Tb^{3+}共掺的光谱。417.5nm 和 544.5nm 等分别为 Tb^{3+} 的$^5D_3\to{}^7F_5$ 和$^5D_4\to{}^7F_5$ 等能级跃迁发射，而 606.5nm 则是 Sm^{3+}的$^4G_{5/2}\to{}^6H_{7/2}$能级的跃迁发射，Sm^{3+}发射主要集中在黄-红色光谱区。图 10-7 表明 Sm^{3+}的发射强度成倍提高。Sm^{3+}发射强度随 Tb^{3+}浓度增加，在 2×10^{-4}mol 时达到最佳。CL 增强效果明显高于光致发光（PL）。

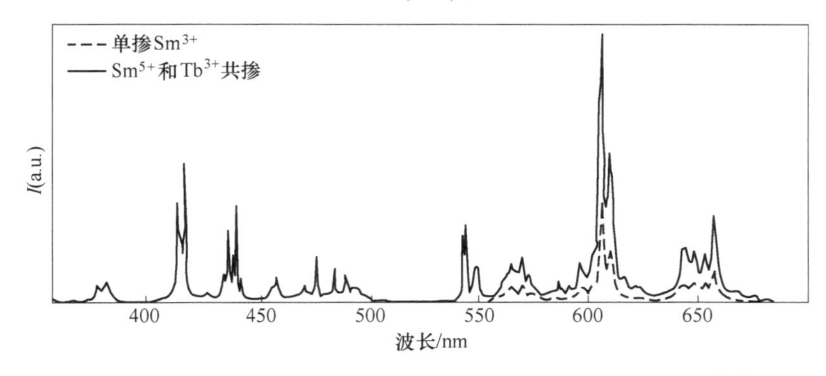

图 10-7 Y_2O_2S:Sm 和 Y_2O_2S:Sm，Tb 荧光体的 CL 发光光谱[48]
（室温）

对这种罕见的增强效果进一步实验和分析，发现微量 Tb^{3+} 排除或减少 Y_2O_2S:Sm 样品表面累积电荷（充电）效应导致 Sm^{3+} 发光增强；由它们的主要反射（吸收）和发射光谱表明不可能发生辐射传递。依据 Dexter 共振能量传递理论，能量传递概率 P 可用近似表达如下：

$$P = \sigma_a E/(\tau_d R^n) \tag{10-7}$$

式中，σ_a 为受主（Sm^{3+}）的吸收带面积；E 为施主（Tb^{3+}）的辐射带与受主的吸收带的重叠能量；τ_d 为施主的辐射寿命；R 为施主与受主离子间距离。

可是实验结果与这些参数不一致。如 Tb^{3+} 浓度固定在 1×10^{-4} 时，Sm^{3+} 浓度在 3×10^{-5} ~ 3×10^{-3} 范围变化时，Tb^{3+} 的 $^5D_3$ 能级发射的寿命为 0.64 ~ 0.58ms，而 $^5D_4$ 能级的寿命在 1.40~1.35ms 范围内，基本上不受受主 Sm^{3+} 浓度影响。而此时 Tb^{3+} 发射强度下降 1 倍以上，而 Sm^{3+} 的发射强度却增加 2 倍以上。这些结果排除在 Y_2O_2S:Sm,Tb 体系中发生多极相互作用和交换作用的能量传递机制的可能。

如果载流子参与能量传递，应观察到荧光体的光电导。可是，在 UV 或氘灯辐照下，没有监测出因 Tb 而增加的光电导，故这种载流子传递也可排除。

以上结果，郭常新和作者提出，在 Y_2O_2S 中微量 Tb^{3+} 对 Sm^{3+} 的能量传递机理可能是激子迁移。Tb^{3+} 通过它的激子态将能量传递给 Sm^{3+} 的假设是符合以下事实的：

（1）Y_2O_2S:Sm,Tb 体系中，Sm^{3+} 发射增强的倍数与 Sm^{3+} 浓度无关，与 Tb^{3+} 浓度有关。

（2）在高能电子束打到荧光体上，大部分电子导入荧光体，产生二次电子和激子。由于电子束能量比 UV 光子能量大，入射荧光体晶粒的深度深，产生的激子数比 UV 光效应多，使 Tb^{3+} 的增强效应更有效。

（3）由于 Tb^{3+} 的激子激发态能量高于它的 $^5D_3$ 和 $^5D_4$ 能级，故 Sm^{3+} 改变浓度时，Tb^{3+} 的 $^5D_3$ 和 $^5D_4$ 能级跃迁发射的寿命时间基本不变化。

（4）激子在晶体中传递距离远，这正好可破解很低浓度的 Tb^{3+} 就可使 Sm^{3+} 的发射增强。

（5）后来在 Y_2O_2S:RE^{3+}，Tb^{3+}（RE = Sm，Eu，Dy）体系中，由热释发光（TL）曲线表明，在电子束激发后，由于 Tb^{3+} 加入产生反应新陷阱的 TL 峰[49]。Tb^{3+} 加入后产生等电子陷阱，它们首先俘获空穴，然后吸引电子生成被 Tb^{3+} 束缚的激子。这些束缚激子由于热作用返回到自由激子，释放能量。这些自由激子也应该可被 Sm^{3+}、Dy^{3+}、Eu^{3+} 束缚，当它们复合时，RE^{3+} 被激发。

日本山元明教授也对微量 Tb^{3+} 或 Pr^{3+} 对 Y_2O_2S:Eu^{3+} 荧光体产生显著增强作用予以证实，也认为电子和空穴结合时将能量释放，被 Eu^{3+} 等稀土离子吸收，增强稀土离子发光。

10.6.3 Tb^{3+}→Sm^{3+} 的能量传递

本节介绍正常 Tb^{3+} 浓度下，Tb^{3+} 对 Sm^{3+} 敏化的另一种情况。由 Sm^{3+} 和 Tb^{3+} 的 4f 能级结构可知，Sm^{3+} 的 $^6P_{3/2}$、$^4G_{7/2}$ 等能级分别与 Tb^{3+} 的 $^5D_3$、$^5D_4$ 等能级之间存在良好的能量匹配，理论上可以发生 Tb^{3+}→Sm^{3+} 之间的无辐射能量传递。事实上 Sm^{3+} 和 Tb^{3+} 共掺杂诸多在材料中发生能量传递已被证实。

之所以对这课题感兴趣，主要受发展 NUV 白光 LED 的需要影响。前面已述，Sm^{3+}的$^4G_{5/2}\rightarrow {}^6H_J$能级跃迁呈现橙红色发光；而 Tb^{3+}是人们熟悉的$^5D_4\rightarrow {}^7F_J$能级跃迁发射强绿光。在 NUV 激发下，Sm^{3+}/Tb^{3+}共激活的体系中，Tb^{3+}既可起到激活剂的作用，又可起到对 Sm^{3+}的敏化作用。不仅因 $Tb^{3+}\rightarrow Sm^{3+}$的能量传递增强 Sm^{3+}的红色发光，而且在荧光体中还呈现 Tb^{3+}发射的绿光，成为单相双基色（红和绿），可方便实现白光。

378nm 可直接激发 Tb^{3+}，其 Sm^{3+}和 Tb^{3+}共激活体系中的发射光谱分别是由 Tb^{3+}跃迁的 4 组发射谱线$^5D_4\rightarrow {}^7F_J$（$J=3, 4, 5, 6$）和 Sm^{3+}的 4 组谱线$^4G_{5/2}\rightarrow {}^6H_J$（$J=5/2, 7/2, 9/2, 11/2$）组成，与 402nm 激发（对 Sm^{3+}）时的发射光谱完全不同。Tb^{3+}的主发射$^5D_4\rightarrow {}^7F_5$跃迁绿发射和 Sm^{3+}的$^4G_{5/2}\rightarrow {}^6H_{7/2}$跃迁橙发射的积分强度随 Sm^{3+}（受主）浓度增加发生强烈的变化。在硼酸铅玻璃中，Sm^{3+}/Tb^{3+}的橙/绿（O/G）积分强度比随 Sm^{3+}浓度增加逐步增大。当 Sm^{3+}浓度在 0.75%（质量分数）时，比值最大，约 5.7，而后急速下降。Sm^{3+}/Tb^{3+}掺杂的这种硼酸铅玻璃，在 377nm 激发下，Tb^{3+}的 543nm 的荧光寿命随 Sm^{3+}浓度增加而缩短。无 Sm^{3+}时，Tb^{3+}的 τ 为 1.65ms，随 Sm^{3+}浓度增加 Tb^{3+}的寿命 τ 减小到 1.385ms。传递效率增加，但不是很高。达到 Sm^{3+}最佳浓度后，再增加 Sm^{3+}浓度 O/G 急剧下降，这是因为发生 $Sm^{3+}\rightarrow Sm^{3+}$间的交叉弛豫过程。$TeO\text{-}GeO_2\text{-}ZnO:Sm^{3+},Tb^{3+}$碲锗酸锌玻璃（TGZ:Sm,Tb）中，简化 I-H 能量传递模型如下：

$$I(t)=I_o\exp\left(-\frac{t}{\tau_d}-vt^{3/S}\right) \tag{10-8}$$

式中，I_o 为 $t=0$ 时施主 Tb^{3+}的发光强度；τ_d为无受主 Sm^{3+}时施主的本征寿命；v 为直接能量传递的度量；S 为多极相互作用参数，取 6，8，10，最佳吻合结果 $S=6$。

利用该模型处理 $Tb^{3+}\rightarrow Sm^{3+}$的能量传递机制。即 $Tb^{3+}\rightarrow Sm^{3+}$之间的能量传递机制主要是 d-d 相互作用。

在 378nm 对 Tb^{3+}激发下，$Tb^{3+}\rightarrow Sm^{3+}$能量传递过程可用下述 3 种通道完成：

（1）ET1: $^5D_3(Tb^{3+})+{}^6H_{5/2}(Sm^{3+})\rightarrow {}^7F_4(Tb^{3+})+{}^4M_{17/4}(Sm^{3+})$；

（2）ET2: $^5D_4(Tb^{3+})+{}^6H_{5/2}(Sm^{3+})\rightarrow {}^7F_6(Tb^{3+})+{}^4I_{9/4}(Sm^{3+})$；

（3）ET3: $^5D_4(Tb^{3+})+{}^6H_{5/2}(Sm^{3+})\rightarrow {}^7F_6(Tb^{3+})+{}^4G_{7/2}(Sm^{3+})$。

Sm^{3+}获得能量后，无辐射迅速弛豫到$^4G_{5/2}$发射能级。

此外，近年来受彩色显示、固体激光和白光 LED 照明发展影响，Sm^{3+}、Eu^{3+}、Dy^{3+}的光学光谱和能量传递受到关注。有关 $Sm^{3+}\rightarrow Eu^{3+}$和 $Dy^{3+}\rightarrow Sm^{3+}$间的能量传递将在 Eu^{3+}和 Dy^{3+}的章节中叙述。

10.6.4 $Sm^{3+}\rightarrow Yb^{3+}$的理论预期能量传递

迄今为止没有见到或极少见到有关 $Sm^{3+}\rightarrow Yb^{3+}$的能量传递报告，作者从理论上分析具备 $Sm^{3+}\rightarrow Yb^{3+}$离子间的能量传递条件。首先，$Sm^{3+}$在 NUV 和蓝光激发下，可发射多簇 NIR 光，其中$^4G_{5/2}\rightarrow {}^6F_{7/2}$和$^6F_{5/2}$跃迁发射能量分别为 9650cm^{-1}和 10430cm^{-1}。它们与 Yb^{3+}的$^2F_{5/2}$—$^2F_{7/2}$能级能量间距约 10230cm^{-1}匹配，且辐射跃迁概率 A_r 和振子强度 f 较高。理论上是可以发生 $Sm^{3+}\rightarrow Yb^{3+}$能量传递。其次，$Sm^{3+}$的$^4I_{11/2}$—$^6F_{11/2}$能级能量间距大约 1044cm^{-1}，与 Yb^{3+}也匹配。最后，$^4M_{15/2}$—$^6F_{11/2}$之间跃迁为纯电偶极跃迁，振子强度

高，其能级间的能量间距与 Yb^{3+} 更加匹配。因而 $^6F_{11/2}$（Sm^{3+}）$\rightarrow$ $^2F_{5/2}$（Yb^{3+}）之间也有可能发生共振能量传递，如图 10-8 弯曲箭头所示，但需释放一个声子能量（约 550cm^{-1}）。故 Sm^{3+} 和 Yb^{3+} 之间是可发生交叉弛豫和共振能量传递。图 10-8 表示 Sm^{3+} 和 Yb^{3+} 的能级和可能发生能量传递的途径。其中最有可能发生 $Sm^{3+}\rightarrow Yb^{3+}$ 间的能量传递可能是 CR3 和 CR4 途径。而 $^4F_{11/2}$（Sm^{3+}）$\rightarrow$ $^2F_{5/2}$（Yb^{3+}）间共振传递困难，因为一般 $^4F_{11/2}$ 能级布局是空的。

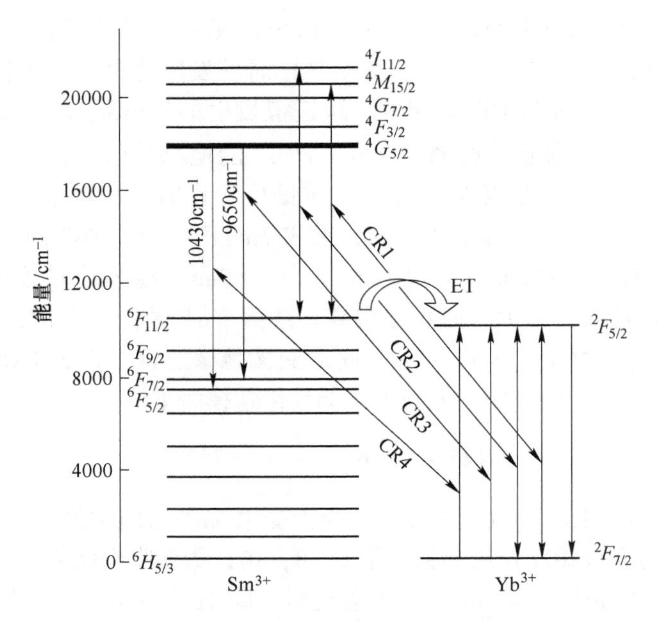

图 10-8　Sm^{3+} 和 Yb^{3+} 能级和可能发生能量传递途径

此外，理论上在 NIR 区也可发生 Sm^{3+}—RE^{3+}（RE = Pr，Nd，Ho，Er，Tm）等相互作用。

10.6.5　非稀土离子→Sm^{3+}的能量传递

10.6.5.1　$Bi^{3+}\rightarrow Sm^{3+}$ 的能量传递

锗酸盐玻璃中，单掺 Sm^{3+} 及 Sm^{3+} 和 Bi^{3+} 共掺样品的激发光谱中发现，施主 Bi^{3+} 使受主 Sm^{3+} 在 305~365nm 长波紫外光区激发，增强 2 个数量级[50]，非常显著。该激发光谱是在监测 Sm^{3+} 的 625nm（$^4G_{5/2}\rightarrow{}^6H_{7/2}$）处发射获得的。这证实此玻璃中，激发能从 Bi^{3+} 传递给 Sm^{3+}。645nm（$^4G_{5/2}\rightarrow{}^6H_{9/2}$）的激发光谱也表明在 300~500nm 光谱范围内。

能量传递的效率 η 和能量传递概率 P 计算公式如下：

$$\eta = 1 - \eta/\eta_o = 1 - \tau/\tau_o \tag{10-9}$$

$$P = \frac{1}{\tau_o}(\eta_o/\eta_d - 1) \tag{10-10}$$

式中，τ_o、η_o 分别为施主的本征寿命和本征效率；η_d 为有受主时施主的效率。

锗酸盐玻璃中 Bi^{3+} 的寿命为 350ns，硼酸盐中为 333ns。锗酸盐玻璃中，η 为 43%，传递速率 P 为 $21.3\times10^5 s^{-1}$；而在硼酸盐玻璃中，η 为 31%，P 为 $30.8\times10^5 s^{-1}$。

10.6.5.2　纳米金和银增强 Sm^{3+} 发光

在沸石 A 笼状物中，Ag^+ 共掺杂使 Sm^{3+} 的 $^4G_{5/2}\rightarrow{}^6H_{7/2}$（600nm）跃迁的光致发光强度增强 30 倍以上[51]，认为是 Ag^+—Sm^{3+} 能量传递结果。

后来在 Sm^{3+} 和 Ag 纳米颗粒共掺杂的氟碲酸盐玻璃中也观测到 Ag^+ 对 Sm^{3+} 发光的显著增强效果[52]。在这种玻璃中，Ag 纳米颗粒尺寸为 20～40nm，利用 J-O 理论也得到 Ω_λ，辐射跃迁概率 P_r、分支比 β 及 τ_r。认为是由于 Sm^{3+} 与 Ag^+ 纳米颗粒结合使 Sm^{3+} 周围电磁场增强。类似这种显著增强现象在 Au 纳米颗粒和 Er^{3+} 共掺碲酸盐玻璃[53]中也被观测到。

为此，提出用表面等离子体共振解释材料中共掺 Au 或 Ag 纳米颗粒后使 Sm^{3+} 的发光性质改善[39,51]。首先，归因于位于 Sm^{3+} 附近的 Ag、Au 纳米颗粒的高度局域电场增强。由于金属和周围玻璃基质的相对介电常数之间的差异，允许表面等离子体共振（SPR）产生表面波。表面波沿金属绝缘体界面移动，结果使电磁能量更密集集中，于是产生巨大电场[53]。一个大的局域电场感生在稀土离子附近。其次，由于 Au、Ag 离子和 Sm^{3+} 间的能量传递。在 404nm 激发后，Au 纳米颗粒的 SPR 能量（约 2.25eV）共振传递给 Sm^{3+}，增强 Sm^{3+} 的发射。

这类掺 Sm^{3+}、Au^+ 碲酸钠玻璃中 Sm^{3+} 的 σ_{em} 还是相当高的。强度参数 Ω_2 与稀土离子邻近的配位场的不对称性和短程配位作用有关联。相反，Ω_4 和 Ω_6 是与介质的块状性和刚性（硬度）的长程范围作用有关。在这种玻璃中，随 Au 纳米颗粒增加，Sm^{3+} 的 Ω_2 从 $1.675\times10^{-20}cm^2$ 增加到 $3.896\times10^{-20}cm^2$，表明在玻璃中 Sm^{3+} 四周被 Au 纳米颗粒包围，影响稀土离子格位上的配位场的分布的对称性。

对 Au 和 Ag 纳米颗粒显著增强 Sm^{3+} 的发光强度提出表面等离子共振波（SPR）解释，这是一个有趣的课题。如果能使 Sm^{3+} 的 $^4G_{5/2}\rightarrow{}^6H_J$（$J=7/2$，$9/2$）跃迁发射成倍提高，将在理论和实用上具有重要意义，但还需要仔细研讨。首先要厘清这种增强现象的真实性。需要选择在 Sm^{3+} 发光强度高的材料中实验，以避免假象。其次，应将 Au、Ag 纳米颗粒掺入后可能引起的基质吸收或 CBT 带吸收增强，导致 Sm^{3+} $^4G_{5/2}$ 能级跃迁发射增强与 Au^+、Ag^+ 到 Sm^{3+} 间的能量传递区分开。最后，如果共掺 Au^+，Ag^+ 纳米颗粒后，表面等离子共振波 SPRW 出现，产生额外大电场，一个大的局域电场感生在稀土离子附近，这必将影响以 $^4G_{5/2}\rightarrow{}^6H_{7/2}$ 磁偶极跃迁为主导的发射强度，以及应使 $^4G_{5/2}\rightarrow{}^6H_{9/2}$ 受迫允许电偶极跃迁发射强度增强结果。因此，可以选择表 10-1 中所列的几种材料实验。例如 Sm^{3+} 掺杂的以 $^4G_{5/2}\rightarrow{}^6H_{7/2}$ 跃迁发射为主的 BLBL 硼玻璃、CdAS 硅酸盐玻璃及 Sm^{3+} 掺杂的以 $^4G_{5/2}\rightarrow{}^6H_{9/2}$ 跃迁发射为主或与 $^6H_{7/2}$ 发射相等的 KBS 锑玻璃，LKBPBG 镓玻璃，Gd_2O_3 纳米荧光体进行 Au、Ag 或其他金属纳米等共掺杂实验，预期有可能得到一些新结果和现象。

10.7　小　　结

本章开页所言，以往有关 Sm^{3+} 的光学光谱等性质缺少且零散。经近年来发展，作者结合自己工作，搜集和总结，归纳成表及系统论述，提出一些新观点。这样有利于对 Sm^{3+} 性能全面认识，为进一步研究和实际应用提供依据。目前主要围绕 $^4G_{5/2}$ 能级跃迁的光学光谱进行诸多的研究。下面对 Sm^{3+} 特性提出一些观点：

（1）$^4G_{5/2}$能级跃迁的特征和规律。Sm^{3+}的$^4G_{5/2}$能级的f_{ed}、f_{md}和总f振子强度均很低，直接激发不佳（行）。但其发射截面σ_{em}大，辐射跃迁概率A_r和荧光分支比β都大，且具有寿命长达毫秒量级等优点。$^4G_{5/2}$能级是Sm^{3+}目前唯一观测到的发射能级。由上能级无辐射弛豫到$^4G_{5/2}$能级，使其得到粒子布局，然后雪崩式向^6H_J（$J=5/2$，$7/2$，$9/2$，$11/2$）能级跃迁发射可见光及向^6F_J（$J=5/2$，$7/2$，$9/2$）能级跃迁发射NIR光。作者总结并发现如下重要现象和规律：1）绝大多数材料中，最强的发射是$^4G_{5/2}\rightarrow{}^6H_{7/2}$磁偶极跃迁橙红光发射。主要原因是混杂相当多的电偶极跃迁。混杂中的辐射跃迁概率、线谱强度及σ_{em}都较高。2）$^4G_{5/2}\rightarrow{}^6H_{9/2}$跃迁是受迫允许电偶极跃迁，是纯电偶极跃迁。在少数材料中，发现$^4G_{5/2}\rightarrow{}^6H_{9/2}$电偶极跃迁发射强度不低于$^4G_{5/2}\rightarrow{}^6H_{7/2}$磁偶极跃迁强度。有可能是某种因素、产生额外电场使$^4G_{5/2}\rightarrow{}^6H_{9/2}$电偶极跃迁增强。3）发现在所有实验的玻璃、多晶和单晶的硼酸盐中，$^4G_{5/2}\rightarrow{}^6H_J$（$J=5/2$，$7/2$，$9/2$）跃迁发射的三个重要发射光谱及发射峰位置完全相同，且以$^4G_{5/2}\rightarrow{}^6H_{7/2}$跃迁发射为主导。在磷酸盐中似乎也存在此现象。而在其他化合物中无此现象。这种物理现象表明在硼酸盐中Sm^{3+}的光学特性受外界晶场和环境影响极小。这可能是因为存在［BO_3］$^{3-}$硼氧三角体，［BO_4］$^{5-}$硼氧四面体等网络结构单元及Sm^{3+}填充在网络空隙中，形成庞大的介稳体系，使Sm^{3+}的4f电子能级更不受或很少受外界环境影响。作者称此为囚笼效应。如何来证明和解释上述2）和3）现象和规律。如果Au、Ag、Cu等金属纳米颗粒掺杂使表面等离子体共振波SPRW出现，产生额外大电磁场，使Sm^{3+}附近局域电磁能量高度增强。这样，可使$^4G_{5/2}\rightarrow{}^6H_{9/2}$受迫电偶极跃迁大大提高，增强$^4G_{5/2}\rightarrow{}^6H_{9/2}$电偶极跃迁发射。可以选用以磁偶极跃迁发射为主及以电偶极跃迁发射为主导的材料进行Au、Ag或Cu等金属纳米颗粒共掺杂对比实验，予以证实，并可能得到一些新的结果。

（2）同时上/下转换双泵浦大力增强Sm^{3+}可见光发射。Sm^{3+}可被925～975nm及Nd：YAG的1064nm泵浦，有效地发生$^4G_{5/2}\rightarrow{}^6H_J$跃迁上转换可见光发射。而$Sm^{3+}$又能被蓝光、紫外光高效地激发，同样产生$^4G_{5/2}\rightarrow{}^6H_J$跃迁下转换发射强的相同的可见光。这样设计和采用同时上/下双泵浦转换效应可获得非常强的$^4G_{5/2}\rightarrow{}^6H_J$可见光发射，甚至激光。这是一个新颖的工作。

（3）在一些材料中，Sm^{3+}具有相当大的A_{ed}和A_{md}，多条跃迁途径，有可能呈现激光作用，有待今后研发。

（4）不应忽视对Sm^{3+} NIR发射的研究。以往人们主要重视对Sm^{3+}可见光光谱性质研究，而忽视对Sm^{3+}的IR光的重视，缺少Sm^{3+}这方面的信息。

其实，由前面叙述可知，Sm^{3+}在IR区存在丰富的4f能级结构。$^6F_J(J=11/2,\cdots,1/2)\rightarrow{}^6H_{5/2}$基态跃迁，以及$^6F_J$（$J=13/2$，…，$9/2$）$\rightarrow{}^6H_{5/2}$跃迁，几乎都是纯电偶极跃迁，其$f_{ed}$振子强度都相当高。如$^6H_{9/2}\rightarrow{}^6H_{5/2}$跃迁能量为9369cm^{-1}（1.0673μm），$f_{ed}=f_{总}=7.5185\times10^{-6}$；$^6F_{7/2}\rightarrow{}^6H_{5/2}$跃迁能量为8142cm^{-1}（1.2282μm），$f_{ed}=f_{总}$高达11.1994×10^{-6}，$f_{md}\approx0$；$^6F_{1/2}\rightarrow{}^6H_{5/2}$跃迁能量为6490cm^{-1}（1.5408μm），$f_{ed}=2.2453\times10^{-6}$，$f_{md}=0$；而$^6H_{11/2}\rightarrow{}^6H_{5/2}$跃迁能量为3699cm^{-1}（2.703μm），达到MIR，$f_{ed}=2.395\times10^{-6}$，$f_{md}=0$等。

Sm^{3+}在NIR区的IR光信息欠缺。此外，Sm^{3+}的一些NIR吸收光谱与Pr^{3+}、Nd^{3+}、

Er^{3+}、Ho^{3+}、Yb^{3+}等离子相匹配。至今也缺少这些离子间的相互作用，对 NIR 激光发射影响的信息。这些都是今后有待关注的课题。

随着人们对 NIR 和 MIR 激光重视，深入研发及探测技术提高，选择好具有合适声子能量的基质，相信 Sm^{3+}这块垦荒之地会被发掘。

（5）利用 Sm^{3+}—Tb^{3+}、Eu^{3+}、Dy^{3+}等离子间的能量传递（其原理清楚），获得色纯高的红色，多基色荧光体，如果光转换效率可观，有望用于 NUV 白光 LED 照明和太阳电池光电转换器件中。

（6）如何使$^4G_{5/2}$能级发射能量集中于$^6H_{7/2}$或$^6H_{9/2}$，减少$^4G_{5/2}$能级发射能量的分散和耗散是一个很有意义的难题。

天生我材必有用。相信随着今后深入研发，一定会发现 Sm^{3+}新的内容和用途。

参 考 文 献

[1] GORLLER-WALRAND C, BINNEMANS K. Handbook on the Physics and Chemistry of Rare Earths [M]. North-Holland Amsterdam: Elsevier, 1998.

[2] 黄立辉，林海，刘行仁，等. Sm^{3+}掺杂的镉铝硅酸盐玻璃的光谱特性 [J]. 红外毫米波学报，2001, 20 (1):44-46.

[3] YANG J, ZHAI B, ZHAO X, et al. Radiative parameters for multi-channel visible and near-infrared emission transfer of Sm^{3+} in heavy-metal-silicate glasses [J]. J. Phys. Chem. Solids, 2013, 74:772-778.

[4] HE X M, ZHANG L H, CHEN G Z, et al. Crystal growth and Spectral properties of Sm: $GdVO_4$ [J]. J. Alloys Conpounds, 2009, 467:366-369.

[5] SOM T, KARMARKAR B. Infrared-to-red upconversion luminescence in samarium-doped antimony glasses [J]. J. Lumin., 2008, 128.

[6] LIU X R, ZHANG Y L, WANG Z H, et al. Luminescence and charge transfer bands of the Sm^{3+} and Eu^{3+} in $Mg_3BO_3F_3$ [J]. J. Lumin., 1988, 40&41:885-886.

[7] 王晓君，林海，刘行仁. 稀土硼酸盐玻璃中 Sm^{3+}的荧光性质 [J]. 中国稀土学报，1999, 17 (专辑):716-718.

[8] SOBCZYK M, SZYMANSKI D. A study of optical properties of Sm^{3+} ions in α-$Na_3Y(VO_4)_2$ Single crystals [J]. J. Lumin., 2013, 142:96-102.

[9] KINDRAT I I, PADLYAK B V, DRZEWIECKI A. Luminescence properties of Sm-doped borate glasses [J]. J. Lumin., 2015, 166:264-275.

[10] KARKI S, KESAVULU C R, KIM H J, et al. Optical and luminescence properties of B_2O_3-SiO_2-Y_2O_3-CaO glasses with Sm^{3+} ions for visible laser applications [J]. J. Lumin., 2018, 197:76-82.

[11] LIN H, PUN E B, HUANG L H, et al. Optical and luminescence properties of Sm^{3+}-doped cadnium-aluminum-silicate glasses [J]. Appl. Phys. Lett., 2002, 80 (15):2042.

[12] MALINOWSKI M, WOLSKI R, FRUKACZ Z, et al. Spectrocopy studies of YAG: Sm^{3+} crystals [J]. J. Appl. Spectroscopy, 1995, 62 (5):840-843.

[13] 裴治武，苏锵. Dy^{3+}、Sm^{3+}和 Ce^{3+}在 $M_3La_2(BO_3)_4$(M=Ca, Sr, Be) 中光谱性质的研究 [J]. 发光学报，1989, 10 (3):213-218.

[14] 张国春，傅佩珍，王国富，等. $Na_3La_2(BO_3)_3$:Sm^{3+}的合成及其光谱特性 [J]. 发光学报，2001, 22 (3):237-242.

[15] SAILAJA S, RAJU C N, REDDY C A, et al. Optical properties of Sm^{3+}-doped Calcium bismuth borate

glasses [J]. J. Molecular Structure, 2013, 1038:29-34.

[16] ZHANG Y Y, PANG R, LI C Y, et al. Reddish orange long lasting phosphorescence of Sm^{3+} in $Sr_2ZnSi_2O_7$:Sm^{3+} phosphors [J]. J. Rare Earths, 2010, 28 (5):705-708.

[17] SUN W Z, PANG R, LI H F, et al. Synthesis and photo luminescence properties of novel red-emitting $Ca_{14}Mg_2(SiO_4)_8$:Eu^{3+}/Sm^{3+} phosphors [J]. J. Rare Earths, 2015, 33 (8):814-819.

[18] 石鹏途，舒万艮，于建，等. CaO-SiO_2-B_2O_3:Sm_2O_3 玻璃的合成及 Sm^{3+}发光性质研究[J]. 中国稀土学报，2005，23 (4):425-428.

[19] SUN J F, DING D B, SUN J Y. Synthesis and photo-luminescence properties of a novel reddish orange-emitting Sm^{3+}-doped strontium borosilicate phosphor [J]. Opt. Mater., 2016, 58:188-195.

[20] SESHADRI M, RAO K V, RAO J L, et al. Spectroscopic and laser properties of Sm^{3+} doped different phosphate glasses [J]. J. Alloys Compounds, 2009, 476:263-270.

[21] SREEDHAR V B, BASAVAPOORNIMA C H, JAYASANKAR C K. Spectrscopic and fluorescence properties of Sm^{3+} doped zincfluorophosphate glasses [J]. J. Rare Earths, 2014, 32 (10):918-926.

[22] BRAHMACHARY K, RAJESH D, RATNAKARAM Y C. Radiative properties and luminescence spectra of Sm^{3+} ion in zinc-aluminum-sodium-phosphate (ZANP) glasses [J]. J. Lumin., 2015, 161:202-208.

[23] WANG T, XU X H, ZHOU D C, et al. Tunable color emission in $K_3Gd(PO_4)_2$:Tb^{3+}, Sm^{3+} phosphor for NUV white light emitting diodes [J]. J. Rare Earths, 2015, 33 (4):361-365.

[24] GU X G, FU R L, JIANG W N, et al. Photo- luminescence properties of an orange -red $LaSr_2AlO_5$:Sm^{3+} phosphor prepared by the Pechini-type sol-gel process [J]. J. Rare Earths, 2015, 33 (9):954-960.

[25] MALINOWSKI M, KACZKAN M, TARCZYNSKI S. Energy transfer and upconversion of Sm^{3+} ions in $YAlO_3$ [J]. Opt. Mater. 2017, 63:128-133.

[26] ZHANG X L, LIU M, et al. Near-infrared emissions of Sm^{3+} in LiO_2-K_2O-BaO-PbO-BiO_2-Ga_2O_3 glasses [J]. Adv. Mater. Res., 2012, 476-478:1121-1124.

[27] AHRENS H, WOLLENHAUPT M, FROBEL P, et al. Determination of the Judd-Ofelt parameters of the optical transition of Sm^{3+} in lithiumborate tungstate glasses [J]. J. Lumin., 1999, 82:177-186.

[28] YANG Z P, DONG H Y, LIU P F, et al. Photo-luminescence properties of Sm^{3+}-doped $LiY(MoO_4)_2$ red phosphors [J]. J. Rare Earths, 2014, 32 (4):404-408.

[29] DO P V, TUYEN V P, QUANG V X, et al. Judd-Ofelt analysis of spectroscopic properties of Sm^{3+} ions in K_2YF_5 crystal [J]. J. Alloys Compounds, 2012, 520:262-265.

[30] WU J J, SHI S K, WANG X L, et al. Controlled Synthesis and optimum luminescence of Sm^{3+}-activated nano/submicroscale Ceria particles by a facile approach [J]. J. Mater. Chem. C, 2014, 2:2786-2791.

[31] SUN J Y. ZHANG X Y, XIA Z G. Luminescence properties of $LiBaPO_4$:RE (RE = Eu^{3+}, Tb^{3+}, Sm^{3+}) phosphors for white light-emitting diodes [J]. J. Appl. Phys., 2012, 111 (1):013101-1-8.

[32] YANG Z P, HAN Y, SONG Y C, et al. Synthesis and Luminescence properties of a novel red $Sr_3Bi(PO_4)_3$:Sm^{3+} phosphor [J] . J. Rare Earths, 2012, 30 (12):1199.

[33] DASEV D, NICHKOVA M, KENNEDY I M. Inorganic lanthanide nanophosphors in biotechnology [J]. J. Nanosci. Nanotechnol., 2008, 8 (3):1052-1067.

[34] RODRIGUES R V, MARCINIAL L, MURI E J B, et al. Optical properties and Judd-Ofelt analysis of Sm^{3+} ions in Sm_2O_2S : Reddish-orange emission and thermal stability [J] . Opt. Mater., 2020, 107:110160.

[35] 李兆，曹静，王永峰. $NaGd(WO_4)_2$:Sm^{3+}荧光粉的制备及光致发光 [J]. 稀土，2021，42 (2):25-29.

[36] JIN Y, ZHANG J H , LU S Z, et al. Fabrication of Eu^{3+} and Sm^{3+} codoped micro/nanosized $MMoO_4$ (M=Ca, Ba and Sr) Via facile hydrothermal method and their photoluminescence properties through energy transfer [J]. J. Phys. Chem. C, 2008, 112 (15):5860.

[37] ALVAREZ-RAMOS M E, ALVARADO-RIVERA J, ZAYAS M E, et al. Yellow to orange-reddish glass phosphors:Sm^{3+}, Tb^{3+} and Sm^{3+}/Tb^{3+} in zinc tellurite-germonate glasses [J]. Opt. Mater., 2018. 75: 88-93.

[38] JAYASAMKAR C K, BABU P. Optical properties of Sm^{3+} ions in lithium borate and lithium fluoroborate glasses [J]. J. Alooys Compounds , 2000, 307 (1/2):82-95.

[39] MAWLUD S Q, AMEEN M M, SAHAR M R, et al. Plasman-enhanced luminescence of samariun doped sodium tellurite glasses embedded with gold nanoparticles: Judd-ofeld parameter [J]. J. Lumin., 2017, 190:468-475.

[40] CARNALL W T, FIELDS P R, RAJNAK K. Spectral intersities of the trivalent lanthanides and actinides in solution . Ⅱ. Pm^{3+}, Sm^{3+}, Eu^{3+}, Gd^{3+}, Tb^{3+} and Ho^{3+} [J]. J. Chem. Phys., 1968, 49 (10): 4412-4423.

[41] AREVA S, HXLSA J, LAMMINAKI R J, et al. Excitaed state absorption processes in Sm^{3+}doped GdOCl [J]. J. Alloys Compounds, 2000, 300/301 :218-223.

[42] MIYAKAWA T , DEXTER D L . Phonon sidebands, multiphonon relaxation of ercited states, and phonon assisted energy transfer between ions in solids [J]. Phys. Rev. B, 1970 (7):2961-2969.

[43] KACZKAN M, FRUKACZ Z, MALINOWSK M. Infra-red-to-visible Wavelength upconversion in Sm^{3+} activated YAG crystals [J]. J. Alloys Compounds, 2001, 323/324:730-739.

[44] SMITH W B, POWELL R C. Energy transfer in $CaWO_4$:Sm^{3+} [J]. J. Chem. Phys., 1982, 76:854-859.

[45] ZHANG X, LIU X R, ZHANG Y L, et al. Fluorescence of Ce^{3+} and Sm^{3+} in a fluorosilicate host $Ca_5(SiO_4)F_2$ [C]//Proceeding Second International Sympasium on Rare Earths Spectroscopy. 1989: 347-349.

[46] SHMULORICH J, BERKSTRESSER G W, BRANDLE C D, et al., Single-crystale rare earth-doped yttrium orthosilicate phosphors [J]. J. Electrochem. Soc., 1988, 165 (12): 3141-3150.

[47] LIU Q, XU J D, ZHANG P X, et al. Enhanced yellow emission of Sm^{3+}via Ce^{3+}—Sm^{3+}energy transfer in $Gd_{0.1}Y_{0.9}AlO_3$ Crystal [J]. J. Lumin., 2020, 227:117533.

[48] 郭常新，刘行仁，申五福．Y_2O_2S:Sm, Tb 中使 Sm^{3+}发光增强的机理 [J]. 发光学报, 1979, 1: 187-192.

[49] GUO C X, ZHANG W P , SHI C S. Enhancement mechanism of luminescence of RE^{3+} (Eu^{3+}, Sm^{3+}, Dy^{3+}) in Y_2O_2S phosphor by a trace of Tb^{3+} [J]. J. Lumin. 1982, 24/25:397-300.

[50] REISFELD R, LIEBLICH N, BOEHM L. Energy transfer between $Bi^{3+}\rightarrow Eu^{3+}$, $Bi^{3+}\rightarrow Sm^{3+}$and $UO_2^{2+}\rightarrow Eu^{3+}$ in axideglasses [J]. J. Lumin, 1976:749-753.

[51] SA CHU R G, KENJI I, MINORU F, et al. Enhanced red photoluminescence of samarium in zeolite A by interaction with silver ions [J]. Japn. J. Appl Phys., 2014, 53:2202-1-4.

[52] MECHERGUI I, FARES H, MOHAMED S A, et al. Coupling between surface plasmon resonance and Sm^{3+} ions induced enhancement of luminescence prperties in fluoro-tellurite glasses [J]. J. Lumin., 2017, 190:518-524.

[53] AWANG A, GHASKAL S K, SAHAR M R, et al. Non-Spherical gold nanoparticles mediated surface plasmon resonance in Er^{3+}dopet zinc -sodium tellurite glasses: role of heat treatment [J]. J. Lumin., 2014, 149: 138-143.

11　Eu^{3+} 的光谱特性、能量传递及在显示照明等应用中的作用

Eu^{3+}（$4f^6$）是发光学中最重要的激活剂之一。21 世纪之前的 40 多年间，人们对 Eu^{3+}的发光性质、光谱特性及其荧光体的产业化和应用进行了深入和广泛的研发。高效的 $Y_2O_2S:Eu^{3+}$红色荧光体产生重大的社会和经济效益，强有力推动高纯稀土氧化物科技和产业化发展。人们曾发展出 110 多种高效商用的阴极发光（CL）荧光体[1-2]，尽管今天阴极射线显示（像）管 CRT 衰落，但其中许多荧光体，如 Y_2O_3:Eu、Y_2O_2S:Eu、YVO_4:Eu、YAG:Ce、Y_2SiO_5:Ce 等依然在不同领域中发挥着影响和作用。

本章中主要介绍 Eu^{3+}的电荷转移带，$4f$ 能级跃迁，J—O 分析参数，Ln_2O_3 纳米荧光体，离子间的能量传递及在显示和照明中的作用等。

11.1　电荷转移带和 $4f$ 能级跃迁

11.1.1　Eu^{3+}的电荷转移带

在绝大多数凝聚态材料中，Eu^{3+}的光学光谱主要是由 Eu^{3+}—O^{2-}构成的宽而强电荷转移带（CTB）（又称电荷转移态（CTS））及 Eu^{3+}的 $4f$—$4f$ 能级间跃迁吸收和发射锐谱线所组成。在 RE^{3+}中，Eu^{3+}的 CTB 的能量位置最低，其次是 Yb^{3+}和 Sm^{3+}。故一般 Eu^{3+}的 CTB 在 UV 区中是可以观测到的。到真空紫外（VUV）光谱区就难以观测。这就是 Eu^{3+}的发光和光谱特点。Eu^{3+}的 CTB 在紫外区吸收很强，而且高效传递给 Eu^{3+}的 $4f$ 能级。Eu^{3+}激活的高效红色荧光体就是在这样的基础上发展的。

以 Eu^{3+}激活的硫氧化钇 $Y_2O_2S:Eu^{3+}$高效红色荧光体为例，其激发光谱和发射光谱表示在第 1 章的图 1-3 中。

监测 Eu^{3+}的 618nm 发射，其激发光谱中的 Eu^{3+}的 CTB 位于 200~400nm 宽 UV 区，它是由 Eu^{3+}-O^{2-}和 Eu^{3+}-S^{2-}的 CTB 带组成。而在 400nm 附近叠加有 Eu^{3+}的 $4f$—$4f$ 能级间跃迁弱的锐激发谱线，主吸收（激发）峰约 395nm（$^7F_0 \to {}^5L_6$）。其他还有更弱的$^7F_0 \to {}^5L_7$、$^5G_{2,3}$、$^5D_3$ 等能级的吸收（激发）谱线。在 Y_2O_2S 中 Eu^{3+}的 CTB 峰为 335nm（29850cm^{-1}），而 Sm^{3+}的 CTB 峰约 2545.5nm（39293cm^{-1}）。它们之间的能量差 ΔE = 9443cm^{-1}。这与 Sm^{3+}、Eu^{3+}分别激活的氟硼酸镁[3]和其他材料中的 ΔE 是一致的。

$Y_2O_3:Eu^{3+}$是另一种非常重要的红色荧光体，它的制备、发光和光谱性质可参阅文献[4]。$Y_2O_3:Eu^{3+}$中 Eu^{3+}的 CTB 最高能量位置比 $Y_2O_2S:Eu^{3+}$中高，正好与 253.7nm 汞辐射谱线相对应，能高效地吸收，无须再用敏化剂，即可产生量子效率接近 100%的红色发光。故一直被用于紧凑型荧光灯中。

Struck 和 Fonger[5]用位形坐标图（见图 11-1），形象地描述 $Y_2O_3:Eu^{3+}$和 $Y_2O_2S:Eu^{3+}$

中 Eu^{3+}的 CTB 吸收及 Eu^{3+}的 4f—4f 能级跃迁发射过程，Y_2O_2S 中 Eu^{3+} 的位形坐标图和 Y_2O_3 中相同，只是 CTB 的能量位置不同。

当 Eu^{3+}被激发到$^5L_6$及附近能级时，来自$^5D_J(J=3, 2, 1, 0)$ 能级的跃迁发射可以被观测到。如果激发到更高能量的 CTB 时，Eu^{3+}的 CTB 吸收能量反馈到 Eu^{3+}特有的^5D_J发射能级。在较低 Eu^{3+} 浓度下，可观测到 Eu^{3+}的$^5D_{1,2,3}$能级跃迁发射。而当 Eu^{3+}浓度高时，这些较高 4f 能级通过交叉弛豫过程而被猝灭，发射主要为$^5D_0 \to {}^7F_J$能级跃迁。其中又以$^5D_0 \to {}^7F_2$ 超灵敏跃迁红光发射为主。

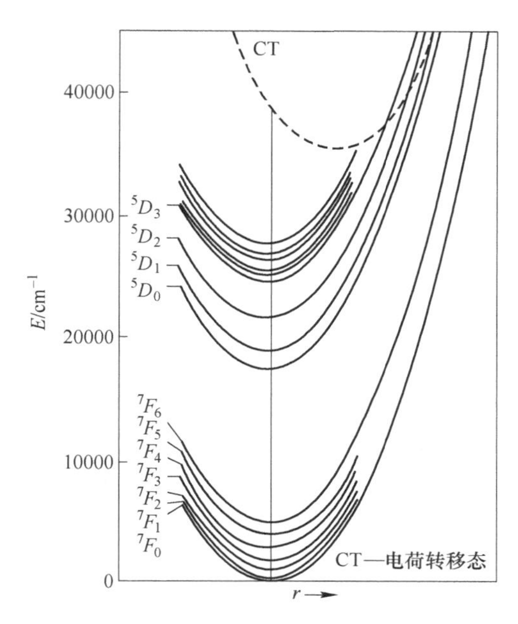

图 11-1 Y_2O_3 中 Eu^{3+}的位形坐标图

11.1.2 Eu^{3+}的发光特性

Y_2O_2S:Eu^{3+} 中 Eu^{3+} 的主发射峰 618nm，属于$^5D_0 \to {}^7F_2$ 超灵敏跃迁发射，它是允许电偶极跃迁。因为 Eu^{3+}所处的晶体中的格位缺乏反演对称中心，它的发射要比$^5D_0$到其他^7F_J跃迁发射强度大得多。在 Y_2O_2S、Y_2O_3 及 YVO_4 中，Eu^{3+}都占据非对称中心位置，它们的高效发射均来自电偶极跃迁。如果 Eu^{3+}占据反演中心，此时电偶极跃迁发射（>600nm）变弱，而磁耦极跃迁（<600nm）相对强度增强。正如 $NaLuO_2$ 和 $NaGdO_2$ 具有相同的岩盐结构，但在一价和三价金属离子之间具有不同的超结构，导致 Eu^{3+}发光不同[6]。在 $NaLuO_2$ 中，稀土离子占据反演对称格位，Eu^{3+}以发射小于 600nm 的$^5D_0 \to {}^7F_1$能级跃迁为主；而包括$^5D_0 \to {}^7F_2$ 所有发射大于 600nm 的相对很弱。稀土离子在这种 $NaLuO_2$ 三角晶系中，Eu^{3+}劈裂成两条谱线。但是，在 $NaGdO_2$ 格位中，稀土离子位于八面体配位，由于存在小的偏离反演对称中心结构，4f 组态中混入了相反宇称组态，使晶体中的宇称选择规则放宽，f—f 禁戒跃迁被部分解除。故 Eu^{3+}以$^5D_0 \to {}^7F_2$ 跃迁发射为主，其他谱线，如$^5D_0 \to {}^7F_1$虽也存在，但很弱。$^5D_0 \to {}^7F_2$ 又是超灵敏受迫电偶极跃迁发射，制约$^5D_0 \to {}^7F_1$磁偶极跃迁发射。而$^5D_0 \to {}^7F_{4,6}$是弱的受迫电偶极跃迁。Eu^{3+}的这些特性可用作微观结构的局域环境的探针。

Eu^{3+}这种发光性质受晶体结构和 Eu^{3+}所占据格位因素有关联，还可以从 $La(BO_2)_3$:Eu^{3+}荧光体的发光性质进一步得到证实[7]。

（La，Eu）$(BO_2)_3$ 属单斜晶系，空间群为 $I2/a$。在此空间群中 4a、4b、4c 和 4d 格位含有反演对称中心，其点对称性为 C_i；而 4e、8f 格位不含反演对称中心，其点对称性分别为 C_2 和 C_1。当 Eu^{3+}处于反演对称中心格位时，将以$^5D_0 \to {}^7F_1$ 允许磁偶极跃迁发射（<600nm）为主；当 Eu^{3+}处于偏离或无反演对称中心时，以$^5D_0 \to {}^7F_2$ 电偶极跃迁发射（>600nm）为主。此外，当 Eu^{3+}处于 C_n、C_s或 C_{2V}等点群对称的格位时，由于晶场势展开时出现奇次晶场项，也将产生$^5D_0 \to {}^7F_J$（$J=0$，0-0）禁戒跃迁发射。由 $La(BO_2)_3$:

Eu^{3+}的发射光谱得知，Eu^{3+}较强的596nm、588nm发射应属于$^5D_0 \to ^7F_1$的磁偶极跃迁发射，Eu^{3+}主要占据对称性为C_i的格位。选用合适助熔剂可以改善晶体质量，减少缺陷，提高发光强度。同时助熔剂中某些组分如硼、碱金属、氟等离子进入晶格取代了部分基质中成分，造成晶格畸变，扰动晶场环境，使Eu^{3+}发光中心的对称性降低或增强，从而改变$^5D_0 \to ^7F_2/^5D_0 \to ^7F_1$等荧光分支比强度。

通常在许多荧光体中，绝大多数情况是Eu^{3+}的约395nm（$^7F_0 \to ^5L_6$）激发谱线强度高于465m蓝（$^7F_0 \to ^5D_2$）及536m绿（$^7F_0 \to ^5D_1$）的激发效果。而在Eu^{3+}激活钨/钼盐酸或其他体系中，还常观测到其他不同情况。图11-2表示$(Y_{0.5}Eu_{0.5})_2(WO_4)_{1.5}(MoO_4)_{1.5}$的激发光谱（左）和发射光谱（右）[8]。在图11-2中呈现较少的是395nm（NUV）、465nm（蓝）及536nm（绿）3条强的激发谱线，且激发效果几乎相等。最强的615nm发射谱线属$^5D_0 \to ^7F_2$能级超灵敏跃迁。改变$(WO_4)/(MoO_4)$摩尔比，这3条激发谱线的相对激发强度发生变化。

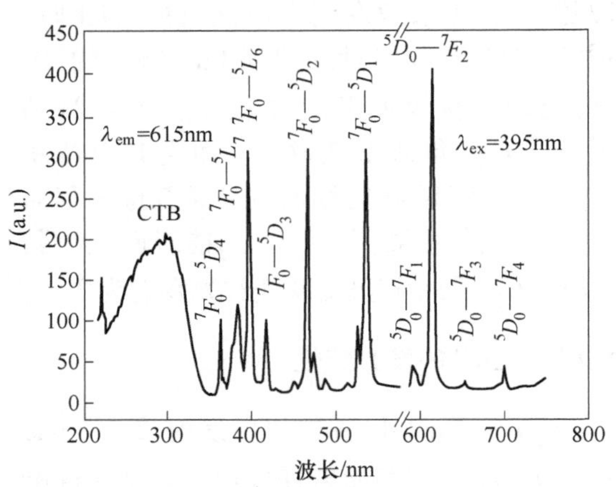

图11-2 $(Y_{0.5}Eu_{0.5})_2(WO_4)_{1.5}(MoO_4)_{1.5}$的激发光谱（左）和发射光谱（右）[8]

除组成的结构外，还有什么方法可以使Eu^{3+}的激发光谱发生变化呢？图11-3表示$Li_2(Gd_{0.5}Eu_{0.5})_4(WO_4)_{1.5}(MoO_4)_7$（简称LGM∶0.5Eu）钼酸盐红色荧光体的激发光谱。在465nm和395nm激发下发射强615nm红光[9]，而465nm激发优于其他激发谱线。韩建伟等人[9]首次提出在LGM∶0.5Eu基础上，以助熔剂形式加入H_3BO_3，用部分(BO_3)根取代(MoO_4)根基团后成为$Li_{2.5}(Gd_{0.5}Eu_{0.5})_4(MoO_4)_{6.5}(BO_3)_{0.5}$，简称LGMB∶0.5$Eu^{3+}$。这种新的LGMB∶0.05$Eu^{3+}$硼钨酸盐在相同条件下测得的$Eu^{3+}$的615nm发射的激发光谱表示在图11-4中。和图11-3中LGM∶0.05Eu样品相比，激发光谱发生明显变化。主要表现在350~430nm范围内的362nm($^7F_0 \to ^5D_4$)、382nm($^7F_0 \to ^5G_2, ^5L_7$)、395nm($^7F_0 \to ^5L_6$)及416nm($^7F_0 \to ^5D_3$)所有的激发谱线明显增强。395nm相对激发效果超过465nm($^7F_0 \to ^5D_2$)。两者是同构，但激发光谱差异明显，在长波UV区的宽激发带是Mo^{6+}-O^{2-}的CTB。在LGM和LGMB两样品中，324nm(CTB)/395nm（4*f*）激发强度之比同为0.211，完全相同。表明少量(BO_3)根没有使Mo^{6+}-O^{2-}CTB受影响，但影响Eu^{3+}的4*f*跃迁吸收和发射。仔细观察LGMB∶0.5Eu样品的激发谱线，和LGM∶0.5Eu样品对比，发现有宽化趋势，这是$(BO_3)^{3+}$根网络作用，进一步表明$(BO_3)^{3+}$根进入晶格中，影响Eu^{3+}的晶场环境。

由X射线衍射（XRD）分析，LGM基质和LGM∶0.5Eu属纯相四方晶系白钨矿结构，空间群$I41/a$。它们的晶胞参数a和c与LGM单晶[10]相吻合。LGM∶Eu^{3+}和LGMB∶Eu^{3+}的发射光谱相同，在LGM钼酸盐中，Eu^{3+}占据不含反演对称中心的S_4对称格位。4*f*电子组态内的禁戒跃迁不再遵守，Eu^{3+}可以产生电偶极跃迁，且概率比磁偶极大。LGM∶0.5Eu

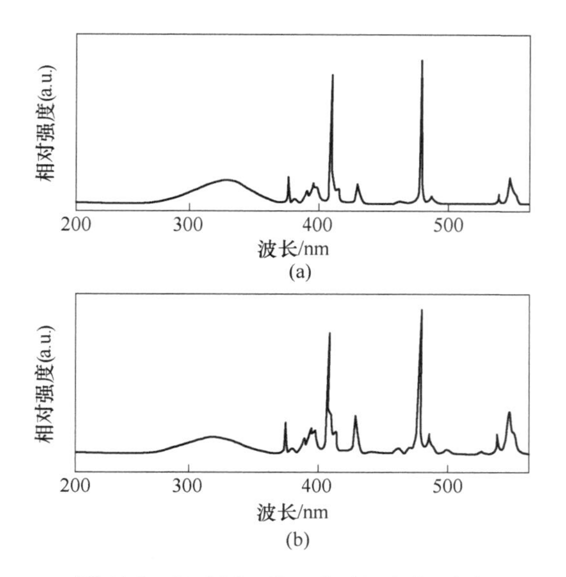

图 11-3 $Li_2(Gd_{0.5}Eu_{0.5})_4(MoO_4)_7$ (a) 和 $Li_2Eu_4(MoO_4)_7$(b) 红色荧光体的激发光谱[9]
(λ_{em}=615nm，室温)

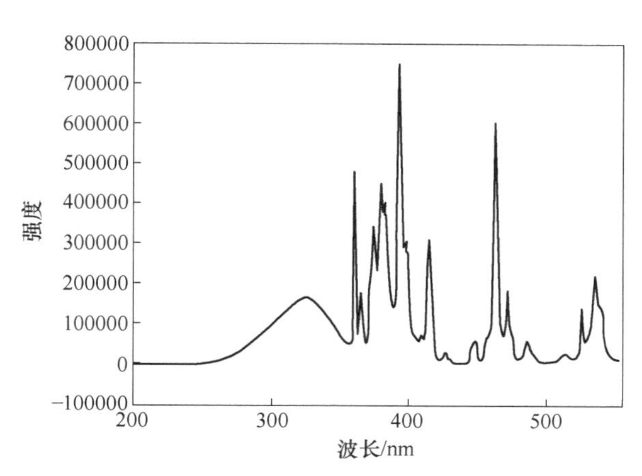

图 11-4 $Li_{2.5}(Gd_{0.5}Eu_{0.5})_4(MoO_4)_{6.5}(BO_3)_{0.5}$ 的激发光谱[9]
(λ_{em}=615nm，室温)

应和 $Li_2Eu_4(MoO_4)_7$(LEM) 的发射光谱相同，如图 11-5 所示。从图中可知，绝大部分发射能量集中在$^5D_0 \to {}^7F_2$ 能级允许电偶极跃迁发射上。在晶场作用下，室温时主要劈裂为两条很强的 614nm 和 611nm 谱线。而$^5D_0 \to {}^7F_1$（约 590nm）磁偶极跃迁发射相对很弱，其强度仅为主峰的大约 7.6%。这个比值与 Eu^{3+}浓度无关。这些结果与 $Na_5Eu(WO_4)_4$，Y_2O_3:Eu 及 $MLa_2(MO_4)_4$ 等材料中的结果[11-13]一致。室温下没有观测到 LGM:Eu^{3+}的$^5D_{1,2} \to {}^7F_J$的跃迁发射，而$^5D_0 \to {}^7F_J$（J=0，1，3，4）跃迁发射所占权重很小，主要为$^5D_0 \to {}^7F_2$ 跃迁发光。故这种红色荧光体的色纯度很高。用 395nm 和 465nm 蓝光分别激发的发射光谱相同。这样的发射光谱几乎是所有 Eu^{3+}激发的 Mo/W 酸盐的特征之一。这种色纯度很高的红色荧光体适用于 NUV/蓝 LED 白光用的红材料，特别适用于液晶背光源和激光显示屏用红成分，具有许多优点。

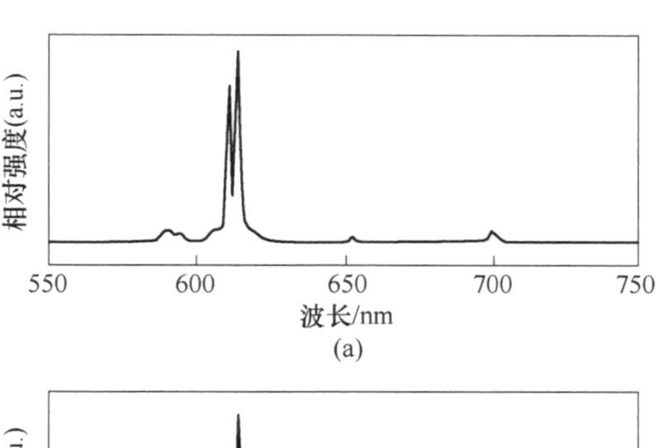

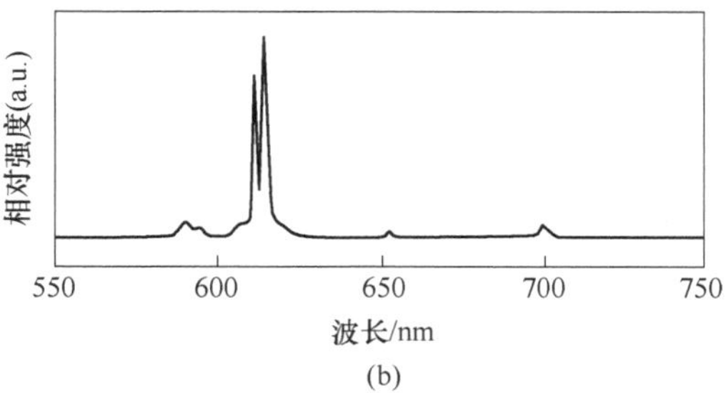

图 11-5 $Li_2(Gd_{0.5}Eu_{0.5})(MoO_4)_7$(a) 和 $Li_2Eu_4(MoO_4)_7$(b) 红色荧光体的发射光谱[9]
(λ_{ex}=465nm，室温)

钼/钨酸盐:Eu^{3+}红色荧光体的另一特征是Eu^{3+}激活剂的浓度可以很高，摩尔分数可达到40%~100%。在$Li_2(Gd_{1-x}Eu_x)_4(MoO_4)_7$这种体系中，$Eu^{3+}$的浓度（$x$）高达100%时，并没有呈现出浓度猝灭现象。韩建伟等人[9]分析Eu^{3+}这种浓度猝灭原因。一般认为激活剂（A）-（A）之间发生能量迁移和/或交叉弛豫无辐射能量传递过程导致浓度猝灭，后者可能性最大。对无辐射能量传递的偶极-偶极（d-d）相互作用而言，能量传递速率可用下式表达：

$$P = \frac{1}{\tau}(R_0/R)^6 \tag{11-1}$$

式中，R_0为临界传递距离；R为施主（D）与受主（A）离子间的距离。

$Li_2Gd_4(MoO_4)_7$晶体实质上是分子式为$Li_{0.268}Gd_{0.571}\Phi_{0.143}MoO_4$（$\Phi$代表空位）的具有一种缺陷的白钨矿结构[14]，与四方晶系的白钨矿$CaWO_4$、$CaMoO_4$及$Na_{0.5}Gd_{0.5}MoO_4$均为同构。Na、Gd随机分布在$CaMoO_4$中格位。而在LGM中相对Ca^{2+}格位并不完全被Li^+和Gd^{3+}占据，而有14.3%是空位，Li^+、Gd^{3+}和空位也是随机分布在晶体中。空位是一种缺陷。由于碱金属离子及阳离子空位Φ存在，阻塞激活剂Eu^{3+}(A)-Eu^{3+}(A)相互作用通道并使它们之间的距离增加。因P与R^6成反比，能量传递速率大大下降，只有在非常高的Eu^{3+}浓度下才可发生浓度猝灭，甚至观测不到。这是在许多钼/钨酸盐中，Eu^{3+}的最佳浓度可以高达40%以上才发生浓度猝灭的主要原因。如在$MLa_{0.6}Eu_{1.4}(MoO_4)_4$（M=Ca，Sr）、$NaCaY_{0.2}Eu_{0.8}(MoO_4)_3$、$A_{0.5}(Ln_{1-x}Eu_x)_{0.5}MoO_4$($A=Li^+$，$Na^+$，…，$Ln=La^{3+}$，$Gd^{3+}$，$0<x\leqslant1.0$)，$Na_5Eu(MoO_4)_4$、$A_5Eu(WO_4)_{4-x}(MoO_4)_x$（$A=Li^+$，$Na^+$，$K^+$，…），以及双钼酸盐$ALn(MoO_4)_2$:$Eu^{3+}$($A=Li^+$，$Na^+$，$Ag^+$，…，$Ln=La^{3+}$，$Gd^{3+}$）等体系的稀土钨/钼酸盐中。这些材料特点都是具有四方晶系缺陷的白钨矿结构，它们都是高效红色荧光体，Eu^{3+}浓度均可达到和超过40%。它们的体色多呈现浅橘色，在太阳光下也可发射红光。

有趣的是，α-堇青石（$Mg_2Al_4Si_5O_8$）中Eu^{3+}的光谱主要特性是在该家族中，A和B两种格位中都没有记录到Eu^{3+}的$^5D_0 \to {}^7F_1$能级磁偶极跃迁，主要的不寻常的发射特征是非常强的$^5D_0 \to {}^7F_0$能级跃迁的580nm发射[15]。由XRD数据证实，Eu^{3+}是分布在两个结晶学格位上。一个是取代Mg^{2+}的格位（$4c$），另一个是在沿c轴通道里面。这些光谱特性与这种格位存在有关，Eu^{3+}远离反演中心位置。这种现象不奇怪，只是少见。当Eu^{3+}处于Cs、Cn、Cnv点群对称的格位时，出现$^5D_0 \to {}^7F_0$能级跃迁发射。

11.2 Eu^{3+}的J-O分析参数

长期以来，有关Eu^{3+}的一些J-O重要参数，甚为欠缺。

$ARE(MO_4)_2$(M=W，Mo）双钨/钼酸盐是一个重要的稀土掺杂的发光和激光家族。$KLa(WO_4)_2$四方晶系，空间群$I4_1/a$，具有和白钨矿$CaWO_4$相同的结构。W^{6+}位于四面体格位上，4个O^{2-}配位，形成相当稳定的WO_4^{2-}根，而K^+/Na^+是随机分布于Ca^{2+}格位上，8个O^{2-}配位，具有无反演中心的S_4对称性。K^+和La^{3+}随机分布可以产生一种对稀土激活剂起作用的可变晶场，可能使激活离子（Eu^{3+}等）电子跃迁的光谱线宽化。而选用Eu^{3+}激活的$Li_6RE(BO_3)_3$作为基质材料是因其具有阴离子硼酸根BO_3^{3-}基团。对检查晶场环境对RE离子的光学性质影响而言，是一种优良基质。由于硼酸盐具有低熔点、透明度高、高热稳定性、化学和机械稳定性，以及在此基质中RE离子的电偶极$f—f$跃迁概率高的特点，和其他材料相比，可以含有RE离子很高浓度而无浓度猝灭（见前面所述）。故选用Eu^{3+}激活的$ARE(MO_4)_2$和$Li_6Eu_{1-x}Sm_x(BO_3)_3$获取J-O的一些重要参数。

在$KLa(WO_4)_2$:Eu^{3+}（KLW:Eu）中，Eu^{3+}的发光性质是由$^5D_0$态到所有下面较低的^7F_J能级跃迁发射的结果。来自$^5D_0$到$^7F_{J'}$（$J'=0, 3, 5$）跃迁对磁和感生电偶极方式都是禁戒的。因此，选用允许磁偶极$^5D_0 \to ^7F_1$跃迁作为参考。因为磁偶极跃迁速率在任何基质材料中几乎是不变的。从初始态J到终止态J'的磁偶极跃迁的自发发射概率A_{md}可以用下式表达：

$$A_{md} = \frac{64\pi^4 \nu_{md}^3}{3h(2J+1)} n^3 S_{md} \tag{11-2}$$

式中，ν_{md}为$^5D_0 \to ^7F_1$跃迁能量，cm^{-1}；n为折射率；$2J+1$是初始态J的简并度；磁偶极跃迁线强S_{md}为7.83×10^{-42}[16]。

从方程式可推得$n=1.54$。这与以前报道的$NaY(MoO_4)_2$:Eu^{3+}和$NaGd(WO_4)_2$:Eu^{3+}一致。$^5D_0 \to ^2F_J$（$J=2, 4, 6$）是受迫的电偶极跃迁属性。J-J'的自发射概率A_{ed}可表示如下：

$$A_{ed} = \frac{64\pi^4 e^2 \nu_{ed}^3 n\ (n^{2+} + 2)^2}{3h(2J+1)q} \sum_{\lambda=2,4,6} \Omega_\lambda \langle \psi J \| U^\lambda \| \psi' J' \rangle^2 \tag{11-3}$$

式中，ν为电偶极跃迁的能量，cm^{-1}；h为Planck常数，$6.626 \times 10^{-34} J \cdot s$；$e$为电子的电荷；$2J+1$为初始态$J$的简并度；$\langle \psi J \| U^\lambda \| \psi' J' \rangle$为$J$态到$J'$态的跃迁的二次幂约化矩阵元。

由上述关系式计算光学跃迁概率和振子强度参数Ω_λ（$\lambda=2, 4, 6$）。在KLW和LSEB荧光体中，Eu^{3+}的辐射跃迁概率A_r(s^{-1}，包含$A_{ed}+A_{md}$）和振子强度f及荧光分支比$\beta_{J'}$列在表11-1中。荧光分支比$\beta_{J'}$计算公式如下：

$$\beta_{J'} = \frac{A_{J-J'}}{\sum_{J=0,1,2,3,4} A_{J-J'}} \tag{11-4}$$

表11-1　KLW和LSEB荧光体中Eu^{3+}的A_r和振子强度f和荧光分支比$\beta_{J'}$

跃迁	KLW:Eu[16]			LSEB:Eu[18]			
	波数/cm^{-1}	A_r/s^{-1}	β/%	波数/cm^{-1}	A_r/s^{-1}	f	β/%
$^5D_0 \to ^7F_0$	17263.82	25.870	2.31	17250	1.55	0.0031×10^{-6}	0.51
$\to ^7F_1$	16931.76	166.364	14.86	16889	59.37	0.12×10^{-6}	19.62
$\to ^7F_2$	16279.56①	854.878	76.36	16248②	200.48	0.44×10^{-6}	66.27
$\to ^7F_3$	15330.34	14.269	1.27	15318	8.65	0.02×10^{-6}	2.86
$\to ^7F_4$	14278.04	58.161	5.19	14262	31.01	0.089×10^{-6}	10.25
$\to ^7F_5$				13447	0.43	0.0014×10^{-6}	0.14
$\to ^7F_6$				12202	1.02	0.004×10^{-6}	0.33

①对应主发射峰614.3nm；

②对应主发射峰615.5nm。

由表 11-1 中 $A_r(A_{ed}+A_{md})$、f 和 $\beta_{J'}$ 数据可知，这两种 Eu^{3+} 激活的发光材料中，橙红光（$^5D_0\to{}^7F_2$）发射为主导，而一般 $^5D_0\to{}^7F_{6,5}$ 跃迁发射观测不到或很弱。这是 Eu^{3+} 激活的发光材料的普遍现象。

$ARE(MO_4)_2:Eu^{3+}$ 钨钼酸盐和 LSEB :Eu^{3+} 硼酸盐等红色发光材料的强度参数 Ω_λ，荧光寿命 τ 参数列在表 11-2 中。因为这些 $ARE(MO_4)_2:Eu^{3+}$ 钨钼酸盐中，Eu^{3+} 的 $^5D_0\to{}^7F_6$ 跃迁在实验范围内没有被观测到，故 Ω_6 不包括在其中。由表 11-2 中 Ω_λ 数据 $\Omega_2 \gg \Omega_4$，可推断不存在反演中心且这些 Eu^{3+} 附近具有极高的激化率环境。上述发光材料中 $\Omega_2 \gg \Omega_4$，Ω_6，特别是钨/钼酸盐中 Ω_2 都很高，反映它们的共价性很强。Ω_2 越大表明材料中的共价性越强，对称性越低。反之，则离子性越强，对称性越高。Eu^{3+} 的这种特性可以被用作微结构的探针。

表 11-2　Ω_λ 参数、荧光寿命和效率

化合物	Ω_2/cm^2	Ω_4/cm^2	Ω_6/cm^2	τ /ms	η/%	文献
$KLa(WO_4)_2:Eu^{3+}$	6.837×10^{-20}	0.958×10^{-20}		1.52		16
$NaY(MoO_4)_2:Eu^{3+}$	10.17×10^{-20}	0.13×10^{-20}		0.448		
$NaY(WO_4)_2:Eu^{3+}$	8.61×10^{-20}	1.12×10^{-20}		1.03		
$NaGd(MoO_4)_2:Eu^{3+}$	19.8×10^{-20}	7.8×10^{-20}		0.405		
$NaGd(WO_4)_2:Eu^{3+}$	14.8×10^{-20}	5.5×10^{-20}		0.56		
$Eu_2(WO_4)_3$	26.8×10^{-20}	12.8×10^{-20}		0.18		
$BaWO_4:Eu^{3+}$	7.88×10^{-20}	3.46×10^{-20}		约 1.0		17
$BaWO_4:Eu^{3+},Sm^{3+}$	8.65×10^{-20}	3.67×10^{-20}		约 1.2		
$CaWO_4:Eu^{3+}$	10.42×10^{-20}	4.79×10^{-20}				
$Li_6Eu_{0.65}Sm_{0.35}(BO_3)_3$	5.46×10^{-20}	1.74×10^{-20}	1.05×10^{-20}	3.31	0.77	18
$Li_6Eu_{0.50}Sm_{0.50}(BO_3)_3$	5.57×10^{-20}	1.69×10^{-20}	1.27×10^{-20}	3.26	0.60	
$Li_6Eu_{0.40}Sm_{0.60}(BO_3)_3$	5.94×10^{-20}	1.73×10^{-20}	1.47×10^{-20}	3.11	0.44	
SrAlBiF 硼酸盐玻璃:0.1Eu	6.32×10^{-20}	0.85×10^{-20}				19
$LaOCl:Eu^{3+}$	3.50×10^{-20}	2.57×10^{-20}				20
$GdOCl:Eu^{3+}$	3.53×10^{-20}	1.09×10^{-20}				
$NaY(WO_4)_2:0.3Eu^{3+}$	11.641×10^{-20}	3.686×10^{-20}		0.975	0.799	21

表 11-1 中数据表明，这类 $ARE(MO_4)_2:Eu^{3+}$（M＝W，Mo）体系中，辐射跃迁概率 A_r 比硼酸盐高很多，应是一类发光效率很高的优异红色荧光体。而前面所述的如 $Li_2(Gd_{1-x}Eu_x)_4(MoO_4)_7$ 和 $Li_{2.5}(Gd_{0.5}Eu_{0.5})_4(MoO_4)_{6.5}(BO_3)_{0.5}$ 新体系红色荧光体更优异，没有 Eu^{3+} 浓度猝灭，Eu^{3+} 浓度可高达 50%～100%。它们是很有前景的光转换红材料。

11.3　Eu^{3+}激活的纳米荧光体

纳米材料（纳米晶，纳米微粒）一般是指尺寸在 1～100nm 的粒子，它是处于微观原子簇和宏观物体之间的过渡区域。这样的体系是一种典型介观系统。纳米材料是人们认识客观世界的一个新层次。纳米材料及其物理特性研究已成为跨世纪、跨学科国内外关注的热门课题。

11.3.1 纳米荧光体发展概况

1994年印裔美籍Bhargawa等人在国际权威刊物（Phys. Rev. Lett. 1994，72:416）上发表并在国际会议报告了ZnS:Mn^{2+}纳米晶的发光和光学性质。主要指出，在ZnS:Mn^{2+}纳米晶中观测到Mn^{2+}的荧光寿命。从传统的10^{-3}s变为10^{-9}s，成为轰动世界的新闻。1995年11月在美国召开的第一届国际显示荧光材料会议，纳米发光材料首次列入内容之中。作者单位与会者传回消息，尽管作者和同仁对Bhargawa的结果持怀疑，后来证明是错误的假现象，不是Mn^{2+}的$^4T_1 \rightarrow {}^6A_1$跃迁发射衰减，是ZnS有关缺陷的发射，但依然激起人们对纳米发光材料的重视和热情，试图丰富发光材料科技，获取和揭示其基本物理性质及规律，加深对这种介观系统的认识。

作者较早地选用Ln_2O_3:Eu（Ln=Y，Gd）纳米发光材料进行研究，其原因是它们的发光效率很高。人们对其体材料结构和发光性质已有详细研究和了解，便于比较，也相对容易合成，组成简单，结构清楚。它们可以被电子束、UV光子和X射线有效激发，用于信息显示、照明和X射线成像等技术中。1997年作者创立并首次提出英文“nanophosphor”（纳米荧光体）新名词[22]。此后纳米荧光体发展大致经历如下发展过程：Y_2O_3:Eu^{3+}—(Zn，Cd)S:Mn^{2+}—Y_2O_3:Er^{3+}—$MLnF_4$:Yb^{3+}，Er^{3+}（M：碱金属，Ln=Y，Gd，Lu）—其他稀土纳米荧光体—核/壳结构纳米荧光体—成功地应用于生物医疗诊断等领域。

11.3.2 Ln_2O_3:Eu^{3+}(Ln=Y，Gd) 纳米荧光体

合成纳米荧光体有许多方法。作者小组利用均相共沉淀法合成立方Ln_2O_3:Eu^{3+}(Ln=Y，Gd，La）及单斜的Gd_2O_3:Eu^{3+}红色纳米荧光体[22-25]。图11-6给出在900℃下制得的Y_2O_3:Eu纳米荧光体的透射电镜（TEM）照片。粒子形貌非常清晰，呈球形，平均粒径为52nm。Y_2O_3:Eu^{3+}纳米荧光体在不同制备温度下，呈均匀体心立方相，在900℃下制备的立方Gd_2O_3:Eu^{3+}纳米荧光体的TEM照片如图11-7所示。颗粒形貌清晰，也是球形。大多数为80nm。而Gd_2O_3:Eu^{3+}在1250℃时相变为单斜晶系。随灼烧温度提高，Ln_2O_3:Eu纳米荧光体的$CuK_{\alpha 1}$衍射峰的半高宽（FWHM）窄化，结晶质量改善。Ln_2O_3:Eu纳米荧光体的FWHM为0.20°，而6μm的Y_2O_3:Eu体材料荧光体为0.085°。纳米荧光体的效率不如传统添加助熔剂方法制备的样品。这是今后需要考虑改善的。

仔细测量和分析立方Y_2O_3:Eu纳米荧光体的XRD结构、发射光谱和激发光谱，发现与传统体材料并无本质上差异。最佳的Y_2O_3:Eu荧光体在254nm激发下的发光强度仅为商用6μm Y_2O_3:Eu荧光体的85%[25]。

Y_2O_3:Eu纳米荧光体的发光强度比体材料低，除了粒子晶体质量不佳外，作者认为主要是由于两者晶粒尺寸相差悬殊，40倍以上，而引起对紫外激发光或激发电子的散射性能不同。

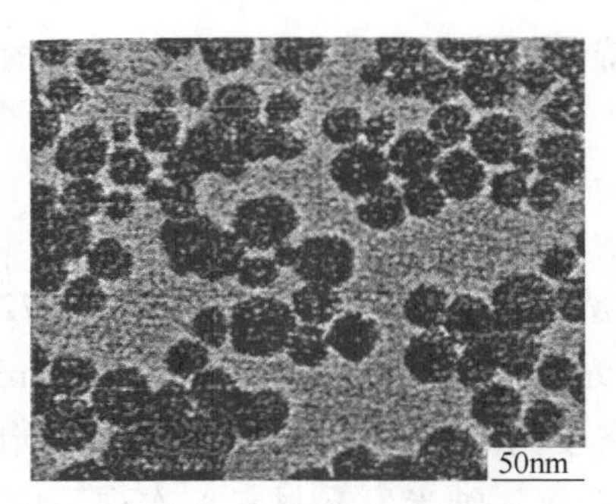

图 11-6　900℃制得的 Y_2O_3:Eu^{3+}纳米荧光体 TEM 照片[22-23]

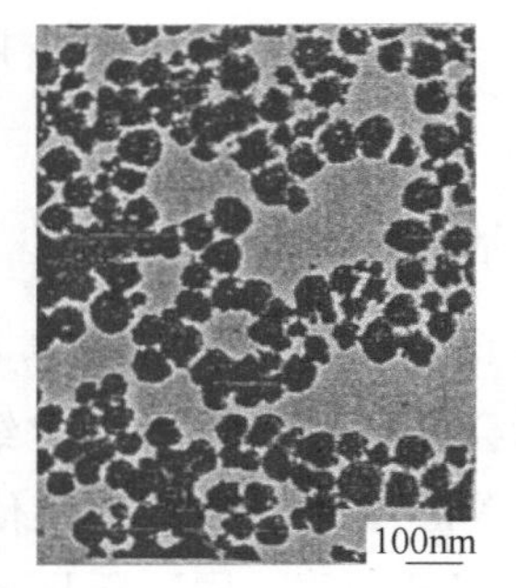

图 11-7　立方 Gd_2O_3:Eu^{3+}纳米荧光体 TEM 照片[24]

荧光体对辐射的吸收由两个系数的比确定。一个是吸收系数，它与粒度无关；另一个是与晶粒的直径有关的散射系数 S。散射系数 S 与颗粒平均直径 d 有如下关系[26]：

$$\ln S = \ln K - \ln d + 0.5\ln^2\sigma \tag{11-5}$$

或

$$\lg S = \lg K - \lg d + 1.15129\lg^2\sigma \tag{11-6}$$

式中，K 为常数；σ 为颗粒正态分布展宽的标准偏差。

由式（11-5）和式（11-6）可知，荧光粉粒度越小，粒度分布宽度越大，散射系数 S 越大。若令 $\lg K = 0.400$ 为任意一个常数，粒径 6μm，$\sigma = 1.00$，则 $S = 0.600$；对粒径 200nm，$\sigma = 1.00$ 来说，计算得到 $S = 12.559$，是 6μm 的 20 多倍。所以超细纳米 Y_2O_3:Eu 对 254nm UV 线的散射比微米颗粒严重很多，致使有效吸收减少，发光效率下降。另外，纳米晶的结晶质量差，比表面大，悬空键多，容易吸附水分等杂质，它们对 UV 辐射的吸收和散射也产生一定影响。因此，应设法改善其表面性能。例如前述加入 Au、Ag、Cu、纳米颗粒来调控 RE^{3+}周围及表面局域电磁场，以期改善其 RE^{3+}的吸收和跃迁性能。

11.3.3　Gd_2O_3:Eu 相变

以往由于单斜 Gd_2O_3:Eu^{3+}荧光体的发光效率比立方 Y_2O_3:Eu^{3+}低很多，人们对单斜 Gd_2O_3:Eu^{3+}红色荧光体的发光性质报道少，而单斜 Gd_2O_3:Eu^{3+}纳米荧光体的报道更稀缺，这里有必要多加论述。

在 900℃制备的立方 Gd_2O_3:Eu^{3+}纳米荧光体的激发（左）和发射（右）光谱如图 11-8 所示。而图 11-9 给出在 1350℃下制备的单斜 Gd_2O_3:Eu^{3+}纳米荧光体的激发（左）和发射（右）光谱。两者相比，存在明显差异。特别是发射光谱完全不同。立方 Gd_2O_3:Eu^{3+}纳米荧光体的主发射峰 611nm $^5D_0 \rightarrow {}^7F_2$ 电偶极跃迁发射，而单斜 Gd_2O_3:Eu^{3+}纳米荧光体的主发射峰属磁偶极跃迁发射，发射峰为 623nm。将立方 Gd_2O_3:Eu^{3+}纳米荧光体的激发光谱和传统体材料相比较[24]，其共性多，差异小。体材料的 251nm（CTB）的激发强度比纳米强。

在两种荧光体中，Eu^{3+}的激发光谱中均呈现 Eu^{3+}的^6I_J和^6P_J等能级的激发峰，这指明 Gd^{3+}吸收能量可直接无辐射传递给 Eu^{3+}。但在体材料中 $Gd^{3+} \rightarrow Eu^{3+}$的能量传递更加有效。这可能是由于纳米材料的晶粒边界和表面态使 $Gd^{3+} \rightarrow Eu^{3+}$的能量传递效率降低。在单斜 Gd_2O_3:Eu^{3+}纳米荧光体中也存在 $Gd^{3+} \rightarrow Eu^{3+}$的能量传递，但传递效率更低。在真空紫外光或 245nm UV 激发下，单斜 Gd_2O_3:Eu 的发射光谱和纳米完全相同。采用高分辨光谱仪对 16530~16230cm^{-1}光谱范围展宽（20cm^{-1}/cm）后，对立方纳米晶和体材料的 Gd_2O_3:Eu^{3+}发射峰、荧光分支强度测量结果完全相同。主发射峰均为 611nm。

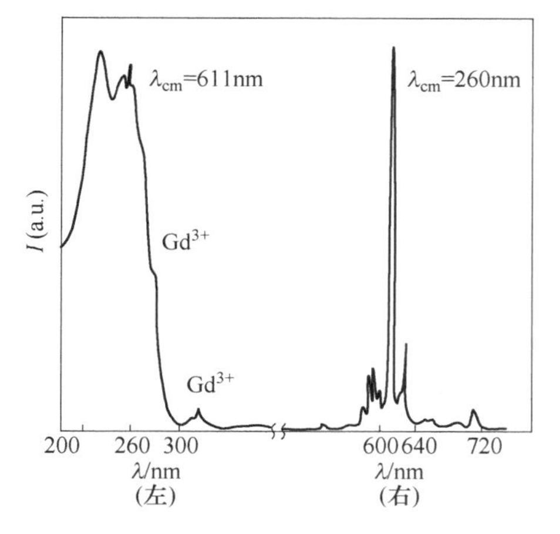

图 11-8　900℃制备的立方 Gd_2O_3:Eu^{3+}纳米荧光体的激发光谱（左）和发射光谱（右）[22-23]

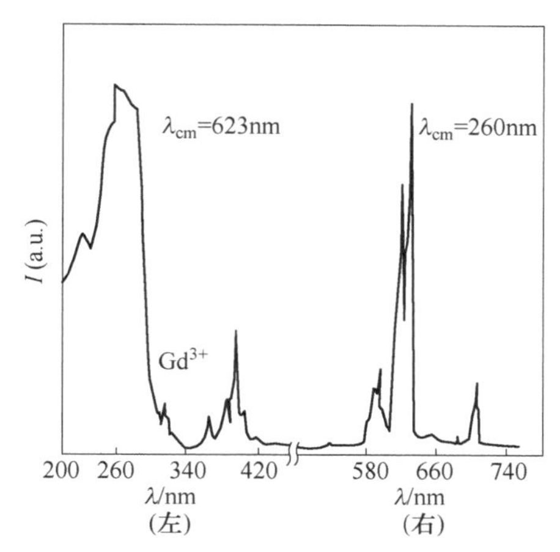

图 11-9　1350℃下制备的单斜 Gd_2O_3:Eu^{3+}纳米荧光体的激发光谱（左）和发射光谱（右）[22-23]

单斜 Gd_2O_3:Eu 荧光体的高分辨率光谱如图 11-10 所示，与纳米单斜 Gd_2O_3:Eu 的发射光谱（见图 11-9）相同。Eu^{3+}处于对称性很低的单斜晶体点群的格位时，$^7F_1$能级解除简并，劈裂 3 条$^5D_0 \to {}^7F_1$能级跃迁发射谱线。

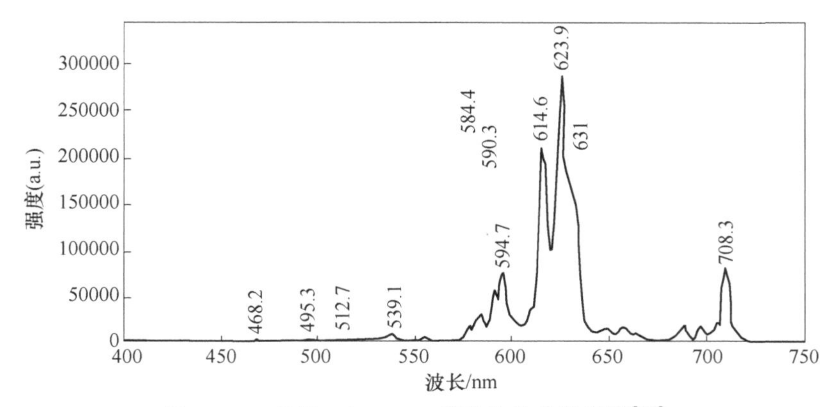

图 11-10　单斜 Gd_2O_3:Eu 荧光体的发射光谱[27]

（λ_{ex}=254nm）

上述立方 Ln_2O_3:Eu（Ln=Y，Gd）、单斜 Gd_2O_3:Eu 纳米荧光体和传统微米荧光体中 Eu^{3+}的 4*f*—4*f* 跃迁激发和发射光谱、晶胞参数研究与对比，指出它们的激发和发射光谱没有变化，或变化很小。和体材料（粒径为微米级的荧光体）相比，纳米晶的 CuK_{α_1} 的 FWHM 宽化，发射强度降低。这些结果是可以理解的。人们知道，镧系离子的内层 4*f* 电子在空间上受到外层充满电子的 $5s^25p^6$壳层所屏蔽，受外界电场、磁场等影响小。纳米尺寸和表面效应对发射中心三价稀土离子的环境和晶场不足以影响 4*f*—4*f* 电子跃迁光谱性质，或其影响可忽略。夏上达等人[28]对纳米 X_1-Y_2SiO_5:Eu^{3+}发光光谱研究也指出，纳米效应对 Eu^{3+}能级和跃迁概率的影响可以忽略。但是不排除加入其他离子，表面修饰甚至与稀土发光中心发生相互作用，调控 RE^{3+}周围及表面电磁场，使发光中性能发生变化。黄世华等人[29]研究认为纳米晶尺寸及表面对 Eu^{3+}的微观性质存在影响。随着晶粒尺寸减小，Eu^{3+}谱线非均匀宽化增大；在 YBO_3:Eu 纳米荧光体中，随晶粒减小，表面层比例增加，$^5D_0 \rightarrow {}^7F_2$ 跃迁的分支比增大。由于中心离子在表面层内与表面距离的不同等引起环境的不同，选择激发能够分辨出不同局域环境的稀土离子。这些变化是微小的。此外，还应注意 Y_2O_3:Eu 纳米荧光体的荧光寿命与环境介质有关联[30]。

另外，在 La_2O_2S:Eu^{3+}纳米荧光体中获得的激发光谱[31]和第 1 章图 1-4 中的 Y_2O_2S:Eu 体材料本质上相同，均由 Eu^{3+}-O^{2-} 的 CTB 组成，但 La_2O_2S:Eu^{3+}纳米荧光体中两 CTB 明显分开，其 CTB 的相对激发强度受制备条件影响。他们也将 350nm 峰处的 CTB 归于 Eu^{3+}-S^{2-}。而将峰 280nm 处的 CTB 归于 Eu^{3+}-O^{2-}。这与作者在第 1 章和本章后面所述的 Ln_2O_2S:Eu 的 CTB 位置和红移是一致的。

11.4 立方 $(Y_{1-x}Gd_x)_2O_3$:Eu $(0<x\leqslant0.9)$ 新的高效荧光体晶体结构和发光性质

作者小组在研究立方 $(Y_{1-x}Gd_x)_2O_3$:Eu $(0<x\leqslant0.9)$ 高效荧光体晶体结构和发光性质时[32]，发现 Gd 含量在很宽的范围内 $(0<x\leqslant0.9)$，高于 1250℃相变温度时，Y_2O_3、Gd_2O_3 和 Eu_2O_3 可以形成具有立方结构的 $(Y,Gd,Eu)_2O_3$ 固溶体。这种高温型立方 $(Y_{1-x}Gd_x)_2O_3$:Eu 红色荧光体的发光性质和商用 Y_2O_3:Eu 荧光体相同，甚至光致发光强度可超过 Y_2O_3:Eu 荧光体。当 $x=1.0$ 时，即为效率不高的单斜晶体。

由下述实验予以充分证明。实验 1 号样品是在 1370℃，空气中灼烧 1~2h 后，从高温炉中取出，自然冷却至室温，得到 $(Y_{0.26}Gd_{0.70}Eu_{0.04})_2O_3$ 样品。实验 2 号样品配方和 1 号样品相同，只是样品从高温炉中迅速取出后，急速投入室温去离子水中进行淬火。其目的是保证原来稳定晶相的获取。进行 XRD 结构测试，特别是为了获得精确的衍射数据和晶格常数，仔细记录样品在高角度范围内的 XRD 图谱。利用立方晶体中晶格常数 a_0 与面间距 d 和衍射角 θ 关系，计算各衍射峰 a_0，取其平均值列在表 11-3 中。计算公式如下：

$$a_0 = d\sqrt{h^2 + K^2 + l^2} \tag{11-7}$$

或

$$\frac{\lambda^2}{4a_0^2} = \frac{\sin\theta}{h^2 + K^2 + l^2} \tag{11-8}$$

表 11-3 自冷和淬火的 $(Y_{0.26}Gd_{0.70}Eu_{0.04})$ 立方和单斜 Gd_2O_3 的晶格常数[32]

1 号（自冷）$(Y_{0.26}Gd_{0.70}Eu_{0.04})_2O_3$	2 号（淬火）$(Y_{0.26}Gd_{0.70}Eu_{0.04})_2O_3$	立方 Gd_2O_3（1200℃）晶相卡 12-797 号	单斜 Gd_2O_3（1300℃）晶相卡 42-1465 号
a_0（平）= 1.0795nm	a_0（平）= 1.0774nm	a_0 = 1.0813nm	a = 1.4095nm，b = 0.35765nm c = 0.87692nm
V = 1.257963nm³	V = 1.250636nm³	V = 1.264266nm³	V = 0.442062nm³

1号（自冷）和2号（淬火）两样品的XRD完全相同，a_0也一致。只是2号（淬火）急冷样品的d值比1号（自冷）缓慢冷却样品大0.9‰~1.8‰。这意味着急剧冷却，晶格发生微小膨胀。淬火制备的样品的晶胞体积比自然缓慢冷却的样品稍大4.2‰。表11-3中还列出国际晶相卡12-797号立方Gd_2O_3（1200℃制备）和45-1465号单斜Gd_2O_3（1300℃制备）的XRD的a_0和体积V值，以便比较和分析。可见，1号和2号样品与国际标准化低温型Gd_2O_3同属立方型结构，而不含有单斜杂相。标准立方Gd_2O_3的a_0和V值比1号和2号样品稍大，是因为Gd^{3+}的半径比Y^{3+}大。这类新固溶体是很稳定的类质同象替换固溶体。

这种高温立方型$(Y_{0.26}Gd_{0.70}Eu_{0.04})_2O_3$荧光体在254nm激发下的发射光谱的主发射峰依然为611nm橙红色荧光体。其发射光谱和强度与Y_2O_3:Eu荧光体相同，色坐标$x=0.648$，$y=0.347$。单斜的Gd_2O_3:Eu主发射峰623nm，与立方Y_2O_3:Eu和$(Y_{0.26}Gd_{0.70}Eu_{0.04})_2O_3$本质上不同。单斜的发光强度比立方低很多，但红色色纯度高。

所获得的高温型立方$(Y_{1-x}Gd_x)_2O_3$:Eu（$1<x\leqslant0.9$）是一种新的倍半稀土氧化物和高效红色荧光体。它可被电子束、VUV、短波UV及X射线高效激发。在254nm激发下的发光效率和商用Y_2O_3:Eu相当，密度比Y_2O_3:Eu高，耐185nm汞线轰击。在照明、显示及闪烁体等领域具有应用前景，也为发展$(Y, Gd)_2O_3$和$(Y, Gd)_2O_3$:Eu新的透明陶瓷功能材料提供了基础。

人们依然关注如何提高Eu^{3+}的性能和效率。如用溶胶-凝胶合成Eu^{3+}纳米荧光体时，选用不同的螯合剂对结构和热稳定等性能影响很大[33]。当Eu^{3+}取代二价阳离子格位时，必须进行一价碱金属电荷补偿，可以提高Eu^{3+}发射效率。这在最近的$KCa(PO_3)_3$:Eu^{3+}荧光体中[34]进一步得到证实。

11.5 Eu^{3+}—RE^{3+}其他离子间的能量传递

到目前已知Eu^{3+}和其他离子间的能量传递主要发生在Sm^{3+}、Gd^{3+}、Tm^{3+}、Tb^{3+}等离子之间。一方面Eu^{3+}与这些离子的某些$4f$能级匹配，且能发生耦合作用，另一方面受应用的刺激。

11.5.1 量子剪裁：Gd^{3+}—Eu^{3+}的能量传递

在$LiGdF_4$:Eu氟化物体系中，荷兰学者首先观测到Gd^{3+}—Eu^{3+}发生的量子剪裁能量传递。在202nm真空紫外光子对Gd^{3+}的高能级激发，通过$Gd^{3+}\rightarrow Eu^{3+}$高效两步能量传递过程，使$Eu^{3+}$发射两个可见光光子，其量子效率达到195%。换句话说，Gd^{3+}在VUV光子激发下，^6G_J高能级上的一个VUV光子激发下转换被剪裁成两个Eu^{3+}发射的可见光光子。详情可参阅第5章相关介绍。

然而在$GdPO_4$:Eu^{3+}和$GdBO_3$:Eu^{3+}新的体系中，发现因Gd^{3+}的$^8S_{7/2}\rightarrow{}^6G_J$能级跃迁的196nm、203nm谱线叠加在$Eu^{3+}$-$O^{2-}$CTB（180~270nm）之上[35]，不利于量子剪裁发生。

但这种实现量子剪裁的方案受制于VUV光子设备限制，VUV光子一般难以获得，以及随无汞荧光灯和PDP显示器的衰落，VUV光量子剪裁的研发热情已退却。

11.5.2　微量 Tb^{3+} 或 Pr^{3+}→Eu^{3+} 的能量传递

人们陆续发现，在 Y_2O_2S 中加入微量的 Tb^{3+} 或 Pr^{3+} 后，Eu^{3+}、Sm^{3+}、Dy^{3+} 和 Yb^{3+} 等三价稀土离子的阴极射线发光和光致发光效率会高效成倍地增加[36-38]。这种情况和第10章所讲微量 Tb^{3+} 添加进 Y_2O_2S:Sm 的结果完全一致。

作为能量施主，Tb^{3+} 的基本特性和荧光寿命并不随受主浓度变化。显然，这种增强效应与稀土离子间的典型共振能量传递机理相矛盾：（1）在 Y_2O_2S:Ln,Tb（微量）体系（Ln = Eu^{3+}，Sm^{3+}，Yb^{3+}，Dy^{3+}）中，Tb^{3+} 的 $^5D_3$ 和 $^5D_4$ 发射能级的衰减时间不随 Eu^{3+}、Sm^{3+}、Dy^{3+} 等离子浓度增加发生变化。（2）激活剂的吸收和发光光谱中，没有观察到 Tb^{3+} 或 Pr^{3+} 施主的吸收（激发）和发射光谱。（3）Tb^{3+} 或 Pr^{3+} 的微量浓度比普通敏化剂低很多，就可获得如此大的效果，难以理解。（4）Tb^{3+} 或 Yb^{3+} 等离子的能量匹配毫无关联。这样大的增强现象，迄今为止，仅在稀土硫氧化物等少数材料中观察到。尽管作者提出激子协助能量传递及 Yamanoto 提出 Tb^{3+} 成为陷阱，俘获能量然后传递给 Eu^{3+} 等离子的观点，但迄今为止仍不能充分圆满地解释这种奇特的增强现象。

尽管如此，这一研究成果被用于 Y_2O_2S:Eu 彩电红色荧光粉的大规模生产，生产中必须添加微量 Tb^{3+}。在生产（Y，Eu）$_2O_3$ 共沉淀物的过程中，事先加入 0.002%～0.008% Tb^{3+} 溶液与 Y^{3+}、Eu^{3+} 一起共沉淀，焙烧成均匀混合氧化物后，作为原料提供给生产 Y_2O_2S:Eu 红色荧光粉的厂家，这样使用方便。

11.5.3　Tb^{3+}→Eu^{3+} 的能量传递

此处 Tb^{3+} 的浓度不是微量，和激活剂浓度处于相同量级。由于 Tb^{3+} 是高效绿色发光离子，而 Eu^{3+} 是红色发光离子。如果这两种离子有机结合，产生白光最需要的绿光和红光成分，容易实现色度学上可调的白光。Tb^{3+} 的 $^5D_4$ 能级稍高于 Eu^{3+} 的 $^5D_1$ 能级，比较匹配，借助声子辅助可实现无辐射共振能量传递。经多方研究，在普通荧光体、纳米荧光体及玻璃中，在紫外光或蓝光激发下均观测到 Tb^{3+}→Eu^{3+} 的无辐射能量传递。这里举几个例子予以说明。

（1）YPO_4:Eu^{3+},Tb^{3+} 荧光体。YPO_4 是一种优质发光基质，具有良好的物理化学性质，化学性能稳定，宽带隙，稀土掺杂浓度高。YPO_4:Ce_2Tb 是应用于荧光灯中的高效绿色荧光体，主要由日本生产。

在 Tb^{3+} 和 Eu^{3+} 共掺杂的 YPO_4 中，监测 Tb^{3+} 的 545nm 发射的激发光谱和单掺 Tb^{3+} 样品相同，而监测 Eu^{3+} 的 620nm 发射的激发光谱是由 Tb^{3+} 和 Eu^{3+} 的特征激发谱组成[39]。在 355nm 激发下产生 Tb^{3+} 和 Eu^{3+} 两者发光，而在 400nm 选择激发时，仅有 Eu^{3+} 发光。这些表明在 YPO_4 中发生 Tb^{3+}→Eu^{3+} 的无辐射能量传递。Tb^{3+} 的相对发射强度随 Eu^{3+} 浓度增加而逐步下降。荧光体的发光颜色从绿到红发生变化。在 YPO_4:Eu^{3+} 中，$^5D_4$(Tb^{3+}）能级荧光衰减也与 Eu^{3+} 浓度密切相关，随 Eu^{3+} 浓度增加而缩短。Tb^{3+} 从本征寿命 2.61ms 缩短到 1.80ms（Eu^{3+} 浓度 0.08%）。而能量传递效率增加到 31%。

（2）α-Zr(HPO_4)$_2$:Eu^{3+},Tb^{3+}(ZP:Eu,Tb）纳米荧光体。用 377nm 对 ZP:Eu,Tb 纳米荧光体选择激发 Tb^{3+}。激发能由 Tb^{3+} 的 $^5G_6$ 能级经 $^5D_3$ 能级无辐射弛豫到 $^5D_4$ 能级，一部

分能量以$^5D_4\rightarrow{}^7F_2$，$^7F_1$能级跃迁分别发射强的546nm和490nm绿光；另一部分能量共振传递给Eu^{3+}的$^5D_1$能级，接着$^5D_1$能级无辐射弛豫到$^5D_0$能级，最终$^5D_0\rightarrow{}^7F_2$和$^7F_1$跃迁，发射强618nm和592nm橙红光[40]。其色调可用Tb^{3+}和Eu^{3+}浓度调控。在此体系中也发生无辐射能量传递。Tb^{3+}的本征寿命0.92ms，随Eu^{3+}浓度增加而缩短。当Eu^{3+}浓度从0.05%增加到0.25%时，Tb^{3+}的寿命τ为0.63ms，能量传递效率达到31.5%。ZP:Eu,Tb色坐标已靠近CIE色坐标白区的附近。

（3）Eu^{3+}和Tb^{3+}共掺杂的硼酸钡玻璃。选用组成为Tb^{3+}/Eu^{3+}共掺杂65.93BaO-32.97硼酸钡（简称BB:Eu,Tb）的玻璃。用484nm选择性对该玻璃中Tb^{3+}激发（对Eu^{3+}激发无效），和单掺的BB玻璃相比，Eu^{3+}的613nm发射强度增强7.7倍；而和单掺Tb^{3+}玻璃相比，Tb^{3+}的强度减少2/3。保持Tb^{3+}浓度（0.5%）不变，随Eu^{3+}浓度增加，Tb^{3+}的寿命从2.55ms逐渐缩小到1.65ms[41]。能量传递效率为35.2%。

Tb^{3+}的$^5D_4\rightarrow{}^7F_4$发射和Eu^{3+}的$^7F_1$激发到$^5D_0$时的能量失配仅为$300cm^{-1}$。在室温时，依据Boltzmann分布，由于热使粒子布居于Eu^{3+}相关的$^7F_1$能级是有可能的。此时粒子布居于$^7F_0$和$^7F_1$能级的概率等于$N_1/N_0=0.56$，这意味35%的粒子占据$^7F_1$能级。10K低温时，这个比值等于$N_1/N_0=10^{-22}$，即$^7F_1$能级不被粒子占据[41]。故粒子布居的能级之间的最佳交叠的能量途径是Tb^{3+}的$^5D_4\rightarrow{}^7F_5$能级跃迁发射和Eu^{3+}的$^7F_0\rightarrow{}^5D_0$能级激发跃迁。此时能量失配比室温时高，大约$1000cm^{-1}$。这导致较低的能量传递速率。10K时，Eu^{3+}的发射强度更低。在10K时，最强的发射是Tb^{3+}的$^5D_4\rightarrow{}^7F_5$能级跃迁；相反，在室温时，最强的发射是Eu^{3+}的$^5D_0\rightarrow{}^7F_2$能级跃迁。故室温时观测到的能量传递比低温时更有效。

上述采用选择激发是研究无辐射能量传递的简便可靠方法。

11.5.4 $Sm^{3+}\rightarrow Eu^{3+}$的能量传递

林海等人揭示Li_2O-BaO-La_2O_3-B_2O_3(LBLB)硼酸盐玻璃中$Sm^{3+}\rightarrow Eu^{3+}$的能量传递[42]。482nm激发时，单掺$Eu^{3+}$的LBLB玻璃无$Eu^{3+}$的发光，即$Eu^{3+}$不被激发，但可以激发$Sm^{3+}$。分别单掺$Sm^{3+}$或$Eu^{3+}$样品中，410nm主要对$Sm^{3+}$激发，而397nm主要对$Eu^{3+}$激发。它们的发射光谱如图11-11所示。图11-11中Sm^{3+}的橙红色光谱（虚线1）是由Sm^{3+}的563nm、600nm及646nm发射光谱组成，它们分别属于$^4G_{5/2}\rightarrow{}^6H_J$（$J=5/2$，7/2，9/2）跃迁发射。最强的600nm的FWHM为17nm。图中实线2是由Eu^{3+}的577nm，591nm，615nm（最强）和702nm组成。它们属于Eu^{3+}的$^5D_0\rightarrow{}^7F_J$（$J=0$，1，2，3，4）跃迁发射。

在482nm激发下，单掺Eu^{3+}玻璃不出现Eu^{3+}发射，只有Sm^{3+}发射。然而，在Sm^{3+}和Eu^{3+}共掺杂的LBLB玻璃中，来自Sm^{3+}的565nm，600nm和646nm及Eu^{3+}的615nm和702nm等谱线同时被观测到，如图11-12所示，而且Eu^{3+}的615nm发射很强。482nm选择激发Sm^{3+}的$^6H_{5/2}\rightarrow{}^4I_{9/2}$能级，$^4I_{9/2}$布居粒子无辐射弛豫到$^4G_{5/2}$发射能级。一部分能量从$^4G_{5/2}\rightarrow{}^4H_J$（$J=5/2$，7/2，9/2，11/2）跃迁发射；一部分能量无辐射共振传递给Eu^{3+}的$^5D_0$能级，导致Eu^{3+} $^5D_0\rightarrow{}^7F_J$能级跃迁发射，其中的615nm（$^5D_0\rightarrow{}^7F_2$）最强。

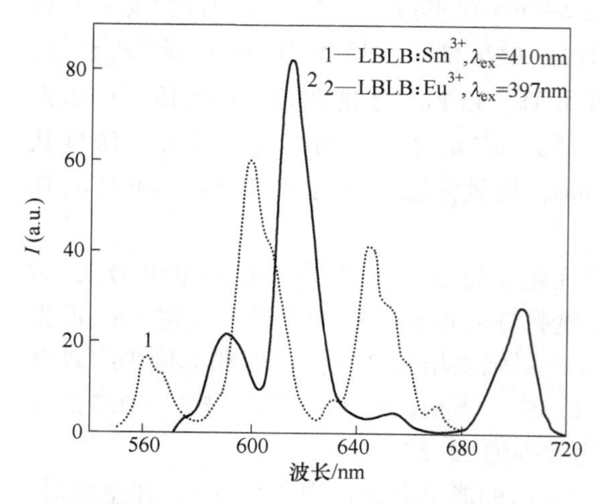

图 11-11　LBLB :Sm^{3+}和 LBLB :Eu^{3+}的发射光谱[42]
（室温）

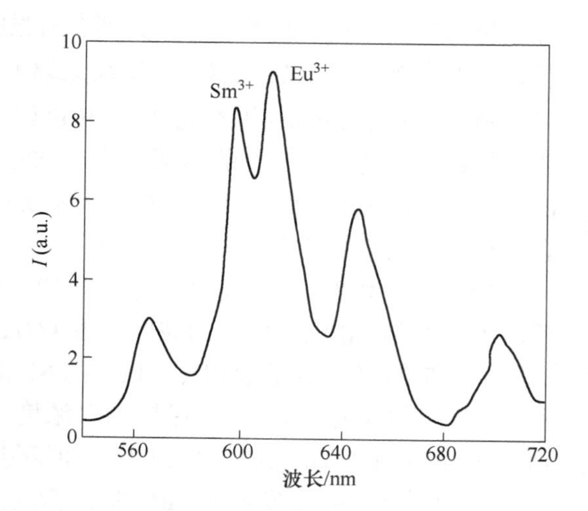

图 11-12　482nm 激发下 Eu^{3+}和 Sm^{3+}共掺杂的 LBLB 玻璃的发射光谱[42]
（室温）

由上述实验可知，LBLB 硼玻璃中 Sm^{3+}的$^4G_{5/2}$能级的能量在 17699cm^{-1}，而 Eu^{3+}的$^5D_0$的能量位于约 17331cm^{-1}处。它们间的能量差 $\Delta E=368\text{cm}^{-1}$。这种能量很小的失配，借助一个声子能量作用，很容易发生$^4G_{5/2}$(Sm^{3+}) →$^5D_0$(Eu^{3+}) 能级间的共振传递。

类似上述通过 Sm^{3+}的$^4G_{5/2}$能级能量共振传递给 Eu^{3+}的$^5D_0$能级的无辐射能量传递现象，在 Sm^{3+}/Eu^{3+}共掺杂的硼酸钡玻璃[41]、$BaWO_4$ 荧光体[17]、$Li_6Eu_{1-x}Sm_x(BO_3)_3$ 固溶体[18]等体系中均被观测到和证实。Sm^{3+}作为 Eu^{3+}的敏化剂，大大改善 Eu^{3+}的光谱，提高发光强度和量子效率。在 $BaWO_4$ 中还计算得到 Eu^{3+}的一些 J-O 分析参数，$^5D_0\rightarrow{}^7F_2$ 跃迁的辐射概率 A_r、荧光分支化、振子强度参数 Ω_λ 及受激发射截面 σ_{em} 等。共掺 Sm^{3+}后，对 Eu^{3+}的 A_r 从 650. 46s^{-1}提高到 702. 85s^{-1}；σ_{em}从 24. 11×10^{-22}cm^2 提高到 29. 71×10^{-22}cm^2；带宽增益从 24. 61×10^{-28} cm^3 提高到 33. 48×10^{-28} cm^3。早期在玻璃和晶体中也观测到 $Sm^{3+}\rightarrow Eu^{3+}$间的能量传递，原理和上述一致。

11. 5. 5　关于 $Ce^{3+}\rightarrow Eu^{3+}$的能量传递

多年来，$Ce^{3+}\rightarrow Eu^{3+}$间的能量传递报道极少，其主要原因是 CTB 起作用，已在第 7 章中分析。尽管如此，在 CaS 荧光体中仍能观测到 $Ce^{3+}\rightarrow Eu^{3+}$间的能量传递[43]。$Ce^{3+}$浓度从 0. 01%增加到 0. 05%，$Eu^{3+}$的$^5D_0\rightarrow{}^7F_J$（$J=1$，2，3）跃迁发射强度成数倍增加；而 Ce^{3+}的 $5d\rightarrow{}^2F_J$（$J=5/2$，7/2）能级跃迁发射强度急剧下降。作者初步认为 $Ce^{3+}\rightarrow Eu^{3+}$发生能量传递途径可能是 Ce^{3+}激发到最低 $5d$ 态后，部分能量共振传递给 Eu^{3+}的$^5D_1$能级，随后从$^5D_1$无辐射传递到$^5D_0$下能级后，由此发生$^5D_0\rightarrow{}^7F_{1,2,3}$能级，增强它们的跃迁发射。

为什么能在碱土金属硫化物中观察到 $Ce^{3+}\rightarrow Eu^{3+}$的能量传递？作者认为，可能是在此硫化物中 Ce^{3+}的 $5d$ 态的能量位置较低，已知 CaS :Ce^{3+}发射宽带绿光，而 Eu^{3+}的 CTB

能量位置也较低。它们可能存在一定的光谱交叠。尽管如此，作者认为 CaS∶Eu^{3+}、CaS∶Ce^{3+}，Eu^{3+}中Eu^{3+}的发光强度是很低的，不可能和 CaS∶Eu^{2+}、SrS∶Eu^{2+}红色荧光体相比。所以这种Ce^{3+}→Eu^{3+}能量传递意义不大。

早期还观察到Eu^{3+}→Nd^{3+}、Pr^{3+}、Ho^{3+}、Yb^{3+}等稀土离子间的能量传递，这里不予说明。

11.6 类汞离子（Bi^{3+}，Pb^{2+}）→Eu^{3+}的能量传递

由单掺Eu^{3+}及Eu^{3+}/Bi^{3+}共掺锗酸盐玻璃的激发光谱表明[44]，因激发能可从Bi^{3+}无辐射传递给Eu^{3+}，使Eu^{3+}的激发光谱发生显著变化。在280~360nm区UV光激发时，Eu^{3+}的荧光强度增强两个量级。在单掺Eu^{3+}及Eu^{3+}/Pb^{2+}共掺锗酸盐玻璃中也呈现能量从Pb^{2+}高效地传递给Eu^{3+}，使Eu^{3+}发射峰提高大约4.6倍，也是非常显著。相比在Pb^{2+}→Eu^{3+}体系中，传递效率η和传递概率P都很高，而且受主的浓度可以很高而不发生猝灭作用。

在Eu^{3+}/UO_2^{2+}共掺磷酸盐玻璃中，检测Eu^{3+}的612nm（$^5D_0$→$^7F_2$）发射的激发光谱，发现240~480nm很宽的激发发光谱中，Eu^{3+}被激发效果也是成倍增加[44]，高达7倍以上，η达到0.71，发生UO_2^{2+}→Eu^{3+}间高效能量传递。

选择4K低温在Bi^{3+}和Eu^{3+}共掺杂锗酸盐玻璃中，Bi^{3+}和Eu^{3+}间的能量传递实验可达到这样的目的：Bi^{3+}的$^3P_0$→$^1S_0$跃迁不被晶场劈裂；为精准测量获得足够长的寿命$\tau_0 \approx$ 700μs。

若体系中存在施主能量扩散时，采用熟悉的Yokota-Tanimoto扩散理论（第4.3节）处理。若施主中无能量扩散时，采用Inokuti-HiraYamas（I-H）多级相互作用理论处理。在4K时，用N_2脉冲激光激发时，观测到Bi^{3+}的$^3P_0$→$^1S_0$跃迁发射时，在400~550nm蓝绿谱带中出现一个凹槽。它正对应于Eu^{3+}的$^5D_2$吸收，这指明存在Bi^{3+}→Eu^{3+}的再吸收辐射传递。这种传递效率不高，是次要的。由Bi^{3+}的$^3P_0$态发射的衰减曲线与受主Eu^{3+}不同浓度的关系[45]，指明在施主体系中不存在能量扩散传递机构。而实验曲线与I-H理论方程式吻合。在0.8%Bi^{3+}+0.7%Eu^{3+}体系，最佳吻合属d-d相互作用；而0.8%Bi^{3+}+5%Eu^{3+}时，则q-d相互作用机构。Bi^{3+}的$^3P_0$→$^1S_0$跃迁和Eu^{3+}的$^2F_0$→$^5D_2$跃迁发生共振传递。这种能量传递本质上是由于Bi^{3+}的$^3P_0$能级和Eu^{3+}的$^1D_2$能级之间的共振传递作用。因为在Bi^{3+}和Eu^{3+}中，强自旋-轨道耦合结果，自旋禁戒跃迁部分允许。Bi^{3+}的受激的能量从$^3P_1$能级弛豫到$^3P_0$能级，接着共振传递给Eu^{3+}的$^5D_2$能级，由此弛豫到$^5D_0$发射能级，增强Eu^{3+} $^5D_0$能级的发射。

Bi^{3+}是一个很好的掺杂剂。具有ns^2组态的自由Bi^{3+}基态是$^1S_0$，激发态来自$nsnp$组态，按能量增加顺序为$^3P_0$、$^3P_1$、$^3P_2$和$^1P_1$，激发产生$^1S_0$→$^1P_1$跃迁。如果立方对称性是完美的，其他跃迁被禁戒。激发态弛豫到$^3P_1$态，由$^3P_1$→$^1S_0$跃迁产生发射。Bi^{3+}的发射可以从UV变化到可见光谱红区，与基质和晶场环境等因素密切相关。故Bi^{3+}既可用作激活剂，又可用作敏化剂，或两者兼具。只要设计科学是可以达到应用的目的。需要达到高效Eu^{3+}强红色发光，可以设计Bi^{3+}→Eu^{3+}的能量传递，增强Eu^{3+}的发光。如早期在Y_2O_3∶Eu或YVO_4∶Eu^{3+}加入少量Bi^{3+}，在350nm附近由于Bi^{3+}产生吸收，并将吸收的激发能传

递给 Eu^{3+}，使之在 365nm 激发下的发光强度增强，可用于高压荧光汞灯中。在 $GdVO_4$:Eu^{3+}中加入 0.3%～0.5% Bi^{3+}浓度时，Eu^{3+}的发射强度快速增强，可能是发生 Bi^{3+}→Eu^{3+}的再吸收辐射传递[46]。

若选用一个合适的基质，组成一个单相双基色，甚至三基色的发光材料也是可能的。由 Bi^{3+}/Eu^{3+}共掺杂的 $Ca_{14}Al_{10}Zn_6O_{35}$（CAZO:Bi^{3+},Eu^{3+}）荧光体就是一个单相双基色（蓝/红）荧光体[47]。在 350nm 激发下，CAZO:Bi^{3+}的发射从约 360nm 延伸至 530nm，发射峰约 410nm。而在 CAZO:Eu^{3+}中 Eu^{3+}的 612nm 的激发光谱在 370～480nm 范围内有几组强的 Eu^{3+}的激发谱线。这充分指明 Bi^{3+}的发射谱与 Eu^{3+}的激发谱存在很好的光谱交叠，为Bi^{3+}→Eu^{3+}无辐射能量传递提供可靠的依据和基础。故在 CAZO:Bi^{3+},Eu^{3+}双掺的荧光体中，Eu^{3+}612nm 发射的激发光谱，除了 Eu^{3+}的特征激发峰以外，和单掺 Eu^{3+}的激发谱相比，还出现一个新的强而宽的激发带，它正是 Bi^{3+}的激发谱带。本来用 350nm 激发时不应有 Eu^{3+}的特征 $4f$ 发射谱线，只能有 Bi^{3+}的宽带发射，但光谱中同时出现 Eu^{3+}的 $4f$ 特征发射。这充分证实在 CAZO 体系中确实发生高效的 Bi^{3+}—Eu^{3+}的无辐射能量传递。

此外，早期在 $YAl_3B_4O_{12}$:Bi，Eu 荧光体中也观察到 Bi^{3+}→Eu^{3+}能量传递。在 YVO_4:Eu^{3+}和 Y_2O_3:Eu^{3+}中加入少量 Bi^{3+}，由于 Bi^{3+}在 350nm 附近产生吸收，并将吸收能量传递给 Eu^{3+}，在 365nm 激发下的发光强度增强。该结论曾用于高压荧光汞灯中。此外，在该材料中，也可发生 Eu^{3+}→Cr^{3+}的能量传递。

在 Ca_2SiO_4 中也存在高效的 Bi^{3+}→Eu^{3+}能量共振传递[48]。在 UV 光激发下。Ca_2SiO_4中的 Bi^{3+}发射光谱位于 340～540nm，峰值为 408nm。其激发光谱位于 260～400nm，强发射峰为 314nm 和 352nm。对应 Bi^{3+}的$^1S_0$→$^3P_1$能级跃迁。应注意到 Bi^{3+}的激发和发射光谱在 362nm 处存在交叠。意味着 Bi^{3+}增加浓度，存在 Bi^{3+}-Bi^{3+}中的能量迁移，浓度猝灭严重。而在 Eu^{3+}和 Bi^{3+}共掺杂时，发生 Bi^{3+}→Eu^{3+}之间的能量传递。Eu^{3+}的 592nm 的（$^5D_0$→$^7F_1$）激发光谱中，除了 Eu^{3+}的特征激发光谱外，在 310～400nm 光谱区还出现了 Bi^{3+}的 355nm 强激发带。发生 Bi^{3+}→Eu^{3+}的无辐射能量传递。因此，用 355nm 激发 Bi^{3+}时，激发能量传递到 Eu^{3+}，出现 Eu^{3+}很强的 592nm（$^5D_0$→$^7F_1$）磁偶极跃迁发射，以及相对弱的 612nm 和 621nm 电偶极跃迁发射。由于 Bi^{3+}的发射带与 Eu^{3+}大部分激发谱线重叠，意味它们的能级匹配良好。Bi^{3+}被激发后，$^3P_1$快速无辐射弛豫到$^3P_0$能级。一部分激发能从$^3P_0$→$^1S_0$跃迁发射蓝光；另一部分无辐射共振传递给 Eu^{3+}的$^5D_2$ 能级，然后快速无辐射弛豫到$^5D_0$能级，产生$^5D_0$→^7F_J跃迁，发射 Eu^{3+}的红光。Bi^{3+}是一个很好的掺杂剂，应好好地利用。

在 $GdVO_4$:0.05RE^{3+}钒酸盐中，$GdVO_4$:Eu^{3+}发光最强，而且具有很高的热传导效率。从几开氏度低温升到室温，发射峰 619nm 的强度随温度升高变化很小；而从 300～600K，随温度升高，发光强度增强；到 600K 也未见饱和[49]。Eu^{3+}的所有发射谱线随温度升高而增强，这还是少见的。在 Eu^{3+}的 200～350nm 的激发光谱中呈现很强的宽带，主要是 V^{5+}→O^{2-}的电荷转带 CTB 跃迁吸收。VO_4^{3-} 的 π 轨道能使 VO_4^{3-} 和 Gd^{3+}、Eu^{3+}等稀土离子的电子波函数有效地重叠，导致 VO_4^{3-} 和稀土离子可通过交换作用有效地传递能量。

11.7 Eu^{3+}激活的发光材料应用

人们经过多年对Eu^{3+}的光谱性质、能量传递及发光材料等科学地研发，利用这些基础研究成果，发展一些重大产业及产业链，产生重要的经济和社会效益。同时也为新的潜在应用奠定可靠基础。Eu^{3+}激活的发光材料成功地应用，实现产业化及新应用领域前景主要体现在下述领域。

11.7.1 传统彩电和显示用 Y_2O_2S:Eu 红色荧光体

1964—1986 年先后成功地研制出高效的 YVO_4:Eu、Y_2O_3:Eu 及 Y_2O_2S:Eu 3 种红色荧光体，尽管当时 Y_2O_3 和 Eu_2O_3 昂贵，经性价比争论，最终一致同意在阴极射线显像管中采用 Y_2O_2S:Eu 红色荧光体。1971 年发现微量 Tb^{3+}、Pr^{3+}可使 Eu^{3+}的发光强度成倍提高，使该荧光体顺利实现大规模产业化。

作者经历了中国 1973—1975 年彩电荧光粉的“会战”，找出一些杂质等对红色荧光粉效率严重影响的因素，指导中国高纯 RE_2O_3 实现产业化，进入新时代，走向世界。这强有力地帮助了国内彩电红色荧光粉生产的国产化，并推动了我国高纯稀土氧化物产业链发展和出口。

由于几种红色荧光体的高质量，人们依据不同的用途调控它们的发光性质、色坐标和余辉等参数，并与其他荧光体组合，发展不同用途的材料。例如，在文献［1］所述，编号为 P50 是由 Y_2O_2S:Eu+(Zn，Cd)S:Cu,Al 组成，而编号为 P51 是由 YVO_4:Eu+（Zn，Cd）S:Ag,Ni 组成的电压穿透式荧光粉。即在不同穿透深度的电子束加速电压工作下，发射不同的颜色和余辉，用橙黄色显示原始雷达信息，用绿色显示综合信息，避免任何混乱，用于空中交通控制系统、航空雷达、飞行模拟器等军民领域。

进入 20 世纪 80 年代后，人们要求彩色、黑白和琥珀色显示器具有亮度高、分辨率高、大信息量及抗闪烁等特性，促进了 $InBO_3$:Eu 和 $InBO_3$:Tb 橙色和绿色及 $InBO_3$:Eu，Tb 琥珀色抗闪烁荧光体的发展[50]。它们的余辉在 25ms 左右，曾被用于抗闪烁的终端显示器中，但现已淘汰。

11.7.2 高效 Y_2O_3:Eu 红色荧光体

众所周知，Y_2O_3:Eu 红色荧光体在 254nm 激发下的量子效率很高，接近 100%，制备相对方便。故从 20 世纪 70 年代末至今，一直被许多国家生产用于紧凑型荧光灯中。在中国，有多家厂家在生产，产量曾达百吨级，并有部分出口，创造了巨大经济的效益。

11.7.3 Eu^{3+}掺杂的闪烁体和透明陶瓷

如前文所述，高温立方型（$Y_{1-x}Gd_x$）$_2O_3$:Eu($0<x\leqslant90$) 红色荧光体，其发光效率高和 Y_2O_3:Eu 基本相同，但 Gd^{3+}的含量很高，基质密度比 Y_2O_3:Eu 高很多，效率比低温型立方 Gd_2O_3:Eu 高。因此制成透明陶瓷或将这类红色荧光体（包括纳米）分散于合适的玻璃陶瓷中，用在衰减寿命不高的医疗图像闪烁体领域中是有应用前景的。由于发光量子产

频高，发射红可见光，很方便和探测器匹配；和 Lu_2O_3:Eu 相比，$(Y,Gd)_2O_3$:Eu 价格便宜；和单晶相比，$(Y,Gd)_2O_3$:Eu 容易制备，可制成各种形状，成本低。

由于透明玻璃陶瓷具有制备方便，容易制成各种几何形状，价格便宜的优点。近年来有人提出 Eu^{3+}掺杂的透明锗酸盐玻璃陶瓷用于 X 射线探测闪烁体[51]。

事实上，在国际上也有人提出 $(Y,Gd)_2O_3$:Eu^{3+}透明陶瓷，Lu_2O_3:Eu^{3+}涂层和薄片用作闪烁体[52-53]。这类透明陶瓷材料的发光与电荷耦合探测器的光谱灵敏匹配度良好，密度高，在成像中具有高对比度和高分辨率等优点。它们可用作闪烁体，用于原子、分子的静态成像器件及普通医疗图像器件等领域中。

11.7.4 磁-光双功能纳米材料及在生物成像中的应用

因为 Gd^{3+}的 $4f$ 电子组态具有 7 个未成对电子构成（$4f^7$），所以它的化合物具有强的顺磁体性质。这样，将具有发光和磁性双功能的纳米材料组合于一体同时具有磁光特性。这不仅可用于外磁场操纵，也可用发光成像技术即时观察。

有两种方案可实现这种磁-光双功能材料。一种方案选用含 Gd^{3+}的高效纳米荧光体。如 Eu^{3+}激活的 Gd_2O_3、$(Y,Gd)_2O_3$、Gd_2O_2S、$GdVO_4$、$(Y,Gd)PO_4$、GdOBr、Gd_2O_2S：Tb、$(Y,Gd)PO_4$:Tb、Gd_2SiO_5:Tb、$(Y,Gd)_3Al_5O_{12}$:Ce、$AGdF_4$:Er，Yb、$AGdF_4$:Eu 等。另一种方案是纳米荧光体和磁性材料核壳结合，如用 Fe_3O_4 纳米和任何高效的纳米荧光体组合，如 Fe_3O_4@YF_3:Eu^{3+}。

这种技术受到了广泛重视，可被广泛用于生物成像和检测、医学诊断、磁共振（MR）图像对比测试剂、生物标记和生物传感器等领域。例如将磁光双功能的 Gd_2O_3:Eu^{3+}纳米荧光体用作 MR 成像的对比试剂，成功对肺癌细胞对比分析[54]。用 465nm 或 405nm 激发，Gd_2O_3:Eu 纳米荧光体发射 Eu^{3+}的$^5D_0 \to ^7F_J$跃迁发射，主发射为 613nm 橙红光。文献[55]所给出的彩色图片对比照片表明 Gd_2O_3:Eu 纳米晶能够进入活性肺癌 NCI-H460 细胞，且毒性低，可用于细胞成像。

作者认为，或许这种技术可用于新冠肺炎的诊断图像对比分析。

11.7.5 在照明、显示、太阳能电池、植物生长及中红外等领域中的应用

节能的白光 LED、取之不尽的太阳能电池能源及农作物增产是人们生活和经济发展的重大领域，应不断要求提高它们的光转换效率。NUV 白光 LED、太阳能电池及植物生长照明有共同点及关联性。主要涉及发光材料的光转换效率。如果 NUV 白光 LED 所用的高效光转换荧光体的问题解决，它们也可能用于太阳能电池和农作物（包括蔬芽）照明。当然，它们的要求也有差别。

Eu^{3+}/Sm^{3+}、Eu^{3+}/Tb^{3+}共掺杂荧光体可适用于上述领域，但对 NUV 白光 LED 方案是不够的。正如作者在文献［8］中指出，此方案最主要的瓶颈是由于 Eu^{3+}、Sm^{3+}等三价稀土离子的吸收是内层 $4f$—$4f$ 能级电子跃迁，很窄的吸收（激发）谱线。振子强度低，吸收截面小。其半高宽远小于 LED 和太阳光的发射谱宽度，不能充分有效地吸收它们的 NUV 或者蓝光能量，导致光转换效率低下。这是有待解决的问题。在文献［8］曾提出研发白光 LED 用荧光体的几种原则和方案，用于太阳能电池和植物照明也是适用的。这里再强调几点：

（1）制备Eu^{3+}、Sm^{3+}、Dy^{3+}、Tb^{3+}、Eu^{2+}、Ce^{3+}、Bi^{3+}等离子分别共掺杂的发光材料。这些离子在NUV区有丰富的吸收（激发）光谱，增加和扩大吸收光谱范围（面积），而且可能发生能量传递。这样，可导致光转换效率提高。

（2）发展相关稀土离子掺杂高效发光的玻璃。依据光谱非均匀宽化原理，稀土离子，如Eu^{3+}、Sm^{3+}、Dy^{3+}等离子在无序玻璃中吸收（激发）光谱宽化。与在晶体中相比，吸收截面将成倍增加，这样大大提高了这些离子对NUV光和蓝光的吸收，提高了光转换效率。例如$Cd_3Al_2Si_3O_{12}$:Eu^{3+}（CdAS:Eu^{3+}）硅酸盐玻璃激发光谱，如图11-13所示，其半高宽达17.5nm左右。而镧锂硼酸盐BLBL:Eu玻璃[57]，CdAS:Eu^{3+}[56]和$Li_2B_4O_7$:Sm^{3+}等玻璃均具有类似性质。

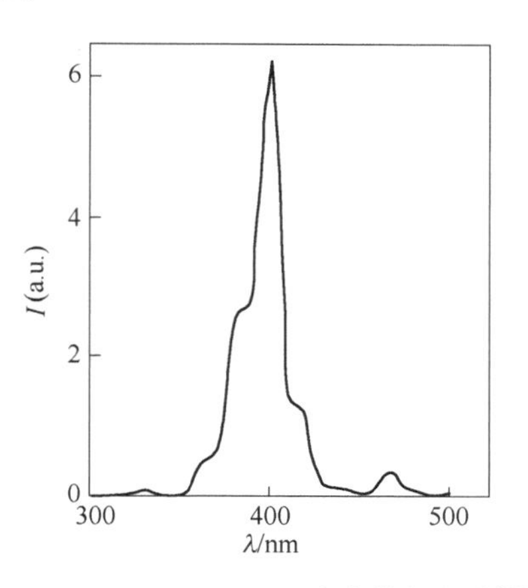

图11-13 CdAS:0.01Eu玻璃激发光谱[56]
（λ_{em}=612nm）

（3）使荧光体的CTB或Eu^{3+}，Ce^{3+}及Bi^{3+}的激发带红移，和LED及太阳光谱中NUV发射光谱匹配。设计使金属-配位基，如Eu^{3+}-O^{2-}，V^{5+}-O^{2-}，$W(Mo)^{6-}$-O^{2-}等构成的CTB向长波扩展，红移到NUV区或利用Eu^{3+}、Ce^{3+}、Bi^{3+}等离子在NUV区产生强吸收带。它们尽可能高效地吸收太阳光和LED发射的NUV光能量，转换成Eu^{3+}、Sm^{3+}、Dy^{3+}、Mn^{2+}、Ce^{3+}等离子可见光发射。此方案的原理是行之有效的。例如，在$LnVO_4$:Eu或Y_2O_3:Eu中共掺少量Bi^{3+}，部分取代Ln^{3+}成为$LnVO_4$:Eu^{3+},Bi^{3+}、Y_2O_3:Eu^{3+},Bi^{3+}，激发光谱扩展到NUV吸收范围。又如La_2O_2S:Eu^{3+} CTB的能量位于$27.5\times10^3cm^{-1}$，而在Y_2O_2S:Eu^{3+}中大约为$30.0\times10^3cm^{-1}$。和Y_2O_2S:Eu相比，La_2O_2S:Eu的CTB向长波UV红移30.6nm，此方案中的CTB，Eu^{3+}、Ce^{3+}及Bi^{3+}的吸收光谱很宽、可调，且吸收效率很高，容易将吸收能量传递发射中心离子等。

（4）对于三种应用领域有共同要求和关联性，但也有不同之处。共同要求为必须光转换效率高，其他性质再好无用。对于白光LED照明而言，还要求有优良的CIE色坐标（x，y）参数。而植物生长光合作用需要蓝光和红光，特别需要深红色辐射光，需要引入Mn^{2+}或Mn^{4+}等发深红光离子。它们相对光转换的发光材料价格便宜。而目前白光LED使用的氮化物$CaAlSiN_3$:Eu^{2+}、$SrSi_5N_8$:Eu等红色荧光体是可以用于农作物大棚的，但价格太昂贵。对太阳能电池来说，所用的无论是上转换还是下转换发光材料都必须具有对太阳光谱有极佳的透过率和稳定性，对CIE色坐标无要求。

（5）实现NUV白光LED照明，利用三基色荧光体具有优势也有难度。选用最佳三基色荧光体配制，理论上具有更佳流明效率，其色温和CIE色坐标可任意调制。国内外均有发展，甚至申请专利。近来报道了一种$CaLu(AlO)_3(BO_3)_4$:Eu^{3+}（CLAB:Eu^{3+}）新红色荧光体[58]。在397nm激发下，CLAB:Eu^{3+}发射主峰621nm（$^5D_0\rightarrow{}^7F_2$）红光，其CIE色坐标$x=0.657$，$y=0.343$。红色色纯度高达93%，内量子效率（IQE）高达98.5%，但外量子效率仅为29.1%。将CLAB:Eu^{3+}用作红成分与（Ba,Sr)$_2SiO_4$:Eu^{2+}绿色荧光体和

$BaMgAl_{10}O_{17}:Eu^{3+}$蓝色荧光体混合组成三基色荧光体。在397nm LED芯片激发下，得到色温6895K，显色指数 $R_a=81$，其色坐标 $x=0.304$、$y=0.339$ 的白光，尽管光效不高为30.89lm/W。这样的数据还是少有报道。

目前，国内外用荧光体光转换的NUV白光LED的光效都不高。依据作者的基础和工作经验，认为主要原因如下：1）目前NUV LED芯片的光通量和光效很低，稳定性也不满意，无法和GaN蓝芯片相比，导致NUV白光LED光效很低。2）缺少新的封装工艺和封装材料。目前NUV白光LED的实验多采用传统蓝光LED封装工艺和材料，这是不行的。必须选用合适的树脂及新的封装工艺和材料。这一点目前是不成熟的。3）防止没被吸收的NUV光逸出，伤害人眼等有待创新发展。

白光LED中使用 $CaAlSiN_3:Eu^{2+}$、$Sr_2Si_5N_8:Eu^{2+}$ 氮化物红色荧光体获得满意的结果，但它们的制备涉及高温高压，极为复杂。原材料碱金属氮化物不易方便获得，且具有一定的危险性，价格极为昂贵，希望发展白光LED用的新的红色荧光体具有自己的创新，制备简便、性能优良、价格便宜，人们正在努力。

最近，单掺 Mn^{4+} 及 $Mn^{4+}+Eu^{3+}$ 共掺杂的 M_2LnAO_6（M：碱土，Ln：稀土，A：Nb，Ta，Sb）双钙钛矿家族发光材料深受关注，其特别是在长波紫外光、蓝光激发下发射强的 Mn^{4+} 的特征深红色荧光。在 Eu^{3+} 和 Mn^{4+} 共掺杂的这类铌/钽酸盐双钙钛矿荧光材料中[59-60]，发射深红光，使WLED中红色更鲜艳，显色性更佳，用作室内农作物（蔬菜）光源，可使蔬菜早熟并增产。而 $Ca_2LnSbO_6:Eu^{3+}Mn^{4+}$ 荧光体[61]在340nm激发下，发射峰681nm，也可用于植物生长的LED光源中。

（6）显示、红外。蓝光LED显示及近年来兴起的投影激光电视需要高效发射锐谱线红色荧光体。一些 Eu^{3+} 激活的钨/钼酸盐、磷酸盐等荧光体，在这新领域中的应用颇具吸引力。近来发展出一种 $LiY_5P_2O_{13}:Eu^{3+}$ 新红色荧光体[62]。该红色荧光体在395nm NUV激发下的相对强度是 $Y_2O_2S:Eu$ 的3.9倍。在蓝光激发下比现用的 $Sr_2Si_5N_8:Eu^{2+}$ 强度稍低，但积分强度高。其温度猝灭特性介于氮化物和硫氧化物之间。它不仅可用于NUV和蓝光LED之中，若用作液晶背光源和激光显示器中则具有更多的优点：红色色饱和度高，锐谱线导致分辨率高，超高清晰度，合成简便，价格低廉等。这些是 Eu^{2+} 激活的氮氧化物红色荧光体不能媲美的。这种新的红色荧光体还有诸多改进的空间。此外，某些 Eu^{3+} 激活的钨钼盐和一种特殊的 $BiSr_2V_3O_{11}:Eu^{3+}$ 钒酸盐也能被约465nm的蓝光高效激发，发射强锐红光，也有望用于LED显示器及投影激光电视中。随着科技发展，人们也关注稀土氧化物的中红外发射和吸收，涉及红外隐身技术。Eu^{3+} 的光学光谱可以扩展到中红外3~5μm透射红外窗口[63-64]。而一些 RE_2O_3 具有红外发射和吸收特性。

总之，在上面所述的一些重要应用领域 Eu^{3+} 依然具有很大的发展空间和前景。

参考文献

[1] 刘行仁. 阴极射线发光材料的进展 [J]. 发光学报，1998，10（3）：243-262.
[2] YEN W M，SHIONYA S. Phosphor Hand-Book [M]. New York：CRC Press，1998：511-520.
[3] LIU X R，ZHANG Y L，WANG Z H，et al. Luminescence and Charge transfer bands of the Sm^{3+} and Eu^{3+} in $Mg_3BO_3F_3$ [J]. J. Liumin.，1988，40/41：885-886.
[4] 徐叙瑢，苏勉曾. 发光学与发光材料 [M]. 北京：化学工业出版社，2004.

[5] STRUCK C W, FONGER W H. Role of the charge-transfer states in feeling and thermally empting the ^5D state of Eu^{3+} in yttrium and lanthanum [J]. J. Liumin., 1970, 1/2:465-468.

[6] BLASSE G, GRABMAIER B C. Luminescent Materials [M]. Springer-Verlag belin Heideberg, 1994: 41-44.

[7] 吴长峰，李殿超，曹林，等. $La(BO_2)_3$ 基质中 Eu^{3+}的发光性质与晶体结构的关系 [J]. 发光学报，2000，21 (3):210-213.

[8] 刘行仁. 白光 LED 固态照明光转换荧光体 [J]. 发光学报，2007，28 (3):291-301.

[9] 韩建伟，林林，童玉清，等. Eu^{3+}激活的 $Li_2Gd_4(MO_4)_7$钼酸盐红色荧光体及发光性质 [J]. 稀土，2012，33 (2):48-54.

[10] PANDEY R K. $Li_2Gd_4(MO_4)_7$: a new paramagnetic, ferroelectric crystal [J]. J. Phys. Soc. Japan, 1974, 36 (1):177.

[11] 郭常新，潘凌. $Na_5Eu(WO_4)_4$ 的晶体生长和光学特性研究 [J]. 中国稀土学报，1991，9 (2): 135-141.

[12] 裴轶慧，刘行仁. 超细 Y_2O_3:Eu 荧光粉的阴极射线发光和光致发光 [J]. 发光学报，1996，17 (1): 52-55.

[13] HAGUE M M, KIM D K. Luminescent properties of Eu^{3+} activated $MLa_2(MoO_4)_4$ based (M= Ba, Sr and Ca) novel red-emitting phosphor [J]. Mater. Lett., 2009, 63:793-796.

[14] BRIXNEX L H. $Li_{0.286}Gd_{0.571}\Phi_{0.143}MoO_4$: a scheeltite type solid solution [J]. J. Phys. Soc, Japan, 1975, 38:1218.

[15] PIRIOU B, CHEN Y F, VILMINOT B. Unusual luminescent properties of Eu^{3+} in α cordierite [J]. Eur. J. Solid State Inorg. Chem., 1995, 32:469-481.

[16] RASUK K, BALAJI D, BABU S M. Spectroscopic properties of Eu^{3+}:$KLa(WO_4)_2$ novel red phosphor [J]. J. Lumin., 2016, 170: 547-555.

[17] BOUZIDI C, FERHI M, ELHOUICHET H, et al. Spectrascopic properties of rare-earth (Eu^{3+}, Sm^{3+}) doped $BaWO_4$ powders [J]. J. Lumin., 2015, 161:448-455.

[18] BELHOUCIF Q, VELAZQUEZ M, PLANTEVIN O, et al. Optical Spectroscopy and magnetic behaviour of Sm^{3+} and Eu^{3+} cations in $Li_6Eu_{1-x}Sm_x(BO_3)_3$ Solid Solution [J]. Opt. Mater., 2017, 73: 658-665.

[19] DHAMODHARA NAIDU M, RAJESH D, BALAKRISHNA A, et al. Kineties of fluorescence properties of Eu^{3+} ion in strontium-aluminium-bismuth-borate glasses [J]. J. Rare Eares, 2014, 32 (2):1140-1147.

[20] DHANANJAYA N, SHIVAKUMARA C, SARAF R, et al. Comparative study of Eu^{3+}-activated LnOCl (Ln =La and Gd) phosphors and their Judd-ofelt analysis [J]. J. Rare Eares, 2015. 33 (9):946-953.

[21] LIU T, MENG Q Y, SUN W J. Lumminescent properties of Eu^{3+} doped $NaY(WO_4)_2$ nanophosphors prepared by modten salt method [J]. J. Rare Earths, 2015, 33 (9):915-921.

[22] MA D, LIU X, PEI Y, et al. Y_2O_3:Eu nanophosphor [C]// The Third International conrference on the Science and Technology of Display Phosphors, 1997.

[23] 马多多，裴轶慧，曹林，等. Ln_2O_3:Eu (Ln=Y, Gd) 纳米晶 [J]. 发光学报，1996，17 (专辑): 88-90.

[24] 马多多，刘行仁，孔祥贵. 立方 Gd_2O_3:Eu 纳米晶及光谱性质 [J]. 中国稀土学报，1997，17 (2): 176-179.

[25] 裴轶慧，刘行仁. 超细 Y_2O_3 荧光粉的阴极射线发光和光致发光 [J]. 发光学报，1996，17 (1): 52-57.

[26] BUTLER K H. Fluorescent Lamp Phosphors Technology and Theory [M]. The Persylvania state University Press, 1980.

[27] 刘行仁. 单斜 Cd_2O_3:Eu^{3+}的晶体结构和发光性质 [R]. OSRAM（中国）荧光材料有限公司工作总结报告，2011.

[28] 段昌奎，夏上达，张慰萍. 纳米 X_1-Y_2SiO_5:Eu^{3+} 发光光谱理论研究 [J]. 物理学报，1997，46:1472.

[29] 黄世华，由芳田，彭鸿尚，等. 表面对钠米微粒中稀土离子光谱性质的影响 [J]. 中国稀土学报，2007，25（4）:396-401.

[30] MELTZER R S, FEOFILOV S P, TISSUE B. Dpendence of fluorescence lifetimes of Y_2O_3 : Eu^{3+} nanopaticles on the surrouding medium [J]. Phys. Rev. B., 1999, 60:14012.

[31] YU L X, LI F H, LIU H. Fabrication and Photoluminescent Charateristics of one-dimensional La_2O_3S: Eu^{3+} nonocrystals [J]. J. Rare Earths, 2013, 31 (4):356-359.

[32] 刘行仁，谢宜华，王晓君，等. 立方（$Y_{1-x}Gd_x$）$_2O_3$:Eu（$0<x\leqslant 0.9$）红色荧光体的晶体结构 [C]//稀土功能材料及应用98学术会议，北京，1998.

[33] LURE D S, CARVALHOARIOSVALDO J S, SILVAMARCOS V, et al. The effect of different chelating agent on the lattice stabilization, structural and luminescent properties $Gd_3Al_5O_{12}$:Eu^{3+} of phosphors [J]. Opt. Mater., 2019, 98:109449.

[34] WANG S J, XU C C, QIAO X B. Enhanced photoluminescence of red-emitting $KCa(PO_3)_3$: Eu^{3+} phosphors by charge compenstion [J]. Opt. Mater., 2020, 107:110102.

[35] CHEN Y H, LIU B, SHI C S, et al. Quantum Cutting in Gd_2SiO_5:Eu^{3+} by VUV excitation [J]. Science in China, 2003, 46 (1):17.

[36] 郭常新，刘行仁，申五福. Y_2O_2S:Sm，Tb 中使 Sm^{3+}发光增强的机理 [J]. 发光学报，1979，1:187-192.

[37] GUO C X, ZHANG W-P, SHI C S. Enhancement mechanism of luminescent of RE^{3+} (Eu^{3+}, Sm^{3+}, Dy^{3+}) in Y_2O_2S phosphor by a trace of Tb^{3+} [J]. J. Lumin., 1981, 24/25:297-300.

[38] 山元明. 稀土类荧光体的发光效率 [C]//第八次中日稀土双边交流会. 北京，1998.

[39] YAHIAOUI Z, HASSAIRI M A, DAMMAK M, et al. Tunable luminescence and energy transfer properties in YPO_4:Tb^{3+}, Eu^{3+}/Tb^{3+}phosphors [J]. J. Lumin., 2018, 194:96-101.

[40] SHI S K, ZHANG X J, WANG S P, et al. Precipitation synthesis and color- tailorable luminescence of α-$Zr(HPO_4)_2$:RE^{3+} (RE = Eu, Tb) nanosheet phosphors [J]. J. Am. Ceram. Soc., 2015, 98 (12): 3636-3841.

[41] STEUDEL F, LOOS S, AHRENS B, et al. Quantum efficiency and energy transfer processes in rare earth doped borate glass for solid-state lighting [J]. J. Lumin., 2016, 170:770-777.

[42] LIN H, PUN E Y B, WANG X J, et al. Intense visible fluorescent and energy transfer in Dy^{3+}, Tb^{3+}, Sm^{3+} and Eu^{3+} doped rare earth borate glasses [J]. J. Alloys Compounds, 2005, 390: 197-201.

[43] PARK H L, CHUNG C H, HONG K S, et al. $Ce^{3+}\rightarrow Eu^{3+}$ energy transfer in CaS phosphor [J]. J. Lumin., 1988, 40841:647-648.

[44] REISFELD R, LIEBLICH N, BOEHM L. Energy transfer between $Bi^{3+}\rightarrow Eu^{3+}$, $Bi^{3+}\rightarrow Sm^{3+}$ and $UO_2^{2+}\rightarrow Eu^{3+}$ in oxide glasses [J]. J. Lumin., 1976, 12/13:749-753.

[45] MOINE B, BOURCET J C, BOULON G, et al. Interaction mechanisms in $Bi^{3+}\rightarrow Eu^{3+}$ energy transfer in germanate glass at low temperature [J]. J. Physique, 1981, 42:499-503.

[46] MAHALLEY B N, PODE R B, GUPTA P K. Synthesis of $GdVO_4$:Bi, Eu red phosphor by combustion process [J]. Phys. Stat. Sol. (a), 1999, 177:293-302.

[47] LI L, PAN Y X, HUANG Y, et al. Dual-eminssions with energy transfer from the phosphor $Ca_{14}Al_{10}Zn_6O_{35}Bi^{3+}$, Eu^{3+} for application in agricultural lighting [J]. J. Alloys Compds., 2017 (9):47.

[48] 李彬，田一光，白玉白，等. Bi^{3+}和Eu^{3+}在Ca_2SiO_4中的发光和能量传递［J］. 发光学报，1989，10（5）:110-116.

[49] 刘波，施朝淑，张庆礼. 特殊的$GdVO_4$:Eu^{3+}发光的温度猝灭［J］. 中国稀土学报，2001，19（1）：88-90.

[50] 张英兰，刘行仁，孙铁铮，等. Tb^{3+}和Eu^{3+}激活$InBO_3$的合成及其发光性质［J］. 光电技术，1991，32：207-212.

[51] ZHAO J T，HUANG L H，ZHAO S L，et al. Eu^{3+} doped transparent gemanates glass ceramic scintillators containing LaF_3 nanocrystals for X-ray detection［J］. Opt. Mater.，2019，9（2）：576.

[52] KIM Y K，KIM H K，KIM D K，et al. Synthesis of Eu-doped（Gd，Y）$_2O_3$ transparent optical ceramic scientillator［J］. J. Mater. Res.，2004，19:413.

[53] TOPPING S G，SARIN V K. CVD Lu_2O_3:Eu Coatings for advanced Scintillator［J］. Inter. J. of Refractory Metals and Hard Materials，2009，27（2）:498-501.

[54] MAJEED S，SHIVASHANKAR S A. Rapid，microwave-assisted Synthesis of Gd_2O_3 and Eu:Gd_2O_3 nanocrynstal：characterization，magnetic，optical and biological Studies［J］. J. Mater. Chem. B，2014，2:5685.

[55] WU Y L，XU X Z，LI Q L，et al. Synthesis of bifunctional Gd_2O_3:Eu^{3+} nanocrystals and applications in biomedical imaging［J］. J. Rare Earths，2015，33（5）:529-534.

[56] 袁剑辉，刘行仁，林海，等. 镉铝硅酸盐玻璃中Eu^{3+}离子的发光［J］. 发光学报，1998，19（1）：91-93.

[57] 刘行仁，王晓君，林海，等. 镧锂硼酸盐和镉铝硅酸盐玻璃中Eu^{3+}的光学光谱［J］. 中国稀土学报，2000，18（专辑）:4-6.

[58] QIAO J W，WANG S Y，LI B，et al. High-brightness and high -color purity red-emiting Ca_3Lu（AlO）$_3$（BO_3）$_4$:Eu^{3+} phosphors with internal quantum efficiency close to unity for near-ultraviolet-based white-light emitting diodes［J］. Opt. Mater.，2018，43（6）：1303-1310.

[59] LIU Q，CHEN Z，CHEN X H，et al. Eu^{3+} and Mn^{4+} Co-doped $BaLaMgNbO_6$ double perovskite phosphor for WLED application［J］. J. Lumin.，2022，246：118808.

[60] YUN X，ZHOU J，et al. A potentially multifuction double-perovskite Sr_2ScTaO_6:Mn^{4+}，Eu^{3+} phosphor for optical temperature sensing and indoor plant growth lighting［J］. J. Lumin.，2022，244：118724.

[61] HE X，FAN P，CHEN Y H，et al. Versatile Ca_2LnSbO_6:Eu^{3+}/Mn^{4+}（Ln = La，Y，Ga，Lu）for plant growth LED［J］. J. Amer. Cer. Soc.，2023，106（6）：3568-3583.

[62] QIAO J W，WANG L，LIU Y F，et al. Preparation photoluminescence and thermally stable luminescence of high brightness red $LiY_5P_2O_{13}$:Eu^{3+} phosphor for white LEDs［J］. J. Alloys Compounds，2016（5）:62.

[63] HARRIS D C. Durable 3-5μm transmitting infrared window materials［J］. Infrare Physics & Technology，1998，39:185.

[64] 张伦，黄莉雷，付晏彬，等. 纳米Y_2O_3:Eu（Y_2O_3）粉体的红外光谱研究［J］. 中国计量学院学报，2007，18（1）:75.

12 Gd^{3+} 的发光特性和能量传递

$Gd^{3+}(4f^7)$ 是一个具有 4*f* 电子壳层半填满的特殊稀土离子，具有顺磁性。早期对它的光谱性质认识不足。Gd^{3+}不仅被广泛用作许多发光和激光材料的组成，也被用作激活剂和敏化剂。在能量传递过程中起着重要作用。含 Gd 的许多发光和激光材料已获得广泛使用。

Gd^{3+}的 4*f* 电子组态相对较简单，主发射能级$^6P_{7/2}$,$^6P_{7/2}\rightarrow{}^8S_{7/2}$基态跃迁发射特征 310~315nm 的紫外光。本章主要从 5 个方面予以介绍：(1) 发光和激光基质的组成及应用；(2) Gd^{3+}是激活剂；(3) 能量传递过程中的受主作用；(4) 能量传递过程中的施主作用；(5) 能量传递中的中介作用；(6) 讨论能否实现 Gd^{3+}的约 312nm 紫外线激光可能性等。

12.1 含 Gd^{3+}的发光和激光基质材料及应用

含 Gd^{3+}的发光和激光基质材料种类很多，涉及单晶、多晶、玻璃及陶瓷等，它们具有不同的功能和用途。

(1) 信息显示用荧光体。最典型的例子是硫氧化钆 Gd_2O_2S。它是 Tb^{3+}激活的高效绿色荧光体的优良基质。$Gd_2O_2S:Tb$ 和 $Gd_2O_2S:Tb,Dy$ 在 CR、UV 和 X 射线激发下，发射的能量绝大部分集中在很窄的 544nm±1nm 内。用它们制作的 CRT 显示器的分辨率和清晰度极高，发光亮度高，在高环境光下信息显示清晰，被用于航空领域军民应用之中[1]。

(2) 闪烁体。由于 Gd 的质量大，密度高，易有效吸收 X 射线、高能粒子，原料价格便宜，故常被用作闪烁体的基质组成，发展各种闪烁体。

$Gd_2O_2S:Pr,Ce,F$ 陶瓷闪烁体是利用高压下 1300℃ 高温热静压技术制成大尺寸半透明陶瓷闪烁体，克服单晶难以制备大尺寸的缺点。$Gd_2O_2S:Pr^{3+},Ce^{3+},F^-$ 闪烁体中，加入 Ce^{3+}可减小余辉，卤素可改变发光效率。该闪烁体与硅光电二极管响应匹配。用在 X 射线 CT 中有许多优点。在成像相同对比度质量的情况下，可减少头部、腹部的 X 射线透视剂量分别为 40%、30%。而 $(Y,Gd)_2O_3:Eu^{3+}$ 陶瓷闪烁体也具有类似性能，可参见第 11 章 Eu^{3+}的章节。它们都比传统 $CdWO_4$ 闪烁体光输出高。

$Gd_2SiO_5:Ce$(GSO:Ce) 闪烁体具有高的有效原子序数，密度为 7.13g/cm^3，吸收系数高，发光衰减时间快（约 60ns），光输出高，超过 BGO 闪烁体，具有广泛用途。

(3) 照明用荧光体。$(Y_1Gd)_3Al_5O_{12}:Ce$ 是 21 世纪以来被广泛应用于固态照明白光 LED 中不可缺少的黄绿色荧光体，起着光转换的关键作用。随着组成中 Gd^{3+}取代 Y^{3+}量的增加，Ce^{3+}的发射向长波移动，增加光谱中橙色成分，有利提高白光 LED 光源的显色性和显色指数，又不影响光通量。图 12-1 表示荧光体在 460nm 激发下，Ce^{3+}的发射光谱随

Gd^{3+}浓度变化规律。随Gd^{3+}浓度增加，Ce^{3+}的发射光谱向长波红移。这种规律已获得实际应用。

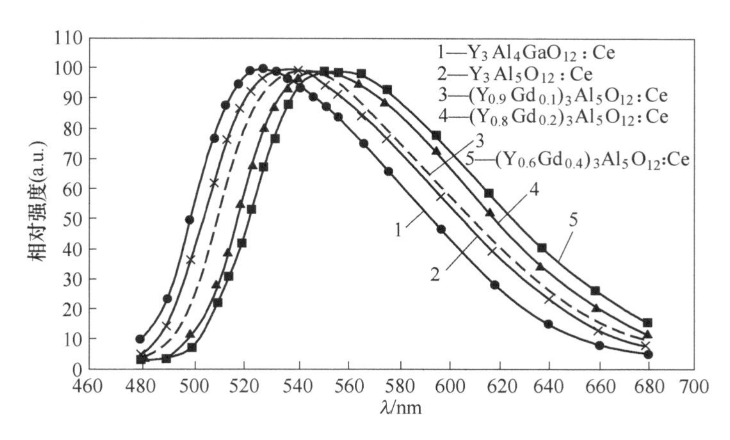

图 12-1 Ce^{3+}激活的稀土石榴荧光体的发射光谱[2]

$(Ce,Gd)MgB_5O_{12}$:Mn^{2+}和（$Ce,Gd)MgB_5O_{12}$:Td^{3+}荧光体中，Gd^{3+}既是基质的组成部分，也是在能量传递过程中的中介体。这两种荧光体结合，其量子效率高达90%以上。它们应用于低色温、高显色性的荧光灯中。还有高效的立方（$Y,Gd)_2O_3$:Eu^{3+}红色荧光体。

（4）上转换及下转换纳米荧光体。$AGdF_4$:Er^{3+},Yb^{3+}（A=Li，Na，K等）上转换纳米荧光体及Gd_2O_3:Eu等下转换纳米荧光体近年来成功地用于生物医学医疗诊断中，如对癌、肿瘤等的诊断，获得很好的效果。其中利用Gd^{3+}具有顺磁性，作为磁-光双功能纳米材料，特别适合核磁共振等成像检测仪。

（5）激光材料。作为激光晶体中含钆组成的基质材料很多[3-4]，已研究的有MF_2-GdF_3（M=Ca，Sr，Ba）复合氟化物，$GdAlO_3$，$Gd_3Sc_2Al_3O_{12}$(GSG)、$Gd_3Ga_5O_{12}$(GGG)、$Gd_3Sc_2Ge_3O_{12}$、$(Er,Gd)_3Al_5O_{12}$等石榴石体系，$AGd(WO_4)_2$，$AGd(MoO_4)_2$(A=Li,Na,K)、$Na_{0.5}Gd_{0.5}WO_4$、$Gd_2(MoO_4)_3$ 等钨钼酸盐，$CaGd_4(SiO_4)_3O$、$(Nd,Gd)Al_3(BO_3)_4$等含氧盐材料。

（6）含Gd^{3+}光纤玻璃。这类玻璃可用于具有低损耗特性的光纤，如GdF_3-BaF_2-ZrF_4等。

12.2 Gd^{3+}的发光（激活剂）

Gd^{3+}的4*f*能级电子组态相对比较简单。最低的激发能级$^6P_{7/2}$位于UV区，它下面只有相距很远的$^8S_{7/2}$基态。经过多年研究，已得知Gd^{3+}的4*f*电子的吸收（激发）跃迁主要发生在$^8S_{7/2}$基态→$^6G_{3/2}$(195nm)、$^6G_{9/2}$(<201~205nm)、^6D_J(244~247nm)、$^6D_{9/2}$(248~253nm）及^6I_J(270~280nm，主激发)。而发射谱主要分布在$^6P_{7/2}$→$^8S_{7/2}$（310~315nm，主发射）及$^6P_{5/2}$, $^6P_{3/2}$→$^8S_{7/2}$（300~308nm，很弱）。由于$^6P_{5/2}$和$^6P_{3/2}$能级与$^6P_{7/2}$能级的能量间距很小，它们布居粒子快速弛豫到$^6P_{3/2}$发射能级，导致$^6P_{7/2}$→$^8S_{7/2}$跃迁强的

UV 发射。Gd^{3+}的这些特性在许多发光材料中均清晰展现。

小于 281nm 的 UV 光对 Gd^{3+}掺杂的氟砷酸盐及氟磷酸盐玻璃激发[5]，Gd^{3+}被激发后，产生一条很强的 313nm（$^6P_{7/2}$→$^8S_{7/2}$）发射峰，以及很弱的 307.5nm（$^6P_{5/2}$→$^8S_{7/2}$）发射。而 Gd^{3+}的激发光谱是由 245nm、247nm 及 253nm（$^8S_{7/2}$→^6D_J）、237.5nm、276.5nm 和 279.5nm（$^8S_{7/2}$→^6I_J）组成。^6D_J和^6I_J多重态对粒子到达^6P_J发射能级起一个前驱体作用。即经过它们吸收能量后，无辐射弛豫到^6P_J发射能级。当 Gd^{3+}激发到^6D_J多重态后，产生来自^6P_J能级跃迁的强发光及来自^6I_J非常弱的发光，而所有^6D_J多重态不产生发光。在这类玻璃中，Gd^{3+}的荧光寿命为 9.2ms 左右。但在短波 245nm、253nm 及 274nm 激发时，出现一个与基质晶格和激发波长有关的上升时间的发光，表明有基质到 Gd^{3+}能量传递发生。

$(Y_{0.95}Gd_{0.05})_2SiO_5$ 单晶中 Gd^{3+}的阴极射线发光光谱也是由非常强的 313nm 锐发射及一个很弱的 307nm 组成。其 313nm 峰的半高宽仅为 2nm。

在单晶和玻璃中，Gd^{3+}的$^6P_{7/2}$→$^8S_{7/2}$跃迁发射呈现一条非常强而窄的发射谱线。从产生激光观点看，深受吸引。但是，Gd^{3+}的允许吸收带比 Y_2SiO_5 基质晶体的吸收边能量还高，而 Gd^{3+}的 4*f*5*d* 态及 CTB 的能量位置特别高，不可能对其直接进行光学泵浦；且在 273nm 处的$^8S_{7/2}$→^6I_J吸收截面对光学泵浦而言太窄太弱，难以实现激光。试图用电子束泵浦实现激光也失败。

这种高亮度窄带 Gd^{3+}发射的 UV 光特性及材料，可用作施主，获取新的发光材料；Gd^{3+}激活的 UV 发射材料可用于微电子印刷、光刻和医疗卫生中。含高浓度 Gd_2O_3 的玻璃也可用作闪烁体[6]。

12.3 能量传递中 Gd^{3+}的受主作用

如何提高受主 Gd^{3+}的$^6P_{7/2}$→$^8S_{7/2}$能级跃迁发射（约 313nm）强度，这里总结提出使 Gd^{3+}发射增强的方案。金属离子→Gd^{3+}的高效能量传递，增强$^6P_{7/2}$能级跃迁发射强度。金属离子主要包括 Tl^+、Pb^{2+}等具有 $d^{10}s^2$ 电子组态的类汞离子及 Pr^{3+}等稀土离子。

12.3.1 Pr^{3+}→Gd^{3+}的能量传递

Sr_2SiO_4:Pr^{3+},Gd^{3+} 硅酸盐体系中，Pr^{3+}→Gd^{3+} 高效无辐射能量传递已被我们观测到[7]。在 Sr_2SiO_4:Pr^{3+},Gd^{3+}体系中，由 240nm 激发，Pr^{3+}的发射光谱是由强的 276nm 和 318nm 宽带，以及一个较弱的 396nm 带所组成。而 Gd^{3+}的激发峰正好位于 276nm 附近（Gd^{3+}的$^8S_{7/2}$→^6I_J）。这样，在短波 UV 光激发下，Pr^{3+}的 276nm 发射带与 Gd^{3+}的 311nm 的激发带（^8I_J）重叠，导致 Pr^{3+}→Gd^{3+}高效能量传递发生。有关 Pr^{3+}→Gd^{3+}的能量传递及其光谱可参见 8.8.2 节。这种 Pr^{3+}→Gd^{3+}的能量传递结果在 $YAlO_3$:Pr^{3+},Gd^{3+}也明显观测到[8]。

如果 Pr^{3+}的最低能量的 4*f*5*d* 态位于^1S 能级（约 47000cm^{-1}）之上，Pr^{3+}→Gd^{3+}的能量传递不会发生。若 Pr^{3+}的 4*f*5*d* 组态位于$^1S_0$能级之下、Gd^{3+}的^6P_J能级之上时，由于 Pr^{3+}

的 $4f^2 \to 4f5d$ 跃迁是允许的，具有高的振子强度，人们可以利用激发 Pr^{3+} 的这个 $4f5d$ 态。这个 $4f5d$ 的跃迁发射和 Gd^{3+} 的 ^6D_J、^6I_J 能级吸收跃迁交叠，激发能可以从 Pr^{3+} 的这个能态无辐射传递给 Gd^{3+}。这个过程有可能受来自 Pr^{3+} 的辐射发射，以及 $4f5d$ 的无辐射反馈到 $4f^2$ 能级影响。所幸，在 Sr_2SiO_4 和 $CaSiO_3$ 中，Pr^{3+} 的 $4f5d$ 态跃迁不受此影响[7]，故 $Pr^{3+} \to Gd^{3+}$ 的能量传递效率很高。在 $GdBO_3:Pr$, $Li_6Gd(BO_3)_3:Pr$ 等荧光体中也是这种情况，即 $Pr^{3+} \to Gd^{3+}$ 存在高效能量传递。而在（$Y_1Gd)_3Al_5O_{12}:Pr^{3+}$ 石榴石中，因无合适的光谱交叠，能量传递效率很低或不存在。在 $Gd_{9.33}(SiO_4)_6O_2:Pr^{3+}$ 中也是如此。因为 Pr^{3+} 的 $4f5d \to 4f^2$ 弛豫速率比能量传递速率更快。

人们还需注意，在一些含 Gd^{3+} 化合物中，$Gd^{3+} \to Gd^{3+}$ 会发生能量迁移。若用电偶极-电偶极相互作用的 Dexter 方程式，通过 Gd^{3+} 的 $^6P_{7/2}$ 能级的 $Gd^{3+} \to Gd^{3+}$ 间能量传递可以计算临界距离 R_c。

$$R_c^6 = 0.6 \times 10^{28} \frac{4.8 \times 10^{-16}}{E^4} f_{ed} SO \tag{12-1}$$

式中，f_{ed} 为电偶极振子强度，可以从辐射衰减速率（$Wr = 1/\tau_0 = 300s^{-1}$）计算；$E = 4eV$；$SO$ 为光谱交叠。

由线宽倒数近似为 $80eV^{-1}$，可以得到 $R_c = 0.7nm$。在 $GdAl_3B_4O_{12}$、GdF_3、$NaGdF_3$、$LiGdF_3$、$Gd_3Li_3Te_2O_{12}$、Gd_2O_3 等材料均存在最近邻 $Gd^{3+} \to Gd^{3+}$ 之间的能量迁移[9-10]。此时 $Gd^{3+} \to Gd^{3+}$ 间最短距离一般为 0.4nm。而 Gd^{3+} 之间的能量传递的 R_c 与化合物的离子特性有关，氟化物中 R_c 约为 0.5nm，在氧化物中大约为 0.65nm。当然，当 $Gd^{3+} \to Gd^{3+}$ 间最短距离很大时，一些含 Gd^{3+} 化合物中不会发生能量沿 Gd^{3+} 迁移。例如在 $LiGdP_4O_{12}$、GdP_3O_9、$KGdP_4O_{12}$、$Cs_2NaGdCl_6$ 等化合物中。

在 $LiGdP_4O_{12}$ 中 Gd→Gd 距离为 0.56nm，无 Gd^{3+} 的能量迁移发生；相反具有 Gd→Gd 距离更远的 $GdAl_3B_4O_{12}$ 却依然有一定的能量迁移。这是因为在 $GdAl_3B_4O_{12}$ 的 Gd^{3+} 格位上无反演对称（三角菱形配位）。在此化合物中 Gd 离子的高度禁戒 $^6P \to {}^8S$ 发射跃迁含有比 $LiGdP_4O_{12}$ 更多的电偶极特点。而 $LiGdP_4O_{12}$ 中 Gd^{3+} 点对称更接近反演对称性。

12.3.2 $Tl^+ \to Gd^{3+}$ 及 $Pb^{2+} \to Gd^{3+}$ 的能量传递

一些具有 $d^{10}s^2$ 电子组态的类汞离子，如 Pb^{2+}、Bi^{3+}、Tl^+ 在 UV 区具有很强的吸收带，而发射可以位于 UV 和可见区。Tl^{3+} 可将激发能无辐射传递给 Gd^{3+}。一种硼酸盐玻璃在 229nm 短波 UV 光激发下，单掺 Gd^{3+}、Tl^+ 及 Gd^{3+} 和 Tl^+ 共掺的发射光谱和相对强度明显不同，是因为发生 $Tl^+ \to Gd^{3+}$ 间无辐射高效能量传递，成数量级提高 Gd^{3+} 的 312.5nm（$^6P_{7/2} \to {}^8S_{7/2}$）发射强度[9-10]。而位于 250~380nm Tl^+ 的宽发射带被减弱，叠加在 Gd^{3+} 发射带的下面。在 Tl^+ 浓度固定在 0.01%时，随受主 Gd^{3+} 浓度增加，硼酸盐玻璃中 $Tl^+ \to Gd^{3+}$ 间的能量传递速率 η 和概率 P 逐步增加。

Pb^{2+} 和 Bi^{3+} 的电子组态结构类似，基态 $^1S_0$，激发态按能量顺序为 $^3P_0$、$^3P_1$、$^3P_2$ 和 $^1P_1$ 等能级。其中 $^1S_0 \to {}^3P_0$ 和 $^1S_0 \to {}^3P_2$ 是禁戒跃迁，而 $^1S_0 \to {}^1P_1$ 是完全允许的跃迁。室温下，$SrO \cdot 3B_2O_3:Pb^{2+}$, Gd^{3+} 荧光体在 253.7nm 激发下的发射光谱为一个 285~335nm 强宽发射带，发射峰为 303nm；在 Pb^{2+}/Gd^{3+} 共激活的样品中，呈现强的 Gd^{3+} 特征发射，发射峰为

312nm，叠加在 Pb^{2+} 的发射带上[11]。而 Pb^{2+} 发射随 Gd^{3+} 浓度增加而减弱。在 CaO · $3B_2O_3$:Pb^{2+},Gd^{3+} 体系中也具有类似性质，不过 Pb^{2+} 的发射位移，从约 275nm 延展至 320nm，发射峰在 284nm 处。Pb^{2+}/Gd^{3+}发射的强度比与 Gd^{3+}和 Pb^{2+}浓度及基质有关，一般 Pb^{2+}浓度为 0.01%~0.02%，Gd^{3+}浓度为 0.2%~0.3%。加入 Li^+用作电荷补偿剂，可提高 Gd^{3+}的发射强度。

在 SrO · $3B_2O_3$:Pb^{2+}中，监测 Pb^{2+}（303nm）的激发光谱中主要呈现两个交叠的强激发带，λ_{ex}约为 243nm 和 262nm。而在 CaO · $3B_2O_3$ 中也展现两个强激发带，λ_{ex}为 224nm 和 243nm。而在这两种荧光体中监测 Gd^{3+} 312nm 发射的激发光谱中出现很强的 Pb^{2+}的激发光谱。由上述激发和发射光谱清楚表明发生 Pb^{2+}→Gd^{3+}的能量传递。能量传递途径可以认为是紫外光激发到 Pb^{2+}的$^3P_1$能级后，可以通过 Gd^{3+}的^6I_J共振传递给 Gd^{3+}，然后从$^6I_{J/2}$能级无辐射弛豫到$^6P_{7/2}$能级，由此产生 312nm。另外，激发能也可由$^3P_1$能级弛豫到$^3P_0$后，由此传递给 Gd^{3+}的$^6P_{7/2}$能级，产生 Gd^{3+}发射。

由于 Gd^{3+}具有特殊的 4*f* 电子组态，基态$^8S_{7/2}$的第一个上能级就是$^6P_{7/2}$发射能级。$^6P_{7/2}$→$^8S_{7/2}$能级间距高达 32000cm^{-1},$^6P_{7/2}$能级跃迁只能产生辐射跃迁。其发射能被其他发光中心猝灭。Gd^{3+}的一些高能级的能量位置又与 Ce^{3+}、Tb^{3+}、Eu^{3+}、Sm^{3+}、Dy^{3+}等离子在 UV 区的能级相匹配，容易发生耦合作用，产生 Gd^{3+}→RE^{3+}的高效能量传递，起到一个很好的敏化剂（施主）作用，下面予以介绍。

12.4　能量传递中 Gd^{3+}的施主作用

12.4.1　Gd^{3+}→Ce^{3+}的能量传递

发生 Gd^{3+}→Ce^{3+}可能的无辐射能量传递要求:Ce^{3+}掺杂于具有晶场强度较强的基质中，此时 Ce^{3+}最低的 4*f*5*d* 态劈裂后，4*f*5*d* 能级的吸收位于长波 UV 区，或者说在 Gd^{3+}的^6P_J能级发射附近或下方。

在 Y_2SiO_5 中 Ce^{3+}的最低 4*f*5*d* 态中心位于 364nm 处，而在 313nm 附近呈现强的吸收，正好与 Gd^{3+}的 313nm（$^6P_{7/2}$）发射相对应。（$Y_{1.945}Gd_{0.05}Ce_{0.005}$）$SiO_5$ 体系与不含 Gd^{3+}的（$Y_{1.945}Ce_{0.005}$）SiO_5 相比，转换效率增加 36%。显然发生 Gd^{3+}→Ce^{3+}的能量传递。进一步测量（$Y_{1.945}Gd_{0.05}$）SiO_5 中 Gd^{3+}313nm 的荧光衰减及（$Y_{1.945}Gd_{0.05}Ce_{0.005}$）$SiO_5$ 中 Ce^{3+}的 420nm 的荧光衰减。Gd^{3+}发射能级寿命缩短，意味 Gd^{3+}的$^6P_{7/2}$能级上布居粒子数不断减少，寿命（τ）缩短，跃迁概率 P（$P \approx 1/\tau$）增大。而观测到 Ce^{3+}发射有一长衰减尾部，它比 Ce^{3+}的本征辐射寿命（ns）长很多。Ce^{3+}发射的这种衰减成分接近来自 Gd^{3+}的衰减。这表明的确发生 Gd^{3+}→Ce^{3+}的能量传递。

类似 Gd^{3+}→Ce^{3+}的能量传递中 Gd^{3+}的施主作用在 $25Gd_2O_3$-10CaO-$10SiO_2$-(55－x) B_2O_3-$x$$CeF_3$ 玻璃中也被证实[12]。Ce^{3+}的光学带隙随 CeF_3 含量增加而减少，场强增强。372nm 发射是来自 Gd^{3+}的$^6P_{7/2}$(313nm) 到 Ce^{3+}的能量传递发射结果。

另外，在 $Li_6Gd(BO_3)_3$:Ce^{3+}体系中，Ce^{3+}发射的激发光谱中，不仅发现 Ce^{3+}的激发带，同时展现出 Gd^{3+}几组跃迁激发光谱，特别是 Gd^{3+}的^6P_J能级吸收跃迁很强，还有

Gd^{3+}的^6D_J和^6P_J谱线[13]。顺便指出，该硼酸盐中含有大量 Li^+，即锂-6 含量高，Ce^{3+}发光强度高，发射蓝紫光，非常便于探测器光谱响应探测。故作者认为 $Li_6Gd(BO_3)_3$:Ce^{3+}或改进为 $Li_6Lu(BO_3)_3$:Ce^{3+}等应是一类性能优秀的锂-6 闪烁体，可用于中子等粒子探测。

利用闪烁体内靶核素锂-6 与热中子核反应所产生的核动能激发闪烁体内离子发光。这样，将中子探测转变为可见光或蓝紫光的探测。从而解决了传统玻璃闪烁体无法对热中子探测的难题。随着锂-6 玻璃闪烁体应用日益广泛，对发光强度要求增加。按上述原理，引入 Gd^{3+}后增强 Ce^{3+}发光是一个可考虑的方案，当然要过滤 Gd^{3+}的毫秒衰减等。$Gd^{3+}\to Ce^{3+}$能量传递是可以用于锂-6 闪烁体。如在主要组成为 $70SiO_2$-$10Al_2O_3$-$10Li_2O$-5MgO-5CeO 的玻璃基质上，再加入 5%~10%Gd_2O_3 后，Ce^{3+}的激发光谱在 240~380nm 范围强度普遍提高，而发射为 Ce^{3+}的 405nm[14]。271nm 激发光仅对 Gd^{3+}的激发（^6I_J）有效，而对 Ce^{3+}基本无效。然而，在 Ce^{3+}和 Gd^{3+}共掺的锂-6 玻璃中，Ce^{3+}的蓝紫光发射被显著增强，Gd^{3+}的 312nm 特征发射被猝灭。这些结果说明 $Gd^{3+}\to Ce^{3+}$无辐射能量传递发生，激发能从 Gd^{3+}的^6I_J和^6P_J共传递给 Ce^{3+}，使 Ce^{3+}蓝紫光发射被增强。

12.4.2 $Gd^{3+}\to Tb^{3+}$的能量传递

在一些荧光体中可以发生高效 $Gd^{3+}\to Tb^{3+}$的能量传递。这里用几个典型实例说明。

12.4.2.1 在 Y_2SiO_5 硅酸盐中 $Gd^{3+}\to Tb^{3+}$的能量传递

单掺 Tb^{3+}的 Y_2SiO_5 中，Tb^{3+}的 544nm 发射的激发光谱是由 Tb^{3+}的最低能量的 $4f5d$ 态的最强激发带（$\lambda_{ex}=256$nm），次强的 287nm，以及一些弱的 Tb^{3+}的 $4f$ 能级的激发谱线所组成。光谱在共掺有 Gd^{3+}后，Tb^{3+}的 544nm 的激发谱线中多出三条强的新激发谱线，它们分别位于 273nm、307nm 和 313nm 处，正好分别对应于 Gd^{3+} 的$^8S_{7/2}\to{}^6I_J$，$^8S_{7/2}\to{}^6P_{5/2,7/2}$能级的跃迁吸收。显然发生 $Gd^{3+}\to Tb^{3+}$的无辐射能量传递。其能量传递途径应该是 Gd^{3+}的^6I_J吸收（273nm）能量后，经无辐射弛豫到^6P_J（$J=5/2$，$7/2$）能级，由此共振传递给 Tb^{3+}的$^5H_7$（约 31500cm^{-1}）能级。然后由此向下无辐射弛豫到 Tb^{3+}的$^5D_0$能级。由于$^5D_3\to{}^5D_4$ 与基态$^7F_6\to{}^7F_0$发生交叉弛豫，$^5D_3$ 能级的发射被猝灭，产生 Tb^{3+}的$^5D_4\to{}^7F_J$能级跃迁的绿色发射。

12.4.2.2 $BaMgF_4$ 中 $Gd^{3+}\to Tb^{3+}$的能量传递

在 $BaMgF_4$ 中，用三价稀土离子取代 Ba^{2+}，通过填隙 F^- 达到电荷补偿。对 $BaMgF_4$:Gd^{3+},Tb^{3+}体系的发光性质研究，发现 Gd^{3+}和 Tb^{3+}间的能量传递丰富信息和荧光特性，在一种体系中同时存在几种不同的能量传递过程，这还是少见的[15]。

单掺 Gd^{3+}的 $BaMgF_4$ 在短波 UV 光激发下，呈现 $BaMgF_4$ 的 311nm（$^6P_{7/2}\to{}^8S_{7/2}$）特征发射。其激发光谱主要由在约 273nm 的$^8S_{7/2}\to{}^6I_J$能级跃迁组成，更高的^6D_J等级吸收很弱。在 10%范围内，随 Gd^{3+}浓度增加，Gd^{3+}的 311nm 发射强度近似线性增加。无论在短波或长波 UV 光激发下，单掺 Tb^{3+}的 $BaMgF_4$ 中 Tb^{3+}的发射是无效的，很弱的 544nm 绿光。但是共掺 Gd^{3+}以后，Tb^{3+}的$^5D_4\to{}^7F_J$发射被极大地增强，如图 12-2 所示，$BaMgF_4$:0.01Tb^{3+},$x$$Gd^{3+}$中 Tb^{3+}的 544nm 发射室温下的激发光谱[15]。Tb^{3+}的发射强度随 Gd^{3+}浓度增加而增强，最佳 Gd^{3+}浓度在 6%附近。

在 $BaMgF_4$:Gd^{3+},Tb^{3+}体系中，主要有以下特性：

（1）对应于 Gd^{3+}的$^8S_{7/2}$→$^6P_{7/2}$（311nm）和$^8S_{7/2}$→^6I_J（273nm）能级的跃迁吸收出现在 Tb^{3+}发射的激发光谱中，且随 Gd^{3+}浓度增加而增强。

（2）位于 220~265nm 短波紫外区，峰值 240nm 附近的 Tb^{3+}的 $4f5d$ 带的激发效果随 Gd^{3+}浓度增加，显著增强，最佳达到 20 倍。

（3）在 330~385nm 长波 UV 区中 Tb^{3+}的激发强度也随 Gd^{3+}浓度增加而增强，但不如短波 UV 更有效。

（4）Tb^{3+}离子的发射强度及出现在 Tb^{3+}发射的激发光谱中的 Gd^{3+}特征谱线强度，强烈地依赖 Gd^{3+}浓度。

由 $BaMgF_4$:Tb 漫反射光谱表明，在 220~265nm 范围内的强的吸收带正是 Tb^{3+}的$4f^8$→$4f^7 5d$ 组态跃迁吸收带。

结合 $BaMgF_4$ 中 Gd^{3+}和 Tb^{3+}的能级图和能量传递途径，如图 12-3 所示，对 Gd^{3+}→Tb^{3+}的传递过程予以描述。

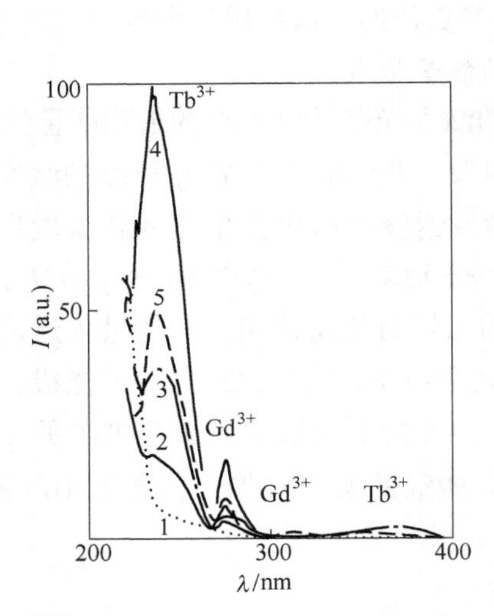

图 12-2　室温下 $BaMgF_4$:0. 01Tb^{3+}, $x Gd^{3+}$中 Tb^{3+}的激发光谱[15]
（λ_{em} = 544nm）

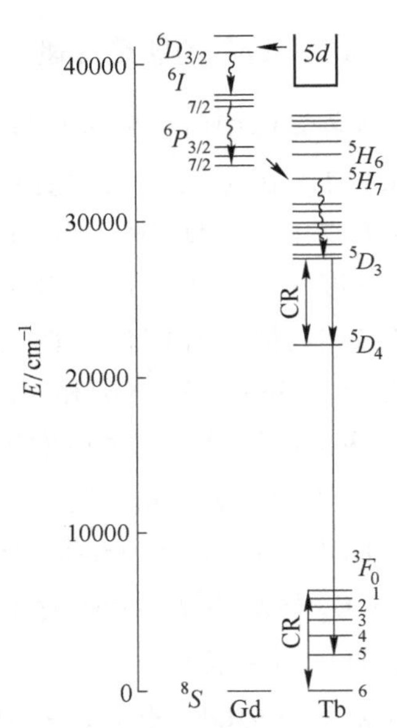

图 12-3　Gd^{3+}和 Tb^{3+}的能级图和能量传递途径

对特征（1）而言，能量传递主要发生在 Gd^{3+}的$^3P_{7/2}$能级和 Tb^{3+}的$^6H_7$能级间的共振传递。Gd^{3+}最低 $4f$ 激发态$^6P_{7/2}$与基态$^8S_{7/2}$之间的能量间距大约是 32. 1×10^3 cm^{-1}，这与 Tb^{3+}的$^7F_6$→$^6H_7$ 能级的能量间距（约 31. 5×10^3 cm^{-1}）相匹配，不需要热激活。当用 273nm（^6I_J）激发时，很快无辐射弛豫到$^6P_{7/2}$能级上，或直接用 311nm 激发到 Gd^{3+}的$^6P_{7/2}$能级后，通过共振能量传递给 Tb^{3+}的$^6H_7$能级，然后迅速地弛豫到 Tb^{3+}的$^5D_3$ 和$^5D_4$ 能级上。由于$^5D_3$→$^5D_4$ 与$^7F_6$→$^7F_0$。能级间发生交叉弛豫（CR），致使$^5D_3$ 能级发射被

猝灭，主要呈现$^5D_4 \to ^7F_J$跃迁 544nm 绿色发射。在实验上也证实 Gd^{3+}的 311nm 发射强度随 Tb^{3+}浓度增加被严重地猝灭。故这种能量传递非常有效。

对特征（2）而言，情况不同。Gd^{3+}的^6D_J能级的能量位于 $39.5\times10^3 \sim 41.0\times10^3 cm^{-1}$（253~244nm），与 $BaMgF_4$ 中 Tb^{3+}的 $4f^7 5d^1$吸收带位置 $37.7\times10^3 \sim 45.4\times10^3 cm^{-1}$相对应。但是，单掺 Tb^{3+}时，在此范围内 Tb^{3+}的激发效果很差。与通常情况（如在 YAG :Tb 石榴石中）不同。说明在 $BaMgF_4$ 中 Tb^{3+}的 $4f5d$ 态附近存在强猝灭中心。受激的 $4f5d$（Tb^{3+}）向这个中心无辐射传递概率 P_Q较大，致使 Tb^{3+}的 $5d$ 弛豫到$^5D_3$、$^5D_4$ 发射能级的粒子数大大减少，使 Tb^{3+}的特征发射严重地减弱。当 Gd^{3+}共掺入后，情况发生突变，Tb^{3+}的发射被大大增强。由于 Gd^{3+}的^5D_J能级与 Tb^{3+}的 $4f5d$ 态能量很匹配，容易发生耦合作用，激发能从 Tb^{3+}的 $4f5d$ 高效无辐射传递给 Gd^{3+}的^6D_J能级，其传递概率大大超过向猝灭中心传递的概率 P_Q。处于粒子数增殖的^6D_J能级的激发能迅速经^6I_J能级，无辐射弛豫到$^6P_{7/2}$能级，由此又共振传递给 Tb^{3+}的$^6H_7$能级。接着如特征（1）所述情况，产生高效 Tb^{3+}的强绿色发光。从这种意义上讲，在这种能量输运过程中：

$$Tb^{3+}(4f5d) \to Gd^{3+}(^6D_J) \to Gd^{3+}(^6P_{7/2}) \to Tb^{3+}(^5D_4) \to \text{发射(主)}$$
$$\downarrow$$
$$\text{发射（次）}$$

Gd^{3+}也起中介体作用。

至于 Tb^{3+}的长波 UV 激发改善，可能是 Gd^{3+}的加入改善晶体质量，减少缺陷。

早期在硼酸盐玻璃中，在 Tb^{3+}的激发光谱中也观测到 Gd^{3+}的^6D_J、^6I_J和^6P_J激发能级出现在 Tb^{3+}的$^5D_4$ 发射的激发光谱中，发生 $Gd^{3+} \to Tb^{3+}$的能量传递[16]。计算和实验测量的 Gd^{3+}不同能级的振子强度、跃迁波长，列于表 12-1 中。Gd^{3+}的本征寿命为 4.1ms，随 Tb^{3+}浓度增加，Gd^{3+}的寿命逐步减小，$Gd^{3+} \to Tb^{3+}$的能量传递效率逐渐增加。这种硼酸盐玻璃中，Gd^{3+}的振子强度、跃迁波长及相应能级见表 12-1。其中$^6I_{11/2}$能级的振子强度是$^6P_{7/2}$能级的 9.5 倍。在有受主 Tb^{3+}时，273nm 激发下，Gd^{3+}的 313nm 猝灭后的强度仅为无 Tb^{3+}时的 23.5%，显著减弱；而 Tb^{3+}的发射强度增强。

表 12-1 硼酸盐玻璃中 Gd^{3+}能级，相应的能级跃迁和振子强度[16]

$^8S_{7/2}\to$跃迁	硼酸盐玻璃		
	波数/cm^{-1}	波长/nm	振子强度
$^6P_{7/2}$	31949	313.0	0.176×10^{-6}
$^6P_{5/2}$	32573	307.0	0.074×10^{-6}
$^6I_{7/2}$	35682	280.3	0.117×10^{-6}
$^6I_{9/2}$	36101	277.0	0.781×10^{-6}
$^6I_{17/2}$			
$^6I_{11/2}$	36456	274.3	1.679×10^{-6}
$^6I_{15/2}$			
$^6I_{13/2}$			
$^6D_{9/2}$	39432	253.6	0.406×10^{-6}

续表 12-1

$^8S_{7/2}$→跃迁	硼酸盐玻璃		
	波数/cm^{-1}	波长/nm	振子强度
$^6D_{7/2}$			
$^6D_{3/2}$	40733	245.5	0.099×10^{-6}

在Tb^{3+}掺杂的Na-Gd磷酸盐玻璃中的辐射发光和光致发光中也存在Gd^{3+}→Tb^{3+}的能量传递[17]。Gd^{3+}的312nm的本征寿命为5.68ms，其寿命和发射强度随Tb^{3+}浓度增加逐渐减少，反之Tb^{3+}的542nm的发射强度提高1.8~2.7倍。由Tb^{3+}掺杂NaGd磷酸盐玻璃中辐射发光（RL）和PL光谱及Gd^{3+} 312nm荧光衰减证实Gd^{3+}→Tb^{3+}之间的能量传递。能量在Gd^{3+}中有效迁移。Gd^{3+}→Tb^{3+}一步能量传递机理可能是Gd^{3+}和Tb^{3+}之间借氧离子实现交换互相作用。Gd^{3+} 312nm荧光衰减单指数特征支持这种机理。

12.5 Gd^{3+}的中介体作用

在一些发光材料中，由于施主（D）与受主（A）离子平均耦合传递途径太远等原因，不能将吸收的激发能量有效地传递给受主（A）时，引入起中介体作用的离子。此中介体离子间经多步迅速能量迁移，最终传递到受主（A）离子，由此产生高效发光。迄今为止的事实表明，Gd^{3+}是一个很好的中介体。

共掺的$GdMgB_5O_{10}$:Ce,Tb,Mn五磷酸盐是一个很好的例子[18]。在Ce^{3+}/Mn^{2+}或Ce^{3+}/Tb^{3+}共掺杂的（La,Gd）MgB_5O_{10}中，Ce^{3+}的发射强度随Gd^{3+}浓度增加而减弱；而Mn^{2+}红光发射或Tb^{3+}的绿光发射则逐步增强。$GdMgB_5O_{10}$:Ce,Tb,Mn共掺杂的荧光体用在荧光灯中，同时出现Tb^{3+}绿光和Mn^{2+}红光发射。调配激活剂浓度配比，可以改变绿/红色发光强度及灯的颜色，可以得到所需要的色温和显色指数。该荧光体已成功地用于高显色性、低色温的荧光灯。

Pb^{2+}，Mn^{2+}（或Tb^{3+}）掺杂的$GdMgB_5O_{10}$体系中，也类似在$GdMgB_5O_{10}$:Ce^{3+},Tb^{3+}（或Mn^{2+}）体系中呈现的能量传递现象[19]。在短波UV激发Pb^{2+}时，该体系中Pb^{2+}、Gd^{3+}和Mn^{2+}的发射强度随Gd^{3+}的浓度增加，Pb^{2+}的发射被逐步猝灭，而Mn^{2+}发射强度却逐步增加。Gd^{3+}低浓度小于0.1mol，Gd^{3+}发射增加，到大于0.1mol后逐步减弱。在Pb^{2+}和Tb^{3+}共掺体系中也呈现类似现象。这种现象和（La_{1-x},Gd_x）MgB_5O_{10}:Ce^{3+},Mn^{2+}体系相同。这充分说明Pb^{2+}→Mn^{2+}或Tb^{3+}的能量传递过程中，Gd^{3+}起中介体作用。

GdB_3O_6是一种重要的基质。GdB_3O_6:Bi^{3+},RE^{3+}（RE=Sm，Eu，Tb，Dy）中Bi^{3+}是一个非常好的敏化剂，Bi^{3+}与RE^{3+}或Mn^{2+}之间的能量传递过程中，也指明Gd^{3+}有类似上述的中介体作用；在（Gd,Tb,Pb）B_3O_6体系中，在能量传递过程中也表明Gd^{3+}的中介体作用[20-21]。

在$Gd_{0.98}Bi_{0.01}Tb_{0.01}B_3O_6$体系的发射光谱中，只呈现$Gd^{3+}$和$Tb^{3+}$的特征发射，没有观测到$Bi^{3+}$发射。$Tb^{3+}$的激发光谱中属于$Gd^{3+}$的$^8S_{7/2}\to{}^6I_J$跃迁的273nm谱线出现，表明能量从$Gd^{3+}$传递到$Tb^{3+}$。在$Tb^{3+}$的激发光谱中，还主要呈现一个从220~270nm宽而强的激

发谱带，其激峰为 240nm，它是 Bi^{3+} 的 $^1S_0 \rightarrow ^6I_J$ 激发跃迁。无论是 Bi^{3+} 被激发（240nm），还是 Gd^{3+} 被激发（273nm），Gd^{3+} 和 Tb^{3+} 的发射强度比值都是相同的。这说明敏化 Tb^{3+} 的能量都是从 Gd^{3+} 起源的。因此，激发能从 $Bi^{3+} \rightarrow Tb^{3+}$ 传递时，Gd^{3+} 是必经之道。大多数敏化 Tb^{3+} 的荧光体都需要高浓度铽。但由于 Gd^{3+} 的中介体作用，在 GdB_3O_6:Bi,Tb 体系中，只需 1%Tb 的浓度，就可获得 80%的量子效率。

类似在 $Y_{0.99-x}Al_3B_4O_{12}$:0.005Bi^{3+},xGd^{3+},0.005Dy^{3+} 体系中，也表现出 $Bi^{3+} \rightarrow Gd^{3+} \rightarrow Dy^{3+}$ 两步能量传递过程及 Gd^{3+} 的中介体作用。在这种荧光体中，Bi^{3+} 的发射强度随 Gd^{3+} 浓度增加而减小，这是因为 $Bi^{3+} \rightarrow Gd^{3+}$ 发生能量传递。同时，Gd^{3+} 的发光增强到 Gd^{3+} 浓度到 15%时最大。Gd^{3+} 间的能量迁移最后传递给 Dy^{3+}，使 Dy^{3+} 的发光增强。在 $YAl_3B_4O_{12}$ 中，能量从 Bi^{3+} 传递给 Gd^{3+} 的机理，不是交换传递，而是偶极-四极（d-q）相互作用。

$(Gd_{0.98}Ce_{0.01}Tb_{0.01})F_3$ 氟化物也是一种高效的绿色荧光体，激发发生在 Ce^{3+} 的允许 $4f5d$ 态跃迁中，Ce^{3+} 的发射与 Gd^{3+} 吸收光谱重叠得很好，$Ce^{3+} \rightarrow Gd^{3+}$ 能量传递非常有效，经过 $Ce^{3+} \rightarrow Gd^{3+}$ 多步迁移，传递给 Tb^{3+}，产生 Tb^{3+} 发射[21]。然而，在同构的 $Y_{0.98}Ce_{0.01}Tb_{0.01}F_3$ 中，激发 Ce^{3+} 主要产生是 Ce^{3+} 的发射，因为 Ce^{3+} 和 Tb^{3+} 之间没有 Gd^{3+} 中介体。和 YF_3:Ce,Tb 相比，GdF_3:Ce,Tb 也是通过 Gd^{3+} 的中介体作用，获得 Tb^{3+} 的高效发光。

Banks 等人[23]也指出在 $BaYF_5$:Ce，Gd，Dy 体系中，发生 $Ce^{3+} \rightarrow Dy^{3+}$ 的能量传递过程，Gd^{3+} 起中介体作用。在无 Gd^{3+} 时，激发 Ce^{3+} 时，主要是 Ce^{3+} 的发射及伴随一些 Dy^{3+} 的 470nm（$^4F_{9/2} \rightarrow ^6H_{15/2}$）和 570nm（$^4F_{9/2} \rightarrow ^6H_{13/2}$）不强的发射。加入 Gd^{3+} 后，Ce^{3+} 的发射强度减弱，而对应 Dy^{3+} 的发射增强。这种能量传递过程可用 $Ce^{3+} \rightarrow (Gd^{3+} \cdots Gd)_n \rightarrow Dy^{3+}$ 表示。由 Gd^{3+} 的发射强度与 Gd^{3+} 浓度的关系，推得能量迁移所需 Gd^{3+} 的临界浓度 $x(CR) = 0.30$。此值与立方晶格中的临界浓度 31%±2%接近，依据 Blasse 等人[9]提出的 $x(CR) = 2/N$ 经验式来估算参与能量传递的过程中在 Gd 晶格上最近邻的 Gd^{3+} 数目（N），$x(CR)$ 为 0.30，$N=6$。即意味着有 6 个在 Gd^{3+} 子晶格上最近邻的 Gd^{3+} 参与能量迁移作用。

由上所述，Gd^{3+} 的中介体作用，归纳这种能量传递过程，表达如下：

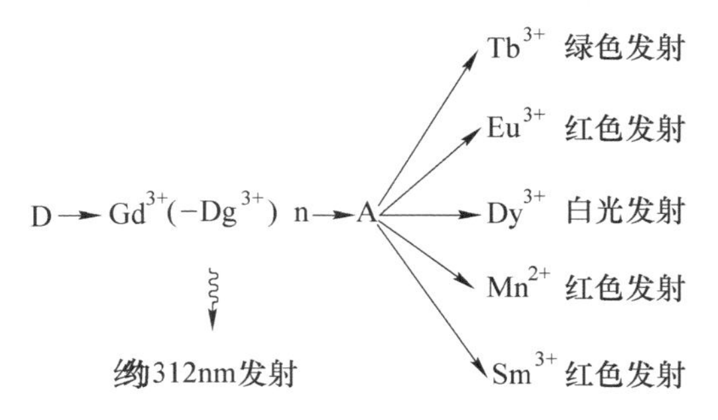

式中，D 为受激的施主，包括 $Ce^{3+}(4f5d)$、Pr^{3+}、Er^{3+} 等稀土离子及类汞离子 Pb^{2+}、Bi^{3+}、Tl^{+} 等；A 为受主，包括 Tb^{3+}、Eu^{3+}、Pr^{3+}、Dy^{3+}、Mn^{2+} 等激活剂。

此外，$LiGdF_4$:Er^{3+},Tb^{3+} 体系中发生的量子剪裁[22]，作者认为在能量传递过程中也应归因于 Gd^{3+} 的中介体作用，使 Er^{3+} 的量子效率 $\eta_Q > 100\%$。Er^{3+} 被 UVU 光子激发到大于 $60 \times 10^3 cm^{-1}$ 的高能 $4f5d$ 态，从 Er^{3+} 的 $4f5d \rightarrow ^4S_{3/2}$ 下能级跃迁时的能量与 Gd^{3+} 从基态 $^8S_{7/2} \rightarrow$

^6D_J能级间跃迁能量相匹配，发生交叉弛豫。Gd^{3+}被激发到^6D_J能级，然后快速弛豫到^6P_J下能级。能量经Gd^{3+}多步迅速迁移，最终传递给Tb^{3+}，由此产生高效Tb^{3+}的绿色发射。这个过程如下：

$$Er^{3+} \rightarrow Gd^{3+} \ (\cdots Gd^{3+}) \rightarrow Tb^{3+} \rightsquigarrow \text{绿色发射}$$

绿色发射　约 312nm 发射

和上述Gd^{3+}中介体作用的物理含义是一致的，只不过通常归纳于量子剪裁。此外，Er^{3+}向下跃迁到$^4S_{3/2}$能级后，同时一部分能量发生$^4S_{3/2} \rightarrow {}^4I_{15/2}$基态跃迁，发射 546nm 绿光。另有少部分也能从$^6P_{7/2} \rightarrow {}^8S_{7/2}$跃迁，发射约 312nmUV 辐射，但大部分能量无辐射传递给Tb^{3+}。

在$LaMgB_5O_{10}:Eu^{3+}$中，有一个峰为 255nm 的 CTB 激发带，而在$LaMgB_5O_{10}:Ce^{3+},Eu^{3+}$中，$Eu^{3+}$的红色发射的激发光谱中分别包含位于 255nm（$Eu^{3+}$）和 270nm（$Ce^{3+}$）的两个宽带。前者是$Eu^{3+}$的 CTB，后者是$Ce^{3+}$的 $4f5d$ 态。这意味可能发生$Ce^{3+} \rightarrow Eu^{3+}$的能量传递。但是，这种双掺杂样品总的发光强度比仅有Eu^{3+}或Ce^{3+}的样品低。可能是由于前面所说的形成起猝灭作用的Ce^{4+}—Eu^{2+}电荷迁移态。在Eu^{3+}中的发光，这种猝灭比Ce^{3+}发光更强。一般情况很少观测到Ce^{3+}对Eu^{3+}的敏化作用。

但是，加入Gd^{3+}后，Eu^{3+}发射的激发光谱中，在 270nm 附近有一个很强的激发谱，这是Gd^{3+}的特征$^8S_{7/2} \rightarrow {}^6I_J$能级吸收跃迁。因此，在$(La_{0.72}Gd_{0.20}Ce_{0.05}Eu_{0.03})MgB_5O_{10}$样品中，$Gd^{3+}$激发能传递给$Eu^{3+}$。

最后再强调一下，若Pr^{3+}的 $4f5d$ 态位于Pr^{3+}的$^1S_0$能级之下，和Gd^{3+}的^6P_J能级之上时，人们可以利用激发Pr^{3+}的这个 $4f5d$，实现$Pr^{3+} \rightarrow Gd^{3+}$能量传递。这在$Sr_2SiO_4$，$YAlO_3:Pr^{3+}$和$YAlO_3:Pr^{3+},Gd^{3+}$钙钛矿荧光体中进一步证实。$YAlO_3$中$Gd^{3+}$的 $4f5d$ 态激发峰 215nm（$46511cm^{-1}$）位于Pr^{3+}的$^1S_0$能级之下，Gd^{3+}的^6P_J、^6I_J之上。单掺Gd^{3+}的$(Y_{0.93}Gd_{0.07})AlO_3$在 277nm 激发下，发射强的 314nm($^6P_{7/2}$) 和弱的 309nm($^6P_{5/2}$)。而在双掺杂的$(Y_{0.90}Gd_{0.07}Pr_{0.03})AlO_3$样品中主要有 3 个激发峰 245nm($^6D_{3/2}$)、255nm($^6D_{9/2}$)和 277nm($^6I_{9/2}$)，以及一个 215nm 附近的新激发带，它是$Pr^{3+}$的 $4f5d$ 的吸收带。这证实激发能可以从$Pr^{3+} \rightarrow Gd^{3+}$光辐射能量传递。在 215nm 激发下，$(Y_{0.90}Gd_{0.07}Pr_{0.03})AlO_3$样品的 314nm 最大发射强度是 277nm 激发的单掺Gd^{3+} $(Y_{0.90}Gd_{0.07}Pr_{0.03})AlO_3$的 8 倍。

类似若Eu^{3+}的 CTB 能量位于Gd^{3+}的^6I_J之上，可以发生高效的$Gd^{3+} \rightarrow Eu^{3+}$的能量传递；位于$Gd^{3+}$ ^6P_J之下也有可能发生$Gd^{3+} \rightarrow Eu^{3+}$的能量传递。这在基质为$GdPO_4$及$GdBO_3$之中可以说明[24]，但需注意$Eu^{3+}$—$O^{2+}$CTS 的作用。

Gd^{3+}、Pr^{3+}及Pr^{3+}—Gd^{3+}的能量传递可以产生很强的 UV 光发射。这类强的 UV-B 波段可以用于皮肤病 UV 光疗法、DNA 分析用的透射辐照体等医疗领域。当今，新冠病毒严重危害人类健康。这类Pr^{3+}、Gd^{3+}、Ce^{3+}等离子发射的 UV-A、UV-B 及 UV-C 波段应该可以在防治新冠病毒等方面作出贡献。

锐而强的Gd^{3+}的$^6P_{7/2} \rightarrow {}^6S_{7/2}$跃迁发射的约 312nm 能实现激光吗？虽然迄今为止，均没实现（见 12.2 节），但作者认为还是有可能的。从理论上分析可对Gd^{3+}的^6D_J或^6I_J（主吸收）能级泵浦，因为它们的振子强度大大高于$^6P_{7/2}$能级，或利用 Tl^+、Pb^{2+}、Pr^{3+}等离子→Gd^{3+}无辐射能量传递，使高能级粒子快速无辐射弛豫到$^6P_{7/2}$能级上。而$^6P_{7/2}$能级荧光寿命长，达数个毫秒级，比上个能级长很多，有利粒子聚积，可形成三能级或四能级系统。此工作需人们今后努力创新。

参 考 文 献

[1] 刘行仁，马龙，申五福，等．航空显示高亮度阴极射线管特性［C］//1981 年全国显示学术会议，长沙，1981.

[2] 徐叙瑢，苏勉曾．发光学与发光材料［M］．北京：化学工业出版社，2004.

[3] KAMINSKII A A. Laser Crystals—Their Physics and Properties［M］. Springer—Verlag，1981.

[4] 徐光宪．稀土（下）［M］．2 版．北京：冶金工业出版社，1995.

[5] CHRYSOCHOOS J，BINOD K，SINHA S P. Time—resolved luminescence and decay characteristics of Gd^{3+} in fluoroarsenate and fluorophosphate glasses［J］. J. Less-Common. Metals，1986，126：195-201.

[6] FUA J，PARKER J M. Compositional dependence of scintillation Yield of glasses high Gd_2O_3 concentiations［J］. J. Non-Crystalline Solids，2003，326/327：335.

[7] 初本莉，刘行仁，王晓君，等．硅酸锶中 Pr^{3+}的 4f5d 态的光谱特性及 Pr^{3+}→Gd^{3+}的能量传递［J］．发光学报，2001，22（2）：187-191.

[8] SHIMIZU Y，TAKANO Y，UEDA K. UV emission from Gd^{3+} ions in Gd^{3+}-Pr^{3+} codoped $YAlO_3$ Perovskite［J］. J. Lumin.，2013，1441：44-47.

[9] VRIES A，KILIAAN H，BLASSE G. An investigation of energy migration in luminescent diluted Gd^{3+} systems［J］. J. Sol. State Chem.，1986，65：190-195.

[10] REISFELD R. Structure and Bonding［M］. Springer-Verlag，1974.

[11] TEWS V W，Becker P，Herzog G，et al. Lumineszenzoptische eigensehaften von（Sr，Ca）hexaborat：Pb^{2+}，Gd^{3+}［J］. Z. Phys. Chemie. Leipzig.，1987，268：986-992.

[12] RAJARAMAKRISHNA R，KAEWJAENG S，KOTHAN S. Investigation of XANES study and energy transport phenomenon of Gd^{3+} to Ce^{3+} in CaO-SiO_2-B_2O_3 glasses［J］. Opt. Mater.，2020，102：109826.

[13] BLASSE G. Luminescence of inorganic solids：from isolated centres to concentrate system［J］. Prog. Solid State Chem.，1988，18：79-171.

[14] 朱永昌，刘群，高祀建，等．锂-6 玻璃闪烁体中 Gd^{3+}-Ce^{3+}能量转移对发光性能的影响［J］．中国稀土学报，2012，30（3）：325-328.

[15] 刘行仁，石士考，吴渊．$BaMgF_4$ 中 Gd^{3+}的光谱以及 Gd^{3+}和 Tb^{3+}离子之间的能量传递［J］．发光学报，1990，11（4）：277-285.

[16] REISFELD R，GREENBERG E，VELAPOLDI R，et al. Luminescence quantum efficiency of Gd and Tb in borate glasses and the mechanism of energy transfer between them［J］. J. Chem. Phys.，1972，56（4）：1698-1705.

[17] MARES J A，NIKL M，NITSCH K，et al. A role of Gd^{3+} in scintillating process in Tb-doped Na-Gd phosphate glasses［J］. J. Lumin.，2001，94-95：321-324.

[18] DE HAIR J T，VAN KEMENADE J T C. New Tb^{3+} and Mn^{2+} activated phosphors and their application in “Delure” lamps［C］//Third international Symposium on the Science and Technology of Light Sources. Toulouse，1983：54

[19] SHEN C H，HAO Z R. Energy transfer phenomena in $GdMgB_5O_{10}$：Pb^{2+}，Mn^{2+}/Tb^{3+}［J］. J. Lumin.，

1988, 40&41:663-664.

[20] DE HAIR J T, KONIJNENDIJK W L. The intermediate role of Gd^{3+} in the energy transfer from a sensitizer to an activator (especially Tb^{3+}) [J]. J. Electrochem. Soc., 1980, 127 (1):161-164.

[21] BLASSE G. An adventuroue biography of the excited state in rare earth compounds: fundamentals and application [J]. J. Loss-Comm. Metals, 1985, 112:1-8.

[22] OSKAM K D, WEGH R T, DONKER H, et al. Downconversion: a new route to visible quantum cutting [J]. J. Alloys Compounds, 2000, 300-301:421-425.

[23] BANKS E, SOBIERAY M J, RUAN S K, et al. Luminescence and energy transfer in $BaGdF_5$ [J]. J. Lumin., 1988, 40&41:659-660.

[24] 陈永虎，刘波，施朝淑，等. $GdPO_4$:Eu^{3+}和$GdBO_3$:Eu^{3+}中“Gd-Eu”间的能量传递 [J]. 中国稀土学报，2005，23 (4):429-432.

13 Tb^{3+} 的激光、J-O 分析参数、发光特性和能量传递

Tb^{3+}（$4f^8$）也是一个被人们重视而熟悉的重要的发光离子。Tb^{3+}在可见光区的发射主要来自亚稳态的$^5D_3$ 和$^5D_4$ 能级到^7F_J基态能级（J=0，1，…，6）跃迁发射。$^5D_3 \to {}^7F_J$跃迁的发射光谱主要分布在 370～485nm 范围；而$^5D_4 \to {}^7F_J$能级跃迁发射主要由最强的$^5D_4 \to {}^7F_5$ 能级跃迁发射 544nm±1nm 绿色光谱组成，而其他的$^5D_4$ 分支跃迁强度相对较弱，分布在 544nm 主峰两侧。而对 Tb^{3+}的红外吸收和发射光谱却少有研究，但也开始关注 Tb^{3+}在 IR 激光中的作用。

由于信息显示和节能荧光灯照明工程发展需要，从 20 世纪 60 年代到 90 年代末，人们主要针对 Tb^{3+}的光谱特性、材料科学及为增强 Tb^{3+}的绿色发光效率的能量传递工作进行广泛深入的研发。发明多种高效 Tb^{3+}激活的荧光体，如 Gd_2O_2S:Tb、Gd_2O_2S:Tb,Dy、$(Y,Gd)_2O_2S$:Tb,Sm、(Ce,Tb)$MgAl_{11}O_{19}$、$LaPO_4$:Ce，Tb、$GdMgB_5O_{10}$:Ce,Tb,Mn 等。它们被广泛地应用于国民经济和军事等领域中，同时也有力促进我国稀土产业链发展。迄今为止，(Ce,Tb)$MgAl_{11}O_{19}$及 $LaPO_4$:Ce,Tb 灯用绿色荧光粉还在国内外大规模生产使用。

本章除介绍 $Ce^{3+} \to Tb^{3+}$的能量传递外，还介绍过去不太熟悉的 Tb^{3+}的激光和 J-O 分析参数，Tb^{3+}发光量子剪裁及 Tb^{3+}与其他离子间的能量传递。

13.1 Tb^{3+}激光、J-O 分析参数

13.1.1 Tb^{3+}激光

迄今，人们对 Tb^{3+}的激光特性比较生疏，但早在 50 多年前就注意到可实现 Tb^{3+}绿色激光。1967 年首次报道，Tb^{3+}的$^5D_4 \to {}^7F_5$ 能级跃迁的 547nm 绿色激光是由在氰化甲烷或 P-二氧杂环乙烷溶液中含 2.5×10^{-3}mol/L 的 Tb-三氟乙酰丙酮组成，激光波长 547nm 属 Tb^{3+}的$^5D_4 \to {}^7F_5$ 能级跃迁[1]。

在绝大多数晶体和玻璃中，Tb^{3+}的$^5D_4 \to {}^7F_5$ 跃迁发射呈现锐而强的 545nm 发射，能量高度集中；545nm（$^5D_4 \to {}^7F_5$）的荧光分支比高达 50%以上。如果利用 Tb^{3+}($^5D_3$)—Dy^{3+}—Tb^{3+}($^5D_4$) 能量传递机制，使$^5D_3 \to {}^7F_J$跃迁发射大大减弱，$^5D_4 \to {}^7F_5$ 跃迁发射增强，$^5D_4 \to {}^7F_5$ 荧光分支比提高，则 Tb^{3+}的$^5D_4 \to {}^7F_5$ 跃迁可提供具有低阈值泵浦功率的四能级激光系统。这使得 Tb^{3+}作为激光应用的一个有希望的例子。1973 年确实在 $LiYF_4$ 晶体中观测到 Tb^{3+}的受激发射。

长期以来，对 Tb^{3+}具有激光作用的研究不够关注，但近年来，依然有关于在玻璃和晶体中观察到 Tb^{3+}的绿色和黄色激光的相关报道[2-3]。

而最近有报道指出[3]，Tb^{3+}的黄色光谱中直接发射 587.5nm 高功率固体激光，无须任何非线性转换步骤。使用 Tb :$LiLuF_4$ 晶体的激光波长 587.5nm 为 Tb^{3+} 的$^5D_4 \to {}^7F_4$ 能级跃迁，输出功率达 0.5W，对应在 486.5nm（Tb^{3+}的$^7F_6 \to {}^5D_4$ 跃迁）吸收泵浦功率时的斜效率为 25%。此结果可和复杂的现行方法产生的黄的激光所获得的效率相比较。和所需的泵浦波长的 LD 相比，此方法为廉价、有效、固体化、易管理的黄色激光发展铺平了道路，这种黄色激光在生物医学上有许多用途。近来对 Tb^{3+}:YAG 晶体的光谱性质也予以关注[4]，试图实现 Tb^{3+}可见光激光的目的。利用 J-O 理论分析 Tb :YAG 晶体,获得 Ω、β、τ_r 自发跃迁概率等数据，计算$^5D_4 \to {}^7F_5$ 绿跃迁 σ_{em}为 $1.23\times10^{-21}cm^2$,$^5D_4 \to {}^7F_4$ 黄跃迁 σ_{em} 为 $7.08\times10^{-23}cm^2$。计算的$^5D_4$ 的 τ 为 3.12ms，与 τ_r（3.3ms）完全一致。这些结果表明 Tb^{3+}晶体是有前途的可见光激光材料。此外，在 Tb^{3+}:K_2YF_5 单晶中也获得 J-O 分析参数[5]。$^5D_3$,$^5D_4 \to {}^7F_J$的 σ_{em}为 $10^{-22}cm^2$，光学增益 $10^{-22}cm^2S$ 的 Tb^{3+}之间的能量传递与 I-H 理论吻合。

13.1.2　Tb^{3+}的 J-O 分析参数

长期以来，缺少 Tb^{3+} 较多详细的 J-O 分析参数，为对这方面有更多的认识，利用 $(1-x)Zn(PO_3)_2 \cdot xTb_2O_3$(ZPTb) 偏磷酸锌玻璃和 NBTb 氟磷酸盐玻璃中 Tb^{3+}的光学光谱进行仔细研究[2,6]，以期探明 Tb^{3+}用作绿色激光的前景。在这两种玻璃中，其激发和发射光谱均呈现 Tb^{3+}的 4*f*—4*f* 跃迁的$^5D_3 \to {}^7F_J$和$^5D_4 \to {}^7F_J$能级跃迁特征发射及$^5D_3 + {}^7F_0$—$^5D_4 + {}^7F_6$交叉弛豫过程。

在 ZP 磷酸盐玻璃中，类似在 Y_2O_2S :Tb 体系中，随 Tb^{3+}浓度增加,$^5D_3$ 能级跃迁发射强度逐渐减小，而$^5D_4$ 能级的发射强度逐渐增强，且$^5D_4 \to {}^7F_5$ 能级跃迁的荧光分支比($^5D_4 \to {}^7F_5$/$^5D_4 \to {}^7F_{6,4,3,\cdots,0}$)均在 60%以上。激发光谱分别是$^7F_6$基态向上高能级吸收跃迁。主要的激发谱线有 284nm（$^5I_8$,$^5F_{4,5}$,$^5H_4$）、318nm（$^5H_{5,6}$）、340nm（$^5H_7$,$^5D_1$）、352nm（$^5L_9$,$^5D_2$,$^5G_5$）（最强）、375nm（$^5L_{10}$,$^5G_6$,$^5D_3$）（最强）及 483nm（$^5D_4$）。若用与 AlGaN LED 发射相匹配的 350nm 激发，其发射主要来自$^5D_3$ 和$^5D_4 \to {}^7F_J$ 能级跃迁发射。其中发射峰 379nm、413nm、435nm 和 456nm 分别对应$^5D_3 \to {}^7F_{6,5,4,\cdots}$ 能级的跃迁发射，它们均很弱。而 541nm 发射最强（$^5D_4 \to {}^7F_5$），其他跃迁发射均很弱。这些发射都起源于初始布局的$^5D_2$ 能级，然后无辐射弛豫到$^5D_3$ 和$^5D_4$ 能级，分别产生 Tb^{3+}的蓝和绿发射。随着 Tb^{3+}浓度增加，邻近 Tb^{3+}之间无辐射交叉弛豫过程增强,$^5D_3 \to {}^7F_J$跃迁发射被猝灭，而$^5D_4$ 发射被增强。这些性质和 Y_2O_2S :Tb、LaOBr :Tb、Y_2SiO_5:Tb、$LaPO_4$:Tb 等荧光体中 Tb^{3+}性质完全相同。Tb^{3+}在玻璃中的光谱线更加非均匀宽化，吸收截面大大增加。

$Zn(PO_3)_2$ 玻璃中，Tb^{3+}浓度增加到 5%后，玻璃的绿色色纯度达到 66.9%，其色坐标 $x=0.290$，$y=0.581$，非常靠近欧洲照明联盟绿色色坐标 $x=0.29$，$y=0.60$ 标准。

在这种磷酸盐玻璃中，Tb^{3+}的$^5D_3$ 能级的衰减方式是非指数式，表明由于 Tb^{3+}离子之间通过交叉弛豫过程发生能量传递。利用 I-H 模型，荧光衰减强度 $I(t)$ 与时间 t 的简化方程式如下：

$$I(t) = I_0 \exp\left[-\frac{t}{\tau_0} - \nu_s\left(\frac{1}{\tau_0}\right)^{3/S}\right] \tag{13-1}$$

式中，t 为激发后的时间；I_0为在 $t=0$ 时的初始强度；τ_0为无受主时施主发射的本征衰减时间（寿命）；ν_s 为从施主到受主的直接能量传递的度量；S 为表征相互作用参数，$S=6$，8，10 分别表明是 d-d，d-q，q-q 相互作用机制。

对 I-H 模型计算拟合，当 $S=6$ 时，实验结果和理论计算最吻合。这指明在 Tb^{3+}间发生的交叉弛豫主要机制是 d-d 相互作用。

利用 J-O 理论计算硼酸盐玻璃和氟磷酸盐玻璃中，Tb^{3+}的$^7F_6$基态跃迁到其他能级的振子强度和实验结果列在表 13-1 中。其中^7F_J能级的振子强度都较高，这对 NIR 区 Tb^{3+}的作用是有意义的。Tb^{3+}掺杂的氟磷酸盐玻璃中的振子强度参数 $\Omega_2=2.75\times10^{-20}cm^2$，$\Omega_4=3.21\times10^{-20}cm^2$，$\Omega_6=3.36\times10^{-20}cm^2$，$\delta_{RMS}=9.3\times10^{-8}$。对一给定的激发态 SLJ 的辐射寿命 τ_{rad}定义如下：

$$\tau_{rad} = \frac{1}{\sum_i A_i(J,\ J')} \tag{13-2}$$

式中，$A_i(J,\ J')$ 为辐射发射概率。计算$^5D_4 \rightarrow {}^7F_6$跃迁的 τ_{rad}为 5.1ms。假定某 m-能级的布居是热平衡，可用下列等式计算 m-能级体系的有效寿命 τ_{eff}[5]：

$$\frac{1}{\tau_{eff}} = \sum A_{eff} = \frac{\sum_{i=1}^{P} g_i A_i \exp(-\Delta E_i)/(KT)}{\sum_{i=1}^{P} g_i \exp(-\Delta E_i)/(KT)} \tag{13-3}$$

式中，$\sum A_{eff}$ 为 m-能级的有效发射速率；g_i、A_i为可简并度处理项，以及对第 i 个能级计算的总自发发射；ΔE_i为第 i 个能级和第 1 个能级间的能隙；K 为 Boltzmann 常数；T 为 295K 温度。

$^5D_3 \rightarrow {}^7F_6$的 τ_{eff}为 2.3ms，τ_{rad}和 τ_{eff}是一致。数字上的差异是实际情况影响的。Tb^{3+}掺杂的氟磷酸盐玻璃中 $\Omega_2=2.75$，$\Omega_4=3.21$，$\Omega_6=3.36\times10^{-20}cm^2$。

表 13-1 硼酸盐玻璃[7]和氟磷酸盐玻璃[6]中 Tb^{3+}的波数、波长和振子强度 (f) $^7F_6$基态的跃迁

跃迁	硼酸盐玻璃					氟磷酸盐玻璃			
	波数 /cm^{-1}	波长 /nm	f_{mea}	f_{moa}	f_{calc}	能级	波长 /nm	f_{mea}	f_{calc}
						$^7F_4$	2882	11.3×10^{-7}	11.0×10^{-7}
$^7F_3$						$^7F_3$	2250	10.2×10^{-7}	10.8×10^{-7}
$^7F_{2,1,0}$						$^7F_2$, $^7F_1$, $^7F_0$	1895	21.5×10^{-7}	20.9×10^{-7}
$^5D_4$	20597	485.5	0.633×10^{-7}	0.52×10^{-7}	0.21×10^{-7}	$^5D_4$	485.7	0.6×10^{-7}	0.2×10^{-7}
$^5D_3$	26392	378.9	3.812×10^{-7}	5.46×10^{-7}	0.07×10^{-7}				
$^5G_6$						$^5D_3$, $^5G_6$, $^5L_{10}$	372.9	8.5×10^{-7}	7.9×10^{-7}
$^5L_{10}$	26954	368.7	7.204×10^{-7}		7.61×10^{-7}				
$^5G_5$									

续表 13-1

跃迁	硼酸盐玻璃					氟磷酸盐玻璃			
	波数 /cm^{-1}	波长 /nm	f_{mea}	f_{moa}	f_{calc}	能级	波长 /nm	f_{mea}	f_{calc}
$^5D_2$ $^5G_4$	28369	352. 5	7. 622×10^{-7}	7. 46×10^{-7}	7. 61×10^{-7}				
$^5L_9$ $^5G_3$ $^5L_8$ $^5L_7$	29360	340. 6	5. 764×10^{-7}	3. 04×10^{-7}	403×10^{-7}	$^5L_9$ $^5L_8$ $^5L_7$	349. 5	9. 4×10^{-7}	10. 8×10^{-7}
$^5D_1$	30703	325. 7	0. 407×10^{-7}	0. 37×10^{-7}	0. 32×10^{-7}				
$^5D_0$ $^5H_7$	31397	3185	4. 405×10^{-7}	2. 0×10^{-7}	1. 85×10^{-7}	$^5H_7$	317. 5	2. 1×10^{-7}	2. 4×10^{-7}
$^6H_6$	32960	303. 4	5. 249×10^{-7}	1. 20×10^{-7}	1. 41×10^{-7}				
$^5I_8$	35261	283. 6	1. 787×10^{-7}	5. 05×10^{-7}	5. 32×10^{-7}				
4f5d	45351	220. 5	3. 85×10^{4}						

在 NBTb 氟磷酸盐玻璃中，Tb^{3+}的$^5D_4$、$^5D_3$、$^5G_6$和$^5L_{10}$等能级是Tb^{3+}的光学光谱的重要参数。重要的$^5D_4 \to ^7F_5$ 跃迁发射概率A_{ed}为 78. 8s^{-1}，A_{md}为 48. 8s^{-1}；而$^5D_3 \to ^7F_5$ 的 A_{ed}为 73. 3s^{-1}。Tb^{3+}一些最重要的跃迁发射概率，$A_{ed} > A_{md}$，$^5D_4 \to ^7F_5$ 跃迁的荧光分支比 β_t高达 62%，且寿命长（ms）。

由上述Tb^{3+}的一些光学光谱特性，Tb^{3+}的$^5D_4 \to ^7F_5$ 跃迁的荧光分支比高达 60%以上，能量集中于锐而强的色纯度很高的绿色发光。$^5D_4$ 发射能级长寿命可以减少泵浦阈值功率，以便获取绿色激光发射；激发态$^5D_2$($^5G_4$) 能级与 AlGaN LED 发射的 350nm 能级能量匹配等特性；突显出Tb^{3+}掺杂的玻璃和晶体是可以成为固态绿色激光的可能性。但是，以往Tb^{3+}的绿色激光的运作[1,3]，长期受限于脉冲或亚毫瓦级 CW 低输出功率的影响。

13. 2　Tb^{3+}的发光及$^5D_3$ 能级的量子剪裁

13. 2. 1　发光特性

Tb^{3+}的主发射一般为 544nm±1nm，分支比高达 60%，寿命为毫秒量级，属$^5D_4 \to ^7F_5$ 跃迁发射。其他$^5D_4 \to ^7F_J$跃迁发射强度均很低。而$^5D_3 \to ^7F_J$（J=0，…，6）跃迁发射主要分布在光谱 390~485nm 蓝紫区，在Tb^{3+}低浓度时也比较强。

Tb^{3+}的$^5D_3 \to ^7F_J$和$^5D_4 \to ^7F_J$能级跃迁概率，除了受晶场环境，包括组成及温度影响外，还与Tb^{3+}激活剂浓度密切相关。如 Y_2O_2S:Tb^{3+}荧光体，在 CR 激发下，417. 5nm（$^5D_3 \to ^7F_5$）和 544. 5nm（$^5D_4 \to ^7F_5$）的发射强度随Tb^{3+}浓度增加而增强。$^5D_3 \to ^7F_J$能级跃迁发射在低浓度（1×10^{-3}）下开始下降；而$^5D_4 \to ^7F_J$跃迁发射强度则在浓度为 0. 03 时开始下降。荧光体的发光颜色由蓝紫色—蓝色—蓝白—蓝绿—黄绿色变化。因此，Y_2O_2S

:Tb 可用作黑白投影电视荧光体，它的余晖时间（10%）为 1.2ms。Y_2O_2S:Tb 中加入少量的 Sm^{3+}在光谱橙红区发射，使投影电视画面柔和。

其他发光材料中 Tb^{3+}的发光均符合上述 Tb^{3+}发光的规律。

13.2.2 Tb^{3+} $^5D_3$ 能级的量子剪裁

信息显示技术用途广、要求高。特别是在室外亮环境光下显示，需要对人眼最敏感的绿光。对 Tb^{3+}的发射而言，蓝紫光发射（$^5D_3 \to ^7F_J$）是多余的，而 Tb^{3+}的 544nm 绿光最吸引人。如何能得到最强的 Tb^{3+}绿光发射呢？对于 Tb^{3+}的$^5D_3 \to ^7F_J$能级跃迁发射，用增加 Tb^{3+}浓度由发生交叉弛豫过程使之猝灭，但依然残留有$^5D_3 \to ^7F_J$跃迁发射。

作者依据能量传递理论，提出利用 Tb^{3+}和 Dy^{3+}间的能量传递，使 Tb^{3+}的$^5D_3 \to ^7F_J$能级跃迁发射的蓝紫色光子被剪裁，而使$^5D_4$ 能级上的粒子数增殖。这样，$^5D_4 \to ^7F_J$，特别是$^5D_4 \to ^7F_J$能级跃迁发射的黄绿光子大大增加，流明效率显著提高，实现所需要的光子剪裁。其典型的例子如第 5 章所述的 Y_2O_2S:Tb 和 Y_2O_2S:Tb,Dy 体系中实现的结果[8]。这里予以详细说明。

由于加入少量 Dy^{3+}后，Tb^{3+}的发射光谱发生显著变化[8]。Tb^{3+}的所有$^5D_3 \to ^7F_J$能级跃迁发射（380~485nm）被严重地猝灭和剪裁掉，变成以 Tb^{3+}的$^5D_4 \to ^7F_J$能级跃迁发射 544nm（$^5D_4 \to ^7F_5$）为主，另附加一些很弱的 Dy^{3+}的特征发射。光致发光光谱变化和阴极射线光谱相同。在 Tb^{3+} 浓度固定时，254nm 或 CR 激发下，随着 Dy^{3+} 浓度增加（0.03%~3.0%），Tb^{3+}的$^5D_3 \to ^7F_J$能级跃迁发射逐渐减弱至严重猝灭。各$^5D_3 \to ^7F_J$（J=0，1，…，6）分支减弱速率是相等的；而$^5D_4 \to ^7F_J$能级跃迁的发射强度逐步增强，最高增强 2 倍，而各分支增强速率也是相等的。这种变化规律分别由 Y_2O_2S:Tb^{3+}和 Y_2O_2S:Tb^{3+}，Dy^{3+}荧光体中 Tb^{3+}的 415nm（$^5D_3 \to ^7F_5$）的激发光谱（见图 13-1）和 545nm（$^5D_4 \to ^7F_5$）的激发光谱（见图 13-2）清楚地证实。

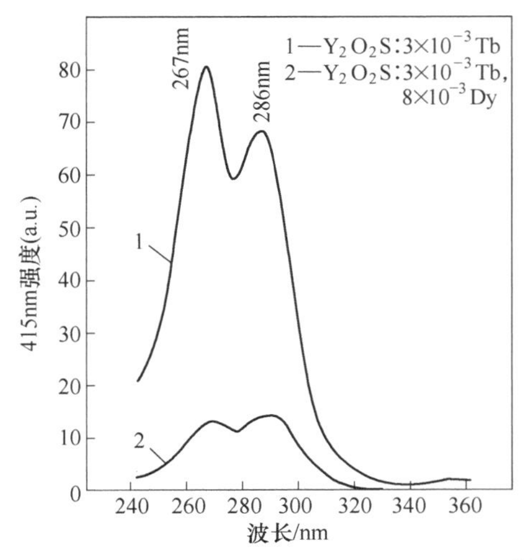

图 13-1 室温时 Tb^{3+} 415nm 发射的激发光谱[8]

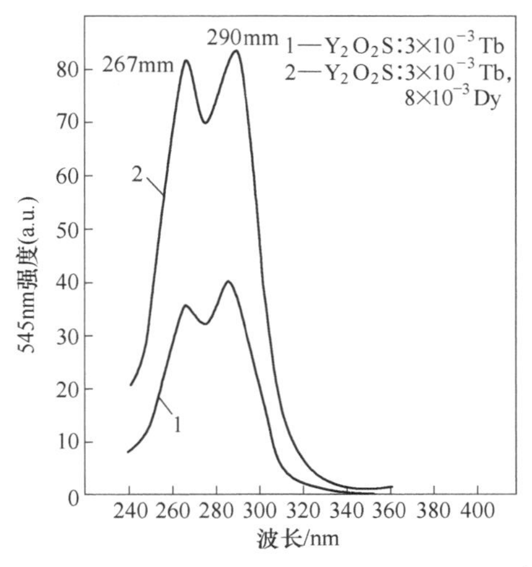

图 13-2 室温时 Tb^{3+} 545nm 发射的激发光谱[8]

这些结果指明在 Y_2O_2S:Tb^{3+},Dy^{3+}荧光体中，发生 Dy^{3+}—Tb^{3+}的无辐射能量传递。在无 Dy^{3+}时，Tb^{3+}的$^5D_3$（417nm）的 CL 发光荧光寿命 τ_0（10%）为 0.78ms。随着 Dy^{3+}浓度增加，τ（$^5D_3$）逐渐缩短，直至很弱实验测不出。可见能量传递效率很高。而 Y_2O_2S:Dy^{3+}的 572nm 的激发光谱中一些谱线，正好与 Tb^{3+}的激发光谱（实线）存在交叠。由图 13-1 和图 13-2 可知，在 240~320nm 范围内的紫外光激发下，Y_2O_2S:Tb^{3+}，Dy^{3+}荧光体中 Tb^{3+}的 415nm（$^5D_3$）的强度显著减弱，而 545nm（$^5D_4$）发射强度显著增强。能量传递效率 η 计算公式如下：

$$\eta = 1 - \frac{\eta_d}{\eta_o} = 1 - \frac{I_d}{I_o} \tag{13-4}$$

式中，η_d、η_o分别为在相同 Tb^{3+}浓度下，有 Dy^{3+}和无 Dy^{3+}时 Tb^{3+}的$^5D_3 \rightarrow {}^7F_J$跃迁发射的量子效率；$I_d/I_o$为相对的发光强度。

能量传递概率 P 计算公式如下：

$$P = \frac{1}{\tau_o}\left(\frac{\eta_o}{\eta_d} - 1\right) \tag{13-5}$$

式中，τ_o为无 Dy^{3+}时 Tb^{3+}的$^5D_3$ 能级的本征寿命。

η 和 P 的实验计算结果列在表 13-2 中。可见能量传递效率非常高，传递概率也随 Dy^{3+}浓度增加快速增加。

表 13-2　Y_2O_2S:Tb^{3+},Dy^{3+}中$^5D_3$（Tb^{3+}）到 Dy^{3+}的能量传递效率 η 和概率 P[8]

Dy^{3+}浓度/%	η（254nm）	η（CR）	P（CR）/s^{-1}
0.03	0.11	0.03	60
0.1	0.22	0.20	310
0.3	0.60	0.58	1720
0.8	0.85	0.82	5700
1.0	0.89	0.89	10320

Tb^{3+}的$^5D_3$ 的寿命也逐步缩短。由以下分析来理解发生能量传递的主要过程和途径。

Tb^{3+}的$^5D_3$ 和$^5D_4$ 能级的能量分别位于 26310cm^{-1}（380nm）、20490cm^{-1}（488nm）。其中$^5D_3$—$^5D_4$ 能级的能量间距为 5820cm^{-1}。而 Dy^{3+} 的$^4K_{17/2}$ 能级位于 26880cm^{-1}（372nm），$^4F_{9/2}$能级位于 21030cm^{-1}处，基态$^6H_{15/2}$—$^6H_{11/2}$能级间距约为 6000cm^{-1}。在 UV 或电子束激发下，由于 Tb^{3+} 的$^5D_3$ 能级与 Dy^{3+} 的$^4K_{17/2}$ 能级的能量较匹配，失配仅 570cm^{-1}。只需一个声子能量即可协助 Tb^{3+}的$^5D_3$ 能级吸收的能量传递给 Dy^{3+}的$^4K_{17/2}$能级。由于$^4K_{17/2}$下面几个能级的能量间距小，$^4K_{17/2}$能级的能量可以迅速无辐射弛豫到$^4F_{9/2}$能级。由于$^4F_{9/2}$能级与 Tb^{3+}的$^5D_4$ 能级能量位置匹配，Dy^{3+}的$^4F_{9/2}$能级上的绝大部分能量共振传递给 Tb^{3+}的$^5D_4$ 能级，导致 Tb^{3+}的$^5D_4$ 能级发射增强。只有很少部分能量从 Dy^{3+}的$^4F_{9/2} \rightarrow {}^6H_J$（$J$=13/2，15/2）能级跃迁发射。这种高效能量传递的存在，使 Tb^{3+}与 Dy^{3+}间的交叉弛豫显得次要。

由于 Dy^{3+}的两步能量传递，使不需要的 Tb^{3+}的$^5D_3 \rightarrow {}^7F_J$跃迁发射（蓝紫光）被剪裁，

而实现需要的$^5D_4 \to ^7F_J$能级跃迁发射黄绿光增强。Tb^{3+}的$^5D_3$能级可被视为施主，Dy^{3+}被视为受主和施主，Tb^{3+}的$^5D_4$能级可被视为受主：

短波 UV 或 CR

↓

短波 UV 或 CR→Tb^{3+}（$^5D_3$）→Dy^{3+}（$^4F_{9/2}$）→Tb^{3+}（$^5D_4$）→发射强黄绿光

↓

发射（弱）

Y_2O_2S 单位晶胞体积 $V=0.0819nm^3$。临界浓度 c_o（这里是为使 Tb^{3+}的$^5D_3$ 发射强度降低到无 Dy^{3+}时强度一半时的浓度）计算公式如下：

$$c_o = V\left(\frac{4}{3}\pi R_o^3\right)^{-1} \tag{13-6}$$

由式（13-6）计算得到施主-受主的临界距离 R_o约 2nm。因此，由交换机理引起的能量传递被排除。因为交换传递要求离子的间距不得大于 0.4nm。在 $Y_2O_2S:Tb^{3+},Dy^{3+}$中发生的能量传递，应属电偶极-偶极相互作用。

这一结果用在 $Gd_2O_2S:Tb$ 荧光体中（牌号 P43），加入适量的 Dy^{3+}后，不仅使光谱中剩余的$^5D_3$ 能级的发射减弱，也使 $Gd_2O_2S:Tb^{3+}$，Dy^{3+}荧光体总的流明效率也有所提高。图 13-3 $Gd_2O_2S:Tb^{3+}$和图 13-4 $Gd_2O_2S:Tb^{3+},Dy^{3+}$两荧光体在 10kV、1μA/cm² 相同激发条件工作下的阴极射线发射光谱和相对强度可比较。这种新的高亮度绿色荧光体非常适用于航空航天显示、飞机座舱终端显示器中。若加一个窄带滤色片，其效果与中性密度屏相比，对比度增加 25 倍[9]。用 $Gd_2O_2S:Tb,Dy$ 荧光粉制作的 CRT 显示屏的相对亮度是 $Zn_2SiO_4:Mn$（P1）显示屏的 1.54 倍[9]。用 $Gd_2O_2S:Tb,Dy$ 荧光粉制作的 CRT 显示屏的相对亮度是 $Zn_2SiO_4:Mn$ 显示屏的 1.5 倍。

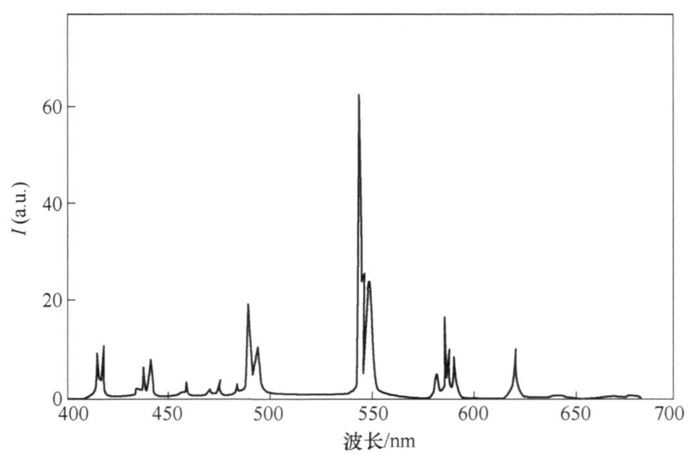

图 13-3　$Gd_2O_2S:Tb^{3+}$荧光体的阴极射线发光光谱

（10kV，1μA/cm²，室温（内部））

头盔显示器和平视仪的航空显示器是在天空亮环境光下使用，要求荧光屏（荧光体制）在各种环境光下具有高亮度、高分辨率和高对比度的特性，三者性能互为关联。如

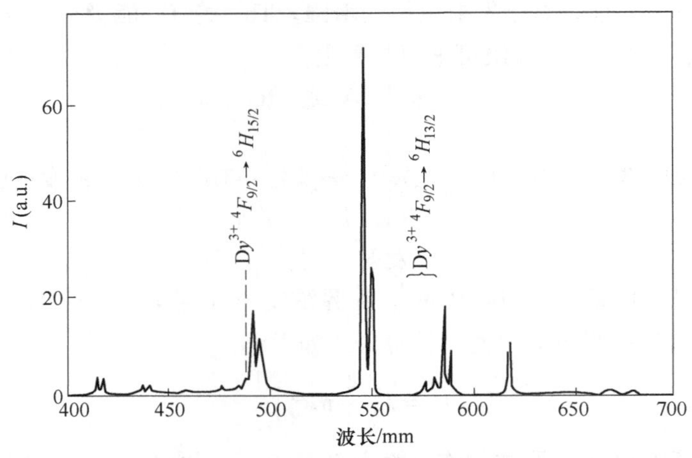

图 13-4　$Gd_2O_2S:Tb^{3+}$，Dy^{3+}荧光体的阴极射线发光光谱

（10kV，$1\mu A/cm^2$，室温（内部））

在机外背景光（太阳光）太明亮，会使显示器的光学符号模糊不清。提高荧光屏的亮度又可能降低清晰度反而引起字符模糊和缩短显示器寿命。$Gd_2O_2S:Tb^{3+},Dy^{3+}$黄绿色高亮度荧光体非常适合并成功用于航空显示器中，取得很好效果。若荧光体再包覆一薄层黄绿色颜料和/或加上滤色片，效果会更佳。顺便指出，时隔15年后，还有人申请美国专利。

后来人们又发展在YAG单晶衬底上液相外延生长YAG:Tb体系单晶薄膜，制成高分辨CRT，用作航空航天用的头盔显示器[10-11]。这种显示器在9μm圆斑上，3.5μA，20kV电子束工作条件下，亮度最高达到$1.9\times10^8 cd/m^2$或$4\times10^5 W/m^2sr$水平。但$Gd_2O_2S:Tb$，Dy CRT的$^5D_4\rightarrow{}^7F_5$的荧光分支比比YAG:Tb高，有利于高清晰度和分辨率。

类似上述$Y_2O_2S:Tb,Dy$的发光特性和能量传递也在$LaOBr:Tb^{3+},Dy^{3+}$体系中实现[12-13]。在CR激发下，当Tb^{3+}的浓度（摩尔分数）固定在0.0075%时，在LaOBr中，随Dy^{3+}浓度（x）增加。Tb^{3+}的$^5D_3\rightarrow{}^7F_5$跃迁强度逐步减弱，当$x=0.01$时，强度仅剩20%；而$^5D_4\rightarrow{}^7F_5$能级跃迁发射逐渐增强，当$x=0.01$时，达到最佳，是无Dy^{3+}时的1.4倍。表13-3列出在265nm激光束激发下，$LaOBr:0.0075Tb^{3+},xDy^{3+}$中，$Tb^{3+}$的荧光寿命$\tau$随着$Dy^{3+}$浓度（$x$）变化的结果，以及按式（13-4）计算的能量传递效率η。随着Dy^{3+}浓度增加，$^5D_3\rightarrow{}^7F_5$能级的荧光寿命逐渐缩短。而x在0.001%~0.01%范围内，$^5D_4\rightarrow{}^7F_5$能级的寿命基本不变。Dy^{3+}浓度再增加，晶体环境变得复杂，可能发生$Tb^{3+}(^5D_4)\rightarrow Dy^{3+}$的反传递。

表 13-3　265nm激发下$LaOBr:0.0075Tb^{3+},xDy^{3+}$中$Tb^{3+}$的荧光寿命和能量传递效率$\eta$[12]

样品	Dy^{3+}浓度/%	Tb^{3+}荧光寿命/μs		η/%
		$^5D_3\rightarrow{}^7F_5$	$^5D_4\rightarrow{}^7F_5$	
1	0	230	1280	
2	1×10^{-3}	221	1250	4.0

续表 13-3

样品	Dy^{3+}浓度/%	Tb^{3+}荧光寿命/μs		η/%
		$^5D_3$→$^7F_5$	$^5D_4$→$^7F_5$	
3	3×10⁻³	176	1240	23.5
4	6×10⁻³	166	1200	28.0
5	10×10⁻³	71	1200	69.1
6	30×10⁻³	10	720	95.7
7	80×10⁻³	7.2	500	96.9

利用 I-H 能量传递理论公式和 c_o，在 $S=6$ 时计算的强度衰减时间曲线与实验数据最吻合。而 $S=8$，10 时偏离，不吻合。故在 LaOBr 体系中，Tb^{3+}—Dy^{3+}之间发生的能量传递机制是电偶极-偶极（d-d）相互作用结果。排除 q-d 和 q- q 的相互作用。

可见，发展的这种 $Tb^{3+}(^5D_3)$→Dy^{3+}→$Tb^{3+}(^5D_4)$ 量子剪裁的能量传递机制具有普遍性和实用性。

13.3 Ce^{3+}→Tb^{3+}的能量传递和机制

以往人们对 Ce^{3+}→Tb^{3+}的能量传递很感兴趣，因为 Tb^{3+}在短波紫光（253.7nm）、UVU 光和阴极射线激发发射下发射强的绿光，可用于照明节能的紧凑型荧光灯、CRT 和 PDP 显示器等领域中。除阴极射线（CR）激发外，Tb^{3+}是属 $4f$→$4f$ 能级跃迁，对光子的吸收截面很小，需要靠 Ce^{3+}等离子的无辐射能量才能实现高效的绿色发射。所以以往在许多单晶、多晶和玻璃中，包括铝酸盐、磷酸盐、硅酸盐、硼酸盐和卤化物等化合物中，对吸收的能量从 Ce^{3+}传递到 Tb^{3+}的现象和机理进行了广泛和深入的研究。这是因为在晶体场强度较弱的环境下，Ce^{3+}的 $4f5d$ 组态的能量一般位于较高的短波 UV 区，而发射一般在长波 UV—蓝紫光谱区。这正好与 Tb^{3+}的一些较高能级如$^5D_2$、$^5L_{10}$、$^5D_3$（$^5G_6$）等能级的吸收相重叠，这些能级的振子强度较强，自发辐射概率大，容易发生 Ce^{3+}→Tb^{3+}的能量传递，大大敏化 Tb^{3+}，产生高效的 Tb^{3+}的绿色发射。例如（Ce,Tb)$MgAl_{11}O_{19}$、$LaPO_4$:Ce,Tb、（Ce,Tb,Gd)MgB_5O_{10}，$CaSiO_3$:Ce^{3+},Tb^{3+}、Y_2SiO_5:Ce^{3+},Tb^{3+}、BLBL:Ce^{3+},Tb^{3+}玻璃等体系中，均为高效 Ce^{3+}→Tb^{3+}离子间无辐射能量传递，导致 Tb^{3+}高效绿色发射[14-17]。尽管如此，但它们的能量传递机制并不相同，表 13-4 列出几种重要的绿色荧光体。大多数硅酸盐中，晶场强度较强。可发生直接 Ce^{3+}→Tb^{3+}能量传递。表中前 3 种高效绿色荧光体被广泛应用于紧凑型荧光灯中，大量生产，产生重大经济效益。

表 13-4　重要绿色荧光体中的能量传递机制

绿色荧光体	能量传递机制	Ce^{3+}的发射/nm
(Ce，Tb)$MgAl_{11}O_{19}$铝酸盐	复杂，推论归因于 Ce^{3+}→Tb^{3+} d-q 作用	λ_{em}:340~360nm
$LaPO_4$:Ce^{3+},Tb^{3+}磷酸盐	Ce^{3+}—Ce^{3+}→Tb^{3+}有限扩散	λ_{em}:320nm
(Gd,Ce,Tb)MgB_5O_{10}五硼酸盐	Ce^{3+}→Gd^{3+}(…，Gd^{3+}）→Tb^{3+}，Gd^{3+}中介体作用	λ_{em}:300nm 延至 360nm Gd^{3+}吸收

续表 13-4

绿色荧光体	能量传递机制	Ce^{3+}的发射/nm
Gd_2SiO_5:Ce,Tb,Y_2SiO_5:Ce,Tb $(Lu,Gd)_2SiO_5$稀土硅酸盐	直接Ce^{3+}→Tb^{3+}能量传递	λ_{em}:400nm

如果Ce^{3+}的4*f*5*d*态处于晶场强度很弱的环境中，4*f*5*d*能态劈裂后的最低子能级的能量位置依然很高，如氟化物中不易发生Ce^{3+}→Tb^{3+}的无辐射共振传递。反之，若Ce^{3+}的4*f*5*d*能态位于晶场强度很强的环境中，4f5d能量位置大幅下降，甚至处于可见蓝区，如$Y_3Al_5O_{12}$:Ce(YAG:Ce)的激发带位于约440nm处，发射带为545~550nm黄绿区，与Tb^{3+}的激发光谱没有交叠，故不会发生Ce^{3+}→Tb^{3+}能量传递，若有也是传递效率极低的。因此，Ce^{3+}应处于晶场强度适中的环境，其5*d*发射一般位于长波紫外区（300~400nm），可以发生Ce^{3+}→Tb^{3+}的无辐射传递。例如，在Ce^{3+}和Tb^{3+}共掺杂的α-磷酸盐纳米中，在305nm激发下，Ce^{3+}的发射谱位于320~400nm长波紫外区，其5*d*发射峰为355nm。Ce^{3+}的发射与Tb^{3+}的546nm的320~380nm激发光谱重叠[18]。因此可发生Ce^{3+}→Tb^{3+}的能量传递，增强Tb^{3+}绿色发光。在$K_2CaP_2O_7$焦磷酸盐中，Ce^{3+}也是明显增加Tb^{3+}的发光，能量传递效率达到82.5%，其能量传递机制属d-q相互作用[19]。而在第7章中所述的$CaSiO_3$:Ce,Tb体系中[16]，发生的d-d相互作用机制的高效Ce^{3+}→Tb^{3+}的无辐射能量传递都属这种情况。

另外，组成中，阴离子的影响也起作用，例如在$Na_xSr_{3-2x}Ce_x(PO_4)_2$材料中，$Ce^{3+}$的发射和激发光谱随Na含量增加而红移，且和Ce—O键的共价性增强时一致。而电子云扩大效应随碱金属更加金属化的特征特性而增加，所以$Na_3Ce_{1-x}Tb_x(PO_4)_2$荧光体呈现最佳光谱交叠和Ce最好的Ce^{3+}→Tb^{3+}能量传递。

13.4 Tb^{3+}→Ce^{3+}的能量传递

13.4.1 Tb^{3+}→Ce^{3+}的无辐射共振能量传递

上面讲述Ce^{3+}→Tb^{3+}的能量传递的基本原则，在许多材料中均可观测到。是否存在Tb^{3+}→Ce^{3+}的能量传递呢？在什么条件下可以发生？很长一段时间内，无人报道激发能可以从Tb^{3+}传递给Ce^{3+}。

作者和马龙在钇铝石榴石$Y_3Al_5O_{12}$:Ce^{3+},Tb^{3+}体系中，惊奇地发现Tb^{3+}的最低4*f*5*d*态出现在Ce^{3+}的激发光谱（约274nm）中，并于1984年发表[20]。显然，在YAG体系中发生Tb^{3+}→Ce^{3+}的无辐射能量传递。在这之后，美国AT&T Bell实验室Shmulovich等人[21]在YAG:Ce,Tb单晶薄膜中也观察到Tb^{3+}的这个最低4*f*5*d*态（约270nm）出现在Ce^{3+}的激发光谱中。

很快作者将这个新奇现象从YAG:Ce,Tb体系扩展到YGG:Ce,Tb体系，进行了详细深入地研究[22-25]。

YAG:Ce,Tb石榴石荧光体的漫反射光谱如图13-5中的曲线1所示，它主要由3个强而宽的吸收谱带和370~400nm区中一些很弱的谱线所组成。峰值在约274nm短波UV区的宽吸收带（250~290nm）和370~400nm NUV区内的一些窄谱线，分别是典型的Tb^{3+}的$4f$—$4f5d$态和$4f$—$4f$能级跃迁的吸收谱；而峰值在342nm和455nm区域内的两个宽吸收带是Ce^{3+}的$4f$—$5d$态跃迁最低能量吸收带。图中3个强而宽的Ce^{3+} 520nm发射的激发谱带（曲线2，点线）和漫反射吸收光谱（曲线1）吻合得非常好。其中274nm激发带是Tb^{3+}的$4f5d$激发带出现在Ce^{3+} 520nm发射的激发光谱中，这直接证实存在Tb^{3+}→Ce^{3+}的能量传递发生。曲线2中的其他两个强的激发光谱是在YAG中典型的Ce^{3+}的激发光谱。图中曲线3（实线）为YAG∶Tb^{3+}的发射光谱。由图13-5清晰可见，Tb^{3+}在蓝区（400~500nm）的发射光谱与Ce^{3+}的激发光谱存在良好的光谱交叠，为发生Tb^{3+}→Ce^{3+}的能量传递提供了必要的可靠的物理条件。

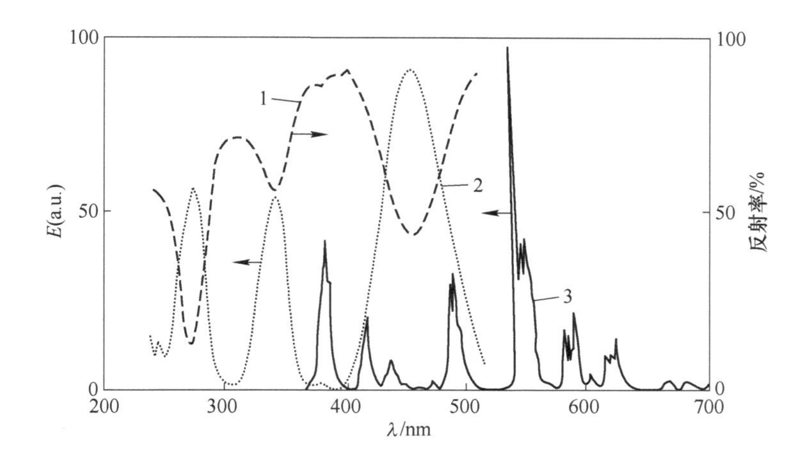

图13-5 $Y_3Al_5O_{12}$:Ce^{3+},Tb^{3+}的漫反射、Ce^{3+}的520nm的激发光谱和$Y_3Al_5O_{12}$:Tb^{3+}中Tb^{3+}的发射光谱[22-23]

1—YAG:Ce^{3+}，Tb^{3+}漫反射光谱；2—Ce^{3+} 520nm激发光谱；3—YAG:Tb^{3+}的发射光谱

在250~290nm紫外光谱范围内进行选择激发，可同时得到Tb^{3+}的$^5D_3\to{}^7F_J$和$^5D_4\to{}^7F_J$能级跃迁发射及Ce^{3+}的$5d\to4f$（$^2F_{7/2}$,$^2F_{5/2}$）能级跃迁发射谱带。而Tb^{3+}的$^5D_4\to{}^7F_J$能级跃迁的发射簇叠加在Ce^{3+}的宽发射带上。这样，采用YAG∶Nd激光四倍频后，得到266nm脉冲激光作为激发光源是非常合适的。用266nm脉冲激光对YAG∶Tb和YAG∶Tb, xCe样品测量Tb^{3+}的418nm（$^5D_3$）和544nm（$^5D_4$）发射的荧光寿命随Ce^{3+}浓度变化关系，得到结果如图13-6所示。在$Y_3Ga_5O_{12}$:Tb,xCe体系中也获得相同结果[24-25]。

由图13-6可知，随受主Ce^{3+}浓度增加，施主Tb^{3+}的$^5D_3$和$^5D_4$的荧光寿命分别减小。这是因为发生Tb^{3+}→Ce^{3+}的无辐射共振能量传递的结果。根据荧光寿命数据计算无辐射能量传递速率ω和效率η如下：

$$\omega=\tau^{-1}-\tau_o^{-1}=\tau_o^{-1}(R_o/R_{da})^6 \tag{13-7}$$

$$\eta=1-(\tau/\tau_o)$$

式中，τ_o为施主的本征寿命；τ为受主存在时施主的寿命；R_{da}为施主和受主之间的距离；R_o为临界距离。

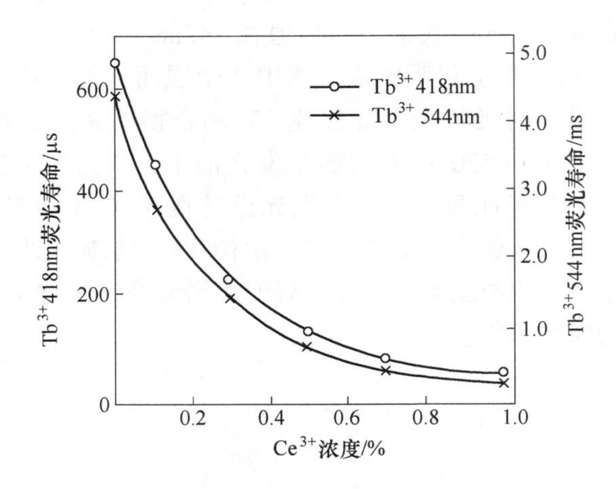

图 13-6 室温下 YAG:0.01Tb,xCe 418nm（$^5D_3 \to ^7F_5$）及 544nm（$^5D_4 \to ^7F_5$）跃迁的荧光寿命与 Ce^{3+}浓度（x）的关系[23]

在 Tb^{3+}/Ce^{3+}分、共掺杂的 YAG 和 YGG 体系中所获得的数据见表 13-5。在 YAG :Ce, Tb 体系中，对$^5D_3$ 而言平均临界距离 $R_o = 1.51$nm；对$^5D_4$ 而言，$R_o = 1.54$nm。而在 YGG :Ce,Tb 体系中 $R_o(^5D_3) = 1.63$nm。

表 13-5 在 YAG 和 YGG 体系中 Tb^{3+}的$^5D_3$ 和$^5D_4$ 能级的寿命及能量传递参数[23,25]

序号	Tb^{3+}浓度/%	Ce^{3+}浓度/%	YAG 中$^5D_3$			
			τ（418nm）/μs	η	ω/s^{-1}	R_o/nm
0	固定在 1.0	0	650			
1		0.3	228	0.65	2.85×10^3	1.64
2		0.5	128	0.83	6.28×10^3	1.47
3		0.7	78	0.88	11.28×10^3	1.49
4		1.0	44	0.93	21.19×10^3	1.41
序号	Tb^{3+}浓度/%	Ce^{3+}浓度/% /%	YAG 544nm（$^5D_4$）			
			τ（544nm）/ms	η	ω/s^{-1}	R_o/nm
0	固定在 1.0	0	4.40			
1		0.3	1.42	0.68	4.77×10^3	1.41
2		0.5	0.79	0.82	10.39×10^3	1.69
3		0.7	0.49	0.90	18.14×10^3	1.46
4		1.0	0.27	0.94	37.76×10^3	1.58

续表 13-5

序号	Tb^{3+}浓度/%	Ce^{3+}浓度/%	YGG 中$^5D_3$			
			τ（408nm）/μs	η	ω/s^{-1}	R_o/nm
80	固定在 1.0	0	340			
85		0.3	98	0.71	0.73×10^3	1.62
86		0.5	50	0.85	1.71×10^3	1.65
87		0.7	30	0.91	3.04×10^3	1.66
88		1.0	17	0.95	5.59×10^3	1.60

由上述结果表明，在 YAG:Ce,Tb 和 YGG:Ce,Tb 石榴石体系中，明确地发生能量传递，Tb^{3+}是能量施主，而Ce^{3+}是能量的受主，下面进一步详细分析在这两种石榴石中所发生的能量传递机制。

晶体中施主和受主离子是随机分布，在忽略施主之间的相互作用及能量反传递的情况后，最后得到施主到受主的直接能量传递的情况，施主离子的荧光衰减与时间的关系可表达如下：

$$I(t)=I_{(o)}\exp\left[-\frac{t}{\tau_o}-\Gamma\left(1-\frac{3}{S}\right)\frac{C}{C_o}\left(\frac{t}{\tau_o}\right)^{3/s}\right] \tag{13-8}$$

式中，C 为施主的浓度；C_o为临界浓度；C_o与临界距离 R_o有如下关系：

$$R_o=\left(\frac{3}{4\pi C_o}\right)^{1/3}$$

将 R_o代入式（13-8），得到 I-H 方程式如下：

$$I(t)=I_{(o)}\exp\left[-\frac{t}{\tau_o}-\frac{4}{3}\pi\Gamma\left(1-\frac{3}{S}\right)N_AR_o^3\left(\frac{t}{\tau_o}\right)^{3/S}\right] \tag{13-9}$$

式中，τ_o为施主的本征寿命；N_A为受主离子的浓度；Γ 为 gamma 函数；S 为多极相互作用的不同类型参数，对电偶极-偶极（d-d）、电偶极-四极（d-q）及电四极-四极（q-q）相互作用而言，S 分别为 6、8 和 10。

式（13-9）表达电多极相互作用时的荧光强度 I 随时间 t 的变化。采用最小平方曲线拟合法，由实验数据和式（13-9）对不同Ce^{3+}浓度下进行最佳拟合，用于确定电多极相互作用的机制。

在 YAG:0.01Tb,xCe 体系中，当 $S=6$ 时，Tb^{3+}的$^5D_3$（418nm）的荧光衰减与Ce^{3+}的浓度 x 的拟合曲线及 I-H 理论曲线如图 13-7 所示。实验数据与 I-H 理论曲线非常吻合。而当 $S=8$ 时，严重偏离 I-H 理论曲线，不吻合。$S=10$ 时，也是不吻合。而对Tb^{3+}的 544nm（$^5D_4$）荧光衰减按上述方法处理，当 $S=6$ 时，实验结果和 I-H 理论曲线完全重合，如图 13-8 所示。而当 $S=8$ 或 10 时，则严重偏离，不吻合。故在 YAG 体系中，Tb^{3+}的$^5D_3\rightarrow Ce^{3+}$和$^5D_4\rightarrow Ce^{3+}$间的无辐射共振能量传递过程中，起主导作用的机理是电偶极-偶极相互作用，而 d-q 和 q-q 作用可排除。

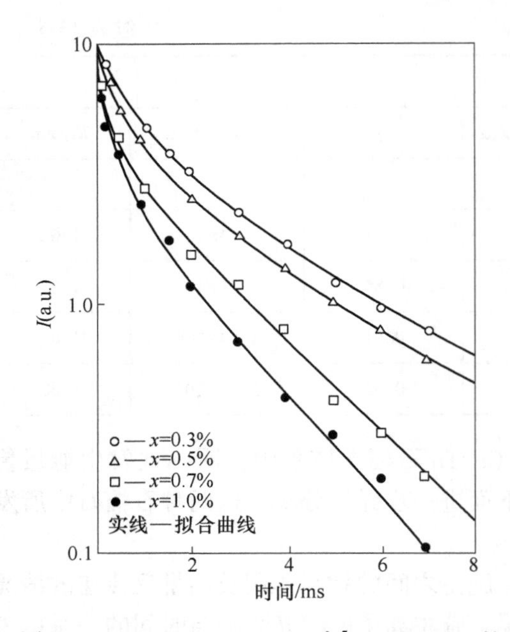

图 13-7 YAG:0.01Tb，xCe 中$^5D_3$(418nm) 的荧光衰减与 Ce^{3+}浓度的关系[23]
（S=6 时，298K，266nm 脉冲激光激发）

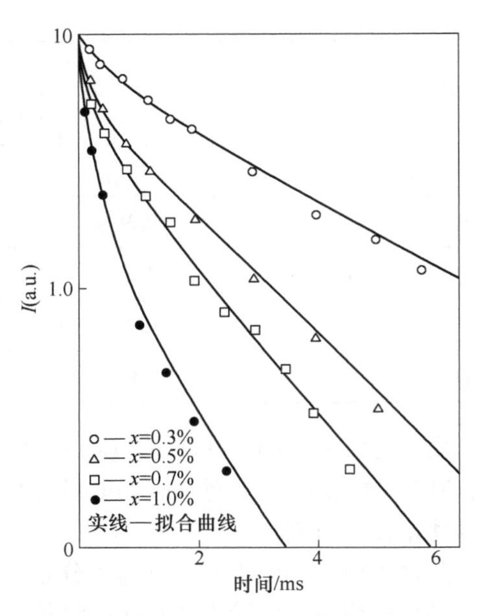

图 13-8 YAG:0.01Tb，xCe 中$^5D_4$(544nm) 的荧光衰减与 Ce^{3+}浓度关系[23]
（S=6 时，室温）

按上述方法，对钇镓石榴石YGG:Tb,xCe 体系处理。当 $S=6$ 时，Tb^{3+}的$^5D_3$（418nm）和$^5D_4$（544nm）的实验结果与 I-H 理论曲线完全吻合；而当 $S=8$、10，则明显偏离。这里仅给出$^5D_4$（544nm）的 $S=6$ 时的衰减曲线，如图 13-9 所示，与拟合曲线吻合。当 $S=8$ 时，对 Tb^{3+}的$^5D_4$（544nm）拟合，其结果与 I-H 曲线吻合。这些结果也指明，在 YGG 体系中，Tb^{3+}（$^5D_3$,$^5D_4$）→Ce^{3+}（5d）之间的无辐射能量传递过程中，起主导作用的是 d-d 相互作用，但电偶极-四极（d-q）相互作用不应被忽略。

对电偶极-偶极（d-d）相互作用而言，能量传递速率 ω 与离子间距离 R_{SA} 的 6 次方成反比，而 R_{SA} 与离子的浓度 c 平方根成正比，故将传递速率 ω 对浓度 c^2 作图应该为直线关系。为严谨，进一步对 YAG 和 YGG 两体系中$^5D_3$ 能级的 ω 与 Ce^{3+}浓度平方关系作图，如图 13-10 所示，均为很好的直线关系。对 Tb^{3+} 的$^5D_4$ 能级而言，也是如此关系。这进一步证实，在 YAG 和 YGG 体系中，选择激发 Tb^{3+}($^5D_3$,$^5D_4$)→Ce^{3+}的无辐射能量传递机理主要是电偶极-偶极（d-d）相互作用。

Shmulovich 等人[21]对 YAG:Ce,Tb 单晶采用时间分辨光谱技术分别监测 Tb^{3+} $^7F_6$→$^5D_3$(383nm) 和$^7F_5$→$^5D_4$(544nm) 跃迁激发 Tb^{3+}的$^5D_3$ 和$^5D_4$ 能级发光衰减，观测 Tb^{3+}→Ce^{3+}的无辐射共振能量传递。Tb($^5D_3$)→Ce^{3+}的能量传递机制为 d-d 相互作用，临界距离为 1.8nm，同时发生强的$^5D_3$→$^5D_4$ 交叉弛豫。而 Tb^{3+}（$^5D_4$）→Ce^{3+}之间的能量传递也属 d-d 相互作用机制。R_o = 1.54nm。这些结果和上述我们选择激发荧光体中 Tb^{3+} 的 4f5d 态后的能量传递结果完全一致。

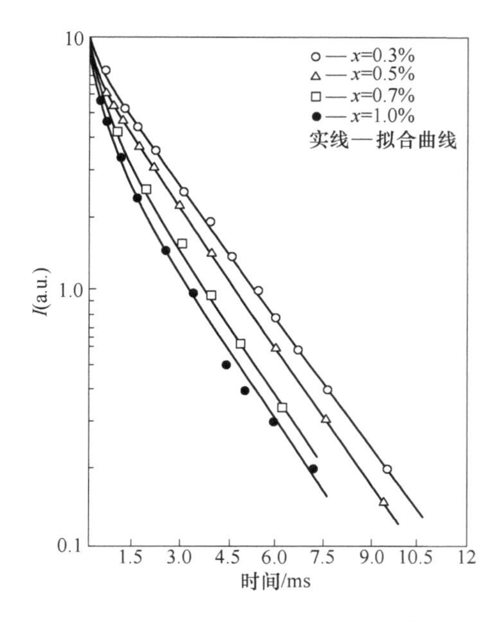

图 13-9 在 YGG:0.01Tb,*x*Ce 中，室温下用 266.0nm 激光脉冲激发 Tb^{3+}的$^5D_4$ (544nm) 荧光衰减与 Ce^{3+}浓度关系[25]
($S=6$, $^5D_4(Tb^{3+})\to{}^2D_{3/2}(Ce^{3+})$)

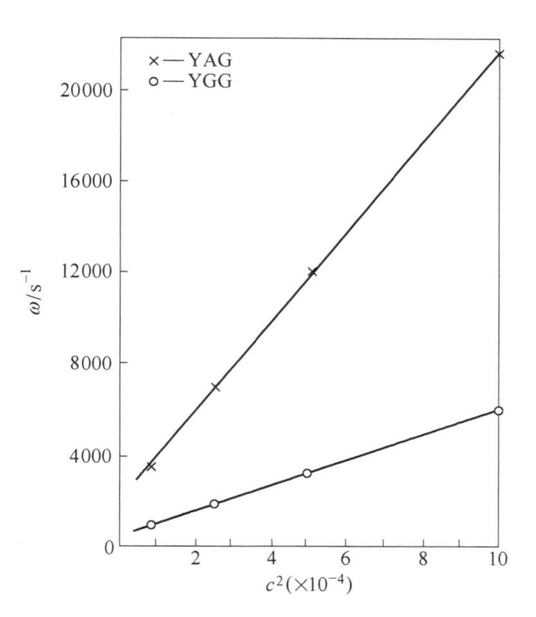

图 13-10 Tb^{3+}的$^5D_3$ 能级到 Ce^{3+}的 $^2D_{3/2}$态的能量传递效率与 Ce 浓度平方的线性关系[23,25]

接下来再小结在什么情况下可以发生 Ce^{3+}→Tb^{3+}的无辐射能量传递，又在什么情况下可发生 Tb^{3+}→Ce^{3+}的无辐射能量传递。明确此事，对设计新功能稀土材料是有帮助的。依据上述一些结果和能量传递原理，提出以下原则：

（1）Ce^{3+}→Tb^{3+}能量传递中 Gd^{3+}的中介作用。晶场强度弱，Ce^{3+}的 5*d* 态劈裂后的子能级位于短波 UV 区，Ce^{3+}的发射带 Stocks 位移很大，需要 Gd^{3+}起中介传输作用。如 $(La,Gd)MgB_5O_{10}$:Ce,Tb,$GdBO_3$:Ce,Tb 等。

（2）发生 Ce^{3+}→Tb^{3+}能量传递。晶场强度较弱，Ce^{3+}的 5*d* 态劈裂后的最低能量的子能级主要位于短波 UV 区或短波 UV-VUV 区，而发射主要在长波 UV-NUV 区。如 $CaSiO_3$:Ce,Tb 等硅酸盐，$(Ce,Tb)MgAl_{11}O_{19}$及 $LaPO_4$:Ce,Tb 等体系，多数属于此情况。

（3）发生 Tb^{3+}→Ce^{3+}能量传递。晶体强度强，Ce^{3+}的 5*d* 态劈裂后的子能级 5*d* 态位于 NUV-可见光区，Ce^{3+}发射位于可见光区，如 YAG、YGG 体系，则可发生 Tb^{3+}→Ce^{3+}能量传递。

13.4.2 锐 4*f* 谱线中 Tb^{3+}→Ce^{3+}的辐射能量传递和处理原则

在第 3 章中已阐述，如果发生再吸收的辐射能量传递，施主的宽发射谱带中将出现凹坑，然而若发生在施主的锐发射谱线上，就很难观察到这种现象。作者首次提出采用荧光分支相对强度比值的变化规律可以满意地解决此问题[22-23]。

仔细观察和分析图 13-5 中的漫反射（吸收）光谱，发现有可能存在光子再吸收的辐射能量传递。Tb^{3+}在 400~510nm 的发射光谱与 Ce^{3+}在这一区域内的激发光谱存在良好的光谱交叠。确实施主 Tb^{3+}发射的光子被 Ce^{3+}激活剂（受主）再吸收，施主的荧光光谱图形与受主浓度有关，而荧光寿命不变。YAG 中所发生的 $Tb^{3+} \rightarrow Ce^{3+}$的辐射能量传递已在 3.3 节中介绍。用 Tb^{3+}荧光分支强度比与 Ce^{3+}的浓度关系的变化规律可满意地处理发生 Tb^{3+}的 $4f$ 线谱中的辐射能量传递。

一般地，这种光子再吸收的辐射能量传递效率比无辐射能量传递低，在设计高效发光材料中多不被考虑。

在 YMG∶Ce,Tb（M=Al,Ga）体系中，无论选择激发 Tb^{3+}的最低 $4f^7 5d$ 态，还是选择激发 Tb^{3+}的$^5D_3$ 或$^5D_4$ 能级，许多辐射、无辐射弛豫及包括辐射和无辐射共振能量传递的过程可以发生。Tb^{3+}的$^5D_3$ 和$^5D_4$ 分别到 Ce^{3+}间的能量传递主要是通过 d-d 相互作用，而在 YGG 体系中，$^5D_4 \rightarrow Ce^{3+}(^2D_{5/2})$ 能量传递 d-q 相互作用也不可忽视。这些传递过程可用图 13-11 简明表述。当用 266nm 激光激发时，Tb^{3+}从基态激发到 $4f^7 5d$ 态时，$4f^7 5d$ 激发态能量迅速地无辐射弛豫到 Tb^{3+}的$^5D_3$ 和$^5D_4$ 能级（包括$^5D_3$—$^5D_4$ 的交叉弛豫）；一部分能量直接从$^5D_3$ 和$^5D_4$ 能级跃迁到^7F_J（$J=6$，5，…，0）能级，产生 Tb^{3+}的特征发射，将激发能量释放；另一部分能量从$^5D_3$ 和$^5D_4$能级主要由电偶极-偶极（d-d）相互作用无辐射共振传递给 Ce^{3+}最低 5d（$^2D_{5/2}$）态，由此产生 Ce^{3+}宽带发射，而 Tb^{3+}的发射光谱锐谱线叠加在 Ce^{3+}的宽带上。与此同时，Tb^{3+}的$^5D_3 \rightarrow ^7F_J$和$^5D_4 \rightarrow ^7F_{6,5}$跃迁发射被 Ce^{3+}再吸收的辐射传递同时发生。

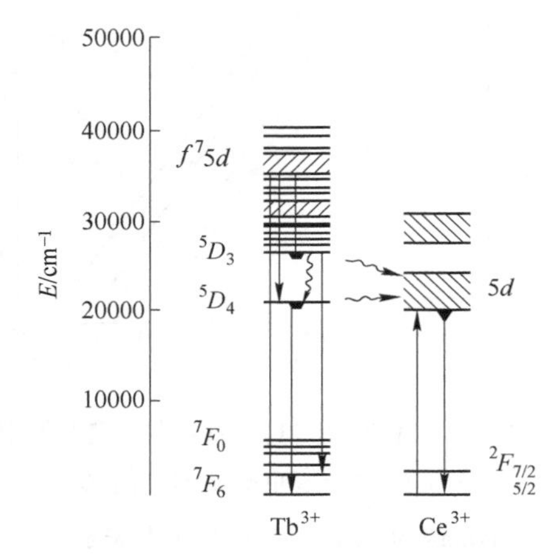

图 13-11　在 YAG 和 YGG 石榴石中的 Tb^{3+}和 Ce^{3+}的能级图和能量传递途径[23]

顺便指出，杂质使 YAG∶Tb 和 YAGG∶Tb 发光缓慢建成，发现掺杂 0.001%~0.01%微量的 Yb^{3+}或 Eu^{3+}可使发光瞬时建成，同时 Yb^{3+}或 Eu^{3+}还可以减少荧光老化[26]。在 2010 年以前，YAG∶Tb^{3+}和 YAGG∶Tb^{3+}曾被用作等离子体平板显示器（PDP）的绿色荧光体。因此在 YAG 和 YAGG 中 Tb^{3+}的 VUV 范围内的激发效率受到关注[27]。晶场强度、材料的吸收阈值（吸收边）及不同的激发机构（激活剂的 $4f^8$—$4f^7 5d$ 态跃迁或机制中带间跃迁）的外量子效率随 Ga 浓度增加而减少。上述这些变化归因于随 Ga 浓度促使基质的氧化特性增加。外量子效率下降与（$RE^{3+} \rightarrow RE^{4+}+e$）光离化态介入有关。当这种光离化态稳定时，无辐射弛豫速率增加。

13.5　Tb^{3+}与其他稀土离子的能量传递

13.5.1　$Tb^{3+} \rightarrow Tm^{3+}$的交叉弛豫

在 $(Y_{1-x-y}Tb_xTm_y)P_5O_{14}$磷酸盐单晶中，$Tb^{3+}$的$^5D_3$ 能级和$^5D_4$ 能级跃迁发射强度随 Tb^{3+}浓度（x）增加而增强[28]。在 $x=0.10\%$后，$^5D_3$ 能级的发展强度开始下降，而$^5D_4$ 发

射强度继续上升。这就是人们熟悉的$^5D_3$—$^5D_4$和$^7F_0$—$^7F_6$能级间交叉弛豫引起的浓度猝灭。此外，随 Tm^{3+} 掺入和浓度增加，由于 Tb^{3+} 的$^5D_3$—$^5D_4$ 能级的能量间距（约 5820cm^{-1}）和 Tm^{3+}的$^3H_6$—$^3F_4$ 能级间距（约 5580cm^{-1}）很匹配，可以发生交叉弛豫过程，这样加快 Tb^{3+}的$^5D_3$ 能级发射猝灭。依据 Dexter 能量传递理论，分别计算交叉弛豫概率[28]如下：

$$P_{dd}(\text{Tb-Tm}) = 2.83(x+y)^2 \times 10^4$$

$$P_{dq}(\text{Tb-Tm}) = 4.76(x+y)^{8/3} \times 10^5$$

式中，P_{dd}、P_{dq}分别为 d-d 和 d-q 相互作用时交叉弛豫概率，显然 $P_{dq}>P_{dd}$。

此外，由于$^5D_3$能级能量弛豫到$^5D_4$ 能级，增强$^5D_4$ 能级跃迁发射，随 x 浓度增加，$^5D_4$ 发射强度进一步增强。

13.5.2 玻璃中 Gd^{3+}→Tb^{3+}的能量传递

在稀土硼酸盐玻璃中可以发生 Gd^{3+}→Tb^{3+}的直接能量传递[29]。利用 J-O 理论，对稀土硼酸盐计算 Gd^{3+}和 Tb^{3+}分别从基态跃迁到不同高能级的振子强度。其中 Gd^{3+} 的$^8S_{7/2}$→$^6P_{7/2}$（313nm）的振子强度 f 仅为 0.176×10^{-6}，但量子产额为 1.0。这是因为上能级的$^8S_{7/2}$→$^6I_{11/2}$（274nm），$^6I_{9/2}$（277nm）的 f 相对最高，分别达到 1.68×10^{-6} 和 0.78×10^{-6}[29]。而这些能级上的受激粒子快速无辐射弛豫到^6P_J 能级上，最终导致主要为$^6P_{7/2}$→$^8S_{7/2}$能级跃迁发射，量子产额高。而 Tb^{3+} 的$^5D_4$ 能级发射也是类似情况。一些上能级的 f 都比$^7F_6$→$^5D_4$ 跃迁吸收高 6~12 倍。在这种硼酸盐玻璃中，Tb^{3+}的 $4f$→$5d$ 跃迁的吸收能量在 4350cm^{-1}（220.5nm）处，其 f 为 3.85×10^{-4}，比 Tb^{3+}的 $4f$→$4f$ 跃迁高两个量级。这些数据和其他体系中的结果是一致的。

在这类硼酸盐玻璃中观测到 Gd^{3+}的 312nm 和 273nm 两条谱线出现在 Tb^{3+}发射的激发光谱中，且随 Gd^{3+}浓度增加，Tb^{3+}的发射强度增加，能量传递效率 η 和传递概率 P 增加。这些结果表明在硼酸盐玻璃中 Gd^{3+}和 Tb^{3+}的能量传递，由于声子伴随电偶极-偶极（d-d）的相互作用，主要发生在 Gd^{3+} 的$^6P_{7/2}$能级和 Tb^{3+} 的$^5D_0$,$^5H_7$能级之间。Gd^{3+} 的浓度在 2%~3%和 Tb^{3+} 在 1%~4%时，能量传递效率在 0.33~0.82 之间，能量传递速率为 120~1111s^{-1}。

13.5.3 Tb^{3+}/Yb^{3+}共掺杂的上转换和下转换发光

近年来，受太阳能电池和生物医疗诊断发展需要的刺激，人们加强了对 Tb^{3+}—Yb^{3+}间及 Tb^{3+}/Yb^{3+}纳米@ SiO_2 核壳纳米荧光体的上转换和下转换能量传递研究工作。纳米壳 SiO_2 也可换为其他纳米材料，如磁性 Fe_3O_4 等。Tb^{3+}/Yb^{3+}共掺杂的荧光材料可以是荧光体[30]、玻璃[31]及纳米核壳结构[32]等材料。

在 YBO_3:Tb^{3+},Yb^{3+}中，用 235nm 对 Tb^{3+}的 CTS 激发，产生 Tb^{3+}绿色下转换发光。此外，在 UV 光激发下，Yb^{3+}被激发到 Yb^{3+}-O^{2-}CTS，由此 CTS 态快速弛豫使 Yb^{3+}的$^2F_{5/2}$激发态布居，最后跃迁到$^2F_{7/2}$基态，发射 NIR 光。而用 972nm NIR 光泵浦发生 Tb^{3+}—Yb^{3+}合作上转换绿色发光。在硼酸锂共掺 Tb^{3+}和 Yb^{3+}的玻璃中，也观测到类似的下转换和上

转换发光。

在有 ETDA 中得到 $GdBO_3$:Yb^{3+},Tb^{3+}@纳米结构呈现的上转换发光更加有效，晶粒更好分散[32]。用 SiO_2 壳形成的核壳纳米结构彼此更加隔开，并改进分散性。这种纳米荧光体基质是可以变换的。该 $GdBO_3$:Yb^{3+},Tb^{3+}@SiO_2 纳米组成体有可能用于生物医学，如生物标记、药物载体，以及太阳能电池领域中。

13.5.4　Tb^{3+}→Sm^{3+}，Eu^{3+}，Cr^{3+}等离子的能量传递

依据 Tb^{3+}，Sm^{3+}的 4*f* 能级结构，Tb^{3+}的$^5D_4$ 能级与 Sm^{3+}的$^4G_{7/2}$能级能量位置接近，可以发生$^5D_4$(Tb^{3+}) →$^4G_{7/2}$ (Sm^{3+}) 能级间的无辐射共振能量传递。此外，Sm^{3+}的$^4G_{5/2}$→$^6H_{7/2}$跃迁发射（约 600nm）的激发光谱与 Tb^{3+}的某些发射光谱存在交叠，主要表现在 Sm^{3+}约 485nm 处（$^6H_{5/2}$→$^4M_{15/2}$,$^4I_{9/2}$）激发谱与 Tb^{3+}的 480～495nm（$^5D_4$→$^7F_6$）发射谱存在交叠，以及 Sm^{3+}的$^6H_{5/2}$→$^4P_{5/2}$,$^4M_{19/2}$,$^4M_{17/2}$跃迁激发光谱分别与 Tb^{3+}的$^5D_3$→$^7F_5$,$^7F_4$能级跃迁发射谱也存在一定的交叠。因此可发生 Tb^{3+}→Sm^{3+}无辐射能量传递。在 Tb^{3+}与 Eu^{3+}中也存在类似情况。

这在一些玻璃中，均已体现 Tb^{3+}→Sm^{3+}，Eu^{3+}间的能量传递和光谱性质变化。例如在铝硅酸锌钠玻璃中所观测的 Tb^{3+}→Eu^{3+}的能量传递为电偶极-四极（d-q）相互作用机制[33]。Tb^{3+}敏化 Eu^{3+}橙红色发光。在 344nm 激发下，能量传递效率达 62%。利用 Ag^+-Na^+交换成功地实现单掺杂和共掺杂这类玻璃多模光波导。而在 Tb^{3+}，Sm^{3+}共掺锌碲锗酸盐玻璃（ZTG）中，在能量传递电 d-d 相互作用过程中可在 Tb^{3+}-Sm^{3+}团簇中进行[34]，其能量传递效率和概率分别达到 0.38 和 522.7s^{-1}。

前面已介绍在 Y_2O_2S 中，可发生 Tb^{3+}—Dy^{3+}的能量传递。近来在玻璃等材料中[35]，Tb^{3+}—Dy^{3+}间的能量传递也存在，试图用于固体白光照明。

最后再指出，近年来发展中国家对 NUV 白光 LED 单基色荧光体颇感兴趣。如在同一基质中同时掺 Tb^{3+}，Sm^{3+}（Eu^{3+}），Tb^{3+}，Sm^{3+}，Dy^{3+}或 Tb^{3+}，Sm^{3+}，Tm^{3+}在 365nm 左右或 NUV 光激发下，这些稀土离子同时被激发，分别发射绿光（Tb^{3+}）、红光（Sm^{3+}，Eu^{3+}）和蓝光（Tm^{3+}），其发射光谱由这些离子的发射光谱组成，形成白光。利用发生的能量传递及掺杂浓度对发光颜色、色温和 CIE 色坐标等调制，具有一定的优势，避免几种荧光粉混合带来的涂敷工艺问题，以及荧光粉光衰、热稳定性等性能不同步引起的白光质量问题等。但这种方案最大的问题如下。

（1）这种依靠两种、三种稀土离子的能级跃迁吸收，因其振子强度 *f* 低，吸收截面很小，激发发光效率低。在照明工程中，最重要的指标是流明效率。其他性能优良，但光效低，不能节能，是不会被采用的。这一点在人们发表的绝大多数论文中，恰恰被忽视。

（2）目前长波 UV 和 NUV LED 芯片至今没有产业化，有小批量出售。作者经历，其具有性能低劣、光通低、老化快、寿命很短等缺点。在今后相当长的时期内，还不能用作白光 LED 优质商品芯片。

（3）在 365nm UV 光或 NUV 光激发的其他高效荧光体种类很多。像三基色灯用荧光粉那样，择优选用三基色荧光粉混合，制成 NUV 白光 LED 灯获取最大的光效及最佳色品质。

利用在铝酸盐中 Tb^{3+}→Cr^{3+}之间的能量传递[36]，可获得高效地从 UV 到远红光转换，涉及 420nm、550nm、689nm 及 700~75nm 发射。

参 考 文 献

[1] BJORKLUND S, KELLERMEYCR C, HURT C R, et al. Laser action from terbium trifluoroacety lacretoaste in p-dioxane and acetonitnile at room tamperature [J]. Appl. phys. Lett., 1967, 10:160-162.

[2] JUEREZ-BATALLA J, MEZA-ROCHA A N, Munoz H G, et al. Luninescence properties of Tb^{3+}-doped Zinc phosphate glasses for green laser appliation [J]. Opt. Mater., 2016, 58:406-411.

[3] CASTELLANO-HERNANDEZ E, METZ P W, DEMESH M, et al. Efficient directly emiting high-power Tb^{3+}:$LiLuF_4$ laser operating at 587.5nm in the yellow range [J]. Opt. Mater., 2018, 43 (19): 4791-4794.

[4] LIU J, SONG Q S, XU J. Spectroscopic properties of Tb:$Y_3Al_5O_{12}$ crystal for visible laser application [J]. Opt. Mater., 2020, 106:110001.

[5] TUYON V P, PHAN X Q, NICHOLAS M, et al. K_2YF_5:Tb^{3+} single crystal: An in-depth study of spectroscopic properties, energy transfer and quantum cutting [J]. Opt. Mater., 2020, 106:109939.

[6] DHAMEL-HENRG N, ADAM J L, JACQUIER B, et al. Photoluminescence of new fluorophosphate glasses containing a high concentrature of terbium (Ⅲ) ions [J] Opt. Mater., 1996, 5:197-207.

[7] REISFELD R, GREENBERG E, VELAPOLDI R. Luminescence qucantum efficiency of Gd and Tb in borate glasses and the mechanism of energy transfer between them [J]. J. Chem. Phys., 1972, 56 (4): 1698-1705.

[8] 刘行仁，申五福，马龙．硫氧化钇磷光体中 Tb^{3+}和 Dy^{3+}离子间的能量传递 [J]. 发光学报（泵发光与显示），1981，2（1）:31-38.

[9] 刘行仁，申五福，马龙，等．航空显示高亮度阴极射线管特性 [C] //全国显示学术会议．长沙，1981.

[10] VAN TOL M W, VAN ESDONK J. A high luminence high-resolution cathode-ray-tube for special purposes [J]. IEEE Transactions on Electron Devices, 1983, 30 (3):193-197.

[11] BERKSTRESSER G W, SHMULOVICH J, HUO D T C, et al. An inproved terbium-activated single-crystal posphor for head up dis-play cathode ray tude [J]. J. Electrochem. Soc., 1988, 135 (5): 1302-1305.

[12] LI Y J, LIU X R, XU X R. Enhancement of Cathodoluminescence in LaOBr:Tb^{3+} by codoping with Dy^{3+} [C] //174th Meeting Program of the Electrochemical Society, Chicago, 1988.

[13] 刘行仁，李永吉，申五福．Tb^{3+}和 Dy^{3+}共激活的 LaOBr 阴极射线发光特性 [J]. 中国稀土学报，1989，7（3）:76-78.

[14] 张晓，刘行仁．$CaSiO_3$ 中 Tb^{3+}的发光性质及 Ce^{3+}→Tb^{3+}的能量传递 [J]. 中国稀土学报，1991，9（4）:324-328.

[15] SOMMERDIJK J L, VAN DER DOES DE BYE J A W, VERBERNE P H J M. Decay of the Ce^{3+} luminescence of $LaMgAl_{11}O_9$:Ce^{3+} and of $CeMgAl_{11}O_9$ activated with Tb^{3+} or Eu^{3+} [J]. J. Lumin., 1976, 14:91-99.

[16] LISIECKI R, MACALIK B, RYBA-ROMANOWSKI W, et al. Effect of Tb^{3+} concentration and co-doping with Ce^{3+} ions on luminescence characteristic of tebium-doped $(Lu_{0.25}Gd_{0.75})_2SiO_5$ single crystals [J]. Opt. Mater., 2020, 107:110155.

[17] 赵福潭，邓振波，曹丽芸，等．高掺杂 Ce^{3+}，Tb^{3+}在正硼酸盐中的发光特性及能量传递 [J]. 发

光学报，1990，11（2）:96-103.

[18] SHI S K, LI J L, ZHANG X J, et al. Enhanced green luminescence and energy transfer studies in Ce^{3+}/Tb^{3+}-codoped α-zirconium phosphate [J]. J. Lumin., 2016, 180:214-218.

[19] DING Y, WANG L X, XU M J, et al. The energy transfer and themal stability of a blue-green coloe tunable $K_2CaP_2O_7$:Ce^{3+}, Tb^{3+} phoshor [J]. J. Am. Cer. Soc., 2017, 100:185-192.

[20] 刘行仁，马龙. YAG:Ce, Tb磷光体中的能量传递现象 [J]. 发光学报，1984，5（2）:1-4.

[21] SHMULOVICH J, BERKSTRESSCR G W, BRASEN D. Tb^{3+}→Ce^{3+} energy trasfer in Tb^{3+}:Ce^{3+} : YAG single crystal[J]. J. Chem. Phys., 1985, 82 (7):3078-3082.

[22] 刘行仁，王晓君，申五福，等. $Y_3Al_5O_{12}$中Tb^{3+}到Ce^{3+}的辐射和无辐射能量传递 [J]. 中国稀土学报，1987，5（4）:15-19.

[23] LIU X R, WANG X J, WANG Z K. Selectively excited emission and Tb^{3+}→Ce^{3+} energy transfer in yttrium aluminum garnet [J]. Phys. Rev. B, 1989, 35 (15):10633-10639.

[24] LIU X R, WANG X J, MA L, et al. Tb^{3+}→Ce^{3+} energy transfer in $Y_3Ga_5O_{12}$: Ce^{3+}, Tb^{3+} garnet [J]. J. Lumin., 1988, 408 (4):653-654.

[25] 刘行仁，王宗凯，王晓君. 钇镓石榴石中Tb^{3+}到Ce^{3+}的无辐射能量传递特征 [J]. 物理学报，1989，38（8）:430-438.

[26] YAMAMOTE H, MASTSUKIYO H. Problems and progress in cathode-ray phosphors for high-definition display [J]. J. Lunin., 1991, 48/49:43-48.

[27] MAYOLET A, ZHANG W, SIMONI E, et al. Investigation in the VUV rage of the excitation efficiency of the Tb^{3+} ion luminescence in $Y_3(Al_x,Ga_y)_5O_{12}$ host lattices [J]. Opt. Mater., 1995, 4:757-769.

[28] ZHANG S Y, BAI Y Q. Energy transfer between Tb^{3+} and Tm^{3+} ions in $Tb_xTm_yY_{1-x-y}P_5O_{14}$ crystals [J]. J. Lumin., 1988, 40/41:655-656.

[29] REISFELD R, GREENBERG E, VELAPOLDI R, et al. Luminescence quantum efficiency of Gd and Tb in borate glasses and mechanism of energy transfer between them [J]. J. Chem. Phys., 1972, 56: 1698-1705.

[30] GRZYB T, KUBASIEWICA K, SZCZESAK A, et al. Energy migration in YBO_3:Yb^{3+}, Tb^{3+} materials: down and up conversion luminescence studies [J]. J. Alloys Compounds, 2016, 686:951-961.

[31] BAHADUR A, YADAV R S, YADAV R V, et al. Multimodal emissions from Tb^{3+}/Yb^{3+} co-doped lithium borate glass: upconversion, downshifting and quantium cutting [J]. J. Solid State Chem., 2017, 246 :81-86.

[32] KUBASIEWICZ K, RUNOWSKI M, LIS S, et al. Synthesis, structural and spectroscopic studies on $GdBO_3$:Yb^{3+}/Tb^{3+}@ core-shell nanostructures [J]. Rare Earths, 2015, 33 (11):1148-1154.

[33] ALVAREZ-RAMES M E, ALVARADO-RIVERA J, ZAYAS M E, et al. Yellow to orange-reddish glass phosphors: Sm^{3+}, Tb^{3+} and Sm^{3+}/Tb^{3+} in zinc-tellurite-germanate glasses [J]. Opt. Mater., 2018, 75: 88-93.

[34] RAMACHARI D, MOORTHY L R, JAYASANKAR C K. Energy transfer and photoluminescence properties of Dy^{3+}/Tb^{3+} co-doped oxyfluorosilicate glass-ceramics for solid-state white lighting [J]. Ceram. Int., 2014, 40:11115-11121.

[35] CALDINO U, SPEGHINI A, BERNESCHI S, et al. Optical Spectroscopy and optical waveguide fabrication in Eu^{3+} and Tb^{3+}/Eu^{3+} doped zinc-sodiam-alumino-silicate glasses [J]. J. Lumin., 2014, 147:336-340.

[36] LIANG Y Y, MU Z, CAO Q, et al. efficient ultraviolet to far-red spectral conversion: Tb^{3+}, Cr^{3+}: $Zn_{0.5}Mg_{0.5}Al_2O_4$ [J]. J. Am. Cer. Soc., 2022, 105 (12): 7399-7414.

14 Dy^{3+}的 J-O 分析参数、发光、激光及能量传递

Dy^{3+}（$4f^9$）的光学光谱和荧光性质的研究在20世纪60年代就已开始，但不像其他稀土离子那样密切，至今在发光和激光中的应用也有一定的局限性。相比之下，Dy^{3+}的CTB和$4f5d$态的能量位置相当高，使之利用受到影响。但这并不意味Dy^{3+}的光学光谱、荧光和能量传递等性能无可研究。

当前，激光、红外光谱学、固态照明等新的应用需要正在拓展Dy^{3+}的新内容。特别是Dy^{3+}在NUV区有一些振子强度较高、吸收截面较大的重要的$4f$能级，独特的$^4F_{9/2}\to{}^6H_J$（$J=13/2$，$15/2$）能级跃迁发射产生强黄/蓝光及可以实现NIR-MIR激光，以至于今日广泛受到人们的青睐。利用J-O理论和能量传递原理对Dy^{3+}的光学光谱特性进行广泛和深入的研究，获得以往缺少的J-O分析参数，填补许多以往的空白，并发展一些新的发光和激光材料。这些工作大大丰富和发展了Dy^{3+}的发光和IR激光科学内容，并适应新时代发展。此外，我们发现的Dy^{3+}新奇的614.5nm红发射谱线之谜到现在依然没有解开。

本章除对上述内容进行归纳和总结外，特别指出Dy^{3+}的NIR-MIR发射，总结Dy^{3+}的黄/蓝发射强度比的变化规律及有关离子间的能量传递，同时指出一些新的潜在应用领域及其物理依据。

14.1 Dy^{3+}的精细光学光谱

有关Dy^{3+}掺杂凝聚态中的精细光谱在早期并不多见。近年来，陆续揭示Dy^{3+}掺杂的一些晶体和玻璃中Dy^{3+}的吸收和发射的精细光谱、激光性质，丰富Dy^{3+}的光学光谱。

Dy^{3+}掺杂的组成为$8Li_2O$-$7BaO$-$(15-x)La_2O_3$-$7B_2O_3$的稀土硼酸盐玻璃（LBLB∶Dy^{3+}）在300~1000nm范围内的吸收光谱清晰地呈现在图14-1中[1]，并注明对应的$4f$能级跃迁。图中各吸收峰是基态分别到激发态$^6F_{7/2}$、$^6F_{5/2}$、$^6F_{3/2}$、$^4F_{9/2}$、$^4G_{11/2}$及其他$4f$更高能级的跃迁。从上面的吸收光谱中观察，约400nm以下，基质背景吸收开始，逐步快速增加。在LBLB硼玻璃中，Dy^{3+}的580nm的激发光谱和发射光谱分别表示在图14-2中[1-2]。图14-2中左边为激发光谱，是由激发峰分别位于299nm、328nm、352nm、364nm、391nm、431nm、455nm和479nm的激发谱组成，其中352nm激发峰最强。其中431nm、455nm和479nm分别对应基态$^6H_{15/2}\to{}^4G_{11/2}$，$^4I_{15/2}$及$^4F_{9/2}$能级吸收跃迁。在LBLB硼酸盐玻璃中，$Dy^{3+}$的发射光谱如图14-2中虚线b所示。主要由468nm（$^4F_{9/2}\to{}^6H_{15/2}$）蓝带和579nm（$^4F_{9/2}\to{}^6H_{13/2}$）黄带组成。它们的半高宽分别为19nm和17nm，而黄/蓝谱线强度比为1∶0.53。在NUV光辐照下，该LBLB∶Dy^{3+}玻璃呈现亮黄白光，而在蓝光激发下也

呈现黄白光。这就是掺Dy^{3+}的发光材料可用于白光LED和激光照明的依据。可见若用激发密度更高的氩离子激光泵浦，将可获得高强度的可见荧光。

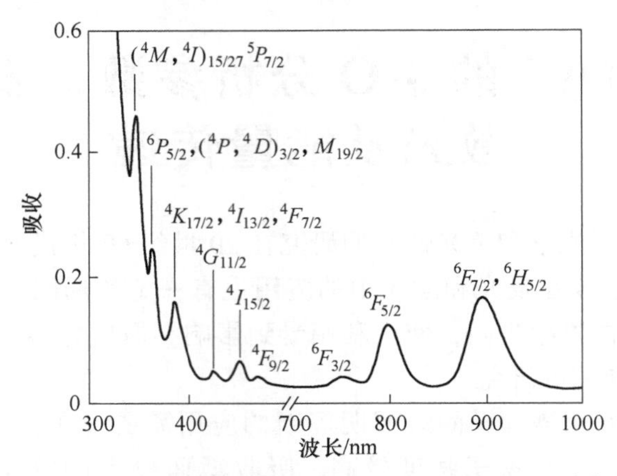

图 14-1　Dy^{3+}掺杂的稀土硼酸盐玻璃的吸收光谱[1]

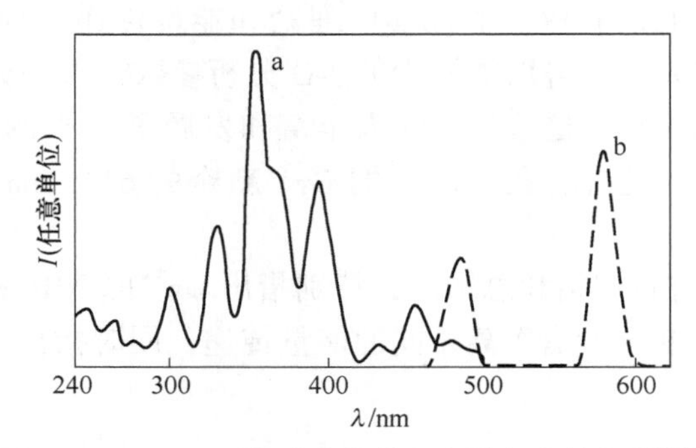

图 14-2　BLBL:Dy^{3+}玻璃的激发光谱和发射光谱[1-2]

$LiNbO_3$晶体是一种良好的激光晶体。Dy^{3+}:$LiNbO_3$晶体的吸收光谱主要在350~550nm、700~950nm、1000~2000nm及4000~5000nm等几个光谱区域中[3]。这和图14-1是一致的，它们都是Dy^{3+} $4f^9$—$4f^9$能级间的跃迁，对应于$^6H_{15/2}$基态至不同多重态跃迁。

在室温时，由于Dy^{3+}谱线太宽化，影响精细结构分辨。在10K低温下，用窄谱线的染料激光激发，可确定在$LiNbO_3$晶体中Dy^{3+}各个Stark能级，晶场劈裂的支项分辨很清楚。如基态$^6H_{15/2}$劈裂为0~603cm^{-1}8条支项，$^6H_{13/2}$为3535~3969cm^{-1}7条支项，$^6H_{11/2}$为5878~6221cm^{-1}6条支项，$^6F_{7/2}$为11080~11176cm^{-1}4条支项，而较高的$^4I_{15/2}$为21945~22255cm^{-1}7条支项等。

在4K低温下，LaF_3中Dy^{3+}在896~910nm范围内的精细吸收光谱表明，在LaF_3中，D_{3h}和C_{2v}格位中多重态的晶场劈裂，起源于Dy^{3+}自由离子能级$^6F_{7/2}$能级劈裂成4个晶场分支，其中最强一支为905.5nm（11044cm^{-1}）[4]。同样，在308~405nm窄范围内，4K下LaF_3中Dy^{3+}的精细吸收光谱也是D_{3h}和C_{2v}格位中$^3M_{21/2}$多重态及$^4F_{7/2}$，$^4I_{13/2}$和$^4K_{17/2}$多重态的混杂后的晶场劈裂分支。

14.2 Dy^{3+}的 J-O 理论分析的重要参数

14.2.1 振子强度

依据 J-O 理论，稀土离子 $4f^N$电子组态的 S、L、J 能级向 S'、L'、J'能级发生电偶极跃迁的振子强度计算公式如下：

$$f_{\text{cale}} = [(S, L)J, (S', L')J'] = \frac{8\pi^2 mcv}{3h(2J+1)} \frac{(n^2+2)^2}{9n} \times \sum_{\lambda=2,4,6} \Omega_\lambda \left| \langle (S, L)J \| U^{(\lambda)} \| (S', L')J' \rangle \right|^2 \tag{14-1}$$

式中，f_{cale} 为计算的振子强度；h 为普朗克常数；c 为光速；m 为电子质量；v 为中心谱线的波速；n 为在波数频率 v 处的折射率；Ω_λ 为晶场调节参数，取决于材料中稀土离子周围的配位环境；$\left| \langle (S, L)J \| U^{(\lambda)} \| (S', L')J' \rangle \right|^2$ 为矩阵元的平方，对基质不敏感。

基态到激发态的实验振子强度 f_{exp} 计算公式如下：

$$f_{\text{exp}} = \frac{mc^2}{\pi e^2 N} \int \alpha(\bar{v}) d\bar{v} \tag{14-2}$$

其中 $$\alpha = 2.303 E(\bar{v})/d$$

式中，m、e 分别为电子的质量和电荷；c 为光速；N 为 Dy^{3+} 浓度；$\alpha(\bar{v})$ 为吸收系数，是波数 $\bar{v}$ 的函数；d 为吸收路径长度。

采用最小二乘法，通过实验求得吸收跃迁的振子强度。利用式（14-1）和式（14-2）及测试的吸收光谱图，计算得到在 $LiNbO_3$ 晶体和 LBLB 玻璃等材料中 Dy^{3+}的$^6H_{15/2}$基态吸收跃迁的理论计算 f_{cale} 值和实验 f_{exp} 值振子强度，分别列在表 14-1 中，由表中数据可知，在 NIR 几个波段区，振子强度 f 都很高，这为设计 Dy^{3+}高效可见及红外激光发射提供帮助。

表 14-1 几种晶体和玻璃中 Dy^{3+}的振子强度

$LiNbO_3$:Dy:晶体[3]				K-Mg-Al 氟磷酸盐玻璃[5]			
能级	波长/nm	f_{exp}	f_{cale}	能级	波长/nm	f_{exp}	f_{cale}
$^6H_{13/2}$	2869	3.94×10^{-6}	2.48×10^{-6}	$^6H_{11/2}$	1690	0.96×10^{-6}	0.93×10^{-6}
$^6H_{11/2}$	1690	2.25×10^{-6}	2.12×10^{-6}	$^6H_{9/2}$	1276	6.02×10^{-6}	6.02×10^{-6}
$^6H_{9/2}+^6F_{11/2}$	1290	13.06×10^{-6}	13.12×10^{-6}	$^6F_{9/2}$	1095	2.09×10^{-6}	1.78×10^{-6}
$^6H_{7/2}+^6F_{9/2}$	1100	2.49×10^{-6}	4.34×10^{-6}	$^6F_{7/2}$	901	0.93×10^{-6}	1.38×10^{-6}
$^6F_{7/2}$	910	3.28×10^{-6}	3.37×10^{-6}	$^6F_{5/2}$	804	0.69×10^{-6}	0.62×10^{-6}
$^6F_{5/2}$	806	1.56×10^{-6}	1.52×10^{-6}	$^6F_{3/2}$	754	0.12×10^{-6}	0.11×10^{-6}
$^6F_{3/2}$	757	0.290×10^{-6}	0.287×10^{-6}	$^4F_{9/2}$	473	0.07×10^{-6}	0.11×10^{-6}
$^4F_{9/2}$	475	0.241×10^{-6}	0.265×10^{-6}	$^4I_{15/2}$	453	0.34×10^{-6}	0.32×10^{-6}
$^4I_{15/2}$	453	0.830×10^{-6}	0.773×10^{-6}	$^4G_{11/2}$	426	0.12×10^{-6}	0.06×10^{-6}
$^4G_{11/2}$	428	0.417×10^{-6}	0.15×10^{-6}	$^4F_{7/2}$	386	0.89×10^{-6}	0.17×10^{-6}
$^4F_{7/2}+^4I_{13/2}+^4M_{21/2}$	390	3.96×10^{-6}	3.78×10^{-6}	$^4K_{17/2}$	(388)	0.17×10^{-6}	0.56×10^{-6}
$^4M_{19/2}+^4P_{5/2}$	372	3.70×10^{-6}	2.48×10^{-6}	$^4P_{3/2}$	364	0.59×10^{-6}	0.28×10^{-6}
$^4I_{11/2}+^4P_{7/2}$	358	6.71×10^{-6}	6.26×10^{-6}	$^6P_{7/2}$	350	1.75×10^{-6}	2.47×10^{-6}

续表 14-1

TZKC 碲酸盐玻璃[6] $(62-x)TeO_2$-25ZnO-$8K_2O$-5CaO-xDy_2O_3				LBLB：Dy 硼玻璃[1]			
能级	波长/nm	f_{exp}	f_{cale}	能级(从$^6H_{15/2}$)	波长/nm	f_{exp}	f_{cale}
$^6H_{11/2}$	1683	0.91×10^{-6}	1.00×10^{-6}	$^6F_{7/2}$, $^6H_{5/2}$	898	1.662×10^{-6}	1.660×10^{-6}
$^6F_{11/2}$	1280	6.78×10^{-6}	6.76×10^{-6}	$^6F_{5/2}$	800	0.809×10^{-6}	0.790×10^{-6}
$^6F_{9/2}$	1098	2.08×10^{-6}	2.12×10^{-6}	$^4F_{3/2}$	751	0.102×10^{-6}	0.149×10^{-6}
$^6F_{7/2}$	988	1.68×10^{-6}	1.54×10^{-6}	$^6F_{9/2}$	472	0.087×10^{-6}	0.127×10^{-6}
$^6F_{5/2}$	802	0.78×10^{-6}	0.65×10^{-6}	$^4I_{15/2}$	453	0.329×10^{-6}	0.331×10^{-6}
$^6F_{3/2}$	751	0.05×10^{-6}	0.12×10^{-6}	$^4G_{11/2}$	425	0.120×10^{-6}	0.050×10^{-6}
$^4F_{9/2}$	482	0.14×10^{-6}	0.11×10^{-6}	$^6F_{7/2}$, $^6H_{5/2}$	898	1.662×10^{-6}	1.660×10^{-6}
$^4I_{15/2}$	450	0.34×10^{-6}	0.34×10^{-6}				
$^4I_{13/2}$	386	0.30×10^{-6}	0.18×10^{-6}				
$^4K_{13/2}$	377	0.21×10^{-6}	0.39×10^{-6}				

这些材料中的振子强度 f 结果是一致的。其中（$^6F_{11/2}+^6H_{9/2}$）能级的 f 值最高，它对应 1.27~1.29μm Dy^{3+}的激光发射，其次是约 1.1μm 的 f。尽管发射能级$^4F_{9/2}$的 f 值居中，但因$^4F_{7/2}$上能级的 f 值也相当高，被约 390nm 的激光激发后，迅速无辐射弛豫到$^4F_{9/2}$主发射能级，使之有效布居，最终产生$^4F_{9/2}\rightarrow^6H_J$（$J=13/2$，$15/2$）跃迁蓝发射和黄发射。

14.2.2 强度参数

由实验中求得的吸收跃迁振子强度可以拟合出 J-O 强度参数 Ω_λ。一般而言，晶场调节参数中 Ω_2 反映了玻璃和晶体的结构与配位场的对称性、有序性等特征。这里再次指出，Ω_2 值越大，玻璃的共价性能越强，对称性越低；反之，玻璃的离子性越强，对称性越高。Ω_6 与基质的刚性有关。统计 Dy^{3+}掺杂的许多晶体和玻璃中 Ω_λ 的变化，发现 $LiNbO_3$、磷酸盐、稀土硅酸盐等晶体，氟磷酸盐、碲酸盐、硼酸盐及硫系等玻璃中，$\Omega_2>\Omega_4>\Omega_6$。特别是 $LiNbO_3$、氟钨碲酸盐玻璃及硫系玻璃等 Ω_2 很高，指明此化合物中具有更高的共价性。而一些化合物中 Ω_2 值小，说明玻璃中 Dy^{3+}—O^{2-}键共价性比其他材料弱。Ω_2 参数不仅与共价性有关，还与 Dy^{3+}展现短程范围内作用的局域环境的格位对称性有关。对称性越高，Ω_2 参数越大。Ω_4 参数表示发生长程范围的作用，且与基质的介电常数和黏度有关。Ω_4/Ω_6 的比值与奇次晶场项的大小及跃迁分支比有密切关系。在 $LaAlO_3$ 中 Dy^{3+}的荧光寿命为 6.47ms，对应超灵敏的$^4F_{9/2}\rightarrow^6H_{13/2}$跃迁（黄）的分支强度比高达 75%，而 Ω_4/Ω_6 之比达到很高 16.72：1.00。

所有Ω_λ值相对小，说明这类玻璃具有高度的均匀性，在所研究的掺杂离子（Dy^{3+}）的浓度范围内，强度参数Ω_λ行为的相对性可以用Dy^{3+}周围的环境相似来解释。这种结果可以认定该玻璃是一种质量优良的玻璃。一般氟化物晶体和氟化玻璃的Ω_2比其他材料中小，预示氟化物中不同格位少。氧化物的Ω_2相对大，当氧化物中用氟来修饰时，Dy—O共价性降低。掺Dy^{3+}的氟钨碲酸盐玻璃的组成为$59TeO_2$-$20WO_3$-20AF-Dy_2O_3（A = Li，Na，K），750℃熔融制成。它们的Ω_2和Ω_4都很大，而Ω_λ按 Na<Li<K 的顺序增大。硫属化合物离子性强，Ω_2大。

值得注意的是$LaAlO_3$纳米荧光体中，Dy^{3+}的Ω_2和Ω_6值特别小，约0.10。以前还没有见过。这反映纳米晶的质量很差，共价性大大降低。但并不意味离子键很强，对称性很高。纳米荧光体的发光效率比体材料低很多。纳米晶受外界及制备条件影响很大，很复杂，需严谨。借此，不妨提出，可利用相同组成和结构的RE^{3+}掺杂的体材料（单晶或多晶，玻璃）与纳米荧光体进行J-O理论中的振子强度、Ω_λ、辐射跃迁概率等重要的光学光谱学性能和参数的对比研究，以期发现规律，进一步认识纳米晶的界观物理，指导高性能发光和激光材料的获得。

14.2.3 Dy^{3+}辐射跃迁概率A_{rad}和分支比β等参数

表14-2中列出玻璃和$LiNbO_3$晶体中，Dy^{3+}的$^4F_{9/2}$能级的辐射跃迁概率A_{rad}和分支比β的结果。由表中数据可知，Dy^{3+}的辐射跃迁主要发生在$^4F_{9/2}\to{}^6H_J$（J = 15/2，13/2，11/2），其中以$^4F_{9/2}\to{}^6H_{13/2}$能级跃迁黄色发射最强，其次是$^4F_{9/2}\to{}^6H_{15/2}$蓝色发射。而一些$^4F_{9/2}\to{}^6F_J$（J=11/2，9/2，…，1/2）跃迁的NIR发射也不应被忽视。

表14-2 玻璃和晶体中Dy^{3+}的$^4F_{9/2}$能级预测的辐射跃迁概率A_{rad}和分支比β

终止态	氟硼酸盐玻璃[7]			碱土硼酸盐玻璃[8]			$LiNbO_3$单晶[3]		
	λ /nm	A_{rad} /s^{-1}	β /%	λ /nm	A_{rad} /s^{-1}	β /%	λ /nm	A_{rad} /s^{-1}	β /%
$^6H_{15/2}$	473.5	136.46	14.88	475.5	143.534	17.217	475	557	20
$^6H_{13/2}$	566.5	581.37	64.40	569	509.193	61.077	569	2337	46
$^6H_{11/2}$	660.5	68.19	7.43	664.9	58.394	7.004	661	228	17
$^6H_{9/2}$	742.6	17.10	1.86	745.2	15.587	1.869	752	118	9
$^6F_{9/2}$	828.4	12.93	1.41	830	12.278	1.473	836	72	8
$^6H_{7/2}$	893	13.75	1.50	847	15.842	1.900			
$^6H_{5/2}$	910	2.95	0.32	916.6	2.838	0.340			
$^6F_{7/2}$	1002	8.98	0.98	1016	6.547	0.785	1014	19	0
$^6F_{5/2}$	1159	6.21	0.68	1177	4.891	0.587	1180	24	0
$^6F_{3/2}$	1280	0.05	0.01	1299	0.055	0.007	1305	0	0
$^6F_{1/2}$	1351.5	0.08	0.01	1350	0.074	0.009			

为进一步说明Dy^{3+}的辐射跃迁、分支比和辐射寿命等性能，人们在氟铟酸盐玻璃中[9]，获得室温下Dy^{3+}的4f能级间距（ΔE）、辐射跃迁概率（$A_{JJ'}$）、分支比$\beta_{JJ'}$及辐射

寿命（τ_r）等详细数据。如产生 3μm 中红外发射的$^6H_{13/2}\rightarrow{}^6H_{15/2}$跃迁 $\Delta E=3533\text{cm}^{-1}$，$A_{JJ'}$为 17.83$\text{s}^{-1}$，$\beta$ 为 1.00，τ_r为 56.08 等。同时也列出的 J-J'可能跃迁的能量，包括从玻璃吸收光谱中获得的 10 个 J'能级。通过这些结果，可以注意到，有些跃迁可以最终用作激光发射的例子。这些玻璃中声子能量低，小于 500cm^{-1}。有一些能级可以通过热活化过程使粒子布居：$^6F_{3/2}\rightarrow{}^6F_{5/2}$能级及$^4I_{15/2}\rightarrow{}^4F_{9/2}$能级，最终可用作激光发射亚稳态能级。这是一些可作参考的基本数据。

14.3 Dy^{3+}新奇的强而锐的 614.5nm 发射谱线

通常情况下，以往观测到在各种不同的晶体和玻璃等材料中，Dy^{3+}在可见光谱中主要的发射分布在 470～490nm 蓝区，对应 Dy^{3+}的$^4F_{9/2}\rightarrow{}^6H_{15/2}$跃迁，以及 570～590nm 黄区，对应 Dy^{3+}的$^4F_{9/2}\rightarrow{}^6H_{13/2}$跃迁，还有很弱的 650nm（$^4F_{9/2}\rightarrow{}^6H_{11/2}$）以上谱线。但是，作者研究组在室温和 77K 低温下，用紫外光或阴极射线激发 Dy^{3+} 掺杂的 γ-氟硼酸镁 $Mg_3BO_3F_3$ 时，惊奇地发现在光谱的 614.5nm（16273cm^{-1}）处有一条强而锐的新奇发射谱线。图 14-3 和图 14-4 分别表示 $Mg_3BO_3F_3$:Dy^{3+}在 300K 和 77K 温度下，385nm 激发时 Dy^{3+}的发射峰 614.5nm 的发射光谱[10]。这是以往无人报道过的 Dy^{3+}新奇谱线。

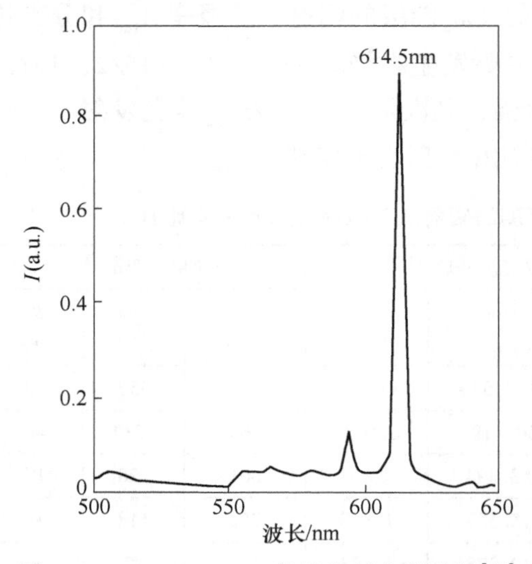

图 14-3 $Mg_3BO_3F_3$:Dy^{3+}的发射光谱波长[10]
（$\lambda_{ex}=385$nm，300K）

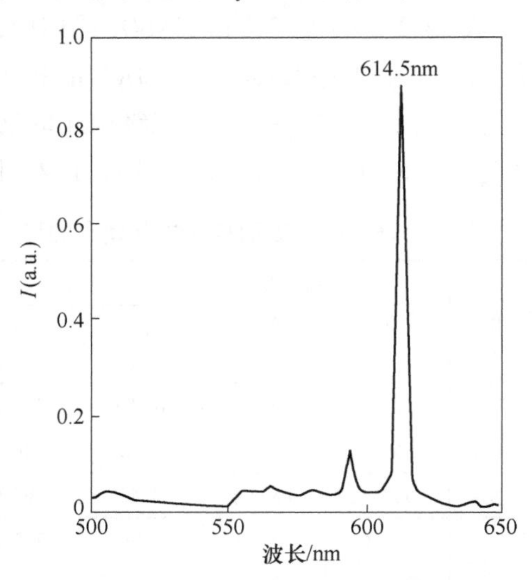

图 14-4 $Mg_3BO_3F_3$:Tb 的发射光谱波长[10]
（$\lambda_{ex}=385$nm，77K）

为慎重起见，反复严谨实验。用排除法特地合成可发射红色谱线的 Sm^{3+}或 Eu^{3+}掺杂的相同 $Mg_3BO_3F_3$ 样品，仔细测量样品中 Sm^{3+}和 Eu^{3+}的发射和激发光谱，发现它们和 Dy^{3+}的光谱完全不同。Sm^{3+}的主发射在 651nm，而 Eu^{3+}在 615nm 处的发射十分微弱。Pr^{3+}掺杂的 γ-$Mg_3BO_3F_3$ 发射很弱的蓝紫光。在 $Mg_3BO_3F_3$ 中，Eu^{3+}的主发射谱线在 612.5nm 处及一个 658nm 弱发射谱线。故 614.5nm 可能是 Sm^{3+}、Eu^{3+}和 Pr^{3+}的发射，被一一排除。实验中也要注意 Dy_2O_3 原料的纯度（99.99%）。由于在 $Mg_3BO_3F_3$ 中，Eu^{3+}的 612.5nm 发

射谱线紧邻 Dy^{3+} 的 614.5nm 谱线，特地合成 Dy^{3+} 和 Eu^{3+} 共掺杂的 $Mg_3BO_3F_3$ 样品。在 300K 和 385nm 激发下的发射光谱表示在图 14-5 中。

从图 14-5 中可看到 612.5nm（Eu^{3+}）和 614.5nm（Dy^{3+}）两条谱线可以清晰地分辨开。光谱中 658nm 弱谱线是 Eu^{3+} 的发射。这些事实充分说明 614.5nm（简称 L 线）与 Eu^{3+} 的发射无关。为清楚地比较，图 14-6 中分别给出在 $Mg_3BO_3F_3$ 中 Dy^{3+} 的 614.5nm 激发光谱（虚线）和 Eu^{3+} 的 612.5nm 的激发光谱（实线）。这样对比清晰地证明两激发光谱完全不同。Eu^{3+} 宽而强的峰 292nm（34200cm^{-1}）CTB 在紫外区，而 Sm^{3+} 的 CTB 在 230nm（43500cm^{-1}）处。Dy^{3+} 的 CTB 应位于更高的 VUV 区，图 14-6 中观测不到。为进一步弄清这条 L 线的性质，在 77K 和 300K 不同温度下测量它的激发光谱如图 14-7 所示，两光谱完全相同。Dy^{3+} 的这条 L 线的激发光谱与传统 Dy^{3+} 在其他荧光体中激发的光谱相同，如 Dy^{3+} 激活的 Y_2O_2S，YAG，$LnPO_4$（Ln=La，Y，Gd）等。

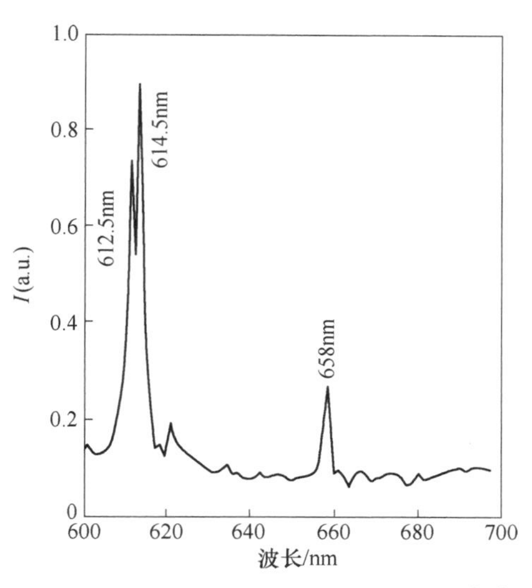

图 14-5 $Mg_3BO_3F_3$:Dy,Eu 的发射光谱[10]

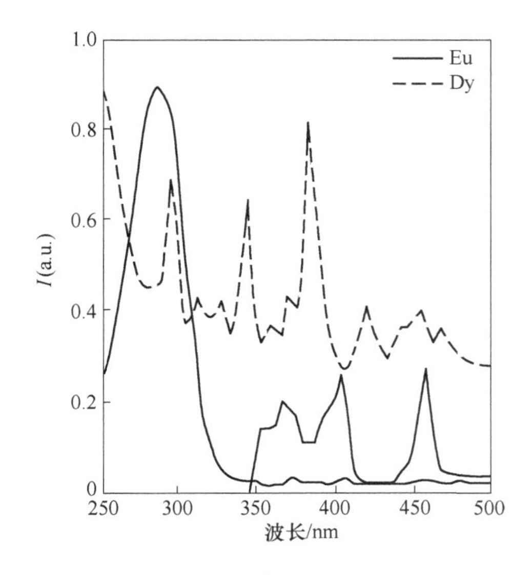

图 14-6 氟硼酸镁中 Dy^{3+} 的 614.5nm 的发射激发谱线和 Eu^{3+} 的 612.5nm 发射的激发光谱[10]

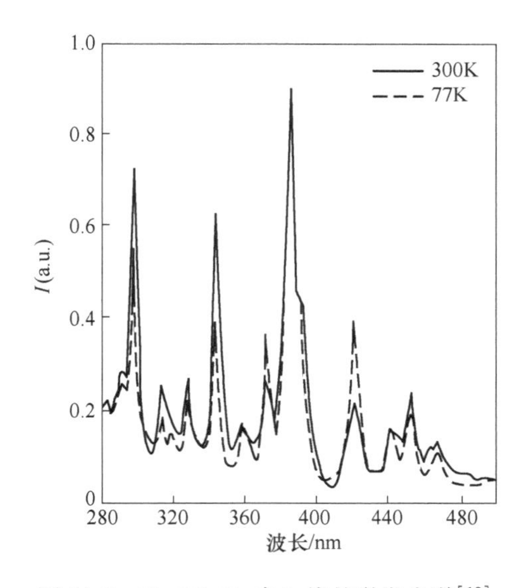

图 14-7 $Mg_3BO_3F_3$ 中 L 线的激发光谱[10]

从 Dy^{3+} 的 614.5nm 的激发光谱中所获取的较高能级的实验数据及依据美国 Argonne 国家实验室 Carnall 等人[11-12]工作给出的 LaF_3 中 Dy^{3+} 能级的能量位置一并列在表 14-3 中，两者结果完全一致。既然认为 L 线是属于 Dy^{3+} 发射，那么 L 线的强度应随 Dy^{3+} 浓度而变化。实验确实如此，最佳浓度为 8×10^{-2}。

表 14-3　在 LaF 和 Mg_3BO_3F 中 Dy^{3+}离子的光谱项

能级	能量/cm^{-1}	
	LaF_3[11]	$Mg_3BO_3F_3$[10]
$^4F_{9/2}$	21057，21142，21159，21205，21395	21413（467nm）
$^4I_{15/2}$	22022，22132，22175，22189，22213，22292 22342，22379	22124（452nm）
$^4G_{11/2}$	23468，23497，23513，23537，23551	23697（422nm）
$^4I_{13/2}$，$^4K_{17/2}$	25661，25740，25778，25824，25867，25918 25940，25953，25990	25907（386nm）
$^4I_{17/2}$		
$^4M_{19/2}$	26260，26358，26448，26509，26571，26583	26810（373nm）
$^6P_{5/2}$，$^4I_{11/2}$	27581，27624，27665，27919，27988，28036 28074	27855（359nm）
$^4M_{15/2}$，$^6P_{7/2}$	28347，28381，28536，28577	28986（345nm）
$^4F_{5/2}$，$^4I_{9/2}$	29535，29638，29667，29752，29787，29855	29499（339nm）
$^4G_{7/2}$	31580，31660，31716	31949（314nm）
$^4H_{13/2}$	33527，33623，33558	33557（298nm）

现在的问题是 L 线的起源，如何判定此 L 线的初始态和终止态，这是一个难题。从 Dy^{3+}的 L 线的激发光谱（见图 14-7）分析，$^4F_{9/2}$能级可能是初始态。由 21251～21604cm^{-1}范围内不同波长的染料激光激发下，相应谱线强度的变化看出，仅有 21457cm^{-1}（466nm）响应最强，其次是 21278cm^{-1}（470cm^{-1}）。它们与 L 线 21423cm^{-1}（467nm）相对应。若是如此，终止态难以确定。另外，Dy^{3+}的$^4I_{15/2}$和$^6H_{11/2}$能级的能量差大约为 16000cm^{-1}，这非常接近 16273cm^{-1}的 L 线。此跃迁的 $\Delta J=2$，应属超灵敏跃迁，且 Dy^{3+}应对晶场环境敏感。X 射线衍射（XRD）证实在 $Mg_3BO_3F_3$ 中少量 Ca^{2+}、Sr^{2+}、Ba^{2+}取代 Mg^{2+}后，晶体结构没有变化，可发现 Dy^{3+}的 614.5nm 处 L 线被严重地猝灭，但依然存在，而产生通常 Dy^{3+}的黄（$^4F_{9/2}\rightarrow{}^6H_{13/2}$）和蓝（$^4F_{9/2}\rightarrow{}^6H_{15/2}$）有较强的发射[13]。此 L 线对环境干扰极为敏感，甚至比$^4F_{9/2}\rightarrow{}^6H_{13/2}$能级超灵敏跃迁更加灵敏。这也是在绝大多数晶体中观测不到 Dy^{3+}的 L 线发射的可能原因。故当时认为 Dy^{3+}的 614.5nm 可能是$^4I_{15/2}\rightarrow{}^6H_{11/2}$能级超灵敏跃迁产生的。

作者的报道一经发表后，引起国际著名的 Blasse 教授极大的兴趣。他在作者的工作基础上重复实验并得到完全相同的结果，肯定了作者的新成果及 Dy^{3+}新奇的 614.5nm L 谱线存在[14]。但对 L 线的起因也认为依然不清楚，此问题有待今后探明。

14.4　Dy^{3+}的红外发射、NIR 和 MIR 激光及光纤

Dy^{3+}在单晶、多晶和玻璃中的光学光谱性质表明，Dy^{3+}具有可高效发射蓝、黄、红可见光及近红外（NIR）和中红外（MIR）光的多功能特性。据此可以给出 Dy^{3+}的能级图和

可能的几种辐射跃迁发射，如图14-8所示。

Dy^{3+}的NIR和MIR激光和光纤放大器大多数是在硫系玻璃和光纤上进行的[15-16]。因为稀土离子掺杂的这类硫系玻璃具有低声子能量、良好的化学稳定性及玻璃形成能力。依据作者以前从事硫系玻璃半导体的经验，合成这类玻璃相对容易，只需将Cu等元素改换。原料放在抽空的真空密封的石英管中熔融即可。掺杂的稀土一般溶解度较低，产生团簇和结晶不利于用作激光和光纤。

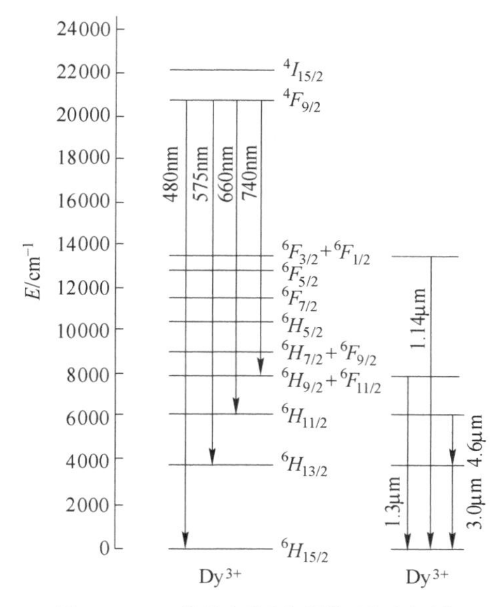

图14-8 Dy^{3+}能级图和预期跃迁发射

后来发现Ge-Ga-S系中，稀土离子的溶解度超过2%（质量分数），比Ge-As-S系玻璃中的0.4%大得多。为此还特地研究Ge-Ga-S系玻璃中La^{3+}的拉曼光谱及溶解机制。

人们在不断改进这类硫系玻璃的光学光谱性能，降低声子能量，提高稀土掺杂浓度，以及利用能量传递增强Dy^{3+}的IR发射，特别是MIR激光性能。

14.4.1 Dy^{3+}的NIR发射

大多数陆基光纤网络在1.3μm工作，光纤窗口需要光纤放大器。Pr^{3+}适合此窗口，Pr^{3+}的$^1G_4 \to ^3H_5$能级跃迁的1.31μm发射受到关注。但是发展Pr^{3+}的有效的和可靠的1.3μm窗口光纤放大器的主要阻碍之一是Pr^{3+}的$^1G_4$能级大的多声子弛豫。由于这种大多声子弛豫过程和基质玻璃声子强的耦合作用，使1.31μm荧光效率下降。因此具有低声子能量的Pr^{3+}基质玻璃受到限制。

Dy^{3+}掺杂的组成$70Ga_2S_3$-$30La_2S_3$的硫化物玻璃[17]，在814nm和914nm分别直接对$^6F_{7/2}$及$^6H_{5/2}+^6F_{7/2}$能级泵浦，通过多声子串级弛豫到达靠近的下能级，使之得到粒子布居；在1.25μm谱带处直接激发$^6H_{9/2}+^6F_{11/2}$多重态，最终得到约1.3μm的发射（$^6H_{9/2}+^6F_{11/2} \to ^6H_{15/2}$）。其半宽度83nm，$^6H_{9/2}$能级寿命为59μs，有效分支比高达0.93。而$Pr^{3+}$掺杂的这种Ge-La-S玻璃的分支比为0.60，总的辐射量子效率为29%。在1.25μm泵浦时，Dy^{3+}的吸收截面比Pr^{3+}在1.01μm泵浦时高约20倍，每单位吸收泵浦功率的增益比Pr^{3+}:ZBLAN高4倍。

对这类硫系玻璃进一步改进，减小声子能量及多声子弛豫速率，提高Dy^{3+}的$^6H_{9/2}+^6F_{11/2} \to ^6H_{15/2}$跃迁发射荧光性能。在$Dy^{3+}$掺杂的0.9（$Ge_{0.25}Ga_{0.10}S_{0.65}$）中加0.1AX（A=K，Cs；X=Br，I）碱金属卤化物后，与不含碱金属溴（碘）化物的相同硫系玻璃相比，Dy^{3+}的1.31μm荧光性能寿命（τ_r，τ_m）和量子效率η（$\eta=\tau_m/\tau_r$）发生重大变化。有的测量的寿命τ_m增长3.6倍，η提高5.6倍。而Dy^{3+}的（$^6F_{11/2}+^6H_{9/2}$）能级的多声子弛豫速率减小约4个量级[15]。在这类Ge-Ga-S系玻璃和Ge-Ga-S-CdI_2硫系玻璃中Dy^{3+}的受激发射截面σ_{em}分别达到$4.35\times10^{-20}cm^2$和$3.81\times10^{-20}cm^2$，大约是Pr^{3+}的$^1G_4 \to ^3H_5$跃迁的4倍。

14.4.2　Dy^{3+}的 MIR 发射

由于 MIR 光子器件的重要性，人们正对 3~5μm MIR 激光辛勤地耕耘[18-19]。MIR 光子器件在许多领域的应用中获得需求，如生物医学检测、环境监控、远程遥感、生产过程、质量控制（制药工业中产品纯度）及军事等领域。理想的 MIR 光源应具有以下特点：尺寸小，简单且结构坚实，价格低，高效高输出功率，可调谐范围宽，高质量输出光束等性能。光纤激光证明能适应这些要求。

在 $CsCdBr_3$:Dy^{3+} 晶体中，对处于 809nm（12361cm^{-1}）的$^6F_{3/2}$能级激发，主要产生 4.3μm 中红外发光[20]。它非常精准地与 CO_2 大气的主要吸收交叠，而被严重吸收。若用 N_2 气清除 CO_2，情况大大改善。

尽管受此气氛严重影响及寿命短至 0.83μs，而室温 4.3~4.3μm 激光工作在 Dy^{3+}:$CaGa_2S_4$ 中[21]有所报道，在声子最低的 Ga-La-S 硫系玻璃中寿命为 0.54ms，且展现这种 MIR 激光的效率是可显著地提高的。因此，预计在 $CsCdBr_3$ 中所报道的 10ms 寿命应导致相同的结论。此外，在 $CsCdBr_3$ 晶体中也观察到三价 Pr、Nd、Dy、Ho、Er、Tm 离子的 3~5μm MIR 发射谱线，Dy^{3+}也是来自$^6H_{13/2}$→$^6H_{15/2}$跃迁的 3μm 发射，如图 14-8 所示。由于具有特别低的声子频率（160cm^{-1}），多声子弛豫过程比氧化物和氟化物中减少。结果粒子布居机制是由荧光衰减控制，甚至能级间距到 1500cm^{-1}。这样导致多声子跃迁速率与能隙相关联所需声子数成指数式下降。多条发光谱线和荧光寿命可以认定 $CsCdBr_3$:RE 是3~5μm MIR 激光的合适材料。而 CO_2、H_2O 或其他吸收 MIR 的气氛，人们可涂敷抗反射涂层。

在掺杂不同浓度的 Dy^{3+}、Tb^{3+}、Pr^{3+} 的 GeAsGaSe 硫系玻璃中，也观测到 NIR 和 3~5μm MIR 激光作用（运行）[22]，这为硫系玻璃光纤激光提供基础。在 $Ge_{16.5}As_{16}Ga_3Se_{64.5}$ 硫系玻璃中所计算的 Dy^{3+}、Tb^{3+}和 Pr^{3+}的 Ω_λ，其中 Ω_2 都很高。

掺 Dy^{3+}的 $70Ga_2S_3$-$30La_2S_3$ 硫系玻璃（Ge-La-S）中，在 4.2~4.35μm 光谱范围内也观测到 CO_2 吸收，此硫系玻璃的 Ω_2 高达 $11.3\times10^{-20}cm^2$，离子性强[23]。Dy^{3+}的$^6H_{15/2}$基态到$^6H_{13/2}$能级跃迁属磁偶极贡献（选择定则：$\Delta J=0$，±1，$\Delta S=0$，$\Delta L=0$，$\Delta l=0$），此外也混杂电偶极跃迁。利用 J-O 理论计算，在该硫系玻璃中，$^6H_{13/2}$→$^6H_{15/2}$（2.83μm）辐射跃迁概率 A_{ed}和 A_{md}分别为 129s^{-1}和 30s^{-1}，β 为 1.00，τ_m为 3.6ms。从辐射跃迁概率 $A=\beta/\tau_r$关系可得到辐射寿命 τ_r为 6.289ms，可以和测量的寿命 τ_m比较。同时利用量子效率 $\eta=\beta\times\tau_m/\tau_r$关系，得到的 η 为 57%。$^6H_{11/2}$能级的总 η 为 51%，其中 4.27μm（$^6H_{11/2}$→$^6H_{13/2}$）效率为 7.4%。

发射截面可用两种不同方式计算，一种是 Fuchtbauer-Ladenburg（FL）公式计算：

$$\sigma_{em},\ FL(\lambda)=\frac{A\lambda^5I(\lambda)}{8\pi n^2c\int\lambda I(\lambda)\,d\lambda} \tag{14-3}$$

式中，$I(\lambda)$ 为测量的荧光光谱强度；n 为玻璃（晶体）折射率。

另一种采用 McCumber、Miniscalco 和 Quimby 理论方程式计算[24]：

$$\sigma_{em}, \ MC(\lambda) = \frac{N_1}{N_2}\exp\left(\frac{E_{12} - \frac{10^4}{\lambda}}{kT}\right)\sigma_{abs}(\lambda) \tag{14-4}$$

式中，N_1、N_2为下和上多重态粒子分布函数；E_{12}为基态最低Stark能级与最低的上能级之间的能量间距；λ为波长；$k = 0.695cm^{-1}/K^{-1}$，为玻耳兹曼常数。或表达如下：

$$\sigma_{em}, \ MC(\lambda) = \exp\frac{\varepsilon - hv}{kT}\sigma_{ab} \tag{14-5}$$

由上面方程式计算上述Ge-La-S玻璃中的两种$^6H_{13/2}\rightarrow{}^6H_{15/2}$跃迁$\sigma_{em}(FL)$和$\sigma_{em}(MC)$分别为$0.92\times10^{-20}cm^2$和$1.16\times10^{-20}cm^2$。

此外，在$(100-x)(0.8GeS_2\text{-}0.2Ga_2S_3)\text{-}xCdI_2$硫系玻璃体系中引入$CdI_2$，进一步改善Ge-Ga-S玻璃中$Dy^{3+}$光谱和辐射性能[25]。随$CdI_2$增加，1.33μm的$\sigma_{em}$增加到$4.19\times10^{-20}cm^2$。而$Tm^{3+}$和$Dy^{3+}$共掺杂GGC玻璃中，可以有效地发生$^3F_4(Tm^{3+})\rightarrow{}^6H_{11/2}(Dy^{3+})$的无辐射共振能量传递，增强$Dy^{3+}$MIR发射强度。而对0.2%$Dy^{3+}$和0.5%$Tm^{3+}$共掺杂的$64GeS_2\text{-}16Ga_2S_3\text{-}20CdI_2$玻璃的2.90μm和4.30μm的$\sigma_{em}$分别估算为$1.68\times10^{-20}cm^2$和$1.20\times10^{-20}cm^2$。可见这类硫化物玻璃用于光纤放大器和MIR激光器件是有前景的光电子材料。

依据Dy^{3+}和Tm^{3+}的4*f*能级结构，有几对Dy^{3+}-Tm^{3+}的4*f*能级能量比较匹配。在$Ge_{25}Ga_5S_{70}$及$GeSe_2\text{-}Ga_2S_3\text{-}CsI$硫系玻璃中观测到$Tm^{3+}\rightarrow Dy^{3+}$的无辐射能量传递[26-27]，增强$Dy^{3+}$的红外发射。

14.4.3 Dy^{3+}红外激光光纤

有了Dy^{3+}、Tb^{3+}和Pr^{3+}掺杂硫系玻璃的基本材料和红外发射性能后，发展一种适宜的串级结构。由GeAsGaSe:RE硫系玻璃制作的光纤共振腔结构是由两部分光纤Bragg光栅（FBG）构成。其中一部分光栅俘获信号，另一部分限制Idlar激光区域。所谓Idlar是指结构中加一激光信号构成理想的串级结构。它使更低激光能级上粒子数减少，也使低能级产生热辐射减少。如果光纤的损耗降到1dB/m的水平，在这种串级结构中，用1.71μm、2.95μm和2.04μm泵浦分别获得4.6μm（Dy^{3+}）、7.5μm（Tb^{3+}）及4.89μm（Pr^{3+}）有效激光作用是可以的[22]。

Dy^{3+}:GeAsGaSe硫系玻璃光纤中高效输出4.5μm MIR串级激光模组被发展[18]，结合图14-8中Dy^{3+}的3个最低能级图来描述。将1.71μm光源泵浦到硫系玻璃中Dy^{3+}的$^6H_{11/2}$能级上，由$^6H_{11/2}$能级跃迁到$^6H_{13/2}$能级上，产生的荧光在4~4.8μm之间。采用两个光纤布拉格光栅中FBG1对λ_1调制，在此范围内获得λ_1波长激光。由$^6H_{13/2}$跃迁到$^6H_{15/2}$基态，产生的荧光在2.7μm和3.4μm之间。同时采用两个附加的FBG2对λ_2调制，得到在此圈内的λ_2波长的激光。后来进一步简化改进这种MIR激光光纤模组，避免采用光栅。其设计依据是在硫系玻璃-空气表面上用Fresnel反射提供反馈，达到同样效果[19]。光纤的一个末端置有反射镜，光束分裂器。最后获得的结果表明，Dy^{3+}浓度在低于$3\times10^{19}cm^{-3}$时，采用单模、双包层，用1.71μm泵浦功率5W的光纤激光时，约4.5μm波长的输出功率达到100mW以上。当光纤损耗1dB/m时，此玻璃失去光纤的风险最小化。

由 Dy:GeAsGaSe 硫系玻璃串级激光在1.71μm 1W 泵浦、损耗 1dB/m 的情况下，损耗 3dB/m 时，计算的4.6μm 激光输出功率随光纤长度变化的关系表明，输出功（mW）随光纤长度（m）增加而降低，最佳大约在 1.5m。Dy^{3+}:GeAsGaSe 玻璃串级激光在1.71μm 1W 泵浦、损耗 1dB/m 的情况下，Idler 是固定在 3.35μm 处，计算的输出功率（mW）随激光波长变化表明，当4.5μm 处光纤损耗小于5dB/m 时，有效工作。而当4.5μm 光纤损耗在 1dB/m 时，4.5μm 输出功率达到大约 150mW。

此外，在一些材料如 YAG、Y_2O_3、氟硼酸玻璃中，Dy^{3+}的$^4F_{9/2}\rightarrow{}^6H_{11/2}$及$^4F_{9/2}\rightarrow{}^6H_{9/2}$磁偶极跃迁发射（730~750nm）较高，$Tm^{3+}$的$^1G_4\rightarrow{}^3H_5$及$^3H_4\rightarrow{}^3H_6$跃迁也具有类似性能[28]。因此在 NIR 范围内的磁偶极跃迁发射可用作生物图像上转换光学纳米结构的光源，而 Y_2O_3:Dy^{3+}和 Y_2O_3:Tm^{3+}纳米荧光体很容易制备。

若使用 PbS 纳米用作饱和吸收剂在 1.1μm 泵浦下获得可调谐无源 Q-开关 Dy^{3+}:ZBLAN 2.71~3.08μm 的光纤激光[29]。在 2.87μm 处，饱和吸收剂的调制深度和饱和强度分别为 12.5%和 1.10mW/cm^2。在 2.71~3.08μm（$\Delta\lambda\approx370$nm）波长范围内实现稳定的Q-开关。获得的最大输出功率为 252.7mW，具有脉冲能量 1.51μJ，脉冲宽度 795ns，重复频率 166.8kHz。这些结果表明 Dy^{3+}是 3μm 谱带可调谐脉冲激光的重要介质。

14.5　Dy^{3+}的上转换发光

由表 14-1 和表 14-2 中 Dy^{3+}的振子强度f、辐射跃迁概率 A_{rad}及 Dy^{3+}的能级图可以得知，在 NIR-MIR 区有许多相对密集的能级，且激发到 8000~14000cm^{-1}之间任何能级（$^6H_{9/2}$，$^6H_{7/2}$，…，$^6F_{1/2}$）将立刻紧随多声子弛豫过程发生。这严重阻碍上转换过程发生。故至今极少有关 Dy^{3+}的上转换发光报道。仅在最大声子能量仅有 160cm^{-1}的 CsCdBr:Dy 晶体中观察到 Dy^{3+}的上转换发光[30]。Dy^{3+}的$^6F_{5/2}$和$^6F_{3/2}$能级间隙大约 1400cm^{-1}，对向下多声子弛豫发生来说是够大。而$^6F_{5/2}$能级在 10K 下寿命为 1.2ms。在 10K 下，用 12338cm^{-1}（810nm）对$^6F_{5/2}$能级激发时，可见光上转换发光被观测到。强的上转换发光谱线来源于$^4F_{9/2}\rightarrow{}^6H_{13/2}$（黄线），其他发射均很弱。

此外，发现监测$^4F_{9/2}\rightarrow{}^6H_{13/2}$（576.7nm）发光的上转换激发发光光谱在 100K 以下的低温时，12000~12500cm^{-1}之间的激发光谱处为基态$^6H_{15/2}\rightarrow{}^6F_{5/2}$吸收。100K 以上升温至室温时有两条新的谱线出现在 12164cm^{-1}和 12177cm^{-1}处。随温度增加显著增强。这两条谱线在基态吸收（GSA）光谱中是没有的。这清楚指明为激发态吸收（ESA）上转换机制。这些强谱线位置对应于$^6F_{9/2}\rightarrow{}^4F_{9/2}$激发态吸收所至。由于发生$^6F_{9/2}+{}^6F_{5/2}$—$^4F_{9/2}+{}^6H_{15/2}$交叉弛豫，从这里发生$^6F_{9/2}\rightarrow{}^4F_{9/2}$能级的 ESA，接着产生$^4F_{9/2}\rightarrow{}^6H_J$跃迁发射，而以$^4F_{9/2}\rightarrow{}^6H_{13/2}$跃迁黄光发射最强。由 J-O 理论计算，得到这个高能级的振子强度$f_{exp}=2.1\times10^{-6}$和表 14-1 中所列 $LiNbO_3$ 的$f_{exp}=2.49\times10^{-6}$及 TZKC 碲酸盐玻璃和 K-Mg-Al 氟磷酸盐玻璃的$f_{exp}=2.08\times10^{-6}$和$2.09\times10^{-6}$非常接近。

$BaGd_2ZnO_5$:Dy^{3+}，Yb^{3+}中上转换发光和 Dy^{3+}—Yb^{3+}间的能量传递如下。

用 3W 971nm 激光对 $BaGd_2ZnO_5$:Dy^{3+}，Yb^{3+}荧光体激发，产生强的 800nm（$^6F_{5/2}$—

$^6H_{15/2}$）发射及弱的 880nm（$^6F_{7/2}\to^6H_{15/2}$）、484nm（$^4F_{9/2}\to^6H_{15/2}$）和 545nm（$^4F_{9/2}\to^6H_{13/2}$）上转换发光，能量从 Yb^{3+}传递给 Dy^{3+}[31]，试图利用熟悉的上转换发光强度（I）与激光二极管泵浦功率（P）的关系 $I\propto P^n$（n 为上转换发光的光子数）来获得能量传递是什么样的多光子过程。但作图结果并不是一条直线，n 偏离整数。故认定是何种多光子过程有待商榷。此外，他们还认为在 354nm 激发下，在该材料中还发生 NIR 量子剪裁，量子效率达到 158%。此结论更耐人怀疑和商榷。由给出的结果，没有观测到 NIR 量子剪裁，只能是 $Dy^{3+}\to Yb^{3+}$间发生交叉弛豫过程$^4F_{9/2}(Dy^{3+})+^2F_{7/2}(Yb^{3+})$—$^6F_{7/2}(Dy^{3+})+^2F_{5/2}(Yb^{3+})$引起的能量传递。在该体系中，$Dy^{3+}$的荧光寿命从本征的 425.5μs 随 Yb^{3+}浓度增加逐渐减小，交叉弛豫过程加强，Yb^{3+}的效率逐渐增加。

尽管某些 Dy^{3+}和 Yb^{3+}的共掺玻璃在 970nm 泵浦下，呈现可见光上转换发射，但是每组上转换发射强度比单掺 Dy^{3+}的玻璃相应的发射强度低很多。

14.6 Dy^{3+}可见光发射和黄/蓝发射强度比变化规律

众所周知，Dy^{3+}的可见光荧光光谱包括四组多重态锐谱线组成。一般由强的 570～590nm（$^4F_{9/2}\to^6H_{13/2}$）黄谱线、470～490nm（$^4F_{9/2}\to^6H_{15/2}$）蓝谱线、很弱约 660nm（$^4F_{9/2}\to^6H_{11/2}$）及更弱的约 740nm（$^4F_{9/2}\to^6H_{9/2},^6F_{11/2}$）所组成。由于 740nm 强度很弱，又处于可见光区的末端，故一般不予考虑。主要考虑 Dy^{3+}前 3 组可见光发射。

这里作者顺便提出，是否存在 Dy^{3+}被蓝光或 NUV 激发后发生$^4F_{9/2}$向下跃迁的双光子串级发射？即 575nm（$^4F_{9/2}\to^6H_{13/2}$）发射后，接着产生约 3.0μm（$^6H_{13/2}\to^6H_{15/2}$）发射；660nm（$^4F_{9/2}\to^6H_{11/2}$）+约 1.8μm（$^6H_{11/2}\to^6H_{15/2}$）；740nm（$^4F_{9/2}\to^6H_{13/2}+^6F_{11/2}$）+约 1.3μm（$^6H_{9/2}+^6F_{11/2}\to^6H_{15/2}$）等双光子串级发射，可参考图 14-9。这些发射有的遵守选择定则，有的不遵守。作者这里提出的 Dy^{3+}双光子串级发射至今无人注意，也无人报道。以往研究报道往往只注意 Dy^{3+}的可见光或 NIR 和 MIR 发射，没有将两者结合起来观测。作者认为选择合适的低声子能量基质实验有可能观测到这种现象。当然还需要考虑这些能级的寿命和荧光分支比。

依据选择定则，Dy^{3+}的$^4F_{9/2}\to^6H_{13/2}$（黄线）跃迁，$\Delta J=2$，遵守选择定则；而$^4F_{9/2}\to^6H_{15/2}$（蓝线）跃迁，$\Delta J=3$，不遵守选择定则。故 Dy^{3+}的黄线发射对晶场环境比蓝线发射更敏感。调节基质组成等因素可以改变黄/蓝比，改变荧光体的发光颜色和色坐标等色品质。下节选用高效的 Dy^{3+}激活的钒磷酸盐体系说明。

14.6.1 Dy^{3+}激活的 YVO_4 和 $Y(V,P)O_4$ 发光

稀土 $LnVO_4$ 和 $LnPO_4$ 是两大家族，可进行多种稀土离子掺杂和发生能量传递，是发光和激光的重要基质。20 世纪 70 年代，受黑白电视和高压荧光灯发展需要，人们发展 $Y(V,P)O_4:Dy^{3+}$高效荧光体[32]，其量子效率 η 高达 65%。具有锆石结构的 $LnVO_4:Dy^{3+}$（Ln：Se，Y，Gd，Lu）的 $\eta\geqslant 50\%$。

YVO_4 中，存在（VO_4）基团→离子能量传递，但在 Dy^{3+}浓度相当低不大于 1% 时发生浓度猝灭。$LnVO_4:Dy$(Ln，La，In) 比具有锆石结构的 $YVO_4:Dy$的效率低很多，

主要因 VO_4 根的发射与 Dy^{3+}的吸收带交叠小。因为 $DyVO_4$ 和 YVO_4 是锆石结构，与 $LaVO_4$ 独居石不同，且 Dy^{3+}半径（0.092nm）比 La^{3+}（0.114nm）小很多。在基质晶格中强的猝灭及 Dy^{3+}引入导致局域畸变，阻碍 $LaVO_4$ 中能量从 VO_4 基团向 Dy^{3+}传递。

关于 $Y(V,P)O_4$:Dy^{3+}荧光体，部分 P^{5+}可取代 V^{5+}，而晶体结构不变，但是发光发生巨大变化。在短波 UV 激发下，$Y(V,P)O_4$:Dy^{3+}除了 Dy^{3+}锐谱线和 YVO_4:Dy 中相同外，还有两点差异：$Y(V,P)O_4$:Dy^{3+}中在 440nm 蓝区多一个明显宽的发射光谱，叠加在 Dy^{3+}蓝谱线之下；且两图光谱相比，$Y(V,P)O_4$:Dy^{3+}中相对黄光发射强度下降，而蓝光发射增高，黄/蓝比下降。这可归因于黄光发射$^4F_{9/2}\rightarrow{}^4H_{13/2}$能级超灵敏跃迁对晶场环境更加敏感。在 YVO_4:Dy^{3+}中，部分 P^{5+}取代 V^{5+}时，氧阴离子的极化率下降。Dy^{3+}在 YPO_4 中的 CTB 位于更高能量（>45000cm^{-1}），比在 YVO_4 中（约 31000cm^{-1}）高很多。极化率下降说明在 $Y(V,P)O_4$ 中 Dy^{3+}的黄/蓝比下降。在 $LnPO_4$(Ln=La,Y,Gd)独居石结构中，Dy^{3+}的黄/蓝强度比接近[33]，不像 YVO_4:Dy^{3+}锆石那样。另外，在 $GdPO_4$:Dy^{3+}中，Gd^{3+}吸收的能量可以直接传递给 Dy^{3+}，Gd^{3+}的吸收（激发）谱线出现在 Dy^{3+}的激发光谱中。

在 YVO_4:Dy^{3+}和 $Y(V,P)O_4$:Dy^{3+}中，Dy^{3+}发射强黄和蓝色光谱，构成白场。调节组成和 Dy^{3+}浓度可以改变白光的各种光学参数。这就是当初用于高压泵灯和企图用于黑白电视的原因。在 YVO_4:Dy^{3+}中，杂质 Eu^{3+}和 Tb^{3+}对 Dy^{3+}的发光影响是不同的。Eu^{3+}在不高于 Dy^{3+}浓度时，并不对 Dy^{3+}发射猝灭。当 Eu^{3+}浓度达到 15%时，Eu^{3+}(619nm)/Dy^{3+}(575nm）之比成线性增加。当 Eu^{3+}含量到约 30%时，Eu^{3+}/ Dy^{3+}（红/黄）发射强度比接近 1.0。那个时代是利用 Eu^{3+}浓度改善提高高压泵灯的颜色再现性和显色指数。和 Eu^{3+}杂质不同，在掺 1%Tb^{3+}时，YVO_4:Dy^{3+}的发光强度下降 15%，而掺 5%Tb^{3+}时，低于 YVO_4:Dy^{3+}的初始强度 50%以下。Tb^{3+}对 YVO_4:Dy^{3+}发光产生强猝灭作用。1969 年 YVO_4:Dy^{3+}用于低压泵灯中效率达到 25lm/W。$Y(V,P)O_4$:Dy^{3+}的温度猝灭特性优良。

Dy^{3+}的这些基本光谱和发光特性，对今天人们试图将其用于 NUV 白光 LED 中具有参考价值。

14.6.2　Dy^{3+}发射的黄/蓝光强度比变化规律

表 14-4 列出在各种晶体和玻璃中 Dy^{3+}发射的黄/蓝比。从表中得知，Dy^{3+}的黄和蓝两组跃迁发射在不同的晶体结构、玻璃网络组成及结构、不同晶场环境等因素下差异很大。影响因素较复杂，黄/蓝强度比将会发生大的变化。即使在相同结构，如 $LnPO_4$(Ln=La，Y，Gd）独居石结构中，随稀土离子半径减小，黄/蓝强度比值趋势逐步减小，即蓝谱线强度相对增强，而黄谱线减弱。

表 14-4　各种晶体和玻璃中 Dy^{3+}的黄/蓝发射强度比

组　成	结构	黄/蓝比	文献
YVO_4	锆石，正方 $I4_1/amd$	1.0 : 0.25	32
$Y(V_{0.1}P_{0.4})O_4$	独居石单斜	1.0 : 0.64	32

续表 14-4

组　　成	结构	黄/蓝比	文献
$LaPO_4$	独居石单斜 $P2_1/n(14)$	1.0 : 0.80	33
$GdPO_4$	独居石单斜 $P2_1/n(14)$	0.74 : 1.00	33
YPO_4	独居石单斜 $P2_1/n(14)$	1.0 : 0.94	33
$LiNbO_3$	三角 $R3c$	1.0 : 0.92	3
LBLB 硼酸盐玻璃	无定型	1.0 : 0.53	1
Y_2O_2S	六方	1.0 : (0.2~0.3)	34
NCZLB 氟硼酸盐玻璃	无定型	0.59 : 1.00	9
碱金属氟钨碲酸盐玻璃（TeWM）	无定型	1.0 : (0.74~0.67)	35
$LaBSiO_5$ 玻璃	无定型	0.94 : 1.00	36
$CaWO_4$	白鹤矿，四方	1.0 : 0.26	37
钙硼碲酸盐玻璃 $(50-x)B_2O_3$-$20TeO_3$-$20CaCO_3$-$10ZnF$+xDy_2O_3	无定型	1.0 : 0.48	38
YVO_4 纳米晶	锆石，正方	1.0 : (0.40~0.50)	39
$(Y,Ca)VO_4$ 纳米晶	锆石，正方	1.0 : (0.41~0.49)	
$LaAlO_3$ 纳米荧光体	菱形，$R\bar{3}c$	1.0 : (0.28~0.30)	40
Calibo 玻璃 CaO-Li_2CO_3-H_3BO_3-Dy_2O_3	无定型	1.0 : 0.45	41
$YAl_3(BO_3)_4$(YAB)	菱形，$R32$	1.0 : 0.92	42
氟磷酸盐玻璃 PKMAFDy $(56-x/2)P_2O_5$-$17K_2O$-$8Al_2O_3$-$(15-x/2)MgO$+$4AlF_3$	无定型	1.0 : 0.05	5
氟氧化物玻璃：SiO_2-CaF_2-Al_2O_3-CaO-xDy_2O_3	无定型	1.0 : 0.34	43
$Ba_3La(BO_3)_3$ 荧光体	层状	1.0 : 0.67	44

由表 14-4 可知，Dy^{3+}的黄光发射强度在绝大多数基质中大于蓝光发射强度，Dy^{3+}不位于反演对称格位上。Dy^{3+}的黄光发射是$^4F_{9/2}\rightarrow{}^6H_{13/2}$能级超灵敏跃迁（$\Delta L=2$，$\Delta J=2$），发射强度强烈地受 Dy^{3+}的晶场环境影响，随温度增加，黄光发射强度增加，而蓝光发射比较迟钝。另外，黄/蓝发射强度比实际与 Dy^{3+}浓度无关，但与其他掺杂离子有关。例如在 $Ba_3La(BO_3)_3$:Dy^{3+}, Ce^{3+}荧光体中，黄/蓝比值不随 Dy^{3+}浓度增加而变化，在（1.5~1.6）：1.0 之间；而随敏化剂 Ce^{3+}浓度增加而逐步减小[44]，黄/蓝比从 1.5 : 1.0（Ce^{3+} 0.001%）逐步减小到 1.0 : 2.0(Ce^{3+} 0.15%)。

当 Dy^{3+}位于具有反演对称体系格位时，黄光发射理论上应为零。这是因为在这些格位中电偶极-偶极跃迁是禁戒的。黄光发射比蓝光发射强，可以理解为在 LuGG 石榴石中，Dy^{3+}占据畸变的十二面体格位上。

至于在（$Y,Ca)VO_4$:Dy^{3+}的纳米晶中[39]，随 Ca^{2+}浓度（x）增加，$x=5\%$时激发效果达到最佳，使 YVO_4:Dy^{3+}纳米荧光体的 575nm 的发光强度提高数倍至十多倍。发光强度增强 432%。这被认为可能是由于部分 Y^{3+}被 Ca^{2+}取代后，导出 O^{2-}，使 Dy^{3+}-O^{2-} CTB 增强，同时产生 Ca^{2+}- O^{2-}和 Ca^{2+}-V^{5-}新的 CTB，致使 Dy^{3+}浓度猝灭得以克服。这一工作和这种

解释值得商榷。一般纳米荧光体的发光效率比体材料低得多。Ca^{2+}掺入有可能改善纳米晶的质量，减少表面缺陷及有害的悬空键等，从而相对提高发光强度。从给出的激发光谱看，随着Ca^{2+}掺入，光谱并没有出现新的变化。应该与体材料比较。对于纳米荧光体中，发光强度成倍提高，需慎重对待并且仔细分析。

综上所述，许多化合物中Dy^{3+}的可见光发射主要是由$^4F_{9/2}\rightarrow{}^6H_{15/2}$（480～485nm）和$^4F_{9/2}\rightarrow{}^6H_{13/2}$（570～580nm）蓝/黄两组谱线组成，而其他跃迁发射很弱。由于晶体结构、晶场环境差异等因素影响，导致黄/蓝发射强度比是不同的，一般黄大于蓝，同时还注意到不同化合物中Dy^{3+}的荧光寿命和衰减方式也是不同的。

Dy^{3+}的这些基本光谱和发光特性，对今天人们试图将其用于NUV白光LED中，依然具有参考价值。此外，早期没有注重Dy^{3+}的NIR-MIR发射激光性质。

14.7 Dy^{3+}激活的发光材料在现代照明中的应用前景

众所周知，21世纪初以来，GaN蓝芯片和可被蓝光高效激发的发射蓝绿光、红光、绿光等两基色、三基色荧光体组合，获得高光效、高色品质的白光LED照明光源。其通用白光LED的光效已超过200lm/W，已广泛商品化。白光光源必须满足光效、CIE色品性质（显色指数，色温等）、光衰等国际和国内标准要求，否则是不合格产品。

实现白光LED的技术方案有多种途径，其中蓝光GaN芯片和荧光粉组合是主流方案，已大规模商品化。第二种方案为NUV LED或NUV LD芯片与三基色荧光粉组合。这里所指的NUV光一般是指380～420nm蓝紫外，而300～380nm为长波紫外光。这里又分为：(1) 由高效的蓝、绿、红三基色荧光粉有机混合。可选择的这类荧光粉种类很多[45]。(2) 目前在包括中国在内的发展中国家热门研究的Dy^{3+}/Eu^{3+}，Sm^{3+}/Tb^{3+}双掺或三掺杂的单相白光荧光体和玻璃。两种方案各有千秋，应科学对待。第三种方案为蓝光激光二极管LD和荧光体组合，用于照明、投影、激光电视，LD的功率大、激发密度高、是相干光子发射、也可用光纤耦合等特点也受到关注。

有关白光LED固态照明的基本原理，实现光转化途径及对荧光体的要求还可参阅作者的文献[45]-[46]。

Dy^{3+}可被NUV和蓝光激发，同时发射特有的约480nm（$^4F_{9/2}\rightarrow{}^6H_{15/2}$）带绿蓝光、约575nm（$^4F_{9/2}\rightarrow{}^6H_{13/2}$）黄光及大约660nm（$^4F_{9/2}\rightarrow{}^6H_{11/2}$）红光三组光谱线。它们可构成白光的三基色。针对$Dy^{3+}$的$^4F_{9/2}\rightarrow{}^6H_{11/2}$跃迁发射红光弱，利用前面所述的与$Dy^{3+}$共掺$Sm^{3+}$、$Eu^{3+}$、$Tb^{3+}$等离子在370～420nm内强的吸收，产生红光发射及它们之间发生无辐射能量传递。这样可方便调制白场中CIE色坐标的x和y值及色温等参数。因此，在一种基质中，可包含有多种功能激活剂的荧光体或发光玻璃获取白光受到重视。近几年来，发表了不少有关报道。这些报道有一定的广度，但缺少深度。绝大多数报道回避主要参数白光LED的光效和光通，仅有色温和CIE色坐标。这是远远不够的，还需要注意光衰寿命、温度特性及工作时色漂移等特性变化[47-48]，严格满足国际和国内标准。

相比较，蓝光激发包括Dy^{3+}、Eu^{3+}等发光材料的报道欠缺。所幸林海等人在这方面有所报道[8]，是第一个报道Dy^{3+}玻璃光效的。他们用453nm蓝光LD对Dy^{3+}掺杂玻璃的光度学和色度学性质较详细地报道。光通量达到9.07lm，光效为35.8lm/W，光子产额达

23%~29%，色坐标 x 和 y 值均进入白场区。虽然这个水平不满意，但基础数据是珍贵的。蓝光对于 Dy^{3+}激发光效不高，主要是 Dy^{3+}的 450~485nm 蓝区的吸收（激发）光谱对蓝光的吸收效率很低，不到 NUV 光激发的 1/8。

稀土单杂或共掺的发光材料用 NUV LED 芯片实现白光照明的主要困难是：（1）NUV LED 芯片目前光功率太低，质量差。封装的 LED 光源逸出的 NUV 和蓝光对人眼伤害更严重。（2）Ln^{3+}掺杂的发光材料性能需提高。这在第 13 章最后章节中已提到。

如何提高对 NUV 光能量的光转换是一项艰辛的工作。这里提出两点：（1）引入具有宽吸收（激发）带 $5d$ 态允许跃迁的离子，如 Ce^{3+}、Eu^{2+}、Bi^{3+}与 Ln^{3+}共掺杂。（2）设计新颖“核壳”或“洋葱”结构方案。即“壳”是 Eu^{2+}、Bi^{3+}、Ce^{3+}、Ln^{3+}（Ln=Dy，Sm，Eu，Tb 等）共激活的高效下转换荧光体；而“核”是 Yb^{3+}和 Ln^{3+}（Ln=Dy，Tb ，Sm，Ho，Er，Tm 等）共激活的上转换高效荧光体。在 NUV 光激发下，外层（壳）下转换荧光体被激发，除发射可见光外，还发射 740~1100nm NIR 光。NIR 光激发内层（核）上转换荧光体，发射上转换可见光。这样，将转换能量充分利用，提高光转换效率。核壳材料结构可反之。发光材料可以是微米、纳米级，薄膜或玻璃等材料。这种“核壳”洋葱结构光转换发光材料也适用于太阳能电池等。

14.8 Dy^{3+}和其他离子的能量传递

14.8.1 Dy^{3+}—Tb^{3+}的能量传递

因为 Dy^{3+}的$^4F_{9/2}$能级具有相对长的发光寿命，一般为 0.75ms，可以用作增强其他离子发光的敏化剂。Tb^{3+}和 Eu^{3+}能级紧靠 Dy^{3+}能级，它们之间有可能发生能量传递。在第 13 章中已介绍 Y_2O_2S:Tb,Dy 中发生 Tb^{3+}—Dy^{3+}的能量传递。这里介绍在其他体系中 Dy^{3+}—Tb^{3+}之间的能量传递。

用 358nm 激发 BLBL:Tb^{3+}硼玻璃，发射强绿光[2]，其发射光谱如图 14-9 中实线所示。发射峰分别位于 492nm 的$^5D_4 \to {}^7F_6$跃迁，最强的 547nm 的$^5D_4 \to {}^7F_5$跃迁，590nm 的$^5D_4 \to {}^7F_4$和 626nm 的$^5D_4 \to {}^7F_3$跃迁。图 14-9 中虚线为 Tb^{3+}和 Dy^{3+}共掺杂的 BLBL 硼玻璃在相同激发条件下的发射光谱，它与实线光谱完全相同，只是每组 Tb^{3+}的发射强度均增强，这与激发光谱的结果是一致的。表明在这种玻璃中发生 $Dy^{3+} \to Tb^{3+}$的无辐射能量传递。为进一步说明发生的无辐射能量传递，采用选择激发研究光谱中变化。利用 Dy^{3+}的特征激发谱线 453nm 激发 BLBL:Tb^{3+},Dy^{3+}硼玻璃，其发射光谱如图 14-10 所示。可见，除了 Dy^{3+}的$^4F_{9/2} \to {}^6H_{13/2}$（578nm）强发射外，还出现了较强的 Tb^{3+}的 547nm（$^5D_4 \to {}^7F_5$）和较弱的 626nm（$^5D_4 \to {}^7F_3$）发射。而单掺的 Tb^{3+}的硼玻璃用 453nm 激发时，观测不到 Tb^{3+}的发射。这充分表明 Dy^{3+}将部分能量传递给 Tb^{3+}，导致产生 Tb^{3+}的特征发射。

在 BLBL:Tb^{3+},Dy^{3+}硼玻璃中，能量传递的途径可能是 Dy^{3+}的$^4F_{9/2}$能级能量通过共振传递给 Tb^{3+}的$^5D_4$ 能级。Dy^{3+}的$^4F_{9/2}$能级能量略高（约 500cm^{-1}）于 Tb^{3+}的$^5D_4$ 能级，使得释放声子的共振传递概率大于 Tb^{3+}的$^5D_4$ 能级能量向 Dy^{3+}共振传递，这样 Dy^{3+}容易共振传递给 Tb^{3+}。此外，由于 Tb^{3+}的$^5D_3$—$^5D_4$ 能级能量间距与 Dy^{3+}的$^6H_{15/2}$—$^6H_{11/2}$能级间

距匹配，导致交叉弛豫过程发生，使$^5D_3$发射减弱。

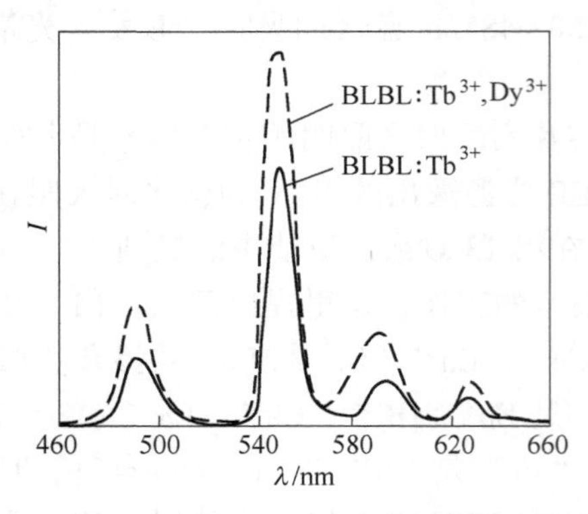

图 14-9　BLBL:Tb^{3+}和 BLBL:Tb^{3+},Dy^{3+}的发射光谱

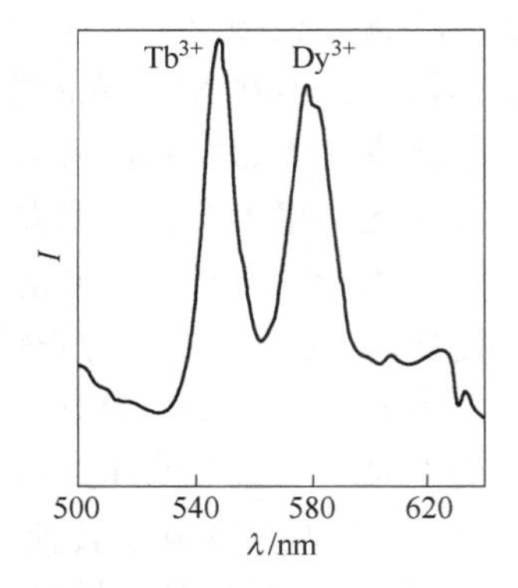

图 14-10　453nm 激发 BLBL:Tb^{3+},Dy^{3+}的发射光谱[2]

另外，在 Dy^{3+}和 Tb^{3+}共掺杂的其他材料中也可以发生 Dy^{3+}→Tb^{3+}的无辐射能量传递，其能量传递性质与上述是一致的。

上文讲能量可以从 Dy^{3+}无辐射传递给 Tb^{3+}，激发能也可以从 Tb^{3+}→Dy^{3+}，关键是选择激发条件。由于 Dy^{3+}的$^4K_{17/2}$、$^4M_{19/2}$、$^4M_{21/2}$、$^4I_{13/2}$、$^4F_{3/2}$、$^6P_{3/2}$等密集的能级与 Tb^{3+}的$^5D_3$、$^5L_{10}$等能级的能量位置很接近，容易发生 Tb^{3+}（$^5D_3$,$^5D_4$)→Dy^{3+}的能量传递，这在硼酸盐玻璃中得到证实[49]。Dy^{3+}和 Tb^{3+}共掺杂的硼酸盐玻璃在 395nm 激发 Dy^{3+}时，发现 Tb^{3+}的绿色发射（$^5D_4$→$^7F_5$）被增强，发生 Dy^{3+}→Tb^{3+}（$^5D_4$）能级间的能量传递；而在 350nm 激发下，Dy^{3+}和 Tb^{3+}的交叉弛豫过程发生：$^5D_3$(Tb^{3+})+$^6H_{15/2}$(Dy^{3+})→$^5D_4$（Tb^{3+})+$^6H_{11/2}$(Dy^{3+})。因为 Dy^{3+}:$^6H_{11/2}$—$^6H_{15/2}$的能隙 $\Delta E\approx5700cm^{-1}$；而 Tb^{3+}:$^5D_3$—$^5D_4$ 的$\Delta E\approx5800cm^{-1}$。$Tb^{3+}$的 381nm（$^5D_3$→$^7F_6$）的荧光寿命衰减曲线与不同 Dy^{3+}浓度的指数式性质，与 I-H 能量传递理论相吻合。多级相互作用参数 $S=6$ 时，吻合程度比 $S=8$ 或 10 时好，但约 120μs 以后，均偏离 I-H 理论吻合曲线。Tb^{3+}的$^5D_3$ 的荧光寿命随 Dy^{3+}浓度增加而逐步缩小。Tb^{3+}的 381nm 的本征寿命为 25. 14μs，加入 2%Dy^{3+}后，减小到 13. 88μs。这充分证明能量可以从 Tb^{3+}（$^5D_3$)→Dy^{3+}。若在 395nm 激发时，Dy^{3+}从较高的$^4K_{17/2}$等能级无辐射弛豫到$^4F_{9/2}$下能级，由此，Dy^{3+}的部分能量传递给 Tb^{3+}（$^5D_4$），增强$^5D_4$ 能级发射强度。而 Dy^{3+}的$^4F_{9/2}$能级具有 575μs 的较长荧光衰减寿命。

14. 8. 2　Dy^{3+}→Eu^{3+}的能量传递

因为 Dy^{3+}的$^4F_{9/2}$→$^6H_{11/2}$能级跃迁产生的红光发射相对很弱，这给实现高显色性和低色温的白光 LED 带来困难。引入 Eu^{3+}和 Dy^{3+}共掺杂的材料中可增强白光中发射光谱中红成分，改善和调制白光 LED 的发射光谱的颜色、色温和色坐标等色品质。在这种背景下研究了 Dy^{3+}和 Eu^{3+}共掺杂及 Dy^{3+}、Tb^{3+}、Eu^{3+}三掺杂的发光材料及它们间的能量传递等内容。

Dy^{3+}和 Eu^{3+}共掺杂的组成为 $45SiO_2$-($27-x-y$)CaF_2-$20Al_2O_3$-8CaO-xDy_2O_3-yEu_2O_3（摩尔分数,%）氟铝硅酸盐玻璃-陶瓷中，存在 Dy^{3+}→Eu^{3+}的能量传递[50]。当只掺有 0. 5%

Dy^{3+}的样品在453nm激发时，Dy^{3+}的$^4F_{9/2}\rightarrow{}^6H_{13/2}$能级的本征寿命为0.57ms，随$Eu^{3+}$浓度共掺时（0.4%~0.5%），$Dy^{3+}$的寿命逐渐减小到0.18ms，能量传递效率从11%增加到68%。此外，玻璃中随Dy^{3+}浓度增加，Dy^{3+}发射强度下降是因为发生Dy^{3+}—Dy^{3+}的交叉弛豫过程导致浓度猝灭。但是在Dy^{3+}/Eu^{3+}共掺杂的玻璃中，Eu^{3+}的611nm发射的激发光谱被增强。

在$LiLa(MoO_4)_2:Dy^{3+},Eu^{3+}$中，同样发生$Dy^{3+}\rightarrow Eu^{3+}$的能量，其机制为偶极-偶极（d-d）相互作用[51]。当然，样品的发光颜色也改变，增加光谱中的红成分。

因为Dy^{3+}和Eu^{3+}共掺杂的发光材料的发射光谱中缺少绿成分，为改进光谱中欠缺绿成分和白光显色性及色温，在Dy^{3+}和Eu^{3+}的基础上顺利掺入Tb^{3+}而成为Dy^{3+}、Tb^{3+}、Eu^{3+}三掺杂的发白光的发光材料。

用ZnO、$NH_4H_2PO_4$和Ln_2O_3（Ln=Dy，Eu，Tb）原料，按化学配比成Dy^{3+}、Tb^{3+}、Eu^{3+}三掺杂$Zn(PO_3)_3$玻璃，简称ZPTED玻璃[52]。在445nm和322nm激发下，仅对Dy^{3+}激发，而Tb^{3+}和Eu^{3+}不可能被激发。但是，Eu^{3+}的$^5D_0\rightarrow{}^7F_2$，$^7F_4$及Tb^{3+}和$^5D_4\rightarrow{}^7F_5$能级跃迁发射及Eu^{3+}和Tb^{3+}的其他很弱的发射谱线出现在Dy^{3+}的$^4F_{9/2}\rightarrow{}^6H_J$（$J$=15/2，13/2，11/2）跃迁发射的光谱中。这清楚表明，通过Dy^{3+}激发，激发能量可以从Dy^{3+}无辐射传递给Tb^{3+}和Eu^{3+}，产生Tb^{3+}和Eu^{3+}的特征发射，使发射光谱中包括蓝、绿、黄和红光谱，呈现丰富多彩。

Dy^{3+}是无544nm发射的，但Tb^{3+}的544nm发射的ZPTED玻璃的激发光谱中，除Tb^{3+}的激发光谱外，还附加Dy^{3+}的许多跃迁谱线。通过445nm激发Dy^{3+}时，使Tb^{3+}激发及在Tb^{3+}的激发光谱中存在Dy^{3+}的激发（吸收）光谱，这清楚地证明发生$Dy^{3+}\rightarrow Tb^{3+}$的能量传递，与前面$Dy^{3+}/Tb^{3+}$共掺杂的BLBL硼玻璃中报告的结果一致。

再来观测监测Eu^{3+} 700nm发射ZPTED玻璃的激发光谱，700nm只是Eu^{3+}的$^5D_0\rightarrow{}^7F_4$跃迁发射谱，而Dy^{3+}和Tb^{3+}是没有700nm发射的，故700nm的激发光谱应该只是Eu^{3+}的激发光谱。但在Eu^{3+}的激发光谱中，除Eu^{3+}的$4f^8$—$4f^8$跃迁光谱外，还出现一个Dy^{3+}和Tb^{3+}的激发谱线。这也清楚地证明发生$Dy^{3+}\rightarrow Eu^{3+}$和$Tb^{3+}\rightarrow Eu^{3+}$能量传递。$Dy^{3+}$的$^4F_{9/2}\rightarrow{}^6H_{15/2}$及$^4F_{9/2}\rightarrow{}^6H_{13/2}$发射与$Eu^{3+}$的$^7F_1\rightarrow{}^5D_2$及$^7F_0\rightarrow{}^5D_0$能级跃迁激发（吸收）光谱交叠、发生交叉弛豫，导致$Dy^{3+}\rightarrow Eu^{3+}$能量传递。

由484nm选择激发记录Tb^{3+}的发射光谱表明，除主要的Tb^{3+}的$^5D_4\rightarrow{}^7F_5$发射外，还出现Eu^{3+}的$^5D_0\rightarrow{}^7F_J$（J=1，2，3，4）跃迁发射。通过Tb^{3+}激发，Eu^{3+}被激发。Tb^{3+}的$^5D_4\rightarrow{}^7F_5$及$^5D_4\rightarrow{}^7F_4$跃迁发射和Eu^{3+}的$^7F_1\rightarrow{}^5D_1$及Eu^{3+}的$^7F_{0,1}\rightarrow{}^5D_0$跃迁吸收（激发）光谱交叠，导致$Tb^{3+}\rightarrow Eu^{3+}$的能量传递。

$Zn(PO_3)_3:Dy^{3+}$玻璃中，Dy^{3+}的$^4F_{9/2}$能级的衰减时间0.9ms，而在Dy^{3+}、Tb^{3+}、Eu^{3+}共掺ZPTED玻璃中，快速衰减为0.7ms[52]。$Dy^{3+}\rightarrow Tb^{3+}$及$Dy^{3+}\rightarrow Eu^{3+}$能量传递时通过无辐射共振及交叉弛豫过程发生。只有$Tb^{3+}$掺杂的ZPT玻璃中，$Tb^{3+}$的$^5D_4$能级的544nm的寿命为3.17ms且为指数式。但在三共掺的ZPTED玻璃中，衰减时间缩短为2.45ms。这些结果证明发生了$Tb^{3+}\rightarrow Eu^{3+}$无辐射能量传递。由I-H理论模型简化方程式如下：

$$I(t)=I_0\exp\left(-\frac{t}{\tau_0}-\gamma_S t^{3/S}\right) \tag{14-6}$$

用施主发射强度 $I(t)$ 与衰减时间（t）关系作图。式中，I_0 为 $t=0$ 的初始强度；τ_0为无受主（Eu^{3+}）时，施主（Tb^{3+}）的本征寿命；γ_S 为施主直接能量传递给受主的度量；S 为表征多级相互作用参数，$S=6$，8，10 分别为偶极-偶极（d-d），电偶极-四极（d-q）及电四极-四极（q-q）相互作用。

当 $S=10$ 时，实验和理论曲线吻合最好。$Tb^{3+}\rightarrow Eu^{3+}$的能量传递主要是 q-q 相互作用。通过下述方程式可将 γ_{10}参数与 $Tb^{3+}\rightarrow Eu^{3+}$的能量传递临界距离 R_c 联系起来：

$$\gamma_{10}=\frac{4\pi}{3}1.30\beta_a\frac{R_c^3}{\tau_0^{3/10}} \tag{14-7}$$

式中，β_a 为受主（Eu^{3+}）离子的密度（$8\times10^{19}cm^{-3}$）；τ_0为 Tb^{3+}的本征寿命。对 q-q 能量传递，$R_c=0.98nm$。依据离子的随机分布和 $\beta_{Tb}+\beta_{Eu}\approx1.6\times10^{20}\ cm^{-3}$，$Tb^{3+}$和 Eu^{3+}的平均相互作用距离为2.29nm，是 R_c 的两倍以上。故 $Tb^{3+}\rightarrow Eu^{3+}$能量传递可以在 $Tb^{3+}\rightarrow Eu^{3+}$团簇内发生。

显然，原则上在 Dy^{3+}、Tb^{3+}、Eu^{3+} 三共掺的其他荧光体中，也可获得类似在上述 $Zn(PO_3)_2$玻璃中的发光性质和能量传递结果。

受制于 NUV LED 芯片在相当长时间内，不能实现高功率、高质量产品及封装工艺的缺陷，NUV LED 白光照明用的荧光体一时难以实现应用。但上述荧光体工作是有价值的。目前液晶电视用背光源显示方案中急需要发射高效锐窄谱线红色荧光体。这样可使电视的色域更宽，清晰度和分辨率有本质上的提高，适应高清晰度时代的发展要求。

14.8.3　Dy^{3+}—Tm^{3+}的能量传递

Dy^{3+}—Tm^{3+}间的能量传递基于两个目的：（1）弥补 Dy^{3+}白光蓝成分；（2）增强 Dy^{3+}的 NIR-MIR 发射。采用不同的选择激发，观测到 $Dy^{3+}\rightarrow Tm^{3+}$或 $Tm^{3+}\rightarrow Dy^{3+}$的能量传递。

14.8.3.1　$Dy^{3+}\rightarrow Tm^{3+}$的能量传递

针对单相白光材料中 Dy^{3+}的蓝光色纯度差和强度低的问题，自然考虑到发蓝光的 Tm^{3+}。因为在长波紫外光激发下，Tm^{3+}在约 456nm（$^1D_2\rightarrow{}^3F_4$）和约 480nm（$^1G_4\rightarrow{}^3H_6$）处强蓝光发射。Dy^{3+}、Tm^{3+} 分别共掺杂的材料有碲酸盐玻璃（TZKDyTm）[5]、$YAl_3(BO_3)_4$（YAB)荧光体[42]等。选择 Dy^{3+}、Tm^{3+}共掺杂碲酸盐玻璃是因其具有高的折射率、低声子能量、制造温度低及稀土可溶性高；而 YAB 具有非对称中心，这种晶场环境导致宇称-禁戒跃迁，更允许稀土离子跃迁发射。

碲酸盐玻璃由（$62x-y$）TeO_2-25ZnO-8K_2O-5CaO-xDy_2O_3-yTm_2O_3（简称 TZKCDyTm）组成，在 850～900℃ 熔制。利用下面的简化关系式获得实验上玻璃吸收带的振子强度 f_{exp}：

$$f_{exp}=\frac{2.303mc^2}{N\pi e^2}\int\varepsilon(\nu)d\nu=4.32\times10^{-6}\int\varepsilon(\nu)d\nu \tag{14-8}$$

式中，N 为 Avogadro 常数；m 为电子质量；e 为电子电荷；$\varepsilon(\nu)$ 为从 Beer-Lamberts 定律获得的频率 ν 上的吸收率。

式（14-8）和式（14-2）是同一表达方式。采用J-O理论评估计算的振子强度f_{cale}。由基态（ψJ）跃迁到激发态（$\psi' J'$）引起的电偶极跃迁所计算的振子强度f_{cale}由式（14-1）得到。TZKC玻璃中所计算的强度参数$\Omega_2=4.94\times10^{-20}cm^2$、$\Omega_4=1.53\times10^{-20}cm^2$，$\Omega_6=1.06\times10^{-20}cm^2$。$\Omega_2$参数直接与$Dy^{3+}$周围环境有关，且正比于$Dy^{3+}$—$O^{2-}$键价性。TZKC碲酸盐玻璃中$Dy^{3+}$的$\Omega_2$参数与某些硼酸盐玻璃很接近，而比某些氟化物，含氧化物高。在TZKC碲酸盐玻璃中，Dy^{3+}（$^4F_{9/2}\to{}^6H_{15/2}$）的寿命$\tau=306\mu s$，跃迁概率$A=240s^{-1}$；而$^4F_{9/2}\to{}^6H_{13/2}$（577nm）的$A=1183s^{-1}$更高。此玻璃主发射是Dy^{3+}的577nm黄光。

当等量（0.5%）Dy^{3+}和Tm^{3+}共掺于TZKC玻璃后，在355nm激发下，Tm^{3+}的特征发射458nm（$^1D_2\to{}^3F_4$）强度增强，而Dy^{3+}的发射（$^4F_{9/2}\to{}^6H_{15/2}$，$^6H_{13/2}$）则减弱。随Tm^{3+}浓度增加，Tm^{3+}的发射强度增加，而Dy^{3+}的发射逐步被猝灭。显然发生$Dy^{3+}\to Tm^{3+}$的能量传递。单掺Dy^{3+}的衰减曲线为双指数式；而共掺Tm^{3+}且随Tm^{3+}浓度增加后，Dy^{3+}的衰减曲线变为非指数式。这正是因为$Dy^{3+}\to Tm^{3+}$能量传递弛豫通道增加。用I-H理论模型进行强度衰减曲线吻合处理，证实在TZCK碲酸盐玻璃中，$Dy^{3+}\to Tm^{3+}$的能量传递机制是d-d相互作用。Dy^{3+}的本征寿命306μs随Tm^{3+}浓度增加逐步减小，当Tm^{3+}浓度增加到1.5%时，减小到153μs。能量传递效率达到50%。这样Dy^{3+}和Tm^{3+}共掺于TZCK碲玻璃呈现强的蓝-黄光发射，组成白光。改变它们的浓度，可调制色坐标x和y值及改善色纯度。

$YAl_3(BO_3)_4$:Dy^{3+},Tm^{3+}荧光体在359nm激发下，它们的光致发光和荧光衰减测量结果也揭示发生了$Dy^{3+}\to Tm^{3+}$的能量传递[42]。YAB :2%Dy^{3+},$x$$Tm^{3+}$荧光体在359nm激发下，监测$Dy^{3+}$的576nm（$^4F_{9/2}\to{}^6H_{13/2}$）荧光衰减曲线，发现所有衰减曲线均与单指数函数相吻合。这与I-H理论不符合。对$YAl_3(BO_3)_4$:Dy^{3+},$x$$Tm^{3+}$而言，可以利用黄世华和楼立人提出的对于电多级相互作用引起的浓度猝灭，由积分发射强度（I）和受主掺杂浓度（c）之间的关系式[53]处理：

$$I=\alpha a^{1-\frac{S}{3}}\Gamma\left(1+\frac{S}{3}\right) \tag{14-9}$$

其中

$$a=c\Gamma\left(1+\frac{S}{3}\right)\left[X_0\frac{(1+A)^{3/S}}{\gamma}\right] \tag{14-10}$$

式中，γ为敏化剂的本征跃迁概率；S为多级指数，$S=3$，6，8，10分别对应为交换，d-d，d-q和q-q相互作用；A和X_0为常数；Γ为Euler函数。

进行数字处理后，式（14-9）和式（14-10）可简化为：

$$\lg\frac{I}{c}=-\frac{S}{3}\lg c+\lg B \tag{14-11}$$

式中，B为常数，与掺杂浓度无关。

对Tm^{3+} $^1D_2\to{}^3F_4$跃迁而言，lg$c$(Tm)对lg(I/c(Tm))作图。在高浓度范围内，实验结果近似直线，多级能量传递指数$S=3$。此结果指明在YAB :2%Dy^{3+}，$x$$Tm^{3+}$体系中，$Dy^{3+}\to Tm^{3+}$的能量传递应是交换相互作用机制。在此体系中，$Tm^{3+}$浓度为0%、0.5%、1%及3%时，$Dy^{3+}$的576nm（$^4F_{9/2}\to{}^6H_{13/2}$）荧光寿命分别为578μs、651μs、534μs和

446μs。随Tm^{3+}浓度增加，Dy^{3+}的$^4F_{9/2}$能级寿命猝灭，是因为$Dy^{3+}\rightarrow Tm^{3+}$的能量传递。在多级相互作用的能量传递中，这种施主发光强度（I）与受主浓度（c）的关系也可用 Vam Uitert 提出的方程式计算：

$$I = I_0\left[1 + \beta\left(\frac{c}{c^*}\right)^{\frac{S}{3}}\right]^{-1} \tag{14-12}$$

式中，c为受主浓度；c^*为临界传递浓度；β为耦合系数。

取对数作图处理即可。拟合可求得S值。拟合结果的好坏，需用理论能级和实验能级的均方差来衡量。

因此，用352~355nm对Dy^{3+}激发，从$^6H_{15/2}\rightarrow{}^6P_{7/2}$，$^4I_{11/2}$能级跃迁，此激发态的能量位置略高于$Tm^{3+}$的$^1D_2$能级，较好地匹配，能量由此传递给$Tm^{3+}$的$^1D_2$能级，由$^1D_2\rightarrow{}^3F_4$能级辐射跃迁，产生强的458nm蓝光；仅有少数粒子从$^1D_2$能级无辐射弛豫到$^1G_4$能级，产生$^1G_4\rightarrow{}^3H_6$能级跃迁弱的482nm发射，因为$^1D_2\rightarrow{}^1G_4$能级间距高达约6700cm^{-1}。

14.8.3.2　$Tm^{3+}\rightarrow Dy^{3+}$的能量传递

在前面第14.4.1节中介绍Dy^{3+}的红外发射、NIR和MIR激光及光纤。如何进一步提高Dy^{3+}的激光性能也受到关注。

具有低声子能量的Ge-Ga-S(Se)硫系玻璃中证实由于可发生$Tm^{3+}\rightarrow Dy^{3+}$的能量传递[26-27]，使$Dy^{3+}$的1.14μm、1.32μm及2.9μm红外发射增强。

在$0.4GeS_2$-$0.2Ga_2S_3$-0.4CsI硫系玻璃中，无Dy^{3+}时，掺0.1% Tm^{3+}的1.47μm（$^3H_4\rightarrow{}^3F_4$）的本征寿命τ_0为2.48ms；共掺0.1%Dy^{3+}后，Tm^{3+}的1.47μm寿命缩短为1.77ms；Dy^{3+}浓度增加到0.2%后，Tm^{3+}的1.47μm寿命更加缩短到1.394ms。传递效率增加到44%。Dy^{3+}的寿命为0.42ms（1.32μm）。结果表明，$^3H_4$（Tm^{3+}）和$^6F_{5/2}$（Dy^{3+}）也可发生能量传递，使Dy^{3+}的1.14μm（$^6F_{5/2}\rightarrow{}^6H_{13/2}$）发射增强。同时，由于$Tm^{3+}$的$^3H_4$能级能量弛豫到$^3H_5$能级后，可以发生$^3H_5$（$Tm^{3+}$）$\rightarrow{}^6F_{11/2}+{}^6H_{9/2}$（$Dy^{3+}$）能级间的能量传递，增强$Dy^{3+}$的1.32μm（$^6F_{11/2}+{}^6H_{9/2}$）$\rightarrow{}^6H_{15/2}$跃迁发射。另外，$Tm^{3+}$的$^3H_4+{}^3H_6$—$^3F_4+{}^3F_4$可以发生交叉弛豫，使$Tm^{3+}$的$^3F_4$能级粒子聚集，可以发生$^3F_4$($Tm^{3+}$)$\rightarrow{}^6H_{11/2}$（$Dy^{3+}$）的能量传递。

利用有限扩散传递模型（Y-T和Weber），在d-d相互作用情况下，长时间内施主指数式荧光衰减表达如下：

$$\frac{1}{\tau_{\mathrm{eff}}} = \frac{1}{\tau_0} + Bc_Ac_D \tag{14-13}$$

式中，B为与传递常数有关联的一个常数；τ_{eff}为有效时间常数；c_A、c_D分别为受主和施主的浓度，一般c_D是固定的，c_A是改变的。

当Tm^{3+}的1.47μm的$\tau_0=2.475$ms时，用$1/\tau_{\mathrm{eff}}$（Tm^{3+} 1.47μm）对Dy^{3+}受主浓度作图时，实验结果与式（14-13）吻合非常一致[27]。而在短时间内衰减为非指数式，符合$t^{1/2}$规律。这些结果表明在这种Ge-Ga-Se-CsI硫系玻璃中，Tm^{3+}—Dy^{3+}之间发生有限扩散能量传递的d-d相互作用机制。

而在$Ge_{25}Ga_5S_{70}$硫系玻璃中进一步证明，激发能在Tm^{3+}—Tm^{3+}之中有限扩散（迁移）后[26]，从$^3F_4$（Tm^{3+}）能级传递到$^6H_{11/2}$（Dy^{3+}）能级，接着从$^6H_{11/2}$能级弛豫到$^6H_{13/2}$下能级，然后由$^6H_{13/2}\to{}^6H_{15/2}$能级跃迁，增强 2.9μm MIR 发射。

14.8.4 Dy^{3+}—Pr^{3+}的能量传递

Dy^{3+}和Pr^{3+}掺杂的Li_2CO_3和H_3BO_3混合制备的 Calibo 玻璃在 365nm 激发下，Dy^{3+}的黄/蓝带发光强度减弱，是由于激发能从Dy^{3+}的$^4F_{9/2}$能级无辐射传递给Pr^{3+}的不同能级[54]。掺Pr^{3+}后，Dy^{3+}的荧光衰减曲线初始部分随Pr^{3+}浓度增加呈现非指数式，且Dy^{3+}的衰减寿命τ随Pr^{3+}浓度增加而减小。利用 I-H 理论曲线与实验结果拟合，发现$S=8$吻合。故在 Calibo 玻璃中，$Dy^{3+}\to Pr^{3+}$的能量传递机制是电偶极-四极（d-q）相互作用的结果。其能量传递的效率和概率主要随Pr^{3+}（受主）浓度增加而增加，且与 80K、300K 和 500K 温度无关。

在另一种也是硼酸锂，但组成为 $27.5Li_2O$-$(72.5-x-y)B_2O_3$-xDy_2O_3-yPr_6O_{11}的硼酸盐玻璃中，在 443nm 对Pr^{3+}($^3P_0$）激发下，观测到随Pr^{3+}浓度增加，达到 0.6%时，Dy^{3+}的 663nm（$^4F_{9/2}\to{}^6H_{11/2}$）发射强度逐步增强[55]。这可能是由于在 462~510nm 光谱中Dy^{3+}的吸收带与Pr^{3+}的发射光谱存在良好的交叠，导致$Pr^{3+}\to Dy^{3+}$能量传递发生。在这种Dy^{3+}/Pr^{3+}共掺杂的硼酸锂玻璃中，呈现在 UV-ViS-NIR 中有丰富的吸收和发射光谱。Dy^{3+}的主要吸收带是$^6H_{15/2}$基态的吸收跃迁至$^6P_{7/2}$（348nm）、$^6P_{5/2}$（365nm）、$^4I_{13/2}$（386nm）、$^6F_{5/2}$（798nm）、$^6F_{7/2}$（898nm）、$^6F_{9/2}$（1084nm）及$^6F_{11/2}$（1264nm）能级；而Pr^{3+}的主要吸收带是从$^3H_4$基态吸收跃迁分别至$^3P_2$（443nm）、$^3P_1$（469nm）、$^3P_0$（483nm）、$^1D_2$（589nm）、$^3F_4$（1409nm）、$^3F_3$（1509nm）及$^3F_2$（1912nm）能级。该玻璃的另一个特点是Dy^{3+}的 663nm（$^4F_{9/2}\to{}^6H_{11/2}$）发射占发射光谱的主要地位，而其他蓝/黄发射相对反而很低，这是一个有趣的现象。这和在其他材料中的情况相反，其原因不清楚。

由以上情况可知，什么情况下发生$Dy^{3+}\to Pr^{3+}$的能量传递，又是什么情况下可发生$Pr^{3+}\to Dy^{3+}$的能量传递，主要取决于选择激发条件和基质。

14.8.5 Dy^{3+}和其他Gd^{3+}、Yb^{3+}、Ce^{3+}等离子的能量传递

众所周知，当敏化剂的发射带和激活剂允许吸收带（电荷转移带）或 4*f*—5*d* 吸收带交叠的情况下，具有高效的能量传递。

关于$Gd^{3+}\to Dy^{3+}$的能量传递。$Gd^{3+}\to Dy^{3+}$的能量传递在一些材料中均可观察到，原因也很清楚。一般含Gd^{3+}基质或Gd^{3+}激活的材料中均可发生$Gd^{3+}\to Dy^{3+}$的能量传递。

基质$Gd(BO_2)_3$在 273nm（$^8S_{7/2}\to{}^6I_{7/2}$）激发下，发射强的 309nm（$^6P_{7/2}\to{}^8S_{7/2}$）和弱的 303nm（$^6P_{5/2}\to{}^8S_{7/2}$）。监测到（$Gd_{0.98}Dy_{0.02}$)($BO_2)_2$荧光体中，Dy^{3+}的 475nm 和 575nm 的激发光谱（两者彼此相同），最强的激发谱线 275nm 和较弱的 311nm 是来自Gd^{3+}的$^8S_{7/2}\to{}^6I_{7/2}$, $^6P_{7/2}$跃迁[56]。这证实激发能从Gd^{3+}传递给Dy^{3+}。激发光谱中的其他谱线是Dy^{3+}的 4*f*—4*f* 能级跃迁。随Dy^{3+}浓度增加，Gd^{3+}的发射逐步减弱，而衰减曲线变得越来越非指数式，且越来越快。这是因为能量从Gd^{3+}传递给Dy^{3+}。

$(Gd_{1-x}Dy_x)PO_4$ 荧光体由于 $Gd^{3+}\rightarrow Dy^{3+}$的能量传递，样品呈现蓝光和白光发射[57]。蓝光归因于 Gd^{3+}能量传递给 Dy^{3+}较高能级$^4K_{15/2}$、$^4M_{17/2}$等，经$^4I_{11/2}$、$^4I_{15/2}$等能级，然后无辐射弛豫到$^4F_{9/2}$能级，由$^4F_{9/2}\rightarrow{}^6H_{15/2}$能级跃迁发射产生蓝光，加上$^4F_{9/2}\rightarrow{}^6H_{13/2}$跃迁发射黄光构成白光。随 Dy^{3+}浓度增加，$^4F_{9/2}$能级的衰减速率从指数式偏离到非指数式。这可能是在该体系中，发生 Dy^{3+}间的交叉弛豫过程的原因。上述 $Gd^{3+}\rightarrow Dy^{3+}$的能量传递现象和文献[33]的早期结果是一致。

关于 $Dy^{3+}\rightarrow Yb^{3+}$的能量传递已在第14.5节 Dy^{3+}上转换发光中介绍过。

14.8.6　Dy^{3+}和 Sb^{3+}、Mn^{4+}的能量传递

Sb^{3+}与 Pb^{2+}、Sn^{2+}外层电子有类似组态，都归属于 $d^{10}s^2$ 组态。Sb^{3+}是一个重要的激活剂和敏化剂。Sb^{3+}和 Mn^{2+}共激活的卤磷酸钙荧光粉几十年来一致用于荧光灯中。在这种卤粉中，在254nm激发时发射蓝宽带，峰在480nm附近。在碱土卤磷酸盐和 YPO_4 中 Sb^{3+}的吸收光谱基本类似，主要吸收峰有190nm、200nm、229nm及约250nm等。以往 Sb^{3+}与稀土离子相互作用的发光行为很少报道。近年来对 $LaInO_3$ 中 Sb^{3+}和 Dy^{3+}、Ho^{3+}共掺杂的光谱性质有所研究[58]。

$LaInO_3$ 和 $La_{0.95}Dy_{0.05}InO_3$ 固溶体为单相正交畸变的钙钛矿结构，空间群 *Pnma*。单掺 Dy^{3+}的576nm的激发光谱主要由 Dy^{3+}的激发光谱组成；而 Dy^{3+}和 Sb^{3+}共掺时比较复杂，一些谱线归属不明。但是共掺 Sb^{3+}后，Dy^{3+}的一些激发光谱显著增强。在390nm激发下，Dy^{3+}的$^4F_{9/2}\rightarrow{}^6H_J$（$J=15/2$，$13/2$，$11/2$，$9/2$）能级跃迁，4组典型的可见光的特征发射强度均成倍增强。这可能发生 $Sb^{3+}\rightarrow Dy^{3+}$的能量传递。这种能量传递也许是由于 $LaIn_{0.98}Sb_{0.02}O_3$ 的蓝色发射光谱与 Dy^{3+}的蓝区激发光谱存在交叠引起的。但还需更深入实验证实。

最新研究表明[59]，具有双钙钛矿结构的 La_2MgGeO_6:Mn^{4+}（LMGO:Mn^{4+}）和 La_2MgGeO_6:Mn^{4+},Dy^{3+}锗酸盐红色荧光体的激发光谱主要呈现峰值分别为340nm和467nm两个宽谱带，发射光谱主要为 Mn^{4+}的紫红色的峰在708nm和684nm宽带。在340nm激发下，708nm发射带属于 Mn^{4+}的Stokes发射及［MnO_6］八面体中反Stokes声子带边发射。由于LMGO基质中电子-声子耦合作用，Mn^{4+}的自旋-禁戒^2Eg-^4A_2g跃迁被部分允许。随 Mn^{4+}浓度增加，发射峰位置不变。

在LMGO中 Dy^{3+}共掺杂可敏化 Mn^{4+}红色发光。这是因为在350nm激发下，Dy^{3+}发射较强的约480nm（$^4F_{9/2}\rightarrow{}^6H_{15/2}$）蓝光，正好与 Mn^{4+}的蓝激发带交叠。因此，可以发生 $Dy^{3+}\rightarrow Mn^{4+}$的能量传递，增强 Mn^{4+}的红发射。

显然这种深红色荧光体可用于农膜和农作物生长灯。由460nm蓝色LED芯片和 LMGO:Mn^{4+},Dy^{3+}荧光体结合制成LED器件，作为植物生长灯进行植物辐照，实验表明[59]，平均植物生长速率和总的叶绿素含量比采用商用R-B LED灯对栽培样品的效果更好。这表明该类红色荧光体在农业中有很大的应用前景。人们还可对包括这种 Mn^{4+}激活的红色荧光体进行改进。除选用新的基质外，还可以用 Sm^{3+}、Eu^{3+}、Tm^{3+}等离子与 Mn^{4+}共掺杂，在长波紫外光或蓝光激发下，增强红成分或敏化 Mn^{4+}的红发射。但这类锗酸盐荧光体由于含昂贵的 GeO_2 原料，用作农膜的使用受到限制。

14.9 Dy^{3+}和RE^{3+}共掺杂的IR范围内能量传递及NIR-MIR（激光）发射

由于Dy^{3+}和Pr^{3+}的低能级丰富，按上文，若选用声子能量很低的介质，理论上选用1.51μm对Pr^{3+}泵浦是可以同时发生两路多光子串级发射：$(^3F_4,^3F_3)\rightarrow{}^3H_5\rightarrow{}^3H_4$，以及$(^3F_4,^3F_3)\rightarrow{}^3H_6\rightarrow{}^3H_4$。若选用1.31μm对$Dy^{3+}$泵浦也应可发生两路多光子串级发射：$(^6F_{11/2},^6H_{9/2})\rightarrow{}^6H_{13/2}\rightarrow{}^6H_{15/2}$，以及$(^6F_{11/2},^6H_{9/2})\rightarrow{}^6H_{11/2}\rightarrow{}^6H_{13/2}\rightarrow{}^6H_{15/2}$。

因此，作者再次强调Dy^{3+}的MIR激光应受到关注，Dy^{3+}和Pr^{3+}可以实现串级NIR-MIR激光发射。Dy^{3+}和Pr^{3+}共掺杂硒-硫系玻璃光纤分别在1.32μm、1.511μm及1.7μm激光泵浦下，可发射2~6μm超宽MIR光[60]。

对Pr^{3+}情况而言，用1.511μm泵浦存在几组跃迁：$(^3F_4,^3F_3)\rightarrow(^3F_2,^3H_6)$，$(^3F_2,^3H_6)\rightarrow{}^3H_5$及$^3H_5\rightarrow{}^3H_4$跃迁产生大约4.7μm MIR发射。此外$Pr^{3+}(^3F_4,^3F_3)\rightarrow Pr^{3+}$ $(^3H_5)$及$(^3F_2,^3H_6)^3H_4$两组跃迁可以产生大约2.4μm发射。类似，在Dy^{3+}的情况中，当用1.32μm泵浦时，有3组MIR发射可以发生：5.4μm的$(^6F_{11/2},^6H_{9/2})\rightarrow{}^6H_{11/2}$，4.4μm的$(^6H_{11/2})\rightarrow{}^6H_{13/2}$及2.95μm的$^6H_{13/2}\rightarrow{}^6H_{15/2}$。尽管如此，对照$Pr^{3+}$容易辨别。因为$Dy^{3+}$的这些跃迁良好地被分隔开，故$Dy^{3+}$的MIR发射在一些材料中，特别是硒-硫系玻璃中可被观测到。

在Dy^{3+}和Pr^{3+}共掺杂的这类硒-硫系玻璃用1.511μm泵浦时，主要是Pr^{3+}被激发，而在2.95μm处测量PL衰减，与一个单指数3.9ms寿命相吻合，它类似于在只有Dy^{3+}单杂玻璃中的情况。这个寿命可以归于Dy^{3+}的$^6H_{13/2}\rightarrow{}^6H_{15/2}$能级跃迁。这证实用1.511μm泵浦，$Pr^{3+}\rightarrow Dy^{3+}$的能量传递可以发生。类似1.51μm泵浦那样，在4.4μm、4.7μm及2.4μm处红外PL衰减具有毫秒寿命的多指数式特点，这进一步证实在这类体系中，无辐射跃迁概率小，这种MIR发射在GeAsGaSe体系玻璃光纤中可实现[60-61]。

Dy^{3+}和Pr^{3+}共掺杂的硒硫系玻璃光纤在不同功率的1.7μm激发下和单掺Dy^{3+}或Pr^{3+}光谱相比，2~6μm MIR光谱更宽化。在Dy^{3+}和Pr^{3+}掺杂浓度均为0.055%时，采用1.32μm+1.511μm双波长LD（它们的功率比保持1：1）对Dy^{3+}和Pr^{3+}共掺的玻璃光纤泵浦所测量的MIR发射光谱，在3.5~6μm之间的PL强度比用1.32μm激发下的强度更强。无论怎样改变泵浦波长功率，2.4μm峰的谱带相对强度最强。这是因为在1.32μm和1.511μm激发下，来自Dy^{3+}的$(^6F_{11/2},^6H_{9/2})\rightarrow{}^6H_{13/2}$和$Pr^{3+}$的$(^3F_4,^3F_3)\rightarrow{}^3H_5$能级直接被激发。

如何实现可调谐大功率MIR激光受到关注。在ZBLM玻璃中Er^{3+}、Ho^{3+}及Dy^{3+}的发射截面与波长的关系表明[62]，Dy^{3+}的发射可以在2.8~3.3μm MIR范围。它是来自Dy^{3+}的$^6H_{13/2}\rightarrow{}^6H_{15/2}$跃迁发射。因此，用1.7μm对$Dy^{3+}$:ZBLAN玻璃光纤泵浦，从$^6H_{15/2}$吸收跃迁到$^6H_{11/2}$能级（$5897cm^{-1}$），然后经多声子弛豫到$^6H_{13/2}$（$3491cm^{-1}$）能级，由此$^6H_{13/2}\rightarrow{}^6H_{15/2}$跃迁发射产生2.8~3.4μm MIR可调谐激光。在光纤长度为26cm时，斜效率为21%。输入功率为1260mW情况下，输出功率达到170mW。在2.83μm处，Dy^{3+}光谱的吸收截面大约为$4\times10^{-25}m^2$。故改用2.83μm激光直接对ZBLAN光纤中Dy^{3+}的$^6H_{15/2}$

$\rightarrow {}^6H_{13/2}$跃迁泵浦[63]，在3.15μm处实现斜效率高达73%、激光输出功率达1.06W的瓦级新水平。

这里再补充一点。人们用Er^{3+}掺杂的2.83μm激光作激光泵浦光源[64]，在Dy^{3+}掺杂的光纤中获得10W级的3.24μm激光。3.24μm的输出功率与2.83μm泵浦功率在3~8W范围内呈线性关系。在输入功率18W时，最大输出功率10W。类似用2.8μm泵浦[65]，获得Dy^{3+}掺杂的氟化物光纤约3.1μm激光。中心波长3.1μm的锁模脉冲短到828f_s，重复频率MHz。平均最大输出功率204mW，对应峰值4.2kW，脉冲能量4.8nJ。这是锁模f_s光纤激光3μm很高水平。

此外，人们还在利用Dy^{3+}的光学特性努力扩展Dy^{3+}的应用范围。在磁性和MTT实验中，Dy^{3+}展现光学和磁学双重特性。因此，Dy^{3+}掺杂的材料有可能在磁共振成像（MRT）或光学成像中得到应用。已证实β-$Ca_3(PO_4)_2$中Dy^{3+}对医疗用CT仪中的X射线具有高度吸收能力[66]，这是一种具有发光、磁性和无毒的材料。民用和军用的气体涡轮机、发动机、气流温度分析需要优良的高温自动温度记录的发光材料。其简单原理是利用Dy^{3+}及其他离子掺杂的荧光体的发光强度、衰减特性与温度的关系，对温度变化自动记录。以往发展一些RE^{3+}或RE^{3+}与Mn^{4+}或Cr^{3+}共掺杂的YAG荧光体。其中YAG:Dy已被广泛用于高温自动温度记录荧光体。近来具有良好的化学稳定性和热稳定性及高熔点（约2070℃）的Y_2SiO_5:Dy荧光体[67]、$KBaGd(WO_4)_3$:Dy^{3+},Eu^{3+}[68]荧光体被研发，可用作高温自动温度记录荧光体。Y_2SiO_5:Dy荧光体测量的温度灵敏范围可和YAG:Dy相媲美，而1250K以上温度时灵敏度占优势。此外，近期还研发$Li_6Y(BO_3)_3$:Dy^{3+}单晶体的X射线发光，PL和TL及闪烁性质，有可能用作热中子闪烁体[69]。可见，当今人们正在努力利用Dy^{3+}的光谱等物理特性，迈向新的高技术应用，使Dy^{3+}焕发新的活力。

本章对Dy^{3+}光学光谱性能进行完整地总结，还弥补了对Dy^{3+}的精细光谱、J-O分析参数及NIR-MIR发射和激光性能缺乏的认识，同时指出Dy^{3+}依据自身的光学光谱等特性正迈向一些新的应用领域。而Dy^{3+}在商用长余辉荧光体中起重要作用，不在此述。

参考文献

[1] 侯嫣嫣，杨红侠，林海，等．稀土硼酸盐玻璃中三价镝离子的光谱分析［J］. 中国稀土学报，2005，23（6）:704-707.

[2] 王晓君，林海，黄立辉，等．Dy^{3+}和Tb^{3+}离子掺杂的稀土硼酸盐玻璃的光谱性质［J］. 吉林大学自然科学学报，1999，3:49-51.

[3] MALINOWSKI M，MYZIAK P，PIRAMIDOWICZ R，et al. Spectroscopic and laser properties of $LiNbO_3$:Dy^{3+} crystals［J］. Acta Physica Polonica A，1996，9（1）:181-189.

[4] GOODMAN G L，CARNALL W T，RANA R S，et al. Analysis of the spectra of Dy^{3+}:LaF_3 assuming A C_{2V} site symmetry［J］. J. Less-Common. Metals，1986，126:283-289.

[5] BASAVAPOORNIMA C H，JAYASANKAR C K，CHANDRACHOODAN P P. Luminescense and laser transition studies of Dy^{3+}:K-Mg-Al fluorophosphate glasses［J］. Physica B，2009，404:235-242.

[6] SASIKALA T，MOORTHY L R，BABU A M，et al. Effect of co-doping Tm^{3+} ions on the emission properties of Dy^{3+} ions in tellurite glasses［J］. J. Solid State Chem.，2013，203:55-59.

[7] ZANG Y H, LI D S, ZHAO X, et al. Photon releasing of Dy^{3+} doped fluoroborate glasses for laser [J]. J. Alloys Compounds, 2017, 728:1278-1288.

[8] ZHANG X M, LI D S, PUN E Y B , et al. Dy^{3+} doped borate glasses for laser illumination [J]. Opt. Mater. Express, 2017, 7 (6):2040-2054.

[9] FLOREZ A, JEREZ V A, FLOREZ M. Optical transitions probabilities of Dy^{3+} ions in fluoroindate glass [J]. J. Alloys Compounds, 2000, 303/304:355-359.

[10] LIU X R ZHANG Y L, WANG Z H, et al. Novel emission of Dy^{3+} in magnesium fluoride borate [C]// 174th Meeting Program of the Electrochem. Soc. , Chicago, 1988.

[11] CARNALL W T, CROSSWHITE H, CROSSWHITE H M. Energy levels of the trivalent lanthanides [R]. Argone Nat. Lab. Rep. ANL-78-XX-95 (1978) .

[12] CARNALL W T, CROSSWHITE H, CROSSANTHITE H M. Energy level structure and transition probabilities in of the trivalent lanthanides in LaF_3 [R]. Argonne Nat. Laboratory, Argonne USA, 1975.

[13] LIU X R, ZHANG Y L, JIANG X Y, et al. The influence of alkline earth ions on the luminescence behavior of rare earth doped $Mg_3BO_3F_3$ [C]//Proceedings of the Second Inter-National Symposium on Rare Earths Spectroscopy, 1989.

[14] VAN DE VOORT D, BLASSE G. Anomalous rare-earth emission in magnesium fluoroborate [J]. J. Phys. Chem. Solids, 1991, 52 (9):1149-1154.

[15] SHIN Y B, HEO J, KIM H S . Enhancement of the 1. 31-μm Emission Properties of Dy^{3+}-Doped Ge-Ga-S glasses with the addition of alkali halides [J]. J. Mater. Res. , 2001, 16 (5):1318-1323.

[16] SANGHERA J S, AGGARWAL I D. Active and passive chalcogenide glass optical fibers for IR applications: a review [J]. J. Non-Crystal Solids, 1999, 256/257:6-16.

[17] HEWAK D W, SAMSON B N, NETO J A M, et al. Emission at 1. 3μm from dysprosium-doped Ga:La:S glass [J]. Electronics Lett. , 1994, 30 (12) 968-969.

[18] QUIMBY R S, SHAW L B, SANGHERA J S. Modeling of Cascade Lasing in Dy:Chalcogenide glass fiber laser with efficient output at 4. 5 μm [J]. IEEE Photo. Technol. Lett. , 2008, 20 (2):123-125.

[19] SUJECKI S, SÓJKA L, BERES-PAWLIK E, et al. Modelling of a simple Dy^{3+} doped chalcogenide glass fibre laser for mid-infrared light generation [J]. Opt. Quantum Electron, 2010, 42:69-79.

[20] VIREY E, COUCHAUD M, FAURE C, et al. Room temperature fluorescence of $CsCdBr_3$:Re (Re=Pr, Nd, Dy, Ho, Er, Tm) in the 3-5-μm range [J]. J. Alloys Compounds, 1998, 275/276/277:311-314.

[21] SEDDEN A B, TANG Z, FURNISS D, et al. Prograss in rare-earth-doped mid-infrared fiber lasers [J]. Opt. Express, 2010, 18 (25):26704-26719.

[22] SÓJKA L, TANG Z, ZHU H, et al. Study of mid-infrafred laser action in chalcogenide rare-earth doped glass with Dy^{3+}, $Pr^{3+}$and Tb^{3+} [J]. Opt. Mater. Express, 2012, 2 (11):1632-1640.

[23] SCHWEIZER T, HEWAK D W, SAMSON B N, et al. Spectroscopic data of the 1. 8-, 2. 9-, and 4. 3-μm transitions in dysprosium-doped gallium lanthanum sulfide glass [J]. Opt. Lett. , 1996, 21 (9): 1594-1596.

[24] MINISCALCO W J, QUIMBY R S. General procedure for the analysis of Er^{3+} cross sections [J]. Opt. Lett. , 1991, 16:258-260.

[25] GUO H T, LIU L, WANG Y Q, et al. Host dependence of spectroscopic properties of Dy^{3+}-doped and Dy^{3+}, Tm^{3+}-codped Ge-Ga-S-CdI_2 chalcohalide glasses [J]. Opt. Express, 2009, 17:15350-15358.

[26] HEO J, CHO W Y, CHUNG W J. Sensitizing effect of Tm^{3+} on 2. 9 μm emission from Dy^{3+}-doped

$Ge_{25}Ga_5S_{70}$ glass [J]. J. Non Cryst. Solids, 1997, 212:151-156.

[27] TANG G, LIU C M, YANG Z Y, et al. Near-infrared emission properties and energy transfer of Tm^{3+}-doped and Tm^{3+}/Dy^{3+}-codoped chalcohalide glasses [J]. J. Appl. Phys., 2008, 104:113116-1-6.

[28] DODSON C M, KURVITS J A, LI D F, et al. Magnetic dipole emission of Dy^{3+}:Y_2O_3 and Tm^{3+}:Y_2O_3 at near-infrared wavelengths [J]. Opt Mater. Express, 2014, 4 (1):2441-2449.

[29] LUO H Y, LI J F, GAO Y, et al. Tunable passively Q-Switched Dy^{3+}-doped fiber laser from 2.71 to 3.08μm using PbS nanoparticles [J], Opt. Lett., 2019, 44 (9):2322-2325.

[30] GÜDEL H U, POLLNAU M. Near-infrared to visible photon upconversion processes in lanthanide doped chloride, bromide and iodide lattices [J]. J. Alloys Compounds, 2000, 303/304:307-315.

[31] YANG Y M, LIU L L, CAI S Z, et al. Up-conversion luminescence and near-infrared quantum cutting in Dy^{3+}, Yb^{3+} co-doping $BaGd_2ZnO_5$ nanocrystal [J]. J. Lumin., 2014, 146:284-287.

[32] SOMMERDIJK J L, BRIL A, HOEX-STRIK M J H. Luminescence of Dy^{3+}-activated vanadates [J]. Philips Res. Repts., 1977, 32:149-159.

[33] ROPP R C. Phosphors based on rare earth phosphates [J]. J. Electrochem. Soc., 1968, 115 (8): 841-846.

[34] 刘行仁，申五福，马龙．硫氧化钇磷光体中Tb^{3+}和Dy^{3+}离子间的能量传递［J］．发光学报，1981，2（1）:31-38.

[35] ANNAPURNA DEVI C B, MAHAMUDA S K, VENKATESWARLU M, et al. Dy^{3+} ions doped single and mixed alkali fluoro-tungsten tellurite glasses for laser and white LED applications [J]. Opt Mater, 2016, 62:569-577.

[36] LIU S Q, LIANG Y J, TONG M H, et al. Photoluminescence properties of novel white phosphor of Dy^{3+}-doped $LaBSiO_5$ glass [J]. Mater Sci. Semiconductor Processing, 2015, 38:266-270.

[37] PEN D, BHARA L K, GUAN X Y, et al. Synthesis and luminescence properties of color-tunable Dy^{3+}-activated $CaWO_4$ phosphor [J]. J. Appl. Phys., 2015, 117:083112-1-6.

[38] KARTHIKEYAN P, MARIYAPPAN M, MARIMUTHU K. Structure and optical properties of Dy^{3+} doped calcium borotellurite glasses [J]. AIP Conference Proceedings, 2017, 1832:030018-1-3.

[39] MEETEI S D, SINGH M D, SINGH S D. Facile Synthesis, structural characterization, and photoluminescence mechanism of Dy^{3+} doped YVO_4 and Ca^{2+} co-doped YVO_4: Dy^{3+} nano-lattice [J]. J. Appl. Phys., 2014, 115:204910-1-10.

[40] MANOHAR T, PRASHANTHA S C, NAGASWARUPA H R, et al. White light emitting lanthanum aluminate nanophosphor: Near ultra violet excited photoluminescence and photometric characteristics [J]. J. Lumin., 2017, 190:279-288.

[41] JOSHI B C. Non-radiative energy transfer from trivalent dysprosium to praseodymium incalibo glass [J]. J. Non-Cryst. Solids, 1981, 45:39-45.

[42] REDDY G V L, MOORTHY L R, PACKIYARAJ P, et al. Optical Characterization of $YAl_3(BO_3)_4$: Dy^{3+}-Tm^{3+} phosphors under near UV excitation [J]. Opt Mater., 2013, 35:2138-2145.

[43] KEMERE M, ROGULIS U, SPERGA J. Luminescence and energy transfer in Dy^{3+}/Tb^{3+} co-doped aluminosilicate oxyfluoride glasses and glass-ceramics [J]. J. Alloys Compounds, 2018, 735:1253-1261.

[44] PEN Y A, CAO X M, LEI C H, et al. Photoluminescence of Dy^{3+} ions in $Ba_3La(BO_3)_3$ [J]. J. Rare Earths, 2004, 22 (5):611-614.

[45] 徐叙瑢，苏勉曾．发光学与发光材料［M］. 北京:化学工业出版社，2004.

[46] 刘行仁．白光 LED 固态照明光转换荧光体 [J]．发光学报，2007，28 (3):65-75.

[47] 刘行仁，郭光华，林秀华．InGaN 蓝光 LED 的发射光谱、色品质与正向电流的关系 [J]．照明工程学报，2004，15 (1):14-18.

[48] 刘行仁，郭光华，林振宇，等．相关色温 8000-4000K 的白光 LED 的发射光谱和色品质特性 [J]．中国照明电器，2004，7:1-4.

[49] PISARSKA J, KOS A, PIETRASIK E, et al. Energy transfer from Dy^{3+} to Tb^{3+} in lead borate glass [J]. Mater. Lett., 2014, 129:146-148.

[50] KEMERE M, ROGULIS U, SPERGA J. Luminescence and energy transfer in Dy^{3+}/Eu^{3+} co-doped aluminosilicate oxyfluoride glasses and glass-ceramics [J]. J. Alloys Compounds, 2018, 735:1253-1261.

[51] WANG K, LIU Y, TAN G Q, et al. Structure, luminescence and energy transfer of $LiLa(MoO_4)_2:Dy^{3+}$, Eu^{3+} crystal [J]. J. Lumin., 2018, 197:354-359.

[52] MAZA-ROCHA A N, LOZADA-MORALES R, SPEGHINI A, et al. White light generation in $Tb^{3+}/Eu^{3+}/Dy^{3+}$ triply-doped $Zn(PO_3)_3$ glass [J]. Opt. Mater., 2016, 51:128-132.

[53] 黄世华，楼立人．能量传递中敏化剂发光强度与浓度的关系 [J]．发光学报，1990，11 (1):1-6.

[54] JOSHI B C. Non-radiative energy transfer from trivalent dysprosium to praseodymium in Calibo glass [J]. J. Non-Cryst. Solids, 1981, 45:39-45.

[55] PAWAR P P, MUNISHWAR S R, GEDAM R S. Physical and Optical properties of Dy^{3+}/Pr^{3+} co-doped lithium borate glasses for W-LED [J]. J. Alloys Compounds, 2016, 660:347-355.

[56] ZHANG X M, MENG F G, LI W L, et al. Investigation of energy transfer and concentration quenching of Dy^{3+} luminescence in $Gd(BO_2)_3$ by means of fluorescence dynamics [J]. J. Alloys Compounds, 2013, 578:72-78.

[57] FERHI M, TOUMI S, HORCHANI-NAIFER K. Single phase $GdPO_4:Dy^{3+}$ microspheres blue, yellow and white emitting phosphor [J]. J. Alloys Compounds, 2017, 714:144-153.

[58] YUKHNO E K, BASHKIROV L A, PERSHUKEVICH P P, et al. Excitation and photoluminescence spectra of single-and non-single-phased phosphor based on $LaInO_3$ doped with Dy^{3+}, Ho^{3+} activators and Sb^{3+} probable sensitizer [J]. J. Lumin., 2017, 190:298-308.

[59] CHEN W, SHEN L L, SHEN C Y, et al. Mn^{4+}-related photo emission enhancement via energy transfer in $La_2MgGeO_6:Dy^{3+}$, Mn^{4+} phosphor for plant growth [J]. J. Am. Ceram. Soc., 2019, 102:331-341.

[60] SOJKA L, TANG Z Q, JAYASURIYA D, et al. Ultra-broadband mid-infrared emission from a Pr^{3+}/Dy^{3+} co-doped selenide-chalcogenide glass fiber spectrally shaped by varying the pumping arrangement [J]. Opt. Mater. Express, 2019, 9 (5):2291-2306.

[61] TANG Z, FURNISS D, NEATE N C, et al. Low gallium-content dysprosium Ⅲ-doped Ge-As-Ga-Se Chalcogenide glassed for active mid-infrared fibex Optics [J]. J. Am. Ceram. Soc., 2019, 102 (1): 195-206.

[62] MAJEWSKI M R, WOODWARD R I, JACKSON S D. Dysprosium-doped ZBLAN fiber laser tunable from 2.8μm to 3.4μm, Pumped at 1.7μm [J]. Opt. Mater., 2018, 43 (6):971-974.

[63] WOODWORD R I, MAJEWSKI M R, BHARATHAN D D, et al. Watt-level dysprosium fiber laser at 3.15μm with 73% slope efficeency [J]. Opt. Mater., 2018, 43 (7):1471-1474.

[64] FORTIN V, JOBIN F, LAROSE M, et al. 10-W-level monolithic dysprosium-doped fiber laser at 3.24μm [J]. Opt. Lett., 2019, 44 (3): 491-494.

[65] WANG Y C, JOBIN F, DUVAL S, FORTIN V, et al. Ultrafast Dy^{3+}: fluoride fiber laser beyond 3μm [J]. Opt. Lett., 2019, 44 (2): 395-398.

[66] MEENAMBAL R, POOJAR P, GEETHANATH S, et al., Structural, insights in Dy^{3+}-doped β-

tricalcium phosphate and its multimodal imaging characteristivs [J]. J. Am, Ceram, Soc., 2017, 100: 1831-1841.

[67] CHEPYGA L M, HERTLE E, ALI A, et al. Synthesis and photoluminescent properties of the Dy^{3+} doped YSO as a high-tempercture thermographic phoshor [J]. J. Lumin., 2018, 197:23-30.

[68] ZHOU W W, SONG M J, ZHANG Y, et al. Color tunable luminescence and optical temperature sensing performance in a single-phated $KBaGd(WO_4)_3$: Dy^{3+}, Eu^{3+} phosphor [J]. Opt. Mater., 2020, 109:110271.

[69] SAHAH S, KIM J, KOTHAN S. Luminescence and Scinlillation properties of Dy^{3+} doped $Li_6Y(BO_3)_3$ crystal [J]. Opt. Mater., 2020, 106:109973.

15 Ho^{3+}的 Judd-Ofelt 分析参数、上转换和激光

15.1 概　况

三价钬离子 Ho^{3+}具有 $4f^{10}$ 电子组态结构，在稀土离子中，Ho^{3+}受到广泛关注，这是因为 Ho^{3+}具有十分不寻常的 4f 能级结构。Ho^{3+}的$^3K_8$、$^5S_2$ 能级之上的高能级很丰富，且它们之间的能隙较小；相反它的$^3K_8$、$^5S_2$ 能级与其相邻的一些低能级的能隙较大，因而无辐射弛豫过程不易发生。Ho^{3+}的吸收峰较丰富，容易被低能光子直接激发，或与其他敏化剂（Er^{3+}、Tb^{3+}、Tm^{3+}等）结合实现高能级的频率上转换发光和激光。近年来，进一步丰富和开拓了 Ho^{3+}的近红外（NIR）和中红外（MIR）激光。

在 Ho^{3+}激活的许多晶体和玻璃基质中，从 0.55μm 到 3.9μm 范围内，约有 12 条不同的 4f 能级跃迁。在脉冲和连续 CW 可调泵浦光源工作下的受激发射已被观测到，如图 15-1 所示[1]。和 Weber 专家 1979 年的总结报告相比，Ho^{3+}又增加 1.21μm、1.67μm 和 3.90μm 三条激光线谱。这些激光是实现 NIR 和 MIR 激光及光学信号放大器的基础。

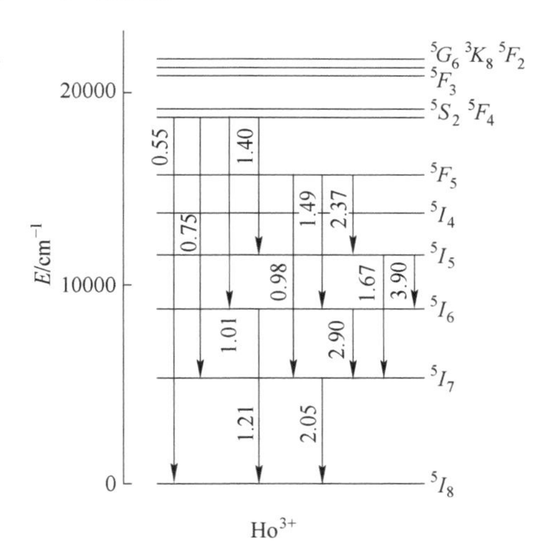

图 15-1　Ho^{3+}的能级和激光跃迁[1]

Ho^{3+}具有自身上转换发光特性。Ho^{3+}与 Yb^{3+}、Er^{3+}、Tm^{3+}等敏化剂结合，若发生能量传递，可将 NIR 光转换为可见光，或与泵浦光源的波段相匹配，增强 Ho^{3+}的 NIR 发射。它们在光存贮、光通信、信息显示、医疗诊断等领域呈现不同的用途。

近年来，特别是 Ho^{3+}的约 2.0μm（$^5I_7 \rightarrow {}^5I_8$）红外激光发展很快。它具有对人眼安全、大气消光比低、大气中传输特性好、光学系统便宜、光导光路紧凑等优点，可用于激光雷达、卫星通信、不伤及肌体安全医用外科手术刀、激光遥感和环境检测等多个领域，故近来深受重视。Ho^{3+}的约 2.0μm 红外激光和荧光特性，以及 Ho^{3+}与 Er^{3+}、Tm^{3+}和 Yb^{3+}相结合的上转换成为热点。高纯（≥99.9999%）的重稀土氧化物原料保证高性能激光材料发展。采用 MoS_2 饱和吸收剂等新技术[2]，获得平均输出功率 12.3W，最大脉冲能量达 10.3mJ 的 Q-开关 2μm Ho,Tm：YAP 激光运作的优异水平。

此外，改进石英光纤玻璃制造工艺，排除羟基（OH^-）等杂质及 OH^-吸收减少程度有望达到约 0.3dB/km，波长接近 1.2～1.4μm 零色散的石英光纤，可以成为现代光学网

络发送容量进一步扩容的潜在信号带。即 1.2~1.4μm 波长工作的光学放大器，在实践中推出扩容的发送带光学器件是责无旁贷的。为此，正努力适应这种未来发展，积极研发 Ho^{3+} 1.2~1.4μm 发射材料。

15.2　Ho^{3+}的光学光谱和 4*f* 能级

Ho^{3+}在近红外光谱区呈现许多能级及丰富的荧光和受激发射。长期以来，人们主要的兴趣集中在 Ho^{3+} 的 NIR 波段性质，而较忽视 Ho^{3+} 完整的吸收和发射光谱性质。但是，Ho^{3+}的激光和上转换荧光是与这些光谱性质和 J-O 理论的一些参数密不可分的。

以在 GGG 石榴石晶体和 MHG 重金属镓酸盐玻璃为代表的 Ho^{3+} 的吸收光谱，在其他晶体和玻璃中本质上相同。在 MHG 镓酸盐玻璃中的 360~2200mm 范围内呈现位于 539nm、644nm、914nm、1152nm 和 1955nm 5 条 Ho^{3+}吸收谱带[3]。它们分别来自 Ho^{3+} 的 $^5I_8$基态到（$^5F_4$,$^5S_2$）、$^5F_5$、$^5I_5$、$^5I_6$和$^5I_7$能级吸收跃迁。在 Ho:GGG 晶体中也是如此[4]。而在多组分的碲酸锗玻璃（MGT）[5] 中观测到 Ho^{3+} 的 7 个吸收峰，分别位于 419.0nm、451.0nm、486.5nm、539.0nm、644.0nm、1154.0nm 及 1954.0nm 处。这些结果与上述材料一致。在 400nm 以下的紫外光区，由于基质吸收很强，Ho^{3+}的吸收谱线重叠，全被基质的吸收而淹没。

MGT 碲玻璃中 Ho^{3+} 1190nm 发射的主要激发峰分别在 445.0nm、476.0nm、539.0nm、645.0nm 及 894.0nm 等处。它们所对应的从$^5I_8$ 基态分别跃迁到（$^5G_6$,$^JK_8$）、$^5F_{3/2}$、（$^5F_4$,$^5S_2$）、$^5F_5$ 及$^5I_5$ 能级。这表明，Ho^{3+}这些强的激发带可由蓝、绿和红激光二极管（LD_S）和 LED_S有效激发。而 Ho^{3+}发射的 1190nm NIR 用 800~950nm 光激发，相对效果很低。经计算，在 MGT 玻璃中，Ho^{3+} 的$^5I_6 \rightarrow ^5I_8$（约 1154nm）及（$^5F_4$,$^5S_2$）$\rightarrow ^5I_5$（约 1339.5nm）跃迁发射的量子效率分别仅为 1.06%和 3.08%。由于 Ho^{3+}在 750~1750nm 附近范围内缺少吸收和激发能级，这就意味着后来要引入其他离子，如 Yb^{3+}、Er^{3+}、Tm^3等共掺杂以增强在这光谱范围内的吸收和约 1.2μm 及约 2.0μm 激光发射强度的原因所在。

Ho^{3+}:YVO_4 晶体在 488nm Ar 离子激光激发下的 600~1700nm 范围内的荧光光谱中最强的谱线是 1190nm（$^5I_6 \rightarrow ^5I_8$），而在 1700~2100nm 范围内的 σ 偏振荧光发射的幅度大约是 π 偏振幅度的 3 倍[6]。因此，为获得 2μm 的受激发射，采用 σ 偏振发射比 π 偏振发射更加有利。

Ho^{3+}的几个重要激发态的荧光寿命的衰减曲线与单指数吻合。除了在 2.1μm 的$^5I_7 \rightarrow$ $^5I_8$跃迁为毫秒量级寿命外，其他的跃迁的寿命均为微秒量级。Ho^{3+}的$^5I_7 \rightarrow ^5I_8$能级跃迁长寿命有利于$^5I_7$能级上粒子的积累和受激发射产生。

Ho^{3+}:MHG 镓酸盐玻璃在 539nm 激发下，呈现 1.028μm（$^5F_4$,$^5S_2 \rightarrow ^5I_6$），最强的 1.199μm（$^5I_6 \rightarrow ^5I_8$）及 1.389μm（$^5F_4$,$^5S_2 \rightarrow ^5I_5$）发射。在 1.20μm 附近高效发射具有辐射跃迁概率 236.9s^{-1}的$^5I_6$能级的分支比 β 高达 80.6%；而 1.39μm 发射应考虑多声子热耦合的$^5F_4$ 和$^5S_2$ 两个能级的贡献。在 LiBa-BiPb 的氧化物玻璃中[7]，约 1.20μm 的$^5I_6 \rightarrow ^5I_8$跃迁的荧光分支比 β 也高达 80.1%，辐射跃迁概率 273.8s^{-1}；而$^5F_4$ 和$^5S_2$ 能级的高效跃迁概率也为 184.5s^{-1}。这两种玻璃性质是可比较的。所观察的红外发射可以归因于该玻璃

发射能级具有低能的多声子弛豫速率 ω_{pr}。ω_{pr}计算公式如下：

$$\omega_{pr} = \frac{1}{\tau_m} - \frac{1}{\tau_{rad}} \tag{15-1}$$

式中，τ_m、τ_{rad}分别为测量的寿命和计算的辐射寿命。

在 LBBP 氧化物玻璃中，Ho^{3+}的（$^5F_4$,$^5S_2$）和$^5I_6$能级的 ω_{pr}分别为 $1.01\times10^4s^{-1}$和 $1.04\times10^3s^{-1}$。

Ho^{3+}掺杂的组成为 $4Li_2$-$5K_2O$-$5BaO$-$30PbO$-$41Bi_2O_3$-$15Ga_2O_3$ 镓酸盐玻璃（简称 LKBPBG）在 539nm 激发下的发射光谱中记录的 FWHM 30nm、34nm 和 55nm 谱带分别是峰在 1.026nm、1.199nm 和 1.39μm 的三个发射带，它们分别对应的是（$^5F_4$，$^5S_2$）→$^5I_6$，$^5I_6$→$^5I_8$及（$^5F_4$，$^5S_2$）→$^5I_5$ 能级的辐射跃迁[8]。比 2.0μm 附近的发射强，因为$^5I_7$ 和$^5I_8$之间的能隙大。如在 $LaCl_3$ 中 ΔE（$^5I_7$→$^5I_8$）= 5048cm，在 $KGd(WO_4)_2$ 单晶中，ΔE($^5I_7$→$^5I_8$) = $5052cm^{-1}$，且辐射跃迁途径明确。在 539nm 激发下，上述原因表明应存在（$^5F_4$，$^5S_2$）→$^5I_6$→$^5I_8$ 串级跃迁的 1.026μm 和 1.199μm NIR 多光子串级发射。

对能量泵浦转换效率而言，光学材料的吸收和发射截面是重要的光谱参数。吸收截面（σ_{ob}）可由下式计算：

$$\sigma_{ob} = \frac{\ln[I_o(\lambda)/I(\lambda)]}{N_o d} = \frac{2.303}{N_o d}E(\lambda) \tag{15-2}$$

式中，N_o为单位体积内激活离子数目；d 为样品厚度；$E(\lambda)$ 为吸收；I_o、I 分别为入射光和透射光强。

在 Ho^{3+}:LKBPBG 玻璃中 1.154μm 处的吸收截面为 $1.98\times10^{-21}cm^2$。

发射截面 σ_{em}可由 Fuehtbauer-Ladenburg 关系式求得；

$$\sigma_{em} = \frac{A\lambda^5 I(\lambda)}{8\pi c n^2 \int \lambda I(\lambda)\,d\lambda} \tag{15-3}$$

式中，A 为自发发射概率；$I(\lambda)$ 为测量的强度分布；n 为样品折射率；c 为真空光速。

在 Ho^{3+}:LKBPBG 玻璃中，1.199μm 处的发射截面 σ_{em}为 $3.46\times10^{-21}cm^2$。

2001 年 Pujol 等人[9]在 5~80K 温度范围内对 Ho^{3+}:$KGd(WO_4)_2$ 单晶的偏振光学吸收和光致发光光谱进行测试，并对 181 个 Ho^{3+}的 $4f^{10}$电子组态的能级进行测定。其中 173 个是用单电子晶场分析来处理的。这些结果与 Dieke 1968 年在 $LaCl_3$ 晶体中的测试结果是一致的，但更为精确和完整。

15.3 Ho^{3+}的 J-O 理论分析参数

15.3.1 Ho^{3+}的振子强度 f 及强度参数 Ω_λ

J-O 理论较好地解决了稀土离子的 $|4f^NSLJ \rightarrow 4f^NS'L'J'|$ 的跃迁问题，从而使这一理论成为稀土工作的理论工具。依据 J-O 理论，从始态 $|(S,\ L)J>$ 跃迁到终态 $|(S',\ L')J'>$ 电偶极跃迁振子强度 $f_{cal}(f_{ed})$ 与三个振子强度参数 Ω_λ（λ = 2，4，

6）的关系如下：

$$f_{ed} = \frac{8\pi^2 mc\nu}{3h(2J+1)} \frac{(n^2+2)^2}{9n} \sum_{\lambda=2,4,6} \Omega_\lambda \mid < (S,\ L)J \parallel U^{(\lambda)} \parallel (S',\ L')J' > \mid^2 \quad (15\text{-}4)$$

式中，ν 为波数，cm^{-1}；n 为折射率；c 为真空中光速；h 为普朗克常数；m 为电子质量；J 为发生跃迁能级的角动量量子数；Ω_λ 为 J-O 强度参数；$\parallel U^{(\lambda)} \parallel$ 为单位强度约化矩阵元。

由每个吸收带积分可以得到这些能级跃迁的实验振子强度 f_{exp}，计算公式如下：

$$f_{exp} = \frac{mc}{\pi e^2 N} \int \sigma(\nu) d\nu \quad (15\text{-}5)$$

其中
$$\sigma(\nu) = \frac{\ln[I_0(\nu)/I(\nu)]}{d} = 2.303E(\nu)/d$$

式中，m、e 分别为电子的质量和电量；c 为真空中光速；N 为单位体积中稀土离子的数目；d 为样品厚度；$\sigma(\nu)$ 为用波数表示的微分吸收系数（截面）；$E(\nu)$ 为吸收系数（对数），由三价稀土离子的吸收光谱测定。

对三价稀土离子的发射能级而言，采用 Ω_λ 参数和折射率可以计算跃迁概率、辐射寿命 τ_r、峰的受激发射截面 σ_{em}（λ）及荧光分支比 β。从初始状态（S，L）J 到终态（S'，L'）J' 的跃迁概率 A 由计算公式如下：

$$A[(S,\ L)J;\ (S',\ L')J'] = A_{ed} + A_{md} \quad (15\text{-}6)$$

式中，A_{ed} 和 A_{md} 分别为电偶极和磁偶极辐射跃迁概率。

$$A_{ed} = \frac{64\pi^4\nu^3}{3h(2J+1)} \frac{n(n^2+2)^2}{9} S_{ed} \quad (15\text{-}7)$$

$$A_{md} = \frac{64\pi^4\nu^3 n^3}{3h(2J+1)} S_{md} \quad (15\text{-}8)$$

式中，S_{ed}、S_{md} 分别为电偶极和磁偶极跃迁谱线强度。

发射能级辐射寿命 τ_r 与总的辐射跃迁概率呈倒数关系：

$$\tau_r(\varphi J) = 1/At(\varphi J) \quad (15\text{-}9)$$

荧光分支比 β 与对应从激发能级 $\varphi'J'$ 到下能级 φJ 的发射可由跃迁概率计算：

$$\beta(\varphi'J',\ \varphi J) = A(\varphi'J',\ \varphi J)/A_T(\varphi J) \quad (15\text{-}10)$$

依据 Judd-Ofelt 理论，选取 Ho^{3+} 掺杂的某些晶体和玻璃中，Ho^{3+} 的吸收光谱支项，用最小二乘法拟合实验振子强度 f_{exp} 和理论计算振子强度（f_{cal}），以及强度参数 Ω_λ、振子强度 f，分别列在表 15-1 中。$^5I_8 \to {}^5I_7, {}^5F_5, {}^5F_4, {}^5G_6$ 等的振子强度都很高。和其他 NIR 跃迁相比，$^5I_8$—$^5I_7$ 能级跃迁的振子强度大，这非常有利于 2μm 发射。

在许多晶体和玻璃中，Ω_2 都小，反映主要共价性强。Ho^{3+} 掺杂的 ZBLAN 玻璃中[10]，$\Omega_2 = 2.30\times10^{-20}cm^2$、$\Omega_4 = 2.30\times10^{-20}cm^2$、$\Omega_6 = 1.71\times10^{-20}cm^2$。但是 YAB 硼酸盐晶体的 Ω_2 高达 $6.0\times10^{-20}cm^2$，且 Ω_4、Ω_6 都很高。而它的 $^5I_8 \to {}^5I_7, {}^5I_6$ 跃迁的振子强度和其他晶体比也最高，这些特性还需深入讨论。

表 15-1 在不同的晶体中 Ho^{3+}的跃迁和振子强度 f

跃迁	GGG 晶体[4] 波数/cm^{-1}	f		YVO_4 晶体[6] 波数/cm^{-1}	f		$YLiF_4$ 晶体[11] 波数/cm^{-1}	f	
		f_{exp}	f_{cal}		f_{exp}	f_{cal}		f_{exp}	f_{cal}
$^5I_8 \to ^5I_7$	4300~6200	1.59×10^{-6}	1.59×10^{-6}	5032	0.998×10^{-6}	0.973×10^{-6}	4545~5520	1.1948×10^{-6}	1.4850×10^{-6}
$^5I_8 \to ^5I_6$	9800~9600	0.86×10^{-6}	0.78×10^{-6}	8497	0.814×10^{-6}	0.724×10^{-6}	8170~9520	0.6686×10^{-6}	0.7906×10^{-6}
$^5I_8 \to ^5I_5$	10600~12000	0.16×10^{-6}	0.18×10^{-6}	10989	0.279×10^{-6}	0.131×10^{-6}	50750~11560	0.1476×10^{-6}	0.1430×10^{-6}
$^5I_8 \to ^5I_4$	12820~13900	0.01×10^{-6}	0.05×10^{-6}	13263	0.043×10^{-6}	0.012×10^{-6}			
$^5I_8 \to ^5F_5$	14800~16500	3.32×10^{-6}	2.42×10^{-6}	15456	1.546×10^{-6}	1.649×10^{-6}	14480~16560	1.8662×10^{-6}	1.8264×10^{-6}
$^5I_8 \to ^5S_2$	17000~18460	0.55×10^{-6}	0.62×10^{-6}	18416	1.847×10^{-6}	2.430×10^{-6}	17700~19600	2.7780×10^{-6}	2.6375×10^{-6}
$^5I_8 \to ^5F_4$	18240~19700	2.52×10^{-6}	2.64×10^{-6}						
$^5I_8 \to ^5F_3$	20000~20940	0.95×10^{-6}	0.99×10^{-6}	20555	1.131×10^{-6}	0.833×10^{-6}	20160~20980	1.0788×10^{-6}	0.8887×10^{-6}
$^5I_8 \to ^5F_2$, $^3K_8$	20800~21600	1.25×10^{-6}	1.08×10^{-6}	20964	1.318×10^{-6}	0.947×10^{-6}	20980~21650	0.8611×10^{-6}	1.1365×10^{-6}
$^5I_8 \to$ $^5G_6$, $^5F_1$	21340~23300	4.58×10^{-6}	4.58×10^{-6}	21739	3.943×10^{-6}	3.957×10^{-6}	21650~23290	5.4533×10^{-6}	5.5518×10^{-6}
$^5I_8 \to$ $^5G_5$, $^3G_5$	23800~24760	2.20×10^{-6}	2.12×10^{-6}	23585	1.489×10^{-6}	1.186×10^{-6}	23420~25000	1.4420×10^{-6}	1.4063×10^{-6}
$^5I_8 \to$ $^5G_4$, $^3K_7$				25643	0.518×10^{-6}	0.304×10^{-6}	25380~26670	0.2383×10^{-6}	0.3474×10^{-6}
$^5I_8 \to$ ^5G, $^3H_5$				27322	1.229×10^{-6}	0.719×10^{-6}	27030~28550	2.3329×10^{-6}	1.7452×10^{-6}

15.3.2 Ho^{3+}的 A_{ed}、A_{md}、β 和 τ_r 等参数

所计算的 Ho^{3+}在一些晶体和玻璃中的电偶极和磁偶极跃迁发射概率 A_{ed}、A_{md}，分支比 β，辐射寿命 τ_r 及 τ_{em} 列在表 15-2 中。这些数据是可相对比较的，对 $^5I_8$—$^5I_7$ 跃迁而言，尽管 YAB 的振子强度高，A_{ed} 也高，但 τ_r 及 τ_{em} 相对较低。依据表 15-2 中的数据，Ho^{3+}:YAB中 $^5I_7 \to ^5I_8$ 跃迁的发射效率 η 仅为 77%。$\beta\times\eta$ 也为 77%。而重要的 ZBLAN 光纤中[10]，τ_r 及 τ_{em} 分别为 12.65ms 和 12.01ms。故其 $\eta=96\%$，$\beta\times\eta$ 也为 96%更佳。如何改善 Ho^{3+}:YAB 等体性能是有潜力的。在 ZBLAN 中，Ho^{3+}的约 2.0μm，红色（650nm）和绿色（545nm）是非常有效的。

表 15-2 Ho^{3+}的电偶极和磁偶极跃迁发射概率 A_{ed}、A_{md}，分支比 β，辐射寿命 τ_r 和发射寿命 τ_{em}

跃迁谱项	YAB 晶体[12]					YVO_4 晶体[6]				
	波数 /cm^{-1}	A_{ed} /s^{-1}	β	τ_r /ms	τ_{em} /ms	波数 /cm^{-1}	A_{ed} /s^{-1}	A_{md} /s^{-1}	β	τ_{em} /ms
$^5I_7 \to ^5I_8$	4975	145.8	1	6.859	2.67	5032	177.00	54.01	1.0	2.745
$^5I_6 \to ^5I_8$	8503	316.7	0.888	2.805	1.90	8497	440.20	0	0.868	1.834
$^5I_6 \to ^5I_7$	3529	39.8	0.112		1.56	3465	37.10	30.05	0.132	1.683

续表 15-2

跃迁谱项	YAB 晶体[12]					YVO_4 晶体[6]				
	波数 /cm^{-1}	A_{ed} /s^{-1}	β	τ_r /ms	τ_{em} /ms	波数 /cm^{-1}	A_{ed} /s^{-1}	A_{md} /s^{-1}	β	τ_{em} /ms
$^5I_5 \to ^5I_8$	11074	117.9	0.403		0.41	10989	155.76	0	0.386	0.388
$^5I_5 \to ^5I_7$	6098	161.0	0.550	3.415	1.92	5957	221.77	0	0.549	1.881
$^5I_5 \to ^5I_6$	2571	13.9	0.047		1.17	2492	13.04	13.17	0.065	1.270
$^5I_4 \to ^5I_8$					6.20	13263	30.64	0	0.107	0.052
$^5I_4 \to ^5I_7$					3.36	8231	125.61	0	0.437	0.579
$^5I_4 \to ^5I_6$					1.65	4766	105.13	0	0.366	1.393
$^5I_4 \to ^5I_5$					0.32	2274	16.99	8.86	0.090	1.504
$^5F_5 \to ^5I_8$	15506	352.1	0.768		0.01	15456	3893.39	0	0.767	4.904
$^5F_5 \to ^5I_7$	10530	867.2	0.189		3.23	10424	925.65	0	0.182	2.563
$^5I_5 \to ^5I_6$	7003	184.2	0.040	0.218	4.20	6959	234.28	0	0.046	1.456
$^5I_5 \to ^5I_5$	4432	13.6	0.003		1.36	4467	19.55	0	0.004	0.394
$^5I_5 \to ^5I_4$	2366	0.08	约 0		0.61	2193	0.50	0	0	0.031
$^5S_2 \to ^5I_8$	18272	2565.2	0.540		1.20	18083	3411.90	0	0.542	3.140
$^5S_2 \to ^5I_7$	13296	1743.4	0.367		0.03	13051	2314.88	0	0.368	4.089
$^5S_2 \to ^5I_6$	9766	300.3	0.063	0.210		9586	382.43	0	0.061	1.252
$^5S_2 \to ^5I_5$	7199	72.1	0.015			7094	99.60	0	0.016	0.596
$^5S_2 \to ^5I_4$	5131	70.1	0.015			4820	85.72	0	0.014	1.110
$^5S_2 \to ^5F_5$	2766	0.5	0			2627	0.58	0	0	0.026
$^5F_4 \to ^5I_8$	18498	669.5	0.811		8.21	18416	7946.88	0	0.835	7.051
$^5F_4 \to ^5I_7$	13523	737.0	0.089		7.2	13384	651.19	0	0.068	1.094
$^5F_4 \to ^5I_6$	9990	508.0	0.062	0.121	2.19	9919	520.85	0	0.015	1.593
$^5F_4 \to ^5I_5$	7424	253.0	0.031		2.01	7427	330.99	0	0.035	1.805
$^5F_4 \to ^5I_4$	5356	40.0	0.005		0.64	5153	53.65	0	0.006	0.605
$^5F_4 \to ^5F_5$	2991	10.2	0.002		0.64	2960	6.25	7.14	0.001	0.460

掺杂离子的辐射寿命 τ_r 和振子强度 f 的理论计算和实验值比较可得到拟合的强度参数 Ω_λ。依据光谱理论，振子强度、电偶极和磁偶跃迁发射概率 A、积分总发射截面 σ_{em} 等重要参数与强度参数 Ω_λ 有关。它们随 Ω_λ 的增大而增大。有关 Ω_λ 性质在前面章节中有所介绍。一般认为，稀土激活剂的吸收光谱应与光泵发射谱相匹配。激光材料应具有较大的振子强度、跃迁发射概率和积分发射截面，较大的荧光分支比及较长的荧光寿命。此外还需考虑 τ 与 σ 的乘积。因为激光功率阈值 P_{th} 约 $1/\tau \times \sigma$ 等其他重要因素有关，综合考虑。

由表 15-1 和表 15-2 可知，尽管有不少可能实现激光运转的通道，但经厘清后，所剩不多，主要有如下一些受激发射或高效荧光发射重要通道可供人们选择：$^5I_7 \to ^5I_8$(约 2.0μm)，$^5I_6 \to$（约 1.2μm)，$^5I_5 \to ^5I_7$(约 1.7μm)，$^5I_5 \to ^5I_6$(约 3.9μm)，$^5F_5 \to ^5I_8$(约 644nm)，$^5S_2 \to ^5I_8$(约 543nm)，$^5F_4 \to ^5I_8$(约 538nm) 及 $^5S_2 \to ^5I_7$(约 725nm)。

这些 NIR 跃迁发射，绿色及红色发射可为受激发射和高效上转换发光等提供可靠的理论依据。当然，人们还可以共掺杂 Yb^{3+}、Er^{3+}、Tm^{3+} 等敏化剂利用能量传递原理进一步改善材料性能。

15.4 单掺杂 Ho^{3+} 体系中 Ho^{3+} 的上转换荧光

本节主要介绍在可见光和 NIR 光激发下，仅有 Ho^{3+} 掺杂的材料中，Ho^{3+} 呈现上转换荧光。

Ho^{3+} 掺杂的 LaF_3 晶体在 CW 红色染料激光激发下，77K 低温时观测到来自 Ho^{3+} 不同能级跃迁产生的许多发射谱线[13]。其中 5 组对应为 $^5G_4 \to {}^5I_6$（580nm），$^5G_6 \to {}^5I_8$（455nm），$^5F_3 \to {}^5I_8$（485nm），（$^5F_4$，$^5S_2$）$\to {}^5I_8$（540nm）及（$^5F_4$，$^5S_2$）$\to {}^5I_7$（740nm）跃迁，由多光子激发过程产生。而绿色上转换发射强度比所有其他跃迁发射强。蓝色上转换荧光几乎比绿色低十倍。相对红色激发光谱，在绿色发射的激发光谱中，一些红色激发谱线被增强。这些谱线是来自 $^5I_7 \to {}^5F_5$ 激发态吸收（ESA）跃迁结果。在 Ho^{3+} 为 0.2%低浓度时，红和绿发射的激发光谱的差异比 0.5%浓度更明显。77K 下，LaF_3 中 Ho^{3+} 的激发和发射光谱测定的 Ho^{3+} 的高分辨详细 Stark 子能级列在表 15-3 中。

表 15-3 77K LaF_3 中离子能级劈裂[13]

$^{2S+1}L_J$ 多重态	Stark 能级/cm^{-1}
$^5I_8$	0.5，42，51，69，122，145，201，215，226，261，306，321，349，387，398，409
$^5I_7$	5192，5246，5251，5272，5279，5287，5295，5305，5314，5389，5460，5503，5586，5642
$^5I_6$	8728，8732，8755，8767，8779，8784，8790，8812，8834
$^5F_5$	15592，15596，15604，15614，15626，15644，15717，15734
$^5F_4$，$^5S_2$	18592，18603，18606，18623，18680，18693，18706，18724，18740，18780，18816
$^5F_3$	20748，20758，20803，20831，20837，20873
$^5G_6$	22259，22261，22267，22271，22276，22281，22288，22331，22364，22379，22393，22412
$^5G_4$	25991，26014，26042，26060，26090，26102，26137，26150

激发到 ESA 或 GSA（基态吸收）时，绿色和蓝色（$^5F_3 \to {}^5I_8$）发射的上升时间呈现很大的差异。LaF_3 中用 15681cm^{-1}（637.7nm）激发得到绿色上转换荧光（18240cm^{-1}，549nm）上升时间为 11ms；相反，用 15717cm^{-1}（636.3nm）激发，得到两个上升时间分别为 0.3ms 和 4.6ms[13]。不同的上升时间对应不同的上转换机制。

由绿色和蓝色上转换强度与泵浦功率的双对数关系作图，其斜率分别为 1.7（GSA 激发）和 1.9（ESA），近似二次方关系。这是双光子激发过程的有力证据。在更高激发密度下，实验点偏离直线。这种现象可用饱和效应或离子耗尽效应解释。即激发态离子布居饱和，或基态离子布居耗尽。其他上转换类似结果也被观察到。Ho^{3+} 掺杂 LaF_3 中，第一，观测到对应$^5I_7 \to {}^5F_3$跃迁的激发谱线，仅对绿色和蓝色$^5F_3$的上转换起作用，而对$^5G_6$上转换不起作用；第二，当用 Ar^+ 激光 21837cm^{-1} 激发时，所有观察到的 ESA 谱线对应于$^5F_3 \to {}^5I_8$跃迁红色发射峰；第三，在 ESA 激发下，绿色上转换的上升时间大约是 11ms，相当于$^5I_8$能级的寿命；相反，$^5I_6$能级的寿命大约是 5ms。当激发到 GSA 跃迁时，两个可能的能量传递过程可以认为是：$^5F_5+{}^5F_5 \to {}^5I_7+{}^5G_4$ 和$^5F_5+{}^5I_6 \to {}^5I_8+{}^5G_5$。

在 77K CW 红色染料激光激发下，Ho^{3+}:LaF_3 晶体中产生高效的绿色上转换和其他一些弱的上转换荧光，其上转换机制是不同的，与通过 ESA 或 GSA 跃迁激发有关。通过$^5I_7$能级的双光子吸收是 ESA 激发的绿色和蓝色（$^5F_3$）上转换产生的原因。相反，对 GSA 而言，两种能量传递可以认为是涉及在$^5F_5$能级上的两个受激的 Ho^{3+} 或在$^5F_5$能级上一个 Ho^{3+} 和在$^5I_6$能级上一个 Ho^{3+} 共同作用的结果。

类似地，在 77K CW 红色染料激光泵浦下，在Ho^{3+}:BaF_2中也观察到红-绿和红-蓝上转换发光[14]。用 100mW 的 15766cm^{-1}红色激光激发，77K 下 BaF_2 中位于 C_{3v}中心的 Ho^{3+} 的绿色（a）和蓝色（b）上转换荧光光谱如图 15-2 所示。

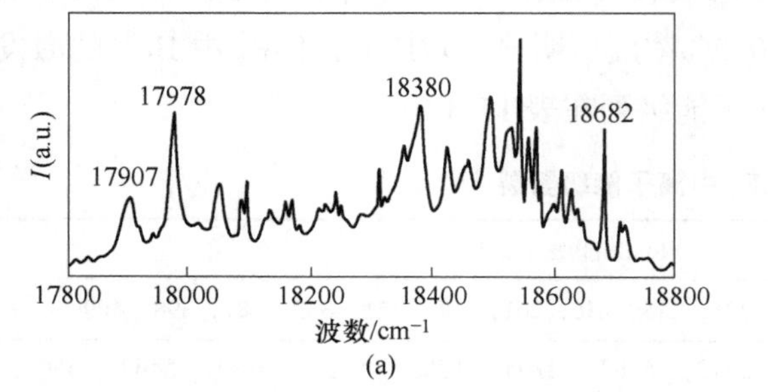

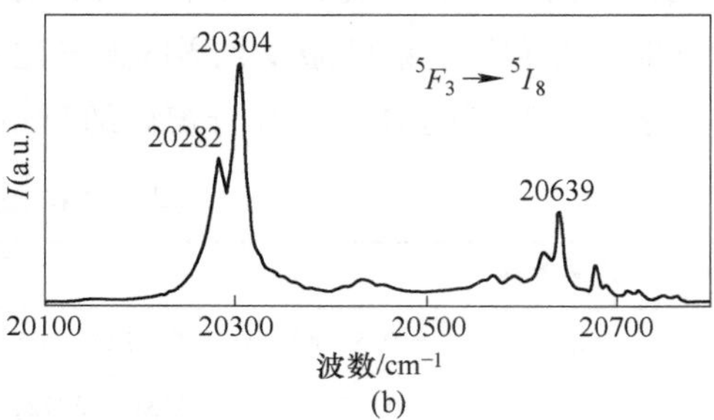

图 15-2　BaF_2 晶体中 15766cm^{-1}激发到$^5I_8 \to {}^5F_5$（GSA）后 C_{3v}中心 Ho^{3+} 的绿色（a）和蓝色（b）上转换荧光光谱[14]

对绿色上转换光谱（见图 15-2（a））而言，高分辨光谱在高能边呈现几个锐发射谱线；而在低能边呈现几个较亮谱线，最强发射谱位于 18541cm^{-1}（539.3nm）处，和 SrF_2 中在 C_{3v}中心的 Ho^{3+}光谱峰位相同。而对蓝色上转换光谱来说，在 20100～20800cm^{-1}范围中的激发光谱是属于 Ho^{3+}的$^5F_3 \to {}^5I_8$能级跃迁。此蓝色上转换强度很弱，比绿色发射强度低 8 倍。绿色上转换上升曲线是由两个指数式成分组成。这与两步吸收特点一致。这个曲线与下面方程式吻合[14]：

$$I = I_0\left[1 - \frac{\tau_1}{\tau_1 - \tau_2}\exp\left(-\frac{t}{\tau_1}\right) + \frac{\tau_2}{\tau_1 - \tau_2}\exp\left(-\frac{t}{\tau_2}\right)\right] \tag{15-11}$$

式中，τ_1为中间能级和基态的吸收率有关的时间常数；τ_2 为发射能级参与的寿命。

因此真实的上升时间可用 τ_1代表，且 τ_2 对上升曲线的影响可用上升曲线的开始时间延迟来反映。与式（15-11）结果吻合，得到的上升时间为 51ms。

在 BaF_2 晶体中，Ho^{3+}的 GSA 和 ESA 的绿色上转换强度与激光泵浦功率关系用双对数作图。其斜率分别为 1.8（GSA）和 2.0（ESA），符合双光子上转换作用机理。由于双共振特点，该 GSA 的激发比 ESA 更加有效。

类似，在 77K 下红色染料激光泵浦下，单掺 Ho^{3+} 的 SrF_2 晶体中呈现三种 C_{4v}，C_{3v} 和团簇上转换发光中心，而 CaF_2 中只有一种团簇中心[15]，BaF_2 中 C_{3v} 中心[14]。所以它们的上转换发光性质是存在差别的。在 MF_2 中，Ho^{3+} 的上转换机制是由两步激发和交叉弛豫过程引起的。两步激发过程如下：$^5I_8$ 吸收红光光子→$^5F_3$ 能级，接着离子从 $^5F_3$ 无辐射弛豫到 $^5I_7$ 能级；$^5I_7$ 又吸收一个红光光子，被激发到 $^5F_3$ 能级，由此 $^5F_3 \to {}^5I_8$ 能级辐射跃迁产生蓝上转换发光；另一方面 $^5F_3$ 能级粒子快速无辐射弛豫到（$^5F_4$，$^5S_2$）能级，由此分别辐射跃迁到 $^5I_8$ 和 $^5I_7$ 能级，产生绿色和红色上转换发射。另有两种交叉弛豫过程获得蓝和绿上转换发光。

用 Kr 激光（647.1nm）对 $LiTaO_4$:Ho^{3+} 晶体激发，在 642～660nm 范围内，GSA 激发到 $^5F_5$ 能级和 ESA（可能是 $^5I_6 \to {}^5G_5$ 和 $^6I_7 \to {}^5F_3$）交叠，导致由 $^5S_2$ 跃迁产生强绿色上转换发光[16]。它的强度与温度有重大关系。

BaY_2F_8 是重要的单斜晶体，Ho^{3+} 单稀土离子可部分取代位于 C_2 对称性的 Y^{3+} 格位，且有 8 个氧离子配位。在此晶体中，声子能量为 360～380cm^{-1}。Ho^{3+}:BaY_2F_8 晶体在 888nm（对应 $^5I_8 \to {}^5I_5$ 能级跃迁）泵浦下，产生上转换蓝、绿和红色发光[17]，其中绿色上转换发光最强。在 888nm 泵浦下，不同上转换过程可简述如下：

（1）蓝光上转换，$^5I_8 \to {}^5I_5$ GSA，接着发生 $^5I_5 \to {}^5F_1$ ESA 跃迁，经无辐射弛豫（NR）$^5F_1 \to {}^5F_3 \to {}^5I_8$ 辐射跃迁。

（2）绿色 545nm（$^5S_2$，$^5F_4 \to {}^5I_8$）和深红色 750nm（$^5S_2$，$^5F_4 \to {}^5I_7$）均起源于（$^5S_2$，$^5F_4$）能级。由多声子衰减及分别由交叉弛豫 CR1（$^5F_3$，$^5I_5$）→（$^5S_2$，$^5I_4$）及 CR3（$^5F_3$，$^5I_8$）→（$^5F_5$，$^5I_7$）发生，来自 $^5F_3$ 能级的粒子分别是 $^5S_2$ 和能级离子数稀居，导致（$^5S_2$，$^5F_4$）→$^5I_8$ 跃迁强绿色发射和深红色发射。

（3）红色 650nm（$^5F_5 \to {}^5I_8$），是 $^5F_1$ 能级经多声子快速弛豫到 $^5F_3$，然后又交叉弛豫 CR2（$^5F_3$，$^5I_8$）→（$^5F_5$，$^5I_7$）到 $^5F_5$ 能级，并由 $^5F_5 \to {}^5I_8$ 能级辐射跃迁。

蓝光发射强度与泵浦功率呈双对数关系，其斜率为 1.9 是二次方，符合双光上转换作用机制。而绿色和红色分别为 16 和 1.5，偏离很大。其原因较复杂。其中有不同上能级多声子弛豫，几种交叉弛豫过程，初始两步吸收，以及可能发生的 $^5I_7$ 能级对 888nm 激光辐射的非共振 ESA 等过程。

15K 低温下，在 888nm 泵浦时，获得蓝色 $^5I_8 \to {}^5F_3$，绿色 $^5I_8$→（$^5S_2$，$^5F_4$），红色 $^5I_8 \to {}^5F_5$ 及约 885nm NIR（$^5I_8 \to {}^5I_5$）发射。能级的吸收截面 σ 的相对值，红色（640nm）≥绿色（535nm）>蓝色（480nm）>NIR（885nm）。

使用 HoP_5O_{14} 非晶对 YAG 基频 1.06μm 激光的双光子吸收信号和对 532nm 倍频激光的单光子吸收信号测量，也观测到 Ho^{3+} 的 $^5I_8$→（$^5S_2$，$^5F_4$）跃迁的双光子吸收跃迁现象[18]。$^5S_2 \to {}^5I_8$（绿）和 $^5F_5 \to {}^5I_8$（红）两组跃迁的上转换荧光强度 I 与 1.06μm 激光泵浦强度 P 的双对数关系的斜率分别为 2.09（548nm）和 2.06（656nm）。这指明的确是发生 Ho^{3+} 双光子吸收上转换机制。这种双光子跃迁机制是自旋轨道相互作用对直接双光子的三级微扰贡献。在此非晶上，用激光输出在 601～679nm 波段内的 DCM 染料激光对 Ho^{3+} 的 $^5F_5$ 能级激发，也观察到 $^5S_2$、$^5F_3$ 和更高的（$^5G_5$，$^3G_5$）能级的绿光（548nm），蓝

(491nm) 和蓝紫光 (422nm) 的上转换荧光[19]。由 641.4nm 激发的上转换荧光光谱 (380~560nm) 和用 355nm 激发获得此范围内的发光光谱是一致的。548nm、491nm 及 389nm 上转换的荧光强度与激光激发能量的双对数呈直线关系，其斜率分别为 2.05、2.01 和 1.90~2.0。这说明是属于双光子吸收上转换能量的传递机制。在 YVO_4 中也可实现 NIR 辐射转换为可见光。

对上述单掺 Ho^{3+}的上转换发光研究的重视，也受到 Ho^{3+}在一些材料中实现绿光上转换激光成功运转的影响。如在室温下已实现 Ho^{3+}:YAG 光纤中绿色543nm 上转换连续激光运转[20]及 Ho^{3+}:ZBLAN 室温下绿色上转换激光[21]。

由以上所述，单掺 Ho^{3+}可以发生上转换发光，具有以下特点：

(1) 在红光和 888nm NIR 泵浦下，可以产生蓝、绿、红和深红光上转换发光。它们与泵浦的波段有关。

(2) 其中以 $(^5S_2,{}^5F_4)\rightarrow{}^5I_8$能级跃迁的绿色上转换发光最强。这与表 15-2 中 Ho^{3+}的电偶极跃迁发射概率理论和实验结果是一致的。

(3) 在上转换过程中主要涉及 GSA、ESA、CR 等传递过程。

(4) 绿色、蓝色等上转换过程属双光紫吸收上转换作用机制。

(5) 上转换发光强度受温度影响很大，随温度上升，强度下降。

(6) 上转换发光光谱与基质材料和激发波长有关。

15.5　Ho^{3+}和 Yb^{3+}共掺杂体系的可见光上转换

长期以来，人们对稀土离子掺杂的材料实现将红外光转换为可见光予以很大的关注。因为其特性可应用于不同的光电子器件，如激光、光学传感器、太阳能电池、医疗及紧凑照明光源等领域。例如在太阳能光谱中，NIR 光辐射能至今并没有很好地被利用，没有转换成可被太阳能电池高效吸收、可提高转换效率的可见光。人们急迫希望利用上转换发光来提高太阳能电池的光电转换效率[22]。用图 15-3 表示带有上转换发光层的太阳能电池的一种基本结构。没有被电池（如硅）吸收的太阳光中的 NIR 辐射透过电池后，入射到上转换发光层，被吸收（激发）转换为可见光，被电池吸收产生光伏效应，增加电池的光电转换效率。当然上转换发光层也可放置在电池的前面。

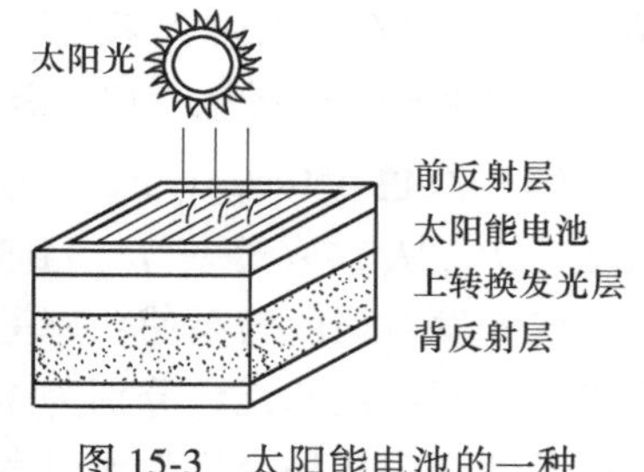

图 15-3　太阳能电池的一种基本结构

15.5.1　Ho^{3+}和 Yb^{3+}共掺杂体系中的上转换光谱

上述内容表明，利用 Ho^{3+}单掺的晶体、玻璃和玻璃光纤可实现蓝、蓝绿和绿色上的转换发光，是有成效的途径之一。但仅依靠单掺 Ho^{3+}来实现可见光的上转换是有困难的，因其转换效率很低，离实际应用差距大。因为 Ho^{3+}的能级结构表明，Ho^{3+}缺少可与商用大功率 LD 输出 900~1000nm 波长相匹配的泵浦吸收谱带，使之实际应用存在困难。如何解决此困难呢？人们自然考虑到需引入能与大功率 LD 输出 NIR 波长相匹配的、高效吸收此 NIR 波段的离子。正好 Yb^{3+}等离子具有这样的功能。依据上转换能量传递原理，Yb^{3+}

高效吸收 LD 900~1000nm 泵的能量，然后上转换传递给 Ho^{3+}，产生 Ho^{3+}的高效可见光发射。该 Yb^{3+}和 Ho^{3+}双掺杂的工作中，Ho^{3+}的光谱性质及能量传递的上转换受到关注。

Yb^{3+}的 4f 能级结构很简单，基态为$^2F_{7/2}$，仅有一个上能级$^2F_{5/2}$，它们之间的能隙大约为 10000cm^{-1}。Yb^{3+}具有能量的施主及受助两种功能，且吸收的能量可以从一个激活剂（如 Ho^{3+}、Er^{3+}、Tm^{3+}等）通过 Yb^{3+}传递给另一个激活剂。结果从这些离子的能级可以获得上转换发光。另外一个作用是使单掺杂稀土离子的某些能级的上转换发光性质变化及强度增强。

在红色染料的激光泵浦下，单掺 $Ho^{3+}:CdF_2$ 晶体在 77K 下主要呈现从 21000~21800cm^{-1}蓝色上转换，对应于 Ho^{3+} 的$^5F_3\to^5I_8$能级跃迁；与蓝色上转换发射相比，($^5S_2$,$^5F_4$)$\to^5I_8$能级跃迁的绿色上转换发射强度较弱。而红色上转换发射很强。其积分强度超过蓝和绿总和。然而，在 Ho^{3+}和 Yb^{3+}共掺杂的 CdF_2 晶体中，却发生重大而鲜明的变化[23]。和 CdF_2:Ho^{3+}相比，CdF_2:Ho^{3+}，Yb^{3+}晶体中（$^5F_4$,$^5S_2$)$\to^5I_8$能级强的绿色上转换发射强度获得极大的提高，大大超过蓝色和红色上转换发射的强度，成为主导发射；而蓝色和红色上转换发射强度却被大大地减弱。双掺杂中的红色发射强度则相反，仅为单掺 Ho^{3+}的 1/5 左右；而 Ho^{3+}和 Yb^{3+}双掺杂时，包括绿和蓝的总发射强度是单掺 Ho^{3+}的 3 倍以上。

它们的绿色和蓝色上转换激发机制是不同的。在单掺 $Ho^{3+}:CdF_2$ 晶体中，15612cm^{-1}红色染料激光泵浦使 Ho^{3+}基态从$^5I_8$跃迁到$^5F_5$ 能级。在$^5F_5$ 能级上两个临近 Ho^{3+}之间传递能量，使一个离子激发到$^5G_4$ 高能级，然后通过无辐射弛豫过程，离子在$^5F_3$ 能级布居。一方面从$^5F_3\to^5I_8$能级跃迁，产生蓝上转换发光；另一方面位于$^5F_3$ 能级上的离子通过无辐射弛豫过程，首先使（$^5F_4$,$^5S_2$）绿发射能级得到粒子布居；然后在$^5F_3$ 能级帮助下，两受激的 Ho^{3+}粒子之间的交叉弛豫过程使（$^5F_4$,$^5S_2$）能级上的粒子数减少：($^5F_4$,$^5S_2$)+($^5F_4$,$^5S_2$)$\to^5G_5+^5I_4$。

至于 CdF_2:Ho^{3+},Yb^{3+}晶体，蓝发射起源于 Ho^{3+}离子对，蓝色上转换的粒子布居过程和 CdF_2:Ho^{3+}中相同。但是，对绿上转换发射而言，情况不同。Yb^{3+}扮演着一个非常重要的作用，在能量传递过程中起桥梁中介作用。由 Ho^{3+}的$^5F_5$ 能级吸收的激发能由以下能量传递方式首先传递给临近的 Yb^{3+}粒子：$^5F_5+^2F_{7/2}\to^5I_7+^2F_{5/2}$。然后能量反传递给另一个激发的 Ho^{3+}，使$^5F_4$,$^5S_2$ 能级粒子数布居：$^5I_6+^2F_{5/2}\to$($^5F_4$，$^5S_2$)$+^2F_{7/2}$。这种转换结果，使 Ho^{3+}粒子的绿色发光获得极大的增强。上述上转换机制可以解释绿色上转换获得很大的增强，而蓝色发射波猝灭的现象。

在 Ho^{3+}和 Yb^{3+}共掺体系中，若用更高能量光子如 450nm 蓝光激发，情况完全不同，Ho^{3+}直接被激发，发生下转换发光。这在 $NaY(MoO_4)_2$:Ho^{3+},Yb^{3+}微晶中得到证实[24]。在 450nm 激发下，$NaY(MoO_4)_2$:Ho^{3+},Yb^{3+}样品呈现 539nm 绿发射（Ho^{3+}）及 960~1200nm 宽带 NIR 发射（Yb^{3+}），后者$^2F_{5/2}\to^2F_{7/2}$能级跃迁发射被 $Ho^{3+}\to Yb^{3+}$传递能量而增强。

用 450.5nm 对 Ho^{3+}和 Yb^{3+}共掺杂的氟铟酸盐玻璃中的 Ho^{3+}的$^5I_8\to^5G_6$能级跃迁直接激发，观测到很强的 545nm（$^5S_2$,$^5F_4$)$\to^5I_8$和弱的 750nm（$^5S_2$,$^5F_4$)$\to^5I_7$跃迁下转换发

射。而用 975nm Xe 灯激发，在 12～295K 范围内和相同样品中观察到很强的 545nm 绿色上转换，很弱的 650nm（$^5F_5 \to {^5I_8}$）及弱的（$^5S_2$,$^5F_4 \to {^5I_7}$）发射[25]。除了 650nm 外，其他和 450.5nm 蓝光激发结果相同。545nm 和 750nm 的上转换效率的最佳温度为 125K 左右，而很弱的 650nm 的上转换效率随温度增加，一直缓慢上升。在 975nm 激发下 545nm 的时间瞬态延展结果指明，不可能用能量快速迁移模型来描述，提出用发射在施主之间的能量迁移和 Ho^{3+}—Yb^{3+}反传递来解释。进一步在 200K 时用 750nm 对同样玻璃样品测试观察到强的绿色上转换发光是由于涉及交叉弛豫，能量传递，反传递的光子雪崩机理，这将另行介绍。

显然，在 950～1000nm LD 泵浦下，与上述用可见光激发的情况相比，完全不同。由于在此 NIR 范围中光子能量与 Yb^{3+} 的$^2F_{5/2}$能级能量位置匹配，如在 $CaWO_4$: Yb^{3+} 中 $10436cm^{-1}$（958nm），Yb^{3+} 的$^2F_{5/2}$—$^2F_{7/2}$基态的能隙 $\Delta E = 10150cm^{-1}$（$CaWO_4$）。这比 Ho^{3+}的$^5I_6$—$^5I_8$的能隙 $8533cm^{-1}$（$KGd(WO_4)$）只高约 $1617cm^{-1}$，而比$^5I_8$—$^5I_5$ 的 $\Delta E = 11100cm^{-1}$低 $950cm^{-1}$。当 NIR 光 Yb^{3+}激发到$^2F_{5/2}$能级后，借助声子辅助能量传递和包括交叉弛豫（CR）的多步能量传递，将能量传递给的$^5F_3$、$^5S_2$、$^5F_4$、$^5F_5$ 等能级。随后向基态$^5I_8$和$^5I_7$能级跃迁，发射出 Ho^{3+}蓝、绿、红和深红上转换荧光。

有趣的是在 YVO_4:Ho^{3+},Yb^{3+}晶体中，室温时 975nm 激发下呈现起源于$^5F_5$ 能级的惊人的强红光上转换发射；相反，来自$^5S_2$ 能级的$^5I_8$能级跃迁的绿光上转换发射则异常的弱，但在 4.2K 时又为主导[26]。在 YVO_4:Ho^{3+},Yb^{3+}体系中是由两步激发过程构成，但它们的时间关系起着不同的激发机理。

在 YVO_4:Ho^{3+},Yb^{3+} 晶体中，绿色发射的时间关系是由$^5S_2$ 发射能级，耦合的$^2F_{5/2}$（Yb^{3+}）和$^5I_6$(Ho^{3+}）能级的衰减速率起主导作用。相反，红色发射的时间关系不受$^5F_5$能级的衰减速率影响。高强度的红发射主要归因于来自长寿命的$^5I_7$能级反馈给快速度衰减的$^5I_6$能级并妨碍$^5S_2$ 能级粒子布居，加之温度作用使$^5S_2$ 能级的绿发射被严重猝灭。上转换发射强度与温度关系表明，与第二步激发效果有关。当温度从 4.5K 上升到 300K 时，红色发射强度增加约 100 倍，大多可以归因于吸收效率增加。在不同温度下测量的吸收光谱揭示，当温度从 4.2K 上升到 150K 时，在 975nm 处的吸收系数增加 30 倍，而温度再增加到 300K，只稍有变化。结果第二步红色激发效率受温度影响很小，而随温度增加，绿色发射被严重地减弱。从 4.2K 增加到 300K 时，$^5S_2$ 发射能级效率下降 6 倍。第二步激发效果使得绿发射猝灭的程度在室温时比 4.2K 时更糟糕。利用吸收光谱 σ_{abs}和晶场能级的能量，由所谓互易方法计算$^5F_5$—$^5I_8$跃迁的发射截面 $\sigma_{em}(\lambda)$ 光谱及 σ-偏振发射波长光谱。在 660nm 处的 $\sigma_{em} = 8.4\times10^{-20}cm^2$，相当有利，比 $LiYF_4$: Ho^{3+}中 σ_{em}（约 $4\times10^{-20}cm^2$）高。众所周知，影响材料激光性质最重要的参数之一是 σ_{em}。这个高 σ_{em}是非常有利于 Ho^{3+}的受激发射。考虑自吸收影响，一个更有意义的参数所谓有效截面 σ_{em}（eff，λ）计算公式如下[26]：

$$\sigma_{em}(eff, \lambda) = K\sigma_{em}(\lambda) - (1 - K)\sigma_{abs}(\lambda) \tag{15-12}$$

式中，K 为处于激发态中的离子数与晶体中总离子数之比的粒子布居反转参数。

当 $K=0.3$ 时，660nm 附近峰值 σ_{em}（eff，λ）$= 2.6\times10^{-20}cm^2$，这仍然有应用价值。因此在 YVO_4:Ho^{3+},Yb^{3+}晶体中，由于 Ho^{3+}的发射带强度分布，$^5F_5$—$^5I_8$相当高受激发射截

面及高泵浦效率是有利于 YVO_4:Ho,Yb 体系中的红色上转换激光发射。

15.5.2 Ho^{3+}上转换荧光属性和分类

表 15-4 列出在不同波长激发时，Ho^{3+}和 Yb^{3+}共掺杂的晶体、多晶和玻璃中，Ho^{3+}的上转换荧光性质，以期加深对 Ho^{3+}-Yb^{3+}体系中的上转换性质的认识。

表 15-4 在 Ho^{3+}和 Yb^{3+}共掺杂的材料中 Ho^{3+}的上转换荧光属性

材料	荧光	相应跃迁	激发条件	温度	文献
$Ba(Y,Yb)_2F_8$晶体	551.5nm 绿色激光	$^5F_4,^5S_2\to^5I_8$	IR 闪光灯	77K	27
CaF_2 晶体	很强的 551.5nm 绿色激光 弱的蓝和红光	$^5F_4,^5S_2\to^5I_8$ $^5F_3\to^5I_8,^5F_5\to^5I_8$	红色染料 激光	77K	23
$Gd_{0.8}La_{0.2}VO_4$ 晶体	强 660nm 荧光 很弱的 546nm 荧光	$^5F_5\to^5I_8$ $^5F_4,^5S_2\to^5I_8$	965nm	室温	28
$KGd(WO_4)_2$ 晶体	很强的 654nm 红荧光 很弱的 541nm 绿荧光	$^5F_5\to^5I_8$ $^5F_4,^5S_2\to^5I_8$	981nm LD	室温	29
YVO_4 晶体	很强的 660nm 受激发射 极弱的绿发射 较强的绿光射	$^5F_5\to^5I_8$ $^5S_2\to^5I_8$	975nm 975nm	室温 4.2K	26 30 26，30
$Gd_2(MoO_4)_3$ 多晶	强 662nm 红荧光 次 541nm 绿荧光	$^5F_5\to^5I_8$ $^5F_4,^5S_2\to^5I_8$	980nm CW 激光	室温	31
ZBLAN 玻璃	较强的 544.2nm 绿光 很强 543nm 荧光 很弱 650nm 荧光 较弱 750nm 荧光	$^5F_4,^5S_2\to^5I_8$ $^5S_2\to^5I_8$ $^5F_8\to^5I_8$ $^5S_2\to^5I_7$	970nm LD	室温	32
氟碲酸盐玻璃 (BALMT)	强约 650nm 荧光 次约 550nm 荧光	$^5F_5\to^5I_8$ $^5S_2\to^5I_8$	977nm 激光	室温	33
Ho^{3+}，Yb^{3+}共掺杂氟铟酸盐玻璃	很强的 545nm 荧光 很弱的 650nm 荧光 很弱的 750nm 荧光	$^5S_2\to^5I_8$ $^5F_5\to^5I_8$ $^5S_2\to^5I_7$	975nm 300W Xe 灯	12 295K	25
锗酸盐玻璃（NMAG) (Ho^{3+}+Er^{3+})	很强的 660nm 荧光 很弱的 548nm 荧光	$^5F_5\to^5I_8$ $^5S_2\to^5I_8$	975nm 激光	室温	34

由表 15-4 可知，可分为两大类上转换荧光。$Gd_{0.8}La_{0.2}VO_4$、YVO_4、$KGd(WO_4)_2$、$Gd(MoO_4)_3$ 晶体及氟碲酸盐（BALMT）和锗酸盐（NMAG）玻璃中均以很强的 Ho^{3+} 650~660nm 红色上转换发射为主；而其他类以绿色上转换发射为主。这与 Ho^{3+}的$^5I_8\to{}^5F_5$，$^5I_8\to{}^5S_2,^5F_4$ 跃迁具有大的振子强度和大的电偶极跃迁发射概率 A_{em}是一致的。但是在 Ho^{3+}或 Ho^{3+}与 Yb^{3+}共掺的体系中试图获得强的蓝色上转换发光是困难的。在 Ho^{3+}和 Yb^{3+}共掺杂的体系的上转换过程中：Yb^{3+}扮演两种角色：（1）在能量传递中起中介作用；

（2）吸收能量后，起施主敏化剂作用，无辐射共振传递给 Ho^{3+}。当然，在高能光子，如 450nm 蓝光激发下的下转换发光中，可发生 $Ho^{3+} \rightarrow Yb^{3+}$ 的能量传递，产生 Yb^{3+} 特征的 960~1200nm NIR 发射。此时 Yb^{3+} 又是受主。

上述在 Ho^{3+} 和 Yb^{3+} 共掺杂体系中，绿色（约 550nm）、红色（约 660nm）及血红色（750nm）的上转换通道和过程，大致可用图 15-4 表示。其可能的通道和过程如下。

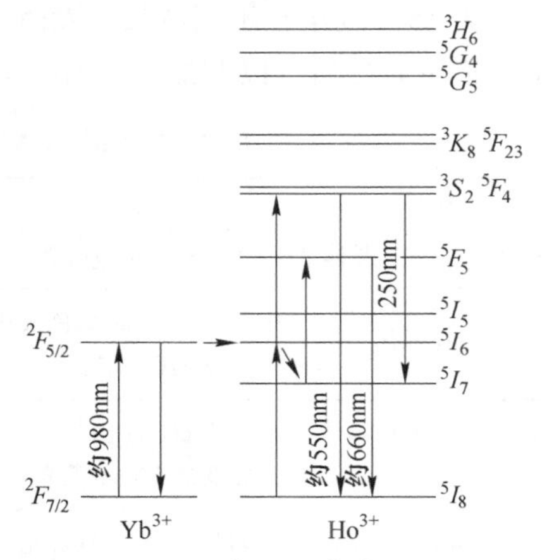

图 15-4　Ho^{3+}和 Yb^{3+}能级及上转换发光过程

（1）绿色大约 550nm 上转换发射：

1）$^2F_{7/2}$（Yb^{3+}）+980nm 左右光子泵浦→$^2F_{5/2}$（Yb^{3+}）能级；

2）$^2F_{5/2}$+$^5I_8$+少数声子释放→$^2F_{7/2}$+$^5I_6$（Ho^{3+}）；

3）$^2F_{5/2}$+$^5I_6$→$^2F_{7/2}$+$^5S_2$，$^5F_4$（Ho^{3+}）；

4）$^5S_2$，$^5F_4$→$^5I_8$→约 550nm。

（2）红色大约 660nm 上转换发射：前两步与 1）和 2）相同。接着发生：$^5I_6$ + NR→$^5I_7$（Ho^{3+}），$^2F_{5/2}$ +$^5I_7$→$^2F_{7/2}$ +$^5F_5$，$^5F_5$（Ho^{3+}）→$^5I_8$ → 约 660nm。

（3）血红色 750nm 上转换发射：前三步与绿色 1）、2）和 3）相同，接着发生：$^5S_2$，$^5F_4$→$^5I_7$ → 约 750nm。

但实际过程并非如此简单。实际上转换过程应受到温度、离子浓度、能级的衰减时间，施主-受主间的能量传递和反传递、泵浦光源波长，甚至辐照功率等因素影响。此外，人们还记录到 Ho^{3+}的上转换可见光激光。

第一个 Ho^{3+}上转换激光是在 1971 年 77K 下，$BaY_{1.4}Yb_{0.59}Ho_{0.01}F_8$在红外光泵浦下，记录到 551.5nm 绿色（$^5S_2$—$^5I_8$）上转换受激发射[27]。它是来源于 Ho^{3+}的$^5S_2$→$^5I_8$基态（385cm^{-1}）跃迁上转换发射。由此上转换达到 56%而剩下 44%直接分配给$^5S_2$ 和更高级。

对荧光和激光而言，所需的小能隙，硅酸盐玻璃能隙 ΔE 一般约为 4000cm^{-1}，而在氟化物中约为 3000cm^{-1}。于是，许多辐射跃迁在氟化物玻璃都有可能发生。而这种辐射跃迁在硅酸盐玻璃中，受无辐射多声子去激活而受到阻碍。众所周知（见表 15-2），在一些基质中 Ho^{3+}的$^5S_2$ 能级在最近邻的$^5F_5$ 能级之上约为 2800cm^{-1}。因此，氟锆酸盐玻璃光纤用 Kr 离子 647.1nm 激光泵浦观测到 Ho^{3+}在 540~553nm 之间（$^5S_2$→$^5I_8$）CW 可调谐上转换 550nm 绿色激光。

由于 Ce^{3+}的能级间距与 Ho^{3+}有的能级间距比较匹配，如 Ho^{3+}的$^5I_6$→$^5I_7$等能级，再加上声子辅助作用，很可能发生交叉弛豫过程。这将使 Ho^{3+}/ Yb^{3+}/ Ce^{3+}三掺杂的体系中的上转换过程发生重大变化。这种猜测最近在$NaYF_4$:Ho^{3+}，Yb^{3+}体系中得到证实[35]。由于 Ce^{3+}再掺杂及 Ce^{3+}浓度变化，导致 $NaYF_4$:Ho^{3+}，Yb^{3+}的上转换发光性质产生重大影响，包括红、绿颜色变化，量子产额，上转换发光动力学。如 Ho^{3+}的红/绿比从原来的 0.43，在掺 15% Ce^{3+}的样品中变化到 4.23 等。这样，调控 Ce^{3+}浓度可获得多色（纳米）发光材料。

在 Ho^{3+}和 Yb^{3+}共掺体系中，产生高效的绿色和红色上转换发光。对发展新的固体激光材料、高色纯度彩色显示、远程遥感、医疗诊断、辐射探测及提高太阳能电池的光电转换是有益的。例如，将 Ho^{3+}/Yb^{3+}共掺的 Ln_2BaZnO_5（Ln=Y，Gd）及 $YVO_4:Bi^{3+},Ln^{3+}$（Ln=Dy，Er，Ho，Eu，Sm 及 Yb）高效上转换荧光体用于太阳能电池中，有望将太阳光中的 NIR 辐射转换为能被电池吸收的绿光和红光，提高太阳电池的外量子效率和上转换转换效率。将 $NaLnF_4:Ho^{3+},Yb^{3+}$制成纳米晶也可用于医疗诊断领域。

15.6 Ho^{3+}的约 2.0μm 受激发射

如前文所述，Ho^{3+}的约 2.0μm 受激发射具有广泛用途：激光雷达，安全医用手术刀，遥感和环境检测，激光测距仪，监视行星安全等，它还是 3~5μm 中红外波段光学参量振荡器的理想光源。因此，相当长时间以来，Ho^{3+}、Ho^{3+}/Yb^{3+}及 Ho^{3+}/Tm^{3+}共掺杂约 2.0μm 激光材料及光学光谱性质受到广泛重视[36-39]。

早在 1965 年就有报道 Ho^{3+}和 Yb^{3+}共掺杂的 $LiMgSiO_3$ 偏硅酸盐玻璃中 Ho^{3+}的受激发射约 2.0μm 和能量传递[40]。在此玻璃中，发生如下过程：（1）Yb^{3+}→Ho^{3+}的无辐射能量传递，导致 Ho^{3+}发光；（2）无辐射能量传递为主，参与 Ho^{3+}激光振荡；（3）在闪光灯泵浦下 80K 时 Ho^{3+}约 1.9μm 波长发生光学振荡。Yb^{3+}吸收 NIR 辐射能量后直接传递给 Ho^{3+}。Yb^{3+}的激发和发射强度至少降低为原来的 1/10，而它的衰减时间从本征的 1100μs 减小到大约 80μs。

15.6.1 发展 Ho^{3+}的 2.0μm 激光的原因

Tm^{3+}也可以产生 1.9μm 激光，为何还要重点发展 Ho^{3+}的 2.0~2.1μm MIR 激光。其主要原因如下：

（1）晶体中 Ho^{3+}的一般受激发射截面 σ_{em}（$9\times10^{-21}cm^2$）大约是 Tm^{3+}（$2\times10^{-21}cm^2$）的 4.5 倍或更高，是 Nd^{3+}的 20 倍。如在 YAG 晶体中，Ho^{3+}的 2.09μm 处的 $\sigma_{em}=1.2\times10^{-20}cm^2$，而 Tm^{3+}在 2.01μm 处的 $\sigma_{em}=1.5\times10^{-21}cm^2$。甚至在 Ho^{3+}:MGT 玻璃中，Ho^{3+}有效截面或称增益截面也到达 $3.62\times10^{-21}cm^2$。

（2）大气中 H_2O 分子对 1.9μm 的吸收远大于对 2.1μm 吸收。

（3）Ho^{3+}的$^5I_7$激光能级的寿命长，约 8ms，见表 15-2 中列的一些材料中 Ho^{3+}的 τ_r和 τ_m数据。如在 MGT 玻璃中，Ho^{3+}的$^5I_7$能级 τ_r为 7.229ms，有利于储能。

（4）分支比 β 为 1.00，有利激光产生和高效率。

（5）Ho^{3+}没有发生$^5I_7\rightarrow^5I_{6.5}$上转换过程而损失能量；而 Tm^{3+}易产生$^3F_4\rightarrow^3H_6$上转换，损失能量。在 Ho^{3+}中，除$^5S_2\rightarrow^5I_8$及$^5F_5\rightarrow^5I_8$跃迁发现具有绿和红上转换激光外，在存在的几个亚稳态的能级系统中，主要的受激发射跃迁发生在最低的亚稳态$^5I_7\rightarrow^5I_8$基态跃迁。

（6）Ho^{3+}的约 2.1μm 激光具有广泛用途等。

故长期以来 Ho^{3+}的约 2.0μm 激光一直受到关注。

Ho^{3+}:YAG 是从早期到现在，研发最多的、最重要的激光晶体。室温时，2% Ho^{3+}:YAG 晶体除在 200~700nm 和 1000~2200nm 光谱范围有强而丰富的 f—f 能级跃迁吸收及

900nm（$^5I_8 \to ^5I_5$）很弱的吸收外，还有$^5I_8 \to ^5I_6$及最强的$^5I_8 \to ^5I_7$能级跃迁吸收[41]。中间1250~1800nm 宽范围无吸收（能级）。Ho^{3+}的能级结构缺少与商用大功率 LD 输出波长相匹配的泵浦光吸收带。故后来利用可吸收 LD 泵浦波段和能量传递，发展了 Ho^{3+}/Yb^{3+}，Ho^{3+}/Tm^{3+}，Ho^{3+}/Cr^{3+}等掺杂的激光晶体[42-45]，产生具有实用的室温下运转的 Cr,Ho：YAG,Cr,Tm,Ho：YAG,Tm,Ho：YAG,Tm,Ho：YLF 等激光器。下面以两个实例来说明 Ho^{3+}与其他共掺杂离子间所发生的能量传递产生的 2.0μm MIR 发射。

Ho^{3+}、Yb^{3+}共掺杂的碲酸盐玻璃[37]在 980nm 泵浦下，能量被 Yb^{3+}吸收后，发生 GSA、ET、无辐射衰减等过程如下：

$^2F_{7/2}(Yb^{3+})$ + 980nm 光子 $\to ^2F_{5/2}(Yb^{3+})$　　（GSA）

$^2F_{5/2} + ^5I_8(Ho^{3+}) \to ^2F_{7/2}(Yb^{3+}) + ^5I_6(Ho^{3+})$　　（声子释放 ET）

$^5I_6(Ho^{3+}) \to ^5I_7(Ho^{3+})$　　（无辐射衰减）

$^5I_7(Ho^{3+}) \to ^5I_8 \to$ NIR 光子发射　　（辐射跃迁）

产生 2.0μm 的$^5I_7 \to ^5I_8$辐射跃迁。在 Yb^{3+}、Ho^{3+}共掺的 MGT 玻璃中[5]，自发发射概率分别为 230.4s^{-1}（$^5I_6 \to ^5I_8$）、79.9s^{-1}（$^5S_2 \to ^5I_5$）及 138.3s^{-1}（$^5I_7 \to ^5I_8$）。2.0μm 处的最大受激发射截面为 4.93×$10^{-21}cm^2$；而当激发态粒子布居系数 K=0.8 时，有效截面为 3.62×$10^{-21}cm^2$。故在碲酸盐玻璃中 Ho^{3+}对发展光学放大器及 MIR 激光而言是有前途的。

15.6.2　Ho^{3+}/Tm^{3+}及 Ho^{3+}、Tm^{3+}、Cr^{3+}共掺杂体系

为提高泵浦效率，可依据 Ho^{3+}/Tm^{3+}，$Ho^{3+}/Tm^{3+}/Cr^{3+}$的能级能量匹配和能量传递原则实现。例如在 BaY_2F_4:Ho,Tm 晶体中[36]，在 750~830nm 吸收光谱中展现了 4 个较强的 Tm^{3+}的吸收峰。其中以 751nm 最强，属 Tm^{3+}的基态$^3H_6 \to ^3H_4$ 能级跃迁吸收；而在 1400~2100nm 范围内呈现最强的 1672nm（5981cm^{-1}），其半高宽为 33.6nm，它是 Tm^{3+}的基态$^3H_6 \to ^3F_4$ 能级跃迁吸收峰。而弱的 1816nm（5507cm^{-1}）及 1876nm（5331cm^{-1}）吸收峰属于 Ho^{3+}从基态$^5I_8 \to ^5I_7$能级跃迁，半高宽分别为 21nm 和 22nm。Tm^{3+}的$^3F_4$ 能级的能量位置与 Ho^{3+}的$^5I_7$能级的能量位置仅相差约 474cm^{-1}，非常匹配。很容易将吸收能量借助 1~2 个低能声子即可传递给 Ho^{3+}的亚稳态$^5I_7$。利用吸收光谱和不同波长处的光密度和式（15-2）可得到位于 781nm 处最强吸收峰的 σ_{ab}为 6.16×$10^{-21}cm^2$，可见 Tm^{3+}具有较大的吸收截面，有利 LD 激光泵浦。在室温时，用 780nm 对 Ho,Tm：BaY_2F_4 晶体激发，得到最强的 2.06μm 发射，半高宽约 38nm。

BaY_2F_4 中发生的 $Tm^{3+} \to Ho^{3+}$的能量传递和 Tm,Ho：YAG 中相似。1987 年，Fan 等人[46]首次在室温下，利用 $Tm^{3+} \to Ho^{3+}$能量传递，在Tm,Ho：YAG晶体中观测到在 781nm 泵浦下实现 2.1μm CW 激光运作。初步提出可能是由于交叉弛豫，Tm^{3+}—Tm^{3+}间的能量迁移，能量从 $Tm^{3+} \to Ho^{3+}$导致 Ho^{3+}的 2.1μm 发射。后来经过仔细研究[47]，指出主要发生交叉弛豫 CR，能量在 Tm^{3+}中迁移和能量传递的过程。在实验上可测定的用于描述激发能迁移的参数，并用于对全部的 Tm—Ho 能量传递速率计算。计算的结果与荧光光谱动态测量结果的速率非常一致。在 780nm 泵浦时，Tm^{3+}从基态吸收能量跃迁到$^3H_4$ 能级，然后由交叉弛豫 CR 过程，实现 Tm^{3+}的$^3F_4$ 能级粒子数布居：$^3H_4 + ^3H_6 \to ^3F_4 + ^3F_4$，然后在 Tm^{3+}中间发生能量迁移。由于 Tm^{3+}的$^3F_4$ 能级能量与 Ho^{3+}的$^5I_7$能级很匹配，通过无辐射

共振能量传递，实现 $Tm^{3+}\rightarrow Ho^{3+}$的能量传递，最终实现$^5I_7\rightarrow{}^5I_8$能级跃迁，产生约2.0μm MIR发射。在 BaY_2F_8:Ho,Tm中，其中2.06μm主发射峰的$\sigma_{em}=4.05\times10^{-21}cm^2$。故通过 $Tm^{3+}\rightarrow Ho^{3+}$的能量传递，提高对泵浦光吸收效率，降低激光震荡阈值。

组成为（58.5−x）SiO_2-2Al_2O_3-13CaO-25($Li_2O+Na_2O+K_2O$)-0.5Ho_2O_3-1Tm_2O_3-$x$$Er_2O_3$（摩尔分数,%）的硅酸盐玻璃在808nm泵浦下，通过声子协助的 $Tm^{3+}\rightarrow Ho^{3+}$，$Er^{3+}\rightarrow Ho^{3+}$等能量传递也获得 Ho^{3+}约2.0μm发射[48]。808nm同时分别使 Tm^{3+}和 Er^{3+}从基态激发到$^3H_4$（Tm^{3+}）和$^4F_{9/2}$（Er^{3+}）能级，然后通过声子协助能量传递给 Ho^{3+}，敏化 Ho^{3+}的约2.0μm发射。在2.008μm处 Ho^{3+}的最大发射截面为$3.54\times10^{-21}cm^2$。$Tm^{3+}\rightarrow Ho^{3+}$能量传递系数达到$21.44\times10^{-40}cm^6/s$。但是，在能量传递过程中，同时产生1.47nm（$Tm^{3+}$）和1.54nm（$Er^{3+}$）发射，将泵浦能量耗散；808nm泵浦时可能还产生上转换发光，也将能量损耗。

对 Cr^{3+}、Tm^{3+}、Ho^{3+}三掺杂的激光材料而言，主要是依据 Cr^{3+}对氙灯的宽带吸收，使其从基态$^4A_2$跃迁到$^4T_1$和$^4T_2$高能级，然后无辐射弛豫到$^4T_2$和^2E态，而^2E是禁戒的，但它与 Tm^{3+}的$^3F_3$，$^3F_2$能态接近，容易发生$^2E\rightarrow{}^3F_3$，$^3F_2$无辐射传递，再经过无辐射弛豫到 Tm^{3+}的下能级$^3H_4$。而$^3H_4$能级除了经无辐射弛豫到$^3F_4$下能级亚稳态，还能与基态$^3H_6$发生上述的交叉弛豫。增加$^3F_4$能级上粒子布居。接着发生 Tm^{3+}的$^3F_4\rightarrow{}^5I_7$（Ho^{3+}）共振传递，然后受激从$^5I_7\rightarrow{}^5I_8$（Ho^{3+}）辐射跃迁，产生约2.0μm激光。简单地说，在 Cr^{3+}、Tm^{3+}、Ho^{3+}三掺杂的体系中，能量传递从 $Cr^{3+}\rightarrow Tm^{3+}\rightarrow Ho^{3+}$的$^5I_7$，由$^5I_7\rightarrow{}^5I_8$能级跃迁产生约2.0μm激光。在Cr,Tm,Ho:YAG中[49]，Tm^{3+}的$^3F_4$能级呈现毫秒量级的指数式衰减，寿命τ=7.2ms并相当迅速地构成（近1.8μs），而 Ho^{3+}的$^5I_7$能级平均积累时间为60~72μs，但指数式衰减时间长达约7.8ms。这非常有利于约2.0μm激光产生。这样，由于光泵使Cr,Tm,Ho:YAG达到高脉冲能量输出。该激光器在20世纪90年代平均输功率为17W，斜率效率仅2%。这种三掺杂的YAG激光器已商品化，用于医学临床中，在激光脉冲能量为170mJ/脉冲的氙灯抽运 Cr^{3+},Tm^{3+},Ho^{3+}:GGG晶体激光实验中，实现了2.086~2.102μm激光输出，平均输出功率170mW。

为了使产生的超短脉冲激光起动和稳定，在 Tm^{3+},Ho^{3+}:$KY(WO_4)_2$激光晶体中使用InGaAsSb基量子阱半导体饱和吸收镜[39]，获得3.3ps短脉冲2.057μm激光。在132MHz脉冲重复频率下，1.15W吸收功率的802nm Ti-宝石激光泵浦下，得到315mW的平均输出功率。若将该半导体饱和吸收剂改换为更先进的其他饱和吸收剂，可能性还将提高。

Ho:YAP也是一类重要的2μm激光晶体。最近用声光Q-开关 MoS_2饱和吸收镜发展Tm,Ho:YAP有源/无源Q-开关2μm激光工作。对有源的Q-开关激光来说，首次获得平均输出功率12.3W，最大脉冲能量为10.3mJ。对无源Q-开关激光也首次获得3.3W的平均输出功率，脉冲能量23.3μJ的光束质量因子$M^2=1.06$。这类工作改进和发展空间还很大。Tm和Ho共掺杂的YAP使用约794nm LD泵浦时可能会有上转换发光和其他NIR辐射产生，原理和依据见前文所述 Tm^{3+}—Ho^{3+}间能量传递。这样损失吸收能量。可以设计Ho:YAP被Tm掺杂的其他激光来泵浦，或Tm:YAP与Ho:YAP键合，采用新的饱和吸收剂和热管理等技术，一定可提高其激光性能。

由于 Ho^{3+}的吸收光谱中缺少对820~1000nm的吸收，不能用AlGaAs LD实现泵浦。

传统方法用上述共掺杂 Yb^{3+} 或 Tm^{3+} 来实现约 2.0μm Ho 激光工作。但是由于室温时 Yb^{3+}—Ho^{3+} 或 Tm^{3+}—Ho^{3+} 间的上转换和下转换过程能量损失，而受到限制。所以过去 20 年来，人们设法改进，利用 Ho^{3+} 在 1.9μm 存在吸收带，采用能发射约 1.9μm 的其他光源来泵浦。如过渡金属离子激光、光纤激光、Tm^{3+} 掺杂的激光或 1.9μm LD。其中具有光束质量极好的 Tm^{3+} 激光最为满意，成为近年来获取约 2.0μm 激光器的研究重点之一。但是发现 Ho^{3+} 的 $^5I_7 \to ^5I_8$ 能级间跃迁的增益（吸收截面×寿命）比 Tm^{3+} 大很多，Ho^{3+} 的寿命长达 8~10ms。故放弃 Tm^{3+} 单掺杂作为约 2.0μm 激光方案，而使用 Tm^{3+} 吸收泵浦源敏化传递给 Ho^{3+} 产生更佳的约 2.1μm 激光。故因此提出双腔方案，如在 Tm,Ho∶YLF 晶体中对单腔激光和双腔激光进行比较[50]，单腔激光为 7mW，而双腔激光最大输出功率为 30mW，大大增益。新发展的 Tm/Ho∶YAG 增益介质中基本原理也是如此[51]。因为 1.9μm 可与 Ho 激光产生匹配从而获得约 2.1μm 的 Ho 激光工作。故用该方法合成的 YAG 增益介质获得吸收 785nm LD 光源转换为 2.122μm 的转换效率为 33.6%，斜率效率达 40.1%，最大输出功为 6W 的约 2.1μm 激光。

早在 1987 年就指出[46]，Cr,Tm,Ho∶YAG 中，Ho^{3+} 的 $^5I_7$ 寿命为 3ms，无 Cr 时为 8ms，比 Nd∶YAG 的寿命 0.240ms 长很多，非常有利于高能储存。在 Ho∶YAG 中 2.09μm 处的 Ho^{3+} 的 $\sigma_{em}=1.2\times10^{-20}cm^2$ 远比 Tm^{3+} 在 2.01μm 处的 $\sigma_{em}=1.5\times10^{-21}cm^2$ 高，高约 8 倍。

15.6.3　Ho^{3+} 激光技术的发展

近年来 Ho^{3+} 掺杂的稀土石榴石激光材料依然在不断改进。上海硅酸盐所发挥自身优势研发了 Ho∶LuAG 激光透明陶瓷[52]。1830℃真空煅烧 30h，获得平均粒径增大至 14μm。计算的吸收和发射截面，在 1.906μm 和 2.094μm 处，分别为 $0.88\times10^{-22}cm^2$ 和 $1.26\times10^{-22}cm^2$。这是一个相当高的水平，比 Ho,Tm∶BaY_2F_8 晶体高出 3 倍多。

采用发射 1.9075μm 的 Tm∶YLF 作为泵浦光源激发，在 2.10074μm 处 2.67W CW 激光工作时，斜率效率为 26.5%。

中国学者发明了一种 Ho^{3+} 的 2.0μm 激光工作方案[51]。这是通过 Tm 掺杂的和 Ho 掺杂的 YAG 晶体扩散键合到单体结构材料中集成化。此工作与 YAG/Yb∶YAG/Cr∶YAG 键合技术类似。其中用作导热的未掺杂的 YAG 与 Ho 及 Yb∶YAG 激光晶体键合，Cr∶YAG 用作饱和吸收剂。相信采用近来发展的一些新技术及热管理新方法后，可向更高效、更高功率的 Ho^{3+} 的约 2.1μm 激光发展。

可见人们对 Ho^{3+} 的 2.0μm 发展很关心，还特别关注不含水的氟碲酸盐（TZNF）玻璃中 Ho^{3+} 的 2.0μm 发射[53]。这种玻璃用物理和化学方法去除水分后，2.04μm 荧光（$^5I_7 \to ^5I_8$）的带宽约 149nm，大的受激发射截面 $\lambda_{em}=7.2\times10^{-21}cm^2$，$Ho^{3+}$ 的荧光寿命高达约 10ms。这样好的结果是因为除去残留的 OH 基团及氟化物加入碲氧化物玻璃中具有低的声子能量。

为进一步提高 Ho^{3+} 的 2.0μm 激光发射，依据 Bi^{3+} 的能级结构和荧光特性，发现 Bi^{3+} 具有宽带的特征，吸收谱位于 490nm 和 710nm 附近，且 Bi^{3+} 具有宽 NIR 发射[54-55]。显然，可以发生 $Bi^{3+} \to Ho^{3+}$ 的能量传递，增强 Ho^{3+} 的 2.0μm 发射，下面将另行介绍。

寻找新的优良基质也是很重要的途径，一种新的 Ho∶$ScYSiO_5$ 高效 2.1μm 激光晶体被发展[56]。Tm-光纤 1.9403μm 激光共振泵浦 Ho∶$ScYSiO_5$ 晶体获得约 2.1μm CW 激光，其输出功率为 4.1W，斜率效率 η_{Si}为 53.4%的可喜结果。

因此，长期以来一直对 Ho:YAG 约 2.09μm 激光性能不断地改进和发展。表 15-5 汇编了从 1987 年以来，主要是 2000 年以来有关 Ho^{3+}:YAG 体系 2.09μm 激光发展的情况。

表 15-5 Ho:YAG 及 Ho^{3+}掺杂其他材料中 2.09μm 激光的发展

时间	国别	激光材料	激光波长/μm	泵浦方式	结果	文献
1987 年	英国	Cr,Tm，Ho:YAG	2.097，室温	781.5nm LD	约 2.1μm CW，η_{Sl}为 19%，阈值为 4.4mW，输出约 1.15mW	46
2003 年	法国、德国	Ho:YAG	2.09	LD 泵浦 Tm:YLF 激光	η_{Sl}为 21%，平均输出 1.6W	57
2004 年	英国	Ho:YAG	2.1	Tm:SiO_2 光纤激光 1.91μm 泵浦	η_{Sl}为 47%，输出 3.7W，M^2<1.1	58
2008 年	中国	Ho:YAG 单片	2.09	Tm:光纤激光 1.907μm	η_{Sl}为 71%，输出 7.3W，M^2 为1.1，输入 17.8W	59
2008 年	中国	Ho:YAG		LD 泵浦 Tm:YLF 激光	室温，CW 激光	60
2011 年	中国	Ho:YAG 多晶陶瓷	2.097	Tm:光纤激光 1.907μm 泵浦	η_{Sl}为 63.6%，输出 21.4W CW，$\eta_{o\text{-}o}$为 61.1%，输入 35W	61
2012 年	德国	Ho:YAG	2.09	GaSb 基 LD 积成的 1.9μm 激光泵浦	100Hz，脉冲能量大于 30mJ，脉冲周期 100ns，最大峰值功率 300kW 以上，CW 输出 8.7W，η_{Sl}为 36%	62
2012 年	中国	Ho:YAG+Ho:YAG 相互垂直	2.097	相互垂直的偏振 LD 泵浦 Tm:YLF 产生 1.91μm 激光	101W，η_{Sl}为 66.2%，脉冲能量 3.37mJ，峰功率约 82.2kW；CW 输出 103W，η_{Sl}为 67.8%，$\eta_{o\text{-}o}$为 63.5%；M^2<2	63
2013 年	奥地利 新加坡	Ho:YAG	2.1	530fs Tm-光纤激光泵浦水冷	约 440fs 激光，5kHz，脉冲能量 3mJ，平均功率 15W，η_{Sl}为 19%	64
2016 年	中国	Ho:YAG	2.122	785nm LD 泵浦 Tm:YAG 产生 2.018μm 激光泵浦	η_{Sl}为 38%，最大输出 8.03W，M^2 为2.6	65
2017 年	中国	Ho:LuYAG 陶瓷	2.10074	Tm:YLF 1.908μm 泵浦	CW，η_{Sl}为 26.5%，M^2 为 1.1，τ_{ab}为 $0.88\times10^{-20}cm^2$	52
2018 年	中国	Tm:YAG 缝合 Ho:YAG 成一体	2.122	985nm AlGaAs LD 泵浦	CW 2.67W，η_{Sl}为 40%，输出 6W，转换效率 33.6%，σ_{em}为 $1.26\times10^{-20}cm^2$	51
2018 年	中国	Ho,Tm:YAP 晶体	2.0	HoS_2 饱和吸收剂	输出功率 12.3W，最大脉冲能量 10.3mJ	2

续表 15-5

时间	国别	激光材料	激光波长 /μm	泵浦方式	结　果	文献
2019	马来西亚	Tm,Ho:YAG 光纤	2.0235 2.033	1.55μm Er：光纤泵浦	阈值 1.4W，输入约 2.6W，平均输出 11.8mW	66
2019	中国	Ho:$ScYSiO_5$ 晶体	2.1	1.9403μm Tm 光纤泵浦	输出功率 4.1W，斜率效率 53.4%	56

从表 15-5 可知，发展一些新技术取得长足的进展。主要体现在：（1）泵浦技术多采用 Tm^{3+}掺杂的 1.9μm 激光作泵浦源，泵浦 Ho：YAG。（2）发展用多个（束）1.9 μm Tm：YLF 激光源泵浦双腔 Ho：YAG 激光晶体，以期获取高输出功率、更高脉冲能量。(3) 特点是键合技术。Tm：YAG 键合 Ho：YAG，集成化成为一整体，有利于紧凑型固体化等新技术发展。(4) 特点是采用新的饱和吸收剂，不断提高 Ho^{3+}的 2μm 激光输出功率和能量。(5) 同时发展新的 Ho^{3+}的 2.0μm 激光材料。这些工作均依据上述原因和原理而发展。作者认为，第（2）特点的设计思想和装置可进一步改进完善，可以用于其他大功率稀土固体激光器（如 Yb^{3+}、Tm^{3+}、Nd^{3+}等）。

15.7 Ho^{3+}与其他离子的能量传递

15.7.1 Yb^{3+}，Bi^{3+}→Ho^{3+}的能量传递

15.7.1.1 关于 Yb^{3+}→Ho^{3+}的能量传递

前面已涉及 Yb^{3+}→Ho^{3+}的能量传递工作。其实早期实验证实在 YF_3:Yb,Ho 体系中，Yb^{3+}为施主，Ho^{3+}为受主。在受激的 Yb^{3+}—Yb^{3+}之间存在有限扩散迁移，通过电偶极-偶极（d-d）相互作用，激发能从 Yb^{3+}传递给 Ho^{3+}。

而在 $BaYb_2F_8$:Ho^{3+} 晶体中涉及多个 Yb^{3+} 与 Ho^{3+} 的交叉弛豫过程，包括 $^5G_4(Ho^{3+})+^2F_{7/2}(Yb^{3+})\to^5F_5(Ho^{3+})+^2F_{5/2}(Yb^{3+})$，$^5F_5(Ho^{3+})+^2F_{7/2}(Yb^{3+})—^5I_7(Ho^{3+})+^2F_{5/2}(Yb^{3+})$等交叉弛豫过程，导致 Ho^{3+}的$^5I_7\to^5I_8$能级间跃迁在约 2.0μm 激光通道产生。

15.7.1.2 关于 Bi^{3+}→Ho^{3+}的能量传递

早期已在 Bi_4GeO_{12}:Ho^{3+}晶体中观测到 Bi^{3+}→Ho^{3+}的能量传递。

基于上述 Bi^{3+}和 Ho^{3+}的光谱特性，近年来，为提高 Ho^{3+}的 2.0μm 激光发射，加强对 Bi^{3+}→Ho^{3+}的光学光谱和能量传递研究[54-55]。在锗硅酸盐玻璃中，Bi^{3+}的宽特征吸收峰位于 490nm 和 710nm 附近，单掺 Bi^{3+}玻璃用 808nm 泵浦，Bi^{3+}的发射带从 1050nm 延伸到 1450nm，其发射峰为 1245nm（$8032cm^{-1}$），与 Ho^{3+}的$^5I_6$能级（$8610\sim8770cm^{-1}$）很匹配。因而在 Bi^{3+}和 Ho^{3+}共掺样品的 1050~1450nm NIR 发射光谱中的强度比单掺 Bi^{3+}的显著降低，而在 1800~2200nm MIR 区则相反，显著增强。显然发生 Bi^{3+}→Ho^{3+}的能量传递。

15.7.2 Eu^{2+}→Ho^{3+}的能量传递

Ho^{3+}的吸收为 4*f*—4*f* 能级跃迁，振子强度低，吸收截面小，吸收谱弱而窄。而 Eu^{2+}

是 $4f$—$5d$ 态允许跃迁，呈现强而宽的吸收带。为提高 Ho^{3+}的可见光强度，可以引入 Eu^{2+}作为敏化剂，增强 Ho^{3+}的发射。

掺杂 Eu^{2+}的 $BaYF_5:Ho^{3+}$氟化物中 Ho^{3+}的 541nm 发射的激发光谱如图 4-3 所示。那个强而宽的带正是 Eu^{2+}的 $4f$—$5d$ 跃迁激发谱带。Eu^{2+}的激发光谱出现在 Ho^{3+}的激发光谱中，直接证明发生了激发能从 Eu^{2+}传递给 Ho^{3+}，使 Ho^{3+}的可见光发射强度成倍提高[67-68]。$BaYF_5$：$0.01Eu^{2+}, xHo^{3+}$体系中，Eu^{2+} 385nm 发射强度及 Ho^{3+} 541nm 发射强度与 Ho^{3+}浓度关系表示在图 15-5 中。可见随 Ho^{3+}浓度 x 增加，Ho^{3+}的发射强度成倍增强；而 Eu^{2+}发射强度正好相反，当 $x>0.03\%$时，由于产生浓度猝灭，Ho^{3+}的发射强度下降。显然 Eu^{2+}吸收的能量无辐射传递给 Ho^{3+}。利用 I-H 理论方程式与实验结果拟合得到在这种发生的 $Eu^{2+}\rightarrow Ho^{3+}$的无辐射能量传递机制是偶极-偶极（d-d）相互作用。Eu^{2+}的荧光寿命随 Ho^{3+}浓度增加而缩短[67]。施主 Eu^{2+}的本征寿命 $\tau_0=0.50\mu s$，其衰减为简单指数式，但在 Ho^{3+}高浓度下，Eu^{2+}的衰减变为指数式，其寿命更短。经计算，能量传递效率高达60%，能量传递速率高达 $3.0\times10^6 s^{-1}$[67-68]。

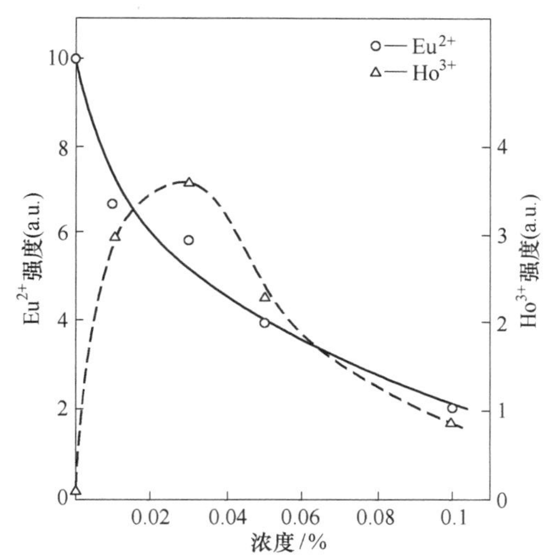

图 15-5 $BaYF_3:0.01Eu^{2+}$，xHo^{3+}中 Eu^{2+} 385nm 发射强度、Ho^{3+} 541nm 发射强度与 Ho^{3+}浓度的关系[68]

（室温；$\lambda_{ex}=325nm$）

上述工作表明，对激光和发光来说，$BaYF_5$、CaF_2、BaY_2F_8及 $NaYF_4$ 等氟化物对共掺二价和三价稀土离子而言是一种很好的基质。

此外，利用交叉弛豫能量传递，在 Ho^{3+}、Yb^{3+}、Eu^{2+}或 Ho^{3+}、Yb^{3+}、Ce^{3+}三掺杂的 $Gd_2(MoO_4)_3$ 中[31]，除了实现 Ho^{3+}的 541nm（$^5S_2\rightarrow^5I_7$）绿光及 662nm（$^5F_4\rightarrow^5I_8$）红光上转换发光外，还观测到 Eu^{3+}的 615nm 发射或 Ce^{3+}对 Ho^{3+}的红光增强现象。

15.8 提高 $(^5S_2,^5F_4)\rightarrow^5I_8$能级跃迁发射的可能办法

借此，作者提出几点想法来提高 Ho^{3+}的可见光发射强度：

（1）利用交叉弛豫能量传递，如 Ho^{3+}、Yb^{3+}、$Eu^{3+}(Ce^{3+})$ 等三掺杂的某些合适的基质，除了实现 Ho^{3+}的 541nm（$^5S_2\rightarrow^5I_7$）及 662nm（$^5F_4\rightarrow^5I_8$）上转换发光外，还可观测到 $Eu^{3+}(Ce^{3+})$ 对 Ho^{3+}的红光增强。

（2）同时采用高效上/下转换双激发方法来提高 Ho^{3+}的 $(^5S_2,^5F_4)\rightarrow^5I_J$跃迁可见光发射。该方法重点是使受激粒子经上/下转换物理过程，同时都布居到 Ho^{3+}主发射能级上，可极大地增强 Ho^{3+}的 $(^5S_2,^5F_4)\rightarrow^5I_J$跃迁可见光发射。其关键是选用基质。选取基质原则如下：

1）可同时掺杂 Eu^{2+}、Ce^{3+}、Bi^{3+}（用作施主）及 Er^{3+}、Yb^{3+}等离子，它们可分别占据不同的相应晶体学格位；

2）具有高效的上/下转换效率；

3）施主具有宽而强的吸收光谱、大的吸收截面，特别是用作下转换时是 Ho^{3+}（Er^{3+}）的敏化剂。施主的吸收光谱应位于波长 UV-NUV 区等特别适合；

4）具有合适的声子能量；

5）上/下光转换过程互不干扰；

6）材料的物理和化学性能稳定。

一些已有上/下光转换基础性质的氟化物，如 $BaYF_5$，MF_2(Cd,Sr,Ba）等晶体或玻璃均可考虑用作基质。由 MCVD 技术制备的 Ho^{3+}掺杂的 Al_2O_3-GeO_2-SiO_2 玻璃光纤呈现强的 550nm 和 650nm 可见光及 NIR 光发射[43]。该报告还给出此玻璃光纤的不同能级跃迁的 $\| U^{\lambda} \|^2(\lambda = 2, 4, 6)$ 约化矩阵元、跃迁概率、分支比、线性强度及 Ω_λ 等 J-O 光学光谱分析参数。此玻璃在约 600～1700nm 光谱范围内吸收率很高。因此，可以改用 Ho^{3+} 和 Yb^{3+}共掺杂体系，同时进行上/下转换泵浦实验。

（3）在 Ho、Yb 共掺体系中，由一定的物理思想指导，再掺入合适的杂质有可能改善上转换性能及研发新的材料。如 Ho、Yb、Er 三掺杂的 PbF_2 荧光体具有多波段灵敏的发光特性[69]；而 Ho、Yb 共掺氧化锆单晶呈现强的绿色上转换发光[70]等。

上述，人们注重 Ho^{3+}的 NIR 激光研发。由图 15-1 可知，Ho^{3+}的$^5I_5 \rightarrow ^5I_6$ 能级跃迁可产生约 3.9μm MIR 发射。近来 Ho^{3+}从 3.8～4.2μm 超宽带 MIR 发射也被观测到[71]。这是用 808nm LD 激发具有较低声子能量（约 761cm^{-1}）的 Ho^{3+}，Tm^{3+}、Ce^{3+}共掺杂的碲酸盐玻璃中观测到。玻璃中引入 Ce^{3+}是为了抑制上转换及增强 4.1μm MIR 发射。这是源于发生 $Ho^{3+} \rightarrow Ce^{3+}$的交叉弛豫能量传递。该碲酸盐玻璃的最大发射截面 $1.01 \times 10^{-20} cm^2$。这些结果表明有望用作超宽带 MIR 可调谐激光。

参 考 文 献

[1] 徐光宪．稀土（下）[M]．2 版．北京:冶金工业出版社，1995:124.

[2] LI L J，YANG X，ZHOU L，et al. Active/passive Q-Switching operation of 2μm Tm,Ho:YAP laser with an acousto-optical Q-switch/MoS_2 Saturable absorber mirror [J]．Photonics Research，2018，6（6）:614-619.

[3] SHEN L F，CHEN B J，PUN E V B，et al.，Gain properties of the transition emission near the second telecommunication window in Ho^{3+}-doped multicomponent heavy-metal gallate glasses [J]. J. Lumin.，2012，132:678-681.

[4] 王庆元，张思远，董向明，等．Ho^{3+}:$Gd_3Ga_5O_{12}$晶体的光谱性质及强度参数 [J]．中国激光，1990，17（1）:31-34.

[5] SUI Z Q，CHEN B J，PUN E Y B，et al. Infrared radiation properties of Ho^{3+} in multicomponent germanium tellurite glasses [J]. Appl. Opt.，2015，54（19）:5976-5981.

[6] 杨文琴，吴海琴，陈金铠，等．Ho:YVO_4 晶体中 Ho^{3+}光谱参数的计算 [J]．光谱学与光谱分析，2001，12（1）:28-31.

[7] ZHOU B，YANG D L，LIN H，et al. Emission of 1.20 and 1.38 μm from Ho^{3+}-doped lithium-Barium-bismuth-lead oxide glass for optical amplifications [J]. J. Non-Cryst. Solids，2011，357:2468-2471.

[8] CHEN B J, CHEN L F, LIN H. ~1.2μm near-infrared emission and anticipation in Ho^{3+} doped neavy-metal gallate glasses [J]. Opt. Commun., 2011, 284:5705-5709.

[9] PUJOL M C, CASCALES C, RICO M, et al. Measurement and crystal field analysis of energy levels of Ho^{3+} and Er^{3+} in $KGd(WO_4)_2$ single crystal [J]. J. Alloys Compounds, 2001, 323/324:321-325.

[10] WETENKAMP L, WEST G F, TOBBEN H. Optical properties of rare earth-doped ZBLAN glasses [J]. J. Non-Crystalline Solids, 1992, 140:35-40.

[11] 武士学，张思远，王庆元．Ho^{3+}和Er^{3+}在$YLiF_4$晶体中的光谱参数和Ω_λ参数 [J]. 发光学报，1986，7 (3):252-260.

[12] 范晓峰，陆宝生，王璞，等．Ho:YAB 晶体的光谱参数 [J]. 光电子·激光，1995，6 (1):33-38.

[13] ZHANG X, LIU X R, JOUART J P, et al. Red laser-induced up-conversion mechanism in Ho^{3+} doped LaF_3 crystal [J]. J. Lumin, 1998, 78:289-293.

[14] ZHANG X, LIU X R, JOUART J P, et al. Upconversion fluorescence of Ho^{3+} ions in a BaF_2 crystal [J]. Chem. Phys. Lett., 1998, 287:659-662.

[15] ZHANG X, JOUART J P, BOUFFARD M, et al. Site-Selective upconversion in Ho^{3+} doped fluorite crystals MF_2 (M=Ca, Sr, Cd) [J]. J. Phys. Ⅳ, 1994, 4 (C4): 537-540.

[16] SOKOLSKA I, KUCK S, DOMINIAK-OZIK G, et al. The up-conversioni processes in Ho^{3+} doped Li TaO_3 [J]. J. Alloys Compounds, 2001, 323/324:273-278.

[17] OSIAC E, SOKOLSKA I, KUCK S. Upconversion-induced blue, green and red emission in $Ho^{3+}:BaY_2F_8$ [J]. J. Alloys Compounds, 2001, 323/324:283-287.

[18] 陈晓波，陈金铠，张光寅．HoP_5O_{14}非晶中Ho^{3+}离子$^5F_4$能级的双光子吸收 [J]. 中国激光，1993，20 (5):389-392.

[19] 陈金铠，陈晓波．HoP_5O_{14}非晶的上转换荧光现象 [J]. 发光学报，1993，14 (1):61-67.

[20] BERA S, NIE C D, SOSKIND M G, et al. Growth and lasing of single crystal YAG fiber with different Ho^{3+} concentrations [J]. Opt. Mater., 2018, 75:44-48.

[21] ALLAIN J Y, MONERIE M, POIGMENT H. Room temperature green upconversion holmium fiber laser [J]. Electron. Lett., 1990, 26 (4):261-262.

[22] ADIKAARI A A D, ETCHART I, GUERING P H, et al. Near infrared up-conversion in organic photovoltaic devices using an efficient $Yb^{3+}:Ho^{3+}$ co-doped Ln_2BaZnO_5 (Ln = Y, Gd) phosphor [J]. J. Appl. phys. 2012, 111 (9): 094502.

[23] ZHANG X, JOUART J P, MARY G. Energy transfer upconversion in Ho^{3+} and Ho^{3+}, Yb^{3+} doped CaF_2 crystals [J]. J. Phys: Condens Matter, 1998, 10:493-500.

[24] LIN H, YAN X H, WANG X F, Controllable synthesis and-convevsion properties of flower-like $NaY(MoO_4)_2$ microcrystals via polyvinylpyrrolidone-mediate [J]. J. Solid State Chem., 2013, 204: 266-271.

[25] MARTIN I R, RODRIGUEZ V D, LAVIN V. Up-conversion dynamics in Yb^{3+}- Ho^{3+} doped fluoroindate glasses [J]. J. Alloys Compounds, 1998, 275/276/277:345-348.

[26] LISIECKI R, DOMINIAK-DZIK G, RYBA-ROMANOWSKI W. Conversion of infrared radiation into visible emission in YVO_4 crystals doped with ytterbium and holmium [J]. J. Appl., Phys., 2004, 96 (11): 6323-6330.

[27] JOHNSON I F, GUGGENHEIM H J. Infrared-pumped visible laser [J]. Appl. Phys. Lett., 1971, 19 (2):44-46.

[28] 熊巍，林树坤，黄晓辉．镱和钬双掺杂$Gd_{0.8}La_{0.2}VO_4$晶体的生长与光谱性质 [J]，中国稀土学报，2004，22 (6):891-894.

[29] 朱忠丽，林海，乔正言，等．Ho^{3+}，Yb^{3+}双掺 $KGd(WO_4)_2$ 激光晶体的光谱性能［J］．中国稀土学报，2008，26（1）:32-36.

[30] RYBA-ROMANOWSKI W，GOLAP S，DOMINIAK-DZIK G，et al. Conversion of infrared radiation into red emission in YVO_4:Yb，Ho［J］. Appl. Phys. Lett.，2001，79:3026-3029.

[31] HAO H Y，LU H Y，AO G H，et al. Realizing nearly pure green and red emission of Ho^{3+}/Yb^{3+} co-doping $Gd_2(MoO_4)_3$ through tri-doping Eu^{3+} and Ce^{3+}［J］. J. Lumin.，2018，194:617-621.

[32] 祁长鸿，刘剑新，林凤英，等．Yb^{3+}-Ho^{3+}双掺杂 ZBLAN 玻璃中 Ho^{3+}的上转换发光［J］．中国激光，1998，25（6）:1-5.

[33] LI B R，ZHAO X，PUN E Y B，et al. Upconversion photon quantification of Ho^{3+} in highly transparent fluoro-tellurite glasses［J］. Optics and Laser Technology，2018，107:8-14.

[34] ZHU C L，PUN E Y B，WANG Z Q，et al. Upconversion photon quantification of holmium and erbium ions in waveguide-adaptive germanate glasses［J］. Appl. Phys. B，2017，123:64-1-11.

[35] PILCH-WROBEL A，ZASADA J，BEDNARKIEWCZ A. The influence of Ce^{3+} codoping and scheme on spectroscopic properties of $NaYF_4$:Yb^{3+}，Ho^{3+}［J］. J. Lumin.，2020，2226:117494.

[36] KEI O，YASUHARU M，MINORU D，et al. Novel multi-function 2-micro imaging laser Radar system［J］. Proc. SPIE，1999，3865:128-133.

[37] HE J，ZHAN H，ZHOU Z，et al. Study on 2.0μm Huoresence of Ho-doped water-free fluorotellurite glasses［J］. Opt. Mater.，2013，35:2573-2576.

[38] HUANG H Z，HUANG J H，GE Y，et al. 2.1μm composite Tm/Ho:YAG laser［J］. Optics Letters，2018，43（6）:1271-1273.

[39] LAGATSKY A A，FUSARI F，CALVEZ S，et al. Passive mode locking of a Tm，Ho:$KY(WO_4)_2$ laser around 2μm［J］. Opt. Lett.，2009，34（17）:2587-2589.

[40] GANDY H W，GINTHER R J，WELLER J F. Energy transfer and Ho^{3+} laser action in silicate glass coactivated with Yb^{3+} and Ho^{3+}［J］. Appl. Phys. Lett.，1965，6:237-239.（该文有两处小错误，作者在 1965 年同刊 7:112 申明，予以纠正）

[41] MALINOWSKI M，FRUKACZ Z，SZUFLINSKE M，et al. Optical transitions of Ho^{3+} in YAG［J］. J. Alloys Compounds，2000，300/301:89-394.

[42] 成诗恕，程艳，赵莹春，等．Yb，Ho:YAG 晶体的生长及光谱特性［J］．人工晶体学报，2010，39（2）:332-335.

[43] WATEKAE P R，JU S，HAN W T. Optical properties of Ho-doped alumino-germano silica glass optical fiber［J］. J. Non-Cryst. Solcds，2008，354: 1453-1459.

[44] 张新陆，崔全辉．激光二极管端面抽运 2μm Tm，Ho:YLF 连续激光器的激光特性［J］．哈尔滨工程大学学报，2006，27（2）:301-304.

[45] WANG L，CAI X W，YANG J W，et al. 520mJ langasite electro-optically Q-switched Cr，Tm，Ho:YAG laser［J］. Opt. Letters.，2012，37（11）:1986-1988.

[46] FAN T Y，HUBER G，BYER R L，et al. Continuous-wave operation at 2.1μm of a diode-laser-pumped Tm-sensitized Ho:$Y_3Al_5O_{12}$ laser at 300 K［J］. Opt. Lett.，1987，12（9）:678-680.

[47] FRENCH V A，PERTIN R R，POWELL R C. Energy-transfer processes in $Y_3Al_5O_{12}$:Tm，Ho［J］. Phys. Rev. B，1992，46（11）:8018-8026.

[48] LI M，LIU X G，GUO Y Y，et al. Energy transfer-characteristics of silicale glass doping with Er^{3+}，Tm^{3+} and Ho^{3+} for ~2μm emission［J］. J. Appl. Phys.，2013，114:243501-1-8.

[49] KALISKY Y，ROTMAN S R，BOULON G，et al. Spectroscopy，modelling and laser operation of holmium doped laser crystals［J］. J. Physique Ⅳ，1994，C4:573-577.

[50] IZAWA J, NAKAJIMA H, HARA H, et al. Comparison of lasing performance of Tm, Ho:YLF laser by use of single and double cavities [J]. Appl. Opt., 2000, 39 (5):2418-2421.

[51] HUANG H Z, HUANG J H, GE Y, et al. 2.1μm composite Tm/Ho:YAG laser [J]. Opt. Lett., 2018, 43 (6):1271-1273.

[52] LI C Y, XIE T F, YE Z, et al. Polycrystalline Ho:LuAG laser ceramics: Fabrication, microstructure, and optical characterization [J] J. Amer. Ceram. Soc., 2017, 100:2081-2087.

[53] HE J L, ZHAN H, ZHOU Z G, et al. Study on 2.0μm fluorescence of Ho-doped water-free fluorotellurite glasses [J]. Opt. Mater., 2013, 35:2573-2576.

[54] MENG X, QIU J, PENG M, et al. Infrared broadband emission of bismuth-doped barium-aluminum-borate glasses [J]. Opt. Express, 2005, 13: 1635-1642.

[55] CAO W Q, HUANG F F, WANG T, et al. 2.0μm emission of Ho^{3+} doped germanosilicate glass sensitized by non-rare-earth ion Bi^{3+}: A new choice for 2.0μm laser [J]. Opt. Mater., 2018, 75:695-698.

[56] DUAN X M, QIAN C P, ZHENG L H, et al. Efficient 2.1μm laser action of an Ho:$ScYSiO_5$ (Ho: SYSO) mixed crystal at room temperature [J]. Laser Phys., 2019, 29:055803-1-4.

[57] SCHELLHORN M, HIRTH A, KIELECK C. Ho:YAG laser intracavity pumped by a diode-pumped Tm: YLF laser [J]. Opt. Lett., 2003, 28 (20):1933-1935.

[58] SHEN D Y, CLARKSON W A, COOPER L J, et al. Efficient single-axial-mode operation of a Ho:YAG ring laser pumped by a Tm-doped silica fiber lase [J]. Opt. Lett., 2004, 29 (20):2396-2398.

[59] YAO B Q, DUAN X M, FANG D, et al. 7.3W of single-frequency output power at 2.09μm from an Ho: YAG monolithic nonplanar ring laser [J]. Opt. Lett. 2008, 33 (18):2161-2163.

[60] DUAN X M, YAO B G, ZHANG Y J, et al. High efficient continuous-wave YAG laser pumped by a diode-pumped Tm:YLF laser at room temperature [J]. Chin. Phys. Lett., 2008, 25 (5):1693-1696.

[61] HAO C, SHEN D Y, ZHANG J, et al. In-band pumped highly efficient Ho:YAG Ceramic Laser with 21W output power at 2097 nm [J]. Opt. Lett., 2011, 36 (9):1575-1577.

[62] LARNRINI S, KOOPMANN P, SCHAFER M, et al. Directly diode-pumped high-energy Ho:YAG Oscillator [J]. Opt. Lett., 2012, 37 (4): 515-517.

[63] SHEN Y J, YAO B Q, DUAN X M, et al. 103W in-band dual-end-pumped Ho:YAG Oscillator Laser [J]. Opt. Lett., 2012, 37 (17): 3558-3560.

[64] MALEVICH P, ANDRIUKAITIS G, FLORY T, et al. High energy and average power femtosecond laser for driving mid-infrared oprical parametric Amplifiers [J]. Opt. Lett., 2013, 38 (15): 2746-2749.

[65] HUANG H Z, HUANG J H, LIU H G, et al. Efficient 2122 nm Ho: intra-cavity pumped by a narrowband-diode-pumped Tm:YAG laser [J]. Opt. Lett., 2016, 41 (17):39.

[66] LAU K Y, ABIDIN N H Z, CHOLAN N A, et al. Dual-wavelength thulium/holmium-doped fiber laser generation in 2μm region with high side mode suppression ratio [J]. J. Optics, 2019, 21:045701-1-6.

[67] 刘行仁, XU G, POWELL R C. 在 $BaYF_5$ 中 Eu^{2+}和 Ho^{3+}的荧光和能量传递 [J]. 物理学报, 1987, 36 (1):108-113.

[68] LIU X R, XU G, POWELL R C. Fluorescence and energy-transfer characteristics of rare-earth ions in $BaYF_5$ crystals [J]. J. Solid State Chem., 1986, 62:83-91.

[69] WU T T, LI B, SUN J L, et al. Preparation of PbF_2:Ho^{3+}, Er^{3+}, Yb^{3+} phosphors and its multi-wavelengh sensitire upcanversion luminescence mechanism [J]. Mater. Res. Bull., 2018, 107,308-313.

[70] TAN X J, XU X L, LIU F H, et. al, Highly efficient upconversion green emission in Ho/Yb co-doped yttria-stabilized zirconia single crystals [J]. J. Lumin., 2019, 209:95-101.

[71] YUN C, ZHANG C M, MIAO X L, et al. Ultra-broadband 4.1μm mid-infrared emission of Ho^{3+} realited by the introduction of Tm^{3+} and Ce^{3+} [J]. J. Lumin., 2021, 239: 118368.

16 Er^{3+}的 J-O 分析参数、吸收和发射截面及下转换荧光特性

Er^{3+}是一个非常重要的重稀土离子。Er^{3+}（$4f^n$）的 4*f* 电子组态能级也很丰富，有着多种跃迁通道可以产生发光和受激发射。图 16-1 给出一些能级可能产生的受激发射。Er^{3+}所涉及的研究内容颇为丰富，且用途广，领域多，故近年来深受人们的重视，发表的相关论文超过其他稀土离子。因而需要对 Er^{3+}的光学光谱、发光和激光性能及能量传递的内容和变化规律予以全面了解。由于内容丰富，涉及面广，故将 Er^{3+}的特性分为三个部分：光学光谱和发光特性，上转换和能量传递，激光特性。它们之间有着密切关系。

本章着重介绍 Er^{3+}的光学光谱、J-O 分析参数、Stark 能级、吸收和发射截面及可见光和 NIR 光下转换发光等基本特性。

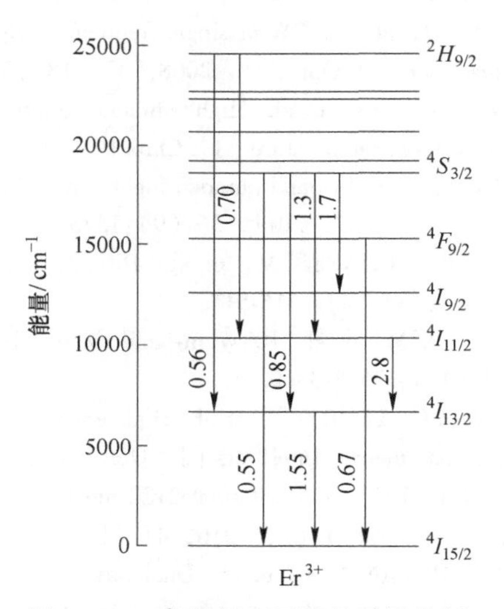

图 16-1　Er^{3+}能级和可能的受激发射

16.1　Er^{3+}的吸收光谱

Er^{3+}具有丰富的 4*f* 能级。Er^{3+}的发光、上转换发光及受激发射产生和性质是以 Er^{3+}的光学光谱性质和 J-O 理论为基础的，而 J-O 理论主要依据三价稀土离子的吸收和发射光谱。在本节中首先对不同基质中 Er^{3+}的吸收光谱予以了解。这里对几种玻璃和晶体中 Er^{3+}的吸收光谱予以分析和对比，为 J-O 理论重要参数的获取提供依据。

图 16-2 为作者小组研制的组成为 $Ca_3Al_2Si_3O_{12}$:Er^{3+}的硅酸铝钙玻璃（CaAS:Er^{3+}）的吸收光谱[1]，记录到强度不等的 11 个吸收峰，分别为 365nm、378nm、406nm、452nm、

487nm、521nm、545nm、651nm、800nm、976nm 和 1532nm 附近；它们分别起源于 Er^{3+} 的基态 $^4I_{15/2}$ 到在图中标明对应的高能级吸收跃迁。而 $Cd_3Al_2Si_3O_{12}$（CdAS）玻璃中 Er^{3+} 在 300~1650mm 宽范围内的吸收光谱[2]和图 16-2 中 CaAS :Er 玻璃的吸收光谱非常相同。因为组成为 $A_3B_2Si_3O_{12}$ 石榴石的 CdAS 和 CaAS 两种玻璃中，Er^{3+} 的 4*f* 内层电子组态跃迁受外界环境影响很小，故吸收谱线的能量位置基本一致。但是对吸收跃迁强度将有影响。同样，在 $M_2O\text{-}A_3Al_2C_3O_{12}$（M=Li，Na，…；A=Ca，Cd；C=Si，Ge）玻璃中，Er^{3+} 也具有相类似的吸收光谱性质[3-4]。加入碱金属，不仅可使熔制玻璃的温度降低，也可使 Er^{3+} 由于环境变化，发射强度、寿命、强度参数 Ω_λ 等可能发生变化。在上述玻璃中，350nm 以上的紫外线呈现强的基质吸收。

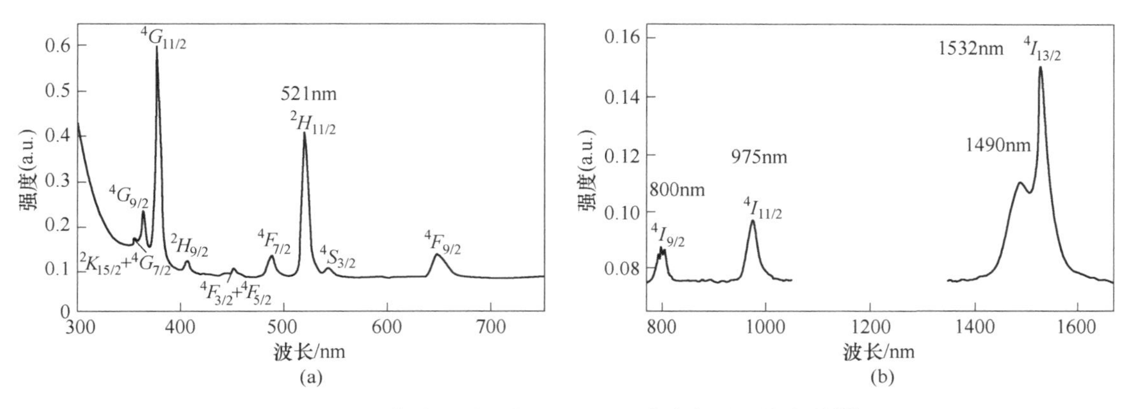

图 16-2 Er^{3+} 在硅酸铝钙（CaAS）玻璃中的吸收光谱[2]

（a）300~375nm 范围；（b）770~1100nm 和 1350~1650nm 范围

无论在玻璃还是晶体中，Er^{3+} 的吸收光谱本质上相同，吸收波长移动小，这是内层 4*f* 电子能级受晶场环境影响小的特征。比较不同材料中 Er^{3+} 的吸收光谱中相对吸收峰的强度变化规律，在 350~700nm 范围内是一致，其强度顺序为：$^4G_{11/2}>^2H_{11/2}>^4F_{9/2}$，它们都比 NIR 区 $^4I_{15/2}\rightarrow^4I_J$（$J=9/2$，11/2，13/2）跃迁吸收强。而在 800~1700nm NIR 范围内，$^4I_{15/2}\rightarrow^4I_{13/2}$ 跃迁相对吸收比 $^4I_{15/2}\rightarrow^4I_{11/2}\rightarrow^4I_{9/2}$ 强很多。这也是产生 1.5μm 受激发射的基础。这些吸收光谱为 Er^{3+} 的选择激发、上和下转换发光、受激发射及获取 J-O 理论的一些重要参数提供依据，下面将仔细介绍。

16.2 Er^{3+}的 J-O 分析参数

利用在第 2 章、第 15 章中介绍的 J-O 理论计算，选取 Er^{3+} 掺杂材料中的吸收光谱支项，用最小二乘法拟合实验振子强度 f_{exp}、理论计算振子强度 f_{cal}，以及强度参数 Ω_λ，进而可得到自发辐射跃迁概率 A_{ed}、A_{md}、τ_r 和 β 等参数。

16.2.1 Er^{3+}的能级、振子强度和强度参数

表 16-1 中列出几种不同的玻璃中，Er^{3+} 的相应能级跃迁和振子强度（*f*）。它们有共性也存在差异。Er^{3+} 的跃迁能级能量位置基本一致，振子强度 *f* 变化趋势一致，但 *f* 差异

表 16-1 不同材料中 Er^{3+} 的 4*f* 能级跃迁、振子强度及强度参数

跃迁	$Cd_3Al_2Si_3O_{12}$玻璃[2]			$Na_2O \cdot Ca_3Al_2Ge_3O_{12}$玻璃[3]			$Na_2O \cdot Cd_3Al_2Si_3O_{12}$玻璃[4]			高硅氧玻璃[5]			碲酸盐玻璃[6]		
	能量/cm^{-1}	f_{exp}	f_{cal}	能量/cm^{-1}	f_{exp}	f_{cal}	能量/cm^{-1}	f_{exp}	f_{cal}	能量/cm^{-1}	f_{exp}	f_{cal}	能量/cm^{-1}	f_{exp}	f_{cal}
$^4I_{15/2}\to{}^4I_{13/2}$	6519	1.332×10^{-6}	1.234×10^{-6}	6527	1.067×10^{-6}	0.611×10^{-6}	6527	1.568×10^{-6}	1.02×10^{-6}	6624	1.7×10^{-6}	1.23×10^{-6}	6540	4.0×10^{-6}	3.6×10^{-6}
$^4I_{15/2}\to{}^4I_{11/2}$	10246	0.561×10^{-6}	0.472×10^{-6}	10235	0.484×10^{-6}	0.331×10^{-6}	10235	0.553×10^{-6}	0.522×10^{-6}	10273	0.63×10^{-6}	0.63×10^{-6}	10309	0.9×10^{-6}	1.7×10^{-6}
$^4I_{15/2}\to{}^4I_{9/2}$	12658	0.392×10^{-6}	0.321×10^{-6}	12500	0.236×10^{-6}	0.309×10^{-6}	12500	0.278×10^{-6}	0.304×10^{-6}	12545	0.24×10^{-6}	0.24×10^{-6}	12531	0.2×10^{-6}	0.9×10^{-6}
$^4I_{15/2}\to{}^4F_{9/2}$	15360	1.734×10^{-6}	1.827×10^{-6}	15337	1.543×10^{-6}	1.496×10^{-6}	15337	1.809×10^{-6}	1.773×10^{-6}	15293	1.86×10^{-6}	1.86×10^{-6}	15337	2.8×10^{-6}	3.1×10^{-6}
$^4I_{15/2}\to{}^4S_{3/2}$	18349	0.775×10^{-6}	0.288×10^{-6}	19194	8.290×10^{-6}	8.030×10^{-6}	19194	9.524×10^{-6}	8.943×10^{-6}	18420	0.45×10^{-6}	0.45×10^{-6}	18349	0.9×10^{-6}	1.5×10^{-6}
$^4I_{15/2}\to{}^2H_{11/2}$	19231	1.0235×10^{-5}	1.0439×10^{-5}							19150	1.09×10^{-5}	1.09×10^{-5}	19231	1.09×10^{-5}	1.18×10^{-5}
$^4I_{15/2}\to{}^4F_{7/2}$	20534	1.248×10^{-6}	1.38×10^{-6}	20492	1.072×10^{-6}	1.055×10^{-6}	20.492	1.368×10^{-6}	1.616×10^{-6}	20488	1.77×10^{-6}	1.77×10^{-6}	20492	4.3×10^{-6}	5×10^{-6}
$^4I_{15/2}\to{}^4F_{5/2}$	22124	0.653×10^{-6}	0.543×10^{-6}	22124	0.430×10^{-6}	0.380×10^{-6}	22124	0.459×10^{-6}	0.731×10^{-6}	22247	0.83×10^{-6}	0.83×10^{-6}	22173	1.8×10^{-6}	1.8×10^{-6}
$^4I_{15/2}\to{}^2H_{9/2}$	24631	0.783×10^{-6}	0.467×10^{-6}	24570	0.369×10^{-6}	0.341×10^{-6}	24570	0.436×10^{-6}	0.592×10^{-6}	24534	0.69×10^{-6}	0.69×10^{-6}	24570	1.3×10^{-6}	2×10^{-6}
$^4I_{15/2}\to{}^4G_{11/2}$	26455	1.8566×10^{-5}	1.8352×10^{-5}	26455	1.3665×10^{-5}	1.4185×10^{-5}	26455	1.446×10^{-5}	1.554×10^{-5}	26385	1.95×10^{-5}	1.95×10^{-5}	26525	2.17×10^{-5}	2.07×10^{-5}
$^4I_{15/2}\to{}^4G_{9/2}$	27397	1.736×10^{-6}	1.268×10^{-6}							27495	0.126×10^{-6}	0.126×10^{-6}			
Ω_λ	Ω_2	Ω_4	Ω_6	Ω_2	Ω_4	Ω_6	Ω_2	Ω_4	Ω_6	Ω_2	Ω_4	Ω_6			
数值/cm^2	6.42×10^{-20}	1.53×10^{-20}	0.69×10^{-20}	4.85×10^{-20}	1.41×10^{-20}	0.48×10^{-20}	5.24×10^{-20}	1.35×10^{-20}	0.92×10^{-20}	8.15×10^{-20}	1.43×10^{-20}	1.22×10^{-20}			

较大。其中碲酸盐玻璃中的$^4I_{15/2}\rightarrow{}^4I_{13/2}$跃迁的振子强度相对较大。表中前 3 种硅铝酸盐玻璃可以定性比较，碱金属氧化物加入似乎有利于振子强度提高。

表 16-1 中列出不同 4f 能级间跃迁的振子强度 f_{exp}、f_{cal}，可对比了解在不同材料中 Er^{3+}哪些能级的相对振子强度最大及其变化规律。结合表 16-2 中各 4f 能级的电偶级发射概率 A_{ed}、分支比 β、辐射寿命 τ_r 变化结果，可帮助分析问题，找出原因及变化规律，对涉及所需的功能材料大有帮助。这里列出诸多材料中的数据，以期为今后研发新材料找出可靠变化因素。相应的 Ω_λ 也列在表 16-1 中。相比之下，高硅氧玻璃中 Ω_2 和 Ω_6 高。碱金属 Na_2O 的加入主要对 Ω_2 和 Ω_6 影响大，使它减小意味共价性有所降低。$20PbX_2$-$80TeO_2$∶Er 体系玻璃（X = O，F，Cl，Br）中的结果表明，随 F-Cl-Br 变化，Ω_2 随 F>Cl>Br 的顺序逐步减小[7]，而 Ω_6、Ω_4 稍增大。这正反映基质的共价性减少，离子性增强。Er∶YAG 晶体中 Ω_λ 都不大，特别是 Ω_2 很小，且与 Er^{3+}的浓度密切相关。Er^{3+}浓度为 0.778%时，$\Omega_2 = 1.35\times10^{-20}\text{cm}^2$；而 Er^{3+}浓度为 20.57%时，$\Omega_2 = 0.31$[8]。除表明共价性较弱外，可能与 YAG 中晶场强度很强等因素有关。因 YAG 中 Ce^{3+}的 5d 态能量大大地下降。总之，Ω_λ 变化是一个很复杂的问题，涉及材料的物理、化学等性质，影响因素很复杂。

16.2.2 Er^{3+}的 A_{ed}、A_{md}、β 和 τ_r

一些玻璃和晶体中 Er^{3+}的电偶极和磁偶极发射概率 A_{ed}、A_{md}，分支比 β，辐射寿命 τ_r 列在表 16-2 中，其中$^4I_{13/2}\rightarrow{}^4I_{15/2}$跃迁（1.5μm）的 A_{ed} 和 A_{md} 很高，$\beta = 1.0$，τ_r 长达数毫秒，这些跃迁能级的能量位置一致。

上述两个表中清楚地反映出不同组分的玻璃和晶体，对 Er^{3+}的光谱吸收和发射及 J-O 重要参数：振子强度、Ω_λ、A_{ed}、A_{md}、β、τ_r 等影响很大。

$20PbX_2$-$80TeO_2$∶Er 玻璃体系中，Ω_2 和 Ω_6 随 X = F，Cl，Br 的顺序变化逐渐减小，980nm 谱带的积分吸收截面 $\Sigma\sigma_a$ 增大，而有效吸收截面带宽 $\Delta\lambda_a$ 减小；1.5μm 谱带 $\Sigma\sigma_a$ 也是增大，而 $\Delta\lambda_a$（1.5μm）变化不大；1.5μm 带的积分发射面 $\Sigma\sigma_e$ 也是逐渐增大，但有效受激发射截面稍有减小（−3%）[7]。在这种体系中呈现较好的规律性变化。但更多规律性变化还需要更多更深入的工作。

正如在第 15 章 Ho^{3+}中所述，激光材料应具有与吸收光谱密切相关的、较大的振子强度和跃迁发射概率，较大的吸收和发射截面，较大的荧光分支比及长的荧光寿命等因素综合考虑。由表 16-1 和表 16-2 可知，经仔细筛选后，有用的跃迁发射通道并不多，主要有以下一些受激发射或高效荧光发射重要通道，可供人们参考和选择：$^4I_{13/2}\rightarrow{}^4I_{15/2}$（约 1.5μm，$\tau_r$ 长达 8~11ms，$\beta = 1$），$^4I_{11/2}\rightarrow{}^4I_{13/2}$（约 2.7μm，$\tau = 5\sim7$ms），$^4F_{9/2}\rightarrow{}^4I_{15/2}$（约 0.65μm，$\beta\approx0.9$，$A_{ed}$ 大），$^4S_{3/2}\rightarrow{}^4I_{9/2}$（约 1.7μm），$^4S_{3/2}\rightarrow{}^4S_{13/2}$（0.85μm，$A_{ed}$ 较大），$^4S_{3/2}\rightarrow{}^4I_{15/2}$（约 0.55μm，$A_{ed}$ 大，$\beta = 0.7$），$^2H_{11/2}\rightarrow{}^4I_{15/2}$（约 0.52μm，$A_{ed}$ 大，β 大），$^2H_{11/2}\rightarrow{}^4I_{15/2}$（约 0.52μm，$A_{ed}$ 很大），$^2H_{9/2}\rightarrow{}^4I_{13/2}$（0.55μm，$A_{ed}$ 大），$^2H_{9/2}\rightarrow{}^4I_{15/2}$（约 0.41μm，$A_{ed}$ 较大），$^4F_{7/2}\rightarrow{}^4I_{15/2}$（0.49μm，$A_{ed}$ 较大），$^4G_{11/2}\rightarrow{}^4I_{15/2}$（0.38μm，$A_{ed}$ 很大）。

表 16-2 不同材料中 Er^{3+} 的电偶极和磁偶极发射概率 A_{ed}、A_{md}，分支比 β 及辐射寿命 τ_r

跃迁	$Cd_3Al_2Si_3O_{12}$(CdAS) 玻璃[2]					$Na_2O \cdot Ca_3Al_2Ge_3O_{12}$玻璃[3]					$Na_2O \cdot Cd_3Al_2Si_3O_{12}$玻璃[4]					YAG 单晶 Er0.778%[8]				
	能量 /cm^{-1}	A_{ed} /s^{-1}	A_{md} /s^{-1}	β	τ_r /ms	能量 /cm^{-1}	A_{ed} /s^{-1}	A_{md} /s^{-1}	β	τ_r /ms	能量 /cm^{-1}	A_{ed} /s^{-1}	A_{md} /s^{-1}	β	τ_r /ms	能量 /cm^{-1}	A_{ed} /s^{-1}	A_{md} /s^{-1}	β	τ_r /ms
${}^4I_{13/2}\to{}^4I_{15/2}$	6519	77.19	46.85	1.0	8.062	6527	51.7	39.4	1.0	11.0	6519	87.9	405	1.0	7.79	6700	189.5	57.6	1	3.13
${}^4I_{11/2}\to{}^4I_{13/2}$	3718	15.82	11.05	0.182		3708	8.7	8.8	0.18		3716	14.2		0.84	6.68	3660	26.5		0.23	
${}^4I_{11/2}\to{}^4I_{15/2}$	10246	121.06		0.818	6.760	10235	77.6		0.82	10.5	10235	126.3		0.84	6.68	10360	212.4		0.77	2.33
${}^4I_{9/2}\to{}^4I_{11/2}$	2412		0.77	0.004	0.064	2265		1.3	0.01		2265		1.3	0.01						
${}^4I_{9/2}\to{}^4I_{13/2}$	6132	35.01		0.187	5.345	5973	18.6		0.14		5981	35.5		0.24		15310①	75.3		1.25	
${}^4I_{9/2}\to{}^4I_{15/2}$	12658	151.30		0.809		12500	111.9		0.85	7.59	12500	111.7		0.75	6.73	12700	219.6		0.74	2.43
${}^4F_{9/2}\to{}^4I_{9/2}$	2703	4.79	3.98	0.006		2837	2.9	2.7	0.005		2861	3.3	2.8	0.004		2610	1.2		0.002	
${}^4F_{9/2}\to{}^4I_{11/2}$	5115	54.30	6.52	0.043	0.708	5102	33.8	6.2	0.035		5126	56	6.4	0.046		4950	83.3		0.04	
${}^4F_{9/2}\to{}^4I_{13/2}$	8834	75.07		0.053		8810	57.7		0.05		8842	65.5		0.05		8610	106.4		0.04	
${}^4F_{9/2}\to{}^4I_{15/2}$	15361	1266.9		0.893		15337	1030		0.91	0.882	15361	1236		0.9	0.73	18400	1079.6		0.92	0.255
${}^4S_{3/2}\to{}^4I_{9/2}$	5691	40.75		0.038		5882	31.1		0.043		5882	47.1		0.03	0.71	5680	88.1			
${}^4S_{3/2}\to{}^4I_{11/2}$	8103	24.01		0.023	0.932	8147	15.9		0.022		8147	29.3		0.02		8020	58.5			
${}^4S_{3/2}\to{}^4I_{13/2}$	11822	293.23		0.273		11855	192.9		0.265		11863	377.0		0.27		11680	747.8			
${}^4S_{3/2}\to{}^4I_{15/2}$	18349	715.44		0.666		18382	488.2		0.67	1.37	18382	957.5		0.68		18380	1909.2			0.236
${}^2H_{11/2}\to{}^4F_{9/2}$	3870		0.15	约0																
${}^2H_{11/2}\to{}^4I_{9/2}$	6573		0.71	约0	0.105															
${}^2H_{11/2}\to{}^4I_{11/2}$	8985		9.64	0.001																

续表 16-2

跃迁	$Cd_3Al_2Si_3O_{12}$(CdAS) 玻璃[2]					$Na_2O \cdot Ca_3Al_2Ge_3O_{12}$玻璃[3]					$Na_2O \cdot Cd_3Al_2Si_3O_{12}$玻璃[4]					YAG 单晶 Er0.778%[8]				
	能量 /cm^{-1}	A_{ed} /s^{-1}	A_{md} /s^{-1}	β	τ_r /ms	能量 /cm^{-1}	A_{ed} /s^{-1}	A_{md} /s^{-1}	β	τ_r /ms	能量 /cm^{-1}	A_{ed} /s^{-1}	A_{md} /s^{-1}	β	τ_r /ms	能量 /cm^{-1}	A_{ed} /s^{-1}	A_{md} /s^{-1}	β	τ_r /ms
$^2H_{11/2} \to {}^4I_{13/2}$	12704		74.40	0.008																
$^2H_{11/2} \to {}^4I_{15/2}$	19231	9436.35		0.991		19194	6726				19194	7541								
$^4F_{7/2} \to {}^4I_{15/2}$						20492	1583				20450	2483				20460	4746.6			
$^4F_{5/2} \to {}^4I_{15/2}$						22124	570.0				22124	1121				22140	2176.6			
$^4F_{3/2} \to {}^4I_{15/2}$						22624	494.0				22624	971.8				22600	2003.4			
$^2H_{9/2} \to {}^4I_{15/2}$						24570	848.1		0.32	0.378	24570	1196		0.34	0.22	24600	2203.2			
$^2H_{9/2} \to {}^4I_{13/2}$						18043	1199		0.45		18051	1587		0.46		17900	2003.4			
$^2H_{9/2} \to {}^4I_{11/2}$						14335	467.4	37.9	0.19		14335	539.2	39.0	0.17		14240	507.8			
$^2H_{9/2} \to {}^4I_{9/2}$						12070	21.7	1.0	0.01		12070	24.4	1.1	0.01		11900	16.0			
$^2H_{9/2} \to {}^4F_{9/2}$						9233	25.5	44.4	0.03		9209	32.4	45.7	0.02		9290	47.5			
$^2H_{9/2} \to {}^2H_{11/2}$						5376		1.0		约 0	5376		1.1	约 0						
$^2H_{9/2} \to {}^4F_{7/2}$						4078		0.8		约 0	4120		0.9	约 0						
$^4G_{11/2} \to {}^4I_{15/2}$																				
$^4G_{11/2} \to {}^4I_{15/2}$																				

注：①原文献数据可能有误。

除了后面几组可发射可见光外，其他有的虽然振子强度f_{exp}和f_{cal}大，以及电偶级跃迁发射概率也很大，可发射 NUV 辐射，但缺乏应用目标和泵浦光源，目前没有受到关注。上述这些 NIR 跃迁发射，绿色和红色发射可为激光、高效上/下转换发光及应用提供可靠的理论基础。当然，人们还可共掺杂 Yb^{3+}、Tm^{3+}，甚至是过渡金属离子，根据能量传递原则改变基质的组成或其他掺杂剂，进一步改善材料性能。

16.3　Er^{3+}的 Stark 能级

随时间推移，Er^{3+}在激光、光纤通信及上转换发光等领域中的重要性和地位越来越受到重视，人们对 Er^{3+}的 Stark 能级间的跃迁和详细能级结构深表关切。

表 16-3 分别列出 Er^{3+}在 $Ca_3Al_2Ge_3O_{12}$锗酸盐石榴石多晶和 $K_5LaLi_2F_{10}$单晶中在低温下测得的 Stark 各子能级的能量位置，劈裂后的最低和最高子能级间的能量差 ΔE 及理论和实验劈裂分支数目。从表中可知，Er^{3+}在这两种晶体中能级特性相同，只是在锗酸盐中 Er^{3+}的能级位置平均能量比氟化物中略高一些，反映出它们的晶场强度稍有差异。

表 16-3　$Ca_3Al_2Ge_3O_{12}$石榴石多晶和 $K_5LaLi_2F_{10}$氟化物单晶中 Er^{3+}的 Stark 子能级的能量位置

能级	平均 /cm⁻¹	$Ca_3Al_2Ge_3O_{12}$石榴石[9] 能量/cm⁻¹	ΔE /cm⁻¹	平均 /cm⁻¹	$K_5LaLi_2F_{10}$单晶[10] 能量/cm⁻¹	ΔE /cm⁻¹	劈裂分量数（理论/实验）
$^4I_{15/2}$	243.1	0.50，93，131，147，420，524，580	580	165	0，28，63，94，135，224，281，494	494	8/8
$^4I_{13/2}$	6739	6614，6667，6675，6693，6776，6831，6919	305	6650	6536，6566，6605，6647，6698，6733，6765	229	7/7
$^4I_{11/2}$	10357	10264，10303，10369，10384，10416，10423	159	10328	10235，10267，10320，10345，10395，10405	170	6/6
$^4I_{9/2}$	12589	12324，12522，12594，12719，12785	461	12553	12385，12517，12559，12636，12667	282	5/5
$^4F_{9/2}$	15392	15307，15319，15325，15473，15536	229	15398	15272，15322，15386，15449，15521	250	5/5
$^4S_{3/2}$	18452	18415，18490	75	18449	18416，18481	65	2/2
$^2H_{11/2}$	19136	19110，19116，19132，19142，19182	72				
$^4F_{5/2}$	22321	22291，22312，22360	69				

续表 16-3

能级	平均 /cm^{-1}	$Ca_3Al_2Ge_3O_{12}$石榴石[9] 能量/cm^{-1}	ΔE /cm^{-1}	平均 /cm^{-1}	$K_5LaLi_2F_{10}$单晶[10] 能量/cm^{-1}	ΔE /cm^{-1}	劈裂分量数 (理论/实验)
$^4P_{3/2}$	31558	31498, 31617	119				
$G_{7/2}$	34105	34092, 34108, 34114	22				

Auzel 等人[11]对 Er^{3+}掺杂的 K_2O-B_2O_3-GeO_2 锗酸盐玻璃和 Na_2OSiO_2 硅酸盐玻璃在 13K 低温下的吸收和发射光谱测量，以基于玻璃中对称性下降原理的有效晶场哈密顿模型，以及采用对称性群链方案来处理玻璃中稀土离子占据局域对称性。从这两种玻璃的实验光谱中，可获取 Er^{3+}的 Stark 能级的能量位置和线宽。如对$^4I_{15/2}$能级而言，也是劈裂为 8 条 1.0~457cm^{-1}，这些结果对于玻璃中认识 Er^{3+}的阴离子配位和晶场局域环境作用，以及指导 Er^{3+}掺杂的激光玻璃和光纤玻璃的设计是有帮助的。

16.4 Er^{3+}的下转换可见光发光

根据前面 Er^{3+}的 Stark 能级、表 16-1 和表 16-2 可知，Er^{3+}的吸收和发射可分布于 NUV-Vis-IR 宽范围。本节主要介绍 Er^{3+}的下转换可见光发光，有利于全面认识 Er^{3+}的光学跃迁和发光性质。

在 $KY(WO_4)_2$ 和 $K_3LaLi_2F_{10}$ 单晶中 Er^{3+}在 NUV-860nm 范围内的跃迁、发射，以$^4S_{3/2}\rightarrow{}^4I_{15/2}$跃迁发射（约 552nm）相对最强[8,12]。在 514nm（Ar^+激光线）激发下，呈现$^4S_{3/2}\rightarrow{}^4I_{15/2}$（绿）和$^4F_{9/2}\rightarrow{}^4I_{15/2}$（红）下转换发射，还有两组$^4S_{3/2}\rightarrow{}^4I_{13/2}$（约 846nm）和$^4I_{11/2}\rightarrow{}^4I_{15/2}$（约 991nm）被记录到。$K_3LaLi_2F_{10}$ 晶体的最大声子能量为 685cm^{-1}。

而在 $Ba_4In_2O_7$多晶中，5K 和 300K 下的发射光谱差异很大。室温时，$^4S_{3/2}\rightarrow{}^4I_{15/2}$跃迁发射峰在 563nm 附近，而$^2H_{11/2}\rightarrow{}^4I_{15/2}$跃迁发射峰大约为 523nm，且相对强。在 $Ba_4In_2O_7$ 中 Er^{3+}的$^4S_{3/2}$的寿命在 5K 时为 0.069ms，300K 时为 0.014ms[13]；而在 $K_5LaLi_2F_{10}$晶体中，Er^{3+}的寿命分别为 0.459ms（5K）和 0.442ms（300K）。在 $Ba_4In_2O_7$中$^4S_{3/2}$能级的寿命短，可能是额外的弛豫通道被开通，使$^4S_{3/2}$能级粒子数衰减。

由 325nm He-Cd 激光激发，观测到 $KTa_{1-x}Nb_xO_3$ 多晶中 Er^{3+}的下转换光致发光[14]，呈现蓝色（430~490nm）、绿色（540~560nm）及红色（640~670nm）发射。绿色和红色发射分别起源于 Er^{3+}的$^4S_{3/2}\rightarrow{}^4I_{15/2}$和$^4F_{9/2}\rightarrow{}^4I_{15/2}$跃迁发射。至于蓝光起源有可能在 325nm 激发，从$^3P_{3/2}$能级跃迁到$^4I_{11/2}$能级，发射蓝光。但是所记录的蓝带稍宽，不像 Er^{3+}的 4f 电子跃迁的锐发射，似乎更像基质缺陷的发射，或（NbO_3）根基团发射。此蓝光强度随 Nb 取代浓度增加，逐渐增强。在 $KTa_{1-x}Nb_xO_3$:Er 体系中，无 Nb 取代时，以绿色发射为主，随 Nb 取代 x 量增加，绿色发射逐渐被猝灭，而蓝带逐步增强。

16.5　Er^{3+}的吸收截面和发射截面

Er^{3+}在激光器和掺 Er^{3+}光纤放大器（EDFA）中起关键作用，而 Er^{3+}掺杂的各类光纤玻璃和激光材料的吸收截面 σ_{ab}、发射截面 σ_{em}、寿命等对 Er^{3+}的性能和应用影响很大，一直受到关注。

牌号 ED-2 掺 Er^{3+}硅酸盐玻璃的吸收光谱中，380nm 和 520nm 两个强带吸收峰的吸收截面分别为 $2.8\times10^{-20}cm^2$ 和 $1.9\times10^{-20}cm^2$。在 ED-2 玻璃中，不仅可见光谱少，而超过 550nm 的波长也相当弱，在 1.50～1.56μm 处的吸收也不是很强。解决此问题需用高浓度 Yb^{3+}共掺杂来增强吸收，在下文将对此介绍。

稀土离子的吸收截面 σ_{ab}和发射截面 σ_{em}是评估可否发生激光作用的重要参数。利用第 15 章中式（15-2）和式（15-3）可以计算吸收截面 σ_{ab}和发射截面 σ_{em}。也经常依据 McCumber 提出的有关连接发射和吸收光谱的 Einsten 方程式，即发射截面 σ_{em}可由测量的吸收截面 σ_{ab} 的关系式来计算。

$$\sigma_{em} = \sigma_{ab}(\nu)\exp[(\varepsilon - h\nu)/(KT)] \tag{16-1}$$

式中，h 为 Planck 常数；ν 为光子频率；K 为 Boltzmann 常数；ε 为在温度 T 时激发一个 Er^{3+}从$^4I_{15/2}$到$^4I_{13/2}$能级所需要的自由能，ε 可由简化式求得：

$$N_1/N_2 = \exp[\varepsilon/(KT)]$$

式中，N_2、N_1 分别为室温没有外界光抽运条件下，分别处于上能级$^4I_{13/2}$和下能级$^4I_{15/2}$上的粒子数。

ε 也可用近似的公式计算：

$$\exp[\varepsilon/(KT)] = 1.12\exp[E_0/(KT)] \tag{16-2}$$

式中，E_0 为上能级$^4I_{13/2}$能级对应的能量；$\varepsilon = 6500 \sim 6600cm^{-1}$，分布在 1.45～1.58μm 范围内。

一般 σ_{ab}最强峰为 1.58μm，其次强峰在 1.495μm 附近。对已知 Er^{3+}掺杂浓度的体材料样品的吸收光谱可测定吸收截面 σ_{ab}光谱。一些 Er^{3+}掺杂玻璃的 1.50μm 的吸收截面，含 Al 和 P 的 SiO_2，ED-2 硅酸盐，L28 磷酸盐及 ZBLAN 氟锆酸盐四种掺 Er^{3+}玻璃的$^4I_{15/2}\rightarrow^4I_{13/2}$跃迁吸收光谱差异很大。这反映玻璃的组成和网络对 Er^{3+}的吸收光谱影响强烈，可看到硅酸盐 ED-2 和 SiO_2 光纤吸收截面比较小，而磷酸盐和 ZBLAN 氟锆酸盐较大。

若各带宽超过 KT，吸收和发射光谱彼此将偏移。吸收移到高频率，发射向低频移动。在低氟的氟磷酸盐玻璃中[15]，用 McCumber 理论从 σ_{ab}计算的受激 σ_{em}，以及测量的受激 σ_{em}与样品的 σ_{ab}光谱比较，两个受激 σ_{em}光谱相同，且均向长波移动。

此外，用修正过的发射光谱和所测量$^4I_{13/2}$能级寿命，由 Ladenburg-Fuchtbauer 关系式可以得到实验的受激发射截面：

$$\frac{1}{\tau_r} = \frac{8\pi n^2}{c^2}\int\nu^2\sigma_{em}(\nu)\,d\nu = A_r \tag{16-3}$$

式中，τ_r 为辐射寿命；n 为折射率；c 为光速；ν 为光子频率；A_r 为辐射跃迁概率。

该式和式（11-3）和式（2-34）是一致的。将测量的吸收截面转变成相关的发射截面光谱；用式（16-3）测量寿命的方法转换完整的截面光谱。

表16-4[4,16-20]列出一些玻璃中 Er^{3+} $^4I_{13/2} \rightleftharpoons ^4I_{15/2}$能级跃迁强度$f$、寿命、峰值处受激发射截面$\sigma_{21}$、峰值处吸收截面$\sigma_{12}$等参数。这些玻璃中吸收和发射峰位差值在1nm之内，这指明发射和吸收是相同的一对 Stark 分项。硅酸盐 L22 的振子强度相对其他低，但非常窄的宽带导致峰截面并不低。硅酸盐 L22 的振子强度相对低，不能意味着其他硅酸盐的振子强度也降低。$Na_2O\text{-}Cd_3Al_2S_{13}O_{12}$玻璃的振子强度达到 1.568×10^{-6}。

表 16-4 一些 Er^{3+}掺杂玻璃中$^4I_{13/2} \rightleftharpoons ^4I_{15/2}$跃迁参数

玻璃	寿命/ms	发射			吸收			文献
		f_{21}	峰 λ/nm	σ_{21}/cm^2	f_{12}	峰 λ/nm	σ_{12}/cm^2	
$Al/PSiO_2$	10.8	1.17×10^{-6}	1531.4	5.5×10^{-21}	1.25×10^{-6}	1530.1	5.5×10^{-21}	18
$AlSiO_2$	10.2			5.6×10^{-21}			5.1×10^{-21}	16
$Ge/AlSiO_2$	10.2			5.8×10^{-21}			4.7×10^{-21}	16
$GeSiO_2$	12.1			7.9×10^{-21}			7.9×10^{-21}	16
硅酸盐 L22	14.5	0.821×10^{-6}	1535.8	7.3×10^{-21}	0.737×10^{-6}	1536.4	5.8×10^{-21}	18
氟磷酸盐（低氟）	8.25	1.38×10^{-6}	1532.6	7.2×10^{-21}	1.53×10^{-6}	1532.6	7.0×10^{-21}	18
氟磷酸盐（高氟）	9.5	1.33×10^{-6}	1532.0	5.8×10^{-21}	1.48×10^{-6}	1531.4	5.8×10^{-21}	18
氟锆酸盐（ZBLAN）	9.4	1.26×10^{-6}	1530.6	5.0×10^{-21}	1.29×10^{-6}	1530.4	5.0×10^{-21}	17
Ba-Zn-Lu-Th 氟化物			1530.6		1.27×10^{-6}	1529.4	4.8×10^{-21}	18
$R_2O\text{-}MO\text{-}B_2O_3\text{-}Al_2O_3\text{-}P_2O_5$磷酸盐	7.5		1533	8.0×10^{-21}		1532	约6.7×10^{-21}	19
$PbO\text{-}Bi_2O_3\text{-}Ga_2O_3$	4.16		1533	10.3×10^{-21}		1532	9.8×10^{-21}	20
$Na_2O\text{-}Cd_3Al_2Si_3O_2$	7.79	1.568×10^{-6}	1534.0					4

表16-4列出的 $R_2O\text{-}MO\text{-}B_2O_3\text{-}Al_2O_3\text{-}P_2O_5$磷酸盐和 $PbO\text{-}Bi_2O_3\text{-}Ga_2O_3$ 镓酸盐玻璃的σ_{em}和σ_{ab}都很高，但它们的寿命比其他玻璃低。Er^{3+}掺杂的 SiO_2 1.500μm 光纤获得成功是在大量测试中，由于亚稳态$^4I_{13/2}$寿命很长，这种亚稳态长寿命采用低功率 CW 泵浦，以达到高增益低噪声所需要的大量粒子数布局反转得以实现。即$^4I_{13/2}$能级的荧光寿命越长，达到高的粒子数反转所需抽运能量越小。表16-4中列出碲钨酸盐的发射截面σ_{em}高达$9.8\times10^{-21}cm^2$，寿命仅为3.4ms，但 FWHM 为75nm。在其他碲酸盐中，Er^{3+}的荧光寿命也是如此短。有研究认为[21]，OH^-的存在是使$^4I_{13/2}$能级跃迁寿命减少的一个重要原因。OH^-在频率$3600cm^{-1}$附近有很强的吸收振动。因此，只需两个OH^-声子振动能量，就可使$^4I_{13/2}$亚稳态的能量无辐射弛豫到OH^-陷阱中。这样，加速$^4I_{13/2}$亚稳态上粒子的减少，使寿命和荧光强度下降。若是如此，OH^-也应该对其他含氧盐类、氟化物等产生作用，实际不然。作者认为还应有其他原因。碲存在多种价态（-2，+4，+6），性能不是很稳定。在玻璃中可能存在微量其他碲化物，形成有害陷阱，成为$^4I_{13/2}$亚稳态新无辐射通道。在碲化物玻璃中$^4I_{13/2}$能级的寿命如此短是一个有趣、有待弄明白的问题。

关于Er^{3+}在1.500μm $^4I_{13/2}$→$^4I_{15/2}$跃迁发射带宽，对可调谐激光和光纤来说，希望光谱具有宽波段范围。实现宽带增益放大，FWHM应宽，受激发射截面大对光放大器非常有益。

由几种重要玻璃中Er^{3+} 1.500μm发射光谱归一化后带宽的变化，可知硅酸盐ED-2和磷酸盐L28相对带宽窄。绝大多数类型玻璃的FWHM值是可适用于光学应用的。不同微量的P、Ge、Al掺杂对SiO_2玻璃中Er^{3+}的FWHM显著增宽，带宽增益也增大。氟磷酸盐、氟锆酸盐和氟化物玻璃中，FWHM相对大。玻璃中FWHM变化应与玻璃的组成，Er^{3+}-O^{2-}、Er^{3+}-F^-配位环境，局域对称性，局域晶场强度及非均匀宽化等有关。在氟磷酸盐玻璃中还观测到Er^{3+} 1.50μm带宽的FWHM与组成中的O/F比密切相关。随O/F比减小，即氟含量增加，FWHM逐步增大，带宽增益（20dB→40dB）也同步逐渐增大。

16.6 硅酸盐中Er^{3+}强1.5μm发射

16.6.1 $M_3Al_2Si_3O_{12}$硅酸盐中Er^{3+}强1.5μm发射及其特点

作者小组对Er^{3+}掺杂的$Cd_3Al_2Si_3O_{12}$(CdAS)和$Ca_3Al_2Si_3O_{12}$(CaAS)新体系玻璃中，Er^{3+}的吸收和选择激发发射光谱、强的1.534μm发射及J-O理论的一些重要参数进行研究[1-2,22]。首次发现，在CdAS和CaAS体系两种硅酸盐玻璃中，室温时在488nm Ar^+激光、632.8nm He-Ne激光及978nm LD激光泵浦下，在1420~1680nm范围内产生很强的近红外荧光，其发射峰在1534nm处，对应于Er^{3+}的$^4I_{13/2}$→$^4I_{15/2}$能级跃迁。它们在978nm LD泵浦下室温的荧光光谱分别如图16-3和图16-4所示，图中还标出光谱台阶处和半高宽的大约宽度，以供参考。因为人们非常关切用于掺铒光纤放大器的光纤材料中Er^{3+}的荧光光谱宽度，希望越宽越好。这两个光谱性质相同，且和$Y_3Al_5O_{12}$等晶体中的结果基本性质相同。如在CdAS玻璃中Er^{3+}的$^4I_{13/2}$—$^4I_{15/2}$能级能量间距$\Delta E=6519cm^{-1}$，在YAG单晶中$\Delta E=6700cm^{-1}$，在$K_5LaLi_2F_{10}$单晶中ΔE（平均）$=6650cm^{-1}$，这种硅酸盐玻璃与这些单晶和多晶中Er^{3+}的$^4I_{13/2}$—$^4I_{15/2}$能级间距，仅相差不到$180cm^{-1}$，且发射峰也很接近。这说明这两种硅酸盐玻璃中短程有序，存在局域晶场环境，致使$^4I_{13/2}$能级劈裂，非均匀宽化。

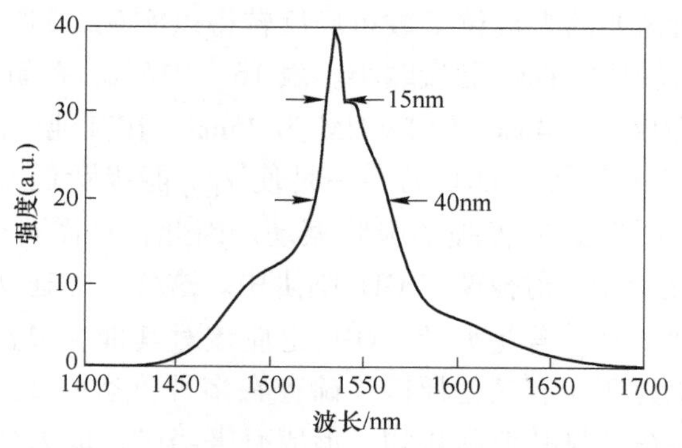

图16-3 CaAS:Er^{3+}硅酸盐玻璃的荧光光谱[1]

（λ_{ex}=978nm LD，室温）

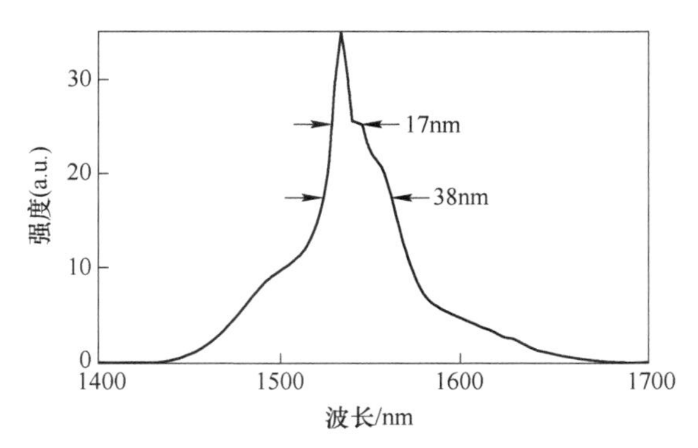

图 16-4 CdAS:Er^{3+} 硅酸盐玻璃的荧光光谱[22]

（λ_{ex} =978nm LD，室温）

在 488nm Ar 离子激光激发下，记录的 CdAS:Er^{3+} 玻璃的发射光谱如图 16-5 所示[22]。除了很强的 1534nm 发射外，还记录到一个峰为 856nm 的 $^4S_{3/2} \rightarrow ^4I_{13/2}$ 及峰值为 982nm 的 $^4I_{11/2} \rightarrow ^4I_{15/2}$ 跃迁发射。仔细测量 1534nm、856nm、982nm 发射峰的相对强度比为 412:1.0:1.9，发射能量高度（99.3%）集中在 $^4I_{13/2} \rightarrow ^4I_{15/2}$ 能级跃迁中。这一重要结果以前少有报道。用 632.8nm 激发结果也是类似。

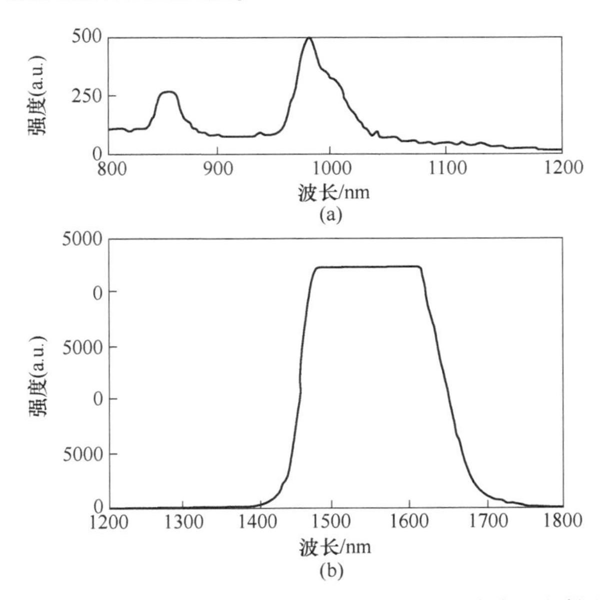

图 16-5 488nm 激光激发下在 NIR 范围内 CdAS:Er 玻璃的发射光谱[22]

（a）800~1200nm；（b）1200~1800nm

（室温）

此外，实验还发现 InGaAs/GaAsP 半导体在相同 488nm 激发下发射峰 1552nm 和 CdAS:Er 玻璃的1534nm 峰相对强度比，仅为 CdAS:Er 玻璃的1/70。因此，这两种 Er^{3+} 掺杂的硅酸盐玻璃可用作 1.5μm NIR 发射材料。若再加入少量 Li^+、Na^+ 可以改善其性能。图 16-5（b）的图形已大大超过探测器的范围，故被截止。

在CdAS和CaAS两种玻璃中，Er^{3+}产生很强的1534nm发射，主要归因于发生多种能量传递作用。当用488nm激光激发时，受激的粒子从$^4I_{15/2}$基态跃迁到$^4F_{7/2}$高能级，然后无辐射弛豫到下能级，使$^4S_{3/2}$能级粒子数增殖。当$^4S_{3/2}$能级上粒子数增殖后，仅有极少部分能量从$^4S_{3/2}\rightarrow{}^4I_{13/2}$能级及$^4I_{11/2}\rightarrow{}^4I_{15/2}$能级辐射跃迁发射856nm和982nm，除此之外，绝大多数能量通过几种交叉弛豫过程发生：

$$^4S_{3/2}+{}^4I_{15/2}—{}^4I_{9/2}+{}^4I_{13/2}$$

$$^4I_{9/2}+{}^4I_{15/2}—{}^4I_{13/2}+{}^4I_{13/2}$$

以及$^4I_{11/2}$能级上粒子去布居，绝大多数粒子快速无辐射弛豫到$^4I_{13/2}$能级上。这些可能的能量传递过程如图16-6所示。这些过程最终致使Er^{3+}的$^4I_{13/2}$能级的寿命增长，达到8ms，几乎是所有Er^{3+}其他能级中最长寿命，而$^4I_{13/2}\rightarrow{}^4I_{15/2}$的$A_{ed}$和$A_{md}$之和很高，$\beta$为1.0（见表16-2），致使粒子数在$^4I_{13/2}$能级上获得极大增值，最终导致$^4I_{13/2}\rightarrow{}^4I_{15/2}$能级间跃迁产生很强的1534nm发射。

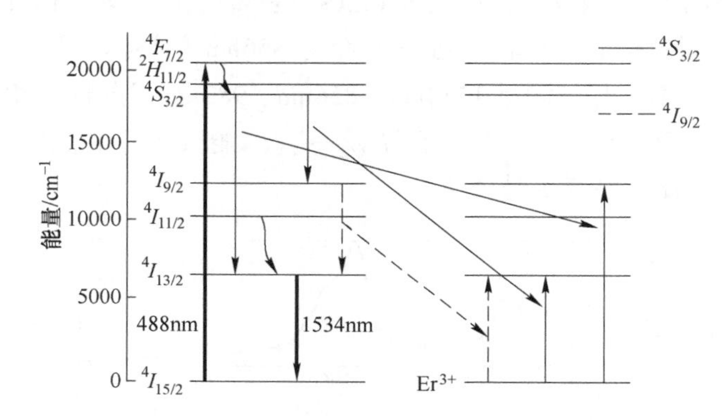

图16-6 Er^{3+}能级和在CdAS:Er^{3+}玻璃中交叉弛豫传递过程[22]

（粗直线表示Er^{3+}的吸收和发射）

对于978nm光泵浦来说，在CaAS:Er^{3+}和CdAS:Er^{3+}玻璃中产生很强的1543nm荧光过程相对简单。粒子从$^4I_{15/2}$基态激发到$^4I_{11/2}$能级，然后经无辐射直接弛豫到$^4I_{13/2}$下能级，而如上所述的$^4I_{13/2}\rightarrow{}^4I_{15/2}$跃迁振子强度高，$A_{ed}$和$A_{md}$跃迁概率都很高，从而产生很强的1534nm发射。

当然也注意到$^4I_{13/2}$激发态吸收（ESA），由于$^4I_{13/2}—{}^4I_{15/2}$能级间的能量间距与$^4I_{9/2}—{}^4I_{13/2}$能级间的能量间距较匹配，相差约500cm^{-1}，有可能发生$^4I_{13/2}\rightarrow{}^4I_{9/2}$能级上转换过程，出现800nm（$^4I_{9/2}\rightarrow{}^4I_{15/2}$）或1670nm（$^4I_{9/2}\rightarrow{}^4I_{13/2}$）附近发射。实验中没有观测到，若存在也是很弱。正像Obaton等人[23]对$LaLiP_4O_{12}$玻璃中Er^{3+}的激发态研究所指出的那样，这个激发态吸收引起的$^4I_{13/2}\rightarrow{}^4I_{9/2}$上转换过程相对$^4I_{13/2}\rightarrow{}^4I_{15/2}$能级跃迁发射来说并不重要。所以在$Er^{3+}$掺杂的$M_3Al_2Si_3O_{12}$（M=Ca，Cd）体系玻璃中也是如此。

此外，作者小组也在Er^{3+}掺杂的$Ca_3Al_2Ge_3O_{12}$（CaAG）锗酸盐玻璃中，室温下用978nm LD泵浦产生Er^{3+}很强的1534nm发射[24]。其光学光谱和荧光性能和CaAS、CdAS硅酸盐玻璃中的Er^{3+}性能完全一致。

以上结果表明，Er^{3+} 掺杂的 $M_3Al_2C_3O_{12}$(M=Ca, Cd; C=Si, Ge) 体系玻璃具有以下特点：

(1) 在可见光或 978nm NIR 光激发下，Er^{3+} 发射很强的 $^4I_{13/2} \to {}^4I_{15/2}$ 能级跃迁的 1534nm 发射，它正好对应于石英光纤吸收的最小窗口，即与光纤通信的最佳窗口相匹配。

(2) 在可见光至 1100nm 光谱范围内，Er^{3+} 的其他能级跃迁发射，如 856nm、982nm 的强度很弱，和 1534nm 强度相比，相差两个多数量级，99.3%的发射能量几乎全部集中在 1534nm。

(3) 没有观测到 $^4I_{13/2} \to {}^4I_{9/2}$ 上转换及 $^4I_{9/2}$ 到其他能级的辐射跃迁。

(4) 这类掺 Er^{3+} 的硅锗酸玻璃容易制备，易拉制细长纤维且柔性好。

(5) 这类玻璃的物理化学性能和热稳定性优良，并且耐高温等。

故掺 Er^{3+} 的 $M_3Al_2C_3O_{12}$(M=Ca, Cd) 和 $A_2O\text{-}M_3Al_2B_3O_{12}$(C=Si, Ge) 玻璃是 1.5μm 激光和光纤放大器很好的候选材料。

采用分子束外延（MBE）技术生长的 CaF_2:Er^{3+} 薄膜在 5145 nm Ar^+ 激光激发导致 $^4I_{15/2} \to {}^4H_{11/2}$ 能级跃迁吸收。也可用 Ti-蓝宝石调谐到 780nm 激光激发，得到 $^4I_{15/2} \to {}^4I_{9/2}$ 跃迁吸收。在 77K 下分别观测到 Er^{3+} 的 $^4S_{15/2} \to {}^4I_{13/2}$ 跃迁的 0.83～0.86μm 发射及 $^4I_{13/2} \to {}^4I_{15/2}$ 跃迁的 1.5～1.6μm 最强的发射[25]。有趣的是，这两波段的发射强度随 Er^{3+} 浓度增加逐步增强，当 Er^{3+} 浓度到 35%时达到最佳，然后下降。1.54μm 发射这么高的猝灭浓度，以往在单晶和玻璃中是难以达到和少见的。这也说明 MBE 技术也能生产有应用前景的 1.54μm 发射的 Er^{3+} 掺杂的新薄膜材料。

16.6.2 黄长石中 Er^{3+} 的 NIR 发射

四方晶系的黄长石是一个大家族，包括 $Ca_2Al_2SiO_7$(CAS) 和 $SrLaGa_3O_7$(SLG)。它们是适合 Eu^{2+}、三价稀土离子，甚至过渡族离子掺杂的基质材料。Eu^{2+} 激活的 $M_2Al_2SiO_7$ 荧光体的光谱性质已被研究[26]。$M_2Al_2SiO_7$ 实际分子式是 $Ca_2Al(AlSi)O_7$。Eu^{2+}、RE^{3+} 取代部分 Ca^{2+} 格位，无须电荷补偿。利用 $Ca^{2+}+Si^{4+} \to RE^{3+}+Al^{3+}$ 可得到 $Ca_{2-x}RE_xAl_{2+x}SL_{1-x}O_7$ 基质材料，Er^{3+} 最近的阳离子格位是 T2，在此格位中 Al^{3+} 和 Si^{4+} 是随机分布。而在 $SrLaGa_3O_7$ 中的立方中心是由 Sr^{2+} 和 La^{3+} 占据。Ga^{3+} 位于两种类型的四面体中，Er^{3+} 部分取代 La^{3+} 格位。这种结构上的畸变有利于吸收带的非均匀宽化。

这两种晶体中 Er^{3+} 的吸收光谱和其他材料相同。利用 J-O 理论分析得到的强度参数：$\Omega_2=3.5\times10^{-20}cm^2$，$\Omega_4=1.9\times10^{-20}cm^2$，$\Omega_6=0.8\times10^{-20}cm^2$。除 $^4I_{13/2}$ 能级外，其他所有能级测试的实验寿命都相当短，这和在其他材料中的结果是一致的[27]。这意味着在这种材料中发生强的无辐射弛豫过程。在低 Er^{3+} 浓度下，$^4S_{3/2}$ 能级的平均寿命约为 8μs，而计算的 $\tau_{cal} \approx 550\mu s$。这指明多声子去激发概率高达 98%以上。随 Er^{3+} 浓度增加（0.01%→0.2%），$^4S_{3/2}$ 能级的寿命从 8μs 减少到 3μs。Er^{3+} 浓度在 $x=0.03\%$ 时交叉弛豫过程发生：$^4S_{3/2}+{}^4I_{15/2} \to {}^4I_{13/2}+{}^4I_{9/2}$。而 Er^{3+}:SLG 激光晶体具有较长的寿命，如在低 Er^{3+} 浓度下，$^4S_{3/2}$ 的寿命约为 135μs。这个实验值揭示当 Si^{4+} 从钙铝黄长石被取代后，多声子弛豫概率强烈地减小。在这两种材料中，Er^{3+} 发射在 1.47～1.64nm 之间，FWHM=40nm，受激发射截面 1.53μm 处 σ_{em}(Er:CAS)=0.4×$10^{-20}cm^2$，1.54μm 处 σ_{em}(Er:SLG)=0.28×

$10^{-20}cm^2$。它们比 Er:YAG 的 σ_{em}(0.5×$10^{-20}cm^2$) 和 Ln_2SiO_5(Ln=Gd, Lu) 的 σ_{em}(0.8×10^{-20}~1.0×$10^{-20}cm^2$) 小[28]。但是这种黄长石具有发射可调谐更宽范围。

16.7　Yb^{3+}敏化Er^{3+}的1.50μm发射

无论1.500μm激光还是光纤放大器，都希望提高Er^{3+}在此波段的发射性能和强度。掺铒光纤放大器以往通常采用1.480μm半导体LD泵浦，或980nm抽运。和1.480μm LD相比，980nm泵浦具有抽运功率高、噪声低及抽运成本低等优点。故以往常用980nm LD作为Er^{3+}的1.500μm发射激光光源。但Er^{3+}在980nm附近吸收弱，吸收光谱如图16-2所示，这样泵浦抽运效率不高。众所周知，Yb^{3+}在980nm附近存在很强的吸收，且Yb^{3+}是一个简单的两能级结构。Yb^{3+}的$^2F_{5/2}$→$^2F_{7/2}$跃迁发射与Er^{3+}的$^4I_{15/2}$→$^4I_{11/2}$跃迁吸收在光谱范围中存在很大交叠。这符合无辐射共振能量传递原理的基本要求，很容易发生Yb^{3+}→Er^{3+}高效能量传递，敏化Er^{3+}的1.500μm发射。故多年来，许多工作多集中在Er^{3+}和Yb^{3+}共掺杂的报告中，成为一个研发热点。

用974nm LD激光泵浦，在室温下可实现Er^{3+}和Yb^{3+}共掺杂P_2O_5-K_2O-BaO磷酸盐玻璃1.530μm的连续激光输出[29]。此磷酸盐玻璃$^4I_{13/2}$能级寿命为7.7~7.8ms，Er^{3+} 1.532μm峰值的受激发射截面σ_{em}在7×$10^{-21}cm^2$以上。Er^{3+}的吸收系数随Er^{3+}掺杂浓度增加呈近似线性增加。较高的Yb^{3+}浓度保证了对974nm LD泵浦能量的充分吸收和Yb^{3+}→Er^{3+}的高效能量传递。当Er_2O_3掺杂浓度为0.5%（质量分数），样品厚度为2mm时，该玻璃的相对综合激光性质最佳，其激光阈值功率为118mW，最大输出功率为43mW，斜率效率为10.6%。由于镀膜参数不理想，造成损耗大，影响泵浦质量且泵浦光利用率较低，约30%没有利用等后果。因此，还有进一步改善的空间。将该玻璃中的K_2O换为Li_2O后[30]，发现该玻璃的σ_{em}为8.4×$10^{-21}cm^2$，$^4I_{13/2}$能级寿命为8.5ms。但FWHM仅为22nm。用977nm LD泵浦也实现该磷酸盐玻璃激光器的连续运转。室温下最大激光输出功率仅为80mW，斜率效率为16.5%，有所提高。最大双程增益G与Er^{3+}的浓度N，样品厚度及Er^{3+}峰值受激发射截面σ_{em}（峰）成正比。而激光斜率效率主要由增益和损耗两个参数控制。同样，由于所用LD泵浦波长（977nm）与Er^{3+}玻璃最佳吸收波长不完全匹配，影响样品对泵浦光的吸收，以及聚焦效果不佳，导致泵浦光束质量不佳，激光效率也不好。

由Er^{3+}/Yb^{3+}共掺杂的碲钨酸盐玻璃65TeO_2-25WO_3-10M_aO_b(M_aO_b=La_2O_3, Bi_2O_3, BaO或PbO）的吸收光谱[31]可知，在980nm处Er^{3+}的$^4I_{15/2}$→$^4I_{11/2}$跃迁吸收相对于Yb^{3+}的$^2F_{7/2}$→$^2F_{5/2}$跃迁吸收很弱，其Er^{3+}的峰值吸收截面仅为Yb^{3+}的1/10左右。

在上述碲钨酸盐玻璃中发现随WO_3含量（摩尔分数）从15%增加到25%后，Er^{3+}在1.5μm处的积分吸收截面由74.8×$10^{-20}cm^2$减少至55.9×$10^{-20}cm^2$；而Yb^{3+}在980nm处的积分吸收截面却由94.0×$10^{-20}cm^2$增加至125.9×$10^{-20}cm^2$。Bi_2O_3在碲钨酸盐玻璃中也有类似规律。由J-O理论计算，随WO_3含量增加，强度参数Ω_λ逐步减小，其中Ω_2减小幅度最大。如在15%时La-3样品中Ω_2为8.90×$10^{-20}cm^2$，Ω_4为2.47×$10^{-20}cm^2$，Ω_6为1.23×$10^{-20}cm^2$；当WO_3含量为25%后，Ω_2减小为6.73×$10^{-20}cm^2$，Ω_4为1.79×$10^{-20}cm^2$，Ω_6

为 0.88×$10^{-20}$$cm^2$。已知 Ω_2 与玻璃的共价性结构及配位场的局域非对称性密切相关，稀土离子配位场的非对称性增加将导致 Ω_2 值变大。故对称性影响可以忽略。这里 Ω_2 主要由 Er—O 键的共价键性质决定。因为 W—O 键比 Te—O 键的共价性强，当玻璃中 WO_3 含量增加，玻璃中倾向于与 Er^{3+}配位的非桥氧数量减少，更多的 O^{2-}将与 W^{6+}配位，使 Er—O 键的共价性减弱，导致 Ω_2 减小。碲钨酸盐玻璃中用 McCumber 理论计算 Er^{3+}的受激发射截面光谱，其峰值发射截面为 9.8×10^{-21} cm^2。这类玻璃主峰为 1.531nm，次峰在 1554nm 处。Er^{3+}的 FWHM 宽达到 75nm，这有可能是在玻璃网络结构中存在两种 Er^{3+}的不同格位，致使光谱宽化。该玻璃的增盖带宽性能优良，应是宽带掺 Er^{3+}光纤放大器的有前景的候选材料。

这里需要指明一点，我们在 Er^{3+}和 Yb^{3+}共掺杂的 $Ga_3Al_2Ge_3O_{12}$玻璃中[22]，除了观测到 Er^{3+}的 1.53μm 发射外，还观测到上转换可见光发射，这需引起注意。

用重钨酸钾（$K_2W_2O_7$）作为助熔剂，采用顶部籽晶提拉法生长出 Er,Yb:KGd(WO_4)$_2$ 激光晶体。该晶体呈现几个强吸收峰：380nm、523nm、935nm 和 981nm。981nm 主峰的吸收截面为 33.5×10^{-21} cm^{-1}。在 488nm 和 980nm 光激发下该晶体发射强的对人眼安全的 1.53μm 激光[32]。

室温下，选用 940nm 对 Er^{3+},Yb^{3+}:Gd_2SiO_5（简写为 Er,Yb:GSO）硅酸钆单晶泵浦，仅记录到 Er^{3+}的$^4I_{13/2}$→$^4I_{15/2}$能级跃迁的 1.529μm 强发射，而没有记录到 Er^{3+}的上转换的发光[33]。在发射光谱的 970~1100nm 范围中还有一些极弱的谱线，似乎应属于 Yb^{3+}的发射，这并不重要。人们知道，Gd_2SiO_5是发光、激光和闪烁体的优质基质，不同稀土离子激活的 GSO 获得应用，如 GSO:Ce^{3+}是有名的闪烁体。GSO 属单斜晶体，Gd^{3+}占据 7 和 9 两个不同配位格位，这有利于稀土离子光谱均匀宽化。

迄今在所有报告中，Er^{3+}的$^4I_{11/2}$能级的吸收比 Yb^{3+}的$^2F_{5/2}$能级吸收弱很多。例如在 Er^{3+}和 Yb^{3+}共掺的碲钨酸盐玻璃中，在 980nm 处 Er^{3+}的$^4I_{15/2}$→$^4I_{11/2}$峰值吸收截面仅为 Yb^{3+}的 1/10。由于 Yb^{3+}的$^2F_{5/2}$和 Er^{3+}的$^4I_{11/2}$能级的能量位置相差很小，很匹配。故在 850~1050nm 光谱范围内，Yb^{3+}有效吸收能量后，高效无辐射共振传递给 Er^{3+}的$^4I_{11/2}$能级，随后从$^4I_{11/2}$能级经声子协助弛豫，使 Er^{3+}的$^4I_{13/2}$能级得到粒子布居，导致强的约 1.50μm 发射。

为进一步提高 Er^{3+}的 1.5μm 发射，作者提出“双波长同时泵浦泵”方案。具体方案如下：(1) 依据图 16-6 所示的 Er^{3+}的交叉弛豫能量传递过程，用蓝光和约 978nm LD 同时对 Er^{3+}掺杂的材料泵浦。(2) Er^{3+}和 Yb^{3+}共掺杂体系，用蓝光和约 978nm LD 泵浦，蓝光直接对 Er^{3+}泵浦，产生强 1.5μm 发射；而在 978nm 泵浦下，Yb^{3+}吸收能量传递给 Er^{3+}，产生 1.5μm 发射。但应注意上转换发光。(3) 在 Er^{3+}和 Yb^{3+}共掺体系中，用 500~525nm 绿光和约 978nm LD 同时泵浦，绿光直接对 Er^{3+}的$^2H_{11/2}$能级泵浦吸收。此能级的吸收和振子强度，远大于$^4F_{7/2}$能级，如图 16-3 和表 16-1 中结果所示，而 Yb^{3+}吸收能量后传递给 Er^{3+}。这样，将产生更强的 1.5μm 发射，也可能有伴随其他弱的跃迁发射。

至今，人们依然对Er:YAG激光技术注入种子[34]及掺 Er 光纤放大器和光纤激光[35-36]予以关注。此外，位于高能 31926cm^{-1} 和 44525cm^{-1}之间的 Er Ⅰ 的 104 条能级及位于 31381.78cm^{-1}到 47841cm^{-1}的 Er Ⅱ 的 51 条能级的辐射寿命最新结果，由吉林大学研究

组[37]采用时间分辨产生荧光方法详细测定。首次将分支比率和测得的寿命结合，对 Er Ⅰ 的 352 条谱线和 Er Ⅱ 的 92 条谱线，测定绝对跃迁概率和振子强度，使实验跃迁概率谱线总数增加超过 910 条（Er Ⅰ）及 540 条（Er Ⅱ）。观测到这些高能级的寿命绝大多数在几十至数百纳秒范围之间。该工作使 Er^{3+}的高能级及光学光谱性质更加完善，有利于全面认识 Er^{3+}的光谱性质。

参考文献

[1] 刘行仁，黄立辉，林海，等．$M_3Al_2Si_3O_{12}$（M=Ca，Cd）玻璃中 Er^{3+}离子的吸收和 1534nm 荧光光谱［J］. 光子学报，2000，29（Z1），199-202.

[2] 黄立辉，刘行仁，徐迈．$Cd_5Al_2Si_3O_{12}$玻璃中 Er^{3+}的光学跃迁［J］. 发光学报，2001，22（4）：363-366.

[3] LIN H，PUN E Y B，LIU X R，et al. Optical transitions and frequency upconversion of Er^{3+} ions in $Na_2O \cdot Ca_3Al_2Ge_3O_{12}$ glasses［J］. J. Opt. Soc. Am. B，2001，18（5）：602-609.

[4] LIN H，PUN E Y B，LIU X R. Er^{3+}-doped $Na_2O \cdot Cd_3Al_2Si_3O_{12}$ glass for infrared and upconversion applications［J］. J. Non-Crystalline Solids，2001，283：27-33.

[5] 达宁，杨旅云，彭明营，等．掺铒高硅氧玻璃光谱性质的研究［J］. 物理学报，2006，55（6）：2771-2776.

[6] LEAL J J，NARRO-GARCIA R，DESIRENA H，et al. Spectroscopic properties of tellurite glasses co-doped with Er^{3+} and Yb^{3+}［J］. J. Lumin.，2015，162：72-80.

[7] YONG D，JIANG S B，HUANG B C，et al. Spectral properties of erbium-doped lead halotellurite glasses for 1.5μm broadband amplification［J］. Opt. Mater.，2000，15：123-130.

[8] YU Y Q，WU Z J，ZHANG S Y. Concentration effects of Er^{3+} ion in YAG:Er laser crystals［J］. J. Alloys Compounds，2000，302：204-208.

[9] ZHANG X，YUAN J H，LIU X R，et al. Red laser induced upconversion luminescence in Er-doped Calcium aluminum germanate garnet［J］. J. Appl. Phys.，1997，82（8）：3987-3991.

[10] DOMINIAK-DZIK G，SOKOLSKA L，GOLAB S，et al. Preliminary report on growth，structure and Optical properties of $K_5LaLi_2F_{10}:Ln^{3+}$（Ln^{3+}-Pr^{3+}，Nd^{3+}，Er^{3+}）crystals［J］. J. Alloys Compounds，2000，300-301：254-260.

[11] HUANG Y D，MORTIER M，AUZEL F. Stark levels analysis of Er^{3+}-doped oxide glasses：germanate and silicate［J］. Opt. Mater.，2001，15：243-260.

[12] MATEOS X，SOLE R，GAVALDA J，et al. Ultraviolet and visible emissions of Er^{3+} in $KY(WO_4)_2$ single crystals co-doped with Yb^{3+} ions［J］. J. Lumin.，2005，115：131-137.

[13] GOLAB S，ZYGMUNT A，RYBA-ROMANOWSKI W. Synthesis and emission Spectra of $Ba_4In_{1.98}Nd_{0.02}O_7$ and $Ba_4In_{1.98}Er_{0.02}O_7$［J］. J. Alloys Compounds，2000，300/301：295-299.

[14] WEN C H，CHU C Y，SHI Y Y，et al. Red，green and blue photolumi nescence of erbium doped potassium tantalate niobate polycrystalline［J］. J. Alloys Compounds，2008，459：107-112.

[15] MINISCALO W J，QUIMBG R S. General procedure for the analysis of Er^{3+} cross sections［J］. Opt. Lett.，1991，16：258-260.

[16] BARNES W L，LAMING R I，TARBOX E J，et al. Absorption and emission cross-section of Er^{3+} doped silica fibers［J］. IEEE J. Quantum Electron，1991，QE-27：1004-1010.

[17] SOGA K，INOUE H，MAKISHIMA A. Fluorescence properties of fluorozirconate glasses containing Er^{3+} ions［J］. J. Lumin.，1993，55（1）：17-24.

[18] MINISCALCO W J. Erbium-doped glasses for fiber amplifiers at 1500nm [J]. IEEE OSA J. Lightwave Technol., 1991, LT-9: 234-250.

[19] 柳祝平，戴世勋，胡丽丽，等. Yb^{3+}, Er^{3+}共掺磷酸盐铒玻璃光谱性质研究 [J]. 中国激光，2001，28 (5)：467-470.

[20] YONG GYU C, KYONG HON K, JONG H. Spectroscopic properties of and energy transfer in PbO-Bi_2O_3-Ga_2O_3 glass doped with Er_2O_3 [J]. J. Am. Ceram. Soc., 1999, 82 (10): 2762-2768.

[21] FENG X, TANABE S, HANADA T. Hydroxyl groups in erbium-doped germanotellurite glasses [J]. J. Non-Cryst. Solids, 2001, 281: 48-54.

[22] HUANG L H, LIU X R, LIN H, et al. Room-temperature intense emission at 1534nm in Er-doped $Cd_3Al_2Si_3O_{12}$ glass [J]. Appl. Phys. Lett., 2000, 77 (18): 2849-2851.

[23] OBATON A F, PARENT C, FLEM G L, et al. Yb^{3+}-Er^{3+}-Codoped $LaLiP_4O_{12}$ glass: a new eye-safe laser at 1535nm [J]. J. Alloys Compounds, 2000, 300-301: 123-130.

[24] HUANG L H, LIU X R, XU W, et al. Infrared and visible luminescence properties of Er^{3+} and Yb^{3+} ions codoped $Ca_3Al_2Ge_3O_{12}$ glass and 978nm diode laser excitation [J]. J. Appl. Phys., 2001, 90 (11): 5550-5554.

[25] DARAN E, LEGROS R, MUNOS-YAGUE A, et al. 0.85 and 1.54μm emission of CaF_2:Er^{3+} layers grown by molecular beam epitaxy [J]. J. Physique Ⅳ, 1994, C4: 397-401.

[26] 张晓，刘行仁. Eu^{2+}激活的$M_2Al_2SiO_7$的光谱性质 [C]//第五届全国凝聚态光学性质学术会议，延吉，1990.

[27] MAURIZI A, TEISSEIRE B, VIANA B, et al. Crystal growth and optical properties of Er:CAS ($Ca_2Al_2SiO_7$) and Er:SLG($SrLaGa_3O_7$) [J]. J. Physique Ⅳ, 1994, C4: 415-418.

[28] ZONG Y H, ZHAO G J, YAN C F, et al. Growth and Spectral properties of Gd_2SiO_5 crystal codoped with Er and Yb [J]. J. Crystal. Growth, 2006, 294: 416-419.

[29] 柳祝平，胡丽丽，戴世勋，等. LD 泵浦的 Er^{3+}, Yb^{3+}共掺杂磷酸盐铒玻璃激光性质 [J]. 发光学报，2002，23 (3)：238-244.

[30] 赵士龙，徐时清，李顺光，等. LD 泵浦的镱铒共掺磷酸盐玻璃的光谱性质和激光性质 [J]. 中国稀土学报，2005，23 (5)：544-546.

[31] 沈祥，聂秋华，徐铁峰，等. Er^{3+}/Yb^{3+}共掺碲钨酸盐玻璃的光谱性质和热稳定性的研究 [J]. 物理学报，2005，54 (5)：2379-2384.

[32] HAN X M, LIU Z B, HU Z S, et al. Spectral parameters of Er^{3+} ion in Yb^{3+}/Er^{3+}:KY $(WO_4)_2$ crystal [J]. Mater, Res. Innovations, 2003, 7 (4): 195-197.

[33] ZONG Y H, ZHAO G J, YAN C F, et al. Growth and spectral properties of Gd_2SiO_5 crystal codoped with Er and Yb [J]. J. Crystal Growth, 2006, 294: 416-419.

[34] ZHANG Y X, GAO C Q, WANG Q, et al. 1kHz single-frequency injection-seeded Er:YAG laser with an optical feedback [J]. Chin Opt. Lett., 2019, 17 (3): 31402.

[35] YONG Z, GAO P Y, ZHANG X, et al. Swichhable multi-wavelength erbium-doped fiber laser based on a four-mode FBG [J]. Chin. Opt. Lett., 2019, 17 (1): 10604.

[36] MD ZIAUL A, QURESHI K K, HOSSAIN M M. Doping radius effects on an erbium-doped fiber amplifier [J]. Chin. Opt. Lett., 2019, 17 (1): 10603.

[37] YU Q, WANG X H, LI Q, et al. Experimental radiative lifetime, branching fractions, and oscillator strengths of some level in Er Ⅰ and Er Ⅱ [J]. The Astrophysical J. Supplement Series, 2019, 240: 25-1-7.

17 Er^{3+} 的上转换可见光发光

上转换发光技术从 20 世纪 60 年代发现以来备受关注，经几起几落，现处于热点之中。一方面继续深入研究这种反 Stocks 现象希望获取效率更高的上转换新材料；另一方面受应用需要：上转换发光与生物医学诊断结合希望提高太阳能电池的光电转换率，支撑稀土上转换发光发展。人们曾对上转换可见光激光予以热情关注，但现在热度不再。但稀土可见光上转换的研发，为应用于生物医学诊断及其交叉学科发展奠定基础。中国在稀土上转换纳米荧光体与生物诊断结合方面取得可喜成就，$NaYF_4$:Er,Yb 纳米体系上转换材料成功用于临床诊断和商品化。

在本章中着重对单掺 Er^{3+} 的上转换发光，Yb^{3+} 敏化 Er^{2+} 体系的上转换发光和能量传递，一些重要的上转换材料的特殊性，如 $NaYF_4$:Yb,Er 等体系进行系统论述，特别详细介绍 NaF-YF_3 相图及其重要性，并总结影响上转换发光的各种因素及其变化规律。

17.1 单掺 Er^{3+}的上转换可见光发射及其机制

17.1.1 多晶中 Er^{3+}的可见光上转换

张晓和作者等人[1]在 100K 和 300K 温度下，首次给出单掺 Er^{3+} 掺杂的 $Ca_3Al_2Ge_3O_{12}$ 锗酸盐石榴石多晶（简写为 CaAGG）在红色激光激发下上转换可见光的特性。最强的上转换发射是 ${}^4S_{3/2}\rightarrow{}^4I_{15/2}$ 能级跃迁绿色发射，其次是红色发射（${}^4F_{9/2}\rightarrow{}^4I_{15/2}$）。室温时，绿色上转换强度仅是低温时的一半；而蓝色上转换强度更弱。另有 3 个很弱的红和近红外线的发射也被观测到，它们分别是 ${}^2P_{3/2}\rightarrow{}^4F_{15/2}$（约 619nm）、${}^2P_{3/2}\rightarrow{}^4S_{3/2}$（约 763nm）和 ${}^2H_{11/2}\rightarrow{}^4I_{13/2}$（约 807nm）跃迁。

图 17-1 给出在 100K 时记录的 CaAGG :0. 01Er^{3+} 样品的蓝、绿、红发射的激发光谱[1]。左边纵坐标为绿色 18490cm^{-1}（540. 8nm）发射强度；右边纵坐标是蓝色 21114cm^{-1}（473. 6nm）或红色 14727cm^{-1}（679nm）发射强度。它们是绿色上转换发射强度的 1/10。对红色发射强度而言，几乎所有激发谱线均起源于基态吸收（GSA），即 ${}^4I_{15/2}\rightarrow{}^4F_{9/2}$ 跃迁，从 15200cm^{-1} 至 15600cm^{-1} 范围。对绿色发射源来说，除 GSA 外，在 15500cm^{-1} 至 15800cm^{-1} 之间的高能区还观察到另外的激发峰，见图右边。

用 637. 9nm 激发，绿色上转换的荧光衰减曲线的时间常数为 45μs 的指数式。用 648nm 激发的时间常数分别为 40μs 和 300μs 两个指数式衰减。这些衰减特性指出能量传递过程与 ${}^4S_{3/2}$ 能级粒子布居有关。因为上能级寿命比 300μs 短很多，例如 ${}^2H_{11/2}$ 多重态低于 10μs。在 15677cm^{-1} 激发下，对蓝发射而言，上升和衰减常数分别为 4ms 和 65μs[1]。在 100K 时，CaAGG :0. 01Er^{3+} 的绿色（18490cm^{-1}）和蓝色（21114cm^{-1}）的发射强度与 15677cm^{-1} 激发的激光功率的双对数关系作图，得到绿色发射强度的斜率为 2. 0，而蓝色

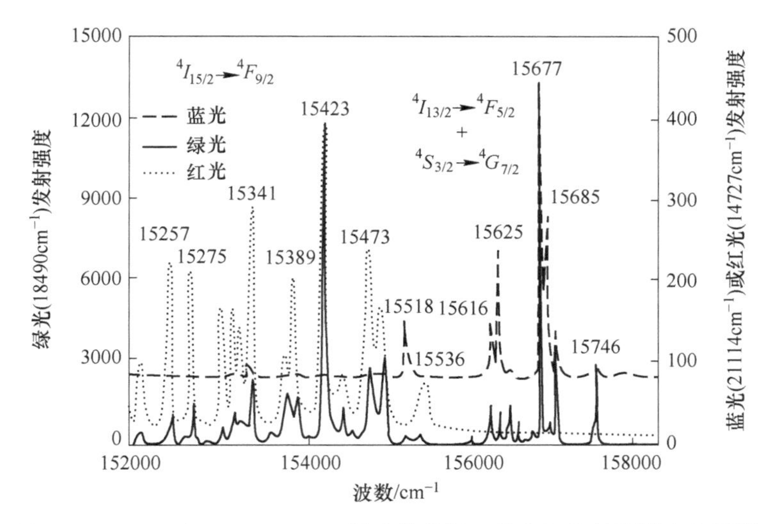

图 17-1 100K 下 CaAGG :0.01Er^{3+} 多晶的绿、蓝和红发射的激光光谱[1]

斜率为 2.9。即绿色上转换机制是双光子过程，而蓝色上转换是 3 光子过程。

在红色激光激发下，CaAGG 中 Er^{3+} 的上转换发光主要涉及 $^4S_{3/2}$、$^2H_{11/2}$ 和 $^3P_{3/2}$ 3 个能级。其中最强为绿色上转换来自 $^4S_{3/2}\rightarrow{}^4I_{15/2}$ 跃迁。这涉及在 $^4I_{11/2}$ 能级上受激的两个 Er^{3+} 的能量传递或激光激发分别调谐到使 GSA 或 ESA 跃迁至 $^4I_{13/2}$ 能级，由此产生激发态吸收，然后弛豫到 $^4S_{3/2}$ 能级。而弱的蓝发射主要是由 $^4I_{13/2}$ 和 $^4S_{3/2}$ 亚稳态三步吸收的过程产生。至于温度和 Er^{3+} 浓度对上转换作用和 ESA 相比，温度和 Er^{3+} 浓度增加，GSA 更加重。这里指出，在该体系中，雪崩效应没有参与。

在 CaAGG :0.01Er^{3+} 体系中，甚至在室温时，由红光激发得到 Er^{3+} 绿光上转换是非常有效的。其发射强度可和氧化物中 Er^{3+} 强度相比。CaAGG 也可制成单晶或玻璃，是具有化学性质和热稳定性优良的上转换候选材料。

17.1.2 单晶和玻璃中 Er^{3+} 的可见光上转换

现在介绍在晶体中 Er^{3+} 的情况。掺 Er^{3+} 的光子折射晶体 $Bi_{12}SiO_{20}$ 室温时[2]，在 983.5nm 激发 Er^{3+} 的 $^4I_{13/2}\rightarrow{}^4I_{11/2}$ 跃迁测量的上转换发射激发光谱，呈现 4 组不同的上转换光谱：绿色两组分别归因于 $^2H_{11/2}\rightarrow{}^4I_{15/2}$（532nm）和 $^4S_{3/2}\rightarrow{}^4I_{15/2}$（556nm）跃迁的绿发射，两组强度相当，在上转换发光中最强；另一组是 $^4F_{9/2}\rightarrow{}^4I_{15/2}$ 跃迁红发射（668nm）；其强度相对弱；还有 802nm 和 861nm 两个很弱的 NIR 发射。同时还发现 532nm（$^2H_{11/2}\rightarrow{}^4I_{15/2}$）上转换发射谱在低温时消失了，其原因不清。由 556nm、668nm 和 861nm 上转换发光强度与泵浦功率的对数作图，得到 n 约为 2.0。上转换过程主要涉及激发态吸收（GSA）和激发态上转换（ETU）过程。当激发到 $^4I_{11/2}$ 亚稳态后，通 GSA，涉及 $^4I_{11/2}$ 能级上两个受激的 Er^{3+} 之间的 ETU 过程，使 $^4F_{5/2}$ 高能级上粒子数布居。然后 $^4F_{5/2}$ 激发态上粒子无辐射弛豫到 $^2H_{11/2}$、$^4S_{3/2}$ 和 $^4F_{9/2}$ 发射能级，它们辐射跃迁，分别产生绿色、红色和 NIR 上转换发光。

此外，3~500K 温度内在Er^{3+}:YVO_4单晶中，Er^{3+}激发能量传递、衰减和上转换现象与Er^{3+}的浓度及温度密切相关[3]。

许多 Er^{3+}掺杂的玻璃在 800nm 或 980nm 激发下，均可记录到 550nm（$^4S_{3/2}\to{}^4I_{15/2}$）绿色和 660nm（$^4F_{9/2}\to{}^4I_{15/2}$）红色上转换发光。其可见光上转换发光的发射强度与温度、Er^{3+}浓度及泵浦功率等有关。$^4S_{3/2}$和$^4F_{9/2}$能级的荧光寿命随 Er^{3+}浓度增加而缩短。在诸多玻璃中，Er^{3+}的荧光量子效率 η 和寿命与玻璃的声子能量密切相关。

组成为 $53ZrF_4$-$20BaF_2$-$4LaF_3$-$3AlF_3$-20NaF-$1ErF_3$ 的ZBLAN :Er 玻璃具有声子能量小（$500cm^{-1}$），上转换发光效率高的特性[4]。$^4I_{13/2}$能级的 η 高的原因可能归因于交叉弛豫，$^4I_{9/2}+{}^4I_{15/2}\to{}^4I_{13/2}+{}^4I_{13/2}$，对激发态$^4I_{13/2}$能级粒子布居产生影响，即这种交叉弛豫过程可能使 $I_{13/2}$发射能级上粒子数得到布居增殖。

在铝酸盐、镓酸盐、锗酸盐、氟磷酸盐等玻璃中，能观察到$^4I_{11/2}\to{}^4I_{5/2}$和$^4I_{1/2}\to{}^4I_{3/2}$跃迁的 Stokes 荧光（即下转换），同时也观察到$^4S_{3/2}$和$^4F_{9/2}$能级的上转换荧光（绿光和红光）。

17.1.3　上转换中声子的作用

在第 4.2.4 节中详细介绍了声子在无辐射传递过程中起的重要作用。这里进一步介绍在 Er^{3+}的上转换过程中，声子所起的作用。在 800nm LD 泵浦下，$^4S_{3/2}$、$^4F_{9/2}\to{}^4I_{15/2}$能级跃迁的上转换荧光强度与玻璃基质的声子能量成反比关系。玻璃的声子能量低，发射强度高。$^4I_{11/2}\to{}^4I_{13/2}$及$^4I_{11/2}\to{}^4I_{15/2}$能级跃迁的发射强度与声子能量关系也类似，荧光强度强烈地依赖于玻璃基质的声子能量。上转换的量子效率 η 与声子能量按顺序而增加，磷酸盐（声子能量 $1300cm^{-1}$）>硅酸盐（$1100cm^{-1}$）>锗酸盐（$820cm^{-1}$）>铝酸盐（$780cm^{-1}$）>镓酸盐（$600cm^{-1}$）>氟化物（$500cm^{-1}$）。当声子能量大到 $600cm^{-1}$，η 急剧下降。

不同能级的多声子弛豫（衰减）速率与能隙 ΔE 指数式关系如下：

$$\omega_{MP} = \omega_0 \exp[-\beta\Delta E/(\hbar\omega)] \tag{17-1}$$

式中，ω_0 为在 $T=0K$，$\Delta E=0$ 时外推的多声子跃迁概率；$\hbar\omega$ 为声子能量，对多声子过程起主要贡献作用，在过程中，发射声子的数量 $N=\Delta E/(\hbar\omega)$；β 为一个常数，由玻璃的声子性质及电子-晶格耦合强度决定。

不同玻璃中 Er^{3+}的多声子弛豫速率 ω_{MP} 和能隙 ΔE 的关系表明一个重要因素，即 ω_{MP} 与发射能级到附近下能级的能隙 ΔE 有重要关系。当能隙减少时，多声子弛豫速率增加。于是除了$^4I_{13/2}$以外，一个给定能级的发射效率是由能隙 ΔE 和玻璃基质的声子能量两个因素控制。能隙越大，荧光效率越高。这表明能隙 ΔE 越小，多声子弛豫速率 ω_{MP} 越大；或者说，能隙越大，多声子弛豫速率越小，意味着荧光效率越高。起源于$^4I_{13/2}$能级的荧光及它的量子速率与玻璃基质的声子能量无关，是因为能量传递的上转换和激发态吸收（ESA）的影响。但是该荧光清楚地表明与$^4I_{13/2}$寿命有关。在具有更短的$^4I_{11/2}$能级寿命的玻璃中，可观察到更强的荧光。对铝酸盐和镓酸盐玻璃来说，起源于$^4S_{3/2}$能级的绿色上转换荧光主要是由$^4I_{13/2}$能级的激发态吸收（ESA）引起的；而来自$^4F_{9/2}$能级的红色上转换荧光则是通过$^4I_{13/2}$能级传递上转换产生的。

碱金属镓酸盐玻璃中 Er^{3+}上转换荧光指出，对$^2H_{11/2}\to{}^4I_{15/2}$、$^4S_{3/2}\to{}^4I_{15/2}$跃迁上转换

的主要机制是激发态吸收，而$^4F_{9/2}\to{}^4I_{15/2}$跃迁是能量传递上转换机制。在 800nm 激发下，观测到强绿（525~550nm）和红（约 600nm）发射带。若泵浦强度为 15.6W/cm^2，绿色和红色的频率上转换效率分别是 2.1×10^{-2}和 4.8×10^{-3}。对掺杂的氧化物玻璃而言，这个结果当时是最高的，可以和 Er^{3+}/Yb^{3+}共掺氧化物所引起的结果相比较。这种镓酸盐玻璃 $5K_2O$-$70Bi_2O_3$-$25Ga_2O_3$(KBG) 的最大声子带约为 381cm^{-1}。在这种 KBG 玻璃中由 J-O 理论分析，$\tau_r(^4F_{9/2})$ 为 210μs，$\tau_r(^4S_{3/2})$ 是 204μs。而实验所测 τ_{emp}分别是 57μs（$^4F_{9/2}$）和 162μs（$^4S_{3/2}$）。

类似镓酸铋玻璃的工作也在 $30NbO_{2.5}$-$70TeO_2$ 碲酸盐玻璃（NT）观察到[5]。这种碲酸盐玻璃中 Er^{3+}的$^4I_{13/2}$能级的总的自发辐射概率为 402s^{-1}，和某些材料相比还是很高的，而且可得到强的 1.53μm 发射及强的上转换绿光发射。$^4S_{3/2}\to{}^4I_{15/2}$和$^4F_{9/2}\to{}^4I_{15/2}$的分支比β分别高达 67%和 90%。

在 975nm 泵浦下Er^{3+}:NT玻璃主要发射强的1.53μs（$^4I_{13/2}\to{}^4I_{15/2}$）红外光，FWHM 达到 51nm。可惜测量的$^4I_{13/2}$的寿命和其他玻璃相比，短 2.6ms。呈现两个峰值分别在 553nm 和 531nm 的绿带。它们分别为 Er^{3+}的$^4S_{3/2}\to{}^4I_{15/2}$和$^2H_{11/2}\to{}^4I_{15/2}$能级的跃迁发射。由于$^4S_{3/2}$和$^4I_{11/2}$ 两能级间的快速热平衡，无论何时$^4S_{3/2}$能级被激发时也能观察到$^2H_{11/2}\to{}^4I_{15/2}$跃迁发射。此外，在红区中还有一个$^4F_{9/2}\to{}^4I_{15/2}$跃迁很弱的发射。同样，依 J-O 理论分析，在该 Nb_2O_5-TeO_2 玻璃中，$\tau_r(^4S_{3/2})$ 为 218μs，而实验所测的 τ_{exp}（$^4S_{3/2}$）为 131μs。

Er^{3+}的上转换紫外线发射现象很少见。但是在脉冲（532nm）及（488nm 和 784nm）激光对 Er^{3+}:YAG 晶体激发时[6]，观测到来自 Er^{3+}的$^2P_{3/2}\to{}^4I_{13/2}$和$^2H_{9/2}\to{}^4I_{15/2}$能级跃迁的上转换 NUV 发射，为不高于 406.7nm 和约 416nm。在其他晶体中也能观测并不多见的蓝紫光上转换发光。其上转换过程和机构比较复杂。

总之，至今在多晶、单晶、薄膜、光纤，以及玻璃等众多材料中，观测到 Er^{3+}在 NUV-蓝-绿-红-NIR 发生有效上转换荧光，其中$^4S_{3/2}\to{}^4I_{15/2}$跃迁的上转换绿光最强。这类可见光上转换为发展 Er^{3+}的绿色激光、高效纳米绿色荧光、光通信等研究和应用提供了可靠的依据。

17.2 Yb^{3+}敏化 Er^{3+}的可见光上转换和能量传递

由于可见光激光、LD 新显示技术、生物医疗（癌）诊断和检测红外探测和跟踪、光学热电流计，以及环境检测等领域的发展和需要，希望能获得更高效优质的上转换可见光（激光）和纳米上转换可见光。所传的“致盲”武器可能与 Er^{3+}绿色激光有关。

Er^{3+}是将 NIR 转换为可见光，特别是绿光和红光最佳离子，但单纯的 Er^{3+}材料在 800~1000nm NIR 宽的范围内基本上无吸收，仅有$^4I_{11/2}$能级弱吸收。其吸收截面很小，导致上转换发光弱。而 900~1000nm 的高功率 LD 已商业化。Yb^{3+}在此 NIR 范围内呈现强吸收，在 980nm 左右，吸收截面很大。故 Yb^{3+}被用作增强对 NIRLD 泵浦光的吸收，然后 Yb^{3+}吸收的能量高效地无辐射从$^4F_{5/2}$能级共振传递给 Er^{3+}。所以 Yb^{3+}和 Er^{3+}共振掺杂的材料成为 2000 年以来的一个热点[7-8]。

17.2.1 NUV-可见-NIR 内 Er^{3+}的上转换发光

Er^{3+}和 Yb^{3+}共掺材料在不同激发光激发下可呈现出近紫外-可见-近红外的上转换发光。例如77K 和室温下用981nm 泵浦 $KY(WO_4)_2$:Er^{3+},Yb^{3+}单晶观测到这种很宽光谱范围的上转换发光[9]。最强的上转换发光属于 Er^{3+}的$^4S_{3/2}$→$^4I_{15/2}$能级跃迁的 552nm 绿光发光，强的$^4F_{9/2}$→$^4I_{15/2}$能级跃迁的 659nm 红色发光及 Er^{3+}的$^2H_{9/2}$→$^4I_{15/2}$能级跃迁的强的406.5nm 近紫外发射。$KY(WO_4)_2$:Er^{3+},Yb^{3+}晶体中在 981nm 泵浦下所发生的能量传递和上转换过程机制显示，所发生的上转换机制实际是三光子过程。

17.2.2 Yb^{3+}和 Er^{3+}共掺杂的锗酸盐和硅酸盐的上转换发光

人们对 Er^{3+}的上转换的可见光发射，主要是强的绿光和红光发射特别感兴趣。Er^{3+}被 Yb^{3+}敏化后，将近红外辐射转换为人眼敏感的可见光。Er^{3+}的上转换可见光发射主要体现在 Er^{3+}的$^4S_{3/2}$→$^4I_{15/2}$和$^2H_{11/2}$→$^4I_{15/2}$能级跃迁绿光发射和$^4F_{9/2}$→$^4I_{15/2}$能级跃迁红光发射。

Er^{3+}和 Yb^{3+}共掺杂的 $Ca_3Al_2Ge_3O_{12}$ 锗酸盐（CaAG）玻璃的吸收光谱。950～1000nm 范围内呈现一条强而锐的吸收光谱带，正是 Yb^{3+}典型的$^2F_{7/2}$→$^2F_{5/2}$能级跃迁吸收，它与 Er^{3+}的$^4I_{11/2}$能级的吸收部分叠加[10]。其他吸收光谱均为 Er^{3+}的吸收光谱。故 978nm LD 泵浦可被 Yb^{3+}有效吸收，由于发生 Yb^{3+}→Er^{3+}的能量传递$^2F_{5/2}$(Yb^{3+}) →$^4I_{11/2}$(Er^{3+})，产生高效的上转换可见光绿色（548nm 和 525nm）及红光（660nm）发射，还有很弱的 416nm 和 490nm 发射，如图 17-2 中实线光谱所示；同时也产生强的 1.534μm NIR 发射(这里没有给出)。其中红 660nm 与绿 548nm 相对强度比为 100:64.3，即红色上转换发射强度大于绿色强度。用激发功率分别于 525nm、548nm 和 660nm 的积分强度的双对数作图，获得斜率约为 2，这表示是双光子上转换过程[10]。

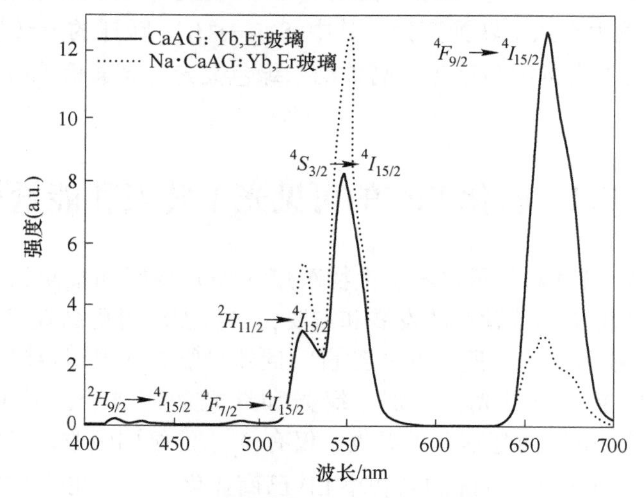

图 17-2 Er^{3+}的上转换可见光发射光谱[10,11]

(λ_{ex}=978nm，室温)

Er^{3+}和 Yb^{3+}双掺杂的 $NaO \cdot Ca_3Al_2Ge_3O_{12}$(Na · CaAG）玻璃的吸收光谱和 CaAG 玻璃相同。利用吸收光谱和 J-O 理论分析获得的一些重要的参数列在第 16 章表 16-2 中。Na · CaAG :Yb, Er 锗酸盐玻璃在相同的 978nm LD 泵浦下的上转换可见光发射光谱，用点线也同时表示在图 17-2 中，以便和不含 Na_2O 的 CaAG 锗酸盐玻璃比较。发现 Na · CaAG :Yb, Er 锗酸盐玻璃在 978nm LD 泵浦下，也是发生光子吸收的上转换过程，上转换的红和绿发射的相对强度比为 22:100。和 CaAG 玻璃中结果相反。这表明碱金属离子在玻璃中起重要作用，这种 Na · CaAG 玻璃中 Er^{3+}和 Yb^{3+}的能级及选择激发下的上转换机制如图 17-3 所示。下面分析 798nm 及 973nm 激发下，Na · CaAG :Yb, Er 玻璃中所发生的上转换过程和机制。

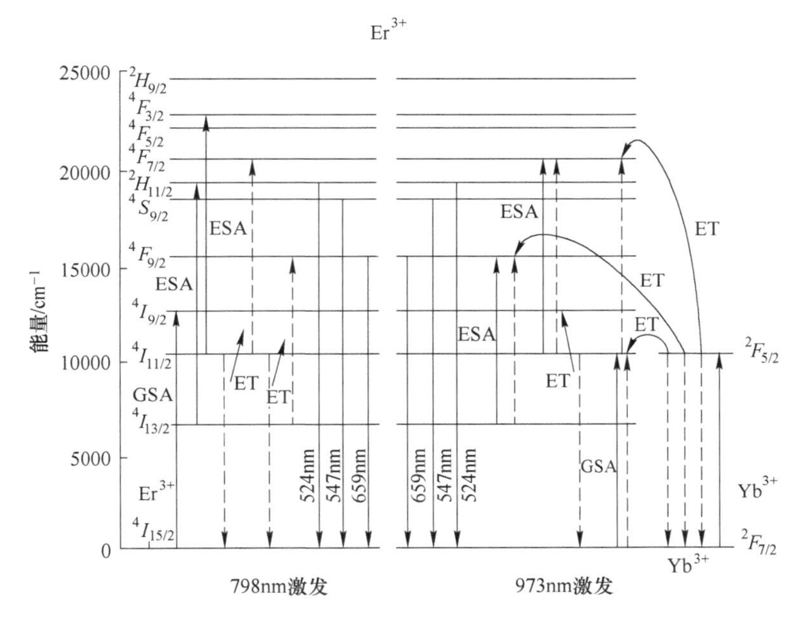

图 17-3　在 $NaO \cdot Ca_3Al_2Ge_3O_{12}$玻璃中 Er^{3+}和 Yb^{3+}的能级及在 798nm 和 973nm 分别激发下的可能上转换激发机制[11]

当 Er^{3+}的$^4I_{9/2}$能级直接被 798nm 激发时，简单地说，存储在$^4I_{9/2}$能级上的激发能可无辐射弛豫到$^4I_{13/2}$和$^4I_{11/2}$能级上。$^4I_{11/2}$能级上部分激发能进一步以辐射和无辐射弛豫到$^4I_{13/2}$能级。$^4I_{13/2}$能级上部分能量以辐射跃迁到$^4I_{15/2}$基态，发射 1.54μm NIR。而$^4I_{13/2}$能级上另一部分能量易发生 ESA，传递到$^2H_{11/2}$能级上。此外，也应考虑通过$^4I_{11/2}$的 ET 及$^4I_{11/2}$的 ESA。最终结果产生强的绿光和很弱的红光上转换发射。而用 973nm 激发时，情况有所不同。当 973nm 泵浦时，激发能主要被 Yb^{3+}吸收，然后通过 Yb^{3+}的$^2F_{5/2}$能级无辐射共振传递给 Er^{3+}的$^4I_{11/2}$能级，而 Er^{3+}的$^4I_{11/2}$不可能发生 ESA，因为泵浦能量不能使$^4I_{13/2}$ 激发态激发到$^4S_{3/2}$能级。

Na · CaAG :Yb, Er 玻璃在 973nm 激发下，Yb^{3+}吸收能量粒子从$^4F_{7/2}$基态激发到$^2F_{5/2}$能级。由于和 Er^{3+}的$^4I_{11/2}$能级能量位置匹配，激发能共振传递给 Er^{3+}的$^4I_{11/2}$能级。由于$^4I_{15/2}$→$^4I_{11/2}$的 GSA 可发生$^4I_{15/2}$→$^4F_{7/2}$能量传递，而$^4F_{7/2}$能级上的粒子无辐射快速

弛豫到$^2H_{11/2}$和$^4S_{3/2}$下能级，由此向基态$^4I_{15/2}$能级辐射跃迁，分别产生 524nm（$^2H_{11/2}$）和 547nm（$^4S_{3/2}$）绿光发射。Er^{3+}的$^4I_{13/2}$能级吸收 Yb^{3+}第二个光子，产生 ESA 到达$^4F_{9/2}$能级，由此向基态$^4I_{15/2}$能级辐射跃迁，产生 659nm 的红光发射。此外，受激的$^4I_{11/2}$能级上部分粒子弛豫到$^4I_{13/2}$能级，由$^4I_{13/2}$→$^4I_{15/2}$能级间跃迁，产生约 1.53μm 近红外发射。和 Er^{3+}单掺杂的 Na · CaAG 玻璃中 1.53μm 相对强度相比，由于 Yb^{3+}共振掺杂，Yb^{3+}→Er^{3+}向能量传递敏化作用，1.53μm 强度提高 2.17 倍[11]。绿和红发射也被增强。

Er^{3+}和 Yb^{3+}共振掺杂的 Lu_2SiO_5(LSO) 和 $(Lu_{0.5}Gd_{0.5})_2SiO_5$(LGSO) 晶体在 975nm 激发下，也呈现强的上转换绿光和红光发射，同时也伴随有 1.543μm NIR 发射[12]。当 973nm LD 泵浦功率固定在 278mW 时，室温下 Er^{3+}/Yb^{3+}分别共掺杂 LSO 和 LGSO 两个晶体的上转换发射光谱。可见绿和红区相对发射强度几乎相等。LSO 和 LGSO 两晶体的泵浦功率与不同发射的积分强度的双对数作用得到的斜率 n 的结果：对 524nm（$^2H_{11/2}$）和 547nm（$^4S_{3/2}$）绿光来说，两晶体的斜率 n 非常接近 2。这意味着绿色上转换存在双光子机制，但对 654nm（$^4F_{9/2}$）和 804nm（$^4I_{9/2}$）来说，斜率 n 大大偏离 2，不能用双光子上转换机制解释。

Er^{3+}和 Yb^{3+}共掺杂的 LSO 和 LGSO 稀土硅酸盐晶体、碱金属锗酸盐玻璃及氟化物的 η_{up}高达 10^{-3}。它们比某些硅酸盐、磷酸盐和碲酸盐玻璃的上转换效率 η_{up}高。主要是这些化合物中声子能量较低，减少一些无辐射过程概率，增强上转换效率。在 Yb^{3+}-Er^{3+}共掺杂的 LSO 和 LGSO 晶体中 Er^{3+}($^4I_{13/2}$→$^4I_{15/2}$) 1.543μm 的发射截面分别为 0.793×10^{-20} cm^2 和 $0.994\times10^{-20}cm^2$，而在 GSO 中为 $1.03\times10^{-20}cm^2$。有趣的是在 940nm 泵浦下，在 Yb^{3+}和 Er^{3+}共掺杂的 GSO 晶体中仅观测到 Er^{3+}的 1.529μm（$^4I_{13/2}$→$^4I_{15/2}$）发射，而没有记录到 Er^{3+}的其他上转换发光。LSO、LGSO 和 GSO 晶体都同属于 RE_2SiO_5（RE=Y，Gd，Lu，…）单斜晶系。

在 Er^{3+}和 Yb^{3+}共掺杂的 LSO 和 LGSO 两种晶体中，Er^{3+}的 547nm（$^4S_{3/2}$）和 654nm（$^4F_{9/2}$）发射强度随温度增加（200~500K）而下降。这可能是因为：（1）随温度增加，无辐射的多声子伴随弛豫（MPR）速率增加，导致在相同能级上的辐射跃迁减弱。（2）MPR 过程使包括上转换过程（$^4I_{13/2}$和$^4I_{11/2}$）的一些中间能级的寿命缩短。于是使紧随的光子吸收概率减小。而 524nm（$^2H_{11/2}$）发射强度却随着温度升高（200~400K）而增强，主要是归因于$^2H_{11/2}$能级通过 MPR 过程使粒子布居得到增加。

Yb^{3+}掺入使 Er^{3+}/Yb^{3+}共掺玻璃在 980nm 附近的吸收峰的宽度和强度均有很大提高。上述一些研究表明，Yb^{3+}共掺杂及其掺杂浓度对 Er^{3+}的吸收光谱和上转换可见光及 NIR 光学光谱影响很大。Yb^{3+}的作用主要表现在：（1）Er^{3+}的$^4I_{13/2}$吸收截面面积随 Yb^{3+}浓度增加而线性增加，从而导致 Er^{3+}的$^2H_{11/2}$，$^4S_{3/2}$，$^4F_{9/2}$→$^4I_{15/2}$能级跃迁的上转换荧光强度均增强。（2）由于 Yb^{3+}→Er^{3+}向的能量传递，Yb^{3+}浓度增加，$^4F_{5/2}$能级及 Er^{3+}的$^4I_{11/2}$能级粒子密度增加，促进 Er^{3+}的 GSA 和 ESA 等上转换能量传递过程增强。（3）不仅使 Er^{3+}荧光光谱宽化，而且随 Yb^{3+}浓度增加可使不同玻璃荧光光谱（如绿、红）相对强度改变。此外，在 Er^{3+}/Yb^{3+}共掺的某些材料中可能存在 Er^{3+}（受主）→Yb^{3+}（施主）的反向能量传递，且随 Yb^{3+}浓度增加而逐渐加强，但不是导致 Yb^{3+}的$^4I_{13/2}$→$^4I_{15/2}$能级跃迁过程中荧光饱和的主要原因。人们清楚，由上转换$^4I_{11/2}$ ESA 使$^4F_{7/2}$能级得到粒子布居，接着从$^4F_{7/2}$能级无辐射弛豫发射能级$^2H_{11/2}$（绿）。但是某些原因阻碍或是大大减少$^2H_{11/2}$向能隙小的$^4S_{3/2}$下能级弛豫，或者说向$^4S_{3/2}$能级无辐射弛豫速率大大地下降，致使$^2H_{11/2}$能级上粒子浓度聚集，这是有趣而值得以后去进一步研究的工作。

17.2.3 Er^{3+}和 Yb^{3+}共掺杂的氟化物上转换发光

Er^{3+}和 Yb^{3+}共掺杂的氟化物上转换发光材料是 1966 年法国 Auzel 确定反 Stocks 定律的上转换现象以来，最早和最快发展的高效上转换材料。从 1969 年到 1972 年，一些 Er^{3+}和 Yb^{3+}共掺的发射强的上转换可见光的重要氟化物被陆续研制出 LaF_3、YF_3、$BaYF_5$、$NaYF_4$ 等氟化物。表 17-1 列出了 Er^{3+}/Yb^{3+}共掺杂的一些氟化物的上转换发光数据。可见，发绿光的 NaYF :Er^{3+},Yb^{3+}氟化物是红外线到可见光上转换发光效率最佳的材料，是当时被用作上转换的商用绿色上转换材料的 LaF_3:Yb,Er^{3+}的 4~5 倍。而在许多含氟盐和氧化物中，相对 Er^{3+}的上转换可见光发射强度则弱很多。这是因为氟化物晶格中离子-晶格的相互作用很弱，弛豫概率小是 Er^{3+}/Yb^{3+}掺杂的氟化物上转换绿色发光效率高的原因之一；而氧化物晶格中由于离子晶格耦合作用增强，无辐射衰减强很多，其上转换可见光效率比氟化物至少小一个数量级。故人们很快确认 NaYF :Er^{3+},Yb^{3+}氟化物是从 1972 年以来最高效率的 NIR 到可见光上转换荧光材料之一。早在 20 世纪 70 年代，人们已对包括 NaYF :Er^{3+},Yb^{3+}的氟化物和其他化合物上转换发光材料的合成、上转换性质及结构影响等进行总结。

表 17-1 Er^{3+}/Yb^{3+}共掺某些氟化物的上转换发光数据[13-14]

化合物	阳离子	发光颜色	相对强度	绿/红强度比	化合物	发光颜色	相对强度
MF_3	M=La,Y,Gd,Lu,Bi	绿色	25~100	1.0~3.0	$NaY_{0.57}Yb_{0.39}Er_{0.04}F_4$	绿色	400~500
$BaYF_5$		绿色	50	2.0	$NaY_{0.80}Yb_{0.19}Er_{0.01}F_4$	绿色	170
α-$NaYF_4$		绿色	100	6.0	$NaLa_{0.80}Yb_{0.19}Er_{0.01}F_4$	绿色	155
β-$NaYF_4$		黄色	10	0.3	$NaGd_{0.40}Yb_{0.19}Er_{0.01}F_4$	绿色	135
AMF_3	A=K,Rb,Cs; M=Cd,Ca	黄色	0.5~1.0	0.3~0.5	$NaY_{0.40}Gd_{0.40}Yb_{0.19}Er_{0.01}F_4$	绿色	140
MF_2	M=Cd,Ca,Sr	黄色	1~15	0.3~0.5	$NaY_{0.32}Gd_{0.24}La_{0.24}Yb_{0.19}Er_{0.01}F_4$	绿色	145
MF_2	M=Mg,Zn	红色	0.1~1	0.05~0.1	LaF_3 :Yb,Er	绿色	100
AMF_3	A=K,Rb,Cs; M=Mg,Zn	红色	0.1~1	0.05~0.1			

一般而言，碱金属稀土氟化物体系有复杂的相图，制备它们时难以得到良好结晶的单相氟化物。所以制备时需精心设计，注意浓度、温度、原材料的选择、合成的条件等因素，合成前应充分考虑和了解 NaF-YF_3 复杂的相图[15]。

NaF · YF_3的相图非常复杂，共分 A、B、…、P 共计 16 个相图区，其中最有效的

$NaYF_4$:Er^{3+}，Yb^{3+}材料是在 D 区制得。在此区域中，六边形 $NaYF_4$ 和液体是共存的。可参见原相图中 A、B、…、P 各区的说明。六方 $NaYF_4$ 和立方 $NaYF_4$ 的相变温度为 691℃。高于 691℃的为立方晶系的 β-$NaYF_4$。为了在低温下获得优质六方 α-$NaYF_4$，必须选取合适的灼烧温度。经实验分析确认，最佳烧结温度为 630℃[16]。因为在此温度范围内 Na_2SiF_6 的分解正好完全，而液相已经形成，立方相（β）还没有形成。此外，Na_2SiF_6 分解所排出的 SiF_4 气体还可除去起强猝灭作用的氧化杂质。分解反应的中间产物 NaF 易与 $(Y,Yb,Er)F_3$ 发生反应，而液相又可起助熔剂的作用，促进结晶。六方的 $NaYF_4$:Er^{3+}，Yb(α) 和立方的 β 相两者红外上转换可见光性质存在很大差别。早在 1972 年荷兰专家指出[14]，六方的 $NaYF_4$:Er^{3+},Yb 产生很强的上转换绿色发光，其光谱中绿/红相对强度比是 6.0:1.0；而立方体 β 相中，相对强度比是 0.3:1.0，红光为主，其发光颜色为黄色。立方 $NaYF_4$:Er^{3+},Yb 的积分强度仅是绿色六方相的 10%。

绿色（α）和红色（β）的 $NaYF_4$:Er,Yb 这两种荧光体的红外激发光谱类似，都覆盖在 0.92~1.04μm 范围内，相比绿色相的激发谱要窄很多。但在最佳波长激发下，相对绿发射强度比 YF_3:Er^{3+},Yb 强数倍。依据上转换发射强度（I）与激发功率（P）的 $I=P^n$ 关系作图，对绿和红发射强度而言 $n=2$，意味着双光子上转换过程。$NaY_{0.57}Yb_{0.39}Er_{0.02}F_4$ 荧光体在空气中加热，在 400℃以下是稳定的，发光强度不变，但超过 400℃以后，强度急剧下降。具有六方相组成的 $NaYF_4$:0.02Er,0.18Yb^{3+}可以得到最佳上转换强度。

研究 $NaYF_4$:Er^{3+},Yb^{3+}中高效 NIR 到可见光上转换过程提出[16]，在 CW 激光激发的大功率范围内，超过 30%的光子发射在可见光区，而对应的约 50%全部被 NIR 吸收。这与激发功率密切相关。间隙仅为 39cm^{-1}的两个最低晶场分量，由于 Yb^{3+}和 Er^{3+}特殊晶场能级，Yb^{3+}吸收的能量很有效地从 Yb^{3+}的$^2F_{5/2}$能级共振传递给 Er^{3+}的$^4I_{11/2}$ 能级，敏化 Er^{3+}的上转换发光。对所有发射带所观测的温度关系均可通过这种 Yb^{3+} $^2F_{5/2}\rightarrow{}^4I_{11/2}$（$Er^{3+}$）能量传递来解释。$Er^{3+}$的 6500$cm^{-1}$（1.538μm）发射呈现的温度关系随激发功率变化，在高功率下是通过双光子交叉弛豫过程实现。

近年来，由于 $NaREF_4$:Er^{3+},Yb^{3+}（RE = Y,Gd,Lu）纳米荧光体已成功应用于生物医学医疗病理图像显示、病理标记和诊断中。因此，近年来，人们多关注 $NaREF_4$:Er,Yb 体系纳米荧光体及核壳结构的合成、性能及应用的研发。如秦伟平等人[17]利用 $NaYF_4$:Yb,Er/CdSe 结构在 1.56μm 激光激发时，Er^{3+}特征$^2H_{11/2}\rightarrow{}^4I_{15/2}$绿发射及$^4F_{9/2}\rightarrow{}^4I_{15/2}$红发射，还具有光催化作用。

人们熟悉的氟化物玻璃透光率高、声子能量低，和商用的 SiO_2、硅酸盐和磷酸盐相比，1.5μm 附近辐射衰减低。特别是具体组成为 $53ZrF_4$-$20BaF_2$-$4LaF_3$-$3AlF_3$-NaF（简称 ZBLAN）的氟锆酸盐玻璃是一种光学性能极好的玻璃。

在该玻璃中可掺杂多种稀土离子：Pr^{3+}、Nd^{3+}、Dy^{3+}、Er^{3+}、Ho^{3+}、Tm^{3+}及 Yb^{3+}，且掺杂浓度相当高，从而得到多种不同功能的激光材料、光纤激光和光纤放大器等。和其他晶体及玻璃相比声子能量低，在 ZBLAN 玻璃中，一些三价稀土离子的多声子弛豫速率在 3200cm^{-1}以下，比其他基质 SiO_2、YAG、ZBLA 要小。Er^{3+}和 Er^{3+}/Yb^{3+}掺杂的 ZBLAN 玻璃是重要的激光和上转换发光材料。在 ZBLAN 玻璃中，同样引入 Yb^{3+}也可高效地将吸收能量传递给 Er^{3+}，增强其上转换发光效率[18]。在 980nm LD 泵浦下，ZBLAN :Yb,Er 玻璃呈现强的 550nm（$^4S_{3/2}$）绿光，很弱的 520nm（$^2H_{11/2}$）绿光及很弱的 660nm（$^4F_{9/2}$）红光上转换发光。其 550nm 绿/660nm 红光相对强度比约为 1.00:0.09。在上转换光谱中，还有极弱的 406nm 和 380nm NUV 发射。由 350nm 选择激发下的下转换光谱和 980nm 激发的上转换光谱本质上相同，依然以 550nm（$^4S_{3/2}$）发射为主导，但 525nm（$^2H_{11/2}$）和 494nm（$^4F_{9/2}\rightarrow{}^4I_{15/2}$）相对增强。光强与泵浦功率双对数作图结果表明，绿色和红色上转换为双光子过程，而很弱的 406nm（$^4G_{11/2}\rightarrow{}^4I_{15/2}$）和 380nm（$^2H_{9/2}\rightarrow{}^4I_{15/2}$）为三光子过程。

17.2.4 Er^{3+}和 Yb^{3+}共掺杂的钨钼酸盐上转换发光

Er^{3+}和 Yb^{3+}共掺杂的 $KGd(MoO_4)_2$、$NaGd(MoO_4)_2$、$NaY(MoO_4)_2$ 及 $CaWO_4$ 荧光体均属白钨矿结构，用 980nm LD 泵浦获得相同的上转换可见光光谱[19-22]。这些荧光体中均以绿光（$^2H_{11/2}+{}^4S_{3/2}$）发射为主导，而红色（$^4F_{9/2}$）或其他发射极其微弱。是否同时还有 1.5μm 发射不得而知。在这些荧光体中属双光子吸收机制。

在 976nm 分别激发 $CaWO_4:Er^{3+}$ 和 $CaWO_4:Er^{3+}$ 纳米晶，所测得的两者光谱完全相同[19]。单掺 Er^{3+}时，最强是 551nm 和 542nm（$^4S_{3/2}$）发射，其次是 529nm（$^2H_{11/2}$），以及极弱的 483nm（$^4F_{9/2}\rightarrow{}^4I_{15/2}$），没有记录到红（$^4F_{9/2}$）。而在 Er^{3+}/Yb^{3+}共掺 $CaWO_4$ 样品中，除前述相同的 4 个发射谱外，同时还记录到很弱的 408nm（$^2H_{9/2}\rightarrow{}^4I_{15/2}$）和很弱的 653nm（$^4F_{9/2}$）发射。在 $CaWO_4:Er^{3+}/Yb^{3+}$ 材料中的上转换可见光发射性质与同构的 $MRE(MoO_4)_2:Er^{3+},Yb^{3+}$完全相同，即最强为绿（$^4S_{3/2}\rightarrow{}^4I_{15/2}$）发射，而红（$^4F_{9/2}\rightarrow{}^4I_{15/2}$）等其他 NUV-750nm 发射极弱或没有。上转换的能量高度集中可见光绿区中，有可能实现绿光受激发射。但不知在 980nm 泵浦下，是否同时存在约 1.50μm NIR 发射。

此外，$Gd_2(WO_4)_3:Er^{3+},Yb^{3+}$中以 545nm（$^4S_{3/2}$）和 521nm（$^2H_{11/2}$）绿色为主导的并伴随有 1.490μm 发射的上转换发光，而 $Gd_2WO_6:Er,Yb$ 中以 667nm（$^4F_{9/2}$）红色为主导的和强的 1.540μm NIR（$^4I_{13/2}\rightarrow{}^4I_{15/2}$）发射[23]。由这两种钨酸盐的绿/红可见光谱分析，可以得到结论：对 $Gd_2(WO_4)_3:Er,Yb$ 来说，绿色强度远大于红色，545nm/667nm 之比为 1.00:0.07；而 521nm 也远大于红发射。但对 $Gd_2WO_6:Er,Yb$ 而言，绿/红相对强度比相反，绿/红比为 1.00:2.47。$Gd_2(WO_4)_3:Er,Yb$ 在 980nm 激发下，不仅具有两个强的绿色发射，$^4S_{3/2}$，$^2H_{11/2}\rightarrow{}^4I_{15/2}$，而且 1.49μm NIR 处的强度超过 $Gd_2WO_6:Er,Yb$ 在 1.490μm 的发射。两者的发射光谱和强度差异正体现其化学组成、晶场环境、阳离子配位等因素的作用。尽管两者均属于单斜晶系，但 $Gd_2(WO_4)_3$ 中，Gd 阳离子有 8 个氧原子配位，仅存在一个简单的格位，且阳离子之间最近距离大于 0.3nm[24]，而在 Gd_2WO_6 中，Gd^{3+}阳离子中占据 3 种类型格位，Gd^{3+}阳离子对最小的距离小于 0.1nm。

这两种钨酸盐发生的上转换可参阅前文所述，主要是双光子过程。简单地说，在 980nm 激发下，首先，基态吸收发生$^2F_{7/2}\rightarrow{}^2F_{5/2}$能级跃迁，接着能量从 Yb^{3+}传递给$^4I_{11/2}$能级。由 Er^{3+}的$^4I_{11/2}\rightarrow{}^4S_{3/2}$，$^2H_{11/2}$的 ESA 产生绿色发射（$^4S_{3/2}$，$^2H_{11/2}\rightarrow{}^4I_{15/2}$）跃迁。对红光发射来说，$Yb^{3+}\rightarrow Er^{3+}$能量传递以后，$^4I_{11/2}\rightarrow{}^4I_{13/2}$发生交叉弛豫后，接着可发生$^4I_{13/2}\rightarrow{}^4F_{9/2}$的 ESA，由$^4F_{9/2}\rightarrow{}^4I_{15/2}$跃迁产生红光发射。通过$^4F_{7/2}\rightarrow{}^2F_{9/2}$和$^4I_{11/2}\rightarrow{}^4F_{9/2}$

的交叉弛豫，$^4F_{7/2}$上粒子数布居减少，导致Gd_2WO_6:Er^{3+},Yb^{3+}以红外发射为主导。在这两种钨酸盐中，由于基态 Stack 劈裂差异，产生不同的 1.490μm 和 1.540μm 发射，且因Gd_2WO_6中近邻Er^{3+}-Er^{3+}间距比$Gd_2(WO_4)_2$中小，晶场强度强，导致Gd_2WO_6:Er,Yb 的 1420~1600nm NIR 光谱劈裂加大，致使光谱稍增宽。

Gd_2MoO_6(JCPDS 24-0423，26-0656）和Eu_2MoO_6均为单斜晶系，但La_2MoO_6为四方晶系，JCPDS 卡号：24-0550 SG $I\bar{4}2m$(121)。La_2MoO_6:Er^{3+},Yb^{3+}在 950nm 激发下的上转换可见光的发射，其绿/红相对强度比为 0.1。而Gd_2WO_6:Er^{3+},Yb^{3+}中绿/红比为 1.00:2.47，即 0.40：1.00。La_2MoO_6:Er^{3+},Yb^{3+}是一个红外上转换色纯度很高的优质红色发光材料。在众多Er^{3+},Yb^{3+}共掺含氧盐中，La_2MoO_6:Er^{3+},Yb^{3+}的发射强度最强。尽管$NaLuO_2$、$LiYO_2$和Y_2O_3中，绿/红比例达到 0.01~0.02，色纯度更高，但是发射强度很低，仅为La_2MoO_6:Er^{3+},Yb^{3+}的 10%~25%。$RENbO_4$（RE=La，Gd，Y）为绿色，但强度仅为La_2MoO_6的 30%~75%。但和熟系的Er^{3+}/Yb^{3+}掺杂的氟化物比较，La_2MoO_6:Er^{3+},Yb^{3+}的可见光发射强度相当低，LaF_3:Yb^{3+},Er^{3+}是它的 3 倍，$NaYF_4$:Yb^{3+},Er^{3+}是它的 8 倍。当然$NaYF_4$:Yb^{3+},Er^{3+}主要发射绿光，流明效率比 660nm 红光高很多。其他含氧盐也包括Y_2MO_6（M=W，Mo），$Ln_2M^{4+}M^{6+}O_8$（M^{4+}=Si，Ge，Ti；M^{6+}=W，Mo），以及发绿光的铌酸盐等，它们的上转换发射强度均低于La_2MO_6:Yb^{3+},Er^{3+}的 10%。

17.2.5 Er^{3+}和Yb^{3+}共掺杂的其他化合物的上转换发光

稀土硫氧化物Ln_2O_2S属六方晶系，三价稀土离子位于不对称中心。其中Y_2O_2S:Eu^{3+}是著名的彩电用红色荧光体，Gd_2O_2S:Tb 是显示用的高效绿色荧光体。Y_2O_2S具有宽带隙（4.6~4.8eV)，最大声子能量为$467cm^{-1}$[25]。单掺Er^{3+}的Y_2O_2S荧光体在 980nm 激发下，呈现上转换的 523nm/527nm（$^2H_{11/2}$）绿发射，强的 547nm 和 553nm（$^4S_{3/2}$）绿发射，以及相对较弱的 665~668nm（$^4F_{7/2}$）红上转换发射。人们对Y_2O_2S:Er^{3+},Yb^{3+}上转换性质和纳米合成给予更多的关注。发现Y_2O_2S:Er^{3+},Yb^{3+}的一个重要特性是可被 0.80~1.59μm 多波段 NIR 光有效激发，产生上转换强的约 550nm（$^4S_{3/2}$）绿发射，较弱的 660nm 红和 520nm（$^2H_{11/2}$）绿发射[26-27]。

1.550μm 红外激发Y_2O_2S:Er^{3+},Yb^{3+}的上转换发光可能的主要机制和过程如下：Er^{3+}首先吸收 1.55μm 光子，发生$^4I_{15/2}$→$^4I_{13/2}$ GSA，然后$^4I_{13/2}$→$^4I_{9/2}$跃迁发生 ESA，接着再发生$^4I_{9/2}$→$^2H_{11/2}$跃迁 ESA，最终导致$^2H_{11/2}$和$^4S_{3/2}$→$^4I_{15/2}$跃迁，发射绿光。此外，处于$^4I_{9/2}$能级上的电子除了发生 ESA 外，还可通过多声子弛豫到$^4I_{11/2}$能级，再吸收激发光子或通过交叉弛豫发生$^4I_{11/2}$→$^4F_{9/2}$跃迁，导致上转换红色（$^4F_{9/2}$）发射。另外，由于$^4S_{3/2}$→$^4F_{9/2}$能级间距很大（约 $3000cm^{-1}$），由上能级$^4S_{3/2}$弛豫到$^4F_{9/2}$能级的概率很小，对$^4F_{9/2}$能级发射贡献不大。在 1550μm 激发下，Y_2O_2S:Er^{3+},Yb^{3+}上转换过程似乎与Yb^{3+}无关，但这还需要更多实验来证实，可以改变Yb^{3+}和Er^{3+}的浓度。此外，亚稳态的$^4I_{9/2}$经多声子弛豫到$^4I_{11/2}$能级后，是否会发生$^4I_{11/2}$(Er^{3+}）→$^4F_{9/2}$（Yb^{3+}）能量反传递过程，也需要实验来验证等。由 980nm 激发所获得的Y_2O_2S:Er^{3+},Yb^{3+}上转换光谱和 1.550μm 激发的结果相似，但上转换过程是有差别的。这方面还有很多有意义的工作需要深入展开。

然而，Y_2O_2S:0.01Er^{3+},0.04Yb^{3+}纳米荧光体在980nm激发下的发射光谱以红色上转换发射为主[28]，与文献［27］给出的Y_2O_2S:Er^{3+},Yb^{3+}荧光体（体材料）在1.550μm和980nm激发下的上转换光谱不同，后者以绿色（$^4S_{3/2}$,$^2H_{11/2}$）发射为主，红色（$^4F_{9/2}$）发射相对弱。绿/红强度比相反。Y_2O_2S:0.01Yb,0.02Er纳米荧光体未经处理，氨基功能化和氨基功能化涂球形SiO_2纳米后，在980nm泵浦（Yb^{3+} $^2F_{2/2}$→$^2F_{5/2}$）下的发射光谱，绿/红相对强度比没有变化，依然是红大于绿。该项工作使牛的血清蛋白（BSA）与含有或不含有球形的SiO_2氨基化的纳米荧光体之间共轭有机结合[28]，试图用作生物检测鉴定的生物分子标记试剂。

至今，人们还没有对这种体材料和纳米材料的上转换光谱的不同进行过讨论和分析。作者认为，Y_2O_2S纳米晶的合成工艺复杂，特别是前驱体的合成工艺步骤繁多，使用化学试剂多，得到的纳米晶结晶质量差，比表面积大，分散性不佳，易团聚等，使Er^{3+}，Yb^{3+}晶场环境受到影响，可能纳米晶中声子能量或拉曼振动模有变化，致使$^4S_{3/2}$能级无辐射衰减加快，加速$^4S_{3/2}$能级上粒子布居减少，而增加$^4F_{9/2}$能级粒子数布居，从而改变红/绿发射比。或是因泵浦光波长不同，引起上转换过程不同。

这里，进一步用$70Ga_2S_3$-$30La_2S_3$:Er^{3+}硫系玻璃在不同波段激发下Er^{3+}的可见光上转换光谱中绿/红光发生的变化说明[29]，用输出功率60mW Nd:YAG的1.06μm CW激光对这种硫系玻璃泵浦，其Er^{3+}的上转换可见光荧光光谱主要由555nm（$^4F_{9/2}$）和530nm（$^2H_{11/2}$）跃迁绿色发射为主，以及670nm（$^4F_{9/2}$）跃迁弱的红色发射组成；红/绿相对强度比为0.09：1.0。用1.064μm激光泵浦功率对530nm、550nm及670nm发射强度双对数作图，其斜率为2，证实上转换为双光子吸收机制。

然而，用6mW 1.54μm激光泵浦时情况相反，以670nm红色发射为主，555nm绿色次之。红/绿强度比变为1.64：1.00。而发射强度对1.54μm激发功率双对数作图的斜率比较复杂。在功率低时，斜率为3；当泵浦功率高于6mW后，两绿色上转换发光强度出现饱向趋势，只能说，可能存在3光子吸收上转换过程。

尽管早已指出红色Y_2O_3:Er^{3+},Yb^{3+}荧光体的上转换可见光发射强度仅是$La_2(MoO_4)_3$:Er^{3+},Yb^{3+}的25%，但一段时间以来，人们对Y_2O_3:Er^{3+}和Y_2O_3:Er^{3+},Yb^{3+}纳米荧光体的合成和上转换发光性质予以研究。因为Y_2O_3纳米晶合成工艺成熟方便，人们试图将其与其他发绿光和蓝光纳米荧光体组成上转换三基色纳米荧光体。在980nm泵浦下，$(Y_{0.85},Yb_{0.10},Er_{0.05})_2O_3$产生较强的上转换红发射（$^4F_{9/2}$→$^4I_{15/2}$）。这种纳米荧光体随980nm泵浦功率从0到60mW增加，发光强度呈线性增加。

单掺Er^{3+}的$Ba_3Lu_4O_9$(BLO)荧光体的上转换发射强度与Er^{3+}的浓度和制备温度密切相关[30]。在Er^{3+}低浓度下，绿（$^4S_{3/2}$）强度远大于红（$^4F_{9/2}$），随Er^{3+}浓度增加，绿强度减小，红慢慢增加，但绿强度依然比红强。在980nm激发下，制备温度为1200～1550℃时，绿峰值强度大于红，都比较强。当制备温度高于1550℃后两者强度相等。$Ba_3Lu_4O_9$（JCPDS卡号：01-77-0323）结构复杂，Lu^{3+}和Ba^{2+}占有多种不同的晶体学格位和氧配位环境。BLO样品的XRD衍射图表明1500～1550℃合成的样品结构已达到最佳，且不同Er^{3+}和Yb^{3+}的掺杂浓度（摩尔分数）分别达到0.5%（Er^{3+}）和1.2%（Yb^{3+}）

时，并没改变晶体结构，如果将上转换光谱变化和结构结合起来分析将会更深入。

YAG石榴石是一类非常优质的荧光和激光的基质。在1760℃真空中煅烧获得YAG：Er^{3+},Yb^{3+}透明陶瓷[31]。该陶瓷在1.604μm处的光学透光度达到80%，延伸到1.55μm附近依然很高。在980nm CW LD泵浦下，YAG:Er^{3+},Yb^{3+}陶瓷有相对很强的559nm（$^4S_{3/2}$）绿发射，弱的523nm（$^2H_{11/2}$）和很弱的669nm（$^4F_{9/2}$）红的上转换可见光发射。其中绿（$^4S_{3/2}$）和红（$^4F_{9/2}$）相对强度比为11，可见绿色纯度很高。绿色总的积分强度与红的比可能更高。该陶瓷中的上转换机制和其他材料相同。首先是Yb^{3+}→Er^{3+}间能量传递Er^{3+}发生GSA，然后发生ESA双光子过程。

对12CaO·7Al_2O_3而言，在980nm泵浦下，单掺Er^{3+}时550nm（$^4S_{3/2}$）发射最强，530nm（$^2H_{11/2}$）较强，但660nm（$^4F_{9/2}$）很弱。随Yb^{3+}/Er^{3+}掺杂浓度比依次为1∶1，2∶1,10∶1，红/绿发射强度比变化为0.26，0.31和1.01∶1.0，发生显著变化，即红发射强度达到绿发射强度[32]。这可能是由于Yb^{3+}→Er^{3+}能量传递，随Yb^{3+}→Er^{3+}增加，相应交叉弛豫增强，致使$^4F_{9/2}$能级上粒子数布局增加，超过$^4S_{3/2}$能级。

$GdAlO_3$与$YAlO_3$和$LuAlO_3$具有相同的结晶结构，属正交晶系畸变钙钛矿结构，空间群$P6nm$。$GdAlO_3$:Er^{3+},Yb^{3+}荧光体在379nm激发下，在500~750nm之间呈现相对强的544nm（$^4S_{3/2}$），较弱的657nm（$^4F_{9/2}$）及弱的522.5nm（$^2H_{11/2}$）发射；而在940~1700nm NIR范围内，呈现相对强的1.516nm（$^4I_{13/2}$）和弱的979nm及约1000nm（Er^{3+}的$^4I_{11/2}$，Yb^{3+}的$^4F_{5/2}$）发射。而在980nm激发下，红区$^4F_{9/2}$→$^4I_{15/2}$能级跃迁发射强度超过550nm（$^4S_{3/2}$）[33]。379nm激发是一种下转换，而980nm激发是另一种上转换。两种不同的激发机制，导致在相应能级上粒子布居不同。

含YOF纳米的Er^{3+}/Yb^{3+}共掺杂的65SiO_2-15B_2O_3-14Na_2O-4.5YF-0.5ErF_3-1YbF_3氧氟化物硅酸盐玻璃在980nm泵浦下，上转换可见光发射光谱是由强度几乎相等的540nm和551nm（$^4S_{3/2}$）绿发射及665nm（$^4F_{9/2}$）红色组成，还伴随有弱的520nm（$^2H_{11/2}$）及很弱的408nm（$^2H_{9/2}$）发射，同时有发射较强的1.53μm NIR。利用J-O理论和吸收光谱分析、计算玻璃的各种参数：Er^{3+}的$^4I_{13/2}$→$^4I_{15/2}$跃迁的A_{ed}和A_{md}，分别在169~177s^{-1}，56~58s^{-1}范围，τ_r约为4.4ms，τ_m为2.6~3.9ms，辐射量子效率最高，达92.5%[34]。

尽管还有许多Er^{3+}/Yb^{3+}共掺杂的上转换发光工作，但其新颖性和实用性均在上述范围内，这里不多介绍。

17.2.6　Er^{3+}上转换可见光发射特点

综上所述，Er^{3+}在NIR（主要是980nm）泵浦下，上转换可见光发射的特点如下：

（1）Yb^{3+}是Er^{3+}非常有效的敏化剂。Yb^{3+}对980nm左右的NIR辐射具有很大的吸收截面。Yb^{3+}的$^4F_{7/2}$—$^4F_{5/2}$能级能量间距平均约10543cm^{-1}（YGG），与Er^{3+}在YGG中$^4I_{15/2}$—$^4I_{11/2}$的能级间距平均约10090cm^{-1}，仅相差约456cm^{-1}，它们很匹配。故Yb^{3+}吸收980nm（10204cm^{-1}）左右的NIR能量后，高效共振传递给Er^{3+}的$^4I_{11/2}$能级，导致Er^{3+}高效上转换发光。

（2）多数情况下，特别是在氟化物中，Er^{3+}的约550nm绿色（$^4S_{3/2}$→$^4I_{15/2}$）发射强

度大于 660nm 红色（$^4F_{9/2}\to{}^4I_{15/2}$）及其他跃迁的上转换可见光发射，成为主导。

（3）在某些材料中，Er^{3+} 的红色（$^4F_{9/2}$）发射强度为主导，大于绿色（$^4S_{3/2}$，$^2H_{11/2}$）等发射，即绿强度小于红强度。

（4）少数情况中，Er^{3+} 的约 525nm 的绿色（$^2H_{11/2}$）的发射强度超过其他绿（$^4S_{3/2}$）和红（$^4F_{9/2}$）色发射，或与 $^4S_{3/2}\to{}^4I_{15/2}$ 跃迁绿强度接近。

（5）Er^{3+} 的 3 组上转换绿和红发光属双光子吸收过程，而上转换 NUV 和蓝发射多数情况下很弱，它们可能属 3 光子吸收或更复杂的过程。

（6）Er^{3+} 的上转换可见光发射中，常伴随有强的 Er^{3+} 的 1.50μm $^4I_{13/2}\to{}^4I_{15/2}$ 能级跃迁发射，量子效率可达约 100%。

（7）Er^{3+} 的上转换过程中，中等声子能量起重要作用，一般选择具有 500～1400cm^{-1} 中等声子能量的材料。

（8）在氟化物中，离子-晶格的相互作用很弱，弛豫概率小是 Yb^{3+}/Er^{3+} 共掺氟化物上转换绿色发光效率高的主要原因之一。而在氧化物中，由于离子-晶格相互作用强，无辐射衰减强，故氧化物最佳上转换效率比氟化物中至少小一个数量级。

（9）Er^{3+} 的上转换光谱变化，绿色和红色发射强度比变化规律与多种因素有关，如 Er^{3+}、Yb^{3+} 的掺杂浓度，泵浦波长和功率，温度，掺杂剂，基质的组成和结构，包括其对称性、晶场环境等，是一个复杂的问题。下面将详细说明。

17.3　基质晶格、掺杂剂等因素对 Er^{3+} 的光谱性质影响

17.3.1　基质晶格的影响

基质晶格对 Er^{3+}、Yb^{3+} 上转换发光材料影响很大，这反应在组成（阳离子，阴离子）、晶场环境、结构和对称性因素，当然也涉及振动模声子能量。

例如 $NaYF_4$:Er,Yb 具有六方相和立方相两种不同的结构，虽然它们的组成相同，但结构不同，其红外上转换可见光发射光谱和绿/红发射强度显著不同。

$Gd_2(WO_4)_3$ 和 Gd_2WO_6 钨酸钆虽同为单斜结构，且阴阳离子相同，但它们的阳离子配位，a、b 和 c 晶胞参数及空间群等存在差异，故它们的上转换可见光发射光谱和绿/红发射强度也显著不同。$ALn(WO_4)_2$（A：碱金属；$Ln^{3+}=RE^{3+}$，Bi^{3+}）是一个大家族。它们具有四方白钨矿结构，但结构有畸变。这些晶体的普通分子式也可写成 $A^+_{0.5}Ln^{3+}_{0.5}MoO_4$，和其空间群 $I4_1/a$ 的 $CaWO_4$ 的白钨矿是同构。Er^{3+} 和 Yb^{3+} 共掺的 $KGd(MoO_4)_2$ 和 $NaY(MoO_4)_2$ 及 $CaWO_4$ 均为四方晶系的白钨矿结构，空间群也相同，故它们的红外上转换发光本质上相同。Er^{3+} 和 Yb^{3+} 掺杂的一些钨钼酸盐的晶体结构和主要的上转换发光结果列在表 17-2 中，4 种四方白钨矿化合物的发光相同，均以 $^4S_{3/2}\to{}^4I_{15/2}$ 跃迁绿色发射为最强，$^2H_{11/2}\to{}^4I_{15/2}$ 跃迁绿色发射也非常强。但 $^4F_{9/2}\to{}^4I_{15/2}$ 跃迁红色发射和蓝色发射强度相比极低，因此，上转换发光几乎全为绿色，色纯度高。而具有单斜的 $KY(WO_4)_2$ 情况复杂。在室温和 10K 下，用 981nm 泵浦后，在 360～860nm 范围内显示 NUV-可见-848nm 上转换发射。最强为 552nm（$^4S_{3/2}$）发射，其他发射有 385nm（$^4G_{11/2}$）、406.5nm（$^2H_{9/2}$）、457nm

($^4F_{9/2}$)、476nm ($^2K_{15/2}\rightarrow{}^4I_{13/2}$)、…、800nm ($^4I_{9/2}$)、818.5nm ($^2H_{9/2}\rightarrow{}^4I_{9/2}$) 及 847.5nm($^4S_{3/2}\rightarrow{}^4I_{15/2}$) 等上转换发射。

表 17-2　Er^{3+}/Yb^{3+}掺杂钼钨酸盐的晶体结构和上转换发光结果

化合物	晶体结构	泵浦 /nm	上转换发光	发射峰 /nm	绿 ($^4S_{3/2}$)/绿 ($^2H_{11/2}$) 比	绿 ($^4S_{3/2}$)/红 ($^4F_{9/2}$) 比	文献
$NaGd(WoO_4)_2$ 荧光体	四方白钨矿 SG · $I4_1/a$	980	最强的$^4S_{3/2}\rightarrow{}^4I_{15/2}$ 强的$^2H_{11/2}\rightarrow{}^4I_{15/2}$ 极弱的$^4F_{9/2}\rightarrow{}^4I_{15/2}$	553 531 约 660	1.61	约 40 : 1.0	20
$KGd(MoO_4)_2$ 荧光体	四方白钨矿	980	最强为$^4S_{3/2}$和$^2H_{11/2}$ 很弱的$^4F_{9/2}$	553，532，约 656	约 1.0	约 13 : 1.0	19
$NaY(MoO_4)_2$ 荧光体	四方白钨矿	980	最强$^4F_{9/2}$，弱$^4S_{3/2}$，最弱$^2H_{11/2}$	536，560，660	约 1.6	0.25 : 1.0	21
$CaWO_4$ 荧光体	四方白钨矿	976	最强$^4S_{3/2}$，次强$^2H_{11/2}$，极弱的$^4F_{9/2}$，$^4F_{7/2}$	551，529 653，483	1.7	约 100 : 1.0	22
$KY(WO_4)_2$ 单晶	低温单斜 SG · $C2/c$	981	最强$^4S_{3/2}$，次$^2H_{11/2}$，$^4F_{9/2}$，$^2H_{9/2}$—$^4I_{11/2}$，$^4I_{11/2}$—$^4I_{15/2}$	552，526，659 818.5，847.5，1000 等	552nm 最强	552nm ($^4S_{3/2}$) 比红 ($^4F_{9/2}$) 强	9
$Gd_2(WO_4)_3$	单斜，Na23-1076SG · $C2/c$	980	最强$^4S_{3/2}$，次$^2H_{11/2}$，极弱$^4F_{9/2}$，强$^4I_{13/2}$	545，521，665，1490，1540	1.16	约 13.0 : 1.00	20
Gd_2WO_6	单斜，Na23-1074	980	最强$^4F_{9/2}$，次强$^4S_{3/2}$，很弱$^2H_{11/2}$，强$^4I_{13/2}$	667，540，521，1490，1540		0.45 : 1.00	20

在 MF_3、$BaYF_5$和六方 $NaYF_4$ 晶格中，三价稀土离子的配位是很不对称的。而在立方 $NaYF_4$、$M^{2+}F_2$ 及 $M^{1+}M^{2+}F_3$ 中最近邻的 F^- 与 RE^{3+}形成中心对称环境。Er^{3+}、Yb^{3+}和 Y^{3+} 半径差不多，不会使晶格产生局部畸变。La^{3+}(0.14nm) 比 Er^{3+}(0.088nm) 和 Yb^{3+}(0.086nm) 半径大很多。因此，在 LaF_3 中 Yb^{3+}和 Er^{3+}掺入导致结构局部畸变，结果在 RE^{3+}和晶场之间产生强的相互作用，造成 LaF_3:Er^{3+},Yb^{3+}的发射谱线变宽。

若 RE^{3+}占据的是对称中心，那么在这个离子内电偶极 $4f^n$—$4f^n$跃迁是宇称性禁戒跃迁。Er^{3+}电偶极跃迁很弱。若对称性低，或受破坏降低，情况变化。在 Er/Yb 共掺氟化物中，对称性低，RE^{3+}—晶格相互作用弱，上转换发射以绿色最强，其他很弱；对称性高，相互作用中等，发射以黄色为主；若对称性高，相互作用强，红光发射强。RE^{3+}附近具有高对称性和强的 RE^{3+}—F^-相互作用的晶格，上转换强度一定很低。因此，RE^{3+}在晶格中的对称性要低，RE^{3+}—F^- 之间的相互作用要弱。同样的理由，也可作为解释 Yb^{3+}-Er^{3+} 掺杂氧化物中上转换发光颜色变化的缘由之一。

此外，还注意到 Er^{3+}/Yb^{3+} 掺杂氧化物中发光颜色变化和强度与晶格中阳离子的电荷有关，如 Y_2O_3 中最高 Y^{3+} 电荷发光为红色；$LiYSiO_4$ 中最高 Si^{4+} 价为橙黄色，而 $MGd(MoO_4)_2(M=Na，K)$，$CaWO_4$ 中最高（Mo,W）为+6价，发光为绿色。但不能完全由此推断。例如 $Gd_2(WO_4)_3$ 和 Gd_2WO_6 中最高阳离子电荷均为 W^{6+} 价，但前者以 $^4S_{3/2}$ 绿发射为主导，后者以 $^4F_{9/2}$ 红发射为主。还需考虑晶体结构、对称性和晶场环境等多方因素。这些因素可能导致 $^4I_{11/2}\rightarrow{}^4I_{13/2}$ 跃迁概率减小。致使 $^4I_{13/2}\rightarrow{}^4F_{9/2}$ 的 ESA 和/或交叉弛豫的能量传递通道大大地减弱，甚至阻塞，导致 $^4F_{9/2}$ 能级上粒子数布居大大减少，$^4F_{9/2}\rightarrow{}^4I_{15/2}$ 跃迁红发射强度显著减弱，而以绿发射为主。

最好的氟化物上转换材料依然是六方 $NaYF_4:Er^{3+},Yb^{3+}$ 体系，其他一些氟化物如 YF_3、$NaLaF_4$、LaF、$BaYF_5$ 等的上转换发光强度均低。一般情况，氧化物的上转换发光强度比氟化物低。氟化物与氧化物性质上的差别还需考虑离子键性质。O^{2-} 与金属离子一般呈共价键（性），容易将电荷传递到邻近阳离子。而氟化物中发生这种传递的概率小得多。因离子间呈现强的离子键性质，因此，氧化物中稀土离子和基质晶格间的相互作用要比氟化物强得多。氟化物中声子能量低，减少 4*f* 能级间的无辐射传递和交叉弛豫概率，有利于上转换发光。

利用激光共聚焦显微镜系统对系列单颗 $NaYF_4:Yb,Er$ 微晶的上转换发光强度、空间分布和动力学过程研究表明[35]，荧光强度和动力学过程不但依赖于样品的长径比，而且依赖样品的具体制备途径。在微晶内，荧光强度主要依赖样品晶格内 Na^+ 缺陷的数量。$NaYF_4:Yb^{3+},Er^{3+}$ 微晶中红色荧光寿命随晶格缺陷更加敏感的特性可使其成为晶格结晶度的探针。若如此，这可成为 K^+ 掺杂增强 $NaErF_4$ 体系上转换发光的原因之一。外加离子半径大的 K^+ 可填到 Na^+ 缺陷。孔祥贵等人[36]用 K^+ 掺杂 $NaErF_4$ 纳米后，其上转换发光强度是未掺 K^+ 的 $NaErF_4$@$NaLuF_4$ 纳米的 3.7 倍。当 K^+ 的浓度达到最佳 4%时，在 980nm 下上转换近似单色 655nm 红光。

玻璃组成对 Er^{3+} 的 J-O 参数和辐射衰减速率的作用明显不同。情况比晶体更复杂。一般玻璃的组成中含有多种金属阳离子，它们的价态又不相同，甚至含有几种离子集团，配位情况也不相同，给系统的科学研究带来困难，但是这些工作是很有益的。

Takebe 和 Tanabe 利用 J-O 理论可揭示 Er^{3+}、其他稀土离子掺杂的硅酸盐、硼酸盐、磷酸盐玻璃的组成，网络修饰剂对 Er^{3+} 的自发发射概率和 J-O 强度参数的影响[37-39]。随玻璃基质中离子堆积比率增加，Er^{3+} 的 $^4I_{13/2}\rightarrow{}^4I_{15/2}$、$^4I_{9/2}\rightarrow{}^4I_J$ 及 $^4S_{3/2}\rightarrow{}^4I_J$（$J=9/2$，11/2，13/2，15/2）跃迁的自发发射概率增加。假定玻璃中每个离子是刚性球体在一个摩尔体积内，依据密度测量可计算玻璃基质的离子堆积比率 V_P[37]

$$V_P=\left(\sum_i \frac{4}{3}\pi\gamma_i^3 n_i N_a\right)/V_m \tag{17-2}$$

式中，γ_i 为离子半径；n_i 为摩尔分数；N_a 为 Avogadro 常数；$V_m=M/\beta$ 摩尔体积；M 为摩尔质量；β 为玻璃基质测量的密度。

玻璃基质随网络修饰剂类型（包括组成）变化，自发射概率和 J-O 强度参数 Ω_λ（特

别是 Ω_6）发生显著变化。Er^{3+}的$^4I_{15/2}$→$^2H_{11/2}$跃迁是超灵敏跃迁，它对 Er^{3+}局域变化灵敏。随玻璃基质的 V_P增加，在此能级跃迁中的光谱伴线消失。玻璃中稀土离子的格位受限制或随 V_P增加，格位变得更加均匀分布。依据电子云扩大效应，Er—O 共价性减弱也将导致 Er^{3+}的自发概率增加。

17.3.2 Er^{3+}和 Yb^{3+}掺杂浓度的影响

随激活剂 Er^{3+}浓度增加，Er^{3+}发光中心数量增加，发光强度增加，超过最佳浓度后，近邻的 Er^{3+}相互作用加强，Er^{3+}的衰减时间缩短，交叉弛豫发生，引起 Er^{3+}的浓度猝灭。当 Yb^{3+}浓度增加时，导致 Er^{3+}和 Yb^{3+}间的平均距离缩短，致使 Yb^{3+}和 Er^{3+}间更有效地进行能量传递。随 Yb^{3+}浓度增加，Yb^{3+}→Er^{3+}的红外量子数增加，Er^{3+}获得更多能量，上转换效率增加。达到最佳浓度后，发生浓度猝灭，甚至发生 Yb^{3+}→Er^{3+}能量反传递，导致上转换发光强度下降。在氟化物中 Yb^{3+}掺杂浓度可达 20%（摩尔分数）以上，而当 Er^{3+}浓度逐步增加，发光中心 Er^{3+}（受主）数量增加，发光强度随之增加。当达到最佳浓度后，明显下降。这主要是因邻近 Er^{3+}—Er^{3+}间发生相互作用，如交叉弛豫引起。相比 Yb^{3+}低浓度时，在 Yb^{3+}高浓度时，Yb^{3+}→Er^{3+}之间的能量传递对红色发光强度降低的作用要弱得多。故在较高的 Yb^{3+}→Er^{3+}浓度时，红与绿色强度比显著增加。在前文的 $12CaO \cdot 7Al_2O_3$ 及 YOF 玻璃中得到充分反映。

基质材料不同及 Er^{3+}和 Yb^{3+}浓度调制对 Er^{3+}的上转换发光中的绿/红强度比影响大。在 Yb^{3+}, Er^{3+}共掺杂的 YF_3、$LiYF_4$ 及 $NaYF_4$ 等氟化物中也是如此。Yb^{3+}的掺杂浓度对 $NaYF_4$:Er^{3+}微米棒中的绿/红强度比影响最大。而 YF_3:Er^{3+}中受 Yb^{3+}掺杂浓度影响呈现黄光[40]。

17.3.3 掺杂剂产生的影响

17.3.3.1 碱金属氧化物影响

$Ca_3Al_2Ge_3O_{12}$:Er^{3+}, Yb^{3+}（CaAG）玻璃在 978nm 泵浦下，以相对最强红光（$^4F_{9/2}$）发射为主导，绿（$^4S_{3/2}$）和（$^2H_{11/2}$）发射次之。而加入 Na_2O 后，发射光谱发生显著的相反变化，以绿（$^4S_{3/2}$）发射为主导，红的（$^4F_{9/2}$）次之。表 17-3 列出 $Ca_3Al_2Ge_3O_{12}$:Er^{3+}, Yb^{3+}(CaAG)、$Na_2O \cdot Ca_3Al_2Ge_3O_{12}$:$Er^{3+}$, Yb^{3+}（Na · CaAG）及 $Na_2O \cdot Ca_3Al_2Si_3O_{12}$:$Er^{3+}$（Na · CaAS）玻璃中一些性质参数可比较。详细参数变化还可参阅表 16-2 所列的数据。

表 17-3 Er^{3+}及 Er^{3+}/Yb^{3+}掺杂的锗酸盐和硅酸盐玻璃上转换发光性质

玻璃	泵浦 /nm	上转换发光跃迁	发射峰 /nm	绿$^4S_{3/2}$/红$^4F_{9/2}$比	文献
CaAG :Er^{3+}, Yb^{3+} 锗酸盐玻璃	978	最强$^4F_{9/2}$→$^4I_{15/2}$ 次强$^4S_{3/2}$, $^2H_{11/2}$ 极弱$^2H_{7/2}$, $^4F_{7/2}$ 很强$^4I_{13/2}$→$^4I_{15/2}$	660 548, 525 416, 490 1534	0.76	10

续表 17-3

玻璃	泵浦/nm	上转换发光跃迁	发射峰/nm	绿 $^4S_{3/2}$/红 $^4F_{9/2}$ 比	文献
Na·CaAG:Er^{3+},Yb^{3+} 锗酸盐玻璃	978	最强 $^4S_{3/2}\rightarrow{}^4I_{15/2}$ 较弱 $^2H_{11/2}$，弱 $^4F_{9/2}$ 很强 $^4I_{13/2}\rightarrow{}^4I_{15/2}$	547 525，659 1533	6	11
Na·CaAG:Er^{3+} 锗酸盐玻璃	798 973	最强 $^4S_{3/2}\rightarrow{}^4I_{15/2}$ 较弱 $^2H_{11/2}$，极弱 $^4F_{9/2}$ 很强 $^4I_{13/2}\rightarrow{}^4I_{15/2}$	547 525，659 1533	100	11
Na·CdAS:Er^{3+} 硅酸盐玻璃	798	最强 $^4S_{3/2}\rightarrow{}^4I_{15/2}$ 较弱 $^2H_{11/2}$ 极弱 $^4F_{9/2}$ 强 $^4I_{13/2}\rightarrow{}^4I_{15/2}$	547 525，659 1535	100	41

表 17-3 明确指出，在 CaAG 锗酸盐玻璃中，Na_2O 的引入在 978nm 泵浦下的上转换发光性质发生重大变化，但没有影响量子效率约 100% 的 Er^{3+} 的 $^4I_{13/2}\rightarrow{}^4I_{15/2}$ 跃迁约 1.53μm 的发射。在 CaAG:Er,Yb 玻璃中，以红色发射为主，绿/红相对强度比为 0.76；加入 Na_2O 后，以绿色发射为主导，绿/红比为 6.0，红色强度大大减弱。Na_2O 的加入可能改善和修饰玻璃的网络，也使 Er^{3+} 局域对称性降低等，有利于 $^4S_{3/2}\rightarrow{}^4I_{15/2}$ 通道绿色发射。相反，可能使 $^4I_{11/2}\rightarrow{}^4I_{13/2}$ 跃迁概率减少，致使 $^4I_{13/2}+{}^4I_{11/2}—{}^4F_{9/2}+{}^4I_{15/2}$ 交叉弛豫能量传递概率大大减少，导致 $^4F_{9/2}$ 能级上粒子密度显著下降，致使红（$^4F_{9/2}$）发射强度大大减弱。而 Er^{3+} 掺杂的 Na·CaAG 锗酸盐和 Na·CaAS 硅酸盐玻璃在 798nm 泵浦下的上转换发光性质相同，均以绿色（$^4S_{3/2}$）发射为主导，红色（$^4F_{3/2}$）发射极微弱。说明 Si^{4+} 和 Ge^{4+} 同为一组，性质相近，所形成的［SiO_4］和［GeO_4］网络基团性质相同，不影响其发光性质。

17.3.3.2 P_2O_5 掺杂剂影响

在掺 Er^{3+} 组成为（40−0.1x）TeO_2-(30−0.3x)WO_3-(30−0.3x)Li_2O-$x$$P_2O_5$($x$=0，1，2，…，7）的碲酸盐玻璃中，观测到加入 P_2O_5 影响玻璃的光谱[42]。980nm 泵浦下，该碲酸盐产生 1.5μm 发射，其 FWHM 均为 65nm，它不受 P_2O_5 掺入的影响。但 Er^{3+} 的 $^4I_{13/2}$ 能态的寿命从 3.3ms 增加到 4.0ms，而 1.5μm 谱带和 0.98μm（$^4I_{11/2}$）的积分强度比值随 P_2O_5 量增加而增加。这个比值主要受 $^4I_{11/2}\rightarrow{}^4I_{13/2}$ 无辐射弛豫速率所控制，而此无辐射弛豫速率随 P_2O_5 量增加而增加。这可能也改变玻璃中声子的能量。

17.3.3.3 B_2O_3 掺杂剂影响

在 Er^{3+}/Yb^{3+} 共掺杂的（85−x）TeO_2-15WO_3-$x$$B_2O_3$(TWB) 碲钨酸盐[43]和 Er^{3+} 掺杂的(85−x)Bi_2O_3-(10+x)B_2O_3-5Na_2O(BBN) 玻璃[44]中，均观测到 B_2O_3 掺入对玻璃的光谱性质产生重大影响。TWB 玻璃中，$^4I_{13/2}$ 能级的寿命，1.5μm 发光强度和上转换可见光（绿和红）发射强度均随 B_2O_3 含量增加而减小。当 B_2O_3 含量为 5% 时，Er^{3+} 的受激发射

截面σ_{em}和FWHF最佳。而TWB玻璃中Er^{3+}的$^4I_{15/2}\to{}^4I_{13/2}$能级跃迁的吸收截面和积分吸收截面随$B_2O_3$含量而增加，这些结果和$Er^{3+}/Yb^{3+}$共掺杂的氟磷酸盐玻璃中$B_2O_3$含量增加对光谱的影响结果[45]一致。

在BBN铋酸盐玻璃中，随B_2O_3含量增加，Er^{3+}的振子强度参数Ω_6增加，意味着玻璃中Er—O键共价性减弱。当B_2O_3量增加时，由于［BO_3］和［BO_4］基团存在，Er^{3+}格位非均匀分布增加的结果，使$^4I_{13/2}\to{}^4I_{15/2}$跃迁发射光谱宽化，即非均匀宽化，FWHH达到57~59nm。和其他玻璃中Er^{3+}的$^4I_{13/2}$能级的寿命相比，BBN玻璃中的寿命相对短，τ_m为1.59~2.65ms。这是因为B—O键的声子能量高，玻璃的折射率大，以及玻璃中可能存在OH^-。此外，B_2O_3部分取代Bi_2O_3使网络结构强化，改善玻璃稳定性。Er^{3+}的受激发射截面大，$\sigma_e=(7.0\sim9.5)\times10^{-21}cm^2$。因为稀土离子的受激发射截面$\sigma_{em}$随基质折射率$n$增加。

17.3.3.4　其他掺杂剂

出于不同的目的，人们还会选择其他掺杂剂。

在GeO_2-TeO_2-Na_2O:Er^{3+}锗碲酸盐玻璃中，另掺杂Ce^{3+}或Tb^{3+}后，Er^{3+}的发射有所变化[46]。在此玻璃中，随Ce^{3+}浓度增加，Er^{3+}的1.53μm发射（$^4I_{13/2}\to{}^4I_{15/2}$）大大提高，$Ce^{3+}$的最佳浓度为0.1%。而掺$Tb^{3+}$后却降低$Er^{3+}$的1.55μm发射的强度。这种$Ce^{3+}$共掺使$Er^{3+}$的1.55μm发射量子产额大大提高，这一现象早期在氟化物玻璃中也被观测到（后面将介绍）。Ce^{3+}的4f能级很简单：$^4F_{7/2}$，$^4F_{5/2}$，它们的能量间距为2000cm^{-1}，不会对Er^{3+}高能级产生影响。而其他RE^{3+}能级复杂，对Er^{3+}产生猝灭作用，在重稀土离子掺杂的荧光和激光材料中对重稀土的纯度要求极高。

Er^{3+}掺杂的Ga-La-S系玻璃中，通过La_2O_3的加入，不仅改善$70Ga_2S_3\cdot30La_2O_3$玻璃的热稳定性，并且保持最大低声子能量（约425cm^{-1}）。在1.06μm CW Nd:YAG激光泵浦下,玻璃上转换发射强绿光555nm和530nm及很弱的670nm（$^4F_{3/2}$）红光。它们的相对强度比为1.00∶0.61∶0.08；而555nm（$^4S_{3/2}$）是530nm（$^2H_{11/2}$）的1.6倍。然而，在1.54μm激发时，上转换可见光光谱发生显著变化，以670nm（$^4F_{9/2}$）红色发射为主。670nm、550nm、530nm的相对强度比为1.00∶0.61∶0.19，而555nm（$^4S_{3/2}$）和530nm（$^2H_{11/2}$）的比为3.3，即$^4S_{3/2}$的发射强度比$^2H_{11/2}$的发射更强。由1.06μm激发时，两种绿色和一种红色上转换强度与泵浦功率的双对数作图的斜率约为2.0，表明它们是双光子吸收过程。而在1.54μm激发时，表明555nm（$^4S_{3/2}$）和670nm（$^4F_{9/2}$）上转换过程为双子吸收，而530nm（$^2H_{11/2}$）为三光子过程。对比1.0μm激发，用对应Er^{3+}的吸收带的1.5μm泵浦，其上转换机制中的能量传递过程更有效，红色发射强度比绿色更高。

碱金属M_2O、P_2O_5、B_2O_3、SiO_2和GeO_2等掺入可以进入玻璃的网络并形成相应的网络基团，从而使玻璃对光的吸收、折射率、金属离子与周围O^{2-}或F^-之间键的性质，以及使掺杂稀土离子（如Er^{3+}）的晶体环境，晶格对称性发生小的畸变等作用。可能有利于掺杂稀土激活离子（Er^{3+}）的光谱性质和发射强度。但目前这方面的工作并不多，确切的规律还需要加强探讨，才能避免盲目性，增强科学性，以改善稀土激活离子的荧光光谱性能和有目的地设计新功能材料。

17.3.3.5 元素周期表ⅠB族（Cu，Ag，Au）影响

人们观测到Ag^+和Au^+纳米粒子对$RE^{3+}(Er^{3+})/Yb^{3+}$掺杂的$NaYF_4$等纳米晶上转换荧光发射产生显著的成倍，甚至数量级增加[47-48]。例如沸石中，在小于290nm紫外光激发下，Dy^{3+}的$^4F_{9/2}\to{}^6H_{13/2}$能级跃迁的575nm发射强度在有Ag^+时增强50倍以上。激发波长与Ag^+的吸收光谱也存在交叠，发生$Ag^+\to Dy^{3+}$能量传递。类似在沸石A栅格中，也观察到Sm^{3+}的激光光谱和Ag^+的吸收光谱存在交叠，发生$Ag^+\to Sm^{3+}$的能量传递，致使Sm^{3+}的600nm发射的强度增强约30倍。基础数很低，增强显著，不足为怪。此类工作的不足之处是没有和体材料结合进行深入分析，以致现象的正确性和原理不清晰。

Ag^+纳米颗粒注入锌硼酸盐玻璃中，使Er^{3+}的吸收和发射截面增强，这在Mahraz等人的报告中得到证实[49]。他们采用多种工具通过XRD、EDX和TEM等测试分析随Ag纳米颗粒浓度变化对此掺玻璃的光谱、结构和热性能的影响。TEM揭示Ag纳米颗粒平均粒径约为8.4nm。FTIR谱展示玻璃网络的基本弹性模。Ag的两个表面等离子体共振（SPR）峰在550nm和580nm处。键的参数展示Er—O金属配位体连接的离子本性。利用熟悉的J-O理论分析计算玻璃中Er^{3+}的辐射跃迁概率、受激发射截面、辐射寿命和分支比，强度参数和性能因子。Ag纳米颗粒注入后，发现发光强度比玻璃中无Ag纳米颗粒时增大3.32倍。在476nm激发下记录Er^{3+}的550nm（$^4S_{3/2}$）发射的衰减曲线。随着Ag纳米颗粒浓度（摩尔分数）从0增加到0.9%时，寿命从3.36μs延长到9.07μs。这意味着Er^{3+}的$^4S_{3/2}$能级上粒子浓度增加，$^4S_{3/2}\to{}^4I_{15/2}$跃迁绿发射强度提高。总之，Ag纳米颗粒注入使玻璃的Er^{3+}吸收和发射截面增加，无辐射衰减减少，Er^{3+}的$^4S_{3/2}$能级的辐射寿命增加等因素促使掺Er^{3+}的碲酸盐玻璃的发光强度显著增强。

17.3.3.6 核壳结构

通过不同途径方法结合，掺入Na^+促进粒子尺寸和干扰发光中心的晶场环境，控制壳厚度以降低无辐射衰减，调制Yb^{3+}在壳中的浓度以增强对激发光的吸收。这样使CaF_2:Yb^{3+},Er^{3+}纳米晶成功地实现上转换发射强度显著地增强[50]。和无Na^+Yb/Er:CaF_2纳米晶（约2nm）比较，在核中含约0.5mmol Na^+及在原5nm壳中含10% Yb^{3+}的活性核/活性壳结构的20Yb/2Er:CaF_2@10Yb:CaF_2纳米晶（约9nm）的上转换发光增强约95倍。

在β-$NaYF_4$:0.2Yb,0.02 Er^{3+}中，Cu^{2+}的掺杂并不改变其晶相和形貌，但使其上转换发光性能提高[51]。随着Cu^{2+}浓度增加，上转换发光强度增加。Cu^{2+}浓度为5%时，上转换强度最佳，然后下降。随Cu^{2+}浓度增加，发光光谱先以红发射为主，然后到红/绿相对强度的比相等，到红强度小于绿强度，这反映Cu^{2+}影响Er^{3+}的上转换过程，使Er^{3+}的$^4F_{9/2}$能级上的粒子数减少，而$^4S_{3/2}$能级上增多。

这些掺杂离子是一个有趣而有众多疑问需深入研究的课题。作者认为可将Ag、Au、Na、Cu等纳米粒子采用不同方法，如离子注入、溶剂合成等，引入单晶、多晶和玻璃体材料中，并和相应的纳米荧光体结合起来，对比研究包括稀土离子的上转换光学光谱、能量传递和发光性能变化及其原因等工作，以期指导多功能材料的研究。

上转换纳米晶不仅具有将NIR高效转换为可见光的特性，而且核壳结构纳米晶具有比表面积高、量子产额高及丰富可调的孔道结构等优点[49-52]。因此，中空核壳结构上转换纳米晶在生物传感、图像显示、药物缓释和医学等方面具有广泛的应用前景。

这些组成、结构、掺杂剂不同及核壳制造工艺等因素可以对结构对称性、网络结构、

最小声子能量及局域晶场环境产生影响，调控这些因素可以改变上转换荧光性质。

撰写此纳米核壳结构时，作者想起20世纪70—80年代，我们实验室在许少鸿先生的指引下从事某项目。采用多层包膜形成“洋葱皮”荧光体，即核壳结构。如核是一种高效率发射某种可见光颜色（绿或红、黄）的荧光体，而壳是另一种相对效率低的发射另一种颜色的荧光体，这样构成一个整体。利用不同能量电子束穿透深度不同的原理，实现显示不同颜色，甚至余辉不同的信息，用于跟踪、识别双方的飞行目标。当时没有纳米荧光体、纳米晶的概念和先进制造工艺，实际制造的“洋葱皮”就是纳米级。若有现在的纳米技术和制备的先进工艺，此工作一定可以获得更好的结果。

综上所述，在NIR光激发下，一些化合物中Er^{3+}的上转换绿/红发光相对强度比，列在表17-4中。

表17-4　Er^{3+}和共掺化合物中上转换绿/红发光强度比

基质	绿/红比	基质	绿/红比
α-$NaYF_4$（六方）	绿>红	TWB玻璃	绿>红
REF_3	绿>红	β-$NaYF_4$（立方）	绿<红
Lu_2SiO_5	绿>红	MF_2（碱土）	绿<红
$Bi_{12}SiO_{20}$	绿>红	AMF_3	绿<红
$Gd_2(WO_4)_3$	绿>红+1.5μm	$(Lu_{0.5}Gd_{0.5})_2SiO_5$	绿<红
$ARE(MoO_4)_2$	绿>红+1.5μm	Ln_2WO_6（Ln:La,Gd）	绿<红+1.5μm
$CaWO_4$	绿>红	RE_2O_3	绿<红
$SrMoO_4$纳米	绿>红	$AREO_2$	绿<红
$RENbO_4$铌酸盐	绿>红	$REAl_2O_3$	绿<红+1.5μm
YAG	绿>红	$12CaO\cdot7Al_2O_3$（Yb^{3+}高浓度）	绿<红
$12CaO\cdot7Al_2O_3$（Yb^{3+}低浓度）	绿>红	$70Ga_2S_3\cdot30La_2S_3$	绿<红+1.5μm
$Na_2O\cdot Ca_3Al_2Ge_3O_{12}$玻璃	绿>红+1.5μm	CaAG玻璃	绿<红+1.5μm
（Na·CdAG）玻璃	绿>红+1.5μm	氧氟硅酸盐	绿<红
$30NbO_2\cdot70TeO_2$	绿>红	（ACWS）玻璃	绿<红
（NT）玻璃	绿>红		

注：“+1.5μm”表示同时有强的这种NIR发射。

17.4　提高Er^{3+}上转换可见光发射拙见

相比其他稀土离子来说，Er^{3+}的上转换发光具有重要的学术和应用意义。如何再提高Er^{3+}的绿色和红色上转换发光效率，除前面介绍一些因素外，作者在这里提出一些拙见。

简单地说，以一些Er^{3+}掺杂的上转换发光材料为基础，设计“多波段”上/下转换，或上转换同时泵浦，使光转换的粒子聚焦于$^4S_{3/2}$或$^4F_{9/2}$主发射能级上，列举几个具体实例如下。

选用$BaYF_5:Er^{3+},Yb^{3+},Eu^{2+}$三掺杂体系实行上/下转换，应该可以显著提高$Er^{3+}$可见光发射。其原理依据是$BaYF_5:Er^{3+},Yb^{3+}$是一种980nm泵浦下高效绿色上转换发光的材料，

而 $BaYF_5$:Er^{3+},Eu^{2+}充分证明[53]，在长波紫外光激发下，Eu^{2+} $5d\rightarrow 4f$ 允许迁宽带吸收能量可以高效无辐射共振传递给 Er^{3+}，发生电偶极-偶极相互作用，大大地增强 Er^{3+}绿色（$^4S_{3/2}\rightarrow {}^4I_{15/2}$）下转换发射。故在 Er^{3+}、Yb^{3+}和 Eu^{2+}三掺杂的 $BaYF_5$体系，同时用长波紫外光和 980nm NIR 激发，它们所发生的下/上转换过程不会发生相互干扰，同时将吸收能量转换到$^4S_{3/2}$发射能级上，使之得到粒子密集布居，大大提高 Er^{3+}的绿光，甚至绿色激光。

同理，也可在 BaY_2F_8:Er^{3+},Yb^{3+},Eu^{2+}等体系中实现。

另一方案是多波段 NIR 光同时对 Y_2O_2S:Er^{3+},Yb^{3+}泵浦，产生上转换可见光。前面已介绍 Y_2O_2S:Er^{3+},Yb^{3+} 荧光体及 $70Ga_2S_3$-$30La_2O_3$：Er^{3+} 玻璃可被 0.93μm、1.06μm、1.53μm、1.59μm 等 NIR 泵浦，高效地产生绿色（$^4S_{3/2}$）或红色（$^4F_{9/2}$）上转换发光。

因此，对多波段泵浦的上/下转换可见光发光机制和材料科学的研究除学术意义外，还可应用于对军用红外、红外雷达和制导实施干扰，对 NIR 激光探测，红外-可见光通信，提高太阳能电池光转换效率等。

参 考 文 献

[1] ZHANG X，YUAN J，LIU X R，et al. Red laser induced upconversion luminescence in Er-doped calcium aluminum germanate garnet [J]. J. Appl. Phys.，1997，82（8）：3987-3991.

[2] RAMIREZ M O，LIRA C A，ROMERO J J，et al. Up-Conversion luminescence in the $Bi_{12}SiO_{20}$:Er^{3+} Photo-Refractive Crystal [J]. Ferroelectrics，2002，272（1）：69-74.

[3] GOLAB S，RYBA-ROMANOWSKI W，DOMINIAK-DZIK G，et al. Effect of temperature on excitation energy transfer and upconversion phenomena in Er:YVO_4 single crystals [J]. J. Alloys Compounds，2001，323：288-291.

[4] ZOU X，IZUMITANI T. Spectroscopic properties and mechanisms of excited state absorption and energy transfer upconversion for Er^{3+}-doped glasses [J]. J. Non-Crystalline Solids，1993，162（1/2）：68-80.

[5] LIN H，MEREDITH G，JIANG S，et al. Optical transitions and visible upconversion in Er^{3+} doped niobic tellurite glass [J]. J. Appl. Phys.，2003，93（1）：186-191.

[6] GEORGESCU S，LUPEI V，PETRARU A，et al. Upconversion violet emission in diluted Er:YAG crystals [C]//SIOEL' 99: Sixth Symposium on Optoelectronics. International Society for Optics and Photonics，2000，4068：156-165.

[7] DENKER B，GALAGAN B，IVLEVA L，et al. Luminescent and laser properties of Yb-Er:$GdCa_4O(BO_3)_3$: A new crystal for eye-safe 1.5μm lasers [J]. Appl. Phys. B，2004，79（5）：577-581.

[8] LIU L，CHENG L，CHEN B，et al. Dependence of optical temperature sensing and photo-thermal conversion on particle size and excitation wavelength in β-$NaYF_4$:Yb^{3+},Er^{3+} nanoparticles [J]. J. Alloys and Compounds，2018，741：927-936.

[9] MATEOS X，SOLÉ R，GAVALDÀ J，et al. Ultraviolet and visible emissions of Er^{3+} in $KY(WO_4)_2$ single crystals co-doped with Yb^{3+} ions [J]. J. Lumin.，2005，115（3/4）：131-137.

[10] HUANG L H，LIU X R，XU W，et al. Infrared and visible luminescence properties of Er^{3+} and Yb^{3+} ions codoped $Ca_3Al_2Ge_3O_{12}$ glass under 978nm diode laser excitation [J]. J. Appl. Phys.，2001，90（11）：5550-5553.

[11] LIN H，PUN E Y B，LIU X R，et al. Optical transitions and frequency upconversion of Er^{3+} ions in $Na_2O\cdot Ca_3Al_2Ge_3O_{12}$ glasses [J]. J. Opt. Soc. Am. B，2001，18（5）：602-609.

[12] HAN L，SONG F，CHEN S Q，et al. Intense upconversion and infrared emissions in Er^{3+}-Yb^{3+} codoped Lu_2SiO_5 and $(Lu_{0.5}Gd_{0.5})_2SiO_5$ crystals [J]. Appl. Phys. Lett.，2008，93（1）：011110.

[13] KANO T, YAMAMOTE H, OTOMO Y. $NaLnF_4$:Yb^{3+},Er^{3+} (Ln:Y, Gd, La): Efficient green-emitting infrared-excited phosphors [J]. J. Electrochem. Soc., 1972, 119 (11): 1561-1564.

[14] SOMMERDIJK J L. Influence of host lattice on the infrared-excited visible luminescence in Yb^{3+}, Er^{3+}-doped fluorides [J]. J. Lumin., 1973, 6 (1): 61-67.

[15] THOMA R E, HEBERT G M, INSLEY H, et al. Phase equilibria in the system sodium fluoride-yttrium fluoride [J]. Inor. Chem., 1963, 2 (5): 1005-1012.

[16] SUYVER J F, GRIMM J, KRÄMER K W, et al. Highly efficient near-infrared to visible up-conversion process in $NaYF_4$:Er^{3+},Yb^{3+} [J]. J. Lumin., 2005, 114 (1): 53-59.

[17] GUO X Y, CHEN C F, ZHANG D Q, et al. Photocatalysis of $NaYF_4$:Yb, Er/GdSe composites under 1560nm laser excitation [J]. Rsc. Advances, 2016, 6 (10): 8127-8133.

[18] MENG Z, NAGAMATSU K, HIGASHIHATA M, et al. Energy transfer mechanism in Yb^{3+}:Er^{3+}-ZBLAN: macro-and micro-parameters [J]. J. Lumin., 2004, 106 (3/4): 187-194.

[19] CHEN Q J, QIN L T, FENG Z Q, et al. Upconversion luminescence of $KGd(MoO_4)_2$:Er^{3+},Yb^{3+} powder prepared by Pechini method [J]. J. Rare Earths, 2011, 29 (9): 843-848.

[20] 刘玉琪，仲海洋，孙佳石，等. Er^{3+},Yb^{3+}共掺杂 $NaGd(MoO_4)_2$荧光粉的发光特性 [J]. 发光学报, 2013, 34 (7): 850-855.

[21] 罗棋，袁强，甄安心，等. Er^{3+}/Yb^{3+}掺杂 $NaY(MoO_4)_2$ 荧光粉的制备及其上转换发光性能研究 [J]. 中国钨业, 2017, 32 (6): 60-66.

[22] 周远航，吕树臣. Er^{3+}/Yb^{3+} 掺杂纳米晶 $CaWO_4$ 的发光性质 [J]. 发光学报, 2010, 31 (3): 378-384.

[23] SUN M, MA L, CHEN B J, et al. Comparison of up-converted emissions in Yb^{3+}, Er^{3+} co-doped $Gd_2(WO_4)_3$ and Gd_2WO_6 phosphors [J]. J. Lumin., 2014, 152: 218-221.

[24] WEIL M, STÖGER B, ALEKSANDROV L. $Nd_2(WO_4)_3$ [J]. Acta Crystall. Section E: Structure Reports Online, 2009, 65 (6): 45.

[25] DA VILA L D, STUCCHI E B, DAVOLOS M R. Preparation and characterization of uniform, spherical particles of Y_2O_2S and Y_2O_2S:Eu [J]. J. Mate. Chem., 1997, 7 (10): 2113-2116.

[26] KUROCHKIN A V, MAILIBAEVA L M, MANASHIROV O Y, et al. Anti-Stokes luminescence of Ln_2O_2S:Er^{3+}, Yb^{3+} in triplexes under 0.93μm, 1.06μm, 1.53μm, and 1.59μm excitation, Part 1 [J]. Opti. Spectroscopy, 1992, 73: 442-446.

[27] 任德春，卢利平，程利群. 稀土双掺 Y_2O_2S 双波长响应上转换发光材料制备及性能研究 [J]. 中国稀土学报, 2013, 31 (3): 308-314.

[28] GELAMOS J P, LARRY M L, ALVIPO K C L, et al. Up-conversion nanophosphor Y_2O_2S:Er, Yb aminafunctionalized containing or not spherical silica conjugated with BSA [J]. J. Lumin., 2009, 129: 1726-1730.

[29] AMORIIN H J, DA ARAUJO M T, GOUVEIA E A, et al. Infrared to visible up-conversion fluorescence spectroscopy in Er^{3+}-doped chalcogenide glass [J]. J. Lumin., 1998, 78: 271-277.

[30] YE X, LUO Y, LIU S, et al. Intense and color-tunable upconversion luminescence of Er^{3+} doped and Er^{3+}/Yb^{3+} co-doped $Ba_3Lu_4O_9$ phosphors [J]. J. Alloys Compounds, 2017, 701: 806-815.

[31] LIU M, WANG S, ZHANG J, et al. Preparation and upconversion luminescence of $Y_3Al_5O_{12}$:Yb^{3+}, Er^{3+} transparent ceramics [J]. J. Rare Earths, 2006, 24 (6): 732-735.

[32] WANG R, ZHANG Y, SUN J, et al. Up-conversion luminescence of Er^{3+}-doped and Yb^{3+}/Er^{3+} co-doped 12CaO · $7Al_2O_3$ poly-crystals [J]. J. Rare Earths, 2011, 29 (9): 826-829.

[33] 朱建武，赖凤琴，谢小兵，等. Yb^{3+}和 Er^{3+}共掺的 $GdAlO_3$ 荧光粉体的发光性质研究 [J]. 中国稀

土学报，2011，29（3）：321-324.

[34] ZHENG F，XU S，ZHAO S，et al. Spectroscopic investigations on Er^{3+}/Yb^{3+}-doped oxyfluoride glass ceramics containing YOF nanocrystals [J]. J. Rare Earths，2012，30（2）：137-141.

[35] 张翔宇，马英翔，徐春龙，等．单颗粒稀土微/纳晶体上转换荧光行为的光谱学探究 [J]．物理学报，2018，67（18）：183301.

[36] 张美玲，周进，张俐，等．K 离子掺杂增强 $NaErF_4$ 体系上转换发光 [J]．发光学报，2018，39（7）：903-908.

[37] TAKEBE H，NAGENO Y，MORINAGA K. Effect of network modifier on spontaneous emission probabilities of Er^{3+} in oxide glasses [J]. J. Am. Ceramic Soc.，1994，77：2132-2136.

[38] TAKEBE H，NAGENO Y，MORINAGA K. Compositional dependence of Judd-Ofelt Parameters in silicate，borate，and phosphate glasses [J]. J. Am. Ceramic Soc.，1995，78（5）：1161-1168.

[39] TANABE S，OHYAGI T，SOGA N，et al. Compositional dependence of Judd-Ofelt parameters of Er^{3+} ions in alkali-metal borate glasses [J]. Phys. Rev. B，1992，46（6）：3305-3310.

[40] 张翔宇，王丹，石焕文，等．基质材料对 Yb^{3+}浓度调控的上转换荧光红绿比的影响 [J]．物理学报，2018，67（8）：106-114.

[41] LIN H，PUN E Y B，LIU X R. Er^{3+}-doped $Na_2O \cdot Cd_3Al_2Si_3O_{12}$ glass for infrared and upconversion applications [J]. J. Non-Crystalline Solids，2001，283（1/2/3）：27-33.

[42] LUO Y，ZHANG J，LU S，et al . Optical properties of Er^{3+}-doped telluride glasses with P_2O_5 addition for 1. 5μm broadband amplifiers [J]. J. Lumin.，2007，122-123：967-969.

[43] ZHANG X，XU T，NIE Q，et al. Influence of B_2O_3 on spectroscopic properties of Er^{3+}/Yb^{3+} co-doped tungsten-tellurite glasses [J]. J. Rare Earths，2006，24（6）：771-776.

[44] YANG J，DAI S，ZHOU Y，et al. Spectroscopic properties and thermal stability of erbium-doped bismuth-based glass for optical amplifier [J]. J. Appl. Phys.，2003，93（2）：977-983.

[45] ZHANG L，SUN H，XU S，et al. Influence of B_2O_3 to the inhomogeneous broadening and spectroscopic properties of Er^{3+}/Yb^{3+} codoped fluorophosphate glasses [J]. J. Lumin.，2006，117（1）：46-52.

[46] 石冬梅，赵营刚．Er^{3+}掺杂的锗碲酸盐玻璃结构及光谱性能研究 [J]．发光学报，2018，39（10）：1352-1358.

[47] IMAKITA K，LIN H，FUJII M，et al. Ag and Dy doped zeolite as a broadband phosphor [J]. Opt. Mater.，2014，38：75-79.

[48] 赵北平，孙燕铭，王茗，等．荧光增强核壳结构 $NaYF_4$:Yb,Er@ $NaGdF_4$@ SiO_2@ Ag 上转换荧光纳米粒子的制备与性能 [J]．中国稀土学报，2018，36（1）：34-41.

[49] MAHRAZ Z A S，SAHAR M R，GHOSHAL S K. Reduction of non-radiative decay rates in boro-tellurite glass via silver nanoparticles assisted surface plasmon impingement：Judd Ofelt analysis [J]. J. Lumin.，2017，190：335-343.

[50] LEI L，XIE B，LI Y，et al. Improvement of the luminescent intensity of Yb/Er：CaF_2 nanocrystals by combining Na^+-doping and active-core/active-shell structure [J]. J. Lumin.，2017，190：462-467.

[51] 王雪，兰民，杨怡舟，等．Cu^{2+}离子共掺杂的 β-$NaYF_4$:Yb^{3+},Er^{3+}晶体的制备与上转换发光性能的提高 [J]．发光学报，2018，39（8）：1082-1086.

[52] HOMANN C，KRUKEWITT L，FRENZAL F，et al. $NaYF_4$：Yb，Er/$NaYF_4$ core/shell nanoreystals with high upconversion luminesence quantun yield [J]. Angew. Chem. Inter. Edition.，2018，57（28）：8765-8769.

[53] LIU X R，XU G，POWELL R C. Flworescence and energy transfer characteristics of rare earth ions in $BaYF_5$ crystals [J]. J. Solid. State. Chem.，1986，62：83-91.

18 Er^{3+}的激光材料和性能、发光和激光材料应用

本章在前两章的基础上着重讲述 Er^{3+}的上转换可见光激光、NIR 和 MIR 激光材料及其激光性能，总结并提出如何改善和提高 Er^{3+}红外激光性能的若干方法和因素，最后结合前两章介绍 Er^{3+}掺杂的发光和激光材料及其应用前景。

早在 1966 年就首次实现 Er^{3+}/Yb^{3+} 掺杂的玻璃激光脉冲运转。不久，Johnson 和 Guggenheim 在 Er^{3+}，Er^{3+}/Yb^{3+}：BaY_2F_8 晶体 77K 低温时的可见光谱范围内观测到 Er^{3+} 的 551.5nm、554.0nm（$^4S_{3/2}\to{}^4I_{15/2}$），561.7nm（$^2H_{9/2}\to{}^4I_{13/2}$），670.9nm（$^4F_{9/2}\to{}^4I_{15/2}$）及 703.7nm（$^4H_{9/2}\to{}^4I_{11/2}$）的激光上转换发射。早期已关注到 Er^{3+} 的约 1.50μm 激光跃迁（$^4I_{13/2}\to{}^4I_{15/2}$）的受激发射截面与玻璃组成的密切关系。$Er^{3+}$的受激发射截面比 1.06μm 的 Nd^{3+}大约小一个数量级，因此必须考虑 Er^{3+}具有良好的泵浦效率及敏化效果，实现高的吸收截面。激光能级的实际寿命、量子效率及敏化剂的能量传递均很重要。还有为获取低阈值及能量输出，应确定单位体积内 Er^{3+} 和 Yb^{3+} 的数量。在 Kaminskii 的专著中已对 1981 年以前包括 Er^{3+}的稀土激光晶体进行总结。后来又随着光纤通信和上转换荧光等发展，刺激光纤激光玻璃和上转换激光。近年来，人们加大对 Er^{3+} 大功率 MIR 激光科技的研发。

本章着重介绍诸多材料 Er^{3+}的激光特性，特别是 MIR 激光及如何实现和改善其性能。

18.1 Er^{3+}的上转换可见激光

Er^{3+}的上转换可见光激光主要在 20 世纪 70—90 年代发展，早期上转换可见光激光是在低温下实现的。77K 下在 Er：BaY_2F_8和 Er^{3+}：$YLiF_4$晶体中分别观察到 Er^{3+}的 551nm（$^4S_{3/2}\to{}^4I_{15/2}$）、671nm（$^4F_{9/2}\to{}^4I_{15/2}$）、470nm（$^2P_{3/2}\to{}^4I_{13/2}$）等上转换激光。后来在 Er：$YAlO_3$和 Er：KYF_4等晶体中也观察到绿（$^4S_{3/2}$）上转换激光。室温下在 Er^{3+}掺杂的氟锆酸盐玻璃（ZBLAN）中首次实现 Er^{3+}上转换 546nm 光纤激光[1]。在 801nm 泵浦下，经 2 步上转换过程产生 546nm（$^4S_{3/2}\to{}^4I_{15/2}$）绿色激光。

Er^{3+}：ZBLAN 玻璃中 Er^{3+}的绿色激光发射强度随 801nm 泵浦功率增加，绿色发射功率增大。1991 年首次采用固体 LD 进行泵浦。纵观在 20 世纪 70—90 年代发展的 Er^{3+}上转换可见光激光，主要集中在两个方面：（1）单掺 Er^{3+}或 Er^{3+}，Yb^{3+}共掺：$LiYF_3$，YF_3 等氟化物体系。在 808~971nm 泵浦下，室温通过能量传递和双光子吸收，产生强绿色（$^4S_{3/2}$）激光。（2）单掺 Er^{3+}的 $YAlO_3$ 和 YAG 体系。在低温或室温下，产生类似的绿色上转换激光。当时，激光功率输出仅为数十至 210mW 的水平。

进入 21 世纪后，由于其他固体可见光激光成功发展，如 GaN 蓝色激光成熟出现，上

转换可见光激光的研发热度下降。

18.2 1.5μm Er^{3+}的 NIR 激光

18.2.1 钨/钼酸盐体系

碱金属稀土钨/钼酸盐体系 $RLn(MO_4)_2$(R=Li, Na, K, …; Ln=稀土; M=W, Mo)晶体是一类重要的激光晶体。Er^{3+}:$KRE(WO_4)_2$ 晶体室温下分别获得 Er^{3+} 的多波段 NIR 激光。

Er^{3+},Yb^{3+}:$KGd(WO_4)_2$(KGW) 激光晶体也是 β 型单斜晶系，晶胞常数$KGd(WO_4)_2$和 $KYb(WO_4)_2$ 是同构单斜，但晶格常数比后者稍大，这是因为 Gd 半径比 Yb^{3+}稍大。在 KGW 中，981nm 处 Er^{3+}的吸收截面为 $3.35\times10^{-20}cm^2$。用 488nm 和 980nm 激发产生强的 1.53μm 激光发射[2]。人们熟悉，在 980nm 泵浦下，可以发生高效 $Yb^{3+}\rightarrow Er^{3+}$间能量传递，敏化 Er^{3+}的上转换发光和 Er^{3+}的 1.5μm 发射，甚至证实在全浓度 Yb 的 $KYb(KWO_4)_2$ 单晶中，Er^{3+}的 1.5μm 发射也能被 Yb^{3+}敏化[3]。

长 5mm 的 Er^{3+},Yb^{3+}:KYW 晶体室温下,在 Ti-宝石激光（约 930nm）泵浦下实现 1.54μm 激光输出。阈值功率为 380nm，斜率效率仅为 1%，输出耦合 1%。在 965nm LD 泵浦下，也实现室温 1.54μm 激光输出。Er^{3+},Yb^{3+}:$KRE(WO_4)_2$ 晶体的 1.54μm 激光低效率主要是因为在此晶体中，泵浦时同时产生来自 Er^{3+} $^4S_{3/2}\rightarrow ^4I_{15/2}$跃迁上转换强绿发射，强的上转换可见光过程损失吸收能量。但是，是可以改善的。

由于 Lu^{3+}的半径与 Yb^{3+}和 Er^{3+}更为接近，故 KLuW 晶体受到关注[4]。在单斜的 Er^{3+}:$KLu(WO_4)_2$(KLuW) 晶体中，低温光谱测定 Er^{3+} 的$^4I_{15/2}$ 能态的 Stark 劈裂成 8 条：$0cm^{-1}$，$25cm^{-1}$，…，$311cm^{-1}$，平均 $147cm^{-1}$，而$^4I_{13/2}$能态劈裂为 7 条：$6515cm^{-1}$，…，$6737cm^{-1}$，平均 $6624cm^{-1}$。该激光晶体在 980nm 泵浦下获得 1.5μm 激光，1.535μm 处最大发射截面为 $28.5\times10^{-21}cm^2$（$E/\!/N_m$），输出功率为 152mW，斜率效率为 1.2%。效率太低。

近年来，Er^{3+}:KLuW 小微晶片在980nm LD 泵浦下[5]，也实现 268mW 1.61μm 激光，其斜率效率高达 30%，阈值功率为 410mW，受激发射斜面（1.609μm）为 $4.6\times10^{-21}cm^2$；而在 1.5347μm 为 $3.0\times10^{-21}cm^2$。Er^{3+}的$^4I_{13/2}$能级的辐射寿命为 3.1ms±0.1ms，实际值为 3.6ms。激光水平的提高，得益于激光器的改进，改用小微晶体，有利降低热阻，注意输出光学耦合器 Toc 的透光度提升。

在 978nm 泵浦下，在 Er^{3+}:KLuW 晶体中主要发生如下上转换过程。首先 Er^{3+}被激发到$^4I_{11/2}$，即 GSA，之后少部分粒子由此发生激发态吸收 ESA 跃迁到$^4F_{7/2}$高能级。接着无辐射迅速弛豫到$^2H_{11/2}$，$^4S_{3/2}$能级，由此主要产生$^4S_{3/2}\rightarrow ^4I_{15/2}$跃迁上转换绿发射。同时也可发生$^4I_{15/2}+^4I_{11/2}—^4I_{11/2}+^4F_{9/2}$能级向的交叉弛豫过程，产生$^4F_{9/2}\rightarrow ^4I_{15/2}$上转换红发射。但在$^4I_{11/2}$能级上粒子大部分无辐射弛豫到亚稳态$^4I_{13/2}$能级上。由此产生$^4I_{13/2}\rightarrow ^4I_{15/2}$能级跃迁强约 1.5μm 激光发射。

一种膜厚 180μm 的 Er(1.3%) :$KGd_{0.2}Yb_{0.65}(WO_4)_2$(KGYW) 薄层成功地外延生长

在晶格匹配且具有高折射率的$KY(WO_4)_2$衬底上。其激光实验在有三个镜面腔的装置上进行[6]。用商用LED泵浦Er,Yb激光1.522μm(UAB Optogama公司)直接将Er^{3+}泵浦到$^4I_{13/2}$能级。M1和M2分别为对1500~1600nm高度反射的两个球形凹面镜，曲率分别为150mm和75mm的半径，以及平面输出耦合器。另一个平面镜对1522nm高透射率，而对1600~1650nm之间的高反射。弯曲腔被用作输入镜。外延层器件置于M2和M3镜面之间。输出耦合器的透光度为2%时，在153mV泵浦下，$Er^{3+}:KGd_{0.20}Y_{0.65}Yb_{0.15}(WO_4)_2$外延层实现1.606μm激光，最大输出功率为16mW，斜率效率高达64%，阈值120mW为可控结果。该激光峰为1.606μm。

表18-1列出几种Er^{3+},Er^{3+}/Yb^{3+}掺杂的稀土钨酸盐晶体的激光参数，也列出其他材料的性质，以便参考。可见Er^{3+}:Yb:稀土钨酸盐是一类性能极好的晶体。若设法使该类晶体中的上转换可见光发射减弱，减少或阻碍Er^{3+}的$^4I_{11/2}$能级的ESA，使$^4I_{11/2}$能级上布居粒子更多地弛豫到下面$^4I_{15/2}$受激发射能级上，则可提高$^4I_{13/2}\rightarrow{}^4I_{15/2}$能级跃迁发射的1.5~1.6μm激光效率。

表18-1 几种Er^{3+},Er^{3+}/Yb^{3+}掺杂的钨酸盐1.5~1.6μm激光晶体性质

晶体	λ/nm	泵浦光/nm	激光模	输出功率/mW	阈值功率/mW	σ_{em}/cm^2	斜率效率	文献
Er:Yb:KYW	1.54	930	CW	2.8	380		1	3
Er:Yb:KGW	1.53	980	CW					2
Er:KLuW	1.535	980	CW	152		28.5×10^{-21}	1.2	4
		980	CW	80			1.6	4
Er:KLuW(小晶片)	1.61	978	CW	268	410	4.6×10^{-21}	30	5
Er:KYW		1531	CW	35			27	7
Er:KYW		1522	CW	110			40	8
Er:Yb:KGYW外延层	1.606	1522	CW	16	120		64	6
Er:Yb:YSO	1.57	970	CW		40	7×10^{-21}		9
Er:Yb:磷酸盐玻璃	1.53	974	CW	43	118	7.6×10^{-21}	10.2	10

故借此作者提出，不妨在此类稀土钨酸盐中，再掺入少量Ce^{3+}试验。预测如果在此类钨酸盐中声子能量在1000cm^{-1}左右，有可能提高这类钨钼盐的激光性能。当然还应测量$^4I_{11/2}$与$^4I_{13/2}$能级的分支比β。其主要依据如图18-1所示。众所周知，Ce^{3+}的$^2F_{7/2}$—$^4F_{5/2}$的能隙大约2000cm^{-1}，而Er^{3+}的$^4I_{11/2}$—$^4I_{13/2}$的能隙大约3700cm^{-1}。而需2个频率声子协助，则可发生Ce^{3+} $^2F_{7/2}\rightarrow{}^4F_{5/2}$和$Er^{3+}$的$^4I_{11/2}\rightarrow{}^4I_{13/2}$能级向的交叉弛豫，使$Er^{3+}$的$^4I_{13/2}$亚稳态上粒子布居密度增加，大大减少$^4I_{11/2}$向$^4F_{7/2}$跃迁的ESA，削弱$^4S_{3/2}$等能级的上转换发光，最终将导致$Er^{3+}$的$^4I_{13/2}$—$^4I_{15/2}$能级跃迁的约1.55μm发射增强。

18.2.2 稀土钒酸盐晶体中的Er^{3+}的激光性质

呈现良好的光学质量的YVO_4晶体具有Nd^{3+}、Er^{3+}和Tm^{3+}分别掺杂的优良的激光性质[11-12]。$Er^{3+}:YVO_4$及$Er^{3+},Yb^{3+}:YVO_4$晶体，在室温下可实现 1.6μm CW 激光振荡[12]。在 980nm 泵浦下，1.55~1.60μm 处的σ_{em}为（5~10）×10^{-21} cm^2，斜率效率为 19%，阈值约 170mW。在Er^{3+}低浓度下产生吸收效率低，而高浓度下由于交叉弛豫，ESA 等能量传递也导致激光效率下降。结合图 18-1 分析可能发生的上转换过程，在 980nm 泵浦下首先Er^{3+} $^4I_{15/2}$ →$^4I_{11/2}$能级吸收跃迁，然后$^4I_{11/2}$无辐射弛豫到亚稳态$^4I_{13/2}$发射能级，产生$^4I_{13/2}$→$^4I_{15/2}$跃迁的约 1.6μm 发射。效率低最有可能的原因是：(1) 发生激发态再吸收（ESA）$^4I_{13/2}$→$^4I_{15/2}$→$^4I_{11/2}$→$^4F_{9/2}$过程，导致$^4I_{13/2}$基态粒子数布居减少，增加$^4F_{9/2}$→$^4F_{7/2}$跃迁上转换发射。(2) 在产生 1.6μm 激光的过程中，同时也观测到强绿色上转换发光，这是因为发生$^4I_{11/2}$—$^4F_{7/2}$双光子激发态再吸收 ESA 过程。部分能量上转换到$^4F_{7/2}$高能级，然后迅速弛豫到$^2H_{11/2}$能级，产生$^4S_{3/2}$($^2H_{11/2}$)→$^4I_{15/2}$跃迁绿色上转换发射。(3) Er^{3+}的$^4I_{11/2}$态对 980nm 泵浦光源吸收截面很小，匹配不满意，泵浦效率低。(4) Yb^{3+}共掺$Er^{3+}:YVO_4$后，Er^{3+}的激光性质变得更坏。这可能是Yb^{3+}对 980nm 更有效地吸收后，使Er^{3+}的上转换可见光发射增强，能量损耗到上转换过程。

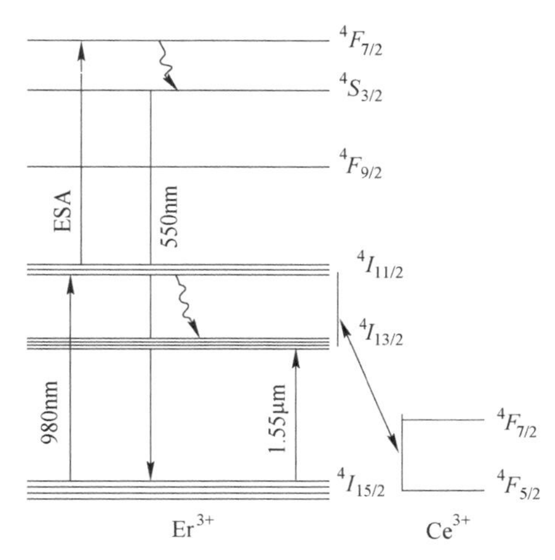

图 18-1　Ce^{3+}和Er^{3+}低能级示意图

$Er^{3+}:YVO_4$单晶在 808nm LD 泵浦下在 NIR 观测到 1.01μm、1.60μm、2.68μm 荧光光谱，它们分别属于$^4I_{11/2}$→$^4I_{15/2}$、$^4I_{13/2}$→$^4I_{15/2}$和$^4I_{11/2}$→$^4I_{13/2}$跃迁发射[11]。在该晶体中还观测到Er^{3+}的浓度对Er^{3+}的$^4I_{13/2}$→$^4I_{15/2}$跃迁发射起负作用，而对$^4I_{11/2}$→$^4I_{13/2}$跃迁（2.68μm）跃迁起正作用，即随Er^{3+}浓度增加，1.55μm 发射减弱，而 2.68μm 发射增强。采用直接对上能级泵浦和一个平面-凹凸腔，在 30% $Er^{3+}:YVO_4$样品中实现 2.724μm 自终端激光。

$Er^{3+}:YVO_4$晶体的热导率低，且不稳定；而$Er^{3+}:GdVO_4$激光晶体具有优良的热导率，大的吸收截面，但力学性能不太理想。$Er^{3+}:Y_{0.5}Gd_{0.5}VO_4$晶体可用于大功率 LD 泵浦有前景的激光材料，它的热导率比YVO_4和$GdVO_4$更高。

18.2.3　Er^{3+},Yb^{3+}:硅酸盐和铝酸盐晶体的激光性质

稀土RE_2SiO_5（RE=Y，Gd，Lu）正硅酸盐属单斜晶系，由于具有低对称性和大声子能量，有利于低的上转换损失和高效Yb^{3+}—Er^{3+}的能量传递及广泛用途而受到人们的关注。Gd_2SiO_5(GSO）适合用作三价 Ce、Pr、Eu、Tb、Er、Yb 等离子掺杂的发光和激光的基质。它们分别被用作高效的发光材料、闪烁体和激光材料。

Er,Yb:Y_2SiO_5(YSO）晶体在 InGaAs LD 泵浦下，室温产生的 1.6μm 激光[9,13]。Er^{3+},Yb^{3+}:YSO 在970nm 泵浦下，首先被Yb^{3+}的$^2F_{7/2}$→$^2F_{5/2}$跃迁吸收，接着能量传递给Er^{3+}的$^4I_{11/2}$能级（GSA），由此能级弛豫到$^4I_{13/2}$受激发射能级，产生$^4I_{13/2}$→$^4I_{15/2}$跃迁约

1.6μm 激光。在 YSO 中 Yb^{3+}在 970nm 附近产生强而宽的吸收光谱，其吸收截面远大于 Er^{3+}的$^4I_{11/2}$能级吸收。在 YSO 中 Yb 的吸收截面 $\sigma_{ab}=25\times10^{-21}cm^2$，差不多是 YAG 中 Yb^{3+}的 σ_{ab}（$9\times10^{-21}cm^2$）的 3 倍。YSO 中 Er^{3+}的$^4I_{13/2}$和$^4I_{11/2}$能级的寿命分别为 7.7ms 和 100μs，而 Yb^{3+}的$^2F_{5/2}$的寿命为 1.08ms。用如下公式可计算 Er^{3+}的增益截面 $\sigma_g(\lambda)$[14]。

$$\sigma_g(\lambda)=\beta\sigma_{em}(\lambda)-(1-\beta)\sigma_{ab}(\lambda) \tag{18-1}$$

式中，$\beta=N_{ex}/N_{tot}$，β 为某波长 λ 的上能级的受激粒子数占总粒子数的比例；σ_{em}为发射截面；σ_{ab}为晶体的吸收截面。

对粒子反转为 25%时，YSO 的增益截面在 1.617nm 处开始为正值。若获取最短的 1.545μm 激光需 β 值在 50%以上，此时增益截面 $\sigma_g(\lambda)=(65\sim70)\times10^{-21}cm^2$。$Er^{3+}$，$Yb^{3+}$:$Y_2SiO_5$单晶室温下 1.57μm 激光性质可以和 KigrBGE-7s 的 Er^{3+}:Yb^{3+}磷酸盐玻璃相媲美。

用 Czochralski 法生长 Er^{3+}，Yb^{3+}:Gd_2SiO_5（GSO）单晶[15]，晶体质量优良，直径 30mm，长约 80mm。Er^{3+}，Yb^{3+}:GSO 晶体中，Er^{3+}/Yb^{3+}的分布系数 K_0 可用下式计算：

$$K_0=c_t/c_0 \tag{18-2}$$

式中，c_t为生长的晶体的顶部 Er/Yb 浓度；c_0 为初始混合物浓度。

经测定和计算 Er^{3+}的分布系数为 0.88，Yb^{3+}为 0.78，Er^{3+}和 Yb^{3+}之间的分布系数差别可能是因为它们的离子半径差异。Er^{3+}半径更接近较大的 Gd^{3+}半径，而 Yb^{3+}半径更小。

在吸收光谱中，除一些 Er^{3+}的较弱的锐吸收峰外，在 850～1030nm 范围中呈现 Yb^{3+}和 Er^{3+}强吸收谱。具有吸收系数分别为 $4.13cm^{-1}$ 和 $5.32cm^{-1}$ 的 938nm 和 973nm 两吸收峰，其 FWHM 分别为 8.5nm 和 5.5nm，它们与大功率 InGaAs LD 的泵浦光源发射波长很匹配。室温下在 940nm 泵浦下，Er^{3+}，Yb^{3+}:GSO 的发射呈现强而锐1529nm 发射（Er^{3+} $^4I_{13/2}$—$^4I_{15/2}$）。1529nm 处的发射截面为 $1.03\times10^{-21}cm^2$。为确定 Er，Yb:GSO 的激光作用，由式（18-1）得到 1530μm 处的最大增益截面为 $2.12\times10^{-21}cm^2$，而在 1.542μm 和 1.561μm 峰处分别为 $0.81\times10^{-21}cm^2$ 和 $1.8\times10^{-21}cm^2$。

Er^{3+}/Yb^{3+} 和 $Er^{3+}/Yb^{3+}/Ce^{3+}$ 共掺杂 $Ca_2Al_2SiO_7$ 晶体的激光性质如下：黄长石 $Ca_2Al_2SiO_7$是一种层状结构的硅酸盐，它是由黄长石中的 Mg 及 1 个 Si 原子被 2 个 Al 原子取代而成，其结构与 $CaSrAl_2SiO_7$（TCPDS26-327）和 $Sr_2Al_2SiO_7$（JCPDS75-1234）是同构，属四方晶系，空间群为 $P\bar{4}2_1m$。结构中 Ca 原子处于 8 个氧原子形成的配位多面体中心，Ca 格位的点阵低对称性为 C_2，稀土取代位于 Ca 格位，Al 原子占据晶格中 2 种格位，点阵对称性分别为 C_{4v} 和 S_4。Eu^{2+}激活的 $Ca_2Al_2SiO_7$ 的光谱性质及作为一种新的激光材料 Nd^{3+}掺杂的黄长石的结构和光学特性曾被研究过。

Yb^{3+}，Er^{3+}:$Ca_2Al_2SiO_7$黄长石单晶在 940nm 和 975nm 泵浦下，实现 1.55μm CW 激光工作[16]。$Ca_2Al_2SiO_7$（CAS）具有高能声子（$\hbar\omega=1020cm^{-1}$），使其多声子弛豫速率减小导致$^4I_{13/2}$能级粒子快速布居，这有利实现布居粒子反转。计算有效增益截面表明在 1.55μm 处的激光振荡需要 40%的布居粒子数反转。获得的斜率效率约 5.5%，阈值为 21mV。为改进 Yb^{3+}，Er^{3+}:CAS 激光晶体性能，引入 Ce^{3+}，其原理如前所述。借助有效声子协助的 Ce^{3+} 的$^2F_{7/2}$—$^2F_{5/2}$ 能级和 Er^{3+} 的$^4I_{13/2}$—$^4I_{11/2}$ 能级间的交叉弛豫，实现增强$^4I_{13/2}$—$^4I_{15/2}$能级跃迁的约 1.55μm 激光发射。Er/Yb/Ce:CAS 和无 Ce 的 Er/Yb:CAS 晶

体它们的输出功率与吸收940nm 泵浦功率的关系，非常明确地证实 Er,Yb,Ce :CAS 晶体的斜率效率为5%，阈值为 18mW；而无 Ce^{3+}的 Er,Yb :CAS 分别为2.7%和 90mW。Ce^{3+}的共掺杂大大改善 CAS 晶体中 Er^{3+}的激光性质。

Er^{3+},Yb^{3+}:YAG 激光性质由 Er^{3+}和 Yb^{3+}共掺杂的 YAG 石榴石晶体在 970LD 泵浦下，实现室温 1.6μm 激光[13]。在 978nm 泵浦下，首先由 Yb^{3+}有效吸收泵浦光子，从基态$^2F_{7/2}$跃迁到$^2F_{5/2}$能级，然后发生$^2F_{5/2}$→$^4I_{11/2}$（Er^{3+}）直接能量传递。由$^4I_{11/2}$能级粒子快速无辐射弛豫到$^4I_{13/2}$亚稳态，接着发生$^4I_{13/2}$→$^4I_{15/2}$能级跃迁产生约 1.6μm 激光发射。在 YAG 中 Yb^{3+}的吸收截面测定为 $0.9\times10^{-20}cm^2$，仅为在 Y_2SiO_5(YSO）中的 1/3 左右。3mm 长的 Er,Yb :YAG 对 LD 泵浦吸收为57%，而 YSO 为 50%。在 YAG 和 YSO 中，Er^{3+}的$^4I_{13/2}$的寿命分别为 7.7ms 和 8ms；而$^4I_{11/2}$的寿命分别为 100μs 和 16μs。YAG 晶体厚度为 3mm 时，阈值为 46mW，吸收 57%，斜率效率为 7.0%。当厚度增加到 4.7mm 时，阈值为 109mW，吸收 78%，斜率效率仅 3.3%。由增益截面 $\sigma_g(\lambda)$ 计算，YSO 在 1617nm 开始时为正值，25%粒子数反转；获得最短激光波长 1545nm 需要超过 50%的粒子数反转。而在 YAG 中此反转 1617nm 的增益截面 $\sigma_g(\lambda)$ 已达 $1\times10^{-21}cm^2$。

Er^{3+}:YAG,GGG 等稀土石榴石晶体具有优良的 MIR(2.7~3.0μm）激光性质，人们对此重点关注，后面将予以介绍。

18.2.4 Er^{3+},Yb^{3+}:稀土硼酸盐晶体的激光性质

稀土硼酸盐晶体具有大声子能量($1400cm^{-1}$)，良好的机械和热学稳定性，很有利实现 Er^{3+}的强 1.5~1.6μm 激光，且能避免大功率泵浦的损伤。其热学性能比磷酸盐玻璃更优。故人们重视 1.5~1.6μm 波段激光的 Er^{3+}/Yb^{3+}掺杂的稀土硼酸盐激光晶体生长，光谱和激光性质。已实现较高效率和输出功率的 1.5~1.6μm 激光运转的 Er^{3+}及 Er^{3+}/Yb^{3+}掺杂的稀土硼酸盐晶体主要有：

（1）稀土硼酸钙氧盐：$YCa_4(BO_3)_3$(YCOB)，$GdCa_4O(BO_3)_3$(GCOB)；

（2）稀土硼酸铝盐：$YAl_3(BO_3)_4$(YAB)，$GdAl_3(BO_3)_4$(GAB)，$LuAl_3(BO_3)_4$；

（3）硼酸镧钪盐：$LaSc_3(BO_3)_4$(LSB)；

（4）稀土硼酸锶：$Sr_3Y_2(BO_3)_4$(SYB)；

（5）稀土五硼酸盐：$LaMgB_5O_{10}$等硼酸盐晶体。

由于在许多体系中 Yb^{3+}→Er^{3+}可以发生高效能量传递，可用熟悉的能量传递速率 $\omega=1/\tau-1/\tau_0$（其中，τ 为在含有 Er^{3+}（受主）时 Yb^{3+}（施主）的寿命；τ_0 为 Yb^{3+}的本征寿命，ω 还与 Yb^{3+}浓度有关）公式获得。在 YCOB 中，能量传递效率 $\eta=1-\tau/\tau_0$ 高达约 96%。在 YCOB 中 Yb^{3+}→Er^{3+}的能量传递速率比 YAG、YLF 和磷酸盐玻璃中高[17]。为精确测定布居粒子反转，必须考虑包括低温下的吸收和发射实验所测定的受激发射过程中的 Stark 能级。

YCOB 晶体中 Er^{3+}和 Yb^{3+}低温精细 Stark 能级中 Er^{3+}的$^4I_{15/2}$ Stark 劈裂能级 8 条，但 Er^{3+}的$^4I_{13/2}$能级 9 条与 $KLn(WO_4)_2$ 和理论上的 7 条不一致，原因不清。YCOB 晶体中 Er^{3+}的$^4I_{15/2}$能级的能量位置比 $Ca_3Al_2Ge_3O_{12}$和 $K_5LaLi_2F_{10}$稍低；劈裂后的最低和最高子能级间的能量差 ΔE 也小，意味它们的晶场强度稍有差别。而 Yb^{3+}的$^2F_{3/2}$和$^2F_{5/2}$能级分别

劈裂为 4 个支项和 3 个支项。在 GCOB 中也是发生高效 $Yb^{3+} \rightarrow Er^{3+}$ 能量传递。但是虽然 Cr^{3+}进入 GdCOB 基质中，没有证据指出发生了 $Cr^{3+} \rightarrow Yb^{3+}$或 $Cr^{3+} \rightarrow Er^{3+}$的任何能量传递。

使用输出 2.8W 光纤耦合的 CW 泵浦 Er,Yb :YCOB,得到 1.55μm CW 激光，输出功率为 225mW，斜率效率约 27%（半球腔）及 21.5%（双平面腔），阈值功率为 820mW；而 GdCOB 的斜率效率为 15%，阈值功率为 750mW，输出功率为 80mW[18]。尽管它们的斜率效率较高，可以和玻璃激光相比较，但是这类晶体中 Er^{3+} 的$^4I_{13/2}$能级寿命较短(0.6~1.2ms)，导致激光阈值较高，在 500~1000mW 范围之中。

Er^{3+},Yb^{3+}:$YAl_3(BO_3)_4$(YAB) 和 $GdAl_3(BO_3)_4$(GAB) 这两种晶体同属三角晶系家族，空间群 $R32$。它们具有良好的物理和热学性能，且熔制的温度不是很高，为 1000~1080℃，是优质的激光和非线性晶体。

Er^{3+}的$^4I_{11/2}$能级的寿命是一个很重要的光谱学参数，强烈地影响 Er/Yb 掺杂体系的激光效率。短的$^4I_{11/2}$寿命导致低的 Er $^4I_{11/2} \rightarrow {}^4F_{7/2}$上转换和 $Er^{3+} \rightarrow Yb^{3+}$反馈传送概率。人们可以在单掺 Er 晶体泵浦到$^4I_{11/2}$能级时，测量$^4I_{13/2}$能级的上升时间来估算$^4I_{11/2}$能级的寿命。在 Er^{3+}:YAB 中，$^4I_{11/2}$能级的寿命大约 80ns，比 YAG(100μs)，Y_2SiO_5（16μs），YVO_4(28μs) 及磷酸盐（2~3μs）中显著短[19]。在单掺Yb^{3+}(7%)YAB中，Yb^{3+}的寿命为 480μs，而双掺 Er^{3+},Yb^{3+}:YAB 中缩短到60μs。这是发生 $Yb^{3+} \rightarrow Er^{3+}$共振能量传递的结果，其能量传递效率 $\eta = 88\%$，比钒酸盐和钨酸盐中更有效，但比 YCOB（96%）低。Er,Yb :YAB 激光发射在1.602μm、1.555μm 及 1.531μm 处[20]。在 7W 975nm LD 泵浦下，输出功率高达 1W，斜率效率为 35%，最大受激截面是位于 1.531μm 处的 $26\times10^{-21}cm^2$。粒子反转参数 β 为 0.55 时，激光可能在从 1.520μm 到 1.630μm 的范围之中。

YAB 晶体的热导率为 4.7W/(m·K)，比 YCOB（2.65W/(m·K)）晶体和磷酸盐玻璃（1.2W/(m·K)）高，具有高能声子，利用小微晶片对 Yb^{3+},Er^{3+}:LnAB 的光谱和激光性质研究[19,21]，表明室温下该晶体的σ-偏振吸收光谱的吸收带中 976nm 峰σ-偏振吸收截面和 FWHM 分别为 $2.5\times10^{-21}cm^2$ 和 27nm 或 19nm，在 970nm LD 泵浦 Er,Yb :YAB 实现了高输出功率激光。在半球空腔内 15.5W 的泵浦功率下得到 1.5~1.6μm 处的准 CW 输出功率为 2.0W，激光吸收泵浦阈值功率为 4.7W，斜率效率为 21%。当输出耦合器透射为 1.0%及输出功率低于 1.4W 时，只有一个位于 1600nm 附近的纵向模群，实际是由 1598nm、1598.6nm、1599.4nm 和 1600nm 4 个模组成。这些模之间的能隙大约 0.6nm。当投射为 1.5%时，Er,Yb :YAB 的激光光谱随输出功率发生变化。

在 GAB 晶体中，Er^{3+}浓度 1.1%，而 Yb^{3+}可达 20.7%。在此晶体中 Er^{3+} $^4I_{13/2}$能级的荧光寿命约 300μs，而 Yb^{3+}的$^2F_{5/2}$的寿命为 20μs。在 GAB 晶体中可以发生高效的 $Yb^{3+} \rightarrow Er^{3+}$间的能量传递，其能量传递效率接近 90%。而 Er^{3+}，Yb^{3+}:GAS 是一种好的激光材料。在 LD 泵浦的半球空腔中，准 CW 激光输出功率达到 1.8W，斜率效率为 19%。

有关（SYB）激光晶体性质叙述如下。黄艺东等人[22]用提拉法生长 Er^{3+},Yb^{3+}:$Sr_3Y_2(BO_3)_4$(Er,Yb :SYB)激光晶体。该晶体也是双轴晶，利用实验测量的偏振吸收光谱，拟合理论分析得到有关 J-O 强度的参数 Ω_2 为 5.47，Ω_4 为 1.90，Ω_6 为 1.66。其 Ω_λ 和 YAB 中的 Ω_2(8.38)、Ω_4(1.61)、Ω_6(1.50) 接近。在 976nm 泵浦下，该晶体的 3 个偏振方向的最强

发射峰（$^4I_{13/2}$→$^4I_{15/2}$）均位于1533nm处，且FWHM为60nm。1533nm峰值处$E/\!/Y$和$E/\!/X$的受激发射截面分别为$9.9\times10^{-21}cm^2$和$11.3\times10^{-21}cm^2$。在976nm激发下拟合可得到Er^{3+},Yb^{3+}:SYB晶体中,Er^{3+} $^4I_{13/2}$能级和Yb^{3+} $^2F_{5/2}$能级的荧光寿命分别是652μm和20μs。粗略估算在SYB晶体中，Yb^{3+}→Er^{3+}间的能量传递为90%以上。

激光晶体的激光上能级荧光量子效率主要是影响激光起振的阈值。激光起振之后，无辐射跃迁概率与受激辐射跃迁概率相比可以完全忽略，无辐射通道已无任何作用。Er^{3+},Yb^{3+}:SYB晶体1.5~1.6μm准连续激光输出峰值功率随吸收泵浦功率的变化关系表明，当输出镜透过率T=1.0%时，阈值为3.9W，最大输出功率为1.13W，斜率效率为16%；当T为1.5%时，阈值为4.26W，最大输出功率为1.3W，斜率效率为20%。设相对粒子数反转比值β=0.5时，利用增益截面公式计算Er^{3+},Yb^{3+}:SYB晶体$E/\!/Y$方向1560nm处的峰值增益截面为$2\times10^{-21}cm^2$，大于YAB和YCOB晶体中的$1.5\times10^{-21}cm^2$和$1\times10^{-21}cm^2$。因此，在达到同等反转粒子数的情况下，SYB晶体更易实现1.5~1.6μm激光输出，SYB晶体可采用短周期、易生长和低成本的提拉法生长。

关于Er^{3+},Yb^{3+}:$LaMgB_5O_{10}$稀土五硼酸盐激光晶体性质。$LaMgB_5O_{10}$(LMB)属于Ln MgB_5O_{10}(Ln=La，…，Er)家族，具有空间群$P2_1/c$的单斜晶体。稀土原子由10个氧原子配位，由3个硼三角体和3个硼四面体环绕。Mg原子为六配位。它配位的氧原子分布在3个（BO_4）和2个（BO_3）基团上。当用Nd^{3+}、Er^{3+}、Yb^{3+}分别部分取代La时即可得到Nd^{3+}:$LaMgB_5O_{10}$,Yb^{3+}:$LaMgB_5O_{10}$和Er^{3+},Yb^{3+}:$LaMgB_5O_{10}$等激光材料。

对Er^{3+},Yb^{3+}:$LaMgB_5O_{10}$(LMB)的$E/\!/Z$偏振而言，Er^{3+}的$^4I_{13/2}$能级的荧光寿命为538μs，稍早期获得的1.518μm处的受激发射截面为$8.8\times10^{-21}cm^2$，输出功率仅为160mW，斜率效率仅10.1%[23]。增加Yb^{3+}浓度将增强Yb^{3+}→Er^{3+}的能量传递效率，且改善激光性能，但使Er^{3+},Yb^{3+}:LMB晶体生长技术和光学质量降低。因Yb^{3+}不在此单斜晶系家族之列，掺杂少量Yb^{3+}影响不大，但Yb^{3+}含量多必造成晶体畸变大。在Er^{3+},Yb^{3+}:LMB中吸收峰在976nm，此处两个偏振的吸收带的FWHM均为5nm；而940nm峰吸收带的FWHM为20nm。

为改进Er^{3+},Yb^{3+}:LMB的激光性质,对激光实验装置改进，采用冷却散热办法[24]。将Er^{3+},Yb^{3+}:LMB晶体紧密地与厚1.0mm、截面5mm×5mm的蓝宝石晶体相连接，主要目的是有效散热（热沉）和减少热对增益介质的作用，改进激光输出性能。将LMB样品和蓝宝石晶体放置在铜架上，用20℃水冷却等处理改进。当输出镜（OM）的透射为4%时，在吸收泵浦功率为4.0W的976nm LD泵浦时，得到最大输出功率为0.61W，斜率效率为23%，阈值为0.96W的最佳结果，结果比以前大为提高。

无论是照明用的白光LED芯片，还是激光晶体，包括小微激光芯片，热管理是一个非常重要的因素和技术。为提高白光的光通量和寿命，对散热管理发展了诸多的技术工艺。人们也可将这些工艺取长补短借鉴到激光材料的装置中，改善激光输出性能。

现主要对稀土硅酸盐、硼酸盐和钒酸盐1.5~1.6μm Er^{3+}激光晶体的性质汇编，列在表18-2中。人们可将此表和表18-1钨酸盐晶体性能对照分析。

表 18-2 稀土硅酸盐、硼酸盐和钒酸盐 Er^{3+} 的 1.5~1.6μm 激光晶体性质

晶体	泵浦光/nm	输出功率/W	$^4I_{13/2}$荧光寿命/ms	发射截面/cm^2	斜率效率/%	阈值功率/mW	$^4I_{11/2}$荧光寿命/μs	$^4I_{15/2}$荧光寿命/ms	文献
Er,Yb:YVO_4	980		1.60μs	0.5×10^{-20}~1.0×10^{-20}	19	约 170	2.68		11
Er,Yb:YSO	970		8	0.8×10^{-20}	5.6	61	16	6	13
Er,Yb:YAG	940		7.7	1.5×10^{-20}	7.0	46	100	7.7	13
Er,Yb:GSO	940		5.8	1.03×10^{-20}				5.84	15
Er,Yb:CAS	975		7.6	0.8×10^{-20}	2.7	90		7.6	15
Er,Yb:CAS	975,940				5	18			16
Er,Yb:YCOB	980	0.225	1.26	0.6×10^{-20}	27	820		1.26	17
Er,Yb:GCOB	980	0.080	0.6~1.2		15	750			18
Er,Yb:YAB	970	2.0		2.6×10^{-20}	21				19
Er,Yb:GAB	976	1.8	0.3		19	4			21
Er,Yb:SYB	976	1.13	0.652	0.99×10^{-20}~1.13×10^{-20}	16				22
Er,Yb:LMB	976	0.160	0.538	0.88×10^{-20}	10.1	3900			23
Er,Yb:LMB	976	0.61			23	960			24
Er^{3+},Yb^{3+}:Sc_2SiO_5			5.6	1.5×10^{-20}	2.4	255			15

18.2.5 Er^{3+},Yb^{3+}掺杂磷酸盐的激光性质

1965 年首次获得 Er^{3+}掺杂硅酸盐玻璃可调谐激光（1.540μm），但是当时发展高效的玻璃激光遇到比 Nd 激光更大的困难。早期 Sandoe 等人对 Er^{3+}掺杂的硅酸盐、磷酸盐和硼酸盐玻璃中 6500cm^{-1}范围内的 Er^{3+}的吸收和荧光光谱进行研究，测定受激发射截面和相关的增益参数和频率关系，并与不同玻璃进行对比，Er^{3+}的受激发射截面比 1.06μm Nd^{3+}大约小一个数量级。他们指出为获取 Er^{3+}激光最佳玻璃应该考虑将导致 Er^{3+}良好泵浦效率的吸收截面，施主-受主间的能量传递，且必须与激光泵浦性质联系。为获取低阈值和能量传输，必须确定单位体积、Er^{3+}浓度及敏化剂的浓度和能量传递等因素。这些意见今天依然有用。

之后，人们更多地围绕磷酸盐玻璃 1.5μm 激光工作，集中于磷酸盐和氟锆酸盐玻璃提高输出功率及 1.5μm 可调谐频率宽度。

人们曾在 Er,Yb:磷酸盐玻璃中实现从1.528μm 到 1.564μm 可调谐的、单频 1.55μm 激光。输出功率 140mW 得到 1.563μm 单频的输出功率 20mW，斜率效率达到 30%。不同的激光波长输出功率和阈值不同，可调谐的特性与激光腔的增益-损耗有严格关系。Taccheo 等人[25]提出增益公式如下：

$$\sigma_e^*(\lambda)N_2^* - \sigma_a^*(\lambda)N_1^* = A/G_M \tag{18-3}$$

式中，$\sigma_e^*(\lambda)$、$\sigma_a^*(\lambda)$ 分别为 Er^{3+}的受激发射截面和吸收截面；N_2^*、N_1^* 分别为上和下激

光能级的粒子布居数，归一到 Er^{3+}的浓度，$N_2^* + N_1^* = 1$；A 为腔的光束来回损失；G_M 为最大的双程增益。

对已知 λ，在达到阈值时，可发生最小的反转（$N_2^* - N_1^*$），振荡波长与对应的 N_{2m}^* 和 N_{1m}^*。但后来人们依然接受采用前述的式（18-1）计算增益截面 $\sigma_g(\lambda)$。

组成（摩尔分数）为 20%$Sr(PO_3)_2$-80%（AlF_3，CaF_2，SrF_2 和 MgF_2）的氟磷酸盐玻璃（FP20）在 940nm 激发下，Er^{3+}的$^4I_{13/2}$的 1.5μm 荧光寿命为 9.5ms，商用磷酸盐是 7.9ms，$Yb^{3+} \to Er^{3+}$的能量传递效率为 78%~96%。FP20 玻璃斜率效率为 14%，输出功率为 100mW[14]。更高的输出功率受热问题限制。1.560μm 激光峰的可调谐范围为 1.502~1.606μm，其增益光谱在 1.535~1.585μm 范围更平坦，比以往磷酸盐更好。

玻璃中，Yb^{3+}和 Cr^{3+}是好的敏化剂。QX/Er 磷酸盐玻璃在不同输入能量下，激光输出能量与 Yb^{3+}和 Cr^{3+}浓度变化的关系表明，Er^{3+}的输出能量均被增加[26]。人们熟悉 $Yb^{3+} \to Er^{3+}$高效能量传递。Cr^{3+}荧光与 Yb^{3+}吸收存在良好的光谱交叠，但在最高 Yb^{3+}浓度时 $Cr^{3+} \to Yb^{3+}$的能量传递效率小于 0.7。Cr_2O_3 掺入的另一个作用是额外增加感生的热存储，致使玻璃棒中的热容量增加，改善激光玻璃的抗热性能。QX/Er 玻璃的激光波长为 1.535μm，发射截面为 $0.8 \times 10^{-20} cm^2$，荧光寿命为 7.9ms。玻璃的输出功率和斜率效率与 Er^{3+}、Yb^{3+}和 Cr^{3+}浓度有关。后来磷酸盐玻璃的 1.53μm 和 1.56μm 激光输出功率超过 200mW。

在 $LaLiP_4O_{12}$玻璃中，Yb^{3+}的吸收截面在 977nm 处为 $1.33 \times 10^{-20} cm^2$，是当时磷酸盐玻璃中最高的[27]。$Er^{3+}$的激发态吸收发生在 1630~1800nm 范围。室温下 Er^{3+}的$^4I_{13/2} \to {}^4I_{15/2}$能级最强的跃迁发射 1535nm，峰宽 21nm。而$^4I_{13/2} \to {}^4I_{9/2}$激发态吸收截面为 $0.15 \times 10^{-20} cm^2$，仅为 1534nm 受激发射截面（$0.80 \times 10^{-20} cm^2$）的大约 1/6。因此，不会对$^4I_{13/2} \to {}^4I_{15/2}$跃迁发射有明显的干扰。在 $LaLiP_4O_{12}$玻璃中，Er^{3+}的$^4I_{13/2}$的荧光寿命为 8.630ms，非常接近其辐射寿命（9.465ms），故 1535nm 的荧光效率达到 0.91。

在 Er^{3+}，Yb^{3+}共掺磷酸盐薄片玻璃上，用 974nm 泵浦，成功地实现了室温连续激光输出。Yb^{3+}浓度为 $1.5 \times 10^{21} cm^{-3}$，$Er^{3+}$的浓度为 $0.48 \times 10^{21} cm^{-3}$时，片厚度为 2mm 的 Er 磷酸盐玻璃具有较好的综合激光性能。Er^{3+}的$^4I_{13/2}$能级的荧光寿命为 7.7~7.8ms，Er^{3+}的 1532nm 峰值的受激发射截面为 $0.7 \times 10^{-20} cm^2$，阈值功率为 118mW，最大激光输出功率为 43mW，斜率效率为 10.2%，激光光谱范围为 1.527~1.533nm，激光峰值为 1530nm。

18.2.6 Ce^{3+}和 Er^{3+}共掺杂的氟锆酸盐玻璃 1.55μm 激光

对 Er^{3+}掺杂的氟化物玻璃而言，980nm 泵浦不适合 1.55μm 发射。因为氟化物中，Er^{3+}的$^4I_{11/2}$能级的衰减主要由直接辐射弛豫过程所控制，且$^4I_{11/2}$与$^4I_{13/2}$能级的典型的分支比为 0.1~0.2，这样导致发展 1.55μm 谱带工作的低噪声氟化物光学器件受到限制。如何解决此问题呢？引入 Ce^{3+}，利用前文所述的 Ce^{3+}简单 4f 组态结构，基态$^2F_{7/2} \to {}^2F_{5/2}$能级跃迁间的能量与 Er^{3+}的$^4I_{11/2} \to {}^4I_{13/2}$跃迁间的能量比较匹配，释放 2~3 个频率声子，即可发生 Ce^{3+}的$^2F_{7/2} \to {}^2F_{5/2}$和 Er^{3+}的$^4I_{11/2} \to {}^4I_{13/2}$能级间的交叉弛豫过程，使$^4I_{11/2}$能级上粒子迅速地无辐射弛豫到$^4I_{13/2}$亚稳态上，$^4I_{13/2}$能级上的布居密度被大大增加，导致 Er^{3+}的$^4I_{13/2} \to {}^4I_{15/2}$能级跃迁 1.55μm 发射强度被大大增强。这除了在 Er^{3+}，Yb^{3+}，Ce^{3+}：

$Ca_2Al_2SiO_7$(CAS) 黄长石中得到证实外，又在 Ce^{3+},Er^{3+}共掺杂的氟锆酸盐 ZBLAN 玻璃和氟铟酸 BIG 玻璃中实现[28]，使 Ce^{3+}对 Er^{3+}的 1.55μm 的量产额显著提高。上述 ZBLAN 玻璃组成为 $53ZrF_4$-$19BaF_2$-$4LaF_3$-$3AlF_3$-21NaF，其中 La 代表稀土混合物，总量为 $ErF_3+CeF_3=LaF_3+YF_3$。而 BIG 玻璃组成为 $30BaF_2$-$18InF_3$-$12GaF_3$-$20ZnF_3$-10[(ErF_3+CeF_3)/2] GdF_3-10 [(ErF_3+CeF_3)/2]。这两种激光玻璃在 980nm 泵浦下，Er^{3+}的$^4I_{11/2}$能态的衰减速率 K 随 Ce^{3+}浓度增加而加快，达到使$^4I_{11/2}$能态粒子减少（猝灭），而$^4I_{13/2}$能态上粒子数增加的目的。衰减速率 K 计算公式如下：

$$K = K_0 + K_n = \frac{1}{\tau_3} - \frac{1}{\tau_{R3}} \tag{18-4}$$

式中，K_0 为样品中无 Ce^{3+}时$^4I_{11/2}$能态的无辐射衰减速率；K_n 为有 Ce^{3+}掺杂后$^4I_{11/2}$能态的浓度猝灭速率；τ_3 为 Er^{3+} $^4I_{11/2}$能态的寿命；τ_2 是$^4I_{15/2}$的寿命；τ_{R3} 为$^4I_{11/2}\rightarrow{}^4I_{15/2}$能级跃迁 Er^{3+}的辐射寿命。

同时，实验上也证实 ZBLAN 和 BIG 两种玻璃中，Er^{3+}的$^4I_{11/2}\rightarrow{}^4I_{13/2}$跃迁的分支比也是随 Ce^{3+}浓度增加（0~2%）而迅速增大。BIG 玻璃从 20%增加到 90%；而 ZBLAN 玻璃中从 15%增加到 80%，在 Ce^{3+}浓度高达 6%时，达到 95%。

Er^{3+}的$^4I_{11/2}$和$^4I_{13/2}$能态中粒子布居密度的速率方程表示如下[28]：

$$\frac{dn_2}{dt} = k_n n_3 + k_0 n_3 - \frac{n_2}{\tau_2} \tag{18-5}$$

$$\frac{dn_3}{dt} = -\frac{n_3}{\tau_{R3}} - K_n n_3 - K_0 n_3 \tag{18-6}$$

式中，n_2、n_3 分别为在$^4I_{13/2}\rightarrow{}^4I_{11/2}$能态中粒子的布居密度。

在 1.55μm 处的荧光强度计算公式如下：

$$I(t)\alpha\, n_2(t) = \frac{(K_n + K_0)\, n_{30}}{\frac{1}{\tau_2} - \frac{1}{\tau_3}} \left(e^{-\frac{t}{\tau_3}} - e^{-\frac{t}{\tau_2}}\right) \tag{18-7}$$

式中，n_{30} 为激发之后马上在$^4I_{11/2}$能态上粒子布局的密度初始值。

在 ZBLAN :Er 玻璃中，1.55μm 荧光强度也是随 Ce^{3+}浓度增加而增强。在 980nm CW LD 泵浦下，Ce^{3+},Er^{3+}共掺杂氟氧化物多模光纤实现了约 1.55μm 光纤激光工作。光纤激光输出功率随泵浦功率 34~70mW 增加呈线性增加，阈值泵浦功率大约 34mW，斜率效率约 26%。实验所用光纤长度 255mm，核心直径为 7.5μm，镜面反射率和光纤长度不是最佳，故还有改善提高的空间。

Ce^{3+}对 Er^{3+} 1.55μm 发射的敏化作用在含有 $Ca_5(PO_4)_3$ 纳米晶的 Er^{3+}、Yb^{3+}和 Ce^{3+}共掺杂的组成为 36.5SiO_2-20$AlPO_4$-15CaO-8Al_2O_3-20CaF_2-0.5Ln_2O_3 的透明玻璃陶瓷中也得到证实[29]。在 980nm 泵浦下，该玻璃陶瓷中，Er^{3+}的$^4I_{13/2}\rightarrow{}^4I_{15/2}$跃迁发射 1.54μm 强度随 Ce^{3+}浓度增加增强 4 倍；相反，Er^{3+} 的上转换$^4F_{9/2}\rightarrow{}^4F_{15/2}$（红）和$^4S_{3/2}$，$^2H_{11/2}$ $\rightarrow{}^4I_{15/2}$（绿）发射逐渐减弱。其原因正如前文所述。但不是在所有情况下 Ce^{3+}对 Er^{3+}都起敏化作用，而在一些化合物中 Ce^{3+}的加入反而对 Er^{3+}的 NIR 发射起猝灭作用[30]。是否共掺 Ce^{3+}，需要用 J-O 理论分析材料中的一些参数后而定。

18.3 Er^{3+}的中红外（MIR）2.7~3.0μm 激光

最近十几年来，2.7~3.0μm MIR 激光受到人们很大关注，特别是在此波段范围内可被水分子强烈吸收，使这种激光适用于空气污染、环境日益恶化的环境保护、大气探测、外科手术及军事等领域中。

在众多稀土离子中，由于Er^{3+}的$^4I_{11/2}\to{}^4I_{13/2}$能级跃迁，在2.7~3.0μm MIR 发射中起重要作用，故成为发展2.7~3.0μm MIR 激光的重点。但是，Er^{3+}的$^4I_{11/2}$能级的吸收截面很小;$^4I_{11/2}$—$^4I_{13/2}$能级的能量间隙很小，大约3700cm^{-1}，易产生无辐射跃迁概率大，这些严重制约Er^{3+}的 MIR 激光发射性能，需予以克服。

18.3.1 已发展的Er^{3+}的 MIR 激光材料

最近十多年来所发展的Er^{3+}的2.7~3.0μm MIR 激光体系主要有：

（1）氟化物，如Er^{3+}:$LiLuF_4$和$LiYF_4$，Er^{3+}:CaF_2，Er^{3+}:SrF_2;

（2）Er^{3+}掺杂的稀土石榴石家族，如 Er 分别掺杂的 YAG，GGG，GSGG，GYSGG 和 YSGG;

（3）Nd^{3+}和Er^{3+}共掺杂：LuYSGG，碲酸盐玻璃，$LiYF_4$，$SrGdGa_3O_7$;

（4）Pr^{3+}和Er^{3+}共掺杂:GYSGG，GGG，$CaGdAlO_4$，$SrGdGa_3O_7$;

（5）Pr^{3+}/Cr^{3+}/Er^{3+}共掺杂:GYSGG、Yb,Er,Ho:GYSGG、Er^{3+},Cr^{3+},RE^{3+}:GGG;

（6）Yb^{3+}和Er^{3+}共掺杂:GSGG;

（7）黄长石体系：Er:$SrLaGa_3O_7$、Er^{3+},Yb^{3+}，Pr^{3+}:$SrGdGa_3O_7$、Nd^{3+},Er^{3+}:$SrGdGa_3O_7$、Er:$CaLaGa_3O_7$、Er,Yb,Eu:$SrGdGa_3O_7$、Er,Yb,Ho:$SrGdGa_3O_7$;

（8）氧化钇：Er:Y_2O_3、Er^{3+},Yb^{3+}:$(Y,La)_2O_3$ 陶瓷;

（9）Er,Tb:PbF_2;

（10）玻璃：Er^{3+}/Nd^{3+}掺杂的碲酸盐玻璃，Er:氟氧碲酸盐,Er^{3+},Nd^{3+}:氟磷酸盐玻璃,Er^{3+}:氟锆酸盐 ZBLAN 玻璃等。

18.3.2 实现和改善Er^{3+}的 MIR 激光性能的方法

如何实现Er^{3+}的2.7~3.0μm 中红外激光是一个十分重要和备受关切的课题。

Er^{3+}的2.7~3.0μm 激光束来源于$^4I_{11/2}\to{}^4I_{13/2}$能级跃迁，而$Er^{3+}$的$^4I_{11/2}$能级寿命一般在1ms 以下，而$^4I_{13/2}$能级寿命达到几个毫秒。这可能造成$^4I_{11/2}$能级上集聚布居粒子快速弛豫，不利于保持所需要的布居粒子反转，且将引起约2.7μm 激光跃迁自动终止的阻塞效应。为了实现2.7μm 激光，必须克服这种不利的阻塞效应。一种解决办法是增加Er^{3+}浓度（>30%），有助于改进Er^{3+}的吸收强度和线宽，并提高泵浦能量，同时有利于压制自饱和问题。因为Er^{3+}浓度增加将产生来自$^4I_{11/2}$和$^4I_{13/2}$能级的上转换及$^4S_{3/2}$等能级的交叉弛豫发生。但是，Er^{3+}浓度过高将有损于晶体质量及热学性能，使激光输出效率和光束质量受到限制。另一种重要方法是采用Pr^{3+}、Nd^{3+}、Eu^{3+}、Tb^{3+}、Ho^{3+}等离子共掺杂，发生能量传递，使$^4I_{13/2}$能级布居粒子减少，寿命缩短，而使2.7μm 高效发射，降低激光阈值，增加输出。其原理是这些 RE^{3+} 的部分低能 4f 组态能级与 Er^{3+} 的 ^4I_J（$J=9/2$，11/2，13/2）能级匹配或接近。借助声子通过不同能量传递过程使 Er^{3+} 的 $^4I_{11/2}$ 能级粒子布居增殖，荧光寿命增长，增强 Er^{3+} 的 2.7μm 发射；或使 Er^{3+} 的 $^4I_{13/2}$ 能级粒子布居减少，寿命缩短，减少 1.5μm 和上转换发射，克服自动终止的阻塞效应，达到提高 2.7μm 发射的作用。此外，也可采用其他合适的添加剂如 ZnF_2，使 Er^{3+} 的 $^4I_{13/2}$ 能级的寿命缩短，而 $^4I_{11/2}$ 寿命变长。这样，$^4I_{11/2}$ 能级的无辐射衰减概率可下降。

发射 2.7~3.0μm 激光基质非常重要，需要具有低声子能量和高热导率。$^4I_{11/2}$—$^4I_{13/2}$ 能隙很窄，$^4I_{11/2}$ 能级上粒子很容易无辐射弛豫到 $^4I_{13/2}$ 下能级上，产生大量热。约 $850cm^{-1}$ 的低声子能量有助于减少这种无辐射弛豫概率。此外，在大功率泵浦产生热负荷，减少转换效率。激光材料若存在 OH^- 等杂质也是有害的。

目前，Er^{3+} 的 MIR 激光性能不断改善和提高。主要设计内容简单总结如下：

（1）利用成熟的晶体及生长工艺，制备 Er^{3+} MIR 激光材料；

（2）研制新的晶体和玻璃，选择具有合适能量声子的材料；

（3）依据无辐射能量传递原理，选择某种稀土离子，或非稀土离子作施主或受主，增强 Er^{3+} 的 $^4I_{11/2}$ 能级粒子布居，提高 Er^{3+} 的 MIR 激光性能；或减少 $^4I_{13/2}$ 能级粒子布居。这样克服自动终止阻塞效应。

（4）改进材料的合成工艺，特别注意清除残留的起猝灭作用的 OH 基团；

（5）改进激光器件的热管理等方法。

下面对这些方法一一予以讲述。

18.3.3 Nd^{3+}的作用

用 808nm LD 泵浦组成为（69−x）TeO_2-10Na_2CO_3-20ZnO-1Er_2O_3-xNd_2O_3 的碲酸盐玻璃，获得强 2.7μm 激光[31]。该玻璃在 808nm 附近除 Er^{3+} 的 $^4I_{15/2}\rightarrow{}^4I_{9/2}$ 和 Nd^{3+} 的 $^4I_{9/2}\rightarrow{}^4F_{5/2}$，$^2H_{9/2}$ 能级的跃迁吸收外，其他均为 Er^{3+} 吸收光谱，且随着 Nd^{3+} 浓度增加，808nm 附近的吸收光谱也成正比增加。故 Nd^{3+}/Er^{3+} 对 808nm 泵浦光源的吸收大大地增强。

利用 J-O 理论和吸收光谱计算和分析有关结果，Er^{3+} 的 $^4I_{11/2}\rightarrow{}^4I_{13/2}$ 能级的自发跃迁概率（A）为 $79.54s^{-1}$，Er 的 $^4I_{11/2}\rightarrow{}^4I_{13/2}$ 的分支比（β）为 13.67%。这些结果比较高，有利于获得 Er^{3+} 的约 2.7μm 的激光工作。

在 808nm 激发下，单掺 Er^{3+}，不同浓度 Nd^{3+} 和 Er^{3+} 共掺杂的这种碲酸盐玻璃的 550nm 上转换发光（a），1.5μm 发射（b）及 2.7μm（c）发射光谱及相对强度与 Nd^{3+} 浓度的关系，清楚表明 550nm（$^4S_{13/2}$）上转换发射强度和 Er^{3+} 的 1.5μm（$^4I_{13/2}\rightarrow{}^4I_{15/2}$）发射强度随 Nd^{3+} 浓度增加而逐步减弱。即 Er^{3+} 的上转换的 550nm 发射和 1.5μm 发射被 Nd^{3+} 严重地猝灭，几乎消失。相反，Er^{3+} 的 $^4I_{11/2}\rightarrow{}^4I_{13/2}$ 跃迁的发射光谱和强度，随 Nd^{3+} 浓度增加被大大增强，这证实 Nd^{3+} 适合用作 Er^{3+} 的 2.7μm 发射的敏化剂，而对 Er^{3+} 的上转换绿发射（$^4S_{3/2}$）和 1.5μm 发射（$^4I_{15/2}$）却是猝灭剂。

可用图 18-2 的 Er^{3+} 和 Nd^{3+} 部分能级图对上述现象予以说明。注意 Nd^{3+}（$4f^3$）和 Er^{3+}（$4f^{11}$）是一对“兄弟”。光谱支项符号相同，能量相反。在 808nm 泵浦下，Er^{3+} 吸收能量，首先被激发到 ^4I 能级上。同时 Nd^{3+} 直接也被激发到 $^4F_{5/2}$ 和 $^2H_{9/2}$ 能级上。一方面部分

受激的 Nd^{3+}无辐射弛豫到$^4F_{3/2}$能级，另一部分在$^4F_{5/2}$、$^2H_{9/2}$和$^4F_{3/2}$能级上能量传递给Er^{3+}的$^4I_{9/2}$和$^4I_{11/2}$。它们有可能通过以下的交叉弛豫过程实现。

（1）Nd^{3+}:$^4F_{5/2}$，$^2H_{9/2}$+Er^{3+} $^4I_{15/2}$→$^4I_{9/2}$(Nd^{3+}) +$^4I_{9/2}$(Er^{3+})。

（2）Nd^{3+}:$^4F_{3/2}$ + Er^{3+} $^4I_{15/2}$ → Nd^{3+} $^4I_{9/2}$ + Er^{3+} $^4I_{11/2}$；而 Er^{3+}，$^4I_{9/2}$迅速无辐射弛豫到$^4I_{11/2}$能级，$^4I_{11/2}$能级布居得到增殖，$^4I_{11/2}$→$^4I_{13/2}$跃迁产生强约 2.7μm 发射。尽管部分$^4I_{11/2}$能级布居粒子弛豫到 Er^{3+}的$^4I_{13/2}$亚稳态上，可能产生 1.5μm 发射。

（3）$^4I_{13/2}$(Er^{3+})+$^4I_{9/2}$(Nd^{3+})→$^4I_{15/2}$(Er^{3+})+$^4I_{15/2}$(Nd^{3+})。

（4）$^4I_{13/2}$(Er^{3+})+$^4I_{15/2}$(Nd^{3+})→$^4I_{15/2}$(Er^{3+})+$^4F_{3/2}$(Nd^{3+}) 交叉弛豫过程，使 Er^{3+} $^4I_{13/2}$能级布居粒子数减少，导致 1.5μm 和 550nm（$^4S_{3/2}$）上转换发射减弱；而 Nd^{3+}的$^4F_{3/2}$能级布居粒子数增加，增加$^4F_{9/2}$(Nd^{3+})→$^4I_{11/2}$(Er^{3+}) 能量传递效率。

（5）Er^{3+}:$^2H_{11/2}$$^4S_{3/2}$+$Nd^{3+}$ $^4F_{9/2}$→Er^{3+}:$^4I_{13/2}$+Nd^{3+}:$^4F_{5/2}$,$^2H_{9/2}$交叉弛豫，使 Er^{3+}的$^4S_{3/2}$能级布居粒子减少，上转换 550nm 发射减弱；而 Nd^{3+}的$^4F_{5/2}$,$^2H_{9/2}$能级粒子数增加。

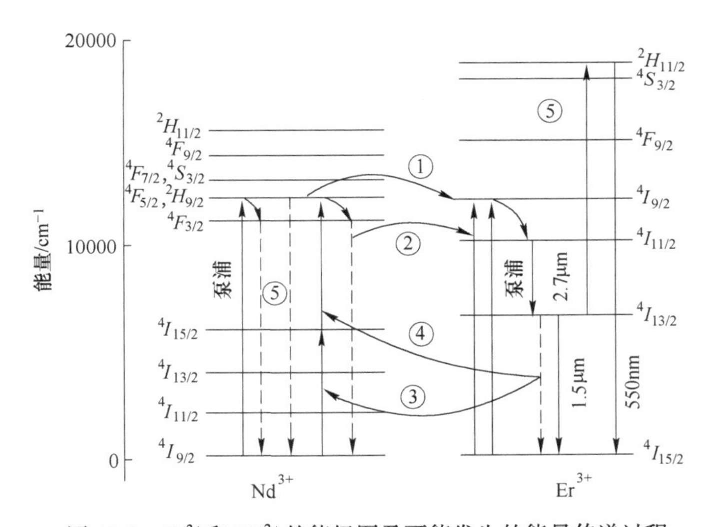

图 18-2 Er^{3+}和 Nd^{3+}的能级图及可能发生的能量传递过程

Nd^{3+}的这种作用在 LuYSGG、$LiYF_4$ 及 $SrGdGa_3O_7$等体系中得到类似结果[32-34]。例如氟磷酸盐玻璃在 980nm 泵浦下，产生 Er^{3+}强的 2.7μm 发射，而 1.55μm 发射减弱[35]。即 Nd^{3+}掺杂使 Er^{3+}的上激发能级（$^4I_{11/2}$）粒子布居增加，而下能级（$^4I_{13/2}$）粒子数减少，有利增强 2.7μm 发射。Er^{3+}的$^4I_{13/2}$能级的本征寿命为 8.7ms，掺 Nd^{3+}后，缩短为 1.4ms。Er^{3+}→Nd^{3+}的能量传递效率高达 84%。

18.3.4 Pr^{3+}的作用

Pr^{3+}掺杂后，对 Er^{3+}的 NIR 和 MIR 发射的作用以 Er,Pr:GYSGG[36] 和 Pr,Er:CGA[37] 实例予以说明。

($Gd_{1.17}Y_{1.221}Er_{0.6}Pr_{0.009}$)$Sc_2Ga_3O_{12}$(Er,Pr:GYSGG)单晶的吸收光谱主要是 Er^{3+}的吸

收，而 Pr^{3+}掺杂的量很少。在 968nm 处最大吸收截面为 $1.6\times10^{-21}cm^2$，FWHM 约 1.5nm，适合大功率 InGaAsLD 泵浦。Er^{3+}可直接被 970nm 泵浦到上面$^4I_{11/2}$激光能级，可避免一些无辐射损失能量和热负荷。在 968nm 激发下，2.6~3.0μm 光谱范围内至少呈现 6 条荧光光谱谱线。它们是$^4I_{11/2}$的 Stark 子能级到下$^4I_{13/2}$能级跃迁结果。用 Füchtbauer-Ladenburg 方程式计算可得到在 2.79μm 处最大发射截面，高达 $4.7\times10^{-19}cm^2$。这很有利于获得低阈值和高效激光输出。

Er,Pr:GYSGG 中 Er^{3+}的 2.79μm 和 1.53μm 的荧光衰减呈单指数式。上能级$^4I_{11/2}$的寿命为 0.52ms，下能级$^4I_{13/2}$为 0.60ms。而在单掺 Er:GYSGG 中，$^4I_{11/2}$能级的寿命是 1.2ms，而$^4I_{13/2}$的寿命是 3.9ms。这表明，由于共振能量传递到 Pr^{3+}，致使 Er^{3+}的$^4I_{11/2}$和$^4I_{13/2}$能级上的粒子数减少。由 Er,Pr:GYSGG 的吸收光谱得到 Er^{3+}的$^4I_{13/2}$和$^4I_{11/2}$能级中心能量分别位于 $6766cm^{-1}$和 $10331cm^{-1}$处。而 GYSGG 相近的 YGG 晶体中 Pr^{3+}的$^3F_4$和$^1G_4$ 能级中心能量分别位于 $7272cm^{-1}$和 $9961cm^{-1}$处，Er^{3+}的$^4I_{13/2}$和 Pr^{3+}的$^3F_4$ 能级的能量位置也仅相差 $506cm^{-1}$；而 Er^{3+}的$^4I_{11/2}$和 Pr^{3+}的$^1G_4$ 能级的能量位置也仅相差 $370cm^{-1}$。它们很匹配，不到一个声子能量。故容易发生$^4I_{13/2}(Er^{3+})\rightarrow{}^3F_4(Pr^{3+})$ 及$^4I_{11/2}(Er^{3+})\rightarrow{}^1G_4(Pr^{3+})$的无辐射共振能量传递。这样，导致 Er^{3+}的$^4I_{13/2}$和$^4I_{11/2}$能级上粒子数减少，荧光寿命缩短。其 $Er^{3+}\rightarrow Pr^{3+}$的能量传递效率 η 可由 $\eta=1-\tau/\tau_d$计算。τ_d是有受主（Pr^{3+}）时 Er^{3+}的寿命，τ_a 是 Er^{3+}的本征寿命，得到$^4I_{13/2}\rightarrow{}^3F_4$ 能量效率 $\eta=84.6\%$，而$^4I_{11/2}\rightarrow{}^1G_4$的 $\eta=56.7\%$。这样，相对$^4I_{11/2}$能级上的粒子数减少，比$^4I_{13/2}$少很多。改善 Er^{3+}的 2.7~3μs 激光性质。$Er^{3+}\rightarrow Pr^{3+}$的能量传递效率还强烈地依赖 Er^{3+}和 Pr^{3+}的浓度。它们合适的浓度比很重要。

最佳 Er^{3+}和 Pr^{3+}浓度组成的 Er,Pr:GYSGG 晶体最大激光功率为284mW，相应阈值为 112mW，转换效率为 14.8%，斜率效率为 17.4%，不掺 Pr^{3+}的 Er:GYSGG 的斜率效率为 10.1%，激光阈值也低，但激光输出功率高达 348mW。Er,Pr:GYSGG 在0.5ms 脉冲期间重复频率 50Hz 下，最大激光能量达到 2.4mJ，对应的峰值功率为 4.8W，斜率效率为 18.3%。

Pr^{3+},Er^{3+}:$CaGdAlO_4$(CGA) 晶体的吸收光谱主要以 Er^{3+}的$^4I_{15/2}$能级吸收跃迁为主[37]，但在 600nm、1420nm 和 2026nm 处观测到分别来自 Pr^{3+}的$^3H_4\rightarrow{}^1D_2$，$^3F_4$ 及$^3F_2$ 能级跃迁弱的吸收。Pr^{3+}的其他吸收带可能与 Er^{3+}的强而宽吸收带重叠。在 CGA 晶体中，Er^{3+}浓度可高达 30%。上述吸收带很适合商用 InGaAsLD 泵浦。由于 Pr^{3+}掺入，使 CGA 晶体中 Er^{3+}的 NIR、上转换绿光和红光发射强度分别减少到无 Pr^{3+}时的 1/8.5、1/20 和 1/150，而所需要的 2.7μm 发射保持不变，而且 Er^{3+}的$^4I_{11/2}$上能级和$^4I_{13/2}$下能级的寿命分别从 450μs 和 982μs 降到 84.8μs 和 74.3μs。显然，在 Pr,Er:CGA 体系中，发生红外及可见上转换能量传递。由于发生 $Er^{3+}\rightarrow Pr^{3+}$能量传递，在这些过程中 Pr^{3+}起猝灭剂作用。依据在第 17 章中 Er^{3+}的上转换过程，可分析在 Er^{3+}-Pr^{3+}体系中所发生的能量传递可能机制。

当 972nm LD 泵浦使 Er^{3+}从$^4I_{11/2}$基态跃迁到$^4I_{9/2}$，即 GSA 过程。随即发生 2.7μm（$^4I_{11/2}\rightarrow{}^4I_{13/2}$）和 1.5μm（$^4I_{13/2}\rightarrow{}^4I_{15/2}$）双光子串级发射。对高浓度 Er^{3+}而言，也可能发生$^4I_{11/2}+{}^4I_{11/2}\rightarrow{}^4F_{7/2}+{}^4I_{15/2}$上转换能量传递（ETU1）。通过 ETU1 过程，$^4I_{11/2}$能级上布

居的粒子被激发到$^4F_{7/2}$能级上，然后无辐射弛豫到$^4S_{3/2}$能级，产生553nm（$^4S_{3/2}\rightarrow{}^4I_{15/2}$）上转换绿色发射；同时$^4S_{3/2}$能级上部分粒子快速弛豫到$^4F_{9/2}$下能级，产生673nm（$^4F_{9/2}\rightarrow{}^4I_{15/2}$）上转换红色发射。另外，$^4I_{13/2}+{}^4I_{13/2}\rightarrow{}^4F_{9/2}+{}^4I_{15/2}$上转换能量传递（ETU2）也可能发生。这样使$^4I_{13/2}$能态去激活而增加$^4I_{9/2}$能态粒子布居，借助多声子衰减，使$^4I_{9/2}$能态上能量迅速传递到$^4I_{11/2}$能态，导致2.7μm发射增强。而$Pr^{3+}$掺杂到$Er^{3+}$:CGA晶体中，增强两个能量传递过程：$^4I_{11/2}(Er^{3+})+{}^3H_4(Pr^{3+})\rightarrow{}^4I_{15/2}(Er^{3+})+{}^1G_4(Pr^{3+})$（ET1）及$^4I_{13/2}(Er^{3+})+{}^3H_4(Pr^{3+})\rightarrow{}^4I_{15/2}+{}^3F_{3,4}(Pr^{3+})$（ET2）。这样通过ET1过程$^4I_{11/2}$（$Er^{3+}$）能级粒子数减少，使上转换绿和红发射有效地减弱。而$^4I_{13/2}(Er^{3+})$能级上粒子数布居由于ET2过程而减少，致使1.5μm发射强度减弱，有利于2.7μm发射。在Pr^{3+}，Er^{3+}:CGA晶体中$Er^{3+}\rightarrow Pr^{3+}$的能量传递效率达81%。

由于Pr^{3+}有效地使下能级$^4I_{13/2}$寿命缩短，改善2.79μm激光性能，这是共掺杂Pr^{3+}的主要作用。当然，最好不要使激光上能级$^4I_{11/2}$的寿命也缩短。Pr^{3+}也在GGG、$SrGdGa_3O_7$等体系中展现作用[38]。

18.3.5 Eu^{3+}、Ho^{3+}和Yb^{3+}的作用

$SrLaGa_3O_7$(SLGO）和$CaLaGa_3O_7$(CLGO）分别具有560cm^{-1}和700cm^{-1}低能声子。低能声子应导致Er^{3+}的$^4I_{11/2}\rightarrow{}^4I_{13/2}$能级跃迁的多声子弛豫概率减少，并使$^4I_{13/2}$能级上的粒子数布居也减少。故SLGO和CLGO黄长石体系适合用作Er^{3+}的2.7~3.0μm MIR激光晶体。

在978nm激发下，CLGO中Er^{3+}的$^4I_{11/2}$和$^4I_{13/2}$能级的2.7μm和1.535μm的衰减曲线均为单指数式衰减，荧光寿命通常与$I(t)=A+K\exp(t/\tau)$吻合。

和Er^{3+},Yb^{3+}:$SrGdGa_3O_7$相比较，Eu^{3+},Er^{3+},Yb^{3+}:$SrGdGa_3O_7$的光谱中NIR发射更弱，而MIR发射更强[39]；同时，Eu^{3+}掺入，使Er^{3+}的$^4I_{13/2}$能级的寿命从10.58ms减少到6.87ms。但Er^{3+}的$^4I_{11/2}$能级的寿命基本没变化（0.63ms/0.62ms）。这说明，由于Er^{3+}的$^4I_{13/2}\rightarrow{}^7F_6(Eu^{3+})$可发生无辐射能量传递，$Eu^{3+}$的作用使$Er^{3+}$的$^4I_{13/2}$能级寿命缩短，减少$^4I_{13/2}$能级上粒子布居，致使$Er^{3+}$的$^4I_{13/2}\rightarrow{}^4I_{15/2}$跃迁的约1.5μm NIR发射减弱。有利于改善2.7μm激光。同时Eu^{3+}掺入并没有使Er^{3+}上转换可见光发生大的变化。而Ho^{3+}的掺入不利于Er^{3+}的MIR激光发射。在Er,Yb,Eu(Ho):$SrGdGa_3O_7$黄长石体系中，Er^{3+}发射强度的变化规律如下：上转换可见光增强顺序为$Ho^{3+}\gg Eu^{3+}\approx Er^{3+}$；在NIR发射强度中顺序为$Ho^{3+}>Er^{3+}\gg Eu^{3+}$；而MIR发射强度顺序为$Eu^{3+}>Er^{3+}>Ho^{3+}$。可见$Eu^{3+}$掺入的作用是使$Er^{3+}$的$^4I_{13/2}$寿命缩短，减弱$Er^{3+}$的NIR发射，增强$Er^{3+}$的$^4I_{11/2}\rightarrow{}^4I_{13/2}$跃迁发射，有利约2.7μm激光工作。而$Ho^{3+}$掺入不利于$Er^{3+}$的MIR激光发射，相反增强$Er^{3+}$的上转换可见光发射[39]。

几种黄长石中，不同Nd^{3+}、Pr^{3+}、Eu^{3+}、Yb^{3+}、Ho^{3+}共掺杂时，有关Er^{3+}的吸收截面σ_{ab}，发射截面σ_{em}，$^4I_{11/2}$和$^4I_{13/2}$能级的寿命和量子效率η_Q列在表18-3[36,38-42]中。一些有关石榴石体系中的Er^{3+}的结果也列在此表中。

表 18-3　不同体系中 Er^{3+} 的 σ_{ab}、σ_{em}、τ 和 η_Q

材　料	σ_{ab}/cm^2	σ_{em}/cm^2	$\tau(^4I_{11/2})$ /ms	η_Q/%	$\tau(^4I_{13/2})$ /ms	η_Q/%	文献
$Er:CaLaGa_3O_7$	1.91×10^{-21}@969nm	1.79×10^{-19}@2.702μm	0.77	19.8	8.41		42
$Er:SrGdGa_3O_7$	2.1×10^{-21}@980nm	1.64×10^{-19}@2.718μm	0.62		10.8		38
$Er:SrLaGa_3O_7$	约 1.0×10^{-21}@980nm		约 0.76		6.1		40
$Nd,Er:SrLaGa_3O_7$	约 1.0×10^{-21}@980nm		0.58	24	2.5	59	40
$Pr,Er:SrLaGa_3O_7$	约 1.0×10^{-21}@980nm		0.64	16	0.49		40
$Eu,Er:SrLaGa_3O_7$	约 1.0×10^{-21}@980nm		0.66	13	4.3	30	40
$Yb,Er:SrGdGa_3O_7$	3.5×10^{-21}@980nm	1.64×10^{-19}@2.7μm	0.63		10.58		38
$Eu,Yb,Er:SrGdGa_3O_7$	3.4×10^{-21}@980nm	2.18×10^{-19}@2.718μm	0.63		6.87	36.1	39
$Ho,Yb,Er:SrGdGa_3O_7$	3.5×10^{-21}@980nm	1.54×10^{-19}@2.718μm	0.65		10.55	0	39
Er:YAG			0.12		7.25	79	41
Er:GGG			0.96		4.86	85	41
Er:GYSGG	1.6×10^{-21}@980nm		1.2		3.9		36
Pr,Er:GYSGG	1.6×10^{-21}@980nm	4.7×10^{-19}@2.79μm	0.52	56.7	0.60	84.6	36

而在三掺杂的 Cr^{3+},Er^{3+},RE^{3+}:GGG 晶体中,Cr^{3+}掺杂主要考虑在 400~700nm 光谱范围内 Cr^{3+}呈现大吸收截面，有利 Xe 灯 654nm 泵浦。Cr^{3+}的^2E 能态吸收泵浦能量后传递给 Er^{3+}的$^4I_{9/2}$、$^4I_{11/2}$能级，产生约 3μm（$^4I_{11/2}\rightarrow^4I_{13/2}$）和约 1.6μm（$^4I_{13/2}\rightarrow^4I_{15/2}$）发射。而共掺 Tm^{3+}、Eu^{3+}或 Ho^{3+}后，使 Er^{3+}的$^4I_{13/2}$能级布居的粒子数减少，传递给 Tm^{3+}、Eu^{3+}或 Ho^{3+}，有利于 Er^{3+}的约 3μm MIR 激光发射[43]。然而，现在一般不采用庞大的 Xe 灯泵浦，普遍用固体紧凑型 NIRLD 泵浦。而且 3 种掺杂体系所发生的能量传递过程相当复杂，还需仔细研究。

18.3.6　Tb^{3+}的作用

PbF_2 晶体具有低声子能量 $257cm^{-1}$，Er,Tb,PbF_2 晶体在 300~1600nm 光谱范围内呈现 Er^{3+}的特征吸收光谱外，在 1250~2500nm 范围内还记录到 Tb^{3+}的特征吸收带，其吸收峰在 1818nm、1980nm、2250nm 处，它们属于 Tb^{3+}的基态$^7F_6\rightarrow^7F_J$（J=0，1，2，3）能级跃迁吸收[44]。由 Er^{3+}吸收光可知，适合用 980nm InGaAs LD 直接泵浦到 Er^{3+}的$^4I_{11/2}$激光能级。Tb^{3+}共掺入 Er^{3+}:PbF_2后，大大地增强 Er^{3+}的 2.7μm 发射。主要使 Er^{3+}的$^4I_{13/2}$能级粒子数减少，而对$^4I_{11/2}$能级影响很小，导致更多布居粒子反转。

这里利用 Er^{3+}和低能级 Tb^{3+}的能级图来分析在 Er^{3+},Tb^{3+}:PbF_2晶体中可能发生的几种能量传递过程。980nm LD 直接泵浦到 Er^{3+}的$^4I_{11/2}$能级，可产生$^4I_{11/2}\rightarrow^4I_{3/2}$跃迁 2.7μm 发射。没有 Tb^{3+}时，可以发生 Er^{3+}的$^4I_{11/2}\rightarrow^4F_{9/2}$ ESA1 和接着发生$^4F_{9/2}\rightarrow^4F_{7/2}$的 ESA2 过程，并产生上转换绿和红发射及 1.5μm 发射。当 Tb^{3+}掺入后，由于 Tb^{3+}的^7F_J（J=0，1，2）与 Er^{3+} 的$^4I_{13/2}$能级匹配，导致$^4I_{13/2}(Er^{3+})\rightarrow^7F_J(Tb^{3+})$ 能量传递发生，致使布居

于$^4I_{13/2}$能级上的粒子数减少，有利于克服自动终止阻塞效应，减少上转换发生，增强$^4I_{11/2}\to{}^4I_{13/2}$跃迁2.7μm发射。由于$Tb^{3+}$掺杂，也使$PbF_2$中$Er^{3+}$一些性质发生很大变化。强度$\Omega_\lambda$参数增加，特别是$^4I_{11/2}\to{}^4I_{13/2}$分支比$\beta$由原来的14.5%提高到16.3%，$^4I_{13/2}$的$\tau_m$严重地缩短，使$\tau_m$（$^4I_{11/2}$）/$\tau$（$^4I_{13/2}$）比值由原来的0.422变为4.22。这些结果意味着$^4I_{11/2}$能级的无辐射弛豫几率显著减小，$^4I_{13/2}$能级粒子布居减少，增强Er^{3+}的2.7μm发射。

18.3.7 清除残留的OH基团和ZnF_2的作用

因为OH基团的振动能量与Er^{3+}的$^4I_{11/2}\to{}^4I_{15/2}$能级的能量间距很接近，样品中特别是玻璃中残留的OH基团对2.7~3μm MIR具有很强的吸收，严重影响Er^{3+}的2.7~3μm MIR激光。一般在保护性气体中热处理，清除部分残留的OH基团[45]。在Er^{3+}掺杂的氟氧碲酸盐玻璃中掺入不同量的ZnF_3，并在氧或氩保护气体中热处理。不仅使玻璃中的OH^-残存量减少到7.6%，而且使Er^{3+}的$^4I_{11/2}$和$^4I_{13/2}$能级的寿命分别增大3.98倍和1.27倍，显著地增强Er^{3+}的2.7μm发射，使之成为2.7μm光纤激光很有前景的材料。

组成为（80−x）TeO_2-20ZnO-$x$$ZnF_2$-$Er_2O_3$的玻璃，含不同的$ZnF_2$量，$x$=0，5，10，…，30，分别用T2F0，T2F5，…，T2F30表示。样品T2F30-O_2和T2F30-Ar分别表示在O_2和Ar保护气体中热处理过。选用这种玻璃是因为具有低能声子。T2F30玻璃的Raman光谱呈现411cm^{-1}、615cm^{-1}及775cm^{-1} 3个峰，即玻璃中最大声子能量为775cm^{-1}，这有利于Er^{3+}的MIR激光工作。多声子弛豫速率计算公式如下[45]：

$$W_{mp}(T) = c_p \exp(-\alpha\Delta E)\left[1 - \exp\left(-\frac{\hbar\omega_{max}}{K_B T}\right)\right]^{-p} \tag{18-8}$$

式中，p为接通能隙ΔE需要的声子数，$p=\Delta E/(\hbar\omega_{max})$；$K_B$为Boltzamann常数；$T$为温度；常数$\alpha$和$c_p$与玻璃基质有关，在文献［46］中可得到。

在T2F30玻璃中计算的$W_{mp}(T)$为207s^{-1}，它比氟化物玻璃（7.26s^{-1}）大，但比锗酸盐玻璃（$9.8\times10^3 s^{-1}$）和硅酸盐玻璃（$7.14\times10^4 s^{-1}$）显著地小。此结果表明，这种氟氧碲酸盐玻璃的声子能量低，是有利Er^{3+} $^4I_{11/2}\to{}^4I_{15/2}$能级辐射跃迁。由这类玻璃的吸收光谱及不同$ZnF_3$含量时$Er^{3+}$的$^4I_{13/2}$和$^4I_{11/2}$能级的$A_{ed}$、$A_{md}$、$\beta$、$\tau_{rad}$和测量的寿命$\tau_m$及声子弛豫速率$W_{mp}$数据可知，在氟氧碲酸盐玻璃中，随$ZnF_2$掺杂量增加，$Er^{3+}$的$^4I_{11/2}$和$^4I_{13/2}$能级的$A_{ed}$、$A_{md}$及$^4I_{11/2}$能级的$W_{mp}$逐步同步下降；$^4I_{11/2}$的$\beta$缓慢下降，而$^4I_{11/2}\to{}^4I_{13/2}$的$\beta$值则逐渐增大；$Er^{3+}$的$^4I_{13/2}\to{}^4I_{15/2}$的$\tau_{rad}$（$^4I_{13/2}$），$^4I_{13/2}\to{}^4I_{15/2}$和$^4I_{11/2}\to{}^4I_{13/2}$的$\tau_m$则随$ZnF_2$增加逐步增加。但$\tau_m$（$^4I_{11/2}\to{}^4I_{13/2}$）的增加幅度远比$\tau$（$^4I_{13/2}$）大。由于$OH^-$和$F^-$之间为等电子且离子半径相近，在熔制期间$F^-$可有效地取代$OH^-$，可发生$ZnF_2+H_2O\to ZnO+HF\uparrow$反应；在有$O_2$和Ar的保护气体中，热处理效果将更好。因此，综合起来，加入ZnF_2有利于2.7μm激光工作。

18.3.8 热管理的作用

大功率激光系统中，热管理散热性系统非常重要，可以采用不同方法，改善和提高激光材料的性质。如将Er∶GYSG激光晶体和GYSGG基质（作为热沉）键合成GYSGG/Er∶

GYSGG 体系，可有效降低激光晶体的热负载，降低温度对激光晶体性能的负作用，改善激光晶体的激光性能[47]。

此外，采用 18~25℃大范围冷却水，用高亮度二极管泵浦 Er:YAG 激光系统，2.94μm 激光平均输出功率达到 50W，在 400μs 脉冲下，脉冲能量超过 300mJ，峰高功率接近 1kW 水平[48]。之前，他们报道该系统激光 2.94μm 峰值功率为 400W。

在优化了高效抗辐射中红外 Cr,Er,Pr:GYSGG 激光晶体的掺杂浓度后，采用 COMSOL 软件体对晶体的热分布进行了理论分析和实验。采用热键合技术在晶体的两端键合了纯 GYSGG 同质晶体作为热沉[49]。因为纯 GYSGG 晶体比掺杂的此晶体具有更高的热导率，本身无激活离子，不产生热量，可以导热，作为热沉，加快了激光晶体棒两端散热，有效改善了激光晶体的热管理。其 GYSGG/Cr,Er,Pr:GYSGG 晶体在 Xe 灯泵浦下的激光装置，放在水中冷却。M1 是一个对约 2.79μm 100%反射的平面镜，M2 是输出镜。所获得的主要结果如下：最大输出功率高达 342.8mJ，比没有键合时提高 8.5%，比以往水平提高 23.2%。但是电光转换效率和斜率效率虽有提高，但不高。而 Er^{3+} 的 $^4I_{13/2}$ 的寿命依然比 $^4I_{11/2}$ 长等。一些工作有待进一步改进提高，若改用其他克服自动终止阻塞效应更好的掺杂剂及液氮冷却等方法，可能效果更佳。

18.4　Er^{3+}掺杂的发光和激光材料应用

Er^{3+}掺杂的发光和激光材料在国民经济、国防安全、光通信、民生医疗健康、节能、环境保护、气象监测等诸多领域中有着广泛用途。这里仅就几个方面予以简要介绍。

18.4.1　光纤通信中 1.5μm 掺铒光纤放大器（EDFA）、Er^{3+} IR 激光应用

EDFA 具有掺铒光纤与通信光纤的兼容性，耦合损失小，稳定性好，且具有增益高、带宽高、效率高、噪声低、无偏振依赖性、结构简单等优点[50]。它作为相干光通信、光弧子通信、量子光通信等工作关键性元件，已获得广泛应用。

为了获得 1.5μm 放大信号，EDFA 可在 1480nm 或 980nm 进行光学泵浦，它们分别对应 Er^{3+}的能级。1480nm 泵浦对应 Er^{3+} 的 $^4I_{15/2}$ 基态吸收到 $^4I_{13/2}$ 能级跃迁，具有高吸收截面。但是，这方法不能提供高布居粒子反转换，或良好的信噪比（SNR），也不适合许多 EDFA 应用。而 980nm 光学泵浦提供一个很好的 SNR 且低成本，但有信号增益小等缺点。可用熟悉的广泛使用的 Yb^{3+} 和 Er^{3+} 共掺杂改进。因 Yb^{3+} 对 980nm 的吸收截面远比 Er^{3+} 的 $^4I_{11/2}$ 能效大，高效吸收能量并传递给 Er^{3+} 的 $^4I_{11/2}$ 能级，传递效率高达 95%以上。也可采用掺杂某种试剂，如 B_2O_3 或 WO_3 分别掺入不同的碲酸盐玻璃[51-52]。可能使声子能量增大，致使 Er^{3+} 的 $^4I_{11/2}$→$^4I_{13/2}$ 能级跃迁的多声子弛豫速率增加，将允许 980nm 高效泵浦，增强 1.50μm 发射。但在碲酸盐玻璃中掺入 B_2O_3，且随 B_2O_3 掺量增加，1.53μm 的荧光强度、上转换荧光强度及 $^4I_{13/2}$ 能级寿命逐渐减弱。如果是这样，这对 Er^{3+} 的 $^4I_{11/2}$→$^4I_{13/2}$ 跃迁约 2.7μm 发射是有益的。

图 18-3 为 EDFA 器件基本结构。WDM 为波分复用器，将不同波长的信号光和泵浦光混合送入掺 Er 的光纤中。两个偏振不灵的光隔离器用来避免激光振荡和放大自发辐射

(ASE）反馈，窄带光滤波器可以将ASE及掺杂光纤没能吸收完的泵浦光滤掉，增加放大器的增益带宽。多年来，EDFA的增益和最大增益系数不断提高。

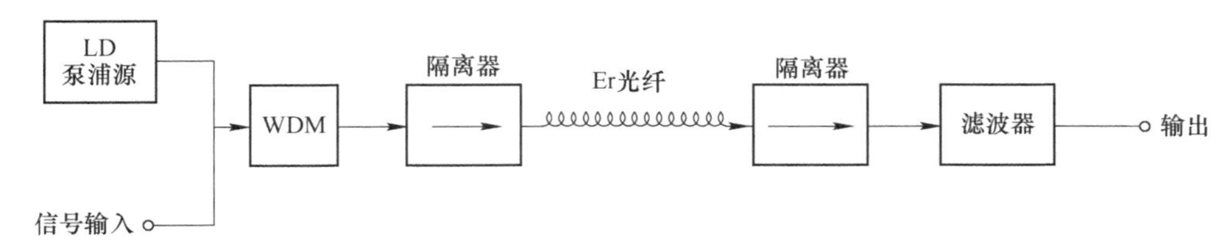

图18-3 EDFA器件基本结构

近几年大功率Er^{3+} MIR激光已取得可喜进展。如Er^{3+}:YAG等大功率2.94μm激光平均输出功率高达50W，峰值功率接近1kW水平，完全可应用于许多领域中，如切割，类似玻璃、木材、纺织品等材料的处理。1.5μm Er^{3+}激光在光存储、遥感、环境保护、气象、测距、激光雷达等领域有着广泛用途。

18.4.2 稀土上转换纳米荧光体在医药学及生物技术中的应用

稀土上转换纳米荧光体在生物技术中的应用，起初走了一点弯路。最早希望在紫外光激发下发射强绿光的CdS或CdSe:Mn^{2+}量子点。但发现在生物上应用存在有毒物镉而被否定。不久后试图使用量子效率很高的红光Y_2O_3:Eu纳米荧光体。但是，在254nm紫外辐照下，生物体组织和细胞也有发光现象，也被放弃。20世纪90年代稀土上转换发光又兴起，人们采用近红外光激发的上转换荧光体，这是因为在NIR激发下，生物体组织不被激发发光，只有上转换荧光体才能发射可见光。因为与生物体组织、细微细胞结合，荧光体必须是纳米级，颗粒越小越好。后来又发展亲水性上转换纳米荧光体，以及核壳多层结构。作者在研究Y_2O_3:Eu纳米时，首次创新一个中外文新名词——纳米荧光体（粉）(nanophosphor)。此新名词首次发表在1997年国际信息显示会议的报告中[53]，现已被各国使用。

稀土上转换纳米荧光体十多年来取得显著的发展和成就，主要是在医药学和生物技术等领域应用。在国内外，特别是中国研究者发表了许多这方面的报道及创造性应用，获得国家科技奖。

稀土上转换纳米荧光体具有许多特点，具有毒性小，化学稳定性高，对近红外光吸收转换效率高，发射强可调可见光，近红外光有较深穿透，对生物组织几乎无损伤，不会诱导产生背景光，有利于被测生物样本图像清晰，分辨率高等优点。故稀土上转换纳米荧光体在生物荧光标记、药物载体、生物检测和彩色图像检测等医药生物领域获得广泛应用[54-55]。纳米荧光体的合成方法和性能也在不断改进和发展，但至今仍以50年前发展的高效$ALnF_4$:Yb,Er上转换氟化物为主体（A=碱金属；Ln=Y，Gd，Lu等）衍变纳米荧光体。掺杂的还有Ho^{3+}、Tm^{3+}、Nd^{3+}等稀土离子。上转换效率，核壳等复杂结构及合成工艺不断改进和发展，这导致发光学-合成化学-生物医学交叉学科的发展。

18.4.3 上转换荧光体在太阳能光伏电池中的应用

利用太阳能光伏电池发电是绿色清洁能源，取之不尽。几种方案中的核心太阳能电池，特别是大量使用的C-Si基电池对太阳光谱中的NUV能量吸收欠佳，而对约1.0μm以后的NIR和MIR基本不响应。太阳光中相当多的这些能量不能被C-Si基电池吸收利用。人们正在想各种方案解决，除增加锗电池（使成本增加）外，提出加入下/上转换荧光体方案[56]。AM1.5太阳光谱可利用三部分：上转换可利用的平均最大部分能量164W/m^2，Si晶电池有用的最大部分468W/m^2，下转换可利用的平均最大部分能量149W/m^2。故上转换荧光体引起重视。因为Er^{3+}掺杂的上转换材料可以有效地将1.05μm和980nm高效地转换为可见绿光和红光，被硅电池高效吸收。在Er^{3+}:ZBLAN玻璃中得到1.53μm转换为其他NIR（主要约为1.0μm）和可见光上转换发光，它们的绝对上转换效率分别为8.1%和12.7%[56]。

尽管如此，查阅有关报道和专利，利用上转换荧光体方案增强太阳能电池光电转换效率都在2%以下。当然也是成绩，但希望值太低。其主要原因是三价稀土离子为f—f跃迁，吸收截面太窄。如Er^{3+}的$^4I_{15/2}\rightarrow{}^4I_{13/2}$能级跃迁吸收在1.48~1.58μm很窄的可用范围。对太阳光中NIR-MIR辐射能量转换利用太少。这里提议，引入5d态允许跃迁离子，如Eu^{2+}、Ce^{3+}、Cr^{3+}、Bi^{3+}等离子，它们的吸收截面比4f电子组态的离子大几个数量级，可更多更宽吸收太阳光谱中的辐射能量；提高RE^{3+}掺杂浓度；RE离子和过渡族离子结合；甚至设计和寻找特殊功能材料，先将MIR转换为NIR，接着实现NIR→VIS的上转换发光等新方案。

18.4.4　红外（干扰）隐身

隐身技术在现代军事中极为重要。多模复合制导已成为目前制导技术抗干扰的重要手段之一，要求武器装备具有复合隐身功能。复合隐身已成为隐身技术发展的趋势，其中激光与红外复合隐身技术是隐身技术的难点之一。

红外隐身材料的作用机理是对照射激光有大的吸收率，使照射激光的大部分能量被材料吸收或散射，从而大大降低反射的能量，降低敌方激光探测系统的能力，或使之失灵。同时要求红外隐身材料在红外波段具有较低的辐射或发射率，使被热（8~14μm）成像系统接受的能量很少，导致对探测目标探测困难，干扰敌方探测。激光测距仪广泛使用1.06μm钕激光。

借此，作者提出，利用吸收红外激光高效转换为可见光的上转换发光原理符合上述红外（干扰）隐身的要求，可以实现激光与红外复合干扰隐身的条件。上转换发光材料可高效吸收NIR激光能量转变为可见光，不像普通材料那样以红外波段辐射出来。许多Er^{3+}、Ho^{3+}、Tm^{3+}、Tb^{3+}、Pr^{3+}等离子均具有这样的上转换发光功能，可以被用作红外干扰隐身材料。除了利用对NIR和MIR具有强吸收的RE^{3+}外，还可将具有上转换的RE^{3+}与碳吸波材料组成红外干扰的隐身复合材料。这方面包涵很大的研究空间和重大的应用价值和前景。

18.4.5　光学温度传感器

前面已介绍，Er^{3+}的上转换可见光发射的$^2H_{11/2}$、$^4S_{3/2}$和$^4F_{9/2}$能级的跃迁产生和发射强度比变化与诸多因素有关。其中Er^{3+}的上转换光学光谱和发光强度与Er^{3+}浓度和温度关系密切[57-58]。

因为$^2H_{11/2}$和$^4S_{3/2}$能级间的能隙仅约 700cm^{-1}。此两能级间容易发生热耦合和声子伴随无辐射弛豫。此两个能级的相对发射强度与温度有关。这样，Er^{3+}的发射强度随温度变化特性可用于以两个相近能级对的荧光强度比（FIR）技术为基础的光学温度传感器或称光学温度计。这种温度传感器可在非接触式下工作。因此，特别适用于电磁辐射和热苛刻环境下工作。如建筑物火灾探测、生物图像系统、微米/纳米温度等探测。

相关能级跃迁发射的 FIR 的比 R 定义公式如下[59]：

$$R = \frac{I_{523}}{I_{546}} = C\exp\left(-\frac{\Delta E}{KT}\right) \tag{18-9}$$

式中，I_{523}、I_{546} 分别为 Er^{3+}的$^2H_{11/2}\to{}^4I_{15/2}$和$^4S_{3/2}\to{}^4I_{15/2}$能级跃迁发射峰强度；$C$ 为比例常数；ΔE 为$^2H_{11/2}$和$^4S_{3/2}$能级间的能隙；K 为 Boltzmann 常数；T 为绝对温度。

如磷酸锌玻璃中，Er^{3+} 的 523nm（$^2H_{11/2}$）和 546nm（$^4S_{3/2}$）上转换发射的 FIR 在 323~573K 与绝对温度成反比关系。其斜率和截距分别为 931.1 和 2.61，是一条吻合直线关系。依据吻合参数，得到$^2H_{11/2}$和$^4S_{3/2}$能级间的 ΔE = 676cm^{-1}。此外，三个强度参数 Ω_λ 也可计算 FIR。磷酸锌玻璃具有大的 Ω_2(5.16) 和 Ω_4(1.66) 及相对小的 Ω_6(0.55)。这样有利实现温度变化及高的灵敏度。传感器的灵敏度 S 定义为 R 和温度 T 之比：

$$S = R\frac{\Delta E}{KT^2} \tag{18-10}$$

在 Er^{3+}掺杂的磷酸锌玻璃中，468K 时，灵敏度达到最大值 0.00784K^{-1}。此结果可用于温度传感器。此外，放入单斜 K_3LuF_6 纳米晶的 Er^{3+}/Yb^{3+} 共掺的大块玻璃陶瓷（GC）具有更宽的温度测量范围[60]。在 625K 时相对灵敏度为 0.00376K^{-1}。在这种玻璃陶瓷中 Er^{3+}的$^2H_{11/2}$和$^4S_{3/2}$能级间存在较大的能隙（870cm^{-1}）。这个能隙和前文中表 16-2 所列的许多结果（740~840cm^{-1}）一致。原则上，这些材料是可用于光学温度传感器。

参 考 文 献

[1] WHITLEY T J, MILLAR C A, WYATT R, et al. Upconversion pumped green lasing in erbium doped fluorozirconate fibre [J]. Electronics Letters, 1991, 27 (20): 1785-1786.

[2] 张莹，张学建，王成伟，等. 铒镱共掺钨酸钆钾激光晶体生长结构及光谱特性 [J]. 硅酸盐学报，2008，36 (2)：171-175.

[3] MATOS X, PUJOL M C, GUELL F, et. al. Sensitiation of Er^{3+} emission at 1.5μm by Yb^{3+} in $KYb(WO_4)_2$ single crystal [J]. Phys. Rev. B, 2002, 66: 214104.

[4] BJURSHAGEN S, BRYNOLFSSON P, PASISKEVICIUS V, et al. Crystal growth, spectroscopic characterization, and eye-safe laser operation of erbium-and ytterbium-codoped $KLu(WO_4)_2$ [J]. Appl. Opt., 2008, 47 (5): 656-665.

[5] SERRES J M, LOIKO P, JAMBUNATHAN V, et al. Efficient diode-pumped Er: $KLu(WO_4)_2$ laser at 1.61μm [J]. Opt. Lett., 2018, 43 (2): 218-221.

[6] KURILCHIK S, DERNOVICH O, GORBACHENYA K, et al. Growth, spectroscopy, and laser characterization of Er : $KGd_xYb_yY_{1-x-y}(WO_4)_2$ epitaxial layers [J]. Opt. Lett., 2017, 42 (21): 4565-4568.

[7] GORBACHENYA K N, KISEL V E, YASUKEVICH A S, et al. In-band pumped room-temperature Er : $KY(WO_4)_2$ laser emitting around 1.6μm [J]. Laser Physics, 2013, 23 (12): 125005.

[8] GORBACHENYA K N, KISEL V E, KURILCHIK S V, et al. Advanced Solid State Lasers [M]. Optical Society of America, 2015.

[9] LI C, MONCORGE R, SOURIAU J C, et al. Room temperature cw laser action of Y_2SiO_5:Yb^{3+},Er^{3+} at 1.57μm [J]. Opt. Communi., 1994, 107 (1/2): 61-64.

[10] 柳祝平，胡丽丽，戴世勋，等. LD 泵浦的 Er^{3+},Yb^{3+}共掺杂磷酸盐铒玻璃激光性质 [J]. 发光学报，2002，23 (3)：238-242.

[11] YAN X L, WU X, ZHOU J F, et al. Growth of laser single-crystals Er:YVO_4 by floating zone method [J]. J. Crystal Growth, 2000, 220 (4): 543-547.

[12] SOKOLSKA I, HEUMANN E, KÜCK S, et al. Laser oscillation of Er^{3+}:YVO_4 and Er^{3+},Yb^{3+}:YVO_4 crystals in the spectral range around 1.6μm [J]. Appl. Phys. B, 2000, 71 (6): 893-896.

[13] SCHWEIZER T, JENSEN T, HEUMANN E, et al. Spectroscopic properties and diode pumped 1.6μm laser performance in Yb-codoped Er:$Y_3Al_5O_{12}$ and Er:Y_2SiO_5 [J]. Opt. Commun., 1995, 118 (5/6): 557-561.

[14] PHILIPPS J F, TÖPFER T, EBENDORFF-HEIDEPRIEM H, et al. Spectroscopic and lasing properties of Er^{3+},Yb^{3+}-doped fluoride phosphate glasses [J]. Appl. Phys. B, 2001, 72 (4): 399-405.

[15] ZONG Y, ZHAO G, YAN C, et al. Growth and spectral properties of Gd_2SiO_5 crystal codoped with Er and Yb [J]. J. Crystal Growth, 2006, 294 (2): 416-419.

[16] SIMONDI-TEISSEIRE B, VIANA B, LEJUS A M, et al. Room-temperature CW laser operation at 1.55μm (eye-safe range) of Yb:Er and Yb:Er:Ce:$Ca_2Al_2SiO_7$ crystals [J]. IEEE J. Quantum Electronics, 1996, 32 (11): 2004-2009.

[17] BURNS P A, DAWES J M, DEKKER P, et al. Optimization of Er,Yb:YCOB for CW laser operation[J]. IEEE J. Quantum Electronics, 2004, 40 (11): 1575-1582.

[18] DENKER B, GALAGAN B, IVLEVA L, et al. Luminescent and laser properties of Yb-Er:$GdCa_4O$-$(BO_3)_3$:A new crystal for eye-safe 1.5μm lasers [J]. Appl. Phys. B, 2004, 79 (5): 577-581.

[19] CHEN Y J, LIN Y F, GONG X H, et al. 2.0W diode-pumped Er:Yb:$YAl_3(BO_3)_4$ laser at 1.5-1.6μm [J]. Appl. Phys. Lett., 2006, 89 (24): 241111.

[20] TOLSTIK N A, KURILEHIK S V, KISEL V E, et al. Efficience 1W continuous-wave diode-pumped Er,Yb:$YAl_3(BO_3)_4$ laser [J]. Opt. Lett., 2007, 32: 3233-3235.

[21] CHEN Y J, LIN Y F, GONG X H, et al. Spectroscopic Properties and Laser Performance of Er^{3+}:and Yb^{3+} Codoped $GdAl_3(BO_3)_4$Crystal [J]. IEEE J. Quantum Electronics, 2007, 43 (10): 950-956.

[22] 黄建华，陈雨金，林炎富，等. Er^{3+}/Yb^{3+}: $Sr_3Y_2(BO_3)_4$ 晶体的光谱和激光性质 [J]. 中国稀土学报，2009 (2)：183-188.

[23] HUANG Y, SUN S, YUAN F, et al. Spectroscopic properties and continuous-wave laser operation of Er^{3+}:Yb^{3+}:$LaMgB_5O_{10}$ crystal [J]. J. Alloys Compounds, 2017, 695: 215-220.

[24] CHEN Y, HOU Q, HUANG Y, et al. Efficient continuous-wave diode-pumped Er^{3+}:Yb^{3+}:$LaMgB_5O_{10}$ laser with sapphire cooling at 1.57μm [J]. Opt. Express, 2017, 25 (16): 19320-19325.

[25] TACCHEO S, LAPORTA P, SVELTO C. Widely tunable single-frequency erbium-ytterbium phosphate glass laser [J]. Appl. Phys. Lett., 1996, 68 (19): 2621-2623.

[26] JIANG S B, MYERS M, PEYGHAMBARIAN N. Er^{3+} doped phosphate glasses and lasers [J]. J. Non-Crystalline Solids, 1998, 239 (1/2/3): 143-148.

[27] OBATON A F, PARENT C, LE FLEM G, et al. Yb^{3+}-Er^{3+}-codoped $LaLiP_4O_{12}$ glass: A new eye-safe laser at 1535nm [J]. J. Alloys Compounds, 2000, 300: 123-130.

[28] MENG Z C, YOSHIMURA T, FUKUE K, et al. Large improvement in quantum fluorescence yield of

Er^{3+}-doped fluorozirconate and fluoroindate glasses by Ce^{3+} codoping [J]. J. Appl. Physics, 2000, 88 (5): 2187-2190.

[29] LI Y J, SONG Z G, LI C, et al. Preparation and characterization of Er^{3+}-Yb^{3+}-Ce^{3+} co-doped transparent glass ceramic containing nano $Ca_5(PO_4)_3F$ crystals [J]. J. Rare Earths, 2013, 31 (4): 400-404.

[30] DANTELLE G, MORTIER M, VIVIEN D, et al. Influence of Ce^{3+} doping on the structure and luminescence of Er^{3+}-doped transparent glass-ceramics [J]. Opti. Mater., 2006, 28 (6/7): 638-642.

[31] GUAN S, TIAN Y, GUO Y, et al. Spectroscopic properties and energy transfer processes in Er^{3+}/Nd^{3+} co-doped tellurite glass for 2.7μm laser materials [J]. Chinese Opt. Lett., 2012, 10 (7): 071603.

[32] WANG Y, LI J, ZHU Z, et al. Dual function of Nd^{3+} in Nd,Er:LuYSGG crystal for LD pumped 3.0μm mid-infrared laser [J]. Optics Express, 2015, 23 (14): 18554-18562.

[33] ZHUANG X, XIA H, HUA H, et al. Enhanced emission of 2.7μm from Er^{3+}/Nd^{3+}-codoped $LiYF_4$ single crystals [J]. Mate. Sci. and Eng. B, 2013, 178 (5): 326-329.

[34] WANG Y, LI J, YOU Z, et al. Enhanced 2.7μm emission and its origin in Nd^{3+}/Er^{3+} codoped $SrGdGa_3O_7$ crystal [J]. J. Quantit. Spectros. Radiative Transfer, 2014, 149: 253-257.

[35] TIAN Y, XU R, HU L, et al. Fluorescence properties and energy transfer study of Er^{3+}/Nd^{3+} doped fluorophosphate glass pumped at 800nm and 980nm for mid-infrared laser applications [J]. J. Appli. Phys., 2012, 111 (7): 073503.

[36] CHEN J, SUN D, LUO J, et al. Spectroscopic, diode-pumped laser properties and gamma irradiation effect on Yb,Er,Ho:GYSGG crystals[J]. Opt. Lett., 2013, 38 (8): 1218-1220.

[37] ZHU Z, LI J, YOU Z, et al. Benefit of Pr^{3+} ions to the spectral properties of Pr^{3+}/Er^{3+}:$CaGdAlO_4$ crystal for a 2.7μm laser [J]. Opt. Lett., 2012, 37 (23): 4838-4840.

[38] XIA H, FENG J, WANG Y, et al. Evaluation of spectroscopic properties of $Er^{3+}/Yb^{3+}/Pr^{3+}$:$SrGdGa_3O_7$ crystal for use in mid-infrared lasers [J]. Sci. Reports, 2015, 5: 13988.

[39] XIA H, FENG J, JI Y, et al. 2.7μm emission properties of $Er^{3+}/Yb^{3+}/Eu^{3+}$:$SrGdGa_3O_7$ and $Er^{3+}/Yb^{3+}/Ho^{3+}$:$SrGdGa_3O_7$ crystals [J]. J. Quantit. Spectros. Radiative Transfer, 2016, 173: 7-12.

[40] SIMONDI-TEISSEIRE B, VIANA B, LEJUS A M, et al. Optimization by energy transfer of the 2.7μm emission in the Er:$SrLaGa_3O_7$ melilite crystal [J]. J. Lumin., 1997, 72-74: 971-973.

[41] DINERMAN B J, MOULTON P F. 3μm CW laser operations in erbium-doped YSGG, GGG, and YAG [J]. Opt. Lett., 1994, 19 (15): 1143-1145.

[42] LIU Y, WANG Y, YOU Z, et al. Growth, structure and spectroscopic properties of melilite Er: $CaLaGa_3O_7$ crystal for use in mid-infrared laser [J]. J. Alloys Compounds, 2017, 706: 387-394.

[43] WANG Y, YOU Z Y, LI J F, et al. Crystal growth and optical properties of Cr^{3+}, Er^{3+}, RE^{3+}:$Gd_3Ga_5O_{12}$ (RE=Tm, Ho, Eu) for mid-IR laser applications [J]. J. Lumin., 2012, 132 (3): 693-696.

[44] WANG Y, ZHANG P, LI X, et al. Spectroscopy and energy transfer mechanism of Tb^{3+} strengthened Er^{3+} 2.7μm emission in PbF_2 crystal [J]. Optical Materials Express, 2019, 9 (1): 13-25.

[45] ZHANG F F, ZHANG W J, YUAN J, et al. Enhanced 2.7μm emission from Er^{3+} doped oxyfluoride tellurite glasses for a diode-pump mid-infrared laser [J]. AIP Advances, 2014, 4 (4): 047101.

[46] JABA N, KANOUN A, MEJRI H, et al. Infrared to visible up-conversion study for erbium-doped zinc tellurite glasses [J]. J. Phys.: Condens. Matter, 2000, 12: 4523.

[47] SHEN B J, KANG H X, SUN D L, et al. Investigation of laser-diode end-pumped Er:YSGG/YSGG composite crystal lasers at 2.79μm [J]. Laser Phys. Lett., 2013, 11: 015002.

[48] MESSNER M, HEINRICH A, HAGEN C, et al. High brightness diode pumped Er:YAG laser system at

2. 94μm with nearly 1kW peak power [C] // International Society for Optics and Photonics. Solid State Lasers XXV: Technology and Devices. , 2016.

[49] FANG Z, SUN D, LUO J, et al. Thermal analysis and laser performance of a GYSGG/Cr, Er, Pr:GYSGG composite laser crystal operated at 2. 79μm [J]. Optics Express, 2017, 25 (18): 21349-21357.

[50] 李丽娜. 掺铒光纤放大器的增益特性 [J]. 发光学报, 2001, 22 (1): 85-87.

[51] HOCDÉ S, JIANG S, PENG X, et al. Er^{3+} doped boro-tellurite glasses for 1. 5μm broadband amplification [J]. Opt. Mater. , 2004, 25 (2): 149-156.

[52] 盖娜, 周亚训, 戴世勋, 等. 掺铒碲酸盐玻璃光谱特性研究 [J]. 中国稀土学报, 2009 (2): 189-193.

[53] MA D D, LIU X R, PEI Y, et al. Y_2O_3:Eu nanophosphor[C] // SID 97 Digest, 1997: 423-426.

[54] CHATTERJEE D K, RUFAIHAH A J, ZHANG Y. Upconversion fluorescence imaging of cells and small animals using lanthanide doped nanocrystals [J]. Biomaterials, 2008, 29 (7): 937-943.

[55] 于莉华, 刘永升, 陈学元. 基于稀土上转换纳米荧光探针的肿瘤标志物体外检测 [J]. 发光学报, 2018, 39 (1): 27.

[56] IVANOVA S, PELLÉ F. Strong 1. 53μm to NIR-VIS-UV upconversion in Er-doped fluoride glass for high-efficiency solar cells [J]. J. Opt. Soc. Am. B, 2009, 26 (10): 1930-1938.

[57] 赵谡玲, 侯延冰, 徐征, 等. $YLiF_4$:Er^{3+}, Tm^{3+}, Yb^{3+}中Tm^{3+}浓度对上转换发光的影响 [J]. 光谱学与光谱分析, 2006, 26 (4): 597-600.

[58] 张丽, 李成仁, 明成国, 等. Er^{3+}:Yb^{3+}:Tm^{3+}共掺硼硅酸盐玻璃光致发光温度特性和能级劈裂 [J]. 高等学校化学学报, 2009, 30 (6): 1189-1193.

[59] TANG J, HUANG Y, SUN M, et al. Spectroscopic characterization and temperature-dependent upconversion behavior of Er^{3+} and Yb^{3+} co-doped zinc phosphate glass [J]. J. Lumin. , 2018, 197: 153-158.

[60] CAO J K, HU F F, CHEN L P, et al. Wide-range thermometry based on green up-conversion luminescence of K_3LuF_6:Yb^{3+}/Er^{3+} bulk oxyfluoride glass ceramics [J]. J. Amer. Ceram. Soc. , 2017, 100 (5): 2108-2115.

19 Tm^{3+}的光学光谱、参数、能量传递、上转换荧光和激光

由于Tm^{3+}（$4f^{12}$）的特殊电子组态结构，存在多种通道可实现激光振荡，以及$^1G_4 \rightarrow {}^3H_6$能级跃迁可以产生色纯度高的蓝色荧光和激光，还可与其他Ho^{3+}、Er^{3+}、Yb^{3+}、Nd^{3+}等离子耦合实现多功能上转换等。特别是Tm^{3+}激活的激光材料和激光器件具有广泛而重要的用途，一直受到人们的关注和重视。1967年首次报道了，在Tm^{3+}掺杂的LiMgAl硅酸盐玻璃中观测到大约1.9μm激光。1990年，利用Tm：YAG和Tm：YSGG晶体获得1.87~2.16μm范围内可调谐连续激光输出。Tm^{3+}的MIR激光性质随着光纤通信发展，包括掺Tm^{3+}的光纤激光和放大器获得卓有成就的发展和应用。而无论单掺Tm^{3+}，还是Tm^{3+}与其他离子共掺的凝聚态材料，均揭示Tm^{3+}的非常丰富的上转换荧光，包括从紫外-蓝、红光-NIR等发射。

本章重点讲述Tm^{3+}的光谱特性，J-O分析参数、Tm^{3+}与其他离子间的能量传递；同时也提出如何提高Tm^{3+}上转换性能意见。强调用800nm LD对$^3H_4$能级直接泵浦可起到“一石二鸟”的作用和意义。

19.1 Tm^{3+}的光谱特性和J-O参数

19.1.1 Tm^{3+}的光谱项和光谱特性

固体中离子的Hamilton算符写为

$$H = H_O + H_C + H_{SO} + H_{CF} \tag{19-1}$$

式中，H_O为电子与球对称的离子的作用；H_C为电子间的排斥Coulomb相互作用；H_{SO}为自旋-轨道相互作用；H_{CF}为晶体场。

而$Tm^{3+}(f^{12})$的Hamilton算符常表示如下：

$$H = H_C + H_{SO} + H_{SS} + H_{SOO} + H_{eCSO} + H_{ei} \tag{19-2}$$

式中，H_{SS}为自旋-自旋相互作用；H_{SOO}是自旋-其他轨道相互作用；H_{eCSO}为电-静态相关自旋–轨道相互作用；H_{ei}为组态相互作用。

自由Tm^{3+}由于上述自旋-轨道耦合作用，能级项劈裂为一定的角动量J能级，而晶场进一步促使J-能级劈裂成晶场多重项。

$RELiF_4$是一类非常重要的多种稀土离子掺杂的激光晶体。它们具有白钨矿（$CaWO_4$）结构。三价稀土离子占据S_4对称性格位，非常接近D_{24}对称性。由于选择定则，在D_{24}对称性中，一些光谱跃迁不存在或强度很弱。具有偶数离子（Tm^{3+}，$4f^{12}$）的RE^{3+}的晶场能级可用非-简并Γ_1和Γ_2不可约表象及一个二简并度$\Gamma_{3,4}$来描述[1]。

通过高分辨偏振吸收光谱，荧光和激发光谱进行分析和拟合，得到Tm：$YLiF_4$和Tm^{3+}：

$LuLiF_4$晶体中观测到的 Tm^{3+}的精细能级及不可约表象列在表 19-1 中。其计算结果与所观测的结果非常一致，故计算结果省略。在该表中也列出 Y_2O_3 中 Tm^{3+}的能级。借此需要指出的是在著名的稀土离子的光谱和能级专著[3]中，将 5545~5910cm^{-1}归属于$^3H_4$能级，而将 12517~12736cm^{-1}归属于$^3F_4$ 能级。这是不对的，正好反了，在表 19-1 中纠正[1-3]。至今，还有人错误引用。因此，很有必要在表中纠正，以正视听。

表 19-1　不同晶体中 Tm^{3+}的实验能级和不可约表象

能级	Γ	$YLiF_4$[1] 能量/cm^{-1}	$LuLiF_4$[2] 能量/cm^{-1}	Y_2O_3[3] 能量/cm^{-1}
$^3H_6$	2	0	0	0
	3，4	30	32.2	30.7
	1	56	60.0	89.3
	2	270		219.0
	2	305		230.3
	1	319		340.0
	3，4	334		435.7
	1	372		488.4
	3，4	407		680.1
	2	419		692.3
				788.5
				796.9
$^3F_4$	1	5599	5596.5	5615.0
	1	5756	5763.1	5673.6
	3，4	5757	5762.8	5780.4
	2	5820	5837.5	6005.3
	2	5942	5972.0	6018.4
	1	5942	5976.0	6080.4
	3，4	5972	5982.9	6114.1
				6144.1
				6189.0
$^3H_5$	2	8284	8288.4	8258.1
	3，4	8300	8305.0	8300.6
	1	8319	8326.3	8330.6
	3，4	8501	8509.5	8464.8
	1	8519	8524.2	8475.1

能级	Γ	$YLiF_4$[1] 能量/cm^{-1}	$LuLiF_4$[2] 能量/cm^{-1}	Y_2O_3[3] 能量/cm^{-1}
$^3F_3$	3，4	14520	14525.1	14566.9
	2	14549	14547.3	14571.6
	3，4	14594	14602.7	14626.9
	2	—	14605.0	14657.7
	1	14597	14612.7	14662.1
				14690.1
				14725.8
$^3F_2$	2	15094	15099.5	15062.3
	3，4	15203	15208.8	15185.5
	2	—	—	15240.6
	1	15275	15208.8	15361.8
$^1G_4$	1	20973	20963.2	20901.8
	3，4	21186	21190.3	21015.0
	2	21272	21280.5	210605
	1	21300	21302.8	21414.1
	2	—	21514.0	21475.8
	3，4	21554	21564.1	21526.9
	1	21562	21564.1	21595.3
				21618.3
				21778.5
$^1D_2$	2	27961		27691.0
	2	27991		27726.5
	3，4	28053		27808.3
	1	28075		27874.3
				27933.1
$^1I_6$	2	—		33876.6

续表 19-1

能级	Γ	$YLiF_4$[1] 能量/cm^{-1}	$LuLiF_4$[2] 能量/cm^{-1}	Y_2O_3[3] 能量/cm^{-1}
$^3H_5$	2	—	—	8543.4
	3，4	—	8538.0	8569.0
	1	8535	8544.0	8756.6
				8916.6
$3H_4$	2	12599	12598.7	12555.9
	1	12624	12624.1	12634.5
	3，4	12643	12648.3	12696.6
	1	12745	12749.4	
	1	12804	—	12812.9
	3，4	12835	12842.7	12842.5
	2	12891	12896.3	12871.8
				12963.5
				13016.9
				13047.7

能级	Γ	$YLiF_4$[1] 能量/cm^{-1}	$LuLiF_4$[2] 能量/cm^{-1}	Y_2O_3[3] 能量/cm^{-1}
$^1I_6$	3，4	34729		3388.4
	1	—		34287.2
	1	34778		34357.4
	3，4	34769 *		34368.0
	2	—		34397.7
	1	34999 *		34520.1
	3，4	34998 *		34669.1
	2	—		34744.6
	2	—		34886.4
$^3P_0$	1	35538		35267.7
$^3P_1$	1	346470		35920.8
	3，4	36566		36158.7
				36231.3
$^3P_2$	2	—		37556.9
	3，4	38049		37753.9
	2	—		37847.2
	1	38241		38194.3
$^1S_0$	1	计算 74728		

由表 19-1 可知，在充分低对称性的晶场中（如 Y_2O_3），Tm^{3+}的$^3H_6$ 基态劈裂成 13 条，而第 1 个$^3F_4$ 激发态则劈裂成 9 条。而在具有较高对称性晶场中（如 $YLiF_4$），$^3H_6$ 基态劈裂成 10 条，而$^3F_4$ 能级劈裂成 7 条。不知何故，$LuLiF_4$:Tm 中观测到$^3H_6$ 基态只劈裂为 0cm^{-1}、32cm^{-1}及 60cm^{-1}子能级。这与 $YLiF_4$:Tm 中不同,而其他均一致。光谱中最高能级跃迁的复杂谱线形状是由于振动跃迁共振增强所致。这些实验数据表明[2]，α-偏振光谱和 σ-偏振光谱中，除$^3H_6 \rightarrow ^3H_5$跃迁之外，$LiLuF_4$:Tm^{3+}的光谱中均以电-偶极跃迁为主。S_4 点群是 D_{24}点群的子群，在 S_4 中某些允许的跃迁在 D_{24}群中是严格禁戒的。如果 S_4 对称的原子排列偏离 D_{24}对称小，光谱中的某些谱线具有相当弱的强度或不存在。这些信息对研究 Tm^{3+}的上转换和激光是有帮助的。

Tm :LuAG 石榴石是重要的激光晶体,它和未掺杂的 LuAG 晶体的吸收光谱表示的吸收边在 200nm 附近。基质在全部光谱区内无吸收，而 Tm :LuAG 晶体产生众多的吸收谱,它们均是 Tm^{3+}的$^3H_6$ 基态到 4f 高能级的跃迁吸收[4]。这个吸收光谱和 YAG 及 Tm^{3+}:K_2YF_5 晶体中的吸收是一致的。在 K_2YF_5 晶体中呈现大约 262nm、292nm、360nm、466nm、686nm（最强）吸收峰，分别对应于 Tm^{3+}的$^3H_6$ 基态到$^3P_{1,2}$、$^3P_0+^1I_6$、$^1D_2$、$^1G_4$ 和$^3F_{2,3}$能级跃迁吸收。而 NIR 区的吸收依次主要是$^3H_4$(782mn)、$^3H_5$（约 1.2μm）和（约 1.6μm）。

人们知道 Tm^{3+}的$^3F_4 \rightarrow ^3H_6$ 能级跃迁发射正是 1.7～2.0μm 激光发射。LuAG 晶体中$^3H_6 \rightarrow ^3H_4$能级跃迁的吸收峰约为 782nm，与使用 AlGaAs 二极管的发射波长相匹配，晶体在此处的吸收系数为 2.87cm^{-1}，FWHM 为 13.2nm，吸收截面为 $5.07\times10^{-21}cm^2$[4]，该晶体在空气和氢气气氛下退火，在 UV 和 VIS 区光谱透过率增加。而在 YVO_4 晶体中 802nm（$^3H_6 \rightarrow ^3H_4$）的吸收截面达到约 $1.4\times10^{-20}cm^2$，宽度约 26nm，适合 LD 泵浦。

对组成为 $53(1-0.0135x)ZrF_4$-$19(1-0.015x)BaF_2$-$5LaF_3$-$3.5AlF_3$-$1.95LiF$-$xTmF_3$（x= 0.15%，0.5%，2.5%）的氟锆酸锂 ZBLALi 玻璃的吸收光谱[5]和 Tm∶LuAG 晶体吸收光谱进行比较,它们的基本属性相同，只是相对吸收系数（强度）不同，最大的差别是玻璃中几乎所有 4f 多重态的吸收光谱均呈现非均匀宽化，特别是在近红外区的$^3H_5$和$^3F_4$ 能级跃迁吸收显著地变化。这对泵浦光吸收很有利。

在电子束或 UV 光激发下，Tm^{3+}激活的荧光体可发射蓝光，但蓝光效率不理想，故后来的工作主要集中于 Tm^{3+}的上转换荧光和 NIR 激光方面。小于 1μm NIR 光激发下，在一些材料中可获得 Tm^{3+} 1.48μm（$^3H_4 \rightarrow ^3F_4$）、1.82μm（$^3F_4 \rightarrow ^3H_6$）等发射。

Tm^{3+}的$^3F_4$ 是一个很重要的能级。在不同基质中，Tm^{3+}的$^3F_4$ 能级寿命相差很大，这种情况比较复杂。石英玻璃中 Tm^{3+}的$^3F_4$ 能级的 τ_r和 τ_{ob}（0.2～0.5ms）[6]寿命比较其他基质中更短，如在 LuAG，YVO_4 及 $LiYF_4$ 等晶体[7-9]，以及某些玻璃中。这可能因石英的组成和网络相对简单，晶体场环境对 Tm^{3+}局域环境及电子-声子耦合强度影响相对较小，有利于$^3F_4$ 能级粒子快速辐射弛豫。在 ZBLAN、CdAS 等玻璃中[9-11]，Tm^{3+}的 τ_{ob}在 3.2～13.0ms 范围。而在 LuAG 石榴石中,$^3F_4$ 能级在 7～11ms 范围[4,12]。LuAG 为石榴石，与 YAG，YGG 属同一家族。人们所知道的 Ce^{3+}掺杂的 YAG，YGG 和 LuAG 石榴石中，由于晶场强度强，致使 Ce^{3+}的 5d 态劈裂的子能量下降到可见光区。在这样的强晶场环境下，影响 Tm^{3+}，使$^3F_4$ 能级辐射速率减缓，有利$^3F_4$ 能级上粒子聚集。

19.1.2　Tm^{3+}的 J-O 参数

依据 Tm^{3+}的吸收光谱和人们熟悉的 Judd-Ofelt 理论分析，4f 电子跃迁的电偶极和磁偶极谱线强度 S_{ed}和 S_{md}分别表达如下：

$$S_{ed} = \sum_{\lambda=2,\ 4,\ 6} \Omega_\lambda \left| L4f^n[a'S'L']J' \right|\left| U^{(\lambda)} \right|\left| 4f^n[\alpha SL]J \right|^2 \tag{19-3}$$

$$S_{md} = \frac{e^2}{4m^2c^2} < 4f^n[a'S'L']J' \left| \right| L + 2S \left| \right| 4f^n[\alpha SL]J >^2 \tag{19-4}$$

式中，约化矩阵元中的 $U^{(\lambda)}$为体系的单位不可越张量算符；$\Omega_\lambda(\lambda = 2,\ 4,\ 6)$ 为 J-O 振子强度参数，可以通过吸收光谱，经过一系列变化和数字处理得到。

式（19-4）中的约化矩阵元中的 L+2S 是磁偶极算符。依据 Tm^{3+}的吸收光谱和 J-O 理论公式，经运算后，两种重要的光纤激光 Tm∶ZBLAN 和 Tm∶石英玻璃中 Tm^{3+}的 4f 跃迁的电偶极强度 S_{ed}，电偶极和磁偶极跃迁速率 A_{ed}和 A_{md}，分支比 β 和辐射寿命 τ_{rad}分别列于表 19-2 中。

表 19-2 Tm^{3+}:ZBLAN 和 Tm^{3+}:石英光纤中 S_{ed}、A_{ed}、A_{md}、β 和 τ_{rad} 参数[5]

	ZBLAN 玻璃					石英光纤				
跃迁	波长/nm	S_{ed} /cm^2	A_{ed} /s^{-1}	β	τ_{rad} /ms	波长 /nm	S_{ed} /cm^2	A_{ed}/s^{-1}	β	τ_{rad} /ms
$^3F_4\rightarrow^3H_6$	1847	2.320×10^{-20}	89.10	1.000	11.223	1847	5.060×10^{-20}	219.36	1.000	4.559
$^3H_5\rightarrow^3H_6$	1216	1.267×10^{-20}	139.43	0.957	6.863	1216	1.977×10^{-20}	246.42	0.960	3.896
$\rightarrow^3F_4$	3563	1.431×10^{-20}	6.27	0.043		3563	2.072×10^{-20}	10.22	0.040	
$^3H_4\rightarrow^3H_6$	810	1.304×10^{-20}	592.89	0.901	1.519	810	2.494×10^{-20}	1295.24	0.902	0.697
$\rightarrow^3F_4$	1444	0.669×10^{-20}	53.81	0.0953		1444	1.333×10^{-20}	121.17	0.084	
$\rightarrow^3H_5$	2428	0.690×10^{-20}	11.66	0.0385		2428	1.009×10^{-20}	19.22	0.013	
$^3F_3\rightarrow^3H_6$	701	1.418×10^{-20}	1280.52	0.888	0.693	701	1.757×10^{-20}	1820.65	0.813	0.447
$\rightarrow^3F_4$	1130	0.199×10^{-20}	43.00	0.030		1130	0.243×10^{-20}	59.39	0.027	
$\rightarrow^3H_5$	1655	1.703×10^{-20}	116.81	0.081		1655	4.579×10^{-20}	354.79	0.158	
$\rightarrow^3H_4$	5200	0.974×10^{-20}	2.16	0.001		5200	1.574×10^{-20}	3.92	0.002	
$^3F_2\rightarrow^3H_6$	678	0.300×10^{-20}	418.99	0.517	1.234	678	0.350×10^{-20}	562.49	0.355	0.631
$\rightarrow^3F_4$	10722	0.715×10^{-20}	253.73	0.313		10722	2.036×10^{-20}	819.48	0.517	
$\rightarrow^3H_5$	1531	1.080×10^{-20}	131.03	0.162		1531	1.354×10^{-20}	185.58	0.117	
$\rightarrow^3H_4$	4145	1.080×10^{-20}	6.60	0.008		4145	2.486×10^{-20}	17.12	0.011	
$\rightarrow^3F_3$	20449	0.109×10^{-20}	0.01	0.02		20449	0.166×10^{-20}	0.01	0.000	
$^1G_4\rightarrow^3H_6$	479	0.211×10^{-20}	464.99	0.422	0.908	479	0.461×10^{-20}	1193.17	0.510	0.428
$\rightarrow^3F_4$	647	0.117×10^{-20}	105.07	0.095		647	0.157×10^{-20}	162.01	0.069	
$\rightarrow^3H_5$	790	0.772×10^{-20}	378.52	0.344		790	1.190×10^{-20}	667.13	0.285	
$\rightarrow^3H_4$	1171	0.740×10^{-20}	111.5	0.101		1171	1.483×10^{-20}	253.07	0.108	
$\rightarrow^3F_3$	1511	0.465×10^{-20}	32.58	0.030		1511	0.606×10^{-20}	47.93	0.020	
$\rightarrow^3F_2$	1632	0.158×10^{-20}	8.79	0.008		1632	0.233×10^{-20}	14.64	0.006	
$^1D_2\rightarrow^3H_6$	365	0.538×10^{-20}	4813.7	0.353	0.073	365	0.729×10^{-20}	7919.79	0.229	0.029
$\rightarrow^3F_4$	455	1.519×10^{-20}	7012.8	0.514		455	4.074×10^{-20}	22052	0.641	
$\rightarrow^3H_5$	522	0.021×10^{-20}	65.07	0.005		522	0.025×10^{-20}	90.60	0.003	
$\rightarrow^3H_4$	665	0.530×10^{-20}	785.12	0.058		665	1.125×10^{-20}	1918.54	0.055	
$\rightarrow^3F_3$	762	0.420×10^{-20}	413.16	0.030		762	1.163×10^{-20}	1308.54	0.038	
$\rightarrow^3F_2$	792	0.548×10^{-20}	480.45	0.035		792	0.991×10^{-20}	993.30	0.029	
$\rightarrow^1G_4$	1538	0.595×10^{-20}	71.19	0.005		1538	1.476×10^{-20}	199.71	0.006	
$^1I_6\rightarrow^3H_6$	291	0.097×10^{-20}	663.0	0.073	0.110	291	0.172×10^{-20}	1500.91	0.089	0.059

续表 19-2

跃迁	ZBLAN 玻璃 波长/nm	S_{ed} /cm²	A_{ed} /S⁻¹	β	τ_{rad} /ms	石英光纤 波长/nm	S_{ed} /cm²	A_{ed}/s^{-1}	β	τ_{rad} /ms
$\to ^3F_4$	345	1.315×10^{-20}	5366.5	0.588		345	1.956×10^{-20}	9800.93	0.578	
$\to ^3H_5$	382	0.012×10^{-20}	36.21	0.004		382	0.019×10^{-20}	67.89	0.004	
$\to ^3H_4$	453	0.727×10^{-20}	1308.7	0.143		453	1.244×10^{-20}	2644.50	0.156	
$\to ^3F_3$	497	0.013×10^{-20}	18.31	0.002		497	0.017×10^{-20}	26.59	0.002	
$\to ^3F_2$	509	0.466×10^{-20}	592.05	0.065		509	0.557×10^{-20}	827.90	0.049	
$\to ^1G_4$	739	2.743×10^{-20}	1136.88	0.125		739	4.393×10^{-20}	2086.12	0.123	
$\to ^1D_2$	1424	0.000×10^{-20}	0.000	0.000		1424	0.000×10^{-20}	0.000	0.000	

从表 19-2 中得知，Tm^{3+}的$^3F_4$、$^3H_5$、$^3H_4$、$^3F_{2,3}\to ^3H_6$、$^3F_3\to ^3H_5$、$^3F_2\to ^3H_4$、$^1G_4$、$^1D_2\to ^3H_{6,5}$是很重要的能级，是产生有效激光和发光的重要通道。当然也需要注意，有些通道可能发生交叉弛豫或与其他稀土离子，如Er^{3+}、Yb^{3+}、Ho^{3+}等能级匹配，发生能量传递和上转换过程。由表 19-2 分析和试验结果表明，Tm :ZBLAN 玻璃性能优于 Tm :石英。这是低声子能量的缘故。Tm :ZBLAN 的最大声子能量为2500cm⁻¹，而石英约 1100cm⁻¹。这导致 Tm-Tm 自猝灭有利于Tm^{3+}的$^3F_4$能级粒子布居，以及Tm^{3+}的$^3F_4\to ^3H_6$跃迁效率提高。不同学者所测的它们的寿命和发射截面相差较大，可能与Tm^{3+}的掺杂浓度、制备和测试条件有关。尽管石英的σ_{em}比 ZBLAN 大，但τ_r小多了，它们的乘积依然比在 ZBLAN 中小。

表 19-3[5,12-18]列出基质中Tm^{3+}的$^3F_4\to ^3H_6$跃迁的发射截面σ_{em}，辐射寿命τ_r及$\sigma_{em}\times\tau_r$的乘积。Tm^{3+}的$^3F_4$能级的$\tau_r(\tau_{ab})$越大，此能级粒子数布居聚集越多，有利粒子数反转和激光产生；而$\sigma_{em}(\sigma_{ab})$越大，发射效率越高，可谐调范围宽。激光的产生和强度与σ_{em}和τ_r的乘积成正比。一般晶体中τ_r（τ_{ab}）比玻璃中大，如 LuAG 的τ_r为 14.9ms，τ_{ab}也有 11.2ms 很长。但由于 4f 能级跃迁产生很锐很窄的谱线，σ_{em}很小，LuAG 的σ_{em}仅为$1.2\times10^{-21}cm^2$；而玻璃中由于无序化作用，谱线非均匀宽化，σ_{em}和 FWHM 远比晶体如 LuAG 大。所以应综合从σ_{em}与τ_r的乘积等因素考虑。这种规律变化适合其他稀土离子的能级。若积分发射截面大于$1\times10^{-18}cm^2$的跃迁，并有足够高的量子效率时，则可产生激光发射(29)，该事实已得到证实。在 CdAS 中Tm^{3+}的$^3F_4\to ^3H_6$的积分发射截面达 $3.9\times10^{-18}cm^2$[9]。

表 19-3 不同基质中 Tm^{3+}的$^3F_4\to ^3H_6$跃迁的σ_{em}、τ_r及σ_{em}与τ_r的乘积

基质	σ_{em}/cm²	τ_r/ms	$\sigma_{em}\times\tau_r$/cm² · ms	文献
硅锗酸盐 SGL2	12.2×10^{-21}	3.31	40.4×10^{-21}	13
硅酸盐玻璃	3.6×10^{-21}	7.91	28.5×10^{-21}	15
锗镓酸盐（σ_a）	4.99×10^{-21}	3.232	16.1×10^{-21}	17
锗镓酸盐（σ_e）	5.13×10^{-21}	3.232	16.6×10^{-21}	17

续表 19-3

基质	σ_{em}/cm^2	τ_r/ms	$\sigma_{em\times}\tau_r/cm^2\cdot ms$	文献
氟碲酸盐玻璃	4.1×10^{-21}	4.44	18.2×10^{-21}	18
锗酸盐玻璃	9.3×10^{-21}	2.48	23.1×10^{-21}	16
锗铌酸盐玻璃	9.6×10^{-21}	1.83	17.6×10^{-21}	14
石英玻璃	4.6×10^{-21}	4.56	20.96×10^{-21}	5
LuAG 晶体	1.2×10^{-21}	14.9	17.9×10^{-21}	12
ZBLAN	2.5×10^{-21}	11.1	27.75×10^{-21}	5

在（91−x）TeO_2-$x$$KF_9$-$La_2O_3$ 玻璃体系中看到，随 KF 含量从 10%增加到 20%时，Ω_λ 参数减小[18]。一些 Te—O 共价键可能被 Tm-F 离子键取代，结果样品倾向离子键，使 Ω_2 参数值减小。但 KF 含量达最高时，Ω_λ 值最大，可能与 Te/K 比值减小有关，致使 Tm^{3+} 局域静电场对称性和强度发生改变，导致 Ω_λ 值均变为最大，情况复杂。随 KF 含量增加，$^3H_4$能级的寿命明显增大，KF 的量为 25%时$^3H_4$ 最长寿命大约为 0.361ms。这对 Tm^{3+} 的 $^3H_4\rightarrow{}^3F_4$特殊跃迁是有利的，有利于 S-波带中的放大作用。在组成为 $44SiO_2$-$10GeO_2$-$20CaO$-$(5-x)Nb_2O_5$-xLa_2O_3-$15K_2CO_3$-$5Na_2CO_3$-$1Tm_2O_3$ 的复杂玻璃中，$x=0$ 时简称 SGLO，$x=2\%$为 SGL2，$x=4\%$时为 SGL4。随 $La_2O_3(x)$ 含量的增加，Ω_2 最大，而 Ω_4 逐步减小[13]。这种硅锗酸盐 SGL 体系中 Ω_2 比其他大，反映在此玻璃中 Tm^{3+} 占据格位对称性比其他玻璃中大。由于自发辐射概率 A_{rad}正比于 Ω_6，基质中的 Ω_6 参数越大，越有利于 Tm^{3+} 的$^3F_4\rightarrow{}^3H_6$ 跃迁。此外，难以理解的是 LuAG 和 YAG，它们的 Ω_λ 相差很大。LuAG 和 YAG 同为立方石榴石家族，只是 Lu^{3+}的半径比 Y^{3+}稍小。可能具有 $4f^{14}(Lu^{3+})$ 电子组态对 $Tm^{3+}(4f^{12})$ 的屏蔽作用比 Y^{3+}强。另一个不好理解的是 $NaY(MO_4)_2$（M=W，Mo）的 $\Omega_{2,6}$振子强度参数比 $Na_5Tm(WO_4)_4$ 大 30~39 倍；而 Ω_6 相反。前者比后者小约 3.5 倍多。它们的结构不同，实际上存在畸变和空位。

19.2 Tm^{3+}与其他离子的能量传递

本节中所述的 Tm^{3+}与其他离子间的能量传递主要是指 Tm^{3+}与过渡族和类汞离子，如 Pb^{2+}、Cr^{3+}、Mn^{2+}等离子及 Tm^{3+} 与其他稀土离子间的下转换过程中的能量传递。至于 Tm^{3+}与其他离子间在上转换过程中的能量传递，将在下节上转换过程中介绍。

19.2.1 Tm^{3+}和 Pb^{2+}、Cr^{3+}及 Mn^{2+}的能量传递现象

Pb^{2+}是一种重要的敏化剂。在$Ca_2Gd_8(SiO_4)_6O_2$：Tm^{3+}硅酸盐中，用 365nm 对（Tm^{3+}：$^3H_6\rightarrow{}^1D_2$）激发时，观测到典型的 Tm^{3+}的 456nm（$^1D_2\rightarrow{}^3F_4$）蓝色发光；而在 Pb^{2+}和 Tm^{3+}共掺杂的 $Ca_2Gd_8(SiO_4)_6O_2$ 中，用 266nm（Pb^{2+}:$^1S_0\rightarrow{}^3P_1$）激发时，产生 Gd^{3+}的$^6P_J\rightarrow{}^8S_{7/2}$跃迁 311nm 发射和 Tm^{3+}的 367nm（$^1D_2\rightarrow{}^3H_6$）及 456nm（$^1D_2\rightarrow{}^3F_4$）发射[19]。除了存在 $Pb^{2+}\rightarrow Gd^{3+}$ 和 $Pb^{2+}\rightarrow Tm^{3+}$ 的无辐射能量传递外，从报道中还可得知，还存在

Gd^{3+}→Tm^{3+}的能量传递。因为监测Tm^{3+}的455nm发射的激发光谱中，出现Gd^{3+}的278nm和314nm特征谱线。在此材料中应该存在Pb^{2+}→Gd^{3+}→Tm^{3+}的能量传递。作者认为，还可掺杂轻重稀土及M^{2+}等离子，可以得到更丰富更重要的信息。

电子组态为3d的Cr^{3+}是能级结构和光谱特性研究最早且最多的过渡族离子。人们熟悉的Cr^{3+}的Tanabe-Sugano能级图，如图19-1所示，可用来表述Cr^{3+}的光谱特性。一般来说，固体中Cr^{3+}在可见区内的吸收光谱存在两个宽吸收带，分别归因于$^4A_2 \rightarrow {}^4T_1$和$^4A_2 \rightarrow {}^4T_2$能级跃迁，$^4T_1$带分布在（19～27）×$10^3$ cm^{-1}（蓝区）之间，而$^4T_2$带在（15～20）×10^3 cm^{-1}（红区）之间[20]。Cr^{3+}处较低的中等晶场中，宽带与R线共存，如在$Cd_3Al_2Ge_3O_{12}$石榴石中，Cr^{3+}所处的晶场强度参数D_g和Racah参数均可获得[21-22]。Cr^{3+}不仅是激光激活离子，也是敏化剂，如Cr^{3+}→Nd^{3+}间的能量传递。

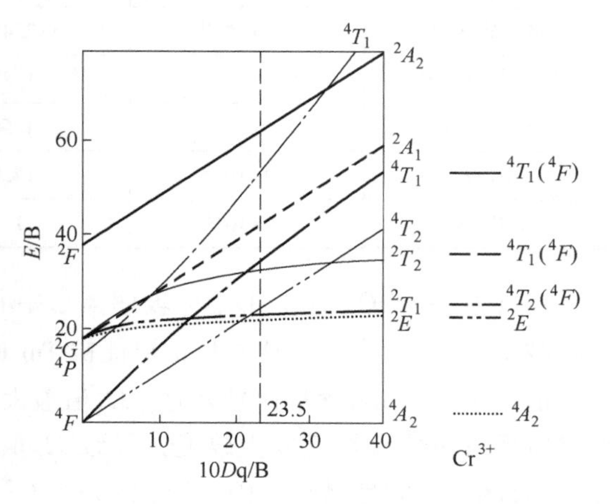

图19-1 Cr^{3+}的Tanabe-Sugano能级图

在Cr^{3+},Tm^{3+}:YAG晶体的吸收光谱中确实存在上述370～500nm（蓝区）和530～650nm（红区）两个宽而强的吸收带[23-24]。故通常Cr^{3+}颜料是绿色。在YAG中，Cr^{3+}的发射光谱和Tm^{3+}的吸收光谱存在一定的重叠，且Cr^{3+}的共掺杂，增加Tm^{3+}在1.6～2.2μm范围的发射强度。在590nm激发下，Cr^{3+}的本征寿命τ_0为1.8ms；而有Tm^{3+}时，Cr^{3+}的寿命缩短到0.4ms，其能量传递效率高达78%。44K时，用不同的激光波长测量YAG:Cr，Tm中Tm^{3+}发射峰的衰减曲线，发现其严重地偏离指数式，由微秒和毫秒量级的两个重要成分组成[23]。人们知道，Tm^{3+}($^3H_4$,$^3H_6$)—Tm^{3+}($^3F_4$,$^3F_4$)发生交叉弛豫的过程是很有效。Tm^{3+}的$^3H_4$能级寿命比Cr^{3+}短很多。所观测到的慢衰减反应是Cr^{3+}施主的^2E能态衰减。此外，Tm^{3+}荧光衰减对不同的发射峰来说是不同的，且与激发波长有关。这些结果也表明Cr^{3+}→Tm^{3+}的能量传递速率与起施主作用的Cr^{3+}格位有关。

在Cr^{3+}和Tm^{3+}共掺杂的体系中，几种可能发生Cr^{3+}→Tm^{3+}能量传递的途径如下：

（1）Cr^{3+}(^2E)→Tm^{3+}($^3F_{2,3}$)之间能量传递；

（2）来自^2E能级也可通过多声子弛豫使Tm^{3+}的$^3H_4$能级上粒子直接布居；

（3）通过Cr^{3+}的R线和Tm^{3+} $^3F_{2,3}$能级作用，传递给$^2F_{2,3}$能级；

（4）选择激发的Cr^{3+}的R线和S线产生不同Cr^{3+}格位选择性发射，也可敏化Tm^{3+}发射。

Tm^{3+}的存在不仅使Cr^{3+}在Cr^{3+},Tm^{3+}:YAG中的发射强度减弱，同时在680nm和785nm光谱区附近呈现出明显的凹坑。这现象指明存在Cr^{3+}→Tm^{3+}辐射能量传递。

简单而言，当Cr，Tm:YAG被宽频带光激发时，首先从Cr^{3+}的$^4A_2$基态跃迁到$^4T_1$和$^4T_2$，$^4T_1$能态可迅速弛豫到$^4T_2$能态。由于$^4T_2$和^2E能态间距很小，之后迅速无辐射弛豫到^2E能态。Cr^{3+}的$^4T_2$和^2E能态的能量位置与Tm^{3+}的$^3F_{2,3}$接近，容易发生Cr^{3+}的$^4T_2$，^2E→$^3F_{2,3}$（Tm^{3+}）之间的共振能量传递。最终导致Tm^{3+}的$^3F_4 \rightarrow {}^3H_6$能级跃迁约2.01μm

发射。Cr^{3+}两个吸收端极好地对宽频带泵浦光吸收，最终导致激光阈值降低和光转换效率提高。尽管在 Cr：Tm：YAG 中还存在 Cr^{3+}→Tm^{3+}的辐射能量传递，但起决定作用的是 Cr^{3+}→Tm^{3+}的无辐射能量传递机制。

$Ca_3Ga_2Ge_3O_{12}$(CGGG) 和作者报道的 $A_3M_2Ge_3O_{12}$[20-21] 锗酸盐属同一家族。CGGG：Cr^{3+}的激发（吸收）光谱也是位于蓝区和红区两个宽光谱。这里顺便指出 CGGG：Cr，Yb，Tm 荧光体呈现余辉超过7000s 的 Cr^{3+}宽带 NIR 光长余辉及 Tm^{3+}的 NIR 到 NIR 的上转换发光。Yb^{3+}和 Tm^{3+}的掺入不仅产生 Tm^{3+}的上转换发光，也大大增强 Cr^{3+}的余辉时间。单掺 Cr^{3+}的样品的热释发光曲线 TL 证明在 130℃和 185℃处存在浅和深陷阱，Yb^{3+}再掺入，出现一个更深的陷阱（250℃）。材料中的本征缺陷中心和掺杂后的缺陷中心在长余辉荧光中分别扮演一个重要的作用。

此外，Cr^{3+}/Tm^{3+}/Ho^{3+}共掺的 YAG 体系用 NIR 和红光激发观测到上转换可见光。由激发光谱和衰减时间测量显示发生 $Tm^{3+}(^3P_2)$ →$Cr^{3+}(^2E)$，$Tm^{3+}(^3F_4)$ →$Ho^{3+}(^5I_7)$ 及 $Ho^{3+}(^5S_2,^5F_4)$ →$Cr^{3+}(^4I_1)$ 之间的能量传递，选择激发波长很重要。

Mn^{2+}也是具有 3d 电子组态。Mn^{2+}常被用作激活剂和受主，特别是 Zn_2SiO_4：Mn^{2+}，Eu^{2+}/Mn^{2+}，Ce^{3+}/Mn^{2+}共激活的高效荧光体已得到重要的实际应用。

而作为敏化剂的 Mn^{2+}并不多见。但在 ZnS：Mn^{2+}，Tm^{3+}荧光体中，Mn^{2+}起施主作用，可发生 Mn^{2+}→Tm^{3+}的能量传递。许武等人[25] 用 Ar^+ 488nm 对 ZnS：Tm^{3+}激发，因不是对应 Tm^{3+}的激发带，无 Tm^{3+}的发射，但对 ZnS：Mn，Tm 激发时，能观测到较强的 Tm^{3+}的发射。用 488nm 和 632.8nm 同时激发 ZnS：Tm 时，依然没有观测到 Tm^{3+}的发射；而对 ZnS：Mn，Tm 激发时，出现 Tm^{3+}和 Mn^{2+}发光。Mn^{2+}相对强度明显下降，而 Tm^{3+}的发光强度增加。Mn^{2+}和 Tm^{3+}的发光和变化规律与 Mn^{2+}和 Tm^{3+}的浓度、泵浦功率和温度有关。当 632.8nm 激发功率增加时，Tm^{3+}的蓝谱线增长的速率大于其红谱线。

19.2.2 关于 Tm^{3+}→Dy^{3+}的能量传递

在 $Na_3Gd(PO_4)_2$：Dy^{3+}，Tm^{3+}中对应 Gd^{3+}的$^8S_{7/2}$→^6I_J 跃迁激发时，呈现蓝 484nm 和黄 575nm 发射，它们分属于 Dy^{3+}的$^4F_{9/2}$→$^6H_{15/2}$和$^4F_{9/2}$→$^6H_{3/2}$跃迁发射，同时伴有强的 Gd^{3+}的 313nm（$^6P_{7/2}$→$^8S_{7/2}$）发射。随 Dy^{3+}浓度增加，Gd^{3+}的$^6P_{7/2}$（313nm）能级的本征寿命 332ms 逐步缩短为 0.26ms，Gd^{3+}→Dy^{3+}的能量传递效率高达 92%[26]。而用 352nm 对 Tm^{3+}激发时产生 Dy^{3+}有效的黄发射和蓝发射，且随 Tm^{3+}浓度增加，Dy^{3+}的发射强度增强，而 Tm^{3+}的发射强度逐步下降。这表明可发生 Tm^{3+}→Dy^{3+}的能量传递。由于 Tm^{3+}的$^1D_2$ 激发态位于 Gd^{3+}的$^6P_{7/2}$和 Dy^{3+}的$^4F_{9/2}$之间，在 Gd^{3+}到 Dy^{3+}的能量传递过程中，Tm^{3+}起中间作用。因为 Gd^{3+}的 313nm（$^6P_{7/2}$）发射和 Tm^{3+}的 359nm（$^1D_2$）吸收谱之间无光谱交叠，不可能发生 Gd^{3+}的$^6P_{7/2}$和 Tm^{3+}的$^1D_2$ 能级间的能量传递。但是，若用 275nm 对 Gd^{3+}的$^6I_{11/2}$能级激发后，激发能可传递给 Tm^{3+}的$^3P_{1,0}$能级。接着由此弛豫到 Tm^{3+}的$^1D_2$ 能级，最终发生 $Tm^{3+}(^1D_2)$→Dy^{3+}的能量传递。且随 Dy 浓度 x 增加，Tm^{3+}的 454nm 衰减变为非指数式，且缩短。故在能量传递过程中，Tm^{3+}的这种中间作用可如图 19-2所示。

另外，在 Tm^{3+}/Dy^{3+}共掺锗镓硫系玻璃中，在约 800nm 对 Tm^{3+}的$^3H_4$ 能级直接泵浦

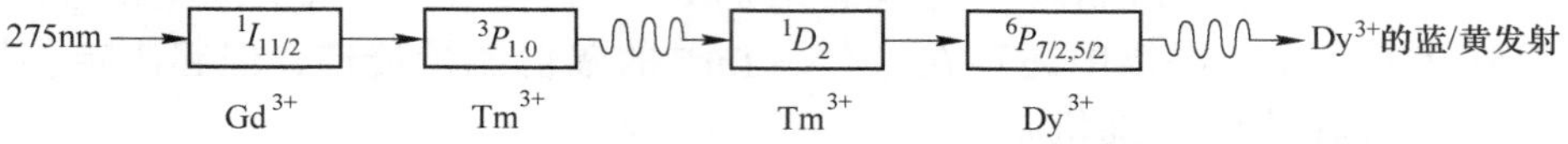

275nm → $^1I_{11/2}$ (Gd^{3+}) → $^3P_{1.0}$ (Tm^{3+}) ⇝ $^1D_2$ (Tm^{3+}) → $^6P_{7/2,5/2}$ (Dy^{3+}) ⇝ Dy^{3+}的蓝/黄发射

图 19-2　在 $Na_3Gd(PO_4)_2$ 中 $Gd^{3+}\rightarrow Tm^{3+}\rightarrow Dy^{3+}$ 的能量传递示意图

后，Tm^{3+}的$^3H_4$、$^3H_5$和$^3F_4$激发态部分能量可分别传递给 Dy^{3+}的$^6F_{5/2}$、$^6H_{9/2}$、$^6F_{11/2}$和$^6H_{11/2}$能级，增强 Dy^{3+}的 NIR 发射，甚至 MIR 发射。

19.2.3　$Tm^{3+}\rightarrow Ho^{3+}$的能量传递

一般，Tm^{3+}在 800nm 附近存在$^3H_4$跃迁强吸收，在 YVO_4 晶体中也是如此。在 805nm LD 激光泵浦下，选择激发 Tm^{3+}发生$^3H_6\rightarrow{}^3H_4$ 能量跃迁。其后可产生 Tm^{3+}的$^3H_4\rightarrow{}^3H_5$（2.3μm），$^3H_4\rightarrow{}^3F_4$（1.45μm）及$^3F_4\rightarrow{}^3H_6$（约 1.85μm）跃迁发射[27]。作者认为这种现象是否是多光子串级发射还有待进一步讨论。在 Tm^{3+}和 Ho^{3+}共掺 805nm 主要对 Tm^{3+}泵浦时，发现 Ho^{3+}在 1.9~2.18μm 范围内的发射被增强；而 Tm^{3+}在 1.7~2.0μm 范围发射强度减弱，这个现象表明发生$^3F_4$（Tm^{3+}）$\rightarrow{}^5I_7$（Ho^{3+}）能级间的能量传递，导致 Ho^{3+}的$^5I_7\rightarrow{}^5I_8$跃迁约 2.0μm 发射被增强。因为 Tm^{3+}的$^3F_4$ 能级能量与 Ho^{3+}的$^5I_7$能级很匹配，仅相差约 500cm^{-1}，释放一个声子能量即可。故这种下转换是有效的，但还应考虑 Tm^{3+}中能量迁移，交叉弛豫过程使 Ho^{3+}的$^5I_7$增强的机制。

前面讲在 805nm 泵浦下 $Tm^{3+}\rightarrow Ho^{3+}$间的能量传递，下面介绍在长波 UV 激发下的情况。人们熟悉 Tm^{3+}在约 365nm 长波 UV 处有一个强的激发峰，在它的激发下，发射约 460nm 强蓝光。在 $Y_3Al_4GaO_{12}$:Tm（YAGG）纳米晶中也是如此[28]，在 358nm 激发下发射强 460nm，弱的 489nm 及很弱的 633nm。它们分别归属$^1D_2\rightarrow{}^3F_4$，$^1G_4\rightarrow{}^3H_6$ 和$^1G_4\rightarrow{}^3F_4$能级的跃迁发射。在 YAGG 中 Ho^{3+}激发光谱（400~500nm）与 Tm^{3+}在此范围内的发射光谱重叠得非常好。比较单掺 Ho^{3+}和 Ho^{3+}+Tm^{3+}共掺时，Ho^{3+}的 549nm 的激发光谱（320~500nm），双掺杂时显著增强。在 363nm 激发下，Tm^{3+}一方面可产生 460nm、482nm、633nm 发射；另一方面激发能可以从 Tm^{3+}传递给 Ho^{3+}。

其能量传递途径可能如下：（1）Tm^{3+}的$^1D_2$ 能量无辐射传递给 Ho^{3+}的$^5G_{4,5}$等高能级，然后经无辐射弛豫到 Ho^{3+}的发射能级；（2）Tm^{3+}的 488nm（$^1G_4$）也可以共振传递给 Ho^{3+}的$^5F_3$ 能级。这些途径均可导致 Ho^{3+}产生 492nm，540nm、549nm 及 672nm 发射。

这样，$Y_3Al_4GaO_{12}$:Tm,Ho 纳米荧光体在 363nm 激发下可产生 460nm 和 482nm 蓝光，它们分别属于 Tm^{3+}的$^1D_2\rightarrow{}^3F_4$ 和$^1G_4\rightarrow{}^3H_6$ 能级跃迁；而产生的 492nm、540nm 和 549nm 绿光，则分别属于 Ho^{3+}的$^5F_3\rightarrow{}^5I_8$，$^5F_4\rightarrow{}^5I_8$及$^5S_2\rightarrow{}^5I_8$能级的跃迁发射，而强的 633nm 和 672nm 红光，分别属于 Tm^{3+}的$^1G_4\rightarrow{}^3F_4$ 和 Ho^{3+}的$^5F_5\rightarrow{}^5I_8$跃迁发射。因此，YAGG:Tm,Ho 纳米荧光体在 365nm 长波紫外光激发下呈现丰富的几乎全色光谱，成为色温和色坐标可调的优质白光。在微米级的荧光体中也应呈现这样的特性。

在 ZBLAN 玻璃中，当用 800nm 激发 Tm^{3+}和 Ho^{3+}共掺 ZBLAN 玻璃的$^3H_4$ 能级时，所发生的 $Tm^{3+}\rightarrow Ho^{3+}$的能量传递和在前文所述的 YVO_4 体泵中相同。Ho^{3+}的$^5I_7\rightarrow{}^5I_8$跃迁的光谱范围（1.9~2.2μm）被增强 2 倍以上，而 Tm^{3+}的 1.8μm 附近发射明显减弱。

19.2.4 Tm^{3+}-Eu^{3+}的能量传递

在 YVO_4:Tm,Eu 的吸收光谱中，包括 Eu^{3+}的$^7F_0$ 多重态和热增殖的$^7F_1$ 和$^7F_2$ 多重态跃迁到高能级。吸收光谱中还展现 2 个 Tm^{3+}吸收带，一个相关光谱宽度很大的$^3H_6\rightarrow{}^1G_4$ 跃迁，约 21300cm^{-1}[29]。上述这些光谱部分重叠，起源于晶场劈裂 332cm^{-1}的具有 10 个晶场分量的$^3H_6$ 多重态及$^1G_4$ 多重态的 7 个晶场分量为 20938cm^{-1}、21102cm^{-1}、21167cm^{-1}、21234cm^{-1}、21306cm^{-1}、21402cm^{-1}及 21459cm^{-1}。还可参见表 19-1 中所列。Tm^{3+}的$^3H_6\rightarrow{}^1G_4$ 跃迁吸收带和来自 Eu^{3+}的$^7F_0$，以及热增殖$^7F_1$ 多重态（位于 333cm^{-1}）到 Eu^{3+}位于 21359cm^{-1}、21396cm^{-1}、21419cm^{-1}及 21455cm^{-1}的 4 个晶场分量的$^5D_2$ 多重态相关跃迁窄锐谱线之间存在完好的重叠。YVO_4:Tm,Eu 体系中，Eu^{3+}的$^5D_0$ 能级和 Tm^{3+}的$^1G_4$ 能级可以因来自 VO_4^{3-} 基团的能量传递在 Eu^{3+}和 Tm^{3+}各自更高能级弛豫得到粒子布居。但是，所记录的 Eu^{3+}的$^5D_0$ 发光和 Tm^{3+}的$^1G_4$ 发光的激发光谱表明无证据证明 Tm^{3+}—Eu^{3+}能量传递的发生。但是 Eu^{3+}掺入加速 Tm^{3+}的$^1G_4$ 和$^3H_4$ 能级的衰减。

YVO_4 中施主 Tm^{3+}的$^3H_4\rightarrow{}^3F_4$ 能级跃迁发射光谱和受主 Eu^{3+}的$^7F_{0,1}\rightarrow{}^7F_{5,6}$吸收光谱不存在光谱重叠，但 Tm^{3+}和 Eu^{3+}之间这两组跃迁实际失配不大。Tm^{3+}的$^3H_4\rightarrow{}^3F_4$ 跃迁平均能量比 Eu^{3+} 的$^7F_{0,1}\rightarrow{}^7F_{5,6}$跃迁大约高 1400$cm^{-1}$。在 YVO_4 中最大声子能量为 890cm^{-1}[27]，在 $Tm^{3+}\rightarrow Eu^{3+}$的交叉弛豫能量传递过程中，只需要借助两个声子即可实现。这种情况在许多稀土掺杂的发光材料普遍存在。

来自 VO_4^{3-} 基团的能量传递使 Eu^{3+}和 Tm^{3+}的高的亚稳态得到粒子布居，然后无辐射弛豫到低发射能级。在较高 Eu^{3+}浓度下，可证实$^1G_4$(Tm^{3+})$\rightarrow{}^1D_2$（Eu^{3+}）和$^3H_4$（Tm^{3+}）$\rightarrow{}^7F_{5,6}$（Eu^{3+}）的能量传递。实验结果表明 Eu^{3+}掺入对 Tm^{3+}的$^1G_4$ 和$^3H_4$ 发射起猝灭作用。$^1G_4$（Tm^{3+})$\rightarrow{}^5D_2$（Eu^{3+})的能量传递过程符合共振条件，而$^3H_4$（Tm^{3+}）$\rightarrow{}^7H_{5,6}$（Eu^{3+}）的能量传递涉及多声子协助，即声子协助的交叉弛豫过程。

(VO_4）基团将激发能量传递给 Tm^{3+}和其他稀土离子，在其他荧光体中也可看到，如 $K_3Y(VO_4)_2$ 体系中。

19.2.5 $Er^{3+}\rightarrow Tm^{3+}$的能量传递

Er^{3+}在 800~1800nm NIR 区有几组重要发射，而 Tm^{3+}在 805nm 泵浦下可产生$^3H_4\rightarrow{}^3F_4$(1.45μm)、$^3H_4\rightarrow{}^3H_5$（2.3μm）及$^3F_4\rightarrow{}^3H_6$(1.8~20μs）等跃迁发射，它们都是 NIR 激光的基础。在 LaOBr 荧光体中，Er^{3+}的 NIR 发射较强，而 Tm^{3+}发射弱。但是，当 Tm^{3+}浓度固定时，随 Er^{3+}浓度增加，Tm^{3+}的$^3F_4\rightarrow{}^3H_6$NIR 发射增强；而改变 Tm^{3+}的浓度时，Er^{3+}可见光和 NIR 发射随 Tm^{3+}浓度增加而减弱[30]。这些结果表明在 LaOBr 中，Tm^{3+}掺杂导致 Er^{3+}的可见和 NIR 光发射被猝灭，而激发能从 Er^{3+}传递给 Tm^{3+}，增强 Tm^{3+}的 NIR 发射。

由 Er^{3+}和 Tm^{3+}能级图可知，它们的一些能级的能量位置很匹配，见表 19-4 列出的 Er^{3+}和 Tm^{3+}之间间距及相对失配情况。可见，即使在不同基质中，这些能级的能量位置相差不大，彼此失配能量很少，在半个声子能量以下，非常匹配。这两个交叉弛豫过程：$^4S_{3/2}+^3H_6—^4I_{9/2}+^3F_4$ 和$^4S_{3/2}+^3H_6—^4I_{11/2}+^3H_5$的传递效率高，大大减少 Er^{3+}在$^4S_{3/2}$能级上粒子布居，使得 Er^{3+} 的$^4S_{3/2}\rightarrow^4I_J$（$J=9/2$，13/2，15/2）的发射减弱，而增加了 Tm^{3+}的$^3H_5$，$^3F_4$ 能级上粒子布居。之后$^3H_5$能级粒子通过无辐射弛豫到$^3F_4$ 亚稳态上，使得 Tm^{3+}的$^3F_4\rightarrow^3H_6$（约 2. 0μm）发射增强。可见，Tm^{3+}是 Er^{3+}上转换效率的猝灭中心，在获得高效的 Er^{3+}的上转换时需注意 Tm^{3+}的作用；反之，希望增强 Tm^{3+} 的$^3F_4\rightarrow^3H_6$ 跃迁约 2. 0μm 发射时，适量 Er^{3+}是有帮助的。

表 19-4　Er^{3+}和 Tm^{3+}某些能级能量位置、能级间距 ΔE 和能量失配

基质	Er^{3+}能级和能量	ΔE /cm^{-1}	文献	基质	Tm^{3+}能级和能量	ΔE /cm^{-1}	失配 /cm^{-1}	文献
$LaCl_3$	$^4S_{3/2}$（18290. 78cm^{-1}）—$^4I_{9/2}$（12351. 57cm^{-1}）	5939	3	$LiYF_4$	$^3H_6$（约 0）—$^3F_4$（5797cm^{-1}）	5797	142	8
LaOBr	$^4S_{3/2}$（18561cm^{-1}）—$^4I_{9/2}$（12614cm^{-1}）	5947	30	LaOBr	$^3H_6$（约 0）—$^3F_4$（5958cm^{-1}）	5958	11	30
LaOBr	$^4S_{3/2}$（18561cm^{-1}）—$^4I_{9/2}$（10302cm^{-1}）	8259	30	LaOBr	$^3H_6$（约 0）—$^3F_4$（8305cm^{-1}）	8305	48	30
$LaCl_3$	$^4S_{3/2}$（18290. 7cm^{-1}）—$^4I_{9/2}$（10111. 4cm^{-1}）	8179	3	$LiYF_4$	$^3H_6$（约 0）—$^3F_4$（8163cm^{-1}）	8163	16	8

尽管在 CaF_2-ThF_4 玻璃中，早已证实存在 Th →Tm 高效能量传递，但意义不大，因为 Th 具有放射性。

19. 2. 6　$Ce^{3+}\rightarrow Tm^{3+}$及 $Tm^{3+}\rightarrow Nd^{3+}$的能量传递

$Ca_3(PO_4)_2$:Ce^{3+},Tm^{3+}荧光体（Na^+电荷补偿）在 316nm 激发下，Ce^{3+}的 350nm 发射强度随 Tm^{3+}浓度增加而逐步下降[31]。而 Ce^{3+}的 250nm 的荧光寿命也逐步缩短，本征寿命 τ_0 为 28. 4ns，当 Tm^{3+}浓度高达 0. 15%时，τ 缩短到 18. 6ns。单掺 Ce^{3+}时，在 316nm 激发下发射约 320nm 延展至 430nm 宽紫外光谱，其发射峰为 355nm。而单掺 Tm^{3+}的样品在 356nm 激发下，呈现 3 个 NIR 发射峰，分别位于 1181nm、1461nm 和 1800nm，它们分别属于$^1G_4\rightarrow^3H_4$、$^3H_4\rightarrow^3F_4$ 和$^3F_4\rightarrow^3H_6$ 跃迁发射。这应为量子剪裁的 NIR 串级发射。Tm^{3+}的 1181nm 和 1461nm 均可被高能级的$^1D_2\rightarrow^3F_4$（蓝）和$^1G_4\rightarrow^3H_6$（蓝）等跃迁发射有效激发。

在 $Ca_3(PO_4)_2$ 中 Ce^{3+}的最低 5d 态发射峰位于 28169cm^{-1}，而 Tm^{3+}的$^1D_2$ 激发（吸收）能级位于 28090cm^{-1}处，它们匹配完美，而且施主的荧光寿命随 Tm^{3+}浓度增加而逐步缩短。这两个基本事实符合无辐射共振传递的基本原则。故在 $Ca_3(PO_4)_2$ 中可以发生 Ce^{3+}的最低 5d 态直接将能量无辐射共振传递给 Tm^{3+}($^1D_2$)，而不必像文献［31］所述的需要 Ce^{3+} 的 5d—$^2F_{5/2}$ 与 Tm^{3+} 的$^1D_2$—$^3H_6$ 之间的交叉弛豫过程发生能量传递。在 $Ca_3(PO_4)_2$中，其他可能 $Ce^{3+}\rightarrow Tm^{3+}$的能量传递是次要的。在 Tm^{3+}的浓度高达 0. 15%时，能量传递效率仅为 34. 5%，不算高。

由 Tm^{3+}和 Nd^{3+}能级结构可知，Tm^{3+}的$^3H_4$—$^3H_6$ 能级间距与 Nd^{3+}的$^4F_{5/2}$—$^4I_{9/2}$能级间距匹配。在约 800nm 对 Tm^{3+}泵浦，吸收能量后跃迁到$^3H_4$ 能级后，可传递给 Nd^{3+}（$^4F_5$,$^2H_{9/2}$）能级，接着迅速无辐射弛豫到$^4F_{3/2}$能级，使之粒子布居，可产生 890nm（$^4F_{2/2}$→$^4I_{9/2}$）及约 1060nm（$^4F_{3/2}$→$^4I_{11/2}$）发射。

19.3 Tm^{3+}的上转换发光

19.3.1 Tm^{3+}的上转换紫外和蓝光发光

Tm^{3+}的发光能级很多,$^3F_4$、$^3H_4$、$^1G_4$ 及$^1I_6$ 等都具有较高的发光效率。如上述 Tm^{3+}掺杂的 ZBLAN 玻璃和 YAGG 晶体中均可观测到，且一些能级的寿命较长，很多能级间距较小。选择低声子能量及适当的激发途径，可以获得较高的上转换效率[32]。

19.3.1.1 Tm^{3+}上转换紫外光发光

早期黄世华等人用 Kr 离子激光 647.1nm（15453.6cm^{-1}）激发 LaF_3:Tm^{3+}，观测到来自$^3H_4$、$^1G_4$、$^1D_2$ 和$^1I_6$ 的发射。它们应分别属于 Tm^{3+}的很弱的$^1I_6$ →$^3F_4$（345nm），较强的$^1D_2$ →$^3H_6$（360nm），最强的$^1D_2$ →$^3F_4$（450nm）及较强的$^1G_4$ →$^3H_6$（471nm）跃迁发射。室温下$^1I_6$ →$^3F_4$ 的荧光强度与激光泵浦功率是立方关系，为三光子过程；而$^1D_2$ →$^3H_6$，→$^3F_4$是平方关系，为双光子过程。具体而言，将激光斩光，测量了各组谱线的上升和衰减，实验结果表明，上转换发光是由激发态吸收（ESA）引起的。激发过程为：第一个光子激发$^3F_2$ 的声子边带，由于$^3F_2$、$^3F_3$ 和$^3H_4$ 相距很近，电子很快弛豫到$^3H_4$;$^3H_4$的寿命为 206ms，此能级上电子可能吸收第二光子跃迁到$^1D_2$ 能级，也可以跃迁到基态发红光，或者跃迁到$^3F_4$ 能级;$^3F_4$ 能级的寿命为 11ms，这个能级上的电子可能吸收第二光子跃迁到$^1G_4$ 能级上;$^1G_4$ 上的电子可以吸收第三光子跃迁到$^1I_6$ 高能级[32]，产生更短的紫外发射。

在 Tm^{3+}掺杂的 LaF_3[33]和 $LiYF_4$[34]中分别观测到雪崩上转换现象。例如，用 635.2nm 激发 LaF_3:Tm^{3+},$^1G_4$ 的上转换激发中具有光子雪崩过程。激发波长仍然高于$^3H_6$ →$^3F_2$ 的零声子吸收，但与$^3F_4$ →$^1G_4$Stark 能级间跃迁波长一致。在激发态吸收使$^1G_4$ 能级上具有初始的粒子后，交叉弛豫过程（$^1G_4$,$^3H_6$）→（$^3F_2$,$^3F_4$）使$^3F_4$ 能级上的粒子数增加到 3 倍，从而引起了激发态吸收的雪崩现象。

因为紫外和蓝光的应用背景，人们对 Tm^{3+}的上转换紫外光和蓝光予以关切。

$LaAlO_3$:Tm 单晶在15115cm^{-1}(661.6nm) 连续波激光对$^3F_2$ 能级激发后，观测到强的蓝光和较强的紫外光发射[35]。它们分别对应 Tm^{3+}的$^1D_2$ →$^3F_4$(454.5nm) 蓝光,$^1D_2$ →$^3H_6$(361nm)及（$^1I_6$,$^3P_0$）→$^3F_4$(349.7nm) 紫外光。在 645~740nm 范围内 Tm^{3+}的吸收光谱和 364.2nm 激发光谱一致。它们呈现两个谱带，主激发（吸收）峰 692nm 附近。由 J-O 理论分析，计算的 $\Omega_2=0.218\times10^{-20}cm^2$，$\Omega_4=1.347\times10^{-20}cm^2$，$\Omega_6=0.934\times10^{-20}cm^2$。自旋禁戒的$^3F_4$ →$^1G_4$ 跃迁强度较弱，而$^1G_4$ →$^1I_6$ 超灵敏跃迁强度是它的 25 倍以上。由于$^3F_4$能级寿命长，为 5.7ms，这样在 CW 激发范围内$^3F_4$ 能级粒子数得到布居。而其他一些多

重态寿命也长，以致可产生 ESA，如$^3H_4$ 能级为 780μs，$^1G_4$ 能级是 320μs。

一般用$I=P^n$关系式来表达上转换发射强度 I 与泵浦功率 P 的 n 次方关系，以确定上转换过程的光子数 n。$LaAlO_3$:Tm^{3+}晶体在激发功率小于 100mW 时，斜率 $n=1.6$，大于 100mW 时，$n=1.3$。用此来解释为吸收 2 个光子过程，偏离太远，这很可能是发生两步 ESA。ESA1:$^3F_4 \to ^1G_4$，ESA2:$^3H_4 \to ^1D_2$。因为它们的间距基本相等，而且与 15115cm^{-1} 泵浦光能量很匹配，易发生双光子吸收。至于是否还发生$^1G_4 \to ^1I_6$ 的 ESA，作者不能确信。因为它们与泵浦光能量相差太大，除非借助多个声子协助。另外，由于 Tm^{3+}的能级中许多多重态之间的能量匹配，可在表 19-2 中找到。例如，在石英和 ZBLAN 玻璃中，如 Tm^{3+}的$^3H_6$—$^3F_4$ 与$^3F_2$—$^1G_4$ 能级之间的能量差 $\Delta E=713cm^{-1}$；另外又如 $LiYF_4$ 晶体中，$^3H_6$—$^3F_4$ 和$^3F_2$—$^1G_4$ 的能级能量差 $\Delta E=323cm^{-1}$，$^3H_4$—$^3F_4$ 和$^1D_2$—($^1I_6$，$^3P_0$) 的 $\Delta E=290cm^{-1}$，$^3H_5$—$^3H_6$ 和$^1G_4$—$^3H_4$ 的 $\Delta E=333cm^{-1}$。这样可以容易发生许多交叉弛豫过程。有可能$^3H_4$+$^1D_2$—$^3F_4$+$^1I_6$ 交叉弛豫过程致使$^1I_6$ 高能级粒子数布居，然后产生$^1I_6 \to ^3F_4$ 能级跃迁 350nm 更短 UV 发射。由于是交叉弛豫过程引起的，故 350nm 强度不可能很强。在更高功率泵浦下，交叉弛豫过程发生，致使中间能级得到更多粒子布居，作用更大，使功率泵浦关系的斜率下降。

19.3.1.2　单掺 Tm^{3+}时上转换蓝色发射

除上述掺 Tm^{3+} 的 LaF_3、$LiYF_4$ 和 $LaAlO_3$ 中可同时观测到上转换紫外光和蓝光发射外，在其他基质和不同激发条件下只观测到有蓝光发射现象。

PbF_2-GeO_2-WO_3:TmF_3 玻璃陶瓷在 1.06μm 激光激发下，产生两组蓝色上转换发光[36]。其峰位分别为强的约 478nm 和很弱的 450nm 处，它们分别为 Tm^{3+}的$^1G_4 \to ^3H_6$ 和$^1D_2 \to ^3F_4$ 跃迁发射。这两个蓝色发光积分强度随 1.06μm 激光泵浦强度呈现线性关系，其斜率 n 分别为 2.7（478nm）和 3.6（450nm）。可以认为与吸收 3 个和 4 个光子有关。其上转换过程可能首先直接激发$^3H_5$能级，很快弛豫到$^3F_4$ 能级；吸收第二个激发光子后，$^3F_4$ 能级粒子被激发到$^3F_{3,2}$，从此再弛豫到$^3H_4$ 能级上；之后再吸收第三个激发光子跃迁到$^1G_4$ 能级，产生强 478nm 发射。而$^1G_4$ 能级上的部分粒子可吸收第 4 个激发光子，跃迁到$^1D_2$ 上能级。之后可发生$^1D_2 \to ^3F_4$ 跃迁，发射 450nm 蓝光。可见，这两组蓝色上转换过程均属于激发态吸收 ESA 过程。

类似上述上转换蓝色发光在具有较低声子振动膜能量 600cm^{-1}的 Tm^{3+}掺杂的氟化锆玻璃中，用 650nm 激发，在室温下也被记录到[37]。不过，475nm（$^1G_4 \to ^3H_6$）和 450nm（$^1D_2 \to ^3F_4$）相对强度接近。

19.3.2　Tm^{3+}—Yb^{3+}的上转换和能量传递

Tm^{3+}与 Yb^{3+}共掺的上转换和能量传递是深受人们关注的工作。早期 Auzel 等人首先研究玻璃陶瓷在 980nm 激发下，Yb^{3+}到 Tm^{3+}的能量传递而产生的 Tm^{3+}的上转换蓝色发光。此上转换过程认为是通过 Yb^{3+}对 Tm^{3+}的三步不同能量传递，使其被激发到$^1G_4$ 能级实现的。

迄今为止，Yb^{3+}和 Tm^{3+}共掺杂的六方 $NaYF_4$ 氟钇钠荧光体是上转换蓝色发光最有效的材料。在 590℃ 制备的 $NaYF_4$:0.25Yb，0.003Tm 荧光体在 310mW 的 10245cm^{-1}

(975nm) 对 Yb^{3+}激发下，获得 Tm^{3+}的上转换发射分布于 351nmUV-蓝光-红光[38]。主发射为强的蓝光。$^1D_2 \to {}^3F_4$（约 460nm）和$^1G_4 \to {}^3H_6$（约 480nm）的发射强度与荧光体制备的温度密切相关，最佳在 580~600℃。在此温度区合成的全部样品呈均匀六方相，结晶完美。但它们的差别在于钠含量及荧光体的颗粒度大小稍增大。最佳合成温度为 590℃±10℃。因为随合成温度增加，在六方相中钠含量减少，且倾向于上转换效率低的立方相形成。这一点和 $NaYF_4$:Yb, Er^{3+}是一致的。因此，需要严格控制合成温度。不妨加入少量的 Li^+、Ag^+或 Au^+等离子，弥补 Na^+的缺失，同时可能影响 RE^{3+}环境晶场。

不同的上转换发射谱带呈现不同的泵浦功率关系，这是由于它们的激发机制不同造成的。在双数坐标图中，低功率范围内，$NaYF_4$:Tm, Yb 的两组蓝色上转换发射的强度与泵浦功率的斜率分别为 3 和 3.7。它们分别对应$^1G_4$ 和$^1D_2$ 跃迁的 3 光子和 4 光子吸收过程。用棱镜聚焦高功率的激光束激发得到的两组蓝光的光子积分计数与激光功率关系表明，在低功率泵浦下呈近似线性关系。但在高功率条件下，这种功率关系不是简单的现在常用于低功率范围机理的特征功率关系。在 300mW 和 450mW 是$^1G_4$ 和$^1D_2$ 能级发射分别趋于饱和，然后随功率增加下降。这是因为无辐射过程增加，样品热量增强及高功率下热容增大引起发光温度猝灭。

用 980nmLD 泵浦 Tm^{3+}/Yb^{3+}共掺杂的其他材料也可得到类似 Tm^{3+}的上转换蓝光发光。

由于 1.20~1.70μm NIR 范围是低损耗透明 S+C+L 通信窗口，受到重视。选择具有低声子能量的硫系玻璃，如 Tm^{3+}/Dy^{3+}掺杂的 Ge-Ga-S-CdI_2 玻璃[39-40]，加强这方面工作。例如 $50GeSe_3$-$25In_2Se_3$-25CsI 硫系玻璃（简写 GICSe）在中红外区具有良好的透过率，在 800nm 附近呈现大吸收带。Tm^{3+}掺杂的 GICSe 玻璃在 808nm 激发下，在 1.10~1.60μm 范围内呈现两个发射带[41]，主发射峰位于 1.22μm，属$^3H_5$—$^3H_6$ 跃迁发射，它随 Tm^{3+}浓度增加而强，而 FWHM 也从 17nm 增宽到 21nm。另一个相对弱的是 1.47μm 发射带，属$^3H_4 \to {}^3F_4$跃迁发射。在此玻璃中若共掺 Tm^{3+}/Ho^{3+}、Tm^{3+}/Er^{3+}后，使 1.22μm 发射带展宽，特别是向长波侧明显展宽；而对 1.47μm 发射带影响不明显。在 1.54μm 处宽带是 Er^{3+}的$^4I_{13/2} \to {}^4I_{15/2}$跃迁发射。这种光谱性质上的变化可能是$^5I_6(Ho^{3+}) \to {}^3F_4(Tm^{3+})$ 及$^4I_{13/2}(Er^{3+}) \to {}^3F_4(Tm^{3+})$ 之间的能量传递捷径和 Er^{3+}和 Ho^{3+}掺入影响 Tm^{3+}的局域晶场环境及对称性，致使 Stark 能级更多劈裂。在该玻璃中可能存在 $Er^{3+} \to Tm^{3+}$及 $Tm^{3+} \to Ho^{3+}$间的能量传递。

上面这些研究结果，无论是单掺 Tm^{3+}或 Tm^{3+}和其他离子共掺杂的各类材料，揭示出 Tm^{3+}非常丰富的上转换发光，涉及紫外-蓝光，红光－0.80μm、1.22μm、1.47μm、1.67μm NIR 等发射。源于 Tm^{3+}的各个能级上转换发射，如图 19-3 所示，可见其丰富。这为发展上转换发光和激光、NIR 激光及宽带通信提供宝贵信息和基础。

19.3.3 提高 Tm^{3+}上转换性能的方法

如何获取高效上转换效率，这是一个重要而又复杂的问题。一般选择具有低声子能量的材料。材料的组成对上转换效率和发射光谱特性影响显著，但组成成分影响规律并不清楚，特别是玻璃更复杂。选择不同波长泵浦对上转换发光过程和机制影响很大。为什么 Er^{3+}、Tm^{3+}及与 Yb^{3+}共掺杂的六方相 $NaYF_4$ 的上转换效率超过其他基质材料？为什么稀

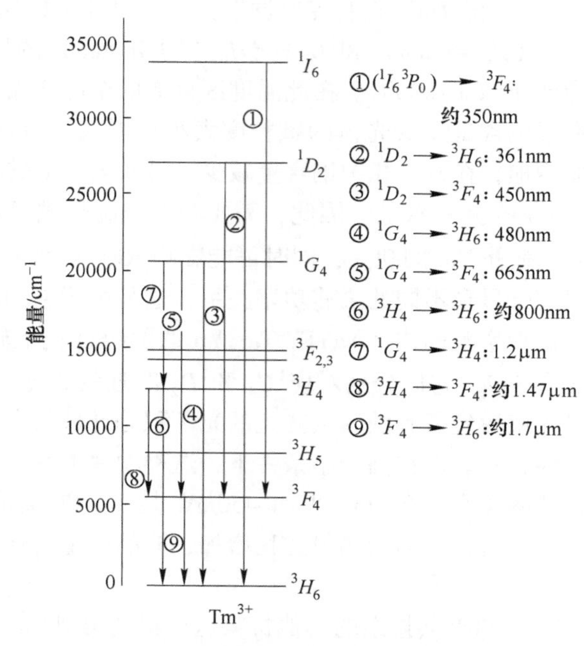

图 19-3　Tm^{3+}可能发生的上转换发光及相对应的能级跃迁图

土上转换发光现象发现没几年，国外就很快发明了像 $NaYF_4$ 体系及 ZBLAN 体系等上转换材料呢？作者认为其中的原因之一是，他们不急功近利，善于抓住重点进行系统、扎实深入的基础研究。瑞士和美国 Los Alamos 国家实验室专家发表的文献［38］值得人们仔细阅读。特别是他们对六方相 $NaYF_4$ 严格合成、晶体结构和组成仔细分析，对 Tm^{3+}和 Er^{3+}的上转换发光性质进一步深入分析和讨论。

如上所述，Tm^{3+} 的$^3H_4 \rightarrow ^3F_4$ 能级跃迁发射约 1.4μm NIR 正对应光通信 S-波段（1.46~1.53μm），但要实现有效的放大器有两个基本困难。第一个是 Tm^{3+}的发射能级$^3H_4$ 与最近邻$^3H_5$能级的能隙大约 4120cm^{-1}（ZBLAN，见表 19-2），而$^3H_5$与下邻近$^3F_4$ 能级能隙大约 2810cm^{-1}（ZBLAN 中）。这样，$^3H_4$ 能级通过多声子协助无辐射能量传递弛豫到$^3F_4$ 能级过程，容易使$^3H_4$ 能级布居粒子数减少。因此，声子参与的交叉弛豫可使 1.4μm 发射趋于减弱。第二个困难是 1.4μm 发射的寿命比$^3F_4$ 能级短很多。一般文献中没有给出计算和实验的$^3H_4$ 能级寿命，ZBLAN 中$^3H_4 \rightarrow ^3F_4$ 跃迁 1.47μm 发射的 τ_{ob} 在 1.30~1.61ms 之间；而 ZBLAN 中$^3F_4$ 的 τ_{ob} 在 9.8~10.2ms 之间，τ_{rad} 约为 11.2ms。和$^3F_4$ 能级相比，$^3H_4$ 能级寿命要短很多，不利于粒子数反转的激光作用。为了克服这些问题，人们除选用具有低声子能量的硫系玻璃基质外，还从三价稀土离子能级图中得知，Ho^{3+}、Tb^{3+}、Dy^{3+}等离子的一些低 4f 能级与 Tm^{3+}能级比较匹配，以及改善基质的组成和添加剂等方法用于解决此问题，并对它们之间的光谱性质和能量传递机制等研究予以重视。

在 Tm^{3+}/Dy^{3+}共掺杂的 Ge-Ga-S-CdI_2 玻璃体系中，CdI_2 加入起正面作用。在 Tm^{3+}和 Dy^{3+}共掺的 $(w-x)(0.8GeS_2\text{-}0.2Ga_2S_3)\cdot xCdI_2$ 硫系玻璃体系中，CdI_2 增加减少S_3(Gd)Ge-Ge(Ga)S 成分，改善$^3F_4(Tm^{3+}) \rightarrow ^6H_{11/2}(Dy^{3+})$ 能量传递效率，增加中红外（MID）发

射[39]。（0.80−x）$GeSe_2$-0.20Ga_2Se-XCsI 硫系玻璃中，CsI 浓度从 20%增加到 40%时，Tm^{3+}的 I(1.47μm)/I(1.22μm) 发射强度比增加，而 Tm^{3+}的$^3H_4$ 能级寿命从 0.189ms 大幅度增大到 2.48ms[40]。这对 1.47μm 发射大为有利。这些性能改善可能因含碘结构成分使其具有低声子能量且被局域在 Tm^{3+}周围，控制多声子弛豫和交叉弛豫结果。碘化物改善性能在 Ho^{3+}掺杂的 Ge-Ga-S 硫系玻璃中起相同作用[41]。

美国 Oklahoma 州立大学激光研究中心的 Powell 教授曾对 YAG:Tm 和 YAG:Tm,Ho 激光晶体研究[42]。用 765nm 激光使 Tm^{3+}从$^3H_6$ 基态泵浦到$^3H_4$能级，发现在 Tm^{3+}—Tm^{3+}存在与温度和 Tm^{3+}浓度密切相关的能量迁移。这种能量迁移在$^3H_4$ 能级中及交叉弛豫过程中得到增强。而有效的大范围能量迁移发生在$^3F_4$ 能级上，这是因为可借助 2 个中等声子能量约 1500cm^{-1}即可发生$^3H_4$(Tm^{3+}) +$^3H_6$(Tm^{3+}) →$^3F_4$(Tm^{3+})+$^3F_4$(Tm^{3+}) 的交叉弛豫。最终能量传递增强 Ho^{3+}（$^5I_7 \to {}^5I_8$）产生 NIR 激光跃迁。Tm^{3+}的$^3H_4$ 能级室温时的量子效率随 Tm^{3+}浓度增加急速下降，故一般材料均在 1%以下。实验上测定的表述激发迁移参数及用于所有的 Tm—Ho 的能量传递速率计算结果与荧光光谱动力学的结果非常一致。

Tm^{3+}没有相应的 4f 能级可以产生绿光，只有蓝光（约 475nm）和红光（约 660nm）上转换发光。为获取多色，特别是弥补上转换绿色发光，共掺杂 Ho^{3+}后，利用能量传递原理在 1.06μm、1.12μm、1.24μm 等 NIR 光源泵浦，通过声子伴随的 GSA 和 ESA 等上转换能量传递过程可实现三基色上转换发生，且通过它们的配比、泵浦功率等可以调谐光谱的颜色、色坐标和色温等光度学和色度学参数。实现彩色显示和白光照明。在 65TeO_2-20BaO-10ZnO-5La_2O_5碲酸盐玻璃中共掺 Tm^{3+}/Ho^{3+}/Yb^{3+}[43]，Tm^{3+}/Ho^{3+}/Yb^3共掺杂的碱金属锗酸铝玻璃和碲酸铋及 Tm^{3+}/Ho^{3+}共掺杂的氟锗酸盐玻璃[44]等也是出于此目的并获得相同的上转换三基色：Tm^{3+}的蓝色约 475nm 和红色约 655nm 及 Ho^{3+}的绿色 540nm 结果。

借助声子协助，Yb^{3+}→Tm^{3+}或—Ho^{3+}的能量传递可以发生。在晶场作用下，Yb^{3+}的$^2F_{7/2}$和$^2F_{5/2}$能级将劈裂，致使 Yb^{3+}的吸收光谱展宽。基质的声子可以使施主 Yb^{3+}和受主 Tm^{3+}的$^3H_5$或 Ho^{3+}的$^5I_6$ 吸收态耦合。从 Tm^{3+}的 1830nm($^3F_4$) 和 Ho^{3+}的 2032nm($^5I_7$) 发射的激光光谱中存在 Yb^{3+}的本征光谱和声子伴随振动模可以证实发生 Yb^{3+}→Tm^{3+}和 Yb^{3+}→Ho^{3+}间的能量传递，在声子协助的能量传递中发现的声子能量有 690cm^{-1}(νd-TeO_3)、755cm^{-1}(νs-TeO_3) 及 130cm^{-1}声子模的级数，即 130cm^{-1}。这些声子能量协助 Yb^{3+}→Tm^{3+}，Yb^{3+}→Ho^{3+}间的能量传递。

类似可处理 Yb^{3+}→Ho^{3+}间多声子协助的能量传递和 Ho^{3+}的上转换发光过程，获得 Ho^{3+}的 545nm（$^5S_2$,$^5F_4$）绿色和 660nm（$^5F_5$）红色上转换发光。

但作者也注意到在 89.91TeO_2-5.73Na_2O-4.36ZnO(%) 玻璃中[45]，在 800nm 激光泵浦下随 Tm_2O_3 浓度增加，Er^{3+}的发射光谱从 1350nm 至 1600nmNIR 范围显著增宽，是由于 Tm^{3+}的$^3H_4$ →$^3F_4$ 跃迁 1465nm 发射谱和 Er^{3+}的 1532nm 发射谱叠加结果，使原 Er^{3+}的 FWHM 约 50nm 成为约 134nm（Er^{3+}+Tm^{3+}）。这对可调谐宽带放大器很有益。但 Tm^{3+}掺入使 Er^{3+}的 545nm 和 525nm 绿上转换发光强度大幅度减弱，而对 Er^{3+}很弱的红上转换发光增强。

和 Er^{3+}的上转换发光要求一样，Tm^{3+}的上转换发光与诸多因素密切相关。其中对基质的依赖关系主要体现在结构上的晶场环境和对称性，共价性和离子性影响振子强度参数 Ω_λ 及材料的化学和热稳定性。不同材料中具有不同的声子能量。众所周知，不同声子能量和振动模对三价稀土离子的上转换光谱性质、上转换过程及能量传递机制有重大影响。在稀土上转换发光和激光中都选用低声子能量的基质，其主要原因是较低的声子能量降低了无辐射弛豫概率，提高了稀土离子中间亚稳态能级，如 Tm^{3+} 的 $^3H_4$ 的荧光寿命，使其粒子数布居更容易，有效地提高了上转换效率。一般低温下有利于减少无辐射弛豫概率，可提高上转换效率。但低于室温时，器件体使用不方便。寻找合适理想的添加剂来改善上转换发光和激光性质，如在硫系玻璃中添加的 CdI_2，碱金属碘化物后显得格外重要。但寻找的指导思想还需明确和完善。结构和组成变化是一个系统工程，其影响规律还需继续探察。

Tm^{3+} 和其他掺杂离子结合的上转换发光在信息显示、光通信的民用和军用领域是有应用前景的。

19.4　Tm^{3+}的上转换激光

人们对 Tm^{3+} 的上转换发光研究时，也关注 Tm^{3+} 的上转换激光。这是因为蓝色波长激光在海底通讯、光存储、生物医学、光谱学领域有应用要求。Tm^{3+} 和其他三价稀土离子的上转换激光主要基于凝聚态材料中稀土离子上转换发光机制而形成和发展，包括激发态吸收 ESA，能量传递 ET，多光子吸收 MPA，以及光子雪崩 PA 等上转换过程和发光基础。早期，Tm^{3+}:$LiYF_4$ 晶体在 780. 8nm 和 648. 8nm 两步泵浦下，通过 $^3H_6 \rightarrow {}^3H_4 \rightarrow {}^1D_2$ 跃迁的中间态 $^3H_4$ 能级实现 $^1D_2 \rightarrow {}^3F_4$ 跃迁 450nm（77K）和 453nm（室温）激光发射。450nm 转换效率仅为 1%~2%，我们归纳出 Tm^{3+} 上转换激光的几个特点如下：（1）无论是晶体，还是玻璃光纤全部是氟化物，主要是因为具有低声子能量；（2）品种过于局限，主要为 ZBLAN 玻璃光纤，$LiYF_4$ 和 BY_2F_8；（3）主要集中在 Tm^{3+} 的上转换蓝激光中；（4）输入、输出功率等性能不断提高；（5）实用主要针对玻璃光纤，这是因为玻璃中稀土离子吸收谱非均匀宽化，比晶体宽，使泵浦波长选择灵活；（6）因块状玻璃中难以实现上转换激光输出，但可拉制成光纤，使泵浦光限制在小区域内，在较长的长度下实现粒子数反转，获得较强的上转换激光输出。尽管 Tm^{3+} 的上转换激光经过不断提高和发展，进入 21 世纪后，其热度还是有所降低，而增加 Tm^{3+} 的约 2. 0μm 激光热度，可能受自变频、InGaNNUV 和蓝光激光半导体等技术发展的影响。

19.5　Tm^{3+}的 1. 75~2. 3μm 的光谱和激光性质

地球大气窗口有 3 个透射区，其中 1~3μm 窗口受到特别重视。在此窗口中约 2. 0μm MIR 激光在军事、气象、遥感、光通信、医疗外科手术等诸多领域中有着广泛应用。Tm^{3+} 和 Ho^{3+} 激活的约 2. 0μm 激光发展深受重视。本节中约 2. 0μm 包含 1. 75 ~ 2. 3μm MIR。它们起源于图 19-4 Tm^{3+} 能级图中所示的 $^3H_4 \rightarrow {}^3H_5$（约 2. 3μm），$^3F_4 \rightarrow {}^3H_6$（约 2μm）跃迁发射。图中还标出可能发生的无辐射弛豫 NR 及 $^3H_4 \rightarrow {}^3F_4$（1. 47μm）发射。

19.5.1 Tm^{3+}的光谱性质和参数

在前面已有部分内容对Tm^{3+}的NIR吸收光谱、$^3F_4$能级寿命、A_{ed}、A_{md}和τ_{ed}等重要性质和参数予以介绍，这里给予补充。Tm^{3+}分别掺杂的YAG和LuAG是一类重要的激光晶体[46-47]。在Tm^{3+}低浓度（0.5%）下，它们的1000~2500nm荧光光谱范围内主要有$^3F_4\to{}^3H_6$跃迁发射簇（主峰1750nm）和$^3H_4\to{}^3F_4$跃迁发射簇（主峰1470nm）；而在5%的Tm^{3+}高浓度下，1470nm（$^3H_4\to{}^3F_4$）发射谱消失。这表明存在$^3H_4+{}^3H_6$—$^3F_4+{}^3F_4$强的交叉弛豫CR。类似结果也在Tm^{3+}:TeO_2-PbF_2玻璃和Tm^{3+}:$YAlO_3$激光晶体中观测到。

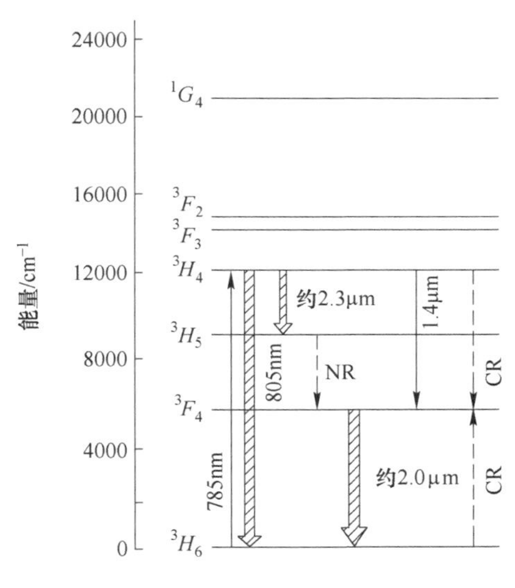

图19-4 Tm^{3+}低能级结构图

由J-O理论分析，Tm:LuAG晶体中$^3F_4$和$^3H_4$能级计算的振子强度Ω_λ和辐射寿命τ_r如下。在LuAG中0.5%Tm时，$^3H_4$能级的τ_r为0.9176ms，5%Tm^{3+}时为1.2038ms；0.5%Tm时，$^3F_4$能级的τ_r为14.9ms；5%Tm时为21ms。这意味着非常利于$^3F_4$能级粒子数聚集和反转，有利于强的$^3F_4\to{}^3H_6$跃迁约2.0μm激光发射。

由于$^3H_4$能级的重要性，起源于Tm^{3+}的$^3H_4$能级跃迁的几种材料的τ_{ob}、τ_r和分支比β列在表19-5中。对SiO_2而言，一方面$^3H_4$—$^3H_5$能级间的能隙很小，更重要的是声子能量比其他材料高，SiO_2声子能量约1100cm^{-1}，而ZBLAN约500cm^{-1}。由表19-5[5-6,8,12,17,27,48-54]中的数据可知，所有氧化物和含氧盐类的$^3H_4$能级的寿命都比氟化物小很多，主要为无辐射跃迁NR。这几种氟化物玻璃和$LiYF_4$晶体全可实现激光。而Tm^{3+}掺杂的YAG、GGG、LuAG等石榴石因具有低声子能量，性能稳定，制备单晶技术成熟，是重要的2μm MIR激光晶体。

表19-5 起源于Tm^{3+}的$^3H_4$能级跃迁的寿命和分支比β

材料	τ_{ob} /ms	τ_r /ms	分支比β			文献
			$^3H_4\to{}^3H_6$（约805nm）	$^3H_4\to{}^3F_4$（约1470nm）	$^3H_4\to{}^3H_5$（约2300nm）	
二氧化硅	0.67	0.697	0.902	0.084	0.013	5
锗镓酸盐玻璃		0.465	0.903	0.080	0.017	17
碲酸盐玻璃		0.29	0.89	0.09	0.03	48
磷酸盐玻璃		0.77	0.92	0.08	0.00	48
BIZYT玻璃	1.59	1.50	0.89	0.08	0.02	49
ZBLALi玻璃	1.42	1.24	0.88	0.09	0.03	6
ZBLAN	1.55					50

续表 19-5

材　料	τ_{ob} /ms	τ_r /ms	分支比β			文献
			$^3H_4\to^3H_6$（约 805nm）	$^3H_4\to^3F_4$（约 1470nm）	$^3H_4\to^3H_5$（约 2300nm）	
ZBLANP	1.0	1.30	0.89	0.09	0.03	51
LuAG	0.851					12
YVO_4		0.2516	0.577	0.412	0.011	27
$NaY(MoO_4)_2$			0.91	0.077	0.013	54
$LiYF_4$		1.513	0.8662	0.080	0.017	8
$LiTaO_4$	0.210	0.456				52
$LiNbO_4$	0.240	0.342				52
碲酸钨镧钼玻璃		0.275	0.907	0.066	0.021	53

用约 800nm AlGaAs LD 对 Tm^{3+}的$^3H_4$ 能级直接泵浦可以产生不同的情况，结合图 19-4 分析，起到“一石二鸟”作用的跃迁：

(1)$^3H_4\to^3H_6$ 能级跃迁。这是一种三能级激光工作，覆盖 803～825nm 范围。从表 19-5可知，此能级主要为辐射跃迁通道，$\beta>87\%$。这为激光和光纤放大器提供良好的信息。

(2)$^3H_4\to^3F_4$ 跃迁（1450～1510nm），但分支比$\beta<0.1$，β 比太小。

(3)$^3F_4\to^3H_6$（1750～2100nm），这是人们很感兴趣的 MIR 跃迁发射。

(4)$^3H_4\to^3H_5$（2250～2400nm），这也是人们很感兴趣的 MIR 跃迁发射。

因此，用约 800nmLD 激光泵浦，直接将 Tm^{3+}从$^3H_6$ 基态激发到$^3H_4$ 能级，经过上述辐射跃迁，$^3H_5\to^3F_4$ 无辐射弛豫，以及从$^3H_4$ 通过交叉弛豫，$^3H_4+^3H_6\to^3F_4+^3F_4$，粒子布居到$^3F_4$ 激光能级，产生$^3F_4\to^3H_6$ 跃迁约 2.0μm 激光输出。即意味每吸收一个泵浦光子可使两个 Tm^{3+}处于$^3F_4$ 激光能级，量子效率为 200%，即所谓的“一石二鸟”。

对 Tm^{3+}激光而言，声子能量作用主要表现 3 个方面：

(1) Tm^{3+}—Tm^{3+}的自猝灭过程将受影响。在$^3H_4$ 能级上 Tm^{3+}可和另一个$^3H_6$ 基态上 Tm^{3+}发生交叉弛豫过程，导致在$^3F_4$ 能级产生两个激发离子。由于$^3H_4\to^3H_5$能级快速多声子弛豫，导致上述过程效率低。因此，自猝灭和多声子弛豫是竞争过程。如果以较大声子能量多声子弛豫为主导，则自猝灭过程将被削弱。自猝灭过程效率低，使激光阈值增加，也使斜率效率变化。

(2) Tm^{3+} $^3F_4$ 寿命将受影响。由于多声子衰减，$^3F_4$ 寿命缩短，将导致$^3F_4\to^3H_6$ 跃迁量子效率下降，也使斜率效率降低。

(3) 声子发射加重基质热负载，这必然影响四能级激光。由于激光能级粒子布居减少，激光阈值增加。

对起源于 Tm^{3+}的$^3F_4$ 能级的跃迁来说，$^3F_4\to^3H_6$ 跃迁提供一个很宽（1700～2000nm）发射，通常称约 2.0μm 激光。和$^3H_4$ 能级的寿命一样，氟化物中$^3F_4$ 能级的寿命比氧化物、含氧盐长很多。Tm^{3+}:ZBLAN 中 τ_{ob}一般为9～11ms。这非常有利于$^3F_4$ 能级上粒子聚集、反转和激光发射。

19.5.2 Tm^{3+}的约2.0μm激光

Tm^{3+}掺杂的激光基于采用如图19-4所示的准三能级系统实现1.85~2.0μm可调谐发射。如前所述，800nm LD直接泵浦到$^3H_4$能级，$^3H_4$能级上Tm^{3+}自猝灭弛豫到$^3F_4$亚稳态；同时交叉弛豫也使基态$^3H_6$粒子激发到$^3F_4$能级，实现所谓的"一石二鸟"，或者说"一箭双雕"。

正是由于2.0μm在军事、气象和民用中应用受到的激励，Tm^{3+}掺杂的MIR激光得到快速发展。早期主要对Tm^{3+}掺杂的可调谐1.48μm、1.88μm、2.0μm和2.35μm激光光纤予以关注，同时也发展Tm^{3+}:YAG等激光晶体。早在1965年Johnson等人用氙灯和钨灯在77K分别实现Tm:YAG的脉冲和连续波激光输出。1975年Caird等人在Tm:YAG和$YAlO_3$晶体中室温下分别获得2.3μm($^3H_4 \rightarrow ^3H_5$)激光发射；同时指出可以用Cr^{3+}敏化Tm^{3+}，受激的Cr^{3+}从^2E能级将能量传递给Tm^{3+}的$^3H_4$能级，增强2.3μm发射。当时获得脉冲总输出能量达到12mJ。1990年Stoneman和Esterowit用钛宝石785nm激光泵浦Tm:YAG和Tm:YSGG。室温下，首次获得高效在1.87~2.16μm（YAG）和1.85~2.14μm（YSGG）宽可调谐激光输出，输出功率为890mW，最大斜效率超过30%，使人们注意到大功率约800nmLD与Tm^{3+}的$^3H_4$能级吸收相匹配的特点将产生很大价值。

近年来，人们主要集中在高效、可调谐约2.0μm MIR Tm^{3+}激光，涉及的材料主要分光纤类和晶体类：

（1）光纤：锗酸盐光纤，SiO_2光纤，氟化物光纤，Tm^{3+}:光纤[55-56]；

（2）晶体：Tm:YAG，Tm^{3+}/Ho^{3+}:GGG，Tm^{3+}:$YAlO_3$（YAP）[57-58]；Tm^{3+}:$YLiF_4$[59]；Tm:R_2O_3(稀土倍半氧化物，R=Lu，Se，Y)[60-61]；Tm^{3+}:$GdVO_4$；Tm^{3+}:$NaLa(MoO_4)_2$等；

（3）玻璃：锗硅酸盐等。

一种高效、高功率的Tm^{3+}掺杂锗酸盐玻璃在100W800nm泵浦下[62]，产生CW激光1.9μm处的输出功率达64W。在0~100W输入功率内，输出功率呈线性增加，斜效率达68%。一种组成为SiO_2-GeO_2-$CaCO_3$-$LiCO_3$-BaO的锗硅酸盐玻璃也呈现2μm宽发射光谱，其FWHM约237nm[63]。计算的$^3F_4 \rightarrow ^3H_6$跃迁最大吸收面（1664nm处）为$3.31\times10^{-21}cm^2$，1870nm的发射截面为$6.88\times10^{-21}cm^2$。这种玻璃有可能成为超快脉冲2μm激光的候选者。

尽管在约800nmLD泵浦Tm^{3+}:光纤的量子效率理论上超过100%，但受量子缺陷等因素影响，在约800nmLD泵浦下CW高功率Tm^{3+}:光纤激光的斜效率一般为40%~65%。而脉冲的Tm:光纤斜效率也只是中等，有时比CW更低。为改善Tm:光纤2μm处工作的激光的斜效率，有两种途径：（1）使增益光纤最佳化，包括掺杂浓度、光纤结构等；（2）泵浦激光最佳化，如使用脉冲泵浦以增加脉冲放大的泵浦抽取比率。在这样的背景下，新加坡和中国专家合作报道了高效、超快和高斜效率的Tm^{3+}:光纤2μm激光最新成果[55]，所获的1940nmCW光纤激光可用作泵浦激光。该脉冲共振泵浦Tm-掺杂光纤放大器的斜效率达到87%。当输入泵浦功率为53W时，最大平均输出功率为40W。此光纤放大器的重复频率和输出脉冲周期分别为248MHz和129ps，对应的峰值功率为1.25kW，脉冲能量为161.3nJ。

Tm^{3+}:R_2O_3（R=Lu，Y，Sc）2μm激光大约从2010年以来就深受重视，并获得新发展。这是因为这种倍半稀土氧化物具有许多特点：（1）包括具有优良的热学和力学性能的物理和化学性质。立方结构R_2O_3熔点在2400℃以上，在空气和高温中性能稳定。

（2）拉曼光谱低声子能量 380cm^{-1}最强，除 Yb_2O_3 外，是其他声子谱线的 20 倍。立方 R_2O_3(R=Gd，Y，Dy，…，Lu）的晶格吸收在 535～580cm^{-1}之间。最大声子能量 Lu_2O_3 为 618cm^{-1}，Sc_2O_3 为 672cm^{-1}，Y_2O_3 为 597cm^{-1}。（3）Tm^{3+}、Er^{3+}、Yb^{3+}半径与 Lu^{3+}、Y^{3+}很接近，容易取代，占据相同格位，其晶体结构畸变极小。（4）其单晶、粉体、陶瓷和纳米制造技术很成熟，含 Lu 和 Sc 的闪烁体和白光 LED 用荧光体大量使用，有力促使高纯 Lu_2O_3 和 Sc_2O_3 价格大幅降低。（5）稀土离子掺杂的立方 R_2O_3 具有优良的光谱特性和高发光效率。如在短波紫外激发下 Y_2O_3:Eu 红色荧光体的量子效率接近100%。Tm^{3+}: R_2O_3（R = Lu，Sc，Y）在 760～820nm 光谱区存在强吸收（$^3H_6$—$^3H_4$）。可有效吸收 800LD 泵浦能量。（6）这类倍半氧化物耐高能电子、高能粒子及高能光子轰击等特性使其成为 2μm 高功率激光发展的优质材料。

用很容易买到的约 800nm 激光源可使 Tm^{3+}泵浦到$^3H_4$ 能级，然后发生如前面所述的通过无辐射弛豫和与近邻的 Tm^{3+}间的交叉弛豫过程，使 2 个受激的 Tm^{3+}布居$^3F_4$ 激光能级上，起到“一石二鸟”作用。这使斜效率理论限制增加到 80%。Tm^{3+}掺杂的 Lu_2O_3，Sc_2O_3 和 $LuScO_3$，发射峰 1. 95μm 处的发射截面达到 $10^{-20}cm^2$ 量级。由于基态强劈裂超过 800cm^{-1}，全增益带宽覆盖 200nm 以上。于是运行的激光波长接近 2. 1μm，这对于 Tm-掺杂的激光来说是例外的。

通过一些技术改进，可提升 Tm^{3+}:Lu_2O_3 体系统的飞秒性能、斜效率及输出功率。Stevenson 等人[60]证实 LD 泵浦 Tm:$LuScO_3$激光。通过采用离子注入 InGaAsSb 量子阱基半导体饱和吸收镜实现高效。在 1973～2141nm 宽可调谐 CW 工作激光及飞秒锁模。当锁模时，在平均输出功率 113mW 及脉冲重复频率 115. 2MHz 下的 2093nm 处产生 170fs 短脉冲；而在 2074～2104nm 光谱范围内是可调谐的皮秒脉冲。

几种钨/钼酸盐晶体在约 800nm 泵浦下，发射约 2. 0μm 激光，其斜效率超过 50%，最大输出功率达 1W 以上。2. 0μm（$^3F_4$ →$^3H_6$）激光属准三能级性质，受热效应影响大。为使在 2000～2060nm 光谱范围中工作的 Tm^{3+}/Ho^{3+}共掺 $KY(WO_4)_2$ 的约 2μm 激光的超短脉冲启动和稳定，采用 InGaSb 基量子阱饱和吸收镜新技术[64]。这种 SESAM 技术在 1930～2120nm 光谱区内的反射率接近 100%。在 1. 5W 钛-宝石激光泵浦下，脉冲的重复频率 132MHz，在 2057nm 处的平均输出功率 315mW 时产生 3. 3ps 的短脉冲。

近来，具有高效、紧凑型、LD 泵浦的机械 Q-开关 2. 0μmTm :YAP 优异激光也被发展[57]。它是基于具有可忽略的光学损失及需用很低能电驱动功率一个扭转弹簧共振扫描器的 Q-开关构成，这样节省能耗。在 10kHz 脉冲重复频率下，1. 94μm 激光产生平均输出功率为 10. 5W，Q-开关脉冲能量为 1. 05mJ，脉冲宽度 31ns，峰值功率 34kW。不同长度共振腔下，1. 94μm 输出功率与输入功率在 5～20W 范围内呈线性关系。其中短腔（1cm）CW 激光产生最大功率为 11. 8W，光学斜效率为 62%，光学转换效率为 56%。Q-开关脉冲能量为 1. 05mJ。而相对长共振腔（15cm）的 CW 激光最大功率为 10. 5W，光学斜效率为 56%，光学转换效率为 51%。即 CW 共振腔长度增加效率稍有下降。在最大功率，FWHM 脉冲宽度为 31ns 时，对应的峰值功率为 34kW。用 53%泵浦 LD 电学效率和从泵浦光纤引线至 Tm :YAP 晶体的光学途径中透射损失2%计算，激光的电学效率大约为 26%。据知，这是目前 Q-开关 LD 泵浦的 2μm 激光最高水平。

Tm^{3+}:YAG的2.0μm性能不断提高。1990年前用LD泵浦Tm:YAG激光最高脉冲能量为200μJ。1990年提升到1.5mJ，相应的光学转换效率为0.30mJ/W。1991年报道了，用一个3W LD泵浦Tm:YAG晶棒得到CW输出功率0.5W及在100Hz下Q-开关脉冲能量超过1mJ/脉冲，CW激光斜效率为49%，进一步改进可达到2mJ/脉冲。到2011年，复旦大学和新加坡南洋理工大学合作[65]采用1617nmEr:YAG激光泵浦多晶Tm:YAG陶瓷获得高效约2μm激光。用10%透射输出耦合器，在12.8W输出功率泵浦下，得到2015nm激光最大输出功率为7.3W，相应斜效率为62.3%，Tm:YAG陶瓷激光的阈值功率约0.85W。这个水平比以往用Co:$MgF_2$1682nm激光对Tm:Ho:YLF,Tm:YLF泵浦的结果更佳。近年来，将具有高折率（>99%）、低的接入损失等优点的体Bragg光栅（VBG）放置于腔中，用作选择波长的分离镜。在783nmLD光源对Tm:YAG陶瓷泵浦时得到从1956.2nm到1995nm可调谐38.7nm宽范围、窄线宽约0.1nm的激光[66]。在37.8W吸收泵浦功率下，1990.5nm处的最大输出功率为15.1W。

前面已对稀土倍半氧化物的特点予以介绍。人们选择YAG陶瓷作为激光介质，主要考虑下面几个特点。YAG透明陶瓷可以制造具有多功能性质、大小尺寸和任意几何形状的样品，成本较低及制造激光陶瓷周期更短。和Tm:YAG单晶相比,激光陶瓷中$^3F_4$能级也具备较长的寿命，存在强Tm^{3+}-Tm^{3+}交叉弛豫过程及较宽的吸收峰。此外，YAG:Ce透明陶瓷已广泛用于白光LED照明中,制造技术成熟，设备完善，只需将Ce^{3+}改换为Tm^{3+}即可。YAG激光陶瓷发展对YAG激光晶体提出挑战。当然YAG陶瓷也有不足之处，主要是透过率比YAG单晶低，降低对泵浦功率的吸收，损失泵浦能量。此外，多晶可能产生散射对激光束质量有影响等。

采用3个二极管陈列侧边泵浦Tm:YAG得到120W CW激光[67]。其2.02μm激光输出的最高光子转换效率为25.5%，斜效率31.2%。在用785nm LD直接泵浦Tm^{3+}从基态$^3H_6\rightarrow{}^3H_4$能级跃迁，也发生如前面所说的"一石二鸟"作用。除此之外，还可用1.064μm Nd:YAG激光束泵浦Tm:YAG,获得室温下4.7W激光。其2.02μm的最大转换效率为20%；斜效率为35%。在1μm泵浦下，直接从$^3H_6$基态被激发到$^3H_5$能级，无辐射弛豫到$^3F_4$能级。一方面$^3F_4\rightarrow{}^3H_6$跃迁产生约2μm发射，另一方面可由于ESA吸收一个泵浦光子后，上转换到$^3F_{2,3}$能级，再吸收一个光子后上转换到$^1G_4$能级，由此产生Tm^{3+}的蓝光和红光上转换发光。泵浦能量被上转换过程和上转换可见发射而损失，致使2μm发射的转换率不高。在没有买到高价785nmLD时，为获取2μm激光是可以考虑用经济的Nd:YAG作泵浦源。

19.5.3 Tm^{3+}对Ho^{3+}产生大于2.0μm激光作用

Tm^{3+}的激光一般在1.90μm附近，少有的可达到大于2.0μm，而且可实现大功率。可人们为什么对Ho^{3+}的约2.10μm MIR激光感兴趣呢？因为Ho^{3+}三能级跃迁性质，长寿命能级在连续泵浦功率下可以允许储存能量比Nd:YAG更大。更重要的是大气中水分子的最强吸收线在1.94μm附近，这对Tm^{3+} 1.9~2.0μm激光发射很不利。而大于2.0~2.3μm时水分子吸收会明显下降。2.0μm激光在军事上、大气环境等应用中十分重要。故人们非常重视Ho^{3+}的2.1μm激光发展。然而，Ho^{3+}没有与商用泵浦光相匹配的吸收带，不能用大功率780~800nm半导体LD泵浦。如何来解决此问题呢？

为获取大功率 Ho^{3+}的 2. 1μm 激光，有以下几种办法：（1）利用 Tm^{3+}/Ho^{3+}共掺杂材料，在约 780nm 对 Tm^{3+}直接泵浦到$^3H_4$ 能级。然后如 Powell 等人所证实的一样，发生交叉弛豫和 Tm^{3+}中能量迁移过程。此过程中扩散系数为 $4\times10^{-7}\,cm^2/s$，随后共振传递给 Ho^{3+}的$^5I_7$能级，导致 Ho^{3+}的$^5I_7\rightarrow{}^5I_8$跃迁 2. 1μm 发射。（2）采用大功率约 1. 9μm Tm^{3+}掺杂的固体 Tm^{3+}激光光纤或晶体来泵浦单掺 Ho^{3+}的晶体，使 Ho^{3+} $^5I_8\rightarrow{}^5I_7$吸收产生$^5I_7$跃迁约 2. 1μm 发射。（3）约 2μm LD 泵浦。（4）其他光源，如 Xe 灯泵浦。

对第（1）种办法而言，人们较早地用 Tm^{3+}敏化 Ho :YAG 试验过。在 781. 5nm LD 泵浦下室温时获得 2. 0974μm CW 激光。用 LD 泵浦或 Rhodamine6G（R6G）染料激光或 K^+激光泵浦 Cr,Tm,Ho :YAG,均可得到 2. 09μm 激光，但斜效率仅 19%。若 Tm^{3+}和 Ho^{3+}共掺杂时，将导致很强的上转换能量损失，且使有效上能级寿命明显缩短及增加热负载。第（2）种办法是目前用得较多可行的办法。例如用 LD 泵浦 Tm :YLF 激光棒产生的激光泵浦 Ho :YAG 激光内腔[68]，室温下输入功率 15. 4W 时获得 Ho :YAG 2. 09μm 激光的平均输出功率为 1. 6W，斜效率为 21%。1935nm Tm^{3+}:YLF 固体激光泵浦 Ho^{3+}:YAG 陶瓷,曾获得最大输出功率为 1. 95W，斜效率为 44. 2%，光学转换效率为 24%。此外，采用体 Bragg 光栅（VBG）锁在约 1907nm 的 Tm^{3+}:光纤激光泵浦多晶 Ho^{3+}:YAG 陶瓷,在 2097nm 处产生高效 21. 4W 输出功率[69]。该陶瓷具有较低阈值约 1. 2W，在 1907nm 处的 35W 输入泵浦共产生 2097nmCW 的输出功率为 21. 4W，对应的平均斜效率为 63. 6%，光学转换效率达到 61. 1%。用与 Ho^{3+}辐射分隔开的 Tm :YLF 激光侧边泵浦 Ho :YAG 激光内腔,产生 2. 09μm 的 CW 输出功率 14W。Huang 等人[70]用窄带 LD 泵浦 Tm :YAG 激光束,泵浦高效的 Ho :YAG 激光内腔。用 Tm :YAG 晶体其中一个吸收峰作为 LD 的泵浦波长及一些 Bragg 光栅锁定。所用的 Tm^{3+}激光实验中最大输出功率为 11. 12W，对应斜效率为 51. 6%。对泵浦在 Tm :YAG 晶棒上的 LD 功率24. 96W 而言，得到 Ho^{3+}激光最大输出功率为 8. 03W，斜效率为 38%。实验中将 Tm :YAG 和 Ho :YAG 两晶体用铟箔包着放在不同冷却水铜槽中,冷却水温度保持在 15℃。使用对 1. 9~2. 15μm 高反射（$R>99.7\%$）及对 750~850nm 高透射的 M1 分色镜及 M2 输出耦合镜，M3 是对 1. 9~2. 15μm 高反射和 785nm 高透射的 45 °分色镜，用 OSA 作为中红外光谱分析仪。而办法（4）的其他光源，如 Xe 灯泵浦的办法被中国专家成功实验[71]。依据 Cr^{3+}—Tm^{3+}—Ho^{3+}能量传递，用 Xe 灯光源泵浦 Cr,Tm,Ho :YAG 可产生2. 09μm 激光，获得脉冲宽度 35ns，能量为 520mJ，重复频率为 3Hz，对应峰值功率为 14. 86MW 及简正模抽取效率达 66. 3%数据。据称，这是 2012 年当时 2. 09μm 激光共振器 Q-开关增益脉冲的最佳结果。此方案可能的不足之处为不是紧凑型，产生热负荷可能高，转换效率可能受限制。对第（3）办法，如约 2μm 半导体 LD 泵浦激光源来说，目前还不成熟，但是有前景的。

还有一些工作在不断改进发展。王华等人[72]最新证实，在耗散孤子共振（DSR）中 2080nm 长波锁模 Tm-掺杂光纤激光工作，使 Tm^{3+}的激光向长波移动，且能量高。用一个 50/50 光纤环形镜（FLM），一个 10/90FLM 及一个 793nm LD 泵浦的大增益 Tm 掺杂的双包层光纤简单压缩成紧凑全光纤哑铃形激光。在中心波长为 2080. 4nm，脉冲宽度随泵浦功率增加可以从 780ps 调谐到 3240ps 的情况下，产生稳定的 DSR 脉冲。最大平均功率为 1. 27W，对应脉冲能量为 290nJ 及接近恒定的峰值功率为 93W。据作者所知，这是目前在锁模光纤中 DSR 工作最长的波长。

与此有关联的一件事是在体系中 Ho^{3+}-Tm^{3+}-Tb^{3+}之间可能发生能量迁移、交叉弛豫及共振能量传递等多种相互作用过程，导致 Tm^{3+}和 Ho^{3+}的 NIR 和 MIR 发射被猝灭。这些过程从理论和实验上被证实。在（$0.85-x$）$Ge_{0.25}As_{0.10}Sa_{0.55}-0.15GaS_{3/2}$-$x$CsBr 玻璃中[73]，呈现 1.48μm($^3H_4 \to {}^3F_4$) 及 1.82μm($^3F_4 \to {}^3H_6$) 发射，以及 $Tm^{3+} \to Ho^{3+}$，$Tm^{3+} \to Tb^{3+}$之间的交叉弛豫和能量传递等过程。在此硫系玻璃中，随 CsBr 加入，不仅增强 Tm^{3+}的 1.48μm 发射，而且也使 Tm^{3+}的$^3H_4$ 能级寿命增加到 1.2ms。然而，随 Ho^{3+}或 Tb^{3+}共掺杂和随它们浓度增加，发生 $Tm^{3+} \to Ho^{3+}$，$Tm^{3+} \to Tb^{3+}$间的能量传递，致使硫系玻璃中 Tm^{3+}的$^3H_4$ 和$^3F_4$ 的本征寿命 1.21ms 和 8.46ms 分别逐步明显减小。这些表明 Ho^{3+}和 Tb^{3+}能有效地减少 Tm^{3+}的$^3H_5$和$^3F_4$ 能级上的粒子数布居，起猝灭作用。Ho^{3+}的$^5I_8$—$^5I_7$能级的能量间距和 Tb^{3+}的$^7F_6$—$^7F_{0,1,2}$很匹配，理论上将会发生 Ho^{3+}的$^5I_7 \to Tb^{3+}$的^7F_J（$J=0$，1，2）能级间的能量传递，致使 Ho^{3+}的$^5I_7 \to {}^5I_8$能级跃迁发射 2.1μm MIR 被猝灭。例如在 $LaCl_3$ 中，Ho^{3+}的$^5I_8 \to {}^5I_7$能级的能量间距为 5048cm^{-1}，而 Tb^{3+}的$^7F_6$—$^7F_1$ 及$^7F_6$—$^7F_2$ 能级能量间距分别为 5408cm^{-1} 和 4930cm^{-1}。它们与 Ho^{3+} 的$^5I_7$ 能级失配分别仅为 360cm^{-1} 和 118cm^{-1}，非常小，很容易发生共振传递。这指明，在这类体系中，Tb^{3+}是有害杂质。

19.6 Tm^{3+}光子制冷和更精准的锶光学晶格钟

19.6.1 Tm^{3+}光子制冷

1955 年 Epstein 等人在 Yb^{3+}掺杂的重金属氟化物玻璃中，首次通过激光诱导反 Stokes 荧光获得光子制冷。由 Yb^{3+}的特殊能级结构，当单个 Yb^{3+}发射的荧光光子能量大于吸收的激发光能量，热量随放出的光子被带走了，达到制冷的目的[74]。近来，在 Tm∶YLF 和 Tm∶BYF 两种晶体中也观测到激光制冷[75]。

在具有较高对称性的 Tm∶$YLiF_4$晶体中，一些能级依然保留简并度。Tm^{3+} $^3H_6$ 基态和第 1 个$^3F_4$ 激发态分别劈裂为 10 个和 7 个晶场支项能级，见表 19-1 所列。用激发波长 λ_{ex} 大于平均荧光波长 λ_f，即激发晶体中 $\lambda_{ex}>\lambda_f$时，可观测到激光制冷。由大于 λ_f的 λ_{ex}激发，能量被吸收后，热量随反-Stokes 光子带走了。制冷效率 η_c与温度及吸收激光功率关系表达如下：

$$\eta(\lambda_{ex},\ T) = P(\lambda_{ex},\ T)\frac{\lambda_{ex}}{\lambda_f(T)} - 1 \tag{19-5}$$

式中，λ_{ex}为激光激发波长；λ_f为平均荧光波长；$P \leqslant 1$，为吸收泵浦光子转换为荧光光子的概率，$P=\eta_{ext}\eta_{ab}$；η_{ext}为外量子效率；η_{ab}为共振吸收效率，而 $\eta_{ab}=1/[1+\alpha_b/\alpha_r(\lambda,T)]$；$\alpha_r$（$\lambda$，$T$）为稀土离子的共振吸收系数；$\alpha_b$为背景吸收系数。

测量和计算上述 Tm^{3+}两种晶体在不同偏振激发下的室温制冷效果。利用式（19-5）得到最佳制冷波长为 1857～1910nm，η_{ext}均在 98%～99%范围内，背量吸收系数 α_b 为（1～3）$\times 10^{-4}cm^{-1}$，实现整体最小温度（Global MAT）在 160～190K 范围。Tm 掺杂晶体为实现中红外光学低温冷却器及辐射平衡激光提供依据。

19.6.2　Tm^{3+}掺杂 ZBLAN 光纤用作 813nm 主控振荡功率放大器（锶晶格钟）

自从锶光学晶格钟（Sr-OLC）第一次示范以来，它的效率不精确性一年一年被改进，达到10^{-18}的水平。这远比现在铯原子钟精度高很多，未来将拓宽在室外实验室，甚至太空中 Sr-OLC 钟的工作需要。虽然近来 Ti-宝石激光被用于晶格激光，但它的体积大，长时工作稳定性差等，不如体积小又坚固的 Sr-OLC 钟，对 Sr-OLC 钟而言，晶格钟的光学要求是 821.42nm 连续波及信号的纵向和横向模，输出功率大于 1W，线宽比 1MHz 更窄，信噪比高等。

为拓宽锶光学晶格钟的应用，近来发展双波长（1220nm+1050nm）泵浦 Tm^{3+}掺杂 ZBLAN 光纤 813nm 主控振荡功率放大器（MOPA）[76]，这种 MOPA 系统产生最大输出功率为 1.95W，斜效率为 48%。这是目前光纤激光源在 810nm 处的最高输出功率。

可见人们经过不断努力使 Tm 离子的功能在一些新领域中得以深化和发展。

参 考 文 献

[1] DULINCK M, FAULKNER G E, COCKROFT N J, et al. Spectroscopy and dynamics of upconversion in Tm^{3+}:$YLiF_4$ [J]. J. Lumin., 1991, 48/49: 517-521.

[2] PYTALEV D S, KLIMIN S A, POPOVA M N. Optical high-resolution spectroscopic study of Tm^{3+} crystal-field levels in $LiLuF_4$ [J]. J. Rare Earths, 2009, 27 (4): 624-626.

[3] DIEKE G H. Spectra and Energy Levels of Rare Earth Ions in Crystals [M]. John Wiley&Sons. Inc, 1968.

[4] 王晓丹，徐晓东，臧涛成，等. Tm : $Lu_3Al_5O_{12}$ 晶体的生长与光谱性能研究 [J]. 中国稀土学报，2009，27（6）：745-749.

[5] WALSH B M, BARNES N P. Comparison of Tm : ZBLAN and Tm : Silica fiber laser; Spectroscopy and tunable pulsed laser operation around 1.9μm [J]. Appl. Phys. B, 2004, 78: 325-333.

[6] SANZ J, CASES R, ALCALA R. Optical properties of Tm^{3+} in fluorozirconate glass [J]. Non-Cryst. Solids, 1987, 93 (2): 377-386.

[7] BARNES P N, JANI G M, HUTCHESON L R. Diode-pumped, room-temperature Tm : LuAG laser [J]. Appl. Opt, 1995, 34 (21): 4290-4294.

[8] WALSH B M, BARNES N P. Branching ratios, cross sections, and radiative lifetimes of rare earth ions in solids : Application to Tm^{3+} and Ho^{3+} ions in $LiYF_4$ [J]. Appl. Phys., 1998, 83 (5): 2772-2787.

[9] 杨文琴. Tm，Ho 双掺杂 YVO_4 晶体中 Tm 对 Ho 敏化发光现象 [J]. 发光学报，2001，23（2）：175-181.

[10] 林海，袁剑辉，刘行仁，等. Tm^{3+}掺杂 3CdO · Al_2O_3 · $3SiO_2$ 玻璃的合成及光谱特性 [J]. 吉林大学自然科学学报，1997（4）：71-74.

[11] 祁长鸿，胡和方. 氟锆酸盐玻璃中 Tm^{3+}和（Tm^{3+}+Ho^{3+}）离子的光谱研究 [J]. 光学学报，1998，18（6）：818-823.

[12] KALAYCIOGLU H, SENNAROGLU A, KURT A, et al. Spectroscopic analysis of Tm^{3+} : LuAG [J]. J. Phys. Condens Matter, 2007, 19 (3): 036208-1-6.

[13] CHEN R, TIAN Y, LI B, et al. Infrared fluorescence energy transfer process and quantitative analysis of thulium-doped niobium silicate-germanate glass [J]. Infrared Phys. &Tech., 2016, 79: 191-197.

[14] BALDA R, LACHA L M, FERNANDEZ J, et al. Optical spectroscopy of Tm^{3+} ions in GeO_2-PbO-Nb_2O_5 glasses [J]. Opt. Mater. 2005, 27 (11): 1771-1775.

[15] LI M, BAI G X, GUO Y Y, et al. Investigation on Tm^{3+}-doped silicate glass for 1.8μm emission [J]. J. Lumin., 2012, 132: 1830-1835.

[16] XU R R, TIAN Y, WANG M, et al. Spectroscopic properties of 1.8μm emission of thulium ions in germanate glass [J]. J. Opt. Soc. Am. B., 2004, 21: 951-957.

[17] XIA H P, LIN Q F, ZHANG J L, et al. 2μm mid-infrared optical spectra of Tm^{3+}-doped germanium gallate glasses [J]. J. Rare Earths, 2009, 27 (5): 781-785.

[18] CHENG Y, WU Z Q HU T Y, et al. Thermal stability and optiocal properties of a novel Tm^{3+} doped fluorotellurite glass [J]. J. Rare Earths, 2014, 32 (12): 1154-1161.

[19] 韩秀梅，林君. Luminescence and Energy Transfer Properties of $Ca_2Gd_8(SiO_4)_6O_2$:A (A = Pb^{2+}, Tm^{3+}) Phosphors [J]. J. Rare. Earths, 2004, 22 (6): 825-828.

[20] 刘行仁，袁剑辉，鄂书林，Cr^{3+}掺杂的$Ca_3A_{12}Ge_3O_{12}$石榴石的光谱性质 [J]. 发光学报，1998，18 (4): 306-311.

[21] 刘行仁，袁剑辉. $A_3M_2GeO_{12}$石榴石体系中Cr^{3+}离子的宽带发射光谱 [J]. 光谱学与光谱分析，1999，19 (4): 550-552.

[22] NIE W, KALISKY Y, PEDRINI C, et al. Energy transfer from Cr^{3+} multisites to Tm^{3+} multisites in yttrium aluminium garnet [J]. Opt. quantum electronics, 1990, 22 (1): S123-S131.

[23] 李成，曹余惠. Cr，Tm:YAG晶体中的能量转移[J]. 发光学报，1996，17 (3): 215-218.

[24] CHEN D, CHEN Y, LU H, et al. A bifunctional Cr/Yb/Tm:$Ca_3Ga_2Ge_3O_{12}$ phosphor with near-infrared long-lasting phosphorescence and upconversion luminescence [J]. Inorg. Chem., 2014, 53 (16): 8638-8645.

[25] 许武，张新夷，徐叙瑢. ZnS:Mn,Tm材料中Mn中心高激发态与Tm中心间的能量传递及温度的影响 [J]. 中国稀土学报，1989，7 (3): 31-35.

[26] JAMALAIAH B C, JO M, ZEHAN J, et al. Luminescence, energy transfer and color perception studies of $Na_3Gd(PO_4)_2$,Dy^{3+},Tm^{3+} phosphors [J]. Opt. Mater., 2014, 36 (10): 1688-1693.

[27] 杨文琴. Tm，Ho双掺杂YVO_4晶体中Tm对Ho敏化发光现象 [J]. 发光学报，2001，22 (2): 175-181.

[28] PRAVEENA R, SAMEERA V S, BABU P, et al. Photoluminescence properties of Ho^{3+}/Tm^{3+}-doped YAGG nano-crystalline powders [J]. Opt. Mater., 2017, 72: 666-672.

[29] RYBA-ROMANOWSKI W, NIEDŹWIEDZKI T, KOMAR J, et al. Luminescence and energy transfer phenomena in YVO_4 single crystal co-doped with Tm^{3+} and Eu^{3+} [J]. J. Lumin., 2015, 162: 134-139.

[30] 吴伟达，张慰萍，尹明，等. LaOBr:Er^{3+}，Tm^{3+}的红外光谱与能量传递 [J]. 中国稀土学报，1998，16 (专辑): 1030-1032.

[31] DONG S L, LIN H H, YU T, et al. Near-infrared quantum-cutting luminescence and energy transfer properties of $Ca_3(PO_4)_2$:Tm^{3+}, Ce^{3+} phosphors [J]. J. Appl. Phys., 2014, 116 (2): 023517.

[32] 黄世华，许武，刘行仁. Tm^{3+}的上转换发光 [J]. 发光学报，1996，17 (增刊): 47-49.

[33] COLLINGS B C, SILVERSMITH A J. Avalancheupconversion in LaF_3:Tm^{3+} [J]. J. lumin., 1994, 62 (6): 271-279.

[34] HEHLEN M P, KUDITCHER A, LENEF A L, et al. Nonradiative dynamics of avalanche upconversion in T m:$LiYF_4$ [J]. Phys. Rev. B, 2000, 61 (2): 1116.

[35] DEREŃ P J, GOLDNER P, GUILLOT-NOËL O. Anti-Stokes emission in $LaAlO_3$ crystal doped with Tm^{3+} ions [J]. J. Alloys Compounds, 2008, 461 (1/2): 58-60.

[36] 许武，黄世华，孔祥贵，等. 玻璃陶瓷材料中Tm^{3+}离子红外到蓝色上转换发光 [J]. 发光学报，

1997，18（4）：298-300.

[37] 张英兰，赵绪义，刘行仁，等．氟化锆玻璃的制备及上转换发光特性［J］．中国稀土学报，1998，16（专辑）：974-976.

[38] KRÄMER K W，BINER D，FREI G，et al. Hexagonal sodium yttrium fluoride based green and blue emitting upconversion phosphors［J］. Chem. Mater.，2004，16（7）：1244-1251.

[39] GUO H，LIU L，WANG Y，et al. Host dependence of spectroscopic properties of Dy^{3+}-doped and Dy^{3+}，Tm^{3+}-codped Ge-Ga-S-CdI_2 chalcohalide glasses［J］. Opt. Express，2009，17（17）：15350-15358.

[40] TANG G，LIUI C，YANG Z，et al. Near-infrared emission properties and energy transfer of Tm $^{3+}$-doped and Tm^{3+}/Dy^{3+}-codoped chalcohalide glasses［J］. J. Appl. Phys.，2008，104（11）：113116.

[41] XIONG H，GAO T，LAN L U O，et al. 50$GeSe_2$-25In_2Se_3-25CsI glass doped with Tm^{3+}，Tm^{3+}/Ho^{3+} and Tm^{3+}/Er^{3+} for amplifiers working at 1. 22μm［J］. J. Rare Earths，2011，29（10）：920-923.

[42] FRENCH V A，PETRIN R R，POWELL R C，et al. Energy-transfer processes in $Y_3Al_5O_{12}$:Tm,Ho［J］. Phys. Rev. B，1992，46（13）：8018.

[43] DEBNATH R，BOSE S. A comprehensivephononics of phonon assisted energy transfer in the Yb^{3+} aided upconversion luminescence of Tm^{3+} and Ho^3+ in solids［J］. J. Lumin.，2015，161：103-109.

[44] ALVES R T，SOARES A，REGO-FILHO F G，et al. Visible-upconversion luminescence mediated by energ transfer in fluorogermanate glass doped with Tm^{3+} and Ho^{3+}［J］. J. Lumin.，2018，196：146-150.

[45] HUANG L，CHA A，SHEN S，et al. Broadband emission in Er^{3+}-Tm^{3+} codoped tellurite fibre［J］. Opt. Express，2004，12（11）：2429-2434.

[46] PHUA P B，LAI K S，WU R F，et al. Room-temperature operation of a multiwatt Tm:YAG laser pumped by a 1-μm Nd:YAG laser［J］. Opt. Lett.，2000，25（9）：619-621.

[47] KALAYCIOGLU H，SENNAROGLU A，KURT A，et al. Spectroscopic analysis of Tm^{3+}: LuAG［J］. J. Phys:Condensed Matter，2007，19（3）：036208.

[48] SPECTOR N，REISFELD R，BOEHM L. Eigenstates and radiative transition probabilities for Tm^{3+} ($4f^{12}$) in phosphate and tellurite glasses［J］. Chem. Phys. Lett.，1977，49（1）：49-53.

[49] GUERY C，ADAM J L，LUCAS J. Optical properties of Tm^{3+} ions in indium-based fluoride glasses［J］. J. Lumin.，1988，42（4）：181-189.

[50] ESTEROWITZ L，ALLEN R，AGGARWAL I. Pulsed laser emission at 2. 3μm in a thulium-doped fluorozirconate fibre［J］. Electr. Lett.，1988，24（17）：1104.

[51] SMART R G，CARTER J N，TROPPER A C，et al. Continuous-wave oscillation of Tm^{3+}-doped fluorozirconate fibre lasers at around 1. 47μm，1. 9μm and 2. 3μm when pumped at 790nm［J］. Opt. Comm.，1991，82（5/6）：563-570.

[52] RYBA-ROMANOWSKI W，SOKOLSKA I，DOMINIAK-DZIK G，et al. Investigation of $LiXO_3$（X= Nb，Ta）crystals doped with luminescent ions:recent results［J］. J. Alloys Compounds，2000，300：152-157.

[53] LI K，ZHANG Q，BAI G，et al. Energy transfer and 1. 8μm emission in Tm^{3+}/Yb^{3+} codoped lanthanum tungsten tellurite glasses［J］. J. Alloys Compounds，2010，504（2）：573-578.

[54] LU X，YOU Z，LI J，et al. Optical absorption and spectroscopic characteristics of Tm^{3+} ions doped NaY $(MoO_4)_2$ crystal［J］. J. Alloys Compounds，2008，458（1/2）：462-466.

[55] JIN X，LI E，LUO J，et al. High-efficiency ultrafast Tm-doped fiber amplifier based on resonant pumping［J］. Opt. Lett.，2018，43（7）：1431-1434.

[56] WALBAUM T，HEINZIG M，SCHREIBER T，et al. Monolithic thulium fiber laser with 567W output power at 1970nm［J］. Opt. Lett.，2016，41（11）：2632-2635.

[57] COLE B，GOLDBERG L，HAYS A D. High-efficiency 2μm Tm:YAP laser with a compact mechanical Q-

switch[J]. Opt. Lett., 2018, 43 (2): 170-173.

[58] 胡学浩，魏磊，韩隆，等．激光二极管端面泵浦 Tm:YAP 2μm 激光器 [J]. 激光与红外，2010，40 (5): 488-490.

[59] 张新陆，崔金辉．激光二极管端面抽运 2μm Tm，Ho:YLF 连续激光器的激光特性[J]. 哈尔滨工程大学学报，2006，27 (2): 301-304.

[60] STEVENSON N K, BROWN C T A, HOPKINS J M, et al. Diode-pumped femtosecond Tm^{3+}-doped $LuScO_3$ laser near 2.1μm [J]. Opt. Lett., 2018, 43 (6): 1287-1290.

[61] SCHMIDT A, KOOP MANN P, HUBER G, et al. 175fs Tm:Lu_2O_3 laser at 2.07μm mode-locked using single-walled carbon nanotubes [J]. Opt. Express, 2012, 20 (5): 5313-5318.

[62] WU J, YAO Z, ZONG J, et al. Highly efficient high-power thulium-doped germanate glass fiber laser [J]. Opt. Lett., 2007, 32 (6): 638-640.

[63] LIU Q, TIAN Y, LI B, et al. Broadband 2μm fluorescence and energy transfer process in Tm^{3+} doped germanosilicate glass [J]. J. Lumin., 2017, 190: 76-80.

[64] LAGATSKY A A, FUSARI F, CALVEZ S, et al. Passive mode locking of a Tm, Ho:$KY(WO_4)_2$ laser around 2μm [J]. Opt. Lett., 2009, 34 (17): 2587-2589.

[65] WANG Y, SHEN D, CHEN H, et al. Highly efficient Tm:YAG ceramic laser resonantly pumped at 1617nm [J]. Opt. Lett., 2011, 36 (23): 4485-4487.

[66] LIU X, HUANG H, ZHU H, et al. Widely tunable, narrow linewidth Tm:YAG ceramic laser with a volume Bragg grating[J]. Chin. Opt. Lett., 2015, 13 (6): 4.

[67] LAI K S, PHUA P B, WU R F, et al. 120-W continuous-wave diode-pumped Tm:YAG laser [J]. Opt. Lett., 2000, 25 (21): 1591-1593.

[68] SCHELLHORN M, HIRTH A, KIELECK C. Ho:YAG laser intracavity pumped by a diode-pumped Tm:YLF laser[J]. Opt. Lett., 2003, 28 (20): 1933-1935.

[69] SO S, MACKENZIE J I, SHEPHERD D P, et al. Intra-cavity side-pumped Ho:YAG laser [J]. Opt. Express, 2006, 14 (22): 10481-10487.

[70] HUANG H, HUANG J, LIU H, et al. Efficient 2122nmHo:YAG laser intra-cavity pumped by a narrowband-diode-pumped Tm:YAG laser[J]. Opt. Lett., 2016, 41 (17): 3952-3955.

[71] WANG L, CAI X, YANG J, et al. 520mJ langasite electro-optically Q-switched Cr, Tm, Ho:YAG laser [J]. Opt. Lett., 2012, 37 (11): 1986-1988.

[72] WANG H, DU T, LI Y, et al. 2080nm long-wavelength, high-power dissipative soliton resonance in a dumbbell-shaped thulium-doped fiber laser [J]. Chin. Opt. Lett., 2019, 17 (3): 030602.

[73] SONG J H, HEO J, PARK S H. 1.48-μm emission properties and energy transfer between Tm^{3+} and Ho^{3+}/ Tb_{3+} in Ge-Ga-As-S-CsBr glasses [J]. J. Appl. Phys., 2005, 97 (8): 083542.

[74] 秦伟平，陈保玖，张家骅，等．单个稀土离子-光子制冷泵 [J]. 中国稀土学报，1999，17（专辑）: 612-615.

[75] ROSTAMI S, ALBRECHT A R, VOLPI A, et al. Tm-doped crystal for mid-IR Optical cryocoolers and radiation balanced laser [J]. Opt. Mater., 2019, 44 (6): 1416-1422.

[76] KAJIKAWA E, ISHI T, KUBO T, et al. Dual-wavelength-pumed Tm^{3+}-doped ZBLAN fiber MDPA at 813nm [J]. Opt. Lett., 2019, 44 (1): 2875-2878.

20　Yb^{3+}的光谱、电荷转移态、激光特性及能量传递

$Yb^{3+}(4f^{13})$的$4f$能级结构简单，只有一个$^2F_{5/2}$能级吸收带，不存在上转换，$^2F_{5/2}$荧光寿命长，且吸收截面大，是Nd^{3+}的3~4倍，储能大，掺杂浓度高，高达20%以上。$^2F_{5/2}$和$^2F_{7/2}$基态受晶场影响劈裂较大。$^2F_{5/2}$—$^2F_{7/2}$能级间的能量间距ΔE约10300cm^{-1}，这与大功率0.9~1.0μm InGaAsLD很匹配。此外，长期以来对Yb^{3+}的电荷转移态（CTS）认识不足，直到在2000年它才被重新认识。Yb^{3+}的CTS发光光谱为宽谱带，且荧光寿命为纳秒，使人们对Yb^{3+}的光谱性质认识更加深入并对Yb^{3+}激光更加重视。

本章主要介绍Yb^{3+}的^2F_J能级劈裂、Yb^{3+}的CTS（发光）和闪烁体的特性，Yb^{3+}大功率激光特性，Yb^{3+}的激光特点和品质因素及离子间的能量传递。

Yb^{3+}由于上述的特性，在Yb^{3+}激光，上转换发光和能量传递，新闪烁体及太阳能电池等领域中应用扮演重要作用。

20.1　Yb^{3+}的光学光谱特性

受自旋-轨道相互作用，在晶场对称性比立方更低时，基态$^2F_{7/2}$劈裂成4个Stark子能级，激发态$^2F_{5/2}$劈裂为3个。而Yb^{3+}的CTS能量位置一般在30000cm^{-1}以上，与基质性质密切相关。

20.1.1　Yb^{3+}晶场劈裂

在晶场作用下，Yb^{3+}的^2F_J能级劈裂。室温下，YAG中Yb^{3+}基态$^2F_{7/2}$劈裂为0cm^{-1}、581cm^{-1}、619cm^{-1}及786cm^{-1} 4个子能级；而$^2F_{5/2}$ Stark能级及劈裂为10327cm^{-1}、10634cm^{-1}、10927cm^{-1} 3个子能级[1]。在GGG，RE_2O_3等基质中也是如此，见表20-1[1-10]。在Yb^{3+}掺杂的碲酸盐玻璃中也是如此。在该碲酸盐玻璃中，Yb^{3+}的光谱中伴随着690cm^{-1}（ν_d-TeO_3），755cm^{-1}（ν_s-TeO_3）振动模及130cm^{-1}声子模级数，使Yb^{3+}的吸收光谱展宽，有利施主Yb^{3+}和受主Tm^{3+}($^3H_5$)或H_0^{3+}($^5I_6$)吸收态耦合，发生能量传递。但在Yb^{3+}掺杂的BNN铌酸盐晶体中，呈现明显的4条吸收峰和8条发射谱线。它们属于Ba^{2+}和Na^+两个不同格位上Yb^{3+}的吸收和发射。

为便于对Yb^{3+}光谱分析，图20-1表示Yb^{3+}的能级结构。它适用于所有基质中Yb^{3+}的吸收和发射跃迁情况，所标明的吸收和基态的能量位置，只是一个大概值，具体可参考表20-1中内容。只是在不同的基质中，Yb^{3+}的吸收、发射的峰位和相对强度是稍有差异的。

表 20-1 各种基质中 Yb^{3+} 的 $^2F_{7/2}$ 和 $^2F_{5/2}$ 能级劈裂后子能级的能量位置

能级	BNN 中		LuAG /cm^{-1}	GGG /cm^{-1}	YAG /cm^{-1}	$KY(WO_4)_2$ /cm^{-1}	CNGS① /cm^{-1}	Y_2SiO_5 /cm^{-1}	立方 Y_2O_3 /cm^{-1}	立方 Lu_2O_3 /cm^{-1}	Sc_2O_3 /cm^{-1}
	Ba^{2+}格位 /cm^{-1}	Na^{+}格位 /cm^{-1}									
$^3F_{7/2}$	0	0	0	0	0	0	0	0	0	0	0
	240	129	600	462	581	64	30	236	373~295	333~392	529
	509	376	635	540	619	410	355	615	526	545	650
	704	704	762	657	786	542	806	964	931	957	
$^3F_{5/2}$	10260	10210	10330	10309	10327	10187	10240	10224	10225	10225	10254
	10441	10242	10645	10582	10634	10490	10645	10517	10504	10526	10624
	10868	10621	10900	10811	10927	10728	10828	11084	11025	11050	11132
文献	6	6	3	4，2	1	5	8	10	7	7	9

①为 $Ca_3NbGa_3Si_2O_{14}$。

表 20-1 中列出几种材料中 Yb^{3+} 的 $^2F_{7/2}$ 和 $^2F_{5/2}$ 能级劈裂后的能级的能量位置。这些结果要比人们以往常用的 Dieke 教授 1968 年发表的著作详细很多。由于形成准三能级的激光运行机制，激光过程主要发生在 Yb^{3+} 的（5 →3）能级间。

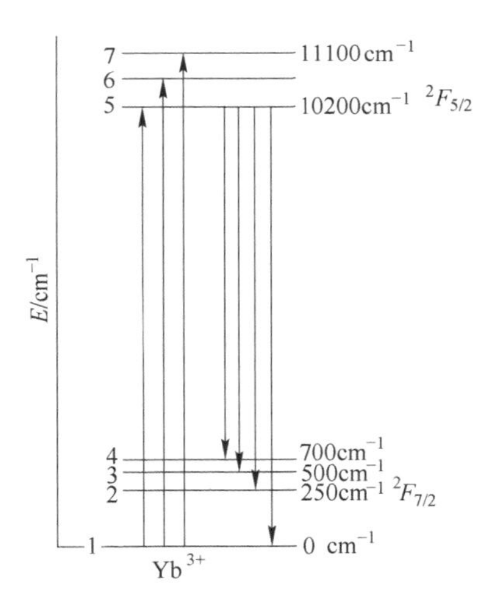

图 20-1 Yb^{3+} 离子的能级结构

20.1.2 Yb^{3+}的吸光和发射光谱

Yb^{3+}掺杂的 YAG、GGG 等石榴石是一类很重要的多功能晶体。2%Yb∶YAG 晶体室温下的吸收和发射光谱都相当宽。YAG 中 Yb^{3+} 最强吸收为（1—5）跃迁，在 943nm 激发下，最强发射峰(5 →3)跃迁大约 1030nm。而 Y_2O_3 和 Lu_2O_3 中最强的吸收和发射均在(1 ⟷ 5)间跃迁。$^2F_{7/2\longleftrightarrow 2}\longleftrightarrow{}^2F_{5/2}$ 最低能量共振跃迁谱线（5 ⟷ 1）被强烈地再吸收。Yb^{3+} Stark 能级指定有一些困难，因为在主要的晶体格位上存在电子和振动跃迁，使电子-声子耦合。电子吸收跃迁（1 →5，1 →6，1 →7）及共振（5 →1）和非共振（5 →2，3，4）电子跃迁发射。为核实对 Yb^{3+} 能级的解释，采用 Antic-Fidancev[4] 导出的中心作图方法，对 Yb^{3+} 来说，取最低的 Stark 能级作为起点，$^2F_{5/2}$ 多重态能级重心对 $^2F_{7/2}$ 一个能级作图，在实验误差范围内呈线性关系。这样，得到 Yb^{3+}:LuAG 的 $^2F_{7/2}$ 劈裂的 4 个子能级：0、600cm^{-1}、635cm^{-1} 和 762cm^{-1}；$^2F_{5/2}$ 劈裂成 3 个子能级：10330cm^{-1}，10645cm^{-1} 和 10900cm^{-1}。LuAG 中 Yb^{3+} 的 σ_{ob} 和 σ_{em} 分别为 $1\times10^{-20}cm^2$ 和 $3\times10^{-20}cm^2$；而在 YAG 中 Yb^{3+} 的 σ_{ob} 和 σ_{em} 分别为 $0.7\times10^{-20}cm^2$ 和 $2.03\times10^{-20}cm^2$。

20.2 Yb^{3+}的电荷转移态（CTS）或电荷转移带（CTB）

所谓CTS，简单而言是指电子从配位体（基）上转移到另一个电子未充满4*f*壳层的金属离子上，形成电荷转移态。当电子从CTS返回掺杂金属离子时，将吸收的激发能释放。这种激发称为电荷转移态激发，其发光称为电荷转移CT发光。这种电荷转移态不再有确定的宇称，它与稀土离子4*f*组态间的跃迁是电偶极5*d*→4*f*能级允许跃迁。故它的吸收（激发）和CT发光呈现宽谱带，而且Yb^{2+}的5*d*→4*f*允许跃迁，其荧光寿命为纳秒量级。CT发光与以往人们熟悉的Eu^{3+}-O^{2-}（S^-）形成的CTB，致使Y_2O_2S:Eu^{3+}产生高效量子效率是不同的。Eu^{3+}和配位的氧离子耦合成络合离子，当受到激发时，电子从氧离子的2*p*态转移到Eu^{3+}形成Eu^{2+}CTS。当电荷从CTS返回时，Eu^{2+}CTS能传递给邻近的Eu^{3+}，致使Eu^{3+}跃迁到^5D_J态，由^5D_J跃迁到^7F_J能级，产生强红色发光。

早在1978年，Nakazawa观测到Yb^{3+}在稀土磷酸盐中的电荷转移态。直到2000年荷兰学者在Yb^{3+}掺杂的$LiYF_4$、铝酸盐、磷酸盐、氧化物和硫氧化物等荧光体中，仔细观测Yb^{3+}的CT发光及对其超快闪烁特性的揭示，才引起人们的重视[11-12]。宽激发光谱均位于短波紫外区，激发峰220nm；而CT发光在长波紫外-可见光区呈现两宽发射带，分别对应CTS（Yb^{2+}）→$^2F_{7/2}$和→$^2F_{5/2}$（Yb^{3+}）能级跃迁发射。两发射谱的能量间距在9800～9300cm^{-1}范围内[13]，与Yb^{3+}理论上$^2F_{5/2}$—$^2F_{7/2}$能级间距一致。在大约10K低温下，衰减时间小于100ns，而在室温时为亚纳秒。衰减时间缩短和发光强度减弱可用CT发光的热猝灭解释。在$ScPO_4$:Yb^{3+}中CT发光也呈现类似性质，Stokes位移为14200cm^{-1}。YAP：0.05 Yb^{3+}在9K下的激发光谱和CT发射光谱也与YAG：Yb类似，Stokes位移为14000cm^{-1}。此外，在NIR区还观测到979nm锐发射峰，它属于Yb^{3+}的$^2F_{5/2}$→$^2F_{7/2}$能级跃迁发射。

Yb^{3+}的吸收（激发）和发射可用Yb-CTB的位形坐标图及发射表示，如图20-2所示。Yb^{3+}被激发到CTB后，快速（纳秒）辐射分别跃迁到$^2F_{7/2}$和$^2F_{5/2}$能级，发射UV及UV-可见光两个宽谱带。它们的发射峰能量间距ΔE_2正好与$^2F_{5/2}$—$^2F_{7/2}$能级间距ΔE_1相等。

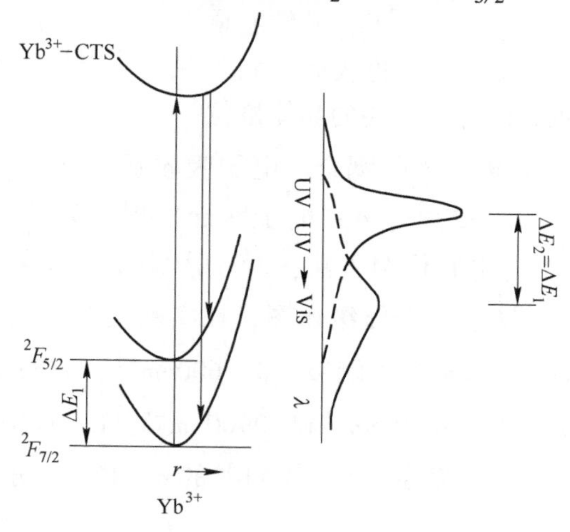

图20-2 Yb^{3+}的CTB位形坐标图和CT发光

一些 Yb^{3+}激活材料的 CTS 的最大吸收和发射峰，按下列化合物顺序从 UVU-UV 及 UV-可见光长波移动：$REPO_4$<$AREO_2$<REAG 石榴石<$REAlO_3$<RE_2O_2S。而 Stokes 位移除 Y_2O_2S 和 La_2O_2S 位移 6~8.5K/cm 外，其他化合物均在 14~18K/cm 之间。10K 下的寿命在 10~250ns 之间，可惜猝灭温度在 290K 以下。我们可以将 Yb^{3+}CT 发光特性的主要表现归纳为：

（1）吸收和发射光谱均为宽带；

（2）荧光衰减均为超快纳米量级；

（3）光谱特性与基质密切相关，Yb^{3+}的 CT 吸收带绝大多数位于 VUV-UV 区；

（4）CTS 的能量位置按电子云扩大顺序和晶场强度逐步下降；

（5）温度对荧光强度和荧光衰减严重影响，随温度升高强度减弱，寿命缩短。这一性质远不如 Eu^{3+}CTS 稳定，例如在 Y_2O_3 中，Eu^{3+}CT T_q>850K，而 Yb^{3+}CT T_q=130K；

（6）Yb^{3+}CT 发光是由 CTS $\rightarrow {}^2F_{5/2}$和$\rightarrow {}^2F_{7/2}$（Yb^{3+}）能级跃迁发射组成。绝大多数 CTS $\rightarrow {}^2F_{7/2}$跃迁发射位于长波紫外区，而 CTS $\rightarrow {}^2F_{5/2}$跃迁发射位于可见光区。两发射峰的能量间距约 9500cm^{-1}，和理论上${}^2F_{5/2}$—${}^2F_{7/2}$能级间距一致。此外，在发射光谱中，有的材料还同时出现约 980nm 的${}^2F_{5/2}\rightarrow {}^2F_{7/2}$能级跃迁发射。

Eu^{3+}的 CTS 是不能观察到 CT 发光的，因为受激的 CTS 首先无辐射弛豫到 Eu^{3+}的${}^5D_J$态，只产生 Eu^{3+}的${}^5D_J\rightarrow {}^7F_J$能级跃迁发光。而 Yb^{3+}的情况不同。Yb^{3+}被激发形成 Yb^{2+}-CTS 络合体和价带束缚空穴耦合。当电子返回 Yb^{2+}后，将吸收的激发能释放。由于 CTS 的能量位置与 Yb^{3+}的最高 4f 激发态${}^2F_{5/2}$呈现很大的能量差，可发生 CTS $\rightarrow Yb^{3+}\,{}^2F_J$（$J$=5/2，7/2）能级跃迁辐射发光。此 Yb^{3+}的位形坐标图与前面 Eu^{3+}的位形坐标图 11-1 完全不同。用两种位形坐标图可解释它们不同发光原理和区别。

20.3 Yb^{3+}的电荷转移态（CTS）和闪烁体

由于在高密度晶体如 YAG∶Yb,LuAG∶Yb 等材料中 Yb^{3+}的 CT 发光具有超快纳米衰减特性，所以很快被人们提议用作超快闪烁晶体。超快脉冲辐射探测技术是探知物质内部核反应过程信息和先进辐射装置性能的重要技术方法[14]，也是研究和获取核聚变及空间辐射探测反应机理、性质的核心技术[15]，其诊断数据是核武器理论设计和参数选取的基础和依据。此外，高能物理学家经过对太阳中微子的关注和探测，对 Yb^{3+}闪烁体寄予希望[16-17]。中微子是一种不带电、质量极小、穿透力极强的基本粒子。它有三种类型：电子中微子（ν_e），μ 中微子（ν_μ）和 τ 中微子。在广东已建立散裂中子探测国家基地。太阳的热核反应会释放出大量的电子中微子。电子中微子（ν_e）和 Yb 离子的反应如下[18]：

$$\nu_e + {}^{176}Yb \rightarrow {}^{176}Lu^* + e(Q = 301keV) \tag{20-1}$$

$$ {}^{176}Lu^* \rightarrow {}^{176}Lu + \nu(E_v = 72keV) \tag{20-2}$$

${}^{176}Lu^*$的平均寿命为 50ns。当${}^{176}Yb$ 原子俘获到一个电子中微子后，将立刻释放出一个电子和一个弛豫的 ν 光子。低的反应阈值 301keV 使其能探测到光谱截止波长位于 420keV 的 pp 中微子。这一方法可实现观测中微子并压制高于中微子信号几个量级的背景信号。这种实时探测将有利于解开太阳中微子之谜[18]。用 266nm 及脉冲激光作为激发源[19]，通过对波形数据处理，得到 YAG:Yb 晶体的衰减寿命为0.411ns，但光子产额很低。

YAG:Yb 晶体是非常重要的无机闪烁体和激光晶体。采用 60keV 的阴极射线激发，测 YAG:Yb 闪烁体的衰减时间 τ，在 10K 下为 10ns，120k 时为 50ns。然后随温度增加 τ 不断下降[20]。在 α 射线激发下，发光衰减小于 50ns。其阴极射线发光光谱是由峰约为 337nm 和 500nm 的两个宽带组成。它们分属 Yb^{3+}的$^2F_{7/2}$和$^2F_{5/2}$能级跃迁发射。YAG:5%Yb 的猝灭温度 T_q为 202K。随 Yb^{3+}掺杂浓度提高，YAG:Yb 光输出逐步降低，而 T_q逐步上升。侯晴等人[17]对 YAG:Yb 超快闪烁晶体性能、各种影响闪烁性能因素、存在的问题、研究进展及展望予以介绍。并初步提出控制晶体生长所用的 Y_2O_3、Yb_2O_3、Al_2O_3 及其他掺入的痕量元素，特别指出铁，镍，锆，这是对的。这里作者特别指出的是稀土杂质，特别是 Ce^{3+}、Eu^{3+}、Tb^{3+}、Ho^{3+}、Er^{3+}、Tm^{3+}等。后 3 种元素与 Yb 难以分离，前 3 种元素在短波和长波紫外及高能粒子激发下，可产生下转换可见光发射，它们的发光效率很高，而后 3 种元素易与 Yb^{3+}结合产生上转换发光。这些发光过程将干扰和猝灭 Yb^{3+}的发光性质。当然，也要注意材料中残存的 OH^-，CO_2 等对 Yb^{3+}的发射产生猝灭作用。今天，已有高质量、大尺寸的 Nd^{3+}:YAG 和 Yb^{3+}:YAG 激光单晶生产技术，是可以保证 YAG:Yb 闪烁体质量的。当然，人们还应该注重发展其他 Yb^{3+}掺杂的新的高质量超快闪烁体及其 Yb^{3+}CT 发光机制研究。

20.4 Yb^{3+} 激 光

20.4.1 用作激光的 Yb^{3+}的特点

Yb^{3+}用作激光中心，有如下的特点。它具有非常简单的 4f 能级结构，仅有$^2F_{7/2}$基态和$^2F_{5/2}$激发态，因此没有激发态吸收 ESA 使有效激光截面减小，没有上转换及其导致的能量损失，也没有浓度猝灭。强的吸收谱线（$^2F_{7/2}\rightarrow{}^2F_{5/2}$）很好地与大功率约 975nmLD 泵浦光源匹配，以及吸收和发射之间的 Stokes 位移小（600~700cm^{-1}），减小激光工作期间材料的热负荷等。

和重要的 Nd^{3+}相比，Yb^{3+}具有如下特点：（1）发光仅有两个简单能级$^2F_{7/2}$和$^2F_{5/2}$，储能效率高，在相同增益时储能比钕玻璃高 16 倍。（2）Yb^{3+}的荧光寿命长（2~3ms），约是钕 Nd^{3+}的 3 倍。（3）Yb^{3+}的 2 个相邻的能级的能量差 $\Delta E\approx 10300cm^{-1}$，而 Nd^{3+}容易产生无辐射跃迁，损耗能量。（4）Yb^{3+}具有大的吸收和发射截面 σ_{ab}，σ_{em}。如 YAG 和 GGG 中 σ_{ab} 分别为 $0.5\times10^{-20}cm^2$ 和 $0.3\times10^{-20}cm^2$，σ_{em} 分别为 $2\times10^{-20}cm^2$ 和 $2.5\times10^{-20}cm^2$。Yb^{3+}的吸收峰主要集中在 975nm 附近，吸收带较宽。而 Nd^{3+}的吸收峰很分散。（5）与约 975nmInGaAs LD 激光很匹配，非常有利于大功率 LD 泵浦，泵浦效率高。（6）Yb^{3+}的掺杂浓度可以很高，达 20%以上；而 Nd^{3+}掺杂浓度低。Yb^{3+}的不利条件是由于准三级激光，室温下热布居的激光终态致使阈值增大，以及因为高饱和度影响，激光阈值相当高。

20.4.2 Yb^{3+}激光晶体的品质因素

法国专家采用具有 Gaussian 波的准 3 能级激光处理[21-22]，用于考虑泵浦吸收饱和，泵浦波长处的受激发射，LD 泵浦变化，激光强度变化等来评价 CW 振荡器和放大器中 Yb^{3+}激光晶体的品质因素。早前，该评价基于从光谱中获得的两个参数：激光波长处的发射截面 σ_{em} 和实现激光波长发射所需要的最小泵浦强度 P_{min} 有如下关系：

$$P_{min} = \frac{\sigma_{ab}}{\sigma_{em} + \sigma_{ab}} \frac{h\nu}{\sigma_{ap}\tau} \tag{20-3}$$

式中，σ_{ab} 为激光波长处的吸收截面；σ_{ap} 为泵浦波长处的吸收截面；τ 为$^2F_{5/2}$能级的寿命。

σ_{em} 和 P_{min} 可用作激光晶体的品质因素。用许多材料中的 σ_{em} 和 P_{min} 作图，发现 S-FAP($Sr_5(PO_4)_3F$)，C-FAP($Ca_5(PO_4)_3F$) 表现地特别好，KY(WO_4)$_2$(KYW)、KGd(WO_4)$_2$(KGdW)、Sc_2O_3 也优良，而 $YAl_3(BO_3)_4$(YAB)、$CaGd_4(BO_3)_3O$(GdCOB)、$CaY_4(BO_3)$ O(YCOB)、Lu_2O_3、Y_2O_3 等居中。根据不同 Yb^{3+}掺杂的基质的激光输出功率与斜率效率关系，认为 KGdW、KYW 是最有前途的激光晶体，惊奇的是 YAG 最差。

但是，实际情况不是如此。除 C-FAP 和 S-FAP 卤磷酸钙锶外，Yb :YAG 的 σ_{ab} 和 σ_{em} 分别为$0.5\times10^{-20}cm^2$ 和 $2.5\times10^{-20}cm^2$，均比其他晶体高。第一，应该考虑泵浦吸收饱和度，泵浦波长处的受激发射，LD 泵浦功率等因素变化。在考虑抽运激光功率和斜效率后，计算激光输出产额结果与放大增益关系，情况就变了。对放大器增益而言，KYW，KGdW 等居中，C-FAP，GGG 和 YAG 等优良，而 LuAG 和 S-FAP 最佳。第二，评价性能还需考虑材料的热导率性质。例如，5% Yb :YAG, 10% GGG，20% Yb :LuAG 的热导率分别为 5.7W/(m·K)、7.7W/(m·K) 和 6.6W/(m·K) 是比较高的。LuAG 的热导率比 GGG 小，但是 Al 取代 Ga 后更方便单晶的制造。因为 Ga 很活跃，容易被还原。Yb :LuAG 还有一个好处,即 Yb 和 Lu 的原子序数分别是 70 和 71，紧相连，它们的离子半径相对其他稀土离子来说相差最小。Yb^{3+}掺入占据 Lu^{3+}格位造成晶格畸变最小，晶体生长质量相对均匀，对性能影响最小。但高纯 Lu_2O_3 原料的价格昂贵。第三，应考虑在大功率光源泵浦下，激光晶体耐轰击性和稳定性。尽管 C-FAP 和 S-FAP 磷灰石晶体的一些光学性质颇佳，但它们的耐轰击性和热稳定性欠佳。第四，必须考虑微量杂质有害作用，特别是 Ce、Tb、Ho、Er、Tm 及一些非稀土杂质和 OH^-等残存物。尽管是微量，它们将产生很大的影响。上述几种微量稀土离子会产生辐射陷阱作用。例如，Ho^{3+}、Er^{3+}、Tm^{3+}很容易和 Yb^{3+}发生能量传递，产生有害的上转换发光和不需要的 NIR-MIR 发射，而损失能量。微量 Ce^{3+} 在 YAG，GGG 和 LuAG 石榴石中，在包括日光的蓝光下产生强的黄光和绿光。微量 Tb^{3+} 对 Yb^{3+}起猝灭作用。而一些非稀土杂质和 OH^-等起猝灭陷阱作用。

20.4.3 Yb^{3+}激光材料和性能

在文献[21]中列出许多 Yb 掺杂晶体的光谱数据。其中 σ_{em} 和 σ_{ab} 的大小顺序依次为 S-FAP>C-FAP>KYW>KGW>YAG>…，激光波长主要在 1.03~1.04μm 范围。荧光寿命依次是：GdCOB 为 2.500ms，YCOB 为 2.280ms，YSO 为 1.400ms，…，YAG 为 0.951ms。

早在1998~2004年间，在许多Yb激光晶体、玻璃和Y_2O_3陶瓷中记录到fs超快脉冲激光，它们的平均功率在40mW以上，最高Yb:KGdW中为22W。将来LD泵浦Yb:YAG激光可望达到10kW[23]。最新中日学者联合报告[24]无源Q-开关微小芯片Yb:YAG/Cr:YAG激光获得3.7MW峰值功率下，最高能量为12.1mJ。这是目前已知最高水平。主要集中在如下体系和技术发展中。

20.4.3.1 Yb:YAG和Yb:LuAG石榴石体系

由于在YAG和LuAG中，Yb^{3+}具有较大的σ_{em}和σ_{ab}，可进行高浓度Yb掺杂。它们因具有优异的热力学性能，熔点高，刚性强，耐轰击，大单晶生长工艺成熟等特点而受到人们的重视。特别是YAG，成本低，单晶生长工艺很成熟，一直受到重视。

1999年Yb:YAG晶体的光谱和激光性能在国内已有报道[25]。当输入功率为1.2W时，获得1030nm脉冲激光输出功率为300mW，斜效率为30%，重复频率为14Hz。该工作也指出在Yb高浓度掺杂时，痕量的Er^{3+}、Tm^{3+}可能与Yb^{3+}相互作用而发生上转换过程，从而影响Yb^{3+}激光性能，不可忽视。已获得固体可调谐Yb:YAG激光器最大可调谐范围在1030.5~1055.5nm。

前面已述和Nd:YAG相比，Yb:YAG具有优势：（1）大的储能时间约1ms；（2）小的Stokes位移（约9%）和低热负荷；（3）宽吸收带（>10nm）；（4）高掺杂浓度（10%以上）等。但是，室温时Yb:YAG阈值依然高。Yb:YAG微小芯片激光能量好的也接近1mJ，峰值功率在1MW附近[26]，183WQ-开关Yb:YAG激光也早就实现。

关于Yb:LuAG石榴石。前面已介绍过Yb:LuAG具有良好的热导率，用Bridgman方法已生长出优质晶体。Yb:LuAG的发射截面比Yb:YAG高，和广泛应用的Yb:YAG相比，Yb:LuAG应是有前途的激光晶体，作者也是这么认为的。在970nmLD泵浦下，12%Yb:LuAG可调谐范围从1045扩展到1095nm，达50nm。但是，从2008年以来，不知何故，一直未见到更多的报道。作者认为，其中主要原因之一可能是高纯Lu_2O_3资源匮乏，价格太昂贵了，99.9999%及以上的纯度又难以获得等原因限制了它的发展。

20.4.3.2 三明治键合技术、饱和吸收剂及冷却技术结合

为提高Yb^{3+}激光性能，人们发展晶片三明治键合技术，饱和吸收剂（Cr:YAG）和低温结合新技术[24,27]。

和室温工作比较，在液氮（LLN）温度下，饱和影响显著降低，约1.75J/cm^{2}且可得到一个四能级系统。此外，荧光寿命，发射峰，吸收带宽变化很小，因此，在低温下可避免材料损伤，泵浦阈值减小，热膨胀系数也减小等，均有利平均输出功率。依据以往在增益介质和饱和吸收剂之间的直接键合，可制成整体单片式Nd:YAG/Cr:YAG，特殊键合一体成功的经验，人们在Yb:YAG/Cr:YAG激光介质中也采用这种键合技术[28]。将长3mm Yb:YAG激光晶体和长1.36mm Cr:YAG饱和吸收剂键合在一起，得到高度稳定的Q-开关LD泵浦发射1031nm激光，对应Q-开关脉冲峰功率46kW的脉冲能量为74μJ。鉴于此方法获得的激光能量和功率依然不高，人们发展低温冷却的Yb:YAG/Cr:YAG技术[29-30]。但当时好的输出能量依然在1mJ以下。

继续改进，依然采用LN低温冷却和YAG晶体键合技术，但是增加一个3mm的不掺杂的纯YAG薄片用作消除激光晶体的热负荷。这样将YAG/Yb:YAG/Cr:YAG三者键合

成一个整体。纯 YAG,Yb:YAG 和 Cr:YAG 晶体均是[111] [111] 和 [110] 晶面切割。Cr:YAG 的基本透射率90%，而纯 YAG 表面涂有一层对 1030nm 激光高反射的膜（HR，$R>99.8\%$）及一层对 940nm（泵浦光源）抗-反射的膜（AR，$R<5\%$）。而 Cr:YAG 表面涂有一层对1030nm 特别反射的膜，R 为 70%。作为一种输出耦合器工作，涂膜过的共振腔表面的均匀性为 $\lambda/10$。键合后的晶体固定在热导率高的铝箔上，晶体和铜接触表面之间用铝铟箔以获得高热导及减轻 YAG 和铜热膨胀系数失配的压力。铜的散热片在真空中由 LN 冷却到 77K。经过这样改进后，使 Yb:YAG/Cr:YAG 微小芯片激光输出能量大幅度提升到3.3ns 脉冲能量为 12.1mJ，峰功率高达 3.7MW[24]。这是 2018 年 2 月及之前的最高水平。

一种室温下工作的高功率 LD 端面抽运的 Yb:YAG 板条稳定在1029.6nm 和 1031.5nm 的双波长运转激光放大器近来也被发展[31]。基于 Yb:YAG 宽带的荧光特性,通过 940nm 激光 LD 双面抽运 Yb:YAG 晶体,拥有双波长光谱的种子光从晶体一端注入并进行放大，实验结果是在 1.18kW 注入时，获得 6.56kW 的双波长连续激光输出。

过去二十年，多发展大功率脉冲激光及以 Yb:YAG 激光晶体为主,经历不断改进，不断创新和不断提高的过程主要体现在:使用微小芯片，选用 Cr^{4+}:YAG 作饱和吸收剂,三明治结构，涂反射膜，冷却降温等技术和方法。曾选用半导体饱和吸收镜（SESAM），和 SESAM 相比，Cr^{4+}掺杂的饱和吸收剂具有损伤阈值高，成本低，简单易制造等优点。早期曾用 Cr 和 Yb 共掺 YAG，当时也可获得较好结果。但随 Cr 浓度增加，其荧光寿命缩短，强吸收（1μm 附近，达 60%）。同时因 Cr^{4+}掺入 Yb:YAG 晶体中产生缺陷,导致内腔能量损失高，吸收泵浦功率高等不利因素。故很快不用对泵浦功率有损失的 Cr,Yb:YAG 晶体,而 Cr^{4+}:YAG 仅作初始传输饱和吸收剂使用。无源 Q-开关微小芯片激光三明治结构，即将饱和吸收剂放在增益介质和输出耦合器之间，可克服 Cr^{4+}对泵浦功率的损失，达到具有短脉冲宽度高效激光工作的目的。类似这种三明治夹层结构很早就被提出。近年来，发展液氮（LN）冷却降温等技术。和室温相比，77K 低温使饱和吸收影响显著地降低（约 1.75J/cm^2），可得到四能级系统。而存储寿命、发射波长和吸收宽度等仅呈弱小变化。低温避免损伤，使阈值明显下降，热导率增加，热膨胀系数下降。所有这些均有利提高输出功率和 Yb:YACr 脉冲激光的性能。近来，还可用激光烧结技术制备 Yb^{3+}激光光纤[32]。表 20-2[4,24,26,28-30,33-36]列出以往大功率脉冲激光大致发展历程和水平，同时也给出作者对这方面发展的预期。

表 20-2 大功率脉冲 Yb:YAG 激光发展

时期	激光晶体和结构	技　术	水　平	文献
2005 年以前	Yb:YAG 晶体	大晶体,普通结构	340fs，1.031μm，P_{out} = 0.11W，810fs，P_{out} = 60W	4
2001 年	Yb:YAG/SESAM	使用半导体饱和吸收剂,微小芯片	530ps 无源 Q-开关脉冲	36
2001 年	Yb:YAG/Cr^{4+}:YAG	首次确认 Cr^{4+}:YAG 饱和吸收剂,Ti-宝石浦		33
2005 年	微小芯片 Cr,Yb:YAG	LD 泵浦,Cr,Yb:YAG	脉冲440ps，峰功率 253kW	34

续表 20-2

时期	激光晶体和结构	技术	水平	文献
2006 年	Yb:YAG/Cr^{4+}:YAG	LD 泵浦,微小芯片，三明治结构，Cr^{4+}:YAG 饱和吸收剂	1.03μm 处阈值 0.25W，η_h = 36.8%，η_{o-o} = 27%，脉冲 480ps 的能量 13μJ，峰功率 >27kW	26
2007—2015	Yb:YAG/Cr:YAG	微小芯片,Cr:YAG 饱和吸收剂	性能大提高	28
2010—2017 年	Yb:YAG/Cr:YAG	Cr:YAG 饱和吸收剂加 LN 低温冷却	激光能量大幅提高<1mJ，峰功率<1MW	35
2016—2017 年	Yb:YAG/Cr:YAG	紧凑型冷却,光子晶体表面发射泵浦	激光能量<1mJ，峰功率<1MW	29，30
2018 年	YAG/Yb:YAG/Cr:YAG	采用纯 YAG 用作消除 Yb:YAG 热负荷,加饱和吸收剂，三者凝合一体+LN 冷却，反射膜等	3.3ns 脉冲最大能量 12.1mJ，峰功率 3.7MW，阈值<2kW/cm^2	24
展望	新 Yb 掺杂激光晶体，新饱和吸收剂和散热鳍片等	先进热管理技术，小型冷却系统，小芯片集大功率技术，光学和共振腔等结构改进，高反射膜等	预期能量达到数百毫焦脉冲，数十至数百兆瓦峰值功率	预期

20.4.3.3 Yb:$KR(WO_4)_2$(R=Y，Gd) 体系

由前文可知，Yb:$KR(WO_4)_2$ 单斜晶体具有许多优点，如宽吸收带、大发射截面、高斜效率等。$KY(WO_4)_2$ 的熔点低，为 1046℃，相变温度为 1010℃。早期在 Ti-宝石激光泵浦下，Yb:KYW 和 Yb:KGW 的阈值分别为70mW 和 35mW，激光波长均为 1.025μm，斜效率分别为 78%和 72%；在输入泵浦功率为 940mW 时，Yb:KGW 激光的输出功率达到 500mW。Yb:KYW 晶体的红外拉曼光谱表明,样品在 931cm^{-1}、925cm^{-1}等处存在吸收峰，是 WO_6 基团伸缩振动所致。有的作者选用的 Yb_2O_3 纯度仅为 99.9%，这是远远不够的，必将带来不少的 Tm、Er、Ho 等有害杂质，导致晶体质量和性能欠佳，水平不高。

一些钨/钼酸盐中 Yb^{3+}的光谱和激光性质已被研究，如 $KGd_{0.49}Lu_{0.485}Yb_{0.025}(WO_4)_2$ 在 981nm 0.6W LD 泵浦下，得到 1023nm CW 输出功率为 0.418W，输出耦合度为 70%，阈值为 40mW 的激光。激光可在 980~1045nm 下运作[5]。但是，和 Yb:YAG 性能相比,还是略逊一筹。更重要是钨/钼酸盐的熔点很低，不耐高能光子长时轰击，易烧伤，热导率也不佳，热稳定差等，这些因素导致 2010 年以后的发展关切度下降。

20.4.3.4 Yb^{3+}掺杂的硅酸盐

R_2SiO_5(R=Y，Gd，Lu 等) 硅酸盐体系是发光，闪烁体和激光的重要基质，属单斜晶系。Y_2SiO_5(YSO) 和 $LuSiO_5$(LuSO) 具有相同的低对称结构，有 2 个非等当结晶学格位，配位数为 6 和 7；而 Gd_2SiO_5(GSO) 的配位数为 7 和 9。Yb^{3+}掺杂的这类硅酸盐的光谱性质和用作 Yb^{3+}掺杂的激光晶体也受到关注。由于存在 2 种不同结晶学格位，两种配位数，Yb^{3+}的^2F_J 能级劈裂应较大，并具有大吸收截面和宽发射谱。YSO 和 GSO 中 Yb^{3+} 的光谱性质比较类似，均呈现 4 个强的吸收和发射截面。Yb:YSO 和 Yb:GSO 的最大吸收截面分别为$0.64\times10^{-20}cm^2$ 和 $0.51\times10^{-20}cm^2$；发射截面分别为 $0.39\times10^{-20}cm^2$和 $0.46\times10^{-20}cm^2$；荧光寿命分别为 1.74ms 和 1.76ms。在 976nm LD4.22W 泵浦下，Yb:GSO

1089nm 的输出功率为 2.72W，阈值为 0.380W，斜效率为 71.2%。在 14.4W 的 978nm LD 泵浦下[10]，分别得到输出功率 Yb:LuSO 为7.3W，YSO 为 7.7W 的 1058 和 1082nm CW 激光，光转换效率分别为 50.7%和 53.5%。

人们也在发展新的 Yb^{3+}硅酸盐激光晶体。通用分子式 $A_3BC_3M_2O_{14}$是一个家族。有 4 类阳离子分别占据不同的结晶学格位。其中 A 和 B 阳离子分别位于十二面体和八面体格位上，而 C 和 M 在四面体格位上。山东大学 Zhang 等人和西班牙、俄罗斯、捷克、白俄罗斯及德国同仁联合研发 Yb^{3+}掺杂的 $Ca_3NbGa_3Si_2O_{14}$(CNGS) 新硅酸盐激光晶体[8,37]。Ca^{2+}位于 A 格位上，Nb^{5+}在 B 格位上，Ga^{3+}和 Si^{4+}分别在 C 和 M 四面体格位上。RE^{3+}(Yb^{3+}) 可部分取代 Ca^{2+}在 A 格位上。在 CNGS 晶体 Yb^{3+}的^2F_J ($J=7/2$, $5/2$) 劈裂见表 20-1，$^2F_{7/2}$基态劈裂大，达到 806cm^{-1}。这对准三能级激光工作是有利的。尽管 CNGS 具有普通的热导率 1.8W/(m·K)，比 YAG 的 5.7W/(m·K) 低，但它呈现高比热量 0.83J/(g·K)，弱的且几乎各向同性的热膨胀，有利于高压折损的良好弹性性质，受到重视，被用作 Yb^{3+}:CNGS 激光晶体。在 981nm LD 泵浦下，3%Yb:CNGS 微小芯片激光获得的主要结果为:激光波长 λ 为 1053nm，阈值 P_{th}为 1.36W，最大输出功率 P_{out}为 3.28W，斜效率为 77%，光转换效率为 23%；若在 976nm (VBG 光栅) 泵浦下，λ 为 1060nm (1048~1060nm)，P_{th}降为 0.55W，P_{out}为 7.61W，斜率为 59%，光转换效率为 33%。作者认为，如果近两年快速发展 LN 冷却降温，导热等技术将可以提升水平。

新近推出的 Yb^{3+}掺杂光纤，是由组成为 22.02%Si-3.38%Ca-10.88%Al-63.73%O 的硅酸铝钙和上述基础上用少量 F^-取代 O^{2-}，减少 Al，增加 Si 组成的氟硅酸铝钙玻璃光纤[38]。采用熔铸核芯方法制备光纤，其结果相对二氧化硅而言，Brillouin 增盖系数降到 −11.5dB，Raman 增盖系数降到−2dB，热光系数也降到−2.5dB。这些结果支持人们对碱土硅酸盐应用的持续研究。

20.4.3.5　Yb^{3+}掺杂的磷酸盐晶体

近年来，人们对 Yb:RPO_4 (R=Y，Lu) 磷酸盐晶体激光性能予以特别的关注[39-40]。采用多层 MoS_2 或 WS_2 作为饱和吸收剂，沉积在蓝宝石基准输出耦合器上。泵浦吸收功率为 11.9W 时，在重复频率 1.43MH_2 下，获得平均输出功率为 2.34W，斜效率为 31%，脉冲能量为 1.64μJ，脉冲周期为 34ns，峰功率为 48.2W[39]。2019 年，使用二维 MoS_2 饱和吸收剂实现连续波和无源 Q-开关 5%Yb:YPO_4微小晶片 1030nm 激光运作。在输出耦合T=5%，获得斜效率为 11.2%的 0.29W 脉冲激光，脉冲宽度为 77ns，脉冲能量为 0.33μJ，峰功率为 4.29W。当吸收的泵浦功率为 4.3W 时，产生的 CW 输出功率为 1.71W，斜效率为 44.3%，光-光转换效率为 39.6%。

在一种 Yb:YPO_4 微小芯片激光的实验装置中 (见图 20-3)，M1 是涂有对 1020~1200nm 高反射 (>99.9%) 而对 800~980nm 高透射的膜的平面镜；M2 是用作输出耦合器的一个平面镜。实验用的 Yb:YPO_4晶体尺寸 4nm×2mm，厚 0.46mm[41]。晶体固定在铜散热片上，对无源 Q-开关激光工作来说，少数几层 MoS_2 用作饱和吸收剂，采用化学气相沉积法 (CVD) 将少数几层 MoS_2 沉积在蓝宝石衬底上，然后放在激光晶体和输出耦合器之间。用 975nm 经光纤耦合的 LD 作泵浦源并由聚焦光学聚焦。经输出耦合器 M2 出来的光束通过已校准的光束分离器后，测量激光的光谱等参数。

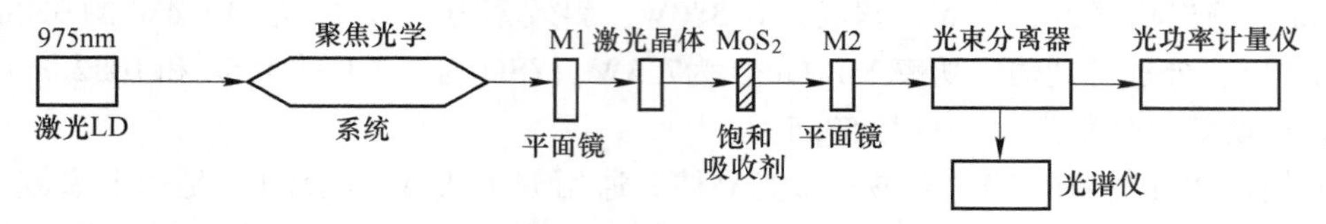

图 20-3　Yb^{3+}:YPO_4微小芯片激光实验装置示意图

上述 Yb:RPO_4激光实验水平虽不很高，但有一定的新颖性，有很大的改进和提升空间。可采用不掺杂的 RPO_4 晶体用作导热和散热鳍片，与微小芯片 Yb:RPO_4激光晶体键合一体。饱和吸收剂 Mo(W)S_2 用 CVD 沉积在 RPO_4 或其热导率高的衬底上，与激光晶体键合，或不键合，然后采用低温冷却并改善光路和结构。此外，他们使用的是 99.99%的 Yb_2O_3 和 Y_2O_3，这个纯度对激光来说是不够的，应该使用更高纯度。这样改进将会提高 Yb:RPO_4的激光性能和水平。作者坚信一定会提高。此外，他们在蓝宝石上沉积几层 WSe_2 饱和吸收剂，使无源 Q-开关 Yb:$LuPO_4$微小晶片 1002~1013nm 激光性能改善[40]。在 11.5W 吸收泵浦功率下，实现输出功率为 1.8W，斜效率为 25%，产生脉冲能量 1.5μJ，周期为 30ns，峰值功率为 50W，有利于实现紧凑，可靠微小固体激光。

为获取紧凑型超短脉冲激光，人们采用 2D 材料用作宽带和多用途的光学开关，或饱和吸收剂。饱和吸收剂可在超短时间尺度上不同吸收态之间跨越，饱和吸收剂经历了从最初的有机染料、着色玻璃（1964 年）—SESAMs（1990 年初）—QDs 量子点（1990 年末）—SWCNTs 1 维单阱碳纳米管（2005 年左右）—2D 石墨烯（约 2000 年）—TIs 拓扑绝缘体，类石墨烯 2D 层状材料（约 2012 年）—TMDCs 过渡金属二硫化物（约 2014 年）—BP 黑磷（约 2015 年）的发展历程。MoS_2 是一类间接带隙半导体，在第 19 章 Tm^{3+}激光中已有所介绍。对 2D 层状半导体来说，层的数目和厚度将影响带隙结构。这与具有很弱的 2 次非线性的石墨烯不同，它具有极好的光机电和热学等性能。这种特性对固体激光或光纤激光中无源 Q-开关或锁模来说，能使 2D 半导体起到饱和吸收剂作用。有关钨/钼二硫化物饱和吸收剂还可参阅文献［42］。

碱土金属氟磷酸盐具有很好的激光性质。Yb^{3+}:C-FAP 斜效率高达79%，$\sigma_{ab}=10.0\times10^{-20}cm^2$。和 Nd^{3+}:C-FAP 相比，Yb^{3+}:C-FAP 具有更大的能量储存时间，τ 约 1.2ms。而 Nd^{3+}:C-FAP 的 τ 约0.28ms；Yb:C-FAP 的 σ_{em} 达到$5.9\times10^{-20}cm^2$，也分别超过知名的 Yb:YAG 和 Yb:YLF 的$2.0\times10^{-20}cm^2$ 和 $0.8\times10^{-20}cm^2$[43]。只是 C-FAF 的热性能欠佳，热导率 $K_C=2.1W/(m\cdot ℃)$，比热容 $c_p=0.521J/(g\cdot ℃)$（25℃）。而 Yb:YAG 的热导率为 5.7kW/(m·K)。Yb^{3+}掺杂的磷酸盐玻璃也具有大的受激发射截面和小的非线性折射率，被认为是用作高功率激光的优良介质，但因为它们的热学性能不佳等原因可能制约着磷酸盐的发展。

20.4.3.6　Yb^{3+}掺杂的硼酸盐晶体

Yb^{3+}掺杂的 $YCa_4O(BO_3)_3$(Yb:YCOB)硼酸盐晶体具有优良的光学和热学性能，良好的化学稳定性，高的激光损伤阈值，以及低激发态吸收等特性，有利于高效激光输出。近年来利用 SESAM 饱和吸收剂也获得锁模 Yb:GYCOB 飞秒激光[44]，以及在 Yb:GdCOB 晶体中还实现纯三能级976nm 激光发射[45]，也达到 CW 输出功率 782mW 及自倍频 488nm

最大功率为 133mW 的良好水平。用 LD 激光对 Y-切割的 Yb:YCOB 晶体泵浦实现具有斜效率为78%的 17W CW 激光[46]；而 Z-切割的 Yb:YCOB 落片晶体的 CW 输出功率达到 101W，斜效率为 53%，采用 Yb:YCOB 晶体也得到自倍频的绿色和黄色激光[47]，输出功率分别为 330mW 和 1.08W。Yb^{3+}的掺杂浓度并不影响 Yb:YCOB 硼酸盐晶体的各向异性热学性能[48]。因此，YCOB 晶体中掺杂高浓度 Yb^{3+}时可以改善激光转换效率而不使受热损伤。

表 20-3 中列出了 Yb^{3+}掺杂的一些 CW 激光晶体，在 LD 泵浦下的激光特性，这是近年来的一些结果。可用作依据 Yb^{3+}激光晶体品质因素及发展新技术，改进激光性能的参考依据。

表 20-3 Yb^{3+}掺杂不同激光晶体在 LD 泵浦下 CW 激光特性

序号	年份	晶体		Yb^{3+}掺杂浓度/%	切割	激光波长/nm	P_{out}/W	斜效率/%	文献
1	2015	硼酸盐类	$YCa_4O(BO_3)_3$(YCOB)	15	Y-切	1085	17	78	46
2	2015		$YCa_4O(BO_3)_3$(YCOB)		Z-切	1085	10.7	62(η_{o-o})	
3	2016		$YCa_4O(BO_3)_3$(YCOB)		Z-切	约 1040	8.35	70	
4	2018		$GdCa_4O(BO_3)_3$(GCOB)	10		976（三能级）	0.782		45
5	2016		$GdCa_4O(BO_3)_3$(GCOB)		Z-切	1032	18.2	70	
6	2017		$Sr_3La_2(BO_3)_4$(SLB)	5	a-切	约 1040	8.2	33	
7	2014	磷酸盐类	$LuPO_4$	10	a-切	1039	1.61	75	39
8	2017		YPO_4	5	a-切	1024(1014~1024)	3.62	39	
9	2019		$LnPO_4$(Ln:Y,Lu)/MoS_2				1.71	44.3	41
10	2006	钒酸盐类	$LuVO_4$	15	a-切	1031	8.3	80	
11	2015	钨酸盐类	$KLu(WO_4)_2$(KLuW)	3	Ng-切	1049	4.4	65	5
12	2014	锗酸盐类	$Y_3Sc_2Ge_3O_{12}$	5	—	1041(1038~1041)	7.9	60	
13	2018	硅酸盐类	$Ca_3NbGa_3Si_2O_{14}$(CNGS)	3	c-切	1060(1048~1060)	7.61	59	8
14	2015		$(Gd_{0.1}Y_{0.9})_2SiO_5$	5	a-切	1060，1080	约 1	18	
15	2005		Y_2SiO_5(YSO)	5		1003，4，1005 (1000~1010)	0.23,1.0	40	10
16	2005		Y_2SiO_5	5		1082(1014~1086)	7.7	67	49
17	2005		Lu_2SiO_5(LuSO)	8		1058(1025~1090)	7.3	62	49
18	2010	钨酸盐类	$KGd_{0.49}Lu_{0.485}Yb_{0.025}(WO_4)_2$ $K(Gd,Lu,Yb)(WO_4)_2$	2.5		1023(980~1045)	0.418	71	50
19	2003	石榴石体系	$Y_3Al_5O_{12}$(YAG)				3.8	2.95 (η_{o-o})	51
20	2003		$Gd_3Ga_5O_{12}$(GGG)				4.15	29.6 (η_{o-o})	51
21	2018		Yb:YAG 双端抽运			1029.5，1031.5	656K	28.5 24(η_{o-o})	24

续表 20-3

序号	年份	晶　体		Yb^{3+}掺杂浓度/%	切割	激光波长/nm	P_{out}/W	斜效率/%	文献
22	2001 2015	倍半稀土氧化物	Sc_2O_3			约 1035	125	85~95	53 54
23	2012		Lu_2O_3			1034 1080	670	86 76	52
25①	2021		$GdScO_3$	3		1063.9	13.45	61.3 ($\eta_{光-光}$)	

①稀土，2021，42（6）：87，转载上海光机所网。

20.4.3.7　Yb^{3+}掺杂的立方 R_2O_3（R=Y，Lu，Sc）激光

众所周知，一些稀土倍半氧化物是阴极射发光、光致发光、平板显示、闪烁体和激光的优良基质。这类倍半氧化物很稳定，具有极好的热学和力学性能，熔点高达 2400℃ 以上，耐高温耐腐蚀和高度稳定性，介电常数高，低声子能量，可制成透明单晶和陶瓷。因而 Yb^{3+}掺杂的立方 Lu_2O_3、Y_2O_3、Sc_2O_3 及它们的混合相激光材料受到深切的关注和发展。La_2O_3 因其化学稳定性差，易吸潮，掺杂的效率差等性能不佳，未被用作稀土掺杂的基质。而 Gd_2O_3 未被用作基质是因为高效立方掺杂的 Gd_2O_3 纯相获取非常困难。Gd_2O_3 存在单斜和立方相，单斜合成温度比立方相高。作者在 $Gd_2O_3:Eu^{3+}$红色荧光体的合成实验证实，在 1210℃ 下，Gd_3O_3 开始发生立方→单斜结构相变，在不低于 1250℃ 下完全转变为单斜结构，远低于熔点，单斜的 $Gd_2O_3:Eu^{3+}$的效率远低于立方 $Gd_2O_3:Eu^{3+}$，且两者性质不同[55]。企图生长高质量的立方 Gd_2O_3 单晶和陶瓷非常困难。故只有 Y_2O_3、Lu_2O_3、Sc_2O_3 或它们的固熔体适用作红外激光基质。

稀土倍半氧化物的熔点比 YAG 还要高 500℃，采用 Czochralski 生长法（CZ）、无坩埚法、热交换（HEM）等生长方法作为依据可生长出优质立方 R_2O_3 单晶。如 CZ 生长法生长的 Yb:Lu_2O_3 单晶 ϕ40mm×30mm，单晶尺寸为 5cm³。该单晶在 1034nm 和 1080nm 处的斜效率分别为 86% 和 76%。立方 Lu_2O_3 和 Y_2O_3 晶体中 Yb^{3+}的$^2F_{7/2}$和$^2F_{5/2}$能级晶场劈裂分别也是 4 条和 3 条，列在表 20-1 中，晶场劈裂比 YAG 中稍大。立方 Lu_2O_3、Y_2O_3 和 Sc_2O_3 的吸收和发射光谱在 NIR 非常靠近，Stokes 位移小。这是因为它们的组成很简单，有相同的结构。Yb 掺杂的浓度对这类倍半氧化物的热导率影响大，但对 Yb:Lu_2O_3 的影响相对小些。对 Yb:R_2O_3 CW 激光来说，第 1 个薄片激光是 $Yb^{3+}:Sc_2O_3$ 在 254W LD 泵浦下获得输出功率为 125W[53]，同时常规的斜效率超过 85%。976nm 泵浦光子和 1030nm 附近激光光子之间的 Stokes 效率达到 95%[54]。在不断改进下，如在 1kW 泵浦下，Yb:Lu_2O_3 薄片激光输出功率高达 670W，光转换效率也达到 66%[52]。这是 2013 年以前 LD 泵浦的最佳水平。

对锁模 Yb:R_2O_3 脉冲激光来说，对不同的 Yb^{3+}掺杂的 R_2O_3 和它们的固溶体的平均输出功率与脉冲宽度作图表时，随脉冲宽度增加，平均输出功率增加，这是符合一般规律的。其结果尤以 Yb:Lu_2O_3 薄片最佳，其次为 Yb:$LuScO_3$ 固溶体。但和前述的新发展的 Yb^{3+}:YAG 体系相比，Yb:Lu_2O_3 激光水平相差很大。就热导率来说，其实未掺杂的 R_2O_3（Y，Sc，Lu）的热导率比其他知名的激光晶体如 YAG、LuAG、LaF_3 等更佳。今后采用

先进的热管理、键合技术及更优异的饱和吸收剂和低温冷却等新技术，相信 Yb^{3+}:R_2O_3 激光性能会大幅提高。

获取高功率激光，先进的热管理技术极为重要。可以从大功率白光 LED 中可获取有益的借鉴，如微型循环冷却系统，多散热鳍片（热沉）等。作者建议，用微小（约 3mm）激光芯片集成大功率激光技术，使输出功率大幅提高。今日用若干个小芯片蓝光 LED 集成（组合）大功率、高光通量在白光 LED 照明技术中，已被广泛成功使用。若在激光中使用，需设计新的光学系统。新的初始传输饱和吸收剂的研发和使用，同在 Tm^{3+} 章节中所介绍的一些其他饱和吸收剂一样。新的 Yb^{3+} 激光晶体研发，也可对前面所提到的一些性能颇佳的 Yb^{3+} 掺杂的晶体，如氟磷酸钙锶等进行（主要是热稳定性，抗烧伤等），以及对光学系统和内腔等结构改进。作者确信，着手创新，不久之后高功率 Yb^{3+} 激光一定会提升到一个更高的新水平。高效激光的基质极为重要，应注意对 Yb^{3+} 激光的一些有害杂质，特别是三价 Er、Tm、Ho、Tb 及 Eu 等离子。激光和发光有着渊源“血缘”关系。很多高效发光基质都是激光基质，如 η_Q 约 100% 的 Y_2O_3:Eu，高效卤磷酸锶钙，R_2SiO_5:Ce 或 Ce/Tb，RPO_4:Eu 或 Ce/Tb，YAG:Ce，LuAG:Ce，$CaWO_4$，$MR(WO_4)_2$:Eu 等。发光材料种类很多，用途很广，人们可以从中创新性地借鉴，科学设计发展有自己特色的新激光材料。η_Q 约 95% 的 $Ce_{0.67}Tb_{0.33}MgAl_{10}O_{19}$ 磁铅矿体系应该是有前景的激光基质，掺 RE^{3+} 浓度高，具有物理化学性能优良，热稳定性佳，耐高能光子长时轰击等优点，主要是熔点太高大于 2200℃，生长单晶困难。

由上所述，Yb^{3+} 掺杂晶体成为当今产生超短脉冲 fs 和 ps 及大功率激光发展的重点。当然，也没有忘记对 Yb 光纤的发展。近年来采用激光烧结技术制备光纤激光的掺杂 Yb^{3+} 的大面积光子晶体光纤[52]。电子探针微分析图示结果表明，Yb、Al、Si 元素通过光纤核芯分布均匀。其激光性能证明在激光发射 1035nm 处其斜效率高达 81%，而在 1m 光纤内阈值低 3.04W。

20.5 Yb^{3+}和其他离子的能量传递

20.5.1 施主 Yb^{3+}

在能量传递过程中，作为施主的 Yb^{3+} 主要发生在 $Yb^{3+}\rightarrow Er^{3+}$ 和 $Yb^{3+}\rightarrow Tm^{3+}$ 的上转换可见光和 NIR 发射过程中。例如 $Ca_3Al_2Ge_3O_{12}$(CaAG) 锗酸盐玻璃在 978nmLD 泵浦下产生强的可见光和 NIR 发射[56]。在 $NaYF_4$ 中其拉曼光谱表明存在 3 个声子模 298cm^{-1}、370cm^{-1} 和 418cm^{-1}，对发生 Yb^{3+}—Er^{3+}，Yb^{3+}—Tm^{3+} 的强上转换发光很有利。用 Er^{3+}，Tm^{3+} 和/或 Yb^{3+} 掺杂 $MaYF_4$ 产生强的上转换可见光发射[57]。$NaRF_4$:Yb,Er（R=Y，Gd）纳米晶已被用于生物医疗诊断中。

$BaYF_5$:0.5% Er^{3+} 纳米晶在 980nmLD 泵浦下产生 541nm（$^4S_{3/2}\rightarrow {}^4I_{15/2}$）和 523nm（$^2H_{11/2}\rightarrow {}^4I_{15/2}$）上转换绿色发射，而 625nm（$^4F_{9/2}\rightarrow {}^4I_{15/2}$）红发射很弱，但是当 20% Yb^{3+} 共掺杂时，Er^{3+} 的 652nm 上转换红发射显著增加，而绿色上转换发射减弱；类似在 $BaYF_5$:10%Yb,0.5%Tm 纳米晶中，在 980nm 泵浦下产生 Tm^{3+} 的 464nm（$^1D_2\rightarrow {}^3F_4$）和 480nm（$^1G_4\rightarrow {}^3H_6$）上转换蓝色发光[58]。通过基态吸收（GSA）和激发态吸收（ESA）

上转换过程可实现红、绿、蓝上转换发光。$BaYF_5$:40%Yb, 0.5%Er, 0.5%Tm 在 980nmLD 泵浦下得到三基色上转换白光，改变它们的掺杂浓度可调控所需要的不同色温白光。又如，在具有声子能量 465cm^{-1}的 $Gd_2Ge_2O_7$ 基质中[59]，Yb^{3+}—Er^{3+}的能量传递和交叉弛豫过程中，Yb^{3+}起重要作用，产生 Er^{3+}的 527nm、677nm 及 960nm 上转换发光。

在无 Yb^{3+}掺杂的 $CaMoO_4$:Tm, Er 纳米荧光体中，用 1532nm 激发无蓝色 Tm^{3+}的上转换发光。但当再掺入 Yb^{3+}时，观察到 Tm^{3+}的上转换蓝色（$^1G_4 \rightarrow {}^3H_6$）发光[60]。在$Er^{3+}\rightarrow Yb^{3+}\rightarrow Tm^{3+}$能量传递过程中，$Yb^{3+}$起中介作用。

有关更多的 $Yb^{3+}\rightarrow Er^{3+}$（$Tm^{3+}$）的上转换发光和能量传递可参阅 Er^{3+}和 Tm^{3+}章节的详细介绍。

Yb^{3+}掺杂的组成为 $70TeO_2$-(25−x)WO_3-$5ZrO_2$-xYb_2O_3(%)钨碲酸盐玻璃（TWZY）在 CW 910nm 激光激发下，呈现一个从 920~1050nm 的 NIR 发射光谱，峰值为 977nm[61]。这是典型的 Yb^{3+}的$^2F_{5/2}$最低的激发态 5 到$^2F_{7/2}$基态 5 → 1 跃迁发射，其 FWHM 为 15nm。发射光谱和吸收光谱重叠。同时，在 460~520nm 光谱范围还观测到一个宽的蓝绿上转换发射带。这可能是 Yb^{3+}-Yb^{3+}离子对合作上转换的结果。两个 10235cm^{-1}（977nm）光子合作的能量为 20470cm^{-1}，正对应于上转换蓝色光谱峰值附近（488nm）。这个结果与 BaY_2F_8:Yb 中的结果约480nm 峰也是一致的。此外，在此钨碲酸盐玻璃中也确认在绿区和红区中几个发射峰为杂质 Er^{3+}的上转换发光。这种 Yb^{3+}及 Yb^{3+}/Er^{3+}上转换发光特别对约 1.0μmYb^{3+}激光是有害的。Yb^{3+}的这种上转换发光还需要更仔细的研究，如 Yb^{3+}的浓度、温度变化，Yb^{3+}的荧光寿命等因素是如何影响 Yb^{3+}合作能量传递上转换等。

20.5.2　$Yb^{3+}\rightarrow Tb^{3+}$的上转换发光和能量传递

由表 20-1 可知，一般 Yb^{3+}的$^2F_{5/2}$激态上光子能量在 10200~11000cm^{-1}附近。既然存在 Yb^{3+}离子对的上转换发光，它的能量一般在 20500~22000cm^{-1}范围内，即 488~456nm 光谱区。这个能量范围正与 Tb^{3+}的$^5D_4$ 能级和 Eu^{3+}的$^5D_2$ 能级能量位置相匹配。因此，在 970~980nm LD 泵浦下，可以发生 Yb^{3+}对合作上转换能量传递（UPE）给 Tb^{3+}的$^5D_4$ 能级。然后从$^5D_4 \rightarrow {}^7F_J$，主要是$^5D_4 \rightarrow {}^7F_5$跃迁绿色发光产生。这已在 Yb^{3+}/Tb^{3+}共掺杂的组成为 $58NaPO_4$-$10BaF_2$-32(Yb/Tb/YF_3）的氟磷酸盐玻璃和组成为 $37InF_3$-$20ZnF_2$-$20SrF_2$-$14.5BaF_2$-2NaF-$4GaF_3$-$0.5TbF_3$-$2YbF_3$（%）的氟铟酸盐玻璃中[62]，分别得到证实。第一个观测到强的 545nm（$^5D_4 \rightarrow {}^7F_5$）发射，这是双光子吸收结果。第二个观测结果是同时记录到因激发态吸收 ESA 第 3 个光子或第 3 个 Yb^{3+}的能量传递，促使部分粒子吸收能量到更高的$^5D_1$ 能级，然后迅速弛豫到（$^5D_3$, $^5G_6$）能级。由此向$^7F_5$和$^7F_4$ 能级跃迁，分别产生约 414nm 和 437nm 弱的上转换蓝色发光。第三个观察结果，也记录列在 478nm 蓝区光谱，应是 Yb^{3+}离子对合作上转换发光。Tb^{3+}的上转换强度随 980nm 泵浦功率增加而增强，当泵浦功率大大超过 100mW 后，偏离线性关系。这可能是 Tb^{3+}吸收能力饱和。也可以认为是高功率下，Yb^{3+}的$^2F_{5/2}$激发态的粒子布局的密度高到足以发生受激发射。但这种假设被否定，因为发现$^2F_{5/2}$能级寿命无变化为 1.10ms，且与激发功率无关。

此外，为研究在上转换过程中多声子协助影响，特别采用反 Stokes 准共振 Yb^{3+}激发，被用作敏化剂，在更长的 1064nm（9398cm^{-1}）激发下，在 Yb^{3+}和 Tb^{3+}共掺杂的氟铟酸盐玻璃中也获得Tb^{3+}的上转换蓝光和绿光反射。在310K，370K和530K温度下，用1.3W的1064nm激发Yb/Tb共掺杂的氟铟酸盐玻璃，测量其上转换发射光谱。随温度增加，因上转换能量传递使上转换过程大大地增强。当温度从308K升高到530K时，Tb^{3+}的417nm（蓝）上转换发射强度增强76倍，而545nm（绿）上转换发射增强20倍[62]。

能级为i无辐射衰减速率$W_i^{nr}(T)$与温度T的关系表达如下[61]：

$$W_i^{nr}(T) = W_i^{nr}(T_0)\left\{\frac{1 - \exp[-h\nu_p/(K_B T)]}{1 - \exp[-h\nu_p/(K_B T_0)]}\right\}^{-p} \tag{20-4}$$

此处，p为从能级i弛豫到最靠近的下能级中所涉及的有效声子模数量，对此特别情况，取$p=1$；T_0为室温；FIG玻璃的声子能量$h\nu_p$为$310cm^{-1}$；K_B为玻尔兹曼常数。

由Judd-Ofelt理论计算辐射衰减速率和室温时的$W_i^{nr}(T_0)$。式（20-4）的结果与实验结果完全一致。这充分证明多声子参与协助Yb^{3+}-Tb^{3+}上转换发光过程。这种声子协助（PA）过程可用于温度传感器、上转换激光和激光散热等技术中。

关于在一些材料中观察到Yb^{3+}的约480nm蓝光上转换发光更详细的信息，及对Tb^{3+}等离子的上转换发光和能量传递还需更深入研究和确认。对来源于Yb^{3+}-Yb^{3+}离子对合作上转换约480nm发射的荧光寿命，温度、浓度等关系现在知之甚少；施主Yb^{3+}的寿命与受主，如Tb^{3+}的浓度等关系及其变化规律并不是很清楚。有的将Yb^{3+}的激发态表示为$^2F_{5/2}+^2F_{5/2}$为一个新的“虚拟”能态等，这些均无可信赖的证据。如果Yb^{3+}-Yb^{3+}离子对合作，其能量一般在20500～2200cm^{-1}范围内，理论上应该还可与其他稀土离子，如Eu^{3+}、Sm^{3+}、Pr^{3+}、Er^{3+}、Tm^{3+}等发生相互作用，但是否敏化还是猝灭作用至今很少有报告。人们也没有花更多的精力在Yb^{3+}这方面。

这里作者特别指出，Yb^{3+}和Er^{3+}等离子共掺杂的某些发光材料可以被多波段NIR光激发（吸收），产生强的上转换可见光。这种物理现象具有重要的应用价值。

20.5.3 Yb^{3+}和Cr^{3+}，Bi^{3+}，Ce^{3+}，Eu^{2+}等离子的相互作用

Yb^{3+}和Cr^{3+}间的关系看起来似乎简单，实际上它们之间的关系却复杂。例如在Yb和Cr共掺杂的YAG和GGG晶体中，Yb离子发射强度对比仅掺杂Yb^{3+}时[63]，Yb^{3+}的发射强度分别减少为原来的$\frac{1}{6}$或$\frac{1}{5}$。在更多的情况下，Yb^{3+}的发射强度和寿命减小被认为是发生Cr离子的本底吸收。在这种情况下，认为Yb^{3+}和Cr^{3+}之间不存在相互耦合作用。但在Cr离子共掺的情况下，Yb^{3+}的发射截面变得更大[64]，因而也接受Yb^{3+}和Cr^{3+}间存在共振传递，且一致认为Cr离子共掺杂Yb离子的发射强度减小。

近来，在一些荧光体中，人们观测到Yb^{3+}共掺入可将Bi^{3+}、Ce^{3+}、Eu^{2+}、Tb^{3+}等离子发射的NUV-绿光下转换为Yb^{3+}的特征的NIR发射，且Bi^{3+}、Ce^{3+}、Eu^{2+}等离子寿命由于Yb^{3+}的掺入缩短，荧光强度也下降[65-68]。对这种现象有的认为可能是通过多声子协助的能量传递；也有的认为Bi^{3+}、Ce^{3+}→Yb^{3+}的能量传递可能是合作能量传递。人们并没有观测到Bi^{3+}、Eu^{2+}、Ce^{3+}等离子的发射光谱与Yb^{3+}的激发（吸收）光谱重叠。不符合无辐射共振能量传递的必要条件，仅有施主（Bi^{3+}、Ce^{3+}等）的荧光寿命缩短还不够。Bi^{3+}、Ce^{3+}等离子的最低发射态的能量位置与Yb^{3+}的最高激发（吸收）态的能量位置间距太大。

如Bi^{3+}的NUV发射能量在24400cm^{-1}（410nm）处，在其他含氧盐中Ce^{3+}发射位于长波UV-NUV区。而Yb^{3+}的$^2F_{5/2}$吸收（激发）在约10500cm^{-1}处，与Bi^{3+}，Ce^{3+}的能量间距相差太大，对Bi^{3+}、Ce^{3+}、Eu^{2+}、Tb^{3+}等离子来说，需要有一个“中介能级”，可以将它们吸收的能量传递给Yb^{3+}。尽管提出用能量较大的声子协助或产生Yb^{3+}-Yb^{3+}对或原子团簇合作发光来解释，显然并不合理，存在诸多疑问和证据不足。Yb^{3+}与Ce^{3+}、Eu^{2+}、Bi^{3+}等离子发生的相互作用现象，给无辐射共振能量传递理论提出挑战，同时也是机遇。有待今后创新发展、解决。

最近，Satos等人[69]在真空中制备出Eu^{3+}，Eu^{2+}/Yb^{3+}共掺杂的铝硅酸钙玻璃。该玻璃在UV和可见光区具有较高的吸收和宽带。他们认为，在这种玻璃中，由于来自Eu^{2+}和Eu^{3+}→Yb^{3+}间的合作能量传递，导致下转换Yb^{3+}NIR光发射。在350nm激发下，样品的NIR发射强度随玻璃中Yb^{3+}浓度（$0<Yb_2O_3\leqslant 1.38\%$（摩尔分数）增加而增强。在$Yb_2O_3$浓度1.38%时，最大效率约85%。该新玻璃有望用于太阳能电池。这里需指出，如何控制样品中Eu^{3+}和Eu^{2+}各自的含量，是有难度的；此外，在第4章中已说明不能用声子辅助的能量传递来解释。

20.5.4　Yb^{3+}和Pr^{3+}的能量传递

人们在$CaGdAlO_4$、$LiYF_4$、LaF_3及$Gd_3(Al, Ga)_5O_{12}$等晶体中观测到Pr^{3+}→Yb^{3+}间的能量传递[70-72]。有的认为发生量子剪裁，有的认为不属于量子剪裁。为了说明，这里用在$Gd_3(Al,Ga)_5O_{12}$:Pr^{3+},Yb^{3+}(GAGG）石榴石体系中[70]所发生的Pr^{3+}→Yb^{3+}间的能量传递过程予以解释。

在GAGG:0.45%Pr，3% Yb晶体中监测Yb^{3+}的1029nm发射的激发光谱得到16500cm^{-1}处的激发谱应属于Pr^{3+}的$^3H_4\rightarrow{}^1D_2$跃迁；而更强的激发谱20475cm^{-1}、21653cm^{-1}及22121cm^{-1}分别为Pr^{3+}的$^3H_4\rightarrow{}^3P_{0,1,2}$能级跃迁。33295cm^{-1}处的激发光谱为$Pr^{3+}$的$4f^2\rightarrow 4f^15d$跃迁吸收。这与在YAG中是一致的。在此晶场下，$Pr^{3+}$的$4f5d$态位于$^1S_0$能级之下。$Pr^{3+}$的$^1D_2$和$^3P_{0,1,2}$吸收（激发）光谱出现在$Yb^{3+}$的激发光谱中，表明发生$Pr^{3+}$→$Yb^{3+}$间的能量传递。在GAGG:0.45%$Pr^{3+}$中，$Pr^{3+}$的$^3P_0$和$^1D_2$能级的本征寿命分别为19μs和168μs，而在GAGG:0.45%Pr,X,Yb中，Pr^{3+}的$^3P_0$和$^1D_2$寿命随Yb^{3+}浓度增加而逐步缩短，到Yb^{3+}浓度增加到10%时，$^3P_0$和$^1D_2$寿命分别缩短到2.8μs和11μs，能量传递效率分别为85.3%($^3P_0$）和93.5（$^1D_2$）。这进一步证实发生Pr^{3+}→Yb^{3+}的无辐射能量传递。GAGG:0.45%Pr在445nm激发下，主要产生$^3P_0\rightarrow{}^3H_J$,^3H_J,$^1G_4$及$^1D_2\rightarrow{}^3F_4$，$^1G_4\rightarrow{}^3H_4$等跃迁发射，但Yb^{3+}共掺后，Pr^{3+}的这些发射被减弱，而Yb^{3+}的$^2F_{5/2}\rightarrow{}^2F_{9/2}$跃迁NIR发射被增强。

可以对GAGG:Pr,Yb体系中所发生的能量传递机制和结果予以说明。用图20-4表示Yb^{3+}和Pr^{3+}的能级及发生能量传递的过程和机制，Pr^{3+}的$^1G_4$能级能量和Yb^{3+}的$^2F_{5/2}$能级很匹配。在GAGG:Pr,Yb体系中发生两步能量传递过程。

当蓝光对Pr^{3+}激发后，第1步，涉及Pr^{3+}的$^3P_0\rightarrow{}^1D_2$跃迁后，由于$^1G_4$(Pr^{3+}）能级与$^2F_{5/2}$(Yb^{3+}）能级能量匹配，导致$^1G_4$(Pr^{3+}）→与$^2F_{5/2}$(Yb^{3+}）能级间发生共振能量传递，产生一个Yb^{3+} $^2F_{5/2}\rightarrow{}^2F_{7/2}$跃迁NIR光子发射。第2步，$Pr^{3+}$的$^3P_0$弛豫到$^1D_2$能级

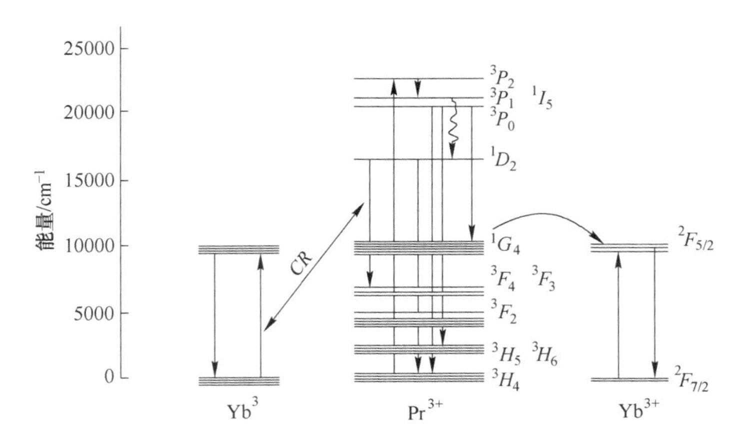

图 20-4 Pr^{3+}和 Yb^{3+}的能级图及发生能量传递可能的机制和过程

后，由于$^1D_2$—$^3F_4$(Pr^{3+}) 与$^2F_{5/2}$→$^2F_{7/2}$(Yb^{3+}) 能级能量匹配，发生$^1D_2$(Pr^{3+}) +$^2F_{7/2}$(Yb^{3+}) →$^3F_4$(Pr^{3+}) +$^2F_{5/2}$(Yb^{3+}) 交叉弛豫 CR 过程。这样，一个$^1D_2$ 高能光子转换，又一个 Yb^{3+}NIR 光子发射。尽管产生两个 NIR 光子，但从$^1D_2$ 能级传递给 Yb^{3+}不是量子剪裁。若发生 Pr^{3+}的$^3P_0$ →$^1G_4$ 跃迁发射，接着发生$^1G_4$ →^3H_J跃迁发射，这是串级双光子发射（见第 8 章)，即发生量子剪裁。

Yb^{3+}作为受主，与其他稀土离子特别是 Ce^{3+}、Eu^{2+}和过渡族金属离子 Bi^{3+}间的相互作用是一个目前没有解决的学术问题。故这里仅列出部分有关文献。不要被传统观念和思维束缚，大胆创新。作者认为，对 Yb^{3+}的 CTS 激发将产生 UV-蓝紫外光发射。从理论上分析，应该会发生光辐射和辐射能传递给 Ce^{3+}、Eu^{3+}、Bi^{3+}、Tb^{3+}等离子。同时伴有这些离子的发射及 Yb^{3+}的 NIR 光特征发射。

此外，该 Yb^{3+}（受主）与其他离子间的相互作用，主要针对试图利用 Yb^{3+}作为受主，将 NUV 光下转换为可被 C-Si 太阳能电池吸收的 Yb^{3+}发射的约 1.0μm NIR 来提高太阳能电池的光电转换效率。选择具有能隙不小于 $2E_g$（E_g 为 C-Si 电池的能隙）的施主及中介能级，由无辐射能量传递和交叉弛豫等过程将吸收的能量传递给受主 Yb^{3+}，产生双光子发射或 Yb^{3+}高效发射。一定要注意不同类型和种类的太阳能电池对其太阳光谱的响应曲线是不同的，否则无效。

参 考 文 献

[1] YOSHIKAWA A，BOULON G，LAVERSENNE L，et al，Growth and spectroscopic analysis of Yb^{3+}-doped $Y_3Al_5O_{12}$ fiber single crystal [J] J. Appl. Phys.，2003，94：5479-5488.

[2] GUYOT Y，CANIBANO H，GOUTAUDIER C，et al.，Yb^{3+}-doped $Gd_2Ga_5O_{12}$ garnet single crystal，grown by the micro-pulling down technique for laser application. Part1 Spectroscopic proterties and assignment of energy levels [J]. Opt. Mater.，2005，27：1658-1663.

[3] BOULON G. Why so deep research on Yb^{3+}-doped optical inorganic materials [J]. J. Alloys Compounds，2008，451：1-11.

[4] ANTIC-FIDANCEV E. Simple way to test validity of $^{2S+1}L_J$ barycenters of rare earth ions $4f^2$，$4f^3$，$4f^6$ Configurations [J] J. Alloys Compd.，2000，300/301：2-10.

[5] MATEAS X, SOLE R, GAVALDA J, et al, Ultraviolet and visible emission of Er^{3+}in KY (WO_4)$_2$ single crystals co-doped with Yb^{3+} ions [J]. J. Lumin., 2005, 115: 131-137.

[6] ROMO FC, GOUTAUDIER C, GUYOT Y, et al. Yb^{3+}-doped $Ba_2NaNb_5O_{12}$ (BNN) growth, characterization and spectroscopy [J] Opt. Mater, 2001, 16 (1/2): 199-206.

[7] LAVERSENNE L, GUYOT Y, GOUTOUDIER C, et al, Optimization of spectroscopic properties of Yb^{3+}-doped refractory sesquionides: Cubic Y_2O_3, Lu_2O_3 and monoclinic Gd_2O_3 [J]. Opt. Master., 2001, 16 (4): 475-483.

[8] ZHANG X Z, LOIKO P, MATEOS X, et al. Crystal growth, low-temperature spectroscopy and multi-watt laser operation of Yb:$Ca_3NbGa_3Si_2O_{14}$ [J]. J. Lumin., 2018, 197; 90-97.

[9] JIANG B X, HU C, Li J, et al. Synthesis and properties of Yb:Sc_2O_3 transparent ceramics [J]. J. Rare Earths, 2011, 29 (10): 952-953.

[10] JACQUEMET M, JAEQUEMST C, JANEL N, et al. Efficient laser action of Yb:LSO and Yb:YSO oxyorthosilicates crystals under high-power diode-pumping [J]. Appl. Phys. B, 2005, 80: 171-176.

[11] VAN PIETERSON L, HEEROMA M, DE HEER E, et al. Charge transfer luminescence of Yb^{3+} [J]. J. Lumin., 2000, 91: 177-193.

[12] VAN PIETERSON L, MEIJERINK A. Charge transfei luminescence of Yb^{3+} in orthophosphares [J]. J. Alloys Compounds, 2000, 300/301: 426-429.

[13] NIKL M, YOSHIKAWA A, Fukuda T. Charge transfey luminescence in Yb^{3+}-containing compounds [J]. Opt. Mater., 2004, 26: 545-549.

[14] 欧阳晓平. 脉冲辐射探测技术 [J]. 中国工程科学, 2008, 10 (4): 44-45.

[15] MEDIN S A, PARSHIKOV A N, LOZITSKII I M, et al. Thermomechanical processes in an inertial thermonuclear fusion reactor blanket under cyclic exposure to neutron fluence [J]. Atomic Energy, 2011, 110 (2): 104-114.

[16] ZUBER K. Double beta decay with large scale Yb-loaded scintillators [J]. Phy. Lett. B, 2000, 485 (1): 23-26.

[17] 侯晴, 陈建玉, 齐红基, 等. Yb:YAG超快闪烁晶体研究进展与展望 [J]. 发光学报, 2016, 37 (11): 1323/323/1330.

[18] RAGHAVAN R S. New Prospects for real-time spectroscopy of low energy electron neutrinos from the Sun [J]. Phys. Rev. Lett, 1997, 78 (19): 3618-3621.

[19] 李忠宝, 唐登攀, 张建华, 等, 两种掺Yb^{3+}闪烁晶体光致激发时间性能的实验研究 [J]. 原子能科学技术, 2012, 46 (5): 608-612.

[20] 杨培志, 邓佩珍, 徐军, et al. Yb:YAG晶体的闪烁特性[J]. 发光学报, 2005, 26 (6): 723-726.

[21] BRENIER A, BOULON G. Overview of the best Yb^{3+}-doped laser crystals [J]. J. Alloys Compounds, 2001, 323/324: 210-213.

[22] SUMIDA D S, FAN T Y. Effect of radiation trapping on fluorescence lifetime and emission cross section measurements in solid-state laser media. [J]. Opt. Lett, 1994, 19 (17): 1343-1346.

[23] PAYNE S A, KRUPKE W F. A glimpse into the laser-crystal ball [J]. Opt. Phono. News, 1996, 7 (8): 31-35.

[24] GUO X Y, TOKITA S, KAWANAKA J. 12mJ Yb:YAG/Cr:YAG microchip laser[J]. Opt. Lett, 2018, 43 (3): 459-461.

[25] 杨培志, 邓佩珍, 徐军, 等. Yb:YAG晶体的光谱和激光性能[J]. 光学学报, 1999, 19 (1): 132-135.

[26] DONG J, SHIRAKAWA A, UEDA K I. Sub-nanosecond passively Q-switched Yb:YAG/Cr^{4+}:YAG

sandwiched microchip laser[J]. Appl. Phys. , 2006, 85: 513-518.

[27] BROWN D V, TORNEGARD S, KOLIS J. Cryogenic nanosecond and picosecond high average and peak power (HAPP) pump laser for ultrafast applications [J]. High Power Laser Science Engineering, 2016, 4 (15): 1-31.

[28] SULE J, JELINKOVA H, NEJEZCHLEB K, et al Generation of 1. 6ns Q-switched pulses based on Yb : YAG/Cr :YAG microchip laser[J]. Proc. Spie, 2015, 9513: 951317.

[29] GUO X , TOKITA S , FUJIOKA K, et al. High-beam-quality, efficient operation of passively Q-switched Yb : YAG/Cr : YAG laser pumped by photonic-crystal surface-emitting laser[J]. Appl. Phys. B, 2017, 123: 194.

[30] SULC J, EISENSCHREIBER J, JELÍNKOVÁ H, et al. Influence of temperature on Yb :YAG/Cr :YAG microchip laser[C]. // [不详], 2017.

[31] 马艺芳，申艺杰，徐浏，等．连续运转 Yb :YAG 板条激光器的双波长放大特性[J]．中国激光，2018. 45 (1): 5.

[32] CHEN Y, ZHAO N, LIU J T, et al. Yb^{3+}-doped large-mode-area photonic crystal fiber for fiber lasers prepared by laser sintering technology [J]. Opt. Mater. Expr. , 2019, 9 (3): 1356-1364.

[33] DONG J, DENG P, LIU Y, et al, Passively Q-switched Yb :YAG laser with Cr^{4+}:YAG as the saturable absorber[J]. Appl. Opt. , 2001, 40 (24): 4303-4307.

[34] DONG J, SHIRAKAWA A, HUANG S, et al. , Stable laser-diode pumped microchip sub-nanosecond Cr, Yb :YAG self-Q-switched laser[J]. Laser Phys. Lett. , 2005, 2 (8): 387-391.

[35] KAWANAKA J, TAKEUCHI Y, YOSHIDA A, et al. , Highly efficient cryogenically-cooled Yb :YAG laser[J]. Laser Phys. , 2010, 20 (5): 1079-1084.

[36] SPUHLER G J, PASCHOTTA R, KULLBERG M P, et al. , A passively Q-switched Yb :YAG microchip laser[J]. Appl. Phys. B, 2001, 72 (3): 285-287.

[37] ZHANG X Z, LOIKO P, SERRES J M, et al. Highly-efficient laser operation of a novel trigonal silicate crystal Yb^{3+}:$Ca_3NbGa_3Si_2O_{14}$ [J]. Opt. Mater Express , 2017, 7 (10): 3626-3633.

[38] CAVILLON M, DRAGIC P, KUCERA C, et al. Calcium silicate and fluorosilicate optical fibers for high energy laser applications [J]. Opt. Mater. Express, 2019, 9 (5): 2147-2158.

[39] DOU X D , YANG J N, ZHU M, et al. , High-gain Yb :$LuPO_4$ microchip laser passively Q-switched by MoS_2 or WS_2 deposited on a sapphire etalon output coupler [J]. Opt. Mater. Express, 2018, 8 (9): 2542-2549.

[40] YANG J L, DOU X D, MA Y J, et al. Application of few WSe_2/MoS_2 hire in passively Q-Switched Solid-State lasers as saturable absorber and output coupler [J]. Opt. Laser Techn, 2019, 115: 200-204.

[41] WANG F Q, KONG H L, ZHU M, et al. Continuous-wave and passively Q-switched Yb :YPO_4 microchip laser with two-dimensional MoS_2 saturable absorber [J]. Appl. Phys. Express, 2019, 12 (4): 042008.

[42] LI Z Q, LI R, PANG C, et al. WSe_2 as a saturable absorber for multi-gigahertz Q-switched mode-locked waveguide lasers [J]. Chin. Opt. Lett. , 2019, 17 (2): 020013.

[43] PAYNE S A , SMITH L K , DELOACH L D, et al. , Optical, and thermomechanical properties of Yb-doped fluorapatite [J]. IEEE J. Quantum Electronics, 1994, 30 (1): 170-179.

[44] LIN H F, ZHANG G , ZHANG L H, et al. SESAM mode-locked Yb :GdYCOB femtosecond laser[J]. Opt. Mater Express, 2017, 7 (10): 3791-3795.

[45] XIA J, LIU H L, HU Z H , et al. Pure-three-level Yb : GdCOB CW laser at 976nm [J]. Opt. Lett, 2018, 43 (16): 3981-3984.

[46] LIU J H, HAN W J, CHEN X W, et al. Continuous-wave and passive Qswitching laser and performance of

Yb:$YCa_4O(BO_3)_3$ crystal [J]. IEEE J. Sel. Top. Quantum Elecetron, 2015, 21 (1): 1-8.

[47] FANG Q, LU D, YU H, et al. Self-frequency-doubled vibronic yellow Yb:YCOB laser at wavelength of 570nm [J]. Opt. Lett, 2016, 41 (5): 1002-1005.

[48] FANG Q N, LU D Z, YU H H, et al. Anisotropic thermal properties of Yb:YCOB crystal influenced by doping concentrations[J]. Opt. Mater Express, 2019, 9 (3): 1501-1511.

[49] YAN C F, ZAO G G, ZHANG L H, et al. A new Yb-doped oxyorthosilicate laser crystal: Yb:Gd_2SiO_5 [J]. Sol. State Comm., 2006, 137: 451-455.

[50] GESKUS D, ARAVAZHI S, WORHOFF K, et al. High-power, broadly tunable, and low-quantum-defect $KGd_{1-x}Lu(x)(WO_4)_2$:Yb^{3+} channel waveguide lasers [J]. Opt. Express, 2010, 18 (25): 26107-26112.

[51] CHENAIS S, FRUON F, BALEMBOIS F, et al. Diode-pumped Yb:GGG laser:comparison with Yb:YAG [J]. Opt. Mater., 2003, 22: 99-106.

[52] WEICHELT B, WENTSCH K S, VOSS A, et al. A 670W Yb:Lu_2O_3 thin-disk laser [J]. Laser Phys. Lett., 2012, 9 (2): 110-115.

[53] PETERS V, PETEMANN K, BOL A, et al. Ytterbium-doped sesquioxides as host materials for high-power laser applications [C]//The Conf, Laser Electro-Opt, Eur. Baltimore, MD, 2001.

[54] KRANKEL C. Rare earth-doped sesquioxides for diode-pumped high-power laser in the 1-, 2-, and 3-μm Spectral range [J]. IEEE J. Selected Topics Quantum Electron, 2015, 21 (1): 1-11.

[55] 刘行仁. 立方和单斜 Gd_2O_3:Eu 红色荧光体制备、结构和发光性能总结 [R]. 宜兴, 2012.

[56] HUANG L H, LIU X R, XU W, et al. Infrared and visible luminescence properties of Er^{3+} and Yb^{3+} ions codoped $Ca_3Al_2Ge_3O_{12}$ glass and 978nm diode laser excitation [J]. J. Appl. Phys., 2001, 90 (11): 5550-5554.

[57] SUYVER J F, GRIMM J, VAN VEEN M K, et al. Upconvesion spectroscopy and properties of $NaYF_4$ doped with Er^{3+}, Tm^{3+} and/or Yb^{3+} [J]. J. Lumin., 2006, 117: 1-12.

[58] ZHANG C M, MA P A, Li C X, et al, Controllable and white upconversion luminescence in $BaYF_5$:Ln^{3+} (Ln=Yb, Er, Tm) nanocrystals [J]. J. Mater. Chem., 2011, 21: 717-723.

[59] WU Y F, LAI F G, LIANG T X. et al. Role of Yb^{3+} ion in on the evaluation of energy transfer and cross-relaxation process in $Gd_2Ge_2O_7$:Yb^{3+}, Er^{3+} Phosphors [J]. J. Lumin., 2019, 211: 32-38.

[60] LI X Y, ZHOU S S, JIANG G H, et al. Blue upconversion of Tm^{3+} using Yb^{3+} as energy transfer bridge under 1532nm excitation in Er^{3+}, Yb^{3+}, Tm^{3+} tri-doped $CaMoO_4$ [J]. J. Rare Earths, 2015, 33 (5): 475-479.

[61] BABU P, MARTH IR, VENKATAIAH G, et al. Blue-green cooperative upconverted luminescence and radiative energy transfer in Yb^{3+}-doped tungsten tellurite glass [J]. J. Lumin., 2016, 169: 233-237.

[62] MENEZES L D, MACIEL G S, ARAUJO C B d. Photonon-assisted cooperative energy transfer and frequency upconversion in a Yb^{3+}/Tb^{3+} codoped fluoroindate [J]. J. Appl. Phys., 2003, 94 (2): 863-866.

[63] DONG J, DENG P Z, XU J. Spectral and luminescence properties of Cr^{4+} and Yb^{3+} ions in Yttrium aluminum garnet (YAG) [J]. Opt. Mater., 2000, 14: 109.

[64] Zhao S Z, Rapaport A, Dong J, et al. Temperature dependence of the 1.03μm stimulated emission cross section of Cr, Yb:YAG crystal[J]. Opt. Mater., 2005, 27 (8): 1329.

[65] ZHYDACHEVSKYY Y, TSIUMRA V, BARAN M, et al. Quantum efficiency of the down-conversion process in Bi^{3+}-Yb^{3+} co-doped Gd_2O_3 [J]. J. Lumin., 2018, 196: 169-173.

[66] LUO H M, ZHANG S A, MU Z F, et al. Neat-infrared quantum cutting via energy trunsfer in Bi^{3+}, Yb^{3+}

codoped Lu_2GeO_5 down-converting phosphor [J]. J. Alloy Compiunds, 2019, 784: 611-619.

[67] TAI Y P, ZHENG G J, WANG H, et al. Broadband down-conversion based near infrared quantum cutting in Eu^{2+}-Yb^{3+} co-doped $SrAl_2O_4$ for crystalline silicon solar cells [J]. J. Solid State Chem., 2015, 226: 250-254.

[68] WEI H W, SHAO L M, JIAO H, et al. Ultraviolet and near-infrared luminescence of $LaBO_3$:Ce^{3+}, Yb^{3+} [J]. Opt. Mate., 2018, 75: 442-447.

[69] SATOS J F M, MUNIZ R F, SANI E, et al. Broadband downcoversion in $Eu^{2+,3+}$/Yb^{3+} doped Calcium aluminosilicate glasses for solar cells application [J] . J. Appl. phys., 2023, 133: 033102.

[70] LIU Y X, ZHANG M, YANG J, et al, Efficient deep ultraviolet to near infrared quantum cutting in Pr^{3+}/Yb^{3+} codoped $CaGdAlO_4$ Phosphors [J]. J. Alloys Compounds, 2018, 740: 595-602.

[71] KOMAR J, LISIECKI R, KOWAISKI R M, et. al. Down and up conversion phenomena in Gd_3 (Al, Ga)$_5O_{12}$ crystals with $Pr^{3+}$and Yb^{3+} ions [J]. J. Phys. Chem. C, 2018, 122: 1306-1371.

[72] LISIECKI R, GLOWACKI M, BERKOWSKI M, et al. Contribution of energy transfer processes to excitation and relaxation of Yb^{3+} ions in Gd_3 (Al, Ga)$_5O_{12}$:RE^{3+}, Yb^{3+} ($RE^{3+}=Tm^{3+}$, Er^{3+}, Ho^{3+}, Pr^{3+}) [J]. J. Lumin., 2019, 211: 54-61.

21 Eu^{2+} 的 $4f^6(^7F_J)5d^1$ 电子组态结构和发光光谱特征

二价稀土离子（RE^{2+}）具有振子强度很高的 $4f^n$—$4f^{n-1}5d^1$ 宇称允许跃迁吸收（激发）。其电子组态结构包括 $4f$-$5d$（f—d）电偶极允许跃迁，Eu^{2+}的 $4f^7$ 内电子层中^6P_J→$^8S_{7/2}$（主要$^6P_{7/2}$→$^8S_{7/2}$）能级间禁戒跃迁（f—f），以及 $4f^6$组态中^7F_J中$^8S_{7/2}$→^7F_J跃迁吸收。其吸收和发射光谱，特别是 $4f$—$5d$ 跃迁受晶场环境和强度等因素影响很大。这是一个有趣的学术内容，相对其他 RE^{2+}，Eu^{2+}更加稳定，内容丰富。本章主要介绍 Eu^{2+}的电子组态，特别是 $4f^6$（^7F_J）$5d^1$ 电子组态结构及阶梯状光谱基本特征，$5d$ 能态位置判定方法等，以期有利于对 Eu^{2+}激活的荧光体性能深刻认识和材料科学地设计。

21.1 Eu^{2+}的电子组态特征

$Eu^{2+}(4f^7)$ 的电子构型是（Xe）$4f^75s^25p^6$，与 Gd^{3+}电子构型相同。Eu^{2+}基态中 7 个 $4f$ 电子自行排列成 $4f^7$构型。基态光谱项为$^8S_{7/2}$，和 Gd^{3+}的基态相同。最低激发态可由 $4f^7$ 组态内层构成，也可由 $4f^65d^1$ 组态构成。主要有三种跃迁吸收和发射：

（1）如果最低激发态是 $4f^65d^1$ 形成的，即发生通常所述的 $4f$—$5d$（或 f—d）电偶极允许跃迁。这种情况最常见，也最重要。其吸收和发射光谱为宽谱带，荧光是寿命微秒至纳秒量级。

（2）如果最低激发态是在 $4f^7$ 内电子层中，即发生类似 $Gd^{3+}(4f^7)$ 的$^6P_{7/2}$→$^8s_{7/2}$能级间禁戒跃迁，常称 f—f 线状发射。f—f 跃迁发射有时单独出现，有时与 d—f 跃迁宽带同时存在。

（3）$4f^6(^7F_J)5d$ 态中形成阶梯状吸收光谱，通常 Eu^{2+}的 $4f^6(^7F_J)5d^1$ 组态中，除 $5d$→$^8S_{7/2}$基态宽吸收带外，还伴随有$^8S_{7/2}$基态到 $4f^6$组态中^7F_J（J=0，1，…，6）（相当于 Eu^{3+}的^7F_J）吸收跃迁。一般同时叠加在 $5d$→$^8S_{7/2}$跃迁宽带上，形成弱的阶梯状光谱结构。这种阶梯状结构情况少有。

依据这三种吸收类型，Eu^{2+}、Eu^{3+}和 Gd^{3+}的能级结构图表示在图 21-1 中，以便对比理解和分析。

对第（1）种 f—d 允许跃迁来说，由于外层的 $5d$ 电子处于裸露状态，易受晶场环境等因素影响，也受临近离子晶格振动影响。二价稀土离子的晶场环境变化，使 Eu^{2+}（Sm^{2+}，Yb^{2+}）的光谱宽化，呈现带状吸收和发射。由于 Eu^{2+}受晶场强度影响很大，$5d$ 能态的能量劈裂达到 10000cm^{-1}或更大。对第（2）种 f—f 跃迁来说，由于通常情况室温下 Eu^{2+}的 $4f^65d$ 能态位于比 $4f^7$ 组态能量低，大多数情况下观察不到这种 f—f 跃迁。Blasse 对 Eu^{2+}可以产生 f—f 跃迁提出三个条件[1]：（1）$4f^65d$ 组态的晶场劈裂重心应处

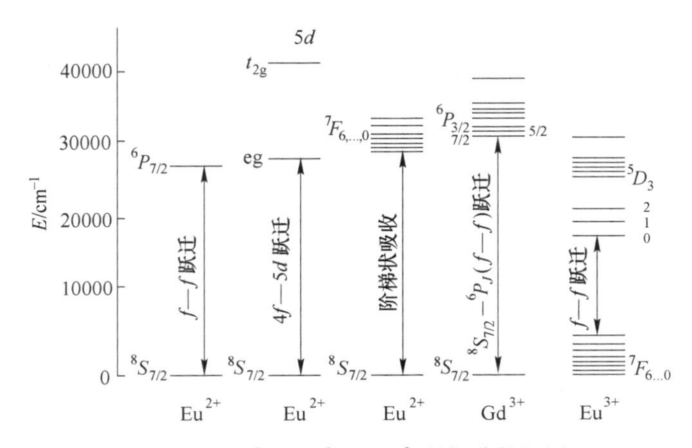

图 21-1 Eu^{2+}、Eu^{3+}和 Gd^{3+}的部分能级图

于高能位置；（2）晶场劈裂应当小；（3）临近 Eu^{2+}的阳离子应当小，且具有高电荷，Eu^{2+}应当取代较大的二价阳离子。因此，基质中必须含有电子云扩大效应弱的阴离子，如 F^-，O^{2-}。而对于第（3）种情况，$4f^65d$ 组态中^7F_J（$J=0$，1，…，6）与基态$^8S_{7/2}$之间的吸收跃迁情况复杂。在 $4f^6$组态中也有 6 个 4f 电子，这 6 个 4f 电子在与 5d 态没有相互作用时，形成与之同构的 Eu^{3+}最低基态能级^7F_J($J=0$，1，…，6）相似的电子构型。这样，可以发生 Eu^{2+}的$^8S_{7/2}\rightarrow 4f^6(^7F_J)$ 5d 基态能态中^7F_J($J=0$，1，…，6）吸收跃迁。同时与单一的 $5d^1$ 电子在立方晶场作用下被劈裂成 t_{2g}和 e_g能带。$4f^6$电子和 5d 态电子发生强相互作用时，很少有 $4f^6(^7F_J)$ 特征阶梯状吸收光谱结构出现。若发生较强的相互作用时，一些能态被杂混，在吸收和激发光谱中可观测到弱的 $4f^6(^7F_J)$ 5d 中阶梯状光谱。一般叠加在强的 5d 态的吸收光谱上。相反，$4f^6$与 5d 态相互作用很弱时，$4f^65d^1$ 态体系中预计可得到许多没有耦合的 $4f^6$和 5d 态的本性。这种情况少有。在中国目前除了张晓和作者共同研究过[2]，迄今无人报道。故人们对这种 Eu^{2+}的阶梯状光谱属性比较生疏。

21.2 Eu^{2+}的吸收和发射光谱特征

Eu^{2+}的吸收、激发和发射光谱与上述 Eu^{2+}的电子组态结构密切相关。下面用几个典型的光谱予以说明。

21.2.1 Eu^{2+}的 4f—5d 宽发射带

在大多数基质情况中呈现 Eu^{2+}的 4f—5d 允许跃迁的宽吸收和发射带。如典型的含有 5%Eu^{2+}和 6% Ca^{2+} 的富 Ba 的 $(BaO)_{1.27}\cdot 6Al_2O_3$ 和含 5% Eu^{2+} 和 5% Ca^{2+} 的贫 Ba 的 $(BaO)_{0.91}\cdot 6Al_2O_3$ 六铝酸盐在紫外线激发下的发射谱[3]。它们仅呈现出一个宽带发射，其激发光谱在 200~400nm 宽紫外光谱区呈现两个以上宽激发（吸收）带，为 4f—5d 跃迁吸收。其 5d 的最低分支能量远低于 Eu^{2+}的$^6P_{7/2}$能级，故没有 f—f 跃迁。其发射主要是 5d—

4*f* 跃迁宽带，发射峰约为 445nm 的宽带，发光效率很高，总的外量子效率在 90%以上。

BaO-MgO-Al_2O_3 是一个很复杂的体系，存在磁铅矿（如 $BaAl_{12}O_{19}$，$BaNg_2Al_{16}O_{27}$等）和 β-Al_2O_3 相（$BaMgAl_{10}O_{17}$等）[4]。在这两种结构中，由于晶场作用，Eu^{2+}的 5*d* 态被劈裂成 3 个能较好地分辨开的子能带，但 5*d* 态的重力重心一般位于 300nm 附近。所以在这两类铝酸盐中观察不到 *f*—*f* 跃迁吸收和发射。一般认为 β-Al_2O_3 中 Eu^{2+}的发射波长比磁铅矿中更长，Stokes 位移小，约 $2500cm^{-1}$；而磁铅矿中达 $4500cm^{-1}$。后来，对 BaO-MgO-Al_2O_3 体系的晶体结构仔细分析，发生存在 3 种晶相[5]：$BaMgAl_{10}O_{17}$，$BaMg_2Al_{14}O_{24}$，$BaMg_3Al_{14}O_{25}$。其中 $BaMgAl_{10}O_{17}$是理想的 β-Al_2O_3 结构。六铝酸盐是由所谓的“传导层”和尖晶石方块交错堆集在 *c* 轴方向形成一层状结构。在磁铅矿和 β-Al_2O_3 结构中，传导层面存在差异。在磁铅矿型的传导层面中有面心共享的 AlO_6 八面体，12 配位大的阳离子和 5 配位的 Al 离子。而 β-Al_2O_3 型结构中含有棱角共享的 AlO_6 四面体，以及 9 配位大的阳离子。结构精修揭示 Ca 和 Sr 的六铝酸盐是磁铅矿，而 Ba 铝酸盐是 β-Al_2O_3 型结构。

高效的 Eu^{2+}的 *d*—*f* 跃迁宽带吸收和发射的 $BaMgAl_{10}O_{17}$:Eu(BAM:Eu)蓝色荧光体，以及其他 Eu^{2+}激活的高效的 $SrAl_2O_4$，$Sr_4Al_{14}O_{25}$，MS(M=Ca，Sr）硫化物，$Sr_2Si_5N_8$ 和 $CaAlSiN_3$ 氮化物，$Ca_8Mg(SiO_4)_4Cl_2$ 硅酸盐等荧光体中均为 *d*—*f* 跃迁吸收和发射宽带。它们都具有不同的用途。

荷兰学者 Dorenbos 仔细总结 2003 年以前发表的 300 多种各类无机化合物中 Eu^{2+}和 $4f^7$—$4f^65d$ 跃迁的吸收激发和发射光谱（主要是 *f*—*d*），位移及 Stokes 位移之间的关系。提出 Eu^{2+}的发射能量 E_{em} 计算公式如下[6]：

$$E_{em} = E_{free} - D - \Delta S \tag{21-1}$$

式中，E_{free}为 Eu^{2+}自由离子能量，$34000cm^{-1}$（约 294. 1nm）；*D* 为该化合物的位移，即由于晶场作用引起的能级降低的能量；ΔS 为发射产生的 Stokes 位移。

在氟化物中，从一个化合物到另个一化合物晶场强度变化常常比重心位移变化更大。而在硫化物中，情况相反。这是因为硫化物离子尺寸大，晶场劈裂相对小。另一方面硫化物离子是强极化的，且含有 Eu^{2+}具有更大的共价性。故重心位移很大。硫代铝酸盐和镓酸盐及 MS（M=Ca，Sr，Mg）碱土金属硫化物，可用 $M_xA_yS_{x+3y/2}$通式表示。当 $y=0$ 时为 MS 硫化物，显然随 x/y 比值增加，即 Al 或 Ga 含量减少位移增大。这证实 Al 或 Ga 是对硫配位基的键合起相反作用的阳离子。硫代镓酸盐比硫代铝酸盐呈现更大的位移。

从 Ba、Sr 到 Ca 格位，位移和发射波长增加，可归因于大晶场劈裂。但在 MgS 和 $ZnGa_2S_4$ 中，对更小的 Mg 和 Zn 离子格位而言，这个原因不能适用。

而在 MX（M=Sr，Ca，Mg 或 Eu，X=O，S，Se，或 Te）化合物中，所有的 MX 的位移按 O、S、Se、Te 的顺序递减。基于阴离子极化率和共价性增加，预计有更大的能量重心移动。阴离子尺寸增加导致更小晶场劈裂更为重要，而且净有效红移减小。

21.2.2 Eu^{2+} *f*—*f* 锐谱发射

当 Eu^{2+}的 ^6P_J能级位于 $4f^65d^1$ 态能量下限之下，或两者能量间距很近时，则会观测到 Eu^{2+}的 *f*—*f* 跃迁的线状发射。Eu^{2+}必须处于晶场强度很弱或弱的基质晶格中，必须满足前面所提的三个条件。

在许多氟化物中，如 $MAlF_5$（M = Ba，Sr）、MFCl（M = Ba，Sr）、$Ba_3Al_2F_{12}$、$Ba_9Al_2F_{24}$）等氟化物，中仅呈现*f*—*f*跃迁线状发射。而在 $AMgF_3$(A=Na-Cs)、MFCl(M=Ca，Sr，Ba）等氟化物和某些硅酸盐中呈现*f*—*f*线状和*f*—*d*带状发射共存结果。它们与温度有关。在MFX（M=Ba，Sr，Ca；X=Cl，Br，I）6种化合物中，Eu^{2+}的发射谱线变化很典型[7]，其特点如下：（1）六种化合物室温下以5*d*宽带发射为主；（2）低温下，BaFCl和SrFCl中Eu^{2+}的带状发射强度大大减弱，而*f*线状发射相对强度大大增强；而其他化合物中仍以5*d*宽带发射为主，*f*线极弱或不存在；（3）按Ca、Sr、Ba离子半径增大顺序，*d*—*f*跃迁的发射波长依次向短波移动，而对*f*—*f*跃迁发射移动很小。这反映晶场强度和环境对5*d*的影响大；（4）在氟溴化物呈现强的*d*—*f*跃迁发射，只在低温下出现微弱的*f*—*f*跃迁发射。而在BaFI中，只有*d*—*f*跃迁宽带发射，而无*f*—*f*跃迁线状发射。这些结果符合产生*f*—*f*跃迁的条件。一定有电负性大的阴离子，其顺序为 $F^- > O^{2-} > Cl^- > Br^- > I^-$。故在I和Br化合物中难以观测到*f*—*f*线状发射。

具有正交结构的$BaMgF_4$氟化物不仅是良好的压电材料，也是一些稀土激活的良好基质。按照Blasse提出的三个条件，Eu^{2+}掺杂的$BaMgF_4$中不应出现*f*—*f*线状跃迁发射，而只能观察到Eu^{2+}的$4f^65d \rightarrow 4f^7$跃迁宽带发射。事实确是如此[8-9]，不同作者对$BaMgF_4$:Eu^{2+}分析的结果完全一致。Eu^{2+}的发射光谱是由一个370～500nm的宽带组成，发射峰为415nm。这是典型的5*d*—4*f*跃迁发射。在$BaMgF_4$中，Eu^{2+}的荧光衰减符合$I=I_0e^{-\alpha t}$单指数规律。其中$\alpha=2.8\times10^5 s^{-1}$。当$Eu^{2+}$浓度$x>0.10\%$时，衰减为非指数式，且晶体结构发生变化。

在石士考和作者对$Ba_{1-x-y}Eu_xGd_yMgF_{4+y}$复合氟化物的研究中[10-11]，发现随着$Gd^{3+}$掺入，$Eu^{2+}$的发射光谱中不仅观测到$Eu^{2+}$的5*d*—4*f*跃迁宽带发射，也清晰地发现峰值位于359nm的锐谱线，这个谱线的位置与在其他基质中Eu^{2+}产生的$^6P_{7/2} \rightarrow {}^8S_{7/2}$（*f*—*f*）跃迁发射能量位置相同，且其发射强度与Gd^{3+}和Eu^{2+}浓度密切相关。显然这条359nm锐谱线不是Gd^{3+}的$^6P_{7/2} \rightarrow {}^8S_{7/2}$能级跃迁发射。$Gd^{3+}$没有359nm锐发射谱线，一般$Gd^{3+}$的$^6P_{7/2} \rightarrow {}^8S_{7/2}$能级跃迁发射位于约311nm附近。

图21-2表示$BaMgF_4$:0.01Eu^{2+}，yGd^{3+}复合氟化物在254nm激发下的发射光谱。当无Gd^{3+}时，发射光谱（曲线1）为$BaMgF_4$:Eu^{2+}正常的宽光谱。随Gd^{3+}掺入，359nm（*f*—*f*）锐谱线发射明显出现，且随Gd^{3+}浓度增加而增强（曲线2、3、4），而Eu^{2+}的*d*—*f*宽发射带本性无变化。人们知道，Eu^{2+}的配位数*n*越大，5*d*态能量下限升高越高，越有利于*f*—*f*跃迁产生。在$BaMgF_4$中，Eu^{2+}的配位数为8，不易产生*f*—*f*跃迁发射。Gd^{3+}共掺杂时，需用少量F^-进行电荷补偿。虽不可能使晶体结构发生大变化，但F^-作为间隙原子存在基质中，必然使部分阳离子周围的阴离子F^-数目增加。这可能导致Eu^{2+}（Gd^{3+}）中心所处的局域晶场环境强度减弱，局部配位数可能增大，有利于

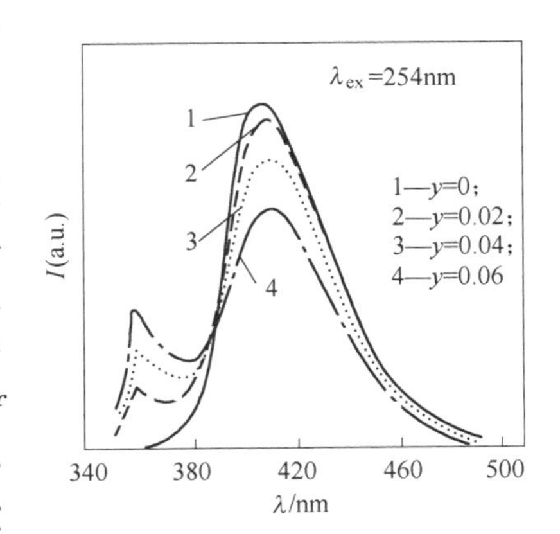

图21-2　$BaMgF_4$:0.01Eu^{2+}，yGd^{3+}（$0.01+y<0.10$）样品的发射光谱[10]

f—f 跃迁线谱发射产生。石士考他们利用 Van Vitert 提出的计算 $5d$ 最低能态位置的经验公式与配位数 n 有关联这一规律，变通后，由实验得到 359nm 发射的 $5d$ 最低激发态带边 E 在 28250cm^{-1}附近，计算得到配位数 $n=10$。这意味 359nm 附近 Eu^{2+}中心的配位数为 10，比通常 415nm5d 中心的配位数 8 要大，同时引入电荷高的阳离子 Gd^{3+}，这些有利于 f—f 跃迁发生。

关于 $BaYF_5$ 氟化物中 Eu^{2+}的光谱性质，作者在文献［12］中只报道了 $BaYF_5$ 中 Eu^{2+}的 $5d$—$4f$ 跃迁强而宽的发射带。后来进一步扩展到研究在室温和 77K 下，$BaYF_5$ 中 Eu^{2+}的荧光光谱，发现除了一个强而宽的 $5d$—$4f$ 跃迁发射带外，还有一组位于 359nm 附近的 $4f$—$4f$ 跃迁的锐发射谱线[13]。严格检查样品中无 BaY_2F_8杂相后，用灵敏的电子束激发检测样品中也无 Eu^{3+}的特征红光发射。在 $BaYF_5$中，Eu^{2+}的 $5d$ 宽带和 $4f$—$4f$ 跃迁线状发射与 Eu^{2+} 的浓度和温度有关。在室温、260nm 激发下，含 0.5%Eu^{2+}低浓度的 $BaYF_5$的发射光谱中仅呈现一个峰值在 380nm 的强宽谱带，是 Eu^{2+}的 $5d$—$4f$ 跃迁发射，359nm 附近无锐 f—f 发射。但随 Eu^{2+}浓度增加，无论在室温或 77K 下均展现出 359nm 附近的 f—f 跃迁锐发射，且随温度降低和 Eu^{2+}浓度增加而增强，而宽带发射相反。

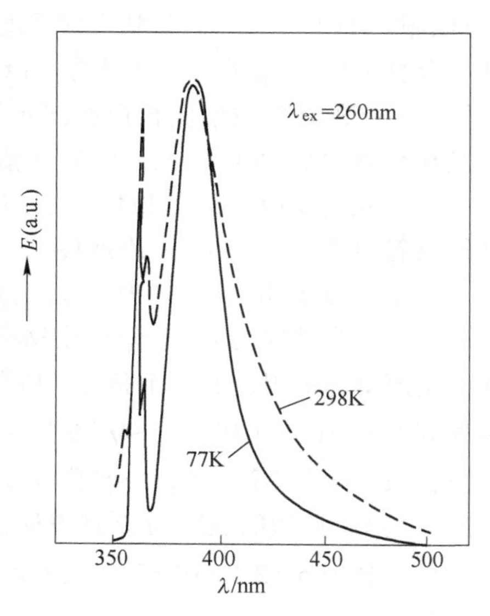

图 21-3 $BaYF_5$:5%Eu^{2+}的荧光光谱[13]

图 21-3 给出在室温和 77K 低温下，$BaYF_4$:0. 05Eu^{2+}氟化物的发射光谱，清晰表明上述变化的规律。室温和低温下的 Eu^{2+}的发射光谱本质上是一致的。宽谱带在低温下变窄，峰值向长波稍有移动。这符合宽带和温度的关系。当温度较高时，宽带 $\sigma \propto T^{1/2}$，而 359nm f—f 跃迁谱线位置不变。在各种基质中，Eu^{2+}的 f—f（$^6P_J \rightarrow ^8S_{7/2}$）跃迁差异都很小，在 359nm 附近。$BaYF_5$中 Eu^{2+}的激发和发射光谱性质，宽带发射来自 $5d(e_g)$ 和 $5d$（t_{2g}）激发态跃迁，而 Eu^{2+}的$^6P_J \rightarrow ^8S_{7/2}$跃迁的锐谱线发射主要来自高能态的 $5d(t_{2g})$ 激发态的弛豫。实验结果表明，在 $BaYF_5$体系中，Eu^{2+}产生 $4f$—$4f$ 跃迁发射符合 Blasse 提出的三个条件：（1）基质中含有电子云扩大效应小的阴离子 F^-，使 $4f^65d$ 组态晶场劈裂重心处于高能处；（2）Eu^{2+}取代半径稍大的 Ba^{2+}；（3）邻近 Eu^{2+}的阳离子 Y^{3+}电荷高。但是作者及团队对 $BaYF_5$和 Latcurette 等人对 BaY_2F_8:Eu 的研究结果[13-14]说明，邻近 Eu^{2+}的阳离子半径不一定像 Blasse 强调的如 Al^{3+}那么小，可实现窄的 f—f 跃迁发射，且随 Eu^{2+}浓度增加，温度降低，有利于 f—f 锐谱线发射。

21. 2. 3 Eu^{2+}的 $4f^6(^7F_J)$ $5d$ 阶梯状吸收（激发）光谱

Eu^{2+}的 $4f^6(^7F_J)$ $5d$ 组态中的阶梯状吸收光谱通常叠加在 $5d$ 吸收（激发）带光谱上，由于是锐线状吸收（$^8S_{7/2} \rightarrow ^7F_J$）谱，又很弱，通常需用高分辨光谱仪在低温下才能观测到这种精细结构。早在 1968 年的报告就指出，20K 低温下在 EuF_2 薄膜样品上观测到

Eu^{2+}的$4f^6(^7F_J)$（$J=0$，1，…，6）阶梯状吸收光谱有序地排列在5d的吸收光谱上。由于人们对这种Eu^{2+}的阶梯状吸收光谱不太熟悉，这里特地给出几种不同基质中Eu^{2+}的阶梯状的吸收（激发）光谱，以加深对Eu^{2+}光谱结构和性质的认识。如在$AMgF_3$中呈现Eu^{2+}阶梯状发射[8,15]。80K下在$KMgF_3$中观测到的Eu^{2+}的7个阶梯状光谱，叠加在Eu^{2+}的5d子能态的吸收光谱上。在Eu^{2+}激活的碱土金属卤硼酸盐中也具有类似的$4f^6(^7F_J)$阶梯状的激发光谱，7个^7F_J分别排列在5d子能带的激发光谱上[16]。如在4.2K下记录的$Ba_{1.998}B_5O_4Cl$的激发光谱。在这种氯硼酸钡中，Eu^{2+}占据两个不同Ba格位Eu(1)和Eu（2）。无论用395nm（Eu1）发射还是用435nm（Eu2）发射，监测到的激发光谱中都观测到Eu^{2+}的$4f^6(^7F_J)$组态中7个^7F_J（$J=0$，1，…，6）的$^8S_{7/2}\rightarrow{}^7F_J$的激发（吸收）光谱，它们按顺序叠加在$Eu^{2+}$的5d子能态的激发光谱上。在类似的溴硼酸钡$Ba_{1.998}B_5O_9Br$中也观测到相同的阶梯状光谱。在$Ba_5SiO_4X_6$及$BaMg(SO_4)_2$中也观测到这种$Eu^{2+}$的阶梯状光谱。

对Eu^{2+}激活的$M_2B_5O_9X$（M=Ca，Sr，Ba；X=Cl，Br）体系的研究也清楚地指明基质晶格的阴离子和阳离子对Eu^{2+}发光性质的影响。随阳离子半径增加，即Ca<Sr<Ba，Eu（1）和Eu（2）的$4f^6(^7F_0)5d$激发和发射带向高能方向移动。在这种溴硼酸钡中两个不等量的Eu^{2+}间通过电偶极-偶极相互作用可以发生能量传递。基于早期的Forster-Dexter理论，能量传递临界距离R_c的计算公式如下：

$$R_c^6 = 0.63 \times 10^{28} \times \frac{4.8 \times 10^{-16} \times P}{E^4} \times SO \qquad (21\text{-}2)$$

式中，P为Eu^{2+} $4f^65d$跃迁的振子强度；SO为光谱重叠；E为在最大光谱重叠处的能量。对这种宽的$4f^7\rightarrow4f^6(^7F_J)$ 5d吸收带而言，P取0.01，Eu(1)的发射和Eu(2)的激发光谱之间重叠的光谱数据为0.2eV。这样，计算得到的ET的临界距离是2nm，能量传递很有效。

张晓和作者首次在室温下，在新的高效$Ca_8Mg(SiO_4)_4Cl_2$:0.1Eu^{2+}(CMSC:Eu^{2+})氯硅酸镁钙中，观测到Eu^{2+}的7个阶梯状$4f^7\rightarrow4f^6(^7F_J)5d$激发（吸收）光谱有规律，按顺序从$^7F_0$，$^7F_1$，…，$^7F_6$跃迁激发光谱叠加在5d宽激发光谱上[2]，如图21-4所示。在图中箭头指示Eu^{2+}的^7F_J（J=0，1，…，6）阶梯能级的位置，他们比较弱。在$Ca_8Zn(SiO_4)_4Cl_2$:Eu^{2+}(CMSC:Eu^{2+})氯硅酸锌钙中也观测到类似7个阶梯状光谱结构[17]。这意味6个$4f^6$电子与5d态之间的交换耦合作用小。这7个阶梯状光谱的能量间距与Eu^{3+}从基态^7F_J（$J=0$，1，…，6）劈裂的结果非常一致。这7个窄带依然保留类似Eu^{3+}基态的7个$4f^6$的^7F_J（$J=0$，1，…，6）能级的本征特征。既然如此，

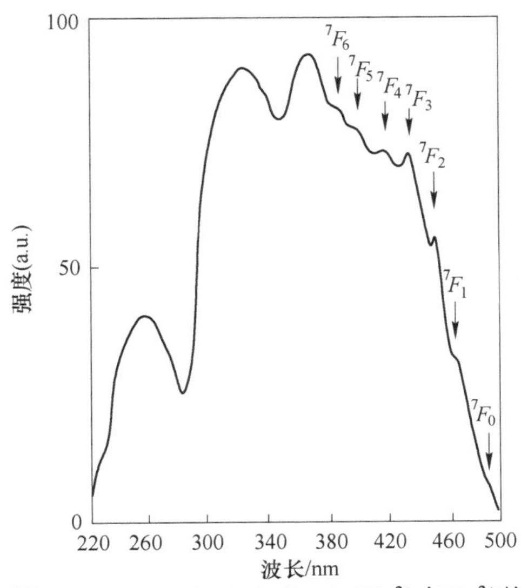

图21-4 $Ca_8Mg(SiO_4)_4Cl_2$:0.1Eu^{2+}中Eu^{2+}的507nm发射的激发光谱[2]
（箭头指示$Eu^{3+7}F_J$阶梯能级的位置）

为了证实和比较在 $Ca_8M(SiO_4)_4Cl_2$（M=Mg，Zn）中 Eu^{2+} 的 $4f^6(^7F_J)5d$ 电子组态中，$4f^6$的 7 个^7F_J 能级间距的实验结果和 Eu^{3+} 的^7F_J 能级间距的理论值是有意义的，表 21-1 和表 21-2 分别比较在这两种荧光体中的^7F_J 能级实验和 Y_2O_3 单晶，$Gd_2(SiO_4)O$(GSO)，$Lu_2(SiO_4)O$(LuSO) 及 Y_2O_2S 中 Eu^{3+} 的^7F_J 能级位置计算值[18-19]。结果比较，它们之间的能量差 $\Delta E(1)$ 及 $\Delta E(2)$ 很小，非常一致。这进一步说明和证实这类荧光体中 Eu^{2+} 中 $4f^6(^7F_J)$ 阶梯状光谱的结构和属性。

表 21-1　$Ca_8Mg(SiO_4)_4Cl_2$(CMSC) 中 Eu^{2+} 的 $4f^6(^7F_J)5d$ 激发态中 ^7F_J 能级实验值和 Y_2O_3、LuSO 中 Eu^{3+} 的^7F_J 计算值比较表

^7F_J 能级	CMSC 中 Eu^{2+} 实验值		Y_2O_3 中 Eu^{3+}	ΔE (1)	GdSO 中 Eu^{3+}	ΔE (2)
	λ/nm	E/cm^{-1}	$/cm^{-1}$	$/cm^{-1}$	$/cm^{-1}$	$/cm^{-1}$
$^7F_0$	492	20325	0	—	0	0
$^7F_1$	481	20790	378	87	385	80
$^7F_2$	466	21459	1047	87	1104	30
$^7F_3$	448	22231	1913	-7	2023	-117
$^7F_4$	427	23419	2906	188	3047	47
$^7F_5$	407	24570	3981	264	—	—
$^7F_6$	393	25445	5108	12	—	—

表 21-2　$Ca_8Zn(SiO_4)_4Cl_2$(CZSC) 中 Eu^{2+} 的 $4f^6(^7F_J)5d$ 激发态中 ^7F_J 能级实验值和 Y_2O_3、LuSO 中 Eu^{3+} 的^7F_J 计算值比较表

^7F_J 能级	CZSC 中 Eu^{2+} 实验值		Y_2O_3 中 Eu^{3+}	ΔE (3)	LuSO 中	ΔE (4)	Y_2O_2S 中	ΔE (5)
	λ/nm	E/cm^{-1}	$/cm^{-1}$	$/cm^{-1}$	Eu^{3+}/cm^{-1}	$/cm^{-1}$	Eu^{3+}/cm^{-1}	$/cm^{-1}$
$^7F_0$	493	20284	0	—	0	0	0	0
$^7F_1$	483	20704	378	42	392	28	368	52
$^7F_2$	469	21322	1047	-9	1066	-28	1021	17
$^7F_3$	452	22123	1913	-74	1839	-137	1925	-86
$^7F_4$	431	23202	2906	12	2933	-15	2879	39
$^7F_5$	411	24331	3981	66	—	—		
$^7F_6$	396	25253	5108	-139	—	—		

21.3　Eu^{2+}最低 5d 态的能量位置判定和 Eu 离子价态

21.3.1　Eu^{2+}最低 5d 态带边能量位置的判定

Eu^{2+}激活的荧光体中最低 5d 态的能量位置和 Ce^{3+}一样，影响发光效率和发光颜色及其使用。它们的最低 5d 态能量位置受晶场环境和强度影响。$Eu^{2+}(Ce^{3+})$ 与环境阴离子之间的电子-电子排斥力强度参数，影响 5d 态的能量位置。一般阳离子和阴离子间距离增加，排斥力减弱，最低5d带移向高能。人们已证实在许多氟化物中，Eu^{2+}的5d带能量位置随Eu^{2+}的配位数n增加而上升，键长也增加，进一步减少阳离子和阴离子间的电子-电子排斥力；随原子的电子聚合力（ea）增加，电子云扩大效应将增强，随激活离子（Eu^{2+}，Ce^{3+}）的价态而减少等。考虑到这些因素，在大量Eu^{2+}和Ce^{3+}激活的发光材料基础上，推导出一个可判断Eu^{2+}和Ce^{3+}最低5d激发态的低能带边的能量位置（E）的经验关系式[20]：

$$E = Q[1 - (V/4)^{1/V} \times 10^{-\Phi}](\mathrm{cm}^{-1}) \quad (21\text{-}3)$$

式中，$Q=34000\mathrm{cm}^{-1}$（自由Eu^{2+}），$50000\mathrm{cm}^{-1}$（自由Ce^{3+}）；$\Phi=(nAr)/80$；A为形成阴离子的原子亲和力，eV；r为被激活剂取代的阳离子半径，Å（1Å=0.1mm）；n为阳离子的配位数；V为激活离子的化合价。利用式（21-3）的关系，代入实验数据，进行吻合，可以得到E值，确定Eu^{2+}（Ce^{3+}）最低5d态带边的能量位置。表21-3[8,10,21-24]中列出一些Eu^{2+}激活的化合物中相关联的参数及E/Q比值，以便人们参考比较。当然也可将式（21-1）和式（21-3）结合起来判定。

表21-3　一些Eu^{2+}激活的化合物中相关联参数

化合物	A/eV	n	r/nm	E/cm^{-1}	Φ	E/Q	文献
$BaSiF_6$	4.73	12	0.160	x32000	1.125	0.941	8
$SrSiF_6$	4.73	12	0.140	x32000	1.000	0.941	8
$BaLiF_3$	3.45	12	0.160	x29500	0.825	0.868	8
γ-$SrBeF_4$	4.73	9	0.127	x29000	0.675	0.853	8
$CaBeF_4$	4.73	8	0.112	x26600	0.525	0.782	8
$BaMgF_4$	3.45	(8)	0.142	x26500	0.488	0.779	8
BaF_2	3.45	8	0.142	x25500	0.488	0.750	22
$BaCl_2$	3.61	(7)	0.139	x25200	0.439	0.741	22
SrF_2	2.45	8	0.125	x2500	0.438	0.735	8
CaF_2	3.45	8	0.112	x24000	0.388	0.706	8
$RbCaF_3$	3.45	6	0.100	e20600	0.263	0.606	23
CaS	1.0	6	0.100	x15000	0.075	0.441	24
$BaMgF_4$:Eu,Gd	3.45	10	0.135	x28250	0.466	0.831	10
$Ca_8Zn(SiO_4)_4Cl_2$	2.19	8	0.112	20240	0.295	0.595	21

21.3.2　Eu^{2+}占据晶体学格位和配位数

发光材料中的激活剂一般取代基质晶格的阳离子格位，在激光材料中也是如此。在具有很多阳离子格位的基质中，激活剂离子可能存在多种格位取代的可能性。由于晶体中不同结晶学格位上的晶场环境和强度不同，激活剂的荧光性能将会出现差异。即基质中Eu^{2+}的发射光谱因占据的晶体学格位不同而发生很大的变化。

在同一种基质中若存在几种不同结晶学格位时，如何判断激活剂离子占据哪种格位是一个重要问题。弄清楚所发生的物理现象，可以指导人们科学地设计所期望的功能材料，具有重要意义。作者和许武亮、石士考提出变通经验公式（20-3）如下：

$$n = -80\lg\left[\frac{1-(E/Q)}{(V/4)^{1/V}}\right] \Big/ Ar \tag{21-4}$$

式中，$V=2(Eu^{2+})$，将有关数据代入式（21-4）后，可得到配位数 n，也就知道 Eu^{2+}占据哪种格位，以及它们的光谱性质。我们将此成功地用于 $Ca_8M(SiO_4)_4Cl_2$:Eu 及 $BaMgF_4$:Eu^{2+},Gd^{3+}等体系中[10,21,25]。林海等人[26-27]利用 Ce^{3+}的光谱及式（21-4）判断氯硅酸钙中 Ce^{3+}中心是占据基质中八配位的钙格位。当然，上述方式也可以用于 Eu^{2+}、Ce^{3+}激活的其他体系发光材料中。

21.3.3　铕离子的价态

在合成 Eu^{2+}的荧光体中，所用原材料绝大多数是 Eu^{3+}的化合物。在合成的材料中是否同时存在 Eu^{2+}和少量 Eu^{3+}？尽管存在少量 Eu^{3+}，但影响样品的质量。因此需要了解样品中 Eu^{2+}和 Eu^{3+}的含量，以便改进合成方法等，提高 Eu^{2+}样品性能。检测 Eu 离子的价态有一些方法，这里提出几种。

（1）利用电子束激发的阴极射线发光检测。电子束激发对微量 Eu^{3+}是很灵敏的。因为 Eu^{3+}是特征红光线谱，很容易在 Eu^{2+}的宽光谱中区别开。

（2）用穆斯堡尔谱检测。Mossbauer 发现原子核对 γ 射线的无反冲共振吸收效应。这种效应很快发展成为跨学科的技术，称为穆斯堡尔谱学。穆斯堡尔效应也称 γ 共振。放射性核辐射出 γ 光子，随后这些 γ 光子又被同种核吸收。通常核源是掺在固体中的。由于各种固体材料的组成和结构不同，穆氏核源发射或吸收的 γ 光子能量会稍有变化。利用穆式效应可以测量出这种细微的变化。石春山等人[28]在用^{151}Sm 作核源的穆斯堡尔谱中发现 $ABeF_3$:Eu^{2+}中含有 15%～20%的铕是 Eu^{3+}状态。

（3）电子自旋共振波谱和荧光光谱结合检测。苏勉曾等人[29]提出，将电子自旋共振波谱和荧光光谱相结合，测定 BaFCl 中铕的价态及 Eu^{3+}浓度对发光性质的影响。因为 BaFCl:Eu 中只有 Eu^{2+}是顺磁性的。利用 ESR 吸收曲线相对强度与 Eu^{2+}浓度的关系及 Eu^{2+}、Eu^{3+}的发射光谱进行对比判断。

（4）高灵敏、高分辨率光致发光光谱检查和区分铕离子的价态。Eu^{2+}和 Eu^{3+}的荧光光谱存在很大差异。用灵敏度及分辨率很高的光谱仪可检查微量 Eu^{3+}的发射是否存在。所研的样品和 Eu^{2+}生产的产品中是否有残留的、没有被完全还原为 Eu^{2+}的 Eu^{3+}存在是很重要的，无须多言，应引起重视。

另外，如上所述，在许多 Eu^{2+}掺杂的无机发光材料中，4f5d 允许电偶极跃迁到较低的 4f 能级时产生较窄的宽带发射。其 FWHM 一般在 0.1～0.4eV，Stokes 位移为 0.1～0.5eV。通常称为正常发射（发光）。然而，在某些 Eu^{2+}掺杂的荧光体中存在反常的或非正常的发射。其特点是 FWHM 和 Stokes 位移比正常的大许多。这些化合物多为氟化物、硼酸盐等。这种 Eu^{2+}的非正常发光无论在学术还是实用上都不如 Eu^{2+}正常发光那么重要。

21.3.4　$Eu^{2+}(Ce^{3+})$ 的晶场劈裂 $10D_q$

Eu^{2+}的 4f—5d 跃迁和 Ce^{3+}相似，其最低 5d 带劈裂后的最低 5d 吸收带和发射带能量位置，受多种因素影响。激活离子所处的晶场强度 $10D_q$ 和晶场环境影响最大。晶场强度越大，Eu^{2+}、Ce^{3+} 的 $5d$ 态劈裂能量越大，重心能量下降越大，Eu^{2+}、Ce^{3+} 较小的配位数（n）及它们与环境配位离子间的平均距离（R）越小。激活剂-配位基形成的共价性越强，导致较大的晶场强度，致使 Eu^{2+}、Ce^{3+} 的重心能量降低。相反，晶场强度弱，离子性强，$Eu^{2+}(Ce^{3+})$-M 配位原子间距较大，Eu^{2+}、Ce^{3+} 的重心能量偏高。当然还需考虑电子云扩大效应、离子的电负性等因素。

若假设立方晶场静电模型，预期晶场强度 $10D_q$ 与离子间距离（键长）R 的关系[30]如下：

$$10D_q = 35Ze^2/(4R^5) \tag{21-5}$$

式中，Z 为原子序数；e 为电子电荷；即晶场劈裂与 R^5 成反比。

利用式（21-5）对 Eu^{2+} 掺杂的 $KMgF_3$、$KZnF_3$、$RbMgF_3$、CaF_2、EuF_2、SrF_2 及 BaF_2 的 $10D_q$ 与 R 之间的关系，取 $\lg 10D_q$ 对 $\lg R$ 作图[15]，将它的关系连成直线，得到斜率约为 5。然而在许多碱金属卤化物 MX（M = Na，K，Rb；X = F，Cl，Br，I）中，用 $\lg 10D_q$ 对 $\lg R$ 作图，得到斜率 n = 1.8，2.2，3.1 和 4.2，偏离 5[31]。它们认为这种静电模型来解释所观察到的 $10D_q$ 的量级不合适。还需要考虑一些其他因素，必须考虑配位的阴离子的电荷。

不管如何，晶场强度劈裂 $10D_q$ 与激活离子-配位离子间的平均距离（键长）R^n 成反比，n = 1，2，…，5。此外，强晶场强度甚至可使 Eu^{2+}、Ce^{3+} 的发射延伸到深红—NIR 区。

21.4 稀土离子的 f—d 和 f—f 能级跃迁性质比较

综上所述，RE^{3+} 的 f—f 能级跃迁及 Ce^{3+}、Eu^{2+} 和其他 RE^{2+} 的 f—d 能级跃迁的光学光谱、发光和激光等性质清楚明了。这里对稀土离子的 f—d 和 f—f 能级跃迁的基本性质作比较，见表 21-4。

表 21-4 稀土离子的 f—d 和 f—f 能级跃迁性能

属性	$5d$—$4f$	$4f$—$4f$
电偶极振子强度	$10^{-1} \sim 10^2$	约 10^{-6}
离子-晶格耦合	中等强度	弱
晶场强度对跃迁影响	很大 劈裂很大	能级能量位置影响很小，劈裂程度很小
荧光发射波长/nm	150～900	200～7000
荧光光谱	宽谱带	窄谱线
荧光线宽/cm^{-1}	≥1000	0.2～10
荧光寿命/s	$10^{-6} \sim 10^{-8}$	$10^{-2} \sim 10^{-5}$

表 21-4 中的定性结果可在前面的章节中找到。这两种电子跃迁的物理性能差异很大。人们可以依据它们这些不同的物理特性，设计和应用不同的发光和激光材料。

参考文献

[1] BLASSE G. On the nature of the Eu^{2+} luminescence [J]. Phys. Status Solidi (b), 1973, 55 (2): K131-K134.

[2] ZHANG X, LIU X R. Luminescence properties and energy transfer of Eu^{2+} doped $Ca_8Mg(SiO_4)_4Cl_2$ phosphors [J]. J. Electrochem. Soc., 1992, 139 (2): 622-625.

[3] RANDA C R, SMETS B M J. Chemical composition of and Eu^{2+} luminescence in the borium haxaalminates [J]. J. Electrochem. Soc., 1989, 136 (2): 570-573.

[4] STEVELS A L N, SCHRAMA D E PAUW A D M. Eu^{2+} luminescence in hexagonal aluminates containing large divalent or trivalent cations [J]. J. Electrochem. Soc., 1976, 123 (5): 691-697.

[5] GÖBBELS M, KIMARA S, WOERMANN E. The aluminum-rich part of the system $BaO\text{-}Al_2O_3\text{-}MgO$ 1: phase relationships [J]. J. Solid State Chem., 1998, 136 (2): 253-257.

[6] DORENBOS P. Energy of the first $4f^7 \rightarrow 4f^6 5d$ transition of Eu^{2+} in inorganic compounds [J]. J. Lumin., 2003, 104 (4): 239-260.

[7] 苏勉曾，林建华. Eu^{2+}在碱土全属氟卤化物 MFXCM=Ca, Sr 或 Ba, X=Cl, Br 或 I) 中的发光 [J]. 高等学校化学学报，1986，7 (6)：479-486.

[8] FOUASSIER C, LATOURRETE B, PORTIER J, et al. Nature de la fluorescence del' europium divalent dons les fluorures [J]. Mater. Res. Bull., 1976, 11 (8): 933-938.

[9] BANKS E, SRIVASTAVA A M, LIU X R, et al. Luminescence of rare earth doped $BaMgF_4$ under UV and X-rays [C]//New frontier in rare earth science and applications. Beijing: Science Press, 1985.

[10] 石士考，刘行仁. $Ba_{1-x-y}Eu_xGd_yMgF_{4+y}$复合氟化物中 Eu^{2+}离子的f—f跃迁线谱发射 [J]. 化学物理学报，1998，11 (3)：206-210.

[11] 石士考，刘行仁. Gd^{3+}共掺杂的 $BaMgF_4$:Eu^{2+}中 Eu^{2+}的f—f跃迁发射 [C]//第五届全国发光学学术会议论文摘要集，广州，1989.

[12] LIU X R, XU G, POWELL R C. Fluorescence and energy transfer characteristics of Rare earth ions in $BaYF_5$ Crystals [J]. J. Solid State Chem., 1986, 62: 83-91.

[13] 刘行仁，吴渊，钡钇氟化物中 Eu^{2+}离子的激发光谱和发射光谱 [J]. 发光学报，1989. 10 (1)：6-10.

[14] LATOURRETTE B, GUILLEN F, FOUASSIER C. Energy transfer from Eu^{2+} to trivalent rare earth ions in BaY_2F_8 [J]. Mater. Res. Bull., 1979, 14 (7): 865-868.

[15] ALCALA R, SARDAR D K, SIBLEY W A. Optical transitions of Eu^{2+} ions in $RbMgF_3$ Crystals [J]. J. Lumin., 1982, 27: 273-284.

[16] MEIJERINK A, BLASSE G. Luminescence properties of Eu^{2+} activated alkaline earth haloborates [J]. J. Lumin., 1989, 43: 283-289.

[17] 刘行仁，张晓，许武亮。Eu^{2+}的 $4f^6(^7F_J)5d$ 能态中的特征"阶梯状"光谱和宽带 [C]//第六届全国发光学学术会议文集. 合肥：中国科技大学出版社，1992.

[18] HOLSA J, JYRKAS K, LESKELA M. Site Selectively excited luminescence of Eu^{3+} in gadolinium, yttrium and lutetium Oxyorthosilicates [J]. J. Less-Common Metals, 1986, 126: 215-220.

[19] 刘填薪，张薇，林久令，等，Y_2O_2S:Eu 中 Eu^{3+}离子晶场能级的模拟计算 [J]. 中国稀土学报，1999，17 (专辑)：600-602.

[20] VAN VITERT L G. An empirical relation fitting the position in energy of the lower d-band edge for various compounds [J], J. Lumin., 1984, 29: 1-9.

[21] 许武亮，刘行仁. $Ca_8Zn(SiO_4)_4Cl_2$ 中 Eu^{2+} 的发射光谱和晶体学格位［J］. 中国稀土学报，1993，11（2）：116-119.

[22] KOBAYASI T，MROCZKOWSKI S，OWEN J F. Fluorescence lifetime and quantum efficiency for 5*d*—4*f* transition in Eu^{2+} doped chloride and fluoride crystals［J］. J. Lumin.，1980，21：247-257.

[23] SOMERDIJK J L，BRIL A. Divalent europium luminescence in perovskite-like alkaline-earth alkaline fluorides［J］. J. Lumin.，1976，11：363-367.

[24] NAKAO Y. Luminescence centers of MgS，CaS，and CaSe phosphors activated with Eu^{2+} ions［J］. J. Phys. Soc. Japan，1980，48（2）：534-541.

[25] LIU X R，XU W L. Emission Spectra and Crystallographic sites of Eu^{2+} in $Ca_8Zn(SiO_4)_4Cl_2$［J］. J. Rare Earths，1993，11（2）：102-105.

[26] 林海，刘行仁，许武亮. $Ca_8Zn(SiO_4)_4Cl_2$ 中 Ce^{3+} 的光谱及其晶体学格位［J］. 发光学报，1996，27（增刊）：106-108.

[27] 林海，刘行仁. 三价铈离子在氯硅酸镁钙中的晶体学格位研究［J］. 无机材料学报，1997，12（4）：595-598.

[28] 石春山，高桥勝绪，安部文敏. $ABeF_3$（A=Na，K，Rb，Cs）体系中 Eu^{2+} 的 *f*—*f* 跃迁发射［J］. 中国稀土学报，1985，3（2）：53-58.

[29] 苏勉曾，孙小平. 用电子自旋共振玻谱和荧光光谱研究 BaFCl:Eu 中铕的价态［J］. 中国稀土学报，1987，5（1）：27-32.

[30] HENDERSON B，IMBUSH G G. Optical Spectroscopy of Inorganic Solids［M］. Oxford：Clarendo Press，1989.

[31] HERNANDEZ J A，LOPEZ F J，MURRIETA H S，et al. Optical absorption，emission，and excitation spectra of Eu^{2+} in the alkline halides［J］. J. Phys. Soc. Japan，1981，50：225-229.

22 Eu^{2+} 激活的稀土发光材料及应用原理

基于Eu^{2+}的$4f^6 5d$电子组态结构，特别是对Eu^{2+}的$4f$—$5d$组态跃迁影响的规律及发光光谱特征变化的原则（参见第21章），人们经长期基础和应用研发，发展了一些重要的Eu^{2+}激活的高效实用或具有重大应用前景的发光材料，如紧凑型节能荧光灯用的高效蓝色荧光体，白光LED用红橙和黄绿光转换荧光体，弱光显示长余辉蓄光材料及各种制品，电子俘获光储存材料，SrI_2:Eu^{2+}新闪烁体及可提高太阳能电池光转换发光材料等。涉及的内容丰富，它们可广泛应用于照明、显示、医疗、高能粒子探测、光信息储存、对红外波段探测、农用光转换等诸多领域中。

本章主要涉及Eu^{2+}激活的铝酸盐、氟氯化物、硅酸盐、卤硅酸盐，碱土金属硫化物、多元硫化物、碱土碘化物、氮化物及氮氧化物等各类重要的发光材料的基本物理特性、发光特性及应用原理。

22.1 Eu^{2+}激活的灯用蓝色铝酸盐荧光体

20世纪70年代经Philips公司专家组[1]对β-Al_2O_3和磁铅矿的Eu^{2+}激活的六铝酸盐体系中化学计量和非化学计量比经过较系统的研究，在BaO-MgO-Al_2O_3体系中的β-Al_2O_3物相基础上发展了发光效率高、色纯度优良的$BaMgAl_{10}O_{19}$:Eu蓝色商用荧光体，简称BAM:Eu。但至今有些性质依然不清楚，且一直存在光衰较大等问题。

22.1.1 BAM:Eu^{2+}体系的晶体结构和Ba^{2+}（Eu^{2+}）格位

由于BAM:Eu^{2+}具有重大应用价值及存在光衰和热稳定性问题，必须对BAM:Eu^{2+}的晶体结构和劣化机制予以深刻的认识和分析。早期仅认为Eu^{2+}可以代Ba^{2+}格位，但不清楚是何种格位及晶格中的缺陷。

人们已知，BAM晶体由尖晶石方块（$MgAl_{10}O_{16}$）和Ba位于BaO镜面层交叠组成，具有β-Al_2O_3结构。Eu^{2+}占据Ba^{2+}格位，属六方结构，空间群$P6_3/mmc$，其JCPDS晶相卡为26-0163和84-0813。阳离子的组成和结构对Eu^{2+}的发光性质产生了深刻影响，还涉及发蓝光的$BaMgAl_{16}O_{27}$:Eu^{2+}等化合物，贫Ba相和富Ba相的Eu^{2+}发射光谱存在显著差异[1]，所以BAM:Eu^{2+}的晶相纯度和优良结晶质量非常重要。

β-Al_2O_3是一种优良的离子导体，这种结构导致在传导体中阳离子具有高的迁移率。对BAM:Eu^{2+}而言，Eu和Ba离子在传导层中扩散，且在合成过程中易产生陷阱。这些陷阱主要是不定域性的。

现在基本一致认为在BAM或β-Al_2O_3中有三种不同的Eu^{2+}的格位，本征Ba^{2+}格位（beevers-ross，BR格位），反beevers-ross格位（aBR）和在两个空隙位置之间的中间氧格位（mO 格位）。人们用 X 射线衍射（XRD），中子衍射等测量 BAM :Eu 的晶体结构。Eu^{2+}可占据不同团簇的格位[2]：（1）BaO_9团簇（BR 格位），（2）EuO_9团簇（BR 格位），（3）EuO_5团簇（aBR 格位），（4）EuO_9团簇（mO 格位）。

在 Eu^{2+}的 460nm 发射监测下，BAM :Eu 的激发光谱可分解成7个高斯谱带。计算模拟的 5 个主要光谱特征激发峰分别为 207nm、248nm、269nm、304nm 及 380nm。依据计算，主要激发峰约 300nm，它是 Eu^{2+}在 BR，mO 和 a-BR 格位上的激发光谱交叠的结果。而在 250mm 和 380nm 附近的激发峰主要分别起因于 BR 和 mO 格位。所有 3 种格位在发光过程中是否实际上共同参与并不清楚，其实作者认为，采用选择激发发光方法，可以判断是哪种格位的贡献。Eu^{2+}的 $5d$—$4f$ 跃迁的宽带正是由于这些多种格位高度非均匀化，甚至强电子-声子耦合作用结果。不能简单地用通常的高斯分布加宽光谱分解成多个子能带来解答。

针对贫钡相的六铝酸盐中，Eu^{2+}的发射光谱宽化及效率，引入 Mg 会影响 Eu^{2+}发光性质[3]。Mg 的加入使贫钡相中 Eu^{2+}的发射光谱和半宽变窄。随 Mg 量增加，主发射并不移动，但有害的绿色长波处的拖尾逐渐减弱，色坐标 x 值和 y 值逐渐减少。只有当 Mg 的量 $x=1$ 时，$BaMgAl_{10}O_{17}$:Eu 的蓝色纯度最佳,长波拖尾消失。

Mg 进入这些含有 Ca、Sr、Ba 氧化物的结构中，可能有两种情况[4]：（1）Mg 取代在 Al-尖晶石方块的 Al。这导致电荷不平衡，需对传导层进行电荷补偿。（2）形成一个尖晶石单胞，如 $Mg_2Al_4O_8$或 $MgAl_{10}O_{16}$等，将嵌进在 Al-尖晶石方块中。对 β-Al_2O_3 结构来说，这两种情况均有可能实现。在 SrO-Al_2O_3 体系中，MgO 加入可导致从磁铅矿转变成 β-Al_2O_3 结构。

兼顾光效和显色性，利用 Mn^{2+}部分取代 Mg^{2+}及 Eu^{2+}→Mn^{2+}间可发生的能量传递[5]，且随 Mn^{2+}浓度增加，Mn^{2+}的绿色发射（515nm）增强的特性，使荧光粉的发射光谱中增加所需绿成分，有利于荧光灯的色品质提高。这样得到一个新品种：BAM :Eu^{2+}，Mn^{2+}荧光粉，简称双峰（450nm 和 515nm）蓝色荧光粉。目前国内外生产的 BAM :Eu 的量子效率已达93%，长期用于三基色荧光灯中。

22.1.2 BAM :Eu^{2+}蓝色荧光粉的劣化

相较于灯用三基色红色和绿色荧光粉，BAM :Eu 蓝色荧光粉的光衰大,热稳定性差，且色坐标的 y 值变化较大等问题。灯工作时荧光粉长时间受汞的 185nm 等 VUV 辐射轰击，以及经过 500℃左右空气中高温烤管和弯道等工艺后，蓝色荧光粉性能劣化，灯的效率下降，且发生色漂移。此外，荧光灯长时间工作，管壁温度上升，导致荧光体发生温度猝灭。除了荧光体普遍存在温度猝灭特性外，造成 BAM :Eu 蓝色荧光体的劣化和热稳定性不良的原因是多方面[6-8]。归纳如下：

（1）Eu^{2+}中心减少。在荧光灯制造过程中需经过 500℃左右热处理，荧光体发光劣化。发现仅牺牲百分之几的 Eu^{2+}就会造成超过 30%的光衰。因此光衰严重的起因不是 Eu 价态变化，而是由于 Eu^{2+}的局域结构变化和发光 Eu^{2+}中心减少。此外，在 VUV 长时间辐照下，镜面层变得无序化，从而使 Eu^{2+}周围的晶场环境发生变化。

（2）气体氧原子吸附在荧光体晶格的氧空位中。在热处理、制灯和 PDP 器件中气体氧原子吸附在荧光体晶格的氧空位中[7]。表面氧经氧空位扩散，进入 BAM 晶体，接近

$Ba^{2+}(Eu^{2+})$-O^{2-}传导层可以发生 $2Eu^{2+}+1/2O_2(g)+Vo \rightarrow 2Eu^{3+}+Oo^{2-}$反应。$O_2(g)$ 是氧气氛，Vo 是氧空位，Oo^{2-}是晶格中的氧离子。此反应表明当传导层中的 Eu^{2+}接近吸附的氧时，Eu^{2+}的电子转移到吸收的氧离子上，导致 Eu^{2+}浓度减少，Eu^{3+}浓度增加，致使蓝色荧光体劣化。为此，设法阻止空位作用于 Eu^{2+}，切断或抑制氧空位的扩散，限制 BAM：Eu 氧化，抑制空位形成最小化措施。

（3）水分子渗入荧光体中。水分可以来自不同的热处理途径。在热处理条件下，水分子容易渗透到 BAM 的 Ba(Eu)-O 传导层。结果不仅使强度下降，而且使发光颜色变化，向绿色移动。$Ba(Eu^{2+})$-O 传导层的水分子与 Eu^{2+}强烈地缔合，使 Eu^{2+}周围产生不同的配位环境，导致效率下降和光谱移动。

（4）BAM：Eu 中存在杂相。王惠琴等人[8]的实验指出，随样品中杂相增加，y 值增大，热稳定性更差。制灯后杂相多的荧光粉的 y 值变大，光衰也大，光通量维持率下降。

22.2　BAM：Eu，Mn 荧光粉发光性能在线监测

通常所言的双峰蓝色荧光体 BAM：Eu，Mn 被广泛用于紧凑型荧光灯中，提高荧光灯的显色性，使显色指数提高达标。在 254nm 激发下，其发射光谱是由 450nm（Eu^{2+}）和 515nm（Mn^{2+}）组成，两个峰的强度与 Eu^{2+}和 Mn^{2+}浓度密切相关，直接影响荧光粉和荧光灯的色品质和发光效率等特性。在合成荧光粉产物中若某一组分元素偏离，特别是 Eu^{2+}和 Mn^{2+}激活剂与预先设计的浓度偏离，将导致荧光粉产物的发光性质发生变化。因此在生产的产品中应知道及如何保证该产品具有优良的品质和一致性特性显得非常重要。为此，作者等人提出对自动窑生产线上生产的 BAM：Eu，Mn 产品进行在线监测的方法[9]。在生产线上随机抽取一个直径 10cm、底部直径 6.5cm、高 12cm、可盛料 600～800g 的圆柱形坩埚。将已制备的产品，从其表层、上、中、下不同部位取出实验用的样品。该样品不经任何处理，进行一次发光特性，主要是发射光谱，色坐标 x 值和 y 值，发光强度及 XRD 晶体结构的检测和分析。

在 254nm 激发下，4 个不同部位样品的发射光谱均是一个强的峰值为 451nm 的 Eu^{2+}发射带和一个相对较低的峰值为 515nm Mn^{2+}发射带叠加组成。但发现 4 个样品的发光特性呈现明显差异，主要表现在：（1）发射光谱；（2）515nm(Mn^{2+}）与 451nm(Eu^{2+}）相对强度比；（3）色坐标 x 值和 y 值变化。

图 22-1（a）～（c）分别为 BAM：Eu，Mn 在线产品的表层、上层、中层和底层样品分别在 254nm 激发下的发射光谱（中层样品的发射光谱与底层样品的光谱一致，故省去），它们存在很明显的差异。Mn^{2+}谱带的相对发光强度和积分面积按表层<上层<中层≤下层的顺序增加。扣除 Eu^{2+}蓝带的本底后，515nm(Mn^{2+})/451nm(Eu^{2+}）峰值强度比分别为 0.24（上层）、0.41（中层）及 0.41（下层）。人们知道，在一个最佳激活剂浓度范围内，发光强度随激活剂浓度增加而增强，这些结果清楚指出，表层和上层样品中 Mn^{2+}浓度比中层和下层减少许多，导致 Mn^{2+}谱带发光强度大大减弱；而中部和下部（层）Mn^{2+}浓度接近，他们的光色参数基本一致，这种差异产生主要是因掺杂离子（Mn^{2+}）的迁移率随温度梯度增加而增加，使 Mn^{2+}加速向温度高的中下层迁移（扩散），以及表面 Mn^{2+}（化合物）在高温下比样品内部更容易逸出所致。窑中样品（盛料坩埚）从在炉窑底部

(衬底) 到盛料的坩埚上层是有一个逐渐减少的温度梯度。

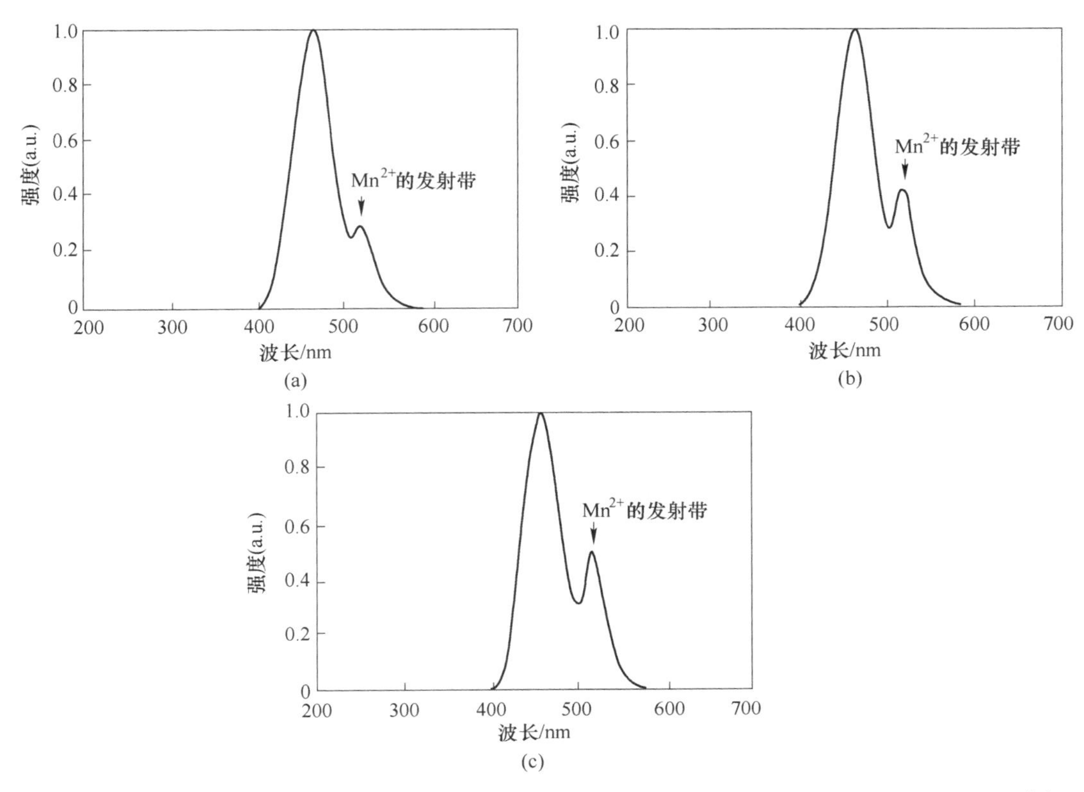

图 22-1 BAM:Eu,Mn 的在线产品的表层（a）、上层（b）、中层和底层（c）样品的发射光谱[9]
（λ =254nm）

上述样品的光发射变化结果，必将导致样品的色品坐标出现很大的变化。测量同一坩埚产品中不同部位样品的色坐标值。发现 x 值变化不大，而 y 值相差很大。表层和上层的 y 值偏低，而中层和下层一致。这意味着随 Mn^{2+}浓度减少，515nm 发射带减弱，在 CIE 蓝绿区色坐标图上表现为 y 值下降。不同部位样品的晶体结构，经 X 射线衍射（XRD）检测，它们无本质上差异，这是可以理解的。

这项荧光粉在线检测的方法和结果对指导生产和提高产品质量是有意义的，也对研发和生产其他多组分发光材料有帮助和借鉴作用。

22.3 高效 Eu^{2+}激活的氯硅酸盐

22.3.1 光谱特性

这里所讲的氯硅酸盐分子式是 $Ca_8M(SiO_4)_4Cl_2$（M=Mg，简称 CMSC；M=Zn :CZSC）。Eu^{2+}激活的 $Ca_8Mg(SiO_4)_4Cl_2$（CMSC :Eu^{2+}） 高效绿色荧光体首先由张晓和作者发明[10]。之后，作者小组又发展 $Ca_8Zn(SiO_4)_4Cl_2$:Eu（CZSC :Eu），$Ca_8M(SiO_4)_4Cl_2$:Eu^{2+}, Ce^{3+},

Mn^{2+}(M=Mg，Zn)[11-12]。

在220～500nm宽激发光谱范围内激发，可产生高效Eu^{2+}的发光，主发射峰为Eu^{2+}的507nm绿光。这类绿色荧光体可作用NUV白光LED和蓝光LED照明光源中，可提高白光LED的显色性和显色指数。在21世纪初白光LED照明兴起，世界照明三大巨头到处寻找相关的荧光体，发现了我们文献[10]报道的CMSC:Eu^{2+}绿色荧光体，他们纷纷申请美国专利，如美国专利200370146690等，日本特开2007-31259等。作者仅申请中国专利。

图22-2表示选择激发下$Ca_8Mg(SiO_4)_4Cl_2$:Eu^{2+}（CMgSC:Eu^{2+}）绿色荧光体的发射光谱。发射光谱位于发射峰约507nm的470～580nm范围的绿色光谱区。它们完全相同，均为Eu^{2+}的$5d \rightarrow 4f$能级跃迁发射，在峰423nm附近还有一个很弱的蓝紫发射带，它是Eu^{2+}的高能$5d$带跃迁发射。这种CMSC:Eu^{2+}的激发光谱见前文图21-4。这种荧光体的激发光谱和发射光谱充分表明，这种荧光体可被290～470nm的长波UV至蓝光有效激发，高效地发射绿光。CMgSC:Eu^{2+}荧光体的这种光谱特性表明其可应用于NUV、蓝光、白光LED及太阳能电池光转换材料。使用CMgSC:Eu^{2+}荧光体可弥补白光LED中470～520nm范围的光谱缺失。这种缺失影响白光LED的显色指数。作者的实验表明，在通常白光LED中加入适量的这种荧光体，显色指数可提高2个百分点，而又不影响光效。硅太阳电池对太阳光谱中的NUV辐射响应很差，不能有效地利用这部分能量。而CMgSC:Eu^{2+}荧光体正好可以弥补这缺点。它能充分有效地吸收太阳能中的长波紫外-蓝光，高效地发射可被硅电池有效吸收光电转换的绿光，从而提高硅电池的光电转换效率。

22.3.2 $Eu^{2+} \rightarrow Mn^{2+}$，$Ce^{3+} \rightarrow Eu^{2+}$的能量传递

Mn^{2+}是具有强自旋-轨道耦合的$3d^5$过渡金属离子，而$3d$组态的电偶极跃是禁戒的，故在CMSC基质中Mn^{2+}非常弱，甚至观察不到。即使这样，在400～500nm蓝光谱内用高效大倍数仪器依然可记录到Mn^{2+}的550nm发射的激发光谱。若用Eu^{2+}和Mn^{2+}共掺杂时，由于可以发生$Eu^{2+} \rightarrow Mn^{2+}$的能量传递，且随$Mn^{2+}$浓度增加，$Mn^{2+}$的550nm发射带强度逐渐明显增强，而$Eu^{2+}$的相对强度则逐步减少，其变化规律如图22-3所示（许武亮，刘行仁，1994年内部报告）。

在CMgSC和CZnSC卤硅酸盐中Ce^{3+}的发光性质基本相同。在CMgSC中存在两种性质稍有差异的Ce^{3+}中心，这两种Ce^{3+}中心均占据基质中八配位的钙格位。在296nm激发下，发射峰为412nm弱谱带；而365nm激发发射峰为424nm弱谱带。它们的半高宽分别为66nm和65nm，均属于Ce^{3+}的$5d \rightarrow {}^2F_J$（J=5/2，7/2）跃迁发射。其激发光谱主要呈现在长波UV区的强的372nm及335nm两个激发谱，以及弱的296nm激发带。在这类卤硅酸盐中，由于Ce^{3+}的280～500nm发射光谱与Eu^2+的激发光谱存在较好的光谱交叠，可以发生$Ce^{3+} \rightarrow Eu^{2+}$的无辐射能量传递[11-13]，增强$Eu^{2+}$的发射。

综上所述，Eu^{2+}激活的$CaM(SiO4)_4Cl_2$(M=Mg，Zn）发光和光谱有以下特点：

（1）Eu^{2+}的激发（吸收）光谱是典型的Eu^{2+} $4f \rightarrow 5d$态跃迁的激发（吸收）宽谱带，主要位于290～500nm长波UV-可见光蓝区。

（2）Eu^{2+}的$4f^6({}^7F_J)5d$能态中的${}^7F_J$（J=0，1，2，…，6）7个弱的阶梯状的锐吸收光谱有规律叠加在Eu^{2+}强的$5d$态的吸收（激发）光谱上，类似的Eu^{3+}的${}^7F_J$的能级结构，这些特征和结果见前文图21-4、表21-1及表21-2。

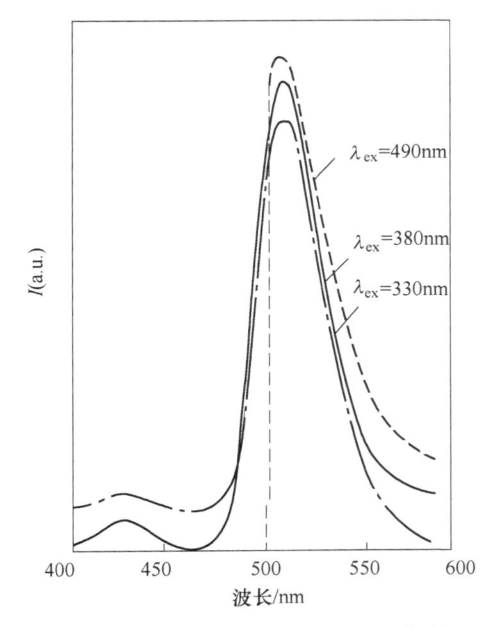

图 22-2 $Ca_8Mg(SiO_4)_4Cl_2$:0.1Eu^{2+}的发射光谱[10]

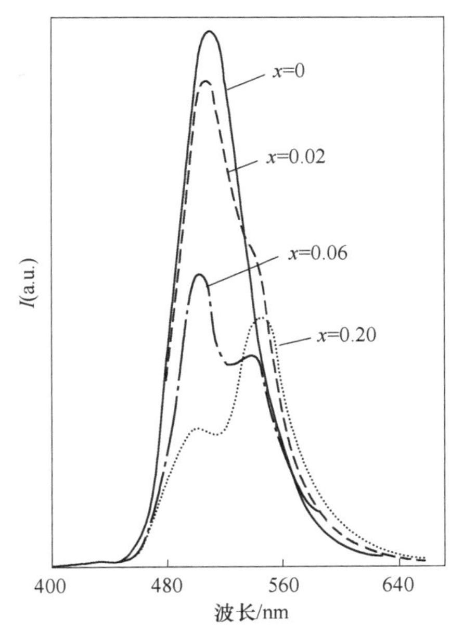

图 22-3 $Ca_8Mg(SiO_4)_4Cl_2$:0.01Eu,xMn 的发射光谱与 Mn^{2+}浓度（x）的关系

（3）在不同波长 330nm、380nm 和蓝光激发下，CMgSC :Eu 的发射光谱相同，是一个峰值约为 507nm 的 $d—f$ 跃迁宽带。而 CZnSC :Eu 的宽发射带是由强的510nm 和弱的 620nm 组成，其发光强度比 CMgSC :Eu 低。

（4）Eu^{2+}的荧光寿命为微秒量级。

（5）在这类氯硅酸盐中，可发生 Eu^{2+}→Mn^{2+}的无辐射能量传递。无 Eu^{2+}时，Mn^{2+}的发光极弱。Eu^{2+}和 Mn^{2+}共掺时，随 Mn^{2+}浓度增加，Mn^{2+}的 550nm 发射谱带强度逐渐明显增强，而 Eu^{2+}的相对强度逐渐减弱。

（6）Ce^{3+}位于 Ca^{2+}八配位格位上，在 UV 激发下，发射位于蓝紫光谱区，由于光谱交叠可以发生 Ce^{3+}→Eu^{2+}的无辐射能量传递，增强 Eu^{2+}的发射。

（7）不同离子占据不同的晶体格位，调制激活剂浓度和能量传递改变光谱性能。

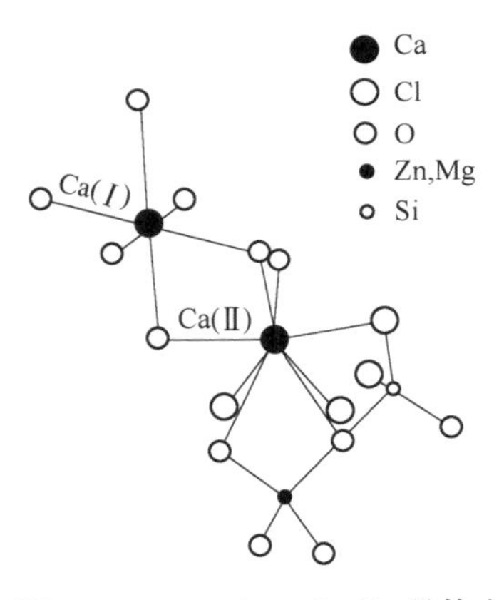

图 22-4 $Ca_8M(SiO_4)_4Cl_2$ 晶体中原子分布的主体结构[10,17]

22.3.3 $Ca_8M(SiO_4)_4Cl_2$ 的晶体结构和不等当格位

上述 Eu^{2+}、Ce^{3+}和/或 Mn^{2+}激活 $Ca_8M(SiO_4)_4Cl_2$(M=Mg，Zn) 高效荧光体的主要依据是这类材料中存在三种不同的阳离子结晶学格位，如图 22-4 所示，即六个氧配位的 Ca(Ⅰ)、6 个氧和 2 个氯原子的八配位 Ca(Ⅱ) 及 4 个氧配位的 Mg(Zn) 格位。它们分别具有 C_{2v}，C_1 和 T_d 群对称性。我们从光谱学和经验公式（式（21-3））等计算，确定在

这类氯硅酸盐中 Eu^{2+} 和 Ce^{3+} 优先占据八配位 Ca(Ⅱ) 格位[14-16]，是主绿色发射带的发光中心，同时也有少量 Eu^{2+} 占据六配位 Ca(Ⅱ) 格位，成为弱的红色发射中心。Mn 和 Mg，Zn 离子半径接近，电荷相同，应占据四配位的 Mg(Zn) 格位上。由 CZSC :002Mn^{2+} 的自旋共振（ESR）图谱的 6 条超精细结构谱线可知[17]，Mn^{2+} 已经进入 CZSC 晶格中。依据离子半径，Mn^{2+} 优先占据 Zn(Mg) 格位。由于与 Ca^{2+} 半径相差很大，占据 Ca^{2+} 格位可能性相对很小。

22.3.4　Eu^{2+}激活的其他碱土卤硅酸盐发光

早期已开始关注 Eu^{2+} 激活的碱土卤硅酸盐的发光。一些 Eu^{2+} 激活的碱土金属卤硅酸盐的发光效率也很高。其共同的特点是可被紫外光，特别是长波 UV-NUV 光高效激发，多数发射蓝绿光，有的温度猝灭特性优良。下面简述几种 Eu^{2+} 激活的碱土卤硅酸盐。

（1）$Sr_4Si_3O_8Cl_4$($Sr_2Si_3O_8 \cdot 2SrCl_2$) 属正交晶系。在此荧光体中，$Eu^{2+}$ 室温下的激发峰为 300nm，发射峰为 490nm。在 Eu^{2+} 激活的 $M_4Si_3O_8Cl_4$:Eu(M=Ca，Sr，Ba，X=F，Cl，Br) 体系中[18]，相对其他硅酸盐，$Sr_4Si_3O_8Cl_4$:Eu^{2+} 的 50% 的猝灭温度最高，高达约 336℃，而正硅酸盐 Sr_2SiO_4:Eu 的50%的猝灭温度仅为 173℃。

（2）$Ca_3SiO_4Cl_2$:Eu^{2+} 这种晶体属单斜晶系。在此材料中分别掺杂多种激活剂，其中 Eu^{2+} 和 Pb^{2+} 激活的发光相对最强。$Ca_3SiO_4Cl_2$:Eu^{2+} 在 254nm 激发下，呈现一个 510nm 峰的发射带，其量子效率大约 25%。它的发光强度降到 50%处的猝灭温度大约为 520K。此外，这种材料还存在高温型（1020℃），也属单斜的 HT-$Ca_3SiO_4Cl_2$:Eu^{2+} 荧光体[19]。它们主要的差别表现在 HT 相的发射峰为 572nm，FWHM = 93nm；而普通相发射峰为 506nm，FWHM = 61nm。在 470nm 激发下 HT-$Ca_3SiO_4Cl_2$:Eu^{2+} 的激发强度是 YAG :Ce 的0.67 倍。这种荧光体适用于 NUVLED。

（3）$Sr_2SiO_3Cl_2$:Eu、$Ca_2SiO_3Cl_2$:Eu 和 $Eu_2SiO_3Cl_2$ 这几种晶体属于四方晶系。其发射光 300K 时为峰 490nm。同构的 $Eu_2SiO_3Cl_2$ 的光谱与 $Sr_2SiO_3Cl_3$: Eu 很类似[20]。$Sr_{2-x}EuSiO_3Cl_2$ 的一个特点是没有 Eu^{2+} 浓度猝灭，即 $Eu_2SiO_3Cl_2$ 荧光体。此外，低 Eu^{2+} 浓度样品室温时经 X 射线辐照后呈现一个从 200℃至 300℃的 TL 谱带，其 TL 峰值为 260℃，这个陷阱较深。作者预计可能存在光激励发光。Eu^{2+} 和 Mn^{2+} 共掺杂时，可发生 $Eu^{2+} \rightarrow Mn^{2+}$ 间的能量传递。在发射光谱中呈现 578nm Mn^{2+} 发射。这样可构成白光。在 $Ca_2SiO_3Cl_2$ 中 Eu^{2+} 占据两种不同 Ca^{2+} 格位。在长波 UV 激发下，分别发射 419nm（Eu^{2+} Ⅰ）和 498nm（Eu^{2+} Ⅱ）[21]。同时 Eu^{2+} 和 Mn^{2+} 共掺杂时，可发生 $Eu^{2+} \rightarrow Mn^{2+}$ 间的能量传递。在发射光谱中呈现 578nm Mn^{2+} 发射。

（4）$(Ba_{1-x}Eu_x)_5SiO_4Cl_6$($0<x\leqslant 1$) 的结构和发光特性。

$Ba_5SiO_4Cl_6$ 的熔点为 880℃，属单斜晶系。$Ba_5SiO_4Cl_6$:Eu^{2+} 的激发光谱分布在 250～430nm 范围，最强的激发峰在 415nm±5nm 处。在 365nm 激发下，发射强蓝光[22]呈现很小的 Stokes 位移，发射光谱为 400～500nm 很窄的蓝谱带，其发射峰为 440nm，FWHM = 30nm。$Ba_5SiO_4Cl_2$:Eu^{2+} 蓝色荧光体在 254nm 及 405nm 分别激发下发射强度分别是商用 BAM :Eu 蓝色荧光粉的90%和 220%。

在众多的 Eu^{2+} 激活的碱土金属卤硅酸盐中，一般猝灭温度（T_g）不高。其中以

$Ba_5SiO_4Cl_6$:Eu^{2+}最佳（>400℃）。

$Ba_5SiO_4Cl_2$:Eu^{2+}蓝色荧光体在NUV波长激发下非常有效，且T_g极高，特别适用于NUV LED及激光电视中的蓝光组成，色饱和度高，温度特性特优，光衰很小。而$Sr_2SiO_3Cl_2$:Eu^{2+}可被UV和X射线激发，陷阱存储能量后，具有TL性能，其TL峰260℃，是具有光存储功能前景的新材料。

22.4 Eu^{2+}激活的蓄光型长余辉荧光体和$EuAl_2O_4$荧光体

22.4.1 Eu^{2+}激活的铝酸盐长余辉发展概况

具有蓄光型长时间余辉铝酸盐体系的荧光体从20世纪90年代初以来一直受到人们的关注。早在20世纪60—70年代，人们已对MAl_2O_4:Eu^2碱土铝酸盐的发光性质研究，并简要指出存在短暂余辉现象。过剩的Al_2O_3具有最佳的阴极射线发光（CL）效率及长余辉。其特点是存在一个快速的初始衰减，接着有长达数秒的余晖现象。早在1981年$SrAl_2O_4$:Dy作为一种新的长余辉CL荧光体性质也被报道[23]，后来还报道了掺镁的铝酸锶长余辉荧光体的发光及衰减特性[24]。唐明道等人[25]对$SrAl_2O_4$:Eu长余辉衰减分析指出,是由初始快过程和后期慢衰减两过程所组成，并测得了两个强的热释发光峰。后来陆续公开发表有关$SrAl_2O_4$:Eu^{2+}，R^{3+}（R^{3+}=Dy^{3+}，Nd^{3+}，Pr^{3+}）及$Sr4Al_{14}O_{25}$:Eu^{2+},Dy^{3+}发光性质和机理的报告[26]。其实作者和田军早在1988年12月在4（$Sr_{0.97}Eu_{0.03}$）0.7Al_2O_3:0.01Dy_2O_3:（$Sr_4Al_{14}O_{25}$:Eu^{2+},Dy^{3+}）体系上就发现在253.7nm和365nm激发下发射强绿光且展现相当长的长余辉。在太阳光下，也呈现很亮很强的余辉[27]。后来肖志国[28]使这类蓄光材料完善并实现产业化，特别是与塑料、涂料等结合的制品成功用于各种弱光下的显示用品，被广泛用于不同的领域中，为此作出重要贡献。

一段时间以来，不断研制许多具有不同性能的余辉材料，涉及的种类和现象很多，其中绝大多数材料的发光亮度，余辉强度和时间均没有超过$SrAl_2O_4$:Eu,Dy和$Sr_4Al_{14}O_{25}$:Eu,Dy荧光体。荧光体具有余辉的现象普遍存在，因为晶体中总是存在缺陷和陷阱，余辉不强、不长无意义。

22.4.2 $SrAl_2O_4$:Eu晶体结构、光谱分析和发光机制

$SrAl_2O_4$:Eu^{2+},Dy^{3+}是当今最重要的长余辉材料。相关的$SrAl_2O_4$具有两种不同结构：单斜晶相和六方晶相。他们之间的转变温度发生在大约650℃。以往人们对此并不熟悉。通常发射峰为520nm的$SrAl_2O_4$:Eu,Dy长余辉荧光体就属低温相的单斜结构。通常的单斜晶体结构具有一个棱角共享AlO_4四面体的三维网络，在Sr^{2+}位于a和c方向中有一些通道[29]。在$SrAl_2O_4$中存在两个结晶学不同的Sr^{2+}格位，都是相等的配位数6+1。相似的Sr—O平均距离为0.2695nm和0.2667nm，另一个单独的Sr—O距离也类似。由于Eu^{2+}的半径非常接近Sr^{2+}，故Eu^{2+}部分取代Sr^{2+}，两个不同Sr^{2+}格位将完全发生相似的畸变。因而位于两种不同的Sr^{2+}格位上的Eu^{2+}的局域环境非常类似。一般在室温下2个Eu^{2+}的发射光谱分辨不开，只展现一个520nm峰的宽谱带。仅在100K低温下，用310nm对

$Sr_{0.98}Eu_{0.02}Al_2O_4$激发，才能分辨观测到主峰520nm和次峰450nm的两个发射带。

尽管人们已对$SrAl_2O_4$:Eu,Dy进行诸多研究，对这种长余辉荧光体的发光机制提出不同的见解，但依然缺乏令人信服的解释，甚至对其荧光光谱的认识也是不够全面的。

以前一般将$SrAl_2O_4$中Eu^{2+}的450nm和520nm发射归属于位于不同结晶学格位上的Eu^{2+}的$4f5d \to 4f$跃迁发射结果，这种观点得不到一些实验结果的支持。归纳主要体现在以下原因：

（1）两个Eu^{2+}中心发射的能量范围不应相差大，达到0.37eV。对520nm发射光谱可以分解成发射峰值分别在515nm和545nm的两个高斯带。两峰间距仅0.13eV。此结果类似在4.2K下对$BaAl_2O_4$:Eu^{2+}的发射分解成515nm和545nm两个峰带予以佐证。因此，520nm发射应起源于Eu^{2+}随机分布在两个不同Sr^{2+}格位上的$4f5d \to 4f$跃迁[29]。不应将450nm归因于Eu^{2+}的$4f5d \to 4f$跃迁。

（2）在空气中制备的$SrAl_2O_4$:Eu只呈现450nm发射，而只有当样品在还原气氛下退火才出现520nm发射。520nm发射是Eu^{2+}的$4f5d$—$4f$跃迁，而450nm蓝发射是另外激发机制，或是杂相引起的。

（3）Y^{3+}和Dy^{3+}对蓝和绿发射强度呈现不同影响。在$SrAl_2O_4$:Eu^{2+},Y^{3+}中，随Y^{3+}浓度增加，450nm蓝荧光强度严重下降，而520nm绿色发射保持不变。这种分别共掺Y^{3+}和Dy^{3+}对两个发射强度不同的影响，表明450nm和520nm发射本质上肯定有差异。

（4）荧光衰减寿命差异。450nm荧光衰减时间仅在无缺陷中捕获电荷释放的低温下被观测到。在4.2K为0.7μs，比520nm发射的寿命1.7μs短很多。相反，在$BaAl_2O_4$:Eu^{2+}中510nm和540nm两个Eu^{2+}的衰减时间分别为1.5μs和1.4μs相同，这再次表明蓝和绿光发射中心是不同的来源。

（5）利用在室温和低温下，单斜$CaAl_2O_4$:Eu^{2+},Nd^{3+}呈现440nm和450nm蓝发射带的不变性，再次认定$SrAl_2O_4$中蓝发射的来源与Eu^{2+}无关。

鉴于上述实验和事实，美法学者认为[29]，低温下发生的$SrAl_2O_4$:Eu的450nm发射是由于来自氧到Eu^{3+}的电荷转移及一个空穴俘获协助产生这种发射。他们还提出磷光机理。Eu^{2+}的d轨道在$SrAl_2O_4$导带底部，在UV激发时Eu^{2+}浓度减少，痕量Eu^{3+}产生。在UV光作用下，一些Eu^{2+}氧化成Eu^{3+}，释放的电子被俘获在位于光导层的Eu^{3+}附近中的氧空位上。Eu^{2+}格位上的这些被俘获电子复合产生520nm发射余晖，Dy^{3+}共掺杂增加电子陷阱数量和深度，并增强磷光（余辉），而B^{3+}掺杂也是增加电子陷阱深度，从而增加余辉。

22.4.3 富集的$EuAl_2O_4$荧光体发光

所谓富集（浓集）型的$EuAl_2O_4$和$(Eu_{1-x}M_x)Al_2O_4$:Eu是由$SrAl_2O_4$:Eu衍生发展的一类新体系，与MAl_2O_4:Eu体系密切相关。它们包括单斜的$EuAl_2O_4$(m-EAO)和$(Eu_{1-x}M_x)Al_2O_4$及六方晶相的$EuAl_2O_4$(h-EAO)。它们的发光性质完全不同，以往人们对它们的发光性质很陌生。

22.4.3.1 富集的单斜$EuAl_2O_4$(m-EAO)和$(Eu_{1-x}M_x)Al_2O_4$荧光体的发光

m-EAO的晶体结构和$SrAl_2O_4$非常类似，同为单斜结构（JCDPS卡号：74-0794）。几种单斜（Eu,Sr）Al_2O_4 荧光体的激发和发射光谱本质相同。可被 300～470nm 有效激发，发射峰为 520nm 黄绿光。$EuAl_2O_4$ 在室温 420nm 激发下的发光效率为 34%，用 20%Sr 取代，效率增加到 40%，35%Sr 取代进一步增加到 42%。

22.4.3.2 富集的六方晶相 $EuAl_2O_4$ 荧光体的发光

富集的六方晶相 $EuAl_2O_4$ 铝酸盐（简写 h-EAO）是近年来由刘峰等人[30-31]发展的新发光材料。这种 h-EAO 荧光体是一种宽 200～1000nm，厚 50～300nm，长 50～500nm 的纳米类似条状晶粒。其晶胞参数 $a=b=0.615$nm，$c=1.057$nm。

该 h-EAO 荧光体在蓝光或 UV 激发下，呈现强的橙红色发光。它与单斜 m-EAO 的发射光谱不同，激发光谱也存在差异。发射光谱是由峰值 645nm 高斯带组成。FWHM 为 0.45eV。激发光谱包括 2 个激发带（不含<300nm），其激发峰分别为 365nm 高能带和峰值为 435nm 的低能带，且与 645nm 发射带的镜面对称一致。这表明 435nm 激发带对应于荧光体中的最低激发态。于是发射的 Stokes 位移测定是 0.92eV。这等于最低激发带和发射带的最大峰值之间的能量差。但是与室温相反，77K 低温下的发射和激发光谱变为与它们的激发和检测波长有关。低温时，多出一个发射峰为 550nm 的弱发射带。橙红发射带是 Eu（Ⅰ）中心，它的荧光寿命 $\tau=1.27\mu s$；而 550nm 绿色发射带是 Eu（Ⅱ）中心，它的寿命 $\tau=0.57\mu s$，它们的衰减符合双对数公式。针对上述一些新结果，在 h-EAO 荧光体中，Eu^{2+}发光呈现一个很大的宽带和非常大的 Stokes 位移，是因为通常定域的 $4f5d$—$4f$ 能态跃迁为主导发射，以及伴随包括非定域类似导带激发态的附加成分所致。作者认为有可能属于 Eu^{2+}的非正常发光。

这种新的 h-EAO 荧光体还有许多基础性能并不了解，文献［30］所提出的制备这种 h-EAO 荧光体的方法烦琐，值得商榷和改进。还有一种与上述有关联的发黄光的 $Ba_{0.93}Eu_{0.07}Al_2O_4$新荧光体，有可能用于暖白光 LED[32]，也应引起关注。

有了这样的基础后，我们可设计和实现由 NUV 或蓝光 LED 组成的新高显色性白光 LED 照明光源。

（1）蓝光 LED+YAG:Ce^{3+}+橙红光 h-EAO 荧光体，光色可调配高显色性白光 LED。

（2）一个混相荧光体晶粒构成白光：绿光 m-EAO+橙 h-EAO。

（3）多种荧光体组合，蓝色 $CaAl_2O_4$:Eu,Nd+绿色 $SrAl_2O_4$:Eu,Dy+h-EAO；绿色 $SrAl_2O_4$:Eu+黄色 $BaAl_2O_4$:Eu+橙色 h-EAO 等。

如此种种，可调配出许多性能不同的白光 LED 用的新荧光材料，关键是光通量高。

22.5 碱土金属硫化物 MS:Eu^{2+}（M=Ca，Sr，Ba）及其发展史

历史悠久的 Eu^{2+}激活的碱土金属硫化物，二元的 MS（M=Ca，Sr，Ba）荧光体的发展已有近八十年历史。它是稀土（Eu、Sm、Ce 等）最早应用于发光中的稀土荧光体。在早期苏联辽夫申的专著中已有明确详细介绍。那时我们称为红外磷光体，意为吸收能量后，再用红外光激励产生发光和磷光（余辉）。

本节中主要对 MS:Eu^{2+}的发光性质，在早期和现代不同时期的许多领域中的应用发展情况予以阐述。这种多功能发光材料至今依然发挥着作用。

22.5.1　20 世纪 90 年代以前 MS 的发展

这里借此回顾，MS∶Eu，A、MS∶Ce，A 及 MS∶Bi，A 此类硫化物体系的发展是有纪念意义的。

徐叙瑢和许少鸿先生曾向作者讲述，20 世纪 50 年代初 MS∶Eu 红外磷光体曾被国外用作近红外光通信和探测于某战场中。即一方发出强的近红外光信号，另一方用此类红外磷光体探测，获得通信。在两位先生的指引下，1958 年中科院物理所三室成功地合成出 MS∶Eu 红外磷光体，这应该是我国制备的最早的稀土发光材料。1965 年三室搬迁到长春，承担中国军事医学院核辐射探测计量任务，由作者主要执行。合成高纯 MS 原材料及优质的 MS∶Eu^{2+}红外磷光体和小型剂量计制作等工作。红外磷光体经放射性核辐射辐照一定时间后，将辐射能量储存，用一定波段和强度的近红外光激励后，以可见光释放。利用它们之间的对应关系，可以确定所吸收的辐射剂量。制作的个人剂量计可以记录人体所受辐射剂量。当时条件差，所用红外光源是一个带有特定红外滤光片的手电筒。至今还有报道[33]从事这方面的工作。

进入 20 世纪 80 年代以后，加强对这类硫化物不同掺杂离子的发光性能研究。主要在阴极射线发光（CL）和电致发光（EL）等领域。EL 的主要机理被认为是由于碰撞离化和/或空穴俘获电荷变成 Eu^{3+}和 Ce^{4+}，接着这些中心俘获电子又能转变成 Eu^{2+}和 Ce^{3+}激发态，最终产生相应的发光。蒋雪茵等人[34]利用气相法合成了适用于 EL 的 CaS∶M（M＝RE，Cu，Mn）荧光体，获得了 Eu^{2+}，三价 Ce、Pr、Sm、Tb、Dy 及 Cu^{+}和 Mn^{2+}的激发和发射光谱。CaS∶Eu^{2+}（红）、CaS∶Ce（绿）和 CaS∶Cu^{+}（蓝）比较适合制作彩色 TFET 显示器。罗晞等人[35]利用 $CaS_{1-x}S_x$∶Eu^{2+}荧光体制备红色直流电致发光（DCEL）屏。发现少量 Se 取代 S 可改进 CaS∶Eu 的光致发光和电致发光性能，提高发射强度。在 CaS∶Eu 中加入 Pb^{2+}后，在 Eu^{2+}的激发光谱中的 350nm 附近还新出现一个激发谱带[35]，这是 Pb^{2+}的$^1A_{1g}(^1S_0)\rightarrow{}^3T_{1u}(^3P_1)$能级跃迁吸收。通过发射和激发光谱及衰减的测量，可以认为 Pb^{2+}敏化 Eu^{2+}发光。和通常的 CaS∶Eu 相比，CaS∶Eu，Pb 的 DCEL 效率和工作寿命均明显得到提高。

22.5.2　20 世纪 90 年代以来 MS 的发展

自从 20 世纪 80 年代末和 90 年代以来，MS∶Eu 和 MS∶Eu，Sm 体系硫化物无论是在开辟农用薄膜，还是环境光下各类指示用品的广度和深度均获得发展。特别是 20 世纪 80 年代末提出电子俘获材料（ETM）或电子俘获光储存材料[36-37]以来，以及 21 世纪初在白光 LED 新照明光源中的应用，这类功能材料进一步引起人们的重视。主要体现在下述不同领域中。

22.5.2.1　*农用薄膜*

众所周知，光，确切地说太阳光是植物生长发育的基本环境因素。光照不仅通过光合作用供应植物生长所需能量，更是使植物生长发育的重要调控因子。植物对外界光环境的一系列响应都是源于感光受体对光的吸收。主要的感光受体包括光合色素、光敏色素、隐花色素和向光素[38]。绿色植物中光合色素包括叶绿素 a（chla），叶绿素 b（chlb）和类胡萝卜素。主要承担光合作用中的光能接受、能量传递、光能转换等光合作用过程。图 22-5

表示[39]，叶绿素光合作用吸收光谱。绿色植物中叶绿素 a 和叶绿素 b 总是同时存在。叶绿素 a 最大吸收在 440nm 附近的蓝区和 680nm 附近的红区；而叶绿素 b 吸收最大在 480nm 附近的蓝区和 650nm 附近的红区。可见红光和蓝光是植被吸收的主要光源，也是植物主要光受体的信号光源。大量实验和推广证明，增加对包括蔬菜在内的农作物的红光和蓝光照射强度，能使农作物早熟或增产[40-41]。而 Eu^{2+} 激活的碱土金属硫化物体系的发光特性表明它们是可在农作物中应用的最佳发光材料之一。因为在这类硫化物中 Eu^{2+} 的主要激发（吸收）光谱大约从 390nm 延展至 620nm 附近范围，如图 22-6 所示[42]。即对太阳光谱中蓝紫光-黄光非常有效地吸收，高效转换为植物特别需要的 640~680nm 红光。这也包括将叶绿素光合作用中无用的太阳光中绿-黄光转换为有用的红光。

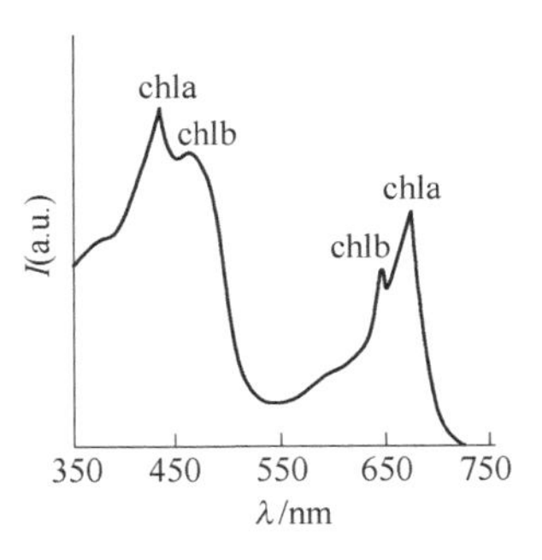

图 22-5 叶绿素光合作用吸收光谱

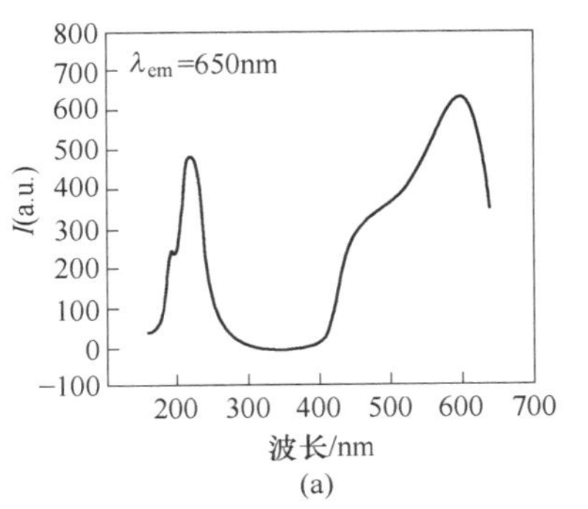

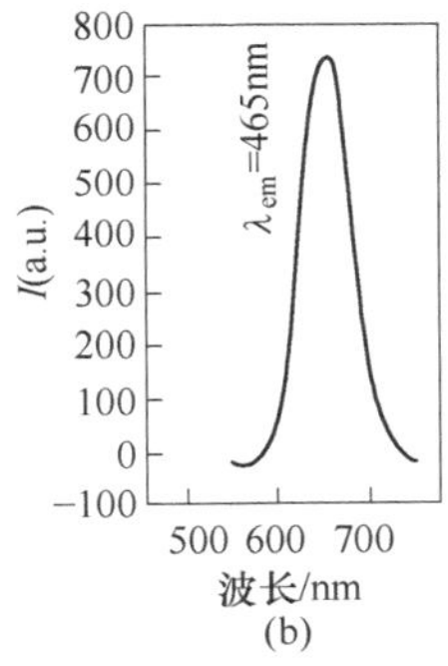

图 22-6 CaS:Eu 样品1的激发光谱（a）和发射光谱（b）

太阳光中大量的 NIR-MIR 的能量，大约占太阳 AM1.5G 光谱能量的 16.7%还没有被用于植物光转换中。依据 NIR 上转换，发光原理预期是可以利用的。更多的光质对植物生长发育影响还可参阅有关文献。

廉世勋等人[41]的工作指明，$CaS:Cu^{+}$和 $CaS:Eu^{2+}$分别是良好的农用薄膜蓝光和红光转换剂。含这种母料吹成的红光薄膜的农田试验增产效果明显。而红光薄膜价格仅比传统白薄膜高 6%，但农作物早熟且产量提高 9.6%~20%。Eu^{2+}激活的氮化物，h-EAD 等红色荧光体也可用作农用光转换薄膜，但价格昂贵。试验表明，碱土金属硫化物光转换效率高，但耐候性太差，制成的农膜在室外使用，不到一年就失效。

当前我国传统的农用白薄膜依然占主要地位，迫切需要更新换代。植物工厂的发展，特别是 LED 植物照明应用市场主要集中在欧、美、日等地区，我国相对起步较晚，紧跟其后。这些都是今后换代和发展的趋势。发红光玻璃值得考虑，尽管玻璃成本相对农膜高，但使用寿命极长。15 年左右无问题，而且还可以减少塑料的白色污染。

22.5.2.2 暗环境光下的指（显）示用品

长余辉发光材料中一直存在缺少红色长余辉的荧光体。MS:Eu,Sm 红色长余辉荧光体可用来填补。尽管它的化学稳定性差，但采用包膜和树脂、塑料、涂料，甚至与低熔点玻璃结合起来，类似前面农用薄膜和 $SrAl_2O_4$:Eu,Dy 蓄光型长余辉材料所述，可制成各种蓄光型长余辉制品，获得广泛应用。

22.5.2.3　光储存-光信息-光探测

由于电子俘获材料 ETM 的广泛应用前景，高密度存储，可擦除，短波红外探测在国民经济和军事上的重要性等优点，用作光储存-光信息-光探测材料，引起人们很大关注。这将 MS:Eu,Sm 等碱土金属硫化物功能材料又推向一个新境界[43-45]，接下来第 22.6 节予以详细论述。

22.5.2.4　新一代节能光源-白光 LED

20 世纪末以来，由 GaNLED 发蓝光芯片和 YAG:Ce 黄色荧光体组成的白光 LED 引起轰动。但这种白光 LED 中缺少红色成分，其发展受到制约，可被蓝光高效激发，发射红光的 MS:Eu 荧光体顺理成章用于白光 LED 中[42]，大大改善白光 LED 性能。第 22.6 节也将详细介绍。

22.6　电子俘获-光储存-光探测材料

光信息存储技术最早应追溯于 20 世纪 40—50 年代初期 MS:Eu,Sm 红外磷光体的应用。随着信息科技快速发展，信息要求的容量越来越大，有利推动了光储存和红外探测的技术发展。电子俘获光储存技术可获得很高的存储密度 1×10^{12} B/cm^2，响应快，快速写/读/擦，无限次读写，宽的红外激励范围为 0.8~1.6μm，制备方便，成本低等优点。因此，他们在光通信、光储存、光成像、X 射线诊断和显示等方面具有广泛的应用价值。

目前发展的电子俘获光储存材料有几类，它们各有千秋。其中以 MS:Eu,Sm 和 BaClF:Eu^{2+}ETM 的光储存等特性研发突出，前者已处于实用化开发，后者已用于 X 射线增感屏、影像储存及 X 射线显示等用途。相信以后会有新的、更佳的光储存材料不断出现。

22.6.1　MS:Eu,Sm 和 MS:Ce,Sm 碱土金属硫化物体系

MS:Eu,Sm、MS:Ce,Sm 等碱土金属硫化物，发展电子俘获光储存-光探测光电子材料。简单而言，该 ETM 材料经高能粒子、X 射线、紫外或可见光子激发后，一部分吸收的能量以 Eu^{2+}的 $4f5d \rightarrow 4f$（$^8S_{7/2}$）能态跃迁释放可见光发射；另一部分吸收的能量通过被晶体内部产生的电子俘获在晶体的缺陷中，从而将吸收的辐射能量存储。当受到一定红外波长激励时，或受到一定温度加热时，陷阱中的电子逸出，通过电子空穴复合释放能量传递到发光中（Eu^{2+}），再以可见光形成释放出来。

用约 300nm UV 或 400~600nm 可见光激发，即“写入”CaS:Eu,Sm 荧光体。Eu^{2+}吸收“写入”能量被激发到 $4f5d$ 激发态，然后弛豫到最低 $5d$ 态劈裂的 t_{2g}能态，或直接“写入”到最低的态 t_{2g}能态。由此一部分电子从 $5d(t_{2g})\rightarrow 4f(^8S_{7/2})$ 基态跃进，发射出可见光能量。而另一部分电子被晶体陷阱俘获储存。当用一束 NIR 光激励（读出）时，电子从陷阱逸出和空穴复合，释放能量传递给 Eu^{2+}中心产生荧光。用什么光激励（读出）最佳？由范文慧等人[46-47]测定的 Eu^{2+}NIR 激励光光谱可知，即 900~1400nm NIR 光，对 SrS:Eu,Sm、SrS:Ce,Sm 及 CaS:Ce,Sm ETM 而言，读出峰在 1060nm 附近。这与 Nd:YAG 晶体的激光峰相对应。利用 Nd:YAG 激光晶体产生的1.064nm 超短波皮秒红外脉冲激光激

励 CaS:Eu,Sm TEM 获得红外激励发光的脉冲 14.3ps，最小激发阈值是优于 4.8×10^{-9} J/mm^2 的良好结果[47]。

一种 Er^{3+}共掺杂的 SrS:0.002Eu,0.002Sm，xEr($0\leqslant x\leqslant0.006$) 电子俘获型光储存材料[48]，在 980nm 激励下，光激励发光（PSL）带宽 550~700nm，峰 610nm，与其光致发光谱 PL 相同。Er^{3+}共掺杂导致荧光增强及光储存特性提高。当 $x=0.003$ 时其荧光强度、光激励发光强度及光储存出现最大值，分别为不含 Er^{3+}时的 1.92 倍和 3.5 倍。Er^{3+}的掺杂不改变晶体的结构，衰减特性及发射峰位置。$Ca_{1-x}Sr_xS:Eu^{2+}$、Er^{3+}, Dy^{3+}也是一种电子俘获型荧光体[49]，其发射波长 630nm。Dy^{3+}和 Er^{3+}的掺入均可提高发光强度，而且可延长余辉时间。(CaSr)S:Eu^{2+}、(CaSr)S:Eu^{2+},Dy^{3+}及(CaSr)S:Eu^{2+},Dy^{3+},Er^{3+}的余辉衰减时间分别为 20min、150min 和 180min。

这类碱土金属硫化物 MS:Eu^{2+},Sm^{3+}、MS:Ce^{3+},Sm^{3+}的探测灵敏度高（约 1μW 量级）、响应快、可擦除、写入/读出效率高。缺点是信号衰减快，热稳定性和化学稳定性不佳，易潮解。用纳米 Al_2O_3、SiO_2 包覆在 MS:Eu^{2+}荧光体颗粒表面上，可有效地抗潮，大大改善稳定性。

基于上述 MS:Eu,Sm 等体系的 ETM 特性，这类功能材料是可以用于近红外（短波红外）辐射探测。随着激光设备的快速发展，对近红外辐射探测技术的需求越来越强烈。近红外波段覆盖了近 90%的激光设备[50]，包括激光雷达、激光制导、激光测距、强激光、光通信等设备的基本应用波段在 0.9~1.7μm 之间。利用 CaS:Eu,Sm,ETM 薄膜与 CCD 耦合是可行的[51]。这种探测器的最大优点是成本低，可室温下工作，体积小，携带方便等。美国 Litton 公司采用 ETM 与像增器强耦合，使相应波段扩展到 1~3μm，使电子俘获材料应用于微光夜视技术[52]，特别是短波红外成像技术在特殊领域中应用[52]。作者坚信，利用 Ce^{3+}、Eu^{2+}等离子在强晶场环境下，发射波长向短 NIR 光移动，获取新功能材料，在上述应用中，有着诸多的发展空间。

22.6.2 MFX:Eu^{2+}(M=Ba,Sr,Ca;X=Cl,Br,I) 碱土金属氟卤化物

MFX:Eu^{2+}氟卤化物属四方晶体，阳离子的配位数为 9。在 MFX 体系中，一般认为发光中心是 Eu^{2+}，电子陷阱是阴离子空位。

三种 BaFX:Eu^{2+}(X=Cl,Br,I) 的 PSL 的发射光谱，它们的激励发射光谱峰在380~410nm 范围内。发射光谱与 X 射线和 UV 光激发下的发射光谱相同。这些发射均属于 Eu^{2+}的 $5d\rightarrow4f$ 允许跃迁，且它们的荧光寿命均小于 1μs。

这类 ETM 体系的电子俘获光储存机制，包括导带模型和隧穿模型等还存在争议。

所谓导带模型[53]认为，在 X 光或 UV 光激发下，BaFX:Eu^{2+}中部分 Eu^{2+}被离化为 Eu^{3+}，离化出的电子被激发到导带，随后被 F^+心俘获，变成 F 心，完成电子储存过程。在可见光的激励下，F 心中电子被释放到导带，然后回到 Eu^{3+}与其复合，变成激发态的 Eu^{2+}，产生 Eu^{2+}发光。此模型只考虑 X 光子与 Eu^{2+}的作用，解释不了 PSL 强度与光辐照能量之间的线性关系，与实验不符。而隧穿模型认为样品经 X 光辐照后产生了一个激励发光复合中心。在光激励下，电子通过隧穿效应从陷阱转移到发光中心复合发光。电子从陷阱到发光中心是快过程，温度变化对 PSL 的衰减常数和发光效率无影响，这些说明电子并不是通过导带与发光中心复合。但隧穿模型没有给出否认导带模型的有力证据。

苏勉曾等人也对导带模型存疑，他们认为在光激励时电子从 F 中心激发到更高能级，宁可是通过隧穿也不是通过导带与被俘空穴复合，产生 Eu^{2+}的特征发光[54]。他们通过对 BaFCl∶Eu 研究,认为光激励发光（PSL）强度与辐照能量的关系是一个复杂的超线性关系[55-56]，并提出由 Eu^{2+}陷阱空穴组成的三种缔合体模型。

王永生等人[57-58]提出并行模型，认为电子可以通过包括热或光激励转移导带和隧穿过程同时存在，各有一定的概率。不同材料、不同的激励等条件下，可能其中某一过程起主导作用。该模型有效地将导带和隧穿过程结合起来，通过合理的简化和计算机模拟，与实验结果有着很好的吻合。这种并行模型解释了 PSL 强度与辐照能量的线性关系，有利于完善光激励发光的基本模型。此外，在这类材料中，额外共掺杂还可产生 F 心[59]，导致激励波长向长波移动。

BaFX∶Eu^{2+}荧光体除用作 X 射线增感屏外，还可制成影像板（IP），用于医用仪 X 光透视、同步辐射、中子影像等领域中。该类材料的优点是灵敏，可反复使用，易于集成数字化系统，PSL 相对于其他材料具有很高的亮度和效率等。其缺点是读出信号的持续读出衰减快，重复次数有限，需用较高的温度加光“漂白”，光激励后的余辉，陷阱的稳定性也需要改进。这类晶体具有的双折射性质及立方晶型晶粒之间的散射使光存储的分辨多少受到了影响。

22. 6. 3　AX∶Eu^{2+}ETM 金属卤化物和 $BaLiF_3$∶Eu^{2+}氟化物

KCl∶Eu 晶体中 Eu^{2+}是以填补阳离子的空位形成掺杂的，而主要由 Cl 空位来俘获电子，造成光信息储存[60]。KCl∶Eu^{2+}ETM 经短波紫外（254nm）或长波紫外光（340nm）激发（写入）后，再用 450~750nm，特别是 560nm 绿光激励（读出光），得到表征读出信息的激励发光峰 420nm。PSL 峰 420nm 离写入光和读出光波段较远，避免相互干扰。

这种 KCl∶Eu^{2+}ETM 的 PSL 强度与辐照时间存在较宽的线性响应，高达 4 个量级范围。同时有较好的衰减特性。KCl∶Eu^{2+}ETM 应用的前景是写入次数较少、但读出次数多的光储存器件中。

$BaLiF_3$ 中 Eu^{2+}的 410nm 发射的激发光谱为一个 250~350nm 宽带。长波紫外光写入很有效。在 254nm 激发下，$BaLiF_3$∶Eu^{2+}的发射光谱是由峰值为 410nm 的 Eu^{2+}的 $5d \rightarrow 4f$ 跃迁宽发射谱带（335~472nm）及一个叠加在上面的峰值为 359nm 的 Eu^{2+}的$^6P_{7/2} \rightarrow {}^8S_{7/2}$ f—f 跃迁锐谱线组成。而 $BaLiF_3$∶Eu^{2+}的 410nm 监测的光激励激发光谱为一个 600~680nm 红宽谱带，最佳光激励峰为 660~670nm。用 660nm 光激励（读出），它的 PSL 光谱与 254nm（写入）的发射峰几乎完全相同[61]，也是由 Eu^{2+}的 $5d$—$4f$ 宽带和 f—f 跃迁锐谱线组成。读出发射峰也是 410nm 和 359nm，即光激励发射峰 410nm 和 350nm 与写入激发时的发射峰一致。以往所报道的 Eu^{2+}的光激励发光（PLS）光谱仅有 Eu^{2+}的 $5d \rightarrow 4f$ 跃迁宽谱带，这里又多一个 f—f 跃迁锐发射线。这是一个有趣的物理现象。高能光子激发的光致发光光谱不管怎么复杂，完全可被 PSL 光谱复制，包括 f—f 和 d—f 跃迁。Eu^{2+}的$^6P_{7/2} \rightarrow {}^8S_{7/2}$ 的 f—f 跃迁在绝大多数材料中几乎是恒定位于约 359nm 处。这方面可参阅第 21 章。

$BaLiF_3$∶Eu 的 PSL 衰减曲线表明,并不是单纯的指数式或双指数式衰减形式，比较复杂，可能涉及多种缺陷。$BaLiF_3$∶Eu 的光激励发光衰减较快,具有良好的可擦出除能，可用于多次光储存。此外，读出光波长（约 660nm）距离其发射光波长（约 410nm）较远，有效地避免读出光和信号光相互干扰。

针对上述碱金属硫化物及氯化物存在的不良化学和热稳定性，影响光储存等性能，需要发展稳定性更佳的 ETM 新材料。显然，含氧盐是优选材料。

22.6.4 M_2SnO_4:R(M:碱土金属;R=Sm^{3+}，Tb^{3+}，Sb^{3+}) 碱土金属锡酸盐体系

Ca_2SnO_4:Sm^{3+}具有橙红色的较长余辉[62]，Mg_2SnO_4 是一种绿色长余辉，且正锡酸盐结构中具有大量的缺陷可用作蓄能陷阱[63]。据此，选择 $SrSnO_4$ 为基质，Tb^{3+}为激活剂，Li^+为电荷补偿剂获得一类新的 Sr_2SnO_4:Tb^{3+},Li^+ ETM 及 Sb^{3+} 掺杂的 Sr_2SnO_4:Sb^{3+} 新 ETM[64]及它们的近红外光激励结果。上述两种 PSL 材料不是 Eu^{2+}激活的，故此不多叙。

Tb^{3+}的 542nm 发射监测 Sr_2SnO_4:Tb,Li 的激发光谱显示在短波 UV 区，它是 Tb^{3+}的 $4f$—$5d$ 跃迁吸收。故样品先用 292nm 激发后，再用 980nm LD 激励（读出），其 PSL 光谱显示在 430nm（$^5D_3 \to ^7F_4$）及 542nm 等处锐发射，即为读出的绿色发射峰。

Sr_2SnO_4:Sb^{3+}锡盐酸的激发和发射光谱均来自 Sb^{3+}的吸收和发射。人们熟悉 Sb^{3+}是具有 S^2 电子组态的离子，其基态仅有一个$^1S_0$ 能级。由于 $S^2 \to SP$ 跃迁是宇称允许的，在紫外区呈现强的吸收。SP 组态劈裂随能量增加，依次为$^3P_0$、$^3P_1$、$^3P_2$、$^1P_1$ 能级。依据自旋选择定则，只有$^1S_0 \to ^1P_1$ 是允许跃迁。故在 Sb^{3+}的吸收光谱中以$^1S_0 \to ^1P_1$ 跃迁吸收为主，而弱的$^1S_0 \to ^3P_1$ 跃迁吸收也可观测到。这是因为自旋轨道耦合是自旋三重态和单重态混合。

Sr_2SnO_4:Sb^{3+}的激发光谱类似 Sb^{3+}激活的磷酸钙荧光体，在 254nm 辐照一定时间后，再用 980nm 激光激励（读出），其 PSL 光谱和 354nm 激发的光致发光光谱相同，为黄白光，分解为 566nm 和 483nm 两谱带。

22.6.5 硅酸盐 ETM

β-Sr_2SiO_4:Eu^{2+},La^{3+}，以及 Sr_3SiO_5:Eu^{2+},RE^{3+}也是一类新的电子俘获材料。

M_2SiO_4(M=Ca，Sr，Ba）的结构比较复杂，在 Sr_2SiO_4:xEu^{2+}中，当 Eu^{2+}的浓度 $x \leq$ 0.5%时为 β 相，与国际晶相卡 JPCDS 38-0271 一致；当 x 为 2%时为正交晶系的 α-相，与 JPCDS 39-1256 一致，但上述两个晶相卡都没有给出具体的指明晶体结构和晶体的轴长等数据，只有晶面间距 d 值和它们相应的强度。人们可利用熟悉的布拉格方程 $2d\sin\theta = n\lambda$（其中，θ 为 X 射线与相应晶面的夹角；n 为衍射级数）与晶面间距离方程式来计算：

$$\frac{1}{d^2} = \frac{h^2}{a^2\sin\beta} + \frac{k^2}{b^2} + \frac{l^2}{c^2\sin\beta} - \frac{2lh\cos\beta}{ca\sin\beta^2} \tag{22-1}$$

式中，d 为晶面间距；h、k、l 为米勒指数；a、b、c 为晶体的轴长；β 为晶体轴角。程帅等人[65]在 $Sr_{1.997}SiO_4$:0.003Eu^{2+}和$Sr_{1.995}SiO_4$:0.003Eu^{2+},0.002La^{3+}体系中，Eu^{2+}或 Eu^{2+}+La^{3+}浓度不大于 0.5%时，利用式（22-1）计算，获得单掺 Eu^{2+}和 Eu^{2+},La^{3+}共掺式样品的平均晶胞参数，且其 XRD 谱图与 JPCDS 38-0271 一致。如单掺 Eu^{2+}时平均晶胞参数 a=0.8843nm，b=0.831nm，c=0.9204nm 应属于单斜 β 相，物相的晶体结构还需仔细精修。

这种材料在 UV 灯激发 20min 后，再用 2W 980nm 激光激发（读出）的光激励发光光谱，是由约 467nm（弱）和 528nm（强）两个 Eu^{2+}中心的光激励发光谱带叠加组成。这

与400nm激发下的发射光谱非常一致。PSL发光随980nm激光激励时间的延长，其强度逐步下降。共掺La^{3+}时的光致发光（PL）和光激励发光（PSL）强度有较大提高。

单掺Eu^{2+}的β-Sr_2SiO_4样品的热释发光（TL）呈现50℃、100℃、152℃和252℃附近4个TL峰。La^{3+}共掺杂入后，大幅提高50℃浅陷阱数量，使50℃时的余辉大幅增强。此外，在Sr_2SiO_4:Eu^{2+}中分别共掺杂Ce^{3+}、Nd^{3+}、Sm^{3+}及Dy^{3+}，仅有共掺杂Dy^{3+}的荧光体呈现5min黄色余辉[66]。

Sr_3SiO_5为四方晶体结构，少量Eu^{2+}、Ho^{2+}、La^{3+}、Nd^{3+}等掺杂剂并不改变其结构。Sr_3SiO_5:0.0088Eu^{2+},0.0025RE^{3+}（RE=Ho，La，Nd）荧光体在365nm激发下的发射光谱均是一个相同的500~700nm宽谱带，发射峰为573nm，而共掺Tm^{3+}后，可增强PSL发光[67]。监测Eu^{2+}的573nm发射的激发光谱是一个从220nm延伸到约560nm的宽激发带，特别是350~530nm宽光谱范围内均能有效激发，均呈现PSL现象。掺Tm^{3+}后的385K陷阱对红外光很灵敏，只需用最小功率密度54μW/cm^2红外光即可探测。

样品的TL峰，可以利用Chen氏提出的简化方程[68]计算陷阱深度E(eV)：

$$E = 3.5(KT_m^2/w) - 2KT_m \quad (22\text{-}2)$$

式中，K为玻耳兹曼常数；T_m为TL峰值；w为与TL峰的半高宽的上升段、下降段及半高宽有关联的数据。依据式（22-2）可得到TL峰位置、陷阱深度。T_m为438K时，得到平均陷阱深度为1.103eV。所以用相当于能量为1.265eV的980nm激光激励时，在440K及以下温度，陷阱中俘获的电子可以释放出来。

为寻求合适的电子俘获材料，人们想到发光效率约100%的Y_2O_3:Eu高效红色荧光体，故此人为制造缺陷陷阱，特意加入Ca^{2+}电荷补偿剂的Y_2O_3:Eu,Sm ETM[69]，写入波长250nm，可用Nd:YAG的266nm激光或ArF激光器的248nm激光激发，再用650nm或1064nm激光波长进行光激励激发而读出。PSL读出波长为611nm。这样实现“写”与“读”。

综上所述，发展和研制的一些重要的电子俘获光储存材料的主要性能列在表22-1[43,45,47-48,55,60-61,63-67,69-72]中，除卤化物外，其他ETM均可被NIR辐射激励（读出）。他们的PSL光谱和峰值（读出）和写入后的光致发光光谱相同，包括Eu^{2+}、Eu^{3+}、Tb^{3+}、Sb^{3+}等。对Eu^{2+}而言，主要为d—f跃迁（宽带），有时也涉及f—f（$^6P_{7/2}\rightarrow{}^8S_{7/2}$）锐谱线跃迁。

表22-1　一些ETM的光激励光谱范围，光激励峰及PL和PSL峰

年份	电子俘获材料	晶体结构	写入（激发）光 /nm	光激励光谱 /nm	光激励峰 /nm	PL和PSL峰 /nm	文献
1997	CaS:Eu^{2+},Sm^{3+}	立方	90~610，220~320	800~1600	1260，1180	610~630	47
1997	CaS:Ce^{3+},Sm^{3+}	立方		800~1600	1060	约504	47
1995	SrS:Ce^{3+},Sm^{3+}	立方		700~1380	1060，910	约480，530	43，45
2013	SrS:Eu,Sm,Er	立方	400~610，220~320	980	980	610	48
1983	BaFCl:Eu^{2+}	四方	X射线，UV	400~700	550	385	55
1983	BaFBr:Eu^{2+}	四方	X射线，UV	450~780	600	380	71

续表 22-1

年份	电子俘获材料	晶体结构	写入（激发）光/nm	光激励光谱/nm	光激励峰/nm	PL 和 PSL 峰/nm	文献
1983	$BaFI:Eu^{2+}$	四方	X 射线，UV	480~820	610，660	410	71
1987	$BaFBr:Eu^{2+},Al^{3+}$	四方	X 射线，UV	400~700	650	390	72
2000	$KCl:Eu^{2+}$	立方	300~400	450~700	560	420	60
2006	$BaLiF_3:Eu^{2+}$	立方	340~470	610~680	660~670	410（d—f），359（f—f）	61
2012	$Sr_2SnO_4:Tb^{2+},Li^+$	钙钛矿	250~315	980		542（$^5D_4\rightarrow^3F_5$）	63
2012	$Sr_2SnO_4:Sb^{3+}$	钙钛矿	200~310	980		566，483（Sb^{3+}）	64
2015	β-$Sr_2SiO_4:Eu^{2+},La^{2+}$	单斜	240~490	980		467，528	65
2014	$Sr_3SiO_5:Eu^{2+},RE^{3+}$	四方	250~560	980		573	66
2013	$Sr_3SiO_5:Eu^{2+},Tm^{3+}$	四方	250~550	980		580	67
2001	$Y_2O_3:Eu^{2+},Sm^{3+}$	立方	220~280	650，1060，1064		611（Eu^{2+}，$^5D_4\rightarrow^3F_5$）	69
2008	$Sr_2MgSi_2O_7:Eu^{2+},RE^{3+}$	四方	250~450	600~800	660	470	70

22.6.6 几点电子俘获光储存材料的基本要求和发展意见

如何进一步满足当今高速高信息化时代的要求，发展更先进的电子俘获光储存材料成为迫切的课题。必须了解电子俘获光储存材料的基本要求，这里总结并提出以下几点：

（1）要求吸收（写入）和发光效率高，有利于缺陷俘获更多电子，提高存储密度。

（2）光激励发光（读出）亮度高，便于清晰读出信号和分辨。

（3）光激励发光（PSL）的信号不能过快衰减，以免影响信号的读出和识别。

（4）写入光和读出光波段相间较远，可避免相互干扰。

（5）晶体中离子的缺陷是少量的，若掺杂量过少，不能形成足够多的陷阱。过多的掺杂使晶体畸变加重，无辐跃迁概率加大，影响 PSL 的效率等。共掺杂剂的主要作用是增加陷阱密度和深度变化，使俘获能力和数量增强等，导致光储存、光激励发光和读出效果等性能提高。

（6）不同深度的陷阱应尽可能少而集中，即 TL 光谱中的 TL 曲线（峰）少，最好只有一个强 TL 峰。$SrS:Eu^{2+},Sm^{3+},Er^{3+}$ 的 TL 光谱，在 300~650K 范围内仅存在一个强的 420~610K 宽范围的 TL 光谱[48]。

陷阱密度 n_0 可依据 Chen 氏提出的经验式估算：

$$n_0 = \frac{wI_m}{\beta[252 + 10.2(\mu g - 0.42)]} \tag{22-3}$$

$$\mu g = \frac{\delta}{w}$$

式中，w 为 TL 峰的半峰宽 FWHM，$w=\delta+\tau$，τ 为低温处的半宽高，δ 为高温处半峰宽；I_m 为 TL 的最大值；β 为加热速度；n_0 为 $t=0$ 时陷阱的密度。简单地说，陷阱的密度是与 TL 峰的半高宽和 TL 峰强度成正比。陷阱中电子密度高，PSL（读出）效率高；TL 峰多时，陷阱中电子密度分散，PSL效率低。

（7）体现陷阱深度的TL光谱温度范围在350K≤TL≤550K比较适合。陷阱深度过浅，稍高于室温下所俘获的电子易释放逸出，不能长时储存；而陷阱太深，需用高能光子激励。更重要的是重复使用“漂白”困难，甚至需用高温高热。

（8）余辉时间不能太长，需低于2h。太长将干扰PSL信息，且对信息存储的强度和时间均有明显不利影响。

（9）材料的物理、化学和热学等性能稳定，长时存放不应发生变化等。

具有余辉现象和种类繁多的材料，原则上均有光激励发光性能。但真正符合电子俘获光存储要求可应用的材料却是凤毛麟角。以往多注重余辉的长短，现在需要发展ETM。这里提出几点意见可供参考。

（1）从已知具有光致发光和X射线发光效率很高的材料中进行创造性改造。除需有激活剂外，再引入掺杂剂，制造缺陷等。例如Y_2O_3:Eu^{3+},Sm^{3+}ETM工作就是在灯用高效Y_2O_3:Eu基础改造的,有意共掺Ca^{2+}作电荷补偿剂。

（2）从已知余辉小于2h的种类繁多的发光材料中选择，进行创新性发展。余辉特性不长的发光材料种类很多。

（3）设计和发展全新的高效光储存、光激励发光材料。MAl_2O_4:Eu^{2+},RE体系比较熟悉，余辉时间过长，光信息不能长期储存，且材料不稳定，易分解，可暂不考虑。下述一些具体材料已对其制备、发光性能和余辉进行了许多研究，积累了一定的基础。值得改进发展ETM。具体材料有：

1）硅酸盐：$M_3MgSi_2O_8$、$M_2MgSi_2O_7$、$MSiO_3$、$M_3Al_2SiO_{12}$等；

2）硅铝酸盐：$M_2Al_2SiO_7$、$MAl_2Si_2O_8$ 等；

3）锗酸盐：$M_3A_2(Si，Ge)_3O_{12}$(M=Ca，Cd；A=Al，Ga)；

4）硫代镓酸盐：MGa_2S_4；

5）氮化物和氮氧化物：$Ca_2Si_5N_8$:Eu^{2+},Tm^{3+}、$SrSi_2O_2N_2$:Eu^{2+}等。

这里仅以几个实例予以说明。

Sr_2SiO_4-Mg_2SiO_4 可形成固溶体。前面已述 Sr_2SiO_4:Eu^{2+},La^{3+}是一种潜在的电子俘获光存储材料，而 Mg_2SiO_4:Dy^{3+},Mn^{2+}是一种红色长余辉荧光体[73]。在 Mg_2SiO_4 中 Dy^{3+}可增强 Mn^{2+}的$^4T_1(^4G)\rightarrow{}^6A_1(^6S)$ 跃迁660nm发射。Dy^{3+}取代 Mg^{2+}产生替位缺陷形成电子缺陷。由它们的TL光谱表明，在 Mg_2SiO_4 中单掺 Mn^{2+}时呈现194℃和262℃ TL峰；单掺Dy^{3+}时的TL峰为66℃和大于300℃。共掺时增加大于300℃的TL峰强度。Mn^{2+}的陷阱深度适合光激励发光要求，但是，Mn^{2+}和 Dy^{3+}的发光效率低。这样，在 Sr_2SiO_4 或 Sr_2SiO_4-$MgSiO_4$ 固溶体体系中设计 Eu^{2+}、Mn^{2+}及 RE^{3+}共掺杂新体系，以期获取新的电子俘获光存储材料。读出的信息可能包括蓝绿 Eu^{2+}(快）和红色 Mn^{2+}(慢）成分。使衰减过快的读出信号速度予以减慢。若实验成功，其学术和应用意义重大。若不成，对探明机理也很有意义。

可对 Sr_2SiO_4:Eu^{2+}中共掺杂 La^{3+}，Dy^{3+}，以期获得协同效应，使140~150℃处的热释发光峰及面积实现最大化，大大提高PSL（读出）强度和光存储密度。此外，$M_3MgSi_2O_8$

和 $M_2MgSi_2O_7$ 也是两个好体系，可展开一些创新工作。

$MSiO_3$ 偏硅酸盐。$MgSiO_3:Eu^{2+},Mn^{2+},Dy^{3+}$，具有红余辉特性，而 $CaSiO_3:Mn$ 也出现橙红色余辉。在 $CaSiO_3$ 中存在高效的 $Ce^{3+}\rightarrow Tb^{3+}$、$Ce^{3+}\rightarrow Mn^{2+}$ 的能量传递。这已由作者工作证实。Ca^{2+}、Mg^{2+} 被部分的 Ce^{3+}、Eu^{2+}、RE^{3+} 取代，产生缺陷，预期在 $MSiO_3$（M = Mg，Cd，Cd）体系中，Ce^{3+}、Eu^{2+}、RE^{3+} 及 Mn^{2+} 的掺杂应具有光激励发光光储存特性。

$M_3A_2(Si,Ge)_3O_{12}$ 石榴石（M = Ca，Cd，A = Al，Ga）体系。在此类体系中全部 RE^{3+}、Mn^{2+}、Cr^{3+} 等均可掺杂，它们的发光特性和上转换发光已被林海、黄立辉和作者等人详细研究和报告。这类材料可合成晶体，也容易制成具有不同功能的玻璃和光纤。

早在 1982 年作者小组已报告 $Cd_3Al_2Ge_3O_{12}:Tb$ 的光致发光和阴极射线发光及其余辉衰减特性[74]，该材料在 254nm 激发后，基质呈现很长蓝色余辉。掺 Tb^{3+} 后展现 Tb^{3+} 的特征黄绿色余辉，其阴极射线发光余辉达 7.0ms；而 254nm 激发后，在暗室 10min 后依然能观察到余辉。他们的衰减规律都符合 $B = At^{-\alpha}$ 关系。得到 $\alpha = 0.86$（基质），$\alpha \approx 1.00$（Tb^{3+}），该文同时指出除 Tb^{3+} 和 Pr^{3+} 以外掺其他稀土离子不出现长余辉现象。后来进一步首次详细报告 Pr^{3+} 激活的 $Cd_3Al_2Ge_3O_{12}$ 和 $Cd_3Ga_2Ge_3O_{12}$ 两种石榴石具有阴极射线（CR）和光致发光（PL）明显红色长余辉特性[75]。显然，此种余辉是 Pr^{3+} 的 $^1D_2 \rightarrow {}^3H_4$ 跃迁红色发射，并指出可能是该锗酸盐中具有长寿命的缺陷中心或某种陷阱释放电子，向 Pr^{3+} 的 $^1D_2$ 能级无辐射能量传递的结果。Mn^{2+} 激活的 $Cd_3Al_2Ge_3O_{12}$ 荧光体中也首次观察 CR 激发时存在较长的 Mn^{2+} 特征的黄色余辉[76]。后来，刘应亮等人据此较详细地研究各种 RE^{3+} 掺杂的 $Cd_3Al_2Ge_3O_{12}$ 荧光体的长余辉和热释发光特性[77]，获得了和作者上述相同的结果：Pr^{3+}、Tb^{3+}、Dy^{3+} 是具有特征的余辉发光离子，而其他稀土离子无余辉现象，Ce^{3+} 和 Nd^{3+} 无特征发光和余辉。用 TL 光谱揭示 TL 峰特征：基质在 90℃，Pr^{3+} 在 90℃，Tb^{3+} 在 79℃，Dy^{3+} 在 92℃，Ho^{3+}、Tm^{3+}、Yb^{3+} 均在 100℃。相对 TL 峰 Tb^{3+} 最强，其次 Pr^{3+}、Dy^{3+}。这可能是因为 Pr^{3+}、Tb^{3+} 和 Dy^{3+} 比较容易失去电子成为 RE^{4+}，产生的电子被陷阱俘获而储存，导致 TL 峰最强，而 Eu^{3+}、Sm^{3+}、Yb^{3+} 等容易到的电子，TL 峰最弱，在此锗酸盐中 Cd^{2+} 和 Ge^{4+} 在高温下易挥发，基质中可能存在大量阳离子空位，可以起到俘获电子的陷阱作用，而阳离子空位周围会有相应负离子空穴，导致基质和掺杂剂产生长余辉现象。

人们不妨设计在 $Ca_3Al_2Si_3O_{12}$ 中掺 Ce^{3+}、RE^{3+}、Mn^{2+}、Cr^{3+} 等，以及 $Cd_3Al_2Ge_3O_{12}$：Tb^{3+}，Pr^{3+}，Mn^{2+} 材料，研究它们的光激励光谱、光激励发光光谱及 TL 光谱等性能，为获取电子俘获光存储材料提供依据。

以上所述的这些发光材料是已具有余辉现象，而没有对其光存储-光激励发光性能进行研究。在此基础上若科学设计改进，有可能发展 1~3 种有实际应用前景的光存储新材料。除此之外，还应该放眼于走自己的创新之路，从发光效率高的材料着手。一方面人为制造缺陷，产生陷阱，即可牺牲一点光致发光强度来获取电子俘获新材料。如 $Y_2O_3:Eu^{3+},Sm^{3+}$ 和 $Lu_2O_3:Tb^{3+}$ 中特意共掺 Ca^{2+}，使之产生长余辉。另一方面利用发光效率高而在晶体结构上存在缺陷和空位的特殊材料，加以改造以期获得 ETM 材料。这里推荐一类具有白钨矿结构的 Eu^{3+} 激活的钨钼酸盐高效红色发光材料 $LiGdMo_4:Eu$。这类红色发光材料的特点有：（1）激活剂 Eu^{3+}的浓度可取代 50%～100% Gd^{3+}而无浓度猝灭；（2）在 NUV 或者约 460nm 蓝光激发下产生强 Eu^{3+}特征${}^5D_0 \to {}^7F_2$跃迁发射；（3）晶体结构中存在大量的缺陷和空位，有利于高密度电子陷阱存在；（4）制备温度很低，容易合成。

以上为介绍电子俘获材料 ETM 的性能及在光存储中的应用。其实，还有诸多潜力和应用空间。广义而言，短波红外转换发光技术可应用于侦察、夜视、监控遥感、红外成像和干扰及光电对抗等特殊领域中。若 ETM 和前面章节中所讲述的其他 IR 功能材料结合，可以在这些领域发挥更大作用。

22.7　白光 LED 照明用 Eu^{2+}激活的荧光体

2000 年以来，白光 LED 照明新光源发展迅猛，当时是由 GaNLED 蓝芯片和黄绿光 YAG :Ce 荧光体组合成为白光 LED,但相当一段时间内光源达不到普通照明的要求和标准，主要体现在色品坐标和显色性不佳，显色指数 R_a 低。一段时期内不合格低水平白光 LED 在中国市场泛滥，甚至产生“蓝光污染”“蓝光生理病害”。主要缺少低色温优质光源，因为缺少能被蓝光有效激发的红色荧光体。

22.7.1　CaS :Eu 红色荧光体在白光 LED 中应用的结果

在2007 年以前，市场上缺少能被蓝光 LED 高效激发的其他红色荧光体，后来氮化物又是天价。作者依据发光学光转换及色度学原理，采用自制的 YAG :Ce 体系黄绿色荧光粉和 CaS :Eu^{2+}红色荧光粉有机组合技术，和苍乐公司的技术人员一起调制它们的组成和配比，以及调整蓝光芯片和荧光粉的发射光谱能量分布，制得 2700～8000K 全色温白光 LED。

图 22-7 表示几种不同色温白光 LED 的发射光谱[42]。各种色温的白光 LED 的发射光谱是由 GaN 蓝光芯片的电致发光（EL）和 YAG :Ce 体系黄绿光荧光体及 CaS :Eu^{2+}红色荧光体的光致发光（PL）光谱所组成。荧光体吸收 GaNLED 发射的部分蓝光，有效地转换为黄绿光和红光，构成白光。随着色温降低，光谱中黄绿和红成分相对逐步增加，而蓝成分相对比例减少。当色温 $T_c \leqslant 4000$K 时，LED 的发射光谱以荧光体的光谱为主体。2004 年作者在福建苍乐公司用 YAG :Ce 和 CaS :Eu 荧光体按一定配比与 GaN 蓝光芯片 LED 组合制作的5400K 和 2873K LED 的光效已分别得到 62. 3lm/W 和 51. 1lm/W，显色指数 R_a 分别为 82 和 85。在 2007 年制作的 1W 2873K 暖白光 LED 的显色指数 R_a 高达 98. 7，其色坐标 x=0. 4452，y=0. 4050。它的发射光谱如图 22-8 所示。5254K 中性白光 LED 的 R_a 也达到 92. 8[42]。这些不同色温的白光 LED 的色坐标 x 值和 y 值都在标准的色容范围内，利用 YAG :Ce 和 CaS :Eu 组合使白光 LED 的 $R_a \geqslant 90$ 在当时已实现。

从 21 世纪初开始，在白光 LED 新光源刺激下，Eu^{2+}、Ce^{3+}激活的氮化物和氮氧化物（nitride，oxynitride）发光材料兴起，特别是 $Sr_2Si_5N_8$:Eu^{2+}和 $CaAlSiN_3$:Eu^{2+}，更优质的红色荧光体出现和快速产业化，有力填补发光材料科学中的氮化物和氮氧化物的空白，成为 21 世纪初以来，发光材料中的一个亮点。我国相对起步较晚。

在氮化物或含氮氧化物中，Eu^{2+}、Ce^{3+}的 $5d$ 能态的重心能量位置一般比氧化物中更

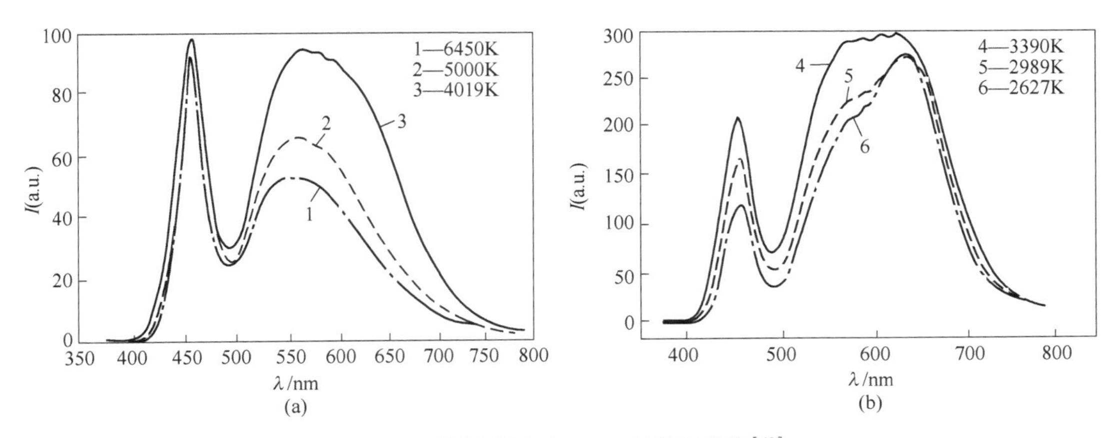

图 22-7 不同色温白光 LEDs 的发射光谱[42]

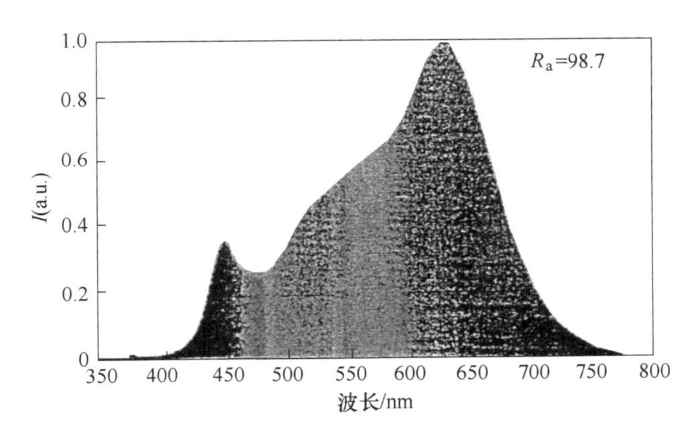

图 22-8 2873K LED 的发射光谱[42]

低。这是因为配位的氮阴离子为负 3 价，而氧为负 2 价。在晶场中，具有 d^n 和 f^n 电子的中心阳离子在周围配位阴离子所产生的晶场势能强度与配位的阴离子的电价数成正比，与键成反比，导致氮（氧）化物中晶场强度比氧化物、氟化物中更强，晶场使 d 电子能级劈裂更大，重心向更低能量低能移动，致使Eu^{2+}(Ce^{3+}）产生红色，甚至深红色发射。这里简要介绍几种 Eu^{2+}激活的氮（氧）化物的发光特性。

22.7.2 $M_2Si_5N_8$:Eu^{2+}和 $CaAlSiN_3$:Eu^{2+}红色荧光体

$Ca_2Si_5N_8$ 为单斜晶系，空间群 Cc，JCPDS 卡 82-2489。Sr 和 Ba 系均为正交晶系。在蓝光激发下，发射强光。$M_2Si_5N_8$:Eu^{2+}（M=Ca，Sr，Ba）的激发光谱主要位于紫外至绿宽光谱区（250~540nm）。

$CaAlSiN_3$:Eu^{2+}氮化物是 2004 年以来新发展的另一种高效、性能稳定、温度猝灭特性更优良的红色荧光体。其特点是可被紫外光-绿光高效地激发，发射一个宽带红光。尽管价格最昂贵，现已用于白光 LED 中。

$MAlSiN_3$(M=Ca，Sr，Mg）及 Eu^{2+}掺杂的晶体结构被公认为正交晶系[78-80]，空间群

为 $Cmc2_1$。$CaAlSiN_3$ 晶体结构为由［SiN_4］和［AlN_4］四面体形成棱角共享的六节环结合形成一个 A 平面，由 A 平面旋转 180°得到另一个 B 平面。B 平面叠加在 A 平面上，形成一个严密的三维网状体。

$MAlSiN_3$:Eu^{2+}荧光体可被 250-橙黄光高效激发，发射红光。Ca 系的发射光谱为 550~800nm，Sr 系为 530~780nm，而 Mg 系为 500~900nm。由于在 $SrAlSiN_3$:Eu 中，Eu—N 平均距离为 0.67nm，在 $CaAlSiN_3$ 和 $MgAlSiN_3$ 中分别为 0.2498nm 和 0.226nm。即 Eu—N 平均距离（R）的顺序为:Sr 系>Ca 系>Mg 系。这样，晶场强度在 $MgAlSiN_3$:Eu 中最大，劈裂参量 D_q 关系为:Mg 系>Ca 系>Sr 系。因此导致中心离子（Eu^{2+}）的光谱重心红移顺序为：Mg 系>Ca 系>Sr 系，这与实验结果一致。

在此荧光体中，在很宽 Eu^{2+}浓度（0.05%~5%）内，监测 Eu^{2+}的发射波长的衰减行为发现高能带衰减快，且不如低能带衰减的线性关系。这是由于格位上 Al 和 Si 离子随机分布使光谱非均匀宽化及发生格位—格位间有利于朝向低能带的能量传递，且反馈能量传递可被忽略[81]。高能带（施主）发射减少，而低能带（受主）增强，这种过程解释了随 Eu^{2+}浓度增加光谱红移的现象。

在 $MAlSiN_3$:Eu（M=Ca，Sr，Mg）体系中，$CaAlSiN_3$:Eu^{2+}红色氮化物发光效率最高。刘如熹等人将红色 $CaAlSiN_3$:Eu 和黄色 YAG:Ce 荧光体混合与蓝光 LED 芯片组合制成暖白光 LED，改善其光色性能[82]，在 2010 年，R_a 达到 93，T_c=3007K。

2009 年作者等人对白光 LED 用几种红色荧光体及制作的暖白光 LED 的光色电等性能进行详细对比研究，获得一些宝贵信息[42]，表 22-2 中列出 CaS:Eu 及从市场上购到的 $Sr_2Si_5N_8$:Eu、$Sr_2Si_5N_{8-x}O_x$:Eu 红色荧光体，分别在 458nm LED、绿光 515nm LED 和黄光 575nm LED 激发下的相对发光强度。由 4 种红色荧光体与 YAG:Ce 组合，在相同工艺下制成低色温尽可能相近的白光 LED，测量其相关性能也列在表 22-3 中，制成白光 LED 后，CaS:Eu 的相对光效较低，但 R_a 最高。CaS:Eu 合成温度相对很低，所用原料无特殊要求，很容易获得，价格很便宜。

表 22-2　Eu^{2+}激活的氮化物和氮氧化物的发光性质

化合物	荧光体	λ_{ex}/nm	λ_{em}/nm	FWHM	T_g/%	η/%	文献
二元素	AlN	290	465	52	90	63	90
三元素	$CaSiN_2$	410	630		38	28.5	91
	$Ca_2Si_5N_8$	450	605~615	104	30	5~50	118
	$Sr_2Si_5N_8$	450	609~690	92	86	75~80	119
	$Ba_2Si_5N_8$	450	570~680	125	90(100℃)	75~80	118
	$SrSiN_2$	395，466	670~685	150		25	92
	$BaSiN_2$	395，414	600~630	110		40	92
	$MgSiN_2$	375	517				92
	$Ba_3Ga_3N_5$		638	847			93
	$SrSi_6N_8$	370	450	44	60	38	94
	$BaSi_7N_{10}$	300	482~500	80~100	84	52	95

续表 22-2

化合物	荧光体	λ_{ex}/nm	λ_{em}/nm	FWHM	T_g/%	η/%	文献
四元素	$CaAlSiN_3$	450，400	650	90	87（190℃）	70	80，79
	$SrAlSiN_3$	450，400	610	84	80（157℃）	56	79，80
	$SrScSi_4N_7$	390	520~526		44		96
	$CaYSi_4N_7$	317，395	558	204	50(75℃)	$\eta_{内}1.1$	97
	$SrYSi_4N_7$	317，395	537	129	50(135℃)	$\eta_{内}26.3$	97
	$BaYSi_4N_7$	317，395	517	100	50(100℃)	$\eta_{内}15.6$	97
	$SrYSi_4N_7$	395	548~570		48		96
	$BaYSi_4N_7$	385	503~527				98
	$SrAlSi_4N_7$	450	632	123	83	70	89
	$CaSi_2O_2N_2$	446	560	98	50(167℃)	72	85
	$SrSi_2O_2N_2$	456	537	83	78(150℃)	69	85
	$BaSi_2O_2N_2$	458	494	36	65(150℃)	41	85
	$Sr_2SiN_2O_{4-1.5z}$ ($0.7<z<1.2$)	300，400	617，653	95	80(250℃)	78	99
	$Ba_3Si_6O_{12}N_2$	400	527	65~68	90		100
	$Ca_3Si_2O_4N_2$	330	510~550		70		101
	$Sr_3Si_2O_4N_2$	460	600	80			102
	$Ba_2AlSi_5N_9$	450	684	100		22.3	103
	$Si_{6-z}Al_zO_zN_{8-z}$(β-Sialon)	450	535	55	84~87	49.8	87，88
	$Ca_{1.5}Si_{20}O_{10}N_{30}$	460	618~642				104
	$Si_3Al_3O_3N_5$(β-Sialon)	280，325	419	50			105
	$Sr_3Si_6O_3N_8$	460	530	80	室温~75℃强度不变	46.3	106
	$SrBa_2Si_6O_3N_8$	460	563	98		46.3	106
	$BaSi_4Al_3N_9$	365	500	67			107
	$Ba_5Si_{11}Al_7N_{25}$	405	568	98			107
	$Ca_{1.47}Eu_{0.03}Si_9Al_3N_{16}$ (β-Sialon)	310，400	560~580	90			87，88
多元素	$Ca_{m/2}Si_{12-m-n}Al_{m+n}O_nN_{16-n}$	450	583~603	94	92	55.9	108
	$Li_mSi_{12-m-n}Al_{m+n}O_nN_{16-n}$	450	563~586	92	88	50	109
	$Sr_{m/2}Si_{12-m-n}Al_{m+n}O_nN_{16-n}$	400	575				110
	$La_{4-x}Ca_xSi_{12}O_{3+x}N_{18-x}$	460	565	82			111
	$Sr_5Al_{5+x}Si_{21-x}N_{35-x}O_{2+x}$	365	510	69			112
	$BaSi_3Al_3O_4N_5$	300	470		90	79	113

续表 22-2

化合物	荧光体	λ_{ex}/nm	λ_{em}/nm	FWHM	T_g/%	η/%	文献
多元素	$Sr_3Si_{13}Al_3O_2N_{21}$	365	515	66	90	67	114
	$BaAlSi_5O_2N_7$(S-Sialon)	312	482~500	138			115
	$SrAlSi_5O_2N_7$(S-Sialon)	315	488~500				115
	$BaAl_{11}O_{16}N$(β-Al_2O_3)	250，330	449，488	88		BAM 的 90	116
	$SrAl_{11}O_{16}N$(β-Al_2O_3)	280，320	400	70			116
	$CaAl_{11}O_{16}N$(β-Al_2O_3)	285，320	415	65			116
玻璃	$Eu_{0.15}Y_{15.0}Al_{8.7}Si_{14.7}O_{54.1}N_{7.4}$	300，450	505，540	163			117
	$Eu_{1.5}Y_{13.7}Al_{8.7}Si_{14.7}O_{54.1}N_{7.4}$	300，450	590，625	180			117

表 22-3 红色荧光体及其低色温白光 LED 性能[42]

激发源	参数		CaS:Eu	$Sr_2Si_5N_8$:Eu	$Sr_2Si_5O_xN_{8-x}$:Eu	$Sr_2Si_5O_xN_{8-x}$:Eu	注
458nm LED	发射波长/nm		654	636	621	637	对 545~890nm 范围记录
	色品坐标	x 值	0.693	0.643	0.626	0.650	
		y 值	0.307	0.356	0.374	0.350	
458nm LED	相对强度		1.00	1.48	2.49	1.45	对 545~780nm 范围记录
515nm LED	相对强度		1.00	1.19	1.72	1.25	对 570~780nm 范围记录
575nm LED	相对强度		1.00	0.46	0.43	0.53	对 610~780nm 范围记录
制成白光 LED（1.1W）	色温/K 相对光效/% R_a		3157 100 92	2902 103.8 <86	2915 121 >79	2835 95.6 <86	I_f=350mA V_f=3.18V

这些工作表明，包括 CaS:Eu 和氮(氧) 化物的 $Sr_2Si_5N_8$:Eu 红色荧光体可适用于固态白光 LED 中红成分，还有后来发展的 $CaAlSiN_3$:Eu 为更佳的红色荧光体。但 $CaAlSiN_3$:Eu 荧光体的合成需高温、高压，比 $Sr_2Si_5N_8$:Eu 合成还要困难和苛刻，所用的原材料极其特殊和昂贵等。白光 LED 用的 MS:Eu^{2+}（M=Ca，Sr）红色荧光体，没有专利问题，它的合成工艺简单成熟，价格最便宜，其缺点是材料化学性能不稳定。为此，采用包保护膜，如在硫化物表面上包覆 SiO_2、Al_2O_3 等纳米材料，以及新的先进封装技术如远程涂覆等方法和技术，可以大大地改善荧光体的稳定性和可靠性。

22.7.3 Eu^{2+}激活的氮氧化物绿-黄色荧光体

虽然对 $MSi_2O_2N_2$ 晶体结构的报告并不一致。而我国 Lei 等人的报告[83] 指明 $SrSi_2O_2N_2$:15%Eu^{2+}荧光体的 XRD 衍射图与标准的 JCPDS 49-0840 一致，为单相的单斜结构，SG:$P2_1/m$与Li的报告[84]一致；他们也得到$BaSi_2O_2N_2$晶体结构，属正交。尽管这样，一致认为其晶体结构具有由Si-(N，O）四面体组成的（$Si_2O_2N_2$)$^{2-}$层状结构。每个N原子与邻近的3个Si四面体中心Si相连，O原子束缚在Si原子末端。M^{2+}有四种格位，每个M^{2+}周围被6个O原子组成的三棱柱包围其中，一个N原子联在三棱柱的顶端。

掺Eu^{2+}的$MSi_2O_2N_2$(M=Ca，Sr，Ba）的激发光谱类似，晶场劈裂为约15700cm^{-1}（Ca，Sr系)，约16100cm^{-1}（Ba系)；而重心为约29000cm^{-1}(Ca)，约29100cm^{-1}(Sr）及约28700cm^{-1}(Ba)[85]。这反映三种氮氧化物中的劈裂和重心受结构影响不是很大，似乎是因为受［$Si_2O_2N_2$]$^{2-}$网络固定且坚实的结果。低温和室温时的光谱基本相同，发射峰为560nm（Ca)、537nm（Sr）及494nm（Ba)。

仔细观察，在$MSi_2O_2N_2$:Eu中,特别是$BaSi_2O_2N_2$:Eu的激发光谱中呈现相当窄的几个激发峰结构。作者认为，这种特殊光谱结构可用第21.2.3节中有关Eu^{2+}的$4f^6(^7F_J)5d$组态中$^8S_{7/2}\rightarrow{}^7F_J$阶梯状吸收光来说明。在这类氮氧化物中，在375~475nm最低激发带中大约6000cm^{-1}范围内出现这些锐而弱的光谱。这与理论上Y_2O_3中Eu^{3+}的$^7F_0$—$^7F_6$的劈裂5100cm^{-1}及在$Ca_8Mg(SiO_4)_4Cl_2$中Eu^{2+}的$4f^6(^7F_J)$的劈裂5120cm^{-1}很接近。Eu^{2+}的$4f^6$中^7F_J吸收谱叠加在$5d$能态上。

$SrSi_2O_2N_2$:Eu^{2+}荧光体在约420K时开始发生温度猝灭，500K以后快速下降。故$SrSi_2O_2N_2$:Eu氮氧化物是一种温度猝灭特性优良的荧光体。$SrSi_2O_2N_2$:Eu的性能相对更优良,被用于白光LED中。

进入21世纪以来，人们将Sialon（塞隆）结构陶瓷改变为先进的功能陶瓷荧光体。Sialon结构有α相和β相。一般α-Sialon和α-Si_3N_4同构。简单地说，它是Si_3N_4中部分Si原子被Al或其他金属原子取代，部分N原子被氧原子取代后形成的固熔体。其组成可表示为：$M_xSi_{12-(m+n)}Al_{m+n}O_nN_{16-n}$或（M′，M″)$_x$(Si，Al)$_{12}$(O，N)$_{16}$。其中M为$Li^+$、$Ca^{2+}$、$Eu^{2+}$、$Mg^{2+}$及半径较小的三价稀土离子等，$n\geqslant 0$。含氧和不含氧时均称M-α-Sialon，故这是一个庞大的家族体系。

22.7.3.1 无氧的Ca-α-Sialon:Eu^{2+}发光

Krevel等人[86]首先报告无氧的Ca-α-Sialon:Eu^{2+}，即$Ca_xSi_{12-m}Al_mN_{16}$:Eu荧光体的发光性质。该荧光体吸收从短波UV延伸到蓝绿光谱吸收区，故体色呈黄色。$Ca_{1.47}Eu_{0.03}Si_9Al_3N_{16}$荧光体中$Eu^{2+}$的580nm发射的激发光谱覆盖很宽的范围，长波UV~450nm蓝光均可高效地激发这种荧光体。其发射光谱是从500nm扩展到700nm的宽带，其发射峰580nm与Eu^{2+}浓度有关。

22.7.3.2 Ca-α-Sialon:Eu^{2+}氮氧化物发光

在氮氧化物中，Ca-α-Sialon是荧光体的一种优良基质。解荣军等人对Ca-α-Sialon体荧光体进行系统研究。组成为$Ca_{0.625}Eu_xSi_{10.75-3x}Al_{1.25+3x}O_xN_{16-x}$（$x=0.025$）的Ca-α-Sialon:$Eu^{2+}$荧光体的体色和发光性质与$Eu^{2+}$浓度密切相关，随$Eu^{2+}$浓度增加，体色由浅黄色变为橙色。这种Ca-α-Sialon:Eu的激发光谱呈现两个激发峰分别为300nm和400nm左右的相当宽的宽带。300nm激发带归因于基质晶格吸收，而350~540nm的400nm激发带是Eu^{2+}的$5d$—$4f$能级跃迁结果。当Eu^{2+}浓度达到$x=0.075$时，激发效果和发光强度达到最佳。

22.7.3.3　β-Sialon :Eu^{2+}氮氧化物发光

β-Sialon 的结构是 β-Si_3N_4 中等价的 Al—O 部分取代 Si—N 得到的，它的化学组成可写成 $Si_{6-z}Al_zO_zN_{8-z}$。其中 z 代表 Ai—O 对取代 Si—N 对的数量，$0<z\leqslant4.2$。β-Sialon 为六方晶体，空间群 $P6_3$，它的晶格常数 $a=0.76090$nm，$c=0.29115$nm，比 β-Si_3N_4 的晶格常数（$a=0.75950$nm，$c=0.29023$nm）大[87]。其晶相卡号为 48-1615。

一个组成为 $Eu_{0.00296}Si_{0.41395}Al_{0.01334}O_{0.0044}N_{0.56528}$ 的氮氧化物是典型的 β-Sialon :Eu^{2+}绿色荧光体[87-88]，这种荧光体的晶粒为棒状。利用扫描透射电镜（STEM）直接观察在 β-Sialon 中单个掺杂的 Eu 原子分布，掺杂的 Eu 原子存在平行于始端的 C 轴的一个连续原子通道中。这个原子通道的原子排列类似于碳纳米管那样。这种β-Sialon :Eu^{2+}绿色荧光体用 α-Si_3N_4，AlN 和 Eu_2O_3 混匀在 1900～2000℃，0.92MPa 或 10atm 的高纯 N_2 气氛中合成。

在 250～500nm 光谱范围内可以有效地激发这种 β-Sialon :Eu^{2+}绿色荧光体，其发射光谱为一个单一的强绿色发射带，半高宽为 55nm，发射峰为 535nm，这是 Eu^{2+}的 $5d$—$4f$ 能级跃迁发射。在 303nm、405nm 及 450nm 分别激发时，β-Sialon :Eu^{2+}荧光体的内量子效率分别为 70%、54%及 50%，量子效率还需提高。该荧光体的发光强度及 FWHM 宽度还与 Al^{3+}浓度（z）有关，当 $z=0.2$ 时，发光强度最大。

β-Sialon :Eu^{2+}绿色荧光体的最大特点是色纯度高、发射光谱较窄，其 CIE 色坐标 $x=0.32$，$y=0.64$，其色饱和度显著优于 YAG :Ce 荧光体,甚至超过以往彩电用的 ZnS :Cu, Al。故 β-Sialon :Eu^{2+}绿色荧光体除可用于白光 LED 照明电器外，特别适用于液晶 TV 器的 LED 绿色背光源及投影激光 TV 绿色光源，很有利于 TV 的高清晰度。

从 2000 年以来，由于节能新固态照明白光 LEDs 发展的刺激，像打开了潘多拉的魔盒，快速发展许多过去没有的稀土离子（Eu^{2+}，Ce^{3+}，Tb^{3+}，…）和 Mn^{2+}激活的氮化物和氮氧化物荧光体，对此不作一一介绍。Eu^{2+}激活的一些氮化物和氮氧化物的主要发光性质很重要，而且获得诸多应用，不仅填补稀土氮（氧）化物荧光体的空白，而且大大丰富了发光材料种类和学科领域。为此，特将这类发光材料性质汇总在表 22-2[79-80,85,87-119] 中。

22.8　Eu^{2+}激活的硅酸盐发光和特性

Eu^{2+}激活的硅酸盐发光材料也是一个庞大家族，早在 20 世纪 60—70 年代已被发展。早期人们分别报告 Eu^{2+}激活的下列硅酸盐体系的光致发光和阴极射线发光性质：

（1）MO-SiO_2 体系（M=Ca，Sr，Ba，Mg），如 M_2SiO_4、M_3SiO_5等；

（2）$M_2(Mg, Zn)Si_2O_7$和 $M(Mg, Zn)_2Si_2O_7$(M=Ca，Sr，Ba）体系，主要属黄长石；

（3）$M_3MgSi_2O_8$（M=Ca，Sr，Ba）体系，黄长石类；

（4）$MAl_2Si_2O_8$（M=Ca，Sr，Ba）长石体系；

（5）$M_2Al_2SiO_7$钙铝黄长石，它是稀土掺杂的优良激光晶体。

可见，在硅酸盐基质中，通过 MO-SiO_2、MO(Mg，Zn)O-SiO_2 及 MO-Al_2O_3-SiO_2(M=Ca，Sr，Ba）比值的改变，可以形成一系列不同晶体结构，不同掺杂激活剂（Eu^{2+}，

Ce^{3+}，Tb^{3+}，Mn^{2+}，Pb^{2+}等）可产生不同功能丰富多彩的发光性能。其实还可包括 Be^{2+}，但有毒，以及 Ga^{3+}，但贵重。

20 世纪 60—80 年代的研究主要针对汞荧光灯和阴极射线显示器（CRT）的需要，90 年代至今主要发展长余辉荧光体。进入 21 世纪以来，主要围绕白光 LED 及近年来电子俘获光存储材料 Sr_2SiO_4:Eu^{2+}和 Sr_3SiO_5:Eu^{2+}进行。此外，上述一些 Eu^{2+}激活的硅酸盐的晶体结构、合成方法和发光性质等还可参阅[120]中所述。

M_2SiO_4:Eu^{2+}和 M_3SiO_5:Eu^{2+}的发光性质已在第 22.6.5 节中介绍，它们曾被用于白光 LED 中，但温度猝灭特性不佳。此外，Eu^{2+} 或 Eu^{2+}/RE^{3+} 共掺杂的 $M_2MgSi_2O_7$ 及 $M_3MgSi_2O_8$ 发射蓝绿光，还具有长余辉特性[121-122]。（Ba，Sr）$_2MgSi_2O_7$:Pb^{2+}荧光体曾用作重氮复印灯、光化学及诱捕杀虫灯。而 $Ba_3MgSi_2O_8$:Ce^{3+}及（Eu^{2+}）也曾用作荧光灯的颜色修正和植物长生灯。

在 Sr_2MgSiO_5及 $CaAlSi_2O_8$ 体系中可以发生 Eu^{2+}→Mn^{2+}高效的能量传递[123-124]，增强 Mn^{2+}的红光发射。

22.9 Eu^{2+}激发的多元硫化物发光和特性

多元硫化物，相对于二元碱土金属硫化物而言，具有较好的化学稳定性。组成可调及可掺杂的多种激活剂，其中 Ce^{3+}和 Eu^{2+}激活的硫代镓酸盐荧光体早在 20 世纪 70 年代初就已被研发。$SrGa_2S_4$:Eu^{2+}是色饱和度很高的绿色荧光体，曾被应用于薄膜电致发光显示器（TFEL）和场发射显示器（FED）中。近年来包括 Eu^{2+} 激活的一些多元硫化物和 $ALnS_2$、MAl_2S_4（A=碱金属；Ln=La，Gd，Y，Lu）的发光性质，深受白光 LED、X 射线和闪烁体的重视和青睐，甚至少见的来自 $CaGa_2S_4$:Eu^{2+}的激光震荡也曾被观察到[125]，特别是近年来新发展的 $ALnS_2$:Eu^{2+}稀土三元硫化物受到重视。

22.9.1 Eu^{2+}激活的硫代镓酸盐发光和特性

$CaGa_2S_4$、$SrGa_2S_4$ 和 $EuGa_2S_4$ 的晶体结构同为正交晶系，而 $BaGa_2S_4$ 单晶则属立方晶系。按 Ca-Sr-Ba 的顺序，MGa_2S_4:Eu^{2+}激发光谱和发射光谱向短波移动。它们的激发光谱从 300nm 延伸到 500nm 附近。这意味在 370~490nm 可有效激发。$Sr_{1-x}Ca_xGa_2S_4$:Eu 荧光体(x=0~1) 可被 NUV 或蓝光 LED 芯片激发。$Sr_{1-x}Ca_xGa_2S_4$:Eu 荧光体的体色由于对太阳光中蓝光的强吸收,从绿色变为黄色。在 455nm 激发下，室温 $Sr_{1-x}Ca_xGa_2S_4$:Eu 绿色荧光体的归一化发射光谱与 Ca^{2+}取代量（x）的关系指明[126]，随 Ca 量（x=0，…，1）增加，发射光谱向长波移动，发射峰从 538nm（Sr=1，Ca=0）红移到 555nm（Sr=0，Ca=1）。在 $Sr_{1-x}Ca_xGa_2S_4$:Eu 体系中,发射峰的相对强度随 Ca 含量（x）增加，逐步下降，相对亮度最高的是 $Sr_{0.8}Ca_{0.2}Ga_2S_4$:0.02Eu^{2+}荧光体。而 FWHM 随 Ca 含量（x）增加，逐步小幅宽化。47.3nm（Ca=0)→约 50.5nm（Ca=1）。FWHM 宽度反映声子宽化发射谱的特性。在 MGa_2S_4:Eu(M=Ca，Sr，Ba）三种材料中，黄昆因子（S）分别为：2(Ca)，3.8（Sr)，12(Ba)，属中等电子-声子耦合范围。此外，随二价离子半径顺序 Ba-Sr-E-Ca 减小，声子能量略为增大，在八配位中离子半径为 0.156nm(Ba^{2+})，0.139nm(Sr^{2+}，

Eu^{2+})，0.126nm(Ca^{2+})。在 $CaGa_2S_4$ 中 Eu^{2+} 的晶场强度更强，导致 Eu^{2+} 晶场劈裂更大。这些因素使 $Sr_{1-x}Ca_xGa_2S_4$:Eu^{2+}体系随 Ca 含量（x）增加，发射光谱逐步红移和 FWHM 加宽。最大的相对亮度是 $Sr_{0.8}Ca_{0.2}Ga_2S_4$:0.02Eu^{2+}，所以人们对（Ca，Sr)Ga_2S_4:Eu^{2+}体系重视。Sr/Ca 比变化也使 CIE 色坐标 x 值、y 值发生变化，$Sr_{1-x}Ca_xGa_2S_4$:Eu^{2+}发光颜色从绿变化到带绿的黄色。因此，和其他红色荧光体和 NUV 或蓝色发光 LED 芯片组合可形成实现所有色温的白光 LED。

一些 Eu^{2+}，Eu^{2+}/RE^{3+} 掺杂的 $MGaS_4$ 荧光体具有热释发光（TL）和余辉特性。$CaGa_2S_4$:Eu^{2+},Ho^{3+}荧光体具有强而长的黄色余辉[127]。简而言之，在 $CaGa_2S_4$:Eu^{2+} 中共掺 RE^{3+}(Pm，Eu，Lu，Sc 除外)，实际对陷阱深度没有产生大的作用，有的对余辉强度增强。

MGa_2S_4:Eu^{2+}（M=Ca，Sr，Ba）中可以发生 Ce^{3+}→Eu^{2+}之间的能量传递，增强 Eu^{2+} 的发射强度[128]。TL 数据证明，共掺 Ce^{3+}后，使 TL 峰增加为 5 个，且境外向高能移动。MGa_2S_4:Eu^{2+}中所观测的 TL 峰引起的陷阱（离化）能量 E_T用方程式估算[129]：

$$E_T = AKT_{max} \tag{22-4}$$

式中，T_{max}为 TL 峰的温度；K 为 Boltzmann 常数；A 为 15~20。这两组数据比较指出，在 $BaGa_2S_4$:Eu^{2+}和 $BaGa_2S_4$:Eu^{2+},Ce^{3+}两种材料中的陷阱是相同的。

22.9.2　Eu^{2+}分别激活的 MAl_2S_4 和 M_2SiS_4(M=Ca，Sr，Ba）发光

$BaAl_2S_4$:Eu 薄膜，曾用作薄膜电致发光（TFEL）器件，获得发射约 470nm 的蓝色 EL 发光[129]。其 CIE 色坐标 x=0.12，y=0.10。发射峰为 516nm 的 $CaAl_2S_4$:Eu^{2+}纯绿色发光材料也曾受到 EL 显示器和白光 LED 发展的关注。$CaAl_2S_4$:Eu^{2+} 的激发光谱有 280nm、332nm、384nm 和 454nm 几个峰的宽激发带。280nm 属带间（VB →CB）跃迁，其他为 Eu^{2+}的 $4f^7$→$4f^65d$ 能级跃迁吸收。因此，$CaAl_2S_4$:Eu^{2+}可被长波 UV-蓝光激发，特别适合 NUV LED 激发。

硫代硅酸盐（Ca，Eu）SiS_4 体系的研究表明，在 Eu 低浓度（<10%）时为正交晶系。它们的发射光谱以 564nm 和 660nm 为主导。随 Eu^{2+}浓度增加，从黄绿色 564nm 红移到红色 660nm，当 Eu^{2+}浓度达到 2%后，发射以 660nm 红为主，当高 Eu^{2+}(>40%）后，晶体为单斜结构。$MgSiS_4$:Eu^{2+}发射红光[130]。而 $MgAl_2S_4$ 发射蓝绿光。

Eu_2SiS_4 室温时 τ=45ns，70K 时为 250ns。此外，主要发射 660nm 的 Ca_2SiS_4:Eu,Nd 呈现红色余辉现象[131]，但衰减快。具有发射 565nm 和 660nm 双峰的 Ca_2SiS_4:Eu^{2+}是一个很有趣的发光材料。人们急缺红长余辉荧光体。这些 Eu^{2+}激活的碱土三元硫化物的主要问题是光转换效率不高，如 Ca_2SiS_4:Eu^{2+}荧光体的外量子效率仅 35%[132]，它们的猝灭温度普遍不高。这些问题有待今后改善和提高。

还有 Eu^{2+}激活的 $Sr_2Ga_2S_5$、$BaGa_4S_7$、$SrGa_2S_5$、$BaGa_2S_7$、$BaSiS_5$、$Sr_4Ga_2S_7$等碱土三元硫化物，它们的发光效率很低且温度猝灭特性很差。

这里，使人想起一项有趣的工作，Mn^{2+} 掺杂的正交晶系 Ba_2ZnS_3 可以被激发峰为 358nm 的 300~390nm 长波紫外光有效激发，其发射光谱位于 550~700nm 宽谱带，发射峰为 625nm[133]或 611nm[134]，FWHM 约 55nm。Mn^{2+}的发光属于 Mn^{2+}的$^4T_1$(^4G) →$^6A_1$ (^6S)

跃迁发射。本来Mn^{2+}的激发态$^4T_1$,$^4T_2$,$^4E \rightarrow ^6A_1(^6S)$ 属禁戒，一般需用Ce^{3+}，$Eu^{2+} \rightarrow Mn^{2+}$共振能量传递实现$^4T_2$,$^4T_1 \rightarrow ^6A_1(^6S)$ 跃迁发射。由Ba_2ZnS_3基质和Ba_2ZnS_3:Eu^{2+}的漫反射（吸收）光谱可知，在200~370nm范围为基质强吸收，而在400~510nm范围内为Mn^{2+}的本征吸收，相对极弱。故可理解，用365nm光子使电子从基态（$^6A_1$）激发到Ba_2ZnS_3的导带，在导带中自由电子通过$^4E(^4D)$、$^4T_2(^4D)$、（$^4A_1$,^4E)(^4G)、$^4T_2(^4G)$ 无辐射弛豫到最低激发态$^4T_1(^4G)$，结果产生$^4T_1(^4G) \rightarrow ^6A_1(^6S)$ 辐射跃迁，发射Mn^{2+}的红光。简而言之，基质有效吸收长波紫外光后，高效地传递给Mn^{2+}，产生红色发光。此情况还是少见。

针对Ba_2ZnS_3中Mn^{2+}的发光特性，联想到在MZnOS(M=Ca，Ba）中，Mn^{2+}也呈现红发射。它们均无须Ce^{3+}或Eu^{2+}敏化。在Ba_2ZnS_3和MZnOS中，Mn^{2+}的本性应相同，它们都是宽带隙半导体。预计也应具有EL特性，且性能可能比ZnS:Mn、ZnS:Cu等更稳定。

22.9.3 三元稀土碱金属硫化物$ALnS_2$(A=Na，K，Rb；Ln=La，Gd，LuY)

这类新的$ALnS_2$:RE发光材料的研究起步较晚(2011年)，先后有$RbLaS_2$: RE、$RbLuS_2$: RE、$RbGdS_2$:RE及$KLuS_2$:RE^{2+}等，荧光体的晶体结构和基本发光性质被探明。这类$ALnS_2$三元稀土硫化物结构除立方$NaLaS_2$以外，其他已知的$ALnS_2$片状晶体均为α-$NaFeO_2$类型的斜方晶系[135-136]。

X射线激发时，$NaLaS_2$:Eu^{2+}室温下不发光，其他一些$ALnS_2$:Eu^{2+}室温下呈现核辐射发光（RL)。它们都是宽发射带，从最大发射峰498nm($RbLuS_2$:Eu^{2+}）红移到779nm($NaGdS_2$:Eu^{2+})。它们均属于Eu^{2+}的5*d*—4*f*跃迁发射。$ALnS_2$:Eu^{2+}的光致激发光谱主要分布在340~460nm范围内，最大激发峰多数位于390~400nm附近。可见Lu、Y、Gd三无硫化物是有应用前景的闪烁体。

按$KLuS_2$-KYS_2-$KGdS_2$-$KLaS_2$序列热稳定性下降。$KLaS_2$:Eu^{2+}的热稳定性最差，从77K到497K发光强度下降两个以上的数量级，而Eu^{2+}激活的镥化物$KLuS_2$、$RbLuS_2$及$NaLuS_2$分别在497K时依然达到低温限度的80%、70%和45%的最佳热稳定性[137]。尽管如此，这些$ALnS_2$:Eu^{2+}碱金属稀土三元硫化物在室温下性能是稳定的。综合发光和热稳性$ALuS_2$:Eu^{2+}荧光体最佳。

$ALnS_2$:Eu^{2+}三元稀土硫化物有下述4个重要应用前景领域：(1）白光LED；(2）X射线荧光体；(3）闪烁体；(4）农作植物光转换荧光体。这些都是有待开垦的处女地。

$ALnS_2$:Eu^{2+}在X射线激发下，发光转换效率高，发光颜色为蓝绿-红光。它们的X射线激发，PL激发和发射光谱类似BaFX:Eu^{2+}的性质。可能在X射线探测、影像记录和增感屏等方面有着潜在应用。$ALnS_2$:Eu^{2+}是否具有电子俘获-光储存特性，至今不知。若无余辉和电子俘获特性，人们可制造缺陷探明光激励特性等。这些新内容丰富，有待今后发展探明，获取新的功能材料。

与商用锗酸铋BGO闪烁体比较数据，一些三元$ALnS_2$:Eu^{2+}的闪烁光产额大大超过BGO闪烁体。特别是$KLuS_2$:Eu^{2+}（0.05%）的闪烁光产额达到35000MeV^{-1}[138]，可和标准BGO闪烁体媲美，这里还有许多有待改进和发展的空间。

由上所述，一些 $ALnS_2$:Eu^{2+}硫化物在 NUV-蓝光激发下，发射深红光，这是植物光合作用最需要的红光。其中 $NaLuS_2$:Eu^{2+}、$NaYS_2$:Eu^{2+}及 $NaGdS_2$:Eu^{2+}的最佳激发谱带位于蓝紫光区；而发射分别为 641nm、683nm 及 779nm 的鲜（深）红光。它们与叶绿素 chla 和 chlb 光合作用吸收光谱非常匹配，是农作物很好的光转换剂，但也存在耐候性问题。

22.10　Eu^{2+}、Ce^{3+}激活的 MI_2(M=Sr，Ba，Ca) 碘化物闪烁体

除上述的 $ALnS_2$:Eu^{2+}具有优良闪烁体潜在特性外，还发展 MI_2:Eu^{2+}（M=Sr，Ca，Ba）及 SrI_2:Ce^{3+},Na^+碱土金属碘化物闪烁体。其中 SrI_2:Eu^{2+}最受关注[139-140]。SrI_2:0.05Eu^{2+}闪烁体的光产额高达 120000MeV^{-1}。SrI_2:0.05Eu 的光产额最高，它在 γ 射线能量 14~1274keV 很宽范围内具有高度线性关系。SrI_2:Eu 和 SrI_2:Ce,Na 闪烁体与光电倍增管和蓝光-增强硅光电二极管光响应匹配。SrI_2:Ce,Na 响应快，SrI_2:Eu 响应相对慢。这是由 Ce^{3+}和 Eu^{2+}的 $5d \rightarrow 4f$ 跃迁衰减规律决定的。人们可设计 Eu^{2+}→M 离子，如 Eu^{2+}→Mn^{2+}、Eu^{2+}→Yb^{3+}等离子间的能量传递，使 Eu^{2+}衰减寿命缩短，牺牲一点光产额。这种碱土金属碘化物闪烁体可能也和 REX_3:Ce 卤化物闪烁体遇到相同的问题：高纯碘化物和溴化物制备及闪烁体稳定性等问题。此外，三元 $ALnS_2$:Eu^{2+}或 $ALnS_2$:Ce^{2+}是有希望发展为新闪烁体的空间的。

还有一些 Eu^{2+}激活的荧光体，这里不予说明。前述的 $Ba_2B_5O_9Cl$:Eu^{2+}荧光体发射蓝光，带宽窄，FWHM 为 43nm，色纯度超过 97%。$M_2B_5O_9Cl$:Eu^{2+}（M=Ca，Ba）荧光体，发射窄蓝带，色纯度很高，量子效率也很高[141-142]。它们具有重要应用前景。而最新发展一种钙钛矿型 $Cs_4Mg_3CaF_{12}$:Eu^{2+}氟化物蓝色荧光体[143]，可用于 WLED 中。该荧光体具有 250~450nm 宽激发带，发射亮 474nm 蓝光，半宽 2808cm^{-1}；且具有优良的热稳定性，发光强度在 473K 时，相对室温仅下降 20%。PL 强度是 BAM:Eu^{2+}蓝色荧光体的 95%，内量子效率 64%，色纯度 85%。有望用作 NUV-WLED 中。如果将 Cs 换成或部分用 Li-6 取代，是否可发展成新的中子闪烁体？

此外，由于缺乏红色长余辉荧光体，人们一直探索。如在具有斜顽辉石结构的 $Ca_{0.2}Zn_{0.9}Mg_{0.9}Si_2O_6$:$Eu^{2+}$,$Dy^{3+}$,$Mn^{2+}$荧光体在 NUV 光激发后发生 Eu^{2+}→Mn^{2+}能量传递，且具有 Mn^{2+}红色长余辉现象，但仅呈现 83min。这种荧光体属 $Mg_2Si_2O_6$ 斜顽辉石家族。依据 $Sr_3MgSi_2O_8$ 改进，获得最佳余辉组成为 $Sr_{2.965}MgSi_2O_{7.76}N_{0.16}$:0.05$Eu^{2+}$，0.01$Dy^{3+}$的荧光体。若再加入 Mn^{2+}，会减小余辉[144]，但出现 Mn^{2+}的 675~684nm 深红色发射。近年来，在 $NaSr_4(BO_3)_3$:Eu^{2+},Dy^{3+}荧光体中观察到橙色长余辉现象，其激发光谱从 230nm 到 500nm 很宽，发射峰 588nm，可惜余辉不长[145]。

22.11　Eu^{2+}和其他金属离子的能量传递

Eu^{2+}具有 $4f$—$5d$ 允许跃迁高的振子强度及宽的强吸收（激发）和发射光谱，且荧光寿命短等特点，使之可以与许多其他离子吸收（激发）或发射光谱交叠，发生耦合作用具体关系如图 22-9 所示。

它们之间主要发生无辐射能量传递，又多以电偶极-偶极相互作用为主导机理。而在这些能量传递中，又以 $Eu^{2+}→Mn^{2+}$ 之间的能量传递最为突出。在许多材料中，均可发生上述示意的能量传递。Eu^{2+} 和其他离子间的能量传递的详细过程和机制还可参阅作者的有关文献。例如在 $BaYF_3:Eu^{2+},Er^{3+}$（Ho^{3+}）体系中，可同时发生 $Eu^{2+}→Er^{3+}$ 的辐射无辐射能量传递及 $Eu^{2+}→Ho^{3+}$ 有效无辐射能量传递。利用 Inokuti-Hirayama（I-H）方程获得 $Eu^{2+}→Er^{3+}$（Ho^{3+}）的无辐射能量传递机制属于电偶极-偶极相互作用结果，同时获得临界传递距离（R_0）、施主（Eu^{2+}）寿命变化规律、能量传递概率和效率。在 $Ca_8Mg(SiO_4)_4Cl$ 体系中，$Ce^{3+}→Eu^{2+}$ 的无辐射能量传递机制也是电偶极-偶极相互作用。施主 Ce^{3+} 的荧光寿命随受主 Eu^{2+} 的浓度增加而减少，无 Eu^{2+} 受主时，Ce^{3+} 的本征寿命为 35.47ns，随 Eu^{2+} 浓度增加，逐步减小到 5.01ns，R_0 为 1.41～1.58nm。

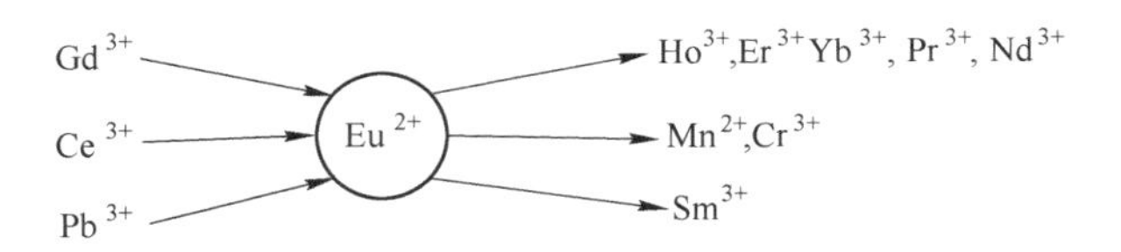

图 22-9 Eu^{2+} 与其他离子间的能量传递图

依据上述 Eu^{2+} 与其他离子间的能量传递原理和结果，还可以设计一些应用材料。

本章最后补充一点是具有空穴深度 0.11eV 的 P 型半导体 $Sr_3Al_2O_6$ 掺杂 Eu^{2+} 后，不仅具有光致发光性质，而且具有罕见的摩擦发光（ML）现象[146]。$Sr_3Al_2O_6$ 为立方结构，空间群 Pa_3，JCDPS 卡 24-1187。具有 ML 性能的 Eu^{2+} 或 Eu^{2+}/Dy^{3+} 共掺 $Sr_3Al_2O_6$ 样品是在 1300℃合成，其激发光谱为 320～420nm，峰值为 371nm 宽激发带。该样品的 ML 光谱和 365nm 激发下的 PL 光谱完全相同，是一个 400～650nm 绿色宽带，发射峰为 510nm。这种受力（应力）激活的荧光体发射人眼可见强绿光，其强度是结晶糖的 ML 的 500 倍。发光强度随施加重复压力急剧减弱，减弱到强度的 3.5%后稳定。之后，用 365nm 辐照 3min，发光强度又完全恢复，再次观察到相同强度的可见光。这可能是位错移动和来自与 Eu^{2+} 有关联的一些陷阱释放的电子和空穴的符合有关系。但没讲是否具有余辉现象。然而，在 1150～1200℃用溶胶-凝胶法合成的 $Sr_3Al_2O_6:Eu^{2+}$ 样品也是立方结构，但其发光性质[147]与上述完全不同。其激发光是一个 380～540nm 可见光宽带，激发峰为 472nm；PL 发光光谱的峰值为 612nm 的宽带（550～700nm），为红色发光，后者也没有报告是否存在 ML 现象。这些重大差异需今后辨明。

参考文献

[1] STEVELS A L N. Effect of non-stoichiometry on the luminescence of Eu^{2+}-doped alumintes with the β-alumina-type crystal structure [J]. J. Lumin., 1978, 17: 121-133.

[2] MISHRA K C, RAUKAS M E A, JOHNSON K H. A scattered wave model of electronic structure of Eu^{2+} in $BaMgAl_{10}O_{19}$ and associated excitation process [J]. J. Lumin., 2002, 96: 95-105.

[3] 黄京根．稀土三基色荧光粉的化学问题［M］．北京：科学出版社，1992.

[4] IYI N, GÖBBES M. Crystal structure of the new magetoplumbite -related compound in the system SrO-Al_2O_3-MgO [J]. J. Solid State Chem., 1996, 122: 46-52.

[5] STEVES A L N, VERSTEGEN J M P S. $Eu^{2+}→Mn^{2+}$ energy transfer in hexagonal aluminates [J]. J. Lumin., 1976, 14: 207-218.

[6] 孙和平，沈建莉，吴乐琦．不同组分后处理工艺对三基色蓝粉热稳定性的影响［J］．发光学报，1996，171（增刊）：11-13.

[7] SOHN S S，KIM S S，PARK H D. Luminescence quenching in thermally-treated barium magenesim aluminate phosphor［J］. Appl. Phys. Lett.，2002，81：1759-1761.

[8] 王惠琴，胡建国，马琳，等．Eu^{2+}激活的铝酸盐蓝色荧光粉杂相分析［J］．中国稀土学报，1999，17（专辑）：668-670.

[9] 吴文梅，周杰，刘行仁，等．双峰BAM：Eu，Mn蓝色荧光粉的发光性能在线检测［J］．光源与照明．2012（4）：7-8，24.

[10] ZHANG X，LIU X R. Luminescence properties and energy transfer of Eu^{2+} doped $Ca_8Mg(SiO_4)_4Cl_2$ phosphors［J］. J. Electrochem. Soc.，1992，139（2）：622-625.

[11] 林海，刘行仁．Ce^{3+}和Eu^{2+}共激活氯硅酸锌钙的光谱和敏化特性［J］．中国稀土学报，1997，15（4）：309-312

[12] LIN H，LIU X R，ZHANG X. Spectral properties and sensitization of Ce^{3+} and Eu^{2+} codoped calium zinc chlorosilicate［J］. J. Rare Earths，1998，16（1）：68-71.

[13] 林海，林久今，刘行仁．$Ca_8Zn(SiO_4)_4Cl_2$(M=Mg，Zn）中Ce^{3+}和Eu^{2+}的光谱性质和能量传递［J］．光谱学和光谱分析，1998，18（6）：645-648.

[14] 林海，刘行仁．三价铈离子在氯硅酸镁钙中的晶体学格位研究［J］．光谱学和光谱分析，1998，18（6）：645-648.

[15] 许武亮，刘行仁．$Ca_8Zn(SiO_4)_4Cl_2$中Eu^{2+}的发射光谱和晶体学格位［J］．中国稀土学报，1993，11（2）：116-119.

[16] LIU X R，XU W L. Emission spectra and crystallographic sites of Eu^{2+} in $Ca_8Zn(SiO_4)_4Cl_2$［J］. J. Rare Earths，1993，11（2）：102-105.

[17] 林海，刘行仁，王敬伯，等．$Ca_8Zn(SiO_4)_4Cl_2$:Eu^{2+}，Mn^{2+}荧光体中Mn^{2+}的晶体格位及Eu^{2+}-Mn^{2+}间能量传递［J］．吉林大学自然科学学报，1996（4）：91-94.

[18] 荆西平，黄竹坡．Eu^{2+}和Pb^{2+}离子在$Sr_4Si_3O_8Cl_4$中发光的研究［J］．高等学校化学学报，1986，7（7）：559-564.

[19] LIU J，LIAN H Z，SHI C S，et al. Eu^{2+}-doped high-temperature phase $Ca_3SiO_4Cl_2$：A yellowish orange phosphor for white light-emitting diodes［J］. J. Electrochem. Soc.，2005，152（11）：G880-G884.

[20] JACOBSEN H，MEYER G，SCHIPPER W，et al. Synthese，strukturen under luminneszenz von zwei neuen Europium(Ⅱ)-Silicat-chloriden，$Eu_2SiO_3Cl_2$ and $Eu_5SiO_4Cl_6$［J］. Z. Anorg. Allg. Chem.，1994，620：451-456.

[21] 杨志平，刘玉峰，王利伟，等．用于白光LED的单一基质白光荧光粉$Ca_2SiO_3Cl_2$:Eu^{2+}，Mn^{2+}的发光性质［J］．物理学报，2007，56：546-550.

[22] ZENG Q H，TANNO H，EGASKI K，et al. $Ba_5SiO_4Cl_6$:Eu^{2+}：An intense blue emission phoshor under vacuum ultraviolet and near-ultraviolet excitation［J］. Appl. Phys. Lett.，2006，88：051906.

[23] 魏建江，王志华，赵书云，等．一种新的长余辉阴极射线磷光体——$SrAl_2O_4$:Dy^{3+}［J］．发光学报，1981（3）：31-35.

[24] 宋庆梅，徐暨耀，吴中亚．掺镁的铝酸锶磷光体的发光特性［J］．复旦大学（自然科学版），1995，34（1）：103-106.

[25] 唐明道，李长宽，高志武，等．$SrAl_2O_4$:Eu^{2+}的长余辉发光特性［J］．发光学报，1995，16（1）：51-56.

[26] MATSUZAWA T，AOKI Y，TAKEUCHI N，et al. A new longphospgorecent phosphor with high brightness $SrAl_2O_4$:Eu^{2+}，Dy^{3+}［J］. J. Electrochem. Soc.，1996，143（8）：2670-2673.

[27] 田军 . $Sr_4Al_{14}O_{25}$:Eu^{2+},Dy^{3+}长余辉荧光体实验报告 [R]. 中国科学院长春物理研究所，1988：11-12.

[28] 肖志国 . 蓄光型发光材料及制品 [M]. 北京：化学工业出版社，2002.

[29] CLABAU F, ROCQUEFELTE X, JABIC S, et al. Mechanism of phosphorescence appropriate for the long-lasting phosphors Eu^{2+}-doped $SrAl_2O_4$ with codopants Dy^{3+} and B^{3+} [J]. Chem. Master., 2005, 17: 3904-3912.

[30] LIU F, MELTZER R S, LI X, et al. New ternary europium aluminate luminescent nanoribbons for advanced photonics [J]. Adv. Funct. Mater., 2013, 23: 1998-2006.

[31] LIU F, MELTZER R S, Li X F, et al. New localized/delocalized emitting state of Eu^{2+} in orange-emitting hexagonal $EuAl_2O_4$ [J]. Scientific Rep., 2014, 4: 7101-1-5.

[32] LI X F, BUDAI J D, LIU F, et al. New yellow $Ba_{0.93}Eu_{0.07}Al_2O_4$ phosphor for warm-white light-emitting diodes through single-emitting-center conversion [J]. Light:Sci. Appl., 2013 (1): 2.

[33] LIU Y P, CHEN Z Y, FAN Y W, et al. The study in optically stimulated luminescence dosimeter based on the SrS:Eu,Sm and CaS:Eu,Sm [J]. Chin. Phys. B, 2008, 17 (8): 3156-3162.

[34] 李卓棠，吴佩芳，蒋雪茵，等 . CaS:M(M=RE, Cu, Mn) 发光材料的合成及其发光性质 [J]. 稀土，1989, 10 (4): 1-6.

[35] 罗晞，李定芳 . CaS:Eu 的直流电致发光[J]. 发光学报，1994, 15 (1): 20-25.

[36] LINDMAYER J. A new erasable optical memory [J]. Solid State Technology, 1988, 31 (8): 135-138.

[37] JUTAMULIA S, STOTI LINDMAYER G M S. Use of electron tarpping materials in optical signal processing Ⅰ:Parallel Boolean Logic [J]. Appl. Opt., 1990, 29 (32): 4806.

[38] 刘厚诚 . 光质对植物生长发育的影响 [EB/OL]. [2018-09-13]. http://www.sohu.com/a/253664952-99936110.

[39] 史密斯 . 光生物学 [M]. 沈恂，等译 . 北京：科学出版社，1984.

[40] 李文连，王庆荣，卫革东，等 . 含稀土有机配合物的光能转换蔬菜大棚膜的研究 [J]. 稀土，1993, 141 (1): 25-28.

[41] 廉世勋，毛向辉，吴振国，等 . CaS:Cu^+,Eu^{2+}的光致发光及其在农业生产中的应用 [J]. 发光学报，1997, 18 (2): 166-172.

[42] 韩建伟，黄淋毅，王昌铃，等 . 白光 LED 用几种 Eu^{2+}激活的红色荧光体的性能 [J]. 照明工程学报，2009, 20 (3): 18-23.

[43] 陈述春，戴凤妹 . 输出红光的电子俘获材料及其在图像存储和减法中的应用 [J]. 光学学报，1995, 15 (12): 1663-1668.

[44] NANTO H, HIRAI Y, IKENDA M, et al. A novel image storage sensor using photostimulated luminescence in SrS:Eu,Sm phosphor for electromegnetic wave such as X-rays, UV-rays and visible light [J]. Sensors and Actuators, 1996, 53 (1/213): 223-226.

[45] 范文慧，王永昌，侯洵，等 . 电子俘获材料的红外最小可激发阈值 [J]. 中国激光，1999, 26 (3): 257-262.

[46] 范文慧，王永昌，侯洵，等 . 电子俘获材料的皮秒红外脉冲激励发光 [J]. 中国激光，1999, 26 (2): 181-185.

[47] 范文慧，王永昌，龚平，等 . 一类电子俘获型红外可激发材料的制备和光学性质 [J]. 光子学报，1997, 26: 803-807.

[48] 王英，郝振东，张霞，等 . 电子俘获材料 SrS:Eu,Sm, Er 的光谱特性和光存储特性 [J]. 发光学报，2013, 34 (3): 351-356.

[49] 张英兰，赵绪义，葛中久 . Dy^{3+}在 $Ca_{1-x}Sr_xS$:Eu^{2+}, Eu^{3+}中的光致发光特性 [J]. 吉林大学自然科

学学报，1997（4）：52-54.

［50］王运波，刘秉琦，王金玉，等．利用电子俘获材料研制复合型短波红外探测器［J］．光学技术，2009，35（4）：483-485，488.

［51］王振生．电子俘获材料在夜视技术中的应用［J］．创新技术，2007（4）：29-32.

［52］蔡毅，胡旭．短波红外成像技术及其军事应用［J］．红外与激光工程，2006，35（6）：634-647.

［53］VON SEGGERM H，TOIGT T. Physical model of photostimulated luminescence of X-ray irradiated BaFBr：Eu^{2+}［J］. J. Appl. Phys.，1988，64（3）：1405.

［54］SU M Z，ZHAO W，CHEN W，et al. X-ray storage phosphors，their properties and mechanism［J］. J. Alloys Compoumds，1995，225：539-543.

［55］ZHAO W，SU M Z. Mechanism of photostimulated luminescence（PSL）of divalent europium doped barium fluoride halids［J］. Mater. Res. Bull，1993，28（2）：123-130.

［56］DONG Y，SU M Z. Luminescence and electro-conductance of BaFBr：Eu^{2+} crystals during X-irradiation and photostimulation［J］. J. Lumin.，1995，65：263-268.

［57］王永生，张雪强，张光寅，等．BaFCl：Eu^{2+}光激励读出过程中两种F色心的差异［J］．物理学报，1996，45（4）：635-637.

［58］赵辉，王永生，徐征，等．光激励发光的并行模型［J］．物理学报，1998，47（2）：334-338.

［59］余华，熊光楠，马骏，等．无机晶体材料中色心的形成及其存储机理的研究［J］．天津理工学院学报，2001，17（1）：18.

［60］孙力，王永生，何志毅，等．电子俘获材料中KCl：Eu^{2+}的光存储特性研究［J］．激光与红外，2000，30（2）：117-120.

［61］王欣姿，王永生，孙力，等．电子俘获光存储材料$BaLiF_3$：Eu^{2+}的光激励发光及光存储性质研究［J］．光谱学与光谱分析，2006，26（3）：399-402.

［62］ZHANG J C，YU M H，QIN Q S，et al. Luminescence properties of nondoped Mg_2SnO_4 material［J］. J. Appl. Phys.，2010，108：123518-1-7.

［63］秦青松，马新龙，邵宇，等．新型光存储材料Sr_2SnO_4：Tb^{3+}，Li^+的合成及其红外上转换光激励发光性能的研究［J］．物理学报，2012，61（9）：097804-1-4.

［64］王治龙，郑贵森，王世钦，等．新型光存储材料Sr_2SnO_4：Sb^{3+}的发光性能研究［J］．物理学报，2012，61（12）：127805-1-6.

［65］程帅，徐旭辉，王鹏久，等．新型电子俘获型材料β-Sr_2SiO_4：Eu^{2+}，La^{3+}长余辉和光激励发光性能的研究［J］．物理学报，2015，64（1）：017802-1-6.

［66］张哲，徐旭辉，邱建备，等．电子俘获型材料Sr_3SiO_5：Eu^{2+}，RE^{3+}（RE＝Nd^{3+}，Ho^{3+}，La^{3+}）的光激励和长余发光性能的研究［J］．光谱学与光谱分析，2014，34（6）：1486-1491.

［67］LIU X，ZHANG J H，ZHANG X，et al. Strongly enhancing photostinulated luminescence by doping Tm^{3+} in Sr_3SiO_5：Eu^{2+}［J］. Opt. Lett.，2013，38（2）：148-150.

［68］CHEN R. Glow Curves with general order Kinetics［J］J. Elect. Soc.，1969，116：1254-1257.

［69］KRAVETS V G. Using electron tranning materials for optical memory［J］. Opt. Mater.，2001，16：369-375.

［70］SETLUR A A，SRIVASTAVA A M，PHAM H L，et al. Charge creation，trapping，and long phosphorescence in $Sr_2MgSi_2O_7$：Eu^{2+}，RE^{3+}［J］. J. Appl. Plys.，2008，103（5）：053513-1-4.

［71］SONADA M，TAKANO M，MIYAHARA J，et al. Computed radiography utilizing scanning laser stimulated luminescence［J］. Radiology，1983，148：833-838.

［72］SU M Z，SUN X P. Luminescence and possible electron transfer and transitions in BaFCl：Eu crystals［J］. Mater. Res. Bull，1987，22（7）：879-886.

[73] 林林，尹明，施朝淑，等. 红色长余辉材料 Mg_2SiO_4:Dy^{3+}，Mn^{2+}的制备及发光特性 [J]. 发光学报，2006，27（3）：331-336.

[74] 刘行仁，马龙，姜军，等. 石榴石型 $Cd_3Al_2Ge_3O_{12}$:Tb 化合物的发光[J]. 发光学报（原发光与显示），1982，4：44-48.

[75] 田军，刘行仁，高山，等. Pr^{3+} 掺杂的 $Cd_3M_2Ge_3O_{12}$(M = Al，Ca) 石榴石的阴极射线发光特性 [J]. 硅酸盐学报，1994，22(4)：353-358.

[76] 刘行仁，裴轶慧，田军，等. Mn^{2+}激活的镉铝锗盐酸石榴石合成和阴极射线发光 [J]. 功能材料，1994，25（3）：206-211.

[77] 刘正伟，刘应亮，黄浪欢，等. 三价镧系离子掺杂的 $Cd_3Al_2Ge_3O_{12}$的长余辉发光 [J]. 发光学报，2005，26（2）：211-214.

[78] UHEDA K，HIROSAKI N，YAMAMOTO Y，et al. Luminescence properties of ared phospor，$CaAlSiN_3$:Eu^{2+}，for white light-emitting diodes [J]. Elect. Solid-State Lett.，2006，9（4）：H22-H25.

[79] LI J W，WATABE T，WADA H，et al. Low-temperaturt crgstallization of Eu-doped red-emtting $CaAlSiN_3$ from alloy-derived ammonmetallates [J]. Chem. Mater.，2007，19：3592-3594.

[80] WATANABE H，KIJIMA N. Crystal structure and luminescence of $Sr_{0.99}Eu_{0.01}AlSiN_3$ phosphors [J]. J. Sol. State Chem.，2008，181：1848-1852.

[81] LEE S J，SOHN K S. Effect of inhomogenous broadening on time-resolved photoluminsecence in $CaAlSiN_3$:Eu^{2+} [J]. Opt. Lett.，2010，35（7）：1004-1006.

[82] LIN C C，ZHENG Y S，CHEN H Y，et al. Improving optical properties of white LED fabricated by a blue LED chip with yellow/red phesphors [J]. J. Elect. Soc.，2010，157（9）：H900-H903.

[83] QIN J L，ZHANG H R，LEI B F，et al. Thermoluminescence and temperture-dependent afterglow properties in $BaSi_2O_2N_2$:Eu^{2+} [J]. J. Am，Ceram. Sce.，2013，96（10）：3149-3154.

[84] LI Y Q，DELSING A C A，DE WITH G，et al. Luminesence properties of Eu^{2+}-activated alkaline-earth Solicon-oxgnititride MSi_2O_2-$\delta N_{2+2/3\delta}$（M = Ca，Sr，Ba）：A promising class of novel LED conversion phosphors [J]. Chem. Mater.，2005，17：3242-3248.

[85] BACHMANN V，RONDA C，OECKLER O，et al. Color point tuning for（Sr，Ca，Ba）$Si_2O_2N_2$:Eu^{2+} for white light LEDs [J]. Chem. Mater.，2009，21：316-325.

[86] VAN KREVEL J W H，VAN RUTTEN J W T，MANDAL H，et al. Luminescence properties of terblum-cerium-or Europium-doped-α-sialon materials [J]. J. Sol. State Chem.，2002，165：19-24.

[87] HIROSAKI N，XIE R J，KIMOTO K，et al. Characterization and properties of green-emithing β-SiALON :Eu^{2+} powder phosphors for white light-emitting diodes [J]. Appl. Phys. Lett.，2005，86：211905-1-3.

[88] KIMOTO K，XIE R J，MATSUI Y，et al. Direct observation of single dopant atom in light-emitting phosphor of β-SiALON :Eu^{2+} [J]. Appl. Phys. Lett.，2009，94：041908-1-3.

[89] HECHT C，STADLER F，SCHMIDT P，et al. $SrAlSi_4N_7$:Eu^{2+}-a nitridoalumosilicate phosphor for warm white-light LEDs with Edge-sharing tetrahedrons [J]. Z. Anorg. Allg. Chemie，2008，634：2044.

[90] INOUE K，HROSAKI N，XIE R J，et al. Highly efficient and thernally state blue -emitting AIN :Eu^{2+} phosphor for ultraviolet white light-emitting diodes [J]. J. Phys. Chem. C，2009，133：9392-9397.

[91] LI Q Y，HIOSAKI N，XIE R J，et al. Synthesis，crystai and local electronic structure，and photoluminescence properties of red-emitting $CaAl_zSiN_{2+z}$: Eu^{2+} with or thorhombic structure [J]. Int. J. Appl. Cerm. Thechnol.，2010，7（6）：787-802.

[92] DUAN C J，WANG X J，OTTEN W M，et al. Preparation，electronic structuxe，and photoluminescence properties of Eu^{2+}-and Ce^{3+}/Li^+-activated alkaline earth silicon nitride $MSiN_2$（M = Sr，Ba）[J]. Chem. Mater，2008，20：1597-1605.

[93] HINTZE F, HUMMEL F, SCHMIDT P J, et al. $Ba_3Ga_3N_5$-a novel host lattice for Eu^{2+}-doped luminescent materials with unexpected nitridogallate substructure [J]. Chem. Mater, 2012, 24 (2): 402-407.

[94] SHIOI K, HIOSAKI N, XIE R J, et al. Luminescence properties of $SrSi_6N_8$:Eu^{2+} [J]. J. Mater. Sci, 2008, 43: 5659-5661.

[95] LI H L, XIE R J, ZHOU G H, et al. A cyan-emitting $BaSi_7N_{10}$:Eu^{2+} phosphor prepared by gas reducation and nitridation for UV-pumping white LEDs [J]. J. Elect. Soc., 2010, 157 (70): J251-J255.

[96] HORIKAWA T, FUJITANI M, HAN ZA WA H, et al. Structure andphotoluminescence properties of $M^{11}M^{111}Si_4N_7$:Eu^{2+} (M11 = Ca, Sr, Ba, M111 = Sc, Y, La) phosphors prepared by carbothermal reducationg and nitridation [J]. Elect. Soc. J. Solid. State. Sci. Technol., 2012, 1 (4): R113-R118.

[97] KURUSHIMA T, GUNDIAH G, SHIMOMURA Y, et al. Synthesis of Eu^{2+}-activated $MYSi_4N_7$ (M=Ca, Sr, Ba) and $SrYSi_{4-x}Al_xN_{7-x}O_x$ ($x=0-1$) green phosphor by carbothermal reducation and nitridation [J]. J. Elect. Soc., 2010, 157 (3); J64-J68.

[98] LI Y Q, DE WITH G, HINTZEN T. Synthesis, structure, and luminescence properties of $Eu^{2+}$and Ce^{3+} activated $BaYSi_4N_7$ [J]. J. Alloys Compds., 2004, 385: 1-11.

[99] ZHAO Z Y, YANG Z G, SHI Y R, et al. Red-emitting oxonitridosilicate phosphors $Sr_2SiN_2O_4$-1.5Z : Eu^{2+} for white light-emitting diodes :Structure and liminescence properties [J]. J. Mater. Chem. C., 2013, 1: 1407-1412.

[100] BRAUN C, SAIBALD M, BORGER S L, et al. Material properties and structure characterizayion of $M_3Si_6O_{12}N_2$:Eu^{2+} (M=Ba, Sr)-a comprehensive study on promising greenphosphor for pc-LEDs [J]. Chem. Euro. J., 2010, 16: 9646-9657.

[101] CHIU Y C, HUANG C H, LEE J J, et al. Eu^{2+}-activated silicon-oxgnitride $Ca_3Si_2O_4N_2$:a green-emitting phosphor for white LEDs [J]. Opt. Express, 2011, 19: A331-A339.

[102] WANG X M, WANG C H, KUAG X J, et al. Promising oxonitrido silicate phosphor host $Sr_3Si_2O_4N_2$: synthesis, structure, and luminescence properties activated by Eu^{2+} and Ce^{3+}/Li^+ for PC-LEDs [J]. Inorg. Chem., 2012, 51: 3540-3547.

[103] KEEHELE J A, HECHT C, OECKLER O, et al. $Ba_2AlSi_5N_9$-a new host lattice for Eu^{2+}-doped luminescent materials comprising a nitridoalumosilicate frame-work with corner and edge-sharing tetrahedra [J]. Chem. Mater, 2009, 21: 1288-1295.

[104] PARK W B, SING S P, TOON C, et al. Eu^{2+} luminescence from 5 different crystallographic sites ina novel red phosphor, $Ca_{1.5}Si_{20}O_{10}N_{30}$:$Eu^{2+}$ [J]. J. Mater. Chem., 2012, 22: 14068-14075.

[105] 丽丽，张骋，冯涛，等．超细 Eu^{2+}掺杂 β-sialon 荧光粉的合成及表征 [J]．中国稀土学报，2011，29 (3): 383-386.

[106] LEE H J, KIM K P, SUH D W, et al. Tuning the optical properthies of $(Sr, Ba)_3Si_6O_3N_8$:Eu phosphr for LED application [J]. J. Elect. Soc., 2011, 158 (3): J66-J70.

[107] HIROSAKI N, TAKEDA T, FUNAHASHI S, et al. Discovery of new nitridosilicate phosphore for sdid state lighting by the single -particle -diagnosis approach [J]. Chem. Mater, 2014, 26: 4280-4288.

[108] XIE R J, HIROSAKI N, SAKUMA K, et al. Eu^{2+}-doped Ca-alpha SiAlON :yellow phosphor for white light -emitting diodes [J]. Appl. Phys. Lett., 2004, 84: 5404-5406.

[109] XIE R J, HIROSAKI N, MITOMO M, et al. Highly efficient white -light-emitting diodes fabricated with short-wavelength yellow oxynitride phosphors [J]. Appl. Phys. Lett., 2006, 88: 101104-1-3.

[110] SHIOI K, HIROSAKE N, XIE R J, et al. Synthesis, crystal structure, and photo luminescence of Sr-α-sialon :Eu^{2+} [J]. J. Am. Ceram. Soc., 2010, 93: 465-469.

[111] PARK W B, SHIN N, HONG K P, et al. A new paradigm for materials discovery: heuristics -assisted combinatorial chemistry mvolving paramaterization of material novelty [J]. ADV. Funct. Mater, 2012, 22: 2258-2266.

[112] OECKLER O, KECHELE J A, KOSS H, et al. $Sr_5Al_{5+x}Si_{21-x}N_{35-x}O_{2+x}$:$Eu^{2+}$ ($x \approx 0$)-a novel green phosphor for white light PC LEDs with disordered intergrowth structure [J]. Chem. Eur. J., 2009, 15: 5311-5319.

[113] TANG J Y, XIE W J, HUANG K, et al. A high stable blue $BaSi_3Al_3O_4N_5$:Eu^{2+} phospho for white LEDs and display applications [J]. Electrochem, Solid -State Lett., 2011, 14: J45-J47.

[114] FU KU DA Y, ISHIDA K, MITSUISHI I, et al. Luminescence properties of Eu^{2+}-doped green -emitting Sr-sialon phospor and ils application to white light -emitting diodes [J]. Appl. Phys. Lett., 2006, 88: 101104-1-3.

[115] DUAN C J, OTHEN W M, DELSING A C A, et al. Photoluminescence properties of Eu^{2+}-activated sialon s-phase $BaAlSi_5O_2N_7$ [J]. J. Alloys Compds., 2008, 461: 454-458.

[116] JANSEN S R, DE HAAN J W, VAN DE VEN L J M, et al. Incorporation of nitrogen in alkaline -earth hexaaluminates with a β-alumina -or a magnetoiplumbite -type structure [J]. Chem. Mater, 1997, 9: 1516-1523.

[117] DE GRAAF D, HINTZEN H T, HAMPSHIRE D, et al. Long wavelength Eu^{2+} emission in Eu-doped Y-Si-AL-O-N glasses [J]. J. Europ. Ceram. Soc., 2003, 23: 1093-1097.

[118] LI Y Q, VAN STEEN J E J, VAN KREVEL J W H, et al. Luminesecent properties of red-emitting $M_2Si_5N_8$:Eu^{2+} CM = (a, Sr, Ba) LED Conversion phosphors [J]. J. Allo. Compounds, 2006, 417: 273-279.

[119] PIAO X Q, HORIKAWA T, HANZAWA H, et al. Characterization and luminescence properties of $Sr_2Si_5N_8$:Eu^{2+} phosphor for white light-emitting illumination [J]. Appl. Phys. Lett., 2006, 88: 161908-1-3.

[120] 徐叙瑢，苏勉曾．发光学与发光材料［M］．北京：化学工业出版社，2004：293-298

[121] 陈永虎，施朝淑，KIRM M，等．长余辉材料 $Sr_2MgSi_2O_7$:Eu^{2+}，Dy^{3+} 中稀土离子的发光特性［J］．发光学报，2006，27（1）：41.

[122] 黄立辉，王晓君，张晓，等．Eu^{2+} 在 $Sr_3(Mg_{1-x}Zn_x)Si_2O_8$ 中的发光性质［J］．中国稀土学报，1998，16（专辑）：1090-1092.

[123] 杨志平，刘玉峰，熊志军，等．Sr_2MgSiO_5:Eu^{2+}，Mn^{2+} 单一基质白光荧光粉的发光性质［J］．硅酸盐学报，2007，34（10）：1195-1198.

[124] YAN W J, LUO L Y, CHEN T M. Cluminescence energy transfer in Eu -and Mn -coactivated $CaAl_2Si_2O_8$ as a potential phosphor for white -light UVLED [J]. Chem. Mater, 2005, 17: 3883-3888.

[125] LIDA S, MATSUMOTO T, MAMEDOV N, et al. Obseration of laser oscillation from $CaGa_2S_4$:Eu^{2+} [J]. Jpn. J. Appl. Phys., 1997, 36 (7): L857-L859.

[126] DO Y R, KO K Y, NA S H, et al. Luminescence properties of potential $Sr_{1-x}Ca_xGa_2S_4$:Eu green -and greenish-yellow emitting phosphors for white LED [J]. J. Electr. Soc., 2006, 153 (7): H142.

[127] GUO C, ZHANG C, LI Y, et al. Luminescence properties of Eu^{2+} and Ho^{3+} co-doped $CaGa_2S_4$ phosphor [J]. Phys. Status Soli. A, 2004, 201 (7): 1588.

[128] GEORGOBIANI A N, TAGIEV B G, ABUSHOV S A, et al. Photo-and thermo-luminescence of $BaGa_2S_4$:Eu^{2+} and $BaGa_2S_4$:Eu^{2+}, Ce^{3+} crystals [J]. Inory. Mater, 2008, 44 (2): 110-114.

[129] BARTHOU C, JABBUROV R B, BENALLOUL P. Rasiative properties of the blue $BaAl_2S_4$:Eu^{2+} phosphor [J]. J. Electrochem. Soc., 2006, 153 (3): G253-G258.

[130] AVELLA F J. Cattodoluminescence of alkaline earth thiosilicate phosphors [J]. J. Electrochem. Soc.,

1971, 118: 1862-1863.

[131] SMET P F, AVCI N, POELMAN D. Red persistent luminescence in Ca_2SiS_4 : Eu, Nd [J]. J. Electrochem. Soc., 2009, 156:H243-H248.

[132] OLIVIERFOURCADE J, RIBES M, PHILIPOT E, et al. Emission characteristics of alkaline thiosilicates and alkline-earth thiosilicates [J]. Mater. Res. Bull, 1975, 10: 925-982.

[133] THIYAGARAJIAN P, KOTTAISAMY M, RAMACHANDARA RAO M S. Luminescent propertiers of new UV excitable Ba_2ZnS_3 : Mn red emitting phosphor blend for white LED and display applications [J]. J. Phys D : Appl. Phys., 2006, 39: 2701-2706.

[134] LIN Y F, CHANG Y H, CHANG Y S, et al. Photoluminescent properties of Ba_2ZnS_3 : Mn phosphors [J]. J. Allo. Comp., 2006, 421: 268-272.

[135] FABRY J, HAWLAK L, DUSEK M, et al. Structure determination of $KLaS_2$, $KPrS_2$, $KEuS_2$, $KGdS_2$, $KLuS_2$, KYS_2, $RbYS_2$, $NaLaS_2$ and crystal-chemical analysis of the group 1 and thallium (1) rare-earth sulfide series [J]. Acta Crystallogr. Set B, Struct . Sci. Cryst. Eng, Mater ., 2014, 70: 360-371.

[136] FABRY J, HAWLAK L, KUCERAKOVA M, et al. Redetermination of $NaGdS_2$, $NaLuS_2$ and $NaYS_2$ [J]. Act Crystallogr. Sect C. Struct, Chem., 2014, 70: 533-535.

[137] JARY V, HAVLAK L, BARTA J, et al. Optical, structural and paramagnetic properties of Eu-doped ternary sulfides $ALnS_2$ (A = Na, K, Rb; Ln = La, Ga, Lu, Y) [J]. Materials, 2015, 8: 6978-6998.

[138] JARY V, HAVLAK L, BARTA J, et al. $ALnS_2$: RE(A = K, Rb; Ln = La, Gd, Lu, Y) : newoptical materials-family [J]. J. Lumin., 2016, 170: 718-735.

[139] CHEREPY N J, HULL G, PROBSHOFF A D, et al. Strontium and barium iodide high ligh yield scintillators [J]. Appl. Phys. Lett., 2008, 92 (8): 083508-1-3.

[140] WILSON C M, VEN LOEF E V, GLODO J, et al. Strontium iodide scintillators for high energy resolution gamma ray spectroscopy [J]. Proc. SPIE, 2008, 7079: 707917-1-7.

[141] ZHANG X M, CHEN H. $Ca_2B_5O_9CL$: Eu^{2+} a Suitable blue -emitting phosphor for n-UV excited solid state lighting [J]. J. Am. Ceram. Soc., 2009, 92 (2): 429-432.

[142] WEI Y, QU X Y, LI G G, et al. Utra -narrowband blue emission of Eu^{2+} in halogened (Alumino) borate systems based on high lattice symmety [J]. J. Am. Cerm. Soc., 2019, 102: 2353-2369.

[143] ZHANG X Y, SUN J F. Intense blue emission of perovskite-type fluoride phosphor $Cs_4Mg_3CaF_{12}$:Eu^{2+} as a promising PC-WLED material [J]. J. Alloys Compounds, 2020, 835: 155225.

[144] LECOINTRE A, VIANA B, LEMASNE Q, et al. Red -long -lasting luminescence in clinoenstatite [J]. J. Lumin, 2009, 129: 1527-1530.

[145] LI R, LI H H, CHANG C K, et al. Photoluminescence and afterglow behavior of a new arange longlasting Eu^{2+}, Dy^{3+}:$NaSr_4(BO_3)_3$ [J]. J. Lumin., 2022, 243: 118659.

[146] AKI VAMA M, XU C N, TAIRA M, et al. Visualization of stress distribution using mechanolumiescence from $Sr_3Al_2O_6$: Eu and the nature of the luminescence mechanism [J]. Phys. Magaz. Lett., 1999, 79 (9): 735-740.

[147] ZHANG P, LI L X, XU M X, et al. The new red luminescent $Sr_3Al_2O_6$: Eu^{2+} phosphor powders synthesized vid sol-gel route by microwave-assisted [J]. J. Alloys Compds., 2008, 456: 216-219.

23　其他二价稀土离子的发光光谱

本章中所指的其他二价稀土离子，主要指 Sm^{2+}、Yb^{2+}、Dy^{2+}、Tm^{2+}等离子。最重要的 Eu^{2+}已在第 21 章和 22 章中详细论述。本章主要介绍和总结 Sm^{2+}的光谱性及变化规律，Yb^{2+}的正常和非正常发光及 RE^{2+}的激光等性质。

23.1　概　　况

由于半充满或全充满的 $4f$ 壳层有利的电负性，一些稀土离子 Eu、Sm、Yb、Tm、Dy 等可形成稳定的两价电荷态。对于三价 Tm、Sm、Yb、Eu 来说，电荷转移带（CTB）的能量越小，镧系离子的光学电负性越大，则标准还原电位（$RE^{3+}\rightarrow RE^{2+}$）越大，还原形成的离子越稳定[1]。即还原态的 RE^{2+}的稳定性按以下顺序递减:$Eu^{2+}>Yb^{2+}>Sm^{2+}>Tm^{2+}$。稀土离子的电荷转移态的能量越低，越易被还原。

二价稀土离子的电子结构与原子序数之比大 1 的 RE^{3+}的电子结构相同，但 RE^{2+}相应的光谱能级能量比 RE^{3+}降低大约 30%。RE^{2+}位于低能 $4f^{n-1}5d^1$ 组态产生的光学性能与 RE^{3+}非常不同。对 RE^{2+}而言，它们的 $4f^n$ 和 $4f^{n-1}5d^1$ 电子组态之间的能量间距比较小。这些 RE^{2+}的 $4f^{n-1}5d$ 组态的能量常常与它们处于最低 $4f^n$激发态的能量相竞争，发生的宇称 $4f$-$5d$ 跃迁产生强的、宽吸收及基质敏化的发射光谱可以位于可见光和近红外光谱区，这是 RE^{2+}激活的发光材料的特征。

20 世纪 60—70 年代，人们主要对卤化物和碱土氟化物中 RE^{2+}的吸收光谱进行了许多研究。这些吸收跃迁相对 Eu^{2+}、Sm^{2+}、Tm^{2+}和 Yb^{2+}来说比较稳定，而其他 RE^{2+}很不稳定。后来荷兰 Dorenbos 在大量的 RE^{2+}光谱研究的基础上，对 RE^{2+}自由离子的 $4f^{n-1}5d^1$ 组态的最低能量位置进行总结[2-3]，给出 RE^{2+}自由离子的能级示意图。具体的重要 RE^{2+}自由离子的 $4f^{n-1}5d^1$ 组态的最低能级能量位置，如 Eu^{2+} 34000cm^{-1}，Sm^{2+} 24160cm^{-1}，Yb^{2+} 35930cm^{-1} ± 670cm^{-1}，Tm^{3+}　25640cm^{-1} ± 350cm^{-1}，Dy^{2+}　20060cm^{-1} ± 220cm^{-1}。同时 Dorenbos 提出如下公式来确定 RE^{2+}的最低发射能量 E_{em}。

$$E_{em} = E_{free} - D(A) - S(A) \tag{23-1}$$

式中，E_{free}为在某一基质中该二价稀土自由离子的自旋允许跃迁能量；$D(A)$ 为在晶场作用下能级降低的能量；$S(A)$ 为发射产生的 Stokes 位移。

本章着重介绍其他二价稀土离子，特别是 Sm^{2+}、Yb^{2+}、Tm^{2+}、Dy^{2+}等二价离子的光谱性质。

20 世纪 60 年代初，固体激光出现，大大激起了人们对 Sm^{2+}、Dy^{2+}、Yb^{2+}、Tm^{2+}等离子的受激发射重视。因为它们的 $4f$—$4f$ 和 $4f$—$4f5d$ 跃迁发射的特性是 $4f^n$-$4f^{n-1}5d$ 跃迁可提供对光学泵浦的强而宽吸收带，以及纯 $4f$—$4f$ 跃迁的受激发射。这种光学泵浦光源包括钨灯、氙灯及太阳光源。那个时代设有半导体泵浦光源。20 世纪 60—70 年代，这些二

价 RE^{2+}掺杂的碱土氟化物等成为激光的热点。早期人们确实在 Sm^{2+}:CaF_2、Sm^{2+}:SrF_2、Dy^{2+}:CaF_2及 Tm^{2+}:CaF_2 晶体中成功地获得激光。Dy^{2+}和 Tm^{2+}的 4*f* 之间的辐射跃迁为磁偶极或振动模，荧光寿命长约为 10ms 量级，而 Sm^{2+}:SrF_2 的 5*d*—4*f* 跃迁为允许的电偶极，其荧光寿命约 2μs。

由于 Sm^{2+}、Dy^{2+}和 Tm^{2+}等二价离子受热和光离化作用不稳定，且易回复到三价，因此随着时代和科技的发展，对它的关注度逐步下降。

23.2 Sm^{2+}的电子组态和光谱性质

Sm^{2+}激活的晶体和玻璃是激光、发光和光记忆受到重视的光学材料，特别在 20 世纪 60—70 年代，Sm^{2+}光学性能研究十分活跃。继蓝宝石 Al_2O_3:Cr，CaF_2:U^{3+}激光发现之后，Sm^{2+}:CaF_2是第三个发现的固体激光材料，也是第一个稀土离子固体激光材料，随后激起对 Sm^{2+}研究的热度。

23.2.1 Sm^{2+}的 $4f^6$—$4f^55d$ 电子组态

Sm^{2+}具有 $4f^6$基态和 $4f^55d$ 激发态。这些组态的能量接近，致使它们的光谱发生交叠并影响 Sm^{2+}的光学性质。依据 Hund 规则，最低光谱项^7F 能级因自旋-轨道相互作用劈裂成$^7F_0$ 至$^7F_6$。一般它们间距大约 0~4000cm^{-1}。$4f^6$组态的第 1 个激发态是^5D 项，也被劈裂成$^5D_0$ 到$^5D_4$ 分支项。在这种情况下，掺杂 Sm^{2+}的材料的荧光光谱和等电子的三价 Eu^{3+}光谱非常类似。

早期已对 Sm^{2+}能量在 30000cm^{-1}以下的 $4f^6$组态的能级进行总结[4]，见表 23-1。这可为深入研究 Sm^{2+}的 $4f^6$组态作参考。由 77K 在 KCl 中 Sm^{2+}的$^5D_0 \to ^7F_J$($J=0$，1，…，6）跃迁发射推算得到^7F_J 多重态的晶场劈裂，相对强度，^7F_J（$J=0$，1，…，6）能级的能量位置及重心位置[5]列在表 23-2 中。可见，低温下晶场劈裂非常清晰。人们可得表 23-1 和表 23-2 结合分析。在 KBr、RbCl 及 SrB_4O_7中，Sm^{2+}的上述性质和 KCl 中相同，晶场强度仅有很小差异。

表 23-1 Sm^{2+} 30000cm^{-1}以下的 $4f^6$组态能级[4]

能级	能量/cm^{-1}	能级	能量/cm^{-1}	能级	能量/cm^{-1}	能级	能量/cm^{-1}
$^7F_0$	0	$^5G_3$	21824	$^5L_{10}$	22408	$^5I_6$	28605
$^7F_1$	291	$^5G_4$	21921	$^5D_4$	22634	$^5I_7$	28631
$^7F_2$	808	$^5G_5$	21942	$^5H_3$	24979	$^5F_5$	28647
$^7F_3$	1481	$^5L_9$	22059	$^5H_7$	25204	$^5K_5$	29733
$^7F_4$	2257	$^5G_6$	22203	$^5H_4$	25341		
$^7F_5$	3099	$^5D_3$	19997	$^5H_5$	25360	$^5F_3$	27877
$^7F_6$	3981	$^5L_6$	20106	$^5H_6$	25594	$^5F_1$	27963
$^5D_0$	14379	$^5L_7$	20776	$^5I_5$	27597	$^5F_4$	28254
$^5D_1$	15616	$^5L_8$	21471	$^5I_4$	27781	$^3P_0$	28306
$^5D_2$	17645	$^5G_2$	21794	$^5F_2$	27807	$^5I_8$	28531

表 23-2 77K 时 KCl 中 Sm^{2+}的发射波长$^5D_0 \to {}^7F_J$ 相对强度，^7F_J 能级和重心位置[5]

J值	发射波长/mm	波数/cm^{-1}	相对强度	能级/cm^{-1}	重心/cm^{-1}
0	689.28	14507.9	10.0	0	0
	701.56	14253.9	10.0	254.0	
1	703.26	14219.5	8.8	288.4	288.1
	704.92	14186.0	7.1	321.9	
2	726.65	1376.18	10.0	746.1	803.7 (原文 792)
	728.50	13726.8	1.6	781.2	
	730.68	13685.9	6.5	823.0	
	732.96	13643.3	9.5	864.6	
3	766.38	13048.4	0.1	1459.5	148.1
	766.86	13040.2	0.1	1467.7	
	767.01	13037.6	0.2	1470.3	
	767.38	13031	0.5	1476.5	
	768.69	13009.1	0.2	1498.8	
	769.59	12993.9	10.0	1514.0	

J值	发射波长/nm	波数/cm^{-1}	相对强度	能级/cm^{-1}	重心/cm^{-1}
4	813.40	12294.1	0.7	2218.8	2249.6 (原文 2282.6)
	819.59	12201.2	3.5	2206.7	
	820.64	12185.6	10.0	2323.3	
5	874.95	11429.2	3.6	3078.9	3144.3 (原文 3149.3)
	876.91	11403.7	0.1	3104.2	
	878.11	11388.1	7.3	3119.9	
	883.42	11319.6	10.0	3158.3	
	884.22	11309.5	0.9	3198.5	
	884.80	11302	7.6	3205.9	
	944.22	10590.8	10.0	3917.1	

在^5D_J 能级附近的 5d 态在晶场作用下，也发生劈裂，导致^5D_J 能级与 5d 态能量接近，致使它们的光谱复杂化。

23.2.2 不同晶场强度下 Sm^{2+}的光谱特性

Sm^{2+}在 UV 及可见光谱区呈现强的 $4f^6 \to 4f^5 5d$ 允许跃迁吸收，在不同晶场强度中，$4f^5 5d$ 能态的最低能量位置与$^5D_0$ 能级的相对能位置决定 Sm^{2+}的光谱特征。有下述几种情况：（1）仅有 f—f 锐谱线发射；（2）只有 5d—4f 跃迁宽带发射；（3）f—f 锐谱线发射和 5d—4f 跃迁发射同时存在。

第（1）种情况中，Sm^{2+}的最低 $4f^5 5d$ 能态的能量高于$^5D_0$，甚至$^5D_1$、$^5D_2$ 能级。

$4f^5 5d$ 被激发后，无辐射弛豫到^5D_J（$J=0$，1，2）能级。最终由^5D_J($J=0$，1，2) → ^7F_J（$J=0$，…，6)基态辐射跃迁，产生 f—f 锐谱线发射。这种情况多发生在离子键强的、晶场强度弱的氟化物荧光体中。在一些 Sm^{2+} 激活的氟化物中，365nm 激发下呈现^5D_J（$4f^6$）→^7F_J（$J=0$，…，6）跃迁的锐线状发射。其激发光谱是由 $4f^5 5d$ 组态强宽带和几条 $4f^6$谱线组成。在 77K 下，容易测量到这些氟化物的较低的 $4f^5 5d$ 态的能量和荧光特性[6]。如 BaY_2F_3:Sm^{2+}中，77K 下，Sm^{2+}的 $4f^5 5d$ 态的能量位于 17850cm^{-1}处，室温时荧光强，Sm^{2+}的 $4f^5 5d$ 态的能量位置与所取代的阳离子及配位基数目有关。在一个相对弱的晶场（取代 Ba 或 K，大的配位数）下，$4f^5 5d$ 态的能量位置相当高，且跃迁来源于$^5D_0$、$^5D_1$、$^5D_2$，甚至$^5D_3$ 在室温下也可观测到。随温度 $4f^5 5d$ 激发带宽度增宽，以至于它可部分地与^5D_J 激发态交叠。但是，只有在少数情况下，起源于$^5D_0$、$^5D_1$、$^5D_2$ 和$^5D_3$ 的弱的发射在室温下依然能观测到。因此，Sm^{2+}的荧光从深红色（$BaLiF_3$:Sm^{2+}，$BaMgF_4$:

Sm^{2+}）变化到橙红色（KY_3F_{10}:Sm^{2+}）。

SrB_4O_7:Sm^{2+}和 BaB_8O_{13}:Sm^{2+}是两个重要而有趣的发光材料，它们甚至可在空气中灼烧合成。这两种荧光体的激发光谱归一化后表示在图 23-1 中，它们具有相同性。对 SrB_4O_7:Sm^{2+}来说，其激发峰分别在 300nm 和 490nm 处（实线）。它们与其漫反射光谱相对应。300nm 激发带为基质吸收，然后通过能量传递给 Sm^{2+}。而 490nm 激发带则是 Sm^{2+}的 4*f*—4*f* 跃迁吸收。图中虚线展示 BaB_8O_{13}:Sm^{2+}的相对激发光谱（室温），其激发峰为 340nm 的宽带属于 Sm^{2+}的 4*f*5*d* 态的激发带。在此激发光谱宽带上叠加有一些锐的激发峰。人们并不清楚，有可能是 Sm^{2+}的高能级^5D_J 的激发峰。在 BaB_8O_{13}中，一些硼原子由 Sp^3 杂混轨道中氧原子配位，且形成（BO_4）三维单元。这种刚性（BO_4）四面体可以阻碍 RE^{2+}中激发态弛豫[7]。因而在 BaB_8O_{13}中 Sm^{2+}的 4*f*5*d* 态可位于更高能量。

用准分子激光器的 308nm 或 Ar^+激光器的 488nm 激发 SrB_4O_7:Sm^{2+}样品，常温下测量其发射光谱如图 23-2 所示，均可以观测到 Sm^{2+}的$^5D_0 \to {}^7F_0$，$^5D_0 \to {}^7F_1$ 和$^5D_0 \to {}^7F_2$ 跃迁三组发射峰。其中以$^5D_0 \to {}^7F_0$ 能级 *f*—*f* 跃迁的发射峰 14588cm^{-1}（685.4nm）最强[7]，大约是$^5D_0 \to {}^7F_1$ 能级跃迁发射强度的 10 倍，且半宽度约 3cm^{-1}。图 23-2 中 Sm^{2+}最强的$^5D_0 \to {}^7F_0$跃迁发射锐谱线特意缩小原来的$\frac{1}{10}$表示。这个结果与 BaB_8O_{13}的结果完全一致[8]。SrB_4O_7:Sm^{2+}荧光体的荧光衰减曲线表明是指数式。其中$^5D_0 \to {}^7F_0$ 跃迁（685nm）的荧光寿命是 3ms，而$^5D_0 \to {}^7F_1$ 跃迁寿命为 2.8ms。

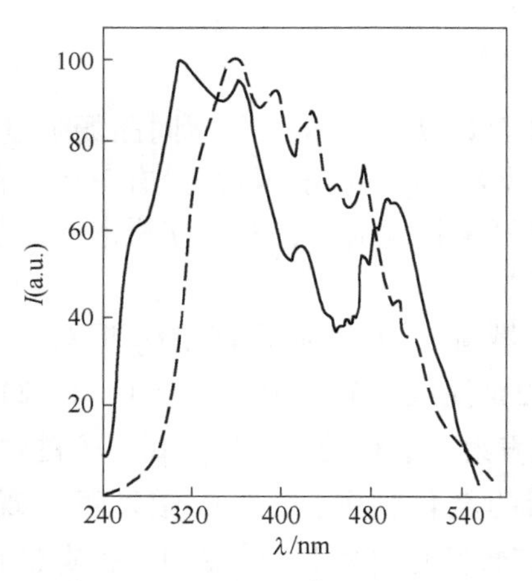

图 23-1 SrB_4O_7:Sm^{2+}（实线）和 BaB_8O_{13}:Sm^{2+}（虚线）的激发光谱[7-8]

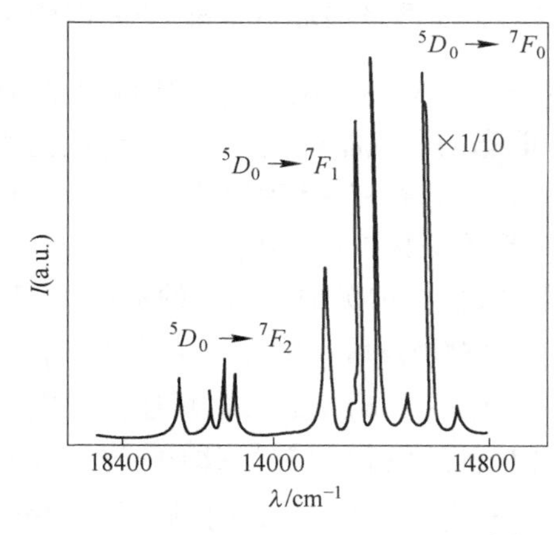

图 23-2 SrB_4O_7:Sm^{2+}的发射光谱[7]

压力和强度及烧结温度对非晶玻璃 SrB_2O_4:Eu^{2+}的晶化和发光性能影响很大。完全晶化成单相正交结构后，Eu^{2+}的发光强度增强上百倍。因此，应注意 SrB_4O_7:Sm^{2+}合成的条件。加入适量的 SrF_2 用作助溶剂，降低了 SrB_4O_7:Sm^{2+}的灼烧温度，又可提高发光效率。

而SrB_8O_{13}中Sm^{2+}的$4f^55d$态可位于更高能量。在SrB_8O_{13}中Sm^{2+}有两个不同的格位，其发射光谱与SrB_4O_7:Sm^{2+}类似，均以$^5D_0 \to {}^7F_0$跃迁发射最强。Sm^{2+}（Ⅰ）位于14668cm^{-1}（682nm），另一个Sm^{2+}（Ⅱ）的$^5D_0 \to {}^7F_0$发射在14642cm^{-1}（682.9nm）处。而在SrB_4O_7中最强的Sm^{2+}的$^5D_0 \to {}^7F_0$跃迁的发射谱在14588cm^{-1}（685.4nm）处。反映这两种硼酸盐的晶场环境基本相同。这给人们启示，在更多的Sm^{2+}激活的其他碱土硼酸盐中晶场环境变化是怎样影响Sm^{2+}的光谱和发光特性变化规律，值得人们今后深入研究。

在Ga_2S_3:Sm^{2+}晶体中也反映只有Sm^{2+}的f—f跃迁发射情况[9]。由于Ga_2S_3中Sm^{2+}的$4f^55d$能态位于20000cm^{-1}附近，而^5D_J（$J=2，1，0$）在$4f^55d$之下。故仅产生强的610nm、657nm和829nm及弱的546nm、575nm、583nm、638nm、668nm、673nm和718nm线状发射。温度对这些发射峰位置无影响。随着温度从78K增加到300K，657nm的PL强度不变，到500K时大约是78K时的75%。而829nm（$^5D_0 \to {}^7F_4$）发射猝灭严重。

Sm^{2+}激活的SrB_4O_7、BaB_8O_{13}、SrB_6O_{10}等硼酸盐均可在空气中灼烧合成。当然还应检查是否有剩存的Sm^{3+}，从发射光谱中就可判断出。

第（2）种情况中，仅有Sm^{2+}的5d—4f跃迁宽带发射。

若Sm^{2+}的最低5d能级位于$^5D_0$能级之下，则只有5d—4f能级间的跃迁发射。这种情况比较少见。原则上需要在晶场强度很强的情况下才能发生，而且与温度有关。

例如用Na^+交换生成的$Na_{1.67}Mg_{0.67}Al_{10.33}O_{17}$的$Na^+$:β″-$Al_2O_3$单晶中[10]，$Sm^{2+}$的室温吸收光谱展现在300~800nm整个长波紫外光到可见光区。吸收光谱延伸到NIR附近，比第（1）种情况的吸收光谱能量范围低很多。Sm^{2+}的吸收（激发）带是来自劈裂的$4f^55d$（eg），$4f^55d$（t2g）激发态和基态之间的跃迁。这指明β″-Al_2O_3晶体中的晶场强度很强，Sm^{2+}劈裂后的子能级能量下降程度很大。

第（3）种情况中，Sm^{2+}的f—f跃迁线状发射和5d—4f跃迁宽带发射同时存在。

早期在CaF_2:Sm^{2+}和SrF_2:Sm^{2+}中观测到Sm^{2+}的f—f跃迁线状发射和5d—4f跃迁宽带发射，在室温和77K时同时存在。

具有C_2点对称的正交$BaZnCl_4$存在两种结构上有差异的（Ⅰ）型和（Ⅱ）型结构[11]。Ba^{2+}格位的八配位数和C_2点对称在这两种变体中相同。Sm^{2+}半径（0.141nm）与Ba^{2+}半径（0.156nm）接近，占据八配位Ba^{2+}格位上。（Ⅰ）型中Ba^{2+}—Cl^-平均距离为0.3159nm，而（Ⅱ）型中为0.3173nm。故可适合研究RE^{2+}的d—f跃迁及呈现的差异。

532nm（18796cm^{-1}）在室温时激发后，（Ⅰ）型和（Ⅱ）型中Sm^{2+}的发射光谱都是由一个在588~833nm范围内的宽发射带和一些锐谱线组成。它们分别属于Sm^{2+}的$4f^55d$—^7F_J(d—f)和$^5D_0$—^7F_J（f—f）跃迁发射。和$BaZnCl_4$(Ⅰ):Sm^{2+}相比，$BaZnCl_4$（Ⅱ）:Sm^{2+}的$4f^55d$—^7F_J跃迁发射呈现蓝移。在UV激发后，可观察到（Ⅰ）型:Sm^{2+}样品呈现深红色发光，而（Ⅱ）型:Sm^{2+}样品为亮红色发光。在（Ⅱ）型中，随Ba^{2+}—Cl^-距离增加，Sm^{2+}的d能级因晶场强度影响劈裂减小，以致最低d能级子能级位于较高能量位置，和（Ⅰ）型相比，发生蓝移。

f—f和d—f跃迁发射同时出现，表明最低的$4f^55d$态能量位于$^5D_0$能级之上。由于

$4f^5 5d$ 态的热耦合作用，使宇称允许 d—f 迅速发射发生在可见光区。由于在（Ⅱ）:Sm^{2+} 型样品中热耦合作用比（Ⅰ）:Sm^{2+} 型样品中弱很多，结果产生较弱的 d—f 跃迁发射。这两种材料在很低的温度下，在可见光区仅有 f—f 跃迁发射。

Sm^{2+} 的 $^5D_0$—^7F_J 跃迁，类似于同构的 Eu^{3+} 的发射峰，但由于较低的核电荷（二价 Sm），它们位于较低的能量位置。人们熟悉，在 Eu^{3+} 掺杂的化合物中，$^5D_0$—$^7F_0$ 跃迁不符合选择定则，属禁戒跃迁。Sm^{2+} 或 Eu^{3+} 处于对称性很低的正交晶系中，一些 ^7F_J 能级解除简并。Sm^{2+} 的 $^5D_0$—$^7F_0$ 跃迁强度强烈地依赖于奇-偶 $4f^5 5d$ 能态的位置。在 $BaZnCl_4$（Ⅰ）中 Sm^{2+} 的 $^5D_0$—$^7F_0$ 跃迁发射明显增强，可能是其 $4f^5 5d$ 相对靠近 $^5D_0$ 和 $^7F_0$ 能级，而在 $BaZnCl_4$（Ⅱ）中，Sm^{2+} 的 $4f^5 5d$ 相对距离远。Sm^{2+} 的 $^5D_0$—$^7F_1$ 跃迁是允许的磁偶极跃迁作用[12]。因此，这种跃迁的强度与离子更高的相反宇称态的能量间距及晶场强度几乎无关。在 $BaZnCl_4$ 的（Ⅰ）型和（Ⅱ）型两光谱中 $^5D_0$—$^7F_2$ 发射的积分强度相似，但各自晶场谱线的相对强度是不同的。

这里需指出一种现象，在一些荧光体中，如在 SrB_4O_7、BaB_8O_{13} 及 53HfF$_4$-20BaF$_2$-4LaF$_3$-3AlF$_3$-20NaF 玻璃[12] 等材料中，Sm^{2+} 的 $^5D_0$—$^7F_0$ 能级跃迁强度远大于 $^5D_0$—^7F_J（J=1，2，3，4）跃迁强度；而在人们熟悉的灯用 Y_2O_3 和 CRT 彩电用 Y_2O_2S 红色荧光体等材料中，Eu^{3+} 的 $^5D_0$—$^7F_0$ 跃迁强度很弱，而 $^5D_0$—$^7F_{2,4}$ 跃迁强度很强。Sm^{2+} 的 $4f^5 5d$ 组态能量如前所述靠近 $4f^6$ 能级，$4f^6$ 和 $4f^5 5d$ 能级间的能量共振增强 $^5D_0$—$^7F_0$ 跃迁的强度。这可用 Wybourne-Downer（WD）机理解释，但不能用 Judd-Ofelt（J-O）机理说明[12]。

由上述三种情况，即在很弱晶场环境（第一种情况），强晶场（第二种情况）及较强或较弱晶场（第三种情况）下，来说明 Sm^{2+} 的光谱性质。在很弱的晶场情况下，Sm^{2+} 的 $4f^5 5d$ 态位于 $^5D_0$、$^5D_1$ 甚至 $^5D_2$ 能级之上，主要产生 $^5D_0$、$^5D_1$ 甚至 $^5D_2 \rightarrow {}^7F_J$ 基态的 f—f 跃迁锐谱线发射（第一种情况）；在强晶场情况下，Sm^{2+} 的 $4f^5 5d$ 态能量位于 $^5D_0$ 能级之下，主要产生 $4f^5 5d \rightarrow {}^2F_J$ 能级跃迁宽带发射（第二种情况）；若在较强或较弱晶场情况下，主要产生 $^5D_0 \rightarrow {}^5D_1 \rightarrow {}^7F_J$ 跃迁线状发射和允许的 $4f^5 5d \rightarrow {}^7F_J$ 跃迁带状发射，这两种发射同时存在（第三种情况）。

23.2.3 Sm^{2+} 的光谱烧孔

所谓光谱烧孔，简单而言，就是在光子选通光谱某一频率处出现吸收凹槽的现象。很快将此物理现象提出应用于光存储设想，企图用永久光谱烧孔实现高密度光存储。在光谱烧孔中，改变激光波长，可以在非均匀线形内不同位置上烧出孔，将信息频率编码，每一字节与一个频率对应，用孔的有无区分 1 和 0。这样，一个光斑面积上存储的信息量就等于非均匀线形内可烧出的孔数。有望将存储密度提高到 $10^{10} \sim 10^{11}$ B/cm^2。故 20 世纪 80 年代至 21 世纪初，人们曾对这种光谱烧孔非常重视[13-15]。

光谱烧孔材料分有机和无机两大类。虞家祺等人把 BaFCl :Sm^{2+}、$BaFCl_{0.5}Br_{0.5}$:Sm^{2+} 及聚合物薄膜中卟啉类化合物用作光子选通光谱烧孔材料。他们用 $BaFCl_{0.5}Br_{0.5}$:Sm^{2+} 用作烧孔材料进行了卓有成效的工作。最先实现了液氮温度下的光子选通光谱烧孔及在 $SrFCl_2$:Sm^{2+} 体系中得到陷阱的平均深度为 1.2eV，宽度为 0.07eV，室温下孔的寿命为

300h 以上，是当时国际上孔热稳定性最好的结果。

$BaFCl_{0.5}Br_{0.5}$ 中 Sm^{2+} 的 $^7F_0 \rightarrow {}^5D_0, {}^5D_1$ 和 $^5D_2$ 跃迁的波长分别在 690nm、630nm 和 560nm 处。$^5D_2$ 之上是 $4f^55d$ 组态，导带在基质之上大约 300nm。用 N_2 激光或 Ar^+ 激光激发 $4f^55d$ 带时，是非选择激发，得到的 $^5D_2$、$^5D_1$ 和 $^5D_0 \rightarrow {}^7F_J$ 的发光光谱反映了谱线的非均匀宽化。

图 23-3 是用 Nd：YAG 激光器二次谐波泵浦染料激光器发出的17797cm^{-1}激光单光束双光子烧孔的结果。孔深为 30%，宽度为 1.4cm^{-1}。低功率烧孔时，孔宽为 1.14cm^{-1}。77K 下，$^7F_0 \rightarrow {}^5D_2$ 跃迁均匀线宽[13]。

$$\Gamma_h = \frac{1}{2}(\Gamma_{hole} - 2\Gamma_{laser}) = 0.37cm^{-1} \quad (23\text{-}2)$$

在这种 $BaFCl_{0.5}Br_{0.5}$:Sm^{2+} 材料中，$^7F_0 \rightarrow {}^5D_0$、$^7F_0 \rightarrow {}^5D_1$ 和 $^7F_0 \rightarrow {}^5D_2$ 都可以作为烧孔跃迁。

有关孔的擦除。$BaFCl_{0.5}Br_{0.5}$:Sm^{2+} 等体系在低温下烧出的孔，在 514.5nm 和 337.1nm 激光照射下或升温到 330K 以上，可完全擦除。烧孔和擦除过程中存在两种陷阱作用。

孔的温度稳定性是光谱烧孔的大问题。77K 下烧出的孔保存在液氮温度中，孔的面积 14 天后为初始值的 40%[16]。在 77~200K 之间，孔随温度升高而被填充，在 200~300K 之间保持稳定，在 300K 以上，随温度升高迅速被填充。

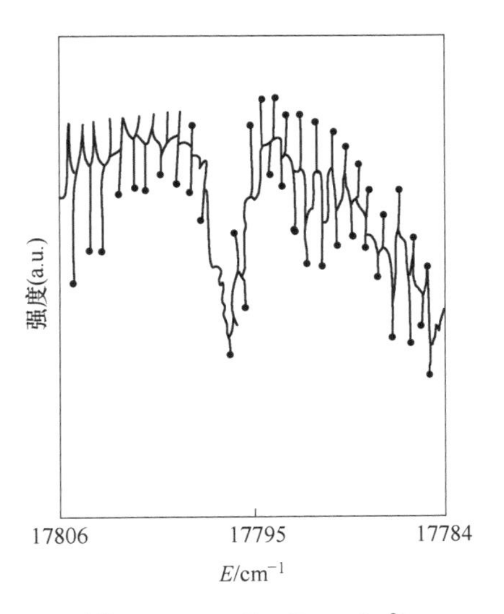

图 23-3 $BaFCl_{0.5}Br_{0.5}$:Sm^{2+} 光谱烧孔[13]

近年来，光谱烧孔的热度下降。主要原因是孔的热稳定性差、烧孔效率低等问题。这与 Sm^{2+} 的热稳定性、影响烧孔效率的因素及烧孔机理并不十分清楚等原因有关。这方面发展和改进的空间依然很大。作者认为应该将 Sm^{2+} 光谱烧孔-激发态光谱结构与晶场关系-电子俘获光激励发光（PLS）有机联系起来。利用 Sm^{2+} 的激发态光谱结构与晶场关系，指导研制新的稳定性更佳的光谱烧孔材料。从晶场强度很强的碱土硼酸盐和其他体系材料中探寻新的烧孔材料。

23.2.4 SrI_2:Sm^{2+}，Eu^{2+}新的闪烁体和光谱特性

针对 SrI_2:Eu^{2+}优良的闪烁体（光产额高达 120000MeV^{-1}）存在的问题：随 Eu^{2+}浓度、晶体尺寸和温度增加，衰减时间增长，成为性能不良的闪烁体。依据 Sm^{2+} 和 Eu^{2+} 在碱土金属卤化物的光谱性质[17-18]，利用能量可以从受激的 Eu^{2+} 传递给 Sm^{2+}，发展 SrI_2:Eu^{2+}，Sm^{2+}新闪烁体。在 SrI_2 中，Sm^{2+}的一个宽的 $4f$—$5d$ 激发光谱（250~720nm）和 Eu^{2+} 的发射光谱（420~450nm）交叠。室温下，SrI_2:0.5%Eu^{2+}，x%Sm^{2+}单晶的归一化的 X 射线激发下的发光光谱显示，随 Eu^{2+}浓度增加，Eu^{2+}的 430nm 的 $4f^65d \rightarrow 4f^7(^8S_{7/2})$跃迁蓝紫光发射几乎全转换为 Sm^{2+} 的 750nm 的 $4f^65d \rightarrow 4f^7$（$^7F_{0\sim6}$）跃迁深红-近红外光发射。这样，

使 SrI_2:Eu^{2+}，Sm^{2+}大单晶成为一种新的独特的深红-近红外闪烁体，其光产额达到大约 42000MeV^{-1}，能量分辨（R）为 3.8%～10.5%，闪烁衰减时间为单指数微秒量级，成为一种新的闪烁体。

为发展近红外闪烁，最近荷兰学者关注在质量很高的碱金属镱卤化物中 Sm^{2+}的闪烁性能研究[19]。如 Sm^{2+}分别掺杂的 $CsYbBr_3$，$CsYbI_3$，$YbCl_2$ 闪烁体。当 Yb^{2+}作为 Sm^{2+}的敏化剂时，由于 Yb^{2+}的跃迁性能影响，能量传速率太慢，影响闪烁性能。解决办法是使 Yb^{2+}的浓度高达 99%。这样，由于交换相互作用使 Yb^{2+}到 Sm^{2+}间的能量传输速率加快。利用^{137}Cs，X 射线激发研究其特性。如 $CsYbI_3$:0.01Sm^{2+}闪烁体上实现能量分辨为 7%，光产额 32000MeV^{-1}。

23.3　Yb^{2+}的电子组态和光谱性质

前面所述，依据标准还原电位，Yb^{2+}的稳定性比 Eu^{2+}差，但比 Sm^{2+}、Tm^{2+}等稳定。因此，Yb^{2+}的发光应受到重视。和在相同基质晶格中 Eu^{2+}的结果相比，预计 Yb^{2+}的发光具有较大的 Stokes 位移，较低的猝灭温度及较复杂的发光。至今也缺少有关 Yb^{2+}的光谱和发光特性较完整的资料，这里予以弥补。

23.3.1　Yb^{2+} $4f^{14}$—$4f^{13}5d$ 的电子组态

Yb^{2+}具有一个填满的 $4f^{14}$壳层。由于发生 $4f^{14}$基态—$4f^{13}5d$ 组态之间的跃迁，这种跃迁发生在紫外和可见光谱区。Yb^{2+}的发射性质比 Yb^{3+}更复杂。

20 世纪 60 年代，已表明 Yb^{3+}的最低能态可以用类似于 Yb^{3+}的 $4f^{13}$核和 $5d$ 之间的自旋-轨道耦合模型。此 $4f^{13}$核被劈裂为$^2F_{7/2}$和$^2F_{5/2}$Russell-Saumders 态及 $5d$ 能级的晶场劈裂成 e_g和 t_{2g}态。混合的$^2F_J(5d)$ 能态和基态之间跃迁产生吸收中的谱带。在立方晶场中，Yb^{2+}的 $5d$ 态晶场劈裂的 E_u和 T_{2u}能态跃迁 A_{1g}基态是禁戒的，它们在允许跃迁的 T_{1u}能态之下。当吸收能量从 T_{1u}弛豫到 E_u、T_{2u}能态后可以产生发射。此外晶场和 T_{1u}混杂，一些低能量能级跃迁的禁戒可以松动，产生发射。依据 Loh 对 Yb^{2+}吸收光谱结构的解释[17]，Yb^{2+}在八面体配位时，t_{2g}能级位于低能位置：相反 Yb^{2+}在四面体或立方配位时，t_{eg}能级位于高能处。这些都是初步的认识。

对 Yb^{2+}的发光性质研究不如对 Eu^{2+}和 Sm^{2+}开展得广泛。主要是 Yb^{2+}的稳定性较差，发光效率低，以及看似光谱很简单，实际光学光谱复杂。Yb^{2+}的电子构型 $4f^{14}$，$4f$壳层全充满。激发态为 $4f^{13}5d$ 组态，在不同结构晶场中劈裂不同，基态用 A_{1g}表示。

人们早已注意到 Yb^{2+}掺杂在硅酸盐、铝酸盐、简单氧化物中不呈现发光或低温下就被猝灭。故对发光研究主要集中在碱土氟化物和卤化物，碱土硫酸盐、卤磷酸盐、磷酸盐和钒酸盐、硼酸盐等化合物中，近来也扩展到 SrS，氮氧化物及 YAG 和 $YAlO_3$ 铝酸盐及 $LiBaF_3$ 等体系。

23.3.2　Yb^{2+}的发光

23.3.2.1　硼酸盐中 Yb^{2+}发光

BaB_8O_{13}:Yb^{2+}的室温下的激发光谱是其激发态由晶场劈裂成的 5 个激发峰组成[8]。它

们暂被命名为 A_1:366，B_1:292，B_2:262 及 C_1:235nm。依据一些能级间的能量差，认为 A_1 和 B_2 必须对应于（$^2F_{7/2}$）$5d$（e_g）和（$^2F_{5/2}$）$5d$（e_g），C_1 对应（$^2F_{7/2}$）$5d$（e_g）能级。在 BaB_8O_{13}中，C_1 和 A_1 带间的能量差大约为 15231cm^{-1}。在此基质中，Yb^{2+}的 $4f^{13}5d$ 的最低能级能量为 36460cm^{-1}。而 Yb^{2+}自由离子 $4f^{13}5d$ 最低能级能量位于 35930cm^{-1}±670cm^{-1}。BaB_8O_{13}:Yb^{2+}在 317nm 激发下，其发射光谱为一个从 400nm 延伸到 550nm 的宽谱带，发射峰约 465nm。

23.3.2.2 β″-Al_2O_3 中 Yb^{2+}发光

以往一直认为在铝酸盐中 Yb^{2+}不发光。但是在 Na：β″-Al_2O_3 中却成功地观测到 Yb^{2+} 和 Sm^{2+}的发光[10]。人们可以通过：$Na_{1.67-2x}Mg_{0.67}Al_{10.33}O_{17}+2xYbCl_2 \rightarrow Na_{1.67-2x}Yb_{2x}Mg_{0.67}Al_{10.33}O_{17}$离子交换反应合成所需的 Yb^{2+}，Sm^{2+}掺杂的 β″-Al_2O_3 晶体。

在这种 β″-Al_2O_3 中 Sm^{2+}的发光性已在 23.2.2 节中介绍。Sm^{2+}的性能指明 β″-Al_2O_3 晶体中晶场强度很强。Yb^{2+}在这种晶体中激发态能量下降变大。事实也是如此。

β″-Al_2O_3:Yb^{2+}室温下的激发光谱和发射光谱分别由两个明显分开的激发谱带组成。其激发峰主要有 500nm、453nm、343nm、311nm、280nm、266nm、240nm。低能激发带主要位于光谱蓝绿区。450~470nm 蓝光激发，非常有效，产生一个发射在约 600nm 处的强橙红光宽谱带，从 500nm 延伸到 750nm 附近，其半高宽约 180nm。β″-Al_2O_3:Yb^{2+}的这种激发和发射光谱特性对今天的白光 LED 照明等应用具有特别意义。最低激发态和最高发射态能量之间的 Stokes 位移大。Yb^{2+}的发射波长随 Yb^{2+}浓度存在从 580nm 到 600nm 小的位移。当温度降到 20K 时，β″-Al_2O_3:Yb^{2+}的发光性质变化小。由于温度使晶格收缩，Yb^{2+}周围局域晶场增强，但这种移动是不变的，随温度降低，Yb^{2+}的发射带中没有分辨出额外的结构。但应该注意到当晶体中存在 Yb^{3+}时，β″-Al_2O_3 的发光完全被猝灭。因此，制备还原工艺特别重要。此外，Yb^{2+}的平均寿命与 Yb^{2+}的浓度和温度密切相关。当 Yb^{2+} 浓度 $0.4\times10^{21}cm^{-3}$时，为 240μs；浓度增加到 $1.35\times10^{21}cm^{-3}$时（50%Na^+被取代），已降到 60μs。因为存在光谱变量，发光发生猝灭。此外，随温度增加，Yb^{2+}的寿命急速缩短。

β″-Al_2O_3:Yb^{2+}的吸收带可归因于充满的 $4f^{14}$基态和最低 $4f^{14}5d$ 态之间的跃迁吸收。在 β″-Al_2O_3 传导平面中有两种格位，一个是 4 配位 C_{3v}格位（BR），另一个是畸变的 8 面体 C_{zh}格位（mid-氧，mO）。Yb^{2+}的发射性质比 Yb^{3+}复杂。在立方晶场中 Yb^{2+}的 $5d$ 态晶场劈裂的 E_u和 T_{2u}能态跃迁到 A_{1g}基态是禁戒的，它们位于允许跃迁的 T_{1u}之下。这些自旋-禁戒能态不参与吸收，弛豫到这些能级后可以产生发射。此外，由于晶场和 T_{1u}能态混杂，一些最低能量能态跃迁的禁戒可以松动。β^+-Al_2O_3:Yb^{2+}的发射光谱仅有一个宽带，它是来自最低激发态跃迁。氧化物晶格的高能声子足够使 Yb^{2+}的不同能级间隙联系起来，且产生有效弛豫到最低发射能级。

23.3.2.3 SrF_2 中 Yb^{2+}的非正常发光

早期人们在 $M_5(PO_4)_3Cl$(M=Ba，Sr，Ca）卤磷酸盐中观测到 Yb^{2+}呈现很宽的红色发光带，即所谓非正常红色荧光。此外在 SrF_2:Yb^{2+}中也观测到这种非正常的红色荧光及一条较窄的蓝色发射带[20]。SrF_2:Yb^{2+}在 355nm 激发下，4.4K 时的发射光谱是由很宽的非正常红色发射带、较窄的蓝带及位于 400nm 附近的零声子线（ZPL）组成。蓝发射带和

ZPL 是 Yb^{2+} 的亚稳态（E_u，T_{2u}）的发射。在蓝带起始处的振动精细结构的主频率是 $175cm^{-1}$。

SrF_2 中 Yb^{2+} 的蓝色和红色发光的激发光谱完全不同。蓝光的激发谱复杂（峰 330nm），而红光的激发光谱是一个峰 360nm 宽带（325～375nm）。激发谱中的几条锐谱线分别对应于（E_u，T_{2u}）和 T_{1u} 的 ZPL。蓝光的激发光谱的斜坡从 366nm 到 340nm 的光离化过程是很有效的。实验表明红色发射中心的强度和寿命与温度变化关系相同。这指明无辐射去激活过程朝向 Yb^{2+} 中心基态。红色发光中心的这些温度性质与蓝光中心完全不同。红色发光的寿命随温度急剧下降 60K 时约 30μs，120K 约 10μs；而蓝色中心的寿命在 150K 以前一直不变（0.8μs）。Moine 认为[20,21]，Yb^{2+} 这种非正常发光归因于杂质-俘获激子态（impuxity-trapped exciton state）及光离化。他们在 SrF_2:Yb^{2+} 中观测到第 1 吸收带的两个谱代的光电光谱被满意地分开了。在低温下，它们属于 T_{1u} 和激子能级的光离化。光电导信号强度随温度增强，使人们确信在 SrF_2:Yb^{2+} 中，激子的键合能量大约为 $1500cm^{-1}$。从而得到佐证。

23.3.2.4　氮氧化物中 Yb^{2+} 发光和非正常发光

Eu^{2+} 激活的 $SrSi_2O_2N_2$ 是一类量子效率高达 90%、猝灭温度高（>500K）的可被蓝光有效激发发射 540nm 的绿色荧光体，已被用于白光 LED 中，其发光属 Eu^{2+} 的 $4f^7$—$4f^65d$ 态跃迁。详情可参阅第 21 章。

$SrSi_2O_2N_2$:Yb^2 的最低 $4f^{13}5d$ 激发带在 450nm 附近，非常类似 Eu^{2+} 的最低 fd 激发带。在 $SrSi_2O_2N_2$ 中 Yb^{2+} 的非正常发射带 500～800nm（λ_{em} 620nm）被观测到[22]，呈现一个大的 Stokes 位移和低猝灭温度特征，和 Eu^{2+} 发射相比，Yb^{2+} 的发射有更大的红移，Yb^{2+} 的晶场劈裂更大，导致 Yb^{2+} 呈现更多复杂的精细结构。

和等电荷的 Eu^{2+} 相比，Yb^{2+} 具有更大的晶场劈裂的原因是 Yb^{2+} 的有效核电荷更大，且原子半径更小。在 $SrSi_2O_2N_2$ 中 Yb^{2+} 发射带有严重的红移，可得到其发射峰为 620nm，Stokes 位移约 $6100cm^{-1}$，FWHM 大约 0.41eV。这些参数都比 Eu^{2+} 在相同的 $SrSi_2O_2N_2$ 基质中大。在 $SrSi_2O_2N_2$ 中 Yb^{2+} 的这种非正常红移发射类似前面所述 SrF_2:Yb^{2+} 中的情况。在 $SrSi_2O_2N_2$ 基质中，Yb^{2+} 的最低 fd 能态位于导带之中，当激发到 fd 态时，有光离化和镧系杂质生成的杂质俘获激子态产生发光。

Ca-α-Sialon:Yb^{2+} 发光：组成为 $Ca_{1-x}Yb_xSi_{12-(m+n)}Al_{m+n}O_nN_{16-n}$ 的 α-Sialon:Yb^{2+} 的激发光谱是由位于 UV 和可见蓝光区组成。其激发峰为 445nm、342nm、307nm 和 283nm、254nm 等，相对简单[20-23]。这些激发峰与其吸收光谱一致，随 Yb^{2+} 浓度增加吸收带增强。这些激发峰归因于 Yb^{2+} 的 fd 能级晶场劈裂，显然 Yb^{2+} 的 fd 最低能态位于其导带边缘之下，其发射光谱是一个位于绿区峰值为 549nm 的简单宽带，从 480nm 延伸到约 650nm，其 FWHM 大约 86nm（0.35eV），Stokes 位移约 $4257cm^{-1}$。用激发带与发射带镜面对称方法计算，Stokes 位移也是 $4300cm^{-1}$。在 Ca-α-Sialon 中，Yb^{2+} 的发光性质与 Yb^{2+} 浓度、化学组成（m，n），甚至退火有关。

$SrSi_2AlO_2N_3$:Yb^{2+} 发光:$SrSi_2AlO_2N_3$　Sialon 和 $LnSi_3N_5$（Ln = La，…，Nd）同构，但晶体格位分别含 O 和 N 及 Si-和 Al-离子混杂的少数几种 Sialon 材料。它属正交晶系，空间群

$P2_12_12_1$(N19)，Sr 占据两个不同格位，Sr（Ⅰ）为6个O、3个N配位，Sr（Ⅱ）也是。

$SrSi_2AlO_2N_3$:Yb^{2+}在室温下Yb^{2+}的560nm发射的激光光谱呈现220～500nm的宽带，主激发峰为340nm。在340nm激发下出现显著的非正常发射和大的红移，其发射光谱从440nm延展到800nm。Stokes位移达到7858cm^{-1}，FWHM为7103cm^{-1}[24]。和Eu^{2+}的发射相比，Yb^{2+}的Stokes位移和FWHM大两倍，但猝灭温度低，仅有50%（约300K）。$SrSi_2AlO_2N_3$:Yb^{2+}非正常发光类似上述SrF_2:Yb^{2+}，$SrSi_2O_2N_2$:Yb^{2+}的发光，也被认为是自俘获激子（Yb^{2+}）的发射。

$CaAlSiN_3$、$SrSi_2O_2N_2$、β-Sialon和Ca-α-Sialon中Yb^{2+}的发射均属正常发光。Yb^{2+}发光的温度猝灭（150℃）特性比较优良。

23.3.2.5 其他体系中Yb^{2+}发光

MSO_4:Yb^{2+}（M=Ca，Sr，Ba）、$YAlO_3$、YAG、$LiBaF_3$、碱土磷酸盐等材料中Yb^{2+}的光谱和发光性质也被观测。有的属Yb^{2+}正常发光，有的属非正常发光和不发光。

为实现类似Ce^{3+}以5*d*—4*f*跃迁为基础的可调谐激光，德国汉堡大学教授[25]选择Yb^{2+}分别掺杂$Y_3Al_5O_{12}$、$YAlO_3$和$LiBaF_3$晶体，对其光吸收、激发和发射光谱性质予以研究。发现YAG:Yb,Si室温下的吸收光谱呈现属于Yb^{2+}的4*f*—5*d*跃迁的280nm、400nm和660nm宽带及Yb^{2+}跃迁吸收的在950nm范围内的一些锐谱线。但是，在YAG中没有观测到Yb^{2+}的发光。

$YAlO_3$:Yb,Er的发射光谱在10～300K下，呈现450nm(Ⅲ)、500nm(Ⅱ)及570nm（Ⅰ）三个宽带，从400nm延伸到750nm处。它们均属于Yb^{2+}的5*d*—4*f*跃迁发射，三个宽带叠在一起。570nm中心（Ⅰ）发射最强，对其发射光谱高斯分解，FWHM约8700cm^{-1}。570nm中心（Ⅰ）激发光谱呈现激发峰为300nm、345nm及410nm三个明显分开的激发宽带。在3倍频的Nd:YAG激光(355nm)激发时，570nm中心（Ⅰ）和500nm中心（Ⅱ）的寿命分别为30ns和18ns[25]。在10～300K和305nm激发下，$LiBaF_3$:Yb^{2+}展现一个发射峰为470nm的宽蓝绿谱带，其FWHM为1960cm^{-1}（10K）。随温度增强发射强度下降，带宽增宽，室温时，仅为10K时强度的25%。它的激发带位于308nm和265nm处。

因此，德国学者认为Yb^{2+}作为激活剂在Yb^{2+}:$YAlO_3$和Yb^{2+}:$LiBaF_3$中，室温时呈现蓝到黄绿宽发射带，对实现可调谐固体激光似乎是有希望的。人们不应局限于此，可考虑在其他体系中利用Yb^{2+} 4*f*—5*d*跃迁宽吸收和发射带进行更仔细的研究。当然Yb^{2+}:YAG被排除。

由上述$YAlO_3$:Yb^{2+}和$LiBaF_3$:Yb^{2+}的光谱和发光特性，作者认定$YAlO_3$:Yb^{2+}的发光属非正常红移发射，因为它的Stokes位移大（约6850cm^{-1}），FWHM宽达8700cm^{-1}；而$LiBaF_3$:Yb^{2+}属正常发光，当然YAG:Yb^{2+}属不发光。

至于Yb^{2+}掺杂的SrS出现在980nm附近的NIR发射，被认为是Yb^{2+}的发射[26]，存在诸多疑点和问题。Yb^{2+}的基态A_{1g}，而Yb^{2+}的$4f^{13}(^7F_J)5d$组态中的$^7F_J(J=5/2, 7/2)$能级能量位置远远高于Yb^{2+}基态。980nm不可能是Yb^{2+}的发射，只能是Yb^{3+}的发射。

为便于比较、分析和研究，将一些化合物中Yb^{2+}的正常发光、非正常发光及不发光性能列在表23-3[8,16,21-22,24-25,27-31,32-35]中。

表 23-3 不同材料中 Yb^{2+}的正常发光、非正常发光及不发光性能

正常发光

化合物	λ_{ex} /nm	λ_{em} /nm	位移 /cm^{-1}	FWHM /nm	文献
CaFCl	326，285	394	5294	30	27
SrFCl	330，281	401	5365	22	27
CaFBr	354，250	410	3859	19	27
SrFBr	337，288	416	5636	25	27
$SrCl_2$	334，313	406			27
MgF_2	380，335	485	5698		35
BaB_8O_{13}	366，317，292	460，430	5583		8
$Ca_5(PO_4)Cl$	378，345，292	435(LNT)	3467		29
$Sr_5(PO_4)_3Cl$	375，350	450	4445		29
Ca_3PO_4Cl	400，328， 400，330，311	505(RT) 455(LNT)	5198 3022		29 29
$Sr_3(PO_4)_2$	377，345，318 370，347， 322，362	432(RT) 460(LNT) 440(4.2K)	3377 5293		29 29 28
$Ba_3(PO_4)_2$	372	435	4897		28
$CaSO_4$	342.8	377(110K)	2647		30
$SrSO_4$	346	389(4K)	3195		30
$BaSO_4$	346	383(4K)	2792		30
α-SrP_2O_7	360	453(4.2K)	5703		28
$LiBaF_3$	308，265	470(10K)	11191		25
Ca_2VO_4Cl	330(带边)	436(RT)	7368		29
$NaBaPO_4$	285	450	12200		31
α-Sialon	445，342	549	4257		16
$SrAlSi_4N_7$	490，380	597	3686		33
$CaAlN_3$	529，410	630	3031		32
β-Salon	480，355，305	540	2314		34

非正常发光

化合物	λ_{ex} /nm	λ_{em} /nm	位移 /cm^{-1}	FWHM /nm	文献
CaF_2	390	575	8250		36
SrF_2	359(红)	780	15034	约 270	21
$Ca_5(PO_4)_3Cl$	372，326	622(LNT)	10805		29
$Sr_5(PO_4)_3Cl$	369，332	610(LNT)	10767	100	29
$Ba_5(PO_4)_3Cl$	404，387 382，322	620(RT) 648(LNT)	8726 10746		29
$YAlO_3$	410，342	570	6846	约 300	25
$SrSi_2O_2N_2$	450，350	620	6093	130	22
$SrSi_2AlO_2N_3$	400，350	560	7143	246	24

不发光

化合物	文献
BaFCl	27
BaFBr	27
BaF_2	21
Ba_2SiO_4	28
Sr_2SiO_4	28
β-Ca_2SiO_4	28
CaO	28
$CaAl_2O_4$	28
$SrAl_2O_4$	28
$BaAl_2O_4$	28
$CaAl_4O_7$	28
$CaAl_{12}O_{19}$	28
$SrAl_{12}O_{19}$	28
$Y_3Al_5O_{12}$	25

表 23-3 中 Stokes 位移位置采用最低激发峰与最大发射峰之间的能量差（cm^{-1}）。在多数化合物中，Eu^{2+}、Yb^{2+}发光属正常发射，即允许偶极 5*d* 跃迁到较低能量 4*f* 能级，产生宽的发射带及较小的 Stokes 位移。发射带的宽度视晶场强度和劈裂程度而定，对 Yb^{2+}来

说，大多数发射的FWHM在60nm以下，且Yb^{2+}的发射多位于蓝紫-绿光谱区及较窄谱带。有的Stokes位移大是因为带边或基质激发的结果；少数FWHM>60nm是因晶场劈裂大，但Stokes位移依然小，而Yb^{2+}的非正常发光同时具有两个特征：FWHM很宽不低于100nm，且Stokes位移大，大于6000cm^{-1}。有的荧光体中，Yb^{2+}的正常和非正常发射同时存在，如在SrF_2:Yb^{2+}中。

这种Yb^{2+}和Eu^{2+}的非正常发射的可能性与阳离子和阴离子尺寸有关。Yb^{2+}、Eu^{2+}若位于M^{3+}阳离子格位上，从来没观察到4f跃迁正常发射。但在一价阳离子格位经常观察到。此外，还应注意到基质的晶场环境和强度，以及化合物光离化等特性，对这种Yb^{2+}和Eu^{2+}非正常发射的趋势，还应考虑[3]，由于镧系离子中晶格弛豫，Modelung势能（即库仑能量）变化，5d电子和镧系离子之间的Coulomb相互作用及5d电子自旋和4f^{n-1}电子总的自旋之间的各向同性交换作用，使5d电子离化能产生变化。在Ca^{2+}或Sr^{2+}格位上的Yb^{2+}的最低5d能级非常靠近导带，而Ba^{2+}格位的最低5d能级常常位于导带之中。这里需要强调晶场强度作用很大。如在YAG中，Ce^{3+}的5d态劈裂能量下降很大，Ce^{3+}的5d—4f跃迁发射降低到黄区。在YAG中掺杂Yb^{2+}后，尽管在380nm和660nm附近观测到两个强的吸收带[23]，但是没有观测到Yb^{2+}的发射。由于YAG导带能量低，Yb^{2+}被吸收能量后可能产生光离化电子很容易进入导带中而湮灭，而$YAlO_3$:Yb^{2+}是可以观测到Yb^{2+}的发光。不可能笼统地说在铝酸盐中Yb^{2+}不发光。

此外，作者相信在一些正常发光的合适材料中，依据能量传递原理，是可以发生$Yb^{2+} \rightarrow Sm^{2+}$的能量传递，增强$Sm^{2+}$的发射强度。

23.4 Sm^{2+}的激光性质

早期Sm^{2+}的光学光谱性质主要集中在碱土金属氯化物中的受激发射性质上。1960年代上半年在Sm^{2+}掺杂的CaF_2和SrF_2晶体中，低温下实现声子-终端激光输出，0.708~0.745μm和0.6969μm。Sm^{2+}:CaF_2激光属$5d(A_{1u}) \rightarrow {}^7F_1$跃迁发射，声子终端能量为506~958$cm^{-1}$；而$Sm^{2+}$:$SrF_2$激光为${}^5D_0 \rightarrow {}^7F_1$跃迁发射。在20世纪60年代对$Sm^{2+}$激光性质的认识不断完善。氧杂质对$CaF_2$中的$Sm^{2+}$激光性质影响小，脉冲激光波长为0.7085μm。20K时，CaF_2中的Sm^{2+}多重态${}^7F_0$、${}^7F_1$、${}^5D_0$、${}^5D_1$的Stark能级位置分别是0cm^{-1}、263cm^{-1}、14381cm^{-1}和14991cm^{-1}，理论和实验上的分支数均为1。CaF_2中的Sm^{2+}能级的晶场劈裂[36]，这些能级劈裂直接与受激发射有关联。

这种Sm^{2+}的声子-终端激光在当时受到关注，不仅提供有关掺杂离子，特别是稀土离子的发射光谱信息，而且也为固体物理中研究这类重要现象提供新途径。通过改变温度，或采用选择性损失，或增益到光学腔体中等方法可以提供实用价值。为此，不仅在60年代引发人们对Dy^{2+}和Tm^{2+}激光的兴趣，而且诸多有关研究报告多发表在重要的、影响很大的美国物理评论（Phys. Rev.）学报上。同时，也为紧接着70年代以来的RE^{3+}激光快速发展提供有益帮助。今天，随着科技发展及Sm^{2+}本身的问题，自20世纪70年代以后，基本上没有Sm^{2+}的激光信息。今天，Sm^{2+}的光学光谱和激光地位不应被忘记。

23.5　其他二价重稀土离子的光谱和激光性质

23.5.1　二价重稀土离子的吸收、激发和荧光光谱

这里二价重稀土离子主要指 Dy^{2+}(f^{10})、Ho^{2+}(f^{11})、Er^{2+}(f^{12})、Tm^{2+}(f^{13})。由于它们的稳定性比 Eu^{2+}、Sm^{2+}及 Yb^{2+}差很多，对它们的光学光谱和 d—f 发射研究极其稀罕且基本性能匮乏。至今相关报告也极少见，基本上停留在 60 年前的情况。

23.5.2　Dy^{2+}的激光性质

Dy^{2+}的激光性质于 1962 年几乎同时由 Kiss 和 Dumcan、Johnson 及 Yariv 发现，开始对 Dy^{2+}的激光等性能有更深入的了解。表 23-3 列出 77K 下，CaF_2 和 SrF_2 中 Dy^{2+}的能级的劈裂。这些基本数据依然珍贵。Dy^{2+} : CaF_2 晶体低温下在 UV-NIR 光泵浦下，可产生 2.35867μm 激光，线宽 0.04cm^{-1}，激光属于 Dy^{2+}的$^5I_7$→$^5I_8$ 能级跃迁发射。

表 23-3　在 CaF_2 和 SrF_2 晶体中 77K 时 Dy^{2+}的多重态劈裂

基质	多重态	Stark 能级/cm^{-1}	分支数		ΔE /cm^{-1}	文献
			理论	实验		
CaF_2	$^5I_7$	0，5，29，385，413，442，466	7	7	466	37
	$^5I_8$	4267，4310，4326，4370，4417，4441	6	6	174	
SrF_2	$^5I_8$	0，4.5，234，322，348，374，394	7	7	394	38
	$^5I_7$	4250，4283，4297，4338，4377，4399	6	6	149	

23.5.3　Tm^{2+}的光谱和激光性质

早在 1962～1964 年就观测到 Tm^{2+}的 1.160μm 激光。1.160μm 激光发射属于 Tm^{2+}的 $^2F_{5/2}$→$^2F_{7/2}$跃迁发射。

由于 Tm^{2+}的不稳定性，它的光谱研究也很稀少。时隔 30 多年后，仅有荷兰 Blasse 教授团队选用 SrB_4O_7作为基质，对其光谱性质和能级结构有所报告[39]，因为 Tm^{3+}易被还原为 Tm^{2+}，可获得 Tm^{2+}的 $4f^{12}5d$ 态和$^2F_{5/2}$，$^2F_{7/2}$（f—f）能级图。这使 Tm^{2+}能级图更为详细。4.2K 下，SrB_4O_7:Tm^{2+}的发射光谱在 580～660nm 范围内呈现一个宽发射带，发射峰约 607nm，属 Tm^{2+}的 $5d$ →$^2F_{7/2}$跃迁发射。在此宽带的短波上叠加有一系列振动结构。而$^2F_{5/2}$→$^2F_{7/2}$跃迁的线状发射也被观测到。

由上述可知，若 Sm^{2+}和 Tm^{2+}的 $5d$ 态在某 $4f$ 能级之下时，其激光发射应为三能级运作系统；而 Sm^{2+}和 Dy^{2+}的 $5d$ 态在某 $4f$ 能级之上时，其激光发射应属四能级动作系统。

参 考 文 献

[1] 苏锵．稀土化学［M］．郑州：河南科学技术出版社，1993：13.
[2] DORENBOS R. f—d transition energies of divaent lanthanides in inorganic compounds［J］. J. Phys :

Condensed Matter, 2003, 15: 575.

[3] DORENBOS R. Anomalous lumninescence of Eu^{2+} and Yb^{2+} in inorganic compounds [J]. J. Phys :Condensed Matter, 2003, 15: 2645-2665.

[4] OFELT G S. Structure of the f^6 configuration with application to rare-earth ions [J]. J. Chem. Phys., 1963, 38 (9): 2171-2180.

[5] BRON W E, HELLER W R. Rare earth ions in the alkali halides. Ⅰ. emission spectra of Sm^{2+}-vacancy complex [J]. Phys. Rev., 1964, 136 (5A): A1433-A1444.

[6] MC CARTHY G J. The Rare Earths in Modern Science and Technology [M]. 1982: 143-146.

[7] 周映雪，王宗凯，于宝贵，等. Sm^{2+}在SrB_4O_7中的发光性能（内部报告）[R]. 1989.

[8] ZHENG Q H, PEI Z W, WANG S B, et al. Luminescence of RE^{2+} (RE=Sm, Yb) in barium Octoborate [J]. Mater. Res. Bull., 1999, 34 (12/13): 1837-1844.

[9] GEORGOBIANI A N, TAGIEV B G, TAGIEV O B, et al. Photoluminescence of Ga_2S_3:Sm^{2+} crystals [J]. Inorg. Mater., 2008, 44 (6): 563-565.

[10] MOMODA L A, DUNN B. Synthesis and optical properties of β″-alumina single crystals doped with divalent lanthanide ions [J]. Mater. Chem., 1992, 2 (3): 295-301.

[11] WICKLEDER C. Crystal, structure, thermal behavior, and luminescence of $BaZnCl_4$-Ⅱ : Sm^{2+} and comparision to $BaZnCl_4$-Ⅰ :Sm^{2+} [J]. J. Sol. State Chem., 2001, 162: 237-242.

[12] TANAKA M, KUSHIDA T. Interference between Judd-Ofelt and Wybourne-Downer machanism in $^5D_0$—^7F_J (J=2, 4) transitions of Sm^{2+} in solids [J]. Phys. Rev. B, 1996, 53 (2): 588-593.

[13] 虞家祺，黄世华. 光子选通光谱烧孔 [C]//中国发光学进展编委会. 北京：科学出版社，1992.

[14] WINNACKER A, SHELBY R M, MACFARLANNE R M. Photon-gated hole burning :A new mechanism using two-step photoionization [J]. Opt, Lett., 1985, 10 (7): 350.

[15] REBANE K K, REBANE L A. Persistent Spectral hole-burning Science and applications [M]. Springer-Verlag Berlin, 1998.

[16] DOERRE B, YUAN X L, HIROSAKI N, et al. Luminescence properties of Ca and Yb-codoped SiAlON phosphors [J]. Mater. Sci. Eng. B, 2008, 146: 80-83.

[17] LOH E. Ultraviolet-absorption spectra of europium and ytterbium in alkaline earlh fluorides [J]. Phys. Rev., 1969, 184 (2): 348-352.

[18] AWATER R H P, ALEKHIN M S, BINER D A, et al. Converting SrI_2 : Eu^{2+} into a near infrared scintillator by Sm^{2+} co-doping [J]. J. Lumin., 2019, 212: 1-4.

[19] CASPER V A, KARL W, DORENBOS P. Characterisation of Sm^{2+} doper $CsYbBr_3$, $CsYbI_3$, and $YbCl_2$ for near-infrared scintillator application [J]. J. Lumin., 2022, 251: 119209.

[20] MOINE B, PEDRIN C, MCCLURE D S, et al. Fluorescence and photoionization processes of divalent Yb, ions in SrF_2 [J]. J. Lumin., 1988, 40/41: 299-300.

[21] MOINE B, COURTOIS B, PEDRINEC C. Luminescence and photoionization processe of Yb^{2+} in CaF_2, SrF_2 and BaF_2 [J]. J. Phys., 1989, 50: 2015-2019

[22] BACHMANN V, JUSTEL T, MEIJERINK A, et al. Luminescence properties of $SrSi_2O_2N_2$ doped with divalent rare earth ions [J]. J. Lumin., 2006, 121: 441-449.

[23] XIE R J, HIROSAKI N, MITOMO M. Strong green emission from α-SiAlON activated by divalent ytterbium under blue light Dirradiation [J]. J. Phys. Chem. B, 2005, 109: 9490-9494.

[24] BACHMANN V, MEIJERINK A, RONDA C. Luminescence properties of $SrSi_2AlO_2N_3$ doped with divalent rare-earth ions [J]. J. Lumin., 2009, 129: 1341-1346.

[25] HENKE M, PERBON J, KÜCK S. Preparation and spectroscopy of Yb^{2+}-doped $Y_3Al_5O_{12}$, $YAlO_3$, and $LiBaF_3$ [J]. J. Lumin., 2000, 87-89: 1049-1051.

[26] YANG Y M, LI X D, SU X Y, et al. A novel Yb^{2+} doped SrS long Persistent luminescence phosphor [J]. Opt. Mater., 2014, 36 (11): 1822-1825.

[27] SCHIPPER W J, BLASSE G. Luminescence of ytterbium (Ⅱ) in alkaline earth fluorohalides [J]. J. Solid State Chem., 1991, 94: 418-427.

[28] LIZZO S, NAGELVOORT E P K, ERENS R, et al. On the quenching of the Yb^{2+} luminscente in different host lattices [J]. J. Phys. Chem. Solids, 1997, 58 (6): 963-968.

[29] PALILLA P C, O′ REILLY B E, ABBRUSCATO V J. Fluorescence properties of alkaline earth Oxyanious activated by divalent ytlerbium [J]. J. Electrochem. Soc., 1970, 117: 87-91.

[30] LIZZO S, MEIJERINK A, BLASSE G. Luminescence of divalent ytterbium in alkaline earth sulphates [J]. J. Lumin., 1994, 59: 185-194.

[31] HUANG Y L, WEI P J, ZHANG S Y, et al. Luminescence properties of Yb^{2+} doped $NaBaPO_4$ phasphate crystals [J]. J. Electrochem. Soc., 2011, 158 (5): H465-H470.

[32] ZHANG Z J, TEN KATE O M, DELSING C A, et al. Photo luminescence properties of Yb^{2+} $CaAlSiN_3$ as a novel red-emitting phosphor for white LEDs [J]. J. Mater. Chem., 2012, 22 (45): 23871-23876.

[33] ZHANG Z J, TEN KATE O M, DELSING C A A, et al. Preparation electronic structure and photoluminescence properties of RE (RE = Ce, Yb) -activation $SrAlSi_4N_7$ phosphors [J]. J. Mater. Chem. C, 2013, 1: 7856-7865.

[34] LIU L H, XIE R J, HIROSAKI N, et al. Photoluminescence properties of β-SiAlON : Yb^{2+}, a novel green-emitting phosphor for white light-emitting diodes [J]. Sci. Technol. Adv. Mater., 2011, 12 (3): 1462-1470.

[35] LIZZO S, MEIJERINK A, DIRKSEN G J, et al. Luminescence of divelent ytterbium in magnesium fluoride crustals [J]. J. Lumin., 1996, 63: 223-234.

[36] VAGIN Y S, MARCHENKO V M, PROKHOROV A M. Spectrum of a laser based on CaF_2:Sm^{2+} crystal [J]. Zh, Eksp. Teor. Fiz., 1968, 55: 1717-1726.

[37] PRESSLY R J, WITTKE J P. CaF_2:Dy^{2+} lasers [J]. IEEE J. Quantum Elcetron., 1967, 6:116-129.

[38] ZOLOTOV E M. Investigation of laser and luminescence properties of calcium and strontium fluoride crystals doped with divaleng dysprosium [M]. Proc. PN. Lebedev Phys. Inst. Consultants Bureau, 1974: 87-132.

[39] BLASSE G. Spectra cases of divalent lanthanide emission [J]. Eur. J. Solid State Inorg. Chem., 1996, 33: 175-184.

24 回顾和展望

过去几十年来，随着固体中金属离子特别是稀土离子的电子组态结构、光学光谱学、各种能量传递理论及 Juld-Ofelt 理论的建立、发展和完善，大量的基础和应用基础研究，强有力地造就了具有多功能发光和激光的材料及其器件在工业、农业、人类健康及国防军事等领域的应用，并使它们成为众多产业链和国防安全的支撑体。进入新时代，有必要予以回顾和展望。

24.1 发光材料及应用

在作者的专著《稀土发光材料及其应用的世纪回顾和前瞻》中，对 20 世纪稀土发光材料的发展简史及其在诸多重要领域中的应用予以回顾[1]。进入 21 世纪后，经过二十多年的发展又取得了一些新的成就和水平。它们都是在离子的光学光谱学、能量传递理论及材料科学的指引下实现的。这里仅选出在几个重大领域中的应用和发展简况予以说明。

几代近照明光源的发展时期及特性列在表 24-1 中，作者经历了蜡烛、灯草油灯到现代白光 LED 的照明时代发生的巨大变化。

表 24-1 照明光源发展

时代	19 世纪第一代	1948 年第二代	1980 年第三代	2000 年第四代
类型	电真空	电真空	电真空	固态
原理	钨丝发光发热白炽灯	普通荧光灯 254nm 汞线激发 锑锰激活卤磷酸钙	紧凑型荧光灯 254nm 汞线激发 稀土三基色 荧光体	白光 LED 灯； 蓝光 LED 芯片发光和激发； 可被蓝光激发的绿、黄、橙和红色荧光体
荧光体		卤磷酸盐中 Sb^{3+} 和 Mn^{2+} 发光及 Sb^{3+}—Mn^{2+} 能量传递	Ce^{3+}，Eu^{2+}，Eu^{3+}，Mn^{2+}，Tb^{3+} 间 ET 等激活的荧光体	主要为 Ce^{3+} 和 Eu^{2+} 激活的荧光体
显色性 R_a	100	≥80	≥80	≥80
光效/$lm \cdot W^{-1}$	15	80	>110	约 260
寿命/h	1000	1000	20000	25000
现状	已被淘汰	已被淘汰	2012 年开始衰落	占照明市场的主导地位

纳米荧光体主要经历了图 24-1 所示的发展时期。

无机闪烁体的发展也很活跃和快速，已发展到第四代和第五代，用于不同领域中，如图 24-2 所示。其中由上海硅酸所制备的锗酸铋（BGO）晶体提供几千吨给诺贝尔物理奖

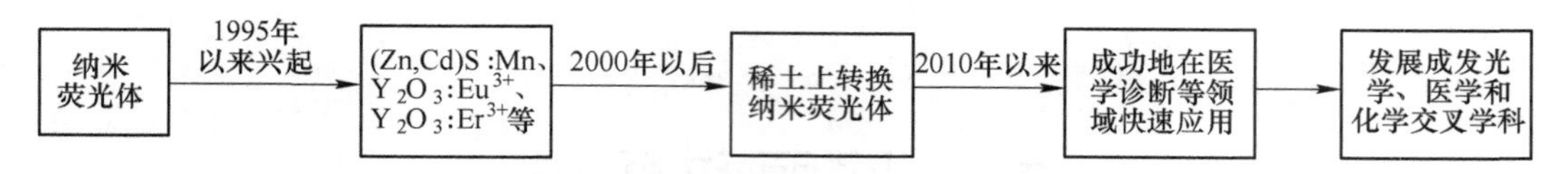

图 24-1　纳米荧光体发展示意图

获得者丁肇中教授所在的欧洲核子联合研究中心。无机闪烁体包括单晶、陶瓷、玻璃。具体材料种类很多。现在进入到新一代。

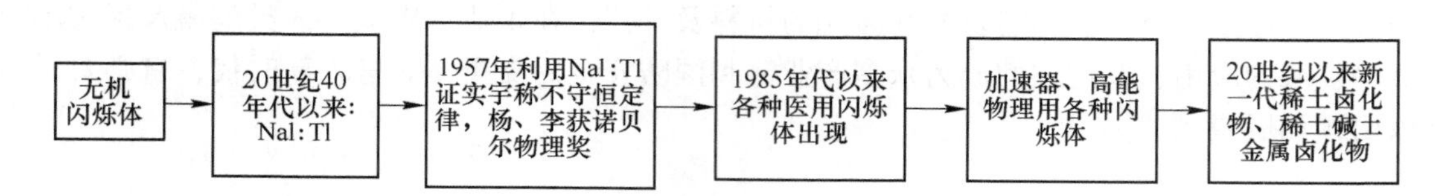

图 24-2　无机闪烁体发展示意图

对信息显示来说，经历了 1950~2005 年的真空阴极射线管（CRT）时代，1996 年到现在为平板显示时代。平板显示器包括等离子平板显示器（PDP）、液晶显示器（LCD）、LED、有机电致发光显示器（OELD）及薄膜电致发光显示器（FED）。PDP 和 FED 已退出历史舞台。目前是以 LCD（LED 背光源）为市场主导。大约从 2019 年以来，77 英寸的投影激光电视开始进入市场。

中国在不同时期、不同应用领域中的各类重要荧光体发展列在表 24-2 中。它们都是在离子的发光学及能量传递理论指导或借鉴国外的基础上改进发展而来。还有一些特殊用途和发展前景的荧光体没有列出。

表 24-2　不同时期、不同应用的各类荧光体发展

时代	荧　光　体	用　　途
20 世纪 50—60 年代	Zn_2SiO_4:Mn^{2+}（牌号 P1，Y1）	CRT 显示屏，绿色色纯度最佳
1958	SrS :Eu^{2+}红外磷光体	探测红外线信号
20 世纪 50—60 年代	Sb^{3+}，Mn^{2+}共激活的卤磷酸钙	普通荧光灯，价格便宜
1965—1968	MS :Eu^{2+}（M=Ca，Sr）磷光体	探测红外线，记录核辐射剂量，长余辉像章
20 世纪 60 年代	(Zn,Cd)S :Ag ZnS :Cu ZnS :Mn $CaWO_4$ $MgWO_4$ MgF_2:Mn	黑白电视荧光粉； 电致发光（EL）绿色荧光粉、弱环境显示屏； EL 橙色荧光粉； 蓝色荧光灯、信号灯、X 射线透视增感屏； 蓝色彩灯、信号灯、量子效率测量的标准样品； 长余辉雷达 CRT 显示屏；

续表 24-2

时代	荧 光 体	用 途
20 世纪 70 年代	ZnS:Ag,Cl ZnS:Cu,Al Mn^{4+}激活的氟锗酸镁	CRT 彩电蓝色荧光体； CRT 彩电绿色荧光体； 高压荧光汞灯用红色荧光体，改善显色性
1975	$Y(P,V)O_4$:Eu^{3+} $BaSi_2O_5$:Pb	高压荧光汞灯用红色荧光体,改善显色性； 杀菌用黑光灯
1974	YAG:Ce,Y_2SiO_5:Ce	飞点扫描 CRT 用黄绿和蓝色荧光体
1975	Y_2O_2S:Eu,Y_2O_3:Eu	CRT 彩电红色荧光体
1976	$(Y, Gd)_2O_2S$:Tb，$(Y, Gd)_2O_2S$:Tb,Sm	黑白投影电视用荧光体
1980	ZnS:Ag,ZnS:Cu,Au,Al 及 Y_2O_2S:Eu	CRT 彩电三基色荧光体及 CRT 从日本全套引进,实现产业化
1982	Gd_2O_2S:Tb,Gd_2O_2S:Tb,Dy,Y_2O_2S:Tb,Dy YAG:Tb,YAG:Tb,Ce	CRT 高亮度显示用绿色荧光体 军民用各种 CRT 显示器
20 世纪 80 年代中至今	Y_2O_3:Eu^{3+} (Ce,Tb) $MgAl_{11}O_{19}$ $BaMgAl_{10}O_{17}$:Eu^{2+} ZnS:Cu,Al 电致发光	紧凑型荧光灯用红色荧光体，世界产量最大； 紧凑型荧光灯用绿色荧光体； 紧凑型荧光灯用蓝色荧光体； EL 屏用于暗环境光下指示器
1985	BaFCl:Eu^{2+}	X 射线增感屏
1988	$SrAl_{14}O_{25}$:Eu^{2+}，$SrAl_{14}O_{25}$:Eu^{2+},Dy^{3+}	长余辉荧光体
20 世纪 80 年代	$(Ba,Sr)_2MgSi_2O_7$:Pb,碱土焦硅酸盐:Eu^{2+} $(Ca,Zn)_3(PO_4)^2$:Tl	重氮复印灯、杀菌灯 健康保健灯、杀菌
1990	$InBO_3$:Tb^{3+},Eu^{3+}	CRT 用纸白色荧光体
1992	$Ca_8Mg(SiO_4)_4Cl_2$:Eu^{2+}	提高显色性绿色荧光体
1995 年至今	$SrAl_2O_4$:Eu^{2+},DY^{3+} $LiAlO_2$:Fe^{2+} $BaMgAl_{10}O_{17}$:Eu^{2+},Mn^{2+} (Ca,Sr)S:Eu Ce^{3+},Eu^{2+}激活的稀土硅酸盐，BGO，碱金属,碱土金属溴碘化物闪烁体 稀土纳米荧光体	长余辉荧光体广泛用于各种制品暗环境显示； 发射深红-NIR 光，用作植物、花卉生长灯； 双峰蓝色荧光体，提高荧光灯显色性； 农用薄膜，促进蔬菜早熟、增产； 医学和高能粒子探测记录闪烁体； 生物医学诊断、标记、有毒重金属离子和络合物检测
1998 年至今	(Y,Gd)AG:Ce^{3+}体系	白光 LED 用黄色荧光体

续表 24-2

时代	荧　光　体	用　　途
2005 年至今	Eu^{2+}激活的硅酸盐	用于白光 LED，改善其性能
2010 年左右	$Sr_2Si_5N_8:Eu^{2+}$，$CaAlSiN_3:Eu^{2+}$	新红色荧光体入市，提高白光 LED 光效和 R_a
	植物工厂用的 LED 中红色荧光体	促进植物，包括蔬菜生长早熟，增产
1995—2010	稀土三基色荧光体	LCD 电视用超细荧光灯背光源，清晰度高
2019	可被蓝光激光激发的 Eu^{3+}激活的 W/M，酸盐、磷盐等	用于投影激光电视锐红线谱，色域宽，清晰度高，成本低
2000 年至今	红外上转换纳米荧光体，$MLnF_4$:Yb,Er 等纳米荧光体	用于医学、生物学疾病影像观测和诊断

24.2　固体激光世纪发展简要回顾

经过从 20 世纪 60 年代初以来几十年对稀土离子的 4*f* 能级及 4*f*5*d* 电子组态结构的成功研究，Judd-Ofelt 理论不断完善，特别是三参量方法可满足由稀土离子的吸收光谱、折射率计算激光材料的一些重要参数，以及能量传递理论和群论等应用，有力奠定了激光理论及其材料科学的快速发展。故从 20 世纪 60 年代初以来，开启了固体中 Cr^{3+}、Sm^{2+}、Nd^{3+}等离子的激光发现、激光材料科学、器件及应用发展，以三价镧系离子掺杂的稀土激光物理及激光晶体、玻璃、陶瓷和光纤材料科学获得从无到有的迅猛发展。

24.2.1　激光科学发展的特点

激光科学发展具有以下特点：

（1）从低温运作发展到室温。

（2）输出功率很低发展到高输出功率；输出能量低（μJ）发展到高能量（kJ）。

（3）激光周期 ms—μs—ns—ps（皮秒，10^{-12} s）—fs（飞秒，10^{-15} s）；斜效率不断提高。

（4）CW 和脉冲激光工作，可调谐波段，逐步宽化。

（5）发展自倍频激光和上转换激光，拓展激光波段。

（6）固体激光材料由少量发展到数百种，材料的体系和品种极为丰富。

（7）从最初的 Sm^{2+}、Nd^{3+}激光离子快速发展三价 Ce、Pr、Sm、Eu、Tb、Dy、Ho、Er、Tm、Yb 等 10 种稀土离子，还有二价 Dy、Tm 离子，三价稀土离子成为当代固体激光的主流。

（8）早期主要观测一些过渡族金属离子，如 Cr^{3+}、Ti^{3+}、Co^{2+}、Ni^{2+}、V^{2+}等及三价铀（U^{3+}）离子的激光性能，自稀土激光发展以来，它们被冷落。

（9）当今固体激光覆盖 UV-可见-MIR 激光宽范围。特别重点发展 NIR 及约 2.0μm 和 3.0μm MIR 激光，并延伸到 5μm 和 7μm。

（10）注意将 11 种稀土离子性能关联起来，如 Er^{3+}-Ce^{3+}、Er^{3+}-Yb^{3+}、Tm^{3+}-Yb^{3+}、

Pr^{3+}-Dy^{3+}等。

（11）激光器的制造工艺不断发展和创新，特别是最近几年发展，由单芯片封装到多芯片组装到键合技术到几代饱和吸收剂，再到先进热管理等。

（12）固体激光应用不断扩大，其应用范围不仅涉及导弹制导、雷达、测距、攻击、光通信等军事领域，以及各种工业用途，而且延伸到航空航天、医疗外科、大气环境监测、激光显示及科研仪器等诸多领域。

24.2.2 离子掺杂的固体激光运作

以往所涉及的各种稀土离子、过渡族金属离子及U^{3+}激光分别属于三能级和四能级激光运作，参阅第2章。

Sm^{2+}和Ce^{3+}也具有激光性能，不过对它们的研究甚少。116K时在TbF_3中观测到Sm^{3+}的593.2nm可见光激光，属于Sm^{3+}的$^4G_{5/2}\rightarrow{}^6H_{7/2}$能级跃迁，$^6H_{7/2}$能级的下能级是$^6H_{5/2}$基态，故593.2nm受激发射应属于四能级运作。

前面已述，Ce^{3+}:$LiSrAlF_6$氟化物晶体呈现285～297nm可调谐紫外激光。它是属于Ce^{3+}的$5d\rightarrow{}^2F_{7/2}$能级跃迁；而Ce^{3+}:$LiYF_4$氟化物晶体在193nm或268nm激发时可得到325nm紫外激光。它是属于Ce^{3+}的$5d\rightarrow{}^2F_{5/2}$能级跃迁。这两种激光能量差与$^2F_{5/2}\rightarrow{}^2F_{7/2}$能级间理论上的能量差很一致。因此$Ce^{3+}$在真空紫外光或短波紫外光泵浦下，$4f$电子从基态$^2F_{5/2}$吸收能量跃迁到$5d$（2）子能态，然后迅速无辐射弛豫到能量较低的$5d$(1)子能态，由此快速（纳秒）从$5d$(1)辐射跃迁到$^2F_{5/2}$和$^2F_{7/2}$能级。所发生的紫外激光运作属于准三能级运作系统。

在这些固体激光中涉及能量吸收、能量输运和传递、能量迁移及无辐射弛豫等物理过程，还涉及交叉弛豫、基态吸收（GSA）、激发态吸收（ESA）、光子雪崩（PA）上转换等过程。在这些过程中不同声子能量的参与起着十分重要的作用。

24.2.3 固体中离子的激光波段

目前已知在镧系离子中，除La^{3+}、Gd^{3+}和Lu^{3+}由于$4f$电子组态特殊结构分别为$4f^0$、$4f^7$和$4f^{14}$而被用作基质，Pm^{3+}具有放射性以外，其他三价的Ce、Pr、Nd、Sm、Eu、Tb、Dy、Ho、Er、Tm和Yb离子是可用于产生激光的离子。理论上Gd^{3+}也有可能产生0.31μm受激发射。但迄今为止实验上都失败了或未见报告。

经过几十年的研发，三价稀土离子的激光波段不断被发现，激光波段被大大扩展。在不同的基质材料中，可产生UV-VIS-NIR-MIR不同波段激光，大约有72条波段，若再细分激光谱线可能多达700多条。今后可能还会有新激光谱线出现，但是是少数。

目前仅有Sm^{2+}、Dy^{2+}及Tm^{2+}二价稀土离子的激光被观测到。Sm^{2+}的激光光谱分布在可见光区，而Dy^{2+}和Tm^{2+}在红外区。它们均是20纪60—70年代，在碱土金属氟化物及低温条件下观测到的，80年代以后极少有新的报告。

此外，Cr^{3+}、Ti^{3+}、Co^{2+}、Ni^{2+}、V^{2+}及U^{3+}等过渡金属离子具有许多激光性能，它们绝大多数在1985年以前被研究。在固体激光发展中也起到了一定的重要作用。其中Cr^{3+}宝石和Ti^{3+}宝石激光晶体在激光可调谐、Q开关及锁模器等中发挥不可忽视的作用。

24.2.4　固体激光材料

经过几十年的研发，具有激光行为的晶体和玻璃无机材料可多达上千种，仅在 1981 年 Kaminskii 的专著[2]中就列出主要稀土离子掺杂的不同激光波段的晶体多达 300 多种。用作激光基质的种类很多，我们在文献［3］中归纳出 18 个大类。此外，还应包括 Al_2O_3 宝石、$BeAl_2O_4$ 变石（Alexandrite）——金绿石罕见品种（斜方），又称紫翠宝石，以及 MnF_2 和 MgF_2。它们都是 Cr^{3+}、Ti^{3+}等过渡金属激光材料。还有近来发展的硫-硒化合物玻璃体系。

基质是影响激光和发光特性的一个重要因素。关于固体激光基质的选择，简单而言，主要取决于晶体结构组成、声子能量大小、能量吸收和传递等因素。当声子能量同发射能量相近时，晶格吸收能量，电子-声子耦合作用强，吸收能量使发射效率下降。基质必须具有较低的声子能量，才能使发射不被减弱。此外，还应关注在最小的腔损耗下，在低阈值和低泵浦功率下，激光材料能否从泵浦光源中高效吸收能量，功率、斜效率是否高，激活离子的吸收光谱应和泵浦光谱的发射光谱相匹配，大的受激发射截面和荧光分支比等要求。

一些最重要的激光晶体包括如下种类：

（1）$A_3M_5O_{12}$石榴石体系。其中包括各种稀土离子、铬离子激活的 $Ln_3M_5O_{12}$石榴石体系（Ln = Y、Gd、Lu，B = Al、Ga、Sc）极为重要。如各种稀土离子激活的 YAG、YGG、GGG 等石榴石激光晶体。而在发展的 $Ca_3Ga_2Ge_3O_{12}$等锗酸盐石榴石包括在其中。

（2）氟化物，MF_2（M=Ca、Sr、Ba、Mg、Mn 等），LnF_3。

（3）复合氟化物，$LiREF_4$(RE=Y、Gd、Lu) LYF_4，$LLuF_4$，$BaRE_2F_8$ 等。

（4）RE_2O_3 稀土倍半氧化物单晶和陶瓷，RE=Y、Sc、Gd、Lu。

（5）Al_2O_3 宝石，如 Cr^{3+}:Al_2O_3 宝石，Ti^{3+}:Al_2O_3 宝石。

（6）铝酸盐，$REAlO_3$ 体系（RE=Y、La、Gd、Lu），如 $YAlO_3$(YAP) 等；$MAl_{12}O_{19}$ (M=Ca、Sr)；$BeAl_2O_4$ 金绿石，主要为 Cr^{3+}、Ti^{3+}:$BeAl_2O_4$。

（7）磷酸盐和钒酸盐，YPO_4、YVO_4、REP_5O_{14}等。

（8）钨钼酸盐，$CaMO_4$(M=W、Mo)，$ARE(MO_4)_2$(A=Li、Na、K、Rb、Cs) 等白钨矿。

（9）RE_2SiO_5(RE=Sc，Y，Lu) 硅酸盐。

（10）硼酸盐激光倍频晶体，$YCa_4O(BO_3)_3$(YCOB)，$GdCa_4O(BO_3)_3$(GdCOB)，$REAl_3(BO_3)_4$(YAB、GAB、LuAB) 等。

主要的激光玻璃及光纤如下：

（1）ZBLAN 氟锆酸盐玻璃及光纤；

（2）微量元素掺杂的石英光纤；

（3）高能磷酸盐玻璃体系；

（4）硅酸盐玻璃；

（5）氟磷酸盐、氟碲酸盐、氟铟玻璃等；

（6）硫-硒系玻璃及光纤（GeSeGaSe）等，如 $70Ga_2S_3$-$30La_2S_3$ 系等，特别适用于 MIR 激光要求。

24.3 挑　战

经过几十年的发展，固体中金属离子，特别是镧系离子的4*f*电子组态，光学光谱理论、Judd-Ofelt光谱分析理论及无辐射能量传递等理论不断发展，日臻完善。但是，在过去出现一些无法解释的物理现象。进入新时代，急需发展有自己创新的新的发光和激光材料及器件，面临新的挑战和要求。

24.3.1 关于离子间，特别是稀土离子间的无辐射能量传递

在无辐射能量传递理论中，能量传递发生必须同时满足两个条件：（1）施主的发射光谱应与受主的吸收（激发）光谱交叠；（2）有受主存在时，施主的荧光寿命一定随受主浓度增加而逐渐缩短。可是，在过去研究的一些荧光材料中并不遵守，难以理解。

如在$LaMgAl_{11}O_{19}$:Ce,Tb体系中，施主Ce^{3+}和受主Tb^{3+}在很高浓度下完全取代La^{3+}，而成为高效的$(Ce_{0.67}Tb_{0.33})MgAl_{11}O_{19}$绿色荧光体。在这种荧光体中，发生高效的$Ce^{3+}$→$Tb^{3+}$间的无辐射能量传递，致使其成为大量生产使用的灯用高效绿色荧光体。可是，在此体系中，Ce^{3+}的荧光寿命基本上不随受主Tb^{3+}浓度增加而逐步减小。

而在一些荧光体中，可以发生Ce^{3+}，Bi^{3+}或Eu^{2+}→Yb^{3+}间的高效能量传递。这些施主离子存在荧光寿命缩短的现象。但它们的发射光谱与Yb^{3+}的激发（吸收）光谱不存在交叠。

如在$GdBO_3$:Ce,Yb体系中，随Yb^{3+}浓度增加，Ce^{3+}的发射强度减弱，Ce^{3+}的荧光寿命逐渐缩短，这符合无辐射能量传递的条件之一。但是，Ce^{3+}的发射峰位于412nm（24390cm^{-1}），而受主Yb^{3+}的激发（吸收）峰在971nm（10299nm^{-1}）。它们之间的能量间距ΔE高达14090cm^{-1}。这意味Ce^{3+}的发射光谱与Yb^{3+}的激发（吸收）光谱相距很远，没有光谱交叠。

在其他一些荧光体中，也出现Ce^{3+}→Yb^{3+}，Eu^{2+}→Yb^{3+}，Bi^{3+}→Yb^{3+}能量传递的类似现象，没有光谱交叠。

试图用多声子辅助或合作效应等来解释是行不通的。以上实验结果用经典能量传递理论无法解释，提出了新的挑战。

还有微量Tb^{3+}、Pr^{3+}分别对Eu^{3+}和Sm^{3+}红发射强度成倍增强现象的解释依然是存在疑问等。

24.3.2 新时代需要改变我国在发光和激光中的理论、某些材料及器件发展滞后现象

由于我国在过去一段时期内经济和科技发展相对滞后，无论是稀土发光还是激光理论及其材料科技都滞后于先进国家。相应的材料科技绝大多数被国外捷足先登。当然，我国在这些领域也取得了一些重大成就。但进入新时代，我国经济高速发展，国家强大需要发展新理论和新材料。与时俱进，走出自己的创新道路。

还有一些现象没有得到合理的解释。如我们首次发现的Dy^{3+}新奇的614.5nm红色发射谱起源的问题。这条新奇的谱线已得到世界著名Blasse教授重复实验和证实。但是，Dy^{3+}的614.5nm谱线起源问题，一直没有充分可靠的解释。在第23.2.3小节中曾介绍，

在一些发光材料中，如 SrB_4O_7、BaB_8O_{13}及氟铪酸盐玻璃中，Sm^{2+}的$^5D_0 \to ^7F_0$ 能级跃迁强度远大于$^5D_0 \to ^7F_J$（$J=1$，2，3，4）跃迁强度；而在 Y_2O_3、Y_2O_2S 中，同构的 Eu^{3+}的$^5D_0 \to ^7F_0$ 能级强度很弱，而$^5D_0 \to ^7F_{2,4}$跃迁强度很强。这种现象可用 Wybourne-Downer（WD）机理解释，但不能用 J-O 机理说明。而 WD 机理又不能说明$^5D_0 \to ^7F_{2,4}$能级跃迁强度的增强。这表明 Sm^{2+}的$^5D_0 \to ^7F_{2,4}$能级跃迁中，J-O 理论和 WD 机理之间的作用存在冲突等。

稀土离子和过渡族金属离子的光学光谱、能量传递等理论及相应的材料科学应如何再深入发展，需要人们进行缜密的思考。

24.4　发展展望

正如前面所述，过去在稀土和过渡族离子的光学光谱学和能量传递理论指导下，固体发光和激光材料科学及其应用取得了很多重大的成就，在国民经济和国防安全中发挥了不可磨灭的重大作用。进入新时代，对发光和激光理论及其材料科学提出更多更高的要求。

本书着重对 13 个三价和两价稀土离子的电子组态结构，离子的发光和激光的光学光谱理论，以及其性能变化因素和规律，能量传递理论等详细分类论述和总结，其中也涉及它们已获取的应用领域成果及前景。这可使人们系统清楚地认识，固体发光和激光及其材料科学在未来的发展依然有着重大的潜力和广阔天地。

借此，就几方面发展谈谈作者的愚见。

24.4.1　开拓和发展相关新理论

以往实验中出现与固有理论矛盾及新现象蕴含的新理论，有待人们在未来岁月中完成。以便更完善和丰富稀土和过渡族金属离子的光学光谱学及能量传递理论等，促使相应的材料科学及其应用向新的更高领域健康发展。

Ce^{3+}、Eu^{2+}、Bi^{3+}等离子与 Yb^{3+}间的无辐射能量传递无法用传统能量传递理论解释。

可否解放思想？作者斗胆设想，离子受激后，是否在 $5d$（Ce^{3+}，Eu^{2+}），d^{10}（Bi^{3+}）能态向基态跃迁时，同时伴随发射一种未知的“x 波”（x-wave）或什么“引力波”。这种未知的“x 波”辐射与 Yb^{3+}或其他离子发生无辐射能量传递，致使 Yb^{3+}的发射增强，不需要光谱交叠。随着 Yb^{3+}浓度增加，这种“x 波”传递速率增加，施主 Ce^{3+}、Eu^{2+}、Bi^{3+}等离子的荧光寿命减小。这种“x 波”的强度与施主的量子效率可能成反比等。

当然，这仅仅是一种设想，还需要大量的实验和理论上的推算。作者猜想具有 d^{10}组态的 Pb^{2+}、Sb^{3+}、Sn^{2+}等离子也可能与 Yb^{3+}发生能量传递。至于 $4f$ 组态 Pr^{3+}、Gd^{3+}，在一些特殊材料中也可能与 Yb^{3+}发生无辐射能量传递。这些工作只需用熟悉的实验即可证实对否。

此外，长期未能实现稀土电致激光是因为其理论不清楚（在下面另叙）。这些均需要将来的艰辛工作。

24.4.2　能否实现稀土离子电致激光

Ⅲ-Ⅴ族半导体激光二极管用作泵浦光源属于半导体电致激光，通常称为半导体激光二极管LD。尽管人们曾采用离子注入、分子束外延、MOCVD及单晶等方法在稀土离子掺杂的Si、Ⅲ-Ⅴ族半导体及Ⅱ-Ⅵ族ZnS薄膜上，可以观测到三价稀土离子特征发射的电致发光（EL）及光致发光（PL）现象，但不理想。我们在文献[4]中对Yb^{3+}、Er^{3+}重要的稀土离子在Ⅲ-Ⅴ族及Si半导体中的发光性质有所介绍。以往和现在所说的稀土离子激光是稀土光致激光（photolaser）。

长期以来，人们渴望在半导体中掺杂稀土离子，直接实现电泵浦的稀土离子电致激光，用一个新名词RE electrolaser或electrolasers of RE ions来表示。可惜，至今没有实现。故本书中没涉及这方面的内容。若实现稀土离子电致激光，它将具有重大的划时代意义和用途。

至今没有实现稀土电致激光，极少有详细的分析和讨论。没有观测到稀土离子电致激光的原因是多方面且复杂的。作者认为可能的主要原因如下。

（1）没有理论上的指导，其原理不清楚。在Si、Ⅲ-Ⅴ族等半导体中，三价稀土离子将如何获取（吸收）能量和传输机理，载流子起怎样作用等物理过程和机理不清楚。稀土离子掺入可能破坏p-n结、势垒层等。需要解放思想，破旧立新，提出和建立新的正确理论。

（2）Si、Ⅲ-Ⅴ族半导体化合物与稀土化合物晶格失配非常严重。例如对GaN来说，所有三价稀土离子的半径都比Ga^{3+}大。其中Ho^{3+}、Y^{3+}、Er^{3+}、Tm^{3+}、Yb^{3+}、Lu^{3+}/Ga^{3+}的半径比为（1.36~1.30）/1.00；而Nd^{3+}/Ga^{3+}半径比高达1.49/1.00，相差更大。它们的掺入，造成晶格大畸变，严重影响其性能。

（3）稀土离子在传统半导体材料中的溶解度低，分凝系数较大等。

这一重要的稀土电致激光项目有待今后人们跳出传统思维，以创新思想进行研究和攻克。借此，作者大胆提出，选用具有半导体性质的稀土N、P或As等化合物材料结合MOCVD等薄膜技术试验，设法使电子（载流子）获取很大的能量等办法。

24.4.3 充分利用三价稀土离子4*f*—4*f*能级跃迁的“基因”特性，设计智慧型光电功能材料

三价稀土离子的4*f*电子组态结构，*f*—*f*能级跃迁的光学光谱特性实际可以视为是三价稀土离子的“基因”特性。这种特性（征）一直保留（遗传），材料的组成和结构，晶场强度，温度和压力等环境因素影响很小。像生物分子遗传科学对“基因”的剪裁、移植等，可以得到智慧型的多功能光电材料。

发展这部分领域，作者认为其核心是新颖基质材料。解放思想，利用各行基础理论知识，创新性发展有自己特色先进智慧型光电多功能材料。不能总跟在他人后面。以往由于各种原因，我国在发光和激光中的先进基质材料大多数是泊来品。当今，我国人才和科技力量已具备优良条件和基础，国家重视和鼓励，相信在这方面今后一定会取得重要成绩。

由于Yb^{3+}的4*f*能级结构简单，不涉及激发态吸收，上转换和交叉弛豫等过程的能量耗散，吸收谱与InGaAsLD的发射波长匹配，故Yb^{3+}激活的全固态激光器受到关注。近来，上光所已成功拉制出40mm的Yb^{3+}:$GdScO_3$激光晶体，获得可喜成果。作者认为$LuScO_3$，$YScO_3$基质效果可能更佳。因为Lu^{3+}，Y^{3+}的离子半径与Yb^{3+}更接近，有Yb^{3+}掺杂浓度增加；此外，Gd_2O_3大于99.999%纯度难以获得，且其中含微量的Sm^{3+}，Eu^{3+}，Tb^{3+}杂质对Yb^{3+}激光是有害的。

24.4.4　进一步发展 $3d$ 过渡族金属离子的激光和发光性能

1960 年首次观测到激光是 Cr^{3+}:Al_2O_3 红宝石介质，很快发展 Cr^{3+}:$BeAl_2O_4$ 紫翠宝石、Ti^{3+}:Al_2O_3 钛宝石、Ti^{3+}:$BeAl_2O_4$、Cr^{3+}:$LiSrAlF_6$、Cr^{3+}（Cr^{4+}）:YAG石榴石体系等激光晶体。后来又发展 Co^{2+}、Ni^{2+}、V^{2+}等二价过渡族金属离子掺杂的激光晶体。20 世纪 90 代对过渡族金属离子的晶场理论、激光性质等已有详细总结。

具有 $3d$ 电子结构组态的过渡族离子特点是 $3d$ 组态壳层未填满，即 $3d^n$ 中电子数 n 从 1 到 9 均属 d 壳层。$3d^n$壳层的外围没有闭壳层的屏蔽，不像稀土离子的 $4f^n$壳层。因此，$3d^n$ 电子运动（跃迁）受晶场强度及晶格振动的影响很大。它们的吸收和发射光谱主要为宽谱带。如人们熟悉的 Cr^{3+}:Al_2O_3 宝石，还有 Cr^{3+}激活的 $Ca_3Al_2Ge_3O_{12}$石榴石中的光学光谱[5]。而 Ti：$BeAl_2O_4$ 宝石也是如此[6]。室温时，Ti^{3+}：$BeAl_2O_4$ 宝石的吸收光谱为 400~650nm 宽带，最大吸收峰在 500nm 附近（$19980cm^{-1}$）（Ella）。室温下的发射光谱为 600~1000nm 宽发射带，其发射峰分别为 737nm（Ella）、880nm（Ellc）及 759nm（Ellb）。

20 世纪 80 年代中期以后，由于稀土离子激光发展，这类过渡族金属离子的发光和激光研发被冷落。但是，Cr^{3+}和 Ti^{3+}掺杂的激光材料有它们明显的优点。具有高效宽吸收带和宽发射带，有利于高强度吸收。其起始和终态能级具有相同的自旋多重性，其跃迁是自旋允许跃迁。发射宽谱带的斯托克斯位移大，致使激光器可调谐范围大。由于是强而宽的发射带，其光谱位于深红区至 NIR 区（700~1000nm），容易和其他稀土离子，如 Nd^{3+}、Ho^{3+}、Er^{3+}、Tm^{3+}、Yb^{3+}等离子的低能级匹配，易发生 Cr^{3+}（Ti^{3+}）→Ln^{3+}耦合作用和能量传递，增强这些离子的 NIR-MIR 激光强度。Cr^{3+}或 Ti^{3+}掺杂的宝石激光可在室温下运作。目前，Cr^{3+}:$BeAl_2O_4$ 宝石的 755nm 脉冲能量高达百焦耳量级。高功率 GaN 蓝光 LD 和绿光 LD 已商品化，它们均可用作 Cr^{3+}、Ti^{3+}宝石激光的泵浦光源，可实现小型固体化。故未来应加强 Cr^{3+}、Ti^{3+}宝石激光及它们与稀土激光的密切有机结合，取长补短，使固体激光发展上一个新台阶。

例如由液相外延生长的 Tm^{3+}, Ho^{3+}:$LiYF_4$ 的 2.05μm 平面光波导激光，在 Ti^{3+}宝石 797.2nm 泵浦下，Tm^{3+}→Ho^{3+}的能量传递产生 2.051nm CW 激光，81mW 时斜效率为 24%；功率为 186mW，斜效率为 35.6%[7]，可用于光波导激光和 2μm 放大器。由 Ni^{2+}/Yb^{3+}/Er^{3+}/Tm^{3+}共掺杂的 Gd_2O_3/YF_3 双相玻璃陶瓷在 980nm 泵浦下，实现 Yb^{3+}（980nm）→Ni^{2+}的$^3T_2(F)$→$^3A_2(F)$ 跃迁 1.240μm 发射[8]。

此外，具有 $3d^{3+}$电子结构的 Mn^{4+}一般可发射深红光，可被用于植物光合作用及白光 LED 中。近年来发展的 La_2MgGeO_6:Mn^{4+}（温州大学），Ca_2GdSbO_4:Mn^{4+}（太原科大）等发深红光双钙钛矿材料有望用于上述领域中。林海等人近来研发的发射深红光的 $M_{2y}Ba_{1-y}SiF_6$:M^{4+}新材料既可用作暖白光 LED，又可用于植物生长的深红光 LED 中[9]，他们用蓝芯片+YAG：Ce（黄）+（$K_{0.6}Ba_{0.7}Si_{0.5}Ge_{0.5}F_6$：$Mn^{4+}$（深红）制作的 WLED，使色温从 4784K 降到 4000K，显色指数从不含要求的 66.9，增加到 99.6 的优异结果。

24.4.5 在一些重大项目和应用工程中未来有望取得的重大成果

24.4.5.1 为未来实现可控核聚变作出贡献

2020年11月4日报道，中国“人造太阳”首次实现规模最大、参数最高的核聚变关键设备环流二号在成都成功放电。这给超大功率稀土激光展现了巨大的发展潜力。

24.4.5.2 超强激光器

由于超强激光器的重要性和敏感性，深受政府和军方关注。2019年11月报道[10]，中俄将联手研发超强激光器。由中科院上海光机所和俄罗斯科学院应用物理研究所签署了成立联合激光实验室的协议。签订了两个峰值功率100~200PW（$1PW=10^{15}W$）的激光项目。

世界上现有的激光项目最大连续功率为几十太瓦，$1TW=10^{12}W$。中国已率先制造出功率为10PW的短脉冲激光。

Nd^{3+}、Yb^{3+}等离子是实现超强激光的重要稀土离子。2019年我国Wang等人公开报告Nd:YAG激光晶体在重复频率20kHz，脉宽102ns下，相应的峰值功率约500kW。在第20章中介绍Yb^{3+}激光器的发展。2018年公开报告Yb^{3+}:YAG激光器在3.3ns脉冲下，最大能量为12.1mJ，峰值功率达3.7mW。最近，上海光机所胡丽丽团队承担的“万瓦级掺镱大模场光纤关键制备技术及应用”项目取得可喜成就。可见，镱强激光正闪烁着诱人的前景。

这些超强激光器既可用于可控核聚变，又可用作机载、舰载、车载激光武器，以及医学、度量和金属加工等广泛领域。2019年有报道，美国花4.9亿美元用于交付4辆安装了激光武器的装甲车上，以对抗无人机。而强激光致盲武器早已实战化。

24.4.5.3 新一代三基色投影激光电视实现产业化

新一代电视：77~100in的超大投影激光电视近年来已实现产业化。投影激光电视是采用激光光源作为显示光源来配合投影显示技术而成像显示，配置专用投影屏幕，可接收广播电视节目或互联网电视节目。激光显示，光源有三种方案：（1）使用蓝、绿、红三基色固体激光器为发光光源；（2）使用单色固体激光器的激光激发荧光体作为发光光源；（3）使用固体激光器结合LED作为系统光源混合技术投影光源。这种激光电视的特点是色域更宽，色纯度更高，因而分辨率和清晰度更高，色彩真实，临场感强，健康护眼，节能省电。100in的激光电视的功耗是同等尺寸液晶电视的1/3~1/2。其屏幕可实现不同的几何尺寸，没有易破损的玻璃屏幕。激光电视机制造工序相对简化。随着第（2）种激光电视发光光源的发展，给新的三基色荧光体的应用带来新机遇。但作者曾在宾馆中亲眼观看的大屏幕激光电视存在诸多问题，特别是图像质量很差。

24.4.5.4 不断发展的闪烁体

进入21世纪后，闪烁体不断发展，不再仅仅追求超快，从纳秒扩展到毫秒；闪烁体的荧光从UV到可见，又扩展到NIR辐射。因为它们都有不同领域的用途。核医学成像、核物理高能粒子探测等领域不断提出要求和需求。人们不断研发出Ce^{3+}、Eu^{2+}及Yb^{3+}等激活的新一代闪烁体，应用于不同需求的领域。如2019年推出的$SrI_2:Eu^{2+},Sm^{2+}$新闪烁体，以及2022年研发的$CsYbX_3:Sm^{2+}$（X=Br,I）闪烁体。

我国新型闪烁体的研发与国外差距较大。闪烁体的原理清楚，结合材料科学，抓住机遇，勇于创新，一定会发展有自己特色的闪烁体。在第7章中，作者提出利用Ce^{3+}→Yb^{3+}无辐射能量传递原理，设计新的超快闪烁体。即在Ce^{3+}/Yb^{3+}，Eu^{2+}/Yb^{3+}共掺杂体系中，牺牲一点Ce^{3+}或Eu^{2+}的光子产额，可以使Ce^{3+}、Eu^{2+}的荧光寿命缩短，即闪烁衰减更快。这更有利于对核反应过程中快速微观过程的探测。而Yb^{3+}产生的约1.05μm NIR光远离Ce^{3+}或Eu^{2+}的发射光（谱），很容易用NIR光滤光片滤去。这样，可以获得一些Ce^{3+}/Yb^{3+}、Eu^{2+}/Yb^{3+}等共掺杂的新的更超快闪烁体。这一领域的发展展现出很大的空间。

24.4.6　新的发光材料在农作物（包括蔬菜）和太阳能电池的光转换等领域中的新贡献

发光材料在这些领域的应用已有一定的基础和良好的条件。

近年来，一些Eu^{3+}、Eu^{2+}、Mn^{4}、Mn^{2+}激活的新的荧光体被陆续研制出，它们在NUV-绿光波段激发下，可以有效地被激发，发射植物光合作用所需要的红光。有待人们今后在这一领域中成功地实现实用。$CaAlSiN_3:Eu^{2+}$、$Sr_2Si_5N_8:Eu^{2+}$等高效荧光体可被NUV-蓝光有效激发，发射红光，已被广泛应用于白光LED照明光源中。原理上，它们可用作植物的光转换剂，如农膜大棚。但是其荧光体价格太昂贵，严重影响其推广应用。

和国外相比，我国“植物工厂”规模小，差距大。发光光转换剂在农作物育种过程中的研发进展迟缓，但在LED作物光照领域中需要的深红光荧光体方面有着良好的基础和作为。这种种植空间封闭，由人工光源全面代替太阳光的“植物工厂”能耗很高、成本贵、蔬菜产品贵等问题。一定要依据我国的国情发展。

涉及能源的太阳能电池的光电转换效率提高是一个长久课题。利用荧光体的下转换/上转换发光，原理上是可以提高太阳能电池的光电转换效率，但至今收效不大。其原因有材料和工艺等多方面的问题。这些困难是可以逐步克服的。能提高太阳能电池的光电转换效率2%~3%就是了不起的成绩。这方面的发展期望和潜力是很大的。

24.4.7　稀土上转换荧光体

由于稀土上转换荧光体包括纳米荧光体，具有许多应用，受到关注。但是它们的量子效率低成为关键。以往研发的上转换荧光体一般涉及GSA、ESA、交叉弛豫CR等多个能量传递过程，声子能量较高，材料中羟基含量多、晶粒质量差等多种因素影响红外上转换量子效率。

最近，上海光机所网站报告，他们利用低温水热共沉淀法，有效减少羟基含量，合成了$LiYF_4:Yb^{3+},Tm^{3+}$微晶[10]。样品在959nm激光激发下，利用Yb^{3+}→Tm^{3+}的能量传递，实现在高功率密度120W/cm^2激发下，量子产率达5.1%的高水平。这表明提高红外上转换发光的量子效率是有方法的。

进入21世纪以来的20多年间，稀土上转换纳米荧光体在生物医学影像诊断、分析检测、生物标记、光控药物释放、恶性肿瘤诊断和治疗等领域中已取得很大成就。发展了固体发光学-化学-生物医学交叉学科。今后在这一领域中还将深入发展。

此外，用作生物医学探针的稀土无机上转换纳米荧光体，易在生物体内聚集，无法以代谢方式排出体外，这限制了其应用。最近发展出一种可生物体内降解的上转换纳米荧光体，取得可喜进展。

除此以外，人们还开始关注利用稀土上转换纳米荧光体发展一些对人类健康有害的

Pb^{2+}、Hg^{2+}、Cr^{6+}等金属离子、食品和奶制品中有毒害的NO_2^-亚硝酸盐及三聚氰胺等重要物质的检测。

众所周知，Pb^{2+}是常见的对环境和人体有害的重金属，在我国时有儿童发生铅中毒事件。血液中Pb^{2+}的安全限应低至480nmol/L（100×10^{-9}）。我国发生的三聚氰胺奶粉毒害婴儿事件影响深远，记忆犹新。

这里不一一列举这种新的检测方法，可以参阅最近的对上转换纳米荧光体对金属离子（Pb^{2+}、Hg^{2+}、Cr^{6+}、Zn^{2+}、Cu^{2+}等）、有害的NO_3^-阴离子、H_2S、三聚氰胺、细胞中葡萄糖、HC_{10}及生物体内生物分子等的检测进展综述报告[12]。综上所述，用作检测有害物质的上转换荧光探针，主要是利用稀土上转换纳米荧光体与络合物相互作用，在被检测物质（离子）的参与下，使荧光体的上转换发光发生变化。这种变化与被检测物质（离子）的含量有关联。

如此，目前稀土上转换纳米荧光体发展为几个有区别但有关联的方向：（1）用于生物医学影像诊断、生物标记和光控药物释放等方向；（2）用于对有毒金属、有害的重要物质检测方向；（3）光催化方向。相信这几个方向今后会继续深入发展。它们共同的关键是提高上转换纳米荧光体的量子效率和检测灵敏度等。它们的发展有利于促进发光学-化学-生物医学交叉学科的发展。

在水溶液、食品及婴儿奶粉等非体内生物细胞组织等物质中的有毒有害物质的检测，不必局限于纳米级荧光体，可用正常微米级上转换高效荧光体检测。因为微米级上转换荧光体的量子效率（发光强度）远高于纳米荧光体。这样，检测的灵敏度可成倍或数量级提高。

24.4.8 期望稀土离子的紫外激光被攻克

Ce^{3+}的UV激光已实现，但离实用进展缓慢，甚至停顿。理论上可以实现Gd^{3+}的$^6P_{7/2}\rightarrow{}^8S$基态跃迁发射310~318nm的四能级或准三能级系统运作。能量高度集中，谱线很锐而窄。但至今无人报道Gd^{3+}的激光方面的消息。鉴于稀土UV激光的重要性，作者期望今后能攻克。实现稀土离子紫外激光后，有利于我们发展“卡脖子”的芯片光刻机产业。此外，也可采用倍频晶体和技术实现紫外激光。需要发展更优倍频晶体。

还有防红外激光雷达、红外制导的稀土干扰材料等都存在发展潜力。依据Ce^{3+}，Eu^{2+}的5d态劈裂与晶场强度依赖关系，人们正在发展Ce^{3+}，Eu^{2+}激活的新一代功能材料：$d\rightarrow f$电子能态跃迁发射向深红光—近红外光（NIR）光谱扩展[13-14]。具有这种特殊功能的荧光体，将在诸多领域中获得广泛应用。如高显色性WLED，植物工厂LED光源，对人体（动物）进行无损伤的监测和成像，微光夜视显示，防伪隐身等领域中有着广泛的应用前景，还有其他应用前景不作一一陈述。

此外，新波段、高功率半导体激光器及其阵列的发展[15]，将强有力促进发光新的用途，并将大幅度提高固体激光性能和波段。

通过本书总述就可知道，稀土光电科技和产业在全球竞争态势下的重要性，稀土是国家重要的战略资源，扎实发展稀土下游高新科技刻不容缓。

总之，展望未来，推陈出新，有待启航新征途。固体中离子的发光和激光性质，相应理论和材料科学及在一些重大领域中的应用，不仅具有重大的发展前景，而且将会不断获得新进展和丰硕成果。

参 考 文 献

［1］刘行仁．稀土发光材料及其应用的世纪回顾和前瞻［C］//中国近现代科学技术回顾与展望国际学术研讨会论文集（下）．北京，2002.

［2］KAMINSKII A A. Laser Crystals—Their Physics and Properties［M］. Spring-Verlag，1981.

［3］徐光宪．稀土（下）［M］. 北京：冶金工业出版社，1995：124.

［4］曹望和，刘行仁，李仪．Yb^{3+}，Er^{3+}在Ⅲ-Ⅴ族及 Si 半导体中的发光［J］. 发光学报，1996，17（专辑）：50-52.

［5］袁剑辉，刘行仁，赵福谭．$Ca_3Al_2Ge_3O_{12}$石榴石中 Cr^{3+}离子的光学光谱［J］. 光电子·激光，1995，6（专辑）：230-234.

［6］SUGIMOTO A，SEGAWA Y，KIM P H，et al. Spectroscopic properties of Ti^{3+}-doped $BeAl_2O_4$［J］. J. Opt. Am. B，1989，6（12）：2334-2337.

［7］LOIKO P，SOULARD R，BRASSE G，et al. Tm，Ho：LiYF4 planar Waveguide laser at 2. 05μm［J］. Opt. Lett.，2018，43（18）：4341-4344.

［8］GAO Z G，LU X S，ZHANG Y O，et al. Ni^{2+}/ Yb^{3+}/ Er^{3+}/ Tm^{3+} dual-phase glass-Ceramics［J］. J. Am. Ceram. Soc.，2018，101（7）：2868-2876.

［9］TONG J Z，HONG F，LIN H，et. al. Crystalfield optimization and fluorescence enhancement of a Mn^{4+} doped fluorid red phosphore with excellent stability induced by double-site metal ion replacement for warm WLED［J］. Dalton Transactions 2023，52：9261-9274.

［10］参考消息．中俄将联手研发超强激光器．2019，11. 8. 第 7 版．塔斯社 2019. 11. 4 电．

［11］上海光机所．高量子产率红外上转换发光微晶体研究取得进展［J］. 稀土，2020，41（6）：63.

［12］姚东，牟小明，刘全亮．上转换发光纳米材料在发光检测方面的研究进展［J］. 稀土，2020，41（6）：117-125.

［13］MAAK C，STROBEL P，WEILER V，et al. Unprecedented deep-red Ce^{3+} luminescence of the nitridolithosilicates $Li_{38.7}RE_{3.3}Ca_{5.7}$［$Li_2Si_{30}N_{59}$］$O_2F$（RE = La，Ce，Y）［J］. Chem. Mater. 2018，30（15）：5500-5506.

［14］QIAO J W，ZHOU Y Y，ZHANG Q Y，et al，Divalent europium-deped near-infrared-emitting phosphor for light-emitting diodes［J］. Nature communications，2019，10：5267.

［15］张月清，王立军．半导体激光器进展［M］. 北京：科学出版社，2002.